LEHRBÜCHER UND MONOGRAPHIEN

AUS DEM GEBIETE DER

EXAKTEN WISSENSCHAFTEN

REIHE DER

EXPERIMENTELLEN BIOLOGIE

BAND 12

ENDOSYMBIOSE
DER TIERE MIT PFLANZLICHEN
MIKROORGANISMEN

VON

PAUL BUCHNER

vormals o.ö. Professor an der Universität Leipzig

Springer Basel AG

1953

ISBN 978-3-0348-6959-1   ISBN 978-3-0348-6958-4 (eBook)
DOI 10.1007/978-3-0348-6958-4

VORWORT

«Das ist ewige Heiterkeit, ist Gottes-
freude, daß man alles Einzelne an
die Stelle des Ganzen setzt, wohin es
gehört.»   *Hölderlin*

Unser Wissen von dem gesetzmäßigen Zusammenleben der Tiere mit Pilzen und Bakterien hat seit dem Erscheinen meiner letzten zusammenfassenden Darstellung (Tier und Pflanze in Symbiose, Berlin 1930) eine derartige Mehrung erfahren, daß ein neues, dem heutigen Stande entsprechendes Buch zu einem dringenden Bedürfnis geworden ist. Wurden doch in diesen beiden Jahrzehnten nicht nur zahlreiche neue Vorkommnisse aufgedeckt, sondern vor allem auch bis dahin nur in großen Zügen bekanntgewordene Symbiosen auf Grund reicheren Materials ungleich eindringlicher erforscht. Es sei nur an die hervorragende Darstellung der Fulgoroidensymbiose durch H. J. MÜLLER, an die der Membraciden durch RAU, an WALCZUCHS Bearbeitung der Cocciden oder an die Mehrung unseres Wissens von der Leuchtsymbiose bei Knochenfischen durch japanische Forscher erinnert. Darüber hinaus aber hat in diesem Zeitraum die experimentelle Symbioseforschung aus zunächst bescheidenen Anfängen den von vielen erwarteten Aufschwung genommen! Alte Vermutungen sind durch sie zur Gewißheit geworden, und denjenigen, welche von Anfang an für die Lebensnotwendigkeit dieser Bündnisse eintraten, hat sie durchaus recht gegeben.

Es lag nahe, eine derartige Vermehrung des Stoffes vor allem durch eine kürzere Behandlung der ja im wesentlichen ein seit längerem abgeschlossenes Gebiet darstellenden Algensymbiosen auszugleichen. Von ihnen wird nahezu ausschließlich in einem ersten, der Entdeckungsgeschichte und Verbreitung der Endosymbiosen gewidmeten Abschnitt gehandelt. Schien es mir doch reizvoll, zu verfolgen, wie die Wurzeln unseres heutigen Wissens von der sinnvollen Einbürgerung pflanzlicher Mikroorganismen in den tierischen Körper zum Teil weit zurückreichen, wie mancherlei Irrtümer und Widerstände zu überwinden waren und wie schließlich aus einer Fülle von Einzelbeobachtungen die Ordnung erstand, von der das vorliegende Buch Zeugnis ablegen möchte. Wer sich die Zeit nehmen wollte, in meinem ersten, schüchternen Versuch – «Tier und Pflanze in intrazellularer Symbiose», Berlin 1921 – zu blättern und dann die hier vorgelegten allgemeinen Kapitel zu lesen, dürfte wohl mit mir die Wahrheit jener Worte HÖLDERLINS empfinden, die ich diesem Vorwort vorangestellt habe.

Ich war bestrebt, insbesondere dort, wo es sich um experimentelle Untersuchungen handelt, den letzten Stand unserer Kenntnisse zu bringen, und bin all den Autoren, die dies durch briefliche und mündliche Mitteilung noch unveröffentlichter Ergebnisse ermöglichten, zu Dank verpflichtet. Viel Mühe habe ich auch auf eine reichliche und gute Bebilderung verwandt. Um sie einheitlich zu gestalten, habe ich nahezu alle Abbildungen in der gleichen Schwarzweißtechnik umgezeichnet. Gerne hätte ich dem Buche auch eine größere Anzahl guter Mikrophotographien von Symbionten mitgegeben. Was sich auf jenen drei Tafeln findet, stellt ja nur eine sehr unzulängliche Auswahl aus jener reichen Welt von Formen dar, um die sich die Bakteriologen von Fach bisher so wenig gekümmert haben. So bleibt es eine Aufgabe der Zukunft, einen umfangreicheren Atlas symbiontischer Pilze und Bakterien zu schaffen.

Daß der Verlag auf alle meine die Ausstattung und den Umfang des Buches sich beziehenden Wünsche stets bereitwillig einging, sei rühmend hervorgehoben. Für vielfältige Hilfe bei Reinschrift und Korrektur habe ich schließlich auch meinem Sohne Dr. G. BUCHNER herzlich zu danken.

PAUL BUCHNER

Porto d'Ischia (Napoli), im Januar 1953.

INHALTSVERZEICHNIS

Entdeckungsgeschichte und Verbreitung der Endosymbiosen

Spezieller Teil

Allgemeiner Teil

Das Darmlumen als ursprünglichster Sitz der Symbionten 539, Symbiontenerwerb ohne Beteiligung des Darmes 539, Besiedlung des Darmes ohne morphologische Anpassungen 539, Retentionseinrichtungen am Darm 540, Beschränkung der Symbionten auf Darmausstülpungen 541, Besiedlung der Darmepithelzellen 542, extra- und intrazellulare Besiedlung der Malpighischen Gefäße 543.

Wohnstätten zwischen Darmrohr und Hypodermis 544, seltene Übergangsstadien 545, Besiedlung des Fettgewebes und von Derivaten desselben (Pseudomycetome) 546, Wohnstätten, die auf indifferentes embryonales Zellmaterial zurückgehen (echte Mycetome) 549, isolierte Mycetocyten und Mycetocytengruppen im Bereich des Fettgewebes 549, Mycetome mit einer Symbiontensorte 550, Syncytien und Synsyncytien 551, Mycetome mit mehreren Symbionten 553, zusätzliche Symbionten im Mycetomepithel 556, vom Darm oder der Hypodermis stammende Pseudomycetome im meso-

6. **Der Sinn der Endosymbiose** 672

Überwundene Skepsis 672, Vorteile der Leuchtsymbiose 673, künstliche Elimination der Symbionten 673, bei *Pediculus* 673, Symptome des Symbiontenmangels 674, die Ausfallserscheinungen deuten auf Avitaminose 678, *Rhodnius* ohne Symbionten 679, Symptome des Symbiontenmangels 679, Unzulänglichkeit steriler Blutnahrung bei Dipteren, welche keine Symbionten besitzen 680, experimentelle Erfahrungen über die Notwendigkeit mikroorganismenreicher Nahrung bei Culicidenlarven 681, ihr Bedarf an B-Vitaminen 682, unzulängliche Vitaminmengen in dem von *Cimex* und *Ornithodorus* aufgenommenen Blut 683, Versuche über den Vitaminbedarf von *Triatoma* 684, hämolysierende Fähigkeiten der Symbionten von Blutsaugern 685.

Künstliche Elimination der Symbionten bei *Sitodrepa* 686, Bedeutung der Erforschung der B-Vitamine für die experimentelle Symbioseforschung 687, *Tribolium* als Testobjekt 687, Analyse des Wuchsstoffbedarfes der Anobiiden 688, Austausch der Symbionten von *Sitodrepa* und *Lasioderma* 690, Wuchsstoffgehalt der Bockkäfersymbionten 691, Sterilisierung von *Oryzaephilus* durch Hitze 691, Histologie der verödeten Mycetome 692, geringe Wuchsstoffbelieferung durch die Symbionten von *Oryzaephilus* 694.

Versuche an Homopteren 695, Ausfallserscheinungen bei sterilen *Coptosoma* 696, keine solchen bei *Eurydema* 696, Lebensnotwendigkeit der *Pseudococcus*-Symbionten 697, Wuchsstoffgehalt derselben 698, Wuchsstoffgehalt des Siebröhrensaftes 698, verschiedene Nahrungsquellen der Homopteren 699, Fähigkeit der Symbionten, atmosphärischen Stickstoff zu assimilieren 701, die Versuche Tóths an zerquetschten Symbiontenträgern 701, an Symbiontenkulturen 702, Peklos Arbeiten 702, Nachweis der N_2-Assimilation durch *Pseudococcus*-Symbionten 704, an solchen von *Rhagium* 704.

Verwertung von Stoffwechselendprodukten des Wirtes durch Symbionten 705, Beobachtungen an *Cyclostoma* und *Molgula* 706, an Kulturen von *Lecanium*-Symbionten 706, auf Aphiden bezügliche Angaben 706, Verwertung der Harnsäure durch die Symbionten der Küchenschaben 707, durch die von *Mesocerus* 707, *Pseudococcus*-Symbionten als Harnstoffverwerter 707, Rolle der Lumbriciden-Symbionten 708.

Wirkung von Antibiotika auf Blattidensymbionten 708, Blattidensymbionten als Lieferanten von Vitaminen und Aminosäuren? 709, Cellulase produzierende Symbionten 712, vielseitige Leistungen ein und derselben Symbionten 713, Beziehungen der Symbiosen zur jeweiligen Ernährungsweise der Wirte 714.

Aufgaben der experimentellen Symbioseforschung 716, Sinn der Symbiontenhäufung 718, Reichweite des Symbioseprinzips im Tierreich 719, die Rolle der Darmbakterien bei Wirbeltieren und beim Menschen 721, die vielfältige Bedeutung der Symbioseforschung für Zoologie, Mikrobiologie, Immunitätsforschung und medizinische Fragen 724.

Entdeckungsgeschichte und Verbreitung
der Endosymbiosen

1. ALGENSYMBIOSEN

Wir verstehen unter Endosymbiose ein gesetzmäßiges, ohne wesentliche Störungen ablaufendes Zusammenleben zweier verschieden gearteter Partner, bei dem der eine im Körper des anderen, zumeist wesentlich höher organisierten Aufnahme findet und die wechselseitige Anpassung einen solchen Grad der Innigkeit erreicht hat, daß die Vermutung berechtigt ist, es könne sich dabei um eine dem Wirtsorganismus nützliche Einrichtung handeln. Solche Endosymbiosen können von zwei Vertretern des Pflanzenreiches eingegangen werden, wie dies bei den Flechten, den Mykorrhizen, den Wurzelknöllchen der Leguminosen und Erlen oder bei den Rubiaceen der Fall ist, können, wenn auch nur in ungleich selteneren Fällen, zwei tierische Lebewesen vereinen, wofür die Symbiose der Termiten mit Flagellaten oder die der Wiederkäuer mit den Ciliaten ihres Pansen Beispiele darstellen, oder schließlich von einem tierischen Wirt und einem pflanzlichen Gast begründet werden.

Nur von dieser dritten Möglichkeit soll im folgenden die Rede sein. Sie umfaßt einerseits die Symbiosen mit Algen und Cyanophyceen, über die wir zumeist schon seit langem Bescheid wissen und die ein heute im wesentlichen abgeschlossenes Gebiet darstellen, und andererseits die mit Bakterien und Pilzen, deren außerordentliche Verbreitung und zum Teil unerhörte Innigkeit erst die Entdeckungen der letzten Jahrzehnte dargetan haben. Dieser ungleich bedeutendere Zweig der Symbioseforschung, an den sich eine Fülle von Fragen allgemeiner Art knüpft, soll im Mittelpunkt unserer Betrachtungen stehen, während die Algensymbiosen wohl in diesem der Entdeckungsgeschichte und der Verbreitung der Endosymbiose gewidmeten Abschnitt behandelt, sonst aber nur gelegentlich vergleichsweise herangezogen werden sollen.

Daß die Algensymbiosen ungleich früher bekannt wurden als die mit Bakterien und Pilzen, ist ohne weiteres begreiflich, denn sie verraten sich ja zumeist schon durch die ungewöhnliche, von den pflanzlichen Gästen herrührende grünliche oder gelbliche Färbung der in der Regel mehr oder weniger durchsichtigen Wirtstiere.

An mancherlei Irrwegen hat es freilich trotzdem auch hier nicht gefehlt. Wenn es auch von Anfang an nahelag, daß man bei all den grünen beschalten und unbeschalten Amöben, Infusorien, Hydren und Turbellarien oder bei den grünen Ästen und Krusten der Süßwasserschwämme an die so ähnliche Färbung der Pflanzen dachte, so wurde doch erst um die Mitte des vergangenen Jahrhunderts der Nachweis geführt, daß es sich dabei wirklich um echtes Chlorophyll handelt. Als einer der ersten erklärte SIEBOLD (1849), nachdem schon WÖHLER (1843) kurz vorher von algenartigen Körpern in Infusorien gesprochen hatte, daß nach seiner Meinung *Chlorohydra viridissima* Pall. und andere grüne Tiere ihre Färbung einer wenn nicht mit Chlorophyll identischen, so doch diesem sehr nahestehenden Substanz verdanken. Eine Gewißheit brachten dann bald darauf MAX SCHULTZES Untersuchungen (1851) über das Verhalten des tierischen Grüns gegenüber einer Reihe von Chemikalien. Auf Grund seiner vergleichenden Prüfungen kam er zu dem Schluß, daß die Grünfärbung von *Stentor*, *Chlorohydra* und *Dalyellia* tatsächlich durch echtes Chlorophyll bedingt wird. Noch im gleichen Jahr kam auch der Botaniker COHN zu der gleichen Überzeugung, und Forscher wie STEIN (1854) und CLAPARÈDE u. LACHMANN (1858) schlossen sich dieser an.

Weiter ausgebaut wurde die Kenntnis vom «tierischen Chlorophyll» auch durch spektroskopische Untersuchungen, die LANKESTER (1868), COHN u. SCHRÖDER (1872) und SORBY (1873, 1875) anstellten, und durch den von GEDDES (1878) geführten Nachweis, daß das marine grüne Turbellar *Convoluta* den Pflanzen gleich Sauerstoff ausatmet. Als sich ENGELMANN 1883 mit einer grünen *Vorticella* beschäftigte, konnte er die Schlüsse seiner Vorgänger nur noch bestätigen.

Wenn eine solche Erkenntnis auch einen sehr wesentlichen Fortschritt darstellte, so bedeutete sie doch keineswegs bereits die endgültige Klärung des Sachverhaltes. Noch galt es ja. zu entscheiden, ob dieses Chlorophyll ein tiereigenes Produkt darstellte und damit die Grenzen der beiden Reiche verwischt würden, oder ob es sich um kleinste Lebewesen handle, die Parasiten gleich im Körper, ja zumeist in den Zellen der Tiere wuchern. Eine Reihe von Forschern, wie GEDDES, LANKESTER, KLEINENBERG, McMUNN und andere, traten für die endogene Natur des Chlorophylls ein. McMUNN stiftete zudem noch beträchtliche Verwirrung, indem er in allen möglichen weiteren Tieren ein «Enterochlorophyll» feststellen zu können glaubte, das sich zwar vom echten Chlorophyll wesentlich unterschied, von ihm aber trotzdem als tierisches Chlorophyll angesprochen wurde. Überhaupt verfiel man in jener Zeit nur allzu leicht in den Fehler, nun überall, wo grüne oder grünlichbraune Farben auftreten, wie etwa bei *Bonellia* oder vielen Aktinien, sofort Chlorophyll zu vermuten.

Andererseits sprach aber eine Reihe von Umständen gegen die Auffassung eines GEDDES oder LANKESTER. Die meisten jener grünen Süßwassertiere kommen ja nicht selten auch in farblosem Zustande vor, vermögen aber dann, dem Licht ausgesetzt, keineswegs zu ergrünen, wie man das erwarten sollte, wenn ihr Farbstoff ein Produkt des tierischen Stoffwechsels wäre, und wie wir es von den Pflanzen her gewohnt sind. Eine sehr wesentliche weitere Stütze für die selbständige Natur der Chlorophyllkörner brachte HAMANN (1882) bei, indem er nachweisen konnte, daß diese nicht etwa, wie KLEINENBERG noch annahm, im Ei der *Chlorohydra* neu entstehen, sondern aus den von ihnen erfüllten Entodermzellen in dieses übertreten. Damit war zum erstenmal die Übertragung eines Symbionten auf dem Wege einer Eiinfektion festgestellt worden, wie sie in der Folge vor allem bei den Endosymbiosen mit Bakterien und Pilzen noch in hundertfältiger Gestalt begegnen sollte.

Zu alledem gesellte sich eine Reihe weiterer schwerwiegender Bedenken. Die genauere Untersuchung der fraglichen Einschlüsse ergab, daß es sich um farblose Protoplasmakörper handelt, welche Kerne und Chromatophoren enthalten und zumeist von einer deutlichen Zellulosemembran umgeben werden. Auch hatte man sich um diese Zeit endlich zu der Überzeugung durchgerungen, daß Rhizopoden und Ciliaten einzellige Lebewesen sind, deren Organisation für weitere, dem Tier eigene Zellen keinen Raum bietet. Und schließlich ließ sich gar zeigen, daß diese «Chlorophyllkörner», gewaltsam aus dem Tier entfernt, im Gegensatz zu echten Chromatophoren sehr wohl weiterzuleben vermögen.

Die Folge war, daß nun endlich eine Reihe von Zoologen die Existenz eines tierischen Chlorophylls entschieden ablehnte und all diese Einschlüsse für pflanzliche Parasiten oder Kommensalen erklärte. Als erster äußerte sich GEZA ENTZ schon 1876 in einer ungarisch geschriebenen und daher zunächst völlig unbekannt gebliebenen Untersuchung in diesem Sinn, 1881 und 1882 folgten unabhängig von ihm BRANDT und GEDDES, und ihren Mitteilungen wohnte so viel Überzeugendes inne, daß von nun an kaum noch ernstliche Zweifel an der Richtigkeit der neuen Auffassung bestehen konnten, wenn auch vor allem LANKESTER ihr noch lange Widerstand leistete.

Gleichzeitig mit jenen Fortschritten auf dem Gebiet der grünen Einmieter, welche BRANDT als Zoochlorellen bezeichnete, eröffnete sich noch ein zweites umfangreiches Gebiet derartiger intrazellularer Verquickung der Tiere mit pflanzlichen Organismen. Wie man schon lange Kenntnis von jenen grünen Einschlüssen der Süßwassertiere hatte, so wußte man auch seit den Studien eines JOHANNES MÜLLER, AGASSIZ, HAECKEL, MOSLEY, HUXLEY und andern, daß in allen möglichen marinen Tieren — Protozoen, Schwämmen, Cölenteraten und Turbellarien — regelmäßig leuchtendgelbe bis braune Gebilde vorkommen und oft in ähnlicher Weise die Färbung der betreffenden Tiere bedingen können. Obwohl man sich hier verhältnismäßig rasch von ihrer Zellnatur überzeugte, hielt man sie doch ebenfalls noch längere Zeit für integrierende Bestandteile der betreffenden Tiere und äußerte mancherlei abwegige Meinung über ihre Bedeutung. Hier war CIENKOVSKY (1871) der erste, der triftige Gründe für eine parasitäre Natur anführen konnte, nachdem er bei einem Radiolar die sogenannten gelben Zellen, die HAECKEL hier zunächst noch für Leberzellen erklärt hatte, den Tod des Wirtstieres überleben sah. Sie verwandelten sich dabei in Flagellaten und vermehrten sich noch monatelang. RICHARD HERTWIG, der sich zunächst nur zögernd einer solchen Auffassung anschloß, kam dann 1879 selbst zu der Einsicht, daß es sich auch bei den recht ähnlichen Einschlüssen der Aktinien um selbständig in ihnen vegetierende Algen handelt, und in den folgenden Jahren brachten die Arbeiten von GEDDES (1882) und vor allem von BRANDT (1883) eine wesentliche Vermehrung unserer Kenntnisse von dem Zusammenleben mariner Tiere mit «Zooxanthellen», wie man die gelben Zellen nun im Gegensatz zu den Zoochlorellen nannte.

Aus vielen weiteren, bei Gelegenheit von systematischen und anatomischen Untersuchungen gemachten Einzelbeobachtungen und so mancher Arbeit, welche die Algensymbiose zum alleinigen Gegenstand hatte, erwuchs allmählich unser heutiges Wissen von der Endosymbiose der Tiere mit Algen. Der Umstand, daß hier die Symbionten an das Wasser und an hinreichenden Lichtgenuß gebunden sind, bestimmt die Grenzen eines solchen Zusammenlebens. Unter den Protozoen des Süßwassers sind es vor allem die Thekamöben, welche vielfach mit Algen vergesellschaftet getroffen werden (ARCHER, 1869 bis 1871, 1873; LEIDY, 1879; PENARD, 1890, 1902; und andere), seltener nackte Amöben (GRUBER, 1904), Heliozoen (HERTWIG u. LESSER, 1874; LEIDY, 1879) und Ciliaten (STEIN, 1859–1867; DANGEARD, 1900; W. I. SCHMIDT, 1921; und andere). Im allgemeinen handelt es sich um recht lockere Bündnisse, was sich vor allem darin äußert, daß die betreffenden Arten nicht selten auch ohne Algen angetroffen werden und daß sie zeitweise ihrer Algen wieder verlustig gehen. Mancherlei Beobachtungen sprechen sogar für einen ganz regelmäßigen periodischen Wechsel zwischen grünen und farblosen Zuständen. So ist nach ARCHER (1873) die Thekamöbe *Difflugia pyriformis* Perty im Frühling und Sommer infiziert, im Herbst nicht, und BALBIANI (1888) fand, daß *Frontonia leucas* Cl. u. L. im September allmählich völlig verbleicht. Auch WESENBERG-LUND (1909) und GELEI (1927) meldeten ein periodisches Auftreten grüner Zustände. Andererseits werden die Symbionten nicht nur bei der Teilung regelmäßig beiden Tochtertieren mitgegeben, sondern bleiben zumeist auch in den Cysten erhalten (beschalte und nackte Amöben, *Actinosphaerium*, Ciliaten). Nur für *Acanthocystis aculeata* Hertwig u. Lesser wird von ENTZ (1882) angegeben, daß sie sich vor der Abkapselung ihrer Algen entledigt.

Wenn man sowohl bei Rhizopoden als auch bei Ciliaten neben ausgesprochen algenfeindlichen und daher niemals mit solchen behafteten Arten andere findet, die bald mit, bald ohne Symbionten leben, und schließlich solche, welche niemals oder doch nur äußerst selten farblos vorkommen, wie so manche Thekamöben oder unter den Ciliaten die Kolonien von *Ophrydium versatile* Ehrenbg., so wirft das ein deutliches Licht auf die ein solches Zusammenleben erst ermöglichenden Anpassungen.

Während es sich im allgemeinen bei all diesen Protozoen um *Chlorella*arten handelt und nur gelegentlich auch andere Algen zur Beobachtung kamen, haben manche Rhizopoden, Flagellaten und Ciliaten auch eine Symbiose mit Cyanophyceen eingegangen. Nachdem schon andere Autoren entsprechende Vermutungen geäußert hatten, hat PASCHER (1929) die Existenz dieser überaus interessanten, zu einer sehr engen Bindung der beiden Partner führenden «Endocyanosen» zur Gewißheit gemacht. In der Thekamöbe *Paulinella chromatophora* Lauterborn leben ganz regelmäßig je zwei wurstförmige Blaualgen, welche man zunächst für Chromatophoren halten möchte. Bei der Fortpflanzung des Wirtstieres gleitet die eine von ihnen in die neue Zelle, eine Teilung aber stellt anschließend in beiden Tochtertieren die alte Zweizahl wieder her. In einer nackten Amöbe fand PASCHER hingegen Hunderte von kleinen Cyanellen und bei einer Reihe von Flagellaten ebenfalls bald mehr, bald weniger innig angepaßte

Blaualgen. Eine Cryptomonade, *Cryptella cyanophora* Pascher, enthält zum Beispiel stets im Zentrum einen einzigen runden Symbionten, der sich gleichzeitig mit dem Kern teilt.

Bei marinen Protozoen sind Symbiosen mit Zooxanthellen, welche zumeist geißellose «Palmellastadien» von Cryptomonaden darstellen, ungleich häufiger. Zahlreiche Radiolarien führen sie im extrakapsulären Weichkörper, die Acanthometriden innerhalb der Zentralkapsel, wobei Anordnung und Menge der Symbionten jeweils artspezifisch sind und damit auf eine recht weitgehende regulatorische Beeinflussung durch den Wirtsorganismus deuten. Pflanzen sich die Radiolarien fort, so kommt es einerseits vor, daß die Algen von den Gameten mitgenommen werden (SCHEWIAKOFF bei Acanthometren, 1926), andererseits bleiben sie bei *Sphaerozoum* in den nach der Schwärmerbildung zerfallenden Restkörpern zurück und vermehren sich hier, von schleimigen Hüllen umgeben, in der Palmellaform weiter oder verwandeln sich in geißeltragende Zustände.

Angesichts solcher Beobachtungen ist es schwer verständlich, daß MOROFF und STIASNY die Algennatur der gelben Zellen erneut, freilich ohne Anklang zu finden, in Abrede stellen wollten und dabei zu völlig abwegigen Vorstellungen kamen. Die Zooxanthellen der *Acanthometra* sollten nach ihnen trophische, vom primären Kern des Radiolars stammende Kerne sein (MOROFF u. STIASNY 1909, 1910), und bei *Sphaerozoum* ließ STIASNY (1910) die entsprechenden Gebilde als «Schizonten» die mütterliche Kolonie verlassen und zu neuen Radiolarien werden, während die gelben Zellen der *Thalassicolla* gar in diese eingewanderte Entwicklungsstadien fremder Radiolarien sein sollten!

Das Vorkommen gelber Zellen bei Foraminiferen tritt demgegenüber an Bedeutung zurück. *Globigerina, Orbitolites, Peneroplis, Polytrema, Trichosphaerium* und andere sind als Algenwirte befunden worden (SCHAUDINN, 1899; WINTER, 1907; und andere). Neuere Untersuchungen von W. L. und M. M. DOYLE, die sich auf *Orbitolites* beziehen, berücksichtigten besonders auch den feineren Bau der Algen, in denen sie außer Stärke auch Öltropfen und Calciumoxalatkristalle feststellten, und studierten ihn unter verschiedenen Bedingungen (1940). Bei marinen Ciliaten und Flagellaten handelt es sich schließlich nur um recht vereinzelte Fälle.

Von alters her fiel natürlich auch die Grünfärbung der Süßwasserschwämme auf. Als HOGG 1840 beobachtete, wie diese, dem Licht ausgesetzt, grün werden, unbelichtet aber farblos bleiben, nahm ihn das nicht weiter wunder, denn er war noch der Meinung, daß diese so formlosen Organismen eben den Pflanzen viel näher stünden als den Tieren. Obwohl dann schon 1870 eine ganz aphoristische Äußerung NOLLS in der Literatur erscheint, derzufolge ein solches Verhalten in der Algennatur der grünen Einschlüsse eine naheliegende Erklärung finde, war es doch erst wieder BRANDT (1881), der eine solche Auffassung eingehender begründete und trotz mancher Gegnerschaft damit durchdrang (BEIJERINK, 1890; WELTNER, 1893, 1907; DELAGE, 1899; OLTMANNS, 1904/05; und andere). Daß trotzdem bei MINCHIN (1900) und in der *Cambridge Natural History* von 1906 (SOLLAS) die alte Auffassung noch in den Bereich des Möglichen gezogen wird, ist schwer verständlich.

Eine sehr eingehende Untersuchung hat die Symbiose der einheimischen Spongilliden in der Folge noch durch VAN TRIGT (1917, 1919, 1920) erfahren, und mancherlei Mitteilungen über exotische Verwandte runden unsere Kenntnis von diesem Zusammenleben ab. So locker dieses einerseits ist— überschüssige Algen werden offenbar laufend verdaut, und zeitweise können die Symbionten ganz schwinden –, so werden doch auch die Dauerstadien der Gemmulae infiziert, und die Algen, die hier keine Chlorellen, sondern eine *Pleurococcus*spezies darstellen, treten möglicherweise sogar schon in die Eizellen, jedenfalls aber in die im mütterlichen Körper sich entwickelnden Larven über (LIMBERGER, 1918).

In marinen Schwämmen finden sich teils Zooxanthellen, teils höhere, zu den Florideen und Chlorophyceen gehörige Algen. In letzterem Fall kann man alle Übergänge von schädigendem Parasitismus über harmlosen Kommensalismus zu einem echten symbiontischen Verhältnis feststellen (M. und A. WEBER, 1890; WEBER-VAN BOSSE, 1910; und andere). Dabei werden die Schwämme unter Umständen derart von den Algen durchflochten, daß man im Zweifel sein kann, welcher der beiden Partner eigentlich die Wuchsform bestimmt, und unwillkürlich an die Flechtensymbiose erinnert wird.

Chlorohydra viridissima Pall., an deren lebhaftem Grün sich schon im 18. Jahrhundert RÖSEL VON ROSENHOF, SCHÄFFER und TREMBLEY ergötzten, stellt als einziger im Süßwasser in enger Symbiose mit Chlorellen lebender Vertreter der Cölenteraten ein klassisches Objekt für das Studium der Algensymbiosen dar. Nachdem bereits HAMANN (1882) den Übertritt der im übrigen auf das Entoderm beschränkten Algen in die heranwachsenden Ovocyten zu Gesicht bekommen hatte, verfolgte VON HAFFNER (1925) den Vorgang in allen seinen Einzelheiten noch genauer. Außer ihm hat aber vor allem GOETSCH in vieler Hinsicht unsere Kenntnis von der Symbiose der Hydrarier ausgebaut (1924). Er fand, daß gelegentlich auch *Hydra attenuata* Pall. zur Aufnahme von Algen schreitet, wobei sich nach mancherlei Störungen ein Gleichgewichtszustand der beiden Partner einstellt, der jedoch niemals auch nur entfernt an den der obligatorischen Symbiose von *Chlorohydra* heranreicht. Bei Anwendung von Kälte und Dunkelheit vermochte er aber auch die letztere, wenn sie gleichzeitig in kalkfreiem Wasser gehalten wurde, im Laufe von Monaten algenfrei zu machen. In vielfach variierten Versuchen hat er dann das Wiederergrünen von solchen entalgten Chlorohydren und von *Hydra attenuata* mittels Verfütterung und Transplantation und die Vertauschbarkeit der Symbionten untersucht.

Unter den marinen Hydroidpolypen ist eine ganze Reihe mit gelben Zellen lebender bekanntgeworden, bei denen sich die Algen auch stets im Entoderm finden, die sich aber hinsichtlich der dabei bevorzugten Regionen mehr oder weniger voneinander unterscheiden *(Hydrichthella, Pachycordyle, Aglaophenia, Halecium, Eudendrium, Myrionema* und andere). Mit ihnen haben sich vornehmlich SVEDELIUS (1907), STECHOW (1909), H. C. MÜLLER (1913, 1914), LIGHT (1913) und MÜLLER-CALÉ u. KRÜGER (1913) befaßt. Daß auch Hydrocorallinen, wie *Millepora*, von Zooxanthellen durchsetzt sind, haben MOSELEY (1881), HICKSON (1900, 1924), BOSCHMA (1924) und YONGE u. NICHOLLS (1931) gezeigt. Unter den Siphonophoren sind bisher nur *Velella* und *Porpita* als Zooxanthellenwirte befunden worden. Nachdem bereits BRANDT und GEDDES entsprechende Beobachtungen gemacht hatten, sind diese von KUSKOP (1920) und DELSMAN (1923) ausgebaut worden. Erstere stellte eine weitgehende Beschränkung der Algen auf bestimmte Gebiete der Kolonie fest, welche das Zusammenleben von einer parasitären Überschwemmung weit abrücken. So werden bei *Velella* die Dactylozoide und der zentrale Freßpolyp durchaus gemieden und die sogenannten Leberkanäle des entodermalen Kanalsystems nur in ihrem dorsalen Teil besiedelt, während *Porpita* den Algen wieder andere Regionen verwehrt.

Bei der Knospung werden die Hydrozoensymbionten ohne weiteres in die Tochtertiere mit übernommen. Wenn Eizellen in rückgebildeten und im Verband der Kolonien bleibenden Medusoiden und Sporosacs heranreifen, werden sie in einer Reihe von Fällen, zum Beispiel bei *Halecium* und *Myrionema*, ganz ähnlich wie die von *Chlorohydra* infiziert. Das gleiche gilt auch für die Eier der zwar ebenfalls stark reduzierten, aber sich dennoch vom Stock trennenden Medusoide der Hydrocorallinen (HICKSON, 1900; MANGAN, 1909). Die Radiärkanäle der sich von den *Velella*- und *Porpita*kolonien lösenden Medusen werden ebenfalls mit Zooxanthellen versorgt, doch gehen diese hier wahrscheinlich zugrunde, bevor an den in größere Tiefen absinkenden sogenannten Chrysomitren Eizellen reifen, denn die jüngsten Larvenstadien der Velellen sind zunächst algenfrei und auf eine freilich nie ausbleibende Neuinfektion während des Wiederemporsteigens angewiesen. Über Algen in Hydromedusen liegen kaum gesicherte Angaben vor, doch kommen solche offenbar zum mindesten bei den Cuninen vor (STSCHELKANOWZEW, 1906; vgl. hiezu BUCHNER, 1930).

Bei Scyphozoen sind es hingegen in erster Linie die Medusen, welche als Algenwirte in Frage kommen. Während unter den Semäostomeen bisher nur bei *Linuche*arten ein Vorkommen von Zooxanthellen festgestellt wurde — sie liegen hier im Schirm zwischen den Gonaden in Säckchen vereint (THIEL, 1927) —, beziehen sich zahlreiche Angaben auf Rhizostomeen, wo sie schon von GEDDES und BRANDT als solche erkannt wurden, nachdem Vorgänger wie HAECKEL und HAMANN noch an merkwürdige Drüsenzellen oder spermatozoenähnliche Gebilde gedacht hatten. Bei *Cotylorhiza* wird das Entoderm einschließlich der anastomosierenden Kanäle des Gastrovaskularsystems besiedelt (CLAUS, 1884), sonst ziehen die Algen aber zumeist die Mesoglöa vor, die sie dann in Nestern allerseits durchsetzen. Manchmal freilich bleibt diese auch frei und beschränken sie sich auf Ansammlungen dicht unter dem Ektoderm, wie bei *Mastigias* (UCHIDA, 1926). *Cassiopeia*, die von BIGELOW (1900) und von SMITH (1936) studiert wurde, führt sie hingegen nicht nur allerorts in der Mesoglöa und in den Wanderzellen, sondern auch, freilich nur spärlich, in den Entoderm- und sogar in den Ektodermzellen.

Eizellen und Planulae bleiben bei den Scyphomedusen algenfrei. Doch erscheinen sie andererseits bei einem Teil der Algenwirte in den Polypenstadien, so daß man annehmen muß, daß diese sie jeweils neu mit der Nahrung erwerben. Wie dann den Medusen bei der Strobilation ein Teil der Algen mitgegeben wird und planuloide Gebilde, welche von dem Scyphistoma abgeschnürt werden, ebenfalls mit solchen versorgt werden, hat BIGELOW genau beschrieben. Andere Arten wieder besitzen algenfreie Polypen und erwerben die Symbionten erst als junge Medusen (*Crambessa*, v. LENDENFELD, 1888).

Über gelbe Zellen von Ctenophoren liegen nur spärliche Angaben vor. CHUN (1880) und MOSELEY (1882) meldeten solche aus den Meridionalgefäßen und Geschlechtsorganen von *Euchlora rubra* Köll.; nach KRUMBACH sollen ferner auch in den Gonaden von *Haeckelia* einzellige Algen leben, und BERKELEY (1930) beschreibt von der größere Tiefen bewohnenden *Owenia abyssicola* rotgefärbte Algen, die in den subepithelialen Zonen des Stomodäums zu treffen sind.

Bei Anthozoen stellt hingegen die Algensymbiose wieder eine überaus häufige Erscheinung dar. Was zunächst die Octocorallen anlangt, so kommen sie vor allem bei vielen Alcyonarien *(Tubipora, Heliopora, Xenia, Clavularia)* vor, sind aber auch von einigen Gorgoniarien *(Isis, Melitodes)* und wenigstens einer Pennatularie gemeldet worden (PRATT, 1905, 1906; LAACKMANN, 1908; HICKSON, 1916; YONGE u. NICHOLLS, 1931). Stets wieder auf das Entoderm beschränkt und außerdem auch frei im Lumen des von diesem ausgekleideten Hohlraumsystems sind sie vor allem bei den Formen des seichteren Wassers warmer Meere zu finden, während die der gemäßigten und kalten Meere symbiontenfrei zu sein pflegen. Auch die starke Anhäufung von rotem Pigment schließt offenbar infolge der herabgesetzten Belichtung eine Algensymbiose aus. Hand in Hand mit der Zunahme der Algen soll es nach PRATT zu einer steigenden Rückbildung der die verdauenden Sekrete liefernden Mesenterialfilamente und einem Verzicht auf die Aufnahme geformter Nahrung kommen.

Unter den Hexacorallen hat man lediglich bei den Ceriantharien keine Algen gefunden, während man von allen anderen Ordnungen zahlreiche Algenwirte kennt. Zu einer mehr oder weniger allgemeinen Infektion der Entodermzellen der Mesenterien und Tentakeln gesellt sich eine besondere Anhäufung der Algen in scharf abgesetzten Zonen der Mesenterialfilamente, den sogenannten Zooxanthellenstreifen. Außerdem erscheinen die Algen hier nun aber des öfteren, so vor allem bei den Zoantharien, im Bereich des Ektoderms (PAX, 1914). Auch hier bedingen die Symbionten vielfältig die Färbung der Wirte und decken dabei dessen eigene Pigmente mehr oder weniger zu; da die Algen aber mit zunehmender Tiefe aus Lichtmangel immer spärlicher werden und schließlich unter Umständen ganz fehlen, erscheinen dann in steigendem Maße die Eigenfarben der Tiere.

Außerordentlich verbreitet ist die Symbiose mit Zooxanthellen auch bei den Madreporarien. Von den zahlreichen Autoren, welche mehr nebenbei ihr Vorkommen melden, abgesehen, haben sich vor allem BOSCHMA und neuerdings YONGE mit ihr befaßt. Insbesondere letzterer hat als Leiter der dem großen australischen Barrier-Riff geltenden Expedition (1928/29) im Verein mit seinen Mitarbeitern überaus wertvolle Beiträge zu ihrer Kenntnis geliefert und sie sowohl in anatomischer wie in physiologischer Hinsicht grundlegend erforscht (C. M. YONGE u. NICHOLLS, 1931; C. M. YONGE, M. J. YONGE u. NICHOLLS, 1932; C. M. YONGE, 1936, 1940, 1944). BOSCHMA (1924, 1925, 1926) hat 38 Arten von Riffkorallen des Indopazifischen Ozeans untersucht und stets algenhaltig gefunden, und YONGE u. NICHOLLS prüften sämtliche Arten von 35 Gattungen mit positivem Erfolg, so daß man sicher sein kann, daß alle in seichtem Wasser lebenden Korallen Zooxanthellen enthalten. Wenn sich lediglich bei *Dendrophyllia* niemals solche fanden, so bestätigt dies nur die Regel, denn hier handelt es sich um eine Form größerer Tiefen, welche sich sekundär auch an seichtes Wasser gewöhnt hat. Auch die Feststellung BOSCHMAS (1925), daß *Astrangia*- und *Phyllangia*arten teils niemals, teils nur gelegentlich Algen führen, steht damit nicht im Widerspruch, denn diese leben zwar auch im Seichten, ziehen aber meist dunkle Stellen den belichteten vor.

Die mit einer ziemlich kräftigen Zellulosemembran umgebenen Algen, in denen sich Öltropfen und stärkeähnliche Substanzen finden, sind durchaus auf das Entoderm beschränkt und finden sich hier unter anderem auch in den interstitiellen Zellen. Stets sind es dabei die mehr dem Lichte ausgesetzten Regionen, welche besiedelt werden, und soweit die Korallen schwach belichtet sind, tritt an Stelle der braunen, auf die Algen zurückgehenden Färbung eine hellere bis weiße und erinnert damit an das Ausbleichen der grünen Spongillen bei mangelhaftem Lichtgenuß. Versuche, die Algen der Riffkorallen außerhalb ihrer Wirte zu züchten, führten bis heute zu keinem Erfolg.

Bei allen Anthozoen scheinen, wie bei den Süßwasserschwämmen, bereits die das Muttertier bzw. die Mutterkolonie verlassenden Planulalarven infiziert zu sein. Bei den Riffkorallen hat MARSHALL (1932) genauere Untersuchungen angestellt und gefunden, daß die Larven von *Porites*, die etwa 0,5—1 mm lang sind, 1150—7400 Algen enthalten, die von *Poicillopora*, die wesentlich größer sind, sogar nicht unter 25 000. Unter Umständen ist zunächst auch das Ektoderm vornehmlich in der Mundregion von Zooxanthellen infiziert, aber im Laufe der weiteren Entwicklung schwinden sie allemal aus diesem Bereich und beschränken sich auf das Entoderm (*Maeandrina*, WILSON, 1888; BOSCHMA, 1929; *Siderastraea*, DUERDEN, 1904). Manche vermuten, daß bereits die reifen Eizellen infiziert werden, doch liegen bis jetzt keine gesicherten Angaben hiefür vor. Unter ungünstigen Bedingungen versagt bei Aquariumstieren die Übertragung und schwärmen farblose Larven aus (DUERDEN).

Wie im Laufe der Entwicklung der ersten Polypen die Algen in regelmäßiger Weise über Septen und Tentakeln verteilt werden, hat DUERDEN für *Siderastraea radians* Pallas geschildert und mit hübschen Bildern belegt.

Die Symbiose der rhabdocölen und acölen Turbellarien, über die wir zum Teil recht gut unterrichtet sind, bietet ein besonderes Interesse, weil hier einerseits wieder sehr verschiedene Grade der Innigkeit der gegenseitigen Beziehungen verwirklicht werden, andererseits aber auch ein Höhepunkt derselben erreicht wird, der ein Gutteil über das hinausgeht, was Protozoen und Cölenteraten bieten. Daß die grünen Strudelwürmer zu den Objekten zählen, an denen das zunächst so rätselhafte «tierische Chlorophyll» untersucht wurde, haben wir schon erwähnt. SCHULTZE (1851) hatte als erster das Vorhandensein echten Chlorophylls bei *Dalyellia viridis* G. Shaw nachgewiesen, GEDDES (1879) *Convoluta* für seine Gaswechselversuche benutzt und BRANDT (1881, 1882) die Einschlüsse endlich als Algen erkannt. Die eingehende Erforschung der interessanten Convoluten ist KEEBLE u. GAMBLE (1905, 1907) zu danken, während VON HAFFNER (1925) eine Reihe von Lücken auszufüllen vermochte, welche die Kenntnis der Rhabdocölensymbiose noch aufwies.

Bei letzterer handelt es sich um typische, leicht zu kultivierende Chlorellen, die hier zumeist in den Lücken des Mesenchyms, also interzellular liegen und nur selten die Darmepithelzellen bevorzugen. Streng obligatorische Algenwirte, wie *Chlorohydra*, gibt es unter den Süßwasserformen nicht, wohl aber neben gelegentlich grünen solche, welche fast stets infiziert sind, wie die genannte *Dalyellia* oder *Castrada hofmanni* M. Braun. Niemals werden die Eizellen infiziert. Die Wintereiern entschlüpften Weibchen bleiben vielmehr einige Wochen farblos und weiden in dieser Zeit den Algenbelag der Zuchtgefäße ab, bis sie allmählich ergrünen. Dabei treten zunächst Algen in den Darmepithelzellen auf und anschließend in kleinen, zwischen diesen gelegenen embryonalen Elementen. Diese sind es dann, welche die Symbionten in das Mesenchym tragen, um hier in der Folge zugrunde zu gehen, und dabei ihren Inhalt in die Lücken zwischen die Mesenchymzellen entlassen (VON HAFFNER). Unveröffentlichte, in meinem Institut angestellte Untersuchungen GIMMLERS haben diesen zunächst an *Dalyellia viridis* beschriebenen eigenartigen Vorgang an *Phaenocora typhlops* bestätigt. Wenn sich innerhalb des mütterlichen Körpers aus Sommereiern Embryonen entwickeln, treten die Algen in deren Pharynx und von da in der gleichen Weise in Darm und Mesenchym über (SILLIMAN, 1885; DORNER, 1902; LUTHER, 1904).

Mit der wesentlich anders gearteten Symbiose der ebenfalls grünen acölen Turbellarien des Meeres — *Convoluta roscoffensis* Graff und *Convoluta schultzii* O. Schm. — haben sich VON GRAFF (1891), HABERLAND (1891, bei v. GRAFF) und vor allem KEEBLE u. GAMBLE (1905, 1907, 1910) befaßt. An Stelle der Chlorellen treten hier wieder im Wirtstier geißellos werdende, ebenfalls im Parenchym lebende Flagellaten, welche vermutlich unter die Chlamydomonaden einzureihen sind. Diesmal werden sie jedoch so weitgehend in den tierischen Geweben verändert, daß sie unregelmäßige, membranlose Gebilde darstellen, die sich nicht mehr kultivieren lassen und als Ausgangsmaterial für eine Übertragung nicht mehr in Frage kommen. Hiezu dienen vielmehr freilebende, begeißelte Zustände, welche sich, offenbar durch chemotaktische Reize angelockt, an den mehrere Eier enthaltenden Kokons sammeln und lebhaft vermehren.

Haben sich die Algen im Anschluß an die Neuinfektion in dem Körper des Wirtes genügend angereichert, so stellt dieser die Nahrungsaufnahme völlig ein und lebt offenbar ausschließlich von der Assimilation seiner Gäste. Unterbleibt die Infektion, so nehmen die hier in völlige Abhängigkeit von ihren Symbionten geratenen Tiere trotzdem keine Nahrung mehr zu sich und gehen zugrunde. Nur rechtzeitige künstliche Infektion kann sie dann vor dem Tode bewahren. Alternden Tieren genügt jedoch merkwürdigerweise diese autotrophe Ernährungsweise nicht mehr, ein jetzt erwachendes Bedürfnis nach geformtem Eiweiß läßt sie ihre Symbionten angreifen, wodurch jedoch ihr Tod nicht abgewendet, sondern nur hinausgeschoben wird. Nach der Resorption der Symbionten gehen die nicht mehr zu selbständiger Nahrungsaufnahme fähigen Tiere zugrunde.

Andere marine Turbellarien — mehrere acöle Formen und eine allocöle — leben im Verein mit gelben Zellen. Unter ihnen ist vor allem *Convoluta paradoxa* Örst. ebenfalls von KEEBLE u. GAMBLE (1908) eingehend untersucht worden. Während sich bei *Convoluta roscoffensis* die den Kokons entschlüpfenden Larven leicht infizieren lassen, gelingt es bei dieser Art nur, wenn man ihr Tang von dem Wohngebiet der Würmer und damit die freilebenden Infektionsstadien bietet. Fehlen solche, was freilich in der Natur kaum vorkommen dürfte, so nehmen die farblosen Larven zwar reichlich Nahrung — Diatomeen, kleine Crustaceen und dergleichen — auf, wachsen aber trotzdem nicht nur nicht heran, sondern werden sogar kleiner. Sobald aber auch nur einer der blaßgelben, vielleicht den Chrysomonaden zuzurechnenden Flagellaten in das hier den Darm ersetzende parenchymatöse Gewebe aufgenommen wird, setzt seine lebhafte Vermehrung und damit Gelbfärbung des Wirtstieres ein. Hier kommt es jedoch im Anschluß an die Infektion zu keiner Einstellung der Nahrungsaufnahme, und es wird jederzeit bei künstlich herbeigeführtem Nahrungsmangel ein Teil der Algen verdaut.

Daß auch den Echinoderen gelbe Zellen nicht abgehen, erfahren wir aus der diesen kleinsten Metazoen gewidmeten Monographie ZELINKAS (1928). Vordem hatte man sie völlig übersehen. Sie finden sich im Bereich der Hypodermis zwar bei allen Unterordnungen, doch stets nur als fakultative Symbionten, werden dabei aber trotzdem in höchst auffälliger artspezifischer Weise in Reihen und Gruppen angeordnet. Die Aufnahme geschieht jeweils mit der Nahrung, hungernde Tiere greifen die Algen an und enthalten dann mit deren Zerfallsprodukten beladene Wanderzellen.

Auch wenn man so manche Angaben über eine tatsächlich nur durch das Fressen grüner Algen vorgetäuschte Symbiose bei Rotatorien ausscheidet (vgl. hiezu REMANE, 1929), so bleibt doch eine Reihe gesicherter Fälle bestehen. Man kann auch hier obligatorische und fakultative Algenzüchter und ausgesprochene Algenfeinde unterscheiden. Die gegen die Verdauung gefeiten Algen treten aus dem Darmepithel, ähnlich wie bei den Süßwasserturbellarien, in die Leibeshöhle über. HARRING u. MYERS (1922, 1924, 1928), PENARD (1890), GELEI (1927) und VARGA (siehe BUCHNER, 1930) berichten über solche Fälle. Letzterer fand die Algen auch in den Dauereiern.

Völlig isoliert unter den Anneliden steht das Vorkommen von Algen bei Chätopteriden da. Nachdem schon BRANDES (1898) die eigentümliche Grünfärbung des Darmes von *Chaetopterus* auf algenähnliche Einschlüsse zurückgeführt hatte, machte eine diesbezügliche Untersuchung BERKELEYS (1930) die Existenz einer Symbiose zur Gewißheit. Nicht nur bei *Chaetopterus variopedatus*, sondern auch bei *Mesochaetopterus*, *Phyllochaetopterus* und *Leptochaetopterus* leben in recht ähnlicher Weise in den Zellen des Darmepithels zumeist im Palmellastadium befindliche Flagellaten ohne Zellulosemembran, Chromatophoren und Pyrenoide. Frisch dem Wirtstier entnommen, trägt jedoch bereits ein Teil von ihnen zwei Geißeln und ist beweglich, bei anderen erscheinen diese nach einigen Stunden.

Besonders zahlreich liegen die Algen an den dem Darmlumen zugewandten Enden der hohen Epithelzellen, doch finden sie sich auch seitlich in dünnerer

Lage und meiden vor allem die zentralen Regionen der Zellen. Nach dem After zu werden sie kleiner und spärlicher und in seiner unmittelbaren Nähe, das heißt in dem jüngeren, regenerativen Gewebe der sich ungeschlechtlich durch Querteilung fortpflanzenden Tiere häufen sich die beweglichen Stadien. Bei *Mesochaetopterus* waren meist schon die Eier äußerlich mit den Algen behaftet, und der Darm früher Larvenstadien pflegt bereits infiziert zu sein (ENDERS, 1909). Nach BERKELEY sind die Symbionten unter die Chrysocapsinen einzureihen.

Auch unter den Mollusken fanden sich an zwei Stellen Vertreter, welche in Algensymbiose leben. Über Zooxanthellen in marinen Nacktschnecken liegen einerseits manche unsichere und zum Teil wohl auf Verwechslung mit Nahrungskörpern und tiereigenen Einschlüssen beruhende Angaben vor, zu denen auch die von ZIRPOLO (1923) über Algen in den «Leberblindsäcken» von *Phyllirrhoe* zählen dürfte, welche weder FEDELE (1926) noch ich (1930) bestätigen konnte. Auch die alten Angaben über grüne Algen in *Elysia viridis* (BRANDT, 1883) sind nicht aufrechtzuhalten, doch steht bei einer Reihe anderer Opisthobranchier die Symbiose mit Zooxanthellen außer Zweifel. Dies gilt für *Aeolis-, Doridoeides-, Melibe-, Spurilla-, Favorinus-* und *Eolidina (= Aeolidiella)*-Arten (HECHT, 1895; ELIOT u. EVANS, 1908; HORNELL, 1909; HENNEGUY, 1925; NAVILLE, 1926; GRAHAM, 1938). Die Algen liegen in all diesen Fällen in den Zellen jener Darmausstülpungen, welche in die dorsalen Körperanhänge eintreten, und werden vermutlich stets mit der Nahrung aufgenommen. Für *Eolidina* ist dies von NAVILLE und GRAHAM einwandfrei nachgewiesen worden. Sie lebt auf und von der Aktinie *Heliactis bellis* und verleibt sich beim Fressen gleichzeitig deren Algen und Nesselkapseln ein. Beide werden unversehrt in die Zellen der Darmblindsäcke aufgenommen und hier deponiert. Der fremden Nesselkapseln bedienen sich dann die Schnecken, wie wenn sie ihr eigen wären, und die Algen vermehren sich als willkommene Symbionten. Gleichzeitig verleihen sie ihren Wirten die gleiche Färbung, welche dank ihnen auch die Aktinien besitzen, so daß sie kaum auf diesen zu entdecken sind.

Da wahrscheinlich auch alle die anderen genannten Nacktschnecken karnivor sind — für eine Reihe von Formen konnte ebenfalls die fremde Herkunft der Nesselkapseln nachgewiesen werden —, so dürften ihre Algen sämtlich auf die gleiche Weise erworben werden. Eine Ausnahme macht jedoch *Tridachia crispata* Bgh. Bei ihr handelt es sich um eine rein herbivore Form, deren Symbiose auch sonst von der der übrigen Opisthobranchier abweicht (YONGE u. NICHOLAS, 1940). Sie besitzt keine dorsalen Papillen, ist frei von Nesselkapseln, und in den reich entwickelten Darmdivertikeln sucht man vergebens nach Algen; doch bilden diese nun einen auffallend schmalen bräunlichen Saum, der die tief einschneidenden welligen Falten des blattförmigen Körpers begleitet, und liegen diesmal interzellular im Bindegewebe. Vermutlich werden auch sie mit der Nahrung aufgenommen, aber die Anpassung geht insofern einen Schritt weiter, als hier ein von pflanzlicher Nahrung lebender Organismus die ihm adäquate Kost unversehrt läßt und die Algen auf einen besonders engen und speziellen Raum begrenzt.

Vor allem aber ist an dieser Stelle über eine Algensymbiose zu berichten, die erst in neuerer Zeit in ihrer Bedeutung erkannt wurde, obwohl sie an ein höchst auffallendes Objekt geknüpft ist und einen einzig dastehenden Grad der Innigkeit erreicht. Es handelt sich um die Tridacniden, jene Lammellibranchier, deren exzessives Wachstum zu Schalen von 1 m Länge führen kann. Schon BROCK (1888) hatte zwar in ihrem Mantel Zellen gesehen, in denen er Algen vermutete, aber erst YONGE hat das überaus interessante Vorkommen eingehend untersucht und damit einen der wertvollsten Beiträge zur Algensymbiose geliefert.

Der Mantelrand von *Tridacna* ist derart verdickt und vergrößert, daß die Schale nicht mehr vollständig geschlossen werden kann, und breitet sich in der Ruhelage in Falten gelegt über den Schalenrand aus. Soweit der Mantel dem Lichte ausgesetzt ist, enthalten die zahlreichen Lakunen des Blutgefäßsystems Massen brauner Zooxanthellen, von denen jede einzelne in einer dadurch stark gedehnten Amöbocyte eingeschlossen liegt. Im Gegensatz zu den Zooxanthellen der Korallen besitzen sie hier keine oder nur eine sehr dünne Membran; in ihrem Plasma finden sich Öltropfen und viel Stärke. Der Überschuß an Algen gelangt in Phagocyten, die sich insbesondere zwischen den stark reduzierten Darmdivertikeln und anderweitig um den Darmkanal sammeln und Algen in allen Stadien der Auflösung enthalten.

Bei *Hippopus* ist die Symbiose weniger hoch entwickelt als bei *Tridacna*. Der Mantelrand ist nicht so sehr vergrößert, dafür wird jedoch die Schale weiter geöffnet; auch ist die Zahl der Algen in ihm und die Ansammlung der Phagocyten am Darm eine entsprechende geringere. Vor allem aber gehen ihm auch sehr eigenartige Organe ab, welche die *Tridacna*arten im Anschluß an die Symbiose entwickelt haben. Soweit sich ihr Mantel dem Lichte entgegenbreitet, trägt er eine Reihe von kegelförmigen Erhebungen, in die bald in der Einzahl, bald in der Mehrzahl ovale Nester von transparenten Zellen gebettet sind. Diese leiten sich offensichtlich von in die Tiefe versenkten und hier sich vermehrenden Epithelzellen ab und werden von einer blassen bindegewebigen Hülle umzogen. Stets liegen sie in den dichtesten Algenansammlungen, und es kann kaum ein Zweifel darüber herrschen, daß sie die Aufgabe haben, das Licht auch in deren tiefere Regionen zu lenken (Abb. 1). Wie etwa die Symbiose mit Leuchtbakterien die Bildung von lichtsammelnden Linsen auslöste, so führte hier die mit Algen zu einer vergleichbaren Reaktion des tierischen Gewebes, die ja dem vielfach Linsenaugen bildenden Mantelrand der Muscheln von vornherein nahe liegt.

Erreicht hiedurch die Symbiose der Tridacniden bereits einen Grad der Innigkeit, wie er unter den Algensymbiosen einzig dasteht, so ergibt vollends der Vergleich ihrer Organisation mit der ihrer Vorfahren, welche *cardium*ähnlich gebaut waren, daß sie im Anschluß an die Aquisition der Algen tiefgreifende Modifikationen erfahren hat und daß letzten Endes die ganze ungewöhnliche Form und Lebensweise dieser erst im Eozän auftretenden Tiere auf sie zurückgeht. Die so ungewöhnliche, den Algen erst den nötigen Lebensraum und Lichtgenuß verschaffende Ausdehnung des Mantelrandes über die ganze Dorsalseite veranlaßte eine Verlagerung des Umbos nach vorne; die

Siphonen rückten ebenfalls vom Hinterende nach vorne zu, wurden hiebei weit voneinander getrennt und gleichzeitig reduziert, der hintere Schließmuskel und der hintere Retraktor wurden zwar weniger weit nach vorne geschoben, aber stark vergrößert. Der After kam bei diesen Bewegungen im Gegensatz zu allen siphonaten Lamellibranchiern hinter den ausführenden Sipho zu liegen. Herz und Niere folgten dieser allgemeinen Verlagerung nicht minder, Mund und Labialpalpen rückten nach unten. Gleichzeitig nahmen die an Bedeutung verlierenden Darmdivertikel an Zahl ab und wurden durch die mit Symbionten

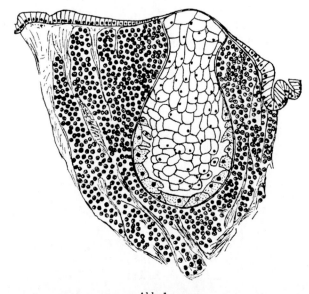

Abb. 1

Tridacna crocea Lam. Linsenartiges Organ des Mantelrandes inmitten zahlreicher Zooxanthellen. 180fach vergrößert. (Nach Yonge.)

gefüllten Phagocyten ersetzt. Die Menge der von diesen nicht verdauten Algenreste führte zu einer beträchtlichen Vergrößerung der Nieren und zu ausgedehnten Ansammlungen von Exkreten in diesen.

In dem Maße, in dem die Ernährung von den Algen abhängig wurde, mußte sich auch die Lebensweise der Tiere ändern. Sie beschränkten sich auf die Oberfläche der Korallenriffe und die Ufernähe, wo ihren Symbionten der nötige Lichtgenuß zuteil wird, und lernten, nachdem sie sich wohl vordem wie *Cardium* in den Sand eingegraben hatten, teils mittels starker Entfaltung des Byssus, teils durch Formveränderungen an der Schale und schließlich durch das Bohren im Korallenkalk sich die Stellung zu geben, die die Entfaltung des dem Licht zugewandten Mantels verlangte. Ob schließlich auch das Riesenwachstum der Muschel eine Folge der Algensymbiose darstellt, muß offenbleiben. Thiel (1929) dachte wohl daran, daß der auf sie zurückgehende Sauerstoffreichtum eine gesteigerte Kalkausscheidung bewirken könnte, andererseits erinnert Yonge aber

daran, daß ja auch algenfreie riffbewohnende Formen, wie *Spondylis* und *Chama*,
sehr starkes Schalenwachstum zeigen; letzten Endes hält jedoch auch er es für
sehr wohl möglich, daß erst das Zusammenleben mit den Algen die für eine
solche exzessive Leistung nötige Steigerung des Stoffwechsels ermöglichte.

Wenn sich gelegentlich auch bei *Anodonta cygnea* L. und *Unio pictorum* L.
im Fuß und in den hinteren Regionen des Mantelrandes und der Kiemen
typische Chlorellen ansiedeln und so diese Teile ebenfalls intensiv grün färben,
so kann hier nicht von einer Symbiose die Rede sein. Immerhin gewährt ein
solches zur Schädigung der Muscheln führendes Vorkommen, das von GOETSCH
u. SCHEURING (1926) eingehender untersucht wurde, auch für das Verständnis
friedlicher Algensymbiosen wertvolle Einblicke in die Neigungen der Chlorellen
zu parasitischer Lebensweise und gab den Genannten ein Algenmaterial an die
Hand, mit dem sie die Grenzen der Aufnahmebereitschaft bei Protozoen und
Hydren studieren konnten.

Die einzigen Chordatiere betreffenden Angaben beziehen sich auf Ascidien,
doch handelt es sich dabei, soweit nicht überhaupt eine Verwechslung mit grünlichen Zellen des Blutes vorliegt, wie sie den älteren Autoren sichtlich mehrfach
unterlief, lediglich um bald mehr gelbe, bald grüne einzellige Algen, die im
Lumen der Kloakenhöhle und ihrer Ausläufer leben, wie dies bei *Diplosoma
virens* Hartmeyer und *Didemnum voelzkowi* Michaelsen der Fall ist, oder sich
auch innerhalb des Zellulosemantels finden können, wie bei *Didemnum viride*
Herdmann. Niemals ist hingegen eine intrazellulare Besiedelung der eigentlichen
Ascidiozoide begegnet, so daß man diese sich lediglich auf Bewohner tropischer
Meere beziehenden Befunde kaum als echte Symbiosen bewerten darf (HARANT,
1930; SMITH, 1935).

Die Frage nach den eventuellen Vorteilen einer Endosymbiose mit
Algen ist viel erörtert worden, und zahlreiche Untersuchungen morphologischer
und experimenteller Art suchten sie zu klären. Auf die ersten Feststellungen von
GEDDES (1878) bezüglich einer Sauerstoffproduktion der symbiontischen
Algen bei *Convoluta* folgten rasch weitere gleichlautende Angaben. Schon 1881
zeigte ENGELMANN mit seiner eleganten Bakterienmethode, daß auch *Chlorohydra* und *Paramaecium bursaria* im Licht sehr energisch Sauerstoff abscheiden,
während GEDDES (1882) und BRANDT (1883) entsprechende Erfahrungen auch
an den gelben Zellen der Radiolarien und Aktinien machten. GEDDES erblickte
daraufhin in dieser Sauerstoffausscheidung als erster eine den Tieren nützliche
Begleiterscheinung der Symbiose. Seine Vorstellungen fanden teils Widerspruch,
teils Bestätigungen. BRANDT sprach sich – obwohl er sich selbst davon überzeugen konnte, daß Aktinien, welche bei geringer Sauerstoffmenge in verkitteten
Gefäßen gehalten wurden, belichtet wesentlich länger am Leben bleiben als im
Dunkeln – dahin aus, daß in der freien Natur der von den Einmietern gelieferte
Sauerstoff für das Tier keine Bedeutung haben könne; aber PENARD (1902),
GRUBER (1904) und DOFLEIN (1907) machten doch wieder die Erfahrung, daß
grüne Monothalamen und Amöben sowie *Paramaecium bursaria* in Uhrglas-
kulturen ungleich widerstandsfähiger sind als farblose Individuen der gleichen

Art oder verwandter Formen. PRINGSHEIM, der dem *Paramaecium bursaria* sehr sorgfältige physiologische Studien gewidmet hat (1925, 1928), hielt grüne und farblose Tiere bei beschränkten Sauerstoffmengen belichtet in zugeschmolzenen Glasröhrchen und stellte fest, daß die ersteren monatelang lebten, während die letzteren alsbald zugrunde gingen. Belichtete er die algenhaltigen Kulturen Tag und Nacht, so gediehen sie merklich besser, als wenn die Algen nur tagsüber assimilierten. Auch HOOD (1927) tritt hinsichtlich der nur in stagnierendem Wasser lebenden grünen *Frontonia* für eine Verbesserung ihrer Lebenslage durch die Sauerstoffproduktion der Algen ein.

VAN TRIGT (1919) machte die Erfahrung, daß sich aus grünem Zellbrei von Süßwasserschwämmen im Licht leicht neue Schwämmchen reorganisieren, nicht aber im Dunkeln. Für *Chlorohydra* hatte schon WILSON (1891) angegeben, daß sie in schlechtem Wasser ungleich länger leben kann als andere Arten ohne Algen, und BOHN u. DRZEWINA (1928) fanden, daß sie in sauerstofffreiem Wasser wohl zunächst Depressionserscheinungen zeigt, daß diese aber dann wieder zurückgehen. Auch TRENDELENBURG (1909), der exakte Messungen über Bildung und Verbrauch des Sauerstoffs bei algenhaltigen Aktinien im Hellen und Dunkeln vornahm, kam zu dem Resultat, daß für sein Objekt die Sauerstoffproduktion der Algen von großer Bedeutung ist, da die Intensität ihres Stoffwechsels, wie auch bei anderen niederen Tieren, von der Menge des vorhandenen Sauerstoffs abhängig ist. In stagnierendem oder stark erwärmtem Wasser kann daher nach ihm die in den Tieren lokalisierte Sauerstoffquelle sehr wohl wertvoll werden.

In neuerer Zeit hat sich auch weiterhin eine ganze Reihe von Autoren mit der Frage nach der Bedeutung der Sauerstoffproduktion symbiontischer Algen für ihre Wirte befaßt. YONGE und seine Mitarbeiter fanden, daß sie bei ihren Riffkorallen, wenn diese neun Stunden dem Tageslicht ausgesetzt wurden, den Bedarf der Tiere wesentlich überschritt, während im Dunkeln stets beträchtliche Mengen des von den Algen stammenden Sauerstoffs verbraucht wurden. Daß die Tiefe, in der die Algen leben, und der nach Tages- und Jahreszeit schwankende Lichtgenuß wesentlichen Einfluß auf die Intensität der Sauerstoffproduktion hatte und andererseits die algenfreie *Dendrophyllia* hinsichtlich ihres Sauerstoffhaushaltes keine derartigen Schwankungen aufwies, wird nicht wundernehmen.

Weiterhin hat MARSHALL (1932) die Sauerstoffproduktion der Planulae von Korallen studiert, VERWEY (1931) die von *Acropora hebes*, WELSH (1936) die des marinen Turbellars *Amphiscolops*, KAWAGATI (1936) die anderer Madreporarien und SMITH (1939) die von *Anemonia sulcata*, aber hinsichtlich der Beurteilung ihres eventuellen Nutzens gehen die Meinungen dieser verschiedenen Autoren auseinander. Während VERWEY und SMITH für einen solchen eintreten, verhalten sich YONGE und seine Mitarbeiter ablehnend und sind der Meinung, daß wohl insbesondere dort, wo kräftige Strömungen fehlen, reiches, Sauerstoff produzierendes Pflanzenleben für die Korallen lebensnotwendig sein dürfte, daß aber kein Grund vorliege, dieses in deren Innerem zu lokalisieren. Höchstens unter gewissen außergewöhnlichen Bedingungen, wie sie etwa in kleinen

Wasseransammlungen entstehen können, käme auch nach ihrer Meinung vielleicht ein Nutzen in Frage.

Weit wichtiger ist jedenfalls für die Beurteilung der eventuellen Vorteile der Algensymbiose die Frage, inwieweit sie zu einem völligen Verzicht auf die Aufnahme geformter Nahrung oder wenigstens zu einer wesentlichen Einschränkung derselben führen kann. Für Protozoen liegen zahlreiche Angaben vor, denen zufolge dies in der Tat der Fall ist. So haben weder ARCHER noch NÜSSLIN (1884) noch PENARD je bei den in obligatorischer Symbiose lebenden *Amphitrema*arten Nahrungsaufnahme feststellen können, und bei anderen grünen Thekamöben wird sie sichtlich stark herabgesetzt. Auch bei der Cyanophyceen enthaltenden *Paulinella* hat noch keiner der Autoren, die sich mit ihr beschäftigten, animalische Ernährungsweise beobachtet. LOHMANN (1908, 1912) hat einen sehr merkwürdigen marinen Ciliaten, *Mesodinium rubrum* Lohm., beschrieben, der nur in der Jugend Nahrung aufnimmt. Sobald er sich mit einer kleinen roten Alge, *Erythromonas haltericola*, infiziert hat, wird das Cytostom verschlossen, der Mundkegel, auf dem es lag, rückgebildet und jegliche Nahrungsaufnahme eingestellt. Hinsichtlich *Chlorohydra* sind sich die meisten Autoren einig, daß bei ihr die Aufnahme von Daphnien und anderen Beutetieren keineswegs die Rolle spielt wie bei den farblosen Hydrariern. Daß bei *Convoluta roscoffensis* nach hinreichender Vermehrung der Algen keinerlei Beute mehr aufgenommen wird, geben einstimmig alle Autoren an. Weiterhin fand YONGE, daß der Darm der Tridacniden im Zusammenhang mit ihrer so hoch entwickelten Algensymbiose nur noch sehr wenige von außen stammende Nahrungspartikelchen zu enthalten pflegt und daß die verdauenden Darmdivertikel in hohem Maße reduziert sind. Auch für Xeniiden (GOHAR, 1940) und andere Alcyonaceen (PRATT, 1903) wird angegeben, daß die Aufnahme geformter Nahrung nur noch eine sehr unwesentliche Rolle spielt und daß es auch hier zu einer Rudimentierung der resorbierenden Mesenterialfilamente gekommen ist.

Andere in Symbiose lebende Protozoen und Cölenteraten aber fressen dauernd gleich ihren algenfreien Verwandten und warnen vor Verallgemeinerungen. Jedenfalls steht fest, daß die Symbiose in einer Reihe von Fällen durch solche Einschränkung zu einer obligatorischen geworden ist und daß zahlreiche fakultative Symbiosen immerhin eine wechselnd weitgehende Verbesserung der Lebenslage ihrer Wirte im Gefolge haben müssen.

Versuche an hungernden Tieren bestätigen dies. Auch solche wurden bereits von BRANDT (1882) an Aktinien angestellt. Als er von zwei gleich großen Exemplaren von *Anthea cereus* eine verdunkelt, aber in wohldurchlüftetem Wasser, die andere im Hellen hielt, war die erstere nach einem Monat tot, die andere nach sechs Monaten noch völlig frisch. Dabei konnte gezeigt werden, daß die Dunkelheit als solche nicht schädigend wirkt. Die älteren Angaben über das Verhalten von *Chlorohydra* bei Nahrungsentzug waren zunächst weniger beweisend; PRINGSHEIM (1915) hielt sie zwar über ein Vierteljahr ohne geformte Nahrung in Nährlösungen, aber es stellten sich dann immerhin die als Depressionserscheinung bekannten geknöpften Tentakeln ein. Eine einwandfreie

Versuchsanordnung war vielmehr erst möglich, nachdem GOETSCH (1924) gelernt hatte, die Tiere algenfrei zu machen. Als er grüne und weiße Chlorohydren sowie algenfreie *Hydra attenuata* in ein und demselben Gefäß ohne Nahrung hielt, lebten nach eineinhalb Monaten nur noch die erstgenannten. Schließlich kränkelten freilich auch diese. Daß der Algenverlust an sich keine Schädigung bedeutet, geht aus dem Umstand hervor, daß sich die symbiontenfreien Chlorohydren bei Fütterung sehr gut halten. Als man algenhaltige Chlorohydren teils im Hellen, teils im Dunklen hungern ließ, lebten die ersteren fast doppelt so lang (VON HAFFNER). Die gleiche Erfahrung machten VON GRAFF an *Dalyellia* und KEEBLE u. GAMBLE an Convoluten.

Immer wieder ergab sich, daß bei diesen Tieren zwar kein völliger Verzicht auf Nahrungsaufnahme möglich ist und letzten Endes Depressionserscheinungen unausbleiblich sind, daß aber diejenigen algenhaltigen Tiere, bei denen es normalerweise nicht zu einer völligen Einstellung derselben kommt, wesentlich länger hungern können. Nach PRINGSHEIM (1925, 1928) soll sogar bei *Paramaecium bursaria*, also einem Tier, das sonst Bakterien und Hefen begierig einstrudelt, ohne Schädigung ein vollkommener Verzicht auf geformte Nahrung möglich sein. Als er die Ciliaten in einer geeigneten, nahezu bakterienfreien Nährlösung hielt, schwanden alsbald die Nahrungsvakuolen, die Fetttröpfchen und die als Schewiakoffsche Kristalle bekannten Exkrete, aber die Tiere ließen sich trotzdem beliebig lang halten. LOEFER (1936) freilich kam, als er PRINGSHEIMS Versuche wiederholte, zu der Auffassung, daß dies bei völliger Abwesenheit von Bakterien doch nur bis zu einem gewissen Grade möglich sei und die anderslautenden Befunde auf die noch immer vorhandenen Bakterien zurückzuführen seien. Auch HÄMMERLING teilt neuerdings (1946) mit, daß grüne *Stentor polymorphus* bei Lichtgenuß zwar nicht unbegrenzt leben, aber doch wesentlich länger hungern können als algenfreie.

Nachdem mithin die Algenwirte zweifellos ganz oder teilweise von ihren Symbionten ernährt werden können, ersteht die Frage, wie dies im einzelnen geschieht. Wird dauernd ein Überschuß der Einmieter aufgelöst und· verdaut, oder übermittln diese dem umgebenden Gewebe gelöste Assimilate, oder werden beide Möglichkeiten gleichzeitig oder in hintereinander gelegenen Perioden verwirklicht?

Die Angaben über absterbende und der Resorption verfallende Algen sind sehr zahlreich und wurden zum Teil bereits im vorangehenden wiedergegeben. Was die Protozoen anlangt, so beziehen sie sich auf Radiolarien (ENRIQUES, 1919; und andere), nackte und beschalte Amöben (PENARD, GRUBER) und Ciliaten (*Bursella spumosa* nach SCHMIDT, 1921; und andere), während weder WINTER (1907) an *Peneroplis* noch SCHAUDINN (1899) bei *Trichosphaerium* zugrunde gehende Algen fanden. VAN TRIGT sieht die Algen der Spongilliden dauernd der Verdauung verfallen, und BEUTLER (1924) sowie vor allem VON HAFFNER (1925) beschreiben im einzelnen die Degeneration und Resorption der Chlorellen der Hydren. Dabei werden die meisten Algen an den Orten gesteigerten Stoffwechsels, wie in jungen Knospen und in der Gegend der Eibildung, aufgelöst. WOLTERECK (1904) erblickt in der Versorgung der Chrysomitren mit gelben Zellen geradezu eine Art Verproviantierung. Nach VON HAFFNER werden auch die Algen der grünen Turbellarien des Süßwassers verdaut, und von *Convoluta paradoxa* und *roscoffensis* haben wir gehört, daß die erstere dauernd, die letztere im Alter, ihre Symbionten resorbieren. Bei *Tridacna* werden die Algen durch Phagocyten vom Mantel nach dem Darmkanal transportiert, wo diese sich dann in großer Menge rund um dessen reduzierte Divertikel und anderweitig finden und Algen in allen Stadien der Verdauung enthalten. Ein Teil der Phagocyten tritt aber auch in das Darmlumen über, in dem sich so stets zahlreiche Algen in Auflösung finden.

Inwieweit in all diesen Fällen intakte Algen gegen die verdauenden Säfte der Wirte immun sind und nur solche angegriffen werden, welche bereits in Degeneration begriffen sind, ist meist nicht mit Bestimmtheit zu sagen. PRINGS-HEIM und VON HAFFNER treten zum Beispiel für die Immunität gesunder Algen bei ihren Objekten ein. Aber für die Beurteilung des Wertes der Algensymbiose ist diese Frage schließlich nur von sekundärer Bedeutung.

In welchem Maße neben solcher Verdauung ganzer Algen auch eine Verwertung von Assimilaten in Frage kommt, welche die Zellulosemembran gesunder Algen passieren, wird von den Autoren verschieden beurteilt, was offenbar wieder darauf zurückzuführen ist, daß sich auch in dieser Hinsicht die einzelnen Algenwirte verschieden verhalten. WINTER ist zum Beispiel fest überzeugt, daß die Stärkekörner, die sich zahlreich im Plasma von *Peneroplis* finden, auf intakte Algen zurückgehen müssen, während W. und M. DOYLE der Meinung sind, daß die von ihnen studierten geformten Stoffwechselprodukte der *Orbitolites*symbionten während ihrer Teilung in das Plasma des Wirtes übertreten müßten, und PRINGSHEIM kommt auf Grund seiner autotrophen *Paramaecium bursaria*-Kulturen, bei denen die Resorption ganzer Algen keine Rolle spielt, ebenfalls zu dem Resultat, daß diese einen großen Teil ihrer Assimilate laufend an das Ciliatenplasma abgeben, eine Auffassung, mit der die Untersuchungen PARKERS (1926) am gleichen Objekte in gutem Einklang stehen. PÜTTER (1911), der den Stoffwechsel algenführender Aktinien eingehend untersuchte, ist sogar davon überzeugt, daß die Zooxanthellen dieser Tiere den ganzen Stickstoffbedarf und im Hellen auch den ganzen Kohlenstoffbedarf zu decken vermögen. KEEBLE nimmt an, daß die Reservestärke der Symbionten in diesen in Fett umgewandelt wird und als solche in das Plasma der Wirte diffundiert. Er geht so weit, hier die symbiontischen Flagellaten geradezu mit den Zellen von Milchdrüsen zu vergleichen. Andererseits stellt wieder nach VON HAFFNER bei *Chlorohydra* und nach VAN TRIGT bei *Spongilla* lediglich die Verdauung ganzer Algen den Weg dar, auf dem der tierische Partner in den Genuß ihrer Assimilate gelangt.

Hinsichtlich der in Madreporarien lebenden Algen vertrat BOSCHMA (1924, 1925, 1926, 1929) ebenfalls nachdrücklich die Auffassung, daß sie laufend in großer Menge in der der Verdauung dienenden Zone der Mesenterialfilamente aufgelöst und so den Wirtstieren zugeführt würden. Doch konnten YONGE u. NICHOLS (1931) in überzeugender Weise dartun, daß es sich hiebei in der Tat um Algen handelt, welche unter ungünstigen Bedingungen, das heißt bei Hunger, Verdunkelung, hoher Temperatur oder Sauerstoffmangel, degenerieren und von

amöboiden Zellen an diese Stelle, welche hier, wie auch bei Aktinien und Sky-
phozoen, erwiesenermaßen auch exkretorische Funktionen erfüllt (MOUCHET,
1930; YONGE, 1931; SMITH, 1936), getragen werden. Als dunkle, in Schleim
gehüllte Massen werden sie, nachdem sie in das Darmlumen übergetreten sind,
ausgeworfen.

Aus der Tatsache, daß die riffbildenden Korallen im Dunklen mit nur wenig
Algen oder auch ohne solche sowohl in der freien Natur als auch im Experiment
leben können und daß auch *Anemonia sulcata* nach SMITH (1939) gut gefüttert
und mit Sauerstoff versorgt im Dunklen beliebig lange gedeiht, wird man mit
YONGE notwendig den Schluß ziehen müssen, daß sowohl für die Madreporarien
als auch die Aktiniarien die Algensymbiosen nicht unbedingt lebensnotwendig
sind. Der genannte Forscher, der sich um die Physiologie der Korallen so verdient gemacht hat, sieht vielmehr den Vorteil ihres Zusammenlebens mit den
Zooxanthellen in ganz anderer Richtung als seine Vorgänger. Hält man die
Korallen belichtet in Glasgefäßen, so kommt es zu keinerlei Ansammlung von
Kohlendioxyd, sondern dieses wird alsbald von den Algen zur Photosynthese
verbraucht; im Dunklen hingegen und bei der algenfreien *Dendrophyllia* reichert
es sich entsprechend an. Ebenso ergaben Phosphorbestimmungen des Seewas-
sers einen völligen Verbrauch durch die Algen und andererseits eine Anreicherung bei *Dendrophyllia*. Steigert man seinen Gehalt im Wasser zusätzlich, so
zeigt sich, daß die Algen viel mehr Phosphor verbrauchen können, als ihnen
normalerweise zur Verfügung steht. Alles spricht so dafür, daß in solchen Fällen
die Algen als Exkretionsorgane wirken, welche die Endprodukte des
Wirtsstoffwechsels — Kohlendioxyd, Phosphor und Stickstoff — entfernen,
bzw. zu ihrem Aufbau verwerten. Auch KEEBLE u. GAMBLE haben ja schon
seinerzeit das Fehlen der Exkretionsorgane bei *Convoluta* auf solche Weise zu
erklären gesucht.

Wenn andererseits an den Nieren von *Tridacna* im Zusammenhang mit der
Symbiose ganz im Gegenteil sogar eine gesteigerte Entfaltung beobachtet wird,
so stellt dies keinen Widerspruch dar, sondern findet in der Tatsache seine Erklärung, daß hier die Symbionten wirklich in großer Menge verdaut werden
und entsprechend viele Rückstände zu entfernen sind.

YONGE vermutet, daß der Stoffwechsel der Wirtstiere dadurch, daß seine
Endprodukte laufend durch die Symbionten entfernt werden, eine bedeutende
Steigerung erfährt und daß auf sie letzten Endes die ungewöhnliche Wachstums-
intensität der Riffkorallen zurückzuführen ist.

2. SYMBIOSEN MIT PILZEN UND BAKTERIEN

a) Die Zeit vor 1910

Während etwa um das Jahr 1880 bereits Klarheit über die Existenz einer
Symbiose von Tieren mit Algen bestand und sich auch die Grenzen der Erscheinung schon deutlich abzuzeichnen begannen, sollte es ungleich länger
dauern, bis die Erkenntnis reifte, daß neben dieser ein zweites, ungleich größeres

und von viel komplizierteren Anpassungen begleitetes Gebiet von Endosymbiosen der Tiere mit Bakterien und Pilzen besteht.

Das muß um so mehr wundernehmen, als es sich dabei zum Teil um vielstudierte Objekte handelt und um Einrichtungen, die so auffällig sind, daß sie auch den älteren Zoologen nicht entgehen konnten. Aber selbst dort, wo man auf typische Bakterien stieß, sträubte man sich zumeist gegen die Vorstellung, daß solche als regelmäßige, unschädliche, ja womöglich gar nützliche Gäste im tierischen Körper Aufnahme finden könnten, und sprach lediglich von bakterienähnlichen Gebilden oder von «Bakteroiden». Auch wenn einmal der eine oder andere Forscher mit Bestimmtheit für die Bakteriennatur der fraglichen Einschlüsse eintrat, blieben trotzdem Zweifel und irrige Deutungen bestehen.

Ein typisches Beispiel dafür, wie schwer es noch in einer Zeit, in der die Algensymbiose zur Tatsache geworden war, fiel, dem Gedanken an eine Bakteriensymbiose Raum zu geben, stellt die der Ameisen und Küchenschaben dar. Als BLOCHMANN 1884 auf die Symbionten in *Camponotus* und *Formica fusca* Latr. stieß, sprach er zunächst von «Plasmastäbchen» und von einer «sehr auffallenden faserigen Differenzierung des Eiplasmas», das in der Tat bei der Roßameise vorübergehend in ganz erstaunlicher Weise nach allen Richtungen von langen Fäden durchfurcht wird. 1886 beschrieb er die gleichen Differenzierungen genauer, stellte Querteilung und Infektion des Follikelepithels fest und verfolgte in großen Zügen ihr Verhalten bei der Embryonalentwicklung, konnte sich aber, obwohl sich ihm ihre Bakteriennatur immer mehr aufdrängte, nicht dazu entschließen, mit Entschiedenheit für sie einzutreten. «Jedenfalls verdienen diese Tatsachen, auch wenn sich schließlich doch herausstellen sollte, daß es symbiontisch lebende Bakterien sind, unser ganzes Interesse, und es stehen ziemlich wichtige allgemeine Resultate in Aussicht, mag die Entscheidung nach der einen oder anderen Seite fallen», schrieb er damals in seinem Beitrag zur Festschrift des Naturforschenden Vereines zu Heidelberg. Als dann ADLERZ (1890) die Histologie des *Camponotus*darmes studierte, erklärte er die in ihn eingelassenen Mycetocyten für regenerative Elemente, denen zugleich sekretorische Funktionen zukämen, und damit die Bakterien für eine Art Ergastoplasma, und noch 1913 erblickte STRINDBERG in ihnen ebenfalls «Mitosomen».

1887 gab BLOCHMANN die erste Beschreibung der eigentümlichen Zellen, welche in regelmäßiger Anordnung in das Fettgewebe der Blattiden eingelagert sind, und wurde abermals von der großen Ähnlichkeit ihrer Einschlüsse mit Bakterien beeindruckt. Traf er sie doch auch wieder außerhalb der Zellen an der Oberfläche der Eier, stellte fest, daß sie sich hier vermehren, und begegnete ihnen erneut bei der Embryonalentwicklung. Diesmal schrieb er, «ich glaube, daß man nach dem gegenwärtigen Stand unseres Wissens kaum anders kann, als die Stäbchen für Bakterien zu erklären», und drückte die Überzeugung aus, daß sie in diesem Fall jedenfalls keine gelegentlichen oder schädlichen Parasiten darstellten, sondern irgendwelche Funktionen ausüben müßten und daher als Symbionten zu bezeichnen wären. Aber ein letztes Wort wagte er trotzdem nicht, und 1892 veröffentlichte er seine Beobachtungen nochmals im Zentralblatt für Bakteriologie, in der Hoffnung, daß Bakteriologen vom Fach die Frage entscheiden würden. FORBES (1892) und HEYMONS (1895) erschien die Bakteriennatur ebenfalls recht wahrscheinlich, aber CUÉNOT (1892), PRENANT (1904) und HENNEGUY (1904) äußerten sich trotzdem wieder dahin, daß es sich um Stoffwechselprodukte des Insektes handle, die hier abgelagert würden, und die Meinung eines so erfahrenen Histologen wie K. C. SCHNEIDER (1902) ging ebenfalls dahin, daß vermutlich irgendwelche «Chondren» noch unbekannter Funktion vorlägen. Erst die eingehende Untersuchung durch MERCIER (1906, 1907) ließ hier endlich alle Zweifel verstummen und machte die Bakteriennatur dieser Einschlüsse zur Gewißheit, die Bezeichnung Bakteroiden aber hatte sich inzwischen so eingebürgert, daß sie leider auch weiterhin selbst von Autoren, welche sich mit den bakteriologischen Problemen dieser Symbiose befaßten, beibehalten wurde.

Sehr früh kamen begreiflicherweise auch bereits die Symbionten der Lecanien zur Beobachtung. Braucht man ja nur eine dieser Schildläuse zu zerzupfen, um die ansehnlichen, vielfach Knospen treibenden Gebilde zu Gesicht zu bekommen, welche hier das Fettgewebe und die Lymphe überschwemmen. Diesmal konnte von Anfang an kein Zweifel sein, daß fremde Lebewesen vorliegen, nur war man sich lange nicht über ihre Stellung im Organismenreich klar. LEYDIG (1854), von dem die erste Meldung stammt, wurde zunächst an Pseudonavicellen erinnert, identifizierte sie aber später mit einem von LEBERT als angeblicher Erreger der Seidenraupenkrankheit beschriebenen Organismus, andere, darunter NAEGELI, hielten sie für einzellige Algen, BALBIANI (1887) stellte sie zu den Microsporidien, LABBÉ (1899) im «Tierreich» unter die Sporozoa incerta. Inzwischen hatte PUTNAM (1880) beobachtet, daß diese rätselhaften Organismen am oberen Pol in die Eizellen übertreten, und MONIEZ (1887) hatte weitere Einzelheiten beigebracht, die sich nicht mit der angeblichen Sporozoennatur vereinigen ließen. Er erklärte die in *Lecanium hesperidum* Burm. lebende Form für einen Pilz und taufte ihn *Lecaniascus polymorphus*. LINDNER glaubte sich später (1895) berechtigt, von *Saccharomyces* zu sprechen, und die übrigen Autoren der sich rasch mehrenden Mitteilungen über die Symbionten der Lecaniinen pflegten sich auch weiterhin lange Zeit mit dem freilich ebenfalls nicht berechtigten Sammelbegriff der «Hefen» zu begnügen.

War hier bei einem wenn auch nur kleinen Teil der Homopteren die Organismennatur der fraglichen Einschlüsse von Anfang an außer Diskussion gestanden, so gilt dies keineswegs für all die übrigen Homopteren, die heute einen so wesentlichen Teil aller Symbiontenträger ausmachen, obwohl die Wohnstätten, welche sie ihren Gästen bieten, vielfach als voluminöse, obendrein oft noch lebhaft pigmentierte Gebilde imponieren und die zum Zwecke der Übertragung in das Ei verpflanzte Symbiontenmenge unter Umständen von beträchtlichem Ausmaße ist. Erschwert wurde dabei freilich das Verständnis der Sachlage durch den Umstand, daß diese Organe, die wir heute als Mycetome zu bezeichnen pflegen, wenigstens bei den von den älteren Autoren studierten Objekten weder von typischen Bakterien besiedelt waren noch von Organismen, welche die Pilznatur so deutlich zur Schau trugen wie die Lecaniensymbionten, sondern eher von Dotterkügelchen oder anderen Reservestoffen erfüllt zu sein schienen.

So begreift man, daß HUXLEY 1858, als er erstmalig die freilich schon 1850 von LEYDIG auf embryonalen Stadien beobachtete Wohnstätte der Blattlaussymbionten zu Gesicht bekam, sie als «Pseudovitellus» bezeichnete und damit einen Sammelbegriff schuf, den man in der Folge allgemein auf ähnlich rätselhafte Organe der Psylliden, Aleurodiden und Zikaden übertrug.

Was hat man nicht alles an diesem Pseudovitellus herumgeraten! Vor allem boten sich immer wieder die Aphiden als günstiges Studienobjekt, und die leicht zu gewinnenden, weil im Mutterleib heranwachsenden Embryonen lockten zu entwicklungsgeschichtlichen Untersuchungen. HUXLEY hielt den Inhalt für echte Dotterkugeln, BALBIANI, der dem Pseudovitellus der Blattläuse eine Serie von Untersuchungen widmete (1869, 1870, 1872), sah gar in ihm eine rudimentäre männliche Gonade, WITLACZIL (1882) eine Weile eine die fehlenden Malpighischen Gefäße ersetzende Niere! Unüberwindliche Schwierigkeiten bereiteten dem Verständnis vor allem auch die hier besonders kompliziert gelagerten, bei Winter- und Sommereiern verschiedenen Übertragungseinrichtungen. Während die dotterreichen befruchtungsbedürftigen Wintereier in der gewohnten Weise vor ihrer Entwicklung infiziert werden, geht, wie wir hören werden, die Übertragung der Symbionten in die parthenogenetischen Generationen erst auf dem Blastodermstadium oder sogar noch später vor sich. BALBIANI ließ eine besondere gestielte Follikelzelle am Hinterende der Wintereier eintreten und aus ihr die höchst auffällige, grün gefärbte Infektionsmasse, den «rudimentären Hoden», hervorgehen. TANNREUTHER (1907) glaubte Kerne der Follikelzellen einwandern zu sehen, die dann im Ei zerbröckeln und so die Pseudovitelluskugeln bilden sollten. Die an den Embryonen der Sommereier sich abspielenden Vorgänge lösten wieder andere Irrtümer aus. METSCHNIKOFF (1866) beschrieb eine höchst merkwürdige Selbstamputation des Embryos, die WITLACZIL (1884) als irrig zurückwies, ohne jedoch selbst zu einem besseren Verständnis zu gelangen. Das gleiche gilt für WILL (1889), der sich als nächster mit diesen Fragen befaßte. HENNEGUY brachte in «Les Insectes» (1904) wieder eine andere, nicht minder unrichtige Darstellung des ersten Auftauchens des Pseudovitellus in den Embryonen, und nach TANNREUTHER (1907) sollten Follikelzellen in den Eileiter übertreten, sich hier weiter teilen und den «Dotter» bilden, der dann in die Embryonen übertritt, obwohl schon vorher STEVENS (1905) gelegentlich ihrer cytologischen Untersuchungen am Aphidenei gesehen hatte, wie der Inhalt benachbarter Pseudovitelluszellen durch eine Öffnung im Follikelepithel unmittelbar in den Embryo floß. Waren sich alle diese Autoren wenigstens darin einig, daß der Pseudovitellus erst auf dem Blastodermstadium auftauche, so verwechselte ihn schließlich HIRSCHLER (1912) mit echtem Dotter und behauptete, daß er auch schon im ungefurchten Sommerei vorhanden sei.

Andererseits hat KRASSILSTSCHIK schon 1889 ganz richtig erkannt, daß in gewissen Blattläusen neben dem Pseudovitellus regelmäßig auch unzweifelhafte stäbchenförmige Bakterien als sichtlich wohlangepaßte Gäste vorkommen, ohne daß freilich in der Folge jemand von diesen Angaben Notiz genommen hätte.

Am Pseudovitellus der Psylliden wurden ebenfalls schon 1866 von METSCHNIKOFF mancherlei Beobachtungen gemacht, ohne daß er natürlich die wahre Natur jener «Eiweißkörperchen» ahnen konnte, die er aus dem mütterlichen Körper in das Ei übertreten sah und deren Schicksal während der Embryonalentwicklung er in großen Zügen verfolgte, und WITLACZIL (1885) kam auch hier im Verständnis der ungewöhnlichen Geschehnisse nicht über seinen Vorgänger hinaus.

Die älteste Erwähnung des Pseudovitellus der Aleurodiden dürfte sich bei SIGNORET (1867) finden, der auch schon das orangefarbene primäre Mycetom im Dotter der Embryonen sah. Die Mycetome der Zikaden begegneten begreiflicherweise zunächst bei unseren einheimischen Schaumzikaden (PORTA, 1900) und wurden noch 1908 von GUILBEAU für akzessorische Geschlechtsorgane erklärt. Auch HEYMONS (1899), der bei seinen entwicklungsgeschichtlichen Studien auf die großen traubigen Mycetome der Singzikaden stieß und in großen Zügen ihre Genese beschrieb, wußte natürlich nichts mit ihnen anzufangen. Von den bei Schildläusen vorkommenden Mycetomen hatte lediglich BERLESE (1893) das große unpaare Organ von *Pseudococcus citri* Risso entdeckt und für einen freilich im Bau vom Fettgewebe sehr abweichenden Reservestoffbehälter erklärt.

Von den Symbiosen bei anderen Insektenfamilien war inzwischen nur wenig zu Gesicht gekommen. Davon, daß die ersten Nachrichten über das Mycetom der Menschenläuse gar bis in die Zeit eines HOOKE (1665) und SWAMMERDAM (1669) zurückgehen, wird an anderer Stelle, wo die Entdeckungsgeschichte der Symbiosen bei blutsaugenden Tieren im Zusammenhang geschildert wird, ausführlicher die Rede sein. Auch die voluminösen, von Bakterien besiedelten Kryptenreihen der heteropteren Wanzen mußten notwendigerweise bereits den alten Insektenanatomen auffallen. Sie finden sich in der Tat bereits bei TREVIRANUS (1809) und RAMDOHR (1811) erwähnt und wurden als «cordons valvuleux» von DUFOUR (1833) in seinen «Recherches anatomiques et physiologiques sur les Hémiptères» recht gut abgebildet. Wieder war es dann LEYDIG, der schon 1857 «vibrionenartige Wesen» in ihnen feststellte, aber erst FORBES gebührt das Verdienst, sich eingehender mit diesem Vorkommen beschäftigt zu haben. Seine wertvollen Beobachtungen, welche das gesetzmäßige Zusammenleben vieler Wanzen mit Bakterien zur Gewißheit machten, erschienen freilich erst 1896 in sehr gedrängter Form, nachdem er schon 1883 BURRILL zu einer kurzen Mitteilung über die Symbionten einer *Blissus*art veranlaßt hatte.

1902 beschrieb HOLMGREN, ohne es zu wissen, die symbiontischen Organe von *Apion* und *Dasytes*. Da sie bei beiden Käfern Beziehungen zu den Nierenorganen besitzen — bei ersterem handelt es sich um zwei umgewandelte Malpighische Gefäße, bei letzterem um Mycetocytenhaufen, welche zwischen diesen am Enddarm hängen —, so schrieb er ihnen exkretorische Funktionen zu und erklärte die *Dasytes*symbionten für in den Kernen entstehende und in das Plasma übertretende Exkrete und die von *Apion*, welche fadenförmig in je einer Gallerthülle liegen, in ähnlicher Weise für Kernderivate, die zu chromosomenähnlichen Schleifen auswachsen. So wurde für ihn der Formwandel, den die Symbionten hier durchmachen, zu den einzelnen Stadien der reifenden Exkrete.

Bei einem anderen Käfer hingegen wurde man sich ausnahmsweise rasch über die Natur der Entdeckung klar. 1899 stieß KARAWAIEW auf die eigenartigen,

Wucherungen gleichenden Blindsäcke des *Sitodrepa*darmes und fand ihre Zellen mit Organismen gefüllt, die er zunächst als Flagellaten ansprach. Aber bereits ein Jahr darauf erklärte sie ESCHERICH für Saccharomyceten und sprach, ohne sich freilich um die Aufdeckung der Übertragungseinrichtungen zu bemühen, die Überzeugung aus, daß hier ein merkwürdiger Fall von Symbiose vorliegen müsse.

Eine überaus rühmliche Ausnahme machen ferner vor allem die Untersuchungen PETRIS an der Olivenfliege *Dacus oleae* Gmel. Dieser italienische Zoologe berichtete seit dem Jahre 1904 in einer Reihe von Mitteilungen über die von ihm entdeckte Bakteriensymbiose des wirtschaftlich so bedeutungsvollen Schädlings und faßte sie 1909 in einer wertvollen Monographie zusammen, welche in gleicher Weise die anatomischen Verhältnisse, die Übertragung und die bakteriologischen Fragen behandelt.

Mit dieser Publikation schloß gleichzeitig die bis in die Tage eines LEYDIG, HUXLEY und METSCHNIKOFF zurückreichende, die Entwicklung der modernen Symbioseforschung nur zögernd vorbereitende Periode ab. Vieles war in ihr bereits gesehen, aber nicht verstanden worden und hatte zu den seltsamsten abwegigen Deutungen geführt. Einige wenige Fälle, wie die Symbiose der Blattiden, der Heteropteren, der Lecanien und die von *Sitodrepa* und der Olivenfliege, waren wohl als ein geregeltes Zusammenleben mit Bakterien und Pilzen erkannt, aber doch immer nur mehr oder weniger als Kuriosa, ja als peinliche, die Ordnung störende Sonderfälle bewertet worden und führten ein zusammenhangsloses, wenig beachtetes Dasein in der biologischen Literatur.

Dies gilt auch für die frühzeitige Konstatierung, daß bei einigen Objekten die Exkretionsorgane regelmäßig von Mikroorganismen besiedelt sind. Haben doch schon LACAZE-DUTHIERS (1874) und GIARD (1888) das Vorkommen von seltsamen Pilzen in den Speichernieren der Molguliden festgestellt und sah GARNAULT (1887) als erster die Bakterien, welche niemals in der Konkrementendrüse von *Cyclostoma* fehlen. Über Bakterien in den Nephridien der Lumbriciden berichtete endlich MAZIARSKI (1905), aber auch diese zum Teil angezweifelten Befunde waren nicht geeignet, die Aufmerksamkeit weiterer Kreise auf sich zu lenken.

b) Von 1910 bis heute

Dies wurde mit einem Schlage anders, als in Italien UMBERTO PIERANTONI und in Mähren KAREL ŠULC gleichzeitig und völlig unabhängig voneinander die wahre Natur des Pseudovitellus der Homopteren erkannten und damit der Forschung ein weites, rasch über die Homopteren hinausgreifendes Feld eröffneten, in das sich die wenigen, bis dahin richtig erfaßten Fälle sinnvoll einfügten. Beide Forscher hielten Ende 1909 und Anfang 1910 ihre entscheidenden Vorträge und veröffentlichten ihre Resultate 1910. PIERANTONI sprach in der Società dei Naturalisti in Napoli über die von ihm entdeckten symbiontischen Organe der Schildlaus *Icerya* (1909) und anschließend über die der Aphiden und des *Pseudococcus* (1910). ŠULC hingegen berichtete 1909 in der Naturwissenschaftlichen Gesellschaft zu Mährisch-Ostrau über die Zikadensymbiose und legte im folgenden Jahre der Königl. Gesellschaft der

Wissenschaften in Prag eine «Pseudovitellus und ähnliche Gewebe der Homopteren sind Wohnstätten symbiotischer Saccharomyceten» betitelte Arbeit vor, in der die heute für solche geschlossene, symbiontenbewohnte Organe allgemein übliche Bezeichnung «Mycetom» eingeführt wurde[1]).

Es war, wie wenn mit diesen Mitteilungen eine Binde von den Augen genommen worden wäre! Denn nun folgte eine Periode, in der nicht nur in rascher Folge eine Fülle weiterer Endosymbiosen bei Homopteren beschrieben wurde, sondern auch zahlreiche andere bedeutende Insektenfamilien oder kleinere systematische Einheiten als Symbiontenträger erkannt wurden. In Bälde hoben sich gewisse ökologisch bedingte Gebiete der Verbreitung deutlich ab und gaben die Richtung an, in der neue Symbiosen zu suchen waren. Zu denen der Pflanzensäfte saugenden Tiere gesellten sich solche, welche bei Tieren, die sich ausschließlich von Wirbeltierblut ernähren, begründet wurden. Eine dritte, weniger scharf abgegrenzte Gruppe umfaßte von Holz und anderen vegetabilischen Bestandteilen, insbesondere auch von Cerealien lebende Insekten. Und schließlich stellte sich gar noch heraus, daß eine Reihe von marinen Tieren nicht, wie man das bis dahin allgemein angenommen, aus eigenen Kräften Licht zu produzieren vermögen, sondern dieses einer Symbiose mit Leuchtbakterien verdanken.

Während Šulc in der Folge nur noch je eine Veröffentlichung über die Schildlaus *Margarodes* und die Fulgoriden beisteuerte, hat sich Pierantoni auch weiterhin im Verein mit mehreren Schülern (Convenevole, Gambetta, Getzel, Rondelli, Salfi, Tarsia in Curia und Zirpolo) dem so reizvollen neuen Gebiet gewidmet. Ich selbst geriet ebenfalls alsbald in seinen Bann und bemühte mich von 1911 an, seinen Ausbau nach Kräften zu fördern. Eine lange Reihe von Schülern, an deren Mitarbeit ich mich an dieser Stelle dankbar erinnere, half mir dabei. Wurden doch die Arbeiten von Aschner, Breest, Breitsprecher, H. Fraenkel, Glumb, Hecht, Heitz, Herfurth, Jaschke, Kiefer, Klevenhusen, Knop, Koch, Kuskop, Lilienstern, H. J. Müller, Nolte, Pfeiffer, Profft, Rau, Richter, Ries, Rosenkranz, Scheinert, Schneider, Schölzel, Schomann, I. Schwarz, Sell, Stammer, Stier, Tóth, Walczuch und Zacharias unter meiner Leitung ausgeführt und blieben manche von den Genannten — Aschner, Koch, H. J. Müller, Ries, Stammer und Tóth — der Symbioseforschung auch als selbständige Forscher treu und betrauen zum Teil bereits ihre Schüler mit Untersuchungen auf diesem Gebiet.

---

[1]) Angesichts der Bedeutung dieser Mitteilungen für die Geschichte der Symbioseforschung mögen einige Daten Platz finden, welche die Unabhängigkeit der beiden Autoren belegen. Šulc trug am 5. November 1909 «Über die Biologie der Hefepilze und ihre Symbiose mit Insekten» vor (ein Bericht über diesen Vortrag erschien nachträglich 1923 in Sbornik přírodovědecké společnosti v. M. Ostravé, *2*), nachdem er bereits im Oktober die obengenannte Arbeit der königlichen Gesellschaft der Wissenschaften überreicht hatte, welche am 11. Februar 1910 in der Naturwissenschaftlichen Klasse vorgelegt und am 20. März in deren Sitzungsberichten herausgegeben wurde. Im gleichen Jahr erschien dann ebenda noch eine weitere Veröffentlichung: *Symbiotische Saccharomyceten der echten Cicaden.* Pierantoni sprach in Neapel am 19. Dezember 1909 über *L'origine di alcuni organi d'Icerya purchasi e la simbiosi ereditaria* und am 6. Februar 1910 über *Origine e struttura del corpo ovale del Dactylobius citri e del corpo verde dell'Aphis brassicae.* Der erste Vortrag erschien im Boll. Soc. Naturalisti Napoli *23* (1909) (der Band wurde am 30. Mai 1910 herausgegeben), der zweite ebenda, *24* (1910) (herausgegeben am 30. Mai 1911). Über die *Aphrophora*symbiose sprach Pierantoni am 12. Mai 1910. Der Vortrag erschien gleichzeitig mit dem vorangehenden.

Der anderen Biologen zu dankende Zuwachs tritt demgegenüber zurück. So wertvolle Beiträge auch von diesem oder jenem beigesteuert wurden, so handelt es sich bei ihnen doch in den meisten Fällen um mehr oder weniger gelegentlich angestellte Untersuchungen und nicht um dauernde Mitarbeit.

Die Mannigfaltigkeit der anatomisch-histologischen und embryologischen Einzelheiten, welche zunächst die nun einsetzende intensivere Durchforschung der Homopteren ergab, ist schon heute kaum noch zu überschauen. Was zunächst die Blattläuse anlangt, so hatten sich PIERANTONI und ŠULC auf wenige Bemerkungen über die wahre Natur der Mycetome beschränkt. 1912 beschrieb ich dann anschließend die Infektion der Wintereier auf Grund der neuen Erkenntnis, während SELL (1919) sich bemühte, nun endlich die so widerspruchsvollen Angaben der alten Autoren bezüglich des Übertritts der Symbionten in die Sommerembryonen zu klären. KLEVENHUSEN (1927) baute dann nicht nur unsere Kenntnis von den im einzelnen recht verschiedenen Übertragungsweisen weiter aus, sondern zeigte, wie zahlreiche Aphiden noch mit einem zweiten Symbionten, von dem schon KRASSILSTSCHIK einiges gesehen hatte, ja einige sogar mit einem dritten vergesellschaftet leben, und wie diese akzessorischen Gäste ungleich weniger angepaßt sind. Da die Embryoinfektion trotzdem dem Verständnis immer noch einige Schwierigkeiten bot, befaßte sich TÓTH (1933) zunächst nochmals mit ihr, widmete sich dann aber anschließend im besonderen dem interessanten, eine ganz überraschend weitgehende Beherrschung durch das Wirtstier bekundenden symbiontischen Zyklus von *Pemphigus* (1937). Da bei all den bisherigen Untersuchungen die Unterfamilien der Adelginen (Chermesinen) und Phylloxerinen kaum Berücksichtigung gefunden hatten, veranlaßte ich schließlich PROFFT (1937) zu einer Bearbeitung auch dieser Gruppen.

Aus dem Institut PIERANTONIS aber waren zum Teil bereits vor der Arbeit KLEVENHUSENS Mitteilungen RONDELLIS hervorgegangen (1925, 1928), welche ebenfalls einigen disymbiontischen Eriosomatinen galt. Auch eine Reihe kurzer Mitteilungen PAILLOTS (1929 –1933) befaßte sich mit der Frage einer eventuellen zusätzlichen Symbiose mit stäbchenförmigen Bakterien, die dann 1933 in «L'Infection chez les Insectes» eine ausführliche, allerdings ablehnende Darstellung fand. Die Symbiose der Blutlaus war schon vorher von PEKLO (1912, 1916) untersucht worden, einem Autor, der sich auch um die Kultur der Aphidensymbionten, die er mit Azotobakter identifizieren möchte, bemühte. Auf breiterer Basis befaßte sich jedoch erst SCHOEL (1934) mit der bakteriologischen Seite der Aphidensymbiose und kam zu der Überzeugung, daß die im Mycetom runde Bläschen darstellenden Mikroorganismen außerhalb des Wirtes zur typischen Stäbchenform zurückkehren können. Eine Veröffentlichung UICHANCOS (1924) brachte mehr Verwirrung als neue Einblicke.

Die Untersuchung der Aleurodiden ergab insofern eine Überraschung, als sich bei ihnen eine sonst nirgends wiederkehrende Form der Übertragung fand. Werden doch hier die Symbionten samt den von ihnen bewohnten Zellen in das Ei überführt, und erhalten sich diese, den mütterlichen Organismus überlebend, sogar noch eine Weile im Embryo (BUCHNER, 1912, 1918). Die schon früher (1912) gemeldeten Verlagerungen ihrer Mycetome im Laufe der postembryonalen Entwicklung wurden von WEBER (1935) gelegentlich seiner monographischen Bearbeitung von *Trialeurodes vaporariorum* Westw. noch eingehender beschrieben.

Nachdem ich bei den Psylliden eine Zweiteilung ihrer Mycetome gefunden (1912) und BREEST (1914) gezeigt hatte, daß auch bei der Eiinfektion zwei verschiedene Formen zu unterscheiden sind, hat PROFFT (1937) durch vergleichendes Studium einer größeren Artenzahl die Kenntnis ihrer Symbiose zu einem gewissen Abschluß gebracht und damit die von SALFI (1926) und TARSIA IN CURIA (1934) vertretene Auffassung widerlegt, welche bei *Troiza alacris* Flor. nur eine Symbiontensorte sehen wollten. Auch MAHDIHASSAN (1947) trat seitdem noch für das Vorhandensein zweier Symbiontensorten ein und glaubt dies auch durch ihre Kultur bekräftigen zu können.

Eine ungleich größere Mannigfaltigkeit als die Aphiden, Aleurodiden und Psylliden offenbarten die ja auch mit ihren vielen Unterfamilien in systematischer Hinsicht ungleich reicher gegliederten Schildläuse. Mit den allein schon vor 1910 verhältnismäßig gut bekannten Lecaniinen befaßte sich auch weiterhin eine lange Reihe von Veröffentlichungen, unter denen sich freilich auch so manche belanglose findet (BUCHNER, 1912, 1921; BREEST, 1914; EMEIS, 1915; TEODORO, 1916, 1918; STRINDBERG, 1919; BRUES u. GLASER, 1921; BRAIN, 1923; W. SCHWARTZ, 1924, 1932; GRANOVSKY, 1929; MAHDIHASSAN, 1929; BENEDEK u. SPECHT, 1933; GOUX, 1933; POISSON u. PESSON, 1937). Einen Fortschritt bedeuten unter ihnen in erster Linie die Mitteilungen von SCHWARTZ, der sich zum erstenmal ernstlich mit den mykologischen Problemen dieser Symbiosen befaßte und zeigte, daß es sich bei den bis dahin als Saccharomyceten oder schlechthin als Hefen bezeichneten Mikroorganismen um die freilich nur schwer zu kultivierenden Konidien von Ascomyceten handelt, während die Angaben von BENEDEK und SPECHT über ihre angeblichen Symbiontenkulturen der unzulänglichen Technik wegen kaum ernst zu nehmen sind.

Was die Pseudococcinensymbiose anlangt, so führte zunächst PIERANTONI seine ersten Mitteilungen über *Pseudococcus citri* Risso noch weiter aus und schilderte hiebei auch die Embryonalentwicklung genauer (1913). Ihm folgten EMEIS (1915) und SHINJI (1920) mit kürzeren Beiträgen und eigene Untersuchungen, die auch zum Teil recht abweichend sich verhaltende andere Arten und Gattungen einbezogen (BUCHNER, 1921). SCHRADER (1923) gelang dann die interessante Entdeckung, daß die polyenergiden Kerne der *Pseudococcus*mycetome durch Verschmelzung von Richtungskörpern und Furchungskernen entstehen und somit eigentlich gar nicht den übrigen embryonalen Kernen gleichzusetzen sind. Eine wesentliche Abrundung in morphologischer, entwicklungsgeschichtlicher und bakteriologischer Hinsicht brachte schließlich auch für diese Unterfamilie der Schildläuse WALCZUCH, welcher eine vergleichende Studie zu danken ist, durch die unsere Kenntnis von der Mannigfaltigkeit der Coccidensymbiose in hervorragender Weise gefördert wurde (1932). In jüngster Zeit vertiefte dann FINK (1951), dem einwandfreie Reinkulturen von *Pseudococcus*symbionten gelangen, unser Wissen von ihrem Bau und ihrem Verhalten unter verschiedenen Bedingungen ganz wesentlich.

Auch die Monophlebinensymbiose wurde vor allem von WALCZUCH ausgebaut. Nachdem auch hier PIERANTONI seiner ersten vorläufigen Mitteilung über *Icerya purchasi* die ausführlichere Darstellung hatte folgen lassen (1912, 1914) und dabei erstmalig die Bildung spezifischer Übertragungsformen zu beschreiben Gelegenheit hatte, wie sie in der Folge noch so vielfältig zur Beobachtung kommen sollten, und SHINJI (1920) bei dem gleichen Objekt ohne Kenntnis seiner Arbeiten ebenfalls die Eiinfektion geschildert hatte, wurden nun von ihr noch andere *Icerya*- und *Echinocerya*arten sowie *Monophlebus* und *Monophlebidius* untersucht, wobei sich ergab, daß sich in dieser Unterfamilie neben ungezügelten akzessorischen Symbionten auch wohlangepaßte, in einem besonderen Mycetomteil untergebrachte finden. Über Kulturversuche berichtete GETZEL (1936).

Der *Margarodes polonicus*-Symbiose widmeten sich JAKUBSKI und seine Schüler KALICKA-FIJALKOWSKA (1928) und BORATYNSKI (1928), wobei sich ergab, daß die hier begegnenden Mycetome von denen, die ŠULC (1923) bei einer unbestimmten Spezies der gleichen Gattung entdeckt hatte, weitgehend abweichen. Bei dieser letzteren gehen die Mycetome höchst eigenartige Beziehungen zum Ovidukt ein, dank welchen die Infektionsstadien in diesen und von ihm in die Eizellen übertreten. Auch MAHDIHASSAN (1947) befaßte sich mit dieser interessanten Form.

Völlig isoliert steht auch die Symbiose von *Marchalina hellenica* Genn. da, auf die HOVASSE (1930) stieß, ohne sie freilich in allen ihren interessanten Einzelheiten zu verfolgen. Nur hier fand sich innerhalb aller bisher untersuchten Cocciden eine Besiedlung der Darmepithelzellen, die, von symbiontischen Bakterien dicht erfüllt, ganz ungeheure Dimensionen annehmen. Wenn es trotz einem solchen Sitze zu einer Infektion der Eizellen kommt, so gibt es hiezu nicht nur innerhalb der Schildläuse, sondern auch unter allen übrigen symbiontenführenden Insekten, von den Apioninen abgesehen, kein Gegenstück.

Die durch so hübsche Wachsausscheidungen gezierten Ortheziinen wurden von mir nur flüchtig (1921) und von WALCZUCH (1932) sehr gründlich bearbeitet, wobei sich eine sehr eigenartige Eiinfektion und interessante embryologische Einzelheiten ergaben. MAHDIHASSAN (1946) will die *Orthezia*symbionten auch gezüchtet haben.

Für die Asterolecaniinen sind SHINJI (1920), RICHTER (1928) und WALCZUCH (1932) Gewährsleute, für die Diaspidinen ŠULC (1912), BREEST (1914), BUCHNER (1921) und RICHTER (1928).

Die Lackschildläuse (Tachardiinen) erforschte zuerst MAHDIHASSAN (1924, 1928, 1929), zum Teil gemeinsam mit SREENIVASAYA (1929), doch hat erst WALCZUCH ihre fragmentarischen Angaben vervollständigt und dabei Übertragung und Embryonalentwicklung berücksichtigt. Überraschenderweise ergaben sich dabei selbst innerhalb dieser kleinen Gruppe recht verschiedene Typen der Symbiose, wenn einerseits monosymbiontische Formen mit freien Hefen in der Lymphe oder isolierten im Fettgewebe liegenden Mycetocyten, andererseits disymbiontische festgestellt wurden, bei denen zweierlei Organismen in verschieden gebauten Zellen untergebracht werden, die sich harmonisch zu kleinen Verbänden zusammenschließen.

Über die Coccinen und Kermesinen sind wir hingegen leider nur ganz mangelhaft durch PIERANTONI (1911) und MAHDIHASSAN (1929) bzw. durch ŠULC (1906) unterrichtet, und so manche Unterfamilie und Tribus harrt überhaupt noch der Untersuchung.

So folgten hier Schlag auf Schlag neue Veröffentlichungen und ließen das Bild einer Mannigfaltigkeit erstehen, die freilich trotz alledem noch weit von ihrer vollständigen Erfassung entfernt ist.

Wenn sich nun unser Blick der Zikadensymbiose zuwendet, so ist zwar die Zahl der Veröffentlichungen, welche sich bis heute ihrem weiteren Ausbau widmeten, ungleich geringer, aber die Fülle der verschiedenen Lösungen, welche von ihnen aufgedeckt wurde, geht trotzdem weit über das bei Schildläusen Festgestellte hinaus. Schon 1911 und 1912 konnte ich unsere Kenntnisse von der Symbiose der einheimischen Schaumzikaden und insbesondere der großen Singzikaden mehren und unter anderem auch die Übertragung der zwei verschiedenen Symbiontensorten, die stets in ihnen leben, in ihren Einzelheiten beschreiben. Die Frucht mehrjähriger Bemühungen stellte dann meine 1925 erschienene Studie über «Die symbiontischen Einrichtungen der Zikaden» dar, durch die sich eigentlich dieses wahre Wunderland der Insektensymbiose erst auftat, obwohl die 34 verschiedenen Typen, die ich damals aufstellte, auch nicht annähernd an all die Möglichkeiten heranreichten, die in ihm beschlossen sind. Waren bisher nur wenige Fälle des Zusammenlebens mit zweierlei Symbionten bekannt geworden, so stellte sich nun bereits eine ganze Reihe von trisymbiontischen Formen ein und konnte gezeigt werden, daß dann alle drei Sorten nicht minder gesetzmäßig Aufnahme in den Eizellen finden. Die Heranzucht spezifischer Infektionsformen stellte sich als eine weitverbreitete Erscheinung dar, die bei einem der häufigsten Mycetomtypen auf eine sehr eigenartige Induktion durch den larvalen Eileiter zurückgeht und sich in besonderen Abschnitten, die ich «Infektionshügel» nannte, abspielt.

Schon an Hand des damaligen Materiales zeichnete sich der tiefgreifende Unterschied der von Cicadoiden und Fulgoroiden getroffenen Einrichtungen deutlich ab, von denen die ersteren im allgemeinen dazu neigen, sich zu der Stammform gesellende zusätzliche Gäste in bestimmten Zonen der schon vorhandenen Mycetome unterzubringen, während die letzteren die Gründung neuer selbständiger Wohnstätten mit immer wieder anderem histologischem Bau bevorzugen. Erstmalig konnte nun an Hand eines größeren Materiales auch den Beziehungen zwischen dem System der Wirte und ihren Symbiosen und damit der Stammesgeschichte derselben nachgegangen und an Hand verschieden weit gehender Einfügung auch die Reihenfolge der Aufnahme bei polysymbiontischen Arten mit großer Sicherheit eruiert werden.

Im gleichen Jahr, in dem ich einen vorläufigen Bericht über meine Ergebnisse erstattete («System und Symbiose», 1924), erschien auch die sechs Fulgoroiden behandelnde Studie von ŠULC, welche in manchen Punkten meine Befunde in willkommener Weise ergänzte, in anderen aber nicht mit ihnen harmonierte.

Während eine Veröffentlichung von RICHTER (1928) lediglich kleinere, vor allem auf Material von Formosa fußende Ergänzungen zur Zikadensymbiose brachte, mehrte RAU (1943) die Kenntnis der Cicadoidensymbiose in ganz besonderem Maße durch eine monographische Bearbeitung der Membraciden, für die ich ein im wesentlichen aus Brasilien stammendes Material von 90 Arten zur Verfügung stellen konnte. Dabei tat sich eine nicht erwartete Vielheit auf, die besonders dadurch interessant wird, daß sie durch eine sichtlich heute noch im vollen Fluß befindliche Neigung, zusätzliche Symbionten aufzunehmen, bedingt ist. Auch hier offenbart sich die Tendenz, diese nach Kräften an die schon vorhandenen paarigen Mycetome zu fesseln. So finden sich solche mit zwei, drei, vier, fünf, ja sechs verschiedenen Insassen, die sich mehr oder weniger harmonisch einfügen und zum Teil auch bedenkliche Störungen bedingen, sich aber doch zumeist schon sämtlich in recht geregelter Form an der Infektion der Eizellen beteiligen! Unsere Vorstellungen von der schrittweisen allmählichen Einbürgerung und den sie begleitenden Regulationen wurden durch diese Arbeit in ganz besonderem Maße bereichert.

Mit der Cytologie der schlauchförmigen, zarten und flüssigkeitsreichen Cercopidensymbionten, bei denen es sich offensichtlich um mehr oder weniger weitgehend entartete Bakterien handelt, beschäftigte sich in dankenswerter Weise RESÜHR (1938). Wenn MAHDIHASSAN (1939, 1946, 1947) andererseits ihre Symbiontennatur in Abrede stellen möchte und in ihnen Reste von zerfallenen Wirtszellen erblickt, stellt er sich in Widerspruch zu allen Autoren, die sich ernstlich mit diesen Gebilden befaßt haben.

Einen geradezu großartigen Ausbau hat schließlich die Fulgoroidensymbiose durch die von weit über 300 Abbildungen begleitete Bearbeitung H. J. MÜLLERS (1938, 1940) erlebt. Ihr liegen 186 Arten zugrunde, von denen 157 erstmalig auf ihre Symbiose geprüft wurden. 130 leider zum größeren Teil auch für den Spezialisten lediglich hinsichtlich der Unterfamilie bestimmbare Arten waren für diese Studie in Brasilien gesammelt worden. Die Vielheit der Mycetomtypen und ihrer Kombinationsmöglichkeiten, für die auf den speziellen Teil verwiesen sei, mag hier auf den ersten Blick sinnverwirrend erscheinen, doch deckt ihre statistische Auswertung so manche überraschende Gesetzmäßigkeit auf, welche die Aufnahme gewisser zusätzlicher Formen bald begünstigt, bald ausschließt. Die Entstehung der Übertragungsformen, die verschiedenen Wege der Eiinfektion, die Entmischung der zumeist aus zwei oder drei, gelegentlich aber auch aus mehr Sorten bestehenden Infektionsmasse, die Schicksale während der embryonalen und postembryonalen Entwicklung, all dies wurde bei zahlreichen Formen vergleichend untersucht und vorzüglich illustriert. Immer wieder macht dabei die bis in die letzten histologischen und cytologischen, von Art zu Art spezifischen Einzelheiten gehende geregelte Einbürgerung staunen. Auch die feinere Analyse der Morphologie der Symbionten kommt in dieser Arbeit nicht zu kurz.

In jüngster Zeit hat MÜLLER schließlich unser gesamtes heutiges Wissen von der Symbiose der Zikaden an ihrem System gemessen und versucht, einen Stammbaum derselben aufzustellen, dem immerhin schon die Kenntnis von 369 Arten zugrunde gelegt werden konnte. Wenn ihm auch naturgemäß noch mancherlei Unsicherheiten anhaften, so vermittelt er doch immerhin bereits eine

Reihe interessanter Einblicke und zeigt insbesondere auch mit aller Deutlichkeit, wie es im Laufe der stammesgeschichtlichen Entwicklung der Zikaden nicht
nur zu vielfältiger Neuerwerbung von Symbionten, sondern des öfteren auch zu
einer Elimination bereits eingebürgerter Gäste gekommen sein muß (1949).

Einen besonders wichtigen Beitrag zur Phylogenie der Zikadensymbiose
konnte der gleiche Autor schließlich noch durch die Erforschung der Symbiose
einer Peloridiide, die als Relikt aus dem Paläozoikum zu bewerten ist, liefern
(1951). Hat er uns doch damit mit der urtümlichsten, allen späteren Komplikationen als Ausgangspunkt dienenden Zikadensymbiose bekannt gemacht!

Wenn die Pflanzensäfte saugenden heteropteren Wanzen natürlich auch nicht annähernd mit solcher Vielheit konkurrieren können, so erscheinen sie uns heute doch jedenfalls hinsichtlich ihrer Symbiose ungleich mannigfaltiger, als es die Untersuchung von FORBES vermuten ließ. GLASGOW (1914)
und KUSKOP (1924) lehrten uns eine ganze Reihe recht verschieden gestalteter
bakterienbesiedelter Darmanhänge kennen, und SCHNEIDER (1940) konnte zeigen, daß darüber hinaus bei manchen Gattungen auch regelrechte Mycetome
vorkommen. KUSKOP und ROSENKRANZ (1939) machten es auch zur Gewißheit,
daß die Übertragung der im Darmlumen lebenden Bakterien nicht, wie PIER-
ANTONI (1932) und CONVENEVOLE (1933) wollten, durch Ovarialinfektion, sondern auf dem Umweg einer äußeren Beschmierung der Eier bei der Ablage vor
sich geht, und SCHNEIDER entdeckte bei *Coptosoma* gar eine ganz einzig dastehende Umbildung des weiblichen Darmes in einen Apparat, der bakterienhaltige Kapseln produziert, die, zwischen die Eier gesetzt, von den Junglarven
ausgesogen werden. In einem anderen Falle nötigt die totale Abriegelung der
Darmkrypten, wie ROSENKRANZ (1939) bei Acanthosominen zeigen konnte, zur
Errichtung eines eigenen Beschmierorgans. Wo hingegen echte Mycetome vorhanden sind, wird in der Tat, wie es SCHNEIDER beschrieben, der Weg der Ovarialinfektion beschritten. Über einen hinsichtlich Lokalisation und Übertragung
recht abweichenden Typ, der sich bei *Tropidothorax* fand, berichtete kürzlich
PIERANTONI (1951) in vorläufiger Form.

Nachdem die Hemipterensymbiose notwendig an irgendwelche Beziehung
zu der einseitigen Ernährungsweise der Wirte denken ließ — fehlten doch allen
räuberisch lebenden Heteropteren entsprechende Einrichtungen —, lag es nahe,
bei anderen Nahrungsspezialisten nach Symbiosen zu fahnden. Das führte mich
zunächst zur Beschäftigung mit Insekten, welche von Holz leben. Eine erneute
Untersuchung der Anobiiden, von denen ja zunächst nur *Sitodrepa*, das heißt
eine Form, die zweifellos erst in junger Zeit zum Vorratsschädling geworden ist,
als Symbiontenträger erkannt worden war, ergab, daß die in Hölzern lebenden
Formen zumeist sogar viel ansehnlicher entwickelte, von Hefen besiedelte
Darmausstülpungen besitzen (1921). Gleichzeitig wurde das Verhalten der Symbionten bei der Metamorphose beschrieben und gezeigt, daß bei diesen Käfern
besondere Depots am Legeapparat geschaffen wurden, mit deren Hilfe die Eioberfläche bei der Ablage mit den Pilzen besudelt wird, so daß die schlüpfenden
Larven, einen Teil der Eischale verzehrend, sich erneut infizieren. Dieser Übertragungsmodus hat sich dann in der Folge als weit verbreitet herausgestellt.

Auf wesentlich umfangreicheres Material stützte sich die Arbeit BREIT-
SPRECHERS, durch die insbesondere auch die Kenntnis der bei den einzelnen
Gattungen zum Teil recht verschiedenen Beschmierapparate beträchtlich erweitert wurde (1928). Daß auch die Dorcatominen sich hinsichtlich ihrer Symbiose eng an die übrigen Anobiiden anschließen, zeigte NOLTE (1938); die Abhängigkeit der Besiedelungsdichte der Hefen von Temperatur und Ernährung
studierte KIEFER (1932), mit Kulturversuchen und mykologischen Fragen
befaßten sich HEITZ (1927) und W. MÜLLER (1934), deren Erfahrungen in jüngster Zeit durch noch unveröffentlichte Untersuchungen von GRAEBNER weiter
ausgebaut wurden.

Nachdem bereits STEIN (1847) in seiner vergleichenden Studie über die
weiblichen Geschlechtsorgane der Käfer am Legeapparat von Bockkäfern
«Anhangsdrüsen» beschrieben hatte, die offenbar mit den Symbiontendepots
der Anobiiden identisch waren, bedeutete es keine Überraschung, daß hier in
der Tat ganz ähnliche hefenbewohnte Darmausstülpungen vorkommen und die
Symbionten auf die gleiche Weise übertragen werden. Nach den ersten Feststellungen, zu denen ich HEITZ (1927) veranlaßte, widmete ich mich zunächst
selbst eingehender der Cerambycidensymbiose (1928, 1930) und vertraute später
SCHOMANN (1937) ihre Bearbeitung auf breiterer Basis an. Die Prüfung eines
sehr umfangreichen, 184 Arten umfassenden Materiales führte zu dem Ergebnis,
daß nur verhältnismäßig wenige Vertreter dieser Familie in Symbiose leben
und daß offenbar die Beschaffenheit der Nahrung hiebei mitbestimmend ist.
Als Autoren, die sich mit Kulturversuchen der Bockkäfersymbionten und zum
Teil mit ihrer Abhängigkeit von Außenbedingungen befaßten, sind HEITZ (1927),
SCHIMITSCHECK (1929), EKBLOM (1931, 1932), KIEFER (1932), W. MÜLLER (1934)
und SCHANDERL (1942) zu nennen. Auch hier vertiefen demnächst zur Veröffentlichung gelangende Studien GRAEBNERS unser bisheriges Wissen.

Als dritte sich vielfach von Holz ernährende Insektengruppe gesellten sich
zu den Anobiiden und Cerambyciden die Curculioniden. Hier konnte ich auf
Grund eines ansehnlichen Materiales zeigen, daß es sich nun stets um eine
Bakteriensymbiose handelt und daß diese keineswegs auf reine Holznahrung
beschränkt ist, sondern auch bei vielen in und an krautigen Pflanzenteilen
lebenden Arten vorkommen (1927, 1928, 1930, 1933). Im einzelnen sind die
Einrichtungen ungleich mannigfacher als bei den beiden vorangehenden Familien. Ausstülpungen am Mitteldarm, massive, ihnen ansitzende Zellmassen, in das
Fettgewebe eingelagerte Zellen oder Malpighische Gefäße, die zum Teil weitgehend modifiziert werden, erscheinen als Wohnstätten der Symbionten. Dabei
ist der larvale und imaginale Sitz vielfach ein verschiedener, und die Übertragung wird teils auf dem Umweg über eine Infektion der Nährkammern der
Ovariolen oder mittels besonderer spritzenartiger Organe bewerkstelligt, welche
wieder die Eischale besudeln. Diese letztere Übertragungsweise hat dann GLUMB
(1933) noch an einem größeren Material untersucht, während sich NOLTE (1937)
den Apioninen im besonderen widmete. Eine wertvollere Ergänzung bedeutete
die Bearbeitung der embryologischen Geschehnisse durch SCHEINERT (1933),
durch die sehr eigenartige, die im Eidotter verstreuten Bakterien konzentrierende

Strukturen und gerichtete Wanderungen der sie schließlich aufnehmenden Zellen ans Licht kamen und die Infektion der Eiröhren auf eine solche der Urgeschlechtszellen zurückgeführt werden konnte.

Trotz diesen Bemühungen bestehen zweifellos noch große Lücken in unserer Kenntnis der offenbar keineswegs bei allen Vertretern dieser so formenreichen Familie vorkommenden Symbiosen. Während sie sich bei allen Holzfressern fand, vermißt man sie bei vielen krautige Teile fressenden Formen. Wie die cerealienliebende *Sitodrepa* unter den Anobiiden als Symbiontenträger erscheint, so auch die Getreide, Teigwaren und dergleichen so schädigende *Calandra*. Ihr unpaares, dem Anfangsteil des Mitteldarmes lose anhängendes Mycetom war zunächst MANSOUR (1927) unverständlich geblieben, aber noch im gleichen Jahr von PIERANTONI und mir richtig gedeutet worden. PIERANTONI (1928) und TARSIA IN CURIA (1933) haben sich dann noch weiter mit ihm beschäftigt, und MANSOUR (1930) pflichtete in der Folge nicht nur unserer Deutung bei, sondern machte auch die interessante, von KOCH (1939) bestätigte Mitteilung, daß die ägyptische Rasse von *Calandra granaria* L. im Gegensatz zu der europäischen und zu *Calandra oryzae* L. keine Symbionten besitzt, beziehungsweise sie offenbar nachträglich wieder verloren hat (1934, 1935).

Bei den Bostrychiden liegt die Situation insofern ähnlich, als nicht nur offenbar alle im Holz lebenden Arten, sondern auch die in Getreidekörnern sich entwickelnde *Rhizopertha dominica* F. die von MANSOUR (1934) entdeckten und von mir inzwischen ebenfalls studierten Mycetome besitzen.

Auch bei den nur aus wenigen Arten bestehenden Lyctiden, welche kosmopolitische Schädlinge von Hölzern aller Art darstellen, suchte man nicht vergebens nach Symbionten. Ihre zweierlei Organismen beherbergenden Mycetome wurden erstmalig in Kürze von GAMBETTA (1927) beschrieben, während KOCH (1936) später eine vollständige Darstellung des gesamten symbiontischen Zyklus lieferte und dabei das Nebeneinander der beiden Formen bei der ungewöhnliche Wege einschlagenden Infektion der Eier und der Embryonalentwicklung behandelte.

Daß die Ipiden ebenfalls keine Ausnahme bilden, ging schon aus kurzen Bemerkungen STAMMERS (1933), der bei einigen Arten eine der Übertragung dienende Infektion der Nährzellen feststellte, und aus weiteren unveröffentlichten Beobachtungen TRETZELS hervor, doch haben seitdem eigene, in Gang befindliche, auf größerem Material fussende Studien nicht nur eine weite Verbreitung, sondern auch eine nicht geahnte Mannigfaltigkeit der Ipidensymbiose ergeben.

Von den Cuccujiden, einer kleinen Gruppe unscheinbarer Käfer, die ursprünglich unter der Rinde von Laub- und Nadelhölzern leben, sich aber ebenfalls zum Teil an die Magazine des Menschen, vornehmlich an Tabaklager angepaßt haben, konnte der zum kosmopolitischen Schädling von Cerealien gewordene *Oryzaephilus (Silvanus) surinamensis* L. untersucht werden. Auch hier wurde die Symbiose von PIERANTONI entdeckt (1929, 1930), aber erst von KOCH (1930, 1931, 1936) in allen Einzelheiten erforscht.

Angesichts solch weiter Verbreitung der Symbiose bei holzfressenden Insekten lag es nahe, auch bei den Siriciden nach einer solchen zu suchen. Dabei stieß ich zu meiner nicht geringen Überraschung auf jene höchst auffälligen, aber trotzdem bis dahin unbeachteten Spritzen an der Basis des Legeapparates, welche die Oidien eines Basidiomyceten in den Stichkanal und damit in das später die Larve umgebende Holz gelangen lassen (BUCHNER, 1927, 1928). Wenn auch in der Folge die Mycelien des Pilzes die hauptsächliche Nahrung der Holzwespenlarven bilden, so bestehen doch wesentliche Unterschiede gegenüber einer typischen «Ambrosiazucht». Auch ist die Bindung des Pilzes an das Insekt eine wesentlich innigere, zumal PARKIN (1941, 1942) bei den weiblichen Larven noch ein weiteres, höchst merkwürdiges und zunächst noch sehr rätselhaftes Pilzdepot entdeckt hat, das sich nach außen öffnet und zweifellos eine durch die Symbiose ausgelöste Neubildung darstellt.

Das forstzoologische Interesse, das die Siricidenlarven besitzen, hat zu einer heute schon ziemlich umfangreichen, vornehmlich den mykologischen Fragen gewidmeten Literatur geführt, wobei die wertvollsten Beiträge FRANKE-GROSMANN zu danken sind (CHRYSTAL, 1928; CARTWRIGHT, 1929, 1938; CLARK, 1933; W. MÜLLER, 1934; FRANKE-GROSMANN, 1939; RAWLINGS, 1951).

Da auch über die Art, wie die eine typische Ambrosiazucht treibenden ·Hylecoetinen sich den dauernden Besitz ihres symbiontischen Pilzes sichern, nichts bekannt war, zog ich auch *Hylecoetus dermestoides* L. in den Bereich meiner Untersuchungen und fand bei ihm ebenfalls besondere Übertragungseinrichtungen, welche hier Anklänge an die der Anobiiden und Cerambyciden aufweisen (1930). FRANKE-GROSMANN lieferte auch hiezu wertvolle Ergänzungen, die vor allem die mykologische Seite der *Hylecoetus*symbiose betreffen (1951).

Der Umstand, daß bereits innerhalb der Curculioniden eine Reihe von Symbiontenträgern erschien, die sich von frischen Pflanzenteilen ernähren, und daß ja auch die Beobachtungen PETRIS über die Symbiose der Olivenfliege vorlagen, ließ es nicht wunderlich erscheinen, daß allmählich noch so mancher andere, an dieselbe Ernährungsweise geknüpfte Fall zur Beobachtung kam. Als zunächst STAMMER (1929) die übrigen Trypetiden untersuchte, fand er, daß *Dacus* keineswegs eine Sonderstellung unter ihnen einnimmt, sondern daß alle seine teils in Früchten, teils in Blütenböden, Stengeln und Blättern lebenden Verwandten ebenfalls mit Bakterien vergesellschaftet sind. Dabei ließ sich eine Reihe aufstellen, die hinsichtlich Lokalisation und Übertragung von höchst primitiven Zuständen allmählich zu so vollendeten emporsteigt, wie sie *Dacus* verwirklicht.

Der gleiche Autor (1929) entdeckte auch die Bakteriensymbiose der von frischen und modernden Blättern lebenden Lagriiden und konnte an Hand trockenen Materiales zeigen, wie hier am Legeapparat zum Teil recht einfache, zum Teil voluminöse und in mannigfacher Weise luxurierende Anhangsorgane dafür sorgen, daß die Eier im Augenblick der Ablage mit einem an Bakterien reichen Schleim umgeben werden.

Daß wir auch von einer Bakteriensymbiose der Chrysomeliden Kenntnis haben, geht ebenfalls auf STAMMER zurück (1935, 1936), doch stellt sie hier keineswegs die Regel dar, sondern fand sich lediglich bei Donacien, *Bromius* und *Cassida*. Die kurzen Bemerkungen STAMMERS über *Trixagus* und die Cantharide *Dasytes* (1933) sind leider bis heute nicht vervollständigt worden.

Einen Lebensraum von besonderer Art stellt der an Mikroorganismen über-
reiche gärende Baumfluß dar. Daß auch in ihm vielleicht sogar mit einer
größeren Zahl von Symbiontenträgern zu rechnen ist, legt der Umstand nahe,
daß wir heute bereits zwei an ihn geknüpfte Formen von Endosymbiose kennen.
Zunächst ist KEILIN (1921) bei der Ceratopogonide *Dasyhelea* auf Bakterienorgane in Form echter Mycetome gestoßen, über die sich auch bei BUCHNER
(1930) einige weitere Angaben finden. Leider steht jedoch ihre genauere Erforschung noch aus, die hier besonders interessant wäre, weil es sich um die
einzige bisher bekannte Diptere mit derartigen Einrichtungen handelt. Der
zweite Fall bezieht sich auf den Käfer *Nosodendron fasciculare* Oliv. Das Wenige,
was STAMMER (1933) und neuerdings ÖHME (1948) über die Mycetome und über
ungewöhnliche Begleiterscheinungen der Eiinfektion mitteilen, läßt auch hier
eine weitere Erforschung wünschenswert erscheinen.

Die Symbiose der Ameisen und Blattiden, die man seit so langer
Zeit kannte, gewann begreiflicherweise, nachdem sie nun Glied eines größeren Zusammenhangs geworden waren, erneutes Interesse. Ich selbst stellte
die Verbreitung der Bakteriensymbiose bei exotischen Camponotinen fest
und beschrieb die hier anfangs überraschend stürmisch verlaufende Eiinfektion sowie das ungewöhnliche Verhalten der Symbionten bei der Embryonalentwicklung (1918, 1921, 1928), während HECHT (1924) diese letztere
dann noch eingehender behandelte. Der Symbiose von *Formica fusca* Latr.,
die ein besonderes Interesse bietet, da andere Arten dieser Gattung offensichtlich ihre Symbionten wieder verloren haben und heute nur noch gewisse
Eigentümlichkeiten der embryonalen Entwicklung an sie erinnern, widmete
sich LILIENSTERN (1932).

Ungleich zahlreicher sind die Arbeiten, welche sich auch weiterhin mit der
Blattidensymbiose befaßten. Neben den Mitteilungen von BUCHNER (1912),
H. FRAENKEL (1921) und BORGHESE (1946) sind insbesondere die Arbeiten von
GIER (1936, 1937) und KOCH (1938, 1949) hervorzuheben, welche wertvolle neue
Einzelheiten bezüglich der Eiinfektion und vor allem über die Embryonalent-
wicklung enthalten, hinsichtlich der man bis dahin auf das Wenige angewiesen
war, was ältere Autoren, wie HEYMONS (1895), davon beschrieben hatten, ohne
zu wissen, daß es sich dabei um die Schicksale von Bakterien handelt.

Immer wieder hat man sich auch bemüht, die Blattidensymbionten zu züchten. Nachdem schon MERCIER (1907) über angeblich gelungene Kulturen berichtet hatte, glaubten GROPENGIESSER (1925), GLASER (1920, 1930) und HOOVER
(1945) ebenfalls Erfolg gehabt zu haben, während JAVELLY (1914), HERTIG
(1921), WOLLMAN (1926), HOLLANDE u. FAVRE (1931) sich vergeblich darum
bemühten und den positiven Angaben ihrer Vorgänger keinen Glauben schen-
ken. Neuerdings kam auch GUBLER (1947), der die verschiedensten Methoden
versuchte, im Laufe einer besonders gründlichen Untersuchung zu dem Schluß,
daß es bisher niemand gelungen sei, Blattidensymbionten zu züchten. Andererseits dürfte in allerjüngster Zeit KELLER die jedenfalls trotz ihrer kaum veränderten Gestalt hochgradig an das intrazelluläre Leben angepaßten Symbionten wirklich kultiviert haben (1950).

Mit der feineren Morphologie derselben beschäftigte sich ebenfalls eine Reihe von Autoren (LWOFF, 1923; WOLF, 1924; NEUKOMM, 1927, 1932; HOVASSE, 1913; HOLLANDE u. FAVRE, 1931; TACCHINI, 1946); den Nachweis, daß in den Myce-tocyten auch Mitochondrien vorhanden sind, erbrachte KOCH (1930).

Eine nicht geringe Überraschung bedeutete es, als bei den Mastotermi-tiden, also der primitivsten, einst weit verbreiteten Familie der Termiten, von denen heute nur noch ein Vertreter in Australien lebt, eine Bakteriensymbiose entdeckt wurde, welche bis in die letzten Einzelheiten der der Blattiden gleicht. Das ging schon aus den ersten kurzen Mitteilungen von JUCCI (1930, 1932) hervor, wurde aber dann erst durch KOCH (1938) an Hand eines sorgfältigen Vergleiches in helles Licht gesetzt und hinsichtlich der so interessanten stammesgeschichtlichen Konsequenzen ausgewertet.

Auch unser Wissen von den Symbiosen bei Wirbeltierblut saugenden Tieren ist aus sporadischen Beobachtungen und aus mancherlei Mißverständnissen erwachsen, aber sie zeigen hier begreiflicherweise Züge besonderer Art. Waren es doch nun vielfach nicht Zoologen, welche sich mit den in Frage kommenden Objekten befaßten, sondern Bakteriologen, Hygieniker und Ärzte, die sich lediglich deshalb für sie interessierten, weil sie als Wirte pathogener Protozoen und Bakterien in Betracht kamen, oder im Verdacht standen, Viruskrankheiten zu übertragen. Die Folge war, daß so manche Fälle einer Symbiose zunächst Forschern zu Gesicht kamen, bei denen die zoologischen Fragen sehr in den Hintergrund traten und von denen daher eine erschöpfende Aufklärung ihrer Befunde von vorneherein nicht zu erwarten war. Der Gedanke an ein harmonisches Zusammenleben der betreffenden Wirtstiere mit Mikroorganismen lag ihnen selbst in einer Zeit, da die Entdeckung der Symbiosen bei Pflanzensäfte saugenden Tieren längst an solche Möglichkeiten hätte mahnen sollen, völlig fern. So ist es kein Wunder, daß eine Kette besonders gearteter, sich bis tief in die neuere Zeit erstreckender Fehldeutungen die Vorgeschichte dieses Kapitels der Symbiosenlehre kennzeichnet.

Der erste, welcher die in einem besonderen Abschnitt des Mitteldarmes der Tsetsefliegen lokalisierten Bakterien gesehen, war kein geringerer als ROBERT KOCH. Er machte insofern eine rühmliche Ausnahme, als er sie unter dem Eindruck ihres regelmäßigen Vorkommens gesprächsweise sogar geradezu als «Symbionten» zu bezeichnen pflegte und ihnen eine wenn auch unbekannte Rolle im Haushalt der Fliege zuschreiben zu müssen glaubte. STUHLMANN, der dann 1907 erstmalig den Fall in die Literatur einführte und sich bei dieser Gelegenheit jener Äußerungen ROBERT KOCHS erinnerte, begnügte sich mit einer kurzen Beschreibung des Vorkommens in der Imago und war noch der Meinung, daß es sich dabei um irgendwelche Protozoen handle.

Die Symbionten der Hippobosciden, die so viele Züge mit denen der Glossinen gemeinsam haben, verdanken ihre Entdeckung dem Umstand, daß NÖLLER 1917 in *Melophagus ovinus* L. Rickettsien gefunden hatte. Im darauffolgenden Jahre befaßte sich auch SIKORA mit diesen die Bakteriologen so lebhaft interessierenden Organismen und teilte bei dieser Gelegenheit mit, daß sie an einer bestimmten Stelle des Darmes, die durch besonders hohe Epithelzellen ausgezeichnet sei, massenhaft Zelleinschlüsse gefunden habe, welche sie «für Parasiten ähnlich den von STUHLMANN bei *Glossina* beschriebenen» halte. Nahezu gleichzeitig erschien eine weitere Arbeit über die Schaflausrickettsien von JUNGMANN (1918), der die gleichen Gebilde beschreibt, sie aber im Gegensatz zu SIKORA irrigerweise mit den ausschließlich extrazellular lebenden Rickettsien identifiziert. Beide hatten damit erstmalig die Symbionten eines Vertreters der Hippobosciden zu Gesicht bekommen, ohne freilich den Befund entsprechend zu würdigen.

Die fadenförmigen Symbionten, welche in Blindsäcken des Ösophagus der auf Schildkröten schmarotzenden Hirudinee *Placobdella catenigera* Moquin Tandon leben, erschienen in der Literatur, als SIEGEL sich 1903 mit dem Entwicklungszyklus der im Blut der Schildkröten vorkommenden Hämogregarinen befaßte, mußten es sich aber gefallen lassen, zunächst als Sporozoite dieser Protozoen gedeutet zu werden. REICHENOW hat dann zwar (1910) erkannt, daß die fraglichen Gebilde nichts mit den Hämogregarinen zu tun haben, verfiel aber dafür zunächst in einen anderen Irrtum, wenn er erklärte, daß «über ihre Eigenschaft als Zellprodukte gar kein Zweifel herrschen kann».

Die in Ixodiden und Argasiden allgemein verbreiteten symbiontischen Bakterien, welche ebenfalls bereits ROBERT KOCH aufgefallen waren, als er sich mit *Rhipicephalus* beschäftigte, spielten, bevor sie an ihren richtigen Platz gestellt wurden, eine geradezu verhängnisvolle Rolle in der Spirochätenliteratur. Da die verschiedenen Formen der das Rückfallfieber erregenden *Spirochaeta (Borrelia) recurrentis* in zahlreichen Vertretern der beiden Unterfamilien der Ixodoidea leben, wurden diese Gegenstand der Untersuchung einer langen Reihe in erster Linie wieder medizinisch interessierter Bakteriologen, die nicht daran dachten, daß ihre Objekte außer den Spirochäten unter Umständen recht ähnliche Symbionten beherbergen könnten.

Die ersten, welche so, ohne sich dessen bewußt zu werden, die Symbionten einer Argaside beschrieben haben, dürften DUTTON u. TODD (1907) gewesen sein, welche in den Zellen der Malpighischen Gefäße von *Ornithodorus moubata* Wheeler, welche mit *Spirochaeta duttoni* infiziert waren, stets kleine rundliche Gebilde fanden, die sie unbedenklich mit Entwicklungsstadien der Spirochäte identifizierten. Wesentlich genauere Angaben über diese Einschlüsse in den Exkretionsorganen der gleichen Zecke machte dann 1910 LEISHMAN. Er fand nun auch in den Ovarien die gleichen, teils kokken-, teils stäbchenförmigen Gebilde und überzeugte sich davon, daß sie in keinem Entwicklungsstadium fehlten. Bereits in den Embryonen und in der Larve sollten sie in den Zellen vorhanden sein, aus denen die Exkretionsorgane hervorgehen. Doch war auch er noch der Meinung, daß sie Entwicklungsstadien der Spirochäten darstellen.

Als 1911 BALFOUR gelegentlich einer Untersuchung über die *Spirochaeta gallinarum* bei *Argas persicus* Oken auf ähnliche Gebilde stieß und in der Tat alle Übergänge zwischen ihnen und den Spirochäten zu sehen meinte, schloß er sich unbedenklich der gleichen Auffassung an. Auch FANTHAM (1911) bestätigte nochmals die Beobachtungen LEISHMANS, und HINDLE (1912) gab eine

Darstellung des Entwicklungszyklus der Hühnerspirochäte, in die offenkundig auch die Symbionten eingebaut waren, obwohl kurz vorher (1911) endlich BLANC dafür eingetreten war, daß die fraglichen Einschlüsse der Vasa Malpighi und der Ovarien, trotz ihrer gelegentlichen Ähnlichkeit, nichts mit dem Erreger des Rückfallfiebers zu tun hätten.

Auf breiterer Basis prüften dann schließlich MARCHOUX u. COUVY (1913) das Verhältnis der Spirochäten zu den nie vermißten Insassen der Nierenorgane an Hand von *Argas persicus* und *vespertilionis*, einer Reihe von Amblyomminen sowie *Ixodes ricinus* L. und wiesen endgültig nach, daß die LEISHMAN-Granula nichts mit den von uns heute als Symbionten erkannten Zelleinschlüssen zu tun haben. Welcher Natur diese seien, wollten freilich auch sie nicht entscheiden; sie erörterten die Frage, ob es sich dabei um Mitochondrien handle oder etwa um Bakterien, ohne freilich dabei an Symbionten in unserem Sinne zu denken, wagten aber keinen Entscheid zu fällen. Für die Mitochondriennatur trat schon vor ihnen NORDENSKIÖLD (1908, *Ixodes*) ein, und CASTEEL hielt noch 1916 die im Ei von *Argas* befindlichen Organismen für solche.

Viel weiter zurück reichen begreiflicherweise die ersten sich auf die Mycetome der Pediculiden beziehenden Angaben. Denn hier handelt es sich ja nun wenigstens bei einem Teil der Arten um ein regelrechtes Organ, das, auf der Ventralseite des Darmes gelegen und gelblich gefärbt, sich, besonders wenn die Laus Blut gesogen hat, deutlich abhebt und schon bei der Betrachtung mit einer Lupe ohne weiteres wahrzunehmen ist. So kam es, daß es schon die alten Insektenanatomen, welche sich erstmalig eines Mikroskops bedienten, zu Gesicht bekamen.

Der vielseitige ROBERT HOOKE, der gleichzeitig Physiker, Astronom und Biologe war, spricht als erster in seiner 1665 in London erschienenen «Micrographia» vom Mycetom der Menschenlaus. Bald darauf erscheint es auch bei SWAMMERDAM in seiner «Algemeene Verhandeling van bloedloose diertjens», Utrecht 1669, die 1685 auch als «Historia insectorum generalis» heraus kam, und wird später in der berühmten «Bijbel der Nature», welche BOERHAVE 1737/38 nach dem Tode des genialen Insektenzergliederers holländisch und lateinisch herausgab, noch viel eingehender dargestellt. Da es sich dabei um die schon recht treffende erste Beschreibung eines symbiontischen Organes handelt, mögen einige Sätze derselben nach einer deutschen Übersetzung von 1752 hier Platz finden. «Unter dem Bauche», heißt es da, «sieht man, ein wenig in die Höhe, beinahe mitten auf dem Magen, ein Theilgen, davon Hooke mutmaßet, es könnte wohl eine Leber seyn. Ich aber an meinem Theil sollte dieses Stück lieber vor eine Bauchdrüse ansehen, wenn ich nur etwas mehr Grund und Wahrscheinlichkeit dazu hätte. An Farbe ist es eigentlich nicht weiß, sondern fällt vielmehr in das Citronengelbe. Es läßt sich nicht leicht vom Magen absondern, an dem es festgewachsen ist. Unter einem Vergrößerungsglase läßt es sich gar leicht in sehr viele Körngen, als kleine nicht sonderlich durchsichtige Drüsen theilen.» Dann schildert er die Versorgung mit Tracheen, notiert die zähe Beschaffenheit des Organs und seine variable Gestalt, welche er in etlichen Skizzen festhält.

Viel mehr vermochte auch LANDOIS, auf den die heute noch übliche Bezeichnung «Magenscheibe» zurückgeht, 1864 nicht an dem Organ zu erkennen; er untersuchte das Mycetom der Filzlaus und fand, daß es aus «Zellen» besteht, «die mit vielen Körnchen und Fetttröpfchen erfüllt im Inneren der Scheibe angelagert erscheinen». Es müsse sich wohl um eine Drüse handeln, meint er, die bei der Verdauung Sekrete in den Magen abgibt. Ihm folgte GRABER (1872), der die Ansicht äußerte, man könne das rätselhafte Organ mit gutem Grund eine Art Leber nennen, auch wenn der Nachweis eines gallenartigen Sekretes zunächst nicht zu erbringen sei. In ihrem Inneren glaubte er ebenfalls Fetttröpfchen und Pigmentkörner zu erkennen.

J. MÜLLER (1915) sah dann statt dessen in den Kammern des Organes endlich «kleine, meist dichtgedrängte Fäserchen» und beschrieb auch erstmalig die «Ovarialampullen», von denen wir heute wissen, daß sie der Infektion der Eizellen dienende Filialmycetome sind, aber der Sinn des Ganzen blieb ihm nicht weniger verborgen als SIKORA, welche ein Jahr darauf in ihren «Beiträgen zur Anatomie, Physiologie und Biologie der Kleiderlaus» in den Mycetomen im allgemeinen «unregelmäßige Klümpchen und Schollen, Bläschen und Körnchen» sah — es handelte sich dabei offenbar um die verödeten Mycetome der Weibchen und die der alten Männchen, in welchen die Symbionten schließlich zugrunde gehen — und nur zweimal vielfach parallel ziehende Fäden. Wie nahe sie schon damals an der Entdeckung des wahren Sachverhaltes war, geht aus einer Fußnote hervor, in der sie bekannte, daß sie angesichts der Arbeit BLOCHMANNS über Bakteroide im Gewebe der Insekten natürlich an eine ähnliche Möglichkeit gedacht habe, daß sie aber «bei aller Hypothesenfreudigkeit nicht einen Augenblick im Ernst an eine Symbiose der Laus mit Bakterien denken könne». Konsequenterweise zog sie es daher auch vor, die Symbionten der Schweinelaus, d. h. ansehnliche, den Kern in parallelen Lagen umziehende Schläuche, als unter Beteiligung des Kernes entstandene Fäden zu deuten.

Daß die Mycetome der Bettwanzen nicht auch schon in so früher Zeit, wie die der Läuse, gesehen wurden, ist ohne weiteres verständlich, denn hier handelt es sich um recht unscheinbare und farblose, nur bei sorgfältiger Präparation erkennbare Organe im Fettgewebe. Daß sie aber auch den vielen Bakteriologen entgangen sind, die sich in neuerer Zeit eingehend mit den in diesen Tieren vorkommenden Mikroorganismen befaßten oder Übertragungsversuche mit ihnen anstellten, ist weniger verzeihlich. Als ARKWRIGHT, ATKIN u. BACOT 1921 Bettwanzen mit dem Erreger des Wolhynischen Fiebers zu infizieren suchten, stießen sie wohl in Ausstrichen von verschiedenen Organen, vor allem aber von Malpighischen Gefäßen, auf Gebilde, denen sie den Namen *Rickettsia lectularia* gaben, doch handelt es sich dabei zum mindesten in der Hauptsache nicht um die Bewohner der auch ihnen noch verborgen gebliebenen Mycetome, sondern um Begleitformen, die sie selbst als Parasiten bezeichneten. Das gleiche gilt für COWDRY (1923), der ebenfalls von den Rickettsien der Bettwanze spricht, ohne die eigentlichen Symbiontenwohnstätten zu kennen.

Erst 1919 sollte endlich auch auf diesem Gebiet der Bann gebrochen werden, der hier die Erkenntnis des wahren Sachverhaltes über Gebühr verzögert hatte. In diesem Jahre erschien zunächst eine wertvolle Studie ROUBAUDS, in der er die Symbiose der Glossinen behandelte und das Verhalten ihrer Gäste, in denen er freilich zunächst noch hefeähnliche Organismen sah, in Larven, Puppen und Imagines klarlegte. Zum Vergleich herangezogene, aber nicht genauer untersuchte Hippobosciden überzeugten ihn weiterhin, daß es sich auch bei ihnen um eine regelrechte Symbiose handelt.

Im gleichen Jahre erhielt weiterhin endlich auch die Magenscheibe der Läuse ihren Platz unter den Insektenmycetomen. SIKORA und ich sind unabhängig voneinander zu dieser Einsicht gekommen und haben im gleichen Bande des Biologischen Zentralblattes darüber berichtet. Die erstere zog bereits außer der Kleider- und Kopflaus auch die Filzlaus, die Schweine- und Rattenlaus in den Bereich ihrer Untersuchung und erkannte erstmalig, daß nur die jungen Läuse in ihren Mycetomen fadenförmige Symbionten enthalten, während nach der dritten Häutung unregelmäßige Schollen an ihre Stelle treten. In den Ovarialampullen, die sie bis dahin für eine Art phagocytierendes Organ gehalten, das der Einschmelzung von Follikelresten dienen sollte, vermutete sie nun «Ovarialmycetome», ohne jedoch ihre Bedeutung für die Eiinfektion, über die sie keine Angaben machte, zu erkennen. In dieser Hinsicht ergänzten meine Beobachtungen über den feineren Bau der Ampullenwandung und den Übertritt der Symbionten aus dieser in die Ovocyten die Feststellungen SIKORAS. Während sie in diesen Ovarialampullen die eigentlichen Mycetome erblickte und die Magenscheibe ein provisorisches Organ nannte, bezeichnete ich die Ampullen als lediglich der Übertragung dienende Filialmycetome, wie wir sie seitdem auch von anderen Insekten kennengelernt haben. Auch unsere Vorstellungen von der *Haematopinus*symbiose deckten sich nicht völlig, wenn SIKORA auch hier einen völligen Schwund der bei diesem Tier diffus in das Darmepithel eingesenkten Mycetocyten annahm, während ich, wie die späteren Untersucher, sie stets wohl erhalten fand.

Wenn im Jahre 1920 DONCASTER und CANNON gelegentlich einer Studie über die Spermatogenese der Menschenläuse auch auf die Ansammlung der Symbionten am hinteren Eipol stießen und bei dieser Gelegenheit die Möglichkeit diskutierten, daß die fragliche Masse von der Degeneration der Nährzellen herrühren könnte, so zeigt das nur noch einmal, wie schwer es so manchem bis in die jüngste Zeit hinein fiel, sich die Ergebnisse der Symbioseforschung zu eigen zu machen.

SIKORAS und meine eigenen Mitteilungen waren zunächst, auch nachdem erstere 1922 noch einige Ergänzungen gebracht hatte, recht lückenhaft geblieben und ließen eine monographische Bearbeitung der Anoplurensymbiose überaus wünschenswert erscheinen. Auch eine Veröffentlichung von FLORENCE (1924) über die Symbiose der Schweinelaus änderte hieran kaum etwas, denn die Verfasserin verfiel in mancherlei grobe Irrtümer. Nimmt sie doch zum Beispiel eine Infektion der Eier durch die Mikropyle und einen ständigen Übertritt der Symbionten in das Darmlumen an. Erst die in meinem Institut entstandene Studie von RIES (1931), der bereits 1930 eine vor allem die bakteriologischen Beobachtungen behandelnde Veröffentlichung vorangegangen war, vermittelte endlich ein geschlossenes Bild der so interessanten Anoplurensymbiose. In ihr werden nicht weniger als acht Gattungen sorgfältigst untersucht, die Morphologie

der Wohnstätten und die Übertragung über die Ovarialampullen, die recht verschieden sein kann, beschrieben und bei einer Reihe von Formen auch das
Verhalten der Symbionten im Laufe der Embryonalentwicklung aufgedeckt.
Der komplizierte, in den beiden Geschlechtern verschiedene Wege einschlagende
symbiontische Zyklus von *Haematopinus* und *Pediculus* wurde jetzt erst in
allen seinen Einzelheiten bekannt und ergab eine Fülle der seltsamsten Geschehnisse und der überraschendsten Anpassungen der Wirte an ihre Gäste.

Die in mehrfacher Hinsicht den Läusen verwandte Züge aufweisenden Mallophagen schließen sich auch auf Grund der bei ihnen ebenfalls nicht fehlenden symbiontischen Einrichtungen eng an sie an. Auch hier stießen SIKORA
und ich unabhängig voneinander auf die Existenz von symbiontenhaltigen, der
Übertragung dienenden Ovarialampullen, von denen schon lange vorher NUSS-
BAUM (1882) etwas gesehen hatte, dem auffiel, daß hier das Epithel des Eileiters
besonders hoch, zweikernig und «mit einem streifigen Protoplasma versehen
ist». Erstere berichtete 1922 in Kürze darüber, ich gab erst 1928 eine Abbildung
derselben, aber beide übersahen wir zunächst das Vorhandensein weiterer, im
Abdomen verstreuter Nester von Mycetocyten. Auch hier war es RIES vorbehalten, auf Grund eines sieben Gattungen umfassenden Materiales eine erschöpfende Darstellung zu liefern. Schließlich enthält auch SCHÖLZELS Studie über die Embryologie der Anopluren und Mallophagen (1937) noch einige
die Symbiose betreffende Ergänzungen.

Anschließend an die ersten Mitteilungen über die Symbiose der Läuse konnte
ich alsbald die Entdeckung paariger Mycetome im Abdomen der Bettwanzen
melden sowie die Wege der Übertragung und die Entwicklungsgeschichte dieser
Organe schildern, die allen Bakteriologen entgangen waren, die sich bis dahin
mit diesem Objekt befaßt hatten (1921, 1922, 1923). HERTIG u. WOLBACH
(1924) sind dann die ersten gewesen, welche meine diesbezüglichen Befunde in
vollem Umfang bestätigten und unsere Kenntnis von der seltsamen Vielgestaltigkeit der Wanzensymbionten vertieften, während man dies andererseits von
KUCZINSKIS Studien über die Erreger des Fleck- und Felsenfiebers (1927) keineswegs behaupten kann. In ihnen ist wohl viel von den «Eigenrickettsien» der
Bettwanze die Rede, doch geht ihm jedes Verständnis für das Wesen der Insektensymbiose ab. Andererseits bemühte sich PFEIFFER (1931) in meinem Institut sehr ernstlich um die bakteriologischen Probleme, welche sich an die
Bettwanzensymbiose knüpfen, und kam hiebei zu der Überzeugung, daß man
die eigentlichen Symbionten und die auch in anderen Organen vorkommenden
Bakterien scharf zu trennen habe, wofür auch spricht, daß diese bei *Oeciacus*,
der Schwalbenwanze, die er erstmalig mit der Bettwanze verglich, fehlen. Seinen
vielfältigen Bemühungen, die Symbionten zu züchten, war freilich nur in sehr
beschränktem Maße Erfolg beschieden. Daß offenbar alle Cimiciden mehr oder
weniger ähnliche Mycetome besitzen, geht aus noch unveröffentlichten Untersuchungen CARAYONS an tropischen Formen Afrikas und Südamerikas hervor.

Angesichts dieser ersten Feststellungen über eine Symbiose bei blutsaugenden Tieren widerrief auch REICHENOW alsbald seine Angaben über die Natur
der fädigen Einschlüsse bei Placobdella und überzeugte sich davon, daß diese

Egel nicht minder in Symbiose mit Bakterien leben (1922). Zum weiteren Ausbau unserer Kenntnisse der Hirudineensymbiose trugen dann in der Folge noch mein Schüler JASCHKE (1933), der auch bei Ichthyobdelliden von Bakterien bewohnte Ösophagusausstülpungen fand, sowie LEHMENSICK (1941, 1942) und HORNBOSTEL (1941) bei, welche es wahrscheinlich machten, daß auch gewisse frei im Darmlumen des medizinischen Blutegels vorkommende Bakterien als Symbionten angesprochen werden dürfen.

Als REICHENOW sich mit dem Studium der Hämococcidien der Eidechsen befaßte, stieß er in den an ihnen saugenden Gamasiden auf Mycetome, über die er 1920 und 1921 in Kürze, 1922 aber ausführlicher berichtete. Im gleichen Jahre erschienen dann zwei weitere kurze Veröffentlichungen, in denen einerseits GODOY u. PINTO endlich den immer wieder mit Spirochäten verwechselten Symbionten der Amblyomminen ihren richtigen Platz anwiesen, und andererseits von mir erstmalig Mitteilungen über die Ixodinensymbiose gemacht wurden. Während die Gamasidensymbiose, obwohl es bei ihr noch so manches aufzuklären gäbe, in der Folge nur noch einen Bearbeiter fand, der noch dazu wenig Neues beizutragen vermochte (PIEKARSKI, 1935), wurde die Symbiose der Ixodoidea in rascher Folge Gegenstand weiterer Untersuchungen. COWDRY, der sich zunächst mit den in den Zecken lebenden Rickettsien befaßte, war ebenfalls auf ihre Symbionten gestoßen und beschrieb sie nun, nachdem er sie zunächst (1923) auch noch für Mitochondrien gehalten hatte, 1925 aus nicht weniger als 17 Arten, die sich auf Ixodiden und Argasiden verteilen. 1926 gab ich eine ausführlichere Darstellung meiner an *Ixodes*arten erhobenen Befunde, 1932 wurden unsere diesbezüglichen Kenntnisse in sehr erfreulicher Weise durch MUDROW ausgebaut, welche erstmalig die Symbionten auch während der Embryonalentwicklung verfolgte und hiebei auf eine denkbar frühe Infektion der Gonadenanlage stieß. 1933 machte schließlich JASCHKE weitere Mitteilungen über die Symbionten der Argasiden. So entstand endlich ein abgerundetes Bild der Zeckensymbiose, an die sich anfänglich so viele Irrtümer geknüpft hatten. Lediglich die Angaben RONDELLIS (1925) wollen sich ihm nicht einfügen, welche, wie übrigens auch ROESLER (1934), in ihrem *Ixodes*material die in den Malpighischen Gefäßen lokalisierten Organismen vermißte und statt dessen an anderer Stelle gefundene Bakterien beschrieb, die offenbar nichts mit den Symbionten zu tun haben.

Obwohl ROUBAUD bereits 1919 in Kürze vermerkt hatte, daß die nie fehlenden intrazellularen Gäste des *Melophagus*darmes den Symbionten der Glossinen gleichzustellen seien, traten ARKWRIGHT u. BACOT (1921) wieder, wie vorher JUNGMANN, für ihre Identität mit den Rickettsien ein. HERTIG u. WOLBACH hingegen stellten sich (1924) auf den Standpunkt SIKORAS und ROUBAUDS, ANIGSTEIN (1927) erneut auf den der Gegenseite. So schien es an der Zeit, daß ein Zoologe sich mit dem gesamten Zyklus der Hippoboscidensymbiose befaßte, um diese Widersprüche aus der Welt zu schaffen. Mein Schüler ZACHARIAS widmete sich dieser Aufgabe und führte damit eine endgültige Klärung herbei. Der larvale Sitz, das Verhalten bei der Metamorphose, die Übertragung auf die Larven mit dem Sekret der Milchdrüsen wurden endlich bei *Melophagus* und anderen Lausfliegen aufgezeigt und die völlig abweichenden Mycetome von *Ornithomyia* entdeckt (1928). Seine Beobachtungen fanden bald darauf in einer weiteren, sehr eingehenden und eine Reihe von Formen vergleichenden Studie Aschners (1931) volle Bestätigung und vielfältige Ergänzung, vor allem auch hinsichtlich der feineren Morphologie der Symbionten und dem häufigen Auftreten mehr oder weniger parasitischer Begleitformen. Auch zog dieser Autor erstmalig außer Hippobosciden Nycteribiiden und Strebliden zum Vergleich heran und stellte so fest, daß die ersteren locker gefügte Mycetome besitzen, während in der einzigen bisher untersuchten Streblide keine eindeutigen Symbionten zu finden waren. Eine spätere Veröffentlichung Aschners (1946) über die Nycteribiide *Eucampsipoda aegyptica* Mcq. machte uns mit einem weiteren, sehr eigenartigen, weil lediglich auf das Weibchen beschränkten Symbiosetyp bekannt.

Auch die Reduviidensymbiose fügte sich jetzt erst in die Kette entsprechender Vorkommnisse bei anderen Blutsaugern ein. Abermals waren es zunächst Hygieniker und Mediziner, die sich für das von diesen tropischen Raubwanzen übertragene *Schizotrypanum cruzi* als den Erreger der Chagas-Krankheit interessierten, welche auf sie stießen. Vermutlich hat schon Duncan etwas von den hier im Epithel des Mitteldarmes lebenden Bakterien gesehen, als er 1926 bei *Rhodnius* grampositive Stäbchen feststellte. Als der eigentliche Entdecker aber hat der brasilianische Arzt Dias zu gelten, der erstmalig von Symbionten bei *Triatoma* sprach (1933, 1934) und anschließend (1937) bei acht weiteren Reduviiden Entsprechendes feststellte. Daß es sich in diesem Falle in Wirklichkeit um Actinomyceten handelt, erkannte Erikson (1935); über Sitz und Verhalten der Symbionten machte Wigglesworth (1936) genauere Angaben. 1944 klärten Brecher u. Wigglesworth die Wege der Übertragung auf und stellten für das Nutzproblem bedeutungsvolle Versuche mit künstlich symbiontenfrei gemachten Tieren an.

So folgte auf eine verhältnismäßig lang dauernde Periode, in der immer wieder anderweitig interessierte Forscher diesen oder jenen der später als symbiontisch lebend erkannten Organismen zu Gesicht bekamen, eine zweite, in der, vor allem dank den Bemühungen der Zoologen, Klarstellungen und neue Entdeckungen sich in rascher Folge zu einem wohl abgerundeten Kapitel der neuen Symbioseforschung zusammenschlossen. Hiebei ergab sich in Bälde eine Gesetzmäßigkeit, welche dem, der nach neuen Symbiosen bei Blutsaugern fahndete, als Richtschnur dienen konnte. Auf den ersten Blick mag es überraschend erscheinen, daß in einer Reihe, in der Läuse, Wanzen, Tsetsefliegen, Lausfliegen, Zecken, Milben und Egel vertreten sind, Formen, wie die Flöhe, die Culiciden, die Tabaniden usf., fehlen. Und doch hat dies seinen guten Grund, und es ist in dieser Richtung keine Erweiterung des Gebietes zu erwarten. Immer deutlicher stellte es sich vielmehr bei der Suche nach weiteren derartigen Vorkommnissen heraus, daß lediglich diejenigen von Vertebratenblut sich ernährenden Tiere Symbionten beherbergen, welche ihr ganzes Leben lang keinerlei anders geartete Nahrung zu sich nehmen, ein Ergebnis, das natürlich auch für das Verständnis der physiologischen Hintergründe dieser Symbiosen von ausschlaggebender Bedeutung ist.

Damit ist auch schon gesagt, daß die alten, vielfach weitergegebenen Angaben SCHAUDINNS (1904) über eine Symbiose bei *Culex pipiens* L. nicht aufrecht erhalten werden können. Er fand in den drei Aussackungen des Ösophagus der Imago mit großer Regelmäßigkeit hefeähnliche Pilze, von denen er annahm, daß sie beim Stechakt eine die Blutgerinnung hindernde und damit die Nahrungsaufnahme fördernde Wirkung hätten. Doch haben nach ihm kommende Autoren, unter ihnen vor allem auch HECHT (1928), mehrfach festgestellt, daß es sich dabei keineswegs um stets vorhandene Gäste handelt und daß auch die Stichreaktionen nicht, wie dies SCHAUDINN wollte, ein spezifisches Produkt dieser Hefen, beziehungsweise der von ihnen erzeugten Gasblasen sind.

Ebensowenig hat die Untersuchung von Flöhen bisher etwas ergeben, was mit den echten Symbiosen bei Blutsaugern verglichen werden könnte, wenn auch die betreffenden Autoren bei der Feststellung eines mehr oder weniger regelmäßigen Vorkommens von Bakterien im Darmkanal gelegentlich von «Symbionten» reden (BACOT, 1914; FAASCH, 1935).

Der Gedanke an die Möglichkeit einer Leuchtsymbiose tauchte in ernst zunehmender Form erstmalig auf, als PIERANTONI 1914 mitteilte, daß sich in den Leuchtorganen von Lampyris noctiluca L., welche ja von vornherein eine gewisse Ähnlichkeit mit so manchen Insektenmycetomen besitzen, zahlreiche, teils stäbchen-, teils kokkenförmige Einschlüsse fänden, welche für die Lichtproduktion verantwortlich zu machende Bakterien darstellen sollten. Für eine solche Auffassung sprach nicht zuletzt auch der Umstand, daß man schon lange wußte, daß bereits die Ovarialeier der Lampyriden im mütterlichen Körper leuchten und daß dies insbesondere auch für *Pyrophorus* von DUBOIS einwandfrei dargetan wurde. Nichts lag näher, als sich hiebei der Tatsache zu erinnern, daß ja die meisten Symbionten zum Zwecke der Übertragung bereits in den Ovocyten Aufnahme finden.

In der Tat streifen auch bereits die Vorstellungen, welche sich DUBOIS auf Grund seiner Beobachtungen bildete, hart an den Gedanken einer Symbiose. Träger der Luminiscenz waren für ihn kleinste Granulationen, die er Vakuolide nannte und als elementare, vermehrungsfähige Strukturen der lebendigen Substanz betrachtet wissen wollte. Sie sollten bereits im Ei vorhanden sein und durch die einzelnen Stadien der larvalen Entwicklung und die Puppen in die Imagines weitergegeben werden, um dann in diesen wieder zu den Eiern zurückzukehren (1914).

PIERANTONI glaubte denn auch in der Tat auf Ausstrichen früher Entwicklungsstadien die gleichen Bakterien wiederzufinden, die er in den Organen sah, ja er machte sogar Mitteilung über angeblich gelungene Reinkulturen derselben. Da diese nicht leuchteten, sprach er sich später dahin aus, daß sie wohl nur indirekt irgendwie in den Prozeß der Lichtproduktion eingreifen würden.

Diese ersten Angaben über eine eventuelle Leuchtsymbiose stießen jedoch auf ziemlich allgemeine Ablehnung. VOGEL (1922, 1927), der sich viel mit den Leuchtorganen der Lampyriden befaßte, bemühte sich vergebens, in ihnen Bakterien nachzuweisen oder gar solche aus ihnen zu züchten. VONWILLER (1920) erklärte die fraglichen Einschlüsse für Mitochondrien, auch ich selbst konnte mich schon vor den beiden (1914) nicht von der Existenz dieser angeblichen Leuchtsymbionten überzeugen. Die ablehnenden Stimmen mehrten sich auch in der Folge. DAHLGREN fand zwar in den Leuchtorganen von *Photinus* im Weibchen stäbchenförmige, im Männchen kokkenförmige Einschlüsse, konnte sich aber trotzdem ebenfalls nicht der Deutung PIERANTONIS anschließen. HARVEY u. HALL (1929) entfernten auf operativem Wege die Leuchtorgane von *Photuris*larven und stellten fest, daß aus ihnen trotzdem Imagines mit normalen Leuchtorganen hervorgingen. Mit Recht schlossen sie daraus, daß auch dies gegen eine Leuchtsymbiose spricht, da man ja sonst zu der Annahme genötigt sei, daß an anderen Stellen des larvalen Körpers nichtleuchtende Symbiontenreserven vorhanden sind, welche für die entfernten einspringen.

Als PFEIFFER und KOCH in meinem Institut den Versuch machten, durch Einführung der fraglichen Granula in andere Insekten diese zum Leuchten zu bringen, blieb er ebenso ergebnislos wie die Bemühungen des ersteren, sie zu züchten.

Durch die ausgezeichnete Studie JULINS über die Embryonalentwicklung von Pyrosoma giganteum Les. (1912) wurde hingegen dem Gedanken an eine Leuchtsymbiose erneut Nahrung gegeben und diesmal die Forschung auf einen fruchtbareren Boden gelenkt. Die höchst einfach gebauten Zellhaufen, welche hier die die Ingestionsöffnung flankierenden Leuchtorgane darstellen, hatten den älteren Autoren ähnlich wie der Pseudovitellus der Homopteren mancherlei Kopfzerbrechen gemacht und es sich gefallen lassen müssen, bald als Ovarien, bald als Nieren oder einfach als «Körnerhaufen» unbekannter Funktion angesprochen zu werden, bis schließlich PANCERI (1873) ihre wahre Funktion erkannte. Sie enthalten sehr merkwürdige Plasmaeinschlüsse, an denen zunächst nicht weniger herumgeraten wurde. PANCERI und SEELIGER (1895) sprachen von Fetttröpfchen, JULIN hielt sie zunächst für Mitochondrien (1909), dann aber wegen ihrer Affinität zu Kernfarbstoffen für Chromidien, die durch eine Nukleinsynthese im Protoplasma entstehen sollten.

Wer mit den damals freilich noch recht neuen Einblicken in die intimen Endosymbiosen bei Insekten vertraut war, mußte angesichts der Bilder JULINS und der seltsamen, nur durch die Annahme einer solchen verständlich werdenden Vorgänge der Embryonalentwicklung, über die JULIN gleichzeitig Mitteilung machte, notwendigerweise vermuten, daß hier eine Leuchtsymbiose und ihre seltsame Art der Vererbung beschrieben wurde. Als ich 1914 JULINS Angaben in diesem Sinne umdeutete, gestatteten die Zeitverhältnisse keine eigene Untersuchung. Erst später (1920) konnte ich mich am Objekt selbst überzeugen, daß JULINS Chromidien ohne Zweifel Bakterien darstellten. Bald darauf hat dann PIERANTONI (1921) eine in die Einzelheiten gehende Bestätigung dieser Auffassung geliefert und den symbiontischen Zyklus mit überzeugenden Bildern belegt.

Die zahlreichen Untersuchungen älterer und neuerer Autoren über die so ungewöhnlich verlaufende Embryonalentwicklung der Salpen (SALENSKY, 1882, 1883, 1916, 1917, 1921; HEIDER, 1895; KOROTNEFF, 1896, 1904; BROOKS, 1893; BRIEN, 1928) berichten alle von höchst merkwürdigen, auf frühen Furchungsstadien auftretenden Einschlüssen der Blastomeren und deuten sie auf die verschiedenste Weise, bald als Dottersubstanzen, bald als Reste gefressener Follikelzellen oder als Sekrete, ja sogar als Produkte endogener Knospung der Blastomeren, so daß man unwillkürlich wieder an das Herumraten erinnert wird, zu dem symbiontische Organismen so oft Anlaß gegeben haben. In der Tat fiel bereits JULIN (1912) eine große Ähnlichkeit derselben mit den später als Bakterien erkannten Einschlüssen der Leuchtorgane der Pyrosomen auf. Eigene Bemühungen (1930) und insbesondere die meiner Schülerin STIER (1938) haben dann ihre Identität zwar nicht mit völliger Sicherheit beweisen, aber immerhin überaus wahrscheinlich machen können und damit zugleich einen Weg gezeigt, der den weitgehenden, bis dahin völlig rätselhaften Anteil der Follikelzellen an der anfänglichen Entwicklung dieser Tiere, der sonst nirgends im Tierreich begegnet, verständlich zu machen geeignet ist.

Schon einige Jahre bevor die Leuchtsymbiose der Pyrosomen endgültig dargetan wurde, war es PIERANTONI gelungen, ihren Bereich in anderer Richtung zu erweitern. Er entdeckte, daß die akzessorischen Nidamentaldrüsen der myopsiden Cephalopoden nichts mit den eigentlichen Nidamentaldrüsen gemein haben, daß ihr scheinbares Sekret vielmehr aus zahllosen niemals fehlenden Bakterien besteht und daß die zum Teil hochentwickelten, mit Linsen und Reflektoren ausgestatteten Leuchtorgane der Sepioliden, welche in offenkundigen stammesgeschichtlichen Beziehungen zu diesen akzessorischen Drüsen stehen, ebenfalls durchweg Wohnstätten von Leuchtbakterien sind (1918, 1934, 1935). Anschließend beschäftigte sich eine Reihe weiterer Autoren mit dieser neuen Symbiose. In bakteriologischer Hinsicht wurde sie vor allem von ZIRPOLO, MEISSNER und GETZEL gefördert. Ersterer wiederholte die bereits PIERANTONI gelungenen Kulturen der Symbionten und machte insbesondere die in Rondeletiola und Sepiola lebenden Leuchtbakterien zum Gegenstand einer langen Serie von Mitteilungen (1918–1938); MEISSNER (1926) gebührt das Verdienst, nicht nur weitere Erfahrungen hinsichtlich Morphologie und Verhalten der Leuchtsymbionten gesammelt und sie mit oberflächlich auf den Sepien lebenden Formen verglichen zu haben, sondern auch den serologischen Beweis für die spezifische Bindung der Symbionten an ihre Wirte erbracht zu haben; GETZEL (1934) unterzog schließlich die Insassen der akzessorischen Drüsen von Sepia officinalis L. einer eingehenden Analyse. PIERANTONI (1924, 1925) dehnte in der Folge seine Untersuchungen auch auf die in größeren Tiefen lebende und in mancher Hinsicht abweichende Heteroteuthis dispar Gray aus, KISHITANI (1928, 1932) und HERFURTH (1936) bereicherten unsere Kenntnis, indem sie eine Reihe weiterer Formen verglichen, und der letztere unterzog außerdem die Vorstellungen, welche sich PIERANTONI von der Übertragungsweise gebildet hatte, einer kritischen Betrachtung. Auch sonst hat es nicht an mancherlei Einwänden gefehlt, die freilich an der Tatsache der Myopsiden-Symbiose nichts zu ändern vermochten. Dies gilt vor allem für die Polemik, welche sich zwischen MORTARA (1922, 1924) und PUNTONI (1925, 1927) einerseits und PIERANTONI (1923, 1926) und ZIRPOLO (1924, 1926, 1927) andererseits entspann.

Berechtigt war hingegen die Zurückweisung derjenigen Angaben, welche sich auf eine Leuchtsymbiose bei Oegopsiden bezogen. PIERANTONI hatte sich an Hand von Präparaten von *Charybditeuthis* 1919 und 1920 für eine solche ausgesprochen und SHIMA (1926, 1927) erklärte stäbchenförmige Einschlüsse in dem Leuchtorgan von *Watasenia scintillans* Berry für Bakterien. Hingegen konnte sich schon MORTARA (1922) bei *Abralia verany* Rüppel keineswegs vom Vorhandensein von Bakterien in den Leuchtorganen überzeugen, und als HAYA-SHI (1927), TAKAGI (1933) u. OKADA, TAKAGI und SUGINO (1933) SHIMAS Objekt nachprüften, kamen sie offensichtlich mit Recht zu dem Resultat, daß die angeblichen Bakterien in diesem Falle Eiweißkristalloide darstellen.

Im gleichen Jahre, in dem PIERANTONIS Studie über die Leuchtsymbiose der Pyrosomen erschien, veröffentlichte HARVEY (1921), der so wesentlichen Anteil an der Erforschung der Biolumineszenz hat, eine kurze Mitteilung, welche einen dritten Bereich nicht zu bezweifelnder Leuchtsymbiosen erschloß. Erstmalig wurden nun zwei nahe verwandte marine Fische, *Anomalops* und *Photoblepharon*, deren seltsame, unter dem Auge gelegene Leuchtorgane bereits von STECHE (1909) als drüsige Gebilde genau beschrieben worden waren, als Wirte leuchtender Bakterien erkannt. Wie so oft in der Geschichte der Symbiose-forschung, leitete diese kurze Notiz eine ganze Serie von ähnlichen Entdeckungen ein. 1928 erschienen nicht weniger als drei Veröffentlichungen, in welchen von weiteren Leuchtsymbiosen bei Teleostiern berichtet wurde. YASAKI stellte damals eine solche bei *Monocentris japonicus* Houttuyn fest, HARMS bei *Equula splendens* Cuv., und DAHLGREN fand Bakterien in den Tentakelorganen von *Ceratias*. 1930 erklärte KISHITANI die eigentümlichen Leuchtorgane von *Physiculus japonicus* Hilgendorf für bakterienbesiedelt, 1935 überzeugten sich YA-SAKI u. HANEDA davon, daß dies auch für eine Reihe von Macruriden gilt. Die gleichen japanischen Forscher behandelten bald darauf (1936) die Leucht-symbiose von *Acropoma japonicum* Günther. HANEDA allein vertiefte sie in der Folge noch weiter (1950) und befaßte sich 1938 auch bereits mit *Malacocephalus laevis* Lowe. Von diesem Macruriden hatte freilich schon lange vorher OSORIO (1912) Beobachtungen mitgeteilt, die zwar ihn von der Existenz eines Bak-terienlichtes überzeugten, aber zu fragmentarisch waren, als daß sie seiner damals noch revolutionären Vorstellung hätten zu allgemeiner Anerkennung ver-helfen können. HICKLING, welcher 1925 und 1926 die Organe dieses Fisches und ihr Leuchten genauer beschrieb und 1931 auch *Coelorhynchus* zum Vergleich heranzog, war sogar, obwohl inzwischen HARVEYS Veröffentlichung erschienen war, zu einer entschiedenen Ablehnung derselben gekommen. Schließlich konnte HANEDA (1940, 1950) auch noch dartun, daß die Feststellung von HARMS auf alle Leiognathiden erweitert werden muß.

Soweit die Fälle, in denen heute die Existenz einer Leuchtsymbiose über jeden Zweifel erhaben ist. Was MOLISCH noch als ein Märchen bezeichnet hatte, das endlich aus der Welt geschafft werden sollte, ist nicht mehr zu bestreitende Tatsache geworden, aber die Reichweite des Prinzips ist an der Fülle der leuch-tenden Tiere gemessen doch eine recht beschränkte geblieben. Anfangs mochte es manchem scheinen, daß man die neuen Erfahrungen wohl unbedenklich würde auf alle leuchtenden Tiere übertragen dürfen; eine entsprechende Bemerkung fin-det sich zum Beispiel auch in RICHARD HERTWIGS Lehrbuch der Zoologie, und manche mehr oder weniger bestimmt gehaltene Mitteilung über weitere Leuchtsymbiosen, die sich in der Folge nicht bestätigt hat, dürfte, wie diese Äußerung, einer solchen auf den ersten Blick verführerischen Vorstellung entsprungen sein.

So ist PIERANTONI (1924) für ein symbiontisches Leuchten des Oligochäten *Microscolex phosphoreus* Ant. Dug. eingetreten, der über den ganzen Körper hin einen leuchtenden Schleim ausscheidet und ihn als Kriechspur hinter sich läßt. Er sprach dabei Gebilde für Bakterien an, welche auch von anderen Oligochäten längst bekannt waren und bereits von manchen für solche erklärt worden waren. Als erster hat wohl CERFONTAINE (1890) die in den verschiedensten Geweben, in der Muskulatur, dem Peritoneum, der Umhüllung des Bauchmarkes auftretenden stäbchenförmigen Gebilde bei *Lumbricus* gesehen und auf ihre Bakterienähnlichkeit hingewiesen. CUÉNOT (1898) hat sie dann bei *Eisenia* tatsächlich für echte Bakterien erklärt, aber andere haben sich mehr oder weniger entschieden gegen eine solche Auffassung gewendet. WILLEM u. MINNE (1899) sprachen sie für Stoffwechselprodukte an, K. C. SCHNEIDER (1902), der sich eingehend mit ihnen beschäftigte, schildert ihre Färbbarkeit, die sich nicht von der echter Bakterien unterscheide, und das Fehlen jeglicher Struktur, konnte sich aber nicht entschließen, sie als Mikroorganismen zu bezeichnen. TROJAN (1919) stellte ebenfalls ihre Bakteriennatur sehr entschieden in Abrede, und KNOP, der sich (1926) in meinem Institut erneut mit diesen Einschlüssen befaßte, schloß sich ihm an.

In der Tat erinnern die scharfen Kanten, der quadratische Querschnitt, die Strukturlosigkeit, das Lichtbrechungsvermögen außerordentlich an die Pseudobakterien der *Watasenia*, und es kann kein Zweifel darüber bestehen, daß es sich auch hier um Kristalloide handelt.

Trotzdem bliebe noch die Möglichkeit, daß doch Bakterien für das Leuchten des *Microscolex* verantwortlich sind, denn KNOP hat außer diesen «Bakteroiden» in den Geweben dieses Wurmes auch noch echte Bakterien in kleinen Nestern überall dort gefunden, wo er nach PIERANTONI leuchtet. Von den Kristalloiden unterscheiden sie sich deutlich, denn sie sind schlank stäbchenförmig, oft etwas gekrümmt und an den beiden abgerundeten Enden stärker färbbar. Auch variieren sie hinsichtlich Länge und Dicke nicht so sehr wie die Bakteroiden. Wenn PIERANTONI auch in den Eizellen Gebilde fand, die er als die Leuchtsymbionten ansprach, so dürfte es sich ebenfalls um diese Organismen handeln, da jene Kristalloide bei keinem Oligochäten auch in diesen angetroffen wurden und erst in älteren Embryonen wieder auftauchen.

Im leuchtenden Schleim und in den ihn produzierenden Drüsenzellen konnten freilich bisher weder Bakterien noch Bakteroiden nachgewiesen werden. SKOWRON, der 1928 PIERANTONIS Angaben nachprüfte und zu einer Ablehnung seiner Auffassung kam, fand vielmehr in dem Sekret kleine Granula, auf die er die Lichterscheinung zurückführen möchte. Auch ist schwer vorzustellen, wie die in den mesodermalen Geweben liegenden Bakterien in die Drüsen übertreten sollten. So bleibt es künftigen Untersuchungen vorbehalten, den Fall endgültig zu klären, auf den wir in dem nur von gesicherten Leuchtsymbiosen handelnden Kapitel nicht mehr zurückkommen werden.

Das gleiche gilt für die Ctenophoren. Hier glaubte ich schon vor einer Reihe von Jahren bei *Beroe* und *Pleurobrachia* dort, wo das Licht produziert wird, das heißt in der Wandung der Rückengefäße, Strukturen gefunden zu haben, bei denen es sich um Bakterien hätte handeln können. In der Folge hat PIERANTONI (1924) über Ähnliches berichtet. Er traf bei *Bolinopsis* an entsprechender Stelle Zellen mit Vakuolen, deren längliche und runde Einschlüsse auch ihn an Bakterien mahnten, und begegnete den gleichen Gebilden auch außerhalb der Zellen und in den Eiern, während bei *Beroe forskali* im Plasma der Epithelzellen der Rückengefäße Ansammlungen ähnlicher Art liegen sollten.

Auch hier liegt zunächst keinerlei Beweis für eine Leuchtsymbiose vor. Daß bisher Luciferin und Luciferase nicht nachzuweisen waren und daß bereits sehr frühe Entwicklungsstadien der Ctenophoren leuchten, könnte für eine solche ins Feld geführt werden, aber solange keine neuen Untersuchungen vorliegen, können auch die Rippenquallen nicht unter die Symbiontenträger eingereiht werden.

Der Symbiose verdächtig mußte ferner die leuchtende Mycetophilide *Arachnocampa* (*Bolitophila*) *luminosa* Skuse erscheinen, nachdem WHEELER u. WILLIAMS (1915) festgestellt hatten, daß hier eigenartige, keulig verdickte Enden der Malpighischen Gefäße zum Sitz der Lichtproduktion geworden sind. Wurde man doch dabei daran erinnert, daß auch sonst nicht selten Malpighische Gefäße zur Lokalisation von symbiontischen Bakterien verwandt und zu diesem Zweck mehr oder weniger weitgehend umgestaltet werden (Ixodiden, *Apion* und andere Rüsselkäfer, *Donacia*, *Bromius*). Die näheren Umstände machen jedoch eine solche zunächst auch von HARVEY (1940, 1952) geteilte Annahme sehr unwahrscheinlich. Diese in Neuseeland endemische Fliege lebt in Bergwerken und Höhlen. Während die Imagines nur sehr schwach leuchten, scheiden die zu Millionen vereinten Larven beträchtliche Massen eines Sekretes ab, dessen Fäden wie ein dichter leuchtender Vorhang von den Wänden und der Decke der völlig dunklen Räume herabhängen. Die Waitomohöhle, von der GOLDSCHMIDT (1948) hervorragende Photographien veröffentlichte, ist deswegen zu einer touristischen Attraktion geworden. In dem Sekret verfangen sich Massen von Chironomiden, welche so den ausnahmsweise zu räuberischer Lebensweise übergegangenen Mycetophilidenlarven zum Opfer fallen. Es liegt hier also doch allem Anschein nach ein echtes Drüsenleuchten vor, wie ein solches auch die Untersuchung von *Ceroplastes sesioides* L. durch PFEIFFER u. STAMMER ergab (1930). Bei dieser europäischen Mycetophilide wurde als Sitz des Leuchtens das Fettgewebe festgestellt, ohne daß in diesem etwa Bakterien nachgewiesen werden konnten.

Wenn man anfangs begreiflicherweise die Reichweite der neuen Möglichkeit einer Leuchtsymbiose überschätzte, so hat heute eine vorsichtigere Beurteilung Platz gegriffen. In der überwiegenden Zahl der Fälle handelt es sich nach wie vor, wie ich dies schon 1926 betonte, um tierisches Eigenlicht, und nach allem, was wir heute wissen, hat es nicht den Anschein, daß sich unser Gebiet in dieser Richtung noch wesentlich erweitern würde.

Der Umstand, daß die Endosymbiosen mit Bakterien und Pilzen ungleich mannigfaltiger und in anatomischer und entwicklungsgeschichtlicher Hinsicht wesentlich komplizierter sind als die mit Algen, hatte notwendigerweise zur Folge, daß ihre Erforschung sich im Gegensatz zu der der Algensymbiosen verhältnismäßig lange auf die morphologischen Gegebenheiten beschränkte. Wohl liegen auch aus früheren Jahren bereits, neben so manchen negativen Angaben, solche über gelungene Kulturversuche der Symbionten vor, von denen zum Teil im vorangehenden schon die Rede war, aber auch sie waren, mit wenigen Ausnahmen, zu denen die Befunde von GLASGOW (1914) und SCHWARTZ (1924) sowie die auf Leuchtsymbionten sich beziehenden Mitteilungen zählen, durchaus nicht überzeugend und gewährten zumeist keinerlei tieferen Einblick in die Bedeutung des Zusammenlebens.

So wünschenswert einwandfreie Kulturen der Symbionten und das Studium ihrer Eigenschaften erscheinen mußten, als vornehmstes Ziel der experimentellen Symbioseforschung wurde doch bis in die jüngste Zeit in erster Linie die Gewinnung symbiontenfreier Tiere und das Studium der an ihnen zu erwartenden Ausfallserscheinungen empfunden. CLEVELANDS klassische Versuche, durch welche Termiten flagellatenfrei gemacht wurden und das lebensnotwendige Eingreifen der symbiontischen Darmbewohner in den Ernährungsprozeß erwiesen werden konnte (1924, 1925), stellten wohl einen ersten Vorstoß in dieser Richtung dar, galten aber eben doch einem Objekt, dessen Symbiose sich nicht ohne weiteres mit den ungleich komplizierteren, meist an intrazellulares Leben und an besondere Wohnstätten gebundenen Symbiosen vergleichen läßt.

ASCHNER und KOCH waren die ersten, denen es gelang, auch so geartete Symbiosen zu sprengen und die Folgen des Symbiontenverlustes zu erforschen. Der erstere entfernte 1932 die Magenscheibe der Kleiderlaus auf operativem Wege und konstatierte im Anschluß daran eine Reihe von Ausfallserscheinungen, welche das typische Bild einer Avitaminose boten und in kurzer Zeit zum Tode führten. Durch sorgfältige histologische Untersuchung der symbiontenfreien Tiere, die er gemeinsam mit RIES vornahm (1933), und eine weitere Veröffentlichung (1934), welche zeigte, daß man auch durch Zentrifugieren der Embryonen die Symbionten ausschalten kann — sie gehen, an fremde Orte verlagert, zugrunde —, wurden seine ersten Angaben alsbald noch vertieft.

Nahezu gleichzeitig teilte KOCH mit, daß es ihm auf einem anderen Wege gelungen war, symbiontenfreie Tiere zu erzielen (1933). Die zahlreichen Objekte, welche ihren Eiern erst im Augenblick der Ablage die Symbionten äußerlich beigeben, legten den Gedanken einer Ausschaltung durch sterilisierende Waschungen nahe (vgl. BREITSPRECHERS erste diesbezügliche Bemühungen, 1928). Die Resultate, welche KOCH auf diesem Wege mit *Sitodrepa panicea* erhielt, standen in bestem Einklang mit denen ASCHNERS. Symbiontenfreie Tiere waren unfähig zu wachsen, aber so, wie jener durch Bakterienfiltrate enthaltende Blutklystiere die Lebensdauer der sterilen Läuse verlängern konnte, so vermochte KOCH durch Beigabe von Hefeextrakten und Trockenhefe die Wachstumshemmung aufzuheben und nahezu normale Entwicklung sowie geschlechtsreife Tiere zu erzielen. Als SCHOMANN (1937) die gleiche Methode auf Bockkäferlarven anwandte, starben zwar infolge der hier ungleich größeren Schwierigkeiten der Aufzucht beiderlei Larven frühzeitig, doch blieben die symbiontenhaltigen immerhin wesentlich länger am Leben. ASCHNER wie KOCH nahmen bereits an, daß es insbesondere Vitamine der B-Gruppe sein müßten, welche von den Symbionten geliefert werden.

Damit wurden schon seit längerem gehegte Vermutungen bestätigt. Enthielt die Literatur ja bereits zahlreiche Angaben, die einstimmig dahin lauteten, daß für das Wachstum nicht in Symbiose lebender Insekten, wie *Drosophila, Calliphora, Stegomyia, Aedes* und andere, mikroorganismenhaltige Kost unerläßlich ist und daß sie sich bei steriler Nahrung nur dann entwickeln können, wenn diese mit Hefe- oder Bakterienfiltraten, Leberextrakten oder anderen vitaminreichen Substanzen versetzt wird. Solche Erfahrungen legten begreiflicherweise schon vor 1932 den Schluß nahe, daß nicht etwa die Bereitstellung verdauender Enzyme, an die man anfänglich vornehmlich gedacht, sondern die von Vitaminen eine der wesentlichsten Aufgaben der Symbionten sein müsse (BUCHNER, 1930; ASCHNER, 1931).

Auch Experimente, welche BRECHER u. WIGGLESWORTH (1944) an der blutsaugenden Wanze *Rhodnius* und H. J. MÜLLER bereits einige Jahre vor diesen an der sich von Pflanzensäften ernährenden Blattwanze *Coptosoma* anstellten — den letzteren setzte leider der Krieg ein vorzeitiges Ende (vgl. BUCHNER, 1940) —, führten zu Resultaten, welche eine solche Annahme und die Ergebnisse ASCHNERS und KOCHS durchaus bestätigten. BRECHER und WIGGLESWORTH sterilisierten die Eier von *Rhodnius* nach der Methode KOCHS, MÜLLER brauchte bei seinem Objekt lediglich die den Eigelegen beigegebenen, mit Bakterien gefüllten Kapseln zu entfernen, bevor sie von den schlüpfenden Larven ausgesogen werden. In beiden Fällen wurde die Entwicklung hochgradig verzögert und die meisten Tiere starben, ohne das Stadium der letzten Häutung zu erreichen. Auch die wenigen Imagines, welche schließlich bei *Rhodnius* erzielt wurden, waren — vermutlich infolge mangelhafter Ausbildung der Ovarien — nicht imstande, sich fortzupflanzen. Durch eine nachträgliche Infektion mit den symbiontischen Bakterien hingegen konnten alle Schädigungen wettgemacht werden.

Eine neue Möglichkeit, selbst Endosymbiosen, welche dank einer Infektion der Ovarialeier vererbt werden, ohne operativen Eingriff zu sprengen, eröffnete die Feststellung KOCHS, daß bei *Oryzaephilus* die Infektionsstadien — und nur diese — bei einer Temperatur von 36,5° zugrunde gehen (1936; vorläufige Mitteilungen 1931 und 1933). Auf solche Weise gelang es, Tiere ohne Symbionten zu gewinnen, die auch weiterhin unentwegt durch viele Generationen sterile Mycetome anlegten, ohne in diesem Fall bei vollwertiger Nahrung irgendwelche Beeinträchtigungen zu bekunden. Als dann GLASER 1946 bei 39° auch symbiontenfreie Küchenschaben erhielt, war hingegen wiederum Verzögerung der larvalen Entwicklung und Schwund der Ovarien die Folge.

Die Erfahrungen der jüngsten Jahre über die erstaunliche Wirkung der Antibiotica legten es schließlich nahe, auch sie in den Dienst der experimentellen Symbioseforschung zu stellen. Nachdem KOCH bereits 1936, freilich ohne Erfolg, Trypaflavin in die Leibeshöhle von Küchenschaben injiziert hatte und sein Schüler KAUDEWITZ einige Jahre später dadurch, daß er der Nahrung des

Kornkäfers *Calandra granaria* Orthophenylphenol zusetzte, in der Tat die in den Zotten des Mitteldarmes gelegenen Mycetocyten zum Schwinden gebracht hatte (mitgeteilt bei KOCH, 1950), gingen BRUES u. DUNN (1945) dazu über, verschiedene Sulfonamide in die Leibeshöhle von *Blaberus* zu spritzen. Obwohl ihre Versuche keine eindeutigen Resultate ergaben — schwache Dosen führten lediglich zu einer Verminderung der Bakterien, starke zerstörten wohl die Bakterien vollkommen, hatten aber nach einigen Tagen auch den Tod der Wirte im Gefolge —, schlossen sie aus ihnen doch auch auf eine Lebensnotwendigkeit der Blattidensymbionten.

In bündigerer Weise belegten sie jedoch erst die bereits ein Jahr später (1946) mitgeteilten Erfahrungen GLASERS. Er gab Na-Sulfathiazol zum Trinkwasser ausgewachsener Schaben und spritzte ihnen Na- und Ca-Penicillin ein. Reduktion oder völliger Schwund der Bakterien und bis zu völliger Auflösung sich steigernde Schädigung der Ovarien waren wenigstens bei einem guten Teil der Versuchstiere die Folge. MUSGRAVE u. MILLER schließlich berichteten in jüngster Zeit über den Effekt von Terramycin auf die Symbionten von *Calandra*, ohne daß freilich Endgültiges aus ihrer Mitteilung zu entnehmen wäre.

Nachdem aus all diesen Versuchen mehr oder weniger eindeutig hervorging, daß die Symbionten in erster Linie Lieferanten lebenswichtiger Vitamine darstellen, und man vermuten durfte, daß die gewonnenen Resultate auch auf die übrigen sich von Wirbeltierblut, Pflanzensäften und Cerealien ernährenden Symbiontenträger und wahrscheinlich auch auf die holzfressenden auszudehnen seien, traten begreiflicherweise die Erfahrungen, welche man hinsichtlich des Vitaminbedarfes nicht in Symbiose lebender Insekten gemacht hatte, auch in den Mittelpunkt des Interesses experimenteller Symbioseforschung. Mußte man doch annehmen, daß diejenigen Stoffe, welche sich bei letzteren in der Nahrung finden müssen, den Symbiontenträgern in mehr oder weniger vollständiger Form von ihren pflanzlichen Insassen zur Verfügung gestellt werden.

Zunächst waren es freilich nur wenige Arbeiten, die sich eindringlicher mit dem Vitaminbedarf symbiontenfreier Insekten und insbesondere mit der Erfassung der in der Hefe in so großer Zahl vorhandenen Wachstumsfaktoren befaßt hatten. HOBSON (1933, 1935) hatte Studien über die zur Entwicklung von *Lucilia sericata* nötigen Vitamine angestellt, TRAGER (1935) über die sterile Aufzucht von *Aedes*, vor allem aber hatten die Untersuchungen VAN T'HOOGS (1935, 1936) über den Vitaminbedarf von *Drosophila* wertvolle Einblicke ergeben. 1939 veröffentlichten zwei Schüler von KOCH, FRÖBRICH und OFFHAUS, sorgfältige Arbeiten, in denen sie darlegten, daß alle für das Wachstum und die Entwicklung des ohne Symbionten lebenden Getreideschädlings *Tribolium confusum* unerläßlichen Faktoren in der Hefe vorhanden sind. Seitdem ist dieser leicht zu züchtende Käfer ein unentbehrliches Testobjekt der experimentellen Symbioseforschung geworden.

FRAENKEL und BLEWETT waren die ersten, welche, auf den Ergebnissen KOCHS und dieser seiner Schüler fußend, in einer Reihe von Veröffentlichungen den Vitaminbedarf von Symbiontenträgern — *Sitodrepa, Lasioderma, Oryzaephilus*

– genauer analysierten und mit dem von *Tribolium* und anderen symbionten-freien Insekten verglichen (1943, 1944, 1946, 1952). KOCHS Ergebnisse wurden dabei durchaus bestätigt und dadurch weiter ausgebaut, daß nun die vornehmsten Faktoren des Vitamin B-Komplexes in reinen Substanzen geboten wurden und die Entbehrlichkeit, bzw. Unentbehrlichkeit bei symbiontenhaltigen, ihrer Symbionten beraubten und in Natur symbiontenfreien Objekten *(Tribolium, Ptinus, Ephestia)* von Fall zu Fall festgestellt werden konnte.

Nachdem so die Beziehungen der experimentellen Symbioseforschung zu den Fragen des Vitaminbedarfes der Insekten überhaupt immer enger geworden waren, wurden natürlich alle weiteren darauf gerichteten Untersuchungen, auch wenn sie sich lediglich mit symbiontenfreien Objekten befaßten, für sie von großer Bedeutung. Dies gilt in erster Linie von den Arbeiten, welche die Basler Schule der Ernährung von *Tribolium* gewidmet hat (ROSENTHAL u. REICH-STEIN, 1942, 1945; ROSENTHAL u. GROB, 1946; und andere). Vor allem aber hat sich ein in den letzten Jahren in München von KOCH ins Leben gerufener Arbeitskreis («PAUL BUCHNER-Institut für experimentelle Symbioseforschung») unter anderem die Aufgabe gestellt, die Fragen der Vitaminbelieferung durch Symbionten weiter aufzuklären, und dabei verschiedene, zum Teil neue Wege beschritten (vorläufige Berichte: KOCH, OFFHAUS, SCHWARZ u. BANDIER, 1951; KOCH, 1951, 1952). Zunächst wurde und wird von ihm die dank OFFHAUS, FRÖBRICH, ROSENTHAL und REICHSTEIN schon so weit gediehene Analyse der in der Hefe enthaltenen Vitamine und sonstigen Wachstumsfaktoren weiter vertieft und der Effekt der einzelnen Substanzen an vielen Tausenden von Versuchstieren *(Tribolium)* geprüft. Eine Reihe bis dahin noch unklarer Punkte konnte so geklärt und mancher Widerspruch, der zwischen den Autoren bestand, beseitigt werden, so daß heute durch eine Kombination von zwölf verschiedenen Komponenten der Bierhefe (Vitaminen, Aminosäuren und Sterinen), ihr richtiges Mischungsverhältnis vorausgesetzt, ein ideales Wachstum von *Tribolium* erzielt werden kann.

Daß es sich dabei im wesentlichen um die gleichen Stoffe handelt, mit denen die symbiontischen Hefen der Anobiiden ihre Wirte beliefern, kann nicht bezweifelt werden. Immerhin wird man bei solchen Übertragungen im Auge behalten müssen, daß bereits FRAENKEL und BLEWETT beim Vergleich von *Sitodrepa* und *Lasioderma* hinsichtlich des Wuchsstoffgehaltes ihrer Symbionten Unterschiede feststellen konnten und daß solche auch zutage traten, als es jüngst gelang, die Hefen der beiden Käfer zu vertauschen, indem man sterilen Larven die Symbionten der andern Gattung bot (PANT u. FRAENKEL, 1950).

In KOCHS Institut wurde neuerdings noch ein weiterer, verheißungsvoller und verhältnismäßig einfacher Weg beschritten, die Rolle der Symbionten als Vitaminlieferanten darzutun. Nachdem es GRAEBNER gelungen war, die schon früher gezüchteten Symbionten eines Bockkäfers in so großen Mengen zu kultivieren, daß eine hinreichende Menge Trockensubstanz derselben gewonnen werden konnte, fügte REITINGER diese einer vitaminfreien Mangeldiät zu und erzielte damit bei *Tribolium* nahezu den gleichen Wachstumserfolg wie bei Zusatz von Bierhefe (mitgeteilt bei KOCH, 1951). Als FINK (1952) entsprechende

Versuche mit Trockensubstanz der von ihm kultivierten Symbionten von *Pseudococcus citri* anstellte, ergaben sich ganz ähnliche Resultate.

Durch all diese bedeutungsvollen Untersuchungen, welche heute schon zeigen, daß in zahlreichen Fällen Insekten durch ihre Symbionten weitgehend vom Vitamingehalt ihrer Nahrung unabhängig gemacht werden, wird jedoch der Sinn der Endosymbiose keineswegs erschöpfend erfaßt. So legte das häufige Vorkommen von Symbionten in dem Exkrete speichernden Fettgewebe und in den Malpighischen Gefäßen der Insekten und Ixodiden sowie in mancherlei anderen Nierenorganen, wie der Speicherniere gewisser Schnecken und der Molguliden oder der Nephridien von Oligochäten, den Gedanken an eine Verwertung der Endprodukte des tierischen Stoffwechsels durch die pflanzlichen Insassen nahe. Für die symbiontischen Bakterien der Küchenschaben und die einer Schildlaus — *Pseudococcus* — konnte dies in der Tat in jüngster Zeit auf experimentellem Wege erwiesen oder doch wenigstens äußerst wahrscheinlich gemacht werden. Einem Schüler Stammers, Keller (1950), gelang, wenn nicht alles trügt, endlich die von so vielen Autoren versuchte, aber niemals einwandfrei dargetane Zucht der Bakterien von *Blatta orientalis*, indem er den Agar mit feinzerriebenem Schabenfettkörper versetzte. Die so erzielten Stämme, deren Identität sich auch auf serologischem Wege stützen ließ, gediehen dann, auf harnsäurehaltigen Böden, denen etwas Saccharose, Glukose und Inulin beigefügt wurde, vorzüglich, so daß man annehmen darf, daß den Blattidensymbionten auch im Insektenkörper die im Fettgewebe reichlich gespeicherte Harnsäure als Stickstoffquelle dient.

In die gleiche Richtung deuten Ergebnisse, zu denen Fink im Kochschen Institut gelangte. Die Zucht der *Pseudococcus*symbionten gelang ihm, nachdem zur Methode der Ammennährböden gegriffen wurde, das heißt, ein Nährboden mit den Symbionten beimpft wurde, in den die von einer darunter liegenden, nur durch eine Cellophanfolie getrennten Streptokokkenkultur produzierten Wuchsstoffe übergetreten waren. Die so gewonnenen Stämme aber ließen sich auf einem synthetischen Nährboden, der ausschließlich Galaktose und Harnstoff oder auch nur Harnstoff, dann aber in größerer Menge, enthielt, weiter züchten. Andererseits konnte L. Schneider (siehe Koch, 1951) an Kulturen von Heteropterensymbionten die Auflösung von Harnsäurekristallen feststellen.

Eine wesentliche Rolle spielt ferner in der neueren Literatur das Problem einer eventuellen Bindung atmosphärischen Stickstoffes durch Symbionten. Der Gedanke an eine solche Möglichkeit tauchte schon frühzeitig auf und wurde nicht zuletzt durch den Umstand ausgelöst, daß die in Frage kommenden Wohnstätten ja vielfach besonders reich mit Tracheen versorgt sind (Buchner, 1921; Cleveland, 1925; Vouk, 1926). Peklo vertrat ihn sogar schon 1912, weil er die typischen runden Aphidensymbionten mit *Azotobacter* identifizieren zu dürfen glaubte. Schanderl teilte 1942 mit, daß er an Kulturen der hefeähnlichen Symbionten von *Rhagium* tatsächlich einen gewissen Stickstoffzuwachs konstatiert habe. Vor allem aber ist es Tóth, der neuerdings im Verein mit seinen Mitarbeitern nachdrücklich für ein solches Vermögen der Symbionten der Blattläuse, Zikaden und Heteropteren eintritt und dies auf experimentellem Wege zu beweisen bestrebt ist (Tóth u. Wolsky, 1941; Tóth, Wolsky u. Bátori, 1942; Tóth, Wolsky u. Bátyka, 1944; Tóth, 1940, 1946, 1949, 1950, 1952). Wenn dabei die Anreicherung des Stickstoffes in erster Linie an einem mit einer physiologischen Nährlösung und mit Oxalsäure versetzten Brei der zerquetschten symbiontenhaltigen Organe oder auch größerer Körperteile mit Hilfe der keineswegs untrüglichen Mikro-Kjeldahl-Methode gemessen wurde, so handelt es sich freilich um eine Technik, die nicht für sichere Resultate bürgt. Zudem können, wie Tóth selbst zugibt, in dem Zellbrei auftretende fremde Mikroorganismen leicht eine Stickstoffassimilation aus der Luft vortäuschen, und obendrein ist nach dem, was man von Azotobacter weiß, mit der Möglichkeit zu rechnen, daß die Anwesenheit der verschiedenen an das Gewebe gebundenen Stickstoffverbindungen die Assimilation von Luftstickstoff unterdrückt.

Tóth und seine Mitarbeiter haben aber auch den Weg Schanderls beschritten und berichten von Kulturen der Symbionten von Blattläusen und Schaumzikaden, an denen sie den gleichen Nachweis hätten führen können (Tóth, Wolsky u. Bátyka, 1944; Schmeisser, 1944; Tóth, 1946), doch geht aus Tóths neuester zusammenfassender Darstellung des Problems (1952) hervor, daß er selbst heute keineswegs mehr von der Identität jener Stämme mit den Symbionten überzeugt ist. Wenn Gropengiesser schon 1925 an seinen angeblichen Kulturen der Blattasymbionten auf stickstofffreien Nährböden Vermehrung konstatierte, so fällt dies nicht ins Gewicht, da es sich bei ihnen zweifellos um Verunreinigungen der Nährböden handelte.

Um so erfreulicher ist es, daß es neuerdings im Kochschen Institut Fink gelungen ist, die Symbionten von Pseudococcus einwandfrei zu züchten und festzustellen, daß sie auf reinen Galaktosenährböden Aminosäuren zu produzieren vermögen. Während durch diesen Befund die Angaben Tóths eine wesentliche Stütze erhalten, wohnt den neueren Mitteilungen Peklos über eine weite Verbreitung von Azotobactersymbiosen bei Insekten sowie über deren erfolgreiche, ebenfalls das Vermögen der Assimilation des atmosphärischen Stickstoffs dartuende Kulturen wenig Überzeugendes inne (Peklo, 1946; Peklo u. Satava, 1949, 1950). Peklo findet in den verschiedensten Objekten, in Tribolium, in Drosophila, in Limothrips, in Ephestia, in der Kleidermotte, in Ipiden, ja in Lecanium und Sitodrepa, also teils in Tieren, deren andersgeartete Symbionten längst bekannt sind, teils in solchen, die bisher keinerlei Symbionten ergeben haben, Torulopsis- und Azotobacterarten, aber seine knappen Veröffentlichungen lassen jegliche Beweise für seine Angaben vermissen und dürften kaum als ernstzunehmende Beiträge zur experimentellen Symbioseforschung zu werten sein.

So jung dieser Zweig unseres Gebietes noch ist, so zeichnen sich doch immerhin die Bahnen, auf denen die Arbeit fortzuschreiten hat, deutlich ab. Schon jetzt liegen unter anderem Anhaltspunkte dafür vor, daß die Leistungen der Symbionten unter Umständen komplexer Natur sind. Haben doch jene Fütterungsversuche mit Pseudococcus ergeben, daß die Symbionten dieser Schildlaus nicht nur als Stickstoffquelle in Frage kommen, sondern auch die nötigen Vitamine der B-Gruppe liefern sowie Stoffwechselendprodukte des Wirtes verwerten, und die gleichen Hefen von Bockkäferlarven, für die Schanderl das Vermögen einer N_2-Assimilation zum mindesten sehr wahrscheinlich gemacht hat, ersetzen, wie wir hörten, an *Tribolium* verfüttert, nahezu völlig die Wuchsstoffe, welche der Käfer sonst in der Nahrung finden muß.

Neben den Aufgaben der Vitaminversorgung, des Abbaues von Stoffwechselendprodukten, der Assimilation von Luftstickstoff tritt zweifellos die Belieferung der Wirtstiere mit die Aufschließung der Nahrung fördernden Enzymen in den Hintergrund. Immerhin gesellten sich auch hier zu den alten Erfahrungen über die Bedeutung der Bakterienflora der Gärkammern freilich nicht unbestrittene Befunde KELLERS (1949), die für eine Zellulaseproduktion der *Pelomyxa*symbionten sprechen, und machen es die Beobachtungen und Überlegungen PIERANTONIS (zuletzt 1951) wenigstens wahrscheinlich, daß solches auch für die in den Polymastiginen des Termitendarms lebenden Bakteriensymbionten gilt.

Diese vielfachen Ergebnisse, welche uns heute schon die experimentelle Forschungsrichtung geliefert hat, bieten die Gewißheit, daß das weitere Studium symbiontenfrei gemachter Tiere und einwandfrei gewonnener Reinkulturen der Symbionten sowie systematische Fütterungsversuche der verschiedensten Art uns in den nächsten Jahren immer tiefere Einblicke in den Sinn der Endosymbiosen der Tiere mit pflanzlichen Mikroorganismen gewähren werden.

3. IRRWEGE DER SYMBIOSEFORSCHUNG

Die vorangehende Darstellung der historischen Entwicklung unseres heutigen Wissens von den Endosymbiosen der Tiere mit pflanzlichen Mikroorganismen hat gezeigt, daß es vornehmlich drei Fehlerquellen waren, die da und dort immer wieder der Erkenntnis des wahren Sachverhaltes im Wege standen. Daß man in der Frühzeit zunächst die Organismennatur der Symbionten nicht erkannte und in ihnen tiereigene Zelleinschlüsse erblickte, ist ohne weiteres verständlich. Wenn aber auch, nachdem die Natur des Pseudovitellus der Homopteren und ähnlicher Vorkommnisse klar geworden war, immer noch symbiontische Bakterien für ergastoplasmatische Strukturen, für Mitochondrien oder Sekrete irgendwelcher Art gehalten wurden, so ist dies kaum noch verzeihlich. Hat doch, um nur einige Beispiele anzuführen, SIKORA die Symbionten der Läuse noch 1916 zunächst als Plasmadifferenzierungen angesprochen, CASTEEL im gleichen Jahre in den Symbionten des *Argas*eies Mitochondrien erblickt und TROJAN 1919 die Blattidensymbionten immer noch für «Chondrien» erklärt; ja selbst 1924 fand es WOLF noch außerordentlich schwierig, einen Entscheid über die Natur der in den Mycetocyten von *Blatta* enthaltenen Einschlüsse zu fällen, und MANSOUR hat 1927 das Mycetom von *Calandra* erstmalig beschrieben, ohne zu erkennen, daß es von dichten Bakterienmassen besiedelt ist.

Gelegentlich verfiel man freilich auch in den umgekehrten Fehler und hielt auf der Suche nach neuen Endosymbiosen tiereigene Strukturen für Mikroorganismen. Dabei handelte es sich zumeist um recht bakterienähnliche Bildungen vornehmlich kristalloider Natur. Dies gilt, wie wir sahen, für die in den geschlossenen Leuchtorganen von Tintenfischen vorkommenden, scharf konturierten Eiweißkristalle, die vorübergehend für Leuchtsymbionten erklärt wurden (PIERANTONI, 1919, 1920; SHIMA, 1926, 1927), und für jene ähnlichen, im Gewebe der Anneliden weitverbreiteten stäbchen- oder sargdeckelförmigen Einschlüsse, die nicht nur von älteren Autoren, wie CERFONTAINE (1890) und CUÉNOT (1898) für Bakterien gehalten wurden, sondern auch von PIERANTONI, als er bei *Microscolex* nach Leuchtbakterien suchte, nicht von scheinbar neben ihnen vorkommenden echten Bakterien unterschieden wurden (siehe hiezu TROJAN, 1919; PIERANTONI, 1923; KNOP, 1926).

Auch ich habe mich eine Weile verführen lassen, im Fettgewebe der Orthezien verstreute, mit regelmäßig angeordneten und offenbar Vorstufen des Wachses darstellenden Stäbchen erfüllte Zellen für Mycetocyten zu erklären (1930), bis WALCZUCH diesen Irrtum richtigstellte. Besonders trügerische Gestalt können ferner vor allem auch die mannigfachen Einschlüsse der Önocyten annehmen. So stieß KOCH, als er in *Tribolium confusum*, das ja ganz ähnlich wie die Symbionten besitzenden *Oryzaephilus*, *Sitodrepa* und *Rhizoperta* lebt, nach ebensolchen fahndete, auf Önocyten, deren Plasma von Schläuchen erfüllt war, die Bakterien täuschend ähnlich waren. Nur die Tatsache, daß sie in den Eizellen nicht wiederkehren, ließ berechtigte Zweifel an ihrer Organismennatur auftauchen (BUCHNER, 1930; KOCH, 1940). Trotzdem ist PEKLO erneut dieser oberflächlichen Ähnlichkeit zum Opfer gefallen (1946, 1950). Ähnliches gilt für die «Stäbchenzellen» im Parenchym mancher Cercarien, von denen WUNDER (1932) sagt, daß sie auf den ersten Blick «unbedingt den Eindruck machen, daß es sich um Mycetocyten mit symbiontischen Bakterien handelt».

In einem anderen Fall waren es vermutlich wieder den Mitochondrien verwandte Einschlüsse, die unberechtigterweise für Symbionten erklärt wurden. Das gilt für DENDY (1926), der im Aufbau der Kieselnadeln der Schwämme das Werk von Bakterien sieht, die sich als «Silicoplastiden» hochgradig an das Leben im Schwammkörper angepaßt haben und, soweit sie nicht verkieselt werden, der Eiinfektion dienen sollen. Bei den «Symbionten», welche noch in jüngster Zeit PEKLO (1946, 1947, 1951) bei allen möglichen Insekten — *Ips*, *Lecanium*, *Anobium*, *Limotrips*, *Tribolium*, *Drosophila* — im Fettgewebe und in den Ovarien findet, handelt es sich offensichtlich um Verwechslungen mit Stoffwechselprodukten des Fettkörpers und deutoplasmatischen Bestandteilen der Ovocyten.

Ein dritter Fehler, der begreiflicherweise vor allem in der Entdeckungsgeschichte der Symbiose bei blutsaugenden Tieren eine Rolle spielt, bestand darin, daß man stets vorhandene symbiontische Mikroorganismen und mehr oder weniger häufig daneben vorkommende parasitische Insassen nicht hinreichend auseinanderhielt. So wurden die Symbionten von *Placobdella* in den Entwicklungszyklus einer im Blut desselben Egels vorkommenden Hämogregarine eingebaut (SIEGEL, 1903) und bei *Melophagus* extrazellulare Rickettsien mehrfach mit den intrazellularen Symbionten zusammengeworfen (JUNGMANN, 1918; ARKWRIGHT u. BACOT, 1921; ANIGSTEIN, 1927). Die Symbionten der Ixodiden und Argasiden wurden lange Zeit nicht von den das Rückfallfieber erregenden Spirochäten unterschieden (DUTTON u. TODD, 1907; LEISHMAN, 1910; BALFOUR, 1911; FANTHAM, 1911; HINDLE, 1912), und das Nebeneinander echter Bettwanzensymbionten und einer «*Rickettsia lectularia*» richtete ebenfalls Verwirrung an (ARKWRIGHT, ATKIN u. BACOT, 1921; COWDRY, 1923).

In wieder anderen Fällen hat man offenkundigen Befall von Parasiten für Symbiose gehalten. Das gilt zum Beispiel für die «Symbionten» der in *Typha* minierenden *Nonagria*raupen, die fast stets in unglaublicher Weise mit *Nosema nonagriae* infiziert sind. PORTIER (1911, 1918) hat diese Microsporidien, die sich in gleicher Weise im Darmepithel, in der Muskulatur, im Fettgewebe, ja selbst im Nervensystem finden, ohne die Lebensfähigkeit der Tiere irgendwie zu beeinträchtigen, und durch die Eier übertragen werden, für lebensnotwendige Bakterien erklärt und zum Ausgangspunkt seiner weiteren Hypothesen gemacht (SCHWARZ, 1929). GRANDORI hingegen glaubt im Ei und in den Embryonen von *Pieris brassicae* und *Bombyx mori* stets wiederkehrende Einschlüsse der Dotterkugeln als symbiontische Sporozoen ansprechen zu müssen und schreibt den in einer Reihe von Arbeiten behandelten Gebilden wichtige Leistungen zu (1919, 1924, 1929). Demgegenüber ist zu betonen, daß wir keinerlei Anhaltspunkte dafür besitzen, daß Sporozoen jemals als echte Symbionten in Frage kommen, und daß es keineswegs ausgeschlossen erscheint, daß die mutmaßlichen Protozoensymbionten in diesem Falle in Wirklichkeit tiereigene, im Zusammenhang mit der Resorption des Dotters auftretende Strukturen darstellen. Wenn ANADON (1944) eine intrazellulare Symbiose bei Ephippigerinen beschreibt, also in einer Gruppe, die sonst nirgends dergleichen aufweist, so handelt es sich allem Anschein nach ebenfalls um eine Verwechslung mit Microsporidien.

Der Gang der Symbioseforschung wurde aber keineswegs nur durch solche, jeweils nur das eine oder andere Objekt betreffende Fehldeutungen aufgehalten, sondern auch darüber hinaus immer wieder durch Irrlehren prinzipieller Art gefährdet, welche die Grenzen dessen, was wir als Endosymbiosen verstehen, verwischen und die geleistete Arbeit nur allzu leicht in Mißkredit zu bringen geeignet sind. Hat sich doch zu den verschiedensten Zeiten immer wieder eine Reihe von Autoren dahin ausgesprochen, daß die Endosymbiose ein elementares Prinzip aller Organismen sei, und Strukturen, die man bis dahin allgemein als tier- oder pflanzeneigene angesehen hatte, für hochgradig an das Leben im Wirtsplasma angepaßte Symbionten erklärt. So hat schon BÉCHAMPS 1875 in seinem Buch «Microzymas» die Vorstellung entwickelt, daß in allen lebenden Organen Mikrokokken vorhanden seien, die er Mikrozyme nannte und die als wesentliche Bestandteile der Gewebe in deren Chemismus eine bedeutende Rolle spielen sollten. Wer sich für diese begreiflicherweise viel angefochtene Lehre interessiert, sei auf GALIPPES Schrift «Parasitisme normal et microbiose» (1917) verwiesen, in welcher diese Lehre BÉCHAMPS' zu neuem Leben erweckt wird.

Auch ALTMANN lagen solche Vorstellungen nahe, die übrigens auch schon vor BÉCHAMPS seit 1868 von dem italienischen Zoologen MAGGI in einer Reihe

von Veröffentlichungen in ähnlicher Weise entwickelt worden waren. ALT-
MANN erblickte in den von ihm überall aufgezeigten Granulis, die sich im
wesentlichen mit dem heutigen Begriff der Mitochondrien decken, geradezu
«Elementarorganismen», das heißt einfachst gebaute Lebewesen von der
Organisationshöhe der Bakterien, die eine innige Vergesellschaftung mit der
tierischen Zelle eingegangen sind (1894), und selbst ein so sachlicher Forscher
und Kenner der Mitochondrien wie MEVES, der anfangs die ALTMANNsche
Hypothese ablehnte, gestand am Ende, daß er es sehr wohl für möglich
halte, daß die Mitochondrien weitgehend angepaßte symbiontische Bakterien
darstellen (1918).

Altmann und MEVES haben bis in unsere Tage immer wieder Anhänger
gefunden, die ihre Vorstellungen zum Ausgangspunkt weitgreifender Hypothe-
sengebäude machten. Als erster trat PORTIER, von dessen irrtümlicher Deutung
des *Nosema nonagriae* schon die Rede war, mit seinem Buche «Les symbiotes»
(1918) auf den Plan. In ihm legte er dar, daß er aus allen möglichen Organen
der verschiedensten Wirbeltiere Bakterien habe züchten können, beschrieb die
Eigenschaften der einzelnen Stämme und identifizierte schließlich bei dem Bemühen, die gezüchteten Organismen in den Zellen wiederzufinden, diese mit
den Mitochondrien. Die Phantasien, zu welchen sich dieser Autor hinreißen
ließ, gehen ins Uferlose. So stellte er sich vor, daß die im tierischen wie im
pflanzlichen Organismus nirgends fehlenden Mitochondrien in weitem Umfang
an ihren Funktionen zugrunde gehen und mit der Nahrung, vor allem mit den
Fetten, laufend neu aufgenommene als Ersatz dienen. Pflanzenzellen sollten,
wenn der im Samen enthaltene Vorrat nicht ausreicht, ihn gar durch die Verdauung von Mykorrhizapilzen ergänzen, minierende Insekten aber aus dem sie
umgebenden Pflanzengewebe. Die Spermien tragen bei der Befruchtung Symbionten in das Ei, nachdem diese bei der Dotterbildung weitgehend verbraucht
worden sind, und der Makronukleus der Ciliaten stellt nicht minder eine Sym-
biontenreserve dar! Das Wesen der Befruchtung beruht in der Amphimixis der
Symbionten, Krebszellen sind Zellen, deren symbiontisches Gleichgewicht gestört wurde usw.

Natürlich hat es nicht an einer energischen Zurückweisung solcher Auswüchse gefehlt. Die Société de Biologie ließ die Angaben PORTIERS, soweit sie
sich auf die aus tierischen Geweben zu züchtenden Bakterien beziehen, durch
eine Kommission im Institut Pasteur nachprüfen, die, wie zu erwarten, zu
einem negativen Resultat kam (BIERRY, MARCHAUX, MARTIN u. PORTIER
1920). Auch sonst erhob sich eine Reihe gewichtiger Stimmen gegen die Identifizierung der Mitochondrien mit Bakterien, so die von REGAUD (1919), GUIL-
LERMOND (1919), LAGUESSE (1919) und LEVI (1922), und schließlich hat LU-
MIÈRE (1919) eine Gegenschrift «Le Mythe des Symbiotes» veröffentlicht, in der
er, ähnlich wie auch wir dies 1921 taten, PORTIERS Anschauungen Punkt für
Punkt zerpflückte.

Trotz alledem hatte der Gedanke an eine Identifizierung der Mitochondrien
mit Bakterien seine faszinierende Kraft keineswegs verloren. Zunächst sollte
er in einem Buch des amerikanischen Anatomen WALLIN, das den kühnen Titel

«Symbionticism and the origin of the species» trägt, 1927 eine Auferstehung erleben. In ihm wird das Ergebnis einer Reihe von Veröffentlichungen zusammen gefaßt, in denen der Autor seit 1922 seine Gründe für die Gleichwertigkeit der beiden Strukturen darlegte. Wenn sie auch diesmal in einem wissenschaftlichen Gewand erscheinen, wohnt ihnen trotzdem nicht mehr Überzeugungskraft inne. WALLIN steht auf dem Standpunkte, daß eine Unterscheidung von Mitochondrien und Bakterien auf färberischem Wege nicht möglich sei, und erblickt schon hierin einen Beweis für ihre Identität. Auch er ist davon überzeugt, Mitochondrien *in vitro* gezüchtet zu haben, und sieht ähnlich wie PORTIER in der Endosymbiose ein universelles Prinzip, das nicht zuletzt auch weitgehende Bedeutung für die gesamte Entfaltung des Tier- und Pflanzenreiches hat. In HURST u. STRONG (1932) hat er zwar Parteigänger gefunden, welche ebenfalls die Mitochondrien aus der Leber der weißen Maus gezüchtet haben wollen, aber im allgemeinen haben auch seine Vorstellungen nur Ablehnung gefunden, so daß wir uns hier mit einem Hinweis auf die eingehende Kritik KOCHS (1930) begnügen können.

Trotzdem hat es auch in unseren Tagen nicht an überzeugten Nachfolgern PORTIERS und WALLINS gefehlt. Zunächst ist es ein Vertreter der landwirtschaftlichen Botanik und Bakteriologie, SCHANDERL, der seit 1939 erneut für die Wesensgleichheit der Mitochondrien und Bakterien einen schweren Kampf kämpft. Am ausführlichsten hat er seine Lehre in einer umfangreichen Schrift des Jahres 1947 dargestellt. Wenn er in zahlreichen, mit den verschiedensten Objekten und den verschiedensten, sorgfältig sterilisierten Teilen derselben — Knollen, Wurzeln, Samen, fleischigen Früchten und Blättern — angestellten Versuchen immer wieder Bakterienkulturen erhält, oder, wie er sich ausdrückt, eine «Regeneration der symbiontischen Bakteroide», so kann er sich dabei auf so manche Vorgänger berufen, die bereits an dem einen oder anderen Objekt ähnliche Erfahrungen machten, ohne damit freilich das Dogma von der allgemeinen Sterilität der Pflanzengewebe erschüttert zu haben. In jüngster Zeit (1950) hat SCHANDERL auch Hefezellen und Schimmelpilze in den Bereich seiner Untersuchungen gezogen und mitgeteilt, daß er bei letzteren, ganz wie schon vor ihm ENDERLEIN in seiner kaum ernst genommenen «Cyclogenie», die Mitochondrien austreten und sich in selbständig weiterlebende Bakterien verwandeln sah, und daß das gleiche für die sich aus Leuko- und Chloroplasten befreienden Mitochondrien gelte.

SCHANDERLS «Mitochondrienkulturen» sind wohl zumeist ebenso entschieden abgelehnt worden wie die Hypothesen PORTIERS und WALLINS, aber es hat doch auch nicht an scheinbaren Bestätigungen gefehlt, die darauf zurückzuführen sind, daß viele pflanzliche Gewebe häufig oder sogar regelmäßig von Bakterien infiziert sind, die zum Teil erwiesenermaßen mit den Pollenschläuchen einwandern. Hat doch zum Beispiel schon ein so zuverlässiger Forscher wie MIEHE (1930) gefunden, daß sich aus dem Inneren von Kürbissamen auch bei peinlichster Sterilisierung der Oberfläche stets Bakterien züchten lassen, und ist seitdem bei Kartoffelknollen, Tomaten, Bohnen und anderen Objekten Ähnliches festgestellt worden (siehe hiezu RIPPEL-BALDES, 1952).

Ein solches Zugeständnis besagt aber natürlich keineswegs, daß derartige aus pflanzlichen Geweben stammende Keime als ihrem ursprünglichen Leben zurückgegebene Mitochondrien zu bewerten sind. All diejenigen Gebilde, welche wir im folgenden als Symbionten beschreiben werden, unterscheiden sich jedenfalls stets scharf von Mitochondrien und bestehen neben diesen in der gleichen Zelle. Für die Leguminosenknöllchen haben dies zuerst COWDRY (1923, 1924; siehe auch COWDRY u. OLITZKY, 1922) sowie DUESBERG (1923) dargetan, und MILOVIDOV (1928) hat es anschließend nochmals mit hervorragenden Bildern belegt, während MEYER (1925) den entsprechenden Nachweis für die bakterienführenden Zellen der Speicherniere von *Cyclostoma* führte und vor allem KOCH (1930) für eine ganze Reihe tierischer Objekte — Aphiden, *Philaenus, Sitodrepa, Pseudococcus, Blatta* — das Nebeneinander beiderlei Einschlüsse bewies. Bald sind es feine Granula, wie in den Mycetocyten von *Pseudococcus*, bald kurze Stäbchen, wie bei *Sitodrepa*, bald kommen Fädchen und Körnchen nebeneinander vor, wie bei der Küchenschabe. Wo zweierlei Mycetocyten vorkommen, wie bei *Aphis rumicis* oder *Philaenus leucophthalmus*, finden sich die Mitochondrien in beiden.

Wohl können bei der Lebenduntersuchung begreiflicherweise manchmal Zweifel entstehen, ob gewisse Strukturen zelleigene sind oder Bakterien darstellen, aber das völlig verschiedene Verhalten bei der Fixierung und die sich hiebei bekundende ungleich größere Resistenz der letzteren wird solche Unsicherheit meist rasch beheben. Lag doch den meisten an Hand fixierter Objekte gemachten Symbiosestudien Material zugrunde, das für das Studium der Mitochondrien völlig ungeeignet gewesen wäre! SCHANDERL freilich möchte hierin lediglich den Ausdruck verschiedenen Alters der Einbürgerung sehen. Alle unzweifelhaften Symbiosen stellen für ihn nur ungleich jüngere und daher leichter zu entziffernde Stufen des Zusammenlebens dar.

Wie verführerisch solche Vorstellungen sind, geht aber am eindringlichsten aus dem Umstand hervor, daß ihnen nicht nur Autoren, welche sich in keiner Weise am Ausbau unseres Gebietes beteiligt haben, anhängen, sondern daß sich auch ein Forscher, dem dieses so viel zu verdanken hat, wie PIERANTONI, zu ihnen bekennt. Ist dieser doch ebenfalls immer wieder für eine Homologisierung von Mitochondrien und ähnlichen mehr oder weniger autonomen Zelleinschlüssen mit symbiontischen Mikroorganismen eingetreten (1923, 1924, 1925, 1926, 1929, 1942, 1948). Auch er neigt dazu, etwa die «Vakuolide» DUBOIS', das heißt kleinste, mitochondrienähnliche Gebilde, welche für die verschiedensten Funktionen der Zelle verantwortlich sein sollen, unter den Begriff der Symbionten einzureihen. Der Umstand, daß in einer Reihe von Fällen unzweifelhafte Beziehungen zwischen Symbionten und Pigmentbildung bestehen und daß in anderen Pigmentgranula aus Mitochondrien hervorzugehen scheinen, bestärkt ihn in der Auffassung, daß überall dort, wo Pigment entsteht, Symbionten im weitesten Sinne des Wortes im Spiele seien. Hat doch auch DUBOIS bereits den Purpur von *Murex* auf seine Vakuolide zurückgeführt und der Pharmakologe TSCHIRCH (1922, 1924), für den die Endosymbiose ebenfalls ein weitreichendes Prinzip ist, die den Schellack rot färbende Lakkeinsäure irrtümlicherweise in den symbiontischen Hefen der Lackschildläuse entstehen lassen (siehe hiezu MAHDIHASSAN, 1929).

In der gleichen Richtung bewegen sich Studien, welche PIERANTONI an den Dotterplättchen von Amphibien, Vögeln und Fischen anstellte (1922, 1927, 1928). Schon GOLGI (1923) war von den regelmäßigen Teilungen, zu welchen sie befähigt sind, beeindruckt worden und zu dem Schluß gekommen, daß es sich um Gebilde handle, die mit allen Eigenschaften lebender Organismen begabt seien, und Untersuchungen von NOBILE (1927) und MIGLIAVACCA (1927) hatten die Auffassung, daß es sich keineswegs um totes Reservematerial, sondern um hochorganisierte Bestandteile des Eies handle, nur bekräftigt. PIERANTONI aber geht noch einen wesentlichen Schritt weiter, wenn er über Reinkulturen von Dotterplättchen berichtet, die er auf Nährböden, wie sie in der Bakteriologie Verwendung finden, erzielte, und ist heute mehr denn je von deren Organismennatur überzeugt (1948, 1949), nachdem ohne Kenntnis seiner Publikationen ein Pathologe, PUCHER (1949), ebenfalls für die Züchtbarkeit des Hühnereidotters eingetreten ist. PUCHER sieht in ihm eine Ansammlung von «Micromyceten», welche in der Kultur amöboide Gestalt annehmen und Gameten bilden. Die gleichen Organismen sollen sich nach ihm in den Zellkernen, im Plasma der embryonalen Zellen und massenhaft in der embryonalen Gallenblase des Hühnchens und darüber hinaus in allen tierischen und pflanzlichen Zellen finden.

Überraschende Angaben, welche sich auf angeblich regelmäßig im Wirbeltierblut vorkommende Bakterien beziehen und zunächst noch weiterer Bestätigung harren (PONCE DE LEON, 1935; GETZEL, 1941), können PIERANTONI in seiner Überzeugung von der Ubiquität der Endosymbiose nur bestärken, und so kommt er schließlich, auf BÉCHAMPS, DUBOIS, ALTMANN, PORTIER, MEVES und WALLIN fußend und im Einklang mit SCHANDERLS Vorstellungen, zur Aufstellung einer Theorie der symbiontischen Konstitution des Protoplasmas, derzufolge ein großer Teil der geformten Bestandteile der lebenden Substanz ein Eigenleben besitzt und letzten Endes auf ursprünglich frei lebende Mikroorganismen zurückzuführen ist. Die Annahme, daß hiebei nicht nur mit unseren Vergrößerungen sichtbare, sondern auch ultravisible Organismen zu Symbionten geworden sind, mag konsequent sein, aber sie rückt gleichzeitig die Grenzen des Prinzips in uferlose Weiten.

Wie so immer wieder die ja bei so einfachen Gestalten notwendig resultierende Ähnlichkeit der Form von Bakterien und Mitochondrien und das beiden eigene Teilungsvermögen den Gedanken an eine Wesensgleichheit aufkommen ließ, so fehlte es auch nicht an Forschern, welche die Chromatophoren und Leukoplasten pflanzlicher Lebewesen von symbiontischen Algen ableiten wollten. SCHIMPER (1885) war wohl der erste, der eine solche Möglichkeit zur Diskussion stellte. Wie die unzweifelhaften Bakteriensymbiosen Vorstufen zur Mitochondriensymbiose sein sollten, so sollten die echten Symbiosen mit Zoochlorellen und Zooxanthellen den Weg zeigen, auf dem es zu einer ungleich innigeren, die Algen zu Organellen der Pflanzenzelle degradierenden Einbürgerung kam. Schon bei HABERLANDT (1891) finden sich mit solchen Vorstellungen sympathisierende Äußerungen, MERESCHKOVSKY (1905, 1910, 1920) baute die Hypothese weiter aus, und bei FAMINTZIN (1907) trieb sie ihre üppigsten Blüten. Die interessanten Beobachtungen, welche PASCHER (1929) an den von ihm entdeckten Endocyanosen machte, bei denen die Teilungsrate symbiontischer Cyanophyceen in so vollendeter Weise mit der Fortpflanzung der Wirtszelle harmoniert, hat begreiflicherweise Anlaß gegeben, die Ideen SCHIMPERS und seiner Nachfolger erneut aufzugreifen und sie wieder ernstlicher in Betracht zu ziehen. So identifiziert zum Beispiel R. MÜLLER, der sich schon 1928 entsprechend geäußert hatte, auch in jüngster Zeit (1947) die Chromatophoren ohne Bedenken mit Cyanophyceen, die schon im Paläozoikum zu Symbionten geworden seien.

All diese kühnen Hypothesen, durch welche die Endosymbiose zu einem fundamentalen, die Einheitlichkeit tierischer wie pflanzlicher Zellen sprengenden Prinzip erweitert wird, haben auf den Gang der Forschung keinerlei Einfluß gehabt. Unabhängig von ihnen hat sie vielmehr in nüchterner, entsagungsvoller Arbeit Stein auf Stein zu dem Gebäude zusammengetragen, das wir im folgenden darstellen werden und das auch in dieser Form schon des Wunderbaren gerade genug birgt. Für uns, die wir uns von solchen Spekulationen ferngehalten haben, stellt die Endosymbiose der Tiere mit pflanzlichen Mikroorganismen eine zwar weit verbreitete, aber doch stets zusätzliche, die Lebensmöglichkeiten der Wirte in der verschiedensten Weise bereichernde Einrichtung dar und wird damit zu einer der vielen Äußerungen des Prinzips der wechselseitigen Ergänzung, das die gesamte belebte Natur beherrscht und durch das allein die Tier- und Pflanzenwelt der Erde und die Existenz des Menschen möglich wird.

Spezieller Teil

1. SYMBIOSEN BEI TIEREN, DIE SICH VON ZELLULOSEREICHEN SUBSTANZEN, KRAUTIGEN PFLANZENTEILEN, SAMEN UND ÄHNLICHEM ERNÄHREN

a) Ambrosia züchtende Insekten, welche die Symbionten vorübergehend in ihren Körper aufnehmen

Das gesetzmäßige Zusammenleben von Insekten mit Ambrosiapilzen, das heißt mit außerhalb ihres Körpers gezüchteten, der Nahrung dienenden Symbionten, fällt zwar nicht in den Rahmen der uns hier allein beschäftigenden Endosymbiosen, doch kommt es auch bei ihnen, wenn es sich darum handelt, das stete Zusammenleben zu sichern, zu einer vorübergehenden Aufnahme der Symbionten in das Innere ihres Körpers, welche unter Umständen an Einrichtungen mahnt, wie sie auch bei den Endosymbiosen zum Zwecke der Übertragung getroffen werden.

Die sich zum Hochzeitsfluge anschickenden Königinnen der Attinen benutzen eine Tasche am Hypopharynx, also in der hinteren Region der Mundhöhle, zum Transport des lebenswichtigen Keimgutes, das sie dann, sobald sie sich in den dem Fortpflanzungsgeschäft dienenden «Kessel» eingeschlossen haben, erbrechen und in der bekannten Weise mit ihrem Kot düngen. Offenbar handelt es sich jedoch bei diesen sogenannten Infrabukkaltaschen nicht um eine eigens zu diesem Zwecke geschaffene Neubildung, denn sie finden sich auch bei anderen Ameisen und bei den Arbeiterinnen der Attinen.

Die Geschlechtstiere der Termiten nehmen hingegen die Konidien ihres Futterpilzes wahrscheinlich im Enddarm mit auf den Hochzeitsflug und impfen mit diesen den Kot, der aus fein zerkauten, vor dem Verlassen des Stockes zweckmäßigerweise in reichlicher Menge aufgenommenen Holzpartikelchen besteht.

Hinsichtlich der an der Wandung ihrer Gänge Pilze züchtenden Borkenkäfer wissen wir dank SCHNEIDER-ORELLI (1911, 1913) Bescheid, der die Verhältnisse bei *Anisandrus dispar* F. untersuchte. Im Winter vertrocknen hier die Pilzrasen, jedoch haben die zwar schon im Herbst reif gewordenen, aber in den Gängen überwinternden Weibchen dann bereits rechtzeitig eine Portion desselben aufgenommen, die nun während des Winterschlafes in dem vordersten, stark mit Flüssigkeit gefüllten Teil des Mitteldarmes überdauert. Ob diese Pilze dann in dem neuangelegten Gang erbrochen werden oder mit dem Kot abgehen

— SCHNEIDER-ORELLI neigt zu ersterem —, ist nicht geklärt, doch wird jedenfalls auf solche Weise der Bestand der Symbiose gesichert. Interessanterweise lassen sich aus den im Darm mitgeführten Pilzen, meist isolierten Einzelzellen, leicht Kulturen gewinnen, während die der Gangwand entnommenen kugeligen Ambrosiazellen nicht zum Keimen zu bringen sind.

Recht eigenartig liegen die Dinge bei einem Teil der Platypodiden. Diese zumeist in den Tropen und Subtropen lebenden Käfer züchten ebenfalls sämtlich an der Wandung ihrer Gänge Pilze. Bei dem in Europa heimischen *Platypus*

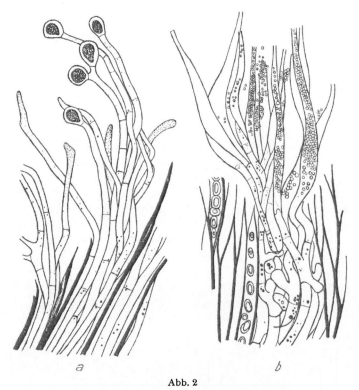

a   b

Abb. 2

Hylecoetus dermestoides L. *a* Der an der Gangwand gezüchtete Pilz in seiner gewöhnlichen Wuchsform, *b* in Sporenbildung. (Nach BUCHNER.)

cylindrus Reitter und einem Gutteil der übrigen Vertreter der Familie werden diese entweder im Darm mitgenommen oder besudeln irgendwie äußerlich den Körper. Bei anderen aber wurden höchst seltsame Einrichtungen geschaffen, welche offenkundig dem Symbiontentransport dienen. Meist ist dann die Stirn so tief eingedellt, daß Scheitel und Augen unterhöhlt erscheinen, und der Rand dieser Grube ist entweder kahl oder von einwärts gekrümmten Borstenreihen oder -gruppen umstellt (*Mitosoma, Symmerus* und andere).

Ganz grotesk ist der Kopf von *Spathidicerus thomsoni* Chapuis umgebildet. Außer je einer Grube an den Seiten des Scheitels trägt er Mandibeln, welche so große schaufelartige Fortsätze entwickelt haben, daß sie nicht mehr zum Nagen benützt werden können, und oben und seitlich entspringende Haarbüschel, die gemeinsam mit den Mandibeln abermals einen Raum vor der Stirn umspannen.

STROHMEYER (1918), der beste Kenner dieser Gruppe, ist sicher im Recht, wenn er in all diesen lediglich beim Weibchen vorkommenden tiefgreifenden Neubildungen Einrichtungen sieht, welche dem Transport der Pilze dienen. In der Tat konnte er auch, freilich bisher nur an trockenem Sammlungsmaterial, in diesen Gruben Pilzreste feststellen. Eine eingehende Untersuchung der Pilzsymbiose exotischer Platypodiden, die in so einzigartiger Weise für den Bestand ihrer Symbiose zu sorgen verstanden haben, wäre daher außerordentlich erwünscht.

Schließlich züchten auch die Larven des Lymexyloniden *Hylecoetus dermestoides* L., welche vornehmlich in Buchen, Eichen, Fichten, Tannen und Birken ihre Gänge treiben, an deren Wandung Ambrosiapilze (NEGER, 1909). Diese Symbiose muß uns hier besonders interessieren, denn sie führt nun zu einer Übertragungseinrichtung, die lebhaft an ähnliche bei Endosymbiosen vorkommende Lösungen erinnert. Die Pilzrasen bekleiden auch hier wie bei Platypodiden und Borkenkäfern die Gänge in ihrer ganzen Ausdehnung und erscheinen mit dem bloßen Auge betrachtet wie eine Rahmschicht. Das septierte Mycel durchzieht einzeln oder zu Bündeln verzweigt die Elemente des Holzes, ohne sehr in die Tiefe zu dringen, und erzeugt an den freien Enden in Menge sehr charakteristische dickwandige sporenähnliche Anhänge, welche sehr reich an Glykogen sind. NEGER hält sie für Dauersporen, doch konnte ihre Keimung nicht beobachtet werden (Abb. 2a). Im Spätherbst verschließen die Larven die Gangöffnung mit einem Pfropfen von Bohrmehl und halten sich dann im Winter nahe dem blinden Gangende auf. Der Pilzrasen wird während der kalten Jahreszeit rückgebildet, doch finden sich jetzt in Nachbarschaft der Larven regelmäßig Wandpartien, die aus von den Pilzfäden durchzogenen Holzpartikelchen bestehen. SCHNEIDER-ORELLI, der diese Beobachtungen angestellt hat, erblickt darin eine Anpassung an die Überwinterung, bedingt durch eine aktive züchterische Betätigung der Larven. Im Frühjahr entwickelt sich dann erneut der üppige Pilzrasen.

Wie das Zusammenleben der beiden Partner gewährleistet wird, blieb dabei zunächst rätselhaft. Wenn die *Hylecoetus*weibchen beim Verlassen der alten Gänge ähnlich wie Ameisen, Termiten, Ipiden und Platypodiden Pilze mit sich führten, würde das wenig nützen, denn sie sterben rasch, nachdem sie an der Rinde ihre Eier abgelegt haben, und die Lärvchen schwärmen nach dem Schlüpfen in den verschiedensten Richtungen auseinander. Eine Untersuchung des Legeapparates bringt die Lösung des Rätsels (BUCHNER, 1928, 1930). Ventral von der Vagina finden sich in ihm zwei geräumige Taschen, die sich in eine mediane Rinne öffnen. Die transversalen Muskelzüge, welche zwischen ihnen und der Vagina ziehen, verraten schon am Totalpräparat ihre Ausdehnung. Rinne und Taschen sind mit rundlichen Pilzsporen gefüllt, und diese müssen, zumal sich die Reservoire mit der Mündung der Vagina vereinigen, notwendig bei der Ablage der Eier auf deren Oberfläche gelangen (Abb. 3). Und in der Tat begegnet man ihnen in der schleimigen Absonderung, welche die Eier reichlich befeuchtet und vielfach untereinander verkleben läßt, allerorts wieder. Die schlüpfenden Larven aber trennen sich keineswegs sofort von den Eischalen, sondern wälzen sich in sehr eigenartiger Weise noch tagelang umeinander, so daß das Ganze ein schleimiges Knäuel darstellt, in dem immer noch die alten zusammengefallenen Eischalen zu erkennen sind. Offenkundig ist dieses ungewöhnliche, aber sehr zweckmäßige Verhalten durch die Existenz der Pilzsymbiose ausgelöst worden, denn wenn schließlich der Instinkt erwacht, sich

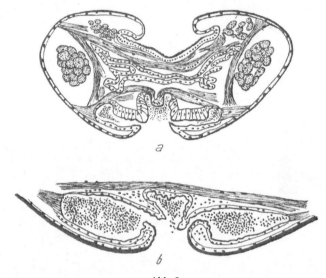

Abb. 3

Hylecoetus dermestoides L. *a* Querschnitt durch den Legeapparat; die ventralen paarigen Taschen und die mediane Rinne mit Sporen gefüllt, darüber die Vagina. *b* Die Taschen bei stärkerer Vergrößerung. (Nach Buchner.)

zu entfernen und für das Einbohren ins Holz günstige Stellen zu suchen, haben sich die Larven so gründlich «eingeseift», daß an ihrem Körper, insbesondere in der Gegend der Intersegmentalhäute, hinreichend Pilzsporen haften, um die Besiedlung der künftigen Gangwand zu garantieren.

Diese die Übertragungstaschen füllenden und in die neuen Gänge eingetragenen Sporen sind nicht mit den erwähnten knopfförmigen Verdickungen der Mycelenden zu verwechseln, sondern entstammen schlank flaschenförmigen Sporangien, welche sich gerade im Frühjahr vornehmlich in der Nähe des Ausganges und der Puppenwiege finden (Abb. 2b). Wenn man bisher annahm, daß der *Hylecoetus*-Symbiont der Gattung *Endomyces* zuzurechnen sei (Neger, Guilliermond), so kann dies angesichts dieser Sporangien nicht mehr aufrecht erhalten werden. Wohl aber sind recht ähnliche für den *Endomyces* nahestehenden *Dipodascus albidus* Langerh. aus Schleimfluß der Birken beschrieben worden.

Erfreulicherweise wurde die *Hylecoetus*symbiose neuerdings von Franke-Grosmann (1951) in mykologischer Hinsicht noch eingehender erforscht. Einzellkulturen, zu welchen Material der Gangwand verwendet wurde, solche die von dem Inhalt der Sporangien oder der Legeapparattaschen stammten, oder auch auf unter sterilen Bedingungen abgelegte Eier oder die Kriechspuren der Junglarven auf Agar zurückgingen, ergaben stets das gleiche weiße, raschwüchsige Mycel, das anfänglich nach Rosen und später nach überreifen Äpfeln roch (Abb. $3_1 a, b$). Zur Bildung der Asci, deren Zugehörigkeit zum Ambrosiapilz damit endgültig erwiesen wurde, kam es jedoch in diesen Kulturen nie; auch traten die terminalen Anschwellungen der Hyphen nur gelegentlich auf. Der Pilz ist in den verschiedensten Laub- und Nadelhölzern stets der gleiche — nur in schwedischen Birken wich er hinsichtlich Größe und Form etwas von dem deutschen Material ab —, doch entwickelt er sich in den einzelnen Holzarten

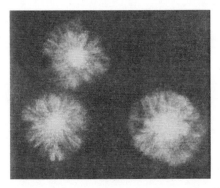 

a   Abb. 3_1 b

Hylecoetus dermestoides L. *a* Drei Eier in saurer Malzgelatine nach 7 Tagen. Aus den Sporen hat sich der Ambrosiapilz entwickelt. *b* Der auf der Eischale entstehende Pilzrasen. *a* Natürliche Größe, *b* 150fach vergrößert. (Nach FRANKE-GROSMANN.)

verschieden stark und zeigt auch im gleichen Holz, je nachdem, ob die Gänge in die Tiefe gehen oder dicht unter der Rinde verlaufen, ein schwächeres, beziehungsweise stärkeres Wachstum.

Leider steht eine Ausdehnung dieser Erfahrungen auf andere Lymexyloniden noch aus. Bei Untersuchung trockener Exemplare von pilzzüchtenden *Atractocerus*arten aus Mexico und Transvaal fand ich ähnliche Taschen am Legeapparat und von *Hylecoetus lugubris* wurden sie von TANNER (1927) abgebildet. Andererseits fehlen sie *Lymexylon navale* L., in dessen Gängen man auch den Pilzbelag vermißt.

b) Siriciden

Die Pilzzucht der Siriciden, über die ich 1927 und 1928 erstmalig berichtete, unterscheidet sich in vieler Hinsicht von der der Platypodiden, Ipiden und Lymexyloniden. Bei ihnen wird nicht etwa ein die Wandung der Fraßgänge auskleidender Rasen abgeweidet und das Nagsel, ohne daß es den Darm passiert, aus dem Gangsystem entfernt, sondern die Mycelien des Symbionten durchziehen mehr oder weniger in die Tiefe vordringend das die Gänge begrenzende Holz und werden zusammen mit diesem gefressen. Das Nagsel passiert also den

Darm und füllt die hinter dem Insekt liegenden Gangteile. Wie die oben genannten Ambrosiazüchter das Hinterende ihres Körpers besonders für das Hinausschaffen der abgenagten Holzteilchen ausgerüstet haben, so tragen die Siricidenlarven einen eigenen stabförmigen Fortsatz, mit dem sie den Kot hinter sich feststopfen. Hinsichtlich der Einrichtungen, welche das Zusammenleben

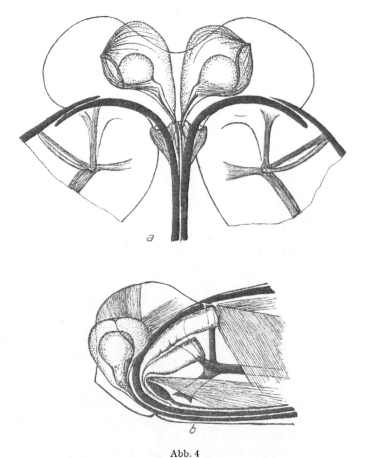

Abb. 4

Sirex gigas L. Die birnenförmigen, pilzgefüllten Intersegmentaltaschen an der Basis des Lege-apparates, *a* von oben, *b* von der Seite gesehen. (Nach BUCHNER.)

der beiden Partner garantieren, schließen sie sich wohl *Hylecoetus* an, doch sind die Anpassungen komplizierterer Art, und die Symbionten finden sich außer in den eigentlichen Übertragungsorganen der Imagines auch noch in anderen bis heute unverständlichen Organen. Obwohl meine Entdeckung eine ganze Reihe weiterer Untersuchungen ausgelöst hat (CHRYSTAL, 1928; CARTWRIGHT, 1929, 1938; CLARK, 1933; W. MÜLLER, 1934; FRANKE-GROSMANN, 1939; PARKIN, 1941, 1942), was nicht zuletzt dem Umstand zuzuschreiben ist, daß die Beziehungen

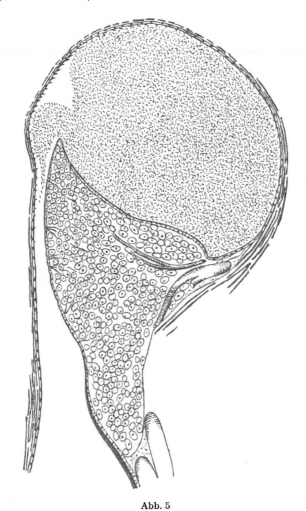

Abb. 5

Sirex gigas L. Intersegmentaltasche mit Oidien und Schmierdrüse im Längsschnitt. (Nach BUCHNER.)

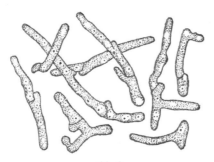

Abb. 6

Sirex gigas L. Oidien aus den Intersegmentaltaschen. (Nach BUCHNER.)

der Siriciden zu ihren Pilzen auch praktisches Interesse besitzen, gibt es in Zukunft noch manchen dunklen Punkt des symbiontischen Zyklus aufzuklären.

Dort, wo die sogenannten Stechborstenbögen rückläufig nach oben ziehen, finden die von ihnen getragenen Stechborsten ihr Ende in zwei seltsamen Organen, welchen lange Zeit niemand Beachtung geschenkt hat. Es handelt sich um je eine bei *Sirex* birnförmige Einstülpung der zwischen dem zehnten und elften Segment ziehenden Intersegmentalhaut, welche von einer mehr oder weniger kompliziert gebauten Verlängerung der Stechborsten gestützt wird. Den medianen Teilen des elften Sternits entsprechend ist sie an der Basis einseitig stark chitinisiert, bildet zunächst einen blatt- oder löffelförmigen Teil und zieht dann als scharf abgesetzte schmälere Zunge bis zum Scheitel der Tasche empor, wo sie als Ansatzpunkt für ein System feiner Muskelfasern dient, die von hier über die ganze Einstülpung ausstrahlen (Abb. 4 *a*, *b*).

Der erstgenannte breitere Abschnitt stützt eine ansehnliche, von Tracheen durchzogene Drüse, durch welche die Verbindung mit der Außenwelt stark eingeengt wird. Sie besteht aus zahlreichen kleinen, locker gelagerten Zellen, deren lange Ausführkanälchen zumeist in Gruppen zu vier und fünf vereint vor allem im Bereich des engeren Ganges, zum Teil aber auch in die erweiterte Tasche münden (Abb. 5). Diese aber ist bei allen bisher untersuchten Siriciden mit Ausnahme von *Xeris spectrum* L. von zahlreichen ein- bis dreigliedrigen Fragmenten eines Mycels erfüllt, dessen häufige «Schnallen» erkennen lassen, daß es sich um die Oidien eines Basidiomyceten handelt (Abb. 6). Von dem Bereich der Drüse abgesehen, bildet das Chitin allerorts ein- bis mehrgipflige kurze Börstchen, welche durchweg nach innen zu, d. h. entgegen einem eventuellen Austritt der Pilze gerichtet sind, so daß man sie wohl den zahlreichen, zum Teil freilich viel vollendeteren Retentionseinrichtungen gleichsetzen darf, welche uns noch in ähnlichen Situationen bei anderen Insekten begegnen werden.

Vergleicht man die verschiedenen Siriciden, so ergeben sich mancherlei Unterschiede. Bei *Xeris spectrum* sind Intersegmentaltasche und Stützapparat, der hier nur eine einfache Schaufel darstellt, am schwächsten entwickelt, und die Organe bleiben im Gegensatz zu allen anderen bisher untersuchten Arten frei von Pilzen; *Sirex gigas* L., *augur* Kl. und *phantoma* F. sowie *Paururus iuvencus* L. nehmen hinsichtlich ihrer Entfaltung eine mittlere Stellung ein; bei *Tremex magus* F. sind die Organe ganz besonders ansehnlich und ragen tief in die Leibeshöhle. Das Chitingerüst der *Xiphydria*arten weicht entsprechend ihrer besonderen systematischen Stellung am meisten ab, wenn zu zwei seitlichen Blättern ein unpaarer, schalenförmiger Teil kommt und alle drei Stücke besondere, wahrscheinlich wieder als Muskelansätze dienende Abschnitte besitzen. Da sich so die symbiontischen Einrichtungen der Holzwespen im Chitin widerspiegeln, ließ sich, wie schon bei den Lymexyloniden und noch oft in ähnlichen Fällen, ihre Verbreitung bereits an trockenem Sammlungsmaterial, das vielfach sogar die Pilzfüllung deutlich erkennen läßt, feststellen. Nur die sehr seltene *Konowia* ist bisher noch nicht geprüft worden.

Daß es sich bei diesen zu beiden Seiten der Genitalöffnung mündenden Organen um Übertragungseinrichtungen handelt, konnte von vornherein nicht bezweifelt werden, zumal wir heute zahlreiche andere Symbiontenträger kennen, welche in ganz ähnlicher Weise durch solche am Legeapparat lokalisierte Intersegmentalorgane ihre Gäste den Nachkommen übermitteln. Schon die Kontraktion der sie überziehenden Muskulatur muß notwendigerweise einen teilweisen Austritt der Pilze wie des Sekretes im Gefolge haben und diese mit

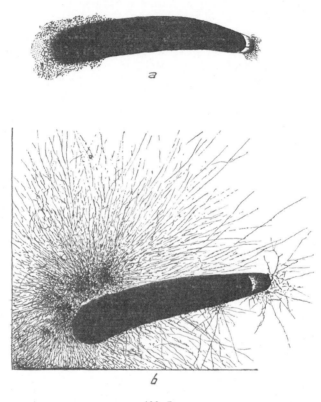

Abb. 7

Sirex augur L. *a* Ei frisch abgelegt mit oidienhaltigem Schleim an beiden Enden; *b* das gleiche Ei, nachdem es 24 Stunden in feuchter Kammer war und die Oidien zu Mycelien ausgewachsen sind. (Nach Photographien von FRANKE-GROSMANN.)

dem aus der Vagina tretenden Ei in Berührung bringen, und die komplizierten Bewegungen beim Legeakt, durch welche die Umgebung der Taschen vielfach gedrückt und gepreßt wird, werden die Tätigkeit der eigentlichen Pilzspritzen noch unterstützen. Tatsächlich ergibt die Untersuchung der in das Holz gesenkten und alsbald herauspräparierten Eier, daß ihnen besonders an dem bei der Ablage vorangehenden, aber auch am entgegengesetzten Pol ansehnliche Schleimmassen anhaften, in welche die Oidien eingebettet sind. Die Menge der Eier, für die der Symbiontenvorrat ausreichen muß, ist sehr beträchtlich, denn bei *Sirex augur* hat man 1000 und 1100, bei *Paururus noctilio* F. bis 500 Eier gezählt.

An der ebenfalls mit Schleim überzogenen Wandung des Stichkanals finden die so in das Holz gesenkten Keime günstige Bedingungen und wachsen rasch zu normalen Hyphen aus, welche, ohne einen oberflächlichen Belag zu bilden, alsbald in das angrenzende Holz eindringen. FRANKE-GROSMANN konnte zeigen, daß von einem entsprechend beschmierten Ei in der feuchten Kammer nach 24 Stunden bereits üppig entwickelte Pilzfäden ausstrahlen (Abb. 7).

Auf solche Weise wird die Nachbarschaft der künftigen Bohrgänge bereits vor dem Schlüpfen der Larven durchsetzt, und diesen bietet sich pilzdurchzogenes Holz als Futterquelle. Daß sich auch in der Umgebung älterer Bohrgänge stets die gleichen Pilze nachweisen lassen und daß sie auch in das hinter den Larven gelegene Nagsel eindringen, ist nicht verwunderlich. Letzteres macht auch verständlich, daß man mehrfach ein «Zurückfressen» der Siricidenlarven hat beobachten können.

Im Darm finden sich dementsprechend zwischen den Holzsplittern stets auch diese durchziehenden Fragmente der Mycelien. Eine Stunde nach der Aufnahme ist ihr plasmatischer Inhalt bereits geschwunden, und im weiteren Verlauf werden sogar die Hyphenwände bis auf geringe Reste aufgelöst. Während die symbiontischen Pilze Zellulose und Lignin abbauen — vergleichende Wägungen, die FRANKE-GROSMANN an sterilen und verpilzten Holzklötzchen vorgenommen, ergaben bei längerer Einwirkung erhebliche Gewichtsverluste der letzteren —, ist der Siricidendarm hiezu offenbar unfähig. W. MÜLLER glaubte zwar auf Grund vergleichender Analysen des Futtermehles und des Fraßmehles eine Siricidenzellulase nachweisen zu können, doch sind seine Versuche nicht beweiskräftig, da er bei ihnen nicht berücksichtigt hat, daß ja auch das Fraßmehl von holzzerstörenden Pilzen durchsetzt ist. Verdauungsversuche, welche FRANKE-GROSMANN mit dem Safte des Larvendarmes angestellt, ergaben vielmehr keinerlei Beeinflussung des Holzes. So wird man schließen müssen, daß die Holzwespenlarven sich lediglich von ihren Symbionten und dem Inhalt der Holzzellen ernähren; CARTWRIGHT hielt eine frisch geschlüpfte Sirexlarve drei Monate lang mit einer Kultur der symbiontischen Pilze.

Mit der Frage, wie die Übertragungsorgane der Weibchen schließlich wieder mit den Symbionten gefüllt werden, befaßte sich vor allem FRANKE-GROSMANN an Hand von Paururus iuvencus. Solange die Puppenhaut noch nicht abgestreift war, fand sie keinerlei Pilze in den Taschen. Damit setzt sie sich in Widerspruch zu einer Angabe CARTWRIGHTS, wonach bei Sirex cyaneus auf Schnitten durch Puppen die Pilze bereits in ihnen zu sehen seien. Da in ähnlichen Fällen auch sonst derartige Organe erst nach dem Schlüpfen besiedelt werden, dürfte hier jedoch eine Täuschung vorliegen. Ältere, noch im Holz befindliche Imagines enthalten dagegen in den Taschen bereits große Knäuel der typischen Hyphen, von denen FRANKE-GROSMANN annimmt, daß sie von der Wandung der Puppenwiege her in diese eingedrungen sind. Hiebei stellt das Sekret, das die Taschen erfüllt, jedenfalls einen günstigen Nährboden dar. Stehen die Tiere kurz vor dem Ausfliegen, so sind diese Hyphen bereits in kürzere und längere Segmente zerfallen, während die typischen Oidien sich erst zur Zeit der Eiablage bilden. Gelegentlich kommt es vor, daß die Füllung teilweise versagt. Sowohl mir wie

FRANKE-GROSMANN ist je ein Weibchen begegnet, bei dem eine der beiden Taschen leer geblieben war.

Zweifellos bereitet die Vorstellung, daß auswachsende Pilze in jene Taschen, deren enge Zugänge doch recht verborgen liegen, eindringen sollen, einige Schwierigkeiten, und so erscheint nicht ausgeschlossen, daß vielleicht doch

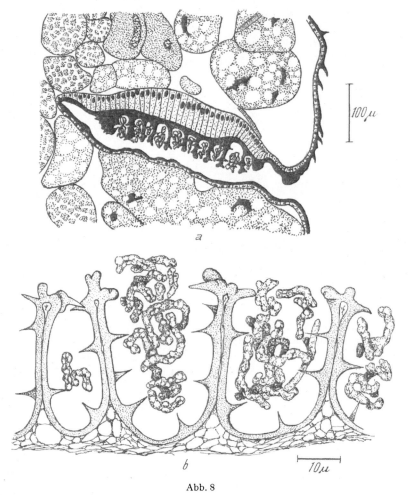

Abb. 8

a Sirex cyaneus F. Larvales Symbiontendepot im Längsschnitt. *b Sirex gigas* L. Pilzgefüllte Krypten einer 10 mm langen Larve. (*a* Nach PARKIN; *b* Original nach einem Präparat von PARKIN.)

kompliziertere und sicherer funktionierende Einrichtungen für die Füllung sorgen. In diesem Zusammenhang muß auf eine sehr interessante Entdeckung PARKINS (1941, 1942) eingegangen werden. Er fand bei der Untersuchung verschieden alter Larven von *Sirex gigas* und *cyaneus* weitere, höchst merkwürdige Symbiontendepots, welche allen anderen, die sich bis dahin mit

Siriciden beschäftigt haben, entgangen waren. An einer eng umschriebenen Stelle in den Hypopleuralfalten des ersten Abdominalsegmentes bildet das Chitin symmetrisch gelagerte, dicht aneinandergereihte, tiefe Krypten, die mit kleinen Knäueln hin- und hergewundener Pilze gefüllt sind. Über die Innenwand verstreute, spitz auslaufende Dornen und eigentümliche stumpfe, keulenförmige Auswüchse an den freien Rändern der Buchten verhindern das Herausfallen des Inhaltes. Ausdehnung des Organs und Größe der einzelnen Krypten sind artspezifisch. Bei *Sirex gigas* ist das Kryptenfeld z. B. ungefähr 1 mm lang und $^1/_3$ mm breit. Die Hypodermis ist im Bereich desselben stark verdickt und deutet damit auf eine drüsige Funktion (Abb. 8).

Im ersten Larvenstadium suchte PARKIN vergebens nach den Organen, wohl aber fand er sie auf allen anschließenden Häutungsstadien. Auffallenderweise besitzt sie jedoch nur ein Bruchteil der Larven, der recht genau dem Prozentsatz der in dem betreffenden Stamm festgestellten weiblichen Puppen und Imagines entspricht. Es kann daher kaum ein Zweifel bestehen, daß es sich um eine spezifische Einrichtung der weiblichen Larven handelt, denn bei Puppen und Imagines fehlt sie ja in beiden Geschlechtern durchaus[1]). Wie diese Krypten, die mit ihren Retentionseinrichtungen an so manche Übertragungsorgane bei Coleopteren und Heteropteren erinnern, im Anschluß an die jeweiligen Häutungen wieder gefüllt werden, ist bis jetzt unbekannt, und über ihre Bedeutung lassen sich leider zunächst auch nur Vermutungen äußern. Daß sie mit der Übertragung, beziehungsweise der Füllung der seinerzeit von mir aufgefundenen Organe in irgendeiner Beziehung stehen, darf man wohl angesichts des Umstandes, daß die Einrichtung eine auf das weibliche Geschlecht begrenzte ist, mit Sicherheit annehmen.

Unklarheit herrscht weiterhin auch noch hinsichtlich der Frage, inwieweit nicht doch auch im Inneren des Larvenkörpers wenigstens bei einem Teil der Larven regelmäßige Symbiontendepots vorkommen. CLARK (1933) spricht, freilich in sehr unbestimmter Form, von «Drüsen», die sich «in der Gegend des Enddarmes» der Larven von *Sirex noctilio* fänden und aus denen er die typischen Mycelien gezüchtet habe. Es scheint ihm sicher, daß sie mit den Übertragungsorganen der Imago identisch sind und von diesen über das Puppenstadium hinweg übernommen würden. Wenn auch eine solche Kontinuität auszuschließen ist, so könnten doch die Angaben CLARKS einen realen Hintergrund besitzen. Ich selbst erhielt vor Jahren Schnitte durch den larvalen Darm einer unbestimmten Siricide zugesandt, dem eine umfangreiche, von Hyphen dicht erfüllte Zellmasse anhing, konnte aber damals dem Vorkommen nicht weiter nachgehen. Jedenfalls ist es nicht unwahrscheinlich, daß uns die eine oder andere Siricide auch in dieser Hinsicht eines Tages noch Überraschungen bereitet.

Die Kultur der Siricidensymbionten bietet keine Schwierigkeiten und ist bereits von mehreren Autoren — erstmalig von CARTWRIGHT (1929) — vorgenommen worden. FRANKE-GROSMANN hatte die besten Resultate bei

---

[1]) Inzwischen konnte von RAWLINGS (1951) in Neuseeland gelegentlich der Aufzucht eines Parasiten (*Ibalia leucosporoides*) festgestellt werden, daß tatsächlich nur die Weibchen die Hypopleuraltaschen besitzen.

einem aus Malzgelatine bestehenden Substrat, dem sie 0,5 % kristallisierte Zitronensäure zufügte, um die sonst sehr lästige Entwicklung der stets den Spritzeninhalt verunreinigenden Bakterien zu unterdrücken. W. MÜLLER verwandte sowohl Würzeagar als auch flüssige Würze. Im ersteren Fall zeigte der Pilz von *Sirex gigas* große Ähnlichkeit mit der symbiontischen Wuchsform, bildete aber keine Oidien, in letzterem wuchsen die untergetauchten Hyphen zu langgestreckten, aber ebenfalls Schnallen bildenden Fäden aus.

Am leichtesten gelingt die Zucht, wenn die Oidien der Übertragungsorgane als Ausgangsmaterial gewählt werden, doch lassen sich ebensowohl die Pilze der Eioberfläche oder solche aus dem Stichkanal oder dem an die Gänge grenzenden Holz verwenden. Die Kulturen, die von diesen verschiedenen Orten stammen, sind identisch, wenn es sich um die Umwelt ein und derselben Population handelt. Bei verschiedener Herkunft können jedoch Vertreter der gleichen Spezies deutlich verschiedene Kulturen ergeben, ja diese können hinsichtlich der Farbe des Mycels und hinsichtlich seines Geruches oder hinsichtlich der Beschaffenheit des Luftmycels sogar recht beträchtlich voneinander abweichen (FRANKE-GROSMANN). Während zum Beispiel der typische Symbiont aus dem in Kiefern lebenden *Paururus iuvencus* ein graues Mycel bildet und nach Schwämmen riecht, ergaben alle Individuen einer in Tannenholz lebenden Population, gleichgültig, ob Übertragungsorgane oder Holz Ausgangspunkt waren, ein weißes Mycel mit fenchelartigem Geruch. Ähnliche, wenn auch geringere Unterschiede ergaben sich bei den *Sirex gigas*-Symbionten.

Die Bestimmung der Kulturen stößt, da auch in ihnen im allgemeinen keine Fruchtkörper gebildet werden, auf große Schwierigkeiten. CARTWRIGHT züchtete aus *Sirex gigas* einen Pilz, den er mit *Stereum sanguinolentum* identifizierte, aus *Sirex cyaneus* eine Form, die diesem nahestand, aber doch geringe konstante Unterschiede aufwies, aus *Xiphydria prolungata* einen Pilz, der *Daldinia concentrica* gleicht. FRANKE-GROSMANN vermutet, daß der von ihr aus *Sirex* in Tannenholz gezüchtete Symbiont zu *Trametes odorata* gehört. Ein ebenfalls von dem typischen Gast abweichender Pilz, den eine *Tremex fuscicornis*-Population, die ausnahmsweise in Nußholz lebte, lieferte, bildete als einziger Fruchtkörper und konnte so als *Polyporus imberbis* bestimmt werden. Zumeist aber ließen sich die Kulturen mit keinem der bisher bekannten holzzerstörenden Hymenomyceten identifizieren.

Dank der Feststellung, daß die Siriciden in Symbiose mit holzzerstörenden Pilzen leben und daß sie die Stämme bei der Eiablage mit diesen beimpfen, gewinnen sie auch eine größere praktische Bedeutung, als man sie ihnen bisher zuschrieb. Da Feuchtigkeit die Entwicklung der Pilze im Holz wesentlich fördert, trockene Lagerung dagegen hemmt, kann die Verwendung von Holz, dessen Tragfähigkeit durch Siricidenfraß an sich kaum beeinträchtigt wird, in Kellern und Bergwerken bedenklich werden, während eine schädliche Auswirkung der Pilze in lufttrockenem Zustand kaum in Frage kommt.

Die Tatsache, daß die einzelnen Siriciden keineswegs stets mit ein und demselben Pilz vergesellschaftet sind, deutet trotz der so vollendeten Übertragungsweise auf eine lockere Bindung der beiden Partner und wohl auch auf eine

stammesgeschichtlich verhältnismäßig junge Einrichtung. Man wird sich vorstellen müssen, daß zunächst am Legeapparat lediglich eine paarige Drüse lokalisiert war, welche die Aufgabe hatte, dessen basale Teile schlüpfrig zu machen,
während für den Stachel selbst und für die Reibung zwischen ihm und der Wand
des Stichkanals eine weitere unpaare Drüse sorgte. *Xeris spectrum* stellt heute
noch diesen ursprünglichen Zustand dar und findet offenbar, gelegentlich vorhandene Pilze nicht verschmähend, in dem frischeren, saftreicheren Holz, in
dem sie im Gegensatz zu den übrigen Siriciden lebt, hinreichend verdauliche
Inhaltsstoffe. Alle anderen Vertreter aber haben gelernt, holzzerstörende Pilze
enger an sich zu fesseln, wobei das Nadelholz, in dem die *Sirex-* und *Paururus*-
arten stets leben, im allgemeinen recht spärlich von den Symbionten durchzogen
wird. Bei *Tremex fuscicornis* F. und vermutlich auch bei *Tremex magus* F.,
welche wie die *Xiphydria*arten auf Laubholz beschränkt sind, spielt hingegen
die Pilznahrung eine viel größere Rolle. Hier ist das umgebende Holz viel stärker
von raschwüchsigen Pilzen durchsetzt, so daß sich in diesem Falle die Siriciden-
symbiose am meisten der typischen Ambrosiazucht nähert (FRANKE-GROS-
MANN). Wenn vornehmlich in den Fällen, in denen Vertreter einer Spezies sich
an ungewöhnliche Holzsorten angepaßt haben, auch abweichende Symbionten
begegnen, liegt vermutlich eine bei genauerem Zusehen vielleicht nicht nur auf
die Qualität der Symbionten beschränkte Rassenbildung vor.

c) **Pelomyxa**

Alle *Pelomyxa*arten leben in so auffälliger Weise mit Bakterien vergesellschaftet, daß es schon älteren Untersuchern, wie GREEFF (1874), LEIDY
(1879) und SCHULZE (1875) auffallen mußte, die dabei teils an Kristalle dachten,
teils bereits an Bakterien erinnert wurden. PENARD (1902, 1911) und andere
erhoben dann die Bakteriennatur der fraglichen Einschlüsse zur Gewißheit. Ihr
Vorkommen ist so charakteristisch, daß PENARD es geradezu zu einem Merkmal
der Gattung machte und Arten ohne Bakterien von ihr ausschloß. Sie liegen
überall im Entoplasma verteilt, finden sich zuweilen auch im Ektoplasma und
bevorzugen oft die unmittelbare Nähe der für *Pelomyxa* so charakteristischen
Glanzkörper, von welchen STOLC (1900) und LEINER (1924) zeigen konnten,
daß sie im wesentlichen aus Glykogen bestehen. Vielfach bekunden sie auch
eine besondere Vorliebe für die so zahlreich über das Plasma dieser Amöben
verstreuten Kerne und bilden dann, oft ganz regelmäßig tangential angeordnet,
einen allseitigen Belag um diese.

Jede *Pelomyxa*art besitzt ihre spezifisch gestalteten Bakterien; bei *Pelomyxa palustris* Greeff sind stets zwei Formen vorhanden, kleinere, 2—3 μ
messende zarte Stäbchen und bis 22 μ lange, feinpunktiert erscheinende Stäbchenketten, deren Glieder durch eine gemeinsame Hülle zusammengehalten werden. PENARD und GOULD (1893) begegneten sogar noch wesentlich längeren Ketten. Sonst findet sich stets nur eine Bakteriensorte. Außerordentlich klein sind
die Bakterien von *Pelomyxa prima* Gruber und *tertia* Gruber, bei *P. vivipara*
Pen. sind sie besonders kurz und dick, bei *P. caulleryi* Holl. lang und dünn

(HOLLANDE, 1945), in anderen Arten ähneln sie mehr den Insassen der vor allem studierten *palustris*.

Das Plasma der der Natur entnommenen Tiere pflegt mit mannigfachen Pflanzenresten, Sandkörnern und anderen Bestandteilen des sauerstoffarmen modernden Detritus, in dem sie oft in so großen Mengen auftreten, vollgestopft zu sein. In Kultur genommen, nehmen sie neben Stärkekörnern auch Filtrierpapier oder Watte auf, füllen sich dann in unglaublicher Weise mit den Zellulosefasern und speichern im Anschluß große Glykogenmengen. Ohne Schwierigkeit lassen sie sich mit reinem Filtrierpapier ernähren. Ein solches ungewöhnliches Vermögen ließ begreiflicherweise den Gedanken erstehen, sie möchten dieses einer von den Bakterien gelieferten Zellulase verdanken. Leben sie doch in einer Umwelt, in der an zelluloselösenden Mikroorganismen kein Mangel sein kann, und müssen solche mit der Nahrungsaufnahme notwendig auch in das *Pelomyxa*plasma gelangen.

Neuerdings hat nun KELLER (1949) sich eingehender mit der bakteriologischen und physiologischen Seite dieses Zusammenlebens befaßt und glaubt solche Vermutungen bestätigen zu können. Er erblickt, wie alle seine Vorgänger, in den beiden in *Pelomyxa palustris* nie fehlenden Formen zwei verschiedene Organismen und teilt mit, daß er sie auf einem mit sterilem *Pelomyxa*brei versetzten Agar zu kultivieren vermochte. Nach einigen Überimpfungen ließen sie sich auch auf gewöhnlichen Agar übertragen. Die eine Form beschreibt er als elliptische, gramnegative Kokkoide von 2μ Länge, deren kleine, kreisrunde Kolonien eine fast schleimige Konsistenz haben. Filtrierpapier, das einer in Nährbouillon gehaltenen Kultur beigegeben wurde, erschien nach 14tägiger Bebrütung in seinem Gefüge stark aufgelockert, und die Nährlösung ergab dann eine intensive alkalische Reaktion. Der zweite Organismus erscheint gestaltlich sehr ähnlich, unterscheidet sich jedoch durch sein anders geartetes Wachstum und das völlige Fehlen einer Zellulaseproduktion. KELLER kommt zu dem Schluß, daß die erstere zu den offenbar des öfteren in Gemeinschaft mit echten Bakterien lebenden und zellulosereiche Substrate bevorzugenden Myxobakterien zu stellen ist, der letztere aber eine solche obligate Begleitform darstellt, und nennt sie *Myxococcus pelomyxae* und *Bakterium parapelomyxae*. (GOULD hatte 1905 die kräftigere Form für eine Chlamydobacteriacee erklärt.)

Im Amöbenplasma entsprechen nach ihm die kleinen Zustände diesen beiden morphologisch kaum zu trennenden Formen, während er in den größeren granulierten Fäden Fruchtkörper des Myxobakteriums erblickt. Im Gegensatz zu LEINER überzeugte sich KELLER von einer ohne Geißeln zustande kommenden Beweglichkeit der Myxobakterien, die zwar in dem normalen, hochgradig viskosen Wirtsplasma nicht zur Geltung kommt, wohl aber einsetzt, sobald dessen Dichte herabgesetzt wird, und in den Kulturen ebenfalls in Erscheinung tritt.

Daß die gezüchteten Stämme mit den gesuchten identisch sind, glaubt er durch die serologische Kontrolle nachweisen zu können. Kaninchenserum, das Tieren entnommen wurde, welchen wochenlang Aufschwemmungen der Myxobakterien eingespritzt worden waren, bewirkte prompte Agglutination des *Pelomyxa*zellbreies.

Die früher geäußerte Vermutung, daß das Vermögen der Pelomyxen, in so extremem Maße Zellulose verwerten zu können, auf eine Zellulaseproduktion der mit ihnen vergesellschafteten Mikroorganismen zurückzuführen sein könnte, schien damit ihre Bestätigung gefunden zu haben.

Durch eine Untersuchung von LEINER, WOHLFEIL u. SCHMIDT (1951) werden jedoch die Befunde KELLERS erneut in Frage gestellt. Sie kommt zu dem Ergebnis, daß auch in *Pelomyxa* immer nur ein Bakterium lebt, daß die breiten kantigen Formen durch paarweises Zusammenlegen der schlanken Stäbchen entstehen und daß sie dies stets noch durch einen Längsspalt verraten. Diese breiten Zustände teilen dann vielfach ihren Inhalt in Sporenketten auf. Die Kulturen KELLERS sollen auf den Amoeben äußerlich anhaftende fremde Keime zurückgehen, während andererseits die nun von gründlich gereinigten Tieren gewonnenen Stämme LEINERS und seiner Mitarbeiter in der Tat den intrazellularen Zuständen überaus ähnlich sind. Eine Zellulase ließ sich an ihnen zwar nicht nachweisen, doch sind die Autoren trotzdem davon überzeugt, daß es sich um eine Symbiose handelt, und vermuten, daß diese vielmehr für den Kohlenhydratstoffwechsel bedeutungsvoll ist. Dafür sprechen gewisse Wechselbeziehungen zwischen der Anordnung der Bakterien einerseits und der Glykogenverbreitung andererseits. Sammelt sich das Glykogen restlos in großen Vakuolen, so besitzen die Tiere viele kleine Kerne von spezifischer Struktur, und diese sind von den breiten Bakterien umlagert; verteilt sich dann das Glykogen diffus im Cytoplasma, so sind aus den vielen kleinen Kernen wenige große, anders gebaute geworden, und die Bakterien umlagern jetzt in ähnlicher Weise die ihren Inhalt an das Plasma abgebenden Glykogenvakuolen. Es ist zu hoffen, daß die in Aussicht gestellte Fortführung der Untersuchung die Bedeutung dieser so auffälligen Endosymbiose eines Protozoons mit Bakterien vollends aufklären wird.

Wenn man gelegentlich beobachten kann, daß Amöben, welche sich unter ungünstigen Bedingungen befinden, zusammen mit anderen Einschlüssen auch Bakterien ausstoßen, daß diese in kränkelnden Tieren überhandnehmen und nach dem Tode der Wirtstiere sich unter Umständen außerordentlich vermehren, so widerspricht dies keineswegs der Annahme einer Symbiose, sondern verdeutlicht nur ein normalerweise das Zusammenleben beherrschendes Regulationsvermögen der Amöben.

Der Entwicklungszyklus der Pelomyxen ist leider immer noch nicht endgültig aufgeklärt, doch darf man wohl vermuten, daß es, wenn sie Sporen oder Gameten bilden, zu einer jeweiligen Neuinfektion mit Keimen der Umwelt kommt, wobei dann die einzelnen Arten eine spezifische Auswahl treffen müssen.

d) Gärkammern bei Lamellicorniern, Tipuliden und Termiten, sowie ähnliche Vorkommnisse

Der Darm von Insektenlarven, welche sich von ungewöhnlich zellulosereicher Kost ernähren, nimmt unter Umständen sehr eigenartige, mit dieser Lebensweise im Zusammenhang stehende Formen an. Bei den phytophagen

Melolonthinen-Larven bildet der Enddarm eine gewaltige sackartige Erweiterung, die schon SWAMMERDAM auffiel und die bereits von den älteren Insektenanatomen, wie RAMDOHR (1811), DE SERRES (1813), DUFOUR (1812, 1824) und DE HAAN (1835), an Hand einer Reihe von Formen beschrieben und insbesondere von letzterem auch vorzüglich abgebildet wurden. In neuerer Zeit hat

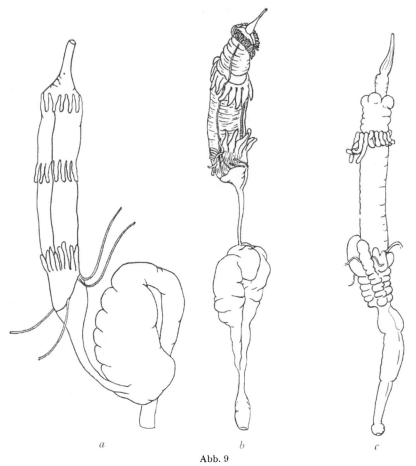

Abb. 9

a Potosia cuprea Fabr. Darmkanal mit Gärkammer, *b Oryctes nasicornis* L. desgleichen, *c Sinodendron cylindricum* L. Darmkanal mit entsprechenden Blindsäcken.
(*a* Nach WERNER, *b* nach MINGAZZINI, *c* nach BUCHNER.)

sich insbesondere MINGAZZINI (1889) in anatomischer Hinsicht mit ihnen beschäftigt. Schon am lebenden Tier pflegt der mit dunklem Material gefüllte Abschnitt des Darmes durch die straff gespannte Rückenhaut hindurchzuscheinen.

Abb. 9*a* zeigt den Darmkanal der in Ameisenhaufen lebenden Larve des Rosenkäfers (*Potosia cuprea* Fbr.), der die Länge des Tieres um mehr als das Doppelte übertrifft. Den Mitteldarm umziehen drei Kränze von drüsigen

Blindsäcken, der Enddarm ist S-förmig gekrümmt; ein kurzer Dünndarm zieht zunächst afterwärts, um dann plötzlich in den mächtigen Sack, der den wieder kopfwärts streichenden Dickdarm darstellt, überzugehen. Der auf der Ventralseite erneut nach hinten ziehende verjüngte Enddarm wird von zwei Zipfeln des Dickdarms, die unter ihm leicht verwachsen sind, umgriffen (WERNER, 1926). Alle verwandten Formen, die man untersucht hat, *Oryctes* (Abb. 9b), *Anomala*, *Melolontha*, *Trichius* usf., variieren zwar hinsichtlich der Entfaltung der Mitteldarmausstülpungen, gleichen sich aber weitgehend in bezug auf die Entwicklung des Enddarmes.

Abweichend sind hingegen die Därme der Mulm und moderndes Holz fressenden Lucaniden-Larven gebaut. Die Larve von *Sinodendron cylindricum* L. trägt zwischen den Ansatzstellen der Malpighischen Gefäße einen Kranz verschieden großer Ausstülpungen, und an diese schließt, ohne daß es zur Bildung eines Dünndarms käme, ein in Falten gelegter Abschnitt des Enddarmes an, der offenbar die Funktionen der sackförmigen Auftreibung der Melolonthinen übernimmt (BUCHNER, 1930, Abb. 9c). Bei anderen von DE HAAN beschriebenen Arten — *Odontolabis alces* F. und einer *Eurytrachelus* spec. — ist hingegen ein sehr scharf abgesetzter hinterster Teil des Mitteldarmes ganz ungewöhnlich vergrößert und trägt an seinem Anfang einen Kranz von Blindsäcken, so daß man wohl auch hierin analoge Einrichtungen erblicken darf.

Bei den zumeist von tierischen Exkrementen lebenden Coprophagen ist es ebenfalls der Mitteldarm, der unter Umständen einen großen dorsalen Bruchsack bildet. Schon FABRE (1891—97) beschrieb, wie dieser bei *Scarabaeus*, sobald die junge Larve gefressen hat und die Nahrung in ihn übergetreten ist, so stark gefüllt wird, daß sich die mittlere Rückenregion in höchst merkwürdiger Weise vorwölbt. Auch HEYMONS u. VON LENGERKEN (1929), die sich eingehend mit der Biologie der Pillendreher befaßten, beschreiben diesen mittels eines engen Abschnittes in den Darm mündenden riesigen Ballon und zeigen, wie der durch ihn bedingte Buckel, welcher den Larvenkörper zu einer steilen Krümmung zwingt, für diesen ein unentbehrliches Stützorgan darstellt, das ihm bei der Bewegung und bei der Nahrungsaufnahme in dem kugeligen Wohn- und Freßraum dient. Ganz ähnlich ist auch der Darmkanal des einheimischen *Odontophagus* gebaut, während einer Abbildung DE HAANS zu entnehmen ist, daß bei *Aphodius* offenbar auffällige Windungen, welche der Mitteldarm am Hinterende der Larve beschreibt, diese Ausstülpungen ersetzen.

Andersgeartet, aber vielleicht ähnliche Aufgaben erfüllend sind die höchst seltsamen Einrichtungen am Enddarm der Passaliden, die schon von LEIDY (1853) beschrieben und später von LEWIS (1926) und R. u. H. HEYMONS (1934) genauer untersucht wurden. Diese Mulm und Moder fressenden Lamellicornier Nord- und Südamerikas besitzen einen Enddarm, der durch einen Sphinkter zweigeteilt wird. Der hintere Abschnitt wird von Längsreihen sackartiger Divertikel begleitet und trägt obendrein bei vielen Arten am Anfang noch einen länglichen Blindsack. Chitinborsten regulieren den Weg des Inhaltes, und am Ende ragen besondere Leisten ins Innere, welche ihn zu stauen geeignet sind. Die Divertikel aber, die nur eine dünne Chitinauskleidung aufweisen, sind stets der Sitz einer merkwürdigen Flora, die hier in überreichem Maße wuchert und einen dichten Rasen an der Wand bildet. Ein Phycomycet, *Enterobryus*, sitzt ihr mit Haftscheiben an, während sich die Endglieder der Fäden ablösen. Büschel feinster Fäden erinnern an Oscillarien.

Während die frisch geschlüpften Käfer stets frei von dieser im einzelnen variierenden Flora sind, fehlt sie den reifen Tieren niemals. Sie müssen also mit der Nahrung Sporen oder Dauerzustände aufnehmen. Wenn die Larven zum Teil schwächer, zum Teil stärker besiedelt sind, so dürfte dies mit den Häutungen zusammenhängen. Auch sie müssen sich natürlich mit den von den Imagines stammenden, den Mulm durchsetzenden Keimen infizieren. Ob und in welcher Weise die Nahrung von diesen Pilzen beeinflußt wird, bleibt zunächst unbekannt, doch neigen die Autoren, die sich mit diesem so merkwürdigen Zusammenleben befaßt haben, dazu, ihm eine ernährungsphysiologische Bedeutung zuzuschreiben. Andererseits darf freilich auch nicht verschwiegen werden, daß ganz ähnliche, als Eccriniden bezeichnete Pilze im Darm von Diplopoden, Isopoden und Decapoden, sowie von Hydrophiliden, anderen Lamellicorniern und sonstigen Insekten überaus häufig sind, ohne daß wir berechtigt sind, ein symbiontisches Verhältnis anzunehmen (unveröffentlichte Beobachtungen von MAESSEN).

Schließlich fordern auch die Därme der Tipuliden-Larven, soweit diese sich von zellulosereicher Kost ernähren, zum Vergleich heraus. Bei ihnen ist der Enddarm ebenfalls stark vergrößert und mit einem in wechselndem Grade entfalteten Blindsack ausgestattet, der, wie in all diesen Fällen, mit den Nahrungstrümmern gefüllt wird. Die extremste Entfaltung fand sich bei *Tipula flavolineata* Meig., deren Larven sich in moderndem und selbst in noch recht festem Holz finden. Hier übertrifft der Blindsack bei weitem den Enddarm an Länge. Die ebenso lebende Larve von *Ctenophora flavicornis* Meig. zeigt ihn etwas weniger stark entfaltet, und bei *Tipula maxima* Poda, die als Larve zwischen modernden Blättern und in faulendem Schlamm von Bächen und Gräben lebt, begegnen die ersten Anläufe zu einer derartigen Bildung. Bei allen Arten aber ist außerdem der Dickdarm, an dem die Ausstülpungen entspringen, ungewöhnlich erweitert (BUCHNER, 1930, Abb. 10).

Nach den ernährungsphysiologischen und bakteriologischen Studien WERNERS (1926) und WIEDEMANNS (1930), die sich freilich zunächst nur auf Melolonthinen beziehen, kann kein Zweifel darüber herrschen, daß alle diese Einrichtungen, durch welche nicht nur der Darm, sondern unter Umständen auch die ganze Körpergestalt dieser Larven weitgehend verändert wird, auf ein für diese unentbehrliches Zusammenleben mit Bakterien zurückgehen, welche sich stets in den betreffenden Räumen in großer Menge zwischen den Nahrungspartikeln finden.

WERNER studierte die Verhältnisse bei *Potosia cuprea* und stellte fest, daß hier die Nahrung drei bis vier Tage braucht, um den Larvendarm zu passieren. Während dabei im Mitteldarm kaum eine Durchmengung stattfindet, wird im Enddarm die alte und die neue Nahrung innig gemischt und verweilt hier, wie sich durch zeitweise Fütterung mit Filtrierpapier zeigen läßt, zum Teil selbst zwei Monate lang. Die notwendigerweise laufend mit der Nahrung aufgenommenen

Bakterien sind in dem stark alkalisch reagierenden Mitteldarm nur spärlich vorhanden, vermehren sich aber überaus lebhaft in dem meist neutralen, gelegentlich aber auch leicht alkalischen oder schwach sauren Dickdarm. Die Wandung desselben trägt hier und bei allen Verwandten zahlreiche Gruppen

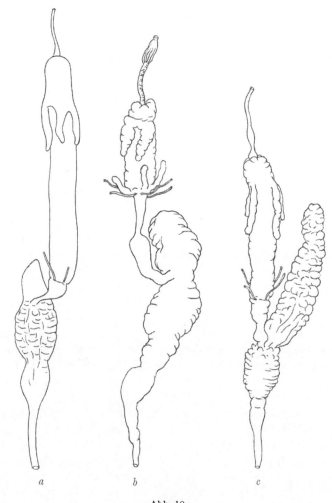

a   *b*   *c*

Abb. 10

a Tipula maxima Poda, *b Ctenophora flavicornis* Meig., *c Tipula flavolineata* Meig. Der Enddarm trägt verschieden stark entwickelte Gärkammern. (Nach BUCHNER.)

fein zerschlissener und gefiederter Chitinborsten, welche vorzüglich geeignet sind, einerseits die Nahrung zurückzuhalten und andererseits einen konstant bleibenden Bakterienstamm zu gewährleisten, was insbesondere dort, wo die Nahrung aus festerem, bakterienarmem Holz besteht, von Bedeutung wird.

Mit diesen Borstenfeldern alternieren Zonen, in denen die Chitinauskleidung dünn und von zahlreichen Kanälchen durchbohrt ist. In ihnen erblicken alle Autoren übereinstimmend die Orte der hier in den Enddarm verlegten Resorption (Mingazzini; Biedermann, 1911; Wiedemann).

Daß sich in der Darmflora der *Potosia*larven in der Tat Zellulose vergärende Formen finden, konnte Werner mittels der Methode von Omeliansky (1902) zeigen. Von der Zellulose, welche hiebei in Form von Filtrierpapierstreifen als alleinige Kohlenstoffquelle einer anorganischen Nährlösung beigegeben wurde, blieb, wenn diese mit dem Darminhalt beimpft wurde, nach etwa 50 Tagen nur noch eine dünne, pulverige Schicht am Boden der Gärflaschen zurück. Werner gelang es weiterhin, aus diesem Bakteriengemenge die allein die Zellulose angreifende Form, ein peritrich begeißeltes Stäbchen von $1,4 - 4\,\mu$ Länge zu isolieren. Alle übrigen, auf den gebräuchlichen Nährböden isolierten Formen erwiesen sich als hiezu unfähig und ernähren sich lediglich von den bei der Zellulosevergärung entstehenden Abbauprodukten.

Bedeutungsvoll ist ferner, daß sich als Optimum dieses *Bacillus cellulosam fermentans* Werner 33–37° ergaben, das heißt die erhöhte, in Ameisenhaufen herrschende Temperatur, und daß dies zugleich das Wachstumsoptimum der Larven ist. Sinkt die Temperatur auf 13°, so wird die Auflösung der Zellulose sistiert, und auch die im Laboratorium gehaltenen Larven stellen ihr Wachstum ein. Dem entspricht durchaus auch das Verhalten in der freien Natur, wo die Tiere sich von Mai bis Oktober entwickeln und in der übrigen Zeit, in der die Temperatur im Ameisenhaufen unter 13° sinkt, eine Ruheperiode durchmachen.

Mit diesem Ergebnis Werners stehen die Feststellungen Wiedemanns in bestem Einklang, doch gehen sie insofern einen Schritt weiter, als von ihm auch die Frage geklärt wurde, in welcher Form dem Insektenkörper dieser Abbau der Zellulose zugute kommt. Er benutzte außer *Cetonia*larven vor allem solche von *Oryctes nasicornis* L. und *Osmoderma eremita* Scopoli und fand, daß in ihrem Darmsekret eine Protease vorhanden ist, welche, soweit seine Reaktion alkalisch ist, unwirksam bleibt, so daß die mit der Nahrung aufgenommenen Keime den Mitteldarm unverändert passieren können. Sobald aber im Enddarm durch die Tätigkeit der Bakterien genügend Säure gebildet wird, um das Darmsekret zu neutralisieren, wird diese Protease aktiviert und verfallen die Bakterien der Verdauung. Das Gleiche geschieht mit den neben den Bakterien vorhandenen und sich von diesen ernährenden Flagellaten. Während so das Wirtstier seinen Stickstoffbedarf aus dem Bakterieneiweiß deckt, gedeihen die Kulturen des Bakteriengemisches in der nur anorganischen Stickstoff enthaltenden Omeliansky-Lösung ausgezeichnet, so daß man schließen darf, daß dieses auch im Insektendarm den vor allem in den nie fehlenden erdigen Bestandteilen enthaltenen Stickstoff auszubeuten vermag.

Interessanterweise ergab sich weiterhin, daß entsprechend dem anders gearteten Lebensraum der Larven und ihrer symbiontischen Mikroorganismen das Temperaturoptimum hier bei 23°, also wesentlich tiefer als bei den Bewohnern der Ameisenhaufen, liegt. Diese Temperatur wird von den Larven in Behältern mit Temperaturgefälle aufgesucht, bei ihr gedeiht das Bakteriengemisch am besten, und dementsprechend ist auch die stärkste Gewichtszunahme der Larven zu verzeichnen.

Was hier von den beiden Autoren an den «Gärkammern» einiger Melolonthinen festgestellt wurde, wird man sehr wahrscheinlich auch auf diejenigen Insektenlarven übertragen dürfen, die zwar noch nicht in bakteriologischer Hinsicht studiert sind, aber bei entsprechender Ernährungsweise ähnliche Erweiterungen des Enddarmes besitzen. Schon der Umstand, daß diese auffälligen Differenzierungen durchweg bei den ja an andere Nahrungsquellen angepaßten Imagines fehlen, deutet nachdrücklich auf ihre Beziehungen zu der zellulosereichen, eiweißarmen Kost. In der Tat äußern sich auch HEYMONS u. VON LENGERKEN (1929) hinsichtlich *Scarabaeus* ganz in diesem Sinne, und schon vor ihnen ist VATERNAHM (1924), der sich mit der Biologie von *Geotrupes* befaßte, für die ernährungsphysiologische Bedeutung der dort stets in großen Mengen den Darmkanal erfüllenden Bakterien eingetreten. Ob, wie die ersteren wollen, das von den Larven der Pillendreher ausgespiene bräunliche Sekret wirklich die Tätigkeit der Bakterien begünstigt und eine extraintestinale Vorverdauung des Dunges durch diese bewirkt, müßte freilich noch genauer untersucht werden.

In diesem Zusammenhang ist weiterhin von Interesse, daß auch POCHON (1939) im Darmkanal holzfressender Insekten (*Tipula oleracea* und *Rhagium sycophanta*) ein unter anaeroben Bedingungen Zellulose lösendes Bakterium nachweisen konnte. Die als *Plectridium* angesprochene Form sei dem *Bacterium cellulosam fermentans* WERNERS sehr ähnlich.

Jedenfalls wird man kaum daran zweifeln können, daß all diese bei gleichem Ernährungsregime sich in konvergenter Weise einstellenden Differenzierungen des Darmkanals und ihre reiche Flora eine ernährungsphysiologische Bedeutung besitzen. Daran dürfte auch der Umstand, daß RIPPER (1930) im Enddarm von *Dorcus* und *Osmoderma* keine Zellulase feststellen konnte, kaum etwas ändern.

Künftige Untersuchungen werden festzustellen haben, inwieweit ähnliche, eventuell weniger hoch entwickelte Anpassungen auch bei anderen von zellulosereicher Kost lebenden Insekten vorkommen. Ganz ungewöhnlich entfaltet ist zum Beispiel das Proktodäum der Grylliden. Der auf einen auch hier stark reduzierten Mitteldarm zunächst folgende Abschnitt des Enddarmes ist stark erweitert und mit eigentümlichen, in sein Inneres ragenden und ihrerseits wieder chitinöse Borsten und Endbäumchen bildenden Zotten versehen. Erst wo diese offensichtlich wieder der Resorption dienende Zone ihr Ende findet, münden die Vasa Malpighi ein, auf die dann ein zweiter, jetzt zottenloser, aber ebenfalls weitlumiger Abschnitt folgt. Während der Mitteldarm praktisch frei von Bakterien ist, bilden solche auf den Zotten einen dichten Rasen, werden aber hinter der Einmündung der Nierengefäße wieder spärlicher und sind im Rektum nur noch in ganz geringer Zahl vorhanden (*Gryllotalpa, Gryllus, Nemobius*, nach BEGEN, 1948).

Eine in jüngster Zeit von KELLER (1949) vorgenommene bakteriologische Analyse stellte eine Reihe stets vorhandener, aber von Gattung zu Gattung verschiedener Organismen fest, zu denen sich stets noch weitere, nicht konstant auftretende Formen gesellten. Lediglich eine *Bacillus subtilis*-Rasse fehlte bei keiner Gattung. Von keinem der zahlreichen gezüchteten Keime konnte jedoch bisher eine Zellulosespaltung nachgewiesen werden, während die *Bacillus subtilis*-Kulturen auf N-freien Nährböden eine wenn auch nur geringe Stickstoffanreicherung bewirkten. Ob freilich damit die Bedeutung der wieder mit so auffallenden morphologischen Anpassungen des Darmes Hand in Hand gehenden Bakterienflora der Grylliden völlig erfaßt wurde, muß zunächst noch fraglich erscheinen.

In besonderem Maße fordert weiterhin die ungeheuere Entwicklung des Enddarmes der von mehr oder weniger zersetztem, ja selbst von frischem Holz oder zum mindesten von sehr zellulosereicher Kost lebenden Termiten einen Vergleich mit den Gärkammern und ähnlichen Bildungen heraus. Ihr in vieler Hinsicht noch an die Blattiden erinnernder Darm weist wieder einen verhältnismäßig sehr kurzen Mitteldarm und ein ungewöhnlich entwickeltes Proktodäum auf. Zwischen zwei enge, gewundene Abschnitte des letzteren schiebt sich eine gewaltige sackartige Erweiterung ein, die bei den Arbeitern am stärksten, bei Geschlechtstieren und Soldaten schwächer entwickelt zu sein pflegt, bei den nur von flüssiger Nahrung lebenden Ersatzgeschlechtstieren und bei pilzzüchtenden Formen jedoch fehlt.

Öffnet man den Enddarm, so entquillt ihm eine dick milchige Flüssigkeit, in der sich neben zahlreichen Bakterien vor allem ungezählte Mengen von Flagellaten finden. Über ein Drittel des Körpergewichtes soll aus den letzteren bestehen. Insbesondere sind es die zahlreichen bizarr gebauten Vertreter der Polymastiginen, welche von jeher das Interesse der Protistologen erweckten. Ihr Plasmaleib enthält zahlreiche Holzpartikelchen, die, nachdem die Tiere kein Cytostom besitzen, mittels einer am hinteren Ende sich bildenden Grube oder auch mit Hilfe pseudopodienähnlicher Fortsätze aufgenommen werden müssen. Daß diese ähnlich den Pelomyxen auch bei reiner Zellulosefütterung der Wirte gedeihenden Protozoen für die Termiten lebensnotwendig sind, lehrten die Experimente CLEVELANDS (1924, 1925), dem es zuerst gelang, die Protozoenfauna auf die verschiedenste Weise auszuschalten, und einer Reihe von Nachfolgern, wie MONTALENTI (1927), PIERANTONI (1937), BALDACCI (1941), GHIDINI (1941), TÓTH (1945) und GOETSCH (1946). Vorübergehende Erhöhung der Temperatur auf 36°, Hunger, die Überführung der Tiere in reinen Sauerstoff bei einem Druck von einer Atmosphäre und die Fütterung mit Antibiotica führten allein oder kombiniert zum Ziel. Da hiebei die verschiedenen nebeneinander im Termitendarm lebenden Flagellaten teils rascher, teils langsamer zugrunde gehen, ließ sich auf solche Weise sogar die verschieden weit gehende Lebensnotwendigkeit bzw. Gleichgültigkeit der einzelnen Arten eruieren. Stets hatte der Verlust der Flagellaten trotz der nach wie vor reichlich gebotenen Nahrung den baldigen Tod der zu keiner Zellulaseproduktion befähigten Tiere zur Folge. Nur rechtzeitig erneute Infektion oder die Fütterung mit Humus, in dem die Zellulose schon weitgehend durch die Tätigkeit von Pilzen und Bakterien abgebaut war, konnte sie davor bewahren. Damit stimmt auf das Beste überein, daß das Studium der tiereigenen Enzyme zwar das Vorhandensein von Amylase, Invertase und einem proteolytischen Enzym, aber andererseits das Fehlen jeglicher Zellulase sowohl im Mittel- wie im Enddarm ergab (MONTALENTI, 1932).

Alle Autoren sind sich darüber einig, daß es in erster Linie die Flagellaten und unter diesen wiederum die großen Polymastiginen sind, welche in diesem Konsortium fähig sind, die Zellulose zu spalten, und daß es vor allem die dabei entstehende Glukose ist, welche neben anderen wasserlöslichen Kohlenhydraten den Termiten zugute kommt. Daß aber auch andere Flagellaten als nützliche Gäste in Frage kommen, lehren die Erfahrungen TRAGERS (1934), der *Trichomonas termopsidis* aus *Termopsis angusticollis* außerhalb der Wirtstiere züchten konnte und so zu zeigen vermochte, daß sie ohne Zusatz feingepulverter Zellulose nicht lebensfähig sind. Darüber hinaus besteht Einstimmigkeit darüber, daß ein jeweiliger Überschuß der sich lebhaft vermehrenden, im Kot jedoch normalerweise fehlenden Flagellaten ähnlich wie die Bakterien der Melolonthinen-Larven von den Wirtstieren verdaut und damit zu ihrer vornehmsten Eiweißquelle wird.

Würden schon die daraus sich ergebenden engen Beziehungen der Symbiose der Termiten mit Flagellaten zu der der Melolonthinen mit Bakterien hinreichenden Anlaß geben, hier von ihr zu handeln, obwohl es sich ja um ein nützliches Zusammenleben mit einem tierischen Partner handelt, so berechtigt uns hiezu außerdem auch der Umstand, daß höchstwahrscheinlich auch noch weitere pflanzliche Gäste des Termitendarmes in dieser komplizierten Lebensgemeinschaft eine bedeutende Rolle spielen.

Nachdem schon seit Jahren von mehreren Seiten immer wieder ein regelmäßiges Vorkommen von Bakterien im Plasma der Polymastiginen gemeldet worden war (BUSCALIONI u. COMES, 1910, von *Trichonympha*; KIRBY, 1924, von *Dinenympha* und 1932 ebenfalls von einer Reihe von *Trichonympha*arten; POWELL, 1928, von *Pyrsonympha*) und JÍROVEC (1932), als er in *Trichonympha serbica* Georgevitsch aus *Reticulitermes* zahlreiche nie fehlende Stäbchen und Diplokokken fand, bereits von einer Symbiose mit freilich noch unbekanntem Nutzen sprach, wurde vor allem von PIERANTONI (1934, 1935, 1936, 1937, 1940, 1951) nachdrücklich die Aufmerksamkeit auf dieses eigentümliche Vorkommen gelenkt und die Vermutung ausgesprochen, daß nicht das Flagellatenplasma, sondern allein diese Bakterien eine Zellulase produzieren und daß damit sie es letzten Endes sind, welche den holzfressenden Termiten ihre Lebensräume erschließen. PIERANTONI befaßte sich mit den *Joenia*- und *Mesojoenia*arten in *Calotermes flavicollis* und den *Trichonympha*arten in *Reticulitermes lucifugus*. Bei *Joenia* scharen sich vor allem in der vorderen Hälfte der langgestreckten Tiere hinter dem Kern rund um den Achsenstab zahlreiche, zumeist kokkenförmige, zu geringerem Teil auch stäbchenförmige Bakterien, während die hintere Hälfte in erster Linie von den Holzpartikelchen eingenommen wird (Abb.11). Bei *Mesojoenia* liegen an der gleichen Stelle fadenförmige Organismen, bei *Trichonympha minor* sind es zahllose kleinste Kokken und Kokkoide, die bald gleichmäßig im ganzen Körper verteilt, bald auf das dichtere, den Kern umgebende Plasma beschränkt sind, bei *T. agilis* handelt es sich um kleinste Stäbchen, die massenhaft hinter dem Fibrillenkörbchen liegen, welches hier den vorderen, kernhaltigen Teil des Flagellatenkörpers abschließt.

Nimmt man die zahlreichen ähnlich lautenden Befunde, welche vor allem in den ausgezeichneten Flagellatenstudien KIRBYS (1932, 1938 und andere mehr) niedergelegt sind, hinzu, so gewinnt man in der Tat den Eindruck, daß diese so regelmäßig spezifisch gestaltet und angeordnet begegnenden Mikroorganismen, welche die älteren Autoren, soweit sie sie beachteten, zumeist mit den tatsächlich außerdem vorhandenen Mitochondrien verwechselten, für die Flagellaten irgendwelche Bedeutung haben müssen. Besonders eindrucksvoll sind dabei jene Fälle, in denen sich die Bakterien auf scharf umschriebene, gesetzmäßig gelagerte, dichte Ansammlungen beschränken, so daß ihre Kolonien ganz den Eindruck von den Mycetomen der Vielzelligen entsprechenden Organellen machen. Dies gilt zum Beispiel für die fadenförmigen Bakterien, welche den Kern von *Trichonympha campanula* als scharf umschriebene Masse umgeben, für den so regelmäßigen kugeligen Ballen zarter Stäbchen mancher *Caduceia*arten oder auch für die Stäbchen, welche bei *Macrotrichomonas pulchra* aus einer *Calotermes*art lediglich auf das sogenannte Capitulum, das heißt das terminale, vor dem Kern gelegene, aufgetriebene Ende des Achsenstabes beschränkt bleiben, und die Kokken und Diplokokken, welche bei *Pseudodevescovina ramosa* eine dünne Lage unter der ganzen Oberfläche bilden.

So wahrscheinlich es auch sein mag, daß es sich bei diesen weitverbreiteten, hochgradig angepaßten Gästen der Termitenflagellaten um für sie bedeutungsvolle Insassen handelt, so darf darüber nicht vergessen werden, daß ein experimenteller Nachweis hiefür bis heute nicht erbracht werden konnte – HUNGATE (1938) bemühte sich vergeblich, sie zu kultivieren – und daß die Annahme PIERANTONIS keineswegs überall auf Zustimmung gestoßen ist (GRASSÉ, 1952).

In ähnlicher Weise besteht auch noch keine restlose Klarheit hinsichtlich einer eventuellen symbiontischen Bedeutung der im Termitendarm in großer Menge frei vorkommenden Bakterien. Von den intrazellularen deutlich verschieden, erscheinen sie unter Umständen in dem Blindsack als dichter Belag auf dem in Falten gelegten Epithel sowie allerorts im Nahrungsbrei und fehlen auch im Enddarm nicht, meiden aber den Mitteldarm durchaus. Von vornherein wird man damit rechnen müssen, daß unter ihnen auch mit der Nahrung aufgenommene zellulosezersetzende Formen nicht fehlen, und in der Tat konnten BECKWITH u. ROSE (1929) in einer aus gramnegativen Stäbchen und einigen Mikrokokken bestehenden Mischkultur Entsprechendes nachweisen. BALDACCI und VERONA stellten dann, zum Teil in

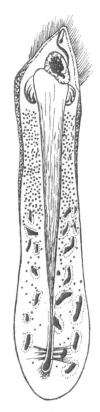

Abb. 11
Joenia annectens Grassi aus *Calotermes flavicollis*. Die vordere Hälfte des Achsenstabes von symbiontischen Bakterien umgeben. (Nach PIERANTONI.)

gemeinsamer Arbeit, an Reinkulturen einer *Cytophaga-* und einer *Actinomyces*-art, die aus dem Darm von *Reticulitermes* und *Calotermes* gewonnen worden waren, ebenfalls eine Zellulaseproduktion fest (1939, 1940, 1941). Im gleichen Sinn sprechen Erfahrungen, die man an gewissen Termitiden, die ja im allgemeinen nicht von Holz leben und keine symbiontischen Flagellaten enthalten, gemacht hat. Nachdem bereits HOLDAWAY (1933) bei einer australischen *Eutermes*art, die in extremer Weise Holz zerstört, eine reiche Bakterienflora des Darmes festgestellt und ihre Beteiligung an seiner Verdauung vermutet hatte, hielt HUNGATE (1946) eine verwandte Form 18 Monate bei reiner Holznahrung und konstatierte in ihrem Darm zwei anaerobe zelluloseverdauende Mikroorganismen, eine *Clostridium* sp. und *Micromonospora propionici*.

Eine Reihe von Autoren suchte jedoch die Bedeutung der Bakterienflora des Termitendarmes noch in einer anderen Richtung. Schon CLEVELAND (1925) vermutete, daß die Termiten irgendwie befähigt sein müßten, mit ihrer Hilfe den **atmosphärischen Stickstoff zur Deckung ihres Eiweißbedarfes auszunützen**, und MONTALENTI und PIERANTONI schlossen sich ihm hierin an. Um einen experimentellen Nachweis bemühten sich TÓTH (1944/45, vgl. auch GOETSCH, OFFHAUS u. TÓTH, 1944) und ERGENE (1949). Der erstere zerrieb teils ganze *Calotermes*, teils deren Därme, fügte dem überlebenden Zellbrei Oxalessigsäure oder Bernsteinsäure als Substrat für die Aminosäurebildung zu und bestimmte nach 24 Stunden mit der Mikrokjeldahlmethode die eventuelle Stickstoffzunahme. Handelte es sich um isolierte Enddärme, so ergab sich in einer Lösung von 0,5% Na Cl + 0,5% Glukose eine Anreicherung von 5%, die jedoch bei Zusatz geringer Mengen bestimmter Salze auf 50% anstieg. Ähnliche Werte stellten sich auch ein, wenn ganze Tiere zerrieben wurden (bei Zusatz von Salzen sogar bis 67%). Überraschenderweise ergaben aber ganze Tiere, bei denen der Enddarm entfernt worden war, oder Abdomina, bzw. der thorakale Abschnitt ohne Darm, ebenfalls einen sehr beträchtlichen Stickstoffgewinn (69, bzw. 50, bzw. 37%)! Wenn TÓTH dieses unerwartete Resultat damit zu erklären versucht, daß wahrscheinlich weitere, atmosphärischen Stickstoff bindende, etwa im Fettkörper lokalisierte Symbionten bisher der Beobachtung entgangen seien, so muß dies freilich als eine recht wenig befriedigende Notlösung angesehen werden, welche eher geeignet ist, Zweifel an der Zuverlässigkeit der angewandten Methode zu wecken.

ERGENE befaßte sich ohne Kenntnis der TÓTHschen Veröffentlichung mit der gleichen Frage. Er beimpfte eine stickstofffreie BORTELS'sche Lösung mit einer Emulsion des Darmes von *Calotermes flavicollis*. Die in ihr entstehende Mischkultur nahm auch nach einer Reihe von Passagen, in deren Verlauf eventuell mitgeführte Stickstoffreserven verbraucht werden mußten, immer noch an Masse zu, obwohl ihr zur Eiweißbildung lediglich der Luftstickstoff zur Verfügung stand. ERGENE schreibt hiebei die Fähigkeit der N-Assimilation einem allein in dem bunten Gemenge niemals fehlenden *Bacterium breve aerophilum* zu. Wenn es isoliert nicht zu wachsen vermochte, so harmoniert dies mit der auch sonst gemachten Erfahrung, daß stickstoffbindende Bakterien auf stickstofffreien Böden in Mischkulturen besser gedeihen. Ein *Coccobacterium calotermitis*

Ergene, das er im Darm nie vermißte, während das *Bacterium breve aerophilum* in ihm so spärlich vorhanden sein soll, daß es sich der Beobachtung entzieht, wuchs auf den N-freien Böden nicht und dürfte nach ERGENE eine andere, noch unbekannte Rolle spielen.

Wenn somit die bisher vorliegenden Bemühungen, eine Assimilation atmosphärischen Stickstoffes durch Termitensymbionten darzutun, noch kein sehr befriedigendes Resultat ergeben haben, so nötigen doch Experimente, bei denen Termiten, mit völlig reiner stickstofffreier Zellulose gefüttert, nicht nur an Gewicht zunahmen, sondern sich auch vermehrten, dazu, eine solche anzunehmen. Bei normaler Ernährung freilich dürften der nicht geringe Stickstoffgehalt des Holzes (ca. 0,25%) und die stets gern von den Tieren aufgenommenen Pilze zum Aufbau des Bakterienplasmas, das seinerseits wieder den Flagellaten neben den Holzsplittern zur Nahrung dient, ausreichen. Auch GOETSCH ist aus diesem Grunde der Meinung, daß die fraglichen Bakterien nur bei mangelhafter Zufuhr von Stickstoff auf den in der Atmosphäre enthaltenen zurückgreifen.

Wie für den Bestand dieses so erstaunlich komplizierten Konsortiums, in dem sich Insekten, Flagellaten, frei im Darm lebende und wahrscheinlich auch in den Flagellaten symbiontisch lebende Bakterien zusammengefunden haben, Sorge getragen wird, ist leider bis heute noch immer nicht hinreichend aufgeklärt worden. In irgendwelcher Weise müssen natürlich die Geschlechtstiere beim Verlassen der Kolonie die verschiedenen, niemals zur Cystenbildung schreitenden Flagellaten im Darm mitführen, ähnlich wie die Königin der Pilzgärten anlegenden Formen Keime von diesen mit sich trägt. Die jeweiligen Jungtiere aber nehmen die ersten Flagellaten dann mit der proctoidalen Nahrung auf, von der GRASSÉ u. NOIROT (1945) gezeigt haben, daß sie im Gegensatz zu dem praktisch flagellatenfreien Kot aus einem Tropfen organismenreichen Darminhaltes besteht. Auf die gleiche Weise müssen sich in der Regel auch Larven wie Nymphen nach vorangegangener Häutung jeweils aufs neue infizieren, doch kennt man auch Fälle, in denen ein Teil der Protozoen die Häutung in dem Raum zwischen der alten Intima und dem neuen Rektalepithel überdauert. Diese beiden Möglichkeiten kehren auch bei der zur Entstehung der Imago führenden letzten Häutung wieder.

Man kann nicht von der Termitensymbiose handeln, ohne gleichzeitig auf die überaus interessanten Feststellungen zu sprechen zu kommen, welche CLEVELAND (1934) an Cryptocercus punctulatus Scudder gemacht hat. Die Biologie dieser auf einige Gebiete Nordamerikas beschränkten Schaben hat große Ähnlichkeit mit der der Termiten, wenn sie deutliche Ansätze zu einer primitiven Staatenbildung zeigen, in und von Holz, oft sogar zusammen mit Termiten leben und in ganz ähnlicher Weise in ihrem Darm zahllose Flagellaten beherbergen. CLEVELAND führt in seiner großen, *Cryptocercus* und dessen Darmfauna gewidmeten Monographie nicht weniger als 12 verschiedene Gattungen mit 25 Arten auf, unter denen sich wieder eine Reihe von Polymastiginen und Hypermastiginen finden. Sie leben frei beweglich in einem vorderen Abschnitt des stark entfalteten Enddarmes, der von dem folgenden durch eine Art Sphinkter geschieden wird, produzieren eine Zellulase und eine Zellobiase und

übernehmen, nachdem den Wirtstieren entsprechende Enzyme abermals abgehen, ganz wie bei den Termiten die Aufschließung der holzigen Nahrung. Wieder
kommt hiebei den Wirten wahrscheinlich in erster Linie die im Flagellatenplasma entstehende Glukose zugute, doch besteht in dieser Hinsicht bezüglich
der Einzelheiten, wie übrigens auch bei den Termiten, noch keine völlige Klarheit (HUNGATE, 1950). Ähnlich wie bei einem Teil der letzteren bleiben die
Protozoen auch hier bei den Häutungen erhalten. Sie werden vor denselben in
dem hinteren Abschnitt des Enddarmes vorübergehend unbeweglich, runden
sich hier ab und scheiden eine doppelte Membran aus. Während der Häutung
zerfällt hier die chitinöse Auskleidung dieses Darmabschnittes und ermöglicht
so ihren Verbleib. Nur ein kleinerer Teil geht trotzdem mit dem Kot ab und
dient so, diesmal in Cystenform, der Infektion der frischgeschlüpften Junglarven.

Vögel und Säugetiere, die sich von zellulosereicher Kost ernähren,
haben bekanntlich in ganz ähnlicher Weise Bakterien und Protozoen in ihren
Dienst gestellt, wie all jene Insekten, welche voluminöse Gärkammern bilden
oder sonst den lebensnotwendigen Mikroorganismen in ihrem Darmkanal eine
Stätte bereiten. Da jedoch die Behandlung dieser Endosymbiosen die Grenzen,
welche wir unserer Darstellung gesteckt haben, überschreiten würde, müssen
wir uns mit einem kurzen Hinweis auf die überraschenden Konvergenzerscheinungen begnügen, welche in der gewaltigen Entfaltung der Blinddärme von
Säugern, oder auch bei manchen Vögeln, wie insbesondere den Waldhühnern,
vorliegen. Wie bei den Blindsäcken der *Potosia*larven oder der Scarabäen
handelt es sich auch hier um Stätten, in denen die Nahrung längere Zeit verweilt
und der unerläßlichen Beeinflussung durch Bakterien unterworfen wird, welche
die den Wirten abgehende Zellulase produzieren.

Nicht minder fordert die üppige Ciliatenfauna des Wiederkäuerpansens, die
an bizzarren Gestalten ebenso reich ist wie die Flagellatenfauna der Termiten,
zum Vergleich mit dieser heraus. Wenn hinsichtlich ihrer vieldiskutierten Bedeutung für das Wirtstier auch keine Einigkeit herrscht, so kann jedenfalls kein
Zweifel darüber bestehen, daß auch diese Protozoen die aufgenommenen Zellu-
losetrümmer mehr oder weniger weit abbauen und sich im Pansen auf das
lebhafteste vermehren, andererseits aber laufend, sobald sie in den Psalter
gelangen, der Verdauung anheimfallen (HUNGATE, 1946, 1950).

e) Der Hylemyia-Typ

Wie bei den Ambrosia-Züchtern die die meiste Zeit in der Umgebung des
Insekts gedeihenden lebensnotwendigen Organismen vorübergehend in dessen
Körper Aufnahme finden und auf solche Weise das Vereintbleiben gesichert
wird, so auch bei gewissen Bakteriensymbiosen, die von manchen Anthomyiden
eingegangen wurden. Im übrigen freilich unterscheiden sich die Verhältnisse,
die vor allem von LEACH (1926, 1930, 1931, 1933, 1940) an der als landwirt-
schaftlicher Schädling bedeutungsvollen *Hylemyia (= Phorbia) cilicrura* Rond.
eingehend studiert wurden, sehr wesentlich von der Ambrosiazucht.

Die Larven dieser Fliege, die weitgehend einer Stubenfliege ähnelt, leben vornehmlich in faulenden Kartoffeln, sind aber außerdem in allen möglichen anderen Kulturpflanzen, wie Bohnen, Erbsen, Rüben, Kohl, Zwiebeln, Tomaten usf. zu finden und bedingen auch dann stets eine Zersetzung der sie umgebenden Gewebe. Wenn die Junglarven aus den in Nachbarschaft der Saatkartoffeln auf oder in die Erde gelegten Eiern schlüpfen, machen sie sich stets, bevor sie sich auf die Suche nach einer Kartoffel begeben, erst noch einige Augenblicke auf den von einer klebrigen Flüssigkeit umgebenen Eihüllen zu schaffen. Die nächsten 24 Stunden kriechen sie dann auf der Oberfläche der Kartoffel umher und zerkratzen sie dauernd mit ihren beiden scharfen, messerähnlichen Mundhacken, bis das Gewebe, das so keine Zeit hat, Wundkork zu bilden, zu faulen beginnt. Anschließend dringen sie entsprechend der rasch zunehmenden Zersetzung immer mehr in die Tiefe des Fäulnisherdes und nähren sich von diesem. Nach 2—3 Wochen haben die Larven ihre Entwicklung beendet und verpuppen sich in der Erde. Die Kartoffel ist dann zumeist völlig verfault und die Bakterien breiten sich in den Stielen der Pflanze aus, wo sie die als Schwarzbeinigkeit bekannte Krankheit verursachen. Gewöhnlich erzeugen die so entstandenen Fliegen noch eine zweite Generation, wobei sie die Eier an oder in diese bereits faulenden Stiele legen, so daß sie von geringerer wirtschaftlicher Bedeutung ist.

Legte schon das eigentümliche Verhalten der Larven die Vermutung nahe, daß diese, wenn sie das Pflanzengewebe verletzen, ihm gleichzeitig fäulniserregende Bakterien einimpfen, so wurde dies durch die weiteren Untersuchungen zur Gewißheit. Sterilisiert man die Oberfläche der Eier mittels einer schwachen Sublimatlösung und bringt sie dann auf Agar, so vermögen die schlüpfenden Larven in keiner Weise zu wachsen. Fügt man nach fünf Tagen Bakterien zu, so haben sie nach 48 Stunden ihre Größe bereits verdoppelt. Ebenso gehen die keimfreien Larven auf sterilen Kartoffelscheiben zugrunde, während sie sich bei Zusatz von Bakterien normal entwickeln.

LEACH hat die Bakterienflora der Larven wie der Imagines untersucht und dabei mehrere, einander in morphologischer und physiologischer Hinsicht sehr ähnliche Arten gefunden. Am häufigsten sind Formen, welche *Pseudomonas fluorescens* Migula und *Ps. nonliquifaciens* Bergey sehr nahe stehen, während *Erwinia carotovora* Winslow häufig, aber nicht stets vorhanden ist. Unverändert passieren sie den Darmkanal der Larven wie der Imagines und überdauern in ihm auch die Verpuppung. Bei dieser wird zwar ein größerer Teil mit der chitinösen Auskleidung des Anfangs- und Enddarmes aus dem Körper entfernt, aber ein kleinerer verbleibt im Mitteldarm. Der erstere besteht aus den verschiedensten Formen, der letztere nur aus einer einzigen und vermehrt sich dann noch vor dem Schlüpfen zwischen den Zelltrümmern des abgestoßenen larvalen Epithels sehr beträchtlich. Bei der Eiablage wird, ohne daß irgendwelche spezifische anatomische Einrichtung hiezu nötig wären, das mit dem klebrigen Sekret überzogene Chorion von dem der Geschlechtsöffnung unmittelbar benachbarten After aus mit Bakterien verunreinigt.

LEACH nimmt an, daß sie lediglich der Aufbereitung der Nahrung dienen, da die Fliegenlarven sich ebensogut entwickeln, wenn man ihnen bakteriell zersetztes, aber dann sterilisiertes Kartoffelgewebe als Nahrung bietet. Nachdem sie jedoch auch mit sterilen, an Wuchsstoffen reichen Bohnenkeimen gefüttert, wenn auch nur langsam, zu wachsen und sich schließlich zu verpuppen vermögen, wäre immerhin auch denkbar, daß im sterilen zersetzten Gewebe von den Bakterien stammende Wirkstoffe noch eine Rolle spielen.

In ganz ähnlicher Weise löst *Hylemyia brassicae* Bouche an Kohlpflanzen (JOHNSON, 1930; BONDE, 1930) und *Hylemyia antiqua* Meig. an Zwiebeln Fäulnis aus, während *Scaptomyza graminum* Fall. und *Elachiptera costata* Leow. ihre Eier an die Blätter von Sellerie legen und hier rasch um sich greifende und die Pflanzen zugrunde richtende Fäulnis erregen. Daß diese auch hier auf gleichzeitig eingeimpfte Bakterien *(Erwinia carotovora)* zurückgeht, haben OGILVIE, MULLIGAN u. BRIAN (1935) gezeigt. In diesen Fällen ist ihr Verbleib in den Fliegen zwar nicht so genau untersucht worden, wie bei *Hylemyia*, aber man darf wohl annehmen, daß die Verhältnisse recht ähnlich liegen.

Von anderen Pflanzenkrankheiten weiß man, daß die sie hervorrufenden Bakterien durch Coleopteren übertragen werden. So wird eine Infektion der Gurken mit der die Spiralgefäße verstopfenden *Erwinia tracheiphila* Winslow, die zu einem völligen Vertrocknen der Pflanzen führt, durch den Gurkenkäfer *Diabrotica vittata* Fabr. herbeigeführt, und Blattflöhe *(Chaetocnema*arten) lösen eine bakterielle Erkrankung des Mais aus (Lit. bei LEACH, 1940). Ob es sich auch bei ihnen um Mikroorganismen handelt, welche in einem symbiontischen Verhältnis zu den betreffenden Käfern stehen, ist jedoch nicht bekannt. Daß mit einer solchen Möglichkeit zu rechnen ist, lehren uns die im folgenden Kapitel behandelten Trypetiden, bei denen wesentlich inniger an ihre Wirte angepaßte Bakterien gleichzeitig ähnlich, wie *Hylemyia*, Fäulnis in den von den Larven bewohnten Früchten auslösen und gewisse Symbionten außerdem eine krebsartige Erkrankung des Ölbaumes hervorrufen.

Anhangsweise sei an dieser Stelle auch über eine freilich bisher nicht genauer untersuchte Bakteriensymbiose der Tylide Micropezza berichtet, bei welcher es nicht ausgeschlossen ist, daß die Symbionten ebenfalls eine Zersetzung des als Nahrung dienenden Pflanzengewebes auslösen. Bei dieser Diptere enthalten die jungen Imagines beider Geschlechter und die reifen Männchen bereits dichte Bakterienmassen, in den reifen Weibchen aber haben sie sich derart vermehrt, daß der ganze Darmkanal, der kaum geformte Nahrung enthält, wie mit einer Reinkultur prall gefüllt ist. Seine Wandung ist so zart und seine Belastung so gewaltig, daß er meist schon bei der Präparation reißt und das Präparat milchig trübt (Beobachtungen STAMMERS, mitgeteilt bei BUCHNER, 1930).

Spezifische Beschmiereinrichtungen am Legeapparat fehlen, sind aber wohl auch angesichts einer solchen Bakterienmasse genau so überflüssig wie bei *Hylemyia*. Man wird mit Sicherheit annehmen dürfen, daß die Eioberfläche lediglich vom Enddarm her bei der Ablage mit Bakterien versorgt wird.

Die Entwicklung der Fliege und damit die Lebensweise ihrer Larven ist leider unbekannt, doch werden sich diese vermutlich von frischen oder faulenden Pflanzenteilen ernähren.

f) **Trypetiden**

Die Larven der Trypetiden leben in den verschiedensten Pflanzenteilen und ernähren sich teils von frischen, teils von in Zersetzung begriffenen Geweben. Manche von ihnen sind Schädlinge von großer wirtschaftlicher Bedeutung. Einen besonders bevorzugten Lebensraum stellen die Blütenköpfe der Kompositen dar, in denen die Larven die unreifen Samen und Blütenböden zerfressen. Gelegentlich, wie etwa bei der in *Inula viscosa* häufigen *Myopites stylata* Fabr. kommt es hiebei zu Gallbildungen. Andere Arten minieren in Stengeln und Wurzeln und lösen auch hier unter Umständen Gallbildungen aus. Dabei handelt es sich dann abermals in erster Linie um Kompositen. Eine dritte Kategorie stellen die Fruchtparasiten dar. Oliven, Kirschen, Pfirsiche, Feigen, Hagebutten und viele andere Früchte beherbergen Trypetidenlarven. Eine vierte umfaßt Formen, deren Larven in Blättern von Kompositen und Umbelliferen minieren, eine fünfte, nur aus Südamerika bekannte, erzeugt Schaumgallen, welche in trockenem Zustande die Konsistenz von Holundermark besitzen.

Nachdem PETRI bereits vor vielen Jahren die Symbiose der so gefürchteten Olivenfliege in ausgezeichneter Weise studiert hatte (1904, 1905, 1906, 1907, 1909, 1910) dehnte STAMMER (1929) die Untersuchung auf die ganze Familie aus und deckte an Hand von 37 Arten, welche sich auf die drei Unterfamilien der Dacinen, Trypetinen und Tephritinen verteilen, die allgemeine Verbreitung einer Bakteriensymbiose in dieser Familie auf. Nur zwei der zehn paläarktischen Tribus konnten keine Berücksichtigung finden.

Dabei stellte sich heraus, daß *Dacus oleae* Gmelin hinsichtlich der Vollendung der symbiontischen Einrichtungen an der Spitze steht, und daß sich die übrigen Gattungen zwanglos in eine allmählich zu dieser Höhe ansteigenden Reihe ordnen lassen. Die Lokalisation der Symbionten ist in Larve und Imago bei *Dacus* eine verschiedene. Die erstere bildet am Anfang des Mitteldarmes vier ansehnliche, als weißliche Körper durch die Haut schimmernde, rundliche Ausbuchtungen, welche durch die tief in den Mitteldarm hineinragende Valvula intestinalis weitgehend abgeschlossen werden und deren Lumen von Bakterien erfüllt ist (Abb. 12). Das stets steril bleibende Epithel dieser Säcke ist stark abgeplattet und unterscheidet sich außerdem von dem deübrigen Mitteldarmes durch das Fehlen jeglicher auf eine sekretorische Funktion deutender Strukturen. Eine schwache Quer- und Längsmuskulatur überzieht ihre Außenseite und kann durch ihre Kontraktion einen Teil des Inhaltes in die anschließenden Darmabschnitte befördern, wo sich in der Tat des öfteren größere Bakterienmengen finden.

Kurz vor der Verpuppung werden die Bakterien plötzlich restlos aus den Blindsäcken gestoßen und finden sich zunächst noch im übrigen Darmlumen, werden aber dann unmittelbar vor derselben zum größten Teil durch den After nach außen entleert. Von den geringen Mengen, welche vor allem in der Nähe des Proventrikels zurückbleiben, tritt ein Teil in den Ösophagus über, überdauert hier die Metamorphose und besiedelt gegen Ende derselben das sogenannte Kopforgan der Imago. Dieses stellt eine unpaare, zunächst drüsige,

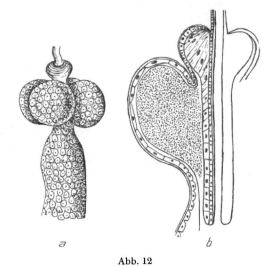

Abb. 12

Dacus oleae Gmelin. Die vier bakteriengefüllten Blindsäcke der Larve, *a* total, *b* im Schnitt.
(Nach Petri.)

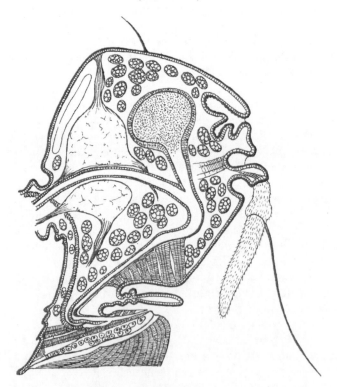

Abb. 13

Dacus oleae Gmelin. Kopf einer Imago im Längsschnitt mit der von Bakterien bewohnten unpaaren
Ausstülpung des Ösophagus. (Nach Petri.)

sackförmige Ausstülpung dar, die durch einen kurzen, engen Gang mit dem Ösophagus in Verbindung steht (Abb. 13).

Offenbar bietet das Sekret dieser Blase den Bakterien einen sehr günstigen Nährboden, denn, obwohl das Organ der eben geschlüpften Imago noch sehr spärlich besiedelt ist, finden sich 30 Stunden später schon außerordentliche

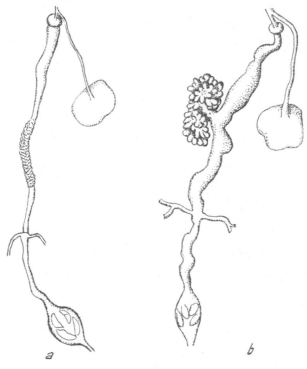

Abb. 14

a Tephritis conura Loew. Imaginaler Darm mit der von Symbionten besiedelten Kryptenzone.
b Sphenella marginata Fall. Imaginaler Darm mit der von Symbionten bewohnten Ausstülpung.
(Nach STAMMER.)

Symbiontenmassen in ihm. Dann läßt die Sekretion nach, die Zellen der Wandung werden immer flacher und in älteren Tieren scheint jegliche Drüsenfunktion erloschen zu sein.

Die Larven der Tephritinen besitzen denen der *Dacus*larven sehr ähnliche Symbiontenwohnstätten, nur sind die vier Aussackungen bei älteren Larven mehrfach untergeteilt und oft unregelmäßig eingeschnürt (*Tephritis conura* Loew, *heiseri* Frfld., *bardanae* Schr.). Soweit die Bakterien vor der Verpuppung nicht ausgestoßen werden, verharren sie aber jetzt im Mitteldarm und besiedeln von hier aus einen mittleren Abschnitt desselben, der etwas erweitert und mit kurzen unregelmäßigen Zotten bedeckt ist (Abb. 14*a*). In der frischgeschlüpften

Imago erscheint die Oberfläche der hier eines Bürstenbesatzes entbehrenden Epithelzellen unregelmäßig zerfasert und von einer drüsigen Ausscheidung bedeckt. In dieser tauchen die ersten Bakterien auf. Ähnlich wie im Kopforgan von *Dacus* vermehren sie sich aber auch hier sehr rasch, bis schließlich eine mächtige Schicht von Bakterien die abgeflachten Wandzellen bedeckt. Im allgemeinen parallel ausgerichtet gehen sie am freien Rande in kürzere und stärker färbbare Stäbchen über (Abb. 15). Diesen Massen gegenüber treten die im sonstigen Darmlumen begegnenden Symbionten stark in den Hintergrund. Wie der Imago von *Dacus* jede Andeutung eines derartigen Darmorganes abgeht, so der der *Tephritis*arten die eines Kopforganes.

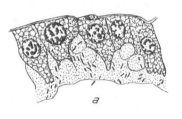

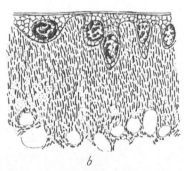

Abb. 15

Tephritis conura Loew. Querschnitte durch die von Bakterien bewohnte Region des Mitteldarmes. *a* Bei einem frisch geschlüpften Tier tauchen die ersten Symbionten im Sekret auf; *b* die Infektion bei einem 9 Tage alten Tier. 950fach vergrößert. (Nach STAMMER.)

Bei einer Reihe weiterer Tephritinen — *Trypanea-*, *Paroxyna-* und *Euarestella*arten — werden ganz die gleichen Einrichtungen wie bei *Tephritis* gefunden, nur daß bei *Trypanea*-Imagines die zottentragende Zone des Darmes äußerlich glatt erscheint. Andere neigen dagegen dazu, sie schärfer vom Darm abzusetzen. *Acanthiophilus helianthi* Rossi hat bereits ein wohlgesondertes Nest von 20—30 breiten, den Darm nur einseitig begleitenden Ausstülpungen gebildet, *Sphenella marginata* Fall. aber bringt die Symbionten in einer zweilappigen, zottenbedeckten Ausstülpung unter, die nur noch mittels eines engen Ganges mit dem übrigen Darm in Verbindung steht (Abb. 14 *b*).

Von den Schistopterinen konnten nur Larven der einzigen in Ägypten lebenden paläarktischen Art untersucht werden (*Schistopterum moebusii* Beck.). Sie ergab untergeteilte bakterienhaltige Blindsäcke vom *Tephritis*typ. Die übrigen Tribus der Tephritinen (Terellini, Xyphosiini, Ditrichini) sowie sämtliche Glieder der Unterfamilie der Trypetinen wiesen, soweit untersucht, wesentlich einfachere Verhältnisse auf als die Dacinen und die bisher behandelten Tephritinen. Stets fand STAMMER die vier auch hier nicht fehlenden Blindsäcke am Anfang des Mitteldarmes kleiner und bakterienfrei. Dementsprechend gleichen sie jetzt in ihrem histologischen Aufbau dem übrigen Mitteldarm. Ohne daß irgendwelche andere spezifische Wohnstätten geboten würden, finden sich die durchweg sehr kurze Stäbchen darstellenden Symbionten bei Larven und Imagines zwischen dem sonstigen Darminhalt teils in größeren Klumpen, teils mehr vereinzelt (*Chaetostomella, Xyphosia, Noeta, Ditrichia, Ceratitis, Rhagoletis* und andere mehr).

Während STAMMER bei den *Tephritis*arten kein Kopforgan fand, beschreibt DEAN (1933, 1935) ein solches von *Rhagoletis pomonella* Walsh, ohne es freilich auf seinen Inhalt zu prüfen.

Nicht nur die Lokalisation der Trypetidensymbionten in Larven und Imagines hat eine deutlich ansteigende Anpassungsreihe ergeben, sondern auch die **Einrichtungen, welche der Übertragung dienen**, sind sehr verschieden hoch entwickelt. *Dacus oleae* steht auch in dieser Hinsicht an der Spitze.

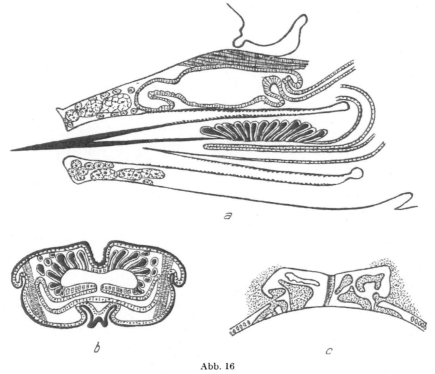

Abb. 16

Dacus oleae Gmelin. *a* Längsschnitt durch den Legeapparat mit der am Enddarm angebrachten Beschmiereinrichtung. *b* Der Querschnitt zeigt die Verbindung zwischen Vagina und Darm. *c* Mikropyle mit Bakterien behaftet. (Nach PETRI.)

Wie zumeist bei einer Besiedelung des Darmlumens werden die Symbionten dem Ei im Augenblick der Ablage beigegeben. Dem dient ein überaus zweckmäßig am Legeapparat lokalisiertes Bakteriendepot. Unmittelbar vor seiner Ausmündung bildet der Enddarm dorsal und an den beiden Seiten etwa 20 fingerförmige, drüsige Ausstülpungen, welche ebenfalls Bakterien enthalten (Abb. 16 a). Dank den ja ständig an diesen Behältern vorbeigleitenden Keimen bietet ihre Beimpfung keinerlei Schwierigkeit; das in ihnen enthaltene Sekret stellt sichtlich wieder einen guten Nährboden dar, denn in Bälde erscheinen die kolbenförmigen, enghalsigen Räume allseitig gefüllt. Dicht unter dem

Enddarm zieht die Vagina, und im Bereich des Beschmierapparates stellt ein längerer, medianer Schlitz eine direkte Verbindung der beiden Wege her (Abbildung 16*b*). Unmittelbar darauf bilden zu allem Überfluß Enddarm und Vagina noch einen kurzen, gemeinsamen Ausführgang. Dank solcher Vorkehrungen wird jedes Ei, wenn es diese Zone passiert, mit den hier auch außerhalb der Enddarmkrypten zahlreichen Bakterien besudelt. Insbesondere ist es die Mikropylengegend, welche dabei bedacht wird. Diese trägt einen käppchenförmigen, von zahlreichen unregelmäßigen Hohlräumen durchsetzten Aufsatz, und das schleimige Sekret, welches das Ei allseitig umhüllt, ist an dieser Stelle besonders reichlich vorhanden. Hier vermehren sich die Bakterien wieder überaus lebhaft und füllen in Kürze die Hohlräume (Abb. 16*c*).

Anfangs bleiben Ei und Embryo noch steril. Wenn jedoch am sechsten Tage Vorderdarm und Mundwerkzeuge entwickelt sind, finden sich auch im Mitteldarm die ersten Symbionten. Durch die Mikropyle eindringend, infizieren sie also offenbar den Embryo erst, sobald eine Einwanderung durch die Mundöffnung möglich ist. Wenn die Larve schlüpft, sind die vier Blindsäcke bereits mit Symbionten wohlversorgt.

Von einer einzigen Ausnahme abgesehen, fanden sich auch bei allen von STAMMER untersuchten Tephritinen am Enddarm Bakterienreservoire. Doch handelt es sich jetzt nicht um säckchenförmige Ausstülpungen, sondern um Rinnen. Gewöhnliche Längsfalten der Darmwandungen vertiefen sich im Bereich des Legeapparates zu scharf abgesetzten, in der Tiefe sich erweiternden Furchen. Diese Übertragungsrinnen sind im Gegensatz zu den Krypten von *Dacus* im vollen Umkreis, wenn auch ventral meist schwächer, ausgebildet. Bei *Tephritis conura* Loew schwankt ihre Zahl zum Beispiel zwischen 28 und 32. Auch die bei *Dacus* bestehende schlitzförmige Verbindung zwischen Enddarm und Vagina fehlt nicht. Die bei den einzelnen Arten beobachteten Varianten entsprechen wieder einer zunehmenden Vervollkommnung. Die Zahl der Falten kann größer oder kleiner sein, gegen den Enddarm sind sie mehr oder weniger gut abgeschlossen, in der Tiefe können sie sich weiter aufteilen oder einfach gerundet bleiben, die schlitzförmige Verbindung kann, auf die Körpergröße bezogen, länger oder kürzer sein, erreicht aber niemals die Ausdehnung, welche sie bei *Dacus* aufweist.

Eine dritte Gruppe — alle restlichen Formen — verhält sich noch wesentlich primitiver. Wo spezifische Wohnstätten im Darm fehlen, vermißt man auch besondere Übertragungseinrichtungen in dem sonst ebenso gebauten Legeapparat, und der Enddarm bildet lediglich schwache Falten. Die einzige Anpassung an die Symbiose besteht dann in einer freilich beträchtlich kürzeren Verbindung zwischen ihm und der Vagina. Und doch garantiert sichtlich die starke Bakterienfüllung, die man bei reifen Weibchen im Enddarm oft bis zum After feststellen kann, auch hier die Übertragung.

Übertragungsrinnen und Schlitzverbindung fehlten lediglich bei *Ensina sonchi* Rob. Desv.; hier konnte STAMMER auch keine spezifischen Wohnstätten am übrigen Darmkanal finden, wohl aber hin und wieder reichliche Bakterienbesiedelung in dessen ganzer Ausdehnung.

Die gleiche Tendenz der Vervollkommnung und Komplizierung verraten die Mikropylen. Eine so reiche Ausbildung von Hohlräumen wie bei *Dacus* begegnet abermals bei keiner anderen Trypetide. Die Mikropylenregion der Tephritinen weist immerhin noch einen Kranz flacher Hohlräume auf, sonst aber vermißt man sie völlig.

Bei *Tephritis heiseri* Field. konnte die Eiablage genauer studiert werden. Das frisch abgelegte Ei ist mit einer Schleimschicht überzogen, die am unteren Pol zu einer ansehnlichen Kappe anschwillt. In ihr findet man anfangs mehr Bakterien als an der Mikropyle. Nach einigen Tagen ist das Ei aber allseitig von zahlreichen Bakterien umgeben. Nun erscheinen sie auch bereits hinter der Schale an den beiden Polen, an denen die Larve den Raum nicht völlig ausfüllt. Sie treten also auch hier durch die Mikropyle ein. Die frischgeschlüpften Larven besitzen ebenfalls bereits die Darmblindsäcke und ihre Besiedelung geht alsbald ebenso unfehlbar vor sich wie bei *Dacus*.

PETRI hat sich auch eingehend mit der bakteriologischen Seite der Trypetidensymbiose befaßt und gefunden, daß bei *Dacus* zwei Formen auseinanderzuhalten sind. Den eigentlichen Symbionten identifiziert er mit dem *Bacterium (Phytomonas) savastonoi* Smith, einem 2–3,5 μ langen Stäbchen, das selten zu kurzen Ketten zusammentritt und sich in den jungen flüssigen wie festen Kulturen mit Hilfe von zwei oder vier endständigen Geißeln rasch vorwärts bewegt. Es ist gramnegativ und wurde niemals in Sporenbildung angetroffen. Die Kulturen gediehen am besten auf Agar mit Bohnenbrühe und gelangen am leichtesten, wenn man das Material der Mikropylengegend, jungen Larven oder dem imaginalen Mitteldarm entnahm.

Interessanterweise werden die Gallwucherungen, welche so häufig an Blättern und Zweigen des Ölbaumes auftreten, vom gleichen Bakterium verursacht (PETRI, 1907, 1909). Kann man doch durch *Dacus*-Darmausstülpungen, mit welchen man das pflanzliche Gewebe impft, die gleichen Bildungen hervorrufen und andererseits aus solchen Gallen einen Organismus züchten, der mit dem *Bacterium savastonoi* identisch ist. Wo die Olivenfliege nicht vorkommt, wie in Kalifornien, ist diese «Tuberkulose» des Ölbaumes entsprechend weniger verbreitet, und die Erreger werden lediglich durch Wind und Regen von Baum zu Baum getragen (WILSON, 1935). Zusammenfassend berichtet über das weit zurückreichende, von diesen Bakteriengallen handelnde Schrifttum v. TUBEUF (1911).

Mit diesen Bakterien findet sich nun sehr häufig noch ein *Ascobacterium* vergesellschaftet, das nach PETRI wahrscheinlich mit dem weit verbreiteten *Ascobacterium luteum* Babes identisch ist. Während es den ersten Stadien noch abgeht, nimmt es zwar mit dem Alter der Larven in deren Blindsäcken wesentlich an Menge zu, doch sind seiner Vermehrung, solange das Insekt gesund ist, immerhin gewisse Grenzen gezogen. Nach seinem Tode oder wenn dieser nahe bevorsteht, vermag es jedoch dank seiner saprophytischen Natur zu überwuchern. Durch die Beschmiereinrichtungen wird es offenbar nur selten übertragen; die Infektion der Larven scheint vielmehr nachträglich durch den After vor sich zu gehen. Dieses nahezu kokkenförmige, kapselbildende Stäbchen, dessen Kulturen sich in Bälde gelb verfärben, findet sich außerdem in den Gallen, auf der Rinde, im Boden der Ölhaine und an Fäulnisherden anderer Pflanzen.

Auch sonst scheinen die symbiontischen Bakterien der Trypetiden außerhalb ihrer Wirte vorzukommen und können dabei offenbar eine für die Entwicklung der Larven wichtige Rolle spielen. ALLEN u. RIKER (1932) und ALLEN, PINCKARD u. RIKER (1934) haben gezeigt, daß, wenn *Rhagoletis pomonella* Walsh ihre Eier in das Fruchtfleisch der Äpfel senkt, dieses rund um den Stichkanal alsbald zu faulen beginnt und daß diese Zersetzung sich dann rasch um die fressenden Larven ausbreitet. Sie fanden das sie auslösende Bakterium auch in den Imagines beiderlei Geschlechtes, im Legeapparat und auf den Eiern, so daß kaum ein Zweifel darüber bestehen kann, daß es mit dem regulären Symbionten identisch ist. Larven, die aus Eiern mit sterilisierter Schale schlüpfen, vermochten sich im Apfelgewebe nicht zu entwickeln. Ganz wie bei dem *Hylemyia*typ zersetzen hier demnach die Symbionten das Nährgewebe und machen es so erst für die Larven geeignet, doch ist ihre Einfügung in den Dipterenkörper in diesem Fall eine wesentlich innigere. Die *Rhagoletis*weibchen besitzen einen Pharyngealbulbus, wie *Dacus*, wohlausgeprägte, der Übertragung dienende Rinnen im Enddarm, wie viele andere Tephritinen, eine Kommunikation zwischen diesem und der Vagina und eine reich beborstete Mikropylenregion (DEAN, 1933, 1935).

Da auch sonst ganz allgemein die von anderen Tephritinen befallenen Früchte, Pfirsiche, Feigen usf. alsbald faulen, und das Gleiche von dem die *Dacus*-Larven umgebenden Fruchtfleisch der Oliven gilt, ist es sehr wahrscheinlich, daß auch bei ihnen freilebende Symbionten die willkommene Zersetzung auslösen, doch verlangen diese Beziehungen, denen ja auch eine praktische Bedeutung zukommt, dringend weiterer Untersuchung. Möglicherweise wird sich dann herausstellen, daß sich die Trypetiden-Symbiose aus primitiven, dem *Hylemyia*typ ähnlichen Anfängen entwickelt hat und daß erst die innigere Einbürgerung der Symbionten im Fliegenkörper schließlich eine Reihe von Formen von solchen Fäulnisherden unabhängig machte und das Leben in Blütenböden und sonstigen steril bleibenden Pflanzenteilen ermöglichte. Die Bakterien verankernden Einrichtungen, die sich offenbar gerade bei Eiern, welche in Fruchtfleisch gesenkt werden, besonders entfalteten, würden dann vornehmlich auch dessen Infektion dienen.

STAMMER hat sein Augenmerk insbesondere auch auf den oft beträchtlichen Formwechsel der Trypetidensymbionten gerichtet. Schon bei *Dacus* sind die Bakterien in jungen Larven wesentlich kleiner als in älteren. Die kürzeren und eventuell etwas dickeren Formen dienen der Übertragung. Bei *Tephritis* entstehen, wie wir hörten, am Rande des imaginalen Bakterienpolsters kürzere, stärker färbbare Zustände. Am beträchtlichsten ist der Formwechsel jedoch bei den Symbionten von *Tephritis heiseri*. Die Larven führen hier plumpe, kurze Stäbchen. In jungen Imagines beginnen sie auszuwachsen, etwas ältere führen sogar sehr lange Fäden, legereife Tiere aber enthalten wieder kurze Übertragungsformen (Taf. 2, *a—d*). Ein solcher Wandel gilt mehr oder weniger ausgeprägt offenbar für die meisten Trypetiden.

g) **Anobiiden**

Die Anobiiden leben in erster Linie im Holz von Nadel- und Laubbäumen. Bald handelt es sich um schon weitgehend vermorschtes Holz *(Oligomerus)*, bald um sehr hartes und trockenes. Alte Möbel, Balken und Bohlen werden von

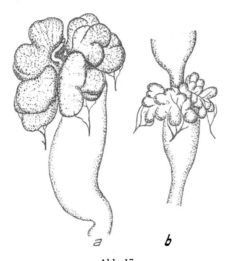

Abb. 17

Sitodrepa panicea L. Hefebewohnte Ausstülpungen des Mitteldarmes, *a* einer Larve, *b* einer Imago. (Nach Koch.)

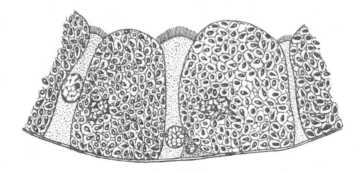

Abb. 18

Sitodrepa panicea L. Wandung der von Hefen bewohnten Ausstülpungen des larvalen Mitteldarmes. (Nach Breitsprecher.)

ihren Larven angegriffen *(Anobium, Ptilinus, Trypopitys)*, *Ernobius abietis* Fabr. hat sich auf die Spindel der Fichtenzapfen spezialisiert, andere Formen *(Hedobia)* ziehen dünnere Ästchen massiverem Holz vor, aber immer handelt es sich dabei um abgestorbenes Material. *Lasioderma* lebt in verschiedenen Handelsartikeln, mit Vorliebe in Tabak, aber auch in den Stengeln krautiger

Gewächse. Noch viel mehr hat sich *Sitodrepa panicea* L. von ihrer ursprünglichen Lebensweise entfernt, wenn sie zu einem schlimmen Schädling mensch-
licher Vorräte, wie Teigwaren, Backwerk, Reis, Schokolade, aller möglichen
Drogen usf. geworden ist. All diese Formen gehören der Unterfamilie der Anobiinen an; die Vertreter der Dorcatominen finden sich teils ebenfalls in morschem
Holz, teils haben sie sich in besonderer Weise an Baumschwämme angepaßt.

Am längsten und besten bekannt ist die Symbiose des Brotkäfers,
Sitodrepa panicea, auf die bereits KARAWAIEW (1899) gestoßen war, die
aber erst von ESCHERICH (1900) als solche erkannt wurde. Seine Larven beherbergen, wie alle anderen Anobiiden, bei denen eine Symbiose festgestellt
werden konnte, ihre Gäste in Ausstülpungen des Mitteldarmes. Dort,
wo der Vorderdarm in ihn übergeht, bildet er vier ihrerseits wieder mehrfach
untergeteilte, sehr voluminöse und mit Tracheen wohl versorgte Blindsäcke
(Abb. 17a). Auf Schnitten erscheinen sie aus verhältnismäßig wenigen typischen
Darmepithelzellen mit Bürstenbesatz und Sekretkörnchen einerseits und zahlreichen außerordentlich vergrößerten Mycetocyten andererseits aufgebaut. Unter Umständen breiter als hoch ragen sie über die schlanken, pfeilerartigen
Epithelzellen hervor. Ihr Plasma ist allerseits mit zahllosen tränenförmigen,
vielfach in Knospung begriffenen Hefezellen erfüllt und wird durch sie auf ein
grobschaumiges Wabenwerk reduziert. Die zentral gelegenen Kerne sind entsprechend angewachsen und vielfältig eingedellt, ein Bürstenbesatz fehlt den
infizierten Zellen. An der Basis des so zusammengesetzten Epithels liegen da
und dort Kryptenzellen (Abb. 18). Nicht selten trifft man auch im Inneren des
Darmes freie Hefezellen, die dorthin ausgestoßenen, degenerierenden Mycetocyten entstammen.

Die Lokalisation der Symbionten in dem im Verlauf der Metamorphose
der Auflösung verfallenden Mitteldarmepithel verlangt von dem Wirtsorganismus besondere Maßnahmen. Wenn in alten Larven die Kryptenzellen sich vermehrt haben und durch ihren Zusammenschluß ein neues Darmrohr entstanden
ist, wird das alte Epithel nach innen abgetrennt und zerfällt hier schließlich in
einzelne Trümmer, welche während der Puppenruhe resorbiert werden.

Diesem Abbau entgeht auch das Epithel der infizierten Blindsäcke nicht.
In den verpuppungsreifen Larven setzt bereits ein massenhaftes Abwandern
einzelner Hefen und ganzer Mycetocyten in das Darmlumen ein. Wenn dann
auch hier der neue imaginale Darm die entsprechend zusammengeschrumpften
Blindsäcke umspannt, treten einzelne Hefen aus den noch vorhandenen Mycetocyten in die anliegenden jungen Zellen über und vermehren sich hier alsbald
wieder lebhaft (BUCHNER, 1921). Die so entstehenden imaginalen Ausstülpungen erreichen jedoch nicht mehr den Umfang der larvalen. Sie bleiben stets
zierlicher, sind aber tiefer untergeteilt als die plumperen der Larve (Abb. 17b).
Dementsprechend sind auch die Mycetocyten, die abermals keinen Bürstenbesatz besitzen, kleiner und schlanker.

KARAWAIEW und ESCHERICH ließen die Frage nach der Übertragungsweise dieser nie vermißten Symbionten noch offen. In der Folge konnte ich
an diesem Objekt erstmalig dartun, wie die oberflächliche Beschmierung der

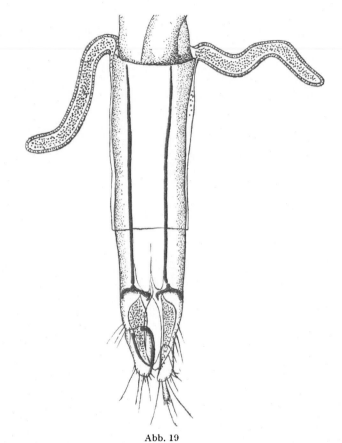

Abb. 19

Sitodrepa panicea L. Legeapparat mit symbiontenhaltigen Intersegmentalschläuchen und Vaginaltaschen. (Nach BREITSPRECHER.)

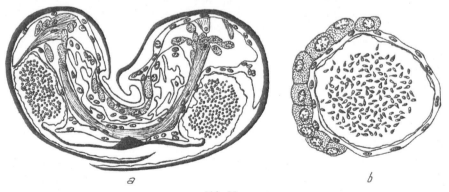

Abb. 20

Sitodrepa panicea L. *a* Querschnitt durch den Legeapparat mit Vaginaltaschen. *b* Querschnitt durch
einen der beiden Intersegmentalschläuche mit Drüsenzellen und Hefen.
(Nach BREITSPRECHER.)

Eier mit den Symbionten und späteres Verzehren eines Teils der besudelten Schale das Zusammenleben nicht weniger sichert als die Infektion von Ovarial-eiern oder ein Eindringen durch die Mikropyle. Die Einrichtungen, welche die Verunreinigung der Eioberfläche im Augenblick der Ablage zu besorgen haben, sind zweifacher Art. Dort, wo der in der Ruhelage tief eingezogene Legeapparat in die rückläufige Intersegmentalhaut übergeht, bildet diese jederseits einen ansehnlichen, tief ins Körperinnere dringenden Schlauch, welcher mit Hefen gefüllt ist und seinen Inhalt in die Scheide des Ovipositors ergießt (Abb. 19).

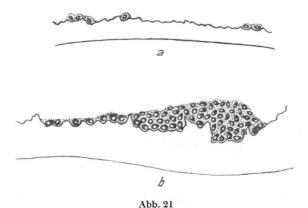

Abb. 21
a Sitodrepa panicea L., *b Anobium striatum* Oliv. Hefen auf der Eioberfläche.
(Nach BREITSPRECHER.)

Hinter der Hypodermis dieser mit einer zarten Chitinlamelle ausgekleideten «Intersegmentalschläuche» liegen, lediglich einen breiten Längsstreifen frei-lassend, Drüsenzellen, denen das Sekret entstammt, in welches die Symbionten gebettet sind (Abb. 20 *b*). Sehr zarte längs und transversal verlaufende Muskel-züge umspinnen die Schläuche, von deren blindem Ende auch ein kräftiger Muskel zum Spiculum ventrale, dem stabförmig umgebildeten achten Sternit, zieht. An ihm heften auch die Muskeln an, welche das Zurückziehen des Lege-apparates bedingen.

Zu diesen Schläuchen gesellen sich nun aber noch zwei am Ende des Lege-apparates unter der faltigen Vagina gelegene Taschen, welche ebenfalls Hefen enthalten (BREITSPRECHER, 1928). Zwei ventrale, sich überdachende Chitin-platten riegeln den wertvollen Inhalt gegen die Außenwelt ab. Andererseits steht ihr Lumen aber auch in unmittelbarer Verbindung mit der Vagina. Wo die beiden Räume ineinander übergehen, hindern zahlreiche Sperrhaare einen unzeitigen Übertritt der Symbionten in die weiblichen Geschlechtswege (Abb. 20*a*).

Gleitet hingegen ein Ei durch das wesentlich schlankere Legerohr, so quetscht es notwendig einen Teil der Symbionten durch diesen Reusenapparat und taucht dann beim Austritt aus der Vagina in einen Pfropf von Hefezellen. In der Tat kleben an der höckerigen Oberfläche der abgelegten Eier bald da und dort

verstreut einzelne in Sekret gebettete Hefezellen, bald bei anderen Objekten größere Klumpen von solchen (Abb. 21). Aufgabe der Intersegmentalschläuche ist
es offenbar, als Reservoire zu dienen, von denen aus dank den beim Legeakt ausgeführten Bewegungen die Vaginaltaschen jederzeit nachgefüllt werden können.

In der Puppe sind zwar beiderlei Räume zunächst noch leer, doch werden
schon in ihr die Vorkehrungen zu ihrer Füllung getroffen. Zu einer Zeit, in der

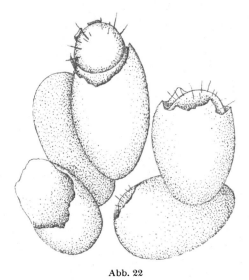

Abb. 22
Sitodrepa panicea L. Schlüpfende Larven verzehren einen Teil der Eischale und infizieren sich so
mit den Hefen. (Nach Buchner.)

sie sich bereits gebräunt hat, treten große Hefemengen und selbst ganze Mycetocyten in den Mitteldarm über, um bei der ersten Defäkation der jungen Imago
ausgestoßen zu werden. Da der Enddarm in die den eingezogenen Legeapparat
umgebende Scheide mündet, gelangen die Pilze ohne weiteres auch in die sekret-
gefüllten Übertragungsorgane und vermehren sich rasch in ihnen. Verläßt die
Imago die Puppenwiege, so sind die Voraussetzungen für die Übertragung der
Symbionten auf ihre Nachkommen bereits gegeben.

Schlüpft die junge Larve, so verzehrt sie hiebei ein Gutteil der Eischale und
nimmt damit eine Anzahl Hefezellen auf, welche unverdaut bleiben und der
Infektion des Darmepithels dienen (Abb. 22). Offenbar werden hiebei nur verhältnismäßig wenige, sich rasch vermehrende Symbionten von den dazu prädestinierten Zellen aufgenommen, die dann ihrerseits zur Infektion benachbarter Epithelzellen schreiten. Gewöhnlich spielt sich die Besiedlung der Region
der künftigen Blindsäcke in der ersten Woche des Larvenlebens ab; manchmal
dauert es aber auch zwei oder drei Wochen, bis eine Infektion des Epithels zu
konstatieren ist. Dann setzt interessanterweise bereits vorher die Bildung der
Blindsäcke ein.

Die Untersuchung anderer Anobiiden hat das Bild ihrer Symbiose noch wesentlich bereichert. Die Imagines von *Ernobius mollis* L. besitzen im Gegensatz zu *Sitodrepa* stattlichere Darmausstülpungen als die Larven. Trotzdem

Abb. 23

Ernobius mollis L. Querschnitt durch den Legeapparat mit hefegefüllten Vaginaltaschen. (Nach BREITSPRECHER.)

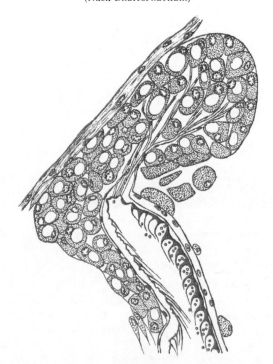

Abb. 24

Ernobius mollis L. Intersegmental gelegene Schmierdrüsen am Legeapparat und Symbionten fixierende Kryptenhaare an dessen Außenseite. (Nach BREITSPRECHER.)

wachsen aber die einzelnen Mycetocyten bei weitem nicht so stark heran. Die Vaginaltaschen sind im wesentlichen wie bei *Sitodrepa* gebaut, wenn auch die starke dorsoventrale Abplattung des Legeapparates gewisse Gestaltveränderungen bedingt (Abb. 23). Dagegen tritt merkwürdigerweise an Stelle der Intersegmentalschläuche eine abweichende Einrichtung. Die Drüsenzellen bilden hier einen massiven Körper mit entsprechend verlängerten Ausführwegen, so daß die Hefen notwendigerweise anderweitig untergebracht werden müssen. Sie finden sich nun in je einer an die Drüse anschließenden Zone, in der die Cuticula der Legeapparatscheide eigentümliche Kryptenhaare entwickelt. Es

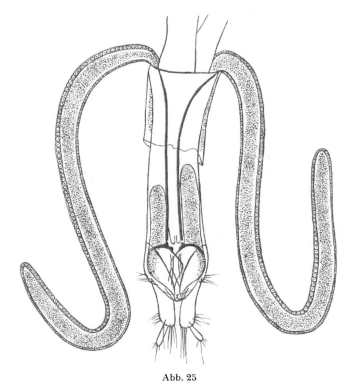

Abb. 25

Anobium striatum Oliv. Legeapparat mit mächtig entwickelten Intersegmentalschläuchen und zu Vaginalschläuchen verlängerten Taschen. (Nach BREITSPRECHER.)

sind dies sich überdachende, schuppenähnliche, nach hinten gekrümmte Chitinbildungen, welche wohl eine größere Zahl von Symbionten festzuhalten vermögen, aber doch wie eine Notlösung anmuten (Abb. 24). *Ernobius abietis* verhält sich ganz ähnlich.

Den Höhepunkt der Entfaltung erlebt die Anobiidensymbiose in den Gattungen *Anobium* und *Dendrobium*. Mycetocyten wie intersegmentale und vaginale Symbiontenbehälter übertreffen bei *Anobium striatum* Oliv. an Größe und Symbiontenmenge die von *Sitodrepa* und *Ernobius* um ein Vielfaches! Die Blindsäcke, hier in der Sechszahl, füllen in der Larve die ganze vordere Region aus und drängen den Fettkörper nach hinten, werden aber in der Imago wieder verhältnismäßig unscheinbar. Die Intersegmentalschläuche, prinzipiell wie bei

Sitodrepa gebaut, erscheinen gewaltig verlängert, und die Vaginaltaschen setzen sich kopfwärts ebenfalls in ansehnliche, mit Hefen gefüllte Säcke fort, so daß man sie besser als Vaginalschläuche bezeichnet (Abb. 25). Andererseits wird der Längsspalt des taschenförmig bleibenden Abschnittes stark reduziert; die Verbindung mit der Vagina bleibt aber natürlich trotzdem bestehen und sorgt dafür, daß die Symbionten massenhaft ihre Mündung erfüllen.

Andere *Anobium*arten, die nur an Hand von Chitinpräparaten untersucht wurden, wie *Anobium rufipes* Fabr., *nitidum* Hrbst., *fulvicorne* Strm., boten nichts Neues. Doch wäre es wünschenswert, daß *Dendrobium (Anobium) pertinax* L. an frischem Material studiert würde. Hier scheinen, ähnlich wie bei *Ernobius*, die Intersegmentalschläuche zu fehlen, aber dafür treten als Ersatz vor den mit Symbionten gefüllten Vaginaltaschen innerhalb des Legeapparates weitere umfangreiche Schläuche auf, die durch spaltförmige Öffnungen ebenfalls mit dem den Legeapparat umgebenden Raum in Verbindung stehen und gewaltige Pilzmengen enthalten (BREITSPRECHER)!

Die Intersegmentalschläuche von *Xestobium rufovillosum* De Geer weichen in beachtenswerter Weise von dem bisher Beobachteten ab. Ihr Drüsenepithel ist streng auf eine Seite beschränkt, setzt sich aber noch eine Strecke weit auf die Außenseite des Legerohrs fort. Hier bildet der nichtdrüsige Teil der Schläuche ähnliche, dem Zurückhalten der Symbionten dienende Haare, wie sie bei *Ernobius* begegnen, doch sind sie jetzt viel vollkommener entwickelt. Rechtwinklig geknickt teilt sich der nach dem Ausgang schauende Endteil der Haare noch in eine Anzahl Börstchen auf, und die so entstehenden Fächer sind stets reichlich mit Hefen gefüllt (Abb. 26).

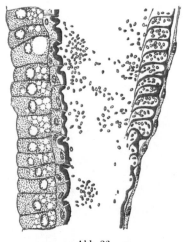

Abb. 26

Xestobium rufovillosum De G. Ausmündung eines Intersegmentalschlauches mit Drüsenepithel einerseits und Kryptenhaaren andererseits. (Nach BREITSPRECHER.)

Oligomerus brunneus Strm. und *Trypopitys carpini* Hrbst. folgen dem *Anobium striatum*-Typ, *Lasioderma redtenbacheri* Buch. dem von *Sitodrepa* geschilderten. Bei *Xyletinus ater* Panz., *Ptilinus pectinicornis* L. und *Hedobia imperialis* L., deren Larven alle in alten Laubhölzern leben, konnte BREITSPRECHER an Chitinpräparaten trockenen Materiales keine der Übertragung dienenden Einrichtungen feststellen. Daß daraus jedoch keineswegs der Schluß gezogen werden darf, daß diese Arten ohne Symbiose leben, geht aus der Tatsache hervor, daß die Larven von *Ptilinus pectinicornis* am Anfang des Mitteldarmes trotzdem zwei mittels sehr enger Gänge in diesen mündende hefenbewohnte Ausstülpungen tragen (E. A. PARKIN, 1952, und GRAEBNER nach unveröffentlichten Beobachtungen). Letzterer konnte außerdem feststellen, daß auch hier wohlentwickelte Intersegmentalschläuche für die Übertragung sorgen.

Nachdem ich mich davon überzeugt hatte, daß auch die Dorcatominen denen der Anobiinen entsprechende Übertragungseinrichtungen besitzen, wurden sie von NOLTE (1938) genauer untersucht. Elf sich auf fünf Gattungen verteilende Arten erwiesen sich, leider auch fast durchweg nur an Hand trockenen Materiales, als Symbiontenträger. Der Legeapparat der *Mesocoelopus*arten mit langen Intersegmentalschläuchen und Vaginaltaschen gleicht weitgehend dem von *Anobium striatum*. Sonst treten an Stelle der Intersegmentalschläuche gedrungenere, ja zum Teil recht kleine sackförmige Einstülpungen, für die typisch ist, daß sie von einer auf ihre Wandung sich fortsetzenden schaufelförmigen Verlängerung der paarigen Chitinstützen des Legerohrs versteift werden.

Im einzelnen sind die Legeapparate hier sichtlich im Zusammenhang mit der jeweils spezifischen Fortpflanzungsbiologie recht verschieden gestaltet. Eine kontinuierliche Reihe geht von dem extrem langen und schlanken, stilettartigen Legerohr des *Dorcatoma dresdensis* Hrbst. zu gedrungenen kurzen Apparaten (andere *Dorcatoma*arten, *Caenocara bovistae* Hoffm., *Anitys rubens* Hoffm.). Stets fanden sich jedoch irgendwelche intersegmentale Behälter, und meist ließen sich auch, freilich manchmal ziemlich unscheinbare Vaginaltaschen nachweisen. Beobachtungen über die Darmorgane und die Metamorphose stehen leider noch aus.

Was die Gestalt der Symbionten anlangt, so ist sie von Art zu Art ziemlich verschieden, innerhalb einer Art aber konstant. Die von *Sitodrepa* sind zum Beispiel zumeist tränenförmig, die von *Ernobius mollis* rundlich bis oval, die von *Anobium striatum* mehr langgestreckt mit abgerundeten Enden, die von *Xestobium rufovillosum* birn- und zitronenförmig. Gelegentlich kommt auch ein schlauchförmiges Auswachsen vor. Jede Zelle enthält gewöhnlich eine ansehnliche Vakuole und stark lichtbrechende Körnchen. Die Knospen sitzen teils terminal, teils leicht nach der Seite verschoben.

HEITZ (1927) und W. MÜLLER (1934) sowie PANT u. FRAENKEL (1950) und GRAEBNER haben Kulturversuche unternommen. Die beiden ersteren konnten *Ernobius abietis*-Symbionten mühelos auf verschiedenen flüssigen und festen Nährböden züchten. Die Kulturen zeigten zwar intensives Wachstum, doch waren sie nicht zur Sporenbildung zu veranlassen. Die Symbionten von *Sitodrepa panicea*, von denen schon ESCHERICH leicht wachsende Kulturen gewonnen haben wollte, verhielten sich jedoch anders. Ihr Wachstum blieb auf den gleichen Böden sehr schwach, doch waren Ein-Zellkulturen unter dem Deckglas unschwer zu erhalten. Nach acht Tagen traten dann kettenförmige Verbände auf. Die Symbionten anderer Arten aber ließen sich trotz aller Bemühungen überhaupt nicht kultivieren (*Anobium striatum*, *Xestobium rufovillosum*, *Dendrobium pertinax*). PANT u. FRAENKEL züchteten die Symbionten von *Lasioderma* und *Sitodrepa* in HANSEN-Lösung, während SCHANDERL (1942) die Zucht der *Ptilinus fuscus*-Symbionten nicht gelang.

Ein derart verschiedenes Verhalten begegnete auch GRAEBNER bei seinen noch nicht veröffentlichten Versuchen. Bei *Sitodrepa* und *Ptilinus* beobachtete auch er im hängenden Tropfen eine gewisse Vermehrung, doch ließen sich von einer einzigen Zelle niemals Kulturen auf Agar oder in flüssigen Medien gewinnen. Die Mindestmenge des nötigen Ausgangsmaterials stellte sich als von

Objekt zu Objekt sehr verschieden heraus. Bei *Ernobius abietis* genügt eine Aussaat von etwa 15 Zellen. *Ptilinus pectinicornis*-Symbionten ergeben selbst bei reichlichem Ausgangsmaterial keine Kulturen. *Sitodrepa* und *Lasioderma* stehen in der Mitte, wenn bei ihnen erst die Aussaat ganzer Blindsäcke von Erfolg begleitet ist. GRAEBNER konnte weiterhin zeigen, daß das Mißlingen von Einzellkulturen auf dem Umstande beruht, daß die Anobiidensymbionten hohe Ansprüche an den Wuchsstoffgehalt des Nährbodens stellen. Benutzt man Agar, der vorher mit Hilfe von Diffusionskulturen mit den von *Ernobius*hefen gelieferten Wuchsstoffen getränkt wurde, oder mit Bierhefe oder *Sitodrepa*hefen vorbehandelt worden war, so wächst auf ihm der *Ernobius*symbiont aus Aufschwemmungen ohne weiteres, während dies bei der Verwendung von wuchsstofffreiem Agar nicht gelingt.

Endgültiges über die systematische Stellung dieser Mikroorganismen läßt sich zur Zeit nicht sagen. Vermutlich fallen sie unter den weiten Sammelbegriff der «Pseudosaccharomyceten». Manche erinnern an *Torula*.

Ihre Vermehrungsrate ist weitgehend von Temperatur und Ernährungszustand der Wirte abhängig. Wintertiere haben schwach besiedelte Blindsäcke, in die Wärme gebracht füllen sie sich rasch; Abkühlung von Sommertieren löst umgekehrt ein Zurückgehen der Besiedelung aus. Nachdem dies schon HEITZ festgestellt hatte, ließ ich KIEFFER (1932) diese Labilität noch genauer untersuchen. Es ergab sich, daß Sommertiere von *Sitodrepa*, in deren Blindsäcken 70—90 % der Zellen infiziert waren, bei 3—5° gehalten nach 41 Tagen nur noch 45 % Mycetocyten aufwiesen. Dabei werden nicht nur einzelne Hefen, sondern auch ganze Zellen in das Darmlumen ausgestoßen. Gleichzeitig sinkt die Knospungsrate nahezu auf 0 %. In einem Versuch betrug sie zum Beispiel bei Zimmertemperatur 22 %, im Kühlversuch nach 65 Tagen noch 3 %, in anderen Fällen 1 %. Bringt man Kältetiere in die Wärme, so steigt schon nach vier Tagen die Knospungsrate auf 24 %, das heißt über das normale Maß hinaus. Ist die übliche Füllung erreicht, so sinkt sie wieder ab. *Ernobius abietis* verhielt sich ganz ähnlich. Mit ihm wurden auch Experimente gemacht, welche die Kälte- und Hungerwirkung, die hier natürlich ineinandergreifen, zu scheiden gestatteten. Dabei ergab sich, daß sie sich nicht decken, sondern summieren; bei Hunger und Kühle ging die Reduktion viel weiter als nur bei Kühle. Wenn Hunger und Kälte den Wirtsorganismus ungünstig beeinflussen, treten bei *Ernobius abietis* ähnlich wie in Reinkulturen Ansätze zu Mycelbildung auf.

Von den interessanten Ergebnissen, welche an künstlich symbiontenfrei gemachten Sitodrepen von KOCH (1933), FRAENKEL u. BLEWETT (1943) sowie PANT u. FRAENKEL (1950) gewonnen wurden, wird im Allgemeinen Teil die Rede sein.

h) Cerambyciden

Die Symbiose der Cerambyciden ähnelt hinsichtlich der Lage der Wohnstätten, der Art der Übertragung und der Natur der Symbionten weitgehend der der Anobiiden. Andererseits räumt ihr der Umstand, daß hier die larvalen

Organe bei der Metamorphose für immer abgebaut werden und sich in den weiblichen Imagines lediglich der Übertragung dienende Reservoire, in den männlichen aber überhaupt keine Symbionten finden, eine Sonderstellung ein. Auch ist sie keineswegs so weit verbreitet wie die der Anobiiden, sondern fehlt bei einer großen Zahl von Formen, welche sich wenigstens auf den ersten Blick hinsichtlich ihrer Nahrungsquellen kaum von denen unterscheiden, welche in Symbiose leben (HEITZ, 1927; BUCHNER, 1928, 1930; SCHOMANN, 1937).

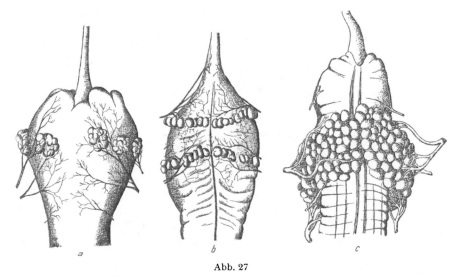

Abb. 27

a *Leptura rubra* L., b *Spondylis buprestoides* L., c *Oxymirus cursor* L. Von Hefen bewohnte Ausstülpungen des larvalen Mitteldarmes. (Nach BUCHNER.)

Die larvalen Wohnsitze der Symbionten umziehen als Kränze den magenartig erweiterten anfänglichen Abschnitt des Mitteldarmes, sind aber bei den einzelnen Arten recht verschieden entfaltet. Die ansehnlichste Bildung, ein breiter, eine kurze Strecke weit hinter dem Anfang des Mitteldarms gelegener Gürtel traubenförmig aufgeteilter Ausstülpungen, begegnet bei *Oxymirus cursor* L. Acht kleine, sich nicht berührende Rosetten umgeben den Darm von *Leptura rubra* L.; recht unscheinbare, kaum untergeteilte Knöspchen fanden sich bei *Harpium mordax* Deg. und *sycophanta* Schrnk. Andere Vertreter, wie *Spondylis buprestoides* L.und eine *Criocephalus*species, bieten ihren Gästen zwei Kränze solcher beerenförmiger Organe, die sich allgemein als weißliche, reich mit Tracheen versorgte Gebilde von dem mit Holzteilchen gefüllten und daher bräunlichen Darm abheben (Abb. 27 a, b, c).

Wenn kürzlich SCHANDERL (1949) über weitere Hefen enthaltende Mycetome berichtete, welche er bei allen Cerambycidenlarven als paarige, in Fächer aufgeteilte Gebilde im Fettgewebe gefunden haben will, so handelt es sich um eine Verwechslung mit den jugendlichen Gonaden. Ob in diesen wirklich gelegentlich Hefen vorkommen, muß dahingestellt bleiben.

Die wechselseitige Anpassung von Wirt und Symbionten ist in den einzelnen Fällen recht verschieden weit gediehen. Den vollendetsten Zustand der Einbürgerung verwirklicht der genannte *Oxymirus cursor*, bei dem der größte Teil der hier so reich gegliederten Ausstülpungen von riesigen Mycetocyten eingenommen wird, deren Plasma allseitig von schlanken, tränenförmigen Hefen erfüllt ist. Da und dort, besonders an den Umschlagstellen der Falten, finden sich wieder wie bei den Anobien Pfeilern gleich kleine Gruppen von

Abb. 28

Asemum sp. Schnitt durch eine infizierte Mitteldarmausstülpung, Neuinfektion der Kryptenzellen (links oben), Ausstoßung ganzer Mycetocyten in das Darmlumen. (Nach Schomann.)

schlanken, unveränderten Epithelzellen, während die Mycetocyten im wesentlichen auf die Infektion laufend sich vermehrender Kryptenzellen zurückzuführen sind und deshalb von vornherein keinen Bürstenbesatz besitzen. Die Kerne der Mycetocyten wachsen zwar entsprechend der Vergrößerung des Plasmaleibes stark heran, bleiben aber rund und weisen keinerlei Degenerationserscheinungen auf. Nur sehr vereinzelt findet man in das Darmlumen ausgestoßene Hefezellen.

Ganz anders verhält sich die *Asemum*art, auf welche sich Abb. 28 bezieht. Die Mycetocyten schwellen in diesem Fall viel weniger stark an, die vergrößerten Kerne nehmen unregelmäßige Formen an, im Lumen liegen mehrere der jetzt vielfach degenerierenden und ausgestoßenen Mycetocyten. Den Ersatz für sie liefern auch hier die Kryptenzellen, welche im Halsteil der Einstülpungen zu liegen pflegen. Aus den benachbarten, bereits besiedelten Zellen treten vereinzelte Symbionten in ihr bis dahin sehr dichtes, stark färbbares Plasma über.

Diese der Infektion dienenden Symbionten, sowie die nun anschließend in dem Neuland sich lebhaft vermehrenden Hefen stellen sehr schlanke, einseitig verjüngte und terminale Knospen abschnürende Zustände dar, die maximal gefüllten und schließlich eliminierten Zellen hingegen werden von wesentlich

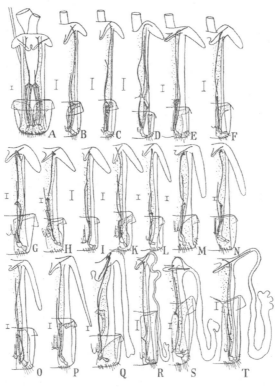

Abb. 29

Legeapparate verschiedener Lepturini, entsprechend der Entfaltung der Intersegmentalschläuche geordnet. *A* bis *F* sind symbiontenfrei, *G* bis *T* besitzen Symbionten. *A Pidonia lurida* F., *B Toxotus vittiger* Rand., *C Stenocorus meridianus* L., *D Vesperus* sp., *E Pachyta quadrifasciata* Blessig, *F Akimerus Schäfferi* Laich., *G Gaurotes cyanipennis* Say, *H Acmaeops tumida* J. Lec., *I Leptura virens* Lin., *K Harpium inquisitor* Lin., *L Cortodera suturale* F., *M Nivellia sanguinosa* Gyll., *N Grammoptera ruficornis* Fabr., *O Alosterna tabucicolor* Deg., *P Typocerus attenuatus* Lin., *Q Evodinus interrogationis* Lin., *R Toxitiades sericeus* Guér., *S Rhamnusium bicolor* Schrnk., *T Mastododera nodicollis* Klug. (Nach SCHOMANN.)

längeren, schlauch- und hantelförmigen Gebilden eingenommen, die ihre Vermehrungsfähigkeit verloren haben.

Ein solcher zu Entartung und Elimination führender Formwandel, der einen laufenden Ersatz durch Neuinfektion von Kryptenzellen bedingt, ist für alle Spondylinen, Aseminen und Saphaninen typisch. Vergleicht man sie untereinander, so ergeben sich noch manche feinere Unterschiede im Grade der Einbürgerung (SCHOMANN).

Andererseits stehen keineswegs alle *Lepturini* auf dem vollendeten Stadium wechselseitiger Anpassung, wie es *Oxymirus* darstellt. Wenn auch, soweit bekannt, bei ihnen niemals mehr ganze Mycetocyten in den Darm ausgestoßen werden, so kommt es doch z. B. bei *Harpium* und *Leptura* noch regelmäßig zur Abschnürung distaler, mit Hefen gefüllter Zellteile (EKBLOM, 1931, 1932).

Untersucht man Larven, welche kurz vor der Verpuppung stehen, so stellt man ganz allgemein in beiden Geschlechtern ein allmähliches Schwinden der Ausstülpungen fest. Ihre scharfen Konturen erscheinen immer mehr verwischt, und gleichzeitig werden nahezu alle Mycetocyten in das Darmlumen ausgestoßen, das sich so mit einem Brei von Zellen, Zellresten und unverändert bleibenden Hefen füllt. Mit der letzten Defäkation der Larve wird dieser dann zum größten Teil entfernt. Im Darmepithel der Puppen und in frischgeschlüpften Imagines findet sich wohl auch jetzt noch in der Gegend der ehemaligen Ausstülpungen ein kleiner Rest von Hefen, aber auch dieser gleitet nach einigen Tagen in den Enddarm hinab, vermehrt sich hier in den weiblichen Tieren und dient nun der Füllung der abermals am Legeapparat lokalisierten Übertragungsorgane, während er in den Männchen durch den After austritt, so daß diese damit völlig symbiontenfrei werden.

Auch bei den Bockkäfern stehen, ganz wie bei den Anobiiden, Intersegmentalschläuche und Vaginaltaschen im Dienst der Übertragung. Um in sie zu gelangen, müssen die Hefen wie dort zunächst aus dem Darm in den den Legeapparat umgebenden Scheidenraum gelangen. Bei einer *Harpium inquisitor*-Larve war dies acht Tage nach ihrer Metamorphose der Fall. Der größere Teil der Symbionten verläßt schließlich von hier aus auch noch den Körper des Wirtstieres, aber gleichzeitig tritt doch eine, wenn auch verhältnismäßig geringe Anzahl derselben in die bis dahin leeren, der künftigen Beschmierung der Eioberfläche dienenden Räume und vermehrt sich jetzt in ihnen, wie zumeist durch die Abscheidung von Sekreten begünstigt, so lebhaft, daß sie bald völlig ausgefüllt werden.

SCHOMANN, dem die umfangreichste Studie über die Cerambycidensymbiose zu danken ist, hat nicht weniger als 184 Arten untersucht, von denen freilich der größte Teil lediglich an Hand von Trockenmaterial im Hinblick auf eventuell vorhandene Übertragungsorgane geprüft wurde, die dann ihre Füllung mit Hefen jeweils mit aller Deutlichkeit erkennen lassen. Dabei hat sich herausgestellt, daß in diesem Fall bei ihrem Ausbau auf bereits vor dem Erwerb der Symbiose vorhandene Differenzierungen zurückgegriffen wird. Er konnte nämlich feststellen, daß ein nicht unbeträchtlicher Teil der Bockkäfer überhaupt keine Intersegmentalschläuche besitzt und daß sie auch dort, wo sie in Form kleiner Säckchen vorkommen, keineswegs bereits Anzeichen für eine Symbiose sein müssen. Wo eine solche vorliegt, erleben sie dann eine immer ansehnlichere Verlängerung und werden schließlich zu regelrechten Schläuchen, wie dies Abb. 29 zeigt. Die ersten sechs auf ihr wiedergegebenen Legeapparate stammen von Tieren ohne Symbiose, die folgenden 13 von Symbiose treibenden. Bei Formen wie *Oxymirus cursor*, bei dem die Länge der Schläuche das Dreifache der Legeröhre beträgt, oder auch bei *Necydalis maior* L., erreicht ihre Entfaltung den Höhepunkt (Abb. 30).

Am blinden Ende dieser Aussackungen inseriert je ein Muskel, der wieder, wie bei den Anobiiden, zum Spiculum ventrale zieht, an dem aber außerdem die verschiedenen Retraktoren des Ovipositors und andere Muskeln Halt finden. Nur dort, wo die Schläuche so außerordentlich verlängert sind, wie bei *Oxymirus*, treten feinere Muskelfäden auch längs ihrer ganzen Ausdehnung an sie heran.

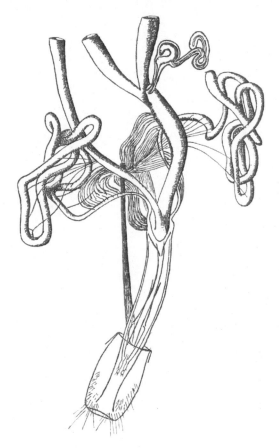

Abb. 30

Oxymirus cursor L. Legeapparat mit maximal entwickelten Intersegmentalschläuchen. (Nach BUCHNER.)

Lediglich, wenn es sich um ganz kleine Ausstülpungen handelt, vermißt man an ihnen sonst stets vorhandene, keineswegs primär an die Symbiose geknüpfte drüsige Differenzierungen. Sie sind entweder allseitig entwickelt und dann einschichtig, wie bei *Oxymirus*, oder einseitig und bauen sich dann aus mehreren Lagen auf. Die drüsenfreien Teile tragen Chitinhaare und -schuppen, welche zum Teil sichtlich dazu dienen, die Hefen zurückzuhalten, aber niemals so vollendet ausgebildet sind wie bei *Xestobium* und mäßig entwickelt auch Arten ohne Symbionten nicht abgehen.

Wie bei den Anobiiden garantieren sichtlich auch hier diese so weit von der weiblichen Geschlechtsöffnung entfernten und beim Legeakt obendrein frei nach außen mündenden Schläuche keineswegs die Beschmierung der Eischale mit den Hefen, sondern verlangen weitere, günstiger gelegene Symbionten-depots. Abermals werden hiezu Vaginaltaschen verwandt, welche sich, von den sogenannten Gleitplatten des 9. Sternits versteift, in eine ventrale mediane Rinne öffnen und außerdem am Ende des Legeapparates mit der Mündung der Vagina in unmittelbarer Verbindung stehen.

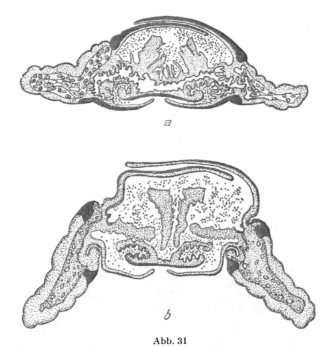

Abb. 31

Leptura rubra L. *a* Querschnitt durch das Legerohr mit dorsalen und ventralen, mit Hefen gefüllten Vaginaltaschen, *b* durch das Legerohrende, in dem sich beiderlei Taschen in die ebenfalls Hefen führende Vagina öffnen. (Nach Schomann.)

Zu diesen bei allen Cerambyciden mit stark verlängertem Legeapparat vorhandenen Differenzierungen gesellt sich nun aber bei einer Reihe von Gruppen noch als drittes Depot am Legeapparat eine dorsale, von zwei breiten Platten überdachte Tasche, deren Lumen ebenfalls mit der Mündung der Vagina kommuniziert (Abb. 31). Auch sie ist bereits bei den Gruppen, welche keine Symbionten beherbergen, zum Schutze der zarteren Teile des Apparates vorhanden, wird aber dann bei allen Lepturini mit Hefen gefüllt und tritt so ebenfalls in den Dienst der Übertragung. Ein reichlicher dorsaler Besatz von chitinösen Haaren verhütet eine allzu weitgehende Entleerung.

Schomann hat auch die Funktionsweise der drei verschieden gearteten Behälter am Legeapparat aufgedeckt. Vor der Eiablage sind selbst beim reifen Weibchen zwar die Intersegmentalschläuche gefüllt, aber der Raum um das eingezogene Legerohr und die Vaginaltaschen sind noch frei von Hefen. Im Gegensatz zu den Anobiiden werden diese erst gefüllt, wenn das Weibchen mit lange dauernden, tastenden Bewegungen des gestreckten Ovipositors die Eiablage einleitet. Dabei werden die geeigneten Lokalitäten sorgfältig ausgesucht, der Apparat oftmals mehr oder weniger weit eingezogen und wieder vorgestoßen; die in der Ruhelage abgeknickten Intersegmentalschläuche werden beim Hervortreten des Legerohrs gestreckt, die Muskelkontraktionen lassen Tropfen des Inhaltes austreten, und diese werden von der sich zurückstülpenden Intersegmentalhaut entlang dem Legerohr nach vorne geschoben. Größere

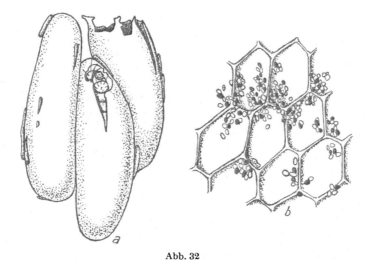

Abb. 32

a Oxymirus cursor L. Die schlüpfenden Larven fressen einen Teil der mit Hefen verunreinigten Eischale. *b Harpium mordax* Deg. Ausschnitt aus der mit Hefen behafteten Eischale. (*a* Kombiniert nach BUCHNER und SCHOMANN, *b* nach SCHOMANN.)

Mengen des Inhaltes aber werden vor allem auch herausgepreßt, wenn die Eier die enge Region passieren. Kontraktionen der nahe der Mündung der Vagina die dorsalen und ventralen Versteifungsplatten verbindenden Muskeln lassen dann die Taschen klaffen und führen so zu ihrer Füllung. Damit aber befinden sich nun die Symbionten allseitig um die Mündung der Vagina geschart und gelangen unfehlbar auf die Oberfläche des austretenden Eies.

In der Regel werden sie gleichmäßig über dieselbe verteilt und durch das schleimige Sekret der zugleich als Schmierdrüsen funktionierenden Intersegmentalschläuche auf ihr festgehalten. Der Umstand, daß die Eioberfläche vielfach durch vorspringende Leisten in Felder eingeteilt wird, kommt dem noch entgegen (*Tetropium, Harpium,* Abb. 32 *b*). Wenn bei *Oxymirus* an den Eiern lange, wurstförmige Verbände von Hefen, die der Ausfüllung der Spritzen entsprechen, derart festkleben, daß man sie nur mit Gewalt ablösen kann, so handelt es sich um einen Sonderfall, der durch die ungewöhnliche Entfaltung der Intersegmentalschläuche und ihrer Drüsen bedingt ist (Abb. 32a). Die Anzahl der Eier, für welche die am Legeapparat untergebrachten Symbionten ausreichen müssen, beträgt bei *Harpium inquisitor* etwa 250, bei *Tetropium* 120.

Wenn die Zeit des Schlüpfens herannaht, erweicht ein Sekret von innen her die Eischale, die junge Larve verzehrt einen Teil derselben und verläßt dann die restliche Hülle (Abb. 32). Während bis dahin ihr Darm frei von Symbionten war, erfüllen ihn nun Schalenreste und diesen noch anhaftende Hefen. Die ersteren werden aufgelöst, die letzteren durchsetzen rasch gleichmäßig das ganze Darmlumen. Bald aber zeichnet sich die Zone der künftigen Ausstülpungen in mehrfacher Hinsicht aus. Die Hefen legen sich in ihr, die zentralen

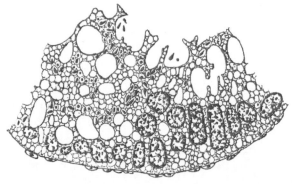

Abb. 33

Oxymirus cursor L. Die künftigen Mycetocyten senden Fortsätze in das Darmlumen der frischgeschlüpften Larve, um sich die mit der Schale aufgenommenen Hefezellen einzuverleiben.
(Frei nach Schomann.)

Regionen des Darmes freilassend, dicht an das Epithel und beginnen Knospen zu treiben. Dieses aber wird dort — und nur dort — von größeren Elementen mit entsprechend herangewachsenen Kernen gebildet, denen der Bürstenbesatz abgeht und die nun Plasmafortsätze in das Lumen senden, welche die Hefen umschließen (Abb. 33). Nach dieser Periode der Aufnahme, die etwa 13—14 Stunden nach dem Schlüpfen einsetzt, erhalten die Epithelzellen wieder ihre glatte Begrenzung, und einige Tage alte Larven besitzen bereits kleine, eng umschriebene Darmausstülpungen.

Daß es sich bei ihnen um Neuschöpfungen handelt, die erst durch die Symbiose hervorgerufen wurden, bezeugt der Umstand, daß entsprechende Blindsäcke den Bockkäfern, die nicht in Symbiose leben, durchaus abgehen. Wie fest sie andererseits schon in den Bauplan eingefügt sind, lehren sterile Larven, die man teils durch Herauspräparieren der schlüpfreifen Zustände, teils durch Sterilisieren der Eischale gewann. Sie bilden die Blindsäcke mit den ty- pischen großkernigen, stark anschwellenden Zellen ohne Bürstenbesatz auch ohne Anwesenheit der Symbionten!

Auch über die mykologische Seite der Cerambycidensymbiose, die mancherlei Interessantes bietet, sind wir gut unterrichtet. Vergleicht man die Gäste einer größeren Zahl von Arten, so stellt man eine beträchtliche Mannigfaltigkeit fest. Die verschiedenen Gestalten sind so typisch, daß man sie geradezu als Kriterium für die Zugehörigkeit der Larven verwerten kann. Sehr schlanke oder breitere, kommaförmige, an beiden Enden abgnrundete sohlen- oder hantelförmige, eiförmige bis rundliche Gebilde begegnen dabei. Allgemein vermehren sie sich durch Knospung, die zumeist am schlanken Ende, gelegentlich aber auch am stumpfen oder gar längsseits vor sich geht. Sproßverbände finden sich jedoch innerhalb der Wirte nur selten (Abb. 34 *a, b, c*).

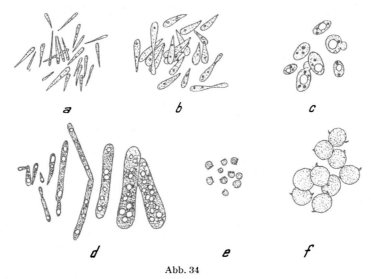

Abb. 34

Verschiedene Cerambyciden-Symbionten. *a* aus *Rhamnusium bicolor* Schrnk., *b* aus *Oxymirus cursor* L., *c* aus *Rhagium bifasciatum* Fbr., *d* aus *Criocephalus rusticus* L., *e* aus *Criocephalus ferus* Kr. (Sporen), *f* aus *Epipedocera rollei* Pic. (Sporen). (Nach Schomann.)

In den larvalen Organen, wie in den der Übertragung dienenden, trifft man die gleichen Formen, doch pflegen sie in letzteren, offenbar infolge der weniger günstigen Ernährungsbedingungen, kleiner und oft auch mehr abgerundet zu sein. Auch hierin macht *Oxymirus* mit seiner vollendeten Einbürgerung der Symbionten eine Ausnahme, wenn diese sich in den besonders sekretreichen Schläuchen in keiner Weise von denen der Larven unterscheiden.

All dies bezieht sich in erster Linie auf die ja vornehmlich studierten Lepturinen. Eine sehr beachtenswerte Sonderstellung nehmen hingegen die Gruppen der Aseminen, Spondylinen und Saphaninen ein, von denen wir schon hörten, daß ihre Symbiose deutliche Züge einer weniger weitgehenden Anpassung trägt. Die ursprünglich schlanke Tropfenform der Symbionten macht bei ihnen mit zunehmender Stärke der Besiedlung der Mycetocyten einer mehr schlauchförmig verlängerten, beiderseits stumpf endenden Platz, die nur, solang es sich noch um schlanke Zustände handelt, ihr Knospungsvermögen beibehält (Abb. 34*d*).

Noch überraschender aber ist ein zweites Symptom ihrer Sonderstellung:
bei allen Vertretern der drei Gruppen füllen sich die der Übertragung dienenden
Räume der Imago mit sehr charakteristischen Sporen. Es sind dies rundliche bis

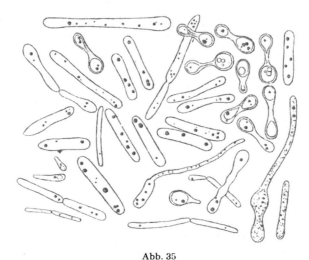

Abb. 35

Spondylis buprestoides L. Symbionten zum Teil in Sporenbildung. (Nach Buchner.)

hütchenförmige, meist von einem zarten Reif umzogene Gebilde, die zu vieren
(*Tetropium castaneum* L.) oder in Ein- bis Zweizahl (*Spondylis buprestoides* L.)
in den dann oft unregelmäßige Gestalt annehmenden Hefen verpuppungsreifer

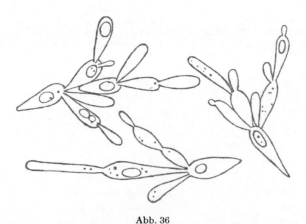

Abb. 36

Leptura rubra L. Die Symbionten bilden in Würze Sproßverbände. (Nach Heitz.)

Larven schon vor dem Übertritt in den Darm gebildet werden und sehr an die
Sporen von *Willia* oder *Endomyces capsularis* Guill. erinnern (Abb. 34 *e*, 35.)
Lediglich bei zwei Arten der zu den Tillomorphinen zählenden Gattung

Epipedocera konnte Schomann an trockenem, aus Formosa stammendem Material größere, rundliche, zwei Dornen tragende Sporen feststellen (Abb, 34*f*).

Mit Kulturversuchen haben sich Heitz (1927), Schimitscheck (1929), Ekblom (1930, 1932), W. Müller (1934), Schanderl (1942) und Graebner abgegeben. In den allermeisten Fällen gelingen die Kulturen auf festen wie auf flüssigen Nährböden ohne weiteres (*Harpium-* und *Leptura*arten), doch war es andererseits nicht möglich, die Symbionten von *Oxymirus* zu züchten (Müller). Vielfach treten in den Kulturen mehr oder weniger tiefgreifende Formveränderungen auf. Bei *Leptura rubra*-Symbionten entstehen in Würze große Sproßverbände von 100 bis 200 Zellen, bevor sich einzelne Portionen loslösen, während *Harpium*symbionten keine solchen ergeben (Abb. 36). Oft tritt in den Kulturen an Stelle der schlanken, intrazellularen Form eine mehr rundliche bis ovale. In Fleischwasser gezogen, wachsen die *Harpium*symbionten zu langen Schläuchen aus. Injiziert man in Würze gezogene, abgerundete Formen in die Lymphe lebender Raupen, so nehmen sie hierin wieder die typische schlanke Gestalt an und gesellen es sich nach einiger Zeit auch Schlauchzellen hinzu. Die Tiere aber, deren Blut in Bälde von Hefen überschwemmt wird, erliegen nach drei Tagen der Infektion. Auf die üblichen Nährböden zurückgebracht, stellten sich die rundlichen Formen wieder ein (W. Müller). Schimitscheck gelang auch die Zucht der tropfenförmigen Symbionten von *Tetropium castaneum* L. aus Sporen.

Schanderl züchtete die Symbionten von *Harpium inquisitor* in Bohnenauszugswasser und erhielt dabei eine typische Kahmhefe, die, auf Traubenmost übertragen, schnell wachsende Häute ergab und in großer Zahl Asci und Sporen bildete. Er identifiziert seine Kulturen mit *Mycoderma bispora* Baltatu und erklärt auch die sporenbildenden Symbionten der Spondylinen, Aseminen und Saphaninen für Kahmhefen.

Nach Graebners noch nicht veröffentlichten Feststellungen benötigen die Cerambycidensymbionten, im Gegensatz zu denen der Anobiiden, in ihrem Kulturmedium keine Wuchsstoffe.

Daß die Gestalt der Cerambycidensymbionten eine ziemlich labile ist und ihr lediglich durch die Bedingungen im Wirtsorganismus eine gewisse Konstanz aufgezwungen wird, geht auch aus Beobachtungen hervor, welche Schomann an toten Bockkäferlarven gemacht hat. Die Symbionten verhalten sich dann ganz ähnlich, wie wenn sie auf künstliche Nährböden gebracht werden, d. h. sie vermehren sich in den ersten, auf den Tod des Wirtstieres folgenden Tagen ganz beträchtlich, an Stelle der spitzen Tropfenform treten rundliche Gebilde, Sproßverbände und Schlauchformen sind zahlreich. Schreitet die Mazeration des Wirtstieres weiter fort, so gehen auch die Symbionten zugrunde.

Ganz wie bei den Anobiiden steht die Vermehrungsrate der Cerambycidensymbionten in weitgehender Abhängigkeit von Temperatur und Ernährungslage. Schon in der freien Natur kann man einen entsprechenden jahreszeitlichen Wechsel feststellen. *Harpium inquisitor*-Larven besitzen im Winter zehn und mehr kleine, weit voneinander getrennte, symbiontenbewohnte Darmausstülpungen. Im Frühjahr treiben diese weitere Buckel, bis im Sommer ein breiter, traubig entwickelter Gürtel den Darm kontinuierlich umzieht. Ein ähnlicher Wandel fand sich bei *Rhagium-* und *Lepturalarven*. Ein Auszählen der sprossenden Hefezellen ergab eine dementsprechende Kurve, die von 0 % im Februar auf 45 % im April anstieg und dann bis Ende Oktober wieder allmählich auf 20 % abfiel (KIEFER, 1932).

Da sich die Entwicklungsdauer der Cerambyciden zum Teil über mehrere Jahre hinzieht, wird man in solchen Fällen mit einer entsprechenden Periodizität in der Entfaltung der symbiontischen Wohnstätten rechnen dürfen. Bei anderen Objekten, wie bei *Harpium mordax* Deg. und *sycophanta* Schrnk., welche bezeichnenderweise in Laubholz minieren, nimmt im Sommer lediglich die Dichte der Besiedelung der einzelnen Mycetocyten zu, aber nicht die Größe der hier nur kümmerlich entwickelten Organe.

Experimente bestätigten auch hier die hemmende Wirkung von Kälte und Hunger, doch ergeben sich bei den einzelnen Arten wesentliche Unterschiede. Während die *Harpium inquisitor*-Symbionten stark beeinflußt werden, sind die von *Rhagium bifasciatum* Fbr. oder *Oxymirus cursor* viel weniger empfindlich.

Die Prüfung einer so großen Zahl von Cerambyciden auf eine eventuelle Symbiose, wie sie SCHOMANN vorgenommen hat, ergab, daß die Verbreitung der Symbiose in dieser formenreichen Gruppe eine sehr beschränkte ist. Von den 65 Tribus, aus denen Vertreter untersucht wurden, ergaben nur die Spondylinen, Aseminen, Saphaninen, eine einzige Art unter den Cerambycinen, die meisten Lepturinen, die Necydalinen, Trichomesiinen und Tillomorphinen symbiontische Einrichtungen. Es herrscht also selbst innerhalb der einzelnen Tribus keine Einheitlichkeit, doch läßt sich für diese auf den ersten Blick so überraschende Lückenhaftigkeit des Vorkommens vielleicht doch eines Tages eine auf der Verschiedenheit der jeweiligen Nahrung beruhende Erklärung finden. Es entbehren nämlich sämtliche Bockkäfer, deren Larven in frischem Laubholz, sei es Hart- oder Weichholz, sowie in Kräutern leben, einer Symbiose. Andererseits finden sich alle diejenigen Formen, bei denen eine Symbiose festgestellt wurde, soweit ihre Biologie bekannt ist, was für die exotischen Formen leider meist nicht der Fall ist, als Larven in lebendem oder totem Nadelholz oder in totem Laubholz, womit freilich keineswegs gesagt ist, daß alle so lebenden Arten Symbionten führen. Alle Lamiinen und Prioninen zum Beispiel sind symbiontenfrei, gleichgültig, ob sie an Nadelholz oder frisches oder totes Laubholz angepaßt sind.

i) Buprestiden

Die meisten Larven und Imagines der Buprestiden tragen am Anfang des Mitteldarmes ein Paar Blindsäcke, das außerordentlich an entsprechende Bildungen der Bockkäfer, Anobiiden und Cleoniden erinnert und den Verdacht aufkommen läßt, daß auch hier Wohnstätten von Symbionten vorliegen, zumal es sich ja auch um Tiere mit ganz ähnlicher Lebensweise handelt. Bald sind es glatte, einfache keulenförmige Ausstülpungen, wie bei *Trachys minuta* L., bald mehr wurmförmige, deren Oberfläche in quere Falten gelegt ist. Bei *Chalcophora mariana* L. fand ich sie hingegen mit zahllosen kleinen fingerförmigen

Schläuchen besetzt, die an der Ursprungsstelle auch noch das eigentliche Darmrohr bedecken, und bei der riesigen Larve der exotischen *Megaloxantha bicolor*
Fabr. entsprechend mächtig entwickelte perlschnurartige Blindsäcke und an
ihrer Wurzel einen Kranz korallenartiger Auswüchse des Mitteldarmes. Auch
von Gebhardt (1929) hat von einer Reihe von Imagines die Blindsäcke beschrieben. Unter Umständen fehlen sie aber auch, und an ihre Stelle tritt ein
in Falten gelegter Anfangsteil des Darmrohres.

Heitz (1927) teilt in der Tat mit, daß er bei einer unbestimmten Larve im
Epithel dieser Anhänge Bakterien festgestellt habe, und ich selbst habe mehrfach bei Lebenduntersuchung derselben den Eindruck gehabt, daß diese Angabe
zutrifft, doch steht leider bisher eine gründliche diesbezügliche Studie noch aus.

Wenn die Buprestiden wirklich in diesem auffälligen Organ Bakterien führen, kommt nach allem, was wir wissen, für ihre Übertragung lediglich eine Beschmierung der Eioberfläche in Frage. Am Legeapparat einer eben geschlüpften
Chalcophora mit noch sehr jungen Ovarien fand ich in der Tat an der Umschlag-
stelle desselben in die Scheide freilich recht kleine Intersegmentalschläuche, die
ganz denen der Cerambyciden gleichen. Der Umstand, daß sie leer waren, spricht
zunächst nicht gegen eine mögliche Rolle bei der Übertragung, da sich ja auch die
entsprechenden Organe der unreifen Bockkäferweibchen erst allmählich füllen.

k) Lagriiden

Die Symbiose der Lagriiden, deren Erforschung wir ausschließlich Stammer
(1929) danken, unterscheidet sich zwar hinsichtlich der Lokalisation und der
Natur der Mikroorganismen grundsätzlich von der der Anobiiden und Cerambyciden, schließt sich aber andererseits dank einer sehr ähnlichen Übertragungsweise eng an sie an. Ihr Zyklus wurde zunächst an der in Europa allein häufigen
Lagria hirta L. erforscht, ihre weltweite Verbreitung und die zahlreichen Varianten der Einrichtungen, welche der Beschmierung der Eier dienen, konnten
dagegen, wie bei den beiden genannten Familien, an Hand von trockenem Sammlungsmaterial studiert werden.

Lagria hirta und die anderen europäischen Vertreter dieser Gattung finden
sich als Imagines auf Sträuchern und Kräutern, die Larven ernähren sich vor
allem von trockenem und moderndem Laub, unter dem sie sich verpuppen,
nehmen aber auch frische Blätter an. Von einer afrikanischen *Lagria*art wird
mitgeteilt, daß sie gelegentlich in Massen auftretend Kautschukbäume völlig
kahl frißt und selbst deren grüne Rinde angreift. Die übrigen als Symbiontenträger erkannten Gattungen, die aus allen Teilen Afrikas und des Fernen Ostens
sowie aus Australien stammen, dürften eine ähnliche Lebensweise besitzen.

Die Art, wie die Lagria hirta-Larven ihre Gäste unterbringen, ist einzig-
artig. Findet sich doch bei ihnen auf der Dorsalseite im Meso- und Metathorax
sowie im ersten Abdominalsegment in der Sagittalebene je ein mit Bakterien
dicht gefülltes, leicht abgeplattetes Bläschen, dessen mit dem Alter an Stärke
abnehmende Chitinauskleidung verrät, daß es sich um Abschnürungen der

dorsalen Haut handelt! Das Epithel dieser drei Dorsalorgane besteht aus
flachen und kubischen Zellen, am vorderen und hinteren Ende kommt zu diesen
je eine Ansammlung vakuolisierter Drüsenzellen, deren Sekretkanälchen in das
Lumen der Säckchen führen (Abb. 37c).

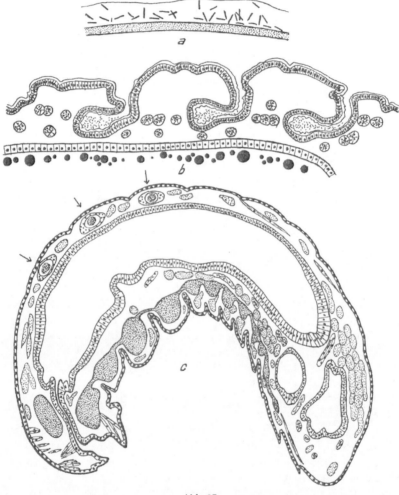

Abb. 37

Lagria hirta L. Entstehung der larvalen Rückenorgane. *a* Eischale oberflächlich mit Schleim und
Bakterien behaftet. *b* Die Säckchen stülpen sich ein und werden besiedelt. *c* Längsschnitt durch
eine Larve nach der ersten Häutung mit den fertigen drei Säckchen. (*a* 375fach, *b* 40fach, *c* 10fach
vergrößert. (Nach STAMMER.)

Leider ist bisher nichts über das Schicksal dieser seltsamen Organe
im Verlauf der Metamorphose bekannt geworden. Sicher ist nur, daß sie
den Imagines fehlen und daß diese die Symbionten lediglich im weiblichen

Geschlecht in den Übertragungsorganen führen. Da sich an anderer Stelle im Larvenkörper keine weiteren Symbionten nachweisen ließen, muß man wohl annehmen, daß hier Ähnliches geschieht, wie bei den *Haematopinus*arten unter den Anopluren, von denen wir hören werden, daß sie als Larven im weiblichen Geschlecht unter der Hypodermis der Rückenregion, hier freilich ohne deren Beteiligung, ebenfalls drei Symbiontendepots bilden, welche bei der letzten

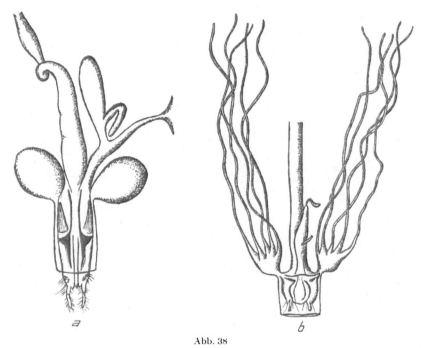

Abb. 38

a Lagria hirta L. *b Aulonogria concolor* Blanch. Legeapparate mit bakteriengefüllten Intersegmental-organen, die sich bei *b* in je fünf lange Schläuche aufteilen. (Nach STAMMER.)

Häutung in den mit Flüssigkeit gefüllten Raum zwischen dem larvalen und imaginalen Chitin austreten. In ihr flottierend gelangen dort die frei gewordenen Symbionten an und in die weite Öffnung der Geschlechtsanlage und durch diese zu den der künftigen Eiinfektion dienenden Ovarialampullen.

Auf solche Weise könnten auch die Symbionten der Lagriiden sehr wohl im Verlauf der Metamorphose in die hier abermals vorhandenen Intersegmentalschläuche und Vaginaltaschen gelangen, deren von Fall zu Fall sehr verschiedene Entfaltung von STAMMER auf breiter Basis untersucht wurde.

Lagria hirta bildet dort, wo der in der Ruhelage wieder vollkommen einge-zogene Legeapparat in die Intersegmentalhaut übergeht, beiderseits je einen einfachen, breit ovalen Sack, an dessen Chitinauskleidung ein einschichtiges Drüsenepithel grenzt (Abb. 38*a*). Muskelzüge verbinden ihn auch hier mit dem Spiculum ventrale und anderen Teilen des Ovipositors. Das von Sekret erfüllte

Lumen enthält eine Reinkultur sehr dünner, zum Teil kettenbildender Stäbchen, die sich aus schwächer und stärker färbbaren Abschnitten zusammensetzen. In der Ruhelage abgeknickt entlassen sie während des Legegeschäftes beträchtliche Massen von Bakterien in den Raum um das Legerohr.

Auch hier gesellen sich nun wieder zu diesen intersegmentalen Bildungen weitere symbiontengefüllte Räume im eigentlichen Legeapparat. Zwischen seinen dorsalen und ventralen Versteifungsplatten senkt sich beiderseits eine tiefe Hautfalte ins Innere und formt so eine bakteriengefüllte Tasche (Abb. 39). Im

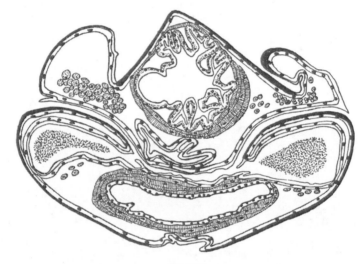

Abb. 39

Lagria hirta L. Querschnitt durch den Ovipositor; Legeapparattaschen und ihre in den Scheidenraum mündenden Ausführgänge; oben der Darm, unten die Vagina. 170fach vergrößert. (Nach STAMMER.)

hinteren Bereich kommunizieren die schlitzförmigen Öffnungen in der Mittellinie, kopfwärts aber setzen sich die beiden Räume auch noch ohne direkte Verbindung mit der Außenwelt eine Strecke weit als gefaltete Säcke fort. Wie bei den Anobiiden und Cerambyciden wird man in den intersegmental gelegenen Säcken in erster Linie ein Symbiontenreservoir zu erblicken haben und die Aufgabe der Beschmierung der Eier den hiezu viel besser geeigneten Legeapparattaschen zuschreiben müssen, welche der Vagina dicht benachbart ausmünden.

In der Tat quetschen die Eier beim Durchtritt durch das Legerohr jedesmal einen Teil ihres Inhaltes aus und besudeln so ihre ganze, mit dem schleimigen Sekret der Intersegmentalsäcke überzogene Oberfläche allerseits reichlich mit den symbiontischen Bakterien. Von hier dringen sie dann ähnlich wie bei *Dacus* durch die Mikropyle in den Raum zwischen Ei und Chorion ein, wo sie sich alsbald ebenfalls nachweisen lassen.

Erst wenn die junge Larve bereits weitgehend entwickelt ist, das heißt ein bis zwei Tage vor dem Schlüpfen, bilden die Intersegmentalhäute der Rückenregion dort, wo sich später die drei Mycetome finden, entsprechende Einstülpungen und wandern die Bakterien in Menge in diese ein (Abb. 37 *a*, *b*). Dieser ganze so seltsame Prozeß verläuft offenbar sehr schnell, denn gleich alte Larven zeigen alle Stadien desselben.

STAMMER hat weitere 93 Vertreter der Lagriinen an trockenem Material untersucht und bei 82 von ihnen prinzipiell gleiche Übertragungsorgane

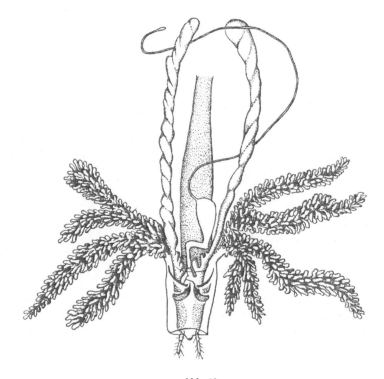

Abb. 40
Cerogria heros Fair. Intersegmentale und vaginale Übertragungsorgane maximal entfaltet.
5fach vergrößert. (Nach STAMMER.)

festgestellt, ist aber dabei im einzelnen auf eine Mannigfaltigkeit der Beschmiereinrichtungen gestoßen, die weit über das hinausgeht, was Anobiiden und Cerambyciden in dieser Hinsicht bieten. Er unterscheidet nicht weniger als zwölf verschiedene Typen, die dadurch bedingt sind, daß die intersegmentalen Ausstülpungen, die bei *Lagria hirta* noch glattwandige Säckchen darstellen, mäßig gelappt, tief eingeschnitten, zweigipflig, lappig und gefaltet oder mit zahlreichen Zotten bedeckt sein können (Abb. 40). In wieder anderen Fällen kommt es zur Bildung von vier sehr schlanken und unter Umständen sehr langen Schläuchen, die unverzweigt bleiben oder reich verästelt sind und gelegentlich einem einheitlichen Sammelraum entspringen (Abb. 38 *b*).

Ein weiteres Moment, das die Vielfältigkeit noch wesentlich steigert, beruht darin, daß die sich kopfwärts erstreckenden sackförmigen Verlängerungen der Legeapparattaschen, die bei *Lagria* noch in diesem enden, derart vergrößert werden können, daß sie mehr oder weniger weit aus ihm hervorragen, ja bei manchen Arten, soweit sie frei liegen, zu keuligen Säcken anschwellen. Abb. 40 führt einen Fall vor, in dem diese ganz besonders entwickelt sind und an ihrer Basis außerdem noch Aussackungen treiben, welche bei wieder anderen Objekten sehr beträchtlichen Umfang annehmen können. Diese verschiedenen Ausbildungen werden mit denen der Intersegmentalschläuche in mannigfacher Weise kombiniert.

Verhältnismäßig wenige Lagriinen ließen solche Einrichtungen vermissen und ergaben auf Schnitten auch im Legeapparat keine Taschen. Ob sie vielleicht trotzdem in Symbiose leben, könnte natürlich nur die Untersuchung frischen Materiales entscheiden. Die Prüfung trockener Vertreter der übrigen Unterfamilien der Lagriiden, das heißt der Trachelostinen, Statirinen, Chanopterinen und Agnathinen, verlief ergebnislos.

Abb. 41

Cassida viridis L. Darmkanal und Genitalapparat einer weiblichen Imago; rundliche Symbiontenwohnstätten am Anfang des Mitteldarmes und paarige dreigeteilte Vaginalanhänge als Übertragungsorgane. (Nach STAMMER.)

l) Chrysomeliden

STAMMER (1935, 1936) hat eine große Anzahl von Chrysomeliden untersucht und dabei die meisten in Deutschland vertretenen Tribus auf das Vorhandensein einer Symbiose geprüft, aber nur in drei Fällen eine solche feststellen können, bei *Bromius obscurus* L., einigen *Cassida*arten und den Donaciinen.

Die Cassida-Symbionten werden in Larven und Imagines an der gleichen Stelle untergebracht, wobei es sich, wie so oft, um Ausstülpungen am Anfang des Mitteldarmes handelt. Bei *Cassida viridis* L. finden sich hier zwei Paare von rundlichen Säckchen, deren Partner einander so dicht genähert sind, daß sie nur noch eine sehr dünne, aber stets vorhandene Wand trennt.

Cassida hemisphaerica Hbst. verhält sich ebenso, während drei weitere Arten — *rubiginosa* Müll., *vibex* L. und *nobilis* L. — nur zwei Blindsäcke besitzen (Abb. 41). Das hohe Epithel ihrer Wandung ist sehr eigenartig entwickelt, denn die Mycetocyten, welche es aufbauen, scheiden einen ansehnlichen basalen, symbiontenfreien Teil mit dichtem Protoplasma überaus scharf von einem distalen, grobmaschigen, die rundlichen und ovalen Mikroorganismen bergenden (Abb. 42).

Wie diese während der die alten Blindsäcke zerstörenden Metamorphose in die der Imago gelangen, wurde leider nicht beobachtet, aber wir dürfen

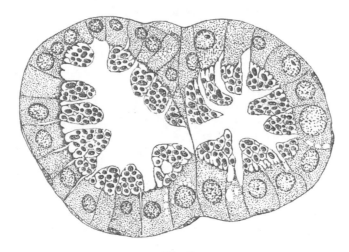

Abb. 42

Cassida viridis L. Imaginale Darmausstülpung mit Symbionten im Schnitt. (Nach Stammer.)

vermuten, daß dies auf die gleiche Weise geschieht wie bei *Bromius*, dessen Symbiose mit der der *Cassida*arten auch sonst enge Verwandtschaft zeigt.

Wie stets bei solcher Lokalisation der Symbionten werden diese dem Ei bei der Ablage äußerlich beigegeben. Doch greift in diesem Fall der Wirt zu einem neuartigen Mittel. Im unteren Drittel der kurzen und breiten Vagina münden zwei drüsige Symbiontenreservoire ein. Ein zarter Ausführgang sammelt jederseits drei gekrümmte, im distalen drüsigen Teil verdickte Schläuche, deren Lumen stets prall mit den gleichen Mikroorganismen gefüllt ist, die in den Darmanhängen leben (Abb. 41).

Die Eier werden in kleinen Paketen abgelegt, die ein aus zahlreichen Lamellen bestehendes Sekret umgibt, und an den jeweiligen Futterpflanzen, welche Larven wie Imagines zur Nahrung dienen, festgeklebt. Jedes einzelne trägt ein kleines, wohlabgesetztes Bakterienhäubchen auf dem vorderen Pol. Die Vaginalschläuche müssen also bei der Ablage in eine wohlgeordnete rhythmische Tätigkeit treten (Abb. 43). Beim Schlüpfen nimmt die sich durch die Eischale und die Kittmasse fressende Larve die gesamte Symbiontenhaube in sich auf.

Wie die Zahl der Darmausstülpungen bei einzelnen Arten eine verschiedene ist, so schwankt auch die der Vaginalschläuche. Zwei, drei oder vier Anhänge können sich in je einen Ausführgang sammeln.

Merkwürdigerweise vermißte STAMMER bei zwei Arten, deren Lebensweise sich in nichts unterscheidet, solche symbiontische Einrichtungen. Bei ihnen fehlten dementsprechend Ausstülpungen am Darm wie an der Vagina.

Ungleich komplizierter ist die Symbiose bei Bromius obscurus. Die Imagines leben hier an den Blättern von *Epilobium angustifolium*, die Larven nagen rinnenförmige Vertiefungen in die Wurzeln der gleichen Futterpflanze.

Der Käfer kommt auch am Weinstock vor, wo die Imagines ebenfalls Blätter und junge Triebe fressen, die Larven aber sich von den Wurzeln ernähren.

Abermals trifft man am Übergang vom larvalen Vorderdarm in den Mitteldarm zwei Paare dicht benachbarter rundlicher Aussackungen, deren Zellen lediglich im distalen Teil von den Gästen erfüllt werden. Diesmal sind es stärker färbbare, mit dem Alter der Larven allmählich heranwachsende und dann ansehnliche Rosetten bildende Organismen (Abb. 44 a, 45 a). Doch gesellt sich jetzt zu ihnen noch eine zweite Symbiontensorte! Es finden sich nämlich außerdem im Lumen sämtlicher sechs Malpighischer Gefäße noch zahllose stäbchenförmige Bakterien.

Abb. 43

Cassida viridis L. Eigelege; jedes Ei trägt ein Bakterienkäppchen. (Nach STAMMER.)

Der imaginale Darm weist statt der vier Bläschen an entsprechender Stelle einen ganzen Kranz schlanker Zotten auf, welche von den gleichen Symbionten in Beschlag genommen werden. Die Stäbchen hingegen finden sich jetzt nicht mehr in den Malpighischen Gefäßen, sondern, wieder extrazellular, in besonderen schlanken Blindsäckchen, welche die hinterste Zone des Mitteldarmes allseitig begleiten. Der übrige Teil desselben ist, wie bei den Larven, mit kleinsten, symbiontenfrei bleibenden Zotten bedeckt (Abb. 44 b, 45 b).

Diesmal konnten die während der Metamorphose vor sich gehenden Umlagerungen genauer untersucht werden. Mit dem übrigen larvalen Darmepithel werden auch die vier Blindsäcke von dem neugebildeten imaginalen Darm nach innen abgestoßen. Hier werden die Wirtszellen aufgelöst, die Rosetten zerfallen in ihre Komponenten, welche alsbald den inzwischen in der gleichen Zone angelegten Zottenkranz beziehen. Auf ähnliche Weise geraten die Stäbchen bei der Einschmelzung ihres larvalen Wohnsitzes in das Darmlumen, von wo aus sie ohne Schwierigkeit in die in nächster Nachbarschaft entstehenden Ausstülpungen übertreten können.

Die Übertragung geht wiederum ganz ähnlich der von *Cassida* beschriebenen vor sich, nur daß diesmal lediglich zwei schlanke, allmählich anschwellende Vaginalschläuche gebildet werden und in deren Lumen sich nun die beiden Symbionten gemengt finden (Abb. 44 b). Auf den Eiern finden sich dementsprechend über die ganze Oberfläche verteilt bald einzelne Symbionten, bald größere Fladen derselben.

Schon vor dem Schlüpfen werden die vier Mitteldarmblindsäcke angelegt. Alle ihre mit großen Kernen versehenen Zellen weisen eine eigenartige nach dem Lumen gerichtete faserige Struktur auf, die offenkundig dem Einfangen der Symbionten dient, welche auch diesmal mit Teilen der Eischale in

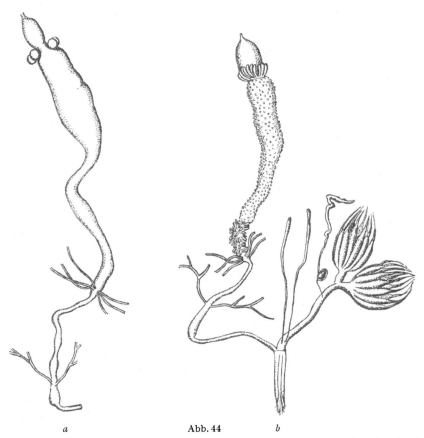

a   Abb. 44   b

Bromius obscurus L. *a* Larvaler Darmkanal mit rundlichen Bakterienorganen, *b* Darmkanal und Genitalapparat einer weiblichen Imago; Symbiontenwohnstätten am Anfang und am Ende des Mitteldarms in Form fingerförmiger Zotten, an der Vagina zwei schlanke, keulenförmige Übertragungsorgane. (Nach STAMMER.)

den Larvendarm gelangen und in der Tat alsbald da und dort in ihnen auftauchen (Abb. 46). Auf die hievon unberührt bleibenden Stäbchen warten indessen die Malpighischen Gefäße.

Auch die Symbiose der Donaciinen weist so manche interessante Züge auf. In Mitteleuropa sind drei Gattungen dieses Tribus der Chrysomeliden vertreten, die artenreiche Gattung *Donacia* und die artenärmeren Gattungen *Macroplea* und *Plateumaris*. STAMMER (1935), der auch diese Symbiose entdeckte, untersuchte zehn *Donacia*arten und zwei von *Plateumaris* und fand sie

alle mit Bakterien vergesellschaftet. Die Imagines dieser hübschen Käfer leben
alle von den Blättern von Sumpf- und Wasserpflanzen und legen die Eier dicht
unter der Wasseroberfläche an den zumeist spezifischen Nährpflanzen, manchmal auch in deren Gewebe ab. Die jungen Larven fallen auf den Grund der
Gewässer und ernähren sich hier vom Saft der Wurzeln der jeweiligen Futterpflanzen. Feste Pflanzenteile findet man jedenfalls nie in ihrem Darm. Die
nötige Atemluft beziehen sie dabei aus den Interzellularräumen der Wurzeln,

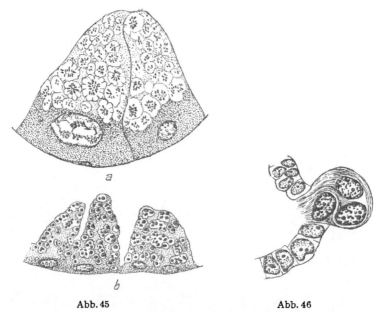

Abb. 45   Abb. 46

Abb. 45. *Bromius obscurus* L. *a* Symbionten in der Wandung der larvalen, *b* der imaginalen Darmausstülpung. (Nach STAMMER.)

Abb. 46. *Bromius obscurus* L. Anlage eines noch nicht infizierten Blindsackes kurz vor dem
Schlüpfen der Larve. (Nach STAMMER.)

die sie zu diesem Zweck mit dolchartig umgewandelten Stigmen anbohren. Die
*Macroplea*arten, deren Symbiose noch zu erforschen ist, bleiben auch als Ima-
gines unter Wasser und atmen, indem sie mit ihren eigenartig veränderten
Fühlern die von den Pflanzen abgeschiedenen Sauerstoffbläschen auffangen.
    Erwachsene Larven von Donacia besitzen am Anfang des Mitteldarms
vier außerordentlich umfangreiche, einen großen Teil des Thorax und der ersten
Abdominalsegmente einnehmende Säcke. Sie sind ungleich groß, sehr flach und
etwas lappig gefaltet. Ein dünnes Kanälchen verbindet sie mit dem Darm
(Abb. 47*a*). *Plateumaris sericea* L. besitzt ganz ähnliche Organe, nur sind sie
wesentlich stärker gebuckelt. Das Epithel dieser Ausstülpungen ist von langen,
fädigen, vielfach parallel ziehenden Bakterien, welche die Kerne nach der Basis
drängen, dicht erfüllt.

Zu diesem eigentlichen larvalen Sitz gesellt sich nun aber in älteren Larven noch ein zweiter. Wenn diese etwa 4—6 mm lang geworden sind, werden von vereinzelten, aus den Blindsäcken in den Darm übergetretenen Bakterien zwei Malpighische Gefäße infiziert. Wie alle Chrysomeliden besitzen die Donacien sechs solche; vier von ihnen münden gemeinsam in eine kleine harnblasenähnliche Anschwellung, zwei weitere, wesentlich kürzere, gegenüber.

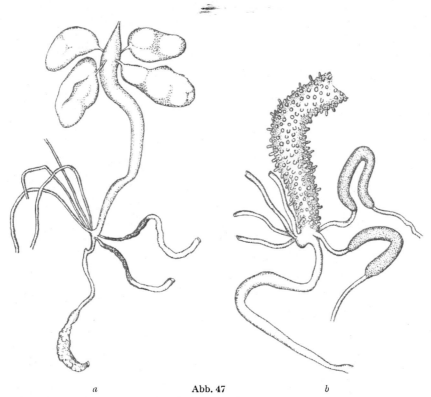

a   Abb. 47   b

Donacia semicuprea Panz. *a* Darmkanal einer erwachsenen Larve mit vier großen symbiontengefüllten Blindsäcken; die dunklen Partien zweier Malpighischer Gefäße sind ebenfalls infiziert. *b* Darmkanal einer weiblichen Imago; ein Paar Malpighischer Gefäße beherbergt in verdickten Abschnitten die Symbionten. (Nach STAMMER.)

Letztere enden bei den *Donacia*arten blind, bei *Plateumaris* aber vereinigen sie sich mit den beiden von den vier anderen Gefäßen gebildeten Schlingen. Stets sind es nun diese beiden kürzeren, in welchen allein die Bakterien Aufnahme finden, und in ihnen ist es auch wieder nur ein bestimmter Abschnitt, welcher dazu bereit ist. Auf einen ganz kurzen, sterilen Anfangsteil folgt eine infizierte Zone, deren Zellen nicht allzu dicht von den Symbionten durchsetzt sind, und anschließend ein wesentlich längerer, abermals steriler Teil, dessen stark vergrößerte, mit extrem verzweigten Kernen ausgestattete Zellen das Sekret für den Kokon zu liefern haben, in dem sich die Larve verpuppt (Abb. 47a). Diese sekundäre Besiedelung zweier Malpighischer Gefäße findet sich bei allen Donacien in beiden Geschlechtern.

Hat sich die Larve in den Kokon eingesponnen, so setzen in der Ruhezeit
vor der Verpuppung bereits tiefgreifende Veränderungen ein, welche
den imaginalen Zustand der der Symbiose dienenden Einrichtungen herbeiführen. Die Mitteldarmblindsäcke erleiden jetzt eine höchst eigenartige,
sonst nirgends in dieser Form angetroffene Rückbildung. Wenn die larvalen
Darmzellen abgestoßen werden und sich das imaginale Darmepithel entwickelt,
werden sie nicht mit in das Darmlumen befördert, sondern schrumpfen immer mehr zusammen, und die in ihnen enthaltenen fädigen Bakterien verfallen einer allmählichen Degeneration. Es treten unregelmäßig gestaltete, stärker färbbare Einschlüsse in ihnen auf, nach und nach werden sie sämtlich in das Lumen ausgestoßen, das so nahezu völlig ausgefüllt wird, die schwächer färbbaren Abschnitte schwinden, die stärker färbbaren treten zu unregelmäßigen Schollen zusammen, und schließlich bilden die Bakterienreste in der Puppe eine mehr oder weniger homogene, mit dem Darm nicht mehr verbundene Masse, die von den Resten der Wandung und ihrer Muskulatur umgeben wird. Auch diese lösen sich schließlich auf, und die ganzen Organe werden, ohne daß Phagocyten aufträten, durch Histolyse entfernt.

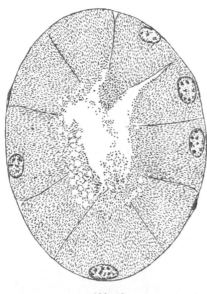

Abb. 48

Donacia semicuprea Panz. Querschnitt durch
den symbiontenhaltigen Abschnitt eines Malpighischen Gefäßes einer weiblichen Imago;
Entstehung von Infektionsformen in den peripheren Regionen. (Nach STAMMER.)

Inzwischen haben sich auch in den Malpighischen Gefäßen wichtige Veränderungen bemerkbar gemacht.
Durch die Abgabe des Sekretes sind die beiden bakterienbesiedelten Gefäße
stark zusammengeschrumpft. Handelt es sich um eine weibliche Larve, so
vermehren sich jetzt die Symbionten außerordentlich, die Zahl der von ihnen
bewohnten Zellen nimmt ebenfalls zu, so daß stark verdickte, scharf abgesetzte,
hellorangerote Abschnitte entstehen (Abb. 47*b*).

Handelt es sich dagegen um männliche Larven, so bestehen zwei Möglichkeiten. In seltenen Fällen erhalten sich auch in ihnen freilich sehr viel kleinere, unscheinbare infizierte Abschnitte — dies war bei drei *Donacia*arten und
einer *Plateumaris* der Fall —, im allgemeinen jedoch kommt es jetzt auch an
dieser Stelle zu einer Degeneration und schließlichen Auflösung der Bakterien.
In ganz ähnlicher Weise wie in den Blindsäcken am Darm entsteht ein Schutt
von Bakterienresten, die in das Gefäßlumen ausgestoßen werden. Der Vergleich

ergab, daß eine Infektion der männlichen Exkretionsorgane dort beibehalten wird, wo auch beim Weibchen die Entfaltung der infizierten Abschnitte am größten ist.

Die Zellen, welche in den Malpighischen Gefäßen den Symbionten eingeräumt werden, erscheinen gewaltig vergrößert und derart von Bakterien erfüllt, daß kaum noch Protoplasma zu sehen ist (Abb. 48).

Der Umstand, daß auf ein Beibehalten im männlichen Geschlecht sichtlich kein Wert gelegt wird, läßt von vornherein vermuten, daß dieses auffällige Bakteriendepot in den Vasa Malpighi der Übertragung dient. In der Tat

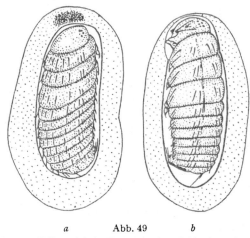

a   Abb. 49   b

Donacia semicuprea Panz. *a* Vollentwickelte Larve vor dem Schlüpfen; über dem Kopf in der Gallerte des Eies ein Bakterienschwaden. *b* Die schlüpfende Larve hat ihn aufgenommen.
(Nach STAMMER.)

treten im legereifen Weibchen die Bakterien in Menge in das Lumen der beiden Gefäße über und füllen von hier aus den Enddarm. Vorher haben sie noch für so viele Infektionsformen typische Veränderungen durchgemacht, indem sie in den peripheren Regionen der Zellen zu ovalen bis kugeligen und wesentlich stärker färbbaren Gebilden geworden sind.

Die Eier der Donacien werden bei der Ablage in ein von der Vagina stammendes, schaumiges Sekret gehüllt, das im Wasser alsbald erstarrt. Diesem wird jeweils aus dem Enddarm eine wohlumschriebene Portion Bakterien derart beigegeben, daß sie dort zu liegen kommt, wo sich in der Folge der Kopf der Larve entwickelt und wo diese die Hülle verzehren muß, um sich den Weg ins Freie zu bahnen (Abb. 49).

Zu dieser Zeit sind die künftigen Wohnstätten am Darm wiederum bereits gebildet und aufnahmebereit. HIRSCHLER hat schon vor Jahren (1907, 1909) die Entwicklung der larvalen Blindsäcke beschrieben, ohne ihre Bedeutung zu ahnen. Sie entstehen nicht einfach, ähnlich denen der Anobiiden, Cerambyciden, Cleoniden usf. durch Faltung des Mitteldarmepithels, sondern sind auf eine der Anlage des Mitteldarmes angehörige Ansammlung von Zellen zurückzuführen, welche frühzeitig am blinden Ende des Stomodäums auftritt, in der Folge in eine rechte und linke Hälfte zerschnürt wird und dann jederseits noch eine Aufteilung in einen kleineren, rundlichen und einen größeren, ovalen Körper erleidet. In diesen vier Zellhäufchen tritt dann ein Hohlraum auf, der schließlich nach dem Mitteldarm durchbricht. Damit wird endlich der empfangsbereite Zustand erreicht, wie ihn schlüpfende Larven aufweisen, an denen die Größenunterschiede der Säcke noch deutlich zu erkennen sind (Abb. 50a, c).

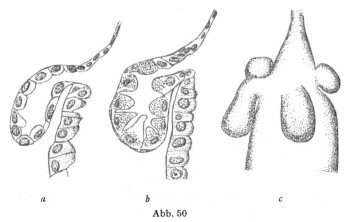

a   b   c

Abb. 50

Donacia semicuprea Panz. *a* Sterile Mitteldarmausstülpung einer vor dem Schlüpfen stehenden Larve. *b* Die Ausstülpung bald nach dem Schlüpfen infiziert. *c* Die ungleich großen Blindsäcke bei einer eben geschlüpften Larve. (Nach STAMMER.)

Kaum sind die Symbionten in den Darm gelangt, so tauchen sie auch schon in den Zellen seiner Wandung auf und vermehren sich hier sehr rasch. STAMMER fand sie in einem Fall 45 Minuten nach dem Schlüpfen bereits reichlich infiziert (Abb. 50b).

Es erscheint nicht ausgeschlossen, daß zwischen der ungewöhnlichen Entstehungsweise dieser Säckchen und der Abneigung, sie bei der Neubildung des Darmes mit dem übrigen Epithel abzustoßen, ein ursächlicher Zusammenhang besteht.

Der Formwechsel der Symbionten ist beträchtlich. Die Bakterien in den Malpighischen Gefäßen stellen breite, gedrungene Stäbchen mit abgerundeten Enden dar, welche 3–4 μ lang und 0,75–1 μ breit sind. Aus ihnen entstehen, wie erwähnt, jene kurzovalen bis kugeligen, wesentlich kleineren Infektionsstadien. Wenige Stunden nach dem Übertritt in die jungen Larven beginnen sie schon in die Länge zu wachsen und messen schließlich in alten Larven bis 15 und mehr μ. Anfangs gleichmäßig sich färbend, beladen sie sich dann zur Zeit der Verpuppungsreife mit vielen kleinen Körnern, die schließlich in größere, stark färbbare Strecken zusammenfließen und den noch viel länger gewordenen Fäden das Aussehen von Ketten verleihen. Sie sind es, die dann der

Auflösung verfallen. In den Malpighischen Gefäßen der Larven leben ebenfalls zunächst längere Schläuche, ähnlich denen in den Darmanhängen jüngerer Larven. In den Puppen zerfallen sie in die kleineren Stadien, mit denen wir die Schilderung dieses streng gesetzmäßigen Formwechsels begonnen haben (Tafel 1, Abb. *a—f*).

m) **Canthariden**

Bisher wissen wir nur von einem einzigen Symbiontenträger unter den Canthariden. Als HOLMGREN (1902) jene eigenartigen, keulenförmig deformierten Malpighischen Gefäße der Apioniden beschrieb, die sich dann später als Wohnstätten symbiontischer Bakterien entpuppten, machte er gleichzeitig Mitteilung über nicht minder ungewöhnliche Anhangsorgane, welche bei *Dasytes niger* L. an der Grenze von Mittel- und Enddarm münden. Auch in diesem Fall hatte er, ohne es zu ahnen, symbiontische Einrichtungen entdeckt. Erst STAMMER (1933) hatte Gelegenheit, erneut Imagines von *Dasytes* zu untersuchen und seiner Beobachtung die richtige Deutung zu geben. Leider sind aber auch dessen nicht mit Bildern belegte Angaben so knapp gehalten, daß auf Grund der beiden Mitteilungen zunächst nur eine sehr unvollständige Beschreibung gegeben werden kann und weitere Untersuchungen abgewartet werden müssen.

Die *Dasytes*arten leben als Imagines auf Blüten und fressen deren Pollen, die Larven sollen hingegen räuberisch sein und sich in Hölzern und unter Baumrinde finden.

Dasytes niger besitzt sechs Malpighische Gefäße, welche nicht blind enden, sondern zu je dreien vereint an zwei hintereinander gelegenen Stellen des Enddarmes erneut mit diesem in Verbindung treten.

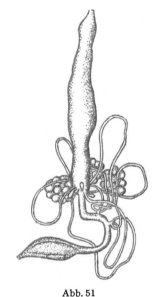

Abb. 51

Dasytes niger L. Darmkanal einer Imago mit maulbeerförmigen, in ihn mündenden Mycetomen. (Nach HOLMGREN.)

Außerdem münden in der Gegend, in der die sechs Gefäße ihren Ursprung nehmen, alternierend mit diesen drei Paare von kurzen, dicht nebeneinander verlaufenden Ausführgängen, welche mit drei maulbeerförmigen Zellhaufen in Verbindung stehen. HOLMGREN erblickte in ihnen Ansammlungen von Önocyten und sah sie nur gelegentlich im Zusammenhang mit den auch ihm nicht entgangenen keulenförmigen Ausführgängen, von denen auf seiner Abbildung drei sichtbar sind (Abb. 51).

Diese angeblichen Önocyten sind in Wirklichkeit dicht von kleinen, ovalen, zirka 5 μ messenden Mikroorganismen erfüllt, welche aus ihnen in die kurzen Ausführgänge übertreten und von hier in den Darm gelangen. Einer weiteren Abbildung HOLMGRENS ist zu entnehmen, daß die Wandung der Ausführgänge nächst

dem Darm noch symbiontenfrei ist, in ihrem weiteren Verlauf aber von rasch an
Größe zunehmenden und jetzt infizierten Zellen gebildet wird. In das blinde Ende
der Gänge ragen sich verjüngende, offenbar dem maulbeerförmigen Zellhaufen
angehörige Mycetocyten. Eine Tunica umhüllt die eigenartigen Organe.

Aller Wahrscheinlichkeit nach handelt es sich bei ihnen um Übertragungseinrichtungen besonderer Art, welche die Symbionten vom Enddarm aus auf
die Eioberfläche gelangen lassen, denn den männlichen Tieren fehlen sie
durchaus. Die Larven, welche die Symbionten vermutlich an anderer Stelle
führen, konnten leider bisher nicht untersucht werden[1]).

n) **Curculioniden**

Nachdem sich gezeigt hat, daß zum mindesten ein sehr großer Teil dieser so
überaus formenreichen Familie der Coleopteren in Symbiose mit Bakterien lebt,
eröffnet sich hier ein weites Feld. Gliedern sich doch die zahlreichen Gattungen
— im Jahre 1871 waren es schon 1006! — in 82 Tribus, von denen bis heute erst
24 als Symbiontenträger erkannt wurden, und obendrein ist eine große Mannigfaltigkeit hinsichtlich der Lokalisation ihrer Gäste für die Gruppe typisch.

Die Curculioniden ernähren sich ausschließlich von vegetabilischen Substanzen. Zahlreiche Formen leben in Nadel- und Laubhölzern und stellen
Schädlinge von großer wirtschaftlicher Bedeutung dar, andere leben in oder an
den verschiedensten krautigen Gewächsen, an Blättern, in Blütenböden, Stengeln oder Wurzeln, fressen Samen aus, nagen an Zwiebeln oder leben von Pollen.
Vielfach verursachen sie Gallbildungen oder einfache Stengelverdickungen, andere bilden Minen in den Blättern oder wissen solche auf kunstvolle Weise zu
Wickeln aufzurollen, von denen dann ihre Larven zehren. Dabei haben sie sich
zumeist weitgehend auf bestimmte Futterpflanzen spezialisiert.

Die Kenntnis der Biologie der einzelnen Formen ist hier von besonderer
Wichtigkeit, da die symbiontischen Organe vielfach auf die Larvenstadien beschränkt sind oder wenigstens auf diesen anders geartet sind als in den Imagines.

Nirgends sonst begegnen, wenn man von den Zikaden absieht, so viele
Möglichkeiten der Lokalisation der Symbionten, wie in dieser Insekten-
familie. Bisher fanden sie sich im Epithel gewisser Ausstülpungen des Mitteldarmes, in massiven, dessen Anfangsteil umziehenden oder ihm einseitig anliegenden Mycetomen, in Zellen, die im Bereiche des ganzen Mitteldarmes in ihn
eingesprengt sind, in sehr kleinen Syncytien, welche das Fettgewebe durchsetzen, oder in einer das Abdomen weithin einnehmenden fettkörperähnlichen
Zellmasse, in Zellen des Darmfaserblattes, in solchen der im übrigen unveränderten Malpighischen Gefäße oder in sehr merkwürdigen keulenförmigen Organen, die umgewandelte Malpighische Gefäße darstellen.

---

[1]) In jüngster Zeit (1952) widerrief STAMMER seine Darstellung der *Dasytes*symbiose und möchte
nun doch, wie einst HOLMGREN, in den fraglichen Einschlüssen Sekretschollen sehen, doch dünkt
uns der Fall damit noch nicht endgültig geklärt. Jedenfalls liegt eine sonst nirgends gefundene
Einrichtung vor, und der Umstand, daß sie sich nur bei den Weibchen findet, spricht doch sehr
dafür, daß sie der Übertragung von Symbionten dient.

Die Kenntnis all dieser Einrichtungen beruht nahezu ausschließlich auf meinen eigenen Studien (1927, 1928, 1930, 1933) und den Ergänzungen, welche meine Schüler SCHEINERT (1933), GLUMB (1933) und NOLTE (1937) lieferten. Lediglich die *Calandra*symbiose wurde außerdem von PIERANTONI (1927, 1928), MANSOUR (1930) und TARSIA IN CURIA (1933) untersucht und in den entwicklungsgeschichtlichen Studien von MURRAY u. TIEGS (1935, 1938) mitberücksichtigt.

Zunächst sei die Bakteriensymbiose der Unterfamilie der Cleoninen geschildert, welche sich von allen anderen Rüsselkäfersymbiosen prinzipiell unterscheidet und hinsichtlich Lokalisation und Übertragungsweise Anklänge an die

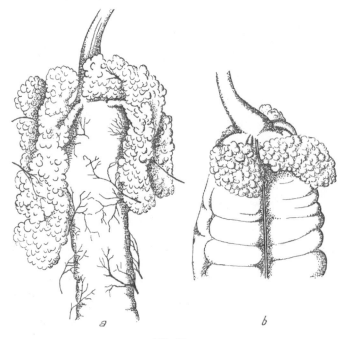

Abb. 52

a *Lixus paraplecticus* L., b *Larinus planus* Fbr. Larvale Bakterienorgane am Anfang des Mitteldarmes. 14fach vergrößert. (Nach BUCHNER.)

der Anobiiden, Cerambyciden und Lagriiden bietet. Die in den Stengeln krautiger Gewächse minierenden Larven sämtlicher Vertreter, seien es Cleonini oder Lixini, weisen am Anfang des Mitteldarmes vier verschieden gestaltete, meist nur noch mittels eines engen Ganges mit diesem in Verbindung stehende Ausstülpungen auf. Bald handelt es sich um gedrungene, gebuckelte Kissen, bald um lange, traubenförmige, den Darm eine Strecke weit begleitende Gebilde (Abb. 52). In ihrem Bereich ist das Darmepithel weitgehend modifiziert, fadenförmige, zumeist senkrecht zur Zellbasis angeordnete Bakterien erfüllen große Zellen mit stark angewachsenen Kernen und durchsetzen nicht minder auch das Lumen dieser Aussackungen (Abb. 53).

Angesichts einer solchen Lokalisation der Symbionten bedeutete es keine Überraschung, daß sich in dieser Unterfamilie bis dahin übersehene Übertragungsorgane fanden, welche eine Beschmierung der Eischale mit den Bakterien garantieren.

Der Legeapparat der Cleoniden ist überaus gedrungen und wird in der Ruhelage vom siebten und achten Segment schützend umgeben. Im Bereich der Intersegmentalhaut, welche vom achten Segment mit seinem breiten und kurzen Spiculum ventrale zum Legeapparat zieht, also an der gewohnten Stelle, finden sich auch hier paarige, mit Bakterien gefüllte Bildungen, deren Verbreitung und Varianten sich auch an trockenem Material studieren ließ. Bei den

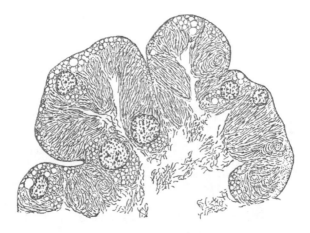

Abb. 53

Lixus paraplecticus L. Ausschnitt aus dem larvalen Bakterienorgan. (Nach BUCHNER.)

57 Arten, die ich auf solche Weise untersuchen ließ, fehlten sie niemals und waren im einzelnen recht verschieden gestaltet (unveröffentlichte Beobachtungen von GLUMB, 1933, siehe BUCHNER, 1933).

Cleonus piger Scop. besitzt zum Beispiel zwei ansehnliche keulenförmige Organe, die ein kurzes, am freien Ende entspringendes Muskelbündelchen an der Bursa copulatrix befestigt, während eine wohlentwickelte Längsmuskulatur über die ganze Oberfläche zieht und die Mündung von einem Schließmuskel umgriffen wird. Das Epithel dieser Säcke ist in zahlreiche, regelmäßig angeordnete Falten gelegt, die das Innere in Kammern aufteilen und Borsten tragen, welche sehr wohl geeignet sind, eine zu weitgehende Entleerung der Bakterien zu verhüten. Typische Drüsenzellen, wie sie sich in entsprechenden Organen anderer Coleopteren fanden, fehlen zwar, aber die Symbionten sind trotzdem in ein Sekret eingebettet, das von den plasmareichen Epithelzellen stammen muß (Abb. 54).

Da irgendwelche weitere, im eigentlichen Legeapparat untergebrachte und den Vaginaltaschen vergleichbare Symbiontenbehälter fehlen, müssen hier die ja auch als regelrechte Spritzen ausgebildeten und der Mündung der Vagina benachbarten Organe die Symbionten unmittelbar auf die Eioberfläche befördern. Bei anderen Cleoninen können diese Intersegmentalorgane wesentlich länger sein, unter den Lixinen gibt es Arten mit solchen, die ganz denen von

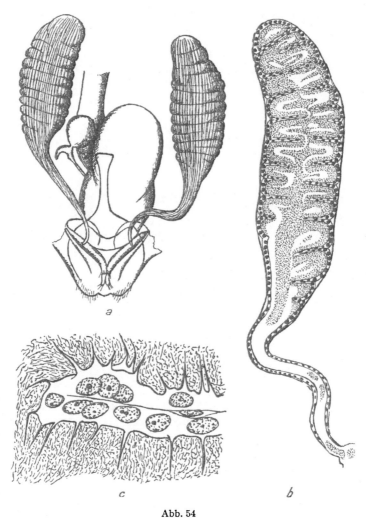

Abb. 54

Cleonus piger Scop. *a* Legeapparat mit Bakterienspritzen. *b* Eine Spritze im Längsschnitt. *c* Wandung der dichtgefüllten Spritze mit Retentionshaaren. (Nach Buchner.)

Cleonus gleichen, und andere, bei denen sie recht klein bleiben und die Ringelung entweder nur schwach angedeutet ist oder völlig fehlt. *Lixus nitidicollis* Fbr. dagegen besitzt wieder sehr lange, gegabelte Schläuche mit gefalteter Wandung, und *Larinus sturnus* Schaller fällt ganz aus der Reihe, wenn hier jederseits ein ganzes Büschel schlanker Röhrchen entwickelt wurde. Auch die Beborstung

des eingestülpten Epithels ist verschieden ausgebildet. An Stelle der einfachen
Haare, wie sie *Cleonus piger* aufweist, können breitlappige oder handförmige,
sich unter Umständen dachziegelartig deckende Differenzierungen treten, während bei *Larinus sturnus* jegliche Haarbildung unterbleibt.

Wie bei den Cerambyciden stellen diese Übertragungsorgane den einzigen
Ort dar, an dem sich bei den Imagines die Symbionten finden. Wenn auch bisher nicht untersucht wurde, wie der Abbau der Darmausstülpungen bei

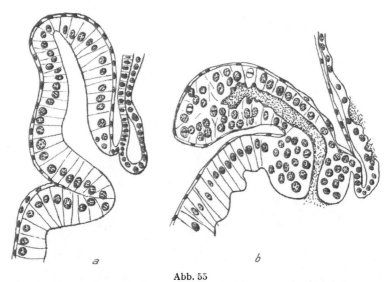

a   *b*

Abb. 55

Lixus sp. *a* Darmausstülpung einer Larve vor dem Schlüpfen. *b* Nach Verzehren der Eischale treten
die Bakterien in sie über. 200fach vergrößert. (Nach SCHEINERT.)

der Metamorphose vor sich geht und die männlichen Tiere völlig symbiontenfrei werden, während bei den weiblichen die Spritzen gefüllt werden, so
läßt sich dies nach dem Vorbilde der Bockkäfer leicht vorstellen.

SCHEINERT konnte sich davon überzeugen, daß die Eioberfläche einer
Lixus spec. tatsächlich die in ein schleimiges Sekret gebetteten Symbionten
aufwies. Die vier Ausstülpungen des Mitteldarmes werden bereits vor dem
Schlüpfen angelegt. Die Junglarve verzehrt beim Verlassen der Eischale etwa
ein Drittel derselben, und bald darauf lassen sich an der Wandung des Vorder-
darmes Bakterienklumpen feststellen. Von hier treten sie ohne weiteres in die
bis dahin sterilen Blindsäcke über und infizieren anschließend auch deren Epithel (Abb. 55).

Eine zweite, häufig wiederkehrende Art der Lokalisation stellen kompakte
Organe in der Region zwischen Anfangs- und Mitteldarm dar,
welche eine oberflächliche Ähnlichkeit mit denen der Cleoniden besitzen. Dabei
sind verschiedene Möglichkeiten zu unterscheiden. Es kann sich um völlig
voneinander gesonderte Teilmycetome handeln, die in der Vier- oder

Achtzahl im Kreise den Darm umgeben. Solche fanden sich bei den Larven der *Gymnetron*arten, welche *Linaria*-Samenkapseln ausfressen oder an *Veronica anagallis* Fruchtgallen erzeugen, bei *Miarus*arten aus Fruchtknoten von *Campanula*, bei *Sibinia* aus Samenkapseln von *Silene*, bei *Tychius*arten, die an Leguminosen leben, und *Bagous*, der sich auf *Stratiotes* spezialisiert hat (Abbildung 56 *b*). Nimmt die Zahl der Teilmycetome zu, so grenzen sie schließlich so eng aneinander, daß ein nirgends unterbrochener Kranz von Buckeln entsteht. Dies ist bei den *Otiorrhynchus*larven, welche sich alle an Wurzeln von Bäumen und Sträuchern finden, der Fall.

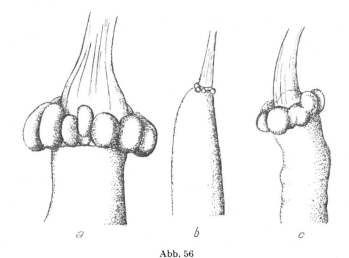

Abb. 56

a Hylobius abietis L., *b Sibinia pellucens* Scop., *c Cryptorrhynchus lapathi* L. Larvale Mycetome zwischen Anfangs- und Mitteldarm. (Nach BUCHNER.)

Eine Weiterentwicklung dieses «*Gymnetron*typs» stellt der «Hylobius-typ» dar. Äußerlich muten die Mycetome der *Hylobius*larven, die ihre Gänge in den Splint der Fichten und Kiefern, seltener auch von Laubbäumen treiben, ganz ähnlich an (Abb. 56 *a*), doch ergibt die Untersuchung auf Schnitten, daß nun die einzelnen Abschnitte alle miteinander verschmolzen sind und so ein einziges ringförmiges Mycetom resultiert. Das gleiche gilt für die Mycetome von *Molytes germanus*-Larven, die an *Petasites* leben, von *Pissodes*- und *Magdalis*-Arten, welche Koniferen wie Laubbäume schädigen, und von *Cryptorrhynchus lapathi* L., einem gefürchteten Feind der Weiden und Erlen (Abb. 56 *c*).

Der Vergleich verschieden alter Larven lehrt jedoch, daß auch solchen Zuständen stets eine «*Gymnetron*phase» vorausgeht und die Teilmycetome erst sekundär miteinander verschmelzen.

Sehr charakteristisch ist in all diesen Fällen die, wie sich zeigen wird, in der Embryonalentwicklung begründete Art der Befestigung dieser Organe am Darm. Stets ruhen sie nämlich, hier leicht abgeplattet, auf der noch dem Ektoderm angehörigen und daher mit Chitin ausgekleideten Ringfalte, welche der Anfangsdarm am Übergang zum Mitteldarm bildet, wie auf einem Sockel (Abb. 57a).

Einen dritten Typ stellt Brachycerus dar. Ein glücklicher Zufall gestattete mir die Untersuchung einer Larve dieses großen afrikanischen Rüßlers, die eben

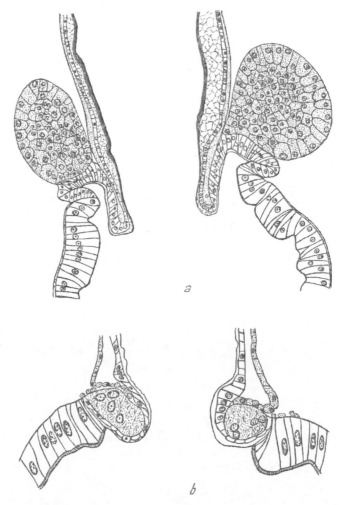

Abb. 57

a *Cryptorrhynchus lapathi* L. Das Mycetom sitzt einer Ringfalte des larvalen Stomodäums auf.
b *Coryssomerus capucinus* Beck. Das syncytiale Mycetom ist eingesenkt. (Nach BUCHNER.)

im Begriff war, aus dem Ei zu schlüpfen. Sie hatte bereits die Größe einer ausgewachsenen *Hylobius*larve und trug an der Übergangszone von Anfangs- und Mitteldarm einen aus zahlreichen größeren und kleineren Läppchen zusammengesetzten Mycetomkragen, der nur ganz leicht mit der Unterlage verlötet war.

Der zu den Calandrini zählende tropische Palmenrüßler Rhynchophorus
ferrugineus Oliv. besitzt ebenfalls an der üblichen Stelle eine freilich wieder
anders geformte, lose anliegende Halskrause von Mycetocyten, rückt aber in

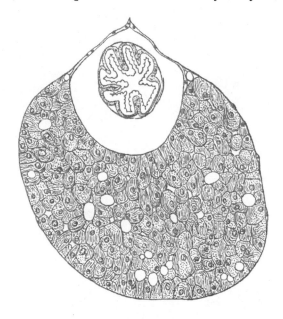

Abb. 58

Calandra granaria L. Das ventral vom Anfangsdarm gelegene larvale Mycetom. 40fach vergrößert.
(Nach Buchner.)

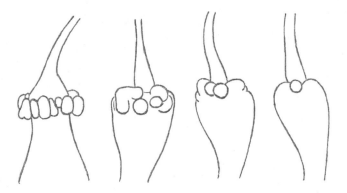

Abb. 59

Hylobius abietis L. Einschmelzung des Mycetoms während der Entstehung des imaginalen Darmes.
(Nach Buchner.)

anderer Hinsicht von allen bisher genannten Fällen ab. Während in ihnen, wie
wir noch hören werden, diese larvalen Organe im Verlauf der Metamorphose
völlig abgebaut werden, übernimmt sie *Rhynchophorus* unverändert in die Imago

Wenn all diese Mycetome durchweg bei der Präparation der Larven ohne weiteres als kugelige Gebilde, Ringe oder unregelmäßige girlandenartige Massen zu erkennen waren, so gilt dies nicht mehr für den Coryssomerustyp. Bei ihm sinkt ein geschlossener Mycetomring völlig in die vom Ende des Stomodäums gebildete Falte ein, so daß nur Schnitte seine Existenz verraten. Bei

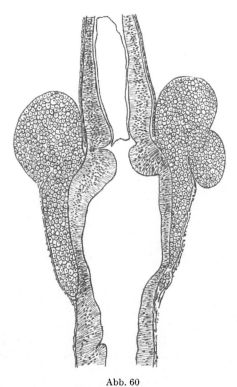

Abb. 60

Hylobius abietis L. Das larvale Mycetom beginnt zwischen dem jungen imaginalen Darmepithel und der Muscularis nach rückwärts zu gleiten. (Nach BUCHNER.)

Coryssomerus capucinus Beck., dessen Larven an den Wurzeln von Kompositen nagen, kommt als weitere Besonderheit hinzu, daß dieser Ring aus einem oder einigen wenigen Syncytien besteht, während sonst die entsprechenden Organe stets aus einkernigen oder höchstens zwei bis drei Kerne enthaltenden Zellen aufgebaut sind (Abb. 57 *b*). Die den Coryssomerinen nahestehenden Larven der Baridinen (*Baris*arten) zeigen hingegen an der gleichen Stelle aus wenigen Mycetocyten bestehende Nester.

Die von einer ganzen Reihe von Autoren studierten Calandraarten, die bekanntlich als Larven und Imagines in allen möglichen Cerealien schädlich werden können, bringen die symbiontischen Bakterien in einem stattlichen unpaaren, ventral von der Vereinigungsstelle von Anfangs- und Mitteldarm gelegenen Mycetom unter. Aus zahllosen einkernigen Zellen aufgebaut, wird es von einer zarten Haut umspannt, die sich nach dem Rücken zu in einen das Organ über dem Darm aufhängenden Strang fortsetzt (Abb. 58). Von der überraschenden Tatsache, daß eine *var. aegyptica* der *Calandra granaria* ihre Symbionten zwar verloren hat, aber trotzdem noch sterile Mycetome bildet, wird in dem historischen Problemen gewidmeten Abschnitt die Rede sein.

Da die Mycetome aller Vertreter des *Gymnetron-*, *Hylobius-*, *Brachycerus-*, *Coryssomerus-* und *Calandra-*Typs bei der Metamorphose im wesentlichen das gleiche Schicksal erleiden und bei den noch zu beschreibenden Typen nichts Vergleichbares begegnet, sei bereits an dieser Stelle darauf eingegangen. Alle diese Mycetome verschwinden zur Zeit der Verpuppung, doch ist dies nicht etwa auf einen Untergang der Mycetocyten und eine Ausstoßung ihrer Bewohner zurückzuführen, wie bei den Cleoniden, sondern lediglich auf eine Verlagerung der sie aufbauenden Elemente. Schon die äußerliche Betrachtung des

Darmes verpuppungsreifer *Hylobius*larven läßt erkennen, daß die vordem sich scharf abhebenden Buckel allmählich verstreichen und die anschließende Darmregion statt dessen sich keulig verdickt (Abb. 59). Schnitte klären uns darüber auf, daß zu dieser Zeit die Neubildung des Darmepithels schon weit vorgeschritten ist und daß die jetzt gegeneinander verschiebbar gewordenen Mycetocyten gleichzeitig in zunehmendem Maße zwischen dem imaginalen Epithel und seiner Muscularis nach hinten gleiten (Abb. 60). Schließlich schwärmen sie so über

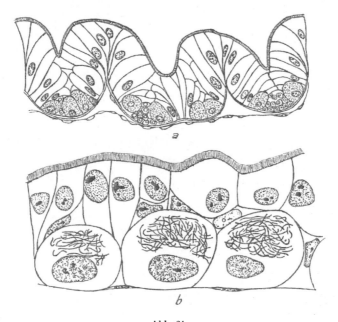

Abb. 61

a Hylobius abietis L. Mitteldarmepithel einer jungen Imago mit Mycetocyten und Kryptenzellen. *b Gymnetron villosulum* Gyll. Mitteldarmepithel einer Puppe mit Mycetocyten. *a* 200fach, *b* 600fach vergrößert. (Nach BUCHNER.)

den ganzen vorderen, magenartig erweiterten Abschnitt des Mitteldarmes, der eindeutig von jener ektodermalen Ringfalte des larvalen Darmes aufgebaut wird, aus und finden sich nach Abschluß der Metamorphose in kleine, die Kryptenzellen umschließende Nester verteilt (Abb. 61a).

Bei den übrigen dieser Kategorie angehörigen Curculioniden verläuft dieser Prozeß nach dem gleichen Muster, wird aber auf verschiedene Weise abgewandelt. Sind isolierte larvale Mycetome vorhanden, so gleiten sie zunächst als wenig gelockerte, die Muskularis des neuen Darmes vorwölbende Zellhaufen nach rückwärts, bis sich allmählich die einzelnen Mycetocyten gleichmäßig über den ganzen Anfangsteil des Mitteldarmes verstreuen. Unter Umständen wachsen zu dieser Zeit die Mycetocyten wesentlich an, ohne daß die Vermehrung der Symbionten Schritt hält, so daß überaus klare Bilder der Besiedlung die Folge sind (Abb. 61*b*). Die Faltung der imaginalen Darmwand kann sich bis zur Ausbildung schlanker Zotten steigern. Stets liegen dann Kryptenzellen und Mycetocyten am Grunde derselben.

In extremer Weise entwickeln die Calandren solche Zotten. Auch hier schlüpft das ansehnliche unpaare Mycetom im Zusammenhang mit der Neubildung des Darmes zwischen das imaginale Epithel und seine Muskulatur, schickt dann einen Teil seiner Zellen auch in die Dorsalregion und füllt schließlich mit ihnen einen hier sehr ansehnlichen massiven Teil der Zotten, welche, etwa 20 an der Zahl, den Mitteldarm begleiten (Abb. 328).

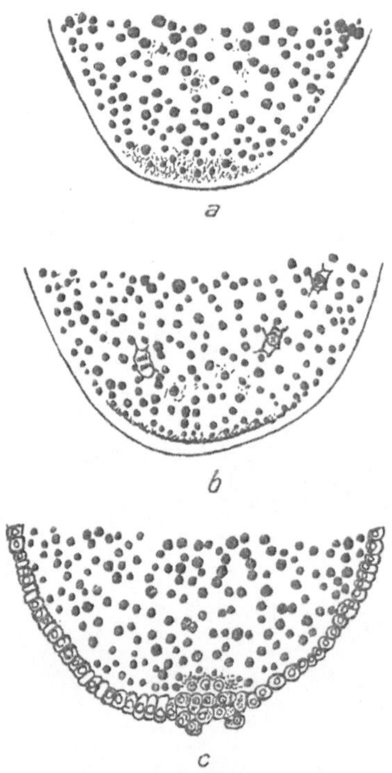

Daß allein *Rhynchophorus ferrugineus* von einer solchen Ortsveränderung absieht, wurde schon erwähnt.

Merkwürdigerweise führt nun aber diese umständliche Verlagerung der Mycetocyten keineswegs zu einem das restliche imaginale Leben der Wirtstiere hindurch andauernden Zustande, sondern stellt eher einen Weg dar, auf dem diese sich ihrer nun offenbar überflüssigen Gäste wenigstens zum größten Teil entledigen. In älteren Imagines beiderlei Geschlechts muß man oft lange suchen, bis man noch die ein oder andere Mycetocyte in der Darmwand findet. Das gilt für *Hylobius*, *Molytes, Miarius, Otiorrhynchus, Brachycerus* usw. Auch *Calandra* macht hierin keine Ausnahme, wenn die Mycetocyten in den Zotten mit zunehmendem Alter immer mehr abnehmen und ihr Lumen sich entsprechend vertieft. Offenbar werden jeweils die ganzen Zellen samt Insassen in den Darm ausgestoßen und gehen hier zugrunde.

Möglicherweise hängen mit diesem Eliminationsprozeß auch Degenerationserscheinungen zusammen, welche sich bei *Hylobius, Otiorrhynchus, Cryptorrhynchus* und anderen bereits in den älteren larvalen Mycetomen feststellen lassen. Die Mycetocyten sind dann zum Teil stärker, zum Teil schwächer färbbar, ihre Kerne erscheinen geschädigt, die fadenförmigen Bakterien rollen sich schneckenähnlich auf und verklumpen schließlich oder werden stellenweise aufgetrieben, nehmen Perlschnurgestalt an und zerfallen wohl dann schließlich in Fragmente. Vor allem sind es die peripher gelegenen Zellen, welche dergleichen Veränderungen erleiden und zumeist auch durch gesteigertes Wachstum ausgezeichnet sind.

Abb. 62

Hylobius abietis L. *a* Ein eben abgelegtes Ei mit einer Bakterienansammlung am Hinterende. *b* Furchungsstadium; die Bakterien bilden eine dünne Lage am Keimhautblastem. *c* Entstehung der Urgeschlechtszellen und Übernahme der Bakterien in diese. 67fach vergrößert. (Nach Scheinert.)

Die Lokalisation der Symbionten in vom Darm unabhängigen Mycetomen schließt bei dieser zweiten Kategorie von Rüsselkäfern eine oberflächliche Beschmierung der Eier aus. Erstmalig begegnet uns vielmehr hier eine im übrigen so häufige Übertragung durch Infektion der Ovocyten. Die spezielle Form, in der sie durchgeführt wird, ist freilich eine sehr eigenartige. Zu einer, wie wir noch hören werden, ganz ungewöhnlich frühen Zeit wird zunächst der Grund zu einer Infektion der Nährzellen gelegt, die später am Ende einer jeden Ovariole zu einer syncytialen Masse zusammenfließen, in welcher die Bakterien, die hier offenbar einen sehr günstigen Nährboden finden, sich rasch vermehren. Mit dem Sekret, das von ihr in die wachsenden Ovocyten übertritt, gleiten auch die Symbionten in diese und vereinigen sich unter Umständen mit vereinzelten, unmittelbar in die jungen Ovocyten eingedrungenen Bakterien. Nachdem MANSOUR diesen Übertragungsmodus als erster bei *Calandra* beschrieben, haben ich und SCHEINERT ihn bei einer Reihe weiterer Formen wiedergefunden. Er gibt uns die Möglichkeit, auch an Hand geschlechtsreifer Weibchen, welche ihre symbiontischen Organe völlig abgebaut haben, lediglich mit Hilfe von Ausstrichen der Endkammern ihrer Ovarien das Vorhandensein einer Symbiose nachzuweisen.

Das Studium der Embryonalentwicklung deckt auf, wie es zu jener frühen Infektion der Nährzellen kommt und wie sich die Mycetome anlegen (SCHEINERT, 1933). *Hylo-*

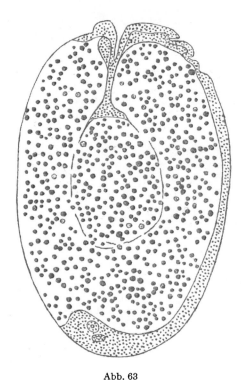

Abb. 63

Hylobius abietis L. Zellen des Stomodäums wandern zu dem die Symbionten konzentrierenden Plasmanetz. 75fach vergrößert. (Nach SCHEINERT)

bius, Liparus und *Calandra* dienten bisher als Objekte. In den eben abgelegten Eiern sind die Symbionten über den gesamten Dotter verteilt. Während in den Mycetomen von *Hylobius* bis zu 30 μ messende Fäden leben, finden sich jetzt hier kurze Stäbchen von 1,5—3 μ Länge. Dabei ist immer wieder eine dichtere Ansammlung in Nachbarschaft des vorderen Pols und eine besondere uhrschalenförmige Bakterienzone am hinteren Pol festzustellen. Diejenigen Furchungskerne, welche in die letztere eintauchen, werden zu Urgeschlechtszellen und bilden, ohne daß sich dabei die beiden Geschlechter unterscheiden, ein vom übrigen Blastoderm sich abhebendes symbiontenhaltiges Zellhäufchen (Abb. 62).

Wenn sich dann der Keimstreif gebildet und seine Segmentierung begonnen hat, setzt im Eiplasma ein höchst eigenartiger Prozeß ein. Zunächst tritt am freien Ende der Anlage des Stomodäums eine Plasmastrahlung auf, dann bildet sich in einigem Abstand von der Eioberfläche ein sackförmiges, am Stomodäum aufgehängtes Netz, das allerorts mit dem bakterienhaltigen Protoplasma in

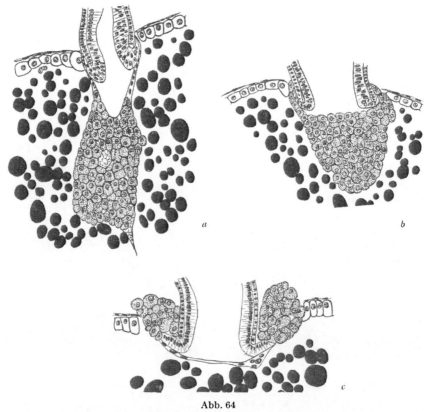

Abb. 64

Hylobius abietis L. *a* Die Mycetomanlage ist am Ende des Stomodäums aufgehängt. *b* Ihre Zellen beginnen das Darmlumen zu verlassen. *c* Der Durchtritt ist nahezu vollendet. 225fach vergrößert. (Nach SCHEINERT.)

Verbindung steht und nun, während es sich immer mehr zusammenzieht, die Symbionten auf seinen Maschen in steigendem Maße derart konzentriert, daß bald weder außerhalb, noch innerhalb des Netzes Bakterien nachzuweisen sind (Abb. 63). Inwieweit Strömungen oder die in der Nachbarschaft stets vorhandenen Dotterkerne bei diesem ungewöhnlichen Vorgang eine Rolle spielen, läßt sich nicht sagen.

Mit zunehmender Verengerung des Netzes gleiten Elemente des Stomodäums, also Ektodermzellen, auf dem verbindenden Plasmastrang netzwärts, bilden erst eine Kalotte auf diesem, dringen dann immer tiefer in das sich in steigendem Maße zusammenziehende Netz ein und nehmen allmählich, jetzt deutliche Zellgrenzen bildend, dessen Bakterien in sich auf. So hängt schließlich ein embryonales Mycetom, an der Grenze von Anfangs- und Mitteldarm befestigt, im Dotter. Auf einem nächsten Stadium schlüpft es dank der hier mangelhaften Verlötung der beiden Epithelien zwischen diesen hindurch an die ihm in der larvalen Organisation angewiesene Stelle (Abb. 64).

Die Mycetome vom *Hylobius*typ sind somit e k t o d e r m a l e, in dieser Form sich sonst nirgends findende Organe und bekunden dies nicht nur durch ihre

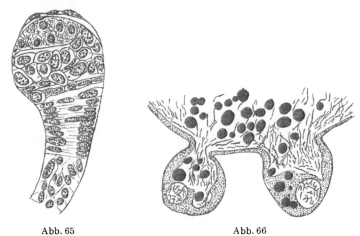

Abb. 65   Abb. 66

Abb. 65. *Sibinia pellucens* Scop. Ovariole einer verpuppungsreifen Larve; die Nährzellen sind reich, die Ovocyten spärlich infiziert. 370fach vergrößert. (Nach SCHEINERT.)

Abb. 66. *Calandra granaria* L. Die Bakterien gelangen in die Urgeschlechtszellen. 750fach vergrößert. (Nach SCHEINERT.)

Genese, sondern auch durch ihre in der Larve beibehaltene enge topographische Beziehung zum Anfangsdarm. Wenn ihr Zellmaterial dann gelegentlich der Metamorphose reaktiviert wird und sich aufs innigste mit dem neuen, jetzt ja ebenfalls ektodermalen Mitteldarm verbindet, so bedeutet dies gleichsam ein Sichwiedererinnern an die gemeinsame Herkunft.

Die männliche und weibliche Genitalanlage wird, wie gesagt, zunächst in gleicher Weise infiziert. Schon bevor sich jedoch morphologische Anhaltspunkte für das jeweilige Geschlecht erkennen lassen, kann man Junglarven mit deutlich infizierten Urgeschlechtszellen und solche mit im Schwinden begriffenen Bakterien unterscheiden. Schließlich werden sie hier gänzlich aufgelöst. Wenn dann in den jungen weiblichen Gonaden die rasch wachsende Nährzellanlage und die zunächst in der Entwicklung zurückbleibende eigentliche Genitalanlage sich sondern, so ergeben sich auch hiebei wesentliche Unterschiede im Verhalten der Symbionten. In ersterer kommt es zu lebhafter Vermehrung derselben, in letzterer zu ihrer Sistierung (Abb. 65). So wird verständlich, daß später die aus den Nährzellen übertretenden Bakterien auf vereinzelte, schon in den Ovocyten vorhandene stoßen.

Soweit verschiedene Gattungen hinsichtlich dieser embryonalen und postembryonalen Prozesse verglichen werden konnten, ergaben sich lediglich geringfügige Varianten. So werden bei *Calandra* die Urgeschlechtszellen samt Bakterien und Dotterschollen in sehr auffälliger Weise abgeschnürt, und es fehlt das die Symbionten konzentrierende Netz (Abb. 66). Statt dessen sendet die Stomodäumanlage unregelmäßige Plasmafortsätze zwischen die Dotterschollen, auf denen von ihr stammende Kerne ausschwärmen, um die bereits in der zentralen Region vereinigten Bakterien aufzunehmen. Ihre anschließende Zusammenballung und der freilich hier nur ventral vor sich gehende Austritt aus der Mitteldarmanlage erfolgen dann ähnlich wie bei *Hylobius*.

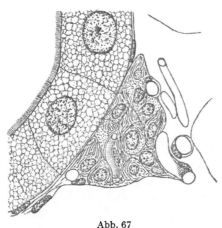

Bei einigen Rüsselkäfern fanden sich überaus unscheinbare und daher sehr leicht zu übersehende infizierte Zellnester im hinteren Bereich des Mitteldarmes. Diese Möglichkeit der Lokalisation sei als *Ceutorrhynchus*typ bezeichnet. In *Balaninus glandium*-Larven aus Eicheln und bei *Balaninus nucorum* L. aus Haselnüssen liegt ein winziges, aber deutlich von fadenförmigen Bakterien besiedeltes und mit Tracheen versorgtes Zellnest einer hinteren Windung des Mitteldarmes lose an (Abb. 67). Bei *Smicronyx jungermanniae* Reich., dessen Larven

Abb. 67

Balaninus glandium Mrsk. Zwischen den Darmschlingen gelegenes Mycetom einer jüngeren Larve. 400fach vergrößert. (Nach BUCHNER.)

Gallen an *Cuscuta* erzeugen, fand ich ein kleines Syncytium im Winkel einer Mitteldarmschlinge. Bei *Ceutorrhynchus punctiger*-Larven aus *Taraxacum*-Blütenböden liegt zwischen den Windungen des Mitteldarmes in der hinteren Hälfte des Larvenkörpers eine umfangreichere Ansammlung kleiner Mycetocyten, und andere *Ceutorrhynchus*- und *Phytonomus*arten verhalten sich ähnlich. Wahrscheinlich ist eine solche unauffällige, nur auf Schnittserien ausfindig zu machende Art der Lokalisation noch viel weiter verbreitet, und möglicherweise bestehen auch Übergänge zwischen ihr und gewissen infizierten Zellnestern, welche ich in Anzahl bei *Dorytomus*- und *Elleschus*larven in den Fettkörper eingeschaltet fand.

Auch bei *Balaninus*, *Smicronyx* oder *Ceutorrhynchus* vermißt man in den Imagines jene primitiv anmutenden Mycetome. Ja, sie werden hier sogar besonders frühzeitig wieder abgebaut. Schon in älteren Larven sind meist höchstens noch Spuren von ihnen aufzufinden. Im einzelnen bedarf dieser Auflösungsprozeß, wie der ganze Symbiosetyp überhaupt, noch einer eindringlicheren Analyse. Bei *Smicronyx* zersplittert das Syncytium zunächst in unregelmäßige Fetzen, an die sich dann die Bakterien aufnehmende Blutzellnester anlegen. Bei *Ceutorrhynchus punctiger* Gyll. lockert sich das Gefüge der oben erwähnten Zellansammlung völlig, und kleine Leukocyten treten in Menge zwischen den ursprünglichen Mycetocyten auf, welche immer mehr in den Hintergrund treten, bis sie schließlich schon vor der Verpuppung gänzlich

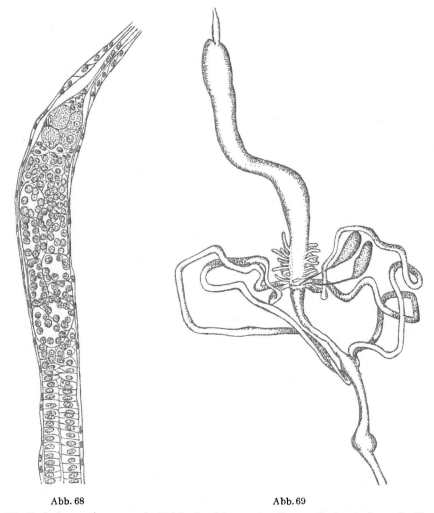

Abb. 68   Abb. 69

Abb. 68. *Smicronyx jungermanniae* Reich. Ovariole aus einer Puppe, die terminale, wenigzellige Anlage der Nährzellen reich infiziert. 600fach vergrößert. (Nach Buchner.)

Abb. 69. *Erythrapion miniatum* Germ. Imaginaler Darmkanal mit zwei zu keulenförmigen Symbionten wohnstätten umgewandelten Malpighischen Gefäßen. (Nach Buchner.)

verschwinden. *Phytonomus* verhält sich ganz ähnlich. Immer wieder ergeben sich enge Beziehungen dieser Mycetome vom *Ceutorrhynchus*typ zum Fettgewebe und zu Blutzellen. Bei *Cionus* sind ebenfalls Elemente des Blutes infiziert, ohne daß es überhaupt zu einer organartigen Konzentration derselben käme. Die

Übertragung geht bei all diesen Objekten wieder auf dem Wege einer Infektion der Nährkammern vor sich. Abb. 68 zeigt zum Beispiel eine Ovariole aus einer Puppe von *Smicronyx*, in der auf den Endfaden die wenigzellige, stark infizierte Anlage der Nährzellen und anschließend das Keimlager und eine Anzahl bereits Bukettstadien enthaltende Follikel folgen.

Auch mit diesem *Ceutorrhynchus*typ ist die Fülle der bei den Curculioniden festzustellenden Möglichkeiten noch nicht erschöpft. Die Symbiose der Apioninen, jener kleinsten Rüßler, von denen über 1000 Arten beschrieben wurden, birgt sogar noch recht überraschende andersgeartete Lösungen. Auf der Untersuchung von 20 Arten fußend, konnte ich drei verschiedene Lokalisationsweisen unterscheiden, deren Zahl durch eine spätere, auf größerem Material beruhende Überprüfung durch Nolte nicht vermehrt wurde.

Hier treten nun vielfach die Vasa Malpighi in den Dienst der Symbiose. Während alle anderen Rüsselkäfer sechs Malpighische Gefäße haben, stellt man bei einer ganzen Reihe von Arten von *Oxystoma, Erythrapion, Protapion, Perapion* usw. nur vier normal entwickelte Gefäße fest und findet an Stelle des fünften und sechsten bei Larven und Imagines zwei eigenartige keulige, auf schlanken Stielen sitzende Gebilde (Abb. 69, siehe auch Abb. 330). Ihre Mündung an der Grenze des Mittel- und Enddarmes entspricht durchaus der der beiden fehlenden Gefäße, und in der Tat handelt es sich um solche, welche ihrer ursprünglichen Funktion entzogen und tiefgreifend zu Symbiontenwohnstätten umgebaut wurden. Der Stiel hat zwar seine typische Struktur eingebüßt und besteht jetzt aus wenigen flachen Zellen ohne Stäbchensaum, aber sein Lumen ist erhalten geblieben. Im kolbigen Teil ist es hingegen völlig geschwunden. Er besteht im wesentlichen aus sehr verschieden großen, von Bakterien besiedelten Zellen, zwischen die in der Längsachse des Organs kleine sterile Elemente eingekeilt sind. Eine Hülle aus flachen Zellen umspannt die in beiden Geschlechtern in gleicher Weise entwickelten Anhänge.

Nolte und Scheinert haben sich bei *Erythrapion* und *Protapion* mit ihrer Genese beschäftigt. Beide fanden, daß zunächst sechs Gefäße in ganz normaler Weise als Ausstülpungen des ektodermalen Proktodäums angelegt werden; doch bleiben alsbald zwei von ihnen kurz und schwach keulig verdickt. Die Symbionten bilden zu dieser Zeit noch einen in der Mitte des Dotters gelegenen, von einer feinen Hülle umgebenen Ballen. Kurz vor dem Schlüpfen der Larven ist dieser verschwunden, während die beiden in ihrer Entwicklung gehemmten Gefäße infiziert sind. Anfangs findet man die Symbionten nur in den der Mündung nahen Zellen. Allmählich greift die Besiedelung aber auch auf die tiefer gelegenen Elemente über, die hintersten bleiben jedoch leer und werden durch die wesentlich anschwellenden infizierten Schwesterzellen nach der Längsachse abgedrängt, wo sie jene strangförmige Ansammlung bilden.

Dieses Zellwachstum dauert bis zur Metamorphose an und wird von sehr eigenartigen Formveränderungen der Symbionten begleitet. Im Eiplasma und bei der Infektion stellen sie typische Stäbchen dar. In den Malpighischen Gefäßen angelangt, bilden sie eine Gallerthülle und verlängern sich in S-förmige oder aufgeknäulte Fädchen. In älteren Larven beginnen sie Knoten zu bilden; in der Imago wachsen sie samt ihrer Hülle noch beträchtlich heran und werden wesentlich dicker, es entstehen rosenkranzförmige Zustände, die schließlich mitsamt der Hülle in Fragmente zerfallen. Kugelige Formen verlassen dann die Zellen und füllen das Lumen des Ausführganges, dessen Kontraktionen sie in den Enddarm befördern. Hand in Hand mit dieser zunehmenden Verödung der Mycetocyten bildet sich nun auch in dem keulenförmigen Abschnitt wieder ein Hohlraum.

Dieser Formwandel schreitet parallel dem Anwachsen der Mycetocyten vom Stiel nach dem blinden Ende zu fort und ergreift stets die sämtlichen Insassen einer Zelle in gleicher Weise. Die Folge ist, daß die Schnitte durch ältere Organe ein seltsam buntes Bild bieten. Wie MAHDIHASSAN (1947) ohne Kenntnis des Objektes aus NOLTES Abbildungen schließen konnte, daß hier Leukocyten, Sekretgranula und Stoffwechselprodukte der symbiontischen Bakterien in einen hypothetischen Zyklus vereinigt wurden, ist schwer verständlich.

Die Übertragung geht, obwohl hier einer Beschmierung der Eioberfläche nichts im Wege stünde, in der üblichen Weise vor sich. Infizierte Nährzellen senden die Bakterien in die wachsenden Ovocyten, und lange bevor die Malpighischen Gefäße besiedelt werden, haben sich wieder die Anlagen der Gonaden bereits mit Symbionten beladen.

Anderen Apioninen gehen solche umgebaute Vasa Malpighi ab. Bei *Aspidapion aeneum*-Larven, die in Malvenstengeln minieren, wird der Mitteldarm von mäßig vergrößerten, dicht von Bakterien besiedelten Zellen begleitet, welche dem Darmfaserblatt angehören. In diesem Fall werden die Symbionten im Verlauf der Metamorphose wieder umgeladen. Die infizierten Zellen lösen sich vom Darm, wandern zu den Malpighischen Gefäßen und legen sich ihnen an. Wahllos über alle Gefäße verstreute Zellen ihrer Wandung übernehmen dann die Bakterien und werden allseitig dicht von ihnen erfüllt. Ein Teil wird auch in das Lumen abgegeben und wird von hier, wie man am noch lebenden Präparat sehen kann, in Ballen in den Darm ausgestoßen. Einen auffälligen Formwechsel der Symbionten gibt es hier nicht. Da sie sich abermals zunächst in den zentralen Regionen des Dotters finden, müssen sie notgedrungen das embryonale Darmepithel durchwandern, um an die larvalen Wohnstätten zu gelangen. Dieser zweite Apioninentyp ist bis jetzt bei acht Arten gefunden worden.

Den dritten repräsentiert *Omphalapion laevigatum* Payk., das man aus Kamillenblüten sammeln kann. Bei ihm und einer *Taeniapion*- und *Diploapion*art fand sich ein umfangreiches, dorsal und lateral vom Darm gelegenes, Gonaden und Vasa Malpighi umhüllendes mycetomartiges Gebilde, das aus vielen kleinen, dicht mit Bakterien angefüllten Zellen aufgebaut ist. Larven, Puppen und Imagines führen es in gleicher Weise. Daß es sich diesmal um ein Derivat des Fettkörpers handelt, bezeugt der Umstand, daß dessen Wandlungen sich auch am Mycetom widerspiegeln. Hier wie dort treten gleichzeitig eosinophile Granula und Fetttröpfchen auf, ja in älteren Puppen bilden sich vorübergehend in den Mycetocyten so große Fettkugeln, daß die Bakterien auf die dazwischen ziehenden Plasmastränge eingeschränkt werden.

Ob damit alle bei Apioninen vorhandenen Möglichkeiten aufgedeckt sind, läßt sich natürlich nicht sagen. Irgendeine Beziehung zwischen Symbiosetyp und Untergattungen besteht jedenfalls nicht. Die Schlüsse, welche sich aus diesen drei verschiedenen Lokalisationsweisen hinsichtlich der Stammesgeschichte ergeben, werden in dem historischen Problemen gewidmeten Kapitel erörtert werden. Daß sich in der Fülle der übrigen, der Untersuchung harrenden Curculioniden noch so mancher bisher nicht erfaßte Symbiosetyp verbirgt, kann nicht bezweifelt werden.

o) Ipiden

Die einzige wohlbegründete, aber nur sehr kurz gehaltene Angabe, welche bisher in der Literatur über eine Endosymbiose mit Bakterien bei Ipiden vorliegt, stammt von STAMMER (1933). Bei drei Arten je einer Gattung, bei *Eccoptogaster scolytus* Fabr., *Hylesinus fraxini* Panz. und *Hylastes ater* Payk. konnte er eine starke Infektion der Endkammern der Ovarien mit jeweils spezifisch gestalteten Bakterien, also offensichtlich die gleiche Übertragungsweise wie bei Rüsselkäfern, konstatieren. Bei *Eccoptogaster* handelt es sich um breite Stäbchen mit abgerundeten Enden, bei *Hylesinus* um zierlichere, vielfach leicht keulenförmig angeschwollene Fäden, bei *Hylastes* um lange, oft spiralig gewundene Fäden. Bei anderen Ipiden *(Blastophagus, Ips)* suchte STAMMER vergebens nach einer solchen Infektion der Eiröhren. Den eigentlichen Sitz der Symbionten im Körper der Larven oder Imagines konnte er jedoch nicht auffinden.

Bisher unveröffentlicht sind weiterhin Befunde, welche TRETZEL, ein Schüler STAMMERS, machte. Er fand bei drei *Scolytus*-Arten *(multistriatus* Mrsh., *Ratzeburgi* Janson, *mali* Bechst.), bei *Hylurgops palliatus* Gyll. und einer weiteren *Hylastes*-Art *(angustatus* Herbst) ebenfalls die Ovarien infiziert, vermißte aber bei *Pityogenes* und *Dryocoetus* sowie abermals bei drei *Ips*arten die Bakterien.

Inzwischen habe ich selbst begonnen, mich mit der bisher so stiefmütterlich behandelten Ipidensymbiose zu befassen und bin zu der Überzeugung gekommen, daß es sich um eine weitverbreitete und mannigfach variierte Einrichtung handelt. Die den beiden bisherigen Untersuchern entgangene Lokalisation der Symbionten kann eine sehr verschiedene sein. In der Mehrzahl der Fälle dürften sie im larvalen und imaginalen Mitteldarmepithel leben, aber in anderen, zum Beispiel bei *Crypturgus* und einer noch nicht bestimmten Form des Ölbaumes, liegen dem Darm äußerlich dicht besiedelte Gruppen von Mycetocyten an, und bei *Coccotrypes tanganus* Eggers, einem afrikanischen Borkenkäfer, welcher in Palmennüssen und daher auch in aus solchen verfertigten Knöpfen lebt, werden vier der sechs Malpighischen Gefäße den Symbionten eingeräumt und gleichzeitig wesentlich vergrößert. Auch das Fettgewebe scheint für die Lokalisation in Frage zu kommen.

Eine weitere Komplikation bringt der Umstand mit sich, daß gar nicht selten eine Symbiose mit zweierlei Bakterien vorliegt. Dann stellt die eine Sorte stets kleinste Stäbchen und kokkoide Formen dar, und hat die zweite die Gestalt längerer Fädchen oder dickerer, verschieden gestalteter Schläuche oder

Würste. Dies ist zum Beispiel bei *Polygraphus*, bei *Crypturgus*, bei *Scolytus* und *Coccotrypes* der Fall. In den Endkammern der Ovariolen begegnen dann dementsprechend die beiden Formen, wobei die größere unter Umständen scharf geschieden in besonderen Zellen untergebracht wird. Von den beiden genannten Untersuchern sind allem Anschein nach stets nur diese ungleich auffälligeren Organismen gesehen worden, und dürfte überall dort, wo sie keine Symbionten fanden, wie etwa bei der Gattung *Ips*, trotzdem die kleinere Sorte vorhanden sein. Die in Gang befindliche Untersuchung wird dies endgültig zu klären haben. Auch wird sie zu prüfen haben, ob die Ambrosia züchtenden Borkenkäfer nicht doch außerdem mit solchen kleinsten Bakterien in Endosymbiose leben.

Angaben von PEKLO über eine Symbiose bei Ipiden, die mit unseren Beobachtungen in keiner Weise in Einklang zu bringen sind, beruhen aller Wahrscheinlichkeit nach, wie andere von diesem Autor als «Symbiosen» beschriebene Fälle, auf einer Verwechslung mit Stoffwechselprodukten der verschiedensten Art. Bei verschiedenen *Ips*arten (*typographus* L., *chalcographus* L., *amitinus* L.) sowie bei *Eccoptogaster rugulosum* Ratz. seien die Symbionten in den peripheren Regionen des Fettgewebes in großer Menge vorhanden, würden von hier in den Darm gelangen und dort verdaut werden. Auf solche Weise sollen sie im Laufe der Entwicklung abnehmen und schließlich nur noch in den Eizellen vorhanden sein. 1946 bezeichnete er sie als *Azotobacter*, 1949 teilte er mit, daß es sich hauptsächlich um eine *Torulopsis* handle, daß daneben aber auch zahlreiche Kolonien von *Candida* und mancherlei Bakterien, darunter an *Azotobacter* erinnernde, isoliert worden seien.

p) Silvaniden

Die unscheinbaren Vertreter der Familie der Silvaniden leben im allgemeinen von pflanzlichen Produkten und finden sich teils unter der Rinde von Laub- und Nadelhölzern, teils aus tropischen Ländern eingeschleppt und heute weltweit verbreitet in Magazinen, wo sie zu lästigen Schädlingen werden können. *Oryzaephilus (Silvanus) surinamensis* L., den PIERANTONI (1929, 1930) als Symbiontenträger erkannt hat, und der anschließend von KOCH (1930, 1931, 1936) eingehend untersucht wurde, nährt sich in erster Linie von Cerealien und von den verschiedensten aus solchen hergestellten Produkten, aber auch von Sämereien, Blumenzwiebeln, Nüssen und getrockneten Früchten. Hefe, Tabak und Zucker werden von diesen wenig wählerischen Käfern, die hierin sehr an *Sitodrepa panicea* erinnern, ebensowenig verschmäht.

Larven und Imagines besitzen vier wohlgesonderte rundliche bis ovale Mycetome. In den ersteren liegen zwei dorsale, eng benachbarte über dem Darm im vierten und fünften Segment, zwei ventrale beiderseits vom Bauchmark im dritten und vierten Segment. Bei der Verpuppung werden die dorsalen in das zweite, die ventralen in das erste Abdominalsegment verlagert. In der weiblichen Imago liegen die Dorsalorgane sogar im Metathorax und im ersten Abdominalsegment schräg hintereinander zwischen den Eiröhren, beziehungsweise Hoden.

Dabei sind stets auch enge topographische Beziehungen zu den Malpighischen Gefäßen vorhanden, die dadurch bedingt sind, daß jeweils beiderlei Organe von Ästen der gleichen Tracheen umsponnen werden.

Der histologische Bau dieser vier Organe ist ein höchst eigenartiger und steht unter den zahllosen heute schon bekannt gewordenen Mycetomtypen völlig isoliert da. Auf den Larvenstadien erscheinen die Mycetome in je 12 bis 15 Fächer aufgeteilt. Jedes Fach stellt ein kleines Syncytium dar, das einen

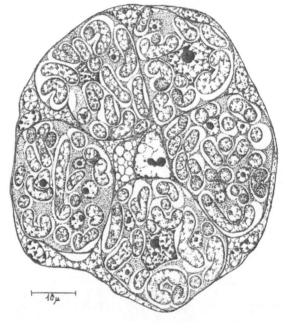

Abb. 70

Oryzaephilus surinamensis L. Larvales Mycetom. (Nach Koch.)

großen, eckigen, zentralen Kern und eine Anzahl viel kleinerer, rundlicher Kernchen enthält. In ihrem Plasma drängen sich schlauchförmig gekrümmte, 15–30 μ lange Symbionten von deutlich wabiger Struktur, die je in einer Masche des stark reduzierten Wirtsplasmas liegen. Ein wohlentwickeltes Hüllgewebe umgibt die Syncytien und dringt zwischen ihnen bis in das Zentrum vor. Dort liegt in einer größeren Plasmaansammlung ein besonders ansehnlicher Kern, während kleinere Kerne die äußere Wandung durchsetzen und sich, wo eines der radiären Septen abzweigt, stets in der Zweizahl finden (Abb. 70).

In der Puppe beginnen diese so kompliziert gebauten Organe sich zu verändern. Die Hülle wird vorübergehend wesentlich ansehnlicher, ihr zentraler Kern wächst beträchtlich heran, die kleinen Kerne der Syncytien teilen sich jetzt allerorts mitotisch, und die Symbionten erreichen mit 60–70 μ ihre maximale Länge. Da und dort finden sich zwischen den normalen Zuständen stark verästelte Gebilde mit grobschaumigem Protoplasma, welche zu stärker färbbaren verklumpten Zuständen überleiten, die deutlich den Stempel der Degeneration tragen (Abb. 71, 74*d*).

Diese Veränderungen leiten das gewaltige, in der Imago einsetzende Wachstum der Mycetome ein, das so weit gehen kann, daß ein einziges Teilsyncytium zur Größe der ganzen Larven- und Puppenmycetome anschwillt. Die bindegewebige Hülle wird dadurch maximal abgeplattet, die Riesenkerne der Syncytien erscheinen allerseits tief eingedellt, fast homogen und reich an Schollen der Nuklearsubstanz, wodurch der Gegensatz zu den viel kleineren, zwischen die

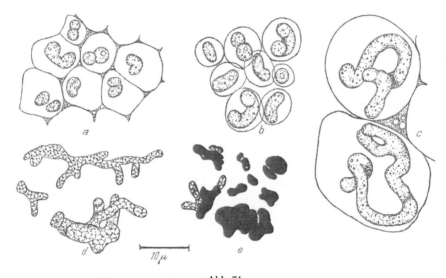

Abb. 71

Oryzaephilus surinamensis L. Formwechsel der Symbionten. *a* Symbionten aus dem Mycetom eines reifen Weibchens, *b* aus der polaren Infektionsmasse des Eies, *c* aus dem Mycetom der Larve, *d, e* Zustände der Entartung aus imaginalen Mycetomen. (Nach Koch.)

Symbionten gestreuten Kernchen noch vergrößert wird. Die Symbionten aber haben sich jetzt in zahllose, nur noch 3—6 μ lange Gebilde aufgeteilt (Abb. 71*a*).

In den männlichen Tieren zerfallen sie wohl auch in solche kleine Stadien, doch unterbleibt die starke Vermehrung und damit das extreme Anwachsen der Mycetome, das in den Weibchen kurz vor der Eiablage zu beobachten ist und durch die Erfordernisse der Übertragung veranlaßt wird. Wie groß diese sind, möge man dem Umstand entnehmen, daß bei einem *Oryzaephilus*weibchen 285 abgelegte Eier gezählt wurden.

Wenn die Zeit der Ovarialinfektion herannaht, treten in den Syncytien Nester von Symbionten auf, die sich lediglich durch ihre stärkere Färbbarkeit von den übrigen unterscheiden. Sie stellen die Übertragungsformen dar. Durch Platzen der Hülle gelangen sie in die Leibeshöhle, wo sie da und dort in kleinen Gruppen begegnen. Ort der Infektion ist der hintere Pol ausgewachsener Eier, an dem sie sich zwischen Follikel und Eiröhrenstiel drängen und damit an eine Stelle gelangen, welche für den Übertritt in das Ei besonders geeignet ist. Hier weichen nämlich jetzt die Follikelzellen, ähnlich wie wir es bei *Lyctus* an der ganzen Eioberfläche finden werden, an engbegrenzter Stelle derart auseinander, daß eine Anzahl Einfallspforten entsteht (Abb. 72*a*). Anfangs dringen die Infektionsstadien eine kurze Strecke in den Dotter ein, dann gleiten sie wieder

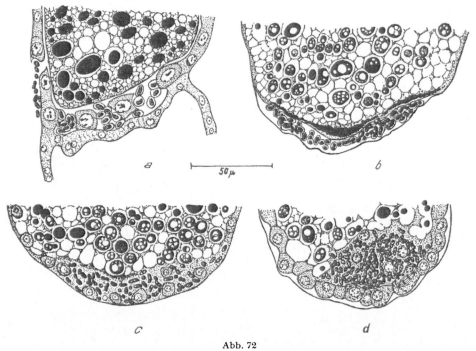

Abb. 72

Oryzaephilus surinamensis L. *a* Die Symbionten dringen am hinteren Pol zwischen den Follikelzellen in das Ei ein. *b* Symbionten am Hinterende eines eben abgelegten Eies. *c* Frühes Blastodermstadium. *d* Abschluß der Blastodermbildung, Entstehung eines transitorischen Mycetoms. (Nach KOCH.)

zurück und vereinen sich zu einer kalottenförmigen, zwischen dem Keimhautblastem und der inzwischen gebildeten Dotterhaut liegenden Masse (Abb. 72*b*). Jetzt erst imprägniert sich an dieser Stelle in entsprechender Ausdehnung die dotterfreie Plasmazone der Eioberfläche mit stark färbbaren Substanzen, welche ähnlichen, an dieser Stelle auch anderweitig auftretenden, in der Folge die Keimbahn begleitenden Strukturen entsprechen.

Nach Beendigung des Legegeschäftes finden sich dann lediglich noch in Degeneration befindliche Symbionten im Mycetom.

Ein Verständnis des komplizierten histologischen Baues der Mycetome vermittelt erst die Kenntnis der von KOCH in mustergültiger Weise studierten embryologischen Prozesse. Wenn die Furchungszellen in diese hinterste Region des Eies eintauchen, beladen sie sich zum Teil mit den chromophilen

Einschlüssen und werden damit zu Urgeschlechtszellen, andere treten in die Zone der Symbionten ein, wandern durch sie hindurch und ordnen sich vor ihnen, sie so in das Eiinnere einbeziehend, zum Blastoderm. Auf einem nächsten Stadium bilden die Symbionten einen mit weiteren hinzutretenden Kernen versorgten Haufen. So entsteht ein provisorisches Mycetom, dessen Kernzahl

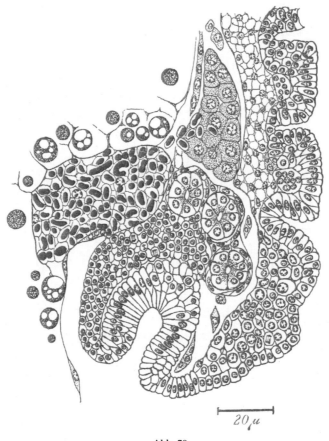

$20\,\mu$

Abb. 73

Oryzaephilus surinamensis L. Sagittalschnitt durch das Hinterende eines Embryos; die Symbionten treten in die Anlage des definitiven Mycetoms über. (Nach Koch.)

noch wesentlich zunimmt und das dank seiner scharfen Begrenzung als ein höchst auffälliger kugeliger Körper die hinterste Region des Blastodermstadiums auszeichnet (Abb. 72c, d).

Wenn sich jetzt der auf der Ventralseite des Eies dem Dotter aufliegende Keimstreif bildet, bekommt der Symbiontenballen innige Beziehungen zur hinteren Amnionfalte. Diese stülpt sich nämlich gerade dort ein, wo er an das Blastoderm grenzt, schiebt ihn auf solche Weise vor sich her und zwingt ihn, da

er leicht mit ihr verlötet ist, ihre Ortsveränderungen mitzumachen. So wird er
von dem auswachsenden Hinterende des Keimstreifs bis in die Eimitte geschoben. Dann aber löst er diese Beziehungen und sinkt als geschlossener Zellhaufen oder in langem Zuge in die hinteren Regionen des Dotters zurück. Um
diese Zeit unterliegen die ihn versorgenden Kerne sichtlichen Degenerationserscheinungen und nehmen an Zahl bedeutend ab. Wenn die Gliederung des

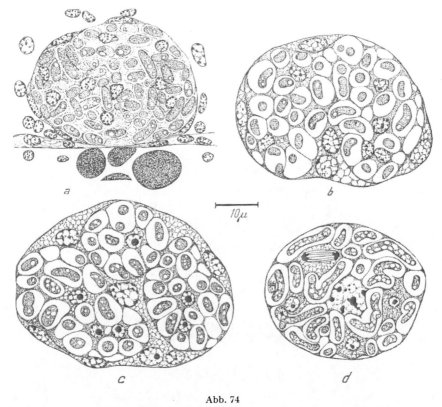

Abb. 74

Oryzaephilus surinamensis. L. Differenzierung der Mycetome. *a* Syncytium mit Hüllzellen. *b* Einwanderung des zentralen Kernes. *c* Septenbildung und Zerlegung in mehrere Syncytien. *d* Ein Syncytium aus dem Mycetom einer Puppe mit Mitosen der kleinen Kerne. (Nach Koch.)

Embryos bereits wesentliche Fortschritte gemacht hat und die Stomodäum-
und Proktodäumanlagen sich schon tief eingestülpt haben, liegen die Symbionten dem Keimstreif wieder dorsal vom Enddarm dicht an.

  Nun spielt sich ein interessanter Vorgang ab. In Nachbarschaft des Enddarms und der Stelle, an der sich um diese Zeit bereits die Malpighischen
Gefäße angelegt haben, hat der Wirtsorganismus inzwischen vier kugelige
Mycetomanlagen geschaffen, welche jetzt von den das provisorische, schon
degenerierte Mycetom verlassenden Symbionten bezogen werden. Teils wird

dabei das dünne, die Embryonalanlage gegen den Dotter begrenzende Epithel durchwandert, teils werden Lücken in ihm benützt (Abb. 73). Schließlich ist jede Zelle der vier Anlagen dicht von den Mikroorganismen erfüllt, und die definitiven Mycetome nehmen ihre oben geschilderte endgültige Lage ein.

Bald nach dem Schlüpfen der Larven beginnt ihre weitere histologische Differenzierung. Schon vorher waren die Zellgrenzen in den jungen Mycetomen geschwunden und die Hüllschicht entwickelt worden. Jetzt wachsen die Kerne der letzteren beträchtlich heran und vermehren sich mitotisch. Dabei wird eine Zelle, die sich zwischen die Symbionten hineinschiebt und deren Kern wesentlich anschwillt, abgeschnürt. Sie wird zu dem charakteristischen Zentrum der Organe. Gleichzeitig setzt die Zerklüftung der syncytialen Symbiontenmasse in eine zunehmende Zahl kleinerer Syncytien ein. Wenn diese durchgeführt ist und je ein mittlerer Kern in ihnen besonders heranwächst, ist der endgültige Zustand erreicht. Die Symbionten haben nach Besiedlung der definitiven Mycetome die für die Infektionsstadien typische starke Färbbarkeit wieder eingebüßt und beginnen jetzt zu den längeren wurstförmigen Gebilden auszuwachsen, welche die künftige lebhafte Vermehrung vorbereiten (Abb. 74).

Wie fest diese eine offenkundige Neuerwerbung des Wirtstieres darstellenden Mycetome in seinen Bauplan eingefügt sind, bekundet der Umstand, daß sie nicht nur im Embryo vorausschauend angelegt werden, sondern auch durch zahlreiche Generationen hindurch immer wieder gebildet werden, wenn auf experimentellem Wege die Eiinfektion unterbunden wird und sterile Tiere entstehen. Im einzelnen werden uns die diesbezüglichen Befunde KOCHS (1936) an anderer Stelle beschäftigen.

Silvanus unidentatus Fabr., der nächste Verwandte von *Oryzaephilus*, welcher unter Baumrinde lebt und sich hier von modernden Substanzen ernährt, besitzt keinerlei symbiontische Organe. Das gleiche gilt für die früher mit den Silvaniden vereinigten Cucujiden *Laemophloeus ferrugineus* Steph. und *Uleiota*. Ersterer findet sich zwar vergesellschaftet mit *Oryzaephilus*, doch leben seine Verwandten ebenfalls unter Rinde und gelten für räuberische Formen.

q) **Lyctiden**

Die Larven der *Lyctus*arten minieren im Splintholz von Eichen, Nußbäumen, Weiden, Eschen und Robinien. *Lyctus pruneus* Steph. wurde auch aus Mahagoniholz gemeldet. Die wirtschaftliche Bedeutung dieser gefürchteten Schädlinge hat eine Reihe ernährungsphysiologischer Studien ausgelöst, welche zu dem Resultat führten, daß sie keineswegs Holzverzehrer im wahren Sinne des Wortes sind, sondern lediglich Holzzerstörer, welche von den Zucker- und Stärkereserven des Splintes leben (CAMPBELL, 1929; WILSON, 1933; PARKIN, 1936).

Sitz der Symbionten, die von GAMBETTA (1927) entdeckt wurden und deren Zyklus anschließend von KOCH (1936) im einzelnen klargelegt wurde, sind zwei typische Mycetome, welche im hinteren Drittel der Larve beiderseits zwischen Mitteldarm und Gonaden in die seitlichen Lappen des Fettkörpers eingesenkt sind, mehr oder weniger rundliche Gebilde, die auf den ersten Blick erkennen lassen, daß sie aus zwei heterogenen Elementen zusammengesetzt sind. Die Hauptmasse machen 7—12 große, zentral gelegene Syncytien mit unregelmäßig gebuchteten Kernen aus, während ihnen 8—14 kleinere, sich oft

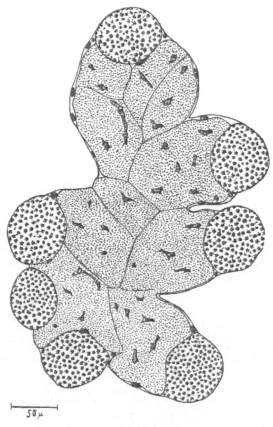

Abb. 75

Lyctus linearis Goeze. Mycetom einer Puppe mit zweierlei, den beiden Symbiontensorten entsprechenden Syncytien. (Nach Koch.)

beulenartig vorwölbende Syncytien mit rundlichen Kernen oberflächlich eingelagert sind. Ein sehr flaches Epithel, dessen Zellen auch zwischen die Syncytien vordringen, umgibt das tracheenversorgte Organ (Abb. 75).

Den beiden Wohnstätten entsprechen zwei verschiedene Symbiontensorten: in der Markschicht leben schwach färbbare, rundliche oder wurstförmige und dann leicht gekrümmte Organismen, in der Rindenschicht sehr auffallend gestaltete, noch näher zu schildernde Rosetten, welche die Farbstoffe ungleich stärker annehmen.

Die Metamorphose überdauern diese Organe, ohne irgendwelche Veränderungen zu erleiden. Höchstens bekommen sie ein mehr gelapptes Aussehen und nehmen noch etwas an Größe zu. Gleichzeitig werden sie von der Gegend des dritten bis fünften Abdominalsegmentes in den Metathorax und in das erste Abdominalsegment verlagert. Im reifen Weibchen werden dann schließlich die

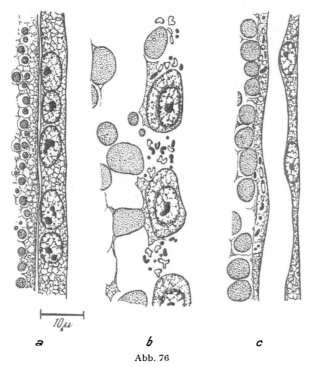

a   b   c

Abb. 76

Lyctus linearis Goeze. Die beiden Symbiontensorten infizieren die Eizelle. *a* Follikel vor, *b* während, *c* nach der Infektion. (Nach Koch.)

in ihrem Gefüge sich etwas lockernden Mycetome von den schwellenden Ovarien an die Hypodermis gedrängt und deformiert.

Solche innige Beziehungen zu den Eiröhren kommen der Übertragung, welche mittels einer Infektion der Ovocyten vor sich geht, sehr zustatten. Wenn diese ihre maximale Größe erreicht haben, weichen die bis dahin dicht aneinanderschließenden Follikelzellen auseinander und bilden so allerorts Einfallspforten in das Ei. In Scharen treten jetzt die beiden Symbiontensorten aus den da und dort geplatzten Syncytien aus und bedienen sich dieser Lücken an der ganzen Oberfläche. Da stets 14 Eizellen auf dem gleichen Stadium der Aufnahmebereitschaft stehen, muß es periodisch zu einer recht beträchtlichen Ausschüttung von Infektionsformen kommen. Kaum sind die Abgeordneten der Rinden- wie der Markschicht in buntem Durcheinander in die obersten Schichten des Eiplasmas eingesunken, so schließen sich die Lücken der Follikelzellen, die auch in dieser Zeit durch zarte Plasmabrücken noch miteinander in Verbindung standen, wieder, und es setzt die Bildung des Chorions ein (Abb. 76). Die Mycetome alter Weibchen erscheinen merklich erschöpft, und manche ihrer Syncytien haben sich völlig abgelöst.

KOCH hat den komplizierten Formwechsel, welchen die *Lyctus*-Symbionten in den einzelnen Phasen des Lebens ihrer Wirte erleiden, sorgfältig untersucht. Die stark an die ähnlich gebauten *Bromius*-Symbionten erinnernden Rosetten des in der Rindenzone lokalisierten Organismus bauen sich aus 5—15 kugeligen oder tropfenförmigen, von kurzen Plasmastielen zusammengehaltenen

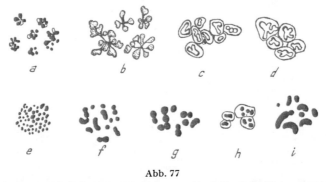

Abb. 77

Lyctus linearis Goeze. Morphologie der Symbionten. *a* bis *d* Die Symbionten der Rindenschicht: *a* aus einer Larve, *b* aus einer Puppe, *c* aus einer geschlechtsreifen Imago, *d* aus dem Ei. *e* bis *i* Die Symbionten der Markschicht: *e* aus einer Larve, *f* aus einer jungen weiblichen Imago, *g* aus einer reifen weiblichen Imago, *h* aus dem Ei, *i* aus einem Keimstreifstadium. (Nach KOCH.)

Elementen von ca. 1 μ Durchmesser auf und sind von einer nur schwer zu erkennenden hyalinen Hülle umgeben. Gelegentlich zerfallen sie auch in die einzelnen Komponenten, die dann immer noch dank dieser Hülle vereint bleiben. Vor Eintritt der Geschlechtsreife aber nehmen sie eine völlig andere Gestalt an. Y-förmig gegabelte Schläuche treiben mancherlei seitliche Fortsätze und werden zu knorrigen, überaus dicht gelagerten Gebilden, deren freie Enden sich wesentlich stärker färben. Vermutlich gehen diese, immer noch in Hüllen eingeschlossenen Zustände, welche nun der Eiinfektion dienen, auf je eine Komponente der Rosetten zurück. Während der Embryonalentwicklung entsteht dann allmählich wieder die alte Rosettengestalt (Abb. 77). In den männlichen Tieren unterbleibt die Entwicklung dieser spezifischen Infektionsstadien. Neben den Rosetten treten aber in ihnen auch stark färbbare, vermutlich dem Untergang verfallende Involutionsformen auf, gekerbte, voluminöse Schollen, die durch Verschmelzung der Rosettenglieder entstehen.

Die 0,5—1,5 μ großen, rundlichen oder zylindrischen, leicht gekrümmten Symbionten der Markzone scheiden ebenfalls eine gallertige Hülle aus. Auch sie nehmen im Weibchen zu Beginn der Geschlechtsreife andere Gestalt an. Sie werden größer und stellen dann wesentlich stärker färbbare, ovale oder wurstförmige Infektionsstadien dar, die sich stets von den aus der Rindenzone stammenden unterscheiden lassen. Neben ihnen fehlt es in beiden Geschlechtern nicht an Zuständen, welche abermals als Involutionsformen gedeutet wurden, und insbesondere in den männlichen Tieren kommt es zu Bildern, die lebhaft an die in dem Mycetom der *Pediculus*männchen auftretenden Zerfallserscheinungen erinnern.

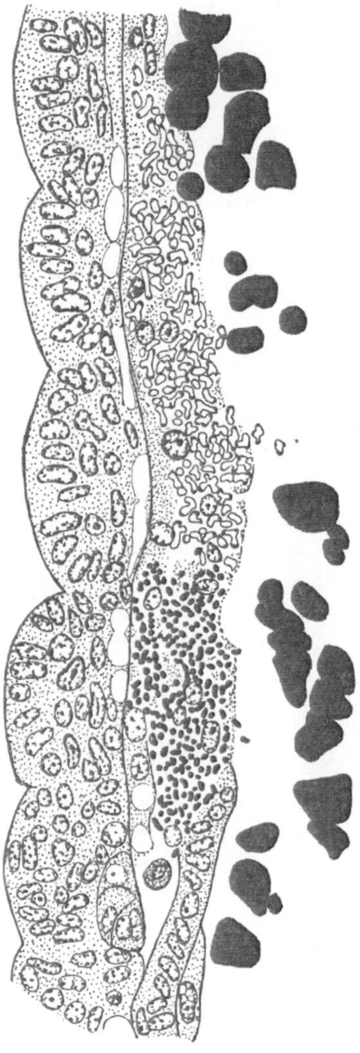

Auch über den Verlauf der Embryonalentwicklung sind wir sehr gut unterrichtet. Während der Bildung des Blastoderms liegen die Symbionten noch in der oberflächlichen, in dieses eingehenden Plasmazone, ja sogar da und dort noch frei unter dem Chorion. Aber nach Abschluß derselben sind sie sämtlich in den angrenzenden Bereich des Dotters ausgewichen und dringen von hier in Schwärmen in das Eiinnere vor, wo sie in kleinen Gruppen zwischen den Dotterschollen warten, bis der Keimstreif gebildet wird. Dann sinken sie mehr nach dem unteren Eidrittel ab und haben sich, wenn Anfangs- und Enddarm angelegt sind, bereits vornehmlich am Kaudalende des Embryos gesammelt. Die Mehrzahl der Symbionten schart sich jetzt dorsal von der Anlage des Proktodäums zusammen und dringt von hier in die Leibeshöhle des Embryos ein. Dabei benützt sie vor allem die offene Verbindung, welche in der Medianebene des Keimes um diese Zeit noch zwischen ihr und dem Dotter besteht.

Wo hingegen in den seitlichen Regionen das Cölom bereits gegen den Dotter hin abgeschlossen ist, ermöglicht eine quere Spalte vor dem Proktodäum den Austritt der Symbionten. Überall in der Leibeshöhle wie auch im Bereich der noch nicht in sie übergetretenen Symbionten flottieren zwischen ihnen Wanderzellen, welche zum Teil mit einem Gemenge der beiden Sorten beladen sind und offensichtlich bei ihrer Verfrachtung helfen. Haben alle Symbionten den Dotter verlassen, so setzt die Sonderung der beiden Sorten ein (Abb. 78). Ein vorderer Haufen besteht dann nur aus Symbionten der künftigen Rindenzone, ein nach hinten unmittelbar anschließender zweigeteilter aus denen der Markzone. In beiden liegen

Abb. 78

Lyctus linearis Goeze. Sagittalschnitt durch das Hinterende des Keimstreifs; die beiden Symbiontensorten haben sich gesondert. (Nach Koch).

jetzt auffallend große Kerne, von denen KOCH vermutet, daß es sich um Dotterkerne handelt. Die vordere Ansammlung wird vorübergehend in einkernige
Mycetocyten aufgeteilt, während sich hinter diesen paarige, rundliche Mycetome
bilden, welche die Marksymbionten in vier- bis fünfkernigen Syncytien bergen.

Wenn es zum Rückenverschluß des Embryos kommt, teilt sich auch die
vordere Mycetomanlage in eine rechte und linke Hälfte, und es fügen sich schließlich ihre einzelnen Elemente in die Oberfläche der beiden übrigen Mycetome,
um deren Kerne sich inzwischen auch Zellgrenzen ausgebildet haben. Die definitiven Syncytien der beiden Zonen entstehen in der Folge durch Amitosen. Lebhafte Vermehrung der Symbionten und starkes Anwachsen ihrer Behausung
führen schließlich den in ausgewachsenen Larven zu treffenden Zustand maximaler Entfaltung herbei.

r) **Bostrychiden**

Dank einer leider nicht sehr eingehenden Mitteilung MANSOURS (1934)
wissen wir, daß auch die Bostrychiden (Apatiden) zu den in Endosymbiose
lebenden Käfern zählen. Diese Familie, von der etwa 50 Gattungen mit 350
Arten bekannt sind, ist vor allem in den Tropen und Subtropen reich entfaltet,
wo mehrere Zentimeter messende Formen vorkommen; Larven und Imagines
sind Holzfresser und finden sich in kranken und toten Stämmen, Ästen und
Wurzelstöcken harter Laubbäume. Manche Gattungen aber haben sich auch an
dürre Weinreben, an Halme von Reispflanzen, Bambus und Getreide angepaßt,
und wieder andere haben, ähnlich wie unter den Anobiiden *Sitodrepa* oder unter
den Silvaniden *Oryzaephilus*, die ursprüngliche Lebensweise aufgegeben und sind
zu Vorratsschädlingen geworden, welche sich von Drogen, Reis und anderen
Cerealien ernähren.

MANSOUR hat zwei holzfressende Arten — *Sinoxylon ceratoniae* L. und *Bostrychoplites zickeli* Mars. — und die als kosmopolitischer Vorratsschädling gefürch-
tete *Rhizopertha dominica* F. untersucht. Auch ich habe mich in jüngster Zeit an
Hand von *Sinoxylon sexdentatus* Oliv. und einer *Scobicia* sp., welche beide in
totem Feigenholz leben, sowie von *Rhizopertha* mit der Bostrychiden-Symbiose
zu beschäftigen begonnen. Beide fanden wir stets bei allen unseren Objekten
paarige, beiderseits vom Darm gelegene Mycetome. Bei *Rhizopertha* sind sie
kugelig und bestehen aus Syncytien, welche von einer flachen Hülle umzogen
werden, bei *Bostrychoplites* und *Sinoxylon* treten an ihre Stelle lange, zusammen-
gerollte Mycetome. Auch bei den von mir untersuchten Formen begegnen ähnliche Unterschiede, wenn *Obicia* länglich ovale Mycetome besitzt und *S. sexdentatus* wurstförmige, die, in den Larven noch von mäßiger Länge, in den Imagines
mit zunehmender Reife zu gewundenen und offenbar Teilstücke abschnürenden
Schläuchen werden (Abb. 79). Bei der letztgenannten Art finden sich an Stelle
der sonst stets vorhandenen Syncytien einkernige Zellen von geringer Größe.
Syncytial gebaute Organe scheinen durch Wachstum der Syncytien vergrößert
zu werden, aus Mycetocyten bestehende durch Vermehrung derselben. Die
dichtgescharten Symbionten stellen stäbchen- oder wurstförmige Gebilde dar.

Nach MANSOUR sollen die Mycetome, die in Larven und Imagines den gleichen Bau besitzen, während der Metamorphose eigentümliche Veränderungen durchmachen. Die Kerne, welche bisher proportional an Größe zugenommen,

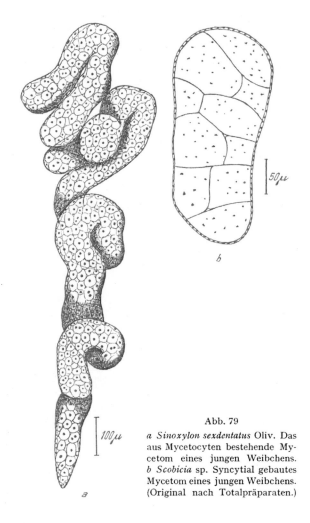

Abb. 79

a *Sinoxylon sexdentatus* Oliv. Das aus Mycetocyten bestehende Mycetom eines jungen Weibchens. b *Scobicia* sp. Syncytial gebautes Mycetom eines jungen Weibchens. (Original nach Totalpräparaten.)

sollen sich um diese Zeit in zahlreiche kleiner bleibende zerschnüren, Chromatinschollen sollen ausgestoßen werden, drei bis fünf Amöbocyten in jedes Syncytium eindringen. In älteren Puppen seien aber diese und die chromatischen Substanzen wieder geschwunden.

Auch die Übertragung ginge, wenn die Darstellung MANSOURS richtig wäre, auf höchst merkwürdige Weise vor sich. Nach ihr würden die Symbionten in den Ovarialeiern durchaus fehlen, während sie die Hoden in Gestalt lang auswachsender Fäden infizieren und hier Abnormitäten der Samenbildung bedingen sollen. Die gleichen, wenn auch nur noch halb so langen Gebilde findet er nach der Begattung, vermengt mit Detritus, in der Bursa copulatrix der Weibchen, von wo sie zusammen mit den Spermien, die bis dahin reinlich von den Symbionten geschieden im Receptaculum seminis aufbewahrt wurden, auf die Micropyle der Eier gelangen. Erst jetzt sollen sie gemeinsam mit den Spermien in diese übertreten und während der Furchung sollen sie, allmählich wieder kürzer werdend, immer noch vornehmlich am vorderen Pol liegen.

Der Umstand, daß man auch sonst bei Symbiontenträgern im Hoden und in der Begattungstasche Bakterien finden kann, welche nichts mit den Symbionten zu tun haben, sowie die Tatsache, daß bisher unter all den zahllosen Mycetome oder in das Fettgewebe gebettete Mycetocyten bewohnenden Symbionten kein einziger den Eiern äußerlich beigegeben wird, sprach jedoch von vorneherein gegen die Richtigkeit der Schilderung MANSOURS, und in der Tat konnte ich mich an meinen Objekten davon überzeugen, daß auch hier eine typische Ovarialinfektion vorliegt. Die Symbionten werden in gedrungenere Formen umgewandelt und treten, ähnlich wie bei *Lyctus*, in schmalen Lücken zwischen den Follikelzellen da und dort in die schon dotterreichen Ovocyten über.

s) **Throsciden**

Daß *Throscus* (*Trixagus*) *dermestoides* L. in Symbiose lebt, wurde von STAMMER (1933) festgestellt, doch konnte der Fall leider bisher aus Materialmangel nicht in allen Einzelheiten untersucht werden, was hier besonders bedauerlich ist, weil offenbar dreierlei Symbionten in diesem Käfer Aufnahme gefunden haben, den man an Obstbäumen, auf Waldwiesen und an Waldrändern käschern kann, und dessen Larven höchstwahrscheinlich Holzbewohner sind.

Ein Paar kugeliger bis ovaler Mycetome besteht aus einem größeren einheitlichen zentralen Syncytium und einer Anzahl weiterer kleinerer, dieses allseitig umgebender Syncytien. In beiden liegen rundliche Kerne verstreut. Das zentrale ist außerdem dicht erfüllt von kleinen, runden Symbionten, die Rindenschicht enthält zahlreiche länglich ovale, oft gekrümmte Organismen, die je in einer Plasmavakuole liegen (Abb. 80). Das entsprechende Mycetompaar der Männchen ist kleiner und insofern abweichend gebaut, als viel weniger derartige Randsyncytien vorhanden sind und daher die Binnenzone, hier in mehrere Syncytien untergeteilt, vielfach bis an die Oberfläche des Organs reicht.

Außerdem liegen zwei breitovale Mycetome zu beiden Seiten der Geschlechtsorgane im Fettgewebe eingebettet. Sie sind aus Fettzellen entstanden und beherbergen lange, fadenförmige Bakterien.

STAMMER hält es nicht für ausgeschlossen, daß es sich bei den Insassen der Rinden- und Binnenzone um zwei Zustände ein und desselben Symbionten handelt, daß also eine Symbiose mit nur zwei verschiedenen Organismen vorliegt. Ebensogut kann es sich jedoch auch um ein Zusammenleben mit dreierlei,

jedenfalls Bakterien darstellenden Formen handeln. Die zur Beobachtung gelangten Stadien der Eiinfektion reichten leider nicht aus, dies zu entscheiden.

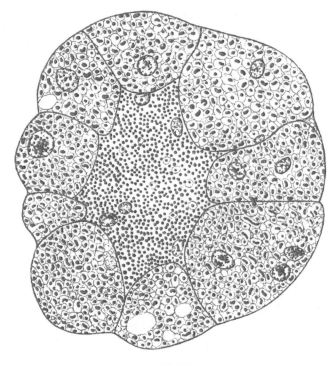

Abb. 80

Throscus dermestoides L. Kugeliges Mycetom einer weiblichen Imago mit zweierlei Zonen. (Nach
einer unveröffentlichten Zeichnung von STAMMER.)

2. SYMBIOSEN BEI TIEREN, WELCHE IN BAUMFLUSS LEBEN

a) Ceratopogoniden

Im Jahre 1921 machte KEILIN einige kurze Angaben über eine interessante
Symbiose bei der zu den Chironomiden (Unterfamilie der Ceratopogoniden)
zählenden *Dasyhelea obscura* Winn., die ich (1930) an Hand von Präparaten
STAMMERS leider auch nur um wenige Beobachtungen an zwei anderen Arten
vermehren konnte. Die drei bisher untersuchten Formen leben als Larven in
Baumfluß, während andere sich an den verschiedensten Orten in süßem und
in salzigem Wasser, in Algenrasen, in faulendem Seegras, in Spritzwasser-
lachen der Meeresküste, im Blattachselwasser von *Dipsacus* und an faulenden
Wurzeln finden.

Die von Bakterien dicht erfüllten Mycetome sind in gleicher Weise bei Larven, Puppen und Imagines vorhanden. Bei *Dasyhelea versicolor* Winn. und *obscura* handelt es sich um zwei Paare kugeliger Organe, die je ein einziges wenigkerniges Syncytium darstellen und im Thorax den Raum zwischen Speicheldrüsen und Hypodermis ausfüllen; eine andere unbestimmt gebliebene Species

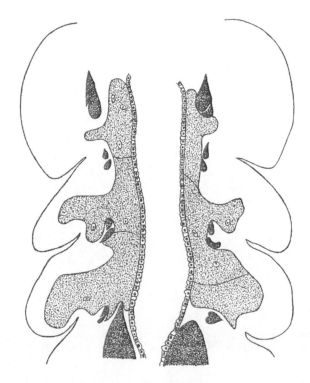

Abb. 81

Dasyhelea sp. Frontalschnitt durch das letzte Thorakalsegment und die anschließenden Abdominalsegmente einer Imago; ein syncytial gebautes Mycetom umzieht den Darm. (Nach Buchner.)

der gleichen Gattung führt im letzten Thorakalsegment und den anschließenden beiden Abdominalsegmenten eine nach hinten zu ansehnlicher werdende syncytiale Masse, welche seitlich und ventral dem Darm unmittelbar anliegt und möglicherweise durch Verschmelzung je dreier hintereinander gelegener Mycetome entstanden ist (Abb. 81). *Dasyhelea longipalpis* Kieffer scheint hingegen keine solchen Organe zu besitzen.

Leider wissen wir nichts Näheres über die Übertragung. Keilin teilt lediglich mit, daß sie mittels einer Infektion der Eier vor sich geht und daß die schlüpfenden Larven bereits ihre Mycetome besitzen. Da bisher keine andere Diptere mit Mycetomen und Ovarialinfektion bekannt geworden ist, muß man damit rechnen, daß hiebei neuartige Wege eingeschlagen werden. Es wäre daher auch aus diesem Grunde wünschenswert, daß die *Dasyhelea*-Symbiose eine eingehendere Bearbeitung fände.

b) **Nosodendriden**

Die symbiontischen Organe von *Nosodendron fasciculare* Oliv. wurden von STAMMER (1933) entdeckt und neuerdings von ÖHME (1948) etwas genauer untersucht. Larven und Imagines dieses Käfers leben in gärendem Baumfluß von Ulmen, gelegentlich auch von Kastanien und anderen Bäumen und legen ihre Eier in der Nähe der Wunde unter die Schuppen der Rinde.

In den Imagines beider Geschlechter finden sich in der Nachbarschaft der Gonaden jederseits gelblich getönte und hantelförmig eingeschnürte Mycetome. Eine zarte Hülle mit abgeplatteten Kernen umgibt Mycetocyten, welche in der Peripherie von mäßiger Größe, in den zentralen Regionen aber als Riesenzellen mit entsprechend großen Kernen entwickelt sind. Die Symbionten stellen sehr dicht gedrängte und daher nur im Ausstrich deutlicher erscheinende, teils rundliche, teils mehr polygonale Gebilde dar. In den weiblichen Tieren besitzen die Mycetome, welche von Tracheen reich umsponnen werden und durch solche auch mit den Eiröhren verlötet sind, zunächst ebenfalls hantelförmige Gestalt, doch setzt bei ihnen, wenn die Zeit der Geschlechtsreife herannaht, eine Zerschnürung in zwei völlig getrennte Teile ein, von denen der eine mit dem Keimlager der Eiröhren verschmilzt. Lediglich in diesem werden vor allem in den Randbezirken Übertragungsformen gebildet, indem sich an der Peripherie der unregelmäßig gestalteten Organismen wesentlich kleinere, dichtere und daher stärker färbbare Körperchen abschnüren.

Leider konnte das Schicksal der Infektionsformen nicht im einzelnen aufgeklärt werden. Es scheint, daß diese auf Schnittpräparaten schwer zu erkennenden Zustände, die sich auch frei in der Leibeshöhle in großer Menge finden, schon in die jüngsten Ovocyten und die anschließenden Abschnitte der Eiröhren eindringen. Im abgelegten Ei sind die Symbionten bereits etwas herangewachsen und daher wieder deutlicher zu erkennen. In den männlichen Imagines unterliegen sie einem weitgehenden Verfall. Die Mycetome behalten hier zwar die alte Form, doch bekommen sie eine glasige Beschaffenheit und enthalten dann lediglich schlanke, spindelförmige Gebilde, in denen ÖHME Degenerationsprodukte der Symbionten erblickt.

Auch über die Embryonalentwicklung ist wenig bekannt geworden. Anfänglich liegen einige Symbiontenhäufchen wahllos im Dotter verteilt, später bilden sie zwei mit Kernen versorgte Ansammlungen. Die larvalen Mycetome finden sich dann ventrolateral vom Darm im Bereich des Meso- und Metathorax und unterscheiden sich auf jüngeren Stadien von denen der älteren Larven und Imagines dadurch, daß jetzt die kleineren, randständigen Mycetocyten noch fehlen und das ganze Organ aus Riesenzellen mit einem großen, zentralen Kern und einer Anzahl peripherer kleinerer Kerne besteht. Offensichtlich schnürt sich in der Folge um die letzteren ein Teil des peripheren Protoplasmas ab und bilden sich so die kleineren Elemente der Rindenzone, welche für die imaginalen Mycetome typisch sind.

Man wird kaum fehlgehen, wenn man auch in diesen *Nosodendron*-Symbionten entartete Bakterien erblickt, doch wäre natürlich ein eindringlicheres Studium ihres Formwechsels und der ganz ungewöhnlichen Entstehung mehrerer Übertragungsstadien an der Oberfläche je eines Symbionten sehr erwünscht. Das Gleiche gilt für die Einzelheiten der seltsamen Absonderung eines besonderen Organteiles für die Übertragung sowie für das Verhalten der Symbionten bei der Eiinfektion und während der Embryonalentwicklung.

3. SYMBIOSEN BEI TIEREN, WELCHE PFLANZENSÄFTE SAUGEN

a) **Heteropteren**

Aus den Beobachtungen der älteren Insektenanatomen, wie TREVIRANUS (1809), DUFOUR (1833) und LEYDIG (1857), sowie aus den neueren Studien von FORBES (1892), GLASGOW (1914), KUSKOP (1924) und ROSENKRANZ (1939) ging hervor, daß eine Reihe von heteropteren Wanzen, und zwar nur solche, welche sich in erster Linie von pflanzlicher Kost ernähren, in einem besonderen Abschnitt des Mitteldarmes symbiontische Bakterien beherbergen. Daß darüber hinaus auch pflanzensäftesaugende Heteropteren ähnlich blutsaugenden mit regelrechten Mycetomen ausgestattet sein können, wurde erst durch SCHNEIDER (1940) bekannt. Entsprechend ihrem primitiveren Charakter sollen zunächst die Formen behandelt werden, deren Symbiose an den Darmkanal geknüpft ist.

Sie sind alle dadurch ausgezeichnet, daß bei ihnen der Mitteldarm gegenüber den keine Symbionten besitzenden Arten um einen besonderen Abschnitt von beträchtlichem Ausmaß verlängert wird. Auf einen ersten dünnwandigen und stark erweiterten magenartigen Teil folgt ein zweiter, ein schlankes Rohr darstellender und ein dritter, der in einer kleineren, rundlichen oder ovalen Erweiterung besteht. Als letzter schließt dann endlich scharf abgesetzt der Abschnitt an, der die Wohnstätten der Symbionten entwickelt und bei den Formen, die keine solchen besitzen, fehlt oder höchstens schwach angedeutet ist. Bei ausgesprochenen Räubern erscheinen übrigens die ersten drei Zonen oft nicht so scharf geschieden.

Dieser vierte Abschnitt trägt im einzelnen außerordentlich verschieden gestaltete Ausstülpungen. Bei den Blissinen und den ihnen nahe stehenden Aphaninen handelt es sich um lange, schlanke Schläuche, welche nahe dem Ende des Mitteldarmes entspringen und eine gewisse Ähnlichkeit mit den benachbarten Malpighischen Gefäßen haben können. *Gastrodes abietis* L. besitzt zum Beispiel jederseits ein bis zwei derartige spärlich verzweigte, fadenförmige Anhänge (Abb. 82a), stärker verästelt sind sie bei *Tropistethus holoscenicus* Schltz., in wieder anderen Fällen handelt es sich um vier bis sechs mehr bandförmige Blindsäcke (*Drymus silvaticus* F.).

Mit zunehmender Zahl derselben entstehen dann dank seitlicher Verwachsung flache, blattförmige, mehr oder weniger tief gespaltene Gebilde, die zwei
oder drei handförmige Lappen darstellen oder aus zehn bis fünfzehn und mehr
Schläuchen bestehen. Die Ursprungsstellen verteilen sich bei manchen Formen
über eine längere Strecke des Darmes, und die beiden Seiten können sehr verschieden bedacht sein, so daß auch innerhalb der gleichen Art eine gewisse Mannigfaltigkeit herrscht. *Myodocha serripes* Oliv. und die *Aphanus*arten bieten
Beispiele hiefür (Abb. 82 b); auch Berytiden verhalten sich sehr ähnlich.

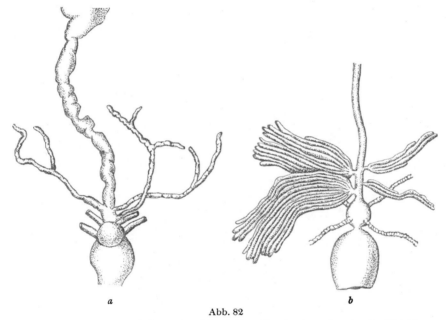

a   b

Abb. 82

a Gastrodes abietis L., *b Myodocha serripes* Oliv. Schlauchförmige Ausstülpungen des Mitteldarmes
als Wohnstätten symbiontischer Bakterien. (*a* nach Kuskop, *b* nach Glasgow.)

Viel häufiger kommt es jedoch zur Entfaltung ungleich zahlreicherer, sehr
kurzer und gleichförmig entwickelter Krypten, welche den vierten Abschnitt
des Mitteldarmes über eine weite Strecke hin begleiten und stets bis dicht an
die Mündung der Vasa Malpighi heranreichen. Bei den Cydniden, bei vielen
Coreiden, bei den Lygaeiden, den Acanthosominen und Plataspiden sind sie in
zwei Reihen geordnet (Abb. 83), bei den Pentatominen und Scutellerinen dagegen in vier (Abb. 84).

Im einzelnen gibt es auch hier mancherlei Varianten. Die Zahl der Säckchen
kann sich in niederen Grenzen halten, wie bei der Lygaeide *Oedancala dorsalis*
Fabr., bei der man jederseits nur rund 35 deutlich gegeneinander abgesetzte
birnförmige Ausstülpungen zählt. An solche primitiven Zustände schließen sich
Formen wie *Thyrecoris unicolor* Pal. an, bei der die Säckchen auch noch
wohl geschieden, aber schon wesentlich zahlreicher sind. Den Höhepunkt der

Entfaltung aber erreicht diese Form der Symbiontenlokalisation bei den Pentatomiden, bei denen viele Hunderte von eng aneinandergereihten Krypten vier lange Girlanden bilden (Abb. 84). Bei einer Pentatomide hat man ihre Zahl auf etwa 1400 geschätzt! Da die Ausstülpungen gegen das blinde Ende zu breiter

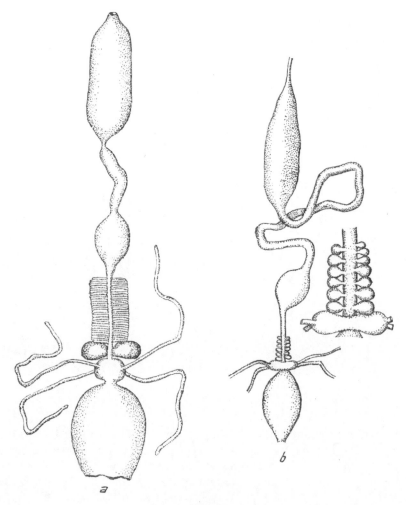

Abb. 83

a Peliopelta abbreviata Uhl., *b Dysdercus suturellus* Scha. Der weibliche Mitteldarm trägt in zwei Reihen geordnete, zum Teil im Dienste der Übertragung vergrößerte Blindsäcke. (Nach GLASGOW.)

zu werden pflegen, werden die Reihen — seien es zwei oder vier — bei üppiger Entfaltung zu mancherlei Windungen genötigt. Die Muskulatur zieht glatt über die Krypten hinweg, gibt aber auch longitudinale und transversale Züge ab, die zwischen sie eindringen und jede einzelne umspinnen. Die Tracheenversorgung ist ebenfalls eine ungewöhnlich reiche. Das zweit- und drittletzte Stigmenpaar sendet starke Äste an die Krypten und versorgt sie innig mit seinen Kapillaren.

Das Epithel der Krypten besteht aus vielfach zweikernigen, bald ziemlich hohen und plasmareichen, bald stark abgeplatteten Zellen, die in vielen Fällen, vor allen bei den Pentatomiden, ein Pigment enthalten, das nicht mit dem hier und bei den Homopteren vielfach die Matrixzellen der Tracheen erfüllenden gelben Pigment verwechselt werden darf. Seine Farbe ist für jede Gattung spezifisch. Bei *Pentatoma* ist es rot, bei *Eurydema* orange, bei *Carpocoris* rosa. Die Intensität ist starken Schwankungen unterworfen und weitgehend temperaturbedingt. Bei Wintertieren kann das Pigment gänzlich fehlen (*Carpocoris pudicus* Pd.); *Pentatoma rufipes* L. zeigt bei 15° nur schwache Färbung, setzt man sie aber direkt der Sonne aus, so sind die Krypten am nächsten Tag intensiv rot gefärbt. *Dolycoris baccarum* L. hat im allgemeinen farblose Krypten; nach besonders heißen Tagen aber tritt auch in ihnen ein roter Farbstoff auf. Die von ROSENKRANZ festgestellten Reaktionen lassen vermuten, daß es sich um Vorstufen von Melaninen handelt, die recht ähnlich dem die Hoden der Heteropteren so intensiv färbenden Stoff sind.

Die Bakterien beschränken sich fast immer auf das Lumen dieser so verschieden gestalteten Ausstülpungen. Eine Ausnahme machen jedoch die Aphaninen, bei denen sie teils extrazellular, teils innerhalb der die Wandung bildenden Zellen auftreten, sowie die neuerdings von PIERANTONI (1951) untersuchte Lygaeide *Tropidothorax leucopterus*, die auch sonst hinsichtlich ihrer Symbiose eine merkwürdige Sonderstellung einnimmt. Hier sind bereits die Zellen und die Buchten des stark gefalteten und kugelig aufgetriebenen Vormagens von Bakterien erfüllt, und finden sich diese außerdem im viel niedrigeren Epithel des ganzen übrigen Mitteldarmes.

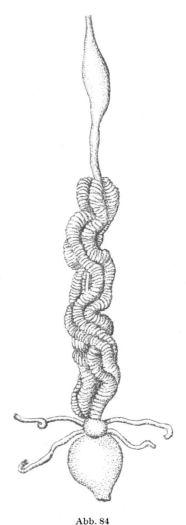

Abb. 84

Carpocoris fuscispinus Boh. Imaginaler Darmkanal mit vierreihigen, von Bakterien bewohnten Ausstülpungen. (Nach KUSKOP.)

Da auch dort, wo typische Krypten entwickelt sind, stets eine wenn auch nur enge Verbindung ihres Hohlraumes mit dem Darm erhalten bleibt, trifft man auch dann immer mehr oder weniger zahlreiche Symbionten in letzterem.

Nur die Acanthosominen machen hierin eine Ausnahme. Bei ihnen
stellte ROSENKRANZ eine vollständige Verlötung der ursprünglich natürlich auch
hier vorhandenen, mit dem Darm verbindenden Wege fest. Abb. 85 führt die
gewaltig entwickelten, dem Charakter von regelrechten Mycetomen sich nähern-
den Gebilde vor, welche bei *Acanthosoma haemorrhoidale* L. nur noch mittels
eines zarten Häutchens am Darm befestigt sind. Da in ihnen die Symbionten vollkommen abgeriegelt sind, sucht man hier im Darmrohr vergebens nach ihnen.

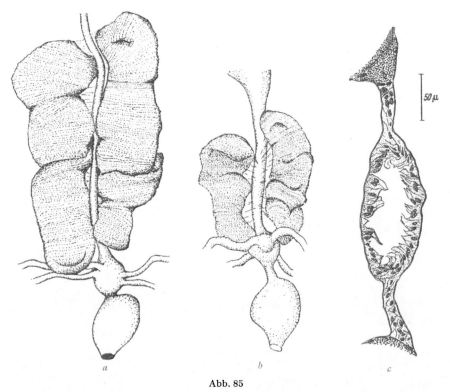

Abb. 85

Acanthosoma haemorrhoidale L. *a* Kryptendarm einer weiblichen Imago, *b* einer männlichen Imago,
c Querschnitt durch den Darm; die Einmündungen der Krypten in diesen sind verlötet.
(Nach ROSENKRANZ.)

Ganz allgemein sind all diese symbiontischen Wohnstätten in beiden Geschlechtern in prinzipiell gleicher Weise vorhanden, aber sie pflegen im männlichen
schwächer entfaltet zu sein. Dies gilt auch für die Krypten von *Acanthosoma*.

Eine besondere Behandlung verlangen schließlich die Pyrrhocoriden. Auffällige Bakterienwohnstätten gehen dieser Familie, in der die tierische Kost
offenbar noch eine sehr wesentliche Rolle spielt, ab. *Pyrrhocoris apterus* besitzt
zwar im weiblichen Geschlecht am Ende des Mitteldarmes einige kleine, hinsichtlich Zahl und Größe sehr variable Ausstülpungen, wie sie sonst niemals

bei Heteropteren ohne Symbionten vorkommen, aber sie enthalten keine Bakterien. Dagegen ist das Lumen des ersten, magenartigen Mitteldarmabschnittes stets von einer Unzahl von solchen besiedelt, welche — immer von gleicher Gestalt — bald in großen Ballen beisammenliegen, bald den Speisebrei allseitig durchsetzen. Oft sind sie auch, wie dies die Blindsackbewohner mit Vorliebe tun, mit dem freien Ende am Darmepithel verankert. Bei einer anderen Pyrrhocoride — *Dysdercus suturellus* Scha. — fand GLASGOW ebenfalls nur im weiblichen Geschlecht beiderseits am Darm an gleicher Stelle wesentlich besser entwickelt nach vorne zu immer kleiner werdende, diesmal bakterienbesiedelte Blindsäcke (Abb. 83 *b*). Eine auf größerem Material fußende vergleichende Untersuchung der Pyrrhocoriden würde vermutlich zu Ergebnissen führen, welche über die Phylogenie der Heteropteren-Symbiose Aufschluß geben könnten.

Die Art der Übertragung dieser Symbionten war keineswegs von Anfang an klar. GLASGOW kam zunächst zu der Auffassung, daß schon die Eier infiziert würden, denn er fand bei Pentatomiden und Coreiden den Darm der Larven dort, wo sich die Krypten bilden sollten, bereits 24 bis 48 Stunden vor dem Schlüpfen infiziert und vermochte mehrfach auch aus abgelegten Eiern die Symbionten zu züchten. Daneben schrieb er auch der nachträglichen zusätzlichen Infektion der verschiedenen Entwicklungsstadien eine gewisse Rolle zu, denn er beobachtete nicht selten, wie diese gewohnt sind, jegliche Flüssigkeitstropfen, darunter auch die symbiontenhaltigen Exkremente ihrer Artgenossen aufzusaugen. KUSKOP hingegen machte vor allem bei *Graphosoma italicum* Müll. Feststellungen, welche von vornherein für eine oberflächliche Beschmierung der Eier bei der Ablage sprachen. Sie fand, daß im weiblichen Geschlecht die dem Enddarm zunächst gelegenen Krypten ganz wesentlich vergrößert werden und dementsprechend ungleich mehr Bakterien enthalten als die übrigen. Ihr Epithel wird Hand in Hand damit stark abgeplattet, die Bakterien erscheinen in ihnen wesentlich kleiner, das heißt in einer spezifischen Übertragungsform, und sind in reichlicheres Sekret eingebettet. Außerdem deutet noch eine diffuse gelbliche Verfärbung des Krypteninhaltes, die nicht mit der allgemeinen granulären Pigmentierung der Epithelzellen zu verwechseln ist und auch bei Formen auftritt, welche im übrigen Kryptendarm keinerlei Pigment besitzen, auf einen besonderen physiologischen Zustand der Endkrypten.

All diese Differenzierungen gehen den männlichen Tieren vollständig ab. Hand in Hand mit ihnen treten nun bei den legereifen Weibchen auch im Enddarm zahlreiche Symbionten auf. Da KUSKOP andererseits bei dem gleichen Objekt, sowie bei *Palonema-* und *Carpocoris*arten die Bakterien bereits vor dem Schlüpfen der Larven in den vorderen Regionen des Mitteldarmes sah — oder zu sehen glaubte? —, von wo sie in den folgenden Tagen in die Region des künftigen vierten Abschnittes hinabgleiten sollten, kam sie zu der Überzeugung, daß sie bereits im Anschluß an die Eiablage durch die Mikropyle in den Eidotter übertreten, wie dies ja zum Beispiel bei *Dacus oleae* tatsächlich der Fall ist.

PIERANTONI (1932) und seine Schülerin CONVENEVOLE (1933) dagegen traten für eine Ovarialinfektion ein, die freilich bei einer im Darmlumen lokalisierten Symbiose von vornherein sehr unwahrscheinlich erscheinen mußte.

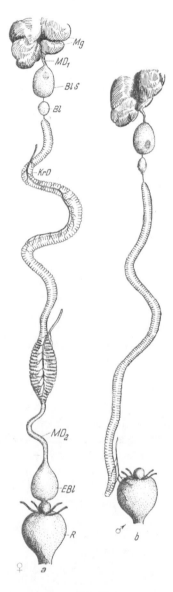

Abb. 86

Coptosoma scutellatum Geoffr.
a Darmkanal des Weibchens, *b* des
Männchens. *Mg* Magen, *MD*₁ kurzer Mitteldarmabschnitt, *BlS* Blindsack, *Bl* kleiner blasenförmiger Abschnitt, *KrD* Kryptendarm, *MD*₂
schlauchförmiger Abschnitt, *EBl*
Endblase, *R* Enddarm mit Malpighischen Gefäßen. (Nach SCHNEIDER.)

Neuerdings konnten nun ROSENKRANZ (1939)
und SCHNEIDER (1940) Feststellungen machen,
die ebenfalls unzweideutig eine Beschmierung
der Eioberfläche im Augenblick der Ablage
bezeugen. Ersterer konnte zunächst KUSKOP
Angaben über die Differenzierung besonderer
Endkrypten im Weibchen bestätigen und fand
ihre Zahl sogar artbeständig. Bei *Palonema
prasina* L. und *Pentatoma rufipes* L., den Objekten, mit denen er sich vornehmlich befaßte, sind
es zehn bzw. acht, bei *Peribalus vernalis* Wlff. wie
bei *Graphosoma* nur fünf. Darüber hinaus fand
er dann tatsächlich in dem Sekret, das die Eier
nach der Ablage umgibt, unregelmäßige Klumpen dichtgedrängter Bakterien, vermißte diese
jedoch in den Embryonen und in Larven, die
während des Schlüpfens fixiert worden waren.

In der Tat sprach auch ein den Heteropte-
renkennern längst vertrautes, aber bis dahin
kaum verständliches Verhalten der Junglarven
für eine Aufnahme der Symbionten nach Verlassen der Eischale. Es handelt sich dabei um
die sogenannte «Ruhezeit», welche sie auf den
leeren Eischalen verbringen. Während dieser
tasten sie mit dem Rüssel die Eihüllen ab und
widersetzen sich einer gewaltsamen Entfernung
von ihnen. Verlassen sie sie dann nach einiger
Zeit freiwillig, so kann man in ihrem Mitteldarm
eindeutig zahlreiche Symbionten feststellen.

Unter Umständen kann anstatt mehrerer
erweiterter Endkrypten auch ein einziges Paar
ganz wesentlich größerer und sich viel weitgehender von den typischen Krypten unter-
scheidender Säckchen treten. Solche offenbar
recht seltenen Symbiontenreservoire, die zweifellos auch der Eibeschmierung dienen und abermals am männlichen Darm fehlen, beschrieb
GLASGOW von *Peliopelta abbreviata* Uhl. (Abb.
83*a*) und fand CARAYON bei *Phlegyas*.

In geradezu verblüffender Weise demonstriert jedoch *Coptosoma scutellatum* Geoffr.
einen solchen Modus der Übertragung. Dieser einzige in Mittel- und Südeuropa vorkommende Vertreter der Plataspiden, die im übrigen auf der östlichen Halbkugel von Rußland

und der Türkei bis Japan und Australien verbreitet sind, saugt vornehmlich an *Coronilla varia*, daneben aber auch an anderen Papilionaceen, und ist dank seiner einzigartigen, von SCHNEIDER (1940) entdeckten Übertragungseinrichtungen dazu bestimmt, ein hervorragendes Objekt für experimentelle Symbiosestudien zu werden. Der Darmkanal dieser Wanze weicht in mehrfacher Hinsicht von dem bisher beschriebenen Typus ab (Abb. 86). Auf den auch hier magenartig erweiterten ersten Mitteldarmabschnitt folgt ein kurzes, enges

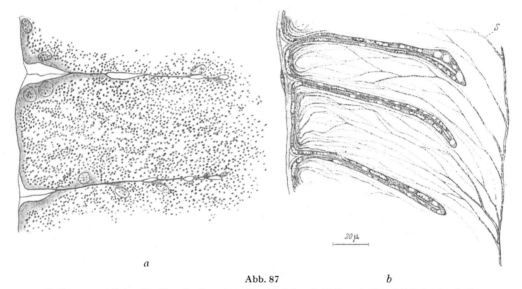

a

Abb. 87   b

Coptosoma scutellatum Geoffr. *a* Endkrypten mit zahlreichen Infektionsstadien. *b* Schnitt durch die Endblase, in welcher die Kapselwandung ausgeschieden wird und die Kokons geformt werden. *S* Sekret. (Nach SCHNEIDER.)

Rohr, das sich rasch und unvermittelt in einen nahezu kugeligen Blindsack erweitert, der mit einer homogenen Flüssigkeit gefüllt ist und außerdem regelmäßig einen dunklen, festen Körper enthält. Mit dieser Blase findet der verdauende Darm sein Ende, denn der voluminöse anschließende, nun ausschließlich der Symbiose dienende und hierin an *Tropidothorax* erinnernde Teil des Mitteldarms steht lediglich durch ein zartes, von der Tunica propria gebildetes Fädchen noch mit ihm in Verbindung! Eine derartige Unterbrechung des Verdauungstraktes fand sich bisher innerhalb der Heteropteren lediglich noch bei *Ischnodemus sabuleti* Fall., von dem noch die Rede sein wird, kommt aber auch bei Cocciden *(Lepidosaphes)* und Phylloxeriden vor. Dieser hintere Abschnitt beginnt nun mit einer erneuten kleinen, farblosen Auftreibung, die bereits von Bakterien erfüllt ist, und stellt im übrigen ein langes, schlankes, beiderseits von je einer Kryptenreihe begleitetes Rohr dar. Man vermißt bei ihnen die sonst übliche, aber hier offenbar überflüssig gewordene Verengerung des mit dem zentralen Darmlumen verbindenden Abschnittes; sie öffnen sich vielmehr mit ihrer ganzen Breite in dasselbe und sind eher das Ergebnis einer Faltung der Darmwand als einer Ausstülpung von Säckchen. Ihr Epithel ist außerordentlich abgeplattet, die Versorgung mit Muskulatur und Tracheen ist hingegen die übliche.

Im männlichen Geschlecht endet dieser Kryptendarm abermals blind und wird lediglich durch Tracheen am Rektum fixiert. Im weiblichen Geschlecht hingegen folgt auf den bisher geschilderten Abschnitt noch eine sehr bedeutsame, der Übertragung dienende Einrichtung, und daher bleibt die Verbindung mit dem Enddarm sinngemäß erhalten (Abb. 86 a). Zunächst schließt eine beim Männchen fehlende Zone mit wesentlich vergrößerten Krypten an, welche, in besonders regelmäßiger Weise mit Tracheen versorgt, abermals kleinere kokkenförmige Übertragungsstadien führt (Abb. 87a). Hinter ihnen wird das Rohr enger, und an Stelle der Krypten tritt eine seichte Fältelung des Epithels. Hier werden nun reichliche Mengen einer eosinophilen Substanz sezerniert, welche das Lumen erfüllt und die zahlreichen auch hier vorhandenen Infektionsstadien einschließt. Dieser Abschnitt geht dann schließlich in eine mehr oder weniger birnförmige Endblase über. In ihr erscheint das Epithel wieder in tiefe Falten gelegt und scheidet faserige Sekretstränge aus, die sich nach der Mitte zu vereinen und um den dort liegenden Bakterienbrei eine resistente Hülle bilden (Abb. 87 b). Eine den Ausgang der Endblase umgreifende Ringmuskulatur besorgt eine rhythmische Zerteilung der bis dahin zusammenhängenden Masse, so daß regelmäßig geformte, bakteriengefüllte Kapseln in den Enddarm und von hier nach außen befördert werden.

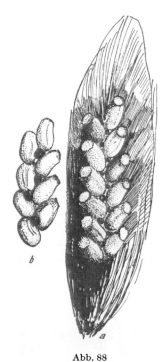

Abb. 88

Coptosoma scutellatum Geoffr. *a* Eigelege auf dem Fiederblättchen einer Wicke; zwischen den Eiern die bakteriengefüllten Kokons. *b* Gelege von unten. (Nach H. J. MÜLLER.)

Schreitet das Weibchen zur Eiablage, so beginnt dieser komplizierte Apparat zu funktionieren. Die Eier werden zweizeilig abgelegt und stehen jeweils schräg zur Längsachse des Tieres, so daß eine ährenförmige Anordnung die Folge ist. Durch tastende Bewegungen des Abdomens orientiert sich das Tier ständig über die Lageverhältnisse. Sind die ersten zwei Eier abgelegt, so setzt es in den von ihnen gebildeten Winkel, also in der Längsachse der Ähre dicht an diese ein kleines, ebenfalls ovales Gebilde mit bräunlichem Inhalt — die erste der bakteriengefüllten Kapseln. Nach kurzer Pause erscheint das dritte und vierte Ei, und dann wird diesem Paar abermals eine solche beigefügt. Das geht so fort, bis Gelege von zehn und zwölf Eiern abgesetzt sind. Gelegentlich fällt dabei auch einmal der eine oder andere Kokon aus (Abb. 88).

Wenn die Larven dann schließlich mit ihrem Eizahn den Deckel der Eischale gesprengt haben, machen sie wieder die sogenannte Ruhezeit durch, welche tatsächlich dem Aussaugen der Kapseln dient. Zunächst wandeln sie auf dem Gelege langsam umher und tasten die Oberfläche ab, vor allem aber stechen sie mit ihrem Rüssel dort, wo die Kokons liegen, zwischen den Eiern in die Tiefe, bis sie auf einen solchen treffen, um ihn in Ruhe auszusaugen! 30 Minuten bis $1^1/_2$ Stunden nach dem Schlüpfen pflegt ihnen dies geglückt zu sein. Dann erst verlassen sie ihre Geburtsstätte. Die Kapseln sind jetzt leer und lassen die Stelle des Einstiches erkennen, im larvalen Darm aber finden sich nun die Symbionten. So vereinen sich hier anatomische Neuschöpfungen und höchst spezifische Instinkte in einzigartiger Weise, um das Zusammenleben der Wirte mit ihren Gästen zu sichern.

Überraschenderweise ergab der Vergleich tropischer, in Kamerun an baumförmigen Papilionaceen lebender Plataspiden recht abweichende Verhältnisse (CARAYON, 1949). Auch bei ihnen folgt auf eine mäßig entwickelte bakterienbesiedelte Kryptenzone ein hier sehr stark entfalteter drüsiger Abschnitt des Mitteldarmes, doch wird hier von diesem das Material für eine komplizierte, bis 40 mm lange Ootheka geliefert (*Plataspis flavosparsa* Mont., *Niamia bantu* Schout., vgl. Abbildung bei POISSON, 1951). Auch hier liegen in ihr etwa 60 Eier in zwei Reihen geordnet, doch ließ sich bisher leider nicht aufklären, in welcher Weise diesen die symbiontischen Bakterien beigegeben werden. *Coptosoma* stellt mithin vermutlich einen Typus dar, bei dem die Bildung von Ootheken wieder aufgegeben wurde und die sie ursprünglich liefernden Drüsen ausschließlich in den Dienst der Symbiontenübertragung getreten sind.

Schließlich ist durch die Untersuchungen von ROSENKRANZ noch ein weiterer Fall eindeutiger Übertragung durch äußerliche Beigabe der Symbionten bekannt geworden, der nicht minder sinnfällig dartut, wie der Organismus neuen, durch die Symbiose ausgelösten Anforderungen gerecht zu werden vermag. Es war schon davon die Rede, daß dieser Autor bei den Acanthosominen durchweg die Krypten ohne jede Kommunikation mit dem Darmrohr fand. Damit wird natürlich die bei anderen Pentatomiden festgestellte Form der Eibeschmierung durch den After unmöglich gemacht — vergrößerte Endkrypten fehlen in der Tat — und der Wirtsorganismus genötigt, auf neue Wege zu sinnen. Auch jetzt greift er nicht zu der scheinbar nächstliegenden Lösung einer Infektion der Ovocyten, sondern errichtet ein neues, weiteres Symbiontendepot im Legeapparat, das an die Einrichtungen erinnert, die bei Anobiiden, Cerambyciden und anderen mehr in Form von Vaginaltaschen und Ähnlichem begegnen. Niemand war bis dahin aufgefallen, daß *Acanthosoma haemorrhoidale* L. und ihre sämtlichen Verwandten auf der Ventralseite des Hinterleibsendes ein paariges, lebhaft pigmentiertes Übertragungsorgan von birnförmiger Gestalt besitzen, dessen Chitinauskleidung zahllose bakteriengefüllte Röhrchen bildet (Abb. 89).

Durch komplizierte Taschenbildung wohlgeborgen, ist es so gelagert, daß die herabgleitenden Eier notwendig einen Teil seines Inhaltes nach der Mündung der mit dem Beschmierorgan kommunizierenden Vagina quetschen. Dabei sorgt jederseits ein Paar ineinander verzahnter Chitinleisten dafür, daß die mit den Symbiontenbehältern besetzte Falte bei der starken Dehnung der Genitalsegmente während des Legegeschäftes sich nicht nach außen öffnet. Die Röhrchen selbst sind dichtgeschart, besitzen nur eine kleine, nach der Vagina schauende Öffnung und sind aus Haarbündeln entstanden zu denken, wie sie uns etwa bei den Anobiiden als Retentionseinrichtungen begegneten (Abb. 90).

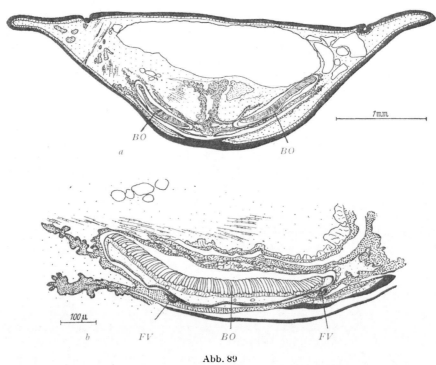

Abb. 89

Acanthosoma haemorrhoidale L. *a* Querschnitt durch das Hinterende einer weiblichen Imago mit den beiden Beschmierorganen. *b* Ein Beschmierorgan stärker vergrößert, mit Chitinröhrchen und Faltenverzahnung. *BO* Beschmierorgan, *FV* Faltenverzahnung im Querschnitt. (Nach ROSENKRANZ.)

    Alle übrigen untersuchten Acanthosominen ergaben prinzipiell die gleichen Organe. Da sie sich im Chitinpräparat deutlich ausprägen, konnten neben sieben paläarktischen Arten auch zwei chilenische herangezogen werden.

    Wie nicht anders zu erwarten, beharren auch hier die Larven zunächst bei den Eischalen und infizieren sich mit den an deren Oberfläche haftenden Bakterien.

    Leider konnte bisher die Anlage und die Füllung dieser Organe aus Mangel an Material nicht untersucht werden. Auf dem zweiten Larvenstadium stehen die Krypten noch in Verbindung mit dem Darm. Ihre Abriegelung muß im dritten bis fünften Larvenstadium vor sich gehen, und vorher muß ein Teil der Symbionten über Enddarm und After die dann bereits angelegten Räume am Legeapparat infizieren.

Nach den Feststellungen, welche PIERANTONI (1951) an *Tropidothorax* zunächst freilich nur an fixierten Tieren gemacht hat, scheint schließlich auch diese Lygaeide völlig abweichende Wege der Übertragung einzuschlagen. Hier verlängern sich die vier Malpighischen Gefäße in lange, plötzlich sich verjüngende, vielfach gewundene Schläuche, deren Epithel und Lumen ebenfalls dicht von Bakterien erfüllt ist. Aller Wahrscheinlichkeit nach sind somit in diesem bisher unter den Heteropteren einzig dastehenden Fall, ähnlich wie bei *Donacia*, die Nierenorgane in den Dienst der Eibeschmierung gestellt worden.

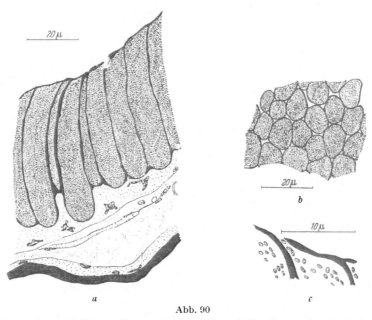

Abb. 90

Acanthosoma haemorrhoidale L. Die symbiontengefüllten Chitinröhrchen des Beschmierorganes, *a* im Längsschnitt, *b* im Querschnitt, *c* ihre Öffnung. (Nach ROSENKRANZ.)

Nach diesen Beobachtungen an Pentatomiden und Acanthosominen sowie an *Coptosoma* und *Tropidothorax* kann kein Zweifel mehr bestehen, daß die Übertragung derjenigen Heteropterensymbiosen, welche am Mitteldarm untergebracht werden, auf dem Wege einer äußerlichen Beigabe im Augenblick der Eiablage bewerkstelligt wird. In anderem Zusammenhang wird darzulegen sein, daß auch bei den blutsaugenden Triatomiden, deren Symbionten in einer vordersten Zone des Mitteldarms leben, dieser Weg eingeschlagen wird. Fraglich bleibt lediglich angesichts der Angaben von GLASGOW und KUSKOP, ob nicht vielleicht doch unter Umständen auch ein Teil der Bakterien bereits vor dem Schlüpfen durch die Mikropyle in das Ei übertreten kann und so eine Art doppelter Sicherung geschaffen wird. Um dies zu entscheiden, müßte erneut geprüft werden, ob wirklich im Schlüpfen begriffene Tiere schon Symbionten führen und ob aus Embryonen mit hinreichend sterilisierter Eischale Kulturen der Symbionten gewonnen werden können.

Wenn MALOUF (1933) glaubte, daß bei der Pentatomide *Nezara viridula* L. die in der üblichen Weise lokalisierten Symbionten außerdem in Anhangsorganen des männlichen Geschlechtsapparates vorkommen und von hier mit den Spermien in die Eier eindringen, so fiel er einer Verwechslung mit bei Heteropteren weitverbreiteten, manchmal an Bakterien erinnernden Sekreten zum Opfer. Das gleiche gilt für WOODWARD (1949), der dadurch verführt wurde, sogar bei Nabiden, das heißt räuberischen, niemals Symbionten besitzenden Formen, von einer Bakteriensymbiose zu sprechen (CARAYON, 1951).

Über die Entstehung der Krypten während der Larvenentwicklung hat vor allem ROSENKRANZ genauere Angaben gemacht. Bei *Palonema prasina* L. setzt die Bildung der Krypten zwei bis drei Tage nach dem Schlüpfen ein. Es treten dann zunächst allseitig um den entsprechenden, bereits von Symbionten erfüllten Darmabschnitt kleine, wohlgesonderte Ausstülpungen auf, welche sich erst auf dem zweiten Larvenstadium unter gleichzeitigem Wachstum in zwei Reihen ordnen und nun eng aneinandergrenzen. Auf dem dritten Stadium werden sie dann dank einer Einschnürung in der Längsrichtung des Darmes stärker von diesem abgesetzt, auf dem vierten Stadium kommt hiezu noch eine zweite Längsfaltung, welche die vier kreuzweise gestellten Kryptenreihen hervorbringt. Im fünften Larvenstadium ist dann der endgültige Zustand erreicht. Die typische Pigmentierung des Kryptendarmes setzt erst nach seiner Besiedelung ein. Die vergrößerten Endkrypten der Weibchen entstehen keineswegs erst im geschlechtsreifen Tier, sondern bereits in den Larven.

Bei *Coptosoma* gelangen die Symbionten rasch in den hinteren Abschnitt des Mitteldarmes, der frei von Dotter bleibt und sekretgefüllt ist. Soweit sie in dem mit Dotter gefüllten Abschnitt verharren, verfallen sie der Auflösung. Wird der Dotter resorbiert, so setzt auch bereits die Darmabschnürung ein. Die vergrößerten Endkrypten des Weibchens sind schon auf dem dritten Larvenstadium vorhanden, während die beiden Endabschnitte erst in der Imago ihre vollständige Ausbildung erhalten.

Bereits KUSKOP, PIERANTONI und CONVENEVOLE hatten festgestellt, daß innerhalb einer Spezies ein gewisser Polymorphismus der Symbionten herrscht, aber erst ROSENKRANZ und SCHNEIDER haben die ihm zugrunde liegenden zyklischen Veränderungen eingehender studiert. Bei *Palonema prasina* sind die der Übertragung dienenden pigmentierten Endkrypten von einem nur 1 μ langen Kurzstäbchen erfüllt. Dementsprechend enthält auch das erste Larvenstadium noch sehr kleine Symbionten. Nehmen dann im zweiten Stadium die Krypten an Größe zu, so wachsen auch ihre Insassen wesentlich in die Länge, so daß jetzt Fäden bis zu 16 μ vorkommen. In den anschließenden Stadien hält die Vermehrung der Symbionten an, aber Hand in Hand damit werden sie wieder kürzer. Im fünften Larvenstadium messen sie zumeist nur noch 4 μ. Ist dieser Zustand im Herbst erreicht, so schlagen die beiden Geschlechter verschiedene Wege ein. Im Männchen stellt man erneutes Anwachsen bis auf eine durchschnittliche Länge von 10 μ fest, im Weibchen führt weiterer Zerfall zu

Formen von etwa 2 μ. Erst im kommenden Sommer, zur Zeit der Eiablage, läßt dann eine erneute Teilungswelle in den vergrößerten Endkrypten die nur 1 μ messende Übertragungsform entstehen.

Andere Pentatominen und Scutellerinen verhalten sich ebenso, und die Beschmierorgane der Acanthosominen sind abermals von einer kleinen Infektionsform erfüllt, während die Krypten wesentlich längere Stäbchen und Fäden enthalten. Unter Umständen wachsen die Heteropterensymbionten aber auch

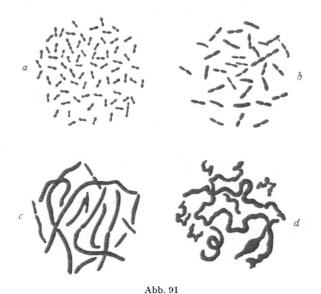

Abb. 91

a *Anasa tristis* De G., b *Euchistus servus* Say., c *Peribalus limbolarius* Stål, d *Murgantia histrionica* Hahn. Die symbiontischen Bakterien aus den Mitteldarmkrypten. (Nach GLASGOW.)

zu Gebilden heran, die sich weitgehend von der typischen Bakteriengestalt entfernen. So fand GLASGOW bei *Peribalus limbolarius* Stål sanft geschwungene Schläuche bis zu 50 μ und bei *Murgantia histrionica* Hahn völlig unregelmäßige, korkzieherartig gewundene Involutionsformen, die zumeist 10 bis 30 μ maßen, zwischen ihnen aber auch Riesen von 100 und mehr Mikron (Abb. 91). Auch STEINHAUS (1951) machte genauere Angaben über die sehr variable Morphologie der gramnegativen *Murgantia*-Symbionten, und belegte die sehr verschiedenen, für die einzelnen Arten der Heteropteren spezifischen Symbiontengestalten durch Mikrophotographien (*Chlorochroa, Chelinidea*).

Die *Coptosoma*-Symbionten zeigen ebenfalls in beiden Geschlechtern deutliche Gestaltunterschiede. Die Infektionsstadien sind kokkenförmig, in den jungen Larven wachsen sie nur mäßig heran und werden zum Teil zu wurstförmigen, gebogenen und mehr aufgeblähten Gebilden. Handelt es sich um Weibchen, so verharren sie in diesem Zustand, der maximal 3,5 μ erreicht; im Männchen dagegen strecken sie sich zu langen Fäden und Fadenketten, deren Glieder bis zu 17 μ messen.

Nur äußerst selten kommt es vor, daß neben den eigentlichen Symbionten noch eine mehr oder weniger angepaßte Begleitform Aufnahme findet. So begegnete bei *Stegonomus pusillus* H. S. zwischen stark färbbaren Kurzstäbchen noch eine zusätzliche Form in Gestalt längerer, sehr zarter und schwach färbbarer Fädchen.

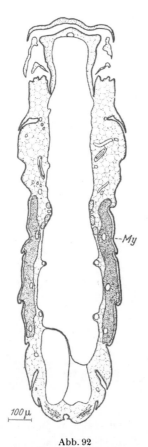

Kulturversuche hat bereits GLASGOW 1914 angestellt. Bei manchen Arten, deren Symbionten sichtlich hochgradig angepaßt, beziehungsweise entartet sind, wie bei *Murgantia* und anderen, waren seine Bemühungen vergeblich. Bei anderen, so bei *Anasa, Alydes, Metapodius*, gelang die Kultur jedoch in Bouillon, der eine Abkochung von Kürbisstengeln und -blättern beigefügt war, sehr leicht. Dabei zeigten die *Anasa*-Symbionten, welche frisch dem Organ entnommen stets unbeweglich waren, lebhafte Beweglichkeit. GLASGOW rechnet sie zu der großen Gruppe der fluoreszenten Bakterien. Daß wirklich die Symbionten gezüchtet wurden, konnte er auf serologischem Wege dartun. Ein Immunserum, das durch intraperitoneale Einspritzung abgetöteter Symbionten in Meerschweinchen gewonnen wurde, ergab auch bei starker Verdünnung sofortige Koagulation der gezüchteten Organismen. STEINHAUS (1951) bemühte sich ebenfalls vergeblich um die Kultur der *Murgantia*-Symbionten, doch gelang sie auch ihm leicht bei zweierlei Arten von *Chelinidea*, obwohl er sich nur so gewöhnlicher Medien wie Nutrient Agar mit und ohne Glukosezusatz bediente. Die anfänglich langsam wachsenden, sehr kleinen, glänzend weissen Kolonien entwickelten sich nach Überimpfung besser. L. SCHNEIDER erzielte nach brieflichen Mitteilungen bei *Syromastes* mit den gleichen Nährböden, wie sie GLASGOW und STEINHAUS benutzten, Kulturen und prüfte, wie an anderer Stelle noch zu berichten sein wird, deren physiologische Fähigkeiten. Die gramnegativen Doppelstäbchen, welche in flüssigem Medium gerne Ketten bilden, ergaben bei ROBINOW-Färbung deutliche Kernstrukturen.

Abb. 92

Ischnodemus sabuleti Fall. Frontalschnitt durch eine weibliche Imago mit paarigem, den Darm begleitenden Mycetom. (Nach G. SCHNEIDER.)

Als ich 1923 bei der Bettwanze paarige, im Bereich des Fettkörpers gelegene, vom Darmkanal völlig unabhängige Mycetome entdeckte und dementsprechend auch eine Ovarialinfektion konstatierte, mußte dieser die Einheitlichkeit der Heteropterensymbiose störende Befund überraschen. Heute wissen wir jedoch, daß auch eine ganze Reihe phytophager Wanzen typische Mycetome besitzt und ihre Symbionten bereits in die Ovocyten sendet. Bei den Blissinen, einer Unterfamilie der Lygaeiden, liegen die betreffenden Organe beiderseits im Abdomen dicht unter der Hypodermis. Bisher konnte von den beiden allein in Mitteleuropa vorkommenden Arten, dem an allerlei Wasserpflanzen saugenden *Ischnodemus sabuleti* Fall. und *Dimorphopterus spinolae* Sign., der im Dünensand an *Calamagrostis* lebt, nur die erstere untersucht werden. An drei Stellen durchziehen dorsoventrale Muskelbündel die glasig hellen, in das Fettgewebe eingebetteten Organe (Abb. 92). Große Syncytien, mit zum Teil

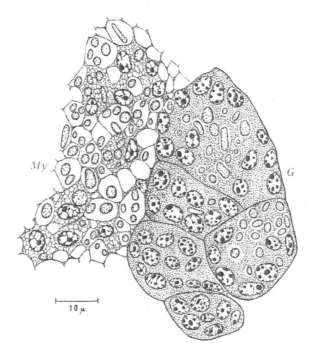

Abb. 93

Ischnodemus sabuleti Fall. Frühe Infektion der embryonalen weiblichen Gonade. *My* das junge Mycetom, *G* Gonade. (Nach G. Schneider.)

bizarr gestalteten Kernen, sind dicht mit Bakterien erfüllt und werden von einem flachen Epithel umspannt. Zahlreiche Tracheen versorgen die Organe und dringen zum Teil mit ihren Endästen in die Syncytien ein. Die Insassen stellen recht vielgestaltige Bakterien dar, deren Ausgangsformen schlanke Stäbchen und Fäden sind, die aber auch zu schlauchförmigen und rundlichen Gebilden aufgetrieben vorkommen.

Die Übertragung geschieht auf dem Wege einer sehr frühen Infektion der Gonaden. Schon in den Embryonen treten offenbar im weiblichen Geschlecht stark aufgetriebene Bläschen und wurstförmige Gebilde aus den jungen Mycetomen in die unmittelbar benachbarten Anlagen der Ovarien über. Hier durchsetzen sie gleichförmig das Zellmaterial der Ovariolen, an dem sich zu dieser Zeit Nährzellen und Ovocyten noch nicht unterscheiden lassen (Abb. 93).

Später überschwemmen die Symbionten vor allem die endständigen Nährzellen und liegen hier allerorts in Nestern vereint. Gelegentlich finden sich aber auch schon im Plasma sehr junger Ovocyten, die noch keinen Anschluß an den Nährstrang gefunden habén, vereinzelte Symbionten, deren Gestalt und Färbbarkeit jetzt sehr verschieden sein kann.

Mit dem von den Nährzellen zu den Ovocyten ziehenden Sekretstrom gleiten sie schließlich, ohne daß man von spezifischen Infektionsstadien sprechen könnte, in das Eiplasma, das zunächst dicht von ihnen erfüllt wird. Später

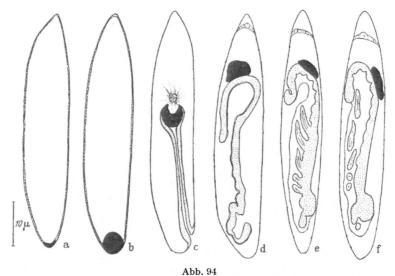

Abb. 94

Ischnodemus sabuleti Fall. Embryonalentwicklung. Verhalten der Mycetomanlage.
(Nach G. Schneider.)

gewinnt jedoch das Plasmawachstum die Oberhand über die Vermehrung der Symbionten, bis sie am Ende nur noch eine kappenförmige Ansammlung von Stäbchen am Hinterende des Eies darstellen.

Dementsprechend infizieren sich zu Beginn der Embryonalentwicklung alsbald die jene Region einnehmenden Blastodermzellen. Zunächst einschichtig, vermehren sich diese jungen Mycetocyten schon vor Beginn der Invagination zu einem Zellhügel, der dann, die Amnionhöhle abschließend, von dem an dieser Stelle sich einstülpenden Keimstreif bis nahe an den entgegengesetzten Pol geschoben wird. Dabei setzt an dem Scheitel der Einstülpung eine eigenartige Plasmastrahlung an, die den Eindruck macht, wie wenn sie diese hinter sich herziehen würde. Ganz Ähnliches wird uns auch bei gewissen Schildläusen, Zikaden, Anopluren und Mallophagen begegnen, ohne daß sich Sicheres über die Bedeutung dieser auffallenden Struktur aussagen ließe, die in freilich viel seltneren Fällen auch ohne Beziehungen zu einer Symbiose auftreten kann. Wenn das Hinterende des Keimstreifs S-förmig umbiegt, löst sich die noch immer unpaare Mycetomanlage von ihm und liegt nun abgeflacht der abdominalen

Region des Keimstreifs an. Durch Zerschnürung in eine rechte und linke Hälfte wird dann der endgültige Zustand herbeigeführt (Abb. 94). Die *Ischnodemus*-Mycetome entwickeln sich somit ganz ähnlich wie die von *Cimex lectularius* und zahlreichen Homopteren.

Überraschenderweise besitzen jedoch nicht alle Glieder der Unterfamilie der Blissinen Mycetome. Laut brieflicher Mitteilung CARAYONS bringt vielmehr *Blissus* und *Dimorphopterus* die Bakterien wieder in Krypten des Mitteldarmes unter.

Paarige Mycetome ließen sich aber auch bei mehreren Arten der zu den Lygaeinen zählenden Gattung *Nysius* feststellen. Die in enger Nachbarschaft der Gonaden liegenden länglichen oder ovalen Organe sind hier bald aus einkernigen Mycetocyten, bald aus Syncytien aufgebaut und dank einem zwischen den dichtgelagerten Bakterien sich findenden Pigment intensiv rot gefärbt. Abermals treten die Symbionten bereits in die noch jungen Ovocyten über, aber hinsichtlich der näheren Umstände unterscheidet sich *Nysius* von *Ischnodemus*. Die Ovariolen besitzen nämlich dicht hinter der jetzt steril bleibenden Nährkammer, dort, wo die Ovocyten sich hintereinanderzureihen beginnen, eine scharf begrenzte Zone, welche genau so pigmentiert ist wie das Mycetom (Abb. 95a). Die Untersuchung auf Schnitten ergibt, daß sie eine Art Filialmycetom darstellen und daß die Symbionten diesmal dementsprechend unmittelbar, das heißt ohne Benützung der Faserstränge, vornehmlich am vorderen Pol in die Ovocyten übertreten (Abb. 95b).

Hat die Ovocyte die Zone des Filialmycetoms passiert, so ist ihre Infektion beendet. Anfangs verbreiten sich die Symbionten, von denen jeder einzelne in eine Vakuole eingeschlossen ist, über das ganze Ei; mit zunehmender Dotterbildung aber werden sie diesmal im Bereich des vorderen Pols zu einem dichten, rundlichen Ballen zusammengedrängt.

Die Symbionten stellen 3—11 μ lange Stäbchen bzw. Fäden dar und bilden, ähnlich wie auch bei *Ischnodemus*, nicht selten kleine Ketten. Interessanterweise fand sich in ihrer Gesellschaft ganz regelmäßig, wenn auch in wechselnder Menge, als Mitläufer ein kleineres, nur schwach färbbares Bakterium, das auch in die Ovarien und in die Eizellen eindringt und sich offenbar auf dem Wege zu einer gesetzmäßigen Einbürgerung befindet. Eine ähnliche kokkenförmige Begleitform trifft man, wenn auch nicht mit solcher Regelmäßigkeit, auch schon bei *Ischnodemus* an.

Eine dritte Unterfamilie der Lygaeiden, bei der SCHNEIDER ebenfalls ein Mycetom fand, stellen die Cyminen dar. Untersucht wurden *Cymus claviculus* Fall. und zwei *Ischnorrhynchus*arten. Bei ersterem ließen sich keine symbiontischen Einrichtungen aufdecken, die beiden *Ischnorrhynchus*arten — *resedae* Pz. und *ericae* Horv. — besitzen ein diesmal unpaares, ebenfalls rot gefärbtes, traubiges Organ, das median oder mehr nach einer Seite gedrängt, den magenartigen Darmteil entlangzieht. Lange, dichtverfilzte und zum Teil verzweigte Fadenketten erfüllen zweikernige, von flachem Epithel umzogene Mycetocyten und werden abermals des öfteren von einem wilderen, kurzen Stäbchen begleitet. Wie bei *Nysus* ist eine gürtelförmige Zone in den Ovariolen infiziert und dient der Übertragung der Symbionten, die schließlich auch hier einen Ballen am hinteren Eipol bilden. Auch diesmal ist sie an ihrer Pigmentierung sofort zu erkennen, doch erscheint sie nicht rot wie das Mycetom, sondern orange.

Schließlich muß noch erwähnt werden, daß SCHNEIDER bei einem Vertreter einer vierten Unterfamilie der Lygaeiden, der Geocorine *Geocoris grylloides* L., auf eine diffuse Überschwemmung des abdominalen Fettgewebes

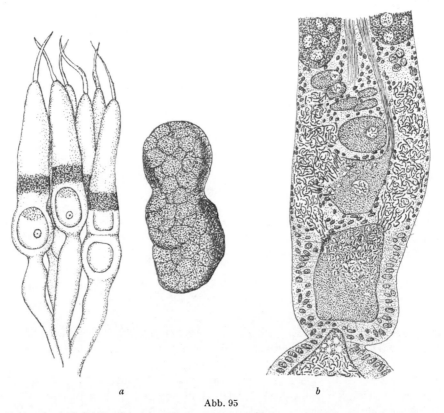

a   b

Abb. 95

Nysius senecionis Schill. *a* Ovariolen mit pigmentierter Infektionszone und das benachbarte, ebenso pigmentierte Mycetom. *b* Die pigmentierte Zone einer Ovariole im Schnitt. Die Ovocyten werden von dem Symbiontendepot aus infiziert. (Nach G. SCHNEIDER.)

mit Bakterien stieß, ohne entscheiden zu können, ob es sich hiebei um eine echte Symbiose handelt. Andere Arten der gleichen Gattung zeigten nichts Entsprechendes. Doch würde dies nicht von vorneherein gegen ein gesetzmäßiges Vorkommen sprechen, da ja auch sonst in vielen Unterfamilien der Heteropteren neben Symbiontenträgern Arten ohne Symbiose vorkommen.

Den Beziehungen zwischen System und Symbiose wird an anderer Stelle nachgegangen werden. Hier sei nur darauf hingewiesen, daß sich hinter ihnen ganz offenkundig ökologische, das heißt ernährungsphysiologische Motive verbergen, welche für das Vorhandensein und Fehlen einer Symbiose ausschlaggebend sind.

b) **Cocciden**

α) *Lecaniinen*

Die viel untersuchten Symbionten der Lecaniinen, von denen wir schon seit nahezu 100 Jahren wissen, leben bei allen bereits in so großer Anzahl untersuchten Arten stets teils frei in der Lymphe flottierend, teils intrazellular in den Elementen des Fettgewebes, ohne daß dessen Zellen irgendwie dadurch verändert würden oder gar irgendwelche Organbildung angebahnt würde (Abb. 96). Die Gestalt der Symbionten ist für die einzelnen

Abb. 96

Lecanium hesperidum L. Symbionten frei in der Lymphe und in Zellen des Fettkörpers. (Aus einem Zupfpräparat nach dem Leben. Original.)

Arten der Wirtstiere durchaus spezifisch und weist eine beträchtliche Mannigfaltigkeit auf. Bald handelt es sich um schlank zigarrenförmige, an beiden Enden ziemlich plötzlich zugespitzte Gebilde, bald sind sie oval, keulen-, tränen- oder zitronenförmig. Unter Umständen erscheinen sie auch mehr knorrig, und gelegentlich wachsen sie zu längeren Schläuchen aus. Stark lichtbrechende Einschlüsse fehlen kaum je und sind bald gering an Zahl, bald bilden sie dichtere, mit Vorliebe die beiden Pole einnehmende Ansammlungen oder durchsetzen in Menge fast das ganze Plasma. Gelegentlich finden sich in diesem auch Fetttröpfchen und mit Zellsaft gefüllte Vakuolen (siehe BUCHNER, 1921, Tafeln).

Alle bisherigen Angaben beziehen sich lediglich auf die Tribus der Lecaniini. Doch verhalten sich die beiden weiteren Tribus der Aclerdini und Micrococcini nach eigenen Beobachtungen an *Aclerda berlesei* Buffa und einer *Micrococcus* sp. prinzipiell wie die Lecaniini. Inwieweit feinere Unterschiede bestehen, müssen weitere Untersuchungen zeigen. Jedenfalls wird jedoch durch diese Feststellung schon jetzt an Hand der symbiontischen Einrichtungen die Zuordnung von *Micrococcus*, den LEONARDI (1920) noch zu den Pseudococcinen rechnet, zu den Lecaniinen (BALACHOWSKY, 1948) bestätigt.

Die Vermehrung geschieht durchweg mittels Knospung. Sie kann endständig sein oder nach der Seite verschoben werden und geht entweder nur an einem oder an beiden Polen vor sich. Wird sie lebhafter, so können sich hinter der noch nicht abgelösten Knospe bereits weitere bilden und auf diese Weise kleine Ketten von drei oder vier Gliedern entstehen, von denen sich leicht die gelegentlich auftretenden, meist auch noch zahlreiche Einschnürungen aufweisenden Schlauchformen ableiten lassen (Abb. 97).

Die Übertragung geschieht, wie bei allen Homopteren, auf dem Wege der Ovarialinfektion. Dort, wo die wenigen großen Nährzellen der noch recht

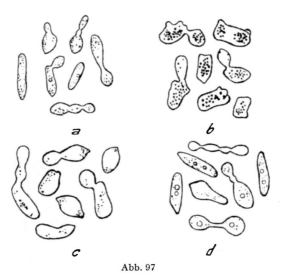

Abb. 97

a Lecanium tessellatum Sign., *b Lecanium longulum*, *c Lecanium hemisphaericum* Targ., *d Lecanium hesperidum* L. Die Lymphe und Fettzellen bewohnenden Symbionten. (Nach Buchner.)

jungen Ovocyte aufsitzen, tauchen verhältnismäßig wenige Symbionten, etwa 10—15, in den Nährzellen und Ovocyte verbindenden Follikelzellen auf. Ohne lange in ihnen zu verharren, werden sie in den dahinter um den Nährstrang gelegenen Raum weitergegeben. Hier warten sie, bis die Nährzellen nur noch als ein degenerierendes Rudiment dem nun dotterreichen, ausgewachsenen Ei anhängen, dann gleiten sie längs dem ebenfalls sich zurückbildenden Strang eiwärts und kommen so zwischen Follikel und Eioberfläche zu liegen. Jetzt weicht das Ei, an dieser Stelle eine kleine Grube bildend, zurück, und die Symbionten sinken in diese Mulde, über der sich das Plasma alsbald wieder schließt (Abb. 98). Das Ei steht um diese Zeit auf dem Stadium der ersten Reifeteilung.

Über das Verhalten der Symbionten während der Embryonalentwicklung liegen leider nur wenige Angaben vor. Von einer *Lecanium* sp. beschrieb Breest (1914), wie sie sich zunächst keineswegs zerstreuen, sondern vorübergehend ein dicht unter dem Blastoderm liegendes Nest bilden, in das dann Zellen eindringen, die allem Anschein nach im Dotter zurückgebliebene Furchungszellen darstellen. So entsteht ein wohlumschriebenes zelliges Gebilde, das auch die Umrollung des Embryos überdauert, dann aber wieder aufgelöst wird und der diffusen Besiedlung von Lymphe und Fettgewebe Platz macht. Derartige vorübergehend auftauchende mycetomähnliche Gebilde, die auch sonst bei Cocciden begegnen und entweder wie hier zu baldiger Degeneration der Mycetocyten führen oder von einer diffusen Verteilung derselben abgelöst werden, seien in Zukunft als transitorische Mycetome bezeichnet.

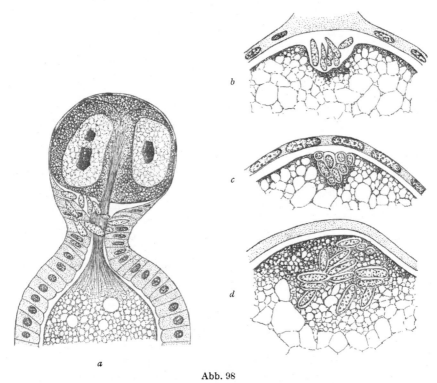

Abb. 98

Lecanium corni Bouché. *a* Die Symbionten dringen durch den Follikel. *b* Sie sinken in die Empfangsgrube des Eies. *c, d* Diese schließt sich hinter ihnen. (Nach BUCHNER.)

Solange die jungen Lecanien noch beweglich sind, bleibt die Zahl der Symbionten eine ziemlich beschränkte. Wenn aber einige Zeit nach dem Festsetzen das gesteigerte Wachstum einsetzt, vermehren auch sie sich lebhaft und überschwemmen den Wirtsorganismus unter Umständen in beängstigender Weise. Später erscheint die Intensität der Sprossung wieder abzunehmen, dafür treten aber nun nicht selten deutliche Anzeichen einer Entartung auf. Vor allem während und nach der Eiablage beobachtet man vielfach ein teilweises Auswachsen zu den schon erwähnten Schlauchformen, welche auch für sterbende und tote Tiere typisch sind (SCHWARTZ, 1932).

Nach Beobachtungen, welche POISSON u. PESSON (1937) an *Pulvinaria mesembryanthemi* Vallot machten, nehmen bei diesem Objekt jugendliche Wachszellen, welche von Leukocyten stammen und ihre phagocytären Eigenschaften noch eine Weile bewahren, des öfteren auch Symbionten auf. Während solche Zellen sich nicht zu reifen Wachszellen entwickeln können, sondern schließlich zugrunde gehen, sollen sich die Hefen in ihnen vermehren und schließlich dem Blut wieder übergeben werden.

Eine Reihe von Autoren berichtet über gelungene Kulturen der Lecaniinensymbionten. BERLESES Angaben (1905), wonach die Symbionten von *Ceroplastes rusci* L. sich mit Leichtigkeit züchten ließen, sowie die von CONTE u. FAUCHERON (1907) dürften nur noch historisches Interesse haben. Später berichteten BRUES u. GLASER (1921), daß sie bei *Pulvinaria innumerabilis* Rath. mit etwa 50 % der Aussaaten Erfolg hatten. Kartoffelagar mit und ohne Zusatz von Ahornzucker erwies sich ihnen als besonders geeignet. Gründlicher hat jedoch erst SCHWARTZ (1924) die Frage der Züchtbarkeit geprüft. Er stieß dabei auf wesentlich größere Schwierigkeiten als seine Vorgänger, was wohl in erster Linie auf deren weniger peinliche Arbeitsweise zurückzuführen sein dürfte. Vor allem Peptonrohrzuckerlösungen stellten einen günstigen Nährboden für die Symbionten mehrerer *Lecanium*arten dar. Auch in Raupenlymphe gediehen die Kulturen gut, während sich der Zusatz von Extrakten der Wirtspflanze ungünstig auswirkte.

Im allgemeinen erfolgte in all diesen Kulturen eine weitgehende Angleichung der innerhalb der Wirtstiere mehr oder weniger verschiedenen Organismen. Wie das Milieu der Wirte, so beeinflußte auch die Art des Nährbodens die Morphologie der Symbionten. Auf Malzagar entstanden um die Impfstelle gelblich glänzende Scheiben von schleimiger Beschaffenheit, in denen die Hefen fast durchweg als Einzelzellen sproßten; auf Agar mit Natrium hippuricum (0,1 %) und Rohrzucker (6 %) blieb die zentrale Scheibe klein, und es wuchs aus ihr ein reichverzweigtes Mycel aus, das an den Spitzen Klumpen von Einzelzellen trug.

Während bei SCHWARTZ die *Lecanium*-Symbionten nur zögernd wuchsen und mittels der Tröpfchenmethode erst angezüchtet werden mußten, berichten BENEDEK u. SPECHT (1933) von ungleich wüchsigeren, beliebig lang in Subkulturen weitergeführten Zuchten der *Lecanium corni*-Symbionten. Sie wollen in einer 5prozentigen Glykosebouillon ohne Schwierigkeiten lebhafte Vermehrung erhalten haben und konnten von solchen Kulturen andere auf verschiedene feste Nährböden abzweigen. Dabei trat etwa in der Hälfte der Kulturen noch ein sporogenes, dem *Bacterium megatherium* sehr nahestehendes Bakterium auf, das sie auch in den Schildläusen wiederfinden und als Nebensymbionten bezeichnen. Doch dürften die Angaben dieser beiden Autoren, welche in den von ihnen gezüchteten Organismen eine *Torula* sehen, kaum ernstere Berücksichtigung verdienen, denn sie spülten ihre Tiere lediglich in destilliertem Wasser ab, zerteilten sie in zwei Hälften und verimpften sie dann, so daß es überaus wahrscheinlich ist, daß sie äußerlich anhaftende Keime gezüchtet haben.

Was die systematische Stellung der Lecaniinen-Symbionten anlangt, so kann die alte, von LINDNER (1895) vertretene Auffassung, daß es sich um echte Saccharomyceten handelt, nicht mehr aufrechterhalten werden. SCHWARTZ kommt zu dem Schluß, daß es sich vielmehr um einen besonders an *Dematium pullulans* erinnernden Ascomyceten, wahrscheinlich einen Phycomyceten handelt, der sich im Wirtstier zumeist nur in Form von Conidien fortpflanzt. Er prüfte seine Kulturen auch in gärungsphysiologischer Hinsicht und stellte das Vorhandensein von Amylase, Saccharase, Emulsin, Trypsin, Lecithinase, Lipase und Urase sowie das Vermögen, Hippursäure zu spalten, fest.

β) Kermesinen (Hemicoccinen)

Die Kermesinen (Hemicoccinen), welche ehemals als Farbstofflieferanten eine gewisse wirtschaftliche Bedeutung besaßen, umfassen lediglich die eine Gattung *Kermes*, von der etwa 40 fast ausschließlich an Eichen vorkommende Arten bekannt sind. Lediglich *Kermes quercus* L. ist bisher von ŠULC (1906) untersucht worden, und seine Angaben über die auch hier nicht vermißten Symbionten sind obendrein sehr knapp gehalten. Er fand die Leibeshöhle von kleinen «Saccharomyceten» überschwemmt, die stäbchenähnlich gestreckt, an einem Ende spitz, am anderen stumpf zu enden pflegen. Gelegentlich kommt es auch hier zu einer schlauchförmigen Verlängerung. Ob die Symbionten zum Teil ebenfalls in die Fettzellen eindringen, wird nicht gesagt. Über Infektionsweise und Verhalten während der Embryonalentwicklung ist nichts bekannt.

γ) Asterolecaniinen

Die Asterolecaniinen, deren Symbiose von SHINJI (1919), RICHTER (1928), WALCZUCH (1932) und MAHDIHASSAN (1933, 1951) untersucht wurde, zeigen hinsichtlich ihrer symbiontischen Einrichtungen zwar gewisse Anklänge an die der Lecaniien, rücken aber doch deutlich von ihnen ab.

Wohnstätten sind hier spezifische, das Fettgewebe gleichmäßig durchsetzende Zellen mit dichtem Protoplasma und ohne jegliche Einschlüsse von Fettsubstanzen. Bei *Lecaniodiaspis africana* Newst., dem Objekte WALCZUCHS, handelt es sich um ein- oder zweikernige Zellen recht verschiedener Größe, deren Plasma sehr verschieden stark besiedelt wird. Manche sind prall gefüllt, andere enthalten nur wenige Symbionten, und wieder andere sind sogar vollkommen frei von ihnen, aber trotzdem an ihrer Plasmabeschaffenheit stets ohne weiteres von den Fettzellen zu unterscheiden (Abb. 99a). Vereinzelte Mycetocyten lassen deutliche Zerfallserscheinungen erkennen; ihr Plasma ist dann viel schwächer färbbar, ihre Oberfläche wie zerrissen. Solche entlassen ihren Inhalt, so daß man nicht selten Symbionten frei in der Lymphe trifft, die der erneuten Infektion noch steriler Mycetocyten dienen.

Hinsichtlich ihrer Gestalt gleichen sie durchaus den für die Lecaniinen so typischen hefeähnlichen Symbionten; sie sind spindelförmig, besitzen ein schaumiges Protoplasma und ein nie fehlendes, stark chromatisches Korn und vermehren sich durch Knospung. Man wird daher nicht fehlgehen, auch in ihnen Conidien eines Ascomyceten zu erblicken.

Die Art der Übertragung gleicht ebenfalls ganz der der Lecaniinen. Die Pilze erscheinen zwischen den Nährzellen und der Ovocyte am Follikel, treten durch diesen in den Raum um den faserigen Nährstrang, der hier von einem merkwürdigen Plasmagerinnsel erfüllt wird, welches offenbar in irgendwelchem Zusammenhang mit der Infektion der Ovocyte steht (Abb. 99b). Leider fehlten die Stadien, welche darüber hätten Auskunft geben können.

Von einer anderen *Lecaniodiaspis*-Spezies, *L. pruinosa* Hunter, berichtet SHINJI an Hand mangelhafter Präparate, daß entsprechende spezifische Zellen

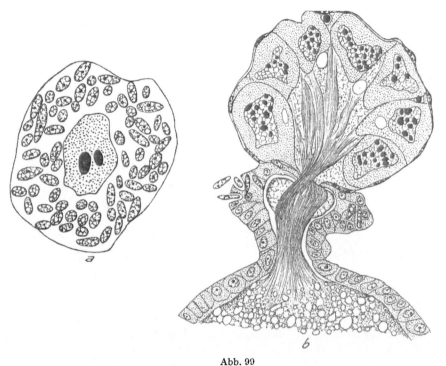

Abb. 99

Lecaniodiaspis africana Newst. *a* Mycetocyte aus dem Fettgewebe. *b* Die Symbionten infizieren am oberen Eipol. *a* 750fach, *b* 450fach vergrößert. (Nach WALCZUCH.)

des Fettkörpers von stäbchenförmigen Symbionten bewohnt seien und daß diese an der gleichen Stelle wie die Hefen von *L. africana* in die Ovariolen übertreten. Damit harmoniert, daß RICHTER bei dem an Eichen lebenden *Asterolecanium variolosum* Ratz. ebenfalls kleine stäbchenförmige Symbionten feststellte, welche hier große ein- oder mehrkernige Zellen so dicht bewohnen, daß ihre Gestalt nur schwer zu erkennen ist. Das gleiche gilt für *Cerococcus ornatus* Green, in dem MAHDIHASSAN ebenfalls stäbchenförmige Gebilde fand, die sich durch Querteilung vermehren und manchmal gegabelt sind oder kleine Ketten bilden, also offensichtlich Bakterien darstellen.

Asterolecanium aureum Boisd., eine aus Indien in unsere Gewächshäuser verschleppte Form, nimmt hinsichtlich der Gestalt der Symbionten abermals eine Sonderstellung ein. In jungen Tieren sind hier die Mycetocyten so dicht geschart, daß sie den Eindruck zweier lappiger Organe machen, doch zerstreuen sie sich in der Folge in der für die Unterfamilie typischen Weise im Fettgewebe, so daß man abermals von transitorischen Mycetomen reden könnte. Sie enthalten anfangs kleinere, meist hantelförmige, die Zellen dicht erfüllende Organismen, an deren Stelle in älteren Tieren zumeist lockerer gelagerte, beträchtlich angeschwollene, rundliche oder ovale Formen treten. Abermals am oberen Pol erscheinend, treten sie hier nicht um die Zeit der Reifeteilungen, sondern erst auf einem vierkernigen Furchungsstadium in das Ei über.

Über die Embryonalentwicklung ist bisher von keiner Asterolecaniine etwas mitgeteilt worden.

Die Formveränderungen, welche uns bei anderen symbiontischen Bakterien der Schildläuse noch begegnen werden, machen es wahrscheinlich, daß die Symbionten von *Asterolecanium aureum* ebenfalls Modifikationen von solchen sind. Immerhin wäre es angesichts der trotzdem bestehenden Uneinheitlichkeit der bald Hefen, bald Bakterien führenden Unterfamilie wünschenswert, daß ihre symbiontischen Einrichtungen noch eingehender untersucht und die Berechtigung einer ihren Verschiedenheiten entsprechenden systematischen Aufteilung geprüft würde.

δ) Diaspidinen

Die Diaspidinen, welche in sechs Tribus unterteilt werden und die artenreichste Unterfamilie der Cocciden darstellen, erscheinen hinsichtlich ihrer Symbiosen recht monoton. Man hat bisher Vertreter der Parlatoriinen, Lepidosaphinen und Aspidiotinen untersucht und stets wahllos in das Fettgewebe eingesprengte kleine einkernige Mycetocyten festgestellt (*Parlatorea, Lepidosaphes, Chrysomphalus, Chionaspis, Aspidiotus, Pseudoparlatorea*).

Nachdem schon ŠULC 1912 die ersten entsprechenden Angaben für eine *Lepidosaphes*art gemacht, ich (1921) *Chrysomphalus-, Pseudoparlatorea-* und *Aspidiotus*arten im Leben studiert hatte und BREEST (1914) über die Embryonalentwicklung von *Aspidiotus hederae* Sign. berichtet hatte, widmete sich vor allem RICHTER (1928) der Gruppe und zog weitere Arten in den Bereich ihrer Untersuchung.

Die Mycetocyten sind zumeist einkernig, gelegentlich auch zweikernig, teilen sich nicht selten mitotisch und führen bald rundliche, bald mehr ovale oder längliche, nie sehr zahlreiche Organismen. Zwischen ihnen pflegen im Wirtsplasma stark lichtbrechende Körnchen und Tröpfchen zu liegen, die entweder farblos oder gelbgrün oder orange sind und die Zellen entsprechend färben. Bei *Chionaspis salicis* L. hat RICHTER Unterschiede in den Geschlechtern feststellen können. Während in jugendlichen Tieren beider Geschlechter die Symbionten gleichgestaltet sind, enthalten geschlechtsreife Weibchen zahlreichere Mycetocyten und größere Symbionten als die Männchen (Abb. 100).

Die Eiinfektion verläuft ganz nach dem Typ der Lecaniinen und Asterolecaniinen, zu denen ja auch sonst deutliche Beziehungen bestehen. Frühzeitig treten wieder einzelne Symbionten, die jetzt schlanker geworden sind und damit mehr an die Lecanien-Hefen erinnern, durch den Follikel in den Raum zwischen

diesem und dem Nährzellstrang, bis sie hier eine beträchtliche Vorwölbung verursachen und schließlich zum Ei hinabgleiten, in das sie während der ersten
Reifeteilung einsinken. *Aspidiotus piri* Lcht. verhält sich insofern abweichend,
als sich hier eine ganze Anzahl beweglich gewordener Mycetocyten, eine Art
Halskrause bildend, um den Nährzellen und Ei verbindenden Follikel sammelt
und dann erst die Symbionten entläßt.

Über die Embryonalentwicklung machten BREEST und RICHTER Angaben. Zunächst bleiben die Symbionten am oberen Eipol vereint und kommen
bei der Bildung des Blastoderms dicht hinter dieses zu liegen. Zurückgebliebene Furchungszellen gesellen sich entweder jetzt schon *(Chionaspis)*
oder erst, nachdem sich die Symbion-ten im Dotter zerstreut haben *(Aspi-diotus)*, zu ihnen. Auch hiebei beobach-tet man in wechselndem Grade eine Neigung zur Bildung transitorischer Mycetome. Bei *Lepidosaphes gloverii* Pack. verbleibt der ursprüngliche, mit Kernen versorgte Symbiontenhaufen

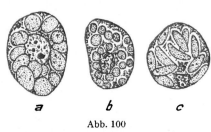

Abb. 100

Chionaspis salicis L. *a* Mycetocyte aus einem
Weibchen, *b* aus einem Männchen, *c* mit schlankeren Infektionsformen. (Nach RICHTER.)

lange Zeit unbekümmert um die embryologischen Vorgänge an Ort und Stelle, bei
Chionaspis salicis L. sammeln sich die zunächst zerstreuten jungen Myceto-
cyten vorübergehend in je einen seitlich vom Keimstreif gelegenen Haufen, bei
Aspidiotus hederae dagegen macht sich kein derartiges Bestreben bemerkbar.

ε) Tachardiinen

Die auf Tropen und Subtropen beschränkten, Lack produzierenden Tachardiinen, von denen über 30 Arten bekannt geworden sind, stellen im Gegensatz
zu den bisher behandelten Unterfamilien der Schildläuse eine hinsichtlich ihrer
symbiontischen Einrichtungen recht wenig einheitliche Gruppe dar. Von den
vier Gattungen, die sie umfaßt, sind bisher drei — *Tachardina, Tachardiella*
und *Lakshadia (= Tachardia)* — von MAHDIHASSAN (1924, 1928, 1929) und vor
allem von WALCZUCH (1932) untersucht worden.

Alle Arten der Gattung Lakshadia, eine von MAHDIHASSAN eingeführte
Bezeichnung für die echten, technisch allein bedeutungsvollen Schellackprodu-
zenten, leben ganz wie die Lecaniinen in Symbiose mit Hefen, welche teils in
den Fettzellen untergebracht sind, teils frei in der Lymphe flottieren. Auch hier
führt jede Wirtsspezies spezifisch gestaltete Symbionten; zumeist stellen sie
große, spindelförmige, terminale Knospen abschnürende Gebilde dar, die nicht
selten auch hier zu Kettenbildung schreiten (Abb. 101*a*). Vakuolen und stark
färbbare Granula durchsetzen ihr Plasma.

Wenn sie jedoch zur Infektion der Eizellen schreiten, wählen sie einen
anderen Weg als die Symbionten der Lecanien. Schon in jungen Weibchen

stellt man größere Ansammlungen in Nähe der sich entwickelnden Ovarien fest. Wenn dann die Ovocyten ausgewachsen sind, so treten die Symbionten diesmal

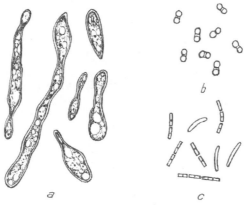

Abb. 101

a Lakshadia communis Mahd., *b Tachardina lobata* Chamb., *c Tachardina silvestrii* Mahd. Die Symbionten. 800fach vergrößert. (Nach WALCZUCH.)

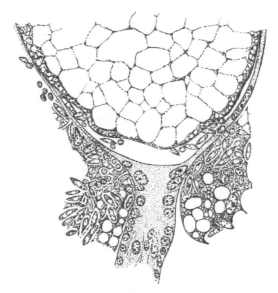

Abb. 102

Lakshadia communis Mahd. Infektion der Ovocyte am hinteren Pol. 450fach vergrößert. (Nach WALCZUCH.)

am hinteren Eipol durch die Follikelzellen hindurch in einen gleichzeitig zwischen Follikel und Ei entstehenden Raum über (Abb. 102). Hier warten sie, bis dessen Entwicklung beginnt und die Furchungszellen nach der Peripherie aufsteigen. Dann erst dringen sie zwischen den Blastodermzellen in das Innere des jungen Embryos. Vorübergehend von Furchungskernen als geschlossene Masse abgeriegelt, zerstreuen sich die freien Symbionten mit fortschreitender Invagination des Keimstreifs über den ganzen Dotter, vermehren sich, vielfach zu Ketten auswachsend, sehr lebhaft und dringen erst in schlüpfreifen Embryonen auch in die Fettzellen ein.

Die Gattung Tachardiella, von WALCZUCH an Hand von *Tachardiella cornuta* Cockerell untersucht, verwirklicht einen völlig abweichenden Typ. Hier stellen die Symbionten typische Bakterien in Form von winzig kleinen, zarten Stäbchen dar und werden ausschließlich in echten, fettfreien Mycetocyten untergebracht. Die Randpartien derselben sind so dicht besiedelt, daß keinerlei

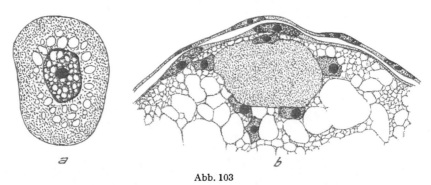

Abb. 103

Tachardiella cornuta Cockll. *a* Eine Mycetocyte mit kleinen, stäbchenförmigen Bakterien. *b* Blastodermstadium; die Furchungskerne wandern auf die Symbionten zu. *a* 800fach, *b* 666fach vergrößert. (Nach WALCZUCH.)

Plasmastruktur zwischen ihnen zu erkennen ist. Um den zentralen Kern aber ist zumeist ein vakuolisierter, symbiontenfreier Hof ausgespart (Abb. 103 *a*). Diese Zellen sind teils einzeln, teils zu kleinen Nestern vereint im Fettgewebe des ganzen Tieres verteilt.

Die Infektion der Ovocyten geht diesmal wieder am oberen Pol vor sich. Vorübergehend in einen Raum um den Nährstrang gesammelt, gleiten die Bakterien dann an diesem entlang unmittelbar in das Eiplasma. Wenn das an dieser Stelle sehr spärliche Blastoderm gebildet ist, liegt ein ansehnlicher dichter Bakterienklumpen unmittelbar hinter ihm und wird von zuwandernden Furchungszellen lose umgeben (Abb. 103 *b*). Erst wenn die Invagination des Keimstreifs einsetzt, sinkt diese Ansammlung bis in die Mitte des Eies, und nun erst beladen sich die durch weiteren Zuzug vermehrten Furchungszellen mit den Bakterien und treten deutliche Zellgrenzen auf. Wenn alle Bakterien aufgenommen sind, umstellt ein Kranz embryonaler Mycetocyten einen symbiontenfreien, erst allmählich verdrängten Hof. Inzwischen ist der Keimstreif bis zu diesem embryonalen Mycetom vorgedrungen und transportiert es, innig mit ihm verlötet, wieder gegen den oberen Pol. Krümmt sich der Keimstreif S-förmig, so wächst er über den auch jetzt noch dicht anliegenden Mycetocytenhaufen hinaus. Kurz vor der Umrollung zerschnürt sich dieser dann in zwei beiderseits in der Thorakalregion liegende transitorische Mycetome. Wie sich diese dann schließlich in die sich zerstreuenden und vermehrenden Zellen lockern, konnte leider nicht beobachtet werden. Die Tendenz zu embryonaler Mycetombildung, die uns schon bei den Lecaniinen und bei *Lakshadia* begegnete, ist mithin hier ganz besonders ausgeprägt.

Tachardina weist sogar innerhalb der Gattung zwei untereinander und mit *Tachardiella* und *Lakshadia* verglichen recht abweichende Symbiosetypen auf. *Tachardina silvestrii* Mahd., die sich von *lobata* Chamberlin äußerlich nur sehr wenig unterscheidet, auf Grund ihrer abweichenden Symbiose aber als gute

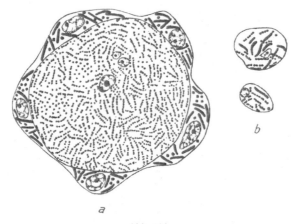

Abb. 104

Tachardina silvestrii Mahd. *a* Eine zentrale Mycetocyte mit einer Symbiontensorte wird von kleineren Mycetocyten mit einer zweiten umgeben. *b* Transportzellen mit beiden Symbiontensorten. *a* 750fach, *b* 1000fach vergrößert. (Nach WALCZUCH.)

Art verrät, zählt zu den seltenen Schildläusen, welche im Verein mit zweierlei Symbionten leben (WALCZUCH). Diesmal sind nicht einzelne Mycetocyten in das Fettgewebe eingesprengt, sondern eigenartige Verbände, die aus einer großen zentralen Zelle und einer Anzahl ihr peripher aufsitzender kleinerer Zellen bestehen (Abb. 104*a*). Der Kern der ersteren ist so tief gelappt, daß auf Schnitten Vielkernigkeit vorgetäuscht wird. Ihr Plasma aber ist überaus dicht von kettenbildenden Symbionten erfüllt, welche von MAHDIHASSAN für *Nocardia* ähnelnde Aktinomyceten gehalten werden. In den kleineren, ebenfalls einkernigen Elementen leben hingegen glatte, schlauchförmige und leicht gekrümmte Organismen, die MAHDIHASSAN, welcher lediglich Ausstriche untersucht hatte, entgangen waren.

Der Übertragung dienen hier nicht nur frei in der Lymphe flottierende Symbionten, sondern auch kleine, mit beiden Sorten beladene Transportzellen, die besonders in der Nähe infektionsreifer Ovocyten häufig anzutreffen sind (Abb. 104*b*). Die Infektion geht wieder am oberen Pol vor sich. Beiderlei Symbionten dringen an der üblichen Stelle zwischen den Follikelzellen ein und

sammeln sich in einer Delle, welche rund um den Nährstrang durch Zurückweichen des Eiplasmas entsteht. Wenn Nährzellen und Nährstrang degenerieren, füllen die Symbionten den Raum zwischen Ei und Follikel und breiten sich
hier allmählich fast bis zum Äquator des Eies in dünner Lage aus.

Inzwischen setzt die Embryonalentwicklung ein, ohne daß es vorher
zu einer eigentlichen Infektion gekommen wäre. Wiederum erfolgt diese vielmehr erst nach Bildung des Blastoderms. Die zweierlei Symbionten dringen

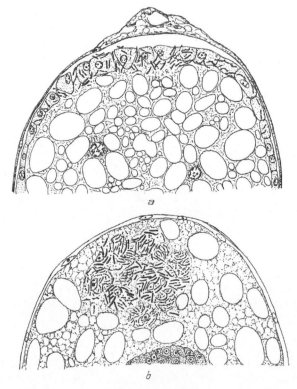

Abb. 105

Tachardina silvestrii Mahd. *a* Die beiden Symbiontensorten treten zwischen den Blastodermzellen
in den Dotter über. *b* Sie werden auf verschiedene Zellen gesondert. 555fach vergrößert.
(Nach WALCZUCH.)

dann zwischen den hier allein ihr Gefüge lockernden Blastodermzellen in das
Innere des Embryos und bilden zunächst eine dünne Lage hinter ihnen (Abbildung 105*a*). Der Keimstreif ist schon nahe an die Ansammlung der Symbionten vorgedrungen, wenn sich diese vom Blastoderm löst und Dotterkerne
in sie einwandern. Jetzt beginnt auch bereits die Scheidung der zwei Symbiontensorten, in deren Verlauf sich allmählich um einen Teil der Kerne die homogenen Stäbchen, um einen anderen die Ketten scharen. Auf Abb. 105*b* ist der
geheimnisvolle Prozeß bereits vollendet.

Das so entstandene transitorische Mycetom wird um die Zeit der Extremitätenbildung nach der Region des dritten Thorakalsegmentes verlagert, wo es anfangs als unpaares Gebilde auf der linken Seite des Embryos liegt. Um diese Zeit beginnt bereits die Anheftung der einen Mycetocytensorte an die Peripherie der anderen. Nach der Umrollung wird das Mycetom paarig. Erst in der Larve erfolgt dann endlich seine Auflockerung und die Durchdringung des Fettkörpers mit den eingangs geschilderten Zellgruppen.

Tachardina lobata Chamb. hingegen besitzt nur eine Art von Symbionten. Diese erfüllen einkernige Zellen, welche wie bei *T. silvestrii* im Fettgewebe verteilt sind, so dicht, daß kaum noch Wirtsplasma zu erkennen ist. Ihre Gestalt ist eine rundliche, isoliert erscheinen sie vielfältig zu biskuitähnlichen Paaren vereinigt (Abb. 101b). Innerhalb einer Mycetocyte sind sie annähernd gleich groß, von Zelle zu Zelle bestehen jedoch deutliche Unterschiede.

Die Infektion der Ovariolen und der späte Übertritt in die Blastodermstadien gleichen ganz dem von *T. silvestrii* Mitgeteilten. An Stelle des zunächst unpaaren transitorischen Mycetoms tritt nun aber zunächst ein paariges, das sich umgekehrt in den älteren Embryonen in ein unpaares, jetzt auf der Ventralseite zwischen Hypodermis und Bauchmark, also überraschend oberflächlich Gelegenes verwandelt. Die Zerklüftung und Zerstreuung erfolgt erst nach dem Schlüpfen auf etwas älteren Stadien als bei *T. silvestrii* (WALCZUCH).

ζ) Ortheziinen

Die durch besonders reiche und hübsche Wachsausscheidungen ausgezeichnete Unterfamilie der Ortheziinen mit ihren etwa 60 Arten besitzt als Symbionten typische Bakterien und bringt sie ebenfalls in Zellen unter, welche im Fettgewebe verstreut liegen. Unter Umständen kann sich hiezu noch eine diffuse Infektion der Lymphe gesellen. Nachdem ŠULC (1910) nur in Kürze die Existenz bakterienähnlicher Organismen vermerkt hatte und ich (1921) auch nur recht unvollständige und zum Teil sogar irrige Angaben über die Ortheziinen-Symbiose gemacht hatte, wurde sie abermals von WALCZUCH in erschöpfender Weise dargestellt (1932). Sie untersuchte aus Afrika und Indien stammendes Material von *Orthezia insignis* Dougl. und die einheimische auf Brennesseln häufige *O. urticae* L.

Bei *Orthezia insignis* besiedeln lange, dünne und außerordentlich dicht gelagerte Stäbchen Zellen, welche meist nur einen, manchmal aber auch mehrere Kerne enthalten und deren zentrale

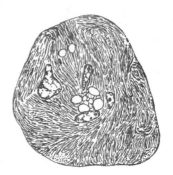

Abb. 106
Orthezia insignis Dougl. Mehrkernige Mycetocyte. 750fach vergrößert. (Nach WALCZUCH.)

Region zumeist von symbiontenfreien Vakuolen eingenommen wird. Die Lymphe bleibt hingegen, von den nach den Ovariolen wandernden Bakterien abgesehen, bei dieser Art frei von solchen (Abb. 106).

Die Infektion der Eier ist eine sehr eigenartige. Sie geht am hinteren Pol vor sich, wo die Bakterien nicht selten dichte Ansammlungen bilden. In einer begrenzten ringförmigen Zone scheiden hier die Follikelzellen nach dem

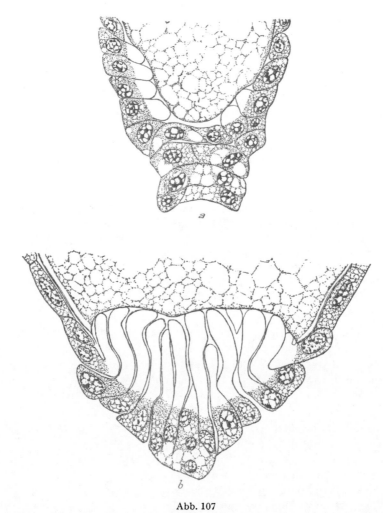

Abb. 107

Orthezia insignis Dougl. Infektion der Follikelzellen am hinteren Eipol. *a* Beginn der Bildung der Sekretkappen. *b* Die mit Bakterien sich füllenden Sekretschläuche auf dem Höhepunkt der Entfaltung. 555fach vergrößert. (Nach Walczuch.)

Ei zu ein Sekret aus, welches anfangs kleine Kappen bildet, dann aber rasch zu langen Schläuchen auswächst (Abb. 107). In dieses Sekret dringen die Symbionten ein, doch ist es so beschaffen, daß es die Färbbarkeit der Bakterien außerordentlich herabsetzt. Während sie außen oder im Plasma der Follikelzellen noch gut darzustellen sind, erscheinen bei *Orthezia insignis* diese Schläuche im Gegensatz zu *O. urticae* völlig homogen, so daß sich nicht mit Sicherheit sagen läßt, ob die Sekretbildung, wie zu vermuten, bereits vor Beginn der Infektion einsetzt. Vor diesen ansehnlichen Bildungen weicht die Ovocyte wohl eine Strecke weit zurück, doch werden sie trotzdem mehrfach aus Platzmangel zu Krümmungen gezwungen. Ist der Höhepunkt der Schlauchbildung erreicht — bis zu 40 wurden gezählt —, so lösen sich diese Teile von den Follikelzellen, das Chorion schiebt sich dazwischen und drängt so, sich irisblendenartig schließend, die stattliche Infektionsmasse vom Follikel.

Als kuchenförmiger Körper liegt sie dann in einer Mulde des Eiplasmas und harrt der **Embryonalentwicklung**. Beim Aufsteigen der Furchungskerne

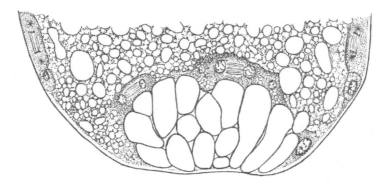

Abb. 108
Orthezia insignis Dougl. Blastodermzellen umgeben die bakteriengefüllten Schläuche.
555fach vergrößert. (Nach WALCZUCH.)

legen sich einige derselben mit ihrem dichteren Plasmahof an ihre Oberfläche (Abb. 108). Durch die fortschreitende Blastodermbildung wird sie zunächst samt den dicht daneben sich sondernden Urgeschlechtszellen nur wenig nach innen verlagert; bildet sich jedoch der Keimstreif aus, so schiebt er Symbionten und Gonadenanlage, wie so oft in ähnlichen Fällen, mit seinem freien Ende in die entgegengesetzte Region des Embryos. Dabei macht sich eine eigentümliche Differenzierung im Eiplasma bemerkbar. Es treten Stränge auf, die sich dicht an das jetzt eine geschlossene Hülle besitzende Symbiontenpaket legen und es zum Teil geradezu umhüllen. Später werden die im Dotter sich verlierenden Fasern kürzer, und es entsteht an der Stelle, an der sie zusammengerafft erscheinen, eine dem transitorischen Mycetom dicht ansitzende, nicht sehr ansehnliche Strahlung, die bereits vor der Anlage der Extremitäten degeneriert (Abb. 109a).

Wenn sich der Keimstreif S-förmig krümmt, bleiben die Symbionten abseits liegen (Abb. 109b). Die Begrenzungen der Schläuche schwinden nun, die Bakterien bilden eine einheitliche Masse und sind jetzt wieder leicht färberisch darzustellen. Die Hüllkerne wandern zwischen sie hinein, zeigen aber alsbald deutliche Anzeichen der Degeneration. Gleichzeitig wandert eine zweite Generation

von Zellen, diesmal mesodermaler Herkunft, auf das Organ zu, umhüllt es abermals und dringt zum Teil auch sogleich in dasselbe ein. Sobald diese Zellen mit
den Symbionten in Kontakt treten, füllt sich ihr Plasmaleib mit ihnen. An der
Oberfläche beginnend, schreitet die Aufteilung des noch immer von den degenerierenden alten Kernen durchsetzten Bakterienvorrates in die definitiven
Mycetocyten fort. Dabei streben die hinreichend infizierten Zellen nach der

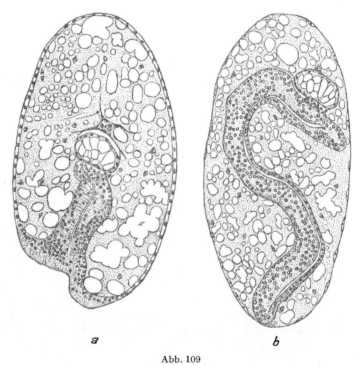

a   *b*

Abb. 109

Orthezia insignis Dougl. *a* Invagination des Keimstreifs, der die Genitalanlage und die Symbionten
nach vorne schiebt; vor den letzteren tritt eine Strahlung auf. *b* Das transitorische Mycetom hat
sich vom Scheitel des Keimstreifs gelöst. (Nach WALCZUCH.)

Peripherie und stehen vorübergehend nur noch mittels dünner Stränge mit dem
zentralen Rest in Verbindung (Abb. 110). Inzwischen geht die Umrollung des
Keimstreifs vor sich, und vor dem Schlüpfen ist schließlich an Stelle des provisorischen Mycetoms ein lockerer, ventral vom Bauchmark gelegener Haufen
von infizierten Zellen getreten. Später erfolgt seine Sonderung in zwei Ansammlungen, und erst in der Larve zerstreuen sich die Mycetocyten im Fettgewebe.
　　Merkwürdigerweise fand WALCZUCH sowohl bei den indischen als auch bei
den afrikanischen Tieren ganz regelmäßig außerdem im Darm und in den
Malpighischen Gefäßen in enormen Mengen überaus kleine an Rickettsien erinnernde Stäbchen. Im Enddarm, den sie vor allem besiedeln, bilden
sie einen regelrechten Pfropf. Im Mitteldarm finden sie sich auch intrazellular.

In die Eizellen treten sie nicht über. Der Darm von Larven, welche noch nicht gesogen haben, ist frei, doch erscheinen sie alsbald im Ösophagus, in dem sie sich späterhin nicht mehr finden. Offenbar handelt es sich also doch um eine irgendwie geregelte Übertragung, vielleicht durch den Kot des Muttertieres, und man darf in diesen Organismen möglicherweise zusätzliche Symbionten sehen.

Orthezia urticae unterscheidet sich von *O. insignis* dadurch, daß nun die recht kleinen symbiontischen Stäbchen nicht nur bestimmte einkernige, in das Fettgewebe gebettete Zellen bewohnen, sondern auch in wechselnder Menge frei zwischen den Fettzellen und in der Lymphe vorkommen. Die periphere Zone des Fettgewebes dagegen besteht aus eigentümlichen Zellen, die auf den ersten

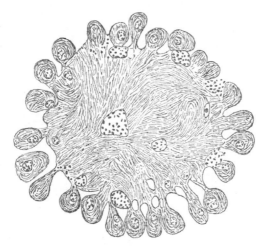

Abb. 110

Orthezia insignis Dougl. Die Symbionten des transitorischen Mycetoms werden von den definitiven Mycetocyten übernommen. 666fach vergrößert. (Nach WALCZUCH.)

Blick ebenfalls von Bakterien besiedelt anmuten und früher auch von mir dafür gehalten wurden, deren im Leben überaus eindrucksvolle, meist in regelmäßige Reihen geordnete Stäbchen aber in Wirklichkeit irgendwelche Kristalle, wahrscheinlich Vorstufen des in so großer Menge ausgeschiedenen Wachses darstellen. Eine entsprechende, besonders geartete Randzone des Fettkörpers findet sich auch bei *O. insignis*.

Die Art der Eiinfektion und das Verhalten bei der Embryonalentwicklung entspricht im Prinzip dem von *Orthezia insignis* Mitgeteilten. Wieder bilden bestimmte Follikelzellen am hinteren Pol Sekretschläuche, aber sie bleiben hier an Zahl und Größe hinter denen von *insignis* zurück. Die Schläuche lösen sich, einmal in das Ei übernommen, viel schneller auf, und die Ansammlung kleiner Stäbchen wird im Verlauf der Blastodermbildung von einer sich scharf absetzenden, dichteren, dotterfreien Plasmazone umgeben. Wenn dann der Keimstreif diesen mit Dotterkernen versorgten Symbiontenbezirk samt den Urgeschlechtszellen in das Eiinnere schiebt, kommt es zu einer sehr seltsamen

Reaktion des zentralen Plasmas. Es bildet sich vor dem embryonalen
Mycetom und mit diesem verlötet eine Art Plasmasack, der sich, einem Netz
gleichend, allmählich immer mehr auf die Symbionten zu verdichtet und zusammenzieht (Abb. 111). Dabei läßt er die Dotterschollen zwischen seinen

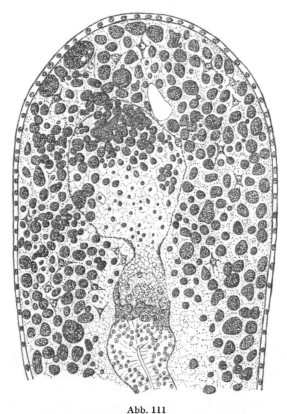

Abb. 111

Orthezia urticae L. Am Ende des Keimstreifs entsteht vor den Symbionten ein Plasmasack. Rund
200fach vergrößert. (Nach WALCZUCH.)

Maschen hindurchtreten und bildet schließlich die Oberfläche eines kleinen, vollkommen dotterfreien Bezirkes, von dem jetzt eine kräftige Strahlung ausgeht.
Während die letztere an Entsprechendes bei *Orthezia insignis* erinnert, mahnt
der sich verengende Plasmasack an Reaktionen, wie sie uns in ähnlicher Weise
im Verlauf der Embryonalentwicklung von Rüsselkäfern begegnet sind. Man
wird nicht fehlgehen, wenn man in ihnen den Ausdruck einer räumlichen Abriegelung der Symbionten erblickt. Vor und kurz nach der Umrollung schwindet
die Strahlung. Wenn dann die Symbionten, ähnlich wie bei *O. insignis*, von dem
definitiven Zellmaterial aufgenommen werden und die bis dahin sie begleitenden
Kerne degenerieren, bleibt im Gegensatz zu dieser bei *O. urticae* ein Teil derselben frei und zerstreut sich zwischen die Fettzellen.

MAHDIHASSAN (1946) teilt mit, daß er die Symbionten von *O. urticae* und *insignis* kultiviert habe und daß dabei die Kolonien einen grünlichen Farbton annehmen, der dem der Symbionten entspräche.

η) Eriococcinen

Von Eriococcinen wurden bisher lediglich *Cryptococcus* und *Eriococcus* von WALCZUCH untersucht, welcher die Kenntnis der Schildlaussymbiosen so viel verdankt. Bei *Cryptococcus fagi* Dougl. sind es kleine, stäbchenförmige Bakterien, welche Zellen besiedeln, die zwar dank ihrer Größe und den zahlreichen Vakuolen, welche sie enthalten, den umgebenden Fettzellen weitgehend ähneln, aber trotzdem anderer Herkunft sind (Abb. 112). Bei den wenigen, gelegentlich extrazellular gefundenen Symbionten dürfte es sich lediglich um solche handeln, die auf dem Weg zu den Eiröhren begriffen sind. Ungewöhnlich hohe Follikelzellen zwischen den Nährzellen und der Ovocyte stellen ein spezifisches Einfallstor für sie dar. Hinter ihnen sammelt sich um den Nährstrang eine dichte Bakterienmasse, welche in der

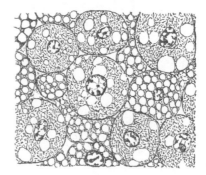

Abb. 112
Cryptococcus fagi Dougl. Mycetocyten im Fettgewebe. 750fach vergrößert. (Nach WALCZUCH.)

Folge kappenförmig über den vorderen Eipol ausgebreitet wird. Erst im Zusammenhang mit der Blastodermbildung treten die Symbionten in den jungen Embryo über und sinken dann in dichten Strängen in die mittlere Region des Dotters. Hier hatte sich inzwischen ein eigentümlicher, völlig dotterfreier Plasmahof gebildet, der nach allen Seiten Aufhängebändern gleich Stränge aussendet, welche den Dotterkernen als Zugangsstraßen dienen. In dieses Plasma sinken nun die gesamten Bakterienschwaden ein (Abb. 113). Um jeden Dotterkern bildet sich eine dichte Ansammlung derselben, Zellgrenzen treten auf, und es entsteht ein lockerer Haufen von Mycetocyten, die sich erst später über das ganze Fettgewebe verteilen.

Eriococcus spurius Lindinger, dessen Symbionten dickere Stäbchen darstellen, gleicht weitgehend *Cryptococcus*, doch fehlt der zentrale Plasmahof des Embryos, die Aufnahme durch Dotterzellen erfolgt später und führt auch hier zur Bildung von im Dotter zerstreuten Elementen.

ϑ) Pseudococcinen

BALACHOWSKY vereinigte in seinem neuen System (1948) die drei Tribus der Pseudococcini, Eriococcini und Kermesini in einer Unterfamilie Kerminae, obwohl die drei Gruppen sich hinsichtlich ihrer Symbiose völlig verschieden verhalten. Von *Kermes* haben wir gehört, daß er Hefen im Fettgewebe und in der Leibeshöhle zu führen scheint, die Eriococcinen besitzen Bakterien in echten Mycetocyten, die Pseudococcinen aber haben ein höchst charakteristisches unpaares Mycetom entwickelt. Es wurde vor allem an Hand von *Pseudococcus (Dactylobius) citri* Risso und *adonidum* L. studiert. Das ventral vom Darm

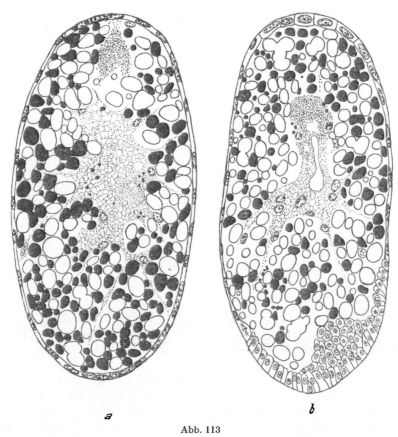

a   *b*

Abb. 113

Cryptococcus fagi Dougl. *a* Im Zentrum des Dotters tritt ein Plasmahof auf. *b* Die Symbionten sinken in ihn ein. Rund 400fach vergrößert. (Nach WALCZUCH.)

gelegene, lebhaft gelb gefärbte Organ ist so auffallend, daß es schon frühzeitig auffiel. Bei einem *Pseudococcus citri*-Weibchen mißt es etwa ein Drittel der gesamten Körperlänge, bei den Männchen ist es jedoch bedeutend kleiner. Dank der intensiven Färbung schimmert es beim Weibchen, vor allem wenn die Ovarien noch nicht entwickelt sind, durch die Körperwand hindurch. Äste des letzten Tracheenpaares versorgen das Organ reichlich und dringen mit ihren Endverzweigungen tief in dasselbe ein (Abb. 114). Ein flaches, gelbliche Pigmentgranula enthaltendes Epithel umhüllt das Mycetom und zieht, gleichzeitig von den Tracheen begleitet, zwischen den Mycetocyten in die Tiefe. Diese sind ungewöhnlich groß, führen im Zentrum einen ansehnlichen Kern und rund um ihn im Plasma rundliche oder längliche Schleimballen, in welche die dichtgelagerten Symbionten gebettet sind (PIERANTONI, 1910, 1913; BUCHNER, 1921; WALCZUCH, 1932; FINK, 1952).

Derartige Organe finden sich ganz in der gleichen Weise auch bei *Pseudococcus adonidum, diminutus* Leonardi und *nipae* Maskell. Die Morphologie ihrer Insassen weist jedoch beträchtliche Unterschiede auf. Was die von

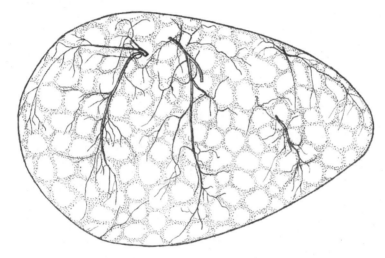

Abb. 114

Pseudococcus citri Risso. Das unpaare Mycetom in seitlicher Ansicht (nach dem Leben). (Nach BUCHNER.)

Pseudococcus citri anlangt, so wurden die älteren diesbezüglichen Angaben in jüngster Zeit durch eindringlichere Studien FINKS (1952) in mancher Hinsicht richtiggestellt. Vor allem hat er darauf aufmerksam gemacht, daß jeder einzelne der wurstförmigen Symbionten bei normaler Entfaltung der Wandung einer ihn zur Krümmung zwingenden Vakuole anliegt, die lediglich den kleinsten Formen abgeht und sich aus einer einseitig an solchen auftretenden und allmählich immer größer werdenden Abscheidung von Flüssigkeit entwickelt (Abb. 115). Solche Zustände können dann kleine, erneut vakuolenfreie Symbionten abschnüren. Daß diese für eine bedeutsame Symbiontenform der Zikaden, die sogenannten a-Symbionten, charakteristischen Hüllen tatsächlich hypertrophierte Vakuolen darstellen, zeigen mit aller Deutlichkeit Zustände mit abnormer Vakuolenbildung, wie sie unter dem kombinierten Einfluß von Hunger und Kälte auftreten (Abb. 115b). Unter Umständen kommt es aber auch zu Degenerationsformen, bei denen der heller werdende Protoplast allmählich schwillt und die Vakuole völlig verdrängt (Abb. 115$_1$$c$).

Jeder der 3–4 Ballen, die in einer Mycetocyte liegen, ist ebenfalls von einer Membran umgeben, die zwar unsichtbar ist, aber bedingt, daß die Ballen durch Druck zum Platzen zu bringen sind, und pflegt die Symbionten auf dem gleichen Entwicklungsstadium zu enthalten (Abb. 115$_1$). Nach FINK stellen die

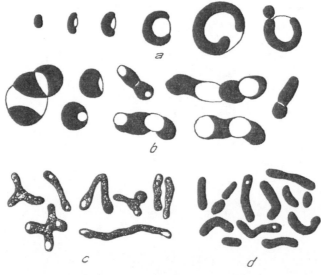

Abb. 115

Pseudococcus citri Risso. *a* Normale Symbionten, *b* Kälte-Hunger-Formen (beide nach dem Leben), *c* Ausstrich aus Primärkultur, *d* Kultursymbionten (nach dem Leben). *a, b, c* 1900fach, *d* 1600fach vergrößert. (Nach FINK.)

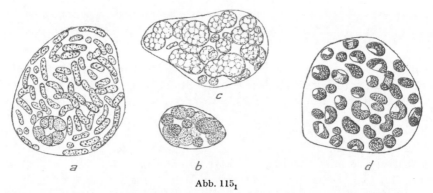

Abb. 115$_1$

Pseudococcus citri Risso. *a* Schleimpaket mit typischen Insassen, *b* Zustände mit dichtem Plasma, *c* degenerierende Symbionten, *d* Schleimpaket mit Infektionsstadien. (Nach BUCHNER.)

kleinen, ovalen oder rundlichen Zustände mit homogenem Plasma, die sich vielfach in Teilung befinden, die reproduktive, die langen, verschieden stark aufgetriebenen, granulierten Formen die degenerative Phase dar. Die erstere hat ihr Maximum von der Eiinfektion bis zum Schlüpfen, während des ersten

Larvenstadiums und während der Ovarialentwicklung, die zweite ist für die übrige Zeit typisch und steigt nach Abschluß der Eibildung schlagartig an.

Schließlich wird diese Mannigfaltigkeit noch dadurch gesteigert, daß in den geschlechtsreifen Imagines spezifische, der Übertragung dienende Stadien gebildet werden. Diese sind U-förmig gekrümmt, kürzer und dicker, bestehen aus dichtem Protoplasma und sind ebenfalls von einer eigenen, hier schon früher von mir beobachteten Hülle umgeben, die vor allem zwischen den beiden Enden deutlich in Erscheinung tritt. Die Tendenz zu solcher Umwandlung erfaßt wiederum stets die gesamten Insassen eines Paketes, und nur selten liegt zwischen ihnen auch ein nicht von ihr berührter Symbiont (Abb. 115₁ d).

Pseudococcus nipae besitzt Symbionten, welche bald dickere, oft biskuitförmig eingeschnürte, stumpf endende Stäbchen darstellen, bald sich hantelförmig zerschnüren und dann gerne derartig umklappen, daß beide Hälften nebeneinander zu liegen kommen, unter Umständen aber auch an beiden Enden spitz auslaufen und selbst zitronenförmig werden können. Hier finden sich alle diese Zustände nebeneinander in ein und demselben Gallertballen, und es fehlen besondere, der Übertragung dienende Stadien. In *P. diminutus* leben recht dicke, mäßig gekrümmte und sich vielfach querteilende Würste mit völlig homogenem Protoplasma, welche in ebendieser Form auch der Übertragung dienen (Taf. III*b*).

Von beiden weicht eine leider unbestimmt gebliebene Spezies ab, bei der die wieder zu Schleimpaketen vereinten, zart fadenförmigen Symbionten durchweg wieder eine besondere Hülle um sich ausscheiden, der sie, je nach ihrer Länge, gekrümmt oder spiralig aufgerollt anliegen (Taf. III*a*). Ebenso geartete, aber kleinere Zustände dienen hier der Infektion der Ovocyten. Sehr abweichend erscheinen ferner auch die *P. adonidum*-Symbionten. Hier handelt es sich um schlanke, zumeist gerade Fäden, die dank häufigen Querteilungen vielfach Ketten von 2—4 Individuen bilden. Zur Infektion werden zwar Schleimballen ebenso gestalteter Symbionten verwandt, doch zerfallen diese in der jungen Larve in kürzere Stäbchen, um erst in älteren Larven wieder auszuwachsen (Taf. II*e, f*).

Dieses auf den ersten Blick überraschende Nebeneinander so verschiedener Symbiontengestalten in Mycetomen, welche ganz den gleichen, recht spezifischen Bau besitzen und Vertretern der gleichen Gattung angehören, wird ohne weiteres verständlich, wenn man in all den wurst- und bläschenförmigen Gebilden, wie sie uns noch so oft begegnen werden, mehr oder weniger stark gequollene Stadien der Entartung typischer faden- oder stäbchenförmiger Bakterien sieht. Je mehr Arten eines derartigen Verwandtschaftskreises man untersucht, desto mehr Übergänge zwischen extremen Involutionsformen und ursprünglichen Bakteriengestalten stellen sich ein.

Unter Umständen finden sich auch stäbchen- oder kokkenförmige Organismen einerseits und typische, aufgequollene Symbionten andererseits in ein und demselben Tier, sowohl im Mycetom wie in Eiern und Embryonen. Als CARTER die Beziehungen zwischen *Pseudococcus brevipes* Ckl. zu einer an Ananaspflanzen auftretenden, durch Grünfleckung der Blätter gekennzeichneten Krankheit untersuchte, fand er, daß diese nur in die Erscheinung tritt, wenn Tiere, welche diese beiden Formen enthalten, an ihnen saugen, während andere, bei denen die Stäbchen fehlen, sich als harmlos erweisen. Er kam so zu der Überzeugung, daß Giftstoffe, welche auf die letzteren zurückgehen, über die Speicheldrüsen in die Wirtspflanzen gelangen (1933–1937). Ob diese typisch gestalteten Bakterien als zusätzliche Symbionten bezeichnet werden dürfen, wie CARTER möchte, oder ob es sich um das gelegentliche Auftreten eines Parasiten handelt, der, wie auch in anderen Fällen, eine Freistatt im Mycetom gefunden hat, muß zunächst unentschieden bleiben. Auch ist, wie LEACH (1940) mit Recht betont, keineswegs erwiesen, daß die Krankheit wirklich auf Enzyme dieses Bakteriums zurückgeht. Ebensogut könnte ja auch der unbekannte, die Krankheit auslösende Faktor gleichzeitig einen teilweisen Rückschlag der modifizierten Symbiontenform in die ursprünglichere verursachen.

In den reifen Weibchen treten in den peripheren Zonen des Mycetoms entweder einzelne Pakete mit Infektionsstadien aus, oder es werden auch gelegentlich ganze Mycetocyten ausgestoßen, die dann zerfallen und ihren Inhalt dem Blutstrom übergeben.

Die Infektion der Eizellen geht bei allen *Pseudococcus*arten wieder am oberen Pol vor sich. Hier erscheinen die Schleimballen an der bevorzugten Stelle zwischen Nährzellen und Ovocyte und sinken in eine hinter ihnen sich schließende Grube des Eies. Um diese Zeit setzt bereits eine Vermehrung der Symbionten ein, von denen einzelne die Pakete verlassen und Ausgangspunkt für neue derartige Verbände werden.

Die Art, wie dann zu Beginn der Embryonalentwicklung diese beträchtliche Ansammlung von Symbionten mit Kernen versorgt wird, ist eine höchst merkwürdige und bisher einzig dastehende. Sie wurde zuerst von SCHRADER (1921, 1923) bei *Pseudococcus citri* und *maritimus* entdeckt und dann auch von WALCZUCH durchaus bestätigt. Während PIERANTONI noch annahm, daß es sich um Dotterkerne handle, legte SCHRADER dar, daß hier die Mycetocytenkerne aus einer Verschmelzung der Kerne der Richtungskörper mit Furchungskernen hervorgehen und damit eigentlich bis zu einem gewissen Grade gar nicht Teil des Embryos sind.

Die Normalzahl der Chromosomen beträgt zehn. Am Ende der zweiten Reifeteilung, welche die eigentliche Reduktionsteilung ist, enthält daher der befruchtungsbedürftige Vorkern fünf Chromosomen, der erste Richtungskörper dagegen zehn, der zweite fünf Chromosomen. Wie so oft bei den Insekten bleiben die Kerne der Richtungskörper in der Peripherie des Eies liegen. Während sie aber sonst dem Untergang verfallen, vereinigen sie sich hier, so daß eine Ansammlung von 15 Chromosomen entsteht (Abb. 116a), welche sich nun mehrfach teilt und so vier bis acht Kerne mit je 15 Chromosomen entstehen läßt. Wenn dann die Furchungskerne zur Peripherie aufsteigen, verschmilzt ein Teil von ihnen in wechselnder Weise mit den Richtungskörperderivaten oder auch mit seinesgleichen, so daß nebeneinander im gleichen Embryo an dieser Stelle Kerne mit 25 (= 15 + 10), 30 (= 15 + 15) und 35 (= 15 + 10 + 10) Chromosomen vorkommen (Abb. 116b, c). Die Anordnung der Chromosomen sowie ihre

Gestalt — die Abkömmlinge der Richtungskörper scheinen sich langsamer zu kondensieren — lassen dann meist deutlich die heterogene Herkunft erkennen. Diese Verschmelzung der Kerne und der dazugehörigen Plasmahöfe führt zu einer Gruppe von Riesenzellen, welche sich deutlich gegen das angrenzende Blastoderm absetzt (Abb. 116*d*).

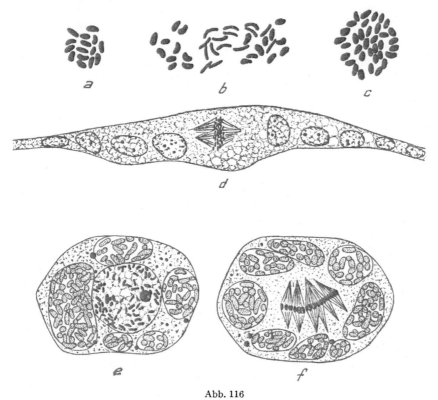

Abb. 116

Pseudococcus citri Risso. *a* Äquatorialplatte der vereinigten Richtungskörper. *b* Fusion der Chromosomen der vereinigten Richtungskörper mit zwei Furchungskernen (15 + 10 + 10). *c* Äquatorialplatte einer Riesenzelle (35). *d* Die Riesenzellen im Verband des Blastoderms. *e, f* Mycetocyten aus larvalen Mycetomen, Prophase und Mitose mit über 200 Chromosomen.
(*a* bis *d* nach WALCZUCH, *e, f* nach BUCHNER.)

Die Kerne der Riesenzellen teilen sich auch weiterhin, und hiebei konstatiert man nun abermals eine Zunahme der Chromosomen. Bei den hohen Zahlen, welche jetzt erscheinen, handelt es sich stets um Verdoppelungen der Grundzahlen, die entweder durch Verschmelzen schon geteilter Kerne oder Vereintbleiben der eben halbierten Chromosomen im Mutterkern, aber jedenfalls durch eine Teilungshemmung entstehen. Während dieser Vorgänge verharren die Symbionten unverändert in ihren Gallertballen am oberen Pole des Embryos, dicht hinter dem Blastoderm (Abb. 117*a*). Schließlich aber setzt sich die recht beträchtlich gewordene Ansammlung polyploider Zellen, wenn die Invagination des Keimstreifs einsetzt, in Bewegung und wandert gelockert auf die ihnen ein wenig entgegengleitenden Symbionten zu. Einmal mit ihnen in Berührung gekommen, umfließen sie allmählich die einzelnen Ballen und werden so zu den definitiven Mycetocyten, in denen sich die Symbionten weiter vermehren (Abb. 117 *b*).

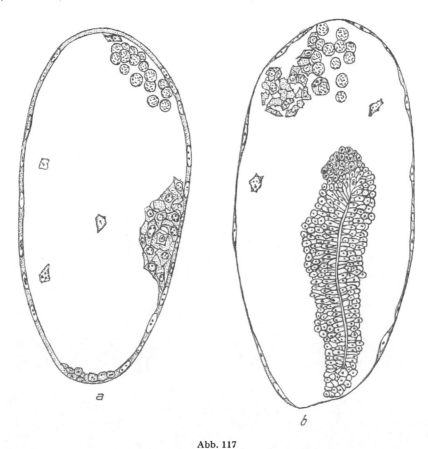

Abb. 117

Pseudococcus citri Risso. *a* Embryo mit seitlich gelagerten Riesenzellen. *b* Die Riesenzellen sind auf die am obern Pol liegenden Symbiontenballen zugewandert und beginnen. sie in sich aufzunehmen. (Nach Schrader.)

Daß die Mycetocyten in Larven und Imagines ganz ungewöhnliche Chromosomenzahlen enthalten, hatte ich schon vor Jahren festgestellt. Entsprechend dem postembryonalen Wachstum des Mycetoms fehlt es auch jetzt nicht an Mitosen, welche normal durchgeführt werden und die Zahl der Zellen vermehren. Andere aber enden immer noch mit erneuter Kernvereinigung und verursachen so eine weitere Steigerung der Chromosomenzahl, so daß ich Kerne mit mehr als 200 Chromosomen feststellen konnte (Abb. 116 *e*, *f*; zu dem

Prophasenstadium der Abb. *e* gehören noch mehrere Schnitte mit weiteren Chromosomen). Dabei treten nicht selten mehrpolige oder sonst gestörte Spindeln auf, und gelegentlich liegen zwei Tochterkerne so dicht beisammen, daß man annehmen darf, daß sie erneut zusammenfließen. Das so bedingte gesteigerte Kernwachstum hat eine entsprechende Vermehrung des Protoplasmas zur Folge und trägt damit zur Vergrößerung des Mycetoms bei.

Dieses bisher bei keiner anderen Symbiose festgestellte Geschehen erinnert daran, daß bei der Honigbiene eine ähnliche Fusion der Richtungskörper beobachtet wird, doch gehen dort ihre Abkömmlinge alsbald zugrunde. Mehr Ähnlichkeit hat das so überaus merkwürdige Verhalten der Richtungskörper, das SILVESTRI bei Chalciciden entdeckt hat. Hier wird den Kernen ein großer Teil des Eiplasmas zugeteilt, in dem sie sich auf amitotischem Wege ganz außerordentlich vermehren. Als Trophamnion umhüllen sie und ihr Plasma dann die vielen durch Zerschnürung des Furchungsstadiums entstehenden Embryonen. Andere, auch nur entfernt an die Genese des Pseudococcinen-Mycetoms erinnernde Beobachtungen liegen nicht vor.

Das mit Kernen versorgte embryonale Mycetom sinkt dem vom entgegengesetzten Pol kommenden Keimstreif etwas entgegen. Nachdem es von dessen Scheitel erreicht worden ist, biegt der Keimstreif, dessen mesodermale Elemente jetzt die epitheliale Umhüllung des Mycetoms liefern, S-förmig um. Erst die Umrollung bringt schließlich das Organ an seine endgültige Stelle zwischen Bauchmark und Darmrohr.

Die *Pseudococcus citri*-Symbionten zählen zu den wenigen, die sich mit Sicherheit züchten ließen. FINK bediente sich hiebei des Cello-Platten-Verfahrens nach KRANZ. Zu dem Zweck wird Preßwatte mit der Nährlösung getränkt, die in Merk-Standard I, das heißt einem Gemisch von Agar und verschiedenen Aminosäuren, Peptiden und anderen löslichen Eiweißabbauprodukten bestand. Nachdem ihr als «Amme» *Staphylococcus aureus* zugefügt wurde, deckt man sie mit einer Cellophanscheibe völlig ab. Die von den Bakterien produzierten wachstumfördernden Stoffe diffundieren dann durch diese Membran, deren Oberfläche jetzt mit den Symbionten beimpft wird, hindurch und kommen diesen zugute. Nur unter solchen günstigen Bedingungen entstanden an den entsprechenden Stellen lebhaft rosa gefärbte runde Kulturen mehr oder weniger gebogener Schläuche mit gelegentlichen Verzweigungen und keulenförmigen Verdickungen (Abb. 115*c, d*). Mit Hilfe der ROBINOW-Färbung ließen sich in ihnen Kernkörperchen und Teilungen derselben nachweisen. Die Schleimbildung unterblieb jetzt, doch stellte sie sich interessanterweise, als in einer solchen Kultur zufällig einmal eine Fremdinfektion auftrat, ganz in der im Mycetom üblichen Art ein und führte zu entsprechenden Symbiontenballen. Der Farbstoff ist an lipoide, meist an den Enden der Schläuche sich häufende Einschlüsse gebunden. Der Organismus ist streng aerob und nach einer Reihe von Passagen ausgesprochen grampositiv. Je nach den Kulturbedingungen wechselt er sein Aussehen. Bei intensivem Wachstum bildet er kürzere und dickere Schläuche, unter ungünstigen Bedingungen treten in zunehmendem Maße extrem lange Formen (bis 35 μ) auf.

Die Verwertbarkeit der einzelnen Kohlenhydrate ist eine sehr verschiedene. Agar, Stärke, Zellulose, Sorbose, Saccharose, Laktose, Maltose und Glukose können nicht als Energiequelle benutzt werden, andererseits wird Galaktose kräftig abgebaut, Fruktose steht dieser etwas nach, Mannose noch mehr. Es werden mithin lediglich Monosaccharide, aber auch diese nur zum Teil, verwertet. Doch gilt dies nur, wenn die Stickstoffquelle in Form von Aminosäuren sehr gering bemessen ist. Steht Fleischextrakt, Pepton oder Casein in größeren Mengen zur Verfügung, so verlieren die Zucker abbauenden Fermente an Bedeutung. Davon, daß die *Pseudococcus*-Symbionten auch eine bei der Harnstoffspaltung in die Erscheinung tretende Urease produzieren und aus Luftstickstoff und Brenztraubensäure Aminosäuren bilden können, wird im Schlußkapitel noch ausführlicher die Rede sein.

Ein Überangebot von Nährstoffen führt bei ihnen leicht zu Degenerationserscheinungen. Je primitiver und ärmer hingegen der Nährboden ist, desto länger bleiben diese nur bescheidene Ansprüche stellenden Organismen am Leben. FINK stellt sie auf Grund ihrer kulturellen, färberischen und fermentativen Eigenschaften zu den Corynebacteriaceen und bezeichnet sie als *Corynebacterium dactylopii* (Buchner).

Die Gattung *Phenacoccus* wurde von mir und WALCZUCH untersucht. *Ph. aceris* Cockerell und *piceae* Cockerell sowie eine dritte, unbestimmt gebliebene Spezies besitzen ebenfalls ein unpaares Mycetom, das hinsichtlich Gestalt und Histologie dem der *Pseudococcus*arten ganz ähnlich ist; doch ist es jetzt milchweiß oder höchstens ganz schwach pigmentiert. Bei *Ph. piceae* behält es zeitlebens seine ovale Gestalt bei, bei *Ph. aceris* wird es im Laufe der postembryonalen Entwicklung viel voluminöser und erhält, wo die segmentalen dorsoventralen Muskeln ziehen, tiefe Einbuchtungen, so daß es auf Frontalschnitten etwa die Umrisse eines Eichenblattes besitzt.

Die Mycetocytenkerne sind wiederum sehr chromosomenreich, doch liegen jetzt die Symbionten nicht mehr in gesonderten Paketen, sondern durchsetzen das Plasma gleichförmig und stellen durchweg stark aufgetriebene, runde oder ovale, manchmal mit Kerben versehene Gebilde dar. Die der Übertragung dienenden Symbionten sind merklich größer als die im Mycetom verbleibenden. Sie treten mitsamt der Wirtszelle aus dem Verband des Organs und werden dann erst freigegeben (Abb. 118). Die Übernahme in das Ei, die Kernversorgung und das Verhalten während der Embryonalentwicklung gleichen ganz dem von *Pseudococcus* Beschriebenen.

Schließlich wurde von WALCZUCH auch noch *Gymnococcus agavium* Douglas untersucht, ohne daß sie jedoch in den Eiern, den Larven oder Imagines Symbionten hätte nachweisen können.

ι) *Monophlebinen*

Die bisher untersuchten Vertreter der Monophlebinen (*Icerya-*, *Echinocerya-*, *Monophlebus-* und *Monophlebidius*arten) lassen sich, wenn auch bedeutsame Unterschiede vorhanden sind, immerhin auf eine Grundform, den *Icerya*typ,

zurückführen und erscheinen, nachdem man die Margarodinen und Cölo-
stomidiinen zu eigenen Unterfamilien erhoben hat, in symbiontischer Hinsicht
recht einheitlich.

Icerya purchasi Mask., dieser bei den verschiedenen *Citrus*arten so häufige
Schädling, der insofern in der Geschichte der Symbioseforschung eine besondere Rolle spielt, als er zu den ersten Objekten zählt, an denen die wahre Natur

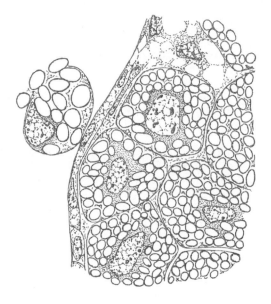

Abb. 118

Phenacoccus sp. Eine intakte Mycetocyte hat das Mycetom verlassen und entläßt jetzt die der
Eiinfektion dienenden Symbionten. 750fach vergrößert. (Nach Walczuch.)

der Homopteren-Mycetome erkannt wurde (Pierantoni, 1910, 1912, 1914),
besitzt paarige, einen wesentlichen Teil des Abdomens durchziehende Mycetome. Es sind tief zerklüftete, vielfach sekundär in kleine Teilmycetome zerfallende und durch Tracheen zusammengehaltene Gebilde. Große Mycetocyten
mit unregelmäßig gestalteten Kernen werden von einem wohlentwickelten,
auch zwischen sie vordringenden Epithel umzogen. Kleine sterile Elemente
ihrer Nachbarschaft werden laufend infiziert, ohne jedoch zumeist zu ihrer
Größe heranzuwachsen. Hiedurch wird offenbar für das zum Zweck der Eiinfektion verbrauchte Symbiontenmaterial Ersatz geleistet. Häufig finden sich
schließlich noch an Önocyten erinnernde, großkernige Elemente mit dichtem
Plasma zwischen die Mycetocyten eingesprengt.

Die Symbionten erfüllen allseitig die Wirtszellen, sind oval bis bohnenförmig und enthalten in ihrem sehr flüssigkeitsreichen Protoplasma Glykogen
und metachromatische Granula. Nach all den Übergängen, welche bei *Pseudococcus* zwischen typischen Bakterien und ähnlich gestalteten Involutionsformen

begegneten, liegt es nahe, auch hier an in hohem Grade entartete Bakterien zu denken. Mit einer solchen Auffassung würden freilich die Vorstellungen nicht harmonieren, welche sich GETZEL (1936) über die Natur der *Icerya*-Symbionten gemacht hat. Er berichtet von Kulturen, die ihm im Laboratorium PIERANTONIS auf Glukoseagar gelungen seien. In ihnen erschien ein Organismus von hefeähnlichem Aussehen, mit ovalen, eliptisch verlängerten oder unregelmäßigen Zellen. Auf festen Nährböden behielt er das hefeähnliche Wachstum stets

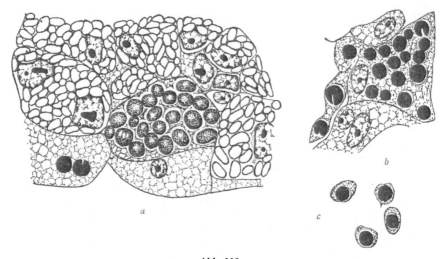

Abb. 119

Icerya aegyptica Dougl. *a* Bildung der Übertragungsformen. *b* Austritt derselben aus dem Mycetom. *c* In der Lymphe treibende Übertragungsformen mit Plasmaresten. *a* 750fach, *b,c* 666fach vergrößert. (Nach WALCZUCH.)

bei, aber auf Kartoffelwasser wandelte er sich in ein Pseudomycel mit wenigen verzweigten Ästen, dessen Glieder dickwandig und gegeneinander abgeplattet sind, um. Einmal gezüchtet, ließ er sich leicht auf fast allen Nährböden weiterkultivieren. GETZEL stellt ihn zu den Mycotoruleen und zur Familie der Torulopsidiaceen und gab ihm den Namen *Geotrichoides pierantonii*. Eine Nachprüfung seines Befundes wäre jedenfalls sehr erwünscht.

Icerya purchasi war das Objekt, bei dem PIERANTONI zum erstenmal die Bildung spezifischer, der Vererbung auf die Nachkommen dienender Zustände festgestellt hat. Einzeln oder in kleinen Gruppen treten innerhalb der Mycetocyten Symbionten auf, die sich durch eine zunehmende Affinität zu Kernfarbstoffen auszeichnen. Während sie bei *I. purchasi* hiebei ihre ursprüngliche Gestalt zumeist behalten, kugeln sie sich bei der von WALCZUCH untersuchten *I. aegyptica* Douglas ab und nehmen an Volumen zu. Dabei erinnert eine Kerbe vielfach noch an die ursprünglich mehr längliche Gestalt. Wenn diese Infektionsstadien das Mycetom verlassen, umgibt sie zunächst meist noch ein später sich verlierender Rest mitgerissenen Wirtsplasmas (Abb. 119).

Ähnlich wie bei *Lakshadia* geht die Infektion der Eier am hinteren Pol vor sich. Hier bildet sich durch Zurückweichen des Eiplasmas ein Raum, in den die Symbionten, zwischen den Follikelzellen gleitend, übertreten. Das

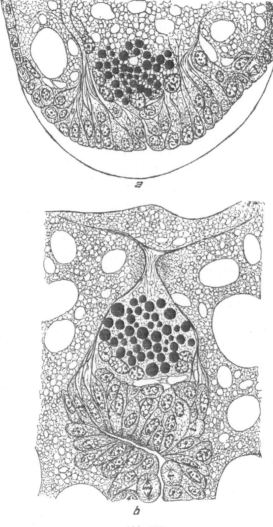

Abb. 120

Icerya aegyptica Dougl. *a* Blastodermstadium; die Symbionten von faserigen Fortsätzen der Blastodermzellen erfaßt. *b* Die Symbionten am Ende des bis zur Eimitte vorgedrungenen Keimstreifs in einen faserigen Sack eingeschlossen. *a* 333fach, *b* 400fach vergrößert. (Nach WALCZUCH.)

feinwabige Gerinnsel, in das sie hier eingebettet werden, entstammt den Follikelzellen. Durch Schluckakt werden die Symbionten schließlich nach Ablauf der Reifeteilungen aufgenommen.

Ihr Schicksal während der Embryonalentwicklung beschreiben PIER-
ANTONI und WALCZUCH. Aufsteigende Furchungskerne sinken zwischen sie ein
und vermehren sich zunächst nur langsam, ohne Zellgrenzen auszubilden. Der
an der gleichen Stelle sich einstülpende Keimstreif schiebt das embryonale
Mycetom, das von den Urgeschlechtszellen flankiert wird, in der gewohnten

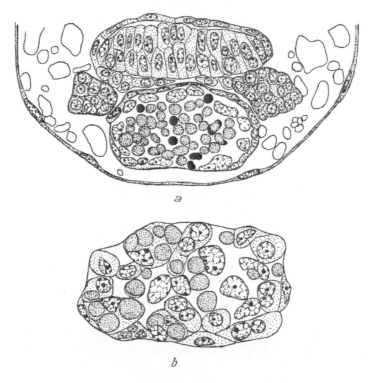

Abb. 121

Icerya aegyptica Dougl. *a* Frontalschnitt durch einen Embryo vor der Umrollung; oben der Keimstreif, darunter das von Mesodermzellen umgebene Mycetom, beiderseits die Anlage der Gonaden.
b Bildung der Mycetocyten. *a* 450fach, *b* 666fach vergrößert. (Nach WALCZUCH.)

Weise vor sich her. Dabei tritt bei *I. aegyptica* eine eigentümliche, die Symbionten umhüllende Bildung auf, die uns an ein ähnliches Geschehen bei *Orthezia*
erinnert. Schon im Blastodermstadium bilden die benachbarten Zellen in den
Dotter ausstrahlende, fibrilläre Fortsätze, welche sich alsbald zu einer regelrechten Hülle über den Symbionten vereinen (Abb. 120).

Nahezu am entgegengesetzten Pol angelangt, löst sich der Symbiontenhaufen vom Keimstreif. Daß sich ihm um diese Zeit mesodermale Elemente des
unteren Blattes zugesellen und das Material für die epitheliale Hülle liefern,
hatte bereits PIERANTONI festgestellt, daß aber um diese Zeit auch die Furchungskerne durch solche ersetzt werden, hat erst WALCZUCH erkannt. Zunächst

umgibt eine kernreiche Lage von Mesodermzellen, die jetzt schwindende faserige Hülle ablösend, das Syncytium, dessen größere Kerne oberflächlich liegen und dessen Symbionten nun allmählich die stärkere Färbbarkeit verlieren und ihre typische Gestalt wieder erlangen. Dann sammeln sich die Dotterkerne im zentralen Teil des primären Mycetoms, während die mesodermalen Kerne nur zum geringsten Teil als Hülle an der Oberfläche bleiben und zum größeren in das Syncytium eindringen. Hier bilden sich Plasmagrenzen um die jeweils von ihnen

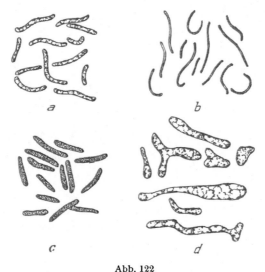

Abb. 122

a Icerya littoralis Cockll., *b Icerya aegyptica* Dougl., *c Icerya montserratensis* Ril. How., *d Echinocerya anomala* Morr. Zusätzliche Symbiontenformen. 800fach vergrößert (Nach WALCZUCH.)

eingefangenen Symbionten, und es entstehen so die endgültigen Mycetocyten. Noch während der Umrollung kann man inmitten des jungen Mycetoms die Reste der degenerierten Furchungskerne erkennen (Abb. 121).

Wenn sich das unpaare Mycetom in ein paariges zerschnürt hat, wandern jene an Önocyten gemahnenden und offenbar tatsächlich von solchen stammenden, jetzt zahlreich in der Nähe liegenden Zellen in dasselbe ein. Kurz vor dem Schlüpfen erfolgt auch bereits die weitere Zerklüftung der Organe.

WALCZUCH untersuchte Material von *Icerya aegyptica*, das teils aus Afrika, teils aus Indien stammte. Dabei ergab sich, daß sämtliche Individuen des ersteren in ihren Mycetomen noch e i n e n z w e i t e n, s i c h t l i c h s p ä t e r a u f g e - n o m m e n e n u n d w e n i g e r w e i t g e h e n d a n g e p a ß t e n G a s t, ein faden- förmiges Bakterium, beherbergten (Abb. 122 b). In beträchtlichen Massen drängt es die Mycetocyten auseinander und dehnt die epitheliale Hülle stellenweise so stark, daß die von kleinen Kernen durchsetzten Ansammlungen an die Oberfläche des Organes grenzen. Zu Spiralen aufgerollt finden sich diese Bakterien auch gemischt mit den typischen Symbionten im Ei.

Daß es sich dabei nicht etwa um eine andere *Icerya*spezies handelt, ergab die Prüfung eines Spezialisten. Immerhin wird man wohl daraus auf eine besondere Rasse schließen dürfen, denn daß man in dem Vorkommen nicht nur einen bedeutungslosen parasitären Befall erblicken darf, lehren die Feststellungen, welche WALCZUCH an anderen *Icerya*arten sowie an solchen von *Echinocerya*, *Monophlebus* und *Monophlebidius* machte. Bei ihnen allen fand sich nämlich ein zweiter derartiger mehr oder weniger weitgehend eingebürgerter Symbiont, und der Vergleich der einzelnen Formen gewährte ähnlich wie bei so manchen noch zu behandelnden Zikaden Einblick in die allmählich fortschreitende Vervollkommnung einer Symbiose.

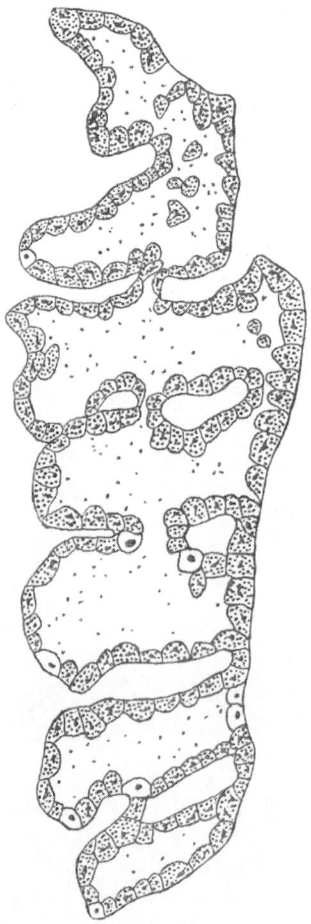

Am Anfang steht *I. littoralis* Cockerell, denn hier finden sich die zweiten Symbionten, meist in Form aufgeknäuelter dicker Schläuche, außerhalb der Mycetome, aber stets in ihrer unmittelbaren Nähe, um und in kleinzelligen Elementen des Blutes. *I. monteserratensis* Ril. How. und *Echinocerya anomala* Morr. haben dagegen den zusätzlichen Symbionten bereits in die Mycetome aufgenommen, die hier wohl stark gelappt, aber nicht zerschnürt sind, und verhalten sich ihm gegenüber ganz wie *Icerya aegyptica*. Bei ersterer handelt es sich um längliche, einheitlich gestaltete Gebilde, bei letzterer um Organismen mit stark vakuolisiertem Protoplasma, die zum Teil keulige und knorrige Formen annehmen und Seitenzweige treiben (Abb. 122).

Bei *Monophlebus dalbergiae* Green und *tamarindus* Green sowie *Monophlebidius indicus* Green ist das, was in jenen Tieren angebahnt wird, zur Vollendung gediehen. Die gewaltig entwickelten Mycetome ziehen sich durch sieben Segmente und sind entsprechend eingeschnürt, ohne in Teilmycetome zu zerfallen. Dicht von Tracheen umsponnen und auch im Inneren von solchen durchzogen bleiben sie ventral- und darmwärts glatt begrenzt. Riesige Mycetocyten mit polymorphen, oft in Zweizahl vorhandenen Kernen, in welchen die alteingesessenen Symbionten leben, umziehen nun, epithelartig angeordnet und da und dort wieder von Önocyten durchsetzt, ein großes, besonders stark von Tracheen durchzogenes Syncytium mit kleinen polygonalen Kernen, welches den akzessorischen Symbionten als

Abb. 123

Monophlebus dalbergiae Gr. Frontalschnitt durch das linke Mycetom, in dem zweierlei Symbionten leben. 50-fach vergrößert. (Nach WALCZUCH.)

Wohnstätte dient. Bald Kokken, bald dicke oder sehr schlanke Kurzstäbchen darstellend, sind diese jeweils artspezifisch (Abb. 123). Leider enthielt das Material WALCZUCHS keine infektionsreifen Ovarien, aber trotzdem kann kein Zweifel darüber herrschen, daß hier beide Formen in gesetzmäßiger Weise in die Eizellen übertreten.

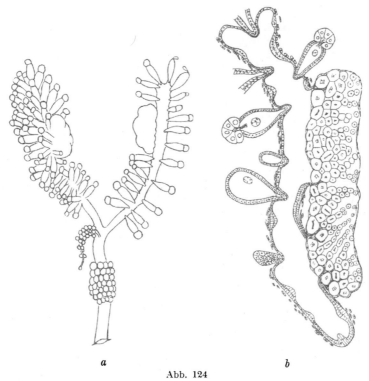

a   b

Abb. 124

Margarodes sp. *a* Weiblicher Geschlechtsapparat mit den angewachsenen Mycetomen. *b* Schnitt durch beide. (Nach Šulc.)

ϰ) Margarodinen

Wenn man heute die Margarodinen als selbständige Unterfamilie von den Monophlebinen abtrennt, so muß dies auch vom Standpunkt des Symbiose-forschers durchaus gerechtfertigt erscheinen, denn das wenige, was bisher von ihnen bekanntgeworden ist, harmoniert wenig oder gar nicht mit der Mono-phlebinen-Symbiose. Als erster hat Šulc (1923) eine nicht näher beschriebene, bisher unbekannte *Margarodes*art, welche an den Wurzeln von *Festuca ovina* saugt, untersucht. Sie besitzt paarige Mycetome, die in höchst seltsamer, sonst nirgends wiederkehrender Weise so innig mit dem Eileiter verwachsen sind, daß sie streckenweise dessen Begrenzung bilden. Muskeln desselben strahlen an den Ansatzstellen in das Organ ein und verankern es so. Die Mycetocyten sind in parallele Reihen geordnet, welche nach dem Lumen des Eileiters ausgerichtet sind, und werden, distal kleinzellig beginnend, nach diesem zu immer größer. Ein flaches, pigmentfreies Epithel umhüllt die freien Seiten der Mycetome, welche nach MAHDIHASSAN (1947) aus einem ursprünglich unpaaren, die beiden Ovarien verbindenden Organ hervorgehen (Abb. 124a, 125a). Bau und Lage der männlichen Mycetome sind leider unbekannt.

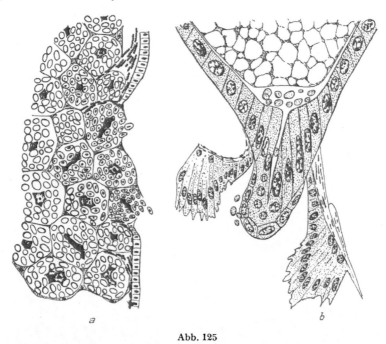

Abb. 125

Margarodes sp. *a* Entstehung der Infektionsformen und Übertritt derselben in den Eileiter. *b* Infektion eines Eies durch den endständigen Follikelzapfen. (Nach Šulc.)

Eigenartig wie die Wohnstätte ist auch die Übertragungsweise. Nach dem Eileiter zu werden die Insassen der Mycetocyten immer kleiner und entwickeln gleichzeitig ein zentrales Korn. In diesem Zustand treten sie in das Lumen des Ovidukts über. Der Follikel der Eizellen aber entwickelt jeweils einen vom Epithel des Eileiters überzogenen und in diesen hineinragenden Zapfen, der als eine spezifische Anpassung an diese ungewöhnliche Art der Übertragung zu bewerten ist. Die Symbionten, deren zentrales Korn jetzt in viele Granula zerfallen ist, dringen durch das Epithel des Ovidukts in diesen Zapfen, der von einem ihrer Weitergabe dienenden Kanal durchzogen wird. Durch ihn gelangen sie in den Raum, der nun in der üblichen Weise am Hinterende der Ovocyte entsteht (Abb. 124b, 125b).

Außerdem liegen noch Angaben von JAKUBSKI und seinen Schülern über *Margarodes polonicus* Ckll. vor, also über die Form, deren roter Farbstoff einst Verwendung fand und das Objekt zu einem auch in kulturhistorischer Hinsicht interessanten macht. Lage und Bau der Mycetome unterscheidet sie weitgehend von der Spezies, die Šulc vorlag. Die paarigen Organe, welche aus großen, polygonalen, einkernigen Mycetocyten aufgebaut sind, begleiten als langgestreckte Körper den stark reduzierten Darm durch fünf und mehr Segmente des Abdomens. In legereifen Weibchen lockern sich die Organe, Gruppen von Mycetocyten werden frei und zerstreuen sich zwischen Fettzellen und Eiröhren. Einer von Jakubski mir zur Verfügung gestellten Figur zufolge ginge die Infektion der Eizellen am hinteren Pole ähnlich wie etwa bei *Icerya* vor sich. Doch schreibt sein Schüler Boratynski (1928), der von den Mycetomen als zwei unregelmäßigen, mit Fettzellen zusammengesetzten Massen spricht, daß sie auf dem Wege über den Ovidukt, also offenbar ähnlich wie bei dem Objekt von Šulc, geschehe, daß er aber nicht habe feststellen können, wie die Symbionten in diesen gelangen.

Kalicka-Fijalkowska (1928) macht außerdem einige Angaben über das Schicksal der Symbionten von *Margarodes polonicus* im Verlaufe der Embryonalentwicklung. Wie üblich schiebt der Keimstreif die erste Mycetomanlage in Begleitung der Urgeschlechtszellen nach vorne. Dann rutscht sie auf die Rückenseite und bleibt in der Gegend des vierten oder fünften Abdominalsegmentes liegen. Später wird sie nach vorn verlagert und legt sich nun zweigeteilt beiderseits an das Stomodäum.

Dank brieflichen Mitteilungen von H. Becker sind wir schließlich in der Lage, erstmalig Angaben über die Symbiose einer dritten *Margarodes*art zu machen, die in mancher Hinsicht eine Sonderstellung einnimmt. Es handelt sich dabei um *Margarodes vitis* Ckll., der in Chile durch sein Massenauftreten dem Weinbau schädlich wird. Er besitzt paarige Mycetome, die aus zweierlei Mycetocyten aufgebaut sind. Kleinere rundliche Zellen mit ovalen Kernen enthalten Organismen, welche gestaltlich den Symbionten der polnischen Koschenille ähneln, aber zwischen ihnen und vor allem in den Randpartien finden sich nun außerdem größere Elemente mit stark zerklüfteten Kernen, in denen zusätzliche, sehr lange, segmentierte Fäden untergebracht sind. Das Studium der Eiinfektion steht noch aus, aber auf den bisher untersuchten Stadien besteht jedenfalls keine Verbindung der Mycetome mit dem Eileiter.

λ) Coelostomidiinen

Die einzige bisher hinsichtlich ihrer Symbiose untersuchte Coelostomidiine ist *Marchalina hellenica* Genn., eine an der anatolischen Küste und an den Dardanellen häufige, vor allem auf der Aleppo-Kiefer lebende Schildlaus, die sich zwar unter der Rinde verbirgt, aber durch ihre hervortretenden reichlichen Wachsausscheidungen verrät. Bisher hat sich nur Hovasse (1930) mit ihr befaßt und ist dabei auf Einrichtungen gestoßen, welche unter den so mannigfachen Schildlaussymbiosen einzig dastehen, ohne freilich den gesamten Zyklus klarzulegen. Eigene Untersuchungen, welche jedoch noch in ihren ersten Anfängen stehen, haben sich die Aufgabe gestellt, die noch bestehenden Lücken auszufüllen.

Sitz der Symbionten ist in diesem Fall das Darmepithel, das heißt eine Stätte, die keine andere Schildlaus ihren Symbionten einräumt. Der sie bergende Mitteldarm schließt an einen langen, schlanken und mit einem ovalen Bulbus endenden Ösophagus an und besteht aus einem normal gebauten, engen Anfangs- und Endteil und einem ganz ungewöhnlichen mittleren, U-förmig gekrümmten Abschnitt. Seine Zellen sind so stark vergrößert, daß sie, dank einem Durchmesser von 0,5 mm mit dem bloßen Auge als solche kenntlich, Buckel bildend in die Leibeshöhle vorspringen. Ihre bei Lupenvergrößerung wahrzunehmenden Kerne sind entsprechend herangewachsen und zum Teil in hohem Grade zerklüftet und verzerrt. Hie und da von einer kurzen Strecke normaler, niedrig bleibender Epithelzellen unterbrochen, wölben sie sich auch in das Darmlumen vor und verursachen hier allerlei Buchten, die auch tief in sie selbst einschneiden können. Die Tracheen liegen ihnen nicht nur äußerlich an, sondern dringen tief in das Innere dieser Riesenzellen ein. Der restliche Mitteldarmabschnitt nimmt dort, wo er in das Rektum übergeht, die drei jeweils gesondert mündenden Malpighischen Gefäße auf.

Während nach HOVASSE die niedrig bleibenden zweikernigen Zellen des Darmepithels lediglich in den distalen Abschnitten geringere Ansammlungen kleinerer stäbchenförmiger Mikroorganismen enthalten, sind die so enorm angewachsenen Zellen des mittleren Teiles allseitig von stark verlängerten, im allgemeinen etwa $20\,\mu$, unter Umständen aber bis zu $50\,\mu$ messenden gramnegativen und unbeweglichen Fäden erfüllt, die teils gerade, teils wellig, teils in enge Spiraltouren gelegt sein können und sich vielfach auch in Stäbchenketten aufteilen. Über ihre Bakteriennatur kann kein Zweifel sein.

Die Übertragung geht auf dem Umwege über die Nährzellen vor sich. HOVASSE beschreibt, wie sich unter den sie umspannenden, stark abgeplatteten Follikelzellen da und dort solche finden, die plasmareicher sind, keulenförmig zwischen den Nährzellen nach innen drängen und in diesem Abschnitt ein dichtes Symbiontenknäuel enthalten. Von ihm stammen kürzere Stäbchen, welche in Reihen angeordnet zwischen den Fasern des Nährstranges liegen und mit dem Sekretstrom in die Ovocyten getragen werden.

Über die Embryonalentwicklung ist zunächst nur wenig bekannt. Nach meinen noch sehr fragmentarischen Beobachtungen bilden die Symbionten zunächst, wenn der Keimstreif sich am unteren Pol einzustülpen beginnt, eine am entgegengesetzten Ende gelegene Ansammlung. Dann sinken sie in Schwaden, von Dotterkernen begleitet, nach hinten, finden sich im Verlauf der weiteren Invagination längs des Keimstreifs und sammeln sich schließlich, wenn der Enddarm angelegt wird, vornehmlich in dessen unmittelbarer Nähe. Wie dann die Zellen des Darmes infiziert werden, bleibt vorläufig unbekannt, aber man darf vermuten, daß die Bakterien in die Anlage des Mitteldarmes eingeschlossen und dann von den Epithelzellen aufgenommen werden.

Sehr eigentümlich scheint die Infektion der Nährzellhülle vor sich zu gehen. HOVASSE nimmt an, daß die Bakteriennester, welche bereits vor der Sonderung in Eier und Nährzellen im Follikel der jungen Gonadenanlage liegen, von den eng benachbarten Mitteldarmzellen stammen, doch fand ich bereits in älteren Embryonen, bei denen die Anlage der Ovarien noch je einen einheitlichen Schlauch, ohne Andeutung der Ovariolen, darstellt, hinter dieser, vom Epithel des künftigen Ovidukts umgeben, eine an die Ovarialampullen der Anopluren erinnernde infizierte Zellmasse, von welcher aus vermutlich in der Folge der Follikel der Genitalanlagen infiziert wird.

μ) Coccinen

Diese Unterfamilie, welche lediglich die Gattung *Coccus* mit einer geringen Zahl von in Mexiko, Indien und Nordafrika vorkommenden Arten umfaßt, bedarf künftiger Untersuchungen. PIERANTONI teilte 1910 mit, daß die Leibeshöhle vor allem junger Weibchen, in schwächerem Maße auch die der erwachsenen Weibchen der bekannten Kochenillelaus, *Coccus cacti* L. von einem spezifischen großzelligen Gewebe erfüllt sei, das Einschlüsse enthalte, welche den Symbionten entsprechen dürften, doch wagte er kein endgültiges Urteil. Bezüglich *Coccus indicus* Green liegt einerseits eine Bemerkung MAHDIHASSANS (1929) vor, der zufolge diese Spezies rundliche, farblose Symbionten besitzen solle, andererseits fahndete eine so sorgfältige Untersucherin, wie WALCZUCH, bei dem gleichen Objekt vergeblich nach Symbionten.

c) Aphiden

Der Pseudovitellus der Blattläuse hatte schon die älteren Zoologen in anatomischer und vor allem in entwicklungsgeschichtlicher Hinsicht viel beschäftigt. In dem historischen Kapitel wurde bereits ausgeführt, wie HUXLEY (1858), LEYDIG (1850), METSCHNIKOFF (1866), BALBIANI (1869, 1870, 1871), WITLACZIL (1884), WILL (1899), HENNEGUY (1904), FLÖGEL (1905), TANNREUTHER (1907) und mancher andere vergeblich um das Verständnis der seltsamen Geschehnisse gerungen haben, die sich an dieses Organ knüpfen. Als es dann ŠULC (1910) und PIERANTONI (1910) in aller Kürze in die Reihe der Mycetome einbezogen, erwuchs damit die Aufgabe, das Gebiet erneut in allen Einzelheiten zu durchforschen. Ich habe mich ihr im Verein mit einer Reihe von Schülern unterzogen (BUCHNER, 1912, 1921; SELL, 1919; KLEVENHUSEN, 1927; TÓTH, 1933, 1937; PROFFT, 1937), und andere haben mit mehr oder weniger Glück ebenfalls geholfen, unser Wissen von den zum Teil recht kompliziert gelagerten Aphidensymbiosen auszubauen (PEKLO, 1912, 1916; WEBSTER u. PHILLIPS, 1912; UICHANCO, 1924; RONDELLI, 1925, 1928; PAILLOT, 1929, 1930, 1931, 1932, 1933; SCHOEL, 1934; MAHDIHASSAN, 1947; SCHANDERL, LAUFF u. BECKER, 1949).

All die zahlreichen bisher untersuchten Aphidinen, Pemphiginen und Adelginen (Chermesinen) besitzen ein mit Tracheen wohlversorgtes M y c e t o m, das zumeist aus zwei länglichen, durch eine Reihe von Abdominalsegmenten ziehenden Strängen oder auch breiteren Lappen und einer queren, diese verbindenden Brücke besteht. Gewöhnlich liegt diese in der hinteren Region des Organs, etwa im sechsten Abdominalsegment, ausnahmsweise aber auch schon auf der Grenze des ersten und zweiten Segmentes. Nach hinten zu laufen diese Mycetome gerne in eine unpaare Spitze aus (Abb. 126). In älteren Weibchen freilich führt die starke Entfaltung der Ovarien und der in den Sommergenerationen sich im Mutterleib entwickelnden Embryonen allgemein, ähnlich wie bei den Psylliden

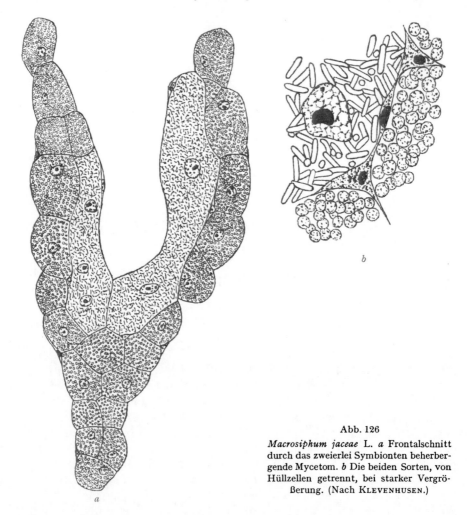

Abb. 126

Macrosiphum jaceae L. *a* Frontalschnitt durch das zweierlei Symbionten beherbergende Mycetom. *b* Die beiden Sorten, von Hüllzellen getrennt, bei starker Vergrößerung. (Nach KLEVENHUSEN.)

und Aleurodiden, zu weitgehenden Verzerrungen und Zerklüftungen der in jüngeren Tieren stets regelmäßig gestalteten Organe.

Spärliche, stark abgeplattete Zellen bilden um sie und ihre Teilprodukte eine dünne Hülle. Die einzelnen Mycetocyten stellen große, polygonale oder gerundete Zellen dar, deren Plasma gleichmäßig von zahllosen rundlichen Mikroorganismen durchsetzt ist. Stark lichtbrechende Granula und Glykogentropfen sowie Mitochondrien (KOCH, 1930) sind zwischen ihnen festzustellen. Dazu kommt noch eine jeweils spezifische diffuse Färbung der Mycetocyten, die zum Beispiel bei *Callipterus*arten blaßgrün, bei *Aphis saliceti* Kalt. gelblich, bei *Aphis sambuci* L. dunkelgrün, bei *Pterochlorus roboris* L. bräunlichgrün, bei *Pemphigus spirothecae* Pass. mehr grau ist. Auch innerhalb der gleichen Art soll die Färbung von Kolonie zu Kolonie in Abhängigkeit von den verschiedenen Wirtspflanzen Schwankungen unterworfen sein können.

Die Organismen, welche in diesen einkernigen Mycetocyten leben, ähneln sich mit geringen Ausnahmen (Adelginen), von denen noch die Rede sein wird, außerordentlich. Es handelt sich um 2—4 μ im Durchmesser betragende gramnegative, rundliche Gebilde, die an kleinste Kernbläschen erinnern. Eine Reihe von Autoren hat sich bereits, nachdem sie einmal als selbständige Organismen erkannt worden waren, mit ihnen befaßt, hat zum Teil auch Kulturversuche angestellt und ist zu recht verschiedenen Auffassungen gelangt. Innerhalb der Wirtszelle geschieht ihre Vermehrung zweifellos durch hantelförmige Zerschnürung, wobei die Tochterzellen sich nicht immer sofort lösen, so daß man auf Verbände von drei bis sechs und mehr Individuen stoßen kann. Im Zentrum dieser Bläschen läßt sich meist ein stärker färbbares, von einer Vakuole umgebenes Korn nachweisen, das bei der Vermehrung auf beide Tochterindividuen verteilt wird und zur Vermutung Anlaß gegeben hat, es könne sich um einen Kern handeln.

Im allgemeinen ist die Größe der Symbionten in allen Zellen die gleiche, doch kommt es nicht selten vor, daß einige von ihnen ganz wesentlich heranwachsen, ja selbst das Zehnfache des normalen Durchmessers erreichen. Solche Riesensymbionten können dann zwischen den normalen verstreut liegen oder auch eine Mycetocyte völlig einheitlich erfüllen. Nachdem ich schon vor Jahren auf diese Erscheinung aufmerksam gemacht hatte, hat sie KLEVENHUSEN, dem die Erforschung der Aphidensymbiose viel verdankt, vor allem bei *Macrosiphum tanaceti* L, und einer *Aphis* sp. wiedergefunden. In benachbarten Zellen können bei letzterer drei verschiedene Größenklassen untergebracht sein (Abb. 127). Zum Teil mag es sich um degenerative Erscheinungen handeln, in anderen Fällen aber machen die Mycetocyten einen durchaus gesunden Eindruck. Vorausgreifend sei bemerkt, daß bei der Übertragung jeweils nur die kleinen, ursprünglichen Zustände Verwendung finden.

PIERANTONI hielt diese Organismen, welche in ungezählten Mengen in der ganzen Welt in allen Blattläusen leben, ursprünglich für Saccharomyceten; auch ŠULC sprach sie als Schizosaccharomyceten an, aber die Mehrzahl der Autoren tritt heute dafür ein, daß es sich um Bakterien handelt. PEKLO erklärte sie mit großer Bestimmtheit für eine *Azotobacter*art. Er teilte mit, daß er üppige Kulturen der Symbionten von *Pterocallis tiliae* L., *Aphis papaveris* Fabr., *Pemphigus* und *Schizoneura lanigera* Hausm. erhalten habe. Dabei sollen sich die bläschenförmigen Symbionten der letzteren allmählich in kleine Stäbchen verwandeln, während in stickstoffarmer Nährflüssigkeit teilweise Riesenwachstum aufträte. Nach PAILLOT handelt es sich um ein ursprünglich stäbchen- oder kokkenförmiges Bakterium, das unter dem Einfluß des Wirtsorganismus modifiziert würde und keineswegs von *Azotobacter* abzuleiten sei. Es kam zu dieser

Auffassung, da er in Zupfpräparaten zahlreicher Formen Übergänge sah, welche zwischen den runden und stäbchenförmigen Organismen vermitteln sollten. Anderen Autoren, wie KLEVENHUSEN, TÓTH, RONDELLI und mir selbst, sind solche Übergangsformen jedoch nicht begegnet, und heute dürfte kein Zweifel mehr darüber bestehen, daß die Objekte, welche PAILLOT zu solchen Vorstellungen führten, zu jenen gehören, welche, wie wir im folgenden hören werden, neben den runden Stammsymbionten einen zusätzlichen, ursprünglicher gestalteten Gast enthalten. Auch MAHDIHASSAN (1947), der die Symbionten ebenfalls gezüchtet haben will, tritt dafür ein, daß es sich in solchen Fällen um zwei verschiedene, nicht durch Übergänge verbundene Formen handelt.

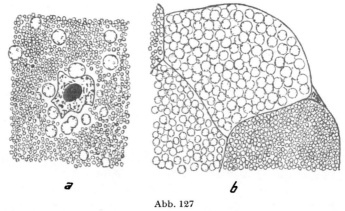

Abb. 127

Aphis sp. (*hederae* Kalt.?). Lokal begrenztes Größenwachstum der Symbionten, *a* sporadisch auftretend, *b* ganze Mycetocyten ergreifend. 750fach vergrößert. (Nach KLEVENHUSEN.)

Andererseits hat SCHOEL sehr ausführliche Mitteilungen über die Aphidensymbionten gemacht, welche, wenn sie sich bestätigen sollten, gut zu den Angaben PEKLOS und PAILLOTS passen würden. Er gibt an, daß die Symbionten von *Cavariella aegopodi* Scop., aus den Mycetocyten befreit, zunächst eine nur äußerst langsame Beweglichkeit bekunden. Mit fortschreitender Zweiteilung soll diese jedoch jeweils zunehmen und sich zu kreisenden Bewegungen der noch zusammenhängenden Partner steigern. Voneinander getrennt runden sich die jetzt ovalen Tochterzellen nur zum Teil wieder ab und verfallen in die ursprüngliche, nahezu völlige Unbeweglichkeit; häufiger macht sich vielmehr an ihnen, im Anschluß an die Teilung, eine zunehmende Streckung bemerkbar, so daß nach 3 Stunden oft bereits etwa $3\,\mu$ lange und nur $0,8\,\mu$ dicke Gebilde vorliegen. Schließlich werden regelrechte, an den Enden abgerundete Stäbchen von $3,5\,\mu$ Länge und $0,4\,\mu$ Breite gemessen. Hand in Hand mit diesem unter dem Deckglas beobachteten Formwechsel tritt an die Stelle der rotierenden Bewegung eine geradlinige.

SCHOEL berichtet ferner auch über gelungene Kulturen auf Bouillon-Agar-Platten und in Nährlösungen. Auch in ihnen treten die bläschenförmigen

Zustände zugunsten lebhaft beweglicher, allseits begeißelter, homogener Stäbchen zurück. Der Pleomorphismus soll jedoch hier noch viel weiter gehen. Es entstehen unter anderem bis zu 16 μ lange Ketten mit 8—10 Gliedern, in älteren Kulturen finden sich an Stelle der Langstäbchen in zunehmendem Grade Kurzstäbchen, und schließlich gehen aus diesen immer mehr ovale, sich nun wieder überkugelnde Kokken hervor. Sie können erneut zu Kurzstäbchen auswachsen oder bläschenförmige Zustände ergeben, welche ganz den die Mycetocyten bewohnenden gleichen. SCHOEL hat außerdem *Megocerca viciae* Buckt. und *Doralis saliceti* L. verglichen und ihre Symbionten auch bei serologischer Prüfung so ähnlich befunden, daß er für die Insassen der drei Arten den Namen *Bacterium aphidinum* vorschlägt.

Zu einer ganz anderen Auffassung kam TÓTH (1933). Er findet auf seinen Präparaten im Zentrum der Symbionten stets einen recht ansehnlichen, einheitlich mit Eisenhämatoxylin geschwärzten Körper, erblickt in ihm den eigentlichen Bakterienleib und erklärt den Rest für eine Hüllbildung, die bei der Teilung mitgeteilt wird. Geht diese rasch vor sich, so soll sie in ihrer Entfaltung nicht Schritt halten können, und in seltenen Fällen, so bei *Macrosiphum carnosum*, sollen diese Hüllen sogar unter Umständen völlig verlorengehen, so daß die nackten Binnenkörper in Form ovaler Kokken übrigbleiben. Wenn gelegentlich so sehr vergrößerte Symbionten vorkommen, soll dies ebenfalls lediglich auf einem Anschwellen der Hülle beruhen. Diese Vorstellungen TÓTHS stehen im Widerspruch mit denen, welche sich alle übrigen Autoren von der Morphologie der Aphidensymbionten gebildet haben, und dürften auf eine zentrale Plasmaballung auslösende Fixierung oder auf eine Imprägnierung jener oben erwähnten Vakuole mit dem Farbstoff zurückzuführen sein.

Wie dem auch sei, jedenfalls wäre ein erneutes, möglichst eindringliches Studium dieser Aphiden-Symbionten überaus wünschenswert, denn auch die Angaben SCHOELS, bei dem die Leichtigkeit, mit der er seine Kulturen erhielt, überrascht, würde man gern noch von anderer Seite bestätigt sehen. UICHANKO, der ebenfalls Kulturversuche angestellt hat, ist seinen eigenen Resultaten, wie denen seiner Vorgänger gegenüber, skeptisch, SCHWARTZ (1924), der doch im Laboratorium eines so erfahrenen Mykologen wie BURGEFF gearbeitet, hatte sich seinerzeit vergeblich bemüht, diese Organismen zu züchten, und SCHANDERL, LAUFF u. BECKER teilen neuerdings mit, daß auch ihre Anstrengungen erfolglos geblieben sind. Andererseits gibt TÓTH (1946, 1951) von den Symbionten dreier *Aphis*arten an, daß er sie gezüchtet habe, ohne freilich etwas über die Morphologie der kultivierten Organismen zu sagen.

Eine Sonderstellung nehmen die Symbionten der Adelginen ein. Die Gattung *Adelges (Cnaphalodes)* und *Sacchiphantes (Chermes)* besitzen zwar prinzipiell gleichgestaltete Mycetome, aber statt der runden, bläschenförmigen Symbionten leben in den ebenfalls einkernigen, ansehnlichen Mycetocyten andersgestaltige Gäste. Bei den *Adelges*arten sind es an beiden Enden spitz auslaufende, an Kümmelsamen erinnernde Organismen, welche bei der Querteilung umklappen und so bündelweise parallel zu liegen kommen, bei *Sacchiphantes* stumpf endende Schläuche, die sich bei der Teilung ähnlich verhalten

(BUCHNER, 1921; PROFFT; Abb. 128). Auch die nach unserer Meinung den typischen Aphidensymbionten entsprechenden ovalen oder rundlichen Organismen der Gattungen *Pineus* und *Dreyfusia* weichen, wenn auch weniger, von diesen ab.

Diese bisher geschilderten Einrichtungen der Blattläuse stellen die ursprüngliche, allgemein verbreitete Form ihrer Symbiose dar. Nun wird aber die Situation bei einer großen Zahl von Arten noch dadurch kompliziert, daß außerdem zusätzliche Symbionten eingebürgert wurden und deren Einfügung einen wechselnden Grad der Innigkeit aufweist. Meist handelt es sich dabei um einen weiteren Gast, gelegentlich aber auch um zwei Formen, die neben der Stammform Aufnahme gefunden haben.

Abb. 128

a Adelges strobilobius Kalt., *b Sacchiphantes abietis* L. Die Symbionten. (Nach BUCHNER.)

Erste diesbezügliche Beobachtungen liegen schon von KRASSILSTSCHIK (1899) vor, stammen also aus einer Zeit, in der die wahre Natur des Pseudovitellus noch gar nicht bekannt war. Er fand bei einer Reihe von Arten eine engbegrenzte, zunächst dem Pseudovitellus gelegene Zone regelmäßig von Bakterien besiedelt, die er als Biophyten bezeichnete, um damit auszudrücken, daß sie offenbar dem Wirtstier nützliche Gäste darstellten. Weitere ähnlich lautende Angaben machte PEKLO bezüglich *Schizoneura lanigera*, wo er stets ein ebenfalls kultivierbares, stäbchenförmiges Bakterium fand, das mit den runden Symbionten nichts zu tun haben soll, über dessen Sitz er sich aber nicht äußert. PAILLOT dagegen lehnte die Möglichkeit, daß die auch von ihm bei vielen Arten gesehenen typischen Bakterien eine zweite Symbiontensorte darstellen könnten, mit aller Entschiedenheit ab und erklärte alle auf solche sich beziehenden Angaben für irrig. Für ihn stellen alle ursprünglicher gestalteten Symbionten bei Aphiden, wie schon erwähnt, die eigentlichen Stammformen dar, aus denen sich die runden, bläschenförmigen Zustände laufend ergänzen. Ausgangspunkt einer solchen Auffassung waren seine Beobachtungen über das spontane Aufquellen parasitischer Bakterien nach Einführung in die Leibeshöhle von Schmetterlingsraupen (siehe S. 605). Was er jedoch immer wieder bei den verschiedensten Blattläusen als Übergangsformen deutete, dürften teils durch das Ausstreichen entstandene Zufallsbilder, teils Entartungsformen der Stammsymbionten sein, so daß er nach unserer und anderer Überzeugung in Wirklichkeit durch seine ausgedehnten Untersuchungen wertvolle Beiträge zur Kenntnis der akzessorischen Aphidensymbionten geliefert hat.

Klarheit über die di- und trisymbiontischen Aphiden brachten erst die Arbeiten von RONDELLI, KLEVENHUSEN, TÓTH und PROFFT, welche eine ganze Reihe von solchen eingehend, und nicht nur auf Zupfpräparaten wie zumeist PAILLOT, behandelt haben. RONDELLI hat als erste bei Eriosomatiden zwei Symbionten entdeckt, KLEVENHUSEN unabhängig von ihr in der gleichen Tribus sowie bei *Macrosiphum jaceae* L., *tanacetum* L. und *tanaceticulum* Kalt., bei einer

Aphis sp. *(hederae?)*, *Pterocallis juglandis* Frisch und *Chaitophorinella testudinata* Thornton ebenfalls zwei, bei *Pterochlorus roboris* L. und *Stomaphis quercus* L. erstmalig aber drei verschiedene Symbiontensorten konstatiert. TÓTH hat die Liste der disymbiontischen Formen noch ganz beträchtlich vermehrt, indem er ihr *Chromaphis-*, *Mycocallis-*, *Doralis-*, *Hydaphis-*, *Colopha-* und *Byrsocrypta-* Arten, ohne freilich zumeist nähere Angaben zu machen, hinzufügte und bei drei weiteren *Stomaphis*arten drei Symbionten konstatiert. Aus PAILLOTS Angaben geht weiterhin hervor, daß auch *Eriosoma*, *Tetraneura*, *Drepanosiphum*, *Siphonophora* und *Chaetophora* zweierlei Symbionten besitzen. PROFFT schließlich stellte fest, daß es auch unter den Adelginen neben Gattungen mit einem Symbionten solche mit zweien gibt *(Dreyfusia* und *Pineus)*. Es handelt sich also um eine bis dahin nicht geahnte, für die Aphiden aber überaus charakteristische Tendenz, welche schätzungsweise etwa bei der Hälfte der bisher geprüften Arten zum Ausdruck kommt. Sie äußert sich bei Aphidinen, Pemphiginen und Adelginen da und dort in einer ganzen Reihe von Tribus in der gleichen Weise und läßt bisher keine speziellen Bindungen an das System erkennen.

Die Gestalt dieser zusätzlichen Gäste und die Art ihrer Unterbringung ist von Fall zu Fall mehr oder weniger verschieden, doch handelt es sich fast durchweg um Formen, welche sich deutlich als die Spätergekommenen ausweisen. Im allgemeinen besteht das Bestreben, sie im Rahmen des schon vorhandenen Mycetoms unterzubringen. Bei *Macrosiphum jaceae* stellen sie homogene, etwa 8 μ lange, leicht gekrümmte Schläuche dar, die sich durch Querteilung vermehren und in wenigkernigen Syncytien leben, welche unpaar in den Winkel zwischen den beiden Schenkeln des Mycetoms eingelassen sind, so daß sie seitlich, dorsal und hinten von den einkernigen Mycetocyten umgeben werden (Abb. 126). Die Hüllzellen ziehen teils über die Syncytien hinweg, teils dringen sie zwischen beide Zonen ein und fördern so die feste Einfügung.

Die disymbiontischen Adelginen-Gattungen *Pineus* und *Dreyfusia* weichen in mancher Hinsicht von den übrigen Aphiden ab. Von *Pineus pineoides* Cholodk., der uns seiner Sonderstellung wegen erst weiter unten beschäftigen soll, abgesehen, sind ihre Mycetome, die hier aus zwei ansehnlichen Flügeln und einer breiten, verbindenden Brücke bestehen, etwa zur Hälfte aus Syncytien und zur anderen aus einkernigen Mycetocyten aufgebaut. An beiden Orten leben rundliche bis ovale Mikroorganismen, doch sind die Insassen der Syncytien etwas größer und basophil, die der einkernigen Zellen kleiner und eosinophil, so daß sie sich stets leicht auseinanderhalten lassen. PROFFT hielt die ersteren, des histologischen Charakters ihrer Wohnstätten wegen, für die akzessorischen Symbionten, doch scheint es uns aus einer Reihe von Gründen und vor allem angesichts der noch zu schildernden Sachlage bei *Pineus pineoides* ungleich wahrscheinlicher, daß in der auch sonst abweichenden Unterfamilie die bei den übrigen Aphiden ja auch nicht stets eingehaltene Regel, derzufolge die zusätzlichen Symbionten in Syncytien leben, eine Ausnahme findet und hier in den Bewohnern der einkernigen Zellen die sekundären Symbionten zu erblicken sind. Bei *Aphis* sp. gesellen sich zu den runden Symbionten zarte, schlanke Schläuche, für die ähnlich wie bei *Macrosiphum jaceae* wieder ein unpaares, an

gleicher Stelle liegendes Syncytium errichtet wird, das aber nun ohne epitheliale
Umhüllung bleibt und überhaupt mit dem ursprünglichen Mycetom nicht fester
verbunden ist. In älteren Tieren kommt es, wenn dieses deformiert wird, bald
auf diese, bald auf jene Seite des Darmes zu liegen.

Pterocallis juglandis fügt dagegen den zweiten Symbionten wieder fest in
das Mycetom ein. Die etwa 15 μ langen Fäden bewohnen hier, wie die ursprünglichen Insassen, einkernige Zellen, welche eine oberflächliche Lage bevorzugen,
sich aber dabei tief zwischen die anderen Mycetocyten ein-
keilen (Abb. 129). Sie sind weitgehend parallel gelagert und
zwingen auch die Kerne zu einer entsprechenden Strek-
kung. In älteren Tieren wird das Mycetom in Fragmente
zerschnürt, an denen beide Zellsorten Anteil haben.

Chaitophorinella testudinata führt zusätzlich 1,5—2 μ
im Durchmesser betragende Kokken und beherbergt sie
zunächst in je einem rechten und linken Syncytium. Sehr
früh wird aber dann bereits der ganze Organkomplex in
Fragmente zerlegt, in denen jedoch immer noch die alten
Lagebeziehungen der beiderlei Wohnstätten beibehalten
werden (Abb. 130).

In all diesen Fällen handelt es sich um immerhin schon
recht festgefügte Verhältnisse. Andere dagegen tragen noch
mehr oder weniger deutlich den Stempel des Unvollende-
ten. Nicht alle *Macrosiphum*arten stehen zum Beispiel auf
der Höhe von *M. jaceae*. Die zumeist etwa 20, manchmal
aber bis 30 μ messenden Fäden von *Macrosiphum tanacetum*
werden in zwei Syncytien geborgen, die bald hier, bald dort
im Hauptorgan liegen und, von großen Vakuolen durchsetzt, nur ungleichmäßig besiedelt sind. Bei *Macrosiphum
tanaceticulum* aber ist lediglich ein Syncytium vorhanden,
das nur zuweilen noch mit dem Mycetom in Verbindung
steht. Wenn die Zerklüftung einsetzt, entstehen zum Teil
kernlose Fragmente der Syncytien, deren Symbionten nur
noch locker vereint bleiben. Aber auch kernhaltige Teilstücke sind oft von einem Hof isolierter Stäbchen umgeben. Im oviparen Weibchen findet sich schließlich in der

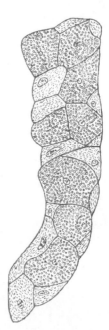

Abb. 129
Pterocallis juglandis
Frisch. Mycetom mit
zweierlei Symbionten.
400fach vergrößert.
(Nach KLEVEN-
HUSEN.)

Leibeshöhle eine große, dichte Bakterienmasse. Bei *Macrosiphum tanaceti* hingegen spalten sich einkernige Teile von dem Syncytium ab, die entweder zwischen die Mycetocyten oder frei in der Leibeshöhle zu liegen kommen. Blutzellen
nehmen vielfach einen Teil der Stäbchen auf und scheinen sie zu verdauen.
Alles dies sind Unregelmäßigkeiten, welche bei den bisher behandelten Formen
niemals begegnen.

Tetraneura ulmi De Geer beherbergt einen sehr zarten, fadenförmigen Gast
in einem unpaaren Syncytium, das in jungen Tieren sehr regelmäßig über dem
Darm in das Mycetom eingelassen ist. Später aber wird es nicht nur verzerrt,
sondern die Symbionten treten in großer Zahl in die Leibeshöhle über, und in

alten Tieren findet man kaum noch Reste des ursprünglichen Syncytiums. Bei *Tetraneura rubra* Licht. soll dagegen nach RONDELLI die Reduktion des Syncytiums ohne eine solche Abwanderung vor sich gehen.

Derartige Zustände leiten zu einer so weitgehenden Überschwemmung des Körpers über, wie sie *Schizoneura lanigera* aufweist. Auch hier vereinen nach der übereinstimmenden Schilderung RONDELLIS und KLEVENHUSENS die jüngeren Tiere die schlanken Stäbchen und bis 25 μ langen Fäden zunächst in einem Syncytium, aber auf älteren Stadien findet man von diesem höchstens noch gelegentliche Reste. Seine Insassen sind vielmehr frei geworden und durchsetzen

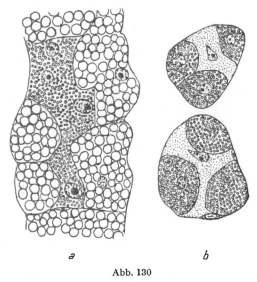

a   *b*

Abb. 130

Chaitophorinella testudinata Thornton. *a* Teil des embryonalen Mycetoms mit zweierlei Symbionten. *b* Fragmente des Mycetoms aus älteren Tieren. *a* 750fach, *b* 250fach vergrößert.
(Nach KLEVENHUSEN.)

jetzt als nur noch 6 μ lange Stäbchen, allerorts kleine Ansammlungen bildend, die Leibeshöhle, liegen zwischen den Fettzellen und in besonders großer Zahl in der Kopfregion und selbst im Rüssel. Überall aber trifft man außerdem auf Elemente des Blutes, welche sich mehr oder weniger stark mit den Bakterien beladen haben.

Vergleichbare Verhältnisse bietet *Pineus pineoides*. Das Mycetom besteht hier lediglich aus Syncytien mit runden und ovalen Symbionten, außerdem enthalten aber viele Fettzellen scharf umschriebene Nester von stäbchenförmigen Bakterien. Abermals sind diese Fettzellen häufig im Kopf zu finden und fehlen auch im Rüssel nicht. Wäre die schon oben abgelehnte Auffassung PROFFTS, derzufolge die Bewohner der Syncytien auch hier den zusätzlichen entsprächen, richtig, dann würden in diesem Fall die sonst überall vorhandenen ursprünglichen Gäste fehlen. Auch aus diesem Grunde dürfte es richtiger sein, bei den *Pineus*- und *Dreyfusia*arten in den Bewohnern der Syncytien die anfangs allein vorhanden gewesenen Symbionten zu sehen, die ja auch bei den monosymbiontischen Adelginen von denen der übrigen Aphiden abweichen.

Völlig vereinzelt steht bis jetzt eine Beobachtung da, welche PAILLOT an *Rhopalosiphum vitis* L. machte. Hier fanden sich neben den typischen, nie fehlenden Zuständen zumeist große Kokkobazillen, nicht selten aber traten, je nach der Herkunft, an deren Stelle gekrümmte Organismen mit spitzen

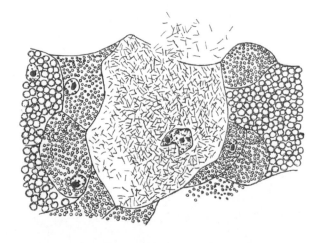

Abb. 131

Pterochlorus roboris. Ausschnitt aus einem alten Mycetom mit dreierlei Symbionten. 750fach vergrößert. (Nach KLEVENHUSEN.)

Enden oder in vereinzelten Fällen sehr kleine, aber dann ungleich zahlreichere Kokkobazillen.

Zu den zahlreichen Aphiden mit zwei Symbiontensorten gesellen sich nun noch einige wenige mit drei solchen. Es handelt sich, wenigstens soweit wir heute wissen, lediglich um Lachninen. *Pterochlorus roboris* L., *Stomaphis quercus* L., *St. longirostris* Fabr. und zwei weitere nicht mit Sicherheit bestimmte Arten der gleichen Gattung wurden teils von KLEVENHUSEN, teils von TÓTH daraufhin untersucht, und stets wurde noch ein dritter, zusätzlicher Symbiont gefunden. Die Gattung *Lachnus* ist leider bis heute nicht geprüft worden. Bei *Pterochlorus roboris* finden sich alle drei Formen im Mycetom vereint, die beiden zusätzlichen aber auch außerhalb desselben. Abb. 131 führt eine Stelle vor, wo zwischen den Mycetocyten mit den typischen runden Gästen kleinere Zellen mit kokkenähnlichen Gebilden und eine größere mit zarten Stäbchen eingekeilt liegen. Die Zellen mit den Kokken schieben sich entweder zwischen die primären Mycetocyten oder liegen dem Organ äußerlich dicht an; Lage und Größe sowie noch zu schildernde Vorgänge bei der Embryonalentwicklung sprechen dafür, daß es sich bei ihnen um infizierte Hüllzellen handelt. Kokken und Stäbchen trifft man außerdem auch in Zellen, welche im Fettgewebe liegen, sich gerne an den

Tracheen sammeln oder auch sonst in der Leibeshöhle herumtreiben. Blutzellen scheinen auch hier mit ihnen in Kontakt zu kommen und sie vielleicht zum Teil zu resorbieren. Die Stäbchen finden sich sogar, im Gegensatz zu den Kokken, von denen die Hauptmasse im Mycetom bleibt, oft nur noch in Resten in diesem und bilden dann in erster Linie an verschiedenen Stellen des Körpers, hauptsächlich jedoch am Darm, größere und kleinere Ansammlungen. Diese «Unordnung» wird schließlich auch noch dadurch gesteigert, daß die beiden Sorten in

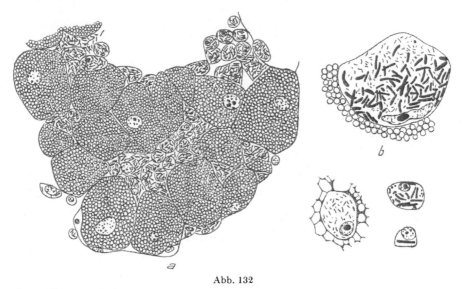

Abb. 132

Stomaphis quercus. a Ausschnitt aus dem Mycetom eines jüngeren Tieres. *b* Mycetocyte eines älteren Tieres mit Mischinfektion. *c* Infizierte Blutzellen. *a* 385fach, *b* und *c* 720fach vergrößert.
(Nach KLEVENHUSEN.)

ein und derselben Zelle auftreten können. Dabei sondern sie sich gewöhnlich mehr oder weniger auf verschiedene Territorien; auch kann eine der beiden Formen nur in kaum wahrnehmbarer Menge vertreten sein oder, wenn in der Minderheit, auch in besondere Vakuolen eingeschlossen werden.

Bei *Stomaphis quercus*, die unter Moos ihren ungewöhnlich langen Rüssel in die Stammbasis von Eichen senkt, lassen ältere Embryonen die Besiedelung durch dreierlei Symbionten ohne weiteres erkennen. Zwischen die Mycetocyten mit den bläschenförmigen Symbionten sind zahlreiche kleinere, einkernige Elemente eingesprengt, welche dicht mit schlauchförmigen Gebilden von 6–8 μ Länge gefüllt sind (Abb. 132a). Außerdem werden vom Mycetom und Darm einige große Syncytien eingeschlossen, deren Insassen eine recht wechselnde Gestalt besitzen, wenn sie bald gerade kleine Stäbchen von etwa 3 μ Länge darstellen, bald geknickt, schraubig gedreht oder hakenförmig gestaltet sind. Die gleichen Organismen trifft man auch in wenigen kleinen Zellen inmitten des Mycetoms sowie frei in der Leibeshöhle und in den Lücken zwischen den Fettzellen, wo sie größere Ansammlungen bilden können. In älteren Tieren sind die

Syncytien aber völlig geschwunden, und man entdeckt diese Symbiontensorte nur noch mit einiger Mühe.

Die späteren Phasen der Embryonalentwicklung lassen erkennen, wie ein anfangs einheitliches Syncytium fragmentiert wird. Um seine Kerne schnürt sich, wie dies ähnlich auch bei *Pterochlorus* beobachtet wurde, symbiontenhaltiges Plasma ab, so daß selbständige kleine Zellen entstehen. Mit den kernlosen Resten mischen sich benachbarte freie Schläuche, und Blutzellen nehmen beide Sorten gemengt auf und bilden dann Nester zwischen den Fettzellen. Außerdem können die Schläuche enthaltenden Zellen des Mycetoms zusätzlich noch mit Stäbchen infiziert werden, und umgekehrt dringen auch Schläuche in die zunächst nur Stäbchen führenden Zellen ein (Abb. 132 b, c, d). Schließlich wird von KLEVENHUSEN noch mitgeteilt, daß die Stäbchen auch in großen, gelben Zellen, welche unter der Hypodermis verteilt liegen und offenbar Önocyten darstellen, Aufnahme finden.

Angesichts solcher chaotischer Zustände mag es vielleicht zunächst gewagt erscheinen, noch von Symbiose zu reden. Doch geben uns die zu schildernden Beobachtungen über die geordnete Übertragungsweise sehr wohl ein Recht dazu und machen zur Gewißheit, daß es sich bei diesen di- und trisymbiontischen Aphiden eben um Formen handelt, die wir gleichsam bei der Bändigung noch ungefüger, erst in jüngerer Zeit aufgenommener Gäste beobachten.

Bevor wir jedoch diese Übertragungseinrichtungen behandeln können, muß noch über eine Neuerscheinung berichtet werden, welche, wenn die in ihr gemachten Angaben zu Recht bestünden, die Aphidensymbiose noch wesentlich komplizierter erscheinen ließe. SCHANDERL, LAUFF u. BECKER teilen 1949 mit, daß die granulären Einschlüsse, welche die Zellen des an den magenartig erweiterten Abschnitt anschließenden Teiles des Mitteldarms erfüllen, Hefezellen darstellen, welche in allen Individuen sämtlicher Arten vorhanden und daher ebenfalls als Symbionten zu betrachten seien. Sie teilen ferner mit, daß sie diese meist zarte Bläschen, unter Umständen aber auch gekörnelte Massen darstellenden Gebilde, die hin und wieder in Teilung angetroffen werden, in einem Gemisch von Traubenmost und Bohnenauszugswasser haben kultivieren können und daß sie sich hiebei als zweisporige *Mycoderma*hefen entpuppt haben. *Mycodes persicae* Šulc, *Doralis mali* F., *Aphis verbasci* Schrnk. und andere dienten als Objekte. *Phylloxera vastatrix* L., von der wir noch hören werden, daß sie keinen Pseudovitellus besitzt, enthalte die gleichen Symbionten, doch sei hier die Zucht bis jetzt nicht gelungen. Aller Wahrscheinlichkeit nach liegt hier einer der ja nicht seltenen Fälle vor, in denen tiereigene Einschlüsse für Organismen gehalten wurden. Das gleiche gilt zweifellos für die «Symbionten», welche HARACSI (1937) in den Speicheldrüsen der Aphide *Prociphilus* fand.

Bietet die Aphidensymbiose schon dank der geschilderten Einbürgerungsreihen, die uns in ähnlich eindringlicher Weise nur noch bei den Membraciden wieder begegnen werden, ein besonderes Interesse, so wird dieses durch die ungewöhnlichen Vorgänge bei der Übertragung der Symbionten noch gesteigert. Gilt es doch, nun zweierlei sich auf ganz verschiedene Weise entwickelnde Generationen — die aus großen, dotterreichen Eiern (Wintereiern) entstehenden Nachkommen der oviparen Geschlechtstiere und die zahlreichen Sommergenerationen, welche sich parthenogenetisch im Mutterleib aus ungleich kleineren, nahezu dotterfreien Eiern entwickeln — mit den unter Umständen in zwiefacher und dreifacher Gestalt auftretenden Gästen zu versorgen.

Die Infektion der Wintereier läuft in Bahnen ab, die uns heute durch-' aus geläufig sind. Sie sei an Hand von *Drepanosiphum platanoides* Schrk., dem Objekt, an dem ich sie erstmalig (1912) beschrieben, geschildert. Nachdem die

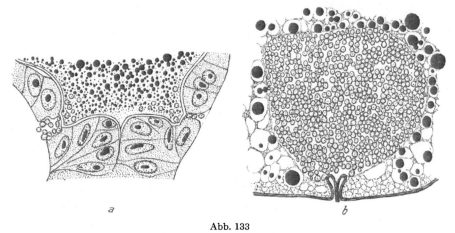

a   b

Abb. 133

Drepanosiphum sp. Infektion des Wintereies. *a* Die Symbionten treten in einer ringförmigen Zone in die Ovocyte über. *b* Die Infektion ist beendet. (Nach BUCHNER.)

Ovocyte sich vom Nährstrang gelöst hat, wölbt sie sich, lange bevor die Dotterbildung ihren Höhepunkt erreicht hat, am hinteren Ende in einer scharf umschriebenen, ringförmigen Zone etwas vor. Hier beginnen nun die angrenzenden Follikelzellen zu klaffen, und durch die so entstehenden Lücken treten die rundlichen Symbionten, welche da und dort die Mycetocyten verlassen haben und in der Leibeshöhle treiben, in unveränderter Gestalt in das Eiplasma über, ohne daß das schon ziemlich weit entwickelte Chorion dabei ein Hindernis darstellen würde (Abb. 133a). Wenn man gelegentlich auch im Plasma benachbarter Follikelzellen Symbionten trifft, so handelt es sich um Nachzügler, welche keinen Einlaß mehr finden und hier zugrunde gehen. Im Laufe des Eiwachstums ziehen sich die Follikelzellen der Durchtrittsstelle entsprechend einer Gestaltsveränderung des Eies immer mehr nach dem hinteren Pol zusammen, und verengt sich so die Einfallspforte.

Dank dem kontinuierlichen Zuzug und wahrscheinlich auch zum Teil infolge einer nun im Ei einsetzenden Vermehrung entsteht so schließlich die voluminöse, für die Wintereier der Blattläuse so typische Ansammlung, welche schon den alten Autoren auffallen mußte (Abb. 133 b). Sie stellt entweder einen rundlichen Ballen dar, der allseitig von Dotter und Eiplasma umgeben ist und eine erstaunliche Größe erreichen kann — in den Eiern von *Pterochlorus roboris* besitzt er einen Durchmesser von 0,38 mm! —, oder legt sich linsenförmig an das Chorion. Entsprechend der Färbung des Mycetoms sind auch diese Symbiontenballen der Wintereier gefärbt und erscheinen dunkel- oder hellgrün oder auch gelblich und sind nur selten farblos, wie bei *Chaetophorus populi* L.

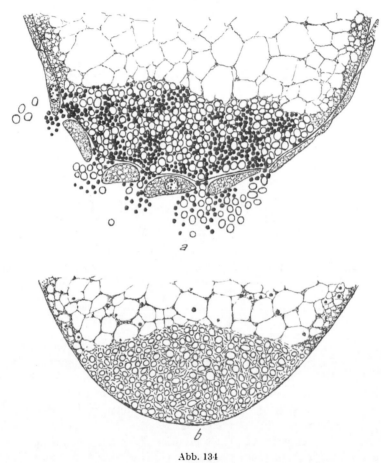

Abb. 134

a Pineus pini Macqu. Zwei Symbiontensorten treten zwischen den Follikelzellen in das Ei über.
b Pineus pineoides Cholodk. Die aus zweierlei Symbionten bestehende Masse nach Abschluß der Infektion am hinteren Eipol. (Nach PROFFT.)

Im wesentlichen verhalten sich die übrigen Blattläuse bei der Winterei-Infektion wohl stets wie *Drepanosiphum*, doch würde eine eingehendere vergleichende Erforschung derselben uns sicher noch mit mancherlei Varianten bekannt machen. Wo zweierlei Symbionten vorhanden sind, stellen diese sich mehr oder weniger gleichzeitig vor der betreffenden Zone des Follikels ein und treten gemeinsam durch die Lücken in die Ovocyte über. Schon KLEVENHUSEN beobachtete die Doppelinfektion bei einer Reihe von Formen und konnte bei

Macrosiphum tanaceti und *Pterocallis juglandis* feststellen, daß die zusätzlichen Symbionten nicht in der für die Mycetome typischen Form infizieren, sondern vorher zu diesem Zweck durch Querteilung in kürzere Stäbchen zerlegt werden. PROFFT lieferte dann zunächst noch ausstehende Bilder solcher Mischinfektionen. Bei seinen Objekten, den Adelginen, sind freilich alle Generationen ovipar, und seine Beobachtungen beziehen sich daher sowohl auf Eier, die sich parthenogenetisch, als auch auf solche, die sich nach Befruchtung entwickeln.

Ganz wie bei den übrigen Aphiden schwellen in der Infektionszone die Follikelzellen vorübergehend an. Wiederum lockert sich ihr Gefüge, und gleichzeitig schiebt das Ei schwache Vorwölbungen in die so entstehenden Lücken (Abbildung 134 a). Ist es bei *Pineus pini* ein Gemenge von kleineren eosinophilen und etwas größeren basophilen rundlichen und ovalen Symbionten, das schließlich am Hinterende einen linsenförmigen Körper bildet, so tritt bei *Pineus pineoides* ein Gemisch von rundlichen und stäbchenförmigen Symbionten an dessen Stelle (Abb. 134 b).

Die Infektion des Wintereies einer Art mit dreierlei Symbionten ist bisher leider nicht zur Beobachtung gekommen.

Über die Schicksale der Symbionten bei der Entwicklung der Wintereier sind wir gut unterrichtet, obwohl die meisten der sie beschreibenden Autoren nicht ahnten, daß sie die Genese eines Mycetoms schilderten. Nachdem sich BALBIANI, FLÖGEL und TANNREUTHER damit befaßt hatten, gaben WEBSTER u. PHILLIPS gelegentlich einer Studie über die Biologie von *Toxoptera graminum* Rond. neben einer gedrängten Beschreibung gute Bilder von den fraglichen Geschehnissen. Auch KLEVENHUSEN und PAILLOT machten darauf bezügliche Beobachtungen, und PROFFT sind vor allem Angaben über die Eientwicklung disymbiontischer Formen zu danken.

Der ansehnliche Fremdkörper der Symbionten am hinteren Eipol hindert zunächst in dieser Gegend die Blastodermbildung, so daß sie schon allerorts vollendet ist, wenn die ersten Furchungskerne in ihn einsinken (Abb. 135 a). Wenn sich der Keimstreif einstülpt, wächst das Blastoderm rund um den Symbiontenballen nach innen, schneidet ihn so aus seiner Umgebung heraus und schiebt ihn dann, anfänglich vorne offen bleibend, als Verschluß vor sich her (Abb. 135 b, c). Bei weiterem Wachstum wird er jedoch, wie auch sonst in solchen Fällen, von der Amnionhöhle abgedrängt. Um diese Zeit haben sich Amnion und Keimstreif deutlich differenziert, und neben der Mycetomanlage ist auch die der Gonaden aufgetreten. Gleichzeitig entstehen Zellgrenzen um die einzelnen Kerne des embryonalen Mycetoms und legen sich am S-förmig gekrümmten Keimstreif die Extremitäten an. Wenn Stomodäum und Proktodäum gebildet werden, liegt das Mycetom bereits als unpaarer, ovaler Körper in der Abdominalregion.

In diesem Stadium pflegen die Wintereier den Eintritt der wärmeren Jahreszeit abzuwarten. Mit der Ausbildung des Mitteldarmes geht eine Zerschnürung des Mycetoms in ein rechtes und linkes Teilstück Hand in Hand, auf die dann später eine erneute Vereinigung durch eine über dem Darm gelegene

Brücke folgt. Die Umrollung des Embryos hat für das an seinem Ort verharrende Mycetom keine tiefergreifenden Folgen.

Mit der Eientwicklung der Adelginen befaßte sich PROFFT. Die monosymbiontischen Formen verhalten sich ähnlich, wie wir es eben an Hand von *Toxoptera* geschildert haben. Wieder wird ein frühzeitig mit Furchungskernen versorgter rundlicher Symbiontenballen, an dessen Oberfläche eine Anzahl

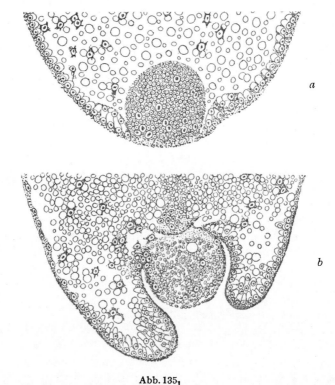

a

b

Abb. 135₁

Toxoptera graminum Rond. Entwicklung eines Wintereies. *a* Der von Furchungskernen durchsetzte Symbiontenballen unterbricht das Blastoderm. *b* Beginn der Invagination des Keimstreifs rund um die Symbiontenmasse. (Nach WEBSTER u. PHILLIPS.)

abgeflachter Hüllzellen haftet, durch den Keimstreif ins Innere des Embryos verlagert. Die Aufteilung in einkernige Zellen geht hier unter gleichzeitiger Einwanderung von Hüllzellen erst nach der Umrollung vor sich. Handelt es sich um disymbiontische Formen, so setzt die Scheidung der beiden Sorten schon während der Invagination ein. Bei *Pineus* sammeln sich dann die basophilen Symbionten, welche um diese Zeit wesentlich an Größe zunehmen, mehr in den peripheren Regionen des provisorischen Syncytiums, ohne daß die Entmischung schon eine durchgreifende wäre. Noch vor Beendigung der Invagination wandert hier auch ein Teil der Hüllkerne in das Syncytium ein und durchsetzt die peripheren Regionen (Abb. 136*a*).

In einem nächsten Stadium haben sich schlagartig alle basophilen Organismen, das heißt die stammesgeschichtlich jüngeren Symbionten, um sie geschart, und es entstehen Zellgrenzen, durch welche sie restlos in zunächst noch
kleinen einkernigen Mycetocyten eingefangen werden. Es werden somit den
später gekommenen Gästen bei monosymbiontischen Arten steril bleibende
Zellen zugeteilt (Abb. 136 b)! In gleicher Weise treten dann in zweiter Linie um

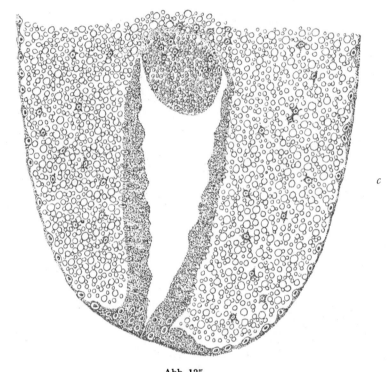

c

Abb. 135$_2$

Toxoptera graminum Rond. Entwicklung eines Wintereies. *c* Fortschreitende Invagination des
Keimstreifs. (Nach WEBSTER u. PHILLIPS.)

die zentralen Kerne Zellgrenzen auf, welche die eosinophilen Symbionten einschließen (Abb. 136 c). Später durchmischen sich die beiden Mycetocytentypen,
und es werden aus der zuerst entstandenen Sorte durch amitotische Kernzer-
schnürung die kleinen Syncytien.

PAILLOT macht ebenfalls Angaben über die Entwicklung der Wintereier
einer disymbiontischen Form, aber sie sind sichtlich allzusehr von seiner Auffassung von der Identität der beiden Sorten beeinflußt. Nach ihm würden sich
im embryonalen Myceton die Stäbchen, d.h. die akzessorischen Symbionten,
in großer Zahl in die bläschenförmigen verwandeln.

Die Übertragung der Symbionten auf die sich im mütterlichen
Körper entwickelnden Sommergenerationen bot dem Verständnis

ungleich größere Schwierigkeiten. Wenn wir auch heute dank den Untersuchungen von SELL, RONDELLI, KLEVENHUSEN, PAILLOT und TÓTH wesentlich klarer sehen, so besteht in Einzelheiten von freilich untergeordneter Bedeutung doch immer noch mancherlei Meinungsverschiedenheit. Der Unterschied im Verhalten der beiden Generationen wurzelt letzten Endes in dem Umstande, daß einerseits

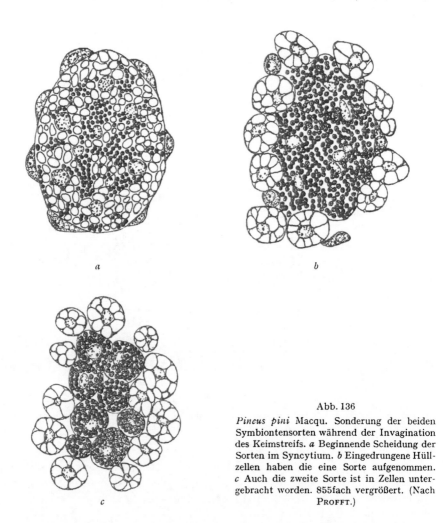

a

b

c

Abb. 136

Pineus pini Macqu. Sonderung der beiden Symbiontensorten während der Invagination des Keimstreifs. *a* Beginnende Scheidung der Sorten im Syncytium. *b* Eingedrungene Hüllzellen haben die eine Sorte aufgenommen. *c* Auch die zweite Sorte ist in Zellen untergebracht worden. 855fach vergrößert. (Nach PROFFT.)

in stammesgeschichtlich junger Zeit die Einrichtung getroffen wurde, daß die Eier der Virginiparen sich bereits auf einem sehr frühen, nahezu dotterfreien Stadium des Wachstums zu entwickeln beginnen, daß aber andererseits die Anpassungen, welche bis dahin die Infektion der durchweg ausgewachsenen, dotterreichen Eier regelten, in diesen parthenogenetisch sich fortpflanzenden Generationen keine entsprechende Abänderung erfahren haben. In merkwürdig starrer Weise hält vielmehr der Follikel nach wie vor auch bei ihnen in zeitlicher wie örtlicher Hinsicht an dem Überkommenen fest, und daher treffen die

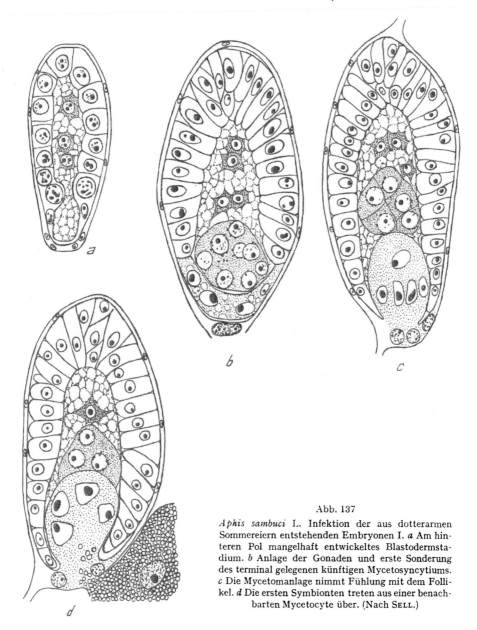

Abb. 137

Aphis sambuci L. Infektion der aus dotterarmen Sommereiern entstehenden Embryonen I. *a* Am hinteren Pol mangelhaft entwickeltes Blastodermstadium. *b* Anlage der Gonaden und erste Sonderung des terminal gelegenen künftigen Mycetosyncytiums. *c* Die Mycetomanlage nimmt Fühlung mit dem Follikel. *d* Die ersten Symbionten treten aus einer benachbarten Mycetocyte über. (Nach Sell.)

Symbionten, wenn er seine Pforten öffnet, nicht auf ein infektionsreifes Ei, sondern auf einen Embryo. Die vielen Widersprüche aber, die sich vor allem in der älteren Literatur über diese immer wieder untersuchten Vorgänge finden,

sind großenteils darauf zurückzuführen, daß dessen Entwicklung dann verschieden weit fortgeschritten sein kann und außerdem die Dauer des Zustromes
der Symbionten bei den einzelnen Arten eine sehr verschiedene ist, so daß sie
bald auf ein Blastodermstadium, bald auf ein jüngeres oder älteres Stadium der
Keimstreifbildung treffen.

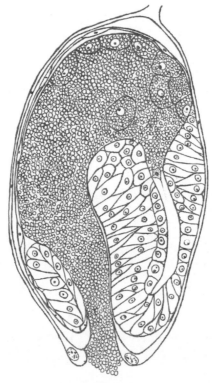

Abb. 138

Aphis sambuci L. Infektion der Sommerembryonen II. Die Symbionten strömen durch eine Öffnung
der Amnionhöhle in den Embryo. (Nach SELL.)

Nach der Schilderung SELLS, der *Aphis sambuci* L. studierte, ist das Blastoderm der jungen Blastula bei dieser Art nur schwach entwickelt und grenzt das
vakuolisierte, spärlichen Dotter führende zentrale Plasma, in dem einige Furchungskerne zurückgeblieben sind, teilweise an die Oberfläche. Einige auffallend
große Kerne, welche seitlich im hinteren Viertel auftreten, gehören nach ihm
den Urgeschlechtszellen an. Auf einem nächsten Stadium sondert sich in eigentümlicher Weise der hinter diesen Kernen gelegene Teil der Blastula — METSCHNI-
KOFFS «zylindrisches Organ», das keiner der späteren Autoren gelten lassen
wollte — vom übrigen Embryo durch eine Furche ab. Seine Zellgrenzen schwinden, und es entsteht aus ihm ein Syncytium mit einigen großen, schon durch
ihre abweichende Struktur auffallenden Kernen, welches als ansehnlicher Körper

die so entstandene Lücke im Blastoderm schließt und die vorausschauend
bereitgestellte Mycetomanlage darstellt (Abb. 137 a, b). Nun erst setzen im
Follikel der Infektion dienende Veränderungen ein. Wie bei der Winterei-Infektion in einer entsprechenden Zone seine Zellen auseinanderweichen und so den
Symbionten den Durchtritt ermöglichen, so entsteht auch jetzt eine freilich nur
einseitig gelegene Lücke in ihm, welche wie ein Empfängnishügel von besonders
herangewachsenen Zellen umgeben wird und durch die die Mycetomanlage
einen zapfenförmigen Fortsatz nach der Leibeshöhle streckt (Abb. 137 c, 139).
Ganz in der gleichen Weise wölbt sich ja auch das Plasma der Wintereier in den
Lücken des Follikels bei *Pineus* vor.

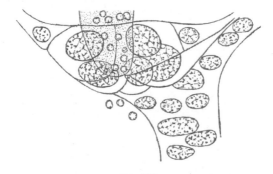

Abb. 139

Aphide von *Cineraria*. Infektion der Sommerembryonen. Follikelschwellung und Infektion des sie
durchsetzenden Zapfens der Mycetomanlage (nach dem Leben). (Nach BUCHNER.)

Inzwischen ist der Embryo, von den mütterlichen Säften ernährt, gewachsen, das Blastoderm ist höher und zellenreicher geworden, die Anlage der
Gonaden bildet einen ansehnlichen Körper, welcher zwischen der Mycetomanlage und den wenigen Dotterzellen liegt. Auf diesem Stadium setzt die Infektion
ein. Zumeist treten frei im Blut kreisende Symbionten in den Zapfen über, gelegentlich kann man aber auch sehen, wie solche aus einer benachbarten Mycetocyte unmittelbar überströmen (Abb. 137 d). Ganz allmählich nehmen die
Symbionten Besitz von dem ihnen zur Verfügung gestellten Raum und drängen
dessen Kerne dabei mehr in die oberen Regionen. Schließlich erfüllt so eine beträchtliche Masse fremder Organismen einen wesentlichen Teil des Embryos
und beeinflußt notwendigerweise auch den Ablauf der weiteren Entwicklung.
Schon während des Übertrittes der Symbionten in den Embryo setzt rund
um die Einfallspforte die Invagination des Keimstreifs ein, welche, da der Zu-
fluß immer noch andauert, notwendigerweise nach innen zu eine weite Öffnung
frei lassen muß (Abb. 138). Währt die Infektion noch lange, wie in diesem Fall,
so kommt es zu einer ungleichen Entfaltung des Keimstreifs und zu einer Verdrängung dieser Öffnung nach der in der Entwicklung zurückgebliebenen Seite.
Das ist bei unserem Objekt nur wenig angedeutet, kann aber unter Umständen
zu einer beträchtlichen Verlagerung der Durchtrittsstelle führen, so daß sie
schließlich statt am Scheitel der Einstülpung nahe an deren Ursprungsstelle zu

liegen kommt (Abb. 140). Findet die Infektion hingegen zeitig ihr Ende, so wird die Symbiontenmasse abgeriegelt, ohne daß solche Asymmetrien auftreten. Dies ist zum Beispiel bei einer *Hydaphis* sp. der Fall, bei der bereits vor jeglicher Invagination der ganze in der Blastula verfügbare Raum mit Symbionten angefüllt ist (Abb. 141).

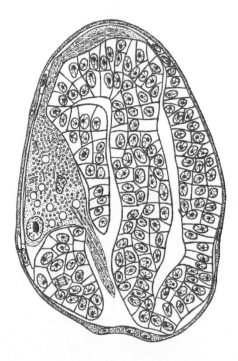

Abb. 140

Chromaphis juglandis. Infektion des Embryos durch die beiden Symbiontensorten beendet; Verlagerung der Einfallspforte. (Nach Tóth.)

Ein solches Verhalten, das man wohl als das ursprünglichste ansprechen darf, läßt auch am leichtesten die prinzipielle Übereinstimmung der bei der Winterei- und Sommerei-Entwicklung sich abspielenden Geschehnisse erkennen. Auch bei der ersteren geht ja die Invagination rund um das embryonale, symbiontenhaltige Syncytium vor sich, so daß dieses vorübergehend den Abschluß der Amnionhöhle darstellt (vgl. Abb. 135). Hat die Symbiontenmenge das gewünschte Maß erreicht, so wird sie hier wie dort vom Keimstreif abgetrennt und dieser vollends geschlossen.

Alle Varianten aber sind im Grunde zeitlich bedingt, sei es, daß, wie wir eben hörten, die Infektionsdauer verschieden lang ist, sei es, daß die Infektion überhaupt zu einer verschiedenen Zeit einsetzt. Ältere Angaben Hirschlers (1912), denen zufolge sie unter Umständen sogar schon im ungefurchten Ei vor sich gehen könne, dürften auf einem Irrtum beruhen. Die Regel ist jedenfalls, daß der Übertritt vor der Invagination einsetzt, aber es finden sich sogar Objekte, bei denen diese schon tief in das Ei eingedrungen ist, wenn die ersten Symbionten erscheinen. In einem solchen Fall wird die noch sterile Mycetom-anlage von dem geschlossenen Keimstreif in das Innere des Embryos geschoben, und nun muß natürlich nachträglich eine Öffnung in diesem geschaffen

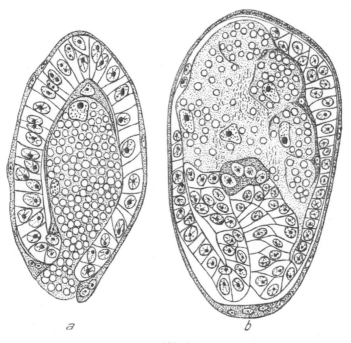

Abb. 141

Hydaphis sp. Infektion der Embryonen vor der Invagination des Keimstreifs. *a* Die runden Symbionten strömen ein. *b* Infektion durch beide Sorten beendet, Auftreten von Zellgrenzen im Syncytium, Bildung der Hülle, vierkernige Gonadenanlagen. (Nach Tóth.)

werden, dank der die Symbionten erst in die ihnen bereitete Wohnstätte gelangen können (Abb. 142). Immer aber handelt es sich um eine Lücke im invaginierten Keimstreif, welche von den Symbionten passiert wird, und niemals kommt es, wie Witlaczil wollte, zur Bildung einer zweiten, vom Keimstreif unabhängigen Öffnung.

Wenn die Infektion den Höhepunkt erreicht hat, bilden sich um die Kerne des Syncytiums, in den oberen Regionen beginnend, Zellgrenzen aus, und die ganze Masse wird so allmählich in die definitiven Mycetocyten aufgeteilt. Hand in Hand damit geht eine vermutlich amitotische Vermehrung der Kerne. Die Dotterzellen aber flachen sich um diese Zeit stark ab, schmiegen sich der Oberfläche des Mycetoms dicht an, dringen mit zarten Fortsätzen auch zwischen die neuen Mycetocyten ein und liefern so die nie fehlende Hülle (Abb. 141*b*, 147*a*).

Hinsichtlich des ersten Auftretens der Urgeschlechtszellen bestehen noch einige Unklarheiten. Im allgemeinen sollen sie sich erst im Laufe der Invagination vom bereits eingestülpten Keimstreif sondern — Abb. 141b zeigt zum Beispiel eine vierkernige Gonadenanlage —, andererseits beschrieb, wie wir hörten, SELL eine viel frühere Sonderung, und später trat PASPALEFF (1929) ebenfalls für eine solche auf dem Blastodermstadium ein. Vermutlich bestehen auch hier zeitliche Differenzen, und TóTH ist im Unrecht, wenn er meint, daß die Gonadenanlage bei SELL in Wirklichkeit Dotterzellen darstelle.

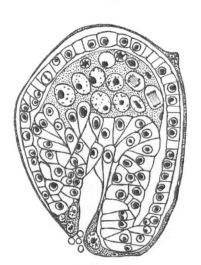

Abb. 142

Tetraneura ulmi De Geer. Die Infektion des Embryos beginnt erst, nachdem die Invagination des Keimstreifs eingesetzt hat. (Nach KLEVENHUSEN.)

Ist die Infektion beendet, so schließt sich auch hier die ihr dienende Öffnung im Follikel, und die sie umstellenden Zellen gleichen sich wieder ihrer Umgebung an.

PAILLOT hat die Infektion der Embryonen bei jugendlichen Weibchen mit der sich in alternden Tieren abspielenden verglichen und dabei die interessante Feststellung gemacht, daß sie bei letzteren dann in den terminalen Regionen der Eiröhren nicht mehr normal abläuft. Die Entwicklung der Embryonen wird gehemmt, und es kommt zur Bildung von Blastodermstadien, deren Inneres von den runden Symbionten erfüllt ist. Diese an *Schizoneura lanigera* und anderen Arten gemachte Beobachtung verspricht bei weiterer Vertiefung interessante Einblicke in den Mechanismus der Embryoinfektion, die sich in diesem Fall der älteren Ovarialinfektion wieder nähert.

Handelt es sich um Formen mit zwei oder drei verschiedenen Symbiontensorten, so geht die Infektion der Embryonen prinzipiell ganz in der gleichen Weise vor sich. Es finden sich dann eben an der Einfallspforte auch die akzessorischen Gäste ein und treten, bald mehr oder weniger gemischt, bald zeitlich einigermaßen gesondert, in die zunächst auch jetzt einheitliche Mycetomanlage über. Eine Verkürzung von faden- oder schlauchförmigen Symbionten, wie sie zum Teil bei der Infektion der Wintereier beobachtet wurde, findet jedoch bei der der Sommerembryonen nicht statt. KLEVENHUSEN und RONDELLI haben den Vorgang bei einer Reihe von Formen beschrieben, und TóTH hat weitere Einzelheiten dazu beigebracht. Auch bei PAILLOT finden sich zahlreiche auf die Doppelinfektion der Embryonen bezügliche Angaben, auf die wir aber im folgenden nicht näher eingehen wollen, da auch sie allzusehr im Banne seiner nach unserer festen Überzeugung verfehlten Grundauffassung stehen. Für ihn dokumentiert die dabei zu beobachtende Mischung der Formen, die uns ein Beweis des steten Nebeneinander ist, geradezu ihre Wesensgleichheit.

Bei *Macrosiphum jaceae* treten anfangs nur die primären Symbionten ein, dann folgen die stabförmigen. Diese sammeln sich alsbald mehr im Zentrum des Syncytiums, das allseitig von Kernen durchsetzt ist, aber zunächst noch keine Zellgrenzen ausbildet. Schließlich besteht die mittlere Zone nur noch aus den zusätzlichen Symbionten, und um die peripheren Kerne entstehen Zellgrenzen, welche die runden Symbionten in ihre definitiven Wohnstätten einschließen. Gleichzeitig wandern die Hüllzellen zwischen die so entstehenden

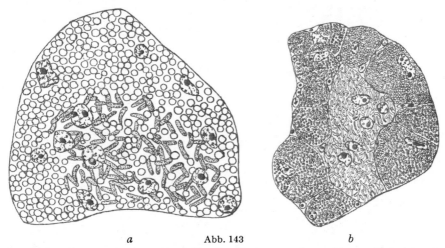

a   Abb. 143   *b*

Macrosiphum jaceae L. Sonderung der beiden Symbiontensorten im parthenogenetisch sich entwickelnden Embryo. *a* Beginnende Scheidung. *b* Periphere Mycetocyten mit den runden und zentrales Syncytium mit den stäbchenförmigen Symbionten. *a* 750fach, *b* schwächer vergrößert. (Nach KLEVENHUSEN.)

Mycetocyten und legen sich um diese und das zentrale Syncytium (Abb. 143). Welche Kräfte es sind, welche die Symbiontenscheidung bewirken, ist hier so wenig wie bei der Winterei-Entwicklung der Morphologie des seltsamen Geschehens zu entnehmen. Anschließend setzt ein ganz gewaltiges Wachstum der Mycetocyten wie des Syncytiums ein, ohne daß dabei Kernteilungen oder Anläufe zu solchen zur Beobachtung kämen. Trotzdem möchte man annehmen, daß auch hier eine Polyploidie mit dieser Kernvergrößerung Hand in Hand geht. *Macrosiphum tanacetum* verhält sich ähnlich wie *M. jaceae*. Die kleinen Kokken, welche sich bei *Chaitophorinella* als zusätzliche Gäste finden, dringen ebenfalls gemischt mit den primären ein und sammeln sich alsbald wieder mehr im zentralen Gebiet der Mycetomanlage.

Bei *Aphis* sp. *(hederae?)* infizieren hingegen die zarten Schläuche im letzten Augenblick und werden von der ungleich größeren Masse der runden Symbionten auf einen schmalen randständigen Bezirk zusammengedrängt. Bei der Hüllbildung wird das sie bergende Syncytium von Anfang an nicht berücksichtigt. Auch bei *Pterocallis juglandis* kommt es kaum zu einer Durchmengung der beiden Sorten. Hier sind es wieder die Schläuche, welche zuerst eindringen

und dann durch die nachströmende Masse der primären Symbionten rundum
an das Blastoderm gedrängt werden. Nur wenige Nachzügler kommen noch vermengt mit den letzteren an. Bei *Hydaphis* sp. erscheinen umgekehrt die Stäbchen später und bilden eine zentrale Ansammlung (Abb. 141).

Liegen zwei akzessorische Symbionten vor, so schreiten natürlich alle drei
Sorten zur Infektion der Embryonen. Bei *Pterochlorus* nehmen zuerst die alteingebürgerten von den bereitgestellten Syncytien Besitz und werden dann von

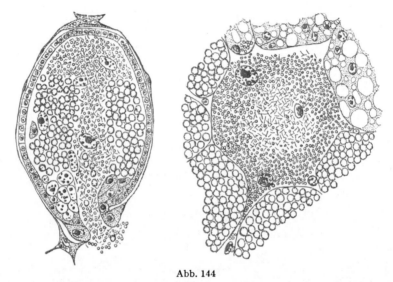

Abb. 144

Pterochlorus roboris. Infektion der Embryonen mit dreierlei Symbionten. *a* Ein Gemenge von
Kokken und Stäbchen drängt die bereits übergetretenen primären Symbionten zur Seite. *b* Beginnende Sonderung der Kokken und Stäbchen. 750fach vergrößert. (Nach KLEVENHUSEN.)

einem Strom, der ein Gemenge der beiden übrigen Symbiontensorten — Kokken und kleine Stäbchen — darstellt und sich schließlich vorne unter dem Blastoderm staut, rundum zur Seite gedrängt (Abb. 144 *a*). Nachzügler der runden
Symbionten, die verspätet in diesen Strom eintreten, finden entweder noch Anschluß an die angrenzenden Genossen oder werden aus dem Gemenge ausgestoßen und verfallen der Degeneration. Der zentrale Strang des Symbionten-
gemenges geht schließlich in die polare Ansammlung ein.

Die Aussonderung der beiden in ihr enthaltenen Sorten zieht sich durch die
ganze Embryonalentwicklung hin und schlägt dabei verschiedene Wege ein
(Abb. 144 *b*). Ein Teil der Kokken tritt in benachbarte Hüllzellen über und
bleibt so im Verband des Mycetoms. Andere tauchen aber auch in in der Nähe
liegenden Fettzellen auf, und wieder andere bilden in der Peripherie kleine,
stäbchenfreie Ansammlungen um je einen Kern und lösen sich als kleine, selbständige Mycetocyten vom Mycetom. Die Stäbchen treten entweder einzeln in
die Leibeshöhle über oder werden von kleinen Elementen derselben aufgenommen. Gelegentlich handelt es sich dann aber auch um Mischinfektionen. Auf

solche Weise können die Stäbchen ganz aus dem Mycetom schwinden oder
wenigstens zum Teil als kleiner, nun reiner Restbestand in ihm verbleiben.

Aus solcher weitgehender Labilität spricht deutlich die noch recht unvollkommene Einbürgerung der beiden später aufgenommenen Symbionten.

Stomaphis quercus verhält sich ähnlich. Hier sind es, wie wir hörten,
Schläuche und Stäbchen, welche sich zu den runden Symbionten gesellen und
die wiederum gemengt anrücken, wenn der Großteil
der übrigen Symbionten schon einverleibt wurde.
Doch geht hier die Aussortierung bereits frühzeitig
vor sich, indem die Schläuche sich nach den Seiten
des zentralen Infektionsstranges zu sondern und
von ursprünglichen Hüllzellen aufgenommen werden, während die Stäbchen fast durchweg in einem
grösseren, in der Folge zerklüfteten Syncytium Platz
finden und nur zum geringeren Teil im Mycetom
verbleibende Elemente infizieren (Abb. 145). Auch
hier kommt es vor, daß runde Symbionten versehentlich in das Stäbchensyncytium gelangen und
hierin der Degeneration verfallen.

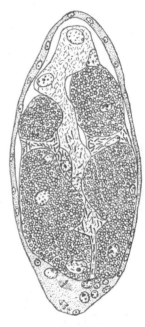

Wie wohlgesteuert im Grunde die Aphidensymbiose ist, geht in besonders eindringlicher Form
aus den interessanten, von TÓTH beschriebenen
Regulationserscheinungen bei Rudimentierung der Geschlechtstiere hervor, welche zum
Teil nur die Männchen, zum Teil beide Geschlechter ergreift. So sind bei den *Stomaphis*arten die
Weibchen normal, die Männchen aber sehr klein
und kurzlebig. Sie häuten sich nur einmal nach der
Geburt, nehmen keinerlei Nahrung auf und haben
dementsprechend reduzierte Mundteile. Untersucht
man diese Männchen auf ihre Symbiose, so konstatiert man, daß sie keine Mycetome besitzen und

Abb. 145

Stomaphis quercus. Der junge
Embryo wird von drei Sym-
biontensorten infiziert. (Nach
KLEVENHUSEN.)

frei von jeglichen Symbionten sind! Die Weibchen hingegen verhalten sich, wie
wir schon hörten, völlig normal.

Bei den *Pemphigus*arten, von denen TÓTH vor allem *P. spirothecae* Pass.
untersuchte, der die bekannten gedrehten Gallen an den Blattstielen der Pap-
peln verursacht, werden hingegen auch die Weibchen von einer solchen Ver-
kümmerung ergriffen. Verfolgt man den Wandel der symbiontischen Einrichtungen im Verlaufe der komplizierten zyklischen Fortpflanzung dieser Tiere,
welche während ihrer einzelnen Phasen sehr verschiedene Anforderungen an die
Symbionten stellt, so stößt man auf eine überraschende Harmonie.

Die Weibchen der ersten Generation, welche im Frühjahr, sobald die
Knospen ausschlagen, erscheinen und sich nach zwei bis drei Wochen an
den jungen Blattstielen festsaugen, setzen nach viermaliger Häutung in der
Galle ihre Nachkommen ab. Jede dieser Fundatrices gebiert etwa 75 auf

parthenogenetischem Weg entstehende lebendige Junge. Sie werden alle in der geschilderten Weise bereits als Embryonen infiziert; dementsprechend sind die Mycetome dieser ersten Generation durchaus normal entwickelt. Wie zumeist bei den Blattläusen legt sich auch hier bereits in den noch nicht geborenen

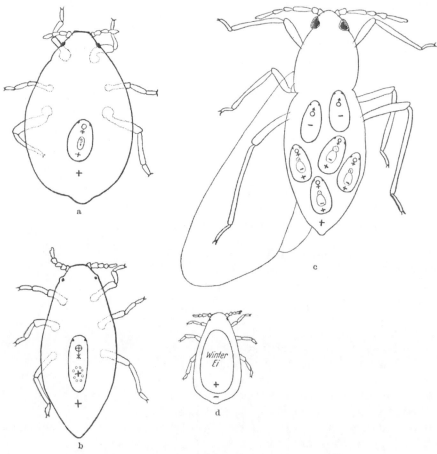

Abb. 146

Pemphigus spirothecae Pass. Schematische Darstellung des Jahreszyklus. *a* Erste Generation (Fundatrix) mit Embryo der zweiten Generation, in den bereits ein solcher der dritten eingeschachtelt ist. *b* Zweite Generation (Virgo) mit Embryo der dritten Generation, der 8 Eiröhren anlegt. *c* Dritte Generation (Sexupara) mit 2 sterilen männlichen und 4 infizierten weiblichen Embryonen. *d* Vierte Generation; Sexualis-Weibchen mit dem einen infizierten Winterei. + = symbiontenhaltig, — = frei von Symbionten. Rund 20fach vergrößert. (Nach Tóth.)

Embryonen die künftige dritte Generation an, doch erreicht sie vor der Geburt der zweiten Generation nur das noch sterile Blastodermstadium (Abb. 146a).

Diese zweite Generation verbleibt in der Galle und setzt in ihr eine wesentlich geringere Zahl von Nachkommen ab. Jede dieser Virgines gebiert nun nur etwa

30 ebenfalls durchweg aus dem Vorrat des mütterlichen Mycetoms mit Symbionten ausgestattete Junge, die sogenannten Sexupares, welche als Erzeuger der rudimentären Geschlechtstiere von besonderem Interesse sind (Abb. 146b).

Diese dritte Generation ist geflügelt, verläßt die Galle und erzeugt lediglich sechs Nachkommen. Es werden zwar zunächst acht Eiröhren in ihr angelegt, aber zwei von diesen pflegen zu degenerieren, und die übrigen bringen nur je einen Embryo hervor. Von diesen werden nur zwei zu Männchen, und zwar stets die mehr kopfwärts gelegenen, die übrigen vier zu Weibchen. Bei den beiden

b

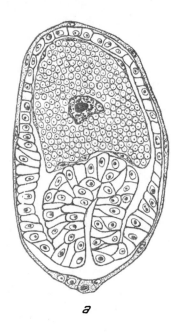

a

Abb. 147

Pemphigus spirothecae Pass. *a* Embryo eines weiblichen Geschlechtstieres mit Mycetomanlage, *b* eines männlichen Geschlechtstieres ohne solche. (Nach Tóth.)

ersteren unterbleibt die sonst übliche Infektion auf embryonalem Stadium, die vier Weibchen aber werden in normaler Weise mit Symbionten versorgt (Abb. 146c). Dementsprechend vermißt man in den vorderen Embryonen auch das sonst stets vorausschauend angelegte, sich später zum Mycetom entwikkelnde Syncytium, das in den vier anderen in normaler Weise bezogen wird (Abb. 147). Angesichts dieses geringen Symbiontenbedarfes ist das Mycetom der dritten geflügelten Generation bereits wesentlich schwächer entwickelt als das der vorangehenden. Die so entstehenden Sexuales stellen kurzlebige, unverhältnismäßig klein bleibende und keinerlei Nahrung aufnehmende Tiere dar. Rüssel und Speicheldrüsen fehlen, Antennen und Augen sind rudimentär. Die Weibchen produzieren jetzt nur ein einziges, unverhältnismäßig großes Ei, das an die schlummernden Knospen gelegt wird und aus dem die Fundatrix hervorgeht, von der wir ausgegangen sind (Abb. 146d).

Diese rudimentären Weibchen besitzen wohl ein Mycetom, aber es ist nun ebenfalls außerordentlich reduziert und reicht eben aus, um das einzige Ei zu versorgen. Aus wenigen Mycetocyten bestehend, legt es sich dicht an dessen Hinterende und umzieht den Eileiter. Wenn der Zeitpunkt der Infektion gekommen ist, entstehen wiederum Lücken zwischen den dort gelegenen Follikelzellen, und der Inhalt der Mycetocyten strömt auf mehreren sich hinter dem Follikel vereinigenden Straßen über. Dabei wird entweder der ganze Vorrat an Symbionten verbraucht, oder es verbleibt ein kleiner, der Degeneration verfallender Rest. Wie gewaltig die Vermehrungsintensität dieser bescheidenen, dem Winterei mitgegebenen Symbiontenmenge ist, möge man dem Umstand entnehmen, daß die aus ihm hervorgehende Fundatrix in einem Jahr rund 9000 infizierte Nachkommen hat.

Tóth hat diese interessanten Verhältnisse, welche eine eingehendere Darstellung und reichere Bebilderung verdienten, leider nur in großen Zügen beschrieben und ist auf den Chromosomenzyklus, der den der Generationen und der Symbionten als dritter begleitet, nicht eingegangen. Nach dem, was wir von anderen Aphiden wissen, muß ja der bis dahin weibliche Chromosomenbestand in den beiden zu Männchen werdenden Eiern gelegentlich der Reifeteilung durch Elimination entsprechend reduziert werden, und man wird annehmen dürfen, daß die beiden zugrunde gehenden Eiröhren ursprünglich ebenfalls zur Produktion von Männchen bestimmt waren und später aus ökonomischen Gründen ausgeschaltet wurden.

In erster Linie wird dieses hier so eindrucksvolle Gleichgewicht zwischen dem jeweiligen Bedarf an Symbionten und ihrer vorhandenen Menge durch eine Förderung oder Unterbindung ihrer Vermehrungsintensität bedingt sein. Daneben denkt Tóth jedoch auch an einen zeitweisen nicht unbeträchtlichen Abbau der Symbionten durch Phagocytose. Er macht hiefür die Önocyten verantwortlich, welche ganz allgemein bei den Blattläusen die Tendenz haben, sich oberflächlich an die Mycetocyten zu legen. Im allgemeinen dürfte es sich hiebei um rein topographische Beziehungen handeln, denen keine tiefere Bedeutung zukommt. Doch hat bereits KLEVENHUSEN bei *Stomaphis quercus* gesehen, daß Symbionten in sie übertreten können, ohne daß er über ihr weiteres Schicksal Auskunft zu geben vermochte. PROFFT andererseits hat bei *Pineus*, wo die Önocyten dem Mycetom in besonders regelmäßiger Anordnung aufsitzen, niemals Symbionten in diesen wahrgenommen. Tóth aber glaubt nun, ganz allgemein seinen Präparaten eine Resorption der Symbionten in den Önocyten entnehmen zu dürfen. Solche mit klarem, nur schwach gelb getöntem Protoplasma sollen lokal die trennenden Zellmembranen lösen, und die runden Symbionten sollen dann in Menge in die Önocyte übertreten, wo sie sich gelegentlich einheitlich dunkelbraun verfärben (*Stomaphis*). Ohne eigentlich aufgelöst zu werden, seien sie dann auch in alten Tieren noch in diesem Zustand zu sehen.

Bei *Pemphigus* schildert er die Dezimierung der Symbionten etwas anders. Insbesondere bei den Sexuparen heften sich normale Önocyten an die dem Untergang verfallenden Mycetocyten. Ihr Plasma füllt sich mit Sekret, und Tropfen desselben treten in die Mycetocyte über. Daraufhin degeneriert ihr Kern, die Symbionten werden etwas aufgelockert und stärker färbbar. Alsdann sinkt die

Önocyte tiefer in die Zelle ein, ihr Kern wächst, die sekretorische Tätigkeit nimmt weiter zu, und die Symbionten verfallen schließlich völliger Auflösung.

Nachdem heute schon eine Reihe von Fällen bekannt geworden ist, in denen zu bestimmten Zeiten der ganze Symbiontenvorrat oder ein Teil desselben durch lytische Prozesse zerstört wird, ist von vornherein mit der Möglichkeit einer solchen Dezimierung bei den Aphiden zu rechnen. Doch wäre angesichts des hinsichtlich der Einzelheiten immerhin recht isoliert dastehenden Geschehens eine Bestätigung der Beobachtungen TÓTHS von anderer Seite sehr erwünscht.

Wir haben bei unserer Schilderung der Aphidensymbiose bisher nie der vierten Unterfamilie der Phylloxerinen Erwähnung getan. Das hat seinen Grund darin, daß sich bisher in ihnen kein Homologon des Pseudovitellus der übrigen Aphiden hat finden lassen. Wohl haben manche Autoren geglaubt, Entsprechendes konstatieren zu können. GRASSI bildete in seiner großen *Phylloxera*-monographie (1912) mehrfach den «Pseudovitellus» der Reblaus in Form lockerer, stellenweise zusammenhängender Zellhaufen ab und denkt an die Möglichkeit, daß es sich um die Wohnstätte symbiontischer Organismen handeln könne. PEKLO gab 1916 sogar an, daß es ihm gelungen sei, auch die Symbionten von *Phylloxera vastatrix* Pl. in Reinkultur zu züchten, und ich beschrieb (1930) gekrümmte, stäbchenförmige Organismen, welche mir diffus zerstreut in *Phylloxera quercus* Boyer. begegneten. Andererseits haben sich mehrere Autoren, wie WITLACZIL (1882), DREYFUS (1894), HENNEGUY (1904) und PORTIER (1918), dahin ausgesprochen, daß die Phylloxerinen keinen Pseudovitellus besäßen. Zu dem gleichen Resultat kommt auch PROFFT. Darüber, daß die sonst so auffällige Masse am hinteren Eipol fehlt, kann jedenfalls kein Zweifel herrschen, und die von mir in *Phylloxera quercus* gesehenen Organismen stellen wahrscheinlich nur ein gelegentliches Vorkommen dar. Da kaum anzunehmen ist, daß den Phylloxerinen ein völlig von den Einrichtungen der übrigen Blattläuse abweichender und daher allen bisherigen Untersuchern entgangener Typus der Symbiose eigen ist, wird man sich damit abfinden müssen, daß sie nicht zu den in Endosymbiose lebenden Formen gehören. Im allgemeinen Teil wird davon die Rede sein, daß es sich vermutlich um einen sekundären Verlust handelt, der möglicherweise in einer abweichenden Ernährungsweise seine Ursache findet. SCHANDERL, LAUFF u. BECKER geben freilich an, daß sie auch bei *Phylloxera vastatrix* ihre symbiontischen Hefen im Mitteldarm gefunden haben, ohne sie in diesem Fall züchten zu können, aber solange ihre Auffassung nicht von anderer Seite bestätigt wird, wird man sich kaum mit einer solchen Lösung der Frage zufrieden geben.

d) **Aleurodiden**

Die Kenntnis der Aleurodiden-Symbiose, die auch heute noch, nachdem inzwischen so viele weitere Insektensymbiosen bekannt geworden sind, hinsichtlich der Übertragungsweise einzig dasteht, geht nahezu ausschließlich auf meine eigenen Untersuchungen (1912, 1918) zurück. Einige Ergänzungen hat außerdem WEBER (1934, 1935) gelegentlich seiner Bearbeitung von *Trialeurodes vaporariorum* Westw. beigesteuert.

Alle Aleurodiden besitzen verhältnismäßig kleine, paarige, rundliche oder ovale M y c e t o m e , die schon bei schwacher Vergrößerung dank ihrer lebhaften Orangefärbung in die Augen fallen. Anfangs kopfwärts vor den Gonaden liegend, gleiten sie im weiblichen Geschlecht auf dem vierten Larvenstadium nach rückwärts und sinken zwischen die büschelförmig angeordneten Ovariolen. Dabei lockert sich der Verband der Mycetocyten, und sie verteilen sich derart zwischen den Stielen, daß schließlich nur noch die Endteile der Eiröhren hervorsehen (Abb. 148, 149). Während das Studium der Übertragungsweise ergibt, daß ein solches Verhalten höchst zweckmäßig ist, ist schwer einzusehen, warum auch in den Männchen die Mycetome um die gleiche Zeit nach hinten rücken und so mit den Hoden in nähere Berührung kommen, ja sie sogar unter Umständen mit einem Teil ihrer Mycetocyten epithelartig umgeben (BUCHNER, WEBER).

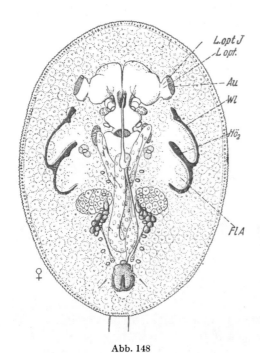

Abb. 148

Trialeurodes vaporariorum Westw. Weibliche Larve des vierten Stadiums. *FlA* Flügelanlage, *Wl* Epithelwand, *Au* Auge, *L. opt.* Lobus opticus, *Hö₂* mittlere Bildungshöhle. (Nach WEBER.)

Die einzelnen Mycetocyten sind stets einkernig und verhältnismäßig klein. Ihre Insassen stellen rundliche oder ovale Organismen dar, die oft nur in einfacher Lage um den zentralen Kern Platz finden. Gelegentlich kann man die Abschnürung von Knospen an ihnen beobachten. Die gelben Pigmentgranula sind dem sehr spärlichen Wirtsplasma eingelagert und sammeln sich insbesondere um den Kern und in den Zwickeln zwischen den Symbionten.

Nicht selten findet man die Mycetocyten in mitotischer Teilung begriffen, wobei das Pigment vornehmlich an den beiden Polen der Spindel konzentriert wird. Obwohl die Mitosen kaum irgendwelche Störungen erkennen lassen, muß es doch ähnlich wie bei *Pseudococcus* und wahrscheinlich noch in so manchen anderen Fällen zeitweise zu einer nachträglichen Verschmelzung der Tochterkerne kommen, denn SCHRADER (1920) stellte, als er sich mit dem Studium der Geschlechtsbestimmung bei *Trialeurodes* befaßte, fest, daß in den Mycetomkernen etwa doppelt so viele Chromosomen zu zählen sind als in den übrigen Körperzellen.

Zum Zwecke der Übertragung auf die Nachkommenschaft treten bei allen Aleurodiden nicht etwa das Mycetom verlassende Symbionten in die Eizellen über, sondern völlig unversehrte Mycetocyten! Da diese ja im reifen Weibchen überall schon isoliert zwischen den Eiröhren zu finden sind, stößt dies auf keinerlei räumliche Schwierigkeiten. Einfallspforte ist das an die junge, sich allmählich nach hinten zu stark verjüngende Ovocyte grenzende Follikelepithel. Seine Zellen sind dort sehr flach; die Mycetocyten, die sich, bei *Aleurodes aceris* Geoff. etwa neun bis zehn an Zahl, allmählich zwischen ihnen hindurchschieben

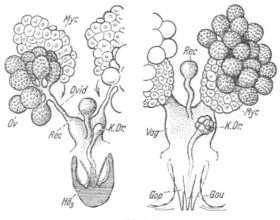

Abb. 149

Trialeurodes vaporariorum Westw. Verlagerung des Mycetoms zwischen die Ovariolen im Verlaufe des vierten Larvenstadiums. *Ov* Ovarium, *Myc* Mycetom, *Ovid* Ovidukt, *Rec* Receptaculum seminis, *Vag* Vagina, *Gop*, *Gou* paarige und unpaare Gonapophysen, *KDr* Kittdrüse, *Hö₃* hintere Bildungshöhle (Nach WEBER.)

dehnen sie, wenn sie in den dahinterliegenden, durch Verkürzung der Ovocyte entstandenen Raum gelangt sind, noch weiter aus und bilden hier schließlich ein länglichovales Paket. Dieses wird nun eiwärts geschoben und sinkt hier in eine Grube, deren Ränder es teilweise umgreifen. Dabei gruppieren sich die Mycetocyten zu einem mehr kugeligen Gebilde um (Abb. 150).

Die Follikelzellen, welche vorher den Durchtritt gestattet hatten, sind inzwischen wieder dicht zusammengerückt und bilden erneut ein hohes Epithel. Der Kanal, der durch das Vorrücken der Mycetocyten frei wird, verengt sich, die ihn begrenzenden Zellen scheiden eine kräftige, chitinöse Wandung um ihn aus und bilden an seinem Ende eine dünnwandige Blase. Auf solche Weise entsteht ein vorübergehend S-förmig zusammengedrücktes Stielchen, mit dem das Ei später am Blatt angeklebt wird. Inzwischen ist auch die Dotterbildung zu Ende geführt worden. Jedes abgelegte Ei bekommt so gleichsam eine kleine, etwas exzentrisch an seinem hinteren Ende gelegene Filiale des mütterlichen Mycetoms mit, an der sich keinerlei Merkmale degenerativer Art erkennen lassen. Auch die ursprüngliche Pigmentierung bleibt in ihr, wie man schon bei Lupenbetrachtung der ringförmig angeordneten Gelege erkennen kann, erhalten.

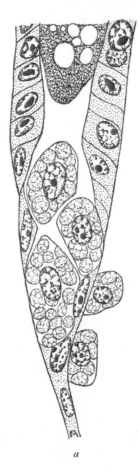

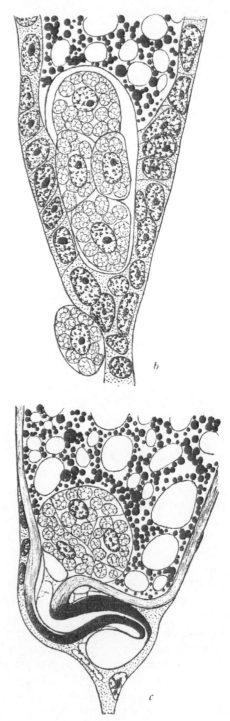

Abb. 150

Aleurodes aceris Geoff. Mütterliche Mycetocyten dringen durch den Follikel und
in die Ovocyte; bei *c* entsteht der noch
zusammengedrückte Eistiel.
(Nach Buchner.)

Die Rückwärtsverlagerung der Mycetome und ihre Zerklüftung im Bereiche der Eiröhren stellt somit geradezu eine erste Vorbereitung für deren künftige Infektion dar. In der entsprechenden Ortsveränderung der männlichen Mycetome darf man hingegen vielleicht eine lediglich erblich bedingte, zwecklose Wiederholung eines im anderen Geschlecht bedeutungsvollen Verhaltens erblicken.

Wie wird sich nun der neue Organismus im Laufe seiner Embryonalentwicklung mit diesem Implantat mütterlicher Körperzellen abfinden? Werden

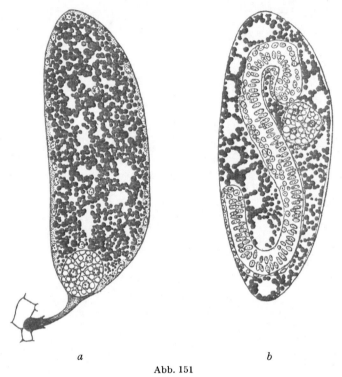

a   b

Abb. 151

Aleurodes proletella L. *a* Blastodermstadium. *b* Embryo mit S-förmig gekrümmtem Keimstreif; die mütterlichen Mycetocyten persistieren. (Nach Buchner.)

die Fremdlinge alsbald zugrunde gehen oder gar das neue Mycetom aufbauen? Zunächst sieht es in der Tat so aus, wie wenn diese Zellen durch die Verpflanzung vor dem Untergang, dem das Muttertier ja bald nach der Eiablage verfällt, bewahrt würden. Während der Furchung bleiben sie unverändert; der Platz, den sie einnehmen, wird von den aufsteigenden Kernen freigelassen. Wenn das Blastoderm gebildet ist, umzieht es etwa im Äquator die kugelige Zellgruppe, und der sich einstülpende Keimstreif befördert sie dann, wie so oft in ähnlichen Fällen, nach vorne, ohne daß es dabei zu innigeren Beziehungen zu ihm käme. Krümmt er sich dann S-förmig, so gleitet der Ballen wieder mehr zurück und gelangt auf der Ventralseite, dem Amnion dicht anliegend, zur Ruhe. Bei der

Umrollung verharrt er an Ort und Stelle und gelangt so in die Dorsalregion des Abdomens (Abb. 151).

Erst um die Zeit der Umrollung, ja manchmal erst unmittelbar vor dem Schlüpfen wird endlich an einen Ersatz der mütterlichen Zellen durch embryonale Elemente gedacht. Schon vorher hatten sich einige große Kerne

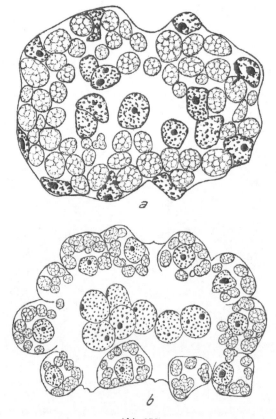

Abb. 152

Aleurodes proletella L. *a* Die mütterlichen Mycetocytenkerne konzentrieren sich im Zentrum des provisorischen Mycetoms, die definitiven Kerne dringen an der Peripherie ein. *b* Die definitiven Mycetocyten grenzen sich ab, mütterliches Plasma und Kerne persistieren noch im Zentrum.
(Nach Buchner.)

an die Mycetocyten gelegt, die entweder den Furchungskernen oder dem unteren Blatt angehören; jetzt aber lösen sich die alten Zellgrenzen auf, und es entsteht im Inneren ein symbiontenfreier Plasmahof, in den die mütterlichen Kerne übertreten. Dies ist gleichsam das Signal für die peripheren Kerne, mit ihrem spärlichen Protoplasma zwischen die verlassenen Symbionten einzudringen (Abb. 152a). Um diese Zeit wächst das junge Organ bereits in die Breite und zeigt eine mediane, durch die Lage des Darmes bedingte Furche. Die neuen

Kerne teilen sich mehrfach und bilden allmählich — zuletzt nach innen zu — um die Symbionten, welche sich um diese Zeit lebhaft vermehren, Zellgrenzen aus. Die alten Kerne aber liegen immer noch im zentralen Plasma, haben, nachdem sie vorher unter dem Zwange der Symbionten eckige Umrisse zeigten, jetzt wieder runde Formen angenommen und scheinen sich sogar oft noch amitotisch zu zerschnüren (Abb. 152b). Doch treten schließlich allerlei Kennzeichen einer Degeneration auf, und das Ende ist, daß sich der Ring der neuen Mycetocyten auf der Dorsalseite vorübergehend öffnet und hier Plasma und Kerne des Muttertieres in die Umgebung entläßt, wo sie der Auflösung verfallen.

Gelegentlich begegnet sogar eine noch größere Resistenz der implantierten Elemente, welche die Ersatzzellen am Eindringen verhindert und zur Bildung eines vielkernigen Epithels nötigt. Diese Varianten und das Verhalten der Symbionten während der Periode des Umladens noch genauer zu studieren, wäre nicht ohne Interesse.

Nach dem Schlüpfen der Larve tritt eine vollkommene Zerschnürung des Mycetoms in einen rechten und einen linken Abschnitt ein. Lebhafte mitotische Zellteilungen führen zu einer Vergrößerung der Organe, welche hiebei einen Teil der dorsoventralen Muskeln umwachsen.

Des öfteren finden sich vor allem bei *Aleurodes proletella* L. Individuen, welche eine tiefgreifende Störung im symbiontischen Gleichgewicht bekunden. Die Mycetome erscheinen dann voluminöser und zersplittern oft in größere und kleinere Fragmente, die sich weiter über den Körper verteilen und bis in die Thorakalregion vordringen können. Hand in Hand damit geht eine beträchtliche Vermehrung des Pigmentes, welche die kranken Tiere ohne weiteres erkennen läßt. Das Nervensystem, die Matrixzellen der Tracheen und das Körperepithel werden besonders stark mit ihm beladen. Offensichtlich besteht ein Zusammenhang zwischen dem ungewöhnlichen Verhalten der Mycetome und dieser gesteigerten Pigmentbildung, der eines eingehenderen Studiums wert wäre.

e) Psylliden

Die bei allen Psylliden vorhandenen, lebhaft gefärbten Mycetome, welche bereits von den älteren Insektenanatomen gesehen, aber ebenso wie der Pseudovitellus der Aphiden erst von PIERANTONI und ŠULC als Symbiontenherbergen erkannt worden waren, stellen von Haus aus unpaare, bilateralsymmetrische Organe dar, welche erst im geschlechtsreifen Tier durch die Entfaltung der Gonaden mehr oder weniger stark deformiert und zerklüftet werden. Bald überwiegt in der Entfaltung der zentrale Teil, an dem dann beiderseits weniger ansehnliche Lappen und Buckel sprossen, wie dies bei *Psylla buxi* L. der Fall ist (Abb. 153), bald sondern sich an ihm zwei Flügel, die so stattlich werden können, daß der mittlere Abschnitt schließlich nur noch als dünne verbindende Brücke erscheint, wie bei *Psylla pirisuga* Frst. (Abb. 154). Die segmentalen Muskeln bedingen dann entsprechende Buchten in dem Organ. Die Gonaden pflegen in den Imagines die Mycetome mehr nach vorne zu drängen und in zwei

Hälften zu zerlegen. In Weibchen, bei denen die Eiinfektion im Gange ist, schreitet die Zerklüftung sogar so weit fort, daß sich Fragmente des Mycetoms zwischen den Eiröhren finden.

Stets lassen sich an diesen Organen dreierlei Bestandteile unterscheiden, einkernige, rundliche oder gegeneinander epithelartig abgeplattete Zellen, ein mehr oder weniger ausgedehntes Syncytium und eine das Ganze umziehende Hülle aus hochgradig abgeflachten Zellen. Die Verteilung der beiden erstgenannten Komponenten ist eine recht verschiedene. Unter Umständen bilden

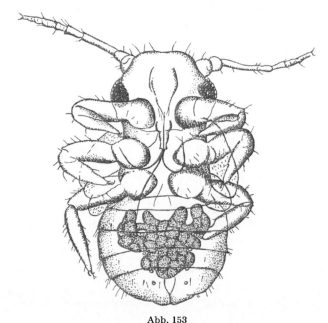

Abb. 153
Psylla buxi L. Nymphe mit Mycetom. (Nach BUCHNER.)

die einkernigen Zellen eine mehr oder weniger zusammenhängende Rindenschicht und überlassen die inneren Regionen ganz dem Syncytium. In anderen Fällen dringen sie auch da und dort Nester bildend in dieses vor. Schließlich gibt es aber auch Arten, bei denen die Zellen gleichmäßig das ganze Syncytium durchsetzen und dieses seinerseits allerorts an die Oberfläche grenzt (*Psylla alni* L.). Das gelbe Pigment findet sich im Plasma der beiden Zonen, besonders reichlich jedoch in der syncytialen, plasmareicheren. Die Reaktionen, welche PROFFT (1937) an ihm angestellt, ergaben, daß es sich jedenfalls nicht um ein typisches Lipochrom handelt, daß es sich andererseits aber auch nicht ohne weiteres unter die Melanine einreihen läßt.

Den beiden sich histologisch unterscheidenden Zonen entsprechen auch zwei verschiedene Symbiontensorten. In den einkernigen Zellen leben durchweg einander recht ähnliche, langgestreckte, zarte Schläuche mit unregelmäßigen verdickten Stellen und Auftreibungen, die nur mittels fadendünner

Strecken untereinander zusammenhängen. Sie sind so dicht gelagert, daß nur Zupfpräparate ihre wahre Gestalt enthüllen. Die Insassen der Syncytien sind hingegen ungleich variabler. Manchmal unterscheiden sie sich so sehr von den

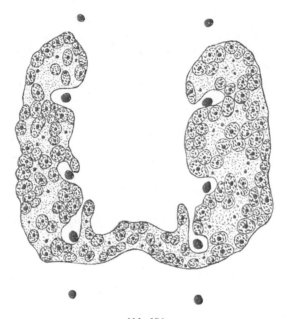

Abb. 154

Psylla pirisuga Frst. Mycetom aus einkernigen Zellen und Syncytien aufgebaut. 96fach vergrößert. (Nach PROFFT.)

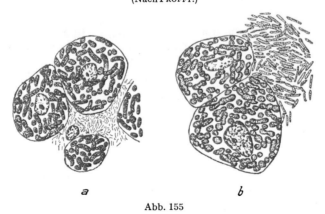

Abb. 155

a *Troiza salicivora* Reut., b *Aphalara nebulosa* Zett. In den Mycetocyten und im Syncytium lebt je eine besondere Symbiontensorte. 855fach vergrößert. (Nach PROFFT.)

Bewohnern der einkernigen Zellen, daß über ihre Wesensverschiedenheit nicht der geringste Zweifel bestehen kann. Insbesondere PROFFT, der 18 verschiedene Psylliden vergleichend untersuchte, hat eine Reihe solcher Fälle aufgedeckt. So leben zum Beispiel bei *Troiza salicivora* Reut. im Syncytium locker liegende, schlanke Stäbchen, die an beiden Enden ein stark färbbares Korn tragen (Abb. 155a), bei einer brasilianischen *Psylla* sp. fadenförmige Bakterien, bei *Psylla alni* L. und *Aphalara nebulosa* Zett. dünne Schläuche (Abb. 155b). In anderen Fällen aber sind die Unterschiede geringfügiger und lassen es verständlich erscheinen, daß man sie gelegentlich nicht erkannt hat. Obwohl bereits ŠULC für *Aphalara calthae* L. zweierlei Symbionten angab, und ich (1912) und BREEST (1914) die gleiche Auffassung vertraten, stellten SALFI (1926) und TARSIA IN CURIA (1934) die Existenz zweier verschiedener Symbiontensorten bei Psylliden in Abrede. Aber auch dort, wo die beiden Sorten sich in gestaltlicher Hinsicht weitgehend ähneln, lassen sich Unterschiede hinsichtlich Struktur und Färbbarkeit erkennen. Während die Insassen der Mycetocyten vornehmlich Plasmafarben annehmen, zeigen die der Syncytien eine ausgesprochene Affinität zu basischen Farbstoffen, ein Verhalten, das den beiden Zonen schon bei schwacher Vergrößerung ein recht verschiedenes Aussehen verleiht.

Unter dem von PROFFT untersuchten Material fanden sich jedoch zwei Arten, welche in auffallender Weise von dem Schema der Psyllidensymbiose abwichen. Bei *Strophingia ericae* Curt. und einer *Troiza* sp. aus Brasilien sind die einkernigen Mycetocyten in der gewohnten Weise besiedelt, das Syncytium jedoch ist auf schmale Räume beschränkt und symbiontenfrei. Bei der *Troiza* sp. findet sich statt dessen ein zweiter, länglich ovaler bis schlauchförmiger Organismus in dem Mycetom benachbarten Zellen des Fettgewebes, der sich durch seinen geregelten Übertritt in die Eizellen als echter Symbiont ausweist. *Strophingia* aber besitzt nur den einen nie fehlenden, in typischer Weise gestalteten Symbionten. Alles spricht dafür, daß hier ein ehemals vorhanden gewesener Gast aus irgendwelchen Gründen wieder eliminiert wurde, wie dies ohne Zweifel auch anderweitig des öfteren geschehen ist (siehe hiezu das Kapitel über historische Probleme der Symbiose). In färberischer Hinsicht verhält sich der im Fettgewebe lebende Symbiont wie die Insassen des Syncytiums der übrigen Psylliden.

Jedenfalls ergibt der Vergleich der Symbiontengestalten in den beiden Zonen, daß die Bewohner der Syncytien, die vielfach noch die ursprüngliche Bakteriengestalt bewahren, die zusätzlich aufgenommenen sind, welche erst zum Teil jene bizarren Wuchsformen angenommen haben, die ihre Partner als Folge einer weitergehenden Beeinflussung durch das intrazellulare Leben aufweisen.

Die einzige Angabe über eine gelungene Kultur von Psyllidensymbionten stammt von MAHDIHASSAN (1947). Er gibt an, daß es ihm geglückt sei, die beiden Formen aus *Psylla mali* zu züchten. Auf Apfelsaft sei ein dickerer, kommaförmiger, hellgrünes Pigment produzierender Organismus und ein sehr zartes kurzes Stäbchen gewachsen.

Daß es sich wirklich stets um zwei verschiedene Formen handelt, bestätigt zu allem Überfluß das Studium der Übertragungsweise. Aus den unregelmäßigen Schläuchen werden in den reifen Weibchen durch Querteilung rundliche oder ovale Gebilde. Wo die Insassen des Syncytiums noch ursprüngliche Bakteriengestalt besitzen, schreiten sie hingegen in dieser zur Infektion der

Eizellen. Umwandlung und Austritt geschieht regellos da und dort im Myce-tom. Der Übertritt in die Eizellen geht am hinteren Pol vor sich. Dort bilden die Psyllideneier eine zapfenförmige Verjüngung, welche von besonders ange-schwollenen Follikelzellen umgeben wird. An ihrer Außenseite treffen sich die beiden Sorten, welche auch bei großer Ähnlichkeit an Hand gestaltlicher, fär-berischer oder struktureller Unterschiede auseinandergehalten werden können. An den Follikelzellen kann man hier gelegentlich kleine Fortsätze beobachten, mit denen sie amöbenartig die Symbionten wahllos aufnehmen, so daß man

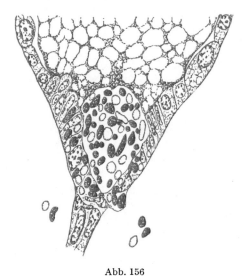

Abb. 156
Troiza sp. Die beiden Symbiontensorten bei der Infektion des Eis. (Nach PROFFT.)

Herkömmlinge der beiden Territorien in ein und derselben Zelle vereint finden kann. Inzwischen zog sich jener Fortsatz des Eies zurück und hinterließ einen Hohlraum, in den die Symbionten übertreten (Abb. 156). Schließlich greift die Eizelle um den so entstandenen Ballen herum und zieht ihn in sich hinein (Abb. 157). Bei der *Troiza* sp. aus Brasilien infiziert hiebei außer dem Myce-tombewohner, wie schon erwähnt, auch der des Fettgewebes.

Das gleiche gelbe Pigment, welches die Mycetome färbt und in ihnen bei geschlechtsreifen Weibchen manchmal schwindet, findet sich auch im Ovar. Anfangs diffus verteilt, sammelt es sich später in dem Zapfen am hinteren Eipol. Nach der Infektion konzentriert es sich jedoch restlos um den rundlichen oder länglichen Symbiontenballen. An Stelle des ehemaligen Zapfens aber entsteht ein Stiel, mit dem die Eier wie bei den Aleurodiden an der Unterlage befestigt werden.

Die Entwicklung der Eier studierte PROFFT an Hand von *Psylla alni* und stellte hiebei einen auf den ersten Blick überraschenden Mangel an Ziel-strebigkeit in der Genese der Mycetome fest. Bei Abschluß der Blastoderm-bildung sind einige Furchungskerne in den Symbiontenballen eingewandert, andere liegen ihm als Hüllkerne äußerlich an. Allmählich sammeln sich jetzt die künftigen Bewohner des Syncytiums, nicht, wie zu erwarten, im Zentrum des Ballens, sondern an seiner Peripherie, und umgekehrt nehmen die künftigen Rindenbewohner die Mitte ein. Auf einem nächsten Stadium haben die Hüllkerne diejenigen Symbionten, die später nach innen zu liegen kommen, restlos

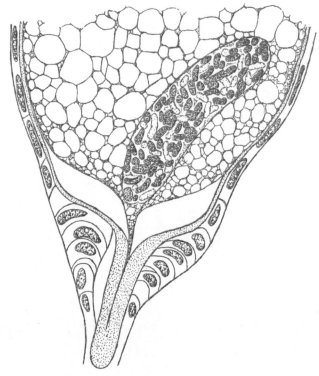

Abb. 157

Psylla alni L. Die Infektion des Eies durch die beiden Symbiontensorten beendet. (Nach BUCHNER.)

um sich gesammelt und sind zu einkernigen Mycetocyten geworden, die einem runden Syncytium mit den Rindensymbionten knospenähnlich aufsitzen! Das gelbe Pigment erfüllt dann reichlich die peripheren Zellen, während es im Syncytium nur spärlich vorhanden ist.

Auf dieses Stadium folgt eine etwas chaotisch anmutende Phase, in der sich die Kerne des provisorischen Syncytiums lebhaft vermehren, wenige wesentlich herangewachsene Symbionten sich um sie scharen und durch freie Zellbildung kleine einkernige Mycetocyten entstehen. Gleichzeitig lösen sich andererseits die Zellgrenzen der peripheren Elemente, und diese fließen so zum endgültigen Syncytium zusammen. Die definitiven Mycetocyten drängen dann immer mehr nach der Oberfläche und umschließen endlich das neue Syncytium (Abb. 158). Bezüglich der Herkunft der Hüllkerne, die sich während dieses eigenartigen

Prozesses erneut anlegen und als solche erhalten, wird nichts ausgesagt. Über die Erklärung dieses scheinbaren Mangels an Zielstrebigkeit dürfte kein Zweifel bestehen. Die Aquisition eines zweiten Symbionten verlangte die Hinzuziehung neuen Zellmateriales, und hiezu boten sich ganz ähnlich wie bei den disymbiontischen Adelginen ohne weiteres die sonst steril bleibenden Hüllzellen. Da eine solche Maßnahme aber andererseits dem immer wieder bekundeten Bedürfnis,

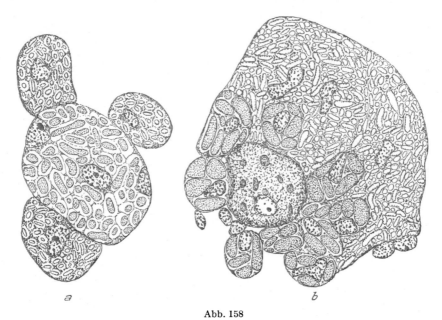

Abb. 158

Psylla alni L. *a* Mycetomanlage nach Sonderung der beiden Symbiontensorten. *b* Aufteilung des Syncytiums in Mycetocyten, Vereinigung der provisorischen Mycetocyten zum Syncytium und Umlagerung der beiden Zonen. 760fach vergrößert. (Nach PROFFT.)

akzessorische Gäste in das Innere der Mycetome zu verlagern, widersprach, kam es in beiden Fällen zu den von Art zu Art verschieden weit gehenden sekundären Umlagerungen des neu infizierten Zellmateriales.

Auch SALFI und TARSIA IN CURIA haben sich mit der Embryonalentwicklung ihres Objektes befaßt. Nach letzterer sollten lediglich die Symbionten der Rinde in die Eier übertreten und nach der Umrollung die neugebildeten Mycetocyten einen Teil ihrer Insassen an das im Zentrum durch Fusion entstandene Territorium abgeben. Nach SALFI sollen umgekehrt die Mycetocyten von einem primären Syncytium abgespalten und mit Symbionten versorgt werden. Beide Auffassungen, die in der Ablehnung der Existenz zweier Symbiontensorten wurzeln, lassen sich nicht aufrechterhalten.

Die bisher untersuchten Arten gehören den Unterfamilien der Aphalarinen, Psyllinen und Troizinen an, doch lassen ihre symbiontischen Einrichtungen keine Beziehungen zum System erkennen.

f) **Cicadiden**

Dem einzigartigen Formen- und Farbenreichtum der Zikaden entspricht auch eine schier verwirrende Mannigfaltigkeit der symbiontischen Einrichtungen. Als ŠULC und PIERANTONI 1910 ihre ersten Mitteilungen über die Mycetome von *Aphrophora* und *Philaenus* machten und damit dem, was schon HEYMONS 1899 bei *Cicada septendecim* L. und PORTA (1900) und GUILBEAU (1908) bei Schaumzikaden gesehen, die richtige Deutung gaben, ahnte man noch nicht, daß dies erste Einblicke in ein Gebiet von unerhörter Komplikation waren. Seitdem haben außer ŠULC (1924), dem eingehendere Angaben über die Fulgoriden-Symbiose zu danken sind, und RESÜHR (1938), der sich lediglich mit der Morphologie gewisser Aphrophorinensymbionten befaßte, nahezu ausschließlich ich selbst (1912, 1923, 1924, 1925) und meine Schüler RICHTER (1928) und vor allem H. J.MÜLLER (1940, 1949, 1951) und RAU (1943) unsere Kenntnisse ganz wesentlich erweitert, während Bemerkungen, welche MAHDIHASSAN (1939, 1941, 1946, 1947) und NAIDU (1945) beigesteuert, kaum eine Mehrung derselben bedeuten.

Meiner vergleichenden Studie von 1925 konnte ich bereits über 100 Arten zugrunde legen; heute ist diese Zahl dank meinen Mitarbeitern schon auf 369 — 183 *Cicadoidea* und 186 *Fulgoroidea* — gestiegen, aber auch dies bedeutet erst etwa 3 % der von BEYER (1938) aufgeführten 12 000 beschriebenen Arten, und von den 74 Unterfamilien, welche HAUPT (1929) unterscheidet, sind erst 52 auf ihre Symbionten geprüft worden. Da aber auch diese keineswegs einheitlich geartet zu sein pflegen, so erhellt daraus, wieviel unerforschtes Neuland hier immer noch vorliegt. Wenn es mir auch gelang, für die Studien, welche MÜLLER und RAU ausgeführt haben, vor allem umfangreiches brasilianisches Material zu erhalten, so besteht doch nach wie vor das Bedürfnis, unsere Kenntnisse in erster Linie auf Grund der exotischen Faunen weiter auszubauen.

Die große Mannigfaltigkeit, welche die Symbiose dieser Tiere auszeichnet, ist vornehmlich durch ihre ganz ungewöhnlich entwickelte Neigung, zusätzliche Symbionten aufzunehmen, bedingt. Dieser Hunger nach Symbionten führt dazu, daß Formen mit nur einem Gast zu den Seltenheiten gehören. Von den 369 untersuchten Arten leben, wenn man von den Typhlocybinen absieht, deren Verhältnisse noch einer endgültigen Klärung harren, nur 17 mit einem einzigen Symbionten. Disymbiont sind hingegen 205 Arten (gleich 55 %), trisymbiont 113 (= 30,5 %), tetrasymbiont 17 Arten (= 4,3 %), während 6 Arten (= 1,7 %) fünferlei und 2 gar sechserlei Symbionten besitzen, die alle nebeneinander in ihrem Körper Platz finden. Der Umstand, daß diese Symbiontensorten in wechselnder Weise kombiniert sein können, wobei sich gewisse Sym- und Antipathien deutlich abzeichnen, steigert weiterhin die Buntheit nicht wenig. Um sie darzustellen und statistisch erfassen zu können, war man genötigt, die einzelnen, sich eindeutig als verschiedenartig bekundenden Formen mit Buchstaben zu bezeichnen und durch ebendiese auch die von ihnen bezogenen Organe zu charakterisieren. Man spricht also von *a-, b-, c-, d-, e-* usf. Symbionten und von *a*-Organen, *b*-Organen und so weiter. Zum Teil hat man schließlich auch zu griechischen Buchstaben greifen müssen.

Das vergleichende Studium dieser Organismenfülle ergibt alsbald, daß ähnlich wie auch bei anderen Homopteren mit mehreren Symbionten Alter und Innigkeit der Einfügung jeweils recht verschieden sind und daß man ohne Zwang vier Kategorien auseinanderhalten kann. Als Hauptsymbionten mag man mit H. J. MÜLLER solche bezeichnen, welche für sich allein vorkommen können und nicht, wie die meisten Zikadengäste, auf die Begleitung anderer Sorten angewiesen sind. Bis vor kurzem kamen lediglich «Hefen» und die sogenannten x-Symbionten, von denen erstere bei Cicadoidea und Fulgoroidea, letztere ausschließlich bei den Fulgoroidea begegnen, als Hauptsymbionten in Betracht. Als jedoch H. J. MÜLLER (1951) Gelegenheit hatte, in der Peloridiide *Hemidoecus* einen Vertreter der eigenartigen Coleorrhynchen zu untersuchen, die man als eine besondere Division der der Auchenorrynchen (= Cicadiden) und Stenorrhynchen (= Psylliden, Aleurodiden, Aphiden und Cocciden) gegenüberzustellen pflegt, fand er, daß dieser sich hinsichtlich seiner Symbiose aufs engste an die Zikaden anschließt, aber dabei insofern eine Sonderstellung einnimmt, als er lediglich *a*-Symbionten, das heißt eine Form, die bis dahin bei diesen niemals allein angetroffen worden war, besitzt. Wenn wir daher entgegen der üblichen Dreiteilung der Homopteren die Peloridiiden im Verein mit den Cicadoiden und Fulgoroiden behandeln, folgen wir der Auffassung H. J. MÜLLERS, dem die Errichtung einer eigenen Division für sie nicht unbedingt erforderlich dünkt und der sie lieber an die Basis der Auchenorrhynchenentwicklung verweisen möchte.

Nebensymbionten sind diejenigen, welche zwar ebenfalls hochgradig an das symbiontische Leben angepaßt und weitverbreitet sind, aber in allen di-, tri- und polysymbiontischen Zikaden stets nur neben einem Hauptsymbionten oder in Begleitung anderer Nebensymbionten vorkommen, also niemals allein bestehen können. *f*- und *t*-Symbionten sind solche Nebensymbionten. Begleitsymbionten nennen wir die vielen nur im Verein mit Haupt- und Nebensymbionten vorkommenden, zwar auch noch wohleingefügten, aber nur geringe Verbreitung besitzenden Formen, welche sich deutlich von der vierten Kategorie der akzessorischen Symbionten abheben. Diese letzteren sind erst unvollkommen assimiliert worden und in ihrem Auftreten nicht immer völlig konstant. Ihre Übertragung auf die Eizellen kann Unregelmäßigkeiten aufweisen; im histologischen Aufbau der Mycetome, in denen sie zusätzliche Aufnahme finden, verursachen sie zumeist Störungen, und die bereits besser angepaßten Genossen erleiden durch sie vielfach schwere Schäden, so daß sie stets deutlich als die zuletzt Aufgenommenen erscheinen.

α) *Peloridiiden*

Die wenigen im südlichen Australien, in Neuseeland und Patagonien in feuchten Wäldern lebenden Vertreter der Peloridiiden sind überaus urtümliche Hemipteren, die man zunächst mit gewissen räuberischen Uferwanzen in Verbindung brachte, bis man ihre Homopterennatur erkannte. Eigentümlichkeiten ihres Kopfbaues und vor allem der Besitz paranotaler Prothoraxtaschen, wie sie bei keinem anderen lebenden Insekt vorkommen und sonst nur von fossilen Formen des Paläozoikums bekannt sind, lassen sie besonders primitiv erscheinen. Diese Taschen gleichen vor allem auf larvalen Stadien vollkommen den Flügelscheiden des Meso- und Metathorax, und die Pronota weisen eine Tracheenversorgung auf, die weitgehend der der normalen Flügel ähnelt (EVANS, 1941).

So hat man sie geradezu als lebende Fossilien bezeichnet und damit dem *Peripatus, Anaspides* und ähnlichen Formen gleichgestellt. Sie stehen in enger Beziehung zu den aus dem australischen Perm bekannten, ebenfalls Paranota besitzenden Palaeorrhyncha und sind aller Wahrscheinlichkeit nach ein Relikt der Insektenfauna, die einst den Südkontinent bevölkerte, dessen weit auseinandergetriftete Reste Südamerika, Australien, Südafrika und die Antarktis darstellen. Der Grund, warum die Peloridiiden sich bis in unsere Tage erhalten haben, ist darin zu suchen, daß sie als einzige heute lebende Homopteren ausschließlich an Moosen und damit an Gewächsen saugen, die den Wandel der Jahrmillionen überdauerten, während die meisten palaeozoischen Homopteren mit dem Verschwinden ihrer Nährpflanzen zum Aussterben verurteilt waren.

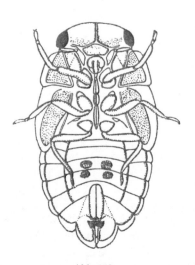

Abb. 158₁

Peloridiide. Ältere männliche Larve mit 4 a-Mycetomen als einzigen symbiontischen Einrichtungen. (Nach J. W. EVANS.)

Es liegt auf der Hand, daß eine Untersuchung dieser Tiere sowohl im Hinblick auf die Stammesgeschichte der Homopterensymbiose als auch die ihrer Wirte von größtem Interesse war. Wenn das Material von *Hemiodoecus fidelis* Evans, das H. J. MÜLLER (1951) zur Verfügung stand, auch nicht zur Erforschung der letzten Einzelheiten ausreichte, so gestattete es doch einen hinreichenden Einblick in den Symbiosetyp, der sich bei den übrigen Peloridiiden, die man natürlich gerne auch untersucht sehen möchte, in ähnlicher Weise finden dürfte.

Männliche und weibliche Tiere besitzen im Abdomen dicht hintereinandergelagert beiderseits der Mittellinie je zwei orangefarbene, mehr oder weniger kugelige Mycetome (Abb. 158₁). In der Larve liegen sie im 5. und 6. Abdominalsegment, in den geschlechtsreifen Tieren aber werden sie durch die Entfaltung der Ovarien, beziehungsweise bei den Männchen durch die der Hoden und der stark entwickelten Anhangsdrüsen mehr nach außen gedrängt und deformiert. Jedes Teilmycetom ist von einem sehr stark abgeplatteten Epithel mit wenig Kernen umzogen und besteht im Inneren aus einer einzigen, vermutlich durch Verschmelzung kleinerer Komplexe entstandenen syncytialen Masse, in deren Maschen die gedrungenen, schlauchförmigen Symbionten liegen. In den Inseln des von Pigmentkörnchen durchsetzten Wirtsplasmas finden sich da und dort unregelmäßig gestaltete Kerne. Zahlreiche feine Tracheen und Tracheolen, die je einem starken Ast entspringen, durchziehen das Epithel und dringen in die Randpartien des Syncytiums ein.

Die Übertragung geht am hinteren Pol der Eier vor sich. Doch fanden sich lediglich Stadien, auf denen der Durchtritt durch den Follikel bereits vollzogen war und eine flache Kappe jetzt stärker färbbarer und von Granulis durchsetzter Symbionten zwischen Dotter und Chorion lag.

Ohne Zweifel handelt es sich, auch wenn an dem fixierten Material die typischen Hüllmembranen nicht zu erkennen waren, um den bei Zikaden so weitverbreiteten Typus der a-Symbionten, von dem im folgenden noch eingehender die Rede sein wird. Nicht zuletzt wird dies dadurch zur Gewißheit, daß sich auch bei *Hemiodoecus* die gleiche für diese Symbionten so typische Entstehungsweise der spezifischen Übertragungsformen feststellen ließ. In besonderen Zonen der Mycetome fanden sich die für die «Infektionshügel» der a-Symbionten so bezeichnenden Wucherungen von Epithelkernen, in deren Bereich die Schläuche in gedrungenere Gebilde mit dichterem Plasma umgewandelt werden, die dann als solche die Organe verlassen und an einer begrenzten Stelle den Follikel und die Ovocyte infizieren. Wie stets in solchen Fällen treten die Schläuche in den tiefer gelegenen Regionen in diese einkernigen Elemente über und erleiden in ihnen die nach der Oberfläche zu allmählich fortschreitende Umwandlung. Im folgenden wird an anderen Objekten geschildert werden, wie diese epithelialen Wucherungen durch den Kontakt der larvalen Mycetome mit den jugendlichen Eileitern ausgelöst werden. Eine solche innige Berührung ergab sich auch bei *Hemiodoecus*, so daß man auf die gleiche Induktion schließen darf.

Der Bau der Mycetome und vor allem der Umstand, daß diese Umwandlungsstellen nicht, wie bei den Cicadoiden, Vorwölbungen darstellen, sondern nach Fulgoroidenweise eingesenkt sind, spricht entschieden für eine nähere Beziehung zu den letzteren; nur die so schwache Ausbildung des Epithels, welche bei diesem Mycetomtyp sonst sehr selten auftritt, ist etwas ungewöhnlich. Vor allem aber nimmt diese im übrigen durchaus typische Zikadensymbiose insofern eine besondere Stellung ein, als wir bis heute weder bei Cicadoiden noch bei Fulgoroiden einen weiteren Fall kennen, in dem die a-Symbionten als alleinige auftreten. Auf die Bedeutung dieser Tatsache für die Stammesgeschichte der Zikadensymbiose wird in dem von historischen Problemen handelnden Abschnitt zurückzukommen sein.

β) Cicadoiden

Die zuerst von KIRKALDY (1906) durchgeführte Scheidung der eigentlichen Zikaden in die beiden Überfamilien der *Cicadoidea* und *Fulgoroidea* besteht auch vom Standpunkt der Symbioseforschung aus durchaus zu Recht. Da die erstgenannten sich immerhin etwas einfacher verhalten, sollen sie zuerst behandelt werden.

Von allen bisher untersuchten Cicadoiden besitzen lediglich zwei Arten e i n e
e i n z i g e , a l s H a u p t s y m b i o n t z u b e z e i c h n e n d e S o r t e . In beiden Fällen handelt es sich um jene hefeartigen Organismen, in welchen wir auch bei
den Zikaden wohl durchweg Konidien von Ascomyceten erblicken dürfen. Bei
Ledra aurita L., dem einzigen bisher untersuchten Vertreter der Ledriden, leben
diese Hefen als zitronenförmige oder mehr längliche Gebilde in ein- bis vielkernigen Zellen bzw. Syncytien, die im Fettgewebe verstreut sind und von
dessen Zellen wie von einem einschichtigen Epithel allseitig umgeben werden

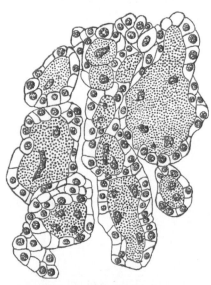

Abb. 159
Ledra aurita L. Fettgewebe mit von Hefen
besiedelten Riesenzellen und Syncytien.
(Nach Buchner.)

(Abb. 159). Die Infektion der Ovocyten
geht, wie nahezu durchweg bei den
Zikaden, am hinteren Pol derselben vor
sich, wo ähnlich wie bei den Psylliden
schon vor dem Erscheinen der ersten
Pilze ein etwa drei Zellen hoher Ring
von Follikelzellen, für welche Šulc die
Bezeichnung Keilzellen eingeführt hat,
stärker anschwillt. In ihn allein treten
die gestaltlich unveränderten Hefen
über, gelangen anschließend in den
durch das Zurückweichen der Ovocyte
dahinter entstehenden Raum und liegen im reifen Ei als kleine linsenförmige Ansammlung dicht unter dessen
Oberfläche (Abb. 160).

Der zweite Fall betrifft *Pyrgauchenia
breddini* Schmidt, einen Vertreter der
zu den Membraciden gehörenden Terentiinen, von denen ebenfalls bis heute
keine anderen Arten studiert werden
konnten. Hier stellen die Wohnstätten
der Hefen paarige, lappige Organe ohne
epitheliale Umhüllung dar, welche den größten Teil des Abdomens ausfüllen
und aus zahlreichen großen Syncytien zusammengesetzt sind (Abb. 161). Das
Fettgewebe, zu dem diesmal keine näheren Beziehungen mehr bestehen, ist hingegen auf spärliche Stränge beschränkt. Die etwa zigarrenförmigen Hefen werden wieder in zwei Reihen von Keilzellen aufgenommen, welche wohl nicht
nur durch ihre Füllung bedingte, sondern vielleicht auch dem Auffangen der
Symbionten dienende Fortsätze in die Leibeshöhle senden. Die Ansammlung,
welche sich schließlich wieder am Hinterende des Eies findet, ist diesmal
wesentlich ansehnlicher.

Bei einer Reihe von Cicadoiden gesellt sich nun als weiterer Gast zu diesen
Hefen jener *a*-Symbiont, der uns eben bei der Peloridiide *Hemidoecus* als einz`ger
begegnete. Die Gestalt der Mikroorganismen, der Aufbau ihrer Wohnstätten
und die sehr eigentümlichen, mit der Erzeugung spezifischer Übertragungsformen im Zusammenhang stehenden Differenzierungen an diesen lassen sie

jeweils eindeutig wiedererkennen. Die *a*-Symbionten treten als ovale, wurstförmige oder zu Schläuchen verlängerte Gebilde auf, die je von einer nicht immer leicht zu erkennenden Membran umzogen sind. Sie zwingt die wurstförmigen Zustände zu U-förmiger Krümmung, preßt dabei deren Schenkel oft

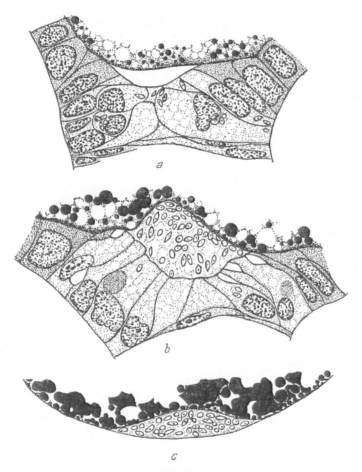

Abb. 160

Ledra aurita L. *a* In den vergrößerten Keilzellen treten die ersten Hefen auf. *b* Die Hefen verlassen die Keilzellen. *c* Abschluß des Infektionsvorganges. (Nach Buchner.)

eng zusammen und nötigt die Schlauchformen zu spiraler Aufrollung und mannigfacher Umschlingung. Innerhalb dieser Membran kommt es zu Zweiteilungen, welche man auch im Leben verfolgen konnte, und zur Zerklüftung in eine größere Zahl von Teilstücken (Abb. 162). Unsanftes Zerzupfen der Mycetome und die Verwendung nicht isotonischer Medien hat bei diesen Symbionten nur allzu leicht mancherlei Deformationen zur Folge, welche einst Šulc zu einer unrichtigen Schilderung ihrer Gestalt verführten. In der Folge haben sich vor

allem RESÜHR und H. J. MÜLLER mit der physikalischen Chemie ihres sehr
empfindlichen Protoplasmas sowie mit der feineren Morphologie und Vermeh-
rungsweise dieser *a*-Symbionten befaßt und frühere Irrtümer korrigiert. ŠULC

hatte in ihnen noch Saccharomyceten erblickt,
die beiden genannten Autoren aber sind mit mir
darin einig, daß es sich wie auch bei sehr vielen
anderen ähnlichen Zikadensymbionten um flüssigkeitsreiche, weitgehend entartete Bakterien
handelt. Wenn MAHDIHASSAN neuerdings in einer
Reihe von Mitteilungen die Meinung vertritt, daß
es sich bei diesen *a*-Symbionten gar nicht um
Organismen, sondern um Trümmer zerfallender
Wirtszellen handelt, so steht dies im Gegensatz
zu einem erdrückenden Tatsachenmaterial und
bedarf keiner ernstlichen Widerlegung.

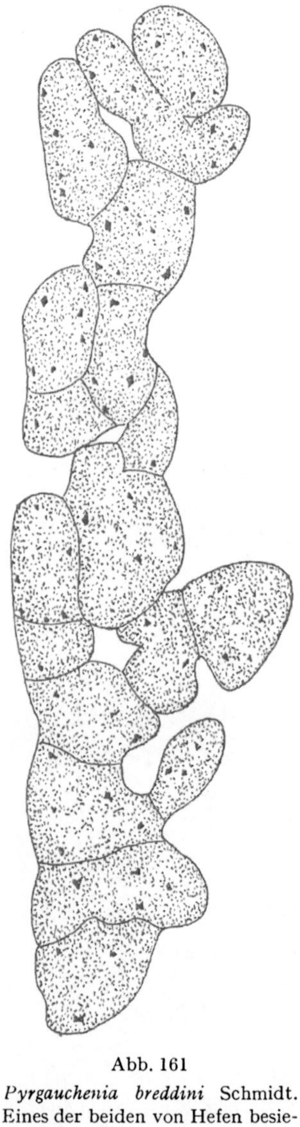

Solche *a*-Symbionten als alleinige Be-
gleiter von Hefen finden sich bei einer Reihe
von Jassiden, Membraciden, Eusceliden und
Cicadiden sowie bei der einzigen bisher untersuchten Aethalionide. Stets werden sie in wohlbegrenzten und mit Tracheen versorgten, paarig
angeordneten Mycetomen untergebracht, welche
meist aus zahlreichen ansehnlichen Syncytien,
oft aber auch aus einkernigen Riesenzellen bestehen und von einem wohlentwickelten Epithel
umzogen werden, das schmälere Fortsätze zwischen die Syncytien schickt. Im einzelnen unterliegt die Gestalt dieser Organe mancherlei
Schwankungen. Oft sind sie stark in die Länge
gezogen und erleiden vornehmlich durch die
dorsoventralen Muskelzüge und stärkeren Tra-
cheenstämme mehr oder weniger tiefe Einschnürungen, wie dies zum Beispiel bei *Selenocephalus
griseus* F. (Eusceliden), bei *Oncopsis (Bythoscopus) scutellaris* Fieb. und *lanio* L. (Jassiden) und
bei manchen Membraciden, zum Beispiel bei mehreren *Heteronotus*arten, der Fall ist (Abb. 163*a*).
Manchmal bleiben die Teilstücke nur noch dank
einer engen Brücke miteinander in Verbindung,
wie etwa bei einer Reihe von *Hoplophora*arten
(Membraciden), bei denen jederseits eine Kette
von fünf segmental angeordneten Teilmycetomen
in das Fettgewebe eingebettet erscheint. Gelegentlich werden die Abschnitte
auch nur noch durch das gemeinsame Epithel zusammengehalten. Bei anderen
Arten sind die Einschnürungen nur geringfügig und einseitig, wie zum Beispiel

Abb. 161

Pyrgauchenia breddini Schmidt.
Eines der beiden von Hefen besiedelten Mycetome. (Nach BUCHNER.)

bei den kleineren, aus einkernigen Mycetocyten bestehenden Organen von *Grypotes puncticollis* H. S. und *Opsius heydeni* Kbm. (Eusceliden) (Abb. 163 *b, c*) oder den ebenso gebauten *a*-Organen von *Ulopa reticulata* F. (Aethalioniden).

Recht abweichend sind hingegen die *a*-Organe gebaut, welche bei den Cicadiden im Verein mit Hefen gefunden werden. Auch sie gehen, wie alle anderen *a*-Organe, auf ursprünglich einheitliche paarige Organe zurück, doch führt hier die im Laufe der postembryonalen Entwicklung einsetzende Zerklüftung nicht zu hintereinanderliegenden Teilstücken, sondern zu traubenförmign Verbändene und schließlich zu einem Haufen völlig selbständiger kugeliger Teilmycetome. Bei

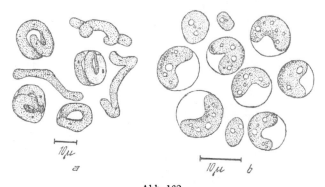

Abb. 162
a Philaenus spumarius L., *b Cixius nervosus* L. Die *a*-Symbionten.
(*a* Nach Resühr, *b* nach H. J. Müller.)

einem Teil der Gäaninen *(Mogannia-, Huechys-* und *Scieropteraarten)* gehen die Einschnürungen bereits so weit, daß nur ein genaueres Studium der Schnittserien den noch vorhandenen zentralen Zusammenhang erkennen läßt, bei anderen — *Tettigia orni* L., *Tibicen haematodes* Scop., *Cicadetta montana* Scop. — ist hingegen völlige Zerschnürung eingetreten, und nur noch je ein kräftiger Tracheenast hält die Teile wie die Beeren einer Traube zusammen.

Während alle bisher untersuchten Gäaninen *a*-Organe und Hefen führen, gilt dies nur für einen Teil der übrigen großen Singzikaden. Unter den Cicadinen fand sich bisher eine solche Kombination lediglich bei *Dundubia mannifera* L. und *Rihana ochrea* Walk. Auch in histologischer Hinsicht stehen diese auffälligen Organe etwas abseits. Das Innere der kugeligen Gebilde wird von verhältnismäßig wenigen, riesigen Syncytien mit zahlreichen rundlichen Kernen eingenommen, die wahrscheinlich, wie auch sonst bei vielen Zikaden, durch sekundären Zusammenschluß mehrerer kleinerer Syncytien entstanden sind und daher genau genommen «Synsyncytien» darstellen. Ihr Plasma wird von zum Teil sehr langen, sich vielfach durchflechtenden Schläuchen nach allen Richtungen durchzogen. Das hohe Mycetomepithel trägt an seiner Außenseite einen merkwürdigen, sonst nirgends zur Beobachtung gekommenen Stäbchenbesatz und führt zahlreiche lichtbrechende Einschlüsse in Form von Ringchen, Stäbchen und Fädchen, wie sie auch sonst gelegentlich im Epithel anderer

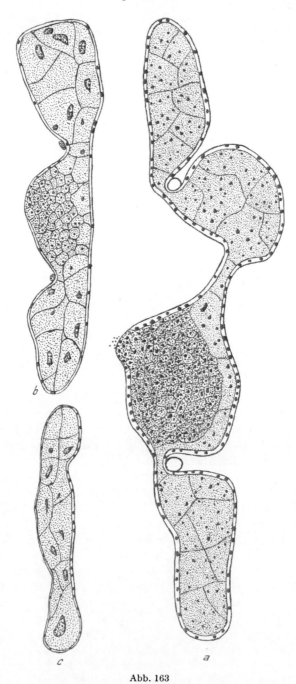

Abb. 163

a Selenocephalus griseus F., *b Opsius heydeni* Kbm. Von *a*-Symbionten bewohnte Mycetome weiblicher Tiere mit Infektionshügeln. *c Opsius heydeni* Kbm. Männliches Mycetom ohne Infektionshügel. (Nach BUCHNER.)

Cicadoiden-Mycetome begegnen. Ansehnliche Tracheenäste dringen nicht nur in das Epithel ein, sondern senden, wie dies bei solchen *a*-Organen zumeist beobachtet wird, außerdem feinere Äste tief in das Innere der Organe.

Die Lokalisation der Hefen in diesen *H+a*-Konsortien kann recht verschieden sein und führt von einer diffusen Überschwemmung der Fettzellen und der Lymphe bis zu wohlbegrenzten organartigen Wohnstätten. Ersteres ist zum Beispiel bei *Penthimia nigra* Goeze (Jassiden) und *Notocera brachycera* Irm. (Membraciden) der Fall; auch bei *Selenocephalus griseus* sind es gleichzeitig Fett führende, vielkernige Zellen, in denen die Hefen auftreten. *Oncopsis scutellaris* und *lanio* (Jassiden) sowie *Micrutalis ephippium* Burm. (Membracide) verhalten sich hingegen ähnlich wie *Ledra*, wenn völlig fettfreie mehrkernige Zellen da und dort in das Fettgewebe eingesprengt sind. Bei *Macropsis scutellata* Fieb. aber fügen sich bereits Syncytien zu ausgedehnten, nicht mehr von Fettzellen umhüllten Komplexen zusammen.

Bei einer *Aconophora*art (Membraciden) liegt zwischen den *a*-Organen und der Hypodermis eine ganz dünne, organartig entwickelte Lage von hefebewohnten, von einem Fettzellepithel umzogenen Syncytien, welche die ersteren in ihrer ganzen Ausdehnung begleitet und an den Rändern umgreift, während bei *Ulopa reticulata* je ein überaus umfangreiches Hefeorgan nahezu den ganzen Raum zwischen den beiden *a*-Organen einnimmt. Es ist aus riesigen polygonalen Zellen aufgebaut, die meist mehrere kleine Kernfragmente, manchmal aber auch einen entsprechend großen bizarren Kern führen. Daß auch hier trotz solcher weitgehender Selbständigkeit doch immer noch Beziehungen zum Fettkörper bestehen, verrät der Umstand, daß typische Fettzellen eine, wenn auch vielfach unterbrochene, epithelähnliche Umhüllung liefern. Manchmal begegnet auch in ihnen noch die eine oder andere Hefezelle, doch trifft man solche niemals außerhalb des Organs.

Einen völlig abweichenden und recht interessanten Weg hat dagegen eine Reihe weiterer Membraciden eingeschlagen. Bei *Lycoderes-, Omolon-* und *Sphongophorus*arten wurden die Hefen in die epitheliale Umhüllung der hier in vier Teilmycetome zerlegten *a*-Organe aufgenommen. Hand in Hand damit schwinden die Grenzen der Epithelzellen, und es entsteht eine voluminöse vielkernige Zone, die entsprechend den auch in typischen *a*-Organen sich zwischen die Syncytien schiebenden Brücken sich in das Innere fortsetzt und die Syncytien auseinanderdrängt oder sie zu unregelmäßigen sternförmigen Komplexen deformiert (Abb. 164). Daß diese «Epithelorgane», welche uns auch noch in anderen Kombinationen begegnen werden, wirklich auf das ursprünglich einschichtige Epithel zurückgehen, geht daraus hervor, daß diese Organe lediglich von einer zarten kernlosen Haut umspannt werden. Während sonst die Hefen streng auf das Epithelorgan beschränkt sind, kommen sie bei *Omolon laporti* Grm. gelegentlich auch in den Fettzellen und vor allem zahlreich in der Körperhöhle vor und sind dann vielfach zu langen Schläuchen ausgewachsen.

Schließlich ist an dieser Stelle noch von einer völlig aus der Reihe fallenden Verbindung von *a*-Organen und Hefen zu berichten, die mir bei *Cicadula (Thamnotettix) 4-notata* F. (Eusceline) und Rau bei einer *Cymbomorpha*art

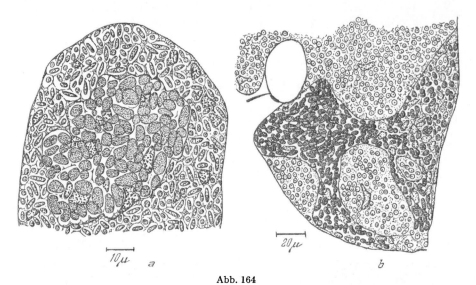

Abb. 164

a Lycoderes galeritus Less., *b Omolon laporti* Grm. Das Epithel der *a*-Mycetome wird von Hefen beschlagnahmt; bei *b* die Syncytien der *a*-Symbionten auf unregelmäßige Komplexe reduziert; der Infektionshügel erreicht trotzdem die Oberfläche. (Nach RAU.)

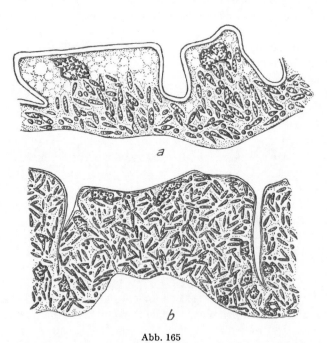

Abb. 165

a Cicadula 4-notata F., *b Cymbomorpha* sp. Das Mitteldarmepithel wird von Hefen bewohnt und im Zusammenhang damit bei *b* in ein Syncytium verwandelt. (*a* nach BUCHNER, *b* nach RAU.)

(Membracide) begegnet ist. Beide Formen besitzen die typischen a-Organe, die Hefen aber finden sich im Mitteldarmepithel. Bei *Cymbomorpha* ist dieses in seinem ganzen Verlauf prall von ihnen erfüllt und in ungewöhnlicher Weise gedehnt und aufgetrieben, die Zellgrenzen sind geschwunden, die Kerne haben sich amitotisch vermehrt und sind eckig geworden, der völlig veränderte Darm nimmt einen wesentlichen Teil des Abdomens ein. Daneben begegnen vereinzelte Hefen auch in den Fettzellen und da und dort in der Leibeshöhle, gelegentlich auch in den Zellen der Vasa Malpighi. Bei den Weibchen finden sich schließlich auch frei im Enddarm zu Klumpen geballte Hefen. In allen fünf untersuchten Tieren war der Befall der gleiche (Abb. 165 b). Bei *Cicadula* ist

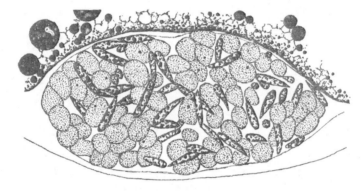

Abb. 166

Selenocephalus griseus F. Die Infektionsmasse am Hinterende eines Eies mit Hefen und a-Symbionten. (Nach BUCHNER.)

die Besiedlung des Darmepithels dagegen viel weniger dicht, so daß es auch nicht zu einer derartigen syncytialen Entartung desselben kommt (Abb. 165 a). Außerhalb des Epithels wurden hier keine Hefen festgestellt, und während alle 13 untersuchten Weibchen die Darminfektion aufwiesen, war sie bei der Mehrzahl der Männchen ausgeblieben.

Hinsichtlich der Übertragung verhalten sich die in Verbindung mit a-Organen auftretenden Hefen wie die allein vorhandenen, doch treffen sie sich jetzt natürlich an und in den Keilzellen mit den a-Symbionten und erscheinen auch im Ei unter diese gemengt (Abb. 166). Nach wie vor bilden sie hiebei keine spezifischen Zustände aus, und, wo sie organartig gebunden erscheinen, können sie sichtlich von jeder beliebigen Stelle zur Eiinfektion aufbrechen. Die bei *Cicadula* und *Cymbomorpha* das Darmepithel besiedelnden Hefen fehlen in dem lediglich a-Symbionten enthaltenden Ei, doch erscheint angesichts des besonders bei *Cymbomorpha* so regelmäßigen Vorkommens eine irgendwie geregelte Übertragung sehr wahrscheinlich. Vielleicht gelangen die Hefen hier aus dem Darmlumen auf die Eioberfläche und werden ähnlich wie die Hefen der Cerambyciden und Anobiiden oder die Bakterien der Heteropteren von den Larven nach dem Schlüpfen aufgenommen.

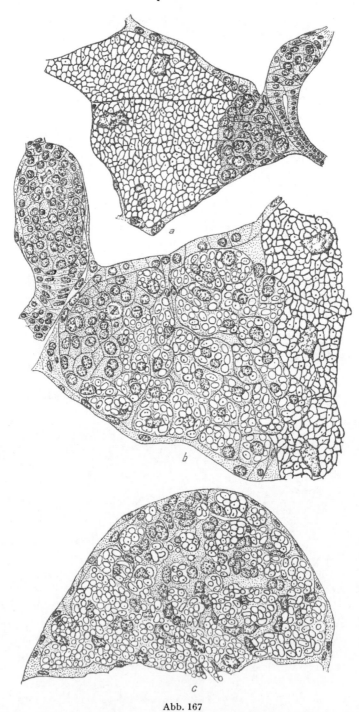

Abb. 167

Aphrophora salicis DeG. Entstehung des Infektionshügels. *a* Steriles Zellnest an der Verwachsungs-
stelle des Mycetoms mit dem Eileiter. *b* Fortschreitende Infektion des Hügels. *c* Spitze desselben mit
reifen Infektionsstadien. (Nach Buchner.)

Ungleich komplizierter liegen die Dinge bei den a-Organen. Für sie ist überaus kennzeichnend, daß stets in histologisch besonders ausgezeichneten Zonen eigene Infektionsstadien herangezüchtet werden, die allein bei der Übertragung auf die Nachkommen Verwendung finden. Es handelt sich dabei um die erstmalig von mir bei einer ganzen Reihe von Formen beschriebenen «Infektionshügel», auf die wir bereits bei der Peloridiide *Hemidoecus* gestoßen sind, ohne daß dort näher auf sie eingegangen werden konnte.

Vergleicht man die männlichen und weiblichen a-Organe, so fällt nicht nur auf, daß erstere im allgemeinen kleiner zu sein pflegen, sondern vor allem auch, daß in letzteren an einer oder auch an mehreren konstanten Stellen die Syncytien, bzw. Riesenzellen durch kleineres ein- oder zweikerniges Zellmaterial ersetzt werden (vgl. Abb. 163 *b* und *c*). Diese veränderten Regionen bilden bei den Cicadoiden zumeist mehr oder weniger starke Vorwölbungen, unter Umständen sogar höchst auffällige, scharf abgesetzte Anhänge, während sie, wie noch zu zeigen sein wird, bei den Fulgoroiden in der Regel mehr eingesenkt sind und so keine Veränderung in der Plastik der Mycetome bedingen. Stets aber erreicht diese besondere Zone die Oberfläche der Organe und drängt hier auf dem Höhepunkt ihrer Entwicklung eine Strecke weit die sich abflachenden, steril bleibenden Epithelzellen auseinander (Abb. 163 *a, b*, 164 *b*, 168, 170, 172).

Untersucht man die Genese dieser Hügel, welche an den zumeist lebhaft pigmentierten Organen durch eine schwächere, nach dem Gipfel zu immer mehr abklingende Färbung auffallen, so stellt man fest, daß sie auf ein Nest zunächst steriler Epithelzellen des larvalen Mycetoms zurückgehen, welches sich dank reger Zellteilungen jeweils dort bildet, wo dieses mit dem Eileiter vorübergehend leicht verwachsen ist. Liegt eine solche Berührung an mehr als einer Stelle vor, wie das bei den a-Organen der Fulgoroiden mehrfach der Fall ist, so kommt es dementsprechend zur Induktion mehrerer derartiger Zellnester. In ihnen aber pflegen nun von der Basis nach der Oberfläche zu Vakuolen aufzutauchen, welche allem Anschein nach einen Wirkstoff enthalten, der Veränderungen an den Symbionten auslöst, durch welche sie zu infektionstüchtigen Stadien werden. Zunächst treten nur wenige derselben an der basalen Zone in diese spezialisierten Epithelzellen über, vermehren sich in ihnen, werden gedrungener und erhalten ein dichteres und daher stärker färbbares Protoplasma. Allmählich aber füllt sich so nach der Spitze fortschreitend der ganze Hügel mit infektionstüchtigen Stadien. Die Vermehrung der Symbionten führt zur Bildung cystenartiger Nester, durch welche die Zellen mehr und mehr aufgetrieben und ihre Kerne an die Wand gedrückt werden. Zumeist fließen sie dann in der Gegend des Gipfels zu einem Syncytium zusammen, die Infektionsstadien aber treten, wenn die Ovarien die nötige Reife erlangt haben, an der Spitze in die Leibeshöhle über (Abb. 167 *a, b, c*).

Offensichtlich diffundieren die hier entstehenden Wirkstoffe auch in die angrenzenden Gebiete der Mycetome, denn das spezifische Zellnest ist an seiner Basis keineswegs stets scharf gegen die Umgebung abgesetzt, sondern läßt vielfach eine mit zunehmender Entfernung abklingende Beeinflussung der Nachbarschaft erkennen. Handelt es sich um Organe mit einkernigen Mycetocyten, so wirkt die Nähe des Zellnestes wachstumshemmend auf diese, wie dies das Mycetom von *Penthimia* besonders schön zeigt (Abb. 168). Liegen Syncytien vor, so bleiben diese gegen den Infektionshügel zu kleiner, weil offenbar hier die sonst einsetzenden Verschmelzungen derselben unterbunden werden. Auch

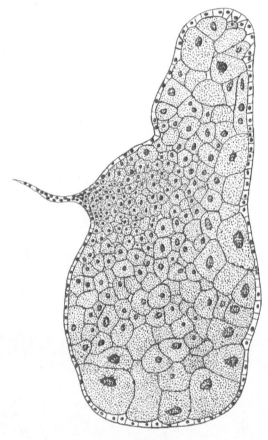

Abb. 168

Penthimia nigra Goeze. Mycetom eines Weibchens mit Infektionshügel, dessen wachstumhemmende Wirkung mit zunehmender Entfernung abklingt. (Nach BUCHNER.)

unter Umständen bereits vor dem Übertritt in die Epithelzellen einsetzende Veränderungen an den an sie grenzenden Symbionten belegen eine solche Fernwirkung. So wird von einer *Aconophora* (Membracide) beschrieben, wie die *a*-Schläuche bereits in den anschließenden Syncytien kürzer, gedrungener und intensiver färbbar werden und wie sie von dieser Umwandlung desto stärker erfaßt werden, je näher sie den Zellen liegen, in die sie schließlich übertreten.

Wo das sonst sterile Epithel der *a*-Organe von Hefen beschlagnahmt wird und damit die *a*-Symbionten von der Oberfläche abgedrängt werden, wie dies bei *Lycoderes* und *Sphongophorus* der Fall ist, müssen diese unter erschwerten Umständen den Weg nach außen finden. Die den Infektionshügeln entsprechenden Regionen durchstoßen dann die von den Hefen eingenommene Randzone und erreichen so wenigstens mit der Spitze die Oberfläche des Organs. Bei *Omolon*, dessen *a*-Organ so stark zerklüftet wird, grenzt hingegen das Infektionsstadien erzeugende Zellnest in breiter Front an die Oberfläche und hängt

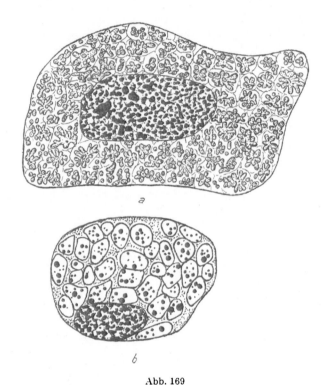

Abb. 169

Euacanthus interruptus L. *a* Mycetocyte mit *t*-Symbionten. *b* Ebensolche als Wanderzelle mit Infektionsstadien. (Nach Buchner.)

andererseits dank einem stielartigen Fortsatz mit den übrigen, von den *a*-Symbionten besiedelten Regionen zusammen (Abb. 164 *b*).

Die kugeligen Teilmycetome der Cicadiden bilden jeweils eigene Infektionshügel, doch liegen diese sämtlich so, daß sie offenbar auf ein ursprünglich einheitliches und erst bei der Zerklüftung zerteiltes Zellnest zurückgehen.

Eine weitere wohlcharakterisierte Form von Nebensymbionten, welche bei den Cicadoiden weit verbreitet ist, den Fulgoroiden aber durchaus abgeht, sind die *t*-Symbionten. In der disymbiontischen Kombination *a + t*, die uns zunächst allein beschäftigen soll, treten sie freilich viel weniger oft auf als in komplizierteren tri- und polysymbiontischen Konsortien. Jassiden, Eusceliden und Membraciden liefern die Beispiele.

Die Organismen, welche die Bezeichnung *t*-Symbionten tragen, sind verhältnismäßig große Gebilde, die stets nur in einkernigen Zellen untergebracht werden und sich in diesen so dicht drängen, daß ihre Gestalt oft nur mit Mühe zu erkennen ist. Zum Teil sind sie rundlich bis oval, zum Teil gelappt. Unter Umständen treten an Stelle rundlicher Lappen auch schlankere, sich nach allen Seiten streckende Fortsätze, so daß zierliche Rosetten entstehen (Abb. 169a). An solchen Formen läßt sich dann wie bei den *a*-Symbionten eine jeden einzelnen Organismus umgebende Membran feststellen. Das Plasma dieser *t*-Symbionten ist meist sehr reich an eosinophilen Granulationen. Trotz so starker Belastung behalten die von ihnen bewohnten Mycetocyten ganz allgemein die Fähigkeit zu mitotischer Teilung bei. Die dabei erscheinenden Äquatorialplatten zeigen unter Umständen ungewöhnlich hohe Chromosomenzahlen und erinnern so an die bei *Pseudococcus* und *Aleurodes* begegnende Polyploidie.

Niemals hat man bisher diese Symbiontensorte für sich allein Mycetome aufbauend gefunden, sondern sie stets nur in mehr oder weniger innigem Verein mit *a*-Symbionten angetroffen. Dabei lassen sich drei Stufen zunehmender Verschweißung unterscheiden. Die ursprünglichste stellt *Euacanthus interruptus* L. (Jassiden) dar. Hier schmiegt sich jederseits einem langgestreckten *a*-Organ nach außen zu ein etwas kürzeres, aber ebenso schlankes *t*-Organ an und wird von ihm an den Rändern wie von einer Mulde umgriffen. Während das erstere von dem üblichen, wohlentwickelten Epithel allseitig umzogen wird, besitzt das *t*-Organ lediglich eine ganz zarte, wenige kleinste Kerne führende Hüllmembran. Wie locker die Vereinigung der beiden Abschnitte ist, geht auch daraus hervor, daß die dorsoventralen Muskeln zwischen ihnen ziehen (Abb. 170a).

Wesentlich inniger ist die Verbindung der beiden Teile bei einer großen Anzahl weiterer Jassiden und bei Eusceliden geworden. Bei allen bisher untersuchten *Euscelis-* (*Athysanus-*) und *Deltocephalus*arten sowie bei *Macrosteles-*, *Paramesus-*, *Eupelix-*, *Strongylocephalus-* und *Thamnotettix*arten ist der *t*-Abschnitt fest in den ihn von drei Seiten umfassenden *a*-Abschnitt eingelassen. Soweit sich die beiden berühren, fehlt nun das hohe, ursprünglich das *a*-Organ allseitig umziehende Epithel, und wo die *t*-Symbionten an die Oberfläche reichen, geht es in dessen zarte Begrenzung über (Abb. 170b).

Bei Membraciden begegnet ebenfalls gelegentlich eine derartige unvollständige Umfassung der *t*-Symbionten (*Cyphonia trifida* I.), ungleich häufiger aber ist nun die vollendetste Stufe des Doppelmycetoms, auf der die *a*-Zone die *t*-Zone allseitig umhüllt. *Gargara-*, *Cyphonia-*, *Ceresa*arten liefern unter anderen Beispiele hiefür (Abb. 177, 1, *a*).

Wie für die *a*-Symbionten die Entstehung der Übertragungsformen in eigenen Epithelzellnestern typisch war, bilden auch die *t*-Symbionten die der Eiinfektion dienenden Zustände auf ganz besondere, wenn auch andere Weise. In den zentralen Regionen der weiblichen Mycetome, und nur in diesen, sieht man, wenn die Eizellen heranreifen, wie da und dort eine der bis dahin polygonalen Mycetocyten sich abrundet und ihr gesamter Vorrat an Symbionten bestimmte Veränderungen

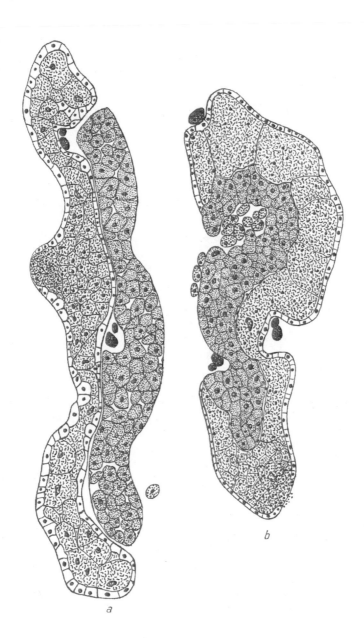

Abb. 170

a Euacanthus interruptus L. Mycetom eines Weibchens mit locker vereintem *a*- und *t*-Abschnitt und Infektionshügel des ersteren. *b Paramesus nervosus* Fall. *a*- und *t*-Abschnitt sind innig verbunden, der Infektionshügel liegt terminal. (Nach Buchner.)

erleidet. Diese grenzen sich dann deutlicher gegeneinander ab und nehmen, wenn sie vorher gelappt waren, allmählich rundliche Gestalt an. Die eosinophilen Granulationen fließen dabei unter Umständen zu größeren Tropfen zusammen *(Euacanthus)*. In diesem Zustand wandern die Mycetocyten, sich dabei meist in die Länge streckend, zwischen den unveränderten Genossen nach der Oberfläche des Mycetoms und verlassen es schließlich (Abb. 169 b). Orte bevorzugten Austrittes sind die nicht von der a-Rinde umgebenen Strecken, und wo diese eine allseitige ist, die Einschürungsstelle an der Innenseite der Organe. Die durch die Wanderung entstehenden Lücken schließen sich rasch, und

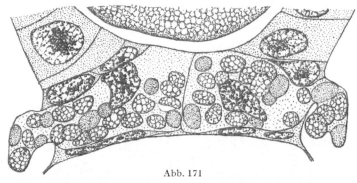

Abb. 171

Paramesus nervosus Fall. Infektion der Keilzellen durch *a-* und *t*-Symbionten. (Nach BUCHNER.)

Zellteilungen sorgen für den nötigen Ersatz. Außerhalb des Mycetoms aber zerfällt die Mycetocyte und übergibt die infektionsreifen Zustände, welche während der Wanderung vielfach deformiert wurden und sich jetzt erst wieder abrunden können, dem Blutstrom (vgl. Abb. 176 b). Die Art, wie dann die beiden Symbiontensorten vereint in die dabei unter Umständen ansehnliche Auswüchse bildenden Keilzellen und schließlich in das Ei übertreten, bietet nichts Neues (Abb. 171).

Außer den a-, H- und t-Symbionten treten bei den Cicadoiden noch mancherlei Begleitsymbionten und zahlreiche akzessorische Symbionten auf und komplizieren das Bild ganz wesentlich. Für die Cercopiden sind die sonst bei keiner anderen Cicadoide festgestellten und innerhalb der Fulgoroiden ebenfalls auf einen Teil der Cixiinen beschränkten b-Symbionten sehr charakteristisch. Sie stehen den a-Symbionten, mit denen sie stets — auch bei den Fulgoroiden — vergesellschaftet sind, nahe, bilden aber keine so langen Schläuche wie diese. Rundlich, oval, oder kürzere, gleichmäßig dicke, U-förmig gebogene Würste bildend, werden auch sie von einer Membran umzogen und zerschnüren sich hinter dieser in zwei und mehr Teilstücke. Wie die a-Symbionten bald in einkernigen Riesenzellen, bald in Syncytien vorkommen, so auch sie. Die wohlbegrenzten Mycetome, in denen sie leben, werden im Gegensatz zu den a-Organen stets nur von einer flachen, zelligen Hülle umgeben und liegen immer in deren Nachbarschaft. Bald handelt es sich um ein oder zwei rundliche oder ovale Organe, welche nach außen den *a*-Mycetomen lose anliegen oder in Nischen derselben eingesenkt sind (viele *Neophilaenus*arten und andere), bald wird ein regelrechtes Doppelmycetom geschaffen, das an jenes von *Euacanthus* erinnert, wenn nun der *a*-Abschnitt den *b*-Abschnitt innig umgreift, aber dessen Außenseite freiläßt und an seiner epithelialen Umfriedung nicht teilhat (*Cercopis sanguinolenta* L., *Lepyronia coleopterata* L., Abb. 172*a*, *b*, *e*).

Niemals werden von den *b*-Organen zum Zwecke der Übertragung Infektionshügel gebildet. Da und dort treten vielmehr vereinzelte, in ihrer Gestalt kaum veränderte und von den Übertragungsstadien der *a*-Symbionten oft nur bei genauerem Zusehen zu unterscheidende Symbionten aus dem Mycetom in die Leibeshöhle über und gelangen im Verein mit den *a*-Symbionten in die Ovocyten.

Ein ähnlich isoliertes Vorkommen eines mit *a*-Symbionten verkoppelten Begleitsymbionten betrifft einen Teil der Cicadinen. Bei ihnen ist die für Gäaninen typische Verbindung einer Hefe mit *a*-Symbionten offenbar verhältnismäßig selten, während die Kombination *a* + *w*-Symbionten mehrfach angetroffen wurde (*Cicada plebeja* Scop., *septendecim* L., *Rihana* sp., *Poicilopsaltria octopunctata* Fab.). Auch dann handelt es sich um traubige Verbände kugeliger Teilmycetome, aber diese bestehen jetzt aus einem einzigen, riesigen, zentralen Syncytium, dessen zahlreiche kleine Kerne zumeist auf radiär ziehende Plasmastraßen beschränkt sind und in dem die kleineren *a*-Schläuche untergebracht sind, und einer Rindenschicht, die ebenfalls syncytial gebaut ist und die größeren, an Einschlüssen reicheren *w*-Schläuche enthält. Ein wohlentwickeltes Epithel schließt diese eigenartigen Doppelmycetome, in die starke Tracheenäste eindringen, nach außen ab.

Auch diesmal ist die Art, wie für spezifische Übertragungsformen gesorgt wird, sehr bezeichnend für den Typus der Symbiose. An je einer, den Infektionshügeln entsprechenden, aber sich nicht nach außen vorwölbenden Stelle der Teilorgane entstehen in der Markzone Nester von rundlichen Stadien; der gleiche Vorgang spielt sich in dem angrenzenden Bereich der Rindenschicht ab, und da hier gleichzeitig die trennende Membran aufgelöst wird, mengen sich beiderlei Übertragungsformen und treten gemeinsam in die Leibeshöhle über (Abbildungen bei Buchner, 1912).

Bevor wir uns endlich den tri- und polysymbiontischen Cicadoiden zuwenden, müssen noch einige Cercopiden und eine Jasside genannt werden, bei denen sich zu den nie fehlenden *a*-Symbionten an Stelle der *b*- oder *w*-Symbionten faden- oder stäbchenförmige, bzw. kugelige Begleitsymbionten gesellt haben. *Aphrophora salicis* De G. besitzt sehr auffällige, dank einem das Epithel erfüllenden Pigment intensiv rot gefärbte Mycetome von unregelmäßig lappiger Gestalt und fensterartigen Unterbrechungen, durch welche die dorsoventralen Muskeln ziehen. Dazu kommen zwei kleinere, diffus hellgelb gefärbte Mycetome, welche an der Innenseite der Organe in Buchten derselben eingelassen sind (Abb. 172*d*). Das die *a*-Symbionten enthaltende Hauptmycetom besteht aus zumeist zweikernigen Riesenzellen; die kleineren Mycetome aber sind aus einkernigen Zellen von geringerer Größe aufgebaut und machen einen weniger ausgeglichenen Eindruck. Die schlanken, geraden Stäbchen, die sie

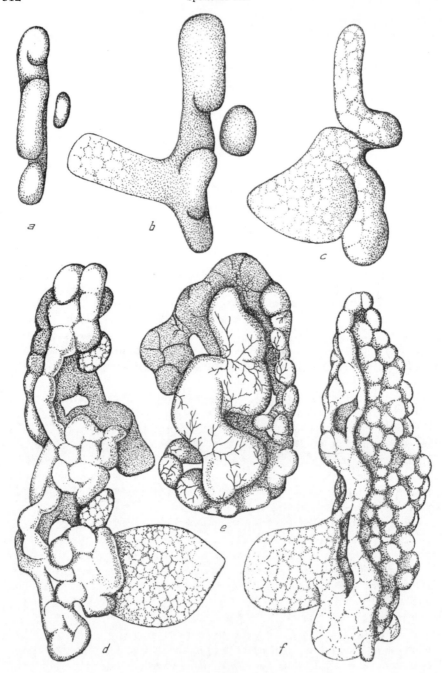

Abb. 172

Verschiedene Cercopiden-Mycetome nach dem Leben. *a Neophilaenus lineatus* L. ♂, *b Neophilaenus lineatus* L. ♀, *c Philaenus spumarius* L. ♀, *d Aphrophora salicis* DeG. ♀, *e Cercopis sanguinolenta* L., *f Aphrophora alni* L. ♀; *a* bis *d*, *f* in Seitenansicht, *e* in Flächenansicht, *b, c, d, f* mit Infektionshügel.
(Nach Buchner.)

führen, erfüllen die einzelnen Zellen in wechselnder Dichte, kleinere Myceto-cyten umgreifen andere, abgerundete, oder schließen, stark abgeplattet, das Mycetom nach außen ab. Dazu kommt daß diese begleitende, noch recht unge-zügelte Symbiontensorte auch da und dort in den Fettzellen oder in verlängerter Form zwischen diesen sowie in Blutzellen und Önocyten, ja sogar gelegentlich im Epithel der a-Organe auftritt. Trotzdem beteiligen sich jedoch diese Stäb-chen in durchaus geregelter Weise an der Eiinfektion.

Eine Sonderstellung nimmt ferner unter den Cercopiden *Tomaspis tristis* F. ein. Während *T. rubra* L. $a + b$-Mycetome besitzt, fallen bei ihr zwar ohne weiteres die ansehnlichen, Infektionshügel bildenden a-Organe auf, doch tritt diesmal an die Stelle der b-Organe eine lockere, unregelmäßige Umhüllung durch fettzellähnliche mehrkernige Zellgruppen mit Symbionten, die abermals typische Bakteriengestalt besitzen. Schließlich geht auch *Philaenus spumarius* L. (= *leucophthalmus* L.) seine eigene Wege, wenn er neben dem üblichen a-Organ kleine, rundliche, oft in Teilung anzutreffende und an die Aphiden-Symbionten erinnernde kugelige Organismen in mehrkernigen, von Fettzellen umgebenen Riesenzellen birgt und diese, fernere Regionen meidend, rund um das Mycetom anordnet (Abb. 172c).

Auch die Jasside *Cicadella (Tettigoniella) viridis* L. gesellt zu ihren a-Sym-bionten faden- und stäbchenförmige Bakterien und bringt sie, ähnlich wie *Aphrophora salicis*, in zwei dem Hauptmycetom nach außen lose anliegenden, kleineren Organen unter. Hier sind beide Mycetomsorten lichtgelb gefärbt. Die großen polygonalen, ein- bis zweikernigen Zellen der zusätzlichen Mycetome, welche keine solchen Unregelmäßigkeiten aufweisen wie bei *Aphrophora salicis*, sind von langen, schlanken, sich wie Haarlocken durchflechtenden Fäden bis auf den letzten Winkel dicht erfüllt. Nahezu einzig dastehend ist deren Verhalten gegenüber dem Infektionshügel des a-Mycetoms, denn auch dieser wird von ihnen infiziert. In einer mittleren, sich schon im Leben durch intensivere Pigmen-tierung auszeichnenden Zone des stark entwickelten Hügels fällt ohne weiteres eine Anzahl großer, runder, ein- bis dreikerniger Zellen auf. In diesen finden sich die Begleitsymbionten, nun freilich zumeist in Form viel kürzerer Stäbchen, zwischen denen nur gelegentlich einer der stattlicheren Fäden und einige ver-sprengte a-Symbionten liegen (Abb. 173a). Außerdem kommen sie in Gestalt einzelner kurzer Stäbchen auch in den umgebenden Regionen des Infektions-hügels vor. Nach seinem Gipfel zu aber bilden sie kleine, wohl durch eine gal-lertige Substanz zusammengehaltene Bündelchen, wie sie niemals in ihren eigentlichen Mycetomen begegnen, und nur sie verlassen gemeinsam mit den Übertragungsformen der a-Symbionten ihre Bildungsstätte und dienen der Eiinfektion. In diesem Fall wirken sich also die in jenem Zellnest lokalisierten formativen Reize gleichzeitig auf zweierlei Symbionten in jeweils verschiedener Weise aus[1]). In dem einfachen Kranz von Keilzellen, die schon vor Ankunft der

---

[1]) MAHDIHASSAN (1947) hat bezüglich der *Cicadella viridis*-Symbiose völlig abwegige Vorstel-lungen entwickelt. Er hält auch hier die a-Symbionten für Reste von zerfallenen Wirtszellen und findet in den akzessorischen Mycetomen eine größere und eine kleinere Symbiontensorte, wobei er die auf meinen Abbildungen im optischen Querschnitt punktförmig erscheinenden Fäden für die letzteren erklärt!

Symbionten anschwellen und vakuolisiert werden, tauchen erst einige *a*-Formen auf, dann folgen auch die in geringerer Zahl übertragenen Bündelchen. Die

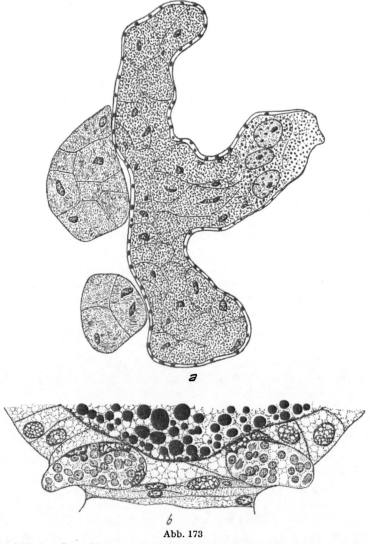

Abb. 173

Cicadella viridis L. *a* Das *a*-Mycetom mit zwei anliegenden weiteren Mycetomen, in denen faden-förmige Symbionten leben, die drei große Zellen des Infektionshügels infiziert haben und hier Bün-delchen bilden (leicht schematisiert). *b* Ein Kranz von Keilzellen wurde von beiderlei Symbionten infiziert. (Nach BUCHNER.)

anfangs rundlichen Kerne werden, Hand in Hand mit der zunehmenden Fül-lung, vielgestaltig, nehmen aber nach der Entleerung wieder ihre alte Beschaf-fenheit an (Abb. 179 *b*).

Durch Einbürgerung von weniger weitgehend angepaßten Begleitsymbionten können $a+b$-, $a+t$- und $a+w$-Konsortien zu trisymbiontischen werden. Die erstgenannte Möglichkeit verwirklicht *Aphrophora alni* Fall. (= *spumaria* L.). Ein lappiges rotes *a*-Mycetom umgreift hier unvollkommen eine große Menge von rundlichen, rosaroten *b*-Syncytien von drei Seiten (Abb. 172*f*); außerdem aber liegen zwischen diesen beiden Zonen mehrere unauffällige Nester von einkernigen Zellen, deren Plasma dicht von kräftigen, leichtgekrümmten Fäden erfüllt ist. In dem hier riesigen Symbiontenballen, der die ganze hintere Region des Eies einnimmt, finden sich daher jetzt drei Sorten durcheinandergewürfelt. Sie treten in einem Mengenverhältnis auf, das der Entfaltung ihrer Wohnstätten entspricht, wenn die *b*-Symbionten am zahlreichsten, die Fadenform am spärlichsten vertreten ist.

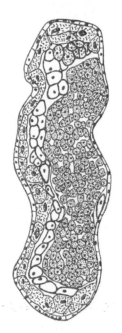

Zu $a+w$-Symbionten gesellt sich bei der Cicadine *Platypleura kämpferi* E. als dritter Gast ebenfalls ein Bakterium, das diesmal in Zellen lebt, die sich, im Fettgewebe gelegen, zu einem dem traubenförmigen Doppelmycetom eng anliegenden Komplex zusammenschließen. Die Verbindung $a+t+$ faden- oder stäbchenförmigen Begleitern kommt hingegen bei Jassiden und Eusceliden nicht selten vor und erreicht innerhalb der ersteren bei *Idiocerus* und *Agallia* sogar einen recht hohen Grad harmonischer Einfügung, während andere Fälle den Eindruck jüngerer, weniger geregelter Einbürgerung machen. Bei *Aphrodes (= Acocephalus) bicinctus* Curt. und *trifasciatus* De G. handelt es sich sogar um Stäbchen, welche in erster Linie als Parasiten im Inneren zahlreicher *a*-Schläuche, einschließlich deren Übertragungsformen, und nur gelegentlich auch zwischen ihnen in Form kleiner Nester leben, niemals aber in anderen Zonen der Mycetome oder in anderen Geweben begegneten.

Abb. 174

Idiocerus stigmaticalis Lewis. Mycetom mit drei von je einer Symbiontensorte bewohnten Zonen. (Nach BUCHNER.)

Paropia (= Megophthalmus) scanica Fall. führt zwischen den rosettenhaltigen *t*-Zellen wahllos verstreute andere, ebenfalls einkernige Elemente von wechselnden Dimensionen mit dichten Massen von stäbchenförmigen Bakterien. *Idiocerus stigmaticalis* Lewis und *cognatus* Fieb. hingegen sowie *Agallia venosa* Fall. fügen diese dritte Zell- und Symbiontensorte als weiteren zusammenhängenden Mycetomteil zwischen die Rindenzone der *a*-Symbionten und die geschlossene Masse der *t*-Zellen ein (Abb. 174). Alle drei Teile werden einheitlich von einem Epithel umschlossen, das wie gewöhnlich an der die Rindenzone entbehrenden Außenseite dünn bleibt. Wenn man freilich gelegentlich eine Gruppe dieser kleineren bakterienhaltigen Zellen auch zwischen die *t*-Zellen eingekeilt sieht oder gar ein Nest ihrer Bewohner im benachbarten Mycetomepithel feststellt, so wird man daran erinnert, daß eben doch auch hier eine noch nicht restlos gefestigte Einbürgerung vorliegt.

Handelt es sich bei der Begründung der bisher geschilderten dreifachen Symbiosen um einen da und dort im System der Cicadoiden vereinzelt getanen Schritt, so begegnet uns bei den Membraciden, welche von RAU an Hand eines 90 Arten umfassenden und von den zwölf Unterfamilien neun berücksichtigenden Materiales sehr eingehend untersucht wurden, eine viel allgemeiner verbreitete Neigung zur Aufnahme von Begleitsymbionten und weiteren, weniger gezügelten akzessorischen Gästen. Nur in dieser Familie kommt es daher bei den Cicadoiden zu Symbiosen mit mehr als drei verschiedenen Formen.

Stets stellen auch bei ihnen die nie fehlenden $a + t$-Organe den Ausgangspunkt dar. Zunächst seien die Fälle betrachtet, in denen auch hier lediglich ein dritter Symbiont in mehr oder weniger geregelter Form in ihnen Platz findet. Die einzigen bei uns einheimischen und daher schon vor Jahren von mir untersuchten Membraciden *Centrotus cornutus* L. und *Gargara genistae* F. gehören hierher. Bei ersterem treten zwischen der Rinden- und Markzone sowie in dieser einkernige Zellen auf, welche zahlreiche, stark färbbare kleine Schläuche enthalten. Da und dort keilen sie sich insbesondere auch, wo Tracheen eintreten und später die mit t-Symbionten beladenen Zellen auswandern, zwischen die a-Syncytien ein (Abb. 175). Obwohl sie sich regelmäßig im Material verschiedener Herkunft fanden, verursachen sie deutliche Störungen. Die Mycetocyten verlieren, wo sie mit den in die Kategorie der akzessorischen Symbionten einzureihenden Organismen in Berührung kommen, ihre scharfe Begrenzung und zeigen da und dort deutliche Anzeichen der Degeneration. Wenn diese zusätzlichen Formen gelegentlich auch im Inneren von t-Zellen auftauchen, so handelt es sich jedoch vermutlich um solche, welche der Eiinfektion dienen. Denn die austretenden Wanderzellen sind stets mit ihnen behaftet. Anfangs stark färbbar, verlieren sie freilich rasch diese Eigenschaft und sind nur noch schwer als blasse Gebilde nachzuweisen. Da sie aber im Laufe der Embryonalentwicklung mit aller Deutlichkeit wieder auftreten, kann an ihrer regelmäßigen Übertragung nicht gezweifelt werden.

Bei *Gargara genistae* finden sich an Stelle der wohl färbbaren kleinen Schläuche rundliche, zum Teil traubige Verbände bildende akzessorische Symbionten. Sie umschließen nur wenige, der Auflösung verfallende und daher auf größere Strecken ganz schwindende Kerne und verursachen abermals in den angrenzenden Mycetocyten starke Störungen. Viele von diesen werden aufgelöst oder von den noch so ungefügen Gästen infiziert, aber auch hier werden diese von den Wanderzellen mitgenommen, und so bleibt die erbliche Vereinigung der drei Mycetominsassen gesichert.

Aus der Fülle der weiteren Beispiele, welche RAU für das Vorhandensein eines dritten Symbionten bei Membraciden gibt, können hier lediglich einige herausgegriffen werden. Nur in ganz seltenen Fällen handelt es sich dabei um Hefezellen, welche ja im allgemeinen nicht mit a- und t-Symbionten vereint auftreten. Während sich bei einer Smiliine solche im Fettgewebe und frei im Abdomen, aber auch in den Hoden fanden, werden sie bei zwei Polyglyptinen in die Mycetome aufgenommen und bilden wenigstens bei den Weibchen im Bereich der *t*-Zellen oder zwischen ihnen und den *a*-Syncytien mehr oder weniger geschlossene kernhaltige Komplexe, wobei zahlreiche im *t*-Organ auftretende Hohlräume und Spalten auf tiefgreifende Störungen deuten. Die Wanderzellen bleiben zum Teil frei von ihnen und enthalten dann scharf umschriebene und gesunde Infektionsstadien, oder sie nehmen auch zahlreiche Hefen auf, was dann

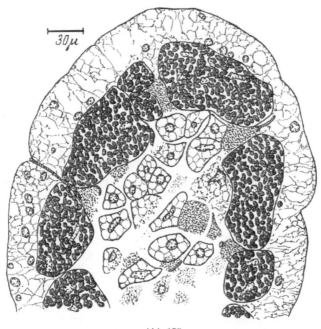

Abb. 175

Centrotus cornutus L. Ausschnitt aus dem Mycetom mit dreierlei Symbionten (*a*-Schläuchen, *t*-Symbionten und akzessorischen Bakterien). (Nach RAU.)

zur Folge hat, daß die *t*-Symbionten nicht mehr deutlich zu erkennen sind, also offenbar geschädigt werden. Im Symbiontenballen des Eies sind wieder alle drei Formen vertreten.

Hypsoprora coronata J. hat im *a*-Organ als dritten Gast schlanke, fadenförmige Symbionten aufgenommen. Wo sie nicht sehr zahlreich sind, leiden die älteren Insassen kaum unter ihrer Anwesenheit, wohl aber wo sie gehäuft auftreten. Die a-Schläuche wachsen dann zu großen rundlichen oder unregelmäßigen, alsbald in mehrere Teile zerfallenden Gebilden heran. Ihr Verhalten gegenüber den Infektionshügeln bekundet aber bereits eine recht weitgehende Einbürgerung. Die bis dahin einzeln zwischen die a-Schläuche verteilten Fädchen ordnen sich nämlich, je näher sie dem Infektionshügel zu liegen kommen, in steigendem Maße zu kleinen Bündelchen, ähnlich denen, die uns in noch regelmäßigerer Form bei *Cicadella viridis* begegneten. Als solche treten

sie dann mit den a-Symbionten in die noch sterilen Zellen des jungen Infektionshügels über, den sie später mit jenen verlassen. In den Keilzellen treffen sie sich
wieder mit den beiden anderen Sorten, und vereint mit ihnen liegen sie im Symbiontenballen des Eies. An einem größeren Material konnte hier festgestellt
werden, daß lediglich die Besiedelungsstärke von Tier zu Tier vor allem bei
den Männchen schwankt, daß aber im übrigen das Verhalten des dritten Gastes
stets das gleiche ist.

Eine strengere Lokalisation begegnet bei gewissen sehr langen, schlanken
und blassen Schläuchen, welche RAU bei *Sundarion-*, *Eualthe-* und *Hemikyphta-*
arten fand und als v-Symbionten bezeichnete[1]). Sie meiden die Rinde der a-Sym-
bionten durchaus und werden vor allem zwischen ihr und den Mycetocyten der
t-Symbionten, aber auch inmitten letzterer in einkernigen Zellen angesiedelt
und sind sonst nirgends im Zikadenkörper zu finden. Allerdings verrät die
Bildung großer leerer Räume im t-Organ und die starke Reduktion seiner im
übrigen nicht geschädigten Zellen immer noch eine gewisse Unausgeglichen-
heit. Der Infektionshügel wird auch hier von den zusätzlichen Gästen durchsetzt, und aller Wahrscheinlichkeit nach infizieren diese wohl schon als Begleitsymbionten zu bezeichnenden Organismen in Form kleiner, sich der Beobachtung entziehender Zustände gemeinsam mit den beiden Stammformen die Eier.

Auch die ϱ-Symbionten von *Adippe alliacea* Grm. erscheinen schon recht
wohl angepaßt. Diesmal sind es hingegen sehr kleine, aber distinkte kokkenförmige Organismen, die ausschließlich von Kernen durchsetzte Räume zwischen den t-Zellen einnehmen, deren Insassen, selbst wenn gelegentlich einige
der akzessorischen Symbionten zwischen sie eindringen, dadurch kaum verändert werden (Abb. 176a). Möglicherweise handelt es sich dabei auch hier
überhaupt stets um künftige Wanderzellen, denn diese dienen nun ganz regelmäßig dem Transport der ϱ-Symbionten zum Ei. Nachdem sie das Mycetom
verlassen haben, treten die letzteren zuerst an einer begrenzten Stelle in die
Leibeshöhle über, und später geschieht das gleiche mit den sich dabei wieder
abrundenden t-Symbionten (Abb. 176b). Beim Übertritt in die Keilzellen und
in das Ei hinken diese dritten Symbionten nach und nehmen daher in dem
Ballen die hinteren Randpartien ein (Abb. 176c).

Auch die σ-Symbionten von *Bolbonota* sp. beschränken sich auf den t-Ab-
schnitt der Mycetome, treten in großer Zahl in die Wanderzellen über und infizieren die Eizellen mit den übrigen Symbionten.

Eine Tolaniine, die nicht näher bestimmt werden konnte, hat hingegen
Nebensymbionten, welche hier blasse, gedrungene Schläuche darstellen, nahezu
völlig von der den t-Symbionten zukommenden Region geschieden und rund
um diese in einer von spärlichen Kernen durchsetzten Zwischenzone untergebracht. Nur da und dort wird diese Ordnung durch ein kleines, zwischen die
t-Mycetocyten eingesprengtes Nest durchbrochen (Abb. 177_1b). Der Infektionshügel bleibt für die a-Symbionten reserviert, während die Wanderzellen
wieder den dritten Gast mit zum Ovar tragen.

---

[1]) RAU verwendet zur Bezeichnung der akzessorischen Symbionten griechische Lettern.

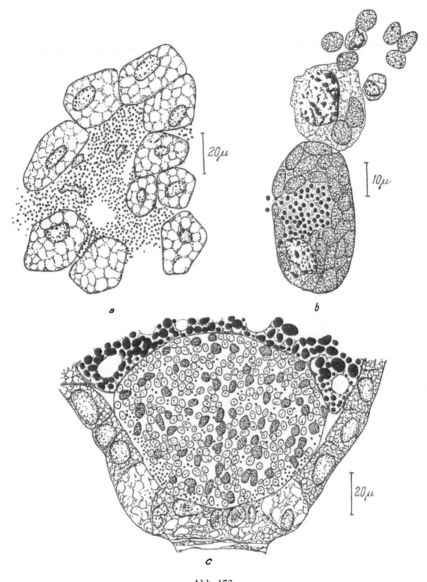

Abb. 176

Adippe alliacea Grm. *a* Ausschnitt aus dem *t*-Organ mit ϱ-Symbionten. *b* Zerfallende, die *t*- und ϱ-Symbionten entlassende Wanderzellen. *c* Infektion des Eies mit *a*-, *t*- und ϱ-Symbionten. (Nach Rau.)

Die Membraciden mit vier verschiedenen Symbionten bringen in dem typischen *a* + *t*-Mycetom zweierlei zusätzliche Gäste unter. Man kann dann jeweils an dem oft sehr ungezügelten Verhalten eindeutig feststellen, welcher von beiden der zuletzt aufgenommene Insasse ist. Während die dritten

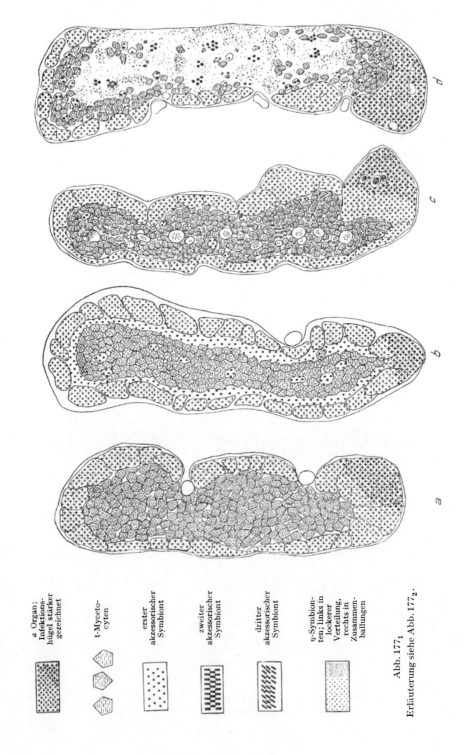

Abb. 171_1

Erläuterung siehe Abb. 171_2.

a Organ; Infektions-hügel stärker gezeichnet

t-Myceto-cyten

erster akzessorischer Symbiont

zweiter akzessorischer Symbiont

dritter akzessorischer Symbiont

η-Symbion-ten; links in lockerer Verteilung, rechts in Zusammen-ballungen

Symbionten der verschiedensten Art sein können, handelt es sich bei ihnen nahezu stets um die sogenannten η-Symbionten, das heißt kleine und kleinste stäbchenförmige Bakterien. Lediglich bei einer Polyglyptine treten an ihre Stelle große, kräftige, einen schmalen Saum zwischen dem a- und t-Organ bildende

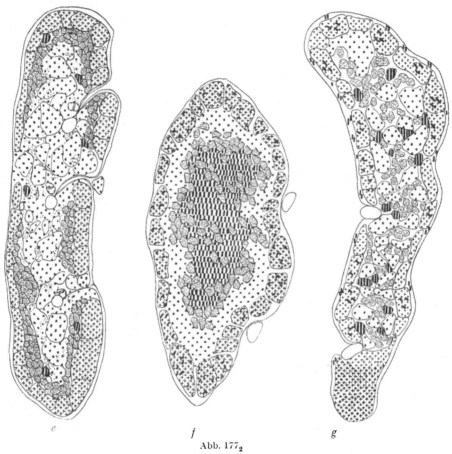

$$e \qquad\qquad f \qquad\qquad g$$

Abb. 177₂

Frontalschnitte durch Membraciden-Mycetome mit 2 bis 6 verschiedenen Symbionten. Schematisch ist lediglich die Kennzeichnung der Symbionten. *a Ceresa* sp., *b* Tolaniine, *c, d, e* drei Vertreter der Polyglyptinen, *f* Tragopine, *g Enchophyllum 5-maculatum* Jrm. 150 bis 300fach vergrößert. (Nach Rau.)

Schläuche. Auch sonst stellt diese Form eine Besonderheit unter den Membraciden mit vier Symbionten dar, nachdem im Mycetom als dritter Gast eine Hefe erscheint, wie sie bereits bei einigen Polyglyptinen begegnete (Abb. 178).

Bei *Bolbonota corrugata* Jrm. hingegen finden sich solche Hefen frei in der Körperhöhle, seltener im Fettgewebe und nur vereinzelt im Mycetom, wo als vierter akzessorischer Symbiont sehr kleine η-Formen leben, welche, in Vakuolen der a-Syncytien eingeschlossen, diese hypertrophieren lassen und im Bereich der *t*-Symbionten sie und die von ihnen bewohnten Zellen schwer schädigen. Außerdem durchsetzen sie den Infektionshügel und suchen vermutlich von hier aus die Eiröhren auf.

Auch eine *Campylenchia* sp. enthielt *a*-, *t*- und *η*-Symbionten in ihren Mycetomen, wobei die letzteren sich diese in allen ihren Teilen erobert haben. Kommen sie doch nicht nur zwischen den *a*- und *t*-Symbionten vor, sondern erfüllen auch in dichten Massen die sonst sterilen Epithelzellen der Organe und

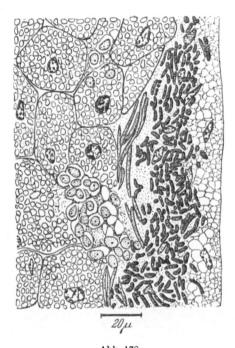

Abb. 178

Polyglyptine. Ausschnitt aus dem Mycetom mit *a*- und *t*-Symbionten sowie zwei zusätzlichen Gästen. (Nach RAU.)

dringen in Menge in die Wanderzellen, ja sie fehlen auch in weiten Teilen des Fettgewebes und in den Önocyten nicht (Abb. 179*a*). Vor ihnen haben ferner bereits die auch anderweitig begegnenden fadenförmigen *λ*-Symbionten Aufnahme gefunden, welche als Parasiten in einem Teil der *a*-Symbionten hausen und diese dadurch gelegentlich zum Zerfall bringen.

Alle vier Formen finden den Weg zu den Eizellen, die *t*-Symbionten in der üblichen Weise vermittels Wanderzellen, die *a*-Symbionten wie immer auf dem Umwege über die Infektionshügel. Dabei lassen sich die *λ*-Symbionten von einem Teil derselben passiv mittragen. Sie füllen sie dann als kleine Bündel, also auch ihrerseits in spezifischer Infektionsform, nahezu völlig aus. Diese drei Sorten werden von dem Ring der Keilzellen in buntem Durcheinander aufgenommen. Die η-Symbionten aber schlagen einen anderen Weg ein. Schon bevor die Keilzellen ihren Inhalt in die Ovocyte entleeren, bilden sie am Hinterende derselben eine käppchenförmige Ansammlung (Abb. 179 b). Vermutlich infizieren sie bereits die jüngsten, noch in der Endkammer gelegenen Ovocyten,

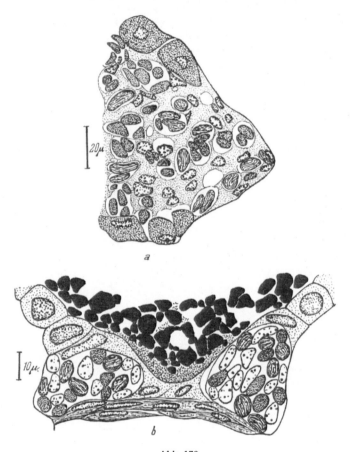

Abb. 179

Campylenchia sp. a Infektionshügel; die a-Symbionten sind zum Teil mit den λ-Symbionten beladen, die Epithelzellen dicht mit η-Symbionten infiziert. b In den Keilzellen sind die a-, t- und λ-Symbionten vereint, die η-Symbionten bilden bereits eine Ansammlung am hinteren Eipol. (Nach Rau.)

wie dies in einem anderen Fall bei ebenfalls noch sehr jungen Symbionten einwandfrei zu beobachten war.

Wie bei einer unbestimmten Polyglyptine die vier Symbionten im Mycetom lokalisiert werden, zeigt Abb. 177_1 c. Diesmal beschränken sich die η-Symbionten bereits ausschließlich auf den t-Bereich der Mycetome, liegen hier in großen Vakuolen, schädigen aber außerdem die angrenzenden Mycetocyten, verursachen ihren Zerfall und dringen sogar in Menge in das Innere der sich dann auflösenden t-Symbionten ein. Als weiterer Gast lebt im Mycetom in recht geringer Menge zwischen den t-Mycetocyten eine Schlauchform, die der bei *Centrotus* als Begleitsymbiont auftretenden sehr ähnlich ist. Die η-Symbionten lassen sich hier zum Teil als intrazellulare Parasiten von den Infektionsstadien der t-Symbionten ins Ei tragen, zum Teil treten sie offenbar auch in die jungen Ovocyten über, denn sie finden sich außerdem wie bei *Campylenchia* am Hinterende des Eies zwischen den Dotterschollen.

Hochgradig gestört erscheinen die Mycetome einer anderen Polyglyptine, bei der die t-Zellen und mit ihnen der dritte, kräftige Schläuche darstellende Gast stark zurückgedrängt werden, während der übrige Teil des Organs von einem unregelmäßigen Plasmagerinnsel erfüllt ist, in dem da und dort Kolonien der η-Symbionten erscheinen, und so den Eindruck weitgehender Verödung macht (Abb. $177_1 d$).

Bei einer dritten ebenfalls tetrasymbiontischen Polyglyptine fand RAU interessanterweise einen deutlichen Unterschied im Regulationsvermögen der beiden Geschlechter. Die männlichen Mycetome erscheinen auch hier weitgehend desorganisiert, die weiblichen trotz mancherlei Schädigungen wesentlich harmonischer.

Als letztes von vier Symbionten bewohntes Membraciden-Mycetom sei schließlich das von *Hypheus erythropterus* Burm. geschildert, das zwar auch durch eine weitgehende Verdrängung der t-Mycetocyten gekennzeichnet ist, aber doch den Eindruck erweckt, daß nun über den schon auf Abb. $177_1 d$ angebahnten Zustand eine brauchbare Neuordnung der Symbiontenverteilung Platz gegriffen hat. Die t-Symbionten bilden eine zusammenhängende Lage hinter den nur einseitig entwickelten a-Syncytien, und der Rest des Organs wird im wesentlichen von Syncytien mit schlauchförmigen v-Symbionten bezogen. Nur die auch hier noch ungezügelten, nicht sehr zahlreichen η-Symbionten stören die Ordnung, indem sie zwischen den a-Syncytien, in den t-Mycetocyten und in den v-Syncytien vorkommen und selbst in die t- und v-Symbionten eindringen. Die Übertragung der vier Sorten konnte bei dieser Art nicht studiert werden.

Von den fünf Membraciden, bei denen sich fünf verschiedene Symbionten fanden, seien drei etwas genauer geschildert. Bei ihnen erwecken die Mycetome trotz der Aufnahme so zahlreicher Gäste den Eindruck weitgehender Ausgeglichenheit. Eine Polyglyptine, welche nicht genauer bestimmt werden konnte, bringt die a-Symbionten in der üblichen Weise in einer auf der Außenseite nur unvollständig entwickelten syncytialen Rinde unter, hinter der eine schmale Schicht t-Mycetocyten zu liegen kommt. Das Innere nimmt eine aus großen Syncytien aufgebaute Markzone ein, in der eine schlauchförmige, wohlangepaßte Begleitsymbiontensorte (ψ-Symbionten) Platz findet. Lange schlanke ι-Symbionten finden sich in kleineren, nicht stets einen Kern führenden Komplexen zwischen dem a- und t-Abschnitt und im Randgebiet der Markzone, in deren Syncytien sie gelegentlich eindringen. Offensichtlich haben diese akzessorischen Gäste an vierter Stelle Aufnahme gefunden, denn die zuletzt Angekommenen stellen zweifellos auch hier die kleinen η-Symbionten dar, die in der für sie typischen Weise, mehr oder weniger große Haufen bildend, unregelmäßig in der Markzone verstreut vorkommen, gelegentlich auch in die Syncytien und ihre Insassen eindringen, aber immerhin andere Bereiche des Mycetoms meiden (Abb. 177$_2$ e). Für das Studium der Eiinfektion waren die Ovarien zu jung, aber es ließ sich wenigstens interessanterweise feststellen, daß die ψ-Symbionten entsprechend ihrer guten Einfügung in einkernigen Zellen an den bevorzugten Stellen das Mycetom verlassen und sich somit ganz wie die t-Symbionten verhalten (Abb. 177$_2$ e, in der Mitte rechts).

Eine Membracine und eine Tragopine, die leider ebenfalls beide nicht näher bestimmt werden konnten, machen uns mit einem etwas abgeänderten Bauplan

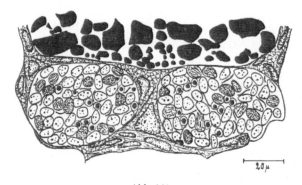

Abb. 180
Membracine. Die Keilzellen enthalten 5 verschiedene Symbionten. (Nach RAU.)

bekannt und ergänzen hinsichtlich der Eiinfektion. Bei ihnen wird mit aller Deutlichkeit ein aus vier Zonen zusammengesetztes Mycetom angestrebt (Abb. 177$_3$ f). Zwischen die a- und t-Zone schiebt sich hier allseitig ein weiteres schmales Territorium ohne jegliche Kerne ein, in dem bei beiden Tieren kleine, rundliche, blaß gefärbte Gebilde untergebracht sind. Das Zentrum des Organs nehmen mit wenigen Kernen versorgte schlanke Fädchen ein. Den jüngsten Insassen repräsentieren endlich ähnlich gestaltete Bakterien, welche sich entsprechend benehmen. Sie begegnen vor allem in den Syncytien der a-Symbionten und dringen hier zumeist in deren Inneres ein, kommen aber auch da und dort im sonst sterilen Epithel vor. Bei der Membracine, bei der auch die regionale Sonderung im Mycetom noch nicht so weit gediehen ist wie bei der Tragopine, überschwemmen sie auch das Fettgewebe, während sie bei der letzteren in ihm nur ganz vereinzelt zu treffen sind.

Alle fünf Sorten infizieren hier gemeinsam die Eizellen: die den Infektionshügel verlassenden a-Symbionten sind zum Teil mit den Bündeln des fünften Symbionten infiziert, die beiden anderen zusätzlichen Gäste bedienen sich der Wanderzellen der t-Symbionten, die recht verschieden erscheinen können, je nachdem entsprechend dem Ort ihrer Lage mehr oder weniger viele «blinde Passagiere» der einen oder anderen Sorte in sie übergetreten sind (Abb. 180).

Membraciden mit sechs verschiedenen Symbionten bedeuten schließlich den Höhepunkt dieses an das Märchenhafte grenzenden «Symbiontenhungers» der Membraciden. Bisher kennen wir zwei Beispiele hiefür. *Enchophyllum quinquemaculatum* Jrm. bringt wie die vorangehenden Arten fünf Sorten im Mycetom unter und führt außerdem eine Hefe im Fettgewebe, während eine unbestimmte Membracine für alle sechs Gäste im Mycetom Platz schafft. Bei *Enchophyllum* wird die Geschlossenheit der t-Mycetocyten preisgegeben und eine Mischzone gebildet, in der, von einer Lage a-Syncytien eingefaßt, drei Formen bunt durcheinandergewürfelt leben. Zwischen den t-Zellen machen sich vor allem in ein- oder mehrkernigen Verbänden lange, stark verfilzte Schläuche (ω-Symbionten) breit, während kleine, einkernige, von Stäbchen (λ_1-Symbionten) besiedelte Zellen, die ebenfalls da und dort hier eingesprengt sind, diesen gegenüber an Menge sehr zurücktreten, andererseits aber auch die Epithelzellen in gleichmäßiger Dichte erfüllen. Eine fünfte Form besteht aus etwas derberen und dickeren Stäbchen (λ_2-Symbionten), die innerhalb des Mycetoms nur locker verteilt im a-Organ zu finden waren, ihre Hauptverbreitung aber im Fettgewebe, in Önocyten und in den Malpighischen Gefäßen finden. Der sechste Gast, eine schlanke Hefe, beschränkt sich, das Fettgewebe meidend, völlig auf die Körperhöhle und ist hier nur in recht geringer Anzahl zu finden (Abb. 177$_2$ g).

a-, t-, ω-Symbionten und die Hefe treffen sich in den Keilzellen. Die ersteren entstammen wie immer dem Infektionshügel, die ω-Symbionten werden von den Wanderzellen der t-Symbionten mitgenommen, die Hefen finden ihren Weg allein. Die beiden kleinen Stäbchensorten aber treten wieder in die Nährkammer über und liegen dort schon auf frühen Stadien im Plasma der Drüsenzellen, im Faserstrang und in den jüngsten Ovocyten (Abb. 181 a). Die zartere Form derselben verläßt das Mycetom ebenfalls mit Hilfe der Wanderzellen, die derbere dürfte dem Fettgewebe entstammen.

Die zwei verschiedenen Einfallspforten haben eine sonst nirgends beobachtete Sonderung der schließlich am hinteren Pol vereinten Symbionten im Gefolge. Die aus den Keilzellen stammenden vier Sorten bilden ein endständiges Kissen, während die schon vor deren Übertritt durch Strömungen des Eiplasmas nach hinten getragenen jüngsten Insassen eine nicht minder wohlumschriebene kugelige Ansammlung bilden, welche in einer Delle des größeren Symbiontenpolsters ruht (Abb. 181 b).

Eine Membracine hingegen vereint schließlich, wie erwähnt, alle sechs Gäste in ihren Mycetomen. Gewaltig entwickelt ist bei ihr ein fadenförmiger Organismus, der die an Menge stark zurücktretenden t-Mycetocyten auseinandertreibt und einen großen zentralen Bereich einnimmt. Unter ihn gemengt lebt ein vierter, rundlicher und homogener Symbiont in spärlichen kleinen Ansammlungen; der fünfte wird von kleinen, blassen Schläuchen dargestellt, die da und dort im a-Organ zu treffen sind und vielfach auch im Inneren der a-Symbionten liegen, die übliche, wenig gebändigte η-Form findet sich nur da und dort im Epithel des Mycetoms, aber andererseits wieder zahlreich im Fettgewebe, in den Vasa Malpighi und in den Önocyten. Fünf Formen ließen sich im Ovar nachweisen, nur die unscheinbaren η-Symbionten entzogen sich der Beobachtung.

Die Wanderzellen müssen auch hier dem Transport der beiden übrigen Bewohner der Binnenzone dienen, die fünfte Form wird im Inneren der *a*-Symbionten übertragen.

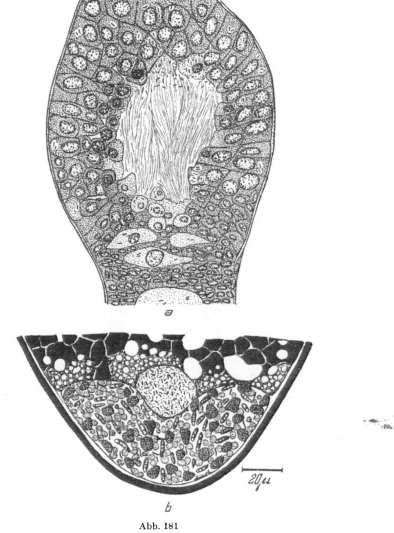

Abb. 181

Enchophyllum 5-maculatum Jrm. *a* Endkammer einer Ovariole mit λ_1- und λ_2-Symbionten, welche mit dem Sekret in die jungen Ovocyten gelangen. *b* Hinterende eines Eies nach Abschluß der Infektion; die λ-Symbionten ruhen auf dem Polster der *a*-, *t*-, ω- und Hefe-Symbionten, welche über die Keilzellen eindrangen. (Nach Rau.)

An Hand unserer einheimischen Membraciden konnte auch die **embryonale und larvale Entwicklung der Mycetome** untersucht werden. Wenn in den Symbiontenballen einige Furchungs- bzw. Blastodermkerne

eingedrungen sind, sammeln sich zunächst als erste die *a*-Symbionten um diese
und werden alsbald von den sich im Anschluß bildenden Zellmembranen umschlossen. Während an der Oberfläche bleibende flache Kerne eine Hülle um
das werdende Mycetom bilden, stellen die *t*-Symbionten und der zusätzliche,
sich weniger harmonisch einfügende Gast noch eine einheitliche, ebenfalls mit
einigen Kernen versorgte Masse dar (Abb. 182*a*). Auf einem nächsten Stadium
beginnen die einkernigen *a*-Zellen nach der Peripherie des embryonalen Mycetoms zu wandern, wo sich inzwischen ein Kranz plasmareicher, wahrscheinlich

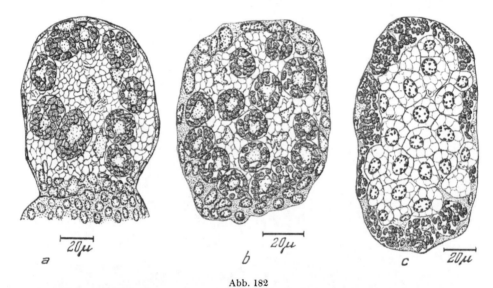

Abb. 182

Centrotus cornutus L. Entwicklung des Mycetoms. *a* Bildung einer ersten Garnitur von *a*-Mycetocy-
ten um eingedrungene Furchungskerne. *b* Vermehrung der *a*-Symbionten und Bildung einer sekundären mesodermalen Hülle. *c* Die letztere ebenfalls infiziert, die beiden Zonen geschieden, die
t-Zellen abgegrenzt, die akzessorischen kleinen Stäbchen zwischen den *t*-Symbionten. (Nach Rau.)

dem vordem angrenzenden Blastoderm entstammender Zellen gebildet hat
(Abb. 182*b*). Da die *a*-Zellen Hand in Hand mit einer lebhaften Vermehrung
ihrer Insassen immer zahlreicher werden, ohne daß Mitosen aufträten, und diese
sterilen Zellen gleichzeitig wieder einer spärlichen Hülle Platz machen, darf man
mit Bestimmtheit annehmen, daß sie schrittweise infiziert und ebenfalls zu
a-Zellen werden. Ist so von diesen eine kontinuierliche Rinde gebildet worden,
so treten auch um die restlichen freien, sich ebenfalls vermehrenden Kerne
Zellgrenzen auf, und es entstehen auf solche Weise die *t*-Zellen. Die immer noch
in geringer Zahl verbleibende dritte Symbiontensorte wird dabei miteingeschlos-
sen (Abb. 182*c*), doch vermögen sich die *t*-Zellen ihrer auf diesem Jugend-
stadium noch zu erwehren, denn es treten jetzt von den unwillkommenen Insassen erfüllte Plasmaknospen auf, welche sie in die Lücken zwischen den
t-Zellen abdrängen. Erst viel später werden sie dann erneut infiziert und in der

oben beschriebenen Weise geschädigt. So spiegelt sich in der fortschreitenden Aussonderung der drei Symbiontensorten mit aller Deutlichkeit die zeitliche Reihenfolge ihrer Einverleibung wider.

Während dieser Vorgänge wird das junge Mycetom in der auch sonst bei Homopteren üblichen Weise von dem am Hinterende des Eies sich entwickelnden Keimstreif nach vorne getragen und noch vor dem Schlüpfen zweigeteilt. Die Kerne der a-Mycetocyten vermögen sich auch während des weiteren Wachstums der Organe nicht mitotisch zu teilen, Amitosen ohne darauf folgende Zellteilung führen vielmehr zur Bildung der typischen Syncytien. Anders hingegen die t-Zellen. Sie behalten trotz der starken Belastung ihres Plasmas dauernd die Fähigkeit normaler mitotischer Teilung und ersetzen auf solche Weise noch in reifen Tieren die durch das Austreten der Wanderzellen auftretenden Verluste.

Schließlich muß noch mit einigen Worten auf die Typhlocybinen eingegangen werden, über deren symbiontische Einrichtungen leider bisher immer noch keine Klarheit herrscht. Sicher ist zunächst, daß bei ihnen keine Mycetome vorhanden sind und ebensowenig eine auf den ersten Blick auffallende Besiedlung des Fettes oder der Leibeshöhlenflüssigkeit mit Symbionten in Frage kommt. Dementsprechend fehlt auch am Hinterende des Eies die sonst stets ohne weiteres festzustellende Ansammlung von Symbionten. Als ich vor Jahren eine Reihe von Arten untersuchte, stieß ich vielfach auf enorme Massen kleiner, stäbchenförmiger Bakterien, welche sich vornehmlich in einem magenartig erweiterten Abschnitt des Mitteldarmes fanden und hier nicht nur frei im Lumen lagen, sondern auch einen dichten Saum auf den Epithelzellen bildeten. Ob in ihnen die Symbionten der Typhlocybinen erblickt werden dürfen und diese vielleicht bei der Ablage der Eier denselben oberflächlich beigegeben werden, ist jedoch recht fraglich. Beobachtungen STÜBENS (mitgeteilt bei BUCHNER, 1948), denen zufolge mit einer Besiedlung der Malphighischen Gefäße zu rechnen wäre, haben sich nicht bestätigt. So ist es mehr als wahrscheinlich, daß die Typhlocybinen, die auch sonst eine Sonderstellung einnehmen, als einzige Zikaden keine Symbionten besitzen. Allem Anschein nach erklärt sich, wie MÜLLER (1949) meint, ihr abweichendes Verhalten daraus, daß sie nicht vom Siebröhrensaft leben, sondern Zellen aussaugen und damit eine hochwertigere Nahrung zu sich nehmen.

Angaben über Kulturen von Cicadoiden-Symbionten liegen bisher lediglich von MAHDIHASSAN (1939, 1947) und TÓTH (1946, 1951) vor. Ersterer gibt, ohne Einzelheiten über Technik und Nährböden mitzuteilen, an, daß es ihm gelungen sei, aus Cicadella viridis zwei verschiedene Bakterien zu züchten, eine rote, wahrscheinlich Karotin produzierende, Kolonien bildende und eine gelbgrün gefärbte Form. Letzterer verwandte bei seinen Untersuchungen über die Assimilation atmosphärischen Stickstoffes Kulturen von Organismen, die er aus Aphrophora salicis, Philaenus spumarius u.a. gezüchtet hatte, ohne freilich den Nachweis der Identität zu erbringen.

γ) Fulgoroiden

Überschaut man, von den Cicadoiden kommend, die nicht minder mannigfaltigen symbiontischen Einrichtungen der Fulgoroiden, so steht man vor einer
anderen Welt. Organtypen, welche jenen fehlen, sind für sie überaus bezeichnend, und die Tendenz, die einzelnen Symbionten nicht wie bei den Cicadoiden
zumeist in einem Mycetompaar zu vereinen, sondern in gesonderten paarigen
und unpaarigen Organen unterzubringen, gibt ihnen ein völlig anderes Gepräge.
Auch sind die später zusätzlich aufgenommenen Symbiontensorten fast durchweg schon viel harmonischer in den Tierkörper eingefügt, als dies bei so vielen
Cicadoiden der Fall ist, und eine derartige Häufung von halbparasitischen
akzessorischen Symbionten, wie etwa bei den Membraciden, begegnet nirgends.

Bei den Fulgoroiden gesellt sich nun zu den a- und H-Symbionten noch eine
dritte, sehr eigentümliche, ihre Symbiose beträchtlich komplizierende Haupt-
form, welche man mit x zu bezeichnen pflegt. So häufig x- und H-Symbionten
im Verein mit Neben- und Begleitsymbionten vorkommen, so selten treten sie
freilich als alleinige auf. Auch bekunden sie eine deutliche gegenseitige Abneigung, so daß man sie, mit einer einzigen verschwindenden Ausnahme, niemals
gleichzeitig vertreten findet. Lediglich in der Gattung *Issus* wurde, soweit wir
heute wissen, diese Abneigung überwunden.

Hefen als alleinige Gäste sind nur bei *Nisia atrovenosa* Leth. (Meenoplinen) und einer unbestimmt gebliebenen Derbine bekannt geworden. In beiden
Fällen handelt es sich um unregelmäßig begrenzte, beiderseits in das Fettgewebe
eingebettete Territorien, in denen an Stelle der einkernigen Fettzellen Syncytien
treten. Die Gestalt der Hefen ist die typische. Die Infektion der Eizellen konnte
aus Materialmangel bei keiner der beiden Arten beobachtet werden.

Das alleinige Vorkommen der x-Symbionten wurde hingegen lediglich bei einer Anzahl anderer Derbinen, von denen freilich nur eine als *Mysidia*
sp. bestimmt werden konnte, sowie bei der Meenopline *Paranisia* konstatiert.
Diese Fälle sind besonders bedeutungsvoll, weil sie eine überaus merkwürdige
Erscheinung, deren Verständnis zunächst Schwierigkeiten bereitete, in denkbar
einfacher, nicht durch das Zusammenleben mit weiteren Sorten komplizierter
Form vorführen. Die fraglichen Derbinen enthalten in beiden Geschlechtern
recht unscheinbare paarige Mycetome, die bald bohnenförmig, bald in die Länge
gezogen, durch die auswachsenden Geschlechtsdrüsen in wechselnder Weise
verlagert werden. Hinter einer Hülle von stark gedehnten Zellen liegen Syncytien, deren mehr oder weniger verzerrte Kerne sich vor allem in größeren,
zentralen Plasmainseln finden. Die Symbionten sind auffallend große, polygonale oder rundliche Gebilde, von geringer Zahl und durch mancherlei dunkle
Schollen oder in anderen Fällen durch intensiv eosinophile Granula ausgezeichnet. Daß es sich bei ihnen und bei den vielfach noch viel größeren und bizarre
Gestalten annehmenden Gebilden, welche sich bei anderen Formen in entsprechenden Mycetomen finden, um extrem entartete Bakterien handelt, kann
heute kaum noch in Zweifel gezogen werden. Im männlichen Geschlecht sind
diese Mycetome wesentlich kleiner als im weiblichen (Abb. 183a).

Zu diesen x-Organen gesellt sich nun aber im weiblichen Geschlecht — und nur in diesem! — noch ein sehr eigentümliches, weiteres unpaares Mycetom, ein sogenanntes Rektalorgan, das in diesem Fall hinter der Valvula rectalis (= pylorica) zwischen Darmepithel und Muskularis eingelassen ist und sich

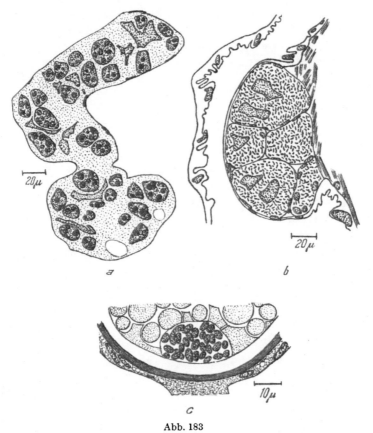

Abb. 183

Drei verschiedene Derbinen. Monosymbiontische Formen mit x- und Rektalorganen. *a* Teil des x-Organs. *b* Rektalorgan. *c* Hinterende des Eies mit einer einzigen, aus dem Rektalorgan stammenden Symbiontensorte. (Nach H. J. Müller.)

bruchsackartig in das Lumen des Enddarms vorwölbt (Abb. 183 *b*). Es besteht aus wenigen großen Mycetocyten, in denen je zwei unregelmäßig gestaltete Kerne und zahlreiche kleine, gedrungene Schläuche liegen. Untersucht man die reifen Eizellen, so findet sich an ihrem Hinterende ein Symbiontenhaufen, der, obwohl sich in den beiden Organen so verschiedene Symbionten fanden, ohne Zweifel nur eine einzige Sorte enthält, nämlich kleine, ovale, stark färbbare Gebilde, wie sie sich als spezifische Infektionsstadien, deutlich größer als die normalen Bewohner, da und dort im Rektalorgan differenzieren und zwischen den Mycetocyten liegen (Abb. 183 *c*). Obwohl also etwaige Abgeordnete des

x-Organs bestimmt nicht an der Eiinfektion beteiligt sind, tauchen in den Nachkommen beiderlei Geschlechtes diese Organe und ihre Bewohner stets in gleicher Weise wieder auf.

Als seinerzeit Šulc (1924) zum ersten Male bei *Cixius* und *Fulgora* auf x- und Rektalorgane im Verein mit anderen Symbionten stieß, übersah er, daß der eine Organtyp stets nur im Weibchen vorhanden ist, und glaubte auch die x-Symbionten im Ei wiederzufinden. 1925 stellte ich dann jedoch an den gleichen Objekten das Fehlen der Rektalorgane im männlichen Geschlecht und das der x-Symbionten bei der Eiinfektion fest und zog daraus den einzig möglichen Schluß, daß sich in beiden Geschlechtern aus den Infektionsformen der Rektalorgane die x-Symbionten entwickeln und daß außerdem bei den Weibchen, bevor diese Hypertrophie einsetzt, ein Teil des Symbiontengutes abgezweigt und, damit solcher Entartung entgehend, in das allein infektionstüchtige Stadien liefernde Filialmyceton am Rektum befördert wird. H. J. Müller hat dann, wie wir noch hören werden, in der Tat im Verlaufe seiner grundlegenden Fulgoroiden-Studie bei *Cixius* und *Fulgora* den entwicklungsgeschichtlichen Nachweis für die Richtigkeit dieser Auffassung zu bringen vermocht; *Mysidia* aber und die anderen sich wie sie verhaltenden Derbinen sowie *Paranisia* bestätigen sie, da nur bei ihnen weitere, die Situation komplizierende Symbiontensorten fehlen, in nicht minder eindeutiger Weise.

Disymbiontische Fulgoroiden sind bisher in dreierlei Kombinationen bekannt geworden. Sehr oft erscheint eine Hefe (H) mit f-Symbionten gekoppelt. Unter den 186 Arten, welche Müller neuerdings (1949) tabellarisch vorführt, verwirklichen nicht weniger als 73, die sich auf 11 Unterfamilien verteilen, eine solche Vergesellschaftung $H + f$. Die hauptsächlichen Verbreitungsgebiete dieses Symbiosetyps stellen die Flatiden und Phalänomorphiden, bei welchen man ihn in allen 12 bisher geprüften Arten fand, die Fulgorinen und Issinen, bei denen er immerhin auch sehr häufig ist, und endlich die Delphaciden dar. In der letzteren Familie sind es vor allem die Delphacinen, welche das größte Kontingent stellen — 24 von 27 geprüften Arten —, und die Megamelinen, bei denen mehr als die Hälfte Hefen und f-Symbionten beherbergen. Aber auch bei einer Tropiduchine *(Tambina)*, bei dem einzigen bisher untersuchten Vertreter der Eurybrachiiden, und bei *Euricania* (Ricaniinen) fand sich die gleiche Kombination.

Die Art, wie die Hefen untergebracht werden, kann recht verschieden sein. Sie können interzellular oder intrazellular liegen. Ersteres kommt lediglich bei Fulgorinen *(Fulgora-, Pteroplegma-, Nersia-* und anderen Gattungen) und gewissen Issinen vor und ist besonders in jugendlichen Tieren wohlausgeprägt. Die einkernigen Fettzellen liegen dann sehr locker, und die Hefen finden sich, vielfach von pseudopodienartigen Fortsätzen der Fettzellen umgriffen, ausschließlich in den Spalträumen zwischen diesen (Abb. 184 a). Später schließen dann die Fettzellen zumeist dichter aneinander und lassen den Symbionten nicht mehr den anfänglichen Spielraum.

Phalänomorphiden und Flatiden behandeln ihre Hefesymbionten in ganz der gleichen Weise. Die einkernigen Fettzellen werden auf weite Strecken infiziert und fließen dann, ihre Zellgrenzen auflösend, zu Syncytien zusammen. Dichte der Besiedelung und Schärfe der Sonderung gegenüber nichtinfizierten Zonen sind hiebei starken Schwankungen unterworfen und bekunden ein noch relativ lockeres Verhältnis zwischen Wirtsgewebe und Symbionten. Nur bei einer *Ormenis*art ist man auf eine sehr reinliche, wie ein Ansatz zu organartiger Sonderung anmutende Abtrennung infizierter, aber immer noch regellos verteilter Fettgewebslappen gestoßen.

Die hierher gehörigen Issinen verhalten sich im allgemeinen wie die Flatiden, doch begegnen unter ihnen auch Formen, bei denen die Symbionten interzellular leben. Bei stärkerem Befall scheinen sie hier freilich auch in die Fettzellen einzudringen und diese zu syncytialem Zusammenschluß zu veranlassen. Bei manchen Megamelinen und Delphacinen begegnet als weiterer neuer Typ der Lokalisation der Hefen die Unterbringung in einzelnen, einkernig bleibenden und zumeist zusammenhanglos über die Fettgewebsläppchen zerstreuten Zellen (Abb. 184 b). Zumeist aber kommt es auch in diesen Unterfamilien zu einem Zusammenfließen solcher Zellen zu syncytialen Verbänden. In diesem Fall zeichnet sich beim Vergleich einer größeren Zahl von Arten mit aller Deutlichkeit ein Streben nach organartiger, ja mycetomähnlicher Konzentration der Hefezellen ab.

Neben Formen, die keinerlei scharfe Scheidung besiedelter syncytialer und steriler Fettgewebszonen und ebensowenig eine Bevorzugung gewisser Körperregionen erkennen lassen, gibt es solche, bei denen jeweils die peripheren Zellschichten der Fettgewebslappen von den Hefen gemieden werden. Unter ihnen aber läßt sich eine Reihe aufstellen, an deren Anfang die Arten mit einer lokal verschieden stark entwickelten Randzone und unvollkommener Scheidung in infizierte und nichtinfizierte Zellen stehen, und die dann über solche, deren Hülle zumeist steril und scharf gesondert, aber bald mehr-, bald einschichtig ist, schließlich zu Zuständen führt, in denen ein stets einschichtiges Epithel von pilzfreien Fettzellen die dichtbesiedelten zentralen Syncytien völlig regelmäßig umzieht, wie dies zum Beispiel für *Liburnia, Conomelus* und *Chloriona* gilt (Abb. 184 c). Dazu kommt noch, daß sich im letztgenannten Fall die Elemente des Epithels durch ihren Reichtum an dichtem Plasma, ihre rundlichen Kerne und oft auch durch ihre Größe von den übrigen nichtinfizierten Fettzellen unterscheiden und, wie das bei Mycetomen in ähnlicher Weise so häufig vorkommt, sogar oft sich verästelnde Fortsätze zwischen die Syncytien hineinsenden.

Die sich zu diesen Hefen gesellenden *f*-Organe stellen recht unscheinbare und daher früher manchmal übersehene Mycetome dar. Bald handelt es sich um einen unpaaren langen, aber sehr dünnen Schlauch, der sich quer durch den hinteren Teil des Abdomens windet und dabei vielfach verschlungen und besonders an den Enden aufgeknäult ist, wie bei den Flatiden und Phalänomorphiden sowie manchen Fulgorinen, bald sind sie paarig entwickelt und dann ebenfalls stark ausgezogen oder auch kurz und gedrungen, wie bei anderen Vertretern der letztgenannten Unterfamilie (vgl. Abb. 200a). Auch bei den Issinen sind sie bald paarig, bald unpaar, bei den Delphaciden aber stets als paarige, sehr kleine und unscheinbare Schläuche, die gern in der Nachbarschaft der

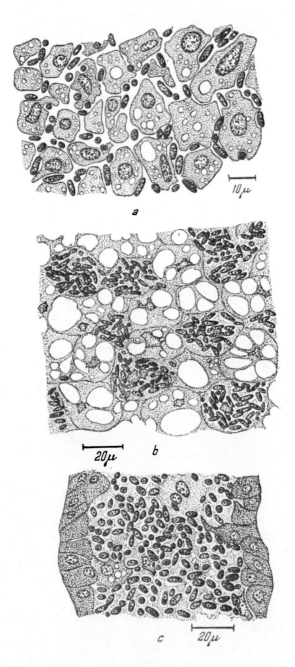

Abb. 184
a Fulgora nodivena Walk., *b* Megameline, *c Liburnia aubei* Perr. Verschiedene Formen der Besiedelung des Fettgewebes durch Hefen bei gleichzeitigem Vorhandensein von *f*-Organen.
(Nach H. J. MÜLLER.)

Gonaden liegen, entwickelt. Ein oft etwas abgeflachtes Epithel umzieht einkernige Mycetocyten, die je nachdem, ob sie groß oder klein sind, bald nur eine
hinter der anderen gereiht in dem engen Schlauch Platz haben, bald zu mehreren nebeneinanderliegen (Abb. 185). Ihre Insassen sind nur selten so deutlich
wie bei *Liburnia* als kugelige Gebilde zu erkennen, meist sind sie wesentlich kleiner und so zart, daß sie im fixierten Objekt zu einem blassen körneligen Gerinnsel verkleben. Offenbar handelt es sich aber stets um kugelige oder kurzfädige
Formen. Die Versorgung mit Tracheen ist eine sehr reichliche, und manchmal
durchfurchen so starke Äste ihr Inneres, daß die Mycetome deformiert werden.

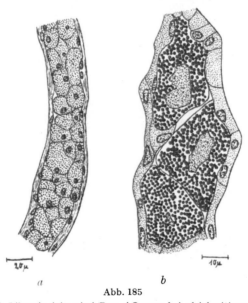

Abb. 185

a Phalänomorphide, b *Liburnia fairmairei* Perr. f-Organe bei gleichzeitigem Vorhandensein von
Hefen im Fettgewebe. (Nach H. J. MÜLLER.)

Bei der Eiinfektion ist stets ohne weiteres zu verfolgen, wie die Hefen in
den Keilzellen erscheinen und in das Ei übertreten. Die f-Symbionten hingegen sind auch hiebei zumeist nicht mit der wünschenswerten Deutlichkeit zu
erkennen und erscheinen dann, wie in den Mycetomen, als ein feines Gerinnsel,
das nach Abschluß der Infektion oft einen wesentlichen Teil des Symbiontenballens ausmacht und dann verhältnismäßig wenige Hefen umschließt. Die die
Übertragung begleitenden Umstände sind hier insofern von besonderem Interesse, als nicht nur, wie sonst vielfach, die Keilzellen sich bereits vor der
Ankunft der Symbionten differenzieren, sondern auch die Eizelle bei Megamelinen und Delphacinen in übereinstimmender Weise höchst auffällige
Vorbereitungen trifft. Es erscheint dann bereits in den noch sehr jungen
Ovocyten, lange vor Einsetzen der Dotterbildung, in ihrer hinteren Region ein
schlankovaler Hohlraum, der wie ein leerer Symbiontenballen anmutet. Mit

dem weiteren Wachstum bricht er nach hinten durch und vereinigt sich mit der von den inzwischen ebenfalls differenzierten Keilzellen umschlossenen Höhlung. Ein etwa vier Zellen hoher Ring von solchen nimmt Hefen und f-Symbionten auf, welche, ohne zu verweilen, alsbald nach innen weitergegeben werden, so daß stets nur verhältnismäßig wenige Symbionten im Follikel liegen. Während sonst die Eizelle zumeist die Gesamtmasse der Symbionten auf einmal zu schlucken pflegt, füllt sich hier der entsprechende Raum ganz allmählich, so daß man mit MÜLLER von einer gleitenden Infektion sprechen kann.

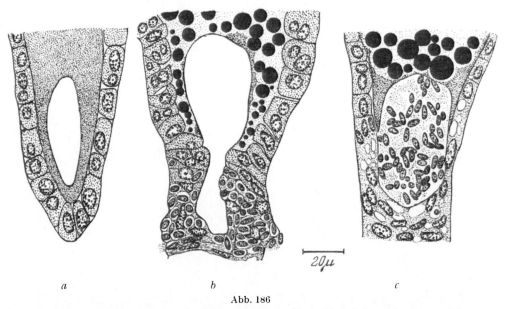

a b c

Abb. 186

Megameline. Infektion des Eies durch Hefen und f-Symbionten. a Vorausschauend angelegte Höhlung in der Ovocyte. b Infektion der Keilzellen. c Übertritt der Symbionten in das Ei. Die f-Symbionten erscheinen als feines Gerinnsel. (Nach H. J. MÜLLER.)

Schließlich riegelt die Eizelle das Symbiontengut in der üblichen Weise durch irisblendenartiges Zusammenziehen der freien Ränder völlig ab (Abb. 186).

    Auch die Übertragung der Flatiden-Symbionten konnte genauer untersucht werden. Bei ihnen entsteht ebenfalls vorausschauend eine Höhlung in der Ovocyte, die sich freilich von Anfang an nach hinten öffnet; die Keilzellen werden in extremem Maße gestreckt und behalten, sich zu einem Syncytium vereinend, zum Schluß einen überraschend großen Teil der Hefen zurück (Flatiden-Typ MÜLLERs).

    Die Kombination x- + f-Organe ist ungleich seltener und wurde bisher nur bei 13 sich auf Achilinen, Derbinen, Meenoplinen und Tropiduchinen verteilenden Arten gefunden. Die x-Organe der erstgenannten sind wie immer paarig, hier aber zumeist jederseits nochmals derart untergeteilt, daß zwei Teilmycetome hintereinander zu liegen kommen, die unter Umständen je nach dem

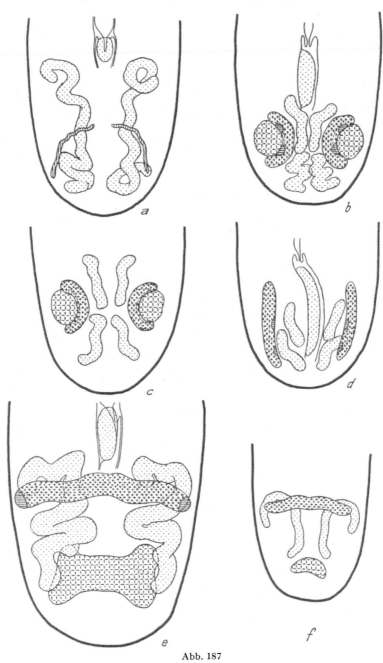

Abb. 187

Symbiontische Einrichtungen verschiedener Fulgoroiden I. *a* Tropiduchine ♀, *b Cixius nervosus* L. ♀, *c Cixius nervosus* L. ♂, *d Myndus musivus* Germ. ♀, *e Caliscelis bonellii* Latr. ♀, *f Caliscelis bonellii* Latr. ♂. Schematisch, Rektal- und *x*-Organe punktiert, *a*-Organe mit Kreuzchen, *f*-Organe längsgestrichelt, Organe mit Begleitsymbionten gegittert, Infektionshügel quergestrichelt, Filial-mycetome schwarz. (Nach H. J. MÜLLER.)

Geschlecht verschieden gestaltet sind. Das dazugehörige Rektalorgan ist hier nicht, wie bei den oben geschilderten Derbinen, hinter der Valvula intestinalis gelegen, sondern, wie auch zumeist in den übrigen Fällen, in dieser, wobei in streng radiärsymmetrischer Anordnung sechs große, zweikernige Mycetocyten zwischen den beiden Wänden der Darmfalte einen regelmäßigen Kranz bilden (Abb. 187a, 188). Die f-Organe sind bei diesen Achilinen ebenfalls wieder bald paarig und klein oder unpaar und sehr lang gestreckt, und ihre Insassen heben

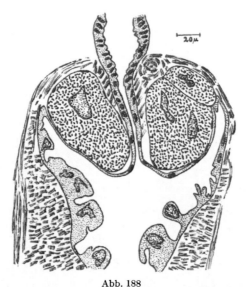

Abb. 188
Meenopline. Ringförmig in die Valvula eingelassenes Rektalorgan. (Nach H. J. MÜLLER.)

sich wieder nur sehr undeutlich ab. Die übrigen Unterfamilien folgen, wenn man von Varianten sekundärer Natur absieht, dem gleichen Schema. Besondere Beachtung verdient die Eiinfektion bei den Tropiduchinen, da sie einen sehr vereinfachten und primitiv anmutenden Typus verwirklicht (MÜLLERS Tropiduchinen-Typ). Die Abkömmlinge des Rektalorganes stauen sich hier zunächst in großer Anzahl vor dem Keilzellfollikel und treten dann zusammen mit den f-Symbionten rasch in den erst spät angelegten spärlichen Hohlraum am Hinterende des Eies über, so daß die Keilzellen kaum als solche differenziert werden.

Die dritte Möglichkeit einer disymbiontischen Kombination bei Fulgoroiden stellt die von x-Organen mit a-Organen dar, also mit einem Mycetomtyp, der auch bei den Cicadoiden eine so große Rolle spielt. Bisher ist sie bei 14 Arten, die sich auf fünf Unterfamilien verteilen, begegnet, also etwa ebenso häufig wie die $x + f$-Kombination. Bei *Myndus musivus* Germ. (Cixiinen) begleiten die paarigen a-Organe als lange, mit Tracheen wohlversorgte Schläuche die x-Organe an ihrer Außenseite. Gelbbraunes bis orangefarbenes Pigment, das die Bildungszellen der Tracheen erfüllt, verleiht ihnen eine entsprechende Tönung. Ein kubisches Epithel umschließt wenige große Syncytien, deren Kerne fast durchweg der Wand flach anliegen und nur hie und da auch in zentralen, kleinen Plasmainseln vorkommen. Sie sind durch allmählichen Zusammenschluß primärer Syncytien entstanden. Die Symbionten haben die auch sonst für diesen Typ bezeichnende Gestalt gedrungener, kurzer

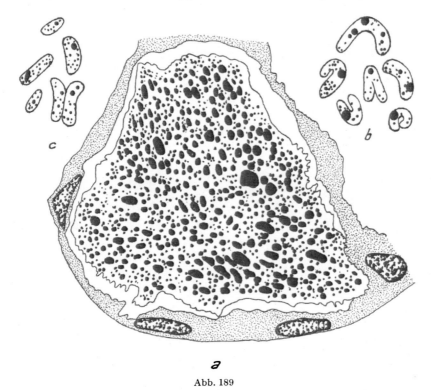

Abb. 189

Myndus musivus Germ. *a* ein Riesensymbiont aus dem *x*-Organ. *b* Infektionsstadien der Rektalsymbionten, *c* Symbionten aus der Ovocyte (bei gleicher Vergrößerung). (Nach BUCHNER.)

Schläuche und wandeln sich auch hier lediglich an bestimmten Stellen in infektionstüchtige kleinere Stadien; doch handelt es sich jetzt nicht eigentlich um Hügeln gleich vorspringende Abschnitte der Mycetome, sondern in sie eingesenkte, im übrigen aber ebenso gebaute und entstehende Zellnester, welche, da die vorübergehende Verlötung mit dem Ovar bei den Cixiiden an zwei Stellen stattfindet, an jedem der beiden Organe in der Zweizahl vorhanden sind (Abb. 187 *d*).

Die *x*-Organe erscheinen als jederseits untergeteilte, kräftige, ebenfalls gelblich gefärbte Schläuche und bestehen, wie zumeist, aus Syncytien mit wandständigen Kernen; die in deren Maschen liegenden Riesensymbionten haben die Gestalt ungelappter, mehr oder weniger abgerundeter Brocken (Abb. 189). Das Rektalorgan liegt hier wieder nicht in der Valvula, sondern als ein diesmal stets aus acht großen Mycetocyten mit völlig verzerrten Kernen bestehendes Organ hinter ihr in die Wandung des Enddarmes eingelassen (vgl. Abb. 187d). Die Infektion der Eizellen gleicht ganz der im folgenden von *Cixius*arten mit drei Symbiontensorten zu schildernden.

Die übrigen Vorkommnisse dieser $x + a$-Kombination verteilen sich auf Achilinen, Derbinen, Fulgorinen und Caliscelinen und weisen kaum bedeuten-

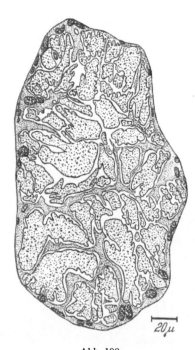

Abb. 190

Achiline. Syncytiales x-Organ mit wandständigen Kernen und stark zerschlissenen
Symbionten. (Nach H. J. Müller.)

dere Abweichungen auf. Zu den bisher erwähnten Typen der Rektalorgane — Lage der Mycetocyten hinter der Valvula oder symmetrisch in dieser — gesellt sich des öfteren ein dritter, bei dem die Symbionten asymmetrisch in ihr untergebracht sind, so daß das Darmlumen schräg durch das Organ zieht (vgl. Abb. 200b von *Issus*). Die x-Symbionten besitzen vielfach bereits die tief zerschlissene Gestalt, wie sie bei *Cixius, Fulgora* und vielen anderen begegnet (Abb. 190). Die Calisceline *Bruchomorpha* nimmt insofern eine Sonderstellung ein, als das a-Organ als ein unpaarer mächtiger Schlauch quer durch das Abdomen zieht und an seinen beiden Enden je einen Infektionshügel trägt (vgl. Abb. 187e).

Bei 52 von den 186 bisher untersuchten Fulgoroiden fanden sich drei verschiedene Symbionten. In der überwältigenden Zahl der Fälle sind dann die beiden Hauptsymbionten x und a mit einem Begleit- oder akzessorischen Symbionten vereint (42 Arten in zehn Unterfamilien). Nur selten verbindet sich hingegen ein zusätzlicher Symbiont mit dem $x + f$-Paar (eine Meenopline und drei Delphacinen). Die an sich nicht seltene Kombination $H + f$ jedoch wird nur bei einer Fulgorinen-Spezies durch Hinzunahme eines Begleitsymbionten erweitert. Ganz selten ist ferner die Verbindung der beiden Hauptsymbionten x und H, die ja, wie schon betont, eine ausgesprochene gegenseitige Abneigung bekunden, mit einer dritten Form. Nur zwei dadurch eine ganz isolierte Stellung erhaltende *Issus*arten verwirklichen diese Möglichkeit.

Müller hat in seinem reichen Material 13 schon auf Schnittpräparaten deutlich verschiedene und spezifische histologische Reaktionen des Wirtstieres auslösende, stets unzweifelhafte Bakterien darstellende Formen angetroffen, die sich als dritte Symbionten dem $x + a$-Komplex zugesellen. Bei den recht einheitlich sich verhaltenden Cixiinen handelt es sich um b-Organe, wie wir sie bereits von den Cercopiden her kennen. Abb. 187b und c veranschaulichen, wie im Abdomen der *Cixius*arten acht bzw. neun Mycetome nebeneinander Platz finden. Die *x*-Organe sind jederseits in zwei hintereinandergelegene Schläuche aufgeteilt, die *a*-Organe sind paarig und umfassen, hufeisenförmig gekrümmt, die ebenfalls paarigen, kugeligen, orangefarbenen *b*-Mycetome. Die wenigen großen Syncytien der letzteren, welche die so häufige Tendenz, zu Synsyncytien zu verschmelzen, zeigen, werden von einem sehr flachen Epithel mit spärlichen Kernen umzogen. Tracheenäste dringen zwischen die Syncytien vor, und Tracheolen treten in diese über. Die Symbionten sind ähnlich den bei Cercopiden angetroffenen kugelig bis oval, je von einer eng anliegenden Hülle umgeben und treten, nachdem sie sich da und dort in den Randbezirken des Organs zu wenig veränderten Infektionsstadien gewandelt haben, als solche in die Leibeshöhle über. Die *a*- und *x*-Organe haben den schon von *Myndus* geschilderten Bau. Das Rektalorgan liegt ebenfalls, wie bei diesem, nicht in der Valvula, sondern hinter dieser (Abb. 191).

Bei der Eiinfektion treffen sich natürlich die drei ohne weiteres auf ihre Ursprungsorte zu beziehenden Sorten. Wie so oft unterscheiden sich die schlanken Keilzellen bereits vor ihrem Erscheinen deutlich von den übrigen, kubischen Follikelzellen. In dem breiten Zellkissen, das sie nach der Infektion bilden, lassen sich die leicht gebogenen und stark färbbaren Kurzschläuche des Rektalorgans, die helleren kleinen, rundlichen oder ovalen Infektionsstadien der *a*-Organe und die sehr blassen, fein punktierten Vertreter der *b*-Organe mühelos unterscheiden, während man natürlich vergeblich nach einem Repräsentanten der *x*-Organe sucht. In diesem Keilzellkissen setzt nun eine lebhafte Vermehrung der Symbionten ein. Die Vakuolen, in die anfänglich immer nur je einer von ihnen eingeschlossen war, fließen zu größeren Hohlräumen zusammen, die Zellgrenzen schwinden, und es entsteht ein Syncytium, dessen durch die zunehmende Füllung deformierte Kerne nach der Peripherie gedrängt werden. Dann erst tritt zwischen dem Hinterende des Eies und diesem Syncytium ein Hohlraum auf, der in dem Maße, in dem er sich bildet, von dem austretenden Symbiontengemenge gefüllt wird. Nach dessen Übernahme in das Ei schrumpft der Keilzellrest zusammen und geht samt den gelegentlich in ihm zurückbleibenden Symbionten zugrunde.

Dadurch, daß die Vertreter der verschiedenen Mycetome nicht alle gleichzeitig, sondern mit gewissen zeitlichen Unterschieden in den Keilzellen erscheinen, kommt es zu einer annähernden Scheidung der Sorten, die sich auch beim Austritt aus den Keilzellen und beim Übertritt in das Ei erhält (Abb. 191 *d*).

Für die Poiocerinen, einer Unterfamilie der Laternariiden, ist hingegen die Errichtung eines stets unpaaren, in seiner Gestalt sehr wechselnden *k*-Organes typisch. Zumeist handelt es sich um ein abgeplattetes und flächenhaft entwickeltes Gebilde, das einen sehr beträchtlichen Umfang und mancherlei Lappen entwickeln kann. Unter Umständen erscheint es aber auch als breites, abgeflachtes, queres Band, selten hingegen ist es klein und kugelig oder oval. Ein flaches Epithel umgibt wieder zahlreiche große Syncytien und Synsyncytien. Die Symbionten, sehr zarte Kurzschläuche, liegen in ihnen dichtgedrängt und täuschen, da sie sehr zur Quellung neigen, meist ein Wabenwerk vor.

Sehr eigentümlich ist die Art, wie in diesen *k*-Organen Infektionsstadien herangebildet werden. Unter dem Epithel liegen, in das Mycetom
eingesenkt, über die ganze Oberfläche hin kleine Syncytien, bald einzeln, bald

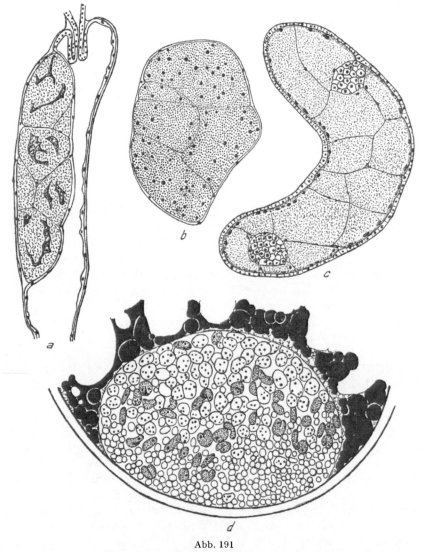

Abb. 191

Cixius nervosus L. *a* Rektalorgan. *b* *b*-Organ. *c* *a*-Organ mit der Anlage zweier Infektionshügel.
d Dreierlei weitgehend nach Sorten geschiedene Symbionten im Ei. (Nach Buchner.)

in Gruppen, streckenweise sogar wie eine kontinuierliche Hüllzone aneinander-
gereiht. Ihre wenigen Kerne sind an die Wand gedrängt, der Inhalt besteht aus
etwas größeren und helleren Symbionten. Aller Wahrscheinlichkeit nach lösen

sich auf einem früheren Stadium da und dort sterile Epithelzellen aus ihrem Verband, werden den Zellnestern junger Infektionshügel vergleichbar besiedelt und verwandeln sich dann Hand in Hand mit amitotischen Kernteilungen in Syncytien.

Die von extrem stark gelappten Riesensymbionten erfüllten x-Organe und die von sehr langgestreckten Organismen bewohnten und je nach der Spezies

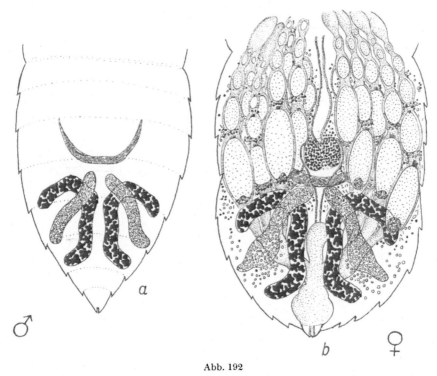

Abb. 192

Fulgora europaea L. a Männchen mit paarigen *a*- und *x*-Organen und dem unpaaren *m*-Organ. *b* Weibchen, das außerdem das Rektalorgan enthält und die dreierlei Symbionten in der Leibeshöhle und bei der Eiinfektion zeigt. Schematisiert. (Nach H. J. Müller.)

zwei, vier oder sechs Infektionshügel bildenden *a*-Organe sind bei den Poiocerinen überaus lange und schlanke, vielfach gewundene und sich umschlingende Schläuche, die beiderseits in der hinteren Region des Abdomens eine voluminöse Masse bilden (vgl. Abb. 196 *e*, bei der es sich allerdings um eine Poiocerine mit viererlei Symbionten und einem kleinen ovalen *k*-Organ handelt).

Von den großen Pyropsinen, wie überhaupt von den übrigen Laternariiden, wissen wir leider bisher recht wenig, doch ließ sich wenigstens feststellen, daß auch drei *Pyrops*arten außer dem $x + a$-Komplex noch ein unpaares Mycetom, das i-Organ, ihr eigen nennen, das brotlaibförmig quer hinter dem *a*-Organ liegt und aus ein- bis wenigkernigen Zellen mit schlanken, straffen Fäden besteht.

Die Fulgorinen zerfallen hinsichtlich ihrer Symbiose in zwei Gruppen; von der einen hörten wir schon, daß sie Hefen im Fettgewebe und *f*-Organe besitzt, die andere lebt trisymbiontisch und enthält außer ihrem *a*- und *x*-, bzw. Rektal-organ noch ein sogenanntes *m*-Organ. Abbildung 192 macht uns mit dem symbiontischen Apparat von Fulgora europaea L., der größten und auffälligsten der mitteleuropäischen Fulgoriden, bekannt und zeigt, wie hier in beiden Geschlechtern zu den schlauchförmigen Stammorganen noch ein sehr

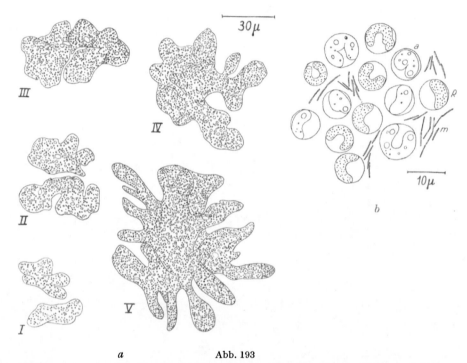

a   Abb. 193

Fulgora europaea L. *a* Riesensymbionten der *x*-Organe während der Larvalentwicklung (I–V Lar-venstadium). *b* Die dreierlei Symbionten aus dem Infektionsballen des Eies (*a* *a*-Symbionten, *R* Rektalsymbionten, *m* *m*-Symbionten). *a* und *b* nach dem Leben. (Nach H. J. MÜLLER.)

eigenartiges, unpaares und schüsselförmiges Gebilde hinzukommt, welches von unten her das Konvolut der Mitteldarmschlingen umfaßt. Es ist sehr locker aus kleinen Syncytien gefügt, denen eine zellige Hülle vollkommen abgeht. In ihnen leben kleine, schwach gebogene Stäbchen. Bei einigen der übrigen diesem Typ folgenden Fulgorinen ist das *m*-Organ paarig, abweichend gelagert und zum Teil von längeren, zarten Fäden bewohnt, während es bei *Fulgora confusa* Stål kleine, rundliche Symbionten enthält. Die *x*-Organe sind von besonders großen und tief gelappten Riesenformen erfüllt, deren im Leben sehr dünnflüssiges Plasma dicht von stark lichtbrechenden eosinophilen Einschlüssen verschieden-ster Größe und Gestalt erfüllt ist (Abb. 193).

Die Übertragungsweise dieser trisymbiontischen Fulgorinen bietet ein besonderes Interesse. Bei *Fulgora confusa* und einer weiteren, nicht bestimmten Art treten nämlich die Insassen des *m*-Organs nicht über die Keilzellen in das Ei ein, sondern auf dem Umwege der Errichtung eines Filialmycetoms im oberen Abschnitt einer jeden der zwölf Eiröhren. Zwischen die endständigen Nährkammern und die jungen Ovocyten ist ein nahezu kugeliges Organ eingeschaltet, das eine leichte Auftreibung der Eiröhren zu bedingen pflegt. Ein membranartig abgeflachtes Epithel mit sehr spärlichen, entsprechend gestalteten Kernen umspannt anfangs ein- bis zweikernige Mycetocyten, doch fließen diese allmählich wieder zu einem Syncytium zusammen, dessen Kerne nach dem Rande ausweichen, wo die ursprüngliche Aufteilung in Zellen noch am längsten zu erkennen ist (Abb. 194 *a*). Die Symbionten entsprechen den Insassen der *m*-Organe. Dieses eigenartige Organ wird von den Fasersträngen durchzogen, welche die Sekrete der Nährzellen zu den Ovocyten leiten, und diese sind es, die nun von den Symbionten als Straße benutzt werden. Man kann beobachten, wie sie in diese übertreten und von Vakuolen umschlossen mit dem Sekretstrom in die Eizellen gleiten (Abb. 194 *b*). Hier angelangt, bleiben sie zunächst in den oberen Regionen liegen. Ihr weiteres Schicksal konnte leider aus Materialmangel nicht aufgedeckt werden. Der Weg, der hier eingeschlagen wird, erinnert daran, daß auch bei den Membraciden akzessorische, ebenfalls nur mangelhaft angepaßte Symbionten die Keilzellen meiden und die Zone der Nährzellen und der jüngsten Ovocyten infizieren, ohne daß es dort freilich zur Gründung regelrechter Filialmycetome kommt, wie hier bei diesen Fulgorinen und bei der im folgenden noch zu behandelnden *Bladina fraterna* Stål.

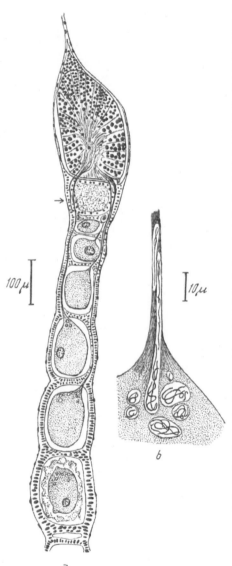

Abb. 194

Fulgorine. *a* Eiröhre mit einem der Übertragung der *m*-Symbionten dienenden Filialmycetom. *b* Die fadenförmigen Bakterien gleiten im Nährstrang zu den Ovocyten. (Nach H. J. MÜLLER.)

Die beiden stammesgeschichtlich älteren *a*- und *x*-Symbionten dieser Tiere benützen natürlich den Weg über die Keilzellen.

Nach diesen Erfahrungen sollte man erwarten, daß *Fulgora europaea*, deren *m*-Symbionten immerhin auch den Eindruck geringerer Einfügung machen, sich ebenso verhält. Aber hier treten überraschenderweise alle drei Symbionten

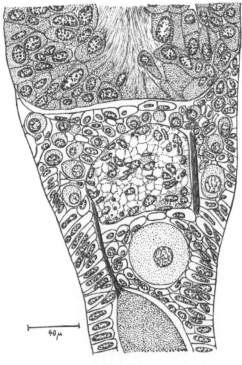

Abb. 195

Fulgora europaea L. Steril bleibendes rudimentäres Filialmycetom hinter der Nährkammer.
(Nach H. J. Müller.)

in den Keilzellen und im Symbiontenballen auf (Abb. 193 *b*). Untersucht man jedoch die Eiröhren, so stößt man an der Stelle, an der *Fulgora confusa* die Filialmycetome errichtet, auf ein ganz ähnliches, scharf abgesetztes, aber symbiontenfreies Gebilde, das sich durch die starke Vakuolisierung des Plasmas, die zum Teil pyknotischen und in Zerfall begriffenen Kerne und die nur unvollkommen durchgeführte syncytiale Vereinigung der Zellen deutlich als in Degeneration begriffen bekundet (Abb. 195). Die einzig mögliche Erklärung für dieses seltsame Vorkommen ist natürlich die, daß auch bei *Fulgora europaea* zunächst für die *m*-Symbionten Filialmycetome errichtet wurden und daß der Wirtsorganismus diese auch heute noch reproduziert, obwohl jetzt auch dieser jüngste Gast auf dem einfacheren Wege über die Keilzellen in das Ei gelangt. Die Untersuchung der postembryonalen Entwicklung ergab, daß diese s t e r i l

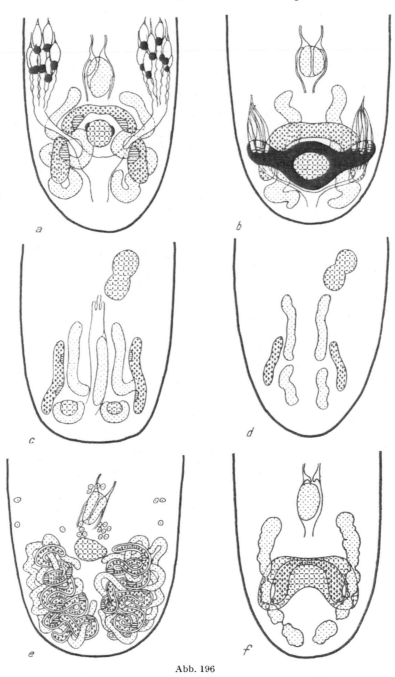

Abb. 196

Symbiontische Einrichtungen verschiedener Fulgoroiden II. *a Bladina fraterna* Stål, *b* Nogodinine ♀, *c Oliarius villosus* F. ♀, *d Oliarius villosus* F. ♂, *e Crepusia nuptialis* Gerst. mit einem Begleitsymbionten im Epithel des *a*-Organes, *f Tettigometra atra* Hagenb. Zeichenerklärung siehe Abb. 187. (Nach H. J. MÜLLER.)

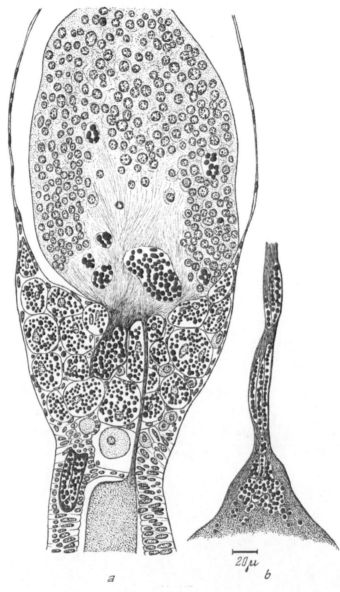

Abb. 197

Bladina fraterna Stål. Oberes Ende einer Eiröhre; die Symbionten im Plasma der Nährkammer, in den zu den jungen Ovocyten ziehenden Strängen und in einem Filialmycetom. (Nach H. J. Müller.)

bleibende Symbiontenwohnstätte auf dem dritten Larvenstadium ange-legt wird, ohne daß zunächst Anzeichen einer Degeneration festzustellen wären.

Das Fulgorinen-Material gestattete keine Feststellungen hinsichtlich der Genese und Infektion dieser Filialmycetome, doch kann kaum ein Zweifel darüber bestehen, daß hier aus dem Mycetom austretende Symbionten die Organanlage aufsuchen und einzeln infizieren. Die auf den ersten Blick überaus ähnlichen entsprechenden Organe der Ricaniide *Bladina fraterna* Stål und einer weiteren, unbestimmt gebliebenen Nogodinine entstehen hingegen auf völlig andere Weise. Außer voluminösen paarigen x-Schläuchen und einem a-Organ, das insofern in ungewöhnlicher Weise entwickelt ist, als es aus einem queren unpaaren und je einem nach hinten ziehenden Abschnitt besteht, trifft man bei *Bladina* ein hinter dem unpaaren Teil des a-Organs gelegenes rundliches n-Organ ohne epitheliale Hülle und aus Syncytien aufgebaut, die wieder auf verschiedenen Stadien der Verschmelzung stehen (Abb. 196a). Die Insassen bieten ein sonst bei keiner Zikade begegnendes Bild. Sie sind in kleine Häufchen gruppiert, die hinsichtlich Zahl und Größe der Organismen variieren, aber in ein und demselben Syncytium stets den gleichen Charakter haben. Auch an diesen Unterschieden kann man daher des öfteren den nachträglichen Zusammenschluß von Syncytien erkennen. Offenbar ist jedes Häufchen auf die Vermehrung eines Muttersymbionten zurückzuführen, so daß man an die Rosetten erinnert wird, die uns zum Beispiel bei *Euacanthus* begegneten und dort ebenfalls von Zelle zu Zelle verschieden groß sind.

Während das a-Organ insgesamt vier sehr voluminöse eingesenkte Infektionshügel bildet, sitzen dem n-Organ einige große, sichtlich nicht zum eigentlichen Mycetom gehörige Zellen mit größeren, stärker färbbaren Symbionten auf, die ohne weiteres als Übertragungsformen anmuten. Daß es sich in der Tat um solche handelt, bestätigt das Studium der Eiröhren, denn in ihnen finden sich abermals Filialmycetome mit ganz den gleichen rundlichen Insassen. Ohne daß sie auch nur annähernd die Organisationshöhe der von Fulgorinen errichteten erlangen, liegen sie als ein unscharf begrenztes Polster zweikerniger, lose zusammengefügter Mycetocyten hinter der Nährkammer und werden wieder von deren Fasersträngen durchzogen. Der Übertritt der Symbionten in diese geschieht offenbar auf dem Umwege einer Infektion des kernlosen Nährplasmas, in dem sie sich ebenfalls in Vakuolen eingeschlossen finden (Abb. 197). Diese Vakuolen werden von der durch jene Faserbündel ziehenden Strömung ergriffen und müssen sich in ihnen entsprechend strecken. In der Ovocyte angelangt, bleiben sie auch hier zunächst in der Gegend der Einfallspforte liegen, verteilen sich aber später gleichmäßig über das ganze Ei, ohne daß ihr weiteres Schicksal verfolgt werden konnte.

Die Aufnahme der a- und x-Symbionten in das Ei geht unter Erscheinungen vor sich, die sich bei keiner anderen Zikade fanden. Während sich sonst lediglich Keilzellen differenzieren, kommt es hier noch zur Sonderung einer weiteren Sorte von Follikelzellen, die sich zu schlanken Keulen verlängern und den von den Keilzellen umschlossenen Hohlraum eiwärts flaschenhalsartig verengen. Verlassen dann die Symbionten die Keilzellen, so verharren sie zunächst in dem von diesen hiebei gesetzmäßige Lageveränderungen erleidenden «Dachzellen» umschlossenen Raum, weil offenbar die Ovocyte noch nicht aufnahmefähig ist, und treten dann erst durch die von ihnen umschlossene Mündung in diese über (Ricaniiden-Typus). In dem

Symbiontengemenge sind die dunkleren Vertreter des Rektalorganes auffallend spärlich enthalten.

Eine unbestimmt gebliebene jüngere Nogodininen-Larve verrät uns erfreulicherweise einiges bezüglich der Art, wie diese Filialmycetome gebildet werden. Ihr *n*-Organ liegt an der gleichen Stelle wie bei *Bladina* und hat den gleichen Aufbau. Außerdem ist es jedoch von einer dicken Schicht großer, zweikerniger Mycetocyten umgeben, welche sich nach beiden Seiten in je einen

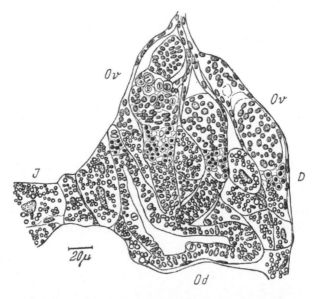

Abb. 198

Nogodinine. Zwischen die Anlage der Eiröhren und der Ovidukte dringen die Zellen des Infektionshügels des unpaaren *n*-Organes ein und begründen so die Filialmycetome. (Nach H. J. MÜLLER.)

mächtigen Lappen bis zu den Ovarien fortsetzt und hier etwas aufgelockert die noch sehr jungen Eiröhren umgibt (Abb. 196 *b*). Die Mycetocyten dieser Fortsätze kommen dabei genau an die Stelle zu liegen, an welcher die Verlötung zwischen den Ovariolen und den ihnen entgegenwachsenden, noch kompakten Ovidukten stattfindet, oder mit anderen Worten, die seitlich ausgewachsenen und ungewöhnlich voluminösen Infektionshügel werden von den aufeinander zustrebenden Eileitern und Eiröhren durchstoßen (Abb. 198). Anschließend treten allem Anschein nach ganze Mycetocyten in die fraglichen Zonen über, denn die Komponenten der Filialmycetome haben ganz den gleichen Bau wie diese, und außerdem gehen vor ihrer Übernahme in den jungen Ovariolen Veränderungen vor sich, die vermutlich durch die angrenzenden Mycetocyten ausgelöst werden und offensichtlich den nötigen Raum für diese zu schaffen haben. Die Kerne verklumpen und zerfallen in diesem Bereich, das Plasma wird vakuolisiert, und die Zellen lösen sich schließlich auf. Mit dem weiteren

Wachstum der Eiröhren reißt nach vollendeter Transplantation die Verbindung mit dem Muttermycetom, und schließlich bleiben nur noch letzte Reste der Infektionshügel an diesem haften, wie sie uns bei *Bladina* begegneten.

Bei den Issiden besteht ebenfalls neben einer Gruppe, welche durch Hefen und *f*-Organe charakterisiert ist, eine weitere mit drei Symbionten. Zu *a* und *x* tritt bei ihnen teils ein *o*-, teils ein *l*-Organ *(Hysteropterum* bzw. *Acrisius).* Bei den ersteren handelt es sich um bohnenförmige, syncytial gebaute Organe, welche eine besondere, den Infektionshügeln vergleichbare, scharf abgesetzte Zone bilden, die jedoch hier nicht auf ein ursprünglich steriles Nest von Epithelzellen zurückgeht, sondern auf mycetomeigene Abschnitte, in denen die Entwicklung der Symbionten eine andere Richtung einschlägt. Die *l*-Organe hingegen sind sehr große, breitelliptische Gebilde, die in einem einzigen riesigen Syncytium ein verworrenes Geflecht dünner Fäden enthalten.

Das unpaare, von kugeligen Symbionten eingenommene *p*-Organ von Asiraca clavicornis F. (Delphaciden) interessiert uns wegen des extremen, an ihm sich äußernden Geschlechtsdimorphismus. Im fünften Larvenstadium ist es bei Männchen und Weibchen noch nahezu gleich groß. In der Folge aber wächst es bei letztern noch wesentlich heran, während es bei ersteren an Umfang immer mehr abnimmt. Hand in Hand damit werden die Symbionten, die zunächst noch als blasse, unscharf begrenzte Flecken erscheinen, völlig aufgelöst, und die Kerne verklumpen und zerfallen. Wenn im Mai die weiblichen Organe auf dem Höhepunkt der Entfaltung stehen, lassen sich von den männlichen Mycetomen nur mit Mühe noch letzte Reste mit einem zusammengesinterten «Symbiontenschutt» erkennen!

Auch das *q*-Organ von Stenocranus und Kelisia (Delphaciden, Megamelinen) wird wie das *p*-Organ der ihnen nahestehenden *Asiraca* im männlichen Geschlecht bis auf Spuren abgebaut.

Als letzte Form, welche *x + a*-Organe mit einer dritten Symbiontensorte verkoppelt enthält, sei die Gattung Oliarius (Cixiinen) betrachtet, welche wir an das Ende dieser Reihe stellen, da sie dank einer weiteren hier eintretenden Komplikation eine Sonderstellung gegenüber den übrigen Fulgoroiden, welche neben den *a*- und *x*-Symbionten einen dritten Gast einbürgerten, einnehmen. Ein Weibchen von *Oliarius villosus* F. enthält nicht weniger als zehn Mycetome, aus denen Šulc, der als erster eine *Oliarius*art *(cuspidatus* Fieb.) untersuchte, auf fünf verschiedene Symbionten schloß, die angeblich alle zur Eiinfektion schreiten sollten. Nachdem sich bald darauf die Riesenformen der *x*-Symbionten als identisch mit den Insassen des Rektalorganes erwiesen, verringerte sich die Zahl auf vier. Offenbar handelt es sich aber sogar trotz der hohen Zahl und der Mannigfaltigkeit der Organe nur um eine Symbiose mit drei Formen, denn Müller konnte zeigen, daß der Mycetombestand der bis dahin nicht untersuchten Männchen ein ungleich einfacherer ist und daß bei ihnen nicht nur das Rektalorgan, sondern auch noch ein weiteres fehlt, welches damit ebenfalls den Wert eines der Übertragung dienenden Filialmycetoms bekommt. Abb. 196 *c* und *d* veranschaulichen den Mycetomschatz der beiden Geschlechter. Die paarigen *x*-Organe, in denen tiefgelappte Riesenformen leben, sind beiderseits

in zwei Teilmycetome zerfallen, von denen das hintere bei den Weibchen die
kugeligen *d*-Organe schalenförmig umfaßt. Das Rektalorgan liegt hinter
der Valvula und wird aus 12—15 großen Mycetocyten mit je zwei höchst bizarr
zerklüfteten Kernen aufgebaut. Das schlauchförmige *a*-Organ zieht jederseits
an der Außenseite entlang, besteht aus einem einzigen großen Syncytium und
bildet jederseits zwei Infektionshügel. Die schon erwähnten *d*-Organe sind aus

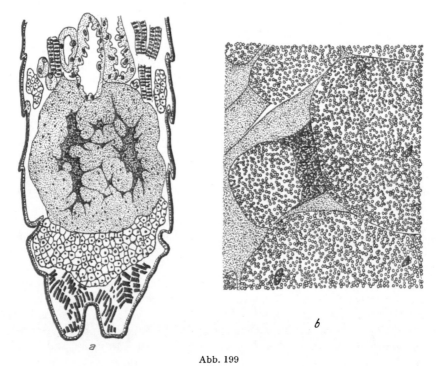

Abb. 199

Megameline. *a* Abdomen mit dem riesigen *r*-Organ. *b* Ausschnitt aus diesem
bei stärkerer Vergrößerung. (Nach H. J. MÜLLER.)

vielen einkernigen Mycetocyten zusammengesetzt, welche lediglich eine dünne,
kernlose Membran umhüllt, und werden von wirren Knäueln langer, dünner
Fäden eingenommen. Ähnlich dem Rektalorgan sucht man es vergeblich in den
männlichen Tieren. Wohl aber ist indessen der fünfte noch vorhandene Organtyp, das *c*-Organ, in beiden Geschlechtern vertreten[1]. Es ist dies ein breites,
unpaares Gebilde, das weit vorn im Abdomen und meist asymmetrisch neben
dem Rektum gelegen ist. In seinem Aufbau zeigt es viel Ähnlichkeit mit den
x-Organen; das kernhaltige Wirtsplasma ist auf einen randständigen Saum und
zahlreiche von hier in das Innere ziehende Septen reduziert, und eine unzellige

---

[1] MAHDIHASSAN (1947) hat das *c*-Organ von *Oliarius*, obwohl es in beiden Geschlechtern vorkommt, natürlich keinerlei Ausführgang besitzt und so völlig abweichend gebaut ist, in Unkenntnis
der Arbeit MÜLLERS für Hoden erklärt (siehe hiezu BUCHNER 1947).

Membran umgibt das Syncytium. Die Form der offenbar sehr zarten und hinfälligen Symbionten ist nicht mit Sicherheit festzustellen. Entweder handelt es sich um wirre Knäuel feiner Fäden oder um große, den Riesensymbionten der x-Organe ähnliche, aber viel zartere und extrem zerschlissene Zustände mit fein granuliertem Protoplasma.

Leider konnte bisher bei keiner *Oliarius*art die Eiinfektion in befriedigender Weise studiert werden. Höchstwahrscheinlich erscheinen lediglich die Vertreter des a- und Rektalorgans sowie dünne Fädchen aus dem d-Organ. Dafür, daß das c-Organ wirklich ein Depot entarteter d-Symbionten darstellt, spricht außer dem Umstand, daß es bereits den jugendlichen männlichen Tieren abgeht und daß es histologisch dem x-Organ ähnelt, die Tatsache, daß c- oder d-Organe ganz wie x- und Rektalorgane niemals allein angetroffen werden.

So zahlreich die Fälle sind, in denen die Kombination $x + a$ durch Hinzunahme einer dritten Form erweitert wird, so selten begegnet es, daß sich zu $x + f$-Organen ein weiterer Symbiont gesellt. Ganz vereinzelt steht eine Meenopline da, bei welcher außer diesen paarig entwickelte, aber nicht scharf abgesetzte Gebiete des Fettgewebes von blassen, schlauchförmigen Symbionten eingenommen werden und im Zusammenhang damit syncytialen Bau erhalten haben. Etwas verbreiteter ist hingegen eine Bereicherung durch r-Symbionten, wie sie sich bei einigen Megamelinen und Delphacinen gefunden hat. Diese r-Symbionten leben in Mycetomen, welche einen ganz ungewöhnlichen Umfang annehmen und im Verhältnis zur Größe der Wirtstiere vielleicht die voluminösesten aller Zikadenmycetome darstellen. Abbildung 199 bezieht sich auf eine Megameline, bei der die x-Organe beiderseits untergeteilt und die paarigen f-Organe sehr klein sind. Das r-Organ hingegen breitet sich flächenhaft nach allen Seiten aus, entsendet lappige Fortsätze und greift mit seitlichen Wülsten auch nach der Rückenseite. Nicht minder auffällig ist sein Aufbau. Eine kernlose Membran grenzt es gegen das meist unmittelbar anschließende Fettgewebe ab, wie es überhaupt ganz den Eindruck eines infizierten und zum Mycetom erhobenen riesigen Fettzellkomplexes macht. Die ursprünglichen Syncytien sind, wie zumeist bei solch starker Belastung des Protoplasmas, weitgehend zusammengeflossen, und dieses hat sich im wesentlichen in zwei symmetrische, zentrale Zonen zurückgezogen, von denen mannigfach anastomosierende Fortsätze nach der Peripherie ziehen, in der da und dort kleine Plasmainseln zurückgeblieben sind. Merkwürdig wie der ganze Aufbau dieser einzig dastehenden Organe ist auch das Verhalten der Kerne. In den großen Plasmaansammlungen liegen wenige riesige, gelappte Kerne, zwischen den Symbionten aber finden sich gleichmäßig verteilt zahlreiche sehr kleine Kernchen. Offenbar kommt es bei der Scheidung von Plasma und Symbionten auch zu einer divergenten Weiterentwicklung der Kerne, indem die einen unter Teilungshemmung heranwachsen, die anderen sich fortgesetzt amitotisch teilen und verkleinern. Die Symbionten füllen als winzige Kügelchen in ungeheurer Menge die gesamten plasmafreien Räume und bilden keine spezifischen Infektionsstadien. Tracheen und Tracheolen umspinnen das Organ und dringen in seine peripheren Teile ein.

Die bei einem Teil der Fulgorinen begegnete Kombination Hefesymbionten im Fettgewebe + *f*-Organe wird nur bei einer einzigen Spezies durch die Akquisition eines *m*-Organs erweitert, das damit an die Stelle der sonst in dieser Unterfamilie üblichen *x*- und *a*-Symbionten tritt.

Schließlich kommt es bei einigen wenigen Issinen zu dreifachen Symbiosen, die in ganz ungewöhnlicher Weise durch das vereinte Auftreten der

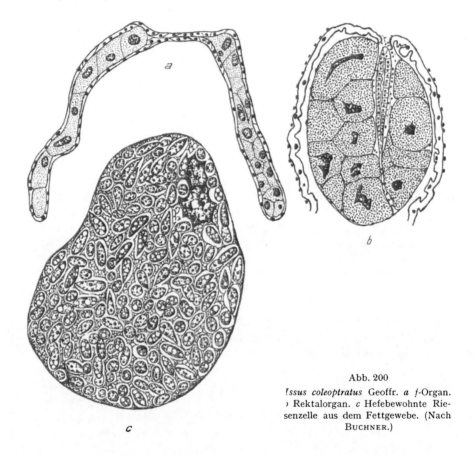

Abb. 200
Issus coleoptratus Geoffr. *a f*-Organ. *b* Rektalorgan. *c* Hefebewohnte Riesenzelle aus dem Fettgewebe. (Nach Buchner.)

sonst nur vikariierend vorkommenden beiden Hauptsymbionten *x* und *H* gekennzeichnet sind.

Hinsichtlich der Ausbildung der *x*- und Rektalorgane schließt sich *Issus coleoptratus* Geoffr. eng an diejenigen Issinen an, welche *x*-Organe mit *a*- und *l*- oder *a*- und *o*-Mycetomen vereinen, doch gesellt sich jetzt zu ersteren ein hufeisenförmig gekrümmtes, schlankes *f*-Organ mit der üblichen undeutlichen Bakterienfüllung und eine Infektion des Fettgewebes durch Hefen. Die letzteren meiden zumeist die Randzonen der Fettläppchen, doch kommt es zu keiner so scharfen Sonderung wie etwa bei den Delphaciden, zumal auch die symbiontenhaltigen Territorien immer noch von Fettkugeln durchsetzt sind.

Daneben treten aber auch Gruppen von riesigen, ausschließlich Hefen bergenden Zellen auf, die vielleicht als Anbahnung zur Bildung von Hefemycetomen bewertet werden dürfen (Abb. 200).

Issus dilatatus Oliv. hingegen besitzt zunächst ebenfalls x-Organe und Hefen, bringt diese letzteren aber in einem wohlumschriebenen unpaaren Mycetom unter, das, ohne zellig umhüllt zu sein, ein einziges riesiges Syncytium darstellt. Die sich immer wieder äußernde Tendenz der organartigen Sonderung infizierter Fettgewebsbezirke hat hier zu einer sonst nirgends erreichten Spitzenleistung geführt. An Stelle des sonst so gern mit Hefen vereint auftretenden *f*-Organes aber findet sich jetzt als dritter Symbiont ein paariges *a*-Organ, also ein Organtyp, der sonst stets das gleichzeitige Vorhandensein von Hefen ausschließt und sich außerdem auch niemals mit *f*-Organen verträgt. Wenn an anderer Stelle von den möglichen, bevorzugten oder stets vermiedenen Bindungen der Symbiontensorten die Rede sein wird, wird auch auf die beiden in dieser Hinsicht so interessanten *Issus*arten zurückzukommen sein.

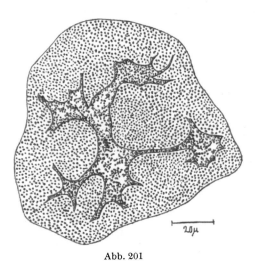

Abb. 201

Der *Oliarius*gruppe angehörige Form. Eine der riesigen, dem Fettgewebe unregelmäßig eingelagerten Mycetocyten mit kokkenförmigen Symbionten. (Nach H. J. MÜLLER.)

Fulgoroiden mit vier Symbionten sind bisher nur an drei Stellen begegnet. Eine Form, die zur Gattung *Oliarius* zählt oder zumindest in ihre nächste Nähe gehört — es standen lediglich Larven zur Verfügung —, enthält den ganzen komplizierten symbiontischen Apparat, wie wir ihn für *Oliarius* beschrieben haben, und außerdem noch sechs bis sieben Mycetocyten, die entweder zu einem größeren lockeren Haufen vereint oder in zwei bis drei Gruppen verstreut im Fettgewebe liegen. Es sind riesige Zellen mit höchst bizarrem Kern und einem dicht von kleinsten Kokken erfüllten Plasma (Abb. 201).

In ähnlicher Weise haben zwei *Cixius*verwandte zu den für diese Gattung typischen Mycetomen noch ein paariges *e*-Organ hinzuerworben. Als ein breit eiförmiger Sack legt sich jederseits äußerlich den *b*-Organen ein großes Syncytium an, das durch Zusammenschluß ursprünglich zweikerniger Zellen entstanden ist und von leicht gekrümmten Stäbchen locker erfüllt wird. In diesem Falle konnte die Beteiligung aller vier Sorten bei der ganz nach dem *Cixius*typ verlaufenden Eiinfektion einwandfrei festgestellt werden.

Eine ungewöhnliche Lösung der Quartierfrage bietet schließlich ein Teil der Poiocerinen (Laternariiden), welche den oben schon beschriebenen x-, a- und k-Organen noch einen vierten Symbionten zugesellt haben (Abb. 196 e).

Nachdem uns schon bei den Membraciden neben einer nicht seltenen ungezügelten Infektion des Mycetomepithels noch eine geregeltere, die Zellen gleichmäßig und weitgehend ergreifende begegnete, liefern nun *Crepusia nuptialis* Gerst., eine *Poiocera* spec. und andere Beispiele von vollendet entwickelten derartigen «Epithelorganen».

Die Epithelzellen, welche die Syncytien mit ihren hier langen und dünnen *a*-Schläuchen umgeben, sind allerseits dicht bald von zarten, langfädigen Bakterien *(Crepusia)*, bald von gedrungenen Kurzschläuchen *(Poiocera)* erfüllt, ihre Kerne haben sich amitotisch vermehrt und die so entstehenden kleinen Syncytien neigen zum Zusammenschluß zu größeren Einheiten (Abb. 202). So kommt ein dicker, allseitig die *a*-Symbionten umschließender Mantel zustande, dem notwendig auch die Entwicklung der von den *a*-Organen hier in Mehrzahl gebildeten Infektionshügel Rechnung tragen muß. Tatsächlich wird die symbiontenhaltige Rinde von einem Nest zunächst steriler Zellen unterbrochen, und wenn diese infiziert sind und in ihnen die übliche Wandlung zu Infektionsstadien vollzogen wurde, hindert sie daher nichts, das Mycetom in der gewohnten Weise zu verlassen. Darüber hinaus aber kommt es auch bereits bei den ja unzweifelhaft erst viel später aufgenommenen Symbionten der Rindenzone in ganz ähnlicher Weise zur Bildung von Infektionsstadien. Über der Stelle, an der sich die Anlage des Infektionshügels

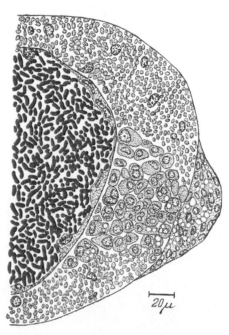

Abb. 202

Poiocerine. Ausschnitt aus dem schlauchförmigen *a*-Organ mit einem weiteren, das Mycetomepithel besiedelnden Symbionten. Für beide Formen wird je ein Infektionshügel angelegt. (Nach H. J. MÜLLER.)

der *a*-Symbionten eingesenkt hat, breitet sich ein flacher Hügel weiterer, mehr oder weniger syncytial zusammengeflossener und stark vakuolisierter Zellen aus, der sich in der Folge schildförmig über eine größere Strecke des Epithelmycetoms ausdehnt, die Symbionten der Rinde aufnimmt und die Verwandlung der Fäden in kürzere, dickere und stärker färbbare Gebilde auslöst.

Die systematische Stellung der einzigen Fulgoroide, welche wir bisher als Träger fünf verschiedener Symbionten kennen, ist nicht ganz sicher. Obwohl sie zunächst unter den Derbinen geht, neigt MÜLLER mehr dazu, sie unter die Cixiinen einzureihen. Die symbiontische Formel des fraglichen Tieres lautet: $x + a + g + h + \beta$, das heißt, es treten hier zu der altbekannten

Kombination eines x- und a-Organes noch zwei bisher noch nicht begegnete unpaare Mycetomtypen und eine fünfte, ebenfalls neuartige Form, die im Fettgewebe untergebracht wird.

Das g-Mycetom besteht aus drei konzentrischen Zonen. Auf ein flaches Epithel folgt eine Rindenschicht aus großen, mehr oder weniger rechteckigen Syncytien, während das Innere aus einem einzigen großen Synsyncytium mit sehr verschieden großen Kernen besteht. Hellere symbiontenärmere Linien in ihm scheinen sich auf die ehemaligen Begrenzungen zu beziehen. Die Rindenschicht wird von der Anlage eines ansehnlichen Infektionshügels unterbrochen. Die Symbionten sind offenbar in beiden Zonen die gleichen, doch handelt es sich um zarte, dicht gedrängte und bei der Fixierung leidende Formen, so daß über sie nichts Sicheres ausgesagt werden kann. Wahrscheinlich haben sie die Gestalt von Kügelchen oder kurzen Schläuchen. Gewisse Beobachtungen, welche die Entwicklung der x-Organe betreffen und über die im folgenden noch berichtet werden soll, veranlassen MÜLLER zu der Vermutung, daß der ungewöhnliche Schichtenbau vielleicht dadurch zustande kommt, daß die ursprünglicheren zentralen Syncytien allmählich degenerieren und ihr Inhalt von einer zweiten peripheren Zellgeneration übernommen wird.

Dicht hinter dem g-Organ liegt das h-Organ, das ebenfalls in der langen Reihe der Zikadenmycetome sonst nirgends wiederkehrt. Es handelt sich um ein von einer hochgradig abgeflachten zelligen Hülle umgebenes großes Syncytium, dessen abgeplattete Kerne der Innenseite eines scharf abgesetzten Randplasmas eingelagert sind und das allseitig von langfädigen, zu weiten Wirbeln und Bögen geordneten und von eosinophilen Körnchen erfüllten Bakterien durchfurcht wird.

Der fünfte Symbiont dieser interessanten Form, ein kugelig-polygonaler Organismus mit dichtem Protoplasma, bewohnt kleinere und größere Gebiete des Fettgewebes, dessen Zellen im Gefolge der Infektion zu Syncytien zusammenfließen. Zumeist liegen diese dann in sehr wechselnder Zahl in der Umgebung des h-Organs. Bei dieser noch sehr wenig fest eingefügten Form handelt es sich offensichtlich um den zuletzt aufgenommenen Gast.

Unsere Aufzählung der verschiedenen bisher bekannt gewordenen Kombinationsmöglichkeiten der Fulgoroiden-Symbionten, die ja sicher die tatsächliche Mannigfaltigkeit auch nicht annähernd erschöpft, nähert sich damit dem Ende. Auf den ersten Blick vielleicht ermüdend wirkend, enthüllt sie ein ganz erstaunliches, einzigartiges Phänomen, an das sich eine Reihe allgemeiner Fragen knüpft. In immer wieder anderer Form werden für hinzutretende Symbionten neuartige, selbständige Wohnstätten geschaffen, und die Tendenz, solchen in schon vorhandenen Mycetomen besondere Bezirke zu reservieren, spielt, wenn man von dem Sonderfall der Epithelorgane des *Crepusia*typs absieht, gar keine Rolle. Ein Auftreten von mehr oder weniger parasitisch anmutenden akzessorischen Formen im Inneren der Mycetome, wie es bei den Cicadoiden so oft begegnet und bei den Membraciden in solcher Häufung erscheint, begegnet bei den Fulgoroiden so gut wie gar nicht. Nur die Tettigometriden machen hierin eine Ausnahme, weshalb sie erst jetzt, an letzter Stelle, behandelt

Spezieller Teil

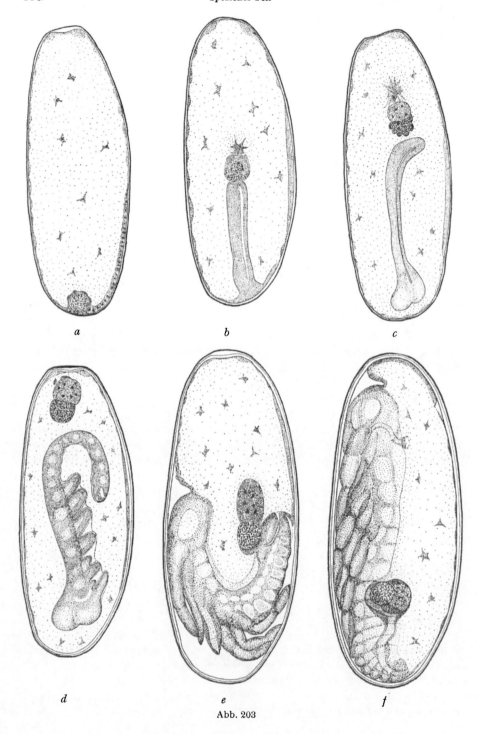

a

b

c

d

e

f

Abb. 203

werden sollen, wozu ja außerdem auch die völlig isolierte Stellung dieser Familie im System der Fulgoroiden berechtigt. Ihre sehr einheitlichen symbiontischen Einrichtungen harmonieren recht gut mit dieser Sonderstellung.

Alle bisher untersuchten Tettigometriden enthalten ein mehr oder weniger deutlich in Teilmycetome aufgelöstes x-Organ mit dem dazugehörigen Rektalorgan, paarige oder unpaarige a-Organe und ein drittes, großes, unpaares s-Organ, wozu sich unter Umständen noch ein vierter, halbparasitischer, in letzterem auftretender Gast gesellt (Abb. 196 f). An den Rektalorganen fällt die ungewöhnlich große Zahl der hier vereinten Mycetocyten — bis zu 40 — auf. Die Insassen der x-Organe unterscheiden sich in sehr merkwürdiger Weise von allen anderen bisher bekanntgewordenen. Anfangs rundlich-polygonale Brocken darstellend, erleiden sie zunächst die auch sonst so weit verbreitete Zerlappung und fiederförmige Aufspaltung, doch schließt an diese eine mehr oder weniger vollständige Aufteilung in kleine schlauchförmige oder gedrungene, fast rundliche Symbiontenfragmente an (*Tettigometra atra* Hgb., *obliqua* Panz. und andere mehr). Daß es sich nicht um einen regelmäßigen Teilungsprozeß handelt, erhellt aus den hiebei stets zu beobachtenden Unregelmäßigkeiten. Die Erscheinung ist nicht nur bei den einzelnen Arten verschieden stark ausgeprägt, sondern schwankt auch von Individuum zu Individuum und ergreift keineswegs alle Symbionten eines Mycetoms in gleicher Weise. Einzelne Riesenformen können schließlich von zahllosen kleineren Gebilden umgeben sein, die fast an a-Symbionten erinnern. Man wird vielmehr in diesem für die Beurteilung jener einzig dastehenden Riesensymbionten bedeutsamen Verhalten einen weiteren Beleg für ihre hochgradige Entartung erblicken dürfen, die sie so weit von der ursprünglichen Bakteriennatur entfernt hat.

Das s-Organ, von einer kernlosen Membran umzogen, besteht aus wenigkernigen Mycetocyten, die nur geringe Neigung zu Verschmelzungen bekunden, ja manchmal noch aus ein- oder höchstens zweikernig gebliebenen Zellen mit kugeligen oder ovalen Symbionten. Bei drei verschiedenen Arten fanden sich schließlich, auf dieses voluminöse Organ beschränkt, Eindringlinge, welche man wohl als akzessorische, aber noch halbparasitische vierte Symbionten bezeichnen darf. Sie füllen bald als kräftigere, gedrungene, bald als sehr kleine Stäbchen die Räume zwischen den locker gefügten Mycetocyten oder mengen sich, wo es zum Zusammenfließen derselben kommt, in mächtigen Ansammlungen oder schmalen, den ehemaligen Grenzen entsprechenden Zügen unter die s-Symbionten. Letztere zeigen dann stellenweise deutliche Merkmale der Degeneration, und das ganze Mycetom macht einen gestörten Eindruck.

Die embryonale und larvale Entwicklung der symbiontischen Einrichtungen der Fulgoroiden ist bisher nahezu ausschließlich von

---

Abb. 203 (links). *Fulgora europaea* L. Embryonalentwicklung. *a* Entstehung des Keimstreifs. *b* Der invaginierende Keimstreif verlagert das Primärmycetom nach vorne. *c* Nach Scheidung der *a*- und Rektalsymbionten löst sich das Primärmycetom vom Keimstreif. *d, e, f* das Primärmycetom vor, während und nach der Umrollung; bei *e* und *f* sekundäre Umhüllung mit Mesodermzellen. Halbschematisch. (Nach H. J. Müller.)

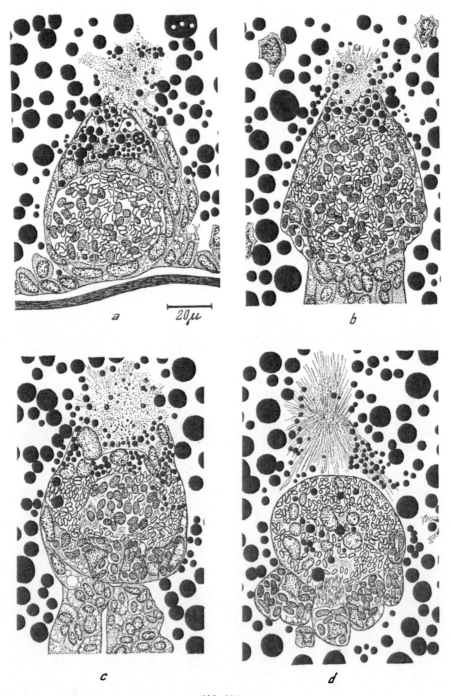

Abb. 204

MÜLLER an Hand von *Cixius nervosus* und *Fulgora europaea* in ausgezeichneter Weise untersucht worden und hat überaus interessante Einblicke sowohl hinsichtlich der Frage, wie die verschiedenen Mycetome sich anlegen und von den im Ei durcheinandergemengten Symbionten bezogen werden, als auch in bezug auf die eigentümliche Entstehung der Rektalorgane ergeben. Die wenigen Angaben, welche ich früher an Hand einiger Embryonen von *Eurybrachys* machen konnte, stellen demgegenüber nur eine sehr bescheidene Ergänzung dar, die lediglich dadurch, daß es sich dabei um einen ganz anderen Symbiosetyp handelt, einigen Wert besitzt.

Im Laufe der Furchung von *Fulgora europaea* treten von unten her Blastodermzellen, von oben her Vitellophagen an den Symbiontenballen heran, vermehren sich an seiner Oberfläche und bilden so eine zusammenhängende Umhüllung. Nachdem sich im Anschluß hieran das embryonale Blastoderm im hinteren Teil der Dorsalregion verdickt und damit scharf gegen das extraembryonale Blastoderm abgesetzt hat, beginnt die Invagination des Keimstreifs, durch die, wie sonst bei den Homopteren, der Symbiontenballen nach vorne verlagert wird (Abb. 203 *a, b*). Schon während der Zusammenscharung der Blastodermzellen und vor allem während der ersten Phase der Invagination vermehren sich die Hüllzellen am Symbiontenballen wesentlich, ihre Kerne werden größer und ihr Plasmaleib quillt auf. Gleichzeitig wird ihre zwiefache Herkunft wieder offenbar, denn die ehemaligen Vitellophagen lockern jetzt ihr Gefüge, senden amöboide Fortsätze aus und beginnen mit ihnen Dotterschollen aufzunehmen, während die weiter hinten gelegenen, weniger vakuolisierten Elemente den Blastodermzellcharakter bewahren. Diese Polarität steigert sich bei fortschreitender Invagination noch beträchtlich. Vorne entsteht eine kegelförmige, von den Vitellophagen zusammengehaltene Ansammlung zerkleinerter Dotterschollen und vor dieser eine Plasmastrahlung, wie sie auch bei Heteropteren, Anopluren und anderen Objekten gefunden wurde, und hinten beginnen die Hüllzellen sich mit den dunklen Abkömmlingen des *a*-Organs zu füllen. Wie auch sonst in ähnlichen Fällen, kann man dem histologischen Bild freilich nicht entnehmen, welche Kräfte bei solcher Entmischung eigentlich im Spiele sind. Während die *a*-Symbionten sich den hinteren Hüllzellen nähern, gelangen die kleineren Rektalsymbionten nach vorne und geraten in die von Vitellophagen stammenden Elemente, die unter Umständen auch jetzt noch nebenher Dotter verarbeiten. Die kleinen *m*-Bakterien aber bleiben unverändert in der Mitte zurück. So entsteht in der Zeit vom neunten bis elften Tage nach der Eiablage ein primäres Sammelmycetom, das aus einem rundlichen Syncytium mit Rektalsymbionten und einer diesem hinten anhängenden Traube von Mycetocyten mit *a*-Symbionten besteht und im Inneren die noch nicht mit Kernen versorgten Bakterien des künftigen *m*-Organes enthält (Abb. 204).

Abb. 204 (links). *Fulgora europaea* L. Entwicklung des Primärmycetoms und Sonderung der Symbiontensorten. *a* Kurz vor der Invagination des Keimstreifs, der Symbiontenballen von Epithel umgeben. *b* Beginn der Invagination, erste Aufnahme der *a*-Symbionten in Zellen. *c* Entstehung des Syncytiums der Rektalsymbionten. *d a*- und Rektalsymbionten geschieden, *m*-Symbionten noch nicht in Zellen. (Nach H. J. MÜLLER.)

In diesem Zustand löst es sich von dem jetzt sich S-förmig krümmenden Keimstreif (Abb. 203c). Lebendbeobachtung dieser Stadien ergibt, daß sowohl a- wie Rektalsymbionten um diese Zeit in lebhafter Vermehrung begriffen sind. Auch die Zahl der a-Mycetocyten nimmt sichtlich noch zu, bis schließlich am Ende der Invaginationsperiode, das heißt am 15.–20. Tag, die beiden Symbiontensorten ihre Zahl etwa vervierfacht haben und ein semmelförmiges Gebilde, das jetzt nahe dem oberen Pol gelegen ist, besiedeln. Die kleineren Bakterien sind um diese Zeit bereits nach außen gedrängt worden und liegen dann als unscheinbare, von einer gallertigen Hülle zusammengehaltene, kernlose Häufchen dem Rektalsyncytium locker an. Die Plasmastrahlung, die wie ein Stern der Spitze des Keimstreifs voranschwebte, bleibt auch nach der Ablösung des Sammelmycetoms noch eine Weile erhalten, ja während derselben zeigt sie sogar ihre stärkste Entfaltung, so daß Müller es für sehr wohl möglich hält, daß sie an dieser beteiligt ist und dann die Symbionten noch weiter nach oben zieht (Abb. 203d).

Bei *Cixius nervosus*, von dem wir hörten, daß seine Symbionten bereits bei Abschluß der Eiinfektion weitgehend nach Sorten geschieden sind (Abb. 191d), verläuft ihre Scheidung entsprechend weniger eindrucksvoll. Die zu hinterst gelegenen blastodermalen Hüllzellen öffnen sich auch hier auf der den Symbionten zugewandten Seite, erfassen mit verästelten und aufgefaserten Fortsätzen die Masse der dort bereits konzentrierten kleinen a-Symbionten und umwachsen sie. Gleichzeitig besiedeln die Rektalsymbionten die übrigen, wieder von Vitellophagen stammenden Zellen, welche sich hier nicht in dem Maße an der Auflösung des Dotters beteiligen, wie bei *Fulgora*. Mit Plasmafortsätzen fischen sie dabei gleichsam die letzten Rektalsymbionten noch aus den übrigbleibenden b-Symbionten heraus und fließen anschließend zu einem Syncytium zusammen.

Ähnlich den kleinen Bakterien bei *Fulgora* werden auch hier die b-Symbionten zunächst nicht mit Kernen versorgt, doch bilden sie im Gegensatz zu diesen einen wesentlichen Bestandteil des bei *Cixius* überaus stattlichen, rundlich bleibenden Sammelmycetoms (Abb. 205). Die Plasmastrahlung ist bei *Cixius*, dessen Keimstreif den Symbiontenballen bis an das vorderste Ende schiebt, wo er mehr oder weniger mechanisch zurückgehalten wird, nur andeutungsweise entwickelt.

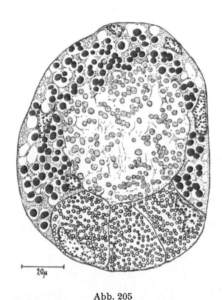

Abb. 205

Cixius nervosus L. Primärmycetom nach Sonderung der dreierlei Symbionten. (Nach H. J. Müller.)

Noch bevor die Umrollung des *Fulgora*embryos beginnt, legt sich das Sammelmycetom nahe dem Hinterende des Keimstreifs erneut an den Embryo, wobei sich ihm vermutlich dem unteren Blatt angehörige, jedenfalls mesodermale Zellen, einen flachen Napf bildend, zugesellen. Bei der Umrollung behält es dank dieser Verlötung seine Lage bei und gelangt passiv in die Region des viertletzten Segmentes (Abb. 203 *e, f*). Während und nach der Verlagerung vermehren sich jene Mesodermzellen noch beträchtlich und bilden schließlich nicht nur einen epithelialen Überzug über das ganze Mycetom, sondern schieben sich auch zwischen seine Komponenten und bahnen so ihre Trennung an.

Gleichzeitig beginnen die beiden Symbiontensorten stark zu wachsen und ihre Struktur zu verändern. Die *a*-Symbionten wachsen beträchtlich in die Länge und werden so, da sie von einer kugeligen Hülle umgeben sind, zu Krümmungen und spiraler Aufrollung gezwungen. Ihre Vakuolen vergrößern sich derart, daß die langen Schläuche stellenweise aufgetrieben werden und man den Eindruck einer vorübergehenden Degeneration gewinnt. Die Rektalsymbionten, welche bis dahin kleine, schlanke Schläuche darstellten, wachsen ebenfalls beträchtlich heran und lockern das vorher dichte und stark färbbare Plasma auf, so daß es sehr hell wird. Gleichzeitig reichert sich dieses mit stark eosinophilen Granulis an, und da und dort treten unregelmäßig gelappte und gebuchtete Gestalten auf, mit anderen Worten, sie gleichen jetzt bereits weitgehend einer Miniaturausgabe der Riesensymbionten der künftigen *x*-Organe.

Bald nach der Umrollung löst sich das mit dem Wachstum seiner Insassen natürlich wesentlich umfangreicher gewordene Sammelmycetom in seine Komponenten auf. Dabei bleibt das *a*-Organ unpaar, während das von den Abkömmlingen des Rektalorgans besiedelte in eine rechte und linke Hälfte zerschnürt wird und sich damit noch deutlicher als die Anlage der ja paarigen *x*-Organe bekundet. Während dieser Vorgänge liegen die *m*-Symbionten, ihre so viel geringere Einfügung deutlich dokumentierend, nun sämtlich frei in der Leibeshöhle verstreut und sind dabei meist zu kleinen Klümpchen vereint. Gelegentlich scheinen sie auch bereits von mesodermalen Zellen aufgenommen zu sein. Wenn sie die Gegend der Mitteldarmschlingen bevorzugen, so ist dies immerhin ein erster Hinweis auf ihre künftige Lage.

Viel sinnfälliger sind natürlich die Schicksale der *b*-Symbionten von *Cixius*. Wenn sich hier nach der Umrollung die Zellen mit den *a*-Symbionten und das Rektalsyncytium von dem Sammelmycetom zu lösen beginnen, entsteht eine Lücke, aus der die *b*-Symbionten, die ja bis dahin immer noch nicht mit Kernen versorgt wurden, herausschlüpfen. Unmittelbar darauf werden sie von mesodermalen Zellen aufgenommen, und die einkernig bleibenden jungen Mycetocyten ordnen sich zu einem paarigen Organ, das zunächst noch keine zellige Hülle besitzt, da die *b*-Symbionten in der Zeit, als auch hier junge mesodermale Elemente einen epithelialen Belag um das Sammelmycetom bildeten, noch in dessen Innerem lagen.

Das weitere Schicksal dieser bei beiden Objekten auftretenden Hüllbildungen ist ebenso eigenartig wie bedeutungsvoll. Am eindeutigsten läßt es sich an den *x*-Organen verfolgen. Hier werden die anfangs fast kubischen Zellen zunächst, nachdem sie offenbar ihre mitotische Teilungsfähigkeit verloren haben, dank dem Wachstum des Organs stark gedehnt und abgeflacht. Dann entwickeln sie, ganz ähnlich wie vordem die den Symbiontenballen umgebenden Blastodermzellen, eine eigentümliche Polarität, indem sie nach außen hin glatt bleiben, nach innen zu aber ihre Begrenzung lösen, mit verästelten Protoplasmafortsätzen in die peripheren Regionen des Mycetoms hineingreifen und die nächstliegenden Symbionten umspinnen. Gleichzeitig gehen die alten primären Mycetomkerne und die sie umgebenden Plasmahöfe zugrunde.

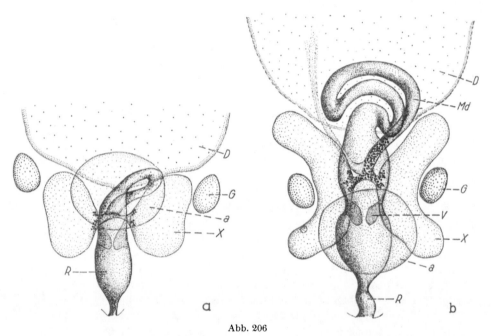

Abb. 206

Fulgora europaea L. Entwicklung des Rektalorganes I. *a* Die Mitteldarmanlage legt sich mit der Spitze an die Brücke des *x*-Organes, an der sich Wanderformen der Insassen bilden. *b* Die Entwicklung des Mitteldarms ist fortgeschritten, die Wanderformen bilden in ihm ein provisorisches Darmorgan. *a* = *a*-Organ, *G* = Gonade, *D* = Dottersack, *R* = Rektum, *X* = *x*-Organ, *Md* = Mitteldarm, *V* = Valvula pylorica. Schematisch. (Nach H. J. MÜLLER.)

Es kommt also hier zu einem Ersatz des zunächst angelegten *x*-Syncytiums durch eine zweite Garnitur von Zellen, welche hiebei ebenfalls syncytialen Charakter annehmen. Ein vergleichbares Umladen der Symbionten aus primären in sekundäre Mycetocyten kennen wir wohl auch von so manchen anderen Objekten, aber eine derartige gleichsam schleichende Verjüngung eines Syncytiums unter Beibehaltung der äußeren Umrisse ist von keinem anderen Symbiontenträger bekanntgeworden. Bei den *a*-Symbionten werden hingegen die sekundären Hüllzellen offenbar auf wieder andere Weise der Vergrößerung des Mycetoms dienstbar gemacht. Ohne daß hier die zentralen Mycetocyten der Degeneration verfallen, scheint in ihnen vorübergehend die

Vermehrungsintensität der Symbionten zu erlahmen. Gleichzeitig treten aber an der Peripherie einzelne von ihnen in die Hüllzellen über und vermehren sich hier so schnell, daß sie sie bald dicht erfüllen. Schon gegen Ende der Embryonalentwicklung setzt dann, im Zentrum beginnend, die Auflösung der Zellgrenzen und damit die Syncytienbildung ein. Die endgültige spärliche Umhüllung der x- wie der a-Organe geht nach MÜLLER auf das Peritonealepithel zurück.

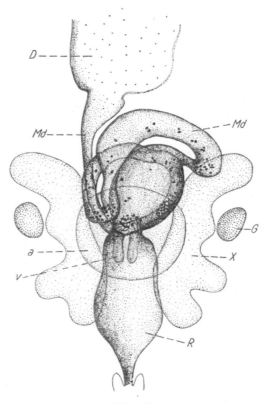

Abb. 207

Fulgora europaea L. Entwicklung des Rektalorganes II. Das Darmorgan ist in Auflösung, die nach hinten gleitenden Symbionten werden an der Valvula von einer Reuse aufgefangen. Erläuterung siehe Abb. 206. Schematisch. (Nach H. J. MÜLLER.)

x-, a-, b- und m-Organe haben sich so aus dem Sammelmycetom entwickelt, und mit aller Deutlichkeit hat sich bereits gezeigt, daß die Abkömmlinge des mütterlichen Rektalorganes zu x-Symbionten werden, aber die Entstehung der auf das weibliche Geschlecht beschränkten Rektalorgane bleibt bis zu diesem Zeitpunkt ein Rätsel. Erst wenn sich jetzt der Mitteldarm zu entwickeln beginnt, geht dieser im weiblichen Geschlecht höchst merkwürdige Beziehungen zum jungen x-Organ ein, die schließlich auf beträchtlichen Umwegen zur Bildung der Rektalorgane führen. Als ein zunächst solider Zellstrang wächst bei *Fulgora* die Mitteldarmanlage vom blinden Ende des Proktodäums schräg nach vorne, biegt dann rasch wieder zurück und nähert sich so der Stelle, an der die beiden Hälften des x-Organes noch durch eine schmale, von einem Kanälchen durchzogene symbiontenfreie Brücke miteinander in Verbindung stehen. Das vordere Ende dieses Mitteldarmstranges, das zunächst nur aus wenigen lose gefügten Zellen besteht, legt sich nun, gleichsam tastend, immer enger und fester an diese Brücke des x-Organs (Abb. 206a, 208 a, b).

Durch diese Berührung werden an einem Teil der zu Riesensymbionten prädestinierten Organismen höchst eigenartige Veränderungen ausgelöst. Die sekundären mesodermalen Hüllzellen sind um diese Zeit eben dabei, sie zu übernehmen, und senden, wie wir es oben geschildert, Fortsätze zwischen sie. Dort, wo der Kontakt mit der Mitteldarmanlage hergestellt wurde, greifen diese plasmatischen Fangarme besonders tief in das Syncytium hinein und umschließen die Symbionten inniger als anderweitig. So bilden sich beiderseits an der Ansatzstelle des Verbindungsrohres wohlbegrenzte Mycetocyten, in denen die bereits beträchtlich herangewachsenen x-Symbionten rasch in kleinere Teilstücke zerfallen, die obendrein sofort durch ihre stärkere Färbbarkeit auffallen (Abb. 208 b).

Inzwischen wächst die Spitze der Mitteldarmanlage weiter nach vorne und verstreicht hier zunächst im Dotter. Während sie an manchen Stellen ein Lumen zu bilden beginnt, bleibt sie in der Kontaktzone zunächst immer noch massiv. Jetzt ist der Zeitpunkt gekommen, an dem die mit den kleineren Symbionten beladenen Mycetocyten zu Wanderzellen werden. Sie zwängen sich von rechts und links durch den engen Brückenkanal, der ja geradezu in die Darmanlage mündet, treten von hier in diese über und ordnen sich, nach vorne gleitend, zu einer unregelmäßig begrenzten Zellmasse, die man als transitorisches Darmorgan bezeichnen kann (Abb. 206 b). Kurz vor dem Schlüpfen beginnen dann dessen Zellen sich aufzulösen und ihre Kerne zu degenerieren. Die Symbionten werden frei und gleiten dank den jetzt einsetzenden peristaltischen Bewegungen innerhalb weniger Stunden, kurz bevor die erste Nahrungsaufnahme der frischgeschlüpften Larven einsetzt, in Richtung auf das Rektum durch die komplizierten Windungen des Mitteldarms. Ohne dabei an der Darmwandung zu haften, nähern sie sich so der schon vor dem Auswachsen der Mitteldarmanlage als ansehnliche Wülste erscheinenden Valvula rectalis (Abb. 207).

Hier sind inzwischen bereits während des Zerfalls des Darmorganes höchst merkwürdige Vorbereitungen getroffen worden! Die unmittelbar über ihr gelegenen Darmzellen ließen lange protoplasmatische, sich verästelnde Fortsätze in das hier stark erweiterte Lumen sprossen, die eine regelrechte Reuse darstellten. In zwei bis drei Stockwerken angeordnet, bilden sie ein offenbar obendrein klebriges Geflecht, an dem die herantreibenden Symbionten ausnahmslos hängenbleiben. Dann öffnet sich an der Basis der Reusenzellen ein ringförmiger Schlitz im Darmepithel, welcher in die jetzt erst deutlicher in die Erscheinung tretende Ringfalte hineinführt und in den nun sämtliche Symbionten hineingleiten (Abb. 209). Hier werden sie von Zellen aufgenommen, die dem unteren und dem rückläufigen Teil der noch immer einen ausgesprochen

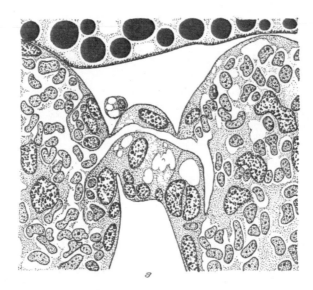

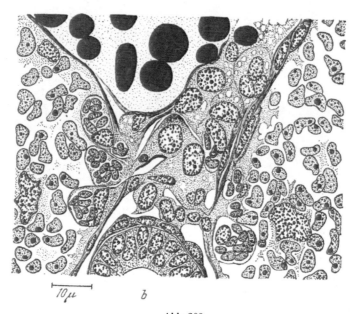

Abb. 208

Fulgora europaea L. *a* Zellen der Mitteldarmanlage beginnen die Brücke zwischen den beiden Hälften des x-Organes zu umwachsen. *b* Die Verwachsung ist fortgeschritten, die jungen Riesensymbionten sind in spezifischen Epithelzellen in kleinere, dunklere Wanderformen zerfallen.

(Nach H. J. MÜLLER.)

embryonalen Charakter besitzenden Falte angehören und gleichzeitig ihre mitotische Teilungsfähigkeit verlieren. Während die damit endlich zur Ruhe kommenden bisherigen Wanderformen ihre starke Färbbarkeit verlieren und sich rasch lebhaft vermehren, zerschnürt sich der Mycetocytenkern einmal und wird so der endgültige Zustand des Rektalorgans mit seinen zahlenmäßig fixierten, zweikernigen Riesenzellen angebahnt.

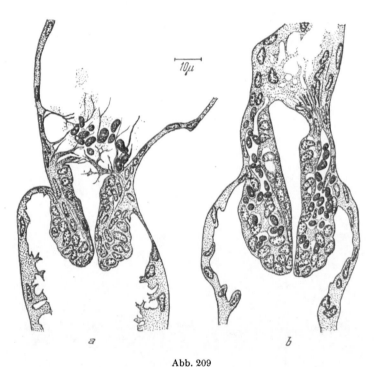

Abb. 209

Fulgora europaea L. *a* Die Symbiontenreuse an der Valvula rectalis. *b* Die Symbionten gleiten in die Valvula. (Nach H. J. Müller.)

Von all diesen geradezu verblüffenden Anpassungen findet sich in den männlichen Embryonen keine Spur (Abb. 210 *a–c*). Das unpaare *x*-Organ teilt sich dort in zwei Mycetome, ohne daß dabei eine Brücke bestehen bliebe; der sich entwickelnde Mitteldarm wächst an ihnen vorbei, ohne daß es zu irgendwelcher Verlötung käme; die sekundären Hüllzellen übernehmen die Symbionten, ohne daß ein Teil von ihnen dabei zu Mycetocyten würde, und die Differenzierung von Darmepithelzellen zu Reusenbildnern unterbleibt durchaus.

Cixius unterscheidet sich in mancher Hinsicht von *Fulgora*. Bei ihm bleibt eine breite Verbindung zwischen den beiden Hälften des *x*-Organs bestehen, und der auswachsende Mitteldarm legt sich mit seinem Ende wie mit einem Saugmund an den unpaaren Abschnitt. Die sich an dieser Stelle differenzierenden Hüllzellen bilden dann eine sehr charakteristische, tief in das Mycetom ragende

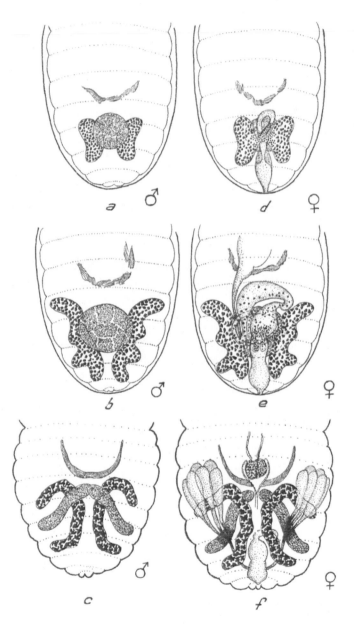

Abb. 210

Fulgora europaea L. Postembryonale Entfaltung der symbiontischen Organe; *a, b, c* im männlichen Geschlecht, *d, e, f* im weiblichen; bei *e* Entstehung des Rektalorganes, bei *f* Induktion des Infektionshügels durch den Kontakt der *a*-Organe mit dem Eileiter. Schematisch. (Nach H. J. Müller.)

Ansammlung, und die Übernahme der Wanderzellen in den Darm geht in geschlossenem Verband vor sich. Das provisorische Darmorgan ist viel schärfer umschrieben und treibt den Mitteldarm entsprechend auf. Der Reusenapparat besteht, wohl im Zusammenhang damit, daß hier der betreffende Darmabschnitt viel enger ist, aus weniger auffälligen, fast wie Geweihschaufeln entwickelten Fortsätzen. Entsprechend der endgültigen Lage des Rektalorganes hinter der Valvula füllen die Symbionten diese zunächst nur einseitig und gleiten später in der jungen Larve noch weiter nach rückwärts.

So haben die embryologischen Untersuchungen meine seinerzeit formulierte Hypothese von dem genetischen Zusammenhang der x-Symbionten mit den Rektalsymbionten in glänzender Weise bestätigt. Die weitgehende Entartung der x-Symbionten, von der wir keineswegs von vorneherein annehmen müssen, daß sie «ungewollt» ist, macht sie jedenfalls als Ausgangsmaterial für die Eiinfektion ungeeignet und zwingt den Wirt, im weiblichen Geschlecht rechtzeitig, das heißt, bevor das Riesenwachstum seinen Höhepunkt erreicht hat, einen Teil derselben an einen Ort zu verpflanzen, an dem die Umweltbedingungen ein solches unterbinden. Zu diesem Zweck züchtet er die Wanderformen heran, welche dann erst im Rektalorgan die für dieses typische Gestalt erhalten, indem sie bei *Fulgora* zu kleinen, ovalen oder kurze Schläuche darstellenden Gebilden, bei *Cixius* zu längeren Schläuchen werden, um dann schließlich zum zweiten Mal einen, wenn auch geringfügigen, Formwandel zu erleiden, der sie zur Eiinfektion geeignet macht. In diesem Sinne ist das Rektalorgan den der Eiinfektion dienenden Filialmycetomen der Anopluren und Mallophagen oder, wenn man will, den Infektionshügeln der a-Organe vergleichbar.

Auf die von MÜLLER ebenfalls eingehend geschilderten Veränderungen während der postembryonalen Entwicklung im einzelnen einzugehen, würde zu weit führen. Wie nicht anders zu erwarten war, verlaufen auch hiebei alle das Wachstum, die eventuelle Unterteilung und die Lageveränderungen der Mycetome betreffenden Geschehnisse streng gesetzmäßig (Abb. 210). Dem Wachstum der Wirtstiere entspricht jeweils eine ganz bestimmte Größenzunahme der einzelnen symbiontischen Organe, mit anderen Worten, die Vermehrungsrate der Symbionten wird auch während der larvalen Entwicklung von den Wirtstieren genau geregelt. Nur bei den x-Symbionten handelt es sich, wie sich auch zahlenmäßig feststellen ließ, lediglich um ein fortschreitendes Wachstum der Symbionten, das zu der Vergrößerung ihrer Organe führt. Die Aufspaltung in Teilmycetome, wie die gesetzmäßigen Lageveränderungen der symbiontischen Organe überhaupt, ist sichtlich stets eine passive, durch die Massenentfaltung und Verlagerung der verschiedenen Organe des Wirtstieres bedingte.

Ein allgemeineres Interesse besitzt unter den postembryonalen Geschehnissen natürlich in erster Linie die Genese der Infektionshügel des a-Organes, welche bei *Fulgora* genauer verfolgt werden konnte und ganz den an *Aphrophora* gemachten Beobachtungen entsprechend verläuft. Schon auf frühesten Larvenstadien legen sich die geschwungenen paarigen Ovidukte den a-Organen dicht an, ohne daß zunächst von dieser engen Berührung, die teilweise einer Verwachsung nahezukommen scheint, eine sichtbare Wirkung ausginge (Abb. 210*f*). Erst zu Beginn des fünften Larvenstadiums zeigt sich im Bereich des anliegenden Eileiters im Epithel des *a*-Organs eine leichte, offensichtlich auf Zellteilungen zurückgehende Verdickung. Anschließend schwillt diese Stelle dank lebhafter mitotischer Teilungen rasch zu einem anfangs noch flachen, bald aber fast halbkugeligen Hügel an, der schließlich in das Mycetom eingesenkt wird. Während dieses Zellnest gegen den von Symbionten bewohnten Teil des Mycetoms stets scharf abgesetzt ist, sondert es sich von dem angrenzenden Epithel, von dem es unzweifelhaft seinen Ursprung nimmt, erst in der Imago deutlicher ab. Die Ovidukte geben zumeist schon gegen Ende des fünften Larvenstadiums ihre unmittelbare Berührung mit dem Mycetom auf, die Besiedlung der durch eine Amitose zweikernig werdenden Zellen des Infektionshügels setzt in der jungen Imago ein. Bei *Cixius* konnte gezeigt werden, daß es entsprechend den jederseits paarigen Infektionshügeln in der Tat vorübergehend zu einem doppelten Kontakt mit dem Eileiter kommt.

So wertvoll die an Hand von *Fulgora* und *Cixius* gewonnenen Einblicke in die Entwicklung der symbiontischen Einrichtungen sind, dürfen wir darüber doch nicht vergessen, daß sie angesichts der ungeheuren Mannigfaltigkeit der Fulgoroiden-Symbiose nur einen Ausschnitt aus einem an interessanten Einzelheiten überreichen Gebiet darstellen. Wie gerne würde man zum Beispiel auch über die Embryonalentwicklung von *Oliarius* Bescheid wissen, bei dem wir zu der Annahme eines weiteren, neben dem *x*-Rektalorgan-Verband bestehenden Mycetompaares genötigt waren! Auch das Verhalten der Hefesymbionten bei der Embryonalentwicklung der Fulgoroiden genauer zu verfolgen, wäre offenbar von Interesse, nachdem einige Beobachtungen an *Eurybrachys*embryonen gezeigt haben, daß auch hier der Keimstreif zunächst den mit Kernen versorgten Symbiontenballen nach vorne schiebt und daß dieser dann ganz wie bei *Fulgora* oder *Cixius* am Embryo haftend bei der Umrollung wieder an den hinteren Pol befördert wird, wo er sich allmählich aufzulösen scheint. Das Fettgewebe schlüpfreifer Embryonen ist jedenfalls bereits auf weite Strecken von den Hefen infiziert. Man wird dabei an ähnliche, in der Cocciden-Entwicklung sich äußernde Tendenzen, Hefen, welche diffus im Fettgewebe liegen, vorübergehend organmäßig zu binden, erinnert.

4. SYMBIOSEN BEI WIRBELTIERBLUT SAUGENDEN UND HORNSUBSTANZ VERZEHRENDEN TIEREN

a) Hirudineen

α) Rhynchobdelliden

Daß die «Ösophagusdrüse» der sich vom Blute der Schildkröten ernährenden *Placobdella catenigera* Moquin-Tandon ihren Namen zu Unrecht trägt und in Wirklichkeit von niemals fehlenden symbiontischen Mikroorganismen bewohnt wird, hat REICHENOW (1921, 1922) erkannt. Sie besteht aus zwei gegen

das blinde Ende hin keulenförmig anschwellenden Ausstülpungen des Darmkanales, welche zwischen Rüssel und Magen entspringen (Abb. 211a). Am Aufbau ihrer Wandung beteiligen sich zweierlei Elemente, schlanke, pfeilerartige,
stets steril bleibende Zellen einerseits und große, ebenfalls einkernige Zellen,
deren Plasma mit fädigen, sich nach allen Seiten durchflechtenden Bakterien
dicht erfüllt ist, andererseits (Abb. 211b). Auch im Lumen der Säckchen trifft

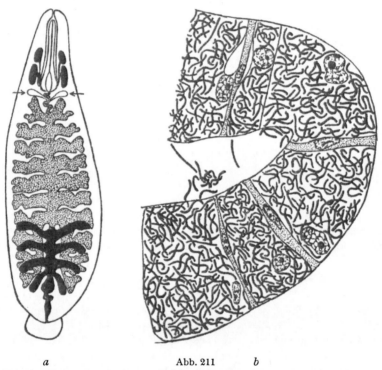

a   Abb. 211   *b*

Placobdella catenigera Moquin-Tandon. *a* Verdauungsapparat mit den von Symbionten besiedelten
Ausstülpungen des Ösophagus. *b* Schnitt durch einen Teil der Ösophagusausstülpungen. *b* 1050fach
vergrößert. (Nach REICHENOW.)

man auf die gleichen, im Leben sich windenden und zum Teil spiralig aufge-
rollten Organismen.

Untersucht man einen Egel kurz nach dem Saugen, so findet man sie auch
im Anfangsteil des Magendarmes in großer Menge. Ist die Verdauung weiter
fortgeschritten, so liegen die Symbionten selbst in den hinteren Regionen teils
einzeln, teils in Knäueln, und die roten Blutkörperchen erscheinen dann nach
REICHENOW rund um sie schon zu einem Brei aufgelöst, während sie an anderen
Stellen noch wohl erhalten sind.

Junge, noch vom Dotter des Eies lebende Tiere besitzen bereits die fraglichen Ausstülpungen, doch gleicht zunächst deren Epithel noch ganz dem des
Ösophagus. Da aber andererseits die Symbionten in ihnen schon vor der ersten

Nahrungsaufnahme erscheinen, kann kein Zweifel darüber bestehen, daß sie in gesetzmäßiger Weise vom Muttertier auf die Tochtertiere weitergegeben werden. Wie diese Übertragung stattfindet, konnte zwar bisher nicht beobachtet werden, doch darf nach den an anderen Egeln gemachten Feststellungen angenommen werden, daß sie, ähnlich wie auch bei den Lumbriciden, mittels einer Infektion der die sich entwickelnden Tiere umgebenden Kokonflüssigkeit bewerkstelligt wird und daß die Bakterien nach Durchbruch des Mundes mit dieser in den Darm übertreten. Da ja bei der Bildung der Kokons das Vorderende des Wurmes durch dessen zunächst ringförmige Anlage hindurchgezogen wird, können hiebei die Keime leicht aus dem Ösophagus gepreßt und dem einen günstigen Nährboden darstellenden Inhalt beigegeben werden.

Ob andere Glossosiphoniden ähnliche Einrichtungen getroffen haben, ist zunächst noch unbekannt. Wenn für *Protoclepsis tesselata* O. F. Müller und *Hemiclepsis marginata* O. F. Müller «drüsige Anhänge» am Vorderdarm angegeben werden, so beruht das auf einem Irrtum. In der Tat handelt es sich dabei um die vier vordersten, in histologischer Hinsicht durchaus den anschließenden Darmblindsäcken gleichenden und sich lediglich durch ihre zierlichere Gestalt unterscheidenden Ausstülpungen, in denen sich keine Symbionten finden (JASCHKE, 1933). Andererseits hat WITHMAN (1891) für eine von ihm als *Clepsine plana* beschriebene Form, welche nach KOVALEVSKY (1900) *Placobdella* sehr nahe stehen soll, Blindsäcke angegeben, welche denen der letzteren ganz ähnlich sind, so daß bei ihnen auch eine Besiedelung durch Symbionten in Frage kommt.

Merkwürdigerweise hat man die längste Zeit nicht beachtet, daß bei Ichthyobdelliden recht ähnliche Bildungen vorkommen. Erst JASCHKE (1933) fand, daß auch *Piscicola geometra* L., unser so häufiger Fischegel, am Vorder-

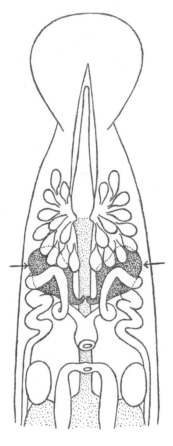

Abb. 212

Piscicola geometra L. Vorderer Abschnitt des Tieres mit den von Bakterien besiedelten Ösophagusdivertikeln. (Nach JASCHKE.)

darm ein Paar Divertikel besonderer Art trägt, deren Lumen in stets gleicher Weise von einer einheitlichen Bakterienkultur erfüllt wird. Hier sind diese durch die Ausführgänge der Geschlechtsdrüsen, die Spermatophorentasche und die dazu gehörigen Drüsenpakete von den anschließenden Darmblindsäcken, welche lediglich der Aufspeicherung des Blutes dienen, weit getrennt und unterscheiden sich von ihnen auf den ersten Blick dadurch, daß sie niemals Blut enthalten. Als plump birnförmige Säcke stehen sie nur mittels sehr enger, kurzer Kanäle mit dem Darmrohr in Verbindung (Abb. 212). Ihre Wandung ist der der folgenden Divertikel recht ähnlich, besitzt keine Drüsenzellen und ist noch etwas mehr abgeflacht als jene.

Die Bakterien finden sich im Gegensatz zu den Symbionten der *Placobdella* stets nur extrazellular. Bei Tieren, welche teils aus Schlesien, teils aus Bayern stammten, handelte es sich stets um die gleichen, etwa 3 μ langen und 0,7 μ breiten Stäbchen.

JASCHKE fand die gleichen Einrichtungen auch bei der nordamerikanischen *Piscicola punctata* und bei dem auf unseren Barben lebenden *Cystibranchus respirans* Troschel. Bei letzterem handelt es sich um gekrümmte Stäbchen, und die Lagebeziehungen der sie enthaltenden Blindsäcke zu den Schleifen der Vasa deferentia sind etwas andere. Bei *Branchellion torpedinis* Sav., einem marinen, auf Zitterrochen parasitierenden Egel, sind die ebenfalls nie Blut enthaltenden Ausstülpungen, welche hier schon SUKATSCHOW (1913) auffielen, faltig und durch dorsoventrale Muskeln in mehrere Räume geteilt, doch sind sie hier nicht so extrem vom Darm abgesetzt und überhaupt seinen übrigen Aussackungen ähnlicher. Dazu kommt noch, daß die Bakterien, welche wieder etwas anders gestaltet sind, auch noch in dem ersten hinter den Genitalöffnungen gelegenen Divertikelpaar vorkommen. Offenbar handelt es sich also nicht um Neubildungen, sondern um nachträglich und bei den einzelnen Arten verschieden weitgehend spezialisierte, ursprünglich ebenfalls Blut speichernde Blindsäcke. Bei *Pontobdella muricata* L., einem stattlichen Schmarotzer der Rochen, konnte JASCHKE hingegen keine entsprechenden Bildungen finden.

Obwohl durch die Kontraktionen dieser Egel notwendig immer wieder Bakterien in den Darm übertreten müssen, haben sie sich bis jetzt hier nicht nachweisen lassen. Daß sie aber auch in diesen Fällen ähnlich wie bei *Placobdella* hämolytisch wirken, geht aus dem Umstande hervor, daß gelegentlich in die Symbionten führenden Säcke gepreßte rote Blutkörperchen sowohl bei *Piscicola* als auch vor allem bei *Branchellion* von Bakterien dicht umlagert und in Zerfall befunden wurden.

JASCHKE konnte schließlich zeigen, daß die Übertragung, wie wir es schon für *Placobdella* vermuteten, in der Tat auf dem Umwege über eine Infektion der Kokonflüssigkeit vor sich geht. Diese enthält von Fall zu Fall recht verschieden zahlreiche Keime; manchmal ist sie von ihnen überschwemmt, und gelegentlich sind sie nur sehr spärlich vertreten. Stets aber sind die betreffenden Divertikel bei Jungtieren, die noch kein Blut gesogen haben, bereits mit Bakterien gefüllt. Sie werden im Gegensatz zu den übrigen Blindsäcken, die erst nach dem Schlüpfen entstehen, schon im Kokon gebildet, bleiben aber zumeist, solange die Tiere noch in ihm verweilen, steril. Erst nach dem Schlüpfen werden sie vielmehr von den in den Resten der im Kokon geschluckten Nahrung reichlich vorhandenen Bakterien bezogen. Wie sie bei der Bildung der Kokons aus den Divertikeln gepreßt und dem sie füllenden Sekret beigegeben werden, konnte nicht beobachtet werden.

β) Gnathobdelliden

Es lag nahe, nach den an *Placobdella* gemachten Erfahrungen auch bei dem medizinischen Blutegel nach Ähnlichem zu fahnden. Wenn bereits REICHENOW (1922) in aller Kürze mitteilte, daß er in der Tat ein freilich völlig abweichendes Äquivalent jener Ösophagusblindsäcke gefunden habe, so scheint sich diese Bemerkung auf die regelmäßig in den Ampullen der Nephridien lebenden fadenförmigen Bakterien zu beziehen, über welche wir an anderer Stelle berichten werden, da dieses Vorkommen offenkundig der recht ähnlichen Besiedelung der Exkretionsorgane anderer, nicht blutsaugender Anneliden (Lumbriciden, Glossoscoleciden) entspricht. Auf die nicht minder kurz gehaltene Äußerung ZIRPOLOS (1922), der von Organen spricht, welche in unmittelbarer Verbindung mit dem Darm stehen sollten, ist ebenfalls keine ausführlichere Darstellung gefolgt, so daß man wohl daraus schließen darf, daß der Autor erkannt hat, daß er einer Täuschung zum Opfer gefallen war.

Ernster zu nehmen sind hingegen die Mitteilungen LEHMENSICKS (1941, 1942) und seines Schülers HORNBOSTEL (1941). Sie finden stets im Darm sowohl der zu medizinischen Zwecken gehaltenen Blutegel als auch der in Deutschland endemisch vorkommenden Rasse ein gramnegatives, $1{,}5{-}2\,\mu$ langes Kurzstäbchen, das sie der Coligruppe im weiteren Sinn zurechnen. Es ist dank einer peritrichen Bewimperung aktiv beweglich und läßt sich in Bouillon mit Traubenzucker oder auf Agar, der mit einer Aufschwemmung des Blutes in Traubenzuckerlösung versetzt wurde, züchten, ohne hiebei Sporen zu bilden. Nach 24 Stunden ist der Agar in seiner ganzen Tiefe von den Kolonien durchwachsen. Ihre hämolytische Wirkung tritt auf den Blutplatten sehr deutlich in die Erscheinung.

Mit einem Bakterium, das SCHWEIZER (1936) als im Schleim der Oberfläche von *Hirudo* lebend beschrieben hat, und das er ohne jede Berechtigung als Symbiont bezeichnet, oder mit anderen Mikroorganismen, welche in *Hirudo* gefunden wurden, ist diese für den Menschen unschädliche Form nicht zu verwechseln. Die beiden Autoren sind sicher, in ihr die eigentlichen Symbionten des medizinischen Blutegels entdeckt zu haben, und schreiben ihr vor allem eine wichtige Rolle bei der Blutverdauung zu. Sie gründen diese ihre Ansicht auf eine sorgfältige, freilich rein bakteriologische Untersuchung, die es in der Tat wahrscheinlich macht, daß die bei *Hirudo* zu erwartenden Symbionten nicht wie bei den Rhynchobdelliden in besonderen Organen, sondern diffus im Darm leben. Die Übertragung des von ihnen als *Bacterium hirudinicolum* bezeichneten Organismus haben sie nicht studiert.

b) Gamasiden

Sowohl bei den an Reptilien saugenden *Liponyssus saurarum* Oudemans und *Ophionyssus natricis* Berlese, als auch bei dem vom Blut der Mäuse lebenden *Ceratonyssus musculi* C. L. Koch fanden sich Mycetome, welche innige Beziehungen zum Darm aufweisen. Ähnlich wie es noch von *Ornithomyia* und

Pedicinus zu berichten sein wird, liegen sie zwischen dem Darmepithel und der dieses umgebenden Muskellage. Bei *Liponyssus* und *Ophionyssus* handelt es sich um ein Paar, welches dem rechten und linken Blindsack des Darmes zugesellt ist, und um ein drittes unpaares Organ, das, größer als die beiden, der Ventralseite des mittleren Blindsackes aufliegt (REICHENOW, 1922; PIEKARSKI, 1935; Abb. 213a). Der starke Verbrauch, den hier die Epithelzellen des Darmes

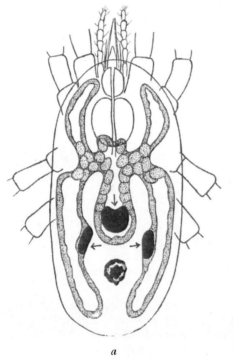

b

Abb. 213

Liponyssus saurarum Oudemans. *a* Junges Weibchen mit drei dem Darm eng benachbarten Mycetomen. *b* Mycetocyte. *a* 112fach, *b* 1440fach vergrößert. (Nach REICHENOW.)

a

bei der Verdauung erleiden, führt unter Umständen schon vor der Verwandlung in das geschlechtsreife Tier oder doch wenigstens in älteren Tieren dazu, daß die Mycetome unmittelbar an das Darmlumen grenzen.

Ihr Aufbau ist höchst einfach, denn sie stellen lediglich Ansammlungen von wenigen, einkernigen, im Laufe der Entwicklung nicht unbeträchtlich heranwachsenden Mycetocyten dar, deren Plasma dicht von den Mikroorganismen erfüllt ist (Abb. 213b). Für *Ophionyssus* wird angegeben, daß die paarigen Organe nur aus zwei bis vier Zellen bestehen, während man in den unpaaren zehn bis zwölf Zellen zählt. *Ceratonyssus* weicht insofern ab, als er nur ein einziges, entsprechend größeres Mycetom besitzt, das hier dorsal vom Darm und weiter kopfwärts liegt, verhält sich aber im übrigen recht ähnlich.

Was die Gestalt der Symbionten anlangt, so hat REICHENOW bei *Liponyssus saurarum* eine sehr überraschende Feststellung gemacht, wenn er fand, daß in ihm keineswegs stets die gleichen Symbionten vorhanden sind, sondern nicht weniger wie sechs verschiedene, von denen zumeist nur einer angetroffen wird. Gelegentlich gesellt sich aber auch noch eine zweite Sorte zu diesem, doch sind die beiden Formen dann stets reinlich auf verschiedene Zellen gesondert. Die in Spanien gesammelten Exemplare enthalten weitaus am häufigsten ein Bakterium, das plumpe, schwach gekrümmte Stäbchen mit abgerundeten Enden darstellt und damit sehr an die *Periplaneta-* und *Blatta*symbionten erinnert. Bei manchen Milben trat hiezu noch ein schlankes Stäbchen, seltener begegnete eine wesentlich längere Form, unter Umständen schließlich auch eine weitere, welche dünne und sehr lange Fäden bildet. Tiere aus Rovigno führten endlich Symbionten, welche mit keinem der spanischen Milben übereinstimmten. Sie enthielten vielmehr teils spindelförmige, teils ebenfalls fädige und dann immerhin einigermaßen an spanische Formen erinnernde Bakterien. Auch PIEKARSKI begegneten bei *Ophionyssus* zwei verschiedene Symbiontentypen, stäbchenförmige von 5—10 μ Länge und schlank spindelförmige, doch traten diese niemals nebeneinander im gleichen Wirt auf.

Eine derartige Variabilität kehrt bei keiner anderen Endosymbiose wieder und verlangt sehr nach einer Untersuchung auf breiterer Basis. Da *Liponyssus* auf sehr verschiedenen Eidechsenarten und sogar auf Schlangen vorkommt, könnte man an irgendeine Wechselbeziehung zwischen dem blutspendenden Wirtstier und den jeweiligen Symbiontensorten ihrer Parasiten denken; andererseits stammten die *Ophionyssus* PIEKARSKIS sämtlich von der Sandviper (*Vipera ammodytes* L.).

Daß es sich hiebei wirklich um scharf voneinander zu trennende Organismen und nicht um verschiedene Zustände ein und derselben Form handelt, lehrt ihre Übertragung auf die Nachkommen. Die Ovarien besitzen zum Teil ebenfalls enge räumliche Beziehungen zum Darm und können sogar wie die Mycetome infolge des weitgehenden Verbrauches der Darmepithelzellen unmittelbar an sein Lumen grenzen, wie bei *Liponyssus*, oder sie ziehen als paarige Stränge durch die Leibeshöhle und gehen keine solchen Verbindungen ein *(Ophionyssus)*. In beiden Fällen treten jedoch die Eier schließlich einzeln in die Leibeshöhle über, wachsen hier noch weiter heran und liegen dann unmittelbar unter dem mittleren und zwischen den seitlichen Mycetomen. So kommt es, daß die Symbionten auf die einfachste Weise aus ihren Wohnstätten in das noch hüllenlose Ei einwandern können. Wenn ein solches dann in den Uterus übergetreten ist, sind die Symbionten schon tief in den Dotter gedrungen und liegen jetzt stets innerhalb der Dotterschollen, eine Eigentümlichkeit, die ebenfalls von keiner anderen Symbiose bekannt geworden ist (Abb. 214). Dies gilt auch für die Embryonen, in deren Dotterkugeln die Symbionten sich vielfach noch anreichern. Ohne weiteres lassen sich in ihnen die jeweilig in den Mycetomen vertretenen Sorten wiedererkennen. Nur die langen, schlanken Fäden scheinen in etwas verkürzter Form zu infizieren und dann wieder auszuwachsen.

Während der Embryonalentwicklung, die sich zum Teil bereits im mütterlichen Körper abspielt, ist an den Symbionten kaum eine Veränderung wahrzunehmen. Die das Ei verlassende sechsbeinige Milbenlarve enthält vielmehr an Stelle des Darmes noch eine unorganisierte Dottermasse, in die die Symbionten nach wie vor eingebettet sind. Erst in der nach ein bis zwei Tagen entstehenden achtbeinigen Nymphe wird das Darmepithel aufgebaut und der Dotterrest resorbiert. Dies ist auch der Zeitpunkt der Mycetombildung, zu der nach REICHENOW wahrscheinlich den Darmzellen gleichwertiges Material verwendet wird, doch konnte er das offenbar rasch vorübergehende Stadium des

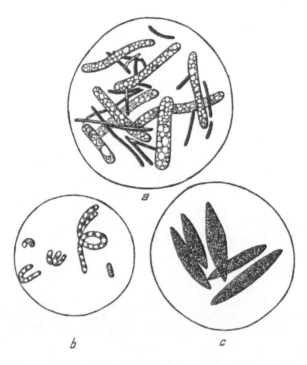

Abb. 214

Liponyssus saurarum Oudemans. Dotterschollen mit Symbionten; *a* mit zweierlei Formen, *b* mit einer dritten Sorte, *c* mit einer vierten. *a* und *b* stammen aus Spanien, *c* aus Istrien. 250fach vergrößert. (Nach REICHENOW.)

Übertritts der Symbionten aus dem Darm in die zu Mycetocyten werdenden Zellen nicht zu Gesicht bekommen.

Über die Verbreitung einer solchen Symbiose bei blutsaugenden Milben sind wir noch nicht hinreichend unterrichtet. Sicher ist nur, daß sie keineswegs bei allen vorkommt. PIEKARSKI hat vergebens bei der Hühnermilbe *Dermanyssus gallinae* De Geer danach gesucht, und REICHENOW hat auf Schnitten durch eine unbestimmte, auf Tauben lebende Art der gleichen Gattung ebenfalls keine Mycetome gefunden. Andererseits melden MARCHOUX u. COUVY (1913), daß sie auf Ausstrichen der Gamaside *Laelaps echidninus* stäbchenförmige Organismen gefunden haben, die möglicherweise ebenfalls Mycetomen entstammen.

Ob man in den mehrfach aus Vogelmilben gemeldeten Rickettsien (NÖLLER, 1920; REICHENOW, 1922; SIKORA, 1924) einen Symbiontenersatz sehen darf, kann zur Zeit nicht entschieden werden. Jedenfalls wäre eine weitere Erforschung der Gamasidensymbiose sehr erwünscht.

c) Ixodiden und Argasiden

Die formenreichen Ixodiden verteilen sich auf zwei Tribus, die sich durch die Lage der Analfurche unterscheiden, die Poststriata oder Amblyommini und die Prostriata oder Ixodini. Zu den ersteren zählen zahlreiche Gattungen, wie *Amblyomma, Hyalomma, Boophilus, Rhipicephalus, Dermacentor, Margaropus* und *Haemaphysalis*, während die Prostriata lediglich die eine Gattung *Ixodes* umfassen.

Alle diese Gattungen leben in Symbiose mit Mikroorganismen, welche stets in den Malpighischen Gefäßen lokalisiert und über die Eizellen auf die Nachkommen übertragen werden (BUCHNER, 1922, 1926; COWDRY, 1925; MU-DROW, 1932; JASCHKE, 1933). Im einzelnen ist jedoch die Ausdehnung der infizierten Zellen der Exkretionsorgane eine sehr verschiedene. Bei *Ixodes* werden sie fast in ihrem ganzen Verlauf in Beschlag genommen. Lediglich der letzte Abschnitt, welcher vom Hinterrand des Tieres zur Rektalblase zieht, bleibt hier frei, während alle oder wenigstens die meisten übrigen Zellen der in komplizierten Windungen bis in die Kopfregion reichenden Schläuche infiziert sind. Das Bild der Besiedelung kann dabei ein recht verschiedenes sein (BUCHNER, 1922, 1926). Vielfach handelt es sich bei *Ixodes hexagonus* Leach um schlanke, zum Teil sehr lang auswachsende Fäden, welche bei hinreichender Differenzierung zumeist sehr deutlich aus hintereinandergereihten Körnchen aufgebaut erscheinen. Diese Fäden stehen dann mehr oder weniger senkrecht zur Zellbasis, wie dies ja auch sonst in ähnlicher Weise, durch die Struktur und die Richtung des Arbeitsganges der Wirtszelle bedingt, vorkommt. Eine schmale basale und eine breitere distale Plasmazone pflegt stets symbiontenfrei zu bleiben. Häufig tritt dabei eine Neigung zur Bündelbildung zu Tage; die so vereinten Fäden können sich hiebei spiralig umschlingen, und günstige Stellen lassen unter Umständen erkennen, daß solche Paare an einem Ende ineinander übergehen. Offenbar klappen also beim Querteilungsprozeß die beiden Hälften schließlich um, und die Wiederholung eines solchen Vorganges führt zu den Zöpfen gleichenden Bündeln, welche sich in manchen Zellen vielfältig durcheinanderschlingen (Abb. 215).

Daneben kommen aber auch Zellen vor, welche mit dichten Massen zahlloser, viel kleinerer Bündelchen erfüllt sind. Sie pflegen dann eine mächtige Zone distalen, grobvakuolisierten Plasmas einzunehmen. Diese verschiedenen Typen der Besiedelung sind durch mannigfaltige Übergänge miteinander verbunden. Dazwischen bleiben gelegentlich einzelne Zellen oder ganze Strecken auch völlig frei oder sind nur spärlich bewohnt, so daß sich eine große Mannigfaltigkeit der an sich schon in ihrer Gestalt sehr variablen Wirtszellen ergibt. Dazu kommt noch, daß sich Material von verschiedener Herkunft offenbar ebenfalls nicht immer ganz gleich verhält. MUDROW fand bei ihren *Ixodes hexagonus* nur in den vorderen blinden Enden der Gefäße gelegentlich kleine Symbiontenbündel und sonst vor allem Unmengen winziger Stäbchen. Auch die *Ixodes ricinus*-Symbionten stellen etwas kürzere, sich aber ebenfalls mannigfaltig durchflechtende Fädchen dar (BUCHNER, 1926).

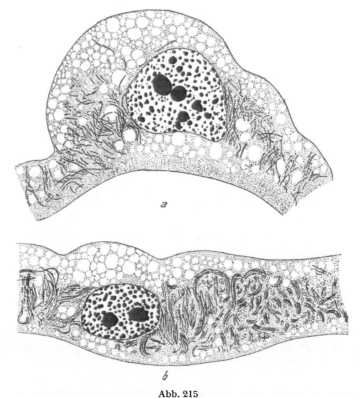

Abb. 215

Ixodes hexagonus Leach. Zwei Zellen aus den Malpighischen Gefäßen mit Symbionten.
(Nach BUCHNER.)

Vergleicht man den Befall, wie er bei den Amblyomminen begegnet, so ergeben sich mancherlei Unterschiede. Soweit die Verhältnisse genauer untersucht wurden, wie dies bei *Rhipicephalus sanguineus* Latr., *Dermacentor reticulatus* Fabr. und *Boophilus annulatus* Say. dank MUDROW der Fall ist, fand sich eine weitgehende Beschränkung der Symbionten auf die Zone der blinden Enden der Gefäße. Abb. 216a zeigt, wie bei einem *Rhipicephalus*weibchen nur höchstens der vierte Teil der beiden Gefäße Symbionten enthält; für *Dermacentor* gilt das gleiche, doch bei *Boophilus* ist der besiedelte Abschnitt noch viel geringer und setzt sich unter Umständen scharf gegen den sterilen ab. Die infizierten Zellen werden hier stark vergrößert und bilden einen endständigen Knopf, der sich freilich bei vollgesogenen Weibchen, in denen die unbewohnten

Zellen ebenfalls beträchtlich wachsen und die Füllung mit Exkreten die Gefäße auftreibt, nicht mehr so scharf absetzt (Abb. 216 b).

Die Symbionten der Amblyomminen, welche die von ihnen infizierten Zellen wahllos nach allen Richtungen zu durchsetzen pflegen, sind recht verschieden gestaltet,aber dabei streng artkonstant. Das hat bereits COWDRY (1925) betont, der sie in 14 Arten studierte und dabei zur Überzeugung kam, daß man sie auf Grund ihrer Gäste mit Sicherheit bestimmen könnte. Die Herkunft der Wirtstiere hat keinerlei Einfluß auf die Morphologie der Symbionten. Hat er sie doch zum Beispiel in Material, das einerseits auf Hawaii und andererseits in Südafrika in 4000 Fuß Höhe gesammelt wurde, völlig gleich befunden.

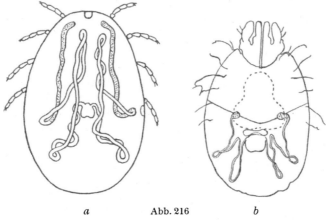

a   Abb. 216   *b*

a Rhipicephalus sanguineus Latr. Ein langer Endabschnitt der Malpighischen Gefäße beherbergt die Symbionten. *b Boophilus annulatus* Say. Eine kleine Anschwellung am Ende der Malpighischen Gefäße besiedelt. (Nach MUDROW.)

Die Symbionten von *Rhipicephalus sanguineus* beschreibt MUDROW als gerade oder leicht gebogene kurze Stäbchen, die etwa 0,5 μ in der Breite messen und aus einer wechselnden Zahl winziger Körnchen zusammengesetzt sind. Gelegentlich treten sie in kleinen Nestern auf, die vermutlich Abkömmlinge je eines Symbionten darstellen. Auch verschlungene längere Fäden, die aus längeren Reihen von Stäbchen und Körnchen bestehen, und Zusammenschluß zu Bündeln begegnet. Gruppen- und Bündelbildung tritt in verstärktem Maße auf, wenn im Anschluß an eine Nahrungsaufnahme die Zellen der Vasa Malpighi erheblich anwachsen und sich lebhafter teilen. Die Symbionten von *Dermacentor reticulatus* sind gedrungener und liegen in größeren und kleineren rundlichen Gruppen beisammen, die erst beim Zerzupfen der Wirtstiere erkennen lassen, daß sie aus unzähligen einzelnen Körnchen zusammengesetzt sind. Am vielgestaltigsten sind jedoch die Symbionten von *Boophilus annulatus*, die einen der Entwicklung des Wirtstieres parallelgehenden Formenwechsel erkennen lassen. In den Larven findet MUDROW neben kleinen «Symbiontenkörnchen», die denen von *Dermacentor* gleichen, dickere, fädige Zustände,

welche die Symbionten aller anderen Amblyomminen an Länge und Dicke weit
übertreffen. Auch sie sind wieder aus Einzelkörnern zusammengesetzt, doch
ist hier nun unschwer eine schwächer färbbare Grundsubstanz zu erkennen, in
die sie eingebettet sind und die wohl eine schleimig-gallertige Konsistenz besitzt, wie andere Gallerthüllen von Bakterien. In der Nymphe wachsen diese
Symbiontenkolonien noch beträchtlich an, wobei die Körnchen, die bisher stets
einreihig angeordnet waren, häufig Doppelreihen bilden. In der erwachsenen
Zecke messen die fadenförmigen Insassen meist zwischen $5-8\,\mu$ in der Länge
und $1-2\,\mu$ in der Breite, doch sind selbst $15\,\mu$ lange und $2,5\,\mu$ breite festgestellt
worden. Jetzt entstehen aus ihnen durch Umbiegen und Verkürzen auch gedrungene und scheibenförmige Gebilde mit einem Durchmesser von $3-5\,\mu$.
Gelegentlich kommt es sogar zur Andeutung einer Art Verzweigung, wie
COWDRY, der bei seinen Objekten auf eine ähnliche Mannigfaltigkeit gestoßen
war, sie bei *Boophilus decoloratus* beobachtet hatte. Auch dieser amerikanische
Forscher spricht von kugeligen und stäbchenförmigen Organismen, von Häufchen und Knäueln stärker färbbarer Gebilde in blasserer Grundsubstanz, von
Stäbchen, die umklappen und zu Ringen zusammenfließen oder Anzeichen
einer Längsspaltung aufweisen können. Durchweg geht all diesen Zuständen
jegliche Eigenbewegung ab, und stets sind sie gramnegativ. Vergleicht man die
Amblyomminensymbionten mit denen der Ixodinen, so stellt man fest, daß der
Pleomorphismus der ersteren zwar weit über den der letzteren hinausgeht, daß
sich aber trotzdem eine Reihe gemeinsamer Züge aufdrängen.

Daß die Übertragung der Zeckensymbionten auf dem Wege einer Eiinfektion bewerkstelligt wird, ging bereits aus den Befunden jener Autoren hervor, welche sie zu Gesicht bekamen, ohne zu wissen, um was es sich handelte,
und von denen in dem Kapitel über die Geschichte der Symbioseforschung
ausführlicher gehandelt wurde. In der Folge haben dann GODOY u. PINTO
(1922) sowie COWDRY (1925) die jetzt als regelmäßige Gäste erkannten Organismen ebenfalls bereits in den Ovarien und in den Eiern festgestellt, aber sie
haben sich nicht um die recht interessanten Einzelheiten ihres Verhaltens gekümmert. Sie sind bei Ixodinen (BUCHNER) und Amblyomminen (MUDROW,
JASCHKE) im wesentlichen die gleichen. Das Ovarium von *Ixodes* gleicht in
seinem an eine Perlschnur erinnernden Aufbau sehr dem der Spinnen, wenn das
Keimepithel eine Röhre darstellt, an deren Außenseite sich die Ovocyten bei
zunehmendem Wachstum wie Beeren vorwölben und dabei ein zellenfreies
Häutchen vor sich hertreiben. Dabei kommt es zur Ausbildung eines breiten,
sockelförmigen Stieles, der ebenfalls aus dem Keimepithel hervorgeht und auf
dem das Ei ruht. Schon die undifferenzierten Elemente des Keimlagers sind
auf weite Strecken hin mehr oder weniger stark infiziert, und das gleiche ist
dann bei den sich durch gesteigertes Wachstum als junge Ovocyten bekundenden Zellen der Fall (Abb. 217). Dabei häufen sich die Symbionten stets in
sehr charakteristischer Weise an den beiden Polen der annähernd ovalen Zellen
besonders an. Die Elemente des Eistieles enthalten ebenfalls, wenn auch nur in
geringer Zahl, Symbionten, welche ihre regen mitotischen Teilungen nicht beeinträchtigen, während sie selbst an dieser Stelle sichtlich in der Vermehrung

gehemmt werden. Die dem Stiel aufsitzende Ovocyte nimmt allmählich etwa die Form einer Bohne an, und zu dieser Zeit werden nun die Symbionten immer mehr in die ihm abgewandte Zone gedrängt, bis sie dort einen dichten Ballen bilden, der ungefähr den gleichen Umfang aufweist wie der Kern. Anfangs unscharf begrenzt und noch von mancherlei Nachzüglern umgeben, setzt er sich allmählich wie ein Nebenkern scharf gegen das inzwischen mit Dotterkugeln angereicherte Plasma ab (Abb. 218 *a*, *b*, 219).

Auch dieser Zustand einer maximalen Ballung stellt jedoch nur ein Durchgangsstadium dar. Die Ovocyte hat noch lange nicht ihre endgültige Größe

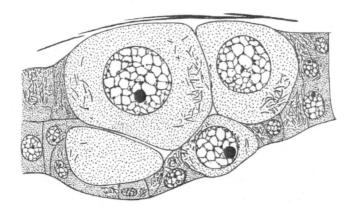

Abb. 217

Ixodes hexagonus Leach. Keimepithel und junge Ovocyten mit Symbionten. (Nach BUCHNER.)

erreicht, und wenn sie nun weiterwächst, zerstäubt diese seltsame Kugel wieder, bis ihre Komponenten höchst unauffällig da und dort im spärlich gewordenen Plasma verstreut sind.

Formveränderungen und lebhafte Vermehrung der Symbionten begleiten dieses Geschehen. Die Fädchen, welche das Keimlager infizieren, sind wesentlich kürzer als die Zustände, die sich in den Malpighischen Gefäßen finden, und bilden weder Bündel noch wenigstens einfache Umschlingungen, das heißt, sie vermehren sich kaum, zeigen hingegen die Zusammensetzung aus hintereinandergelagerten Körnchen besonders deutlich. Dies ändert sich auch in den jungen Ovocyten zunächst nicht. Erst wenn die Zusammenballung beginnt, setzt auch eine besonders gesteigerte Vermehrung ein, die zur Entstehung zahlreicher Bündelchen führt. Ist die Konzentration auf dem Höhepunkt angelangt, so ist auch diese Vermehrungsphase wieder zum Stillstand gekommen, und die Symbionten stellen lediglich recht kleine, meist schwach gekrümmte Stäbchen dar, eine Gestalt, die auch in der Folge beibehalten wird. Kurz vor der Eiablage kommt es zu einer erneuten, zweiten Konzentration, diesmal jedoch in der schmalen, dotterfreien Randzone des reifen Eies, nahe an seinem hinteren Pol und in spärlichen, von hier nach innen vorspringenden

Plasmazügen (Abb. 220 *a*). *Ixodes ricinus* verhält sich in alledem ganz ähnlich wie *I. hexagonus*.

MUDROW hat erstmalig auch die entsprechenden Vorgänge bei Vertretern der Amblyomminen untersucht und bei *Rhipicephalus, Dermacentor* und *Boophilus*

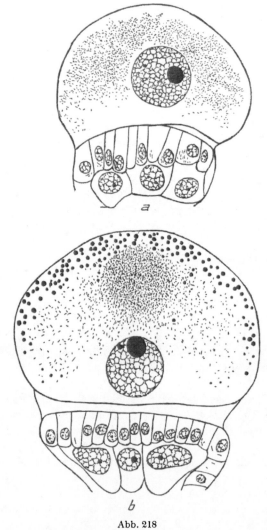

Abb. 218

Ixodes hexagonus Leach. Die Symbionten in wachsenden Ovocyten. *a* Beginn der Verlagerung derselben. *b* Fortgeschrittenes Stadium der Ballung. (Nach BUCHNER.)

sehr ähnlich den von *Ixodes* beschriebenen gefunden. Auch bei ihnen folgt auf ein Stadium bipolarer Häufung ein solches der zentralen Ballung, ein drittes der Zerstäubung und ein viertes der erneuten Häufung am Rande des

Eies. Vor allem aber hat die Genannte auch das Verdienst, die Embryonalentwicklung ihrer Objekte studiert und dabei festgestellt zu haben, daß die
Infektion der Ovarien bereits auf einem denkbar frühen Stadium vor sich geht.
Wenn die Blastodermkerne in dem spärlichen Plasmasaum erscheinen, der die
Oberfläche des Eies bildet, versorgen sie auch die hier harrende Ansammlung
der Symbionten. An ebendieser Stelle entsteht dann eine die Anlage des Entoderms darstellende Wucherung, welche sie mehr nach innen drängt (Abb. 220 b).

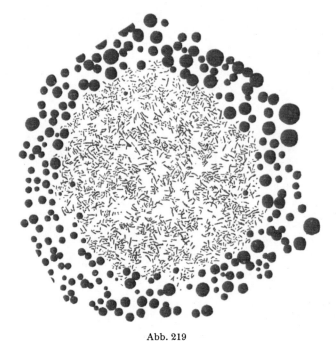

Abb. 219

Ixodes hexagonus Leach. Der Symbiontenballen in einem älteren, dotterreichen Ei. (Nach Buchner.)

Jetzt bildet sich der Keimstreif, der allmählich nur einen Teil der Rückenregion
frei läßt. Die Symbionten aber verharren an der gleichen Stelle und liegen nun
im sogenannten Schwanzlappen (Abb. 220 c). In ihm sondert sich auf einem
folgenden Stadium eine innere infizierte Zellmasse, welche die Malpighischen
Gefäße liefert, und eine periphere Schicht von Entodermzellen, welche aller
Wahrscheinlichkeit nach auch die anfangs der Anlage der Exkretionsorgane
dicht benachbarten Geschlechtszellen aus sich hervorgehen lassen. Sobald diese
mit Sicherheit zu identifizieren sind, erscheinen sie ebenfalls bereits mit Symbionten versorgt. Schon vor dem Schlüpfen der Larven läßt sich das Geschlecht
der jungen Gonaden erkennen und damit konstatieren, daß lediglich die weiblichen Geschlechtsdrüsen infiziert sind. Ob dies dadurch zustande kommt, daß
von vornherein eine Infektion der Hodenanlage unterbleibt, oder ob zunächst
beiderlei Anlagen infiziert werden, in der männlichen aber die Symbionten

alsbald zugrunde gehen, läßt sich nicht mit Sicherheit sagen, doch erscheint letzteres sehr viel wahrscheinlicher. Abbildung 221 führt je einen Schnitt durch die noch sehr unentwickelte weibliche, bzw. männliche Geschlechtsdrüse einer

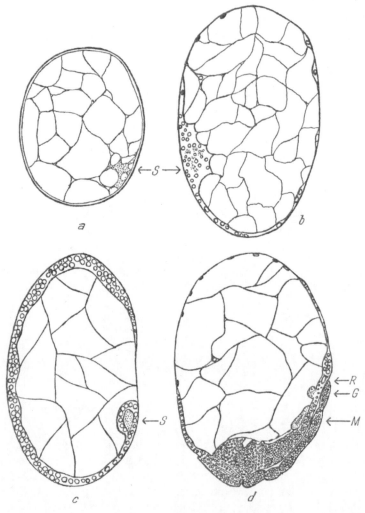

Abb. 220

Rhipicephalus sanguineus Latr. Entwicklung des Eies und frühzeitige Infektion der Malpighischen Gefäße und der Gonaden. *a* Zur Ablage reifes Ei. *b* Beginn der Einwucherung des Entoderms. *c* Anlage des infizierten Schwanzlappens. *d* Anlage der Malpighischen Gefäße und der Geschlechtsdrüse. *S* Symbionten, *R* Anlage des Rektums, *G* der Gonaden, *M* der Vasa Malpighi. *a* 265fach, *b, c, d* 125fach vergrößert. (Nach Mudrow.)

*Rhipicephalus*larve vor, die mit aller Deutlichkeit die ausschließliche Besiedelung der ersteren vor Augen führt. Gleichalte Gonaden der Larven des sich wesentlich schneller entwickelnden *Boophilus* zeigen dagegen das Keimepithel der bereits viel ansehnlicheren weiblichen Drüse allseitig so dicht mit Symbionten erfüllt, daß kaum noch etwas vom Wirtsplasma zu erkennen ist (Abb. 221 c).

Die *Ixodes*entwicklung ist leider bisher in dieser Hinsicht noch nicht mit der der Amblyomminen verglichen worden, aber es dürfte angesichts des ganz entsprechenden Verhaltens der Symbionten in reifen Ovarien kaum daran zu

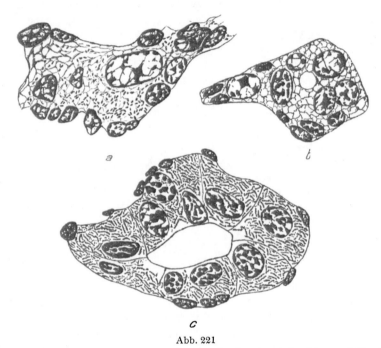

Abb. 221

a Rhipicephalus sanguineus Latr. Embryonale weibliche Gonade mit Symbionten. *b* Desgleichen, embryonale männliche Gonade ohne Symbionten. *c Boophilus annulatus* Say. Junge weibliche Gonade, reich infiziert. *a, b, c* 1350fach vergrößert. (Nach Mudrow.)

zweifeln sein, daß auch hier eine so überaus frühe Sicherung des Zusammenlebens statthat.

Daß im Laufe der Entwicklung der Malpighischen Gefäße die Symbionten auf mehr oder weniger große distale Strecken beschränkt werden, dürfte seine Erklärung darin finden, daß die Zellteilungen vornehmlich in dem der Rektalblase nahen Abschnitt erfolgen und damit die infizierten und nun nicht mehr teilungsfähigen Zellen immer mehr nach vorne schieben. In jungen Vasa Malpighi und im Keimepithel sind jedoch Mitosen nicht selten.

Nachdem sich so viele Gattungen der Ixodiden als Symbiontenträger erwiesen haben, muß es desto mehr überraschen, daß Mudrow bei *Ixodes ricinus* L., die sie aus Mecklenburg erhielt, weder auf Ausstrichen noch auf Schnitten der Ovarien und Malpighischen Gefäße Symbionten fand und daß auch Roesler (1934) in den gleichen Species vergeblich nach ihnen suchte, obwohl

ihm Material aus Deutschland, Italien und Griechenland vorlag, während sie
in den von MARCHOUX und COUVY und von mir selbst untersuchten Tieren in
der typischen Weise vorhanden waren. In diesem Zusammenhang ist ferner
auf eine Veröffentlichung RONDELLIS (1925) hinzuweisen, welche bei einer
unbestimmten *Ixodes*art, die von sardinischen Rindern stammte, in den Zellen
der Malpighischen Gefäße ebenfalls keine Symbionten fand, aber zahlreiche
kurze Stäbchen im Lumen des Ösophagus und im Anfangsteil des Darmes, in
den Speicheldrüsen und stellenweise im Lumen der Exkretionsorgane konstatierte. Auch Eier und Stielzellen seien infiziert gewesen. Andererseits dürfte das
«Ergastoplasma», das NORDENSKIÖLD (1908) in den Malpighischen Gefäßen
von *Ixodes reduvius* beschrieb, mit unseren Symbionten identisch sein. Wie
dieses gelegentliche Fehlen derselben in der Gattung *Ixodes* zu verstehen ist,
könnte nur die vergleichende Untersuchung eines größeren Materials von verschiedener Herkunft dartun.

Die von RONDELLI beschriebenen Bakterien dürften jedenfalls, wenn sie
nicht überhaupt mit Entwicklungsstadien von Piroplasmen zu identifizieren
sind, wie MUDROW vermutet, lediglich gelegentliche Gäste darstellen. Daß sich
solche einstellen können, lehren Beobachtungen der letzteren, welche in den
Malpighischen Gefäßen eines *Dermatocentor*weibchens in Abschnitten, welche
von den Symbionten gemieden werden, sehr zahlreiche ebenfalls intrazellular
lebende feinste Stäbchen fand.

Auch bei den Argasiden finden sich die Symbionten lediglich in den
Exkretionsorganen und in den Ovarien. Bei *Argas persicus* Oken sind die
ersteren nahezu in ihrer ganzen Ausdehnung infiziert und weisen höchstens
nächst der Rektalblase einige sterile Zellen auf. Bei *Ornithodorus moubata* hingegen bleibt das blinde Ende symbiontenfrei und ist die bewohnte Zone auf
einen anschließenden Abschnitt beschränkt, der etwa ein Fünftel der ganzen
Länge jedes Gefäßes ausmacht und schon bei der Präparation als weißliche
Verdickung auffällt.

Die Symbionten, die, wie im historischen Teil dargelegt wurde, auch hier
schon von einer Reihe von Autoren gesehen worden waren, bevor sie von
COWDRY (1923, 1925) als solche erkannt und anschließend auch von MUDROW
(1932) und JASCHKE (1933) studiert wurden, sind keineswegs so vielgestaltig
wie bei den Ixodiden. Längere Fäden und Ketten fehlen durchaus; statt dessen
handelt es sich nun um kleinste gramnegative Kokken und Kurzstäbchen von
etwa $0,4 \mu$ Durchmesser und einer maximalen Länge von 1μ, welche, in eine
offensichtlich von ihnen gebildete Grundmasse eingebettet, kugelige Grüppchen
bilden, in denen man bis zu 40 Komponenten gezählt hat. Es entsprechen also
offenbar diese Organismen-Nester den bei Ixodiden so häufigen Körnerreihen
und -gruppen. Bei Tieren beiderlei Geschlechtes erfüllen sie, gleichgültig, ob es
sich um verdauende oder hungernde Tiere handelt, in solcher Menge die Zellen
der Malpighischen Gefäße, daß kaum mehr als ein basaler Saum und die unmittelbare Umgebung des Kernes freibleiben. *Argas, Ornithodorus* und *Otobius*
lassen hiebei kaum irgendwelche Unterschiede erkennen. Um die Kultur der

*Argas*symbionten in Embryonalgewebe des Hühnchens hat sich STEINHAUS (1946) vergebens bemüht.

Die Übertragungsweise ähnelt begreiflicherweise der der Ixodiden. Wiederum ist bereits das noch undifferenzierte Keimepithel, wenn auch nur spärlich, infiziert, ohne daß es in der Folge zu einem weiteren Zuzug aus den Wohnstätten der Symbionten käme; doch fehlen diese nun in den Eistielen durchaus, und es kommt in den wachsenden Ovocyten zwar auch zu einer regen periodischen Vermehrung, aber nicht zu den für *Ixodes* so bezeichnenden regelmäßigen Verlagerungen und Ansammlungen. Erst auf einem späteren Stadium, wenn die Eizelle schon etwa Dreiviertel ihrer endgültigen Größe erreicht hat und allseitig von Dotterschollen erfüllt ist, konzentrieren sich die auch jetzt stets die charakteristischen Grüppchen bildenden und bis dahin diffus verteilten Bakterien plötzlich alle in einer dotterfreien Höhlung, die sie derart in dicker Schicht auskleiden, daß nur noch ein kleiner symbiontenfreier Bereich bleibt, in dem das Plasma eine schwache Strahlung bildet. Nur zwischen den angrenzenden Dotterkugeln finden sich dann auch noch Symbiontennester. Diese Zusammenscharung, für die offensichtlich eine zentrierte Strömung verantwortlich ist, entspricht zweifellos der nebenkernähnlichen Ballung im älteren *Ixodes*-Ei.

Während jedoch dort diese Ansammlung im Verlauf des weiteren Eiwachstums wieder aufgelöst wird, bleibt sie bei *Argas* bis zur Befruchtung und Ablage, ja noch während der frühen Embryonalentwicklung erhalten. Erst wenn sich das Blastoderm gebildet hat und die Dotterzellen differenziert wurden, drängen die Symbionten, von solchen geleitet, zwischen den Dotterkugeln nach der Region des künftigen Schwanzlappens und stoßen dort auf die sich sondernde Anlage des Entoderms. Ein Teil von ihnen wird allmählich in sie eingezogen und infiziert, gleichzeitig die Grüppchenbildung vorübergehend aufgebend, die paarigen Anlagen der Vasa Malpighi. JASCHKE, auf den diese Angaben zurückgehen, vermutet, daß der restliche Teil der Symbionten zugrunde geht, doch ist immerhin auch mit der Möglichkeit zu rechnen, daß sie einer Infektion der Gonadenanlagen dienen, die hier freilich viel später auftauchen als bei den Amblyomminen und dann von MUDROW zunächst symbiontenfrei gefunden wurden. Sie vermutet ihrerseits, daß die Symbionten in diesem Fall vielleicht aus den eng benachbarten Malpighischen Gefäßen übertreten.

d) **Glossininen**

Der imaginale Mitteldarm aller Glossinen zerfällt in drei deutlich geschiedene Abschnitte. Der vordere besitzt ein niedriges, von säulenförmigen Zellen gebildetes und nur schwach färbbares Epithel; an dieses schließt unvermittelt eine mittlere Zone mit hohen, keulenförmigen, nun stark färbbaren Zellen an, während den Endabschnitt kubische Elemente aufbauen, denen solche Hinweise auf gesteigerte sekretorische Tätigkeit abgehen. Etwa in der Mitte des ersten Abschnittes fällt außerdem ein kurzer, scharf abgesetzter und stark verdickter Bereich auf, welcher der Wohnstätte der Symbionten, welche

erstmalig von STUHLMANN (1907) erwähnt und vor allem von ROUBAUD (1919)
eingehender untersucht wurden, entspricht (Abb. 222).

Die in zwei Längsbändern angeordneten infizierten Zellen übertreffen die
benachbarten symbiontenfreien gewaltig an Größe. Im hungernden Tier wölben
sie sich kissenförmig in das Darmlumen vor; ist dieses mit Blut gefüllt, so erscheinen sie hingegen stark abgeplattet. Die Kerne liegen in der distalen Region,
das Plasma ist überaus dicht mit $3-10\,\mu$ langen, zumeist der Längsachse der
Zellen entsprechend orientierten Stäbchen erfüllt,
an denen stärker und schwächer färbbare Abschnitte
zu unterscheiden sind (Abb. 223 b, d). Sie teilen sich
quer oder schnüren knospenähnliche Endabschnitte
ab, was ROUBAUD veranlaßte, sie für hefeähnliche
Organismen zu halten, während sie WIGGLESWORTH
(1929) zweifellos mit gutem Grund für gramnegative
Bakterien erklärte (Abb. 223 e). Der infizierte Abschnitt ist mit Tracheen, deren Äste tief zwischen
die infizierten Zellen eindringen, wohlversorgt.

ROUBAUD zufolge treten die Symbionten besonders nach der Nahrungsaufnahme nicht selten in
derartigen Mengen in das Darmlumen über, daß sie
hier den Eindruck einer gut gedeihenden Reinkultur
machen, und setzt die Auflösung der roten Blutkörperchen im Bereich solcher Ansammlungen ein.
WIGGLESWORTH hingegen hat nur ein einziges Mal
mit Sicherheit einen derartigen Übertritt der Symbionten aus den Zellen durch die peritrophische
Membran hindurch beobachtet und versichert außerdem, daß die Blutverdauung stets erst einige Milli-
meter hinter der Symbiontenzone im zweiten Mitteldarmabschnitt vor sich geht, in dem allein erhebliche
Mengen einer Tryptase sezerniert werden.

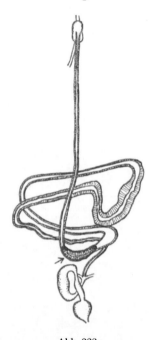

Abb. 222

Glossina sp. Imaginaler Darm-
kanal mit dem verdickten, die
Symbionten beherbergenden
Abschnitt. (Nach WIGGLES-
WORTH.)

Die Übertragung der Symbionten auf die
Nachkommen steht in engstem Zusammenhang mit
der eigenartigen Fortpflanzungsweise der Glossinen.
Ihre Larven entwickeln sich bekanntlich im mütterlichen Körper bis zur Verpuppungsreife und werden ausschließlich mit dem Sekret der sogenannten Milchdrüsen ernährt. ROUBAUD konnte zunächst nur feststellen, daß die
Eizellen noch symbiontenfrei, die Larven aber bereits symbiontenhaltig sind,
und vermutete daher bereits, daß die niemals vermißten Gäste mit dem Nähr-
brei in die Junglarven gelangen. WIGGLESWORTH hat dann in der Tat einmal
Zellen und Lumen der Milchdrüsen reich infiziert gefunden. Da zudem ein solcher Weg der Übertragung für die Pupiparen, welche ihre Larven in ganz ähnliche Weise ernähren und symbiontische Einrichtungen geschaffen haben, die
auch sonst weitgehend an die der Glossinen erinnern, einwandfrei erwiesen
wurde, kann kein Zweifel hinsichtlich der Richtigkeit dieser Annahme bestehen.

Der Darmkanal der Glossinen-Larven ist im Zusammenhang mit ihrer ungewöhnlichen Ernährungsweise sehr merkwürdig gestaltet. An einen Schluckapparat und ein enges Stomodäum schließt zunächst ein Proventrikel mit tief in ihn eingesenkter Valvula an; dieser geht alsbald unvermittelt in einen weiteren, unförmlichen, mit dem Speisebrei gefüllten Sack über, welcher

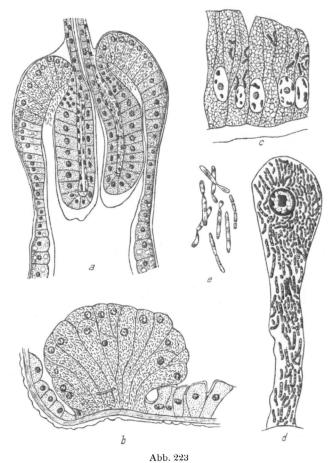

Abb. 223

Glossina palpalis Rob.-Desv. *a* Proventriculus der Larve mit Symbionten. *b* Infizierte Riesenzellen des imaginalen Mitteldarmes. *c* Die Anlage des imaginalen Wohnsitzes wird von den ersten Symbionten besiedelt. *d* Eine Mycetocyte der Imago. *e* Symbionten. *a* 340fach, *b* 350fach, *c* 1350fach, *d* 1150fach, *e* 1700fach vergrößert. (Nach Roubaud.)

blind endet und den größten Teil des Larvenkörpers ausmacht (Abb. 224a). Die mit der «Milch» aufgenommenen Bakterien besiedeln, abermals räumlich scharf begrenzt, die vordersten Mitteldarmzellen des Proventrikels. In dieser ringförmigen Zone sind die Epithelzellen etwas größer als im angrenzenden Abschnitt und stets frei von den im übrigen Mitteldarmepithel überall reichlich gespeicherten

Fetttröpfchen. Auch hier fehlen nach ROUBAUD im Darmlumen niemals freie
Symbionten, von denen er annimmt, daß sie auch in den anschließenden Darmteil verfrachtet werden, wo sie sich freilich der Beobachtung entziehen.

Bei der Verpuppung wird die infizierte Zone des Epithels in das Darmlumen abgestoßen. Abgekugelte Zellmassen gehen dann symbiontenbeladen in

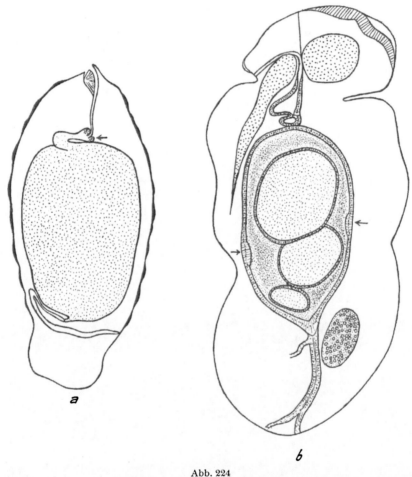

Abb. 224

Glossina palpalis Rob.-Desv. *a* Sagittalschnitt durch eine Larve; *b* durch eine 4 Tage alte Puppe;
die Symbionten sind im Proventriculus untergebracht. Inmitten des imaginalen Darmes liegt der
larvale Darm; der erstere zeigt die vorausschauend angelegte Wohnstätte der Symbionten, die sich
zu dieser Zeit noch zwischen den beiden Darmepithelien befinden. 30fach vergrößert.
(Nach ROUBAUD.)

ihm der Auflösung entgegen. Am vierten Tag der außerhalb des mütterlichen
Körpers vor sich gehenden Verpuppung ist zwar der neue Mitteldarm bereits
völlig angelegt, in seinem Inneren aber liegt immer noch der umfangreiche Rest

des mit einer dichten, eiweißreichen Masse gefüllten larvalen Darmes, und zwischen den beiden Epithelien lassen sich die jetzt freigewordenen Symbionten nachweisen. Doch ist zu dieser Zeit bereits in der mittleren Region des sackförmigen Darmes eine scharf umschriebene Gruppe wesentlich größerer Zellen zu erkennen, welche die künftigen Wohnstätten der Bakterien darstellen. Besonders dichtes, stark basophiles Plasma und ansehnliche Kerne verleihen ihnen den Charakter von Drüsenzellen. Diese so bereitgestellten Elemente werden jetzt von den ersten Symbionten besiedelt (Abb. 223 c, 224 b). Einmal intrazellular geworden, vermehren sie sich rasch, die Wirtszellen halten damit Schritt und übertreffen die sterilen Nachbarn bald um ein Vielfaches an Größe. Dabei werden ihre anfangs basal gelegenen Kerne nach dem Darmlumen zu verlagert und so der Zustand erreicht, von dem wir ausgingen. Hand in Hand mit der Entwicklung der Darmschlingen wird der infizierte Abschnitt nach ROUBAUD ungleichmäßig gestreckt und schließlich in Längsbänder auseinandergezogen, doch bemerkt WIGGLESWORTH, daß er diese nie so ausgedehnt gefunden habe, wie sie es nach dem französischen Autor sein sollen.

Daß alle Glossinen in so gearteter Symbiose leben, geht aus dem Umstand hervor, daß beide Forscher *Glossina palpalis* Rob.-Desv., *submorsitans* Newstead, *tachinoides* Westwood und *fusca* Walk. infiziert fanden und ROUBAUD außerdem noch mehrere nicht näher bestimmte Arten mit dem gleichen Ergebnis untersucht hat.

e) **Hippobosciden**

Der Mitteldarm der hochgradig an die ektoparasitische Lebensweise angepaßten, ihrer Flügel völlig verlustig gegangenen Schafläuse beschreibt eine Reihe konstanter Windungen und erleidet in deren Verlauf auf der rechten Seite eine magenartige Erweiterung, welche unter anderem dadurch auffällt, daß erst hier das bis dahin völlig unveränderte Blut sich in einen dunkelbraunen, in Zersetzung begriffenen Brei verwandelt. Hier findet sich eine besondere, opake Zone, die schon im Leben erkennen läßt, daß in ihrem Bereich die Epithelzellen wesentlich höher sind als in den vor und hinter ihr gelegenen Abschnitten (Abb. 225). Sie stellen den Wohnsitz der Symbionten dar, welche zuerst von JUNGMANN (1918) und SIKORA (1918) gesehen wurden und bald als mehr rundliche Gebilde, bald als gedrungene Stäbchen von unzweifelhafter Bakteriennatur erscheinen. Nicht selten lassen sie eine distale Zone der sonst dicht von ihnen erfüllten, schlanken Zellen mehr oder weniger frei. Während die Kerne sich von denen der flacheren, nicht infizierten Zellen kaum unterscheiden, ist ihr Bürstenbesatz wesentlich schwächer entwickelt oder gar stellenweise vollkommen geschwunden (Abb. 226).

Die Übertragung dieser stets vorhandenen Organismen, von denen MAHDIHASSAN (1946) angibt, daß er sie auf Pflaumenagar mit einem Zusatz von Leberextrakt und Spuren von Eisenchlorid gezüchtet habe, wurde von ZACHARIAS (1928) aufgeklärt. Wie dies schon ROUBAUD für die Glossinen vermutet hatte, bieten sich hiezu die «Milchdrüsen», welche auch hier der Ernährung

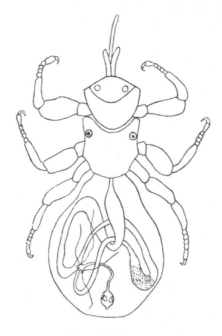

Abb. 225

Melophagus ovinus L. Schematische Darstellung des Darmkanales, die symbiontenhaltige Zone punktiert. (Nach ZACHARIAS.)

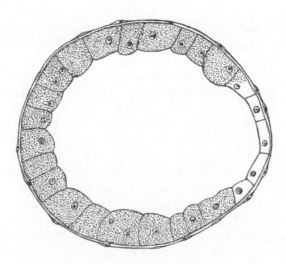

Abb. 226

Melophagus ovinus L. Querschnitt durch den imaginalen Darm in der Gegend des Überganges in den infizierten Abschnitt. (Nach ZACHARIAS.)

der jeweils in der Einzahl sich im Mutterleib bis zur Verpuppungsreife entwik-
kelnden Larve dienen. Abb. 227 zeigt, wie der hier noch auf einem frühen
Stadium stehende Embryo in dem stark erweiterten Uterus liegt. Das rechte
Ovar, welches ihn geliefert hatte, ist in Rückbildung begriffen, das linke, welches der nächsten Larve den Ursprung zu geben hat, läßt die jungen Ovocyten
erkennen. Einen Teil der dem Receptaculum seminis entstammenden Spermien
hat das herabgleitende Ei vor sich hergeschoben. Außer zwei kleinen Drüsen,

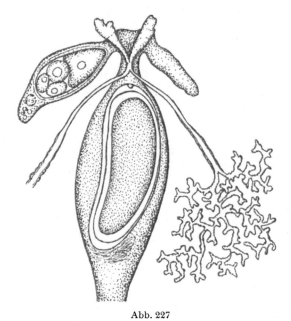

Abb. 227

Melophagus ovinus L. Weiblicher Geschlechtsapparat mit Milchdrüsen und Embryo im Uterus
nach dem Leben. (Nach ZACHARIAS.)

über deren Bedeutung nichts bekannt ist und die stets bakterienfrei bleiben,
mündet ein Paar zur Zeit der Trächtigkeit mächtig entfalteter Milchdrüsen in
den Uterus. Ihr Lumen ist von dem Sekret erfüllt, in dem sich die Symbionten
nachweisen lassen, die auf solche Weise mit der Nahrung der Larve zugeführt
werden. Die Häufigkeit derselben scheint je nach dem Trächtigkeitszustand des
Muttertieres zu schwanken. Auch sind sie nicht gleichmäßig über alle Kanälchen verteilt, sondern treten lokal gehäuft auf. Teilungsstadien sind nicht selten.
Die Ausführgänge der Milchdrüsen aber münden gerade dort in den Uterus, wo
der Mund der Larve zu liegen kommt, der eine besondere, muskulöse «Sauglippe»
bildet und regelmäßige Schluckbewegungen — etwa 45 in der Minute — aus-
führt (PRATT, 1893, 1899).

Im larvalen Mitteldarm angelangt, nehmen die Symbionten zunächst
keineswegs einen Abschnitt in Beschlag, der dem in der Imago besiedelten
entspricht, sondern sie infizieren einen unmittelbar an den kurzen Ösophagus

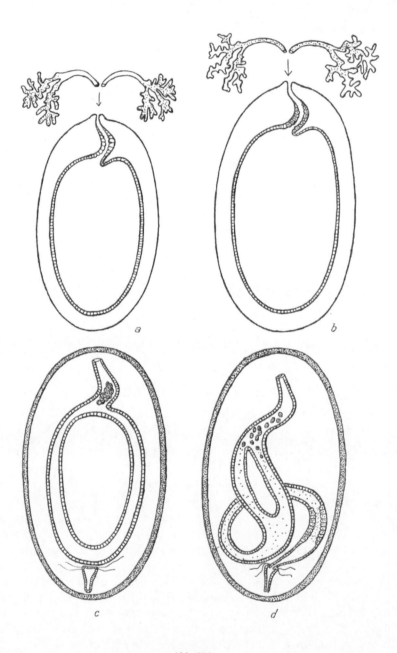

Abb. 228

Melophagus ovinus L. Infektion der Larve und Umsiedlung der Symbionten bei der Verpuppung. *a* Larvaler Wohnsitz noch steril, Milchdrüsen infiziert. *b* Larvaler Wohnsitz infiziert. *c* Larvale Mycetocyten bei der Verpuppung in das Darmlumen abgestoßen. *d* Infektion der imaginalen Wohnstätte in der Puppe. Schematisch. (Nach Zacharias.)

anschließenden, englumigen Teil des Mitteldarmes, dessen Zellen sich bereits lange vor der Besiedlung vergrößert haben (Abb. 228a, b).

Wenn dann im Zusammenhang mit der Verpuppung die Imaginalscheiben des larvalen Darmes ein neues Darmepithel aufbauen, wird der erstere ähnlich wie bei den Glossinen noch völlig unversehrt und mit Nahrungsbrei gefüllt als ein allseitig geschlossener Sack nach innen zu abgedrängt. Die larvalen Mycetocyten hingegen liegen abgesondert hievon als geschlossener Haufen in dem engen anfänglichen Abschnitt des neuen Mitteldarmes (Abb. 228e). Später runden sich die einzelnen Zellen noch mehr ab, wachsen sogar noch heran und lassen zahlreiche Vermehrungsstadien ihrer Insassen erkennen. Schrumpft dann der anfangs dem imaginalen Darmepithel dicht anliegende Larvendarm zusammen, so gleiten diese Zellen gelockert zwischen den beiden Epithelien nach hinten. Hiebei zerfallen sie und entlassen die Symbionten in das Darmlumen, von dem aus sie die ringförmige Zone, in der wir sie eingangs gefunden, infizieren. Auch hier scheint bereits vor der Besiedlung gesteigertes Zellwachstum auf die zu erwartenden Organismen zu deuten. In der Puppe liegen zunächst die frisch infizierten Zellen abgerundet zwischen noch sterilen, dann kommt es von ihnen aus zu einer Besiedlung der Nachbarzellen, bis schließlich der einheitliche Charakter des gleichmäßig von Bakterien erfüllten Zylinderepithels resultiert (Abbildung 228d).

Noch bleibt endlich, um den Zyklus vollends zu schließen, die Frage zu beantworten, auf welche Weise die Milchdrüsen infiziert werden. ZACHARIAS fand, daß zur Zeit der Abstoßung des larvalen Darmes ein Teil der Symbionten in das neue Epithel und von hier in die Leibeshöhle übertritt. Wenn auch das weitere Schicksal dieser Bakterien nicht verfolgt werden konnte, so ist es doch überaus wahrscheinlich, daß sie schließlich durch die Wandung der jungen Milchdrüsen in deren Lumen übertreten und so der Übertragung dienen.

Mit diesen echten Symbionten dürfen andere stets oder wenigstens sehr oft vorhandene zusätzliche Gäste der Schafläuse nicht verwechselt werden. Niemals fehlt in ihnen die von NÖLLER (1917) entdeckte *Rickettsia melophagi*. Sie erscheint teils in Form von 0,4—0,6 μ im Durchmesser betragenden Kokken, teils in der kleinster, bis 0,6 μ langer Stäbchen und bildet stets einen extrazellularen Belag. Nahezu im Verlauf des ganzen Mitteldarmes dringen diese winzigen Gebilde in die feinen Hohlräume des hohen Bürstenbesatzes der Epithelzellen ein und bilden so regelmäßige Reihen, ohne daß je eine Schädigung des Wirtsorganismus zu erkennen gewesen wäre. Daß freilich die Symbionten und Rickettsien des *Melophagus* zunächst keineswegs von allen Untersuchern als verschiedene Wesen erkannt wurden und erst durch die Untersuchungen von ZACHARIAS und ASCHNER den in dieser Hinsicht bestehenden Meinungsverschiedenheiten ein Ende gemacht wurde, haben wir bereits im historischen Teil dargelegt.

Außer den Symbionten und den Rickettsien findet man nun aber nicht selten in den niedrigen Zonen des Mitteldarmepithels, gelegentlich auch in der Wandung des Enddarmes oder der Malpighischen Gefäße, ja sogar im Receptaculum seminis noch zarte, zum Teil ziemlich lange Fäden bildende Bakterien, die ebenfalls in keiner Weise mit den Symbionten zu verwechseln sind. Während die Rickettsien offenbar auf dem Wege einer Ovarialinfektion übertragen werden, gelangen diese Begleitformen wie die Symbionten mit dem Sekret der Milchdrüsen in die Larven, in deren Darm sie frei zwischen den Fetttropfen nachzuweisen sind. Im Laufe der Verpuppung treten sie durch das absterbende Darmepithel hindurch in das imaginale Darmlumen über, wo sie sich noch in jung geschlüpften Tieren finden. Anschließend kommt es dann erst zur Aufnahme in die Epithelzellen. So zeigen diese gelegentlichen Gäste interessanterweise eine Reihe von Zügen, welche an die Schicksale der Symbionten erinnern.

Vergleicht man die übrigen bisher auf ihre Symbiose hin untersuchten Hippobosciden — *Lipoptena cervi* L. und *caprina* Austen, *Lynchia maura* Bigot, *Hippobosca equina* L., *capensis* Olfers und *camelina* Leach, sowie *Ornithomyia avicularis* L. —, so ergeben sich trotz prinzipieller Übereinstimmung auch mancherlei ziemlich weitgehende Abweichungen von den bei *Melophagus* gefundenen Einrichtungen. In den Imagines sind die Symbionten nahezu durchweg in ähnlicher Weise im Inneren von Darmepithelzellen untergebracht, doch kann die Ausdehnung des bewohnten Abschnittes und die Besiedlungsweise der einzelnen Zellen eine recht verschiedene sein. Bei *Lynchia maura* ist die bakterienführende Zone zwar nur sehr kurz, wenn sie lediglich etwa $^1/_{20}$ der Gesamtlänge des Mitteldarmes ausmacht, ihre Zellen aber übertreffen die aller anderen Hippobosciden ganz wesentlich an Größe, so daß sich der symbiontenhaltige Abschnitt, besonders wenn der Darm mit Blut gefüllt ist, überaus sinnfällig abhebt. Die Symbionten erfüllen die gewaltig angewachsenen Zellen bis an den apicalen Pol auf das dichteste und lassen nur einen schmalen basalen Teil frei, in den die Kerne gebettet sind (ASCHNER, 1931; Abb. 229a).

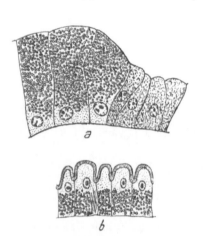

Abb. 229

a Lynchia maura Bigot. Sterile und symbiontenführende Darmepithelzellen der Imago. *b Hippobosca camelina* Leach. Symbiontenhaltige imaginale Darmepithelzellen, eine derselben außerdem mit fadenförmigen Begleitbakterien. (Nach Mikrophotographien von ASCHNER.)

Bei den *Lipoptena*arten nehmen die Symbionten ähnlich wie bei *Melophagus* etwa $^1/_8 - ^1/_{10}$ der Darmlänge in Beschlag; die Zellen werden gleichmäßig von ihnen erfüllt, und ihr Kern liegt hier zentral. Die *Hippobosca*arten dehnen hingegen die infizierte Zone wesentlich weiter aus, *H. camelina* stellt sechs bis sieben Zehntel zur Verfügung, bei *H. equina* und *capensis* aber mißt der infizierte Abschnitt gar $^5/_6 - ^6/_7$! Dabei liegen die Symbionten bei *H. equina* lediglich an der Zellbasis, während der freibleibende, den Kern führende Teil zottenartig in das Darmlumen ragt. Das gleiche Verhalten stellt man bei *H. camelina* und *capensis* fest, wo das symbiontenhaltige Zellplasma so scharf gegen das symbiontenfreie abgesetzt ist, daß ASCHNER, auf den all diese Angaben zurückgehen, den infizierten Abschnitt mit einer regelmäßig gestutzten Hecke vergleicht (Abbildung 229 *b*).

Völlig abweichend verhält sich hingegen die von ZACHARIAS untersuchte, an Schwalben saugende *Ornithomyia avicularis*. Hier liegt dem magenartig verdickten Darmabschnitt, dessen Zellen jetzt völlig symbiontenfrei bleiben, beiderseits je ein langgestrecktes syncytial gebautes Mycetom an. Es ist fest zwischen Darmepithel und Muskularis eingebaut und wird nicht nur oberflächlich von einem Netz von Muskelfasern umsponnen, sondern auch nach allen Richtungen von solchen durchzogen. Eine derart reiche Entfaltung der Darmmuskulatur begegnet lediglich im Bereich der Mycetome, während sie im übrigen auf die gewohnten spärlichen Faserzüge beschränkt bleibt. Eine reiche Versorgung mit Tracheen, die zum Teil auch in das Innere der Mycetome vordringen, kompliziert weiterhin das histologische Bild dieser Einrichtung, welche innerhalb der Pupiparen bis jetzt ganz isoliert dasteht, aber hinsichtlich ihrer Lage und dem Verhalten zur Darmmuskulatur an die von REICHENOW beschriebenen Mycetome von *Liponyssus* erinnert (Abb. 230, 231).

ASCHNER machte darauf aufmerksam, daß aus dieser Reihe eine gewisse Proportion zwischen der Besiedelungsstärke der einzelnen Epithelzellen und der Ausdehnung der infizierten Abschnitte hervorgeht. Je dichter die Symbionten die Zellen erfüllen und je mehr diese angewachsen sind, desto beschränkter ist die besiedelte Zone des Darmes. *Lynchia maura* stellt hiebei das eine Extrem dar, die *Hippobosca*arten, bei denen nur noch die Basis der Zellen, aber dafür fast der ganze Mitteldarm infiziert ist, das andere. Die allmähliche Freigabe immer größerer Strecken, die damit ihren eigentlichen Funktionen zurückgegeben werden, und die schließlich hochgradige, wie eine Organbildung anmutende Konzentration auf einen ganz kurzen Abschnitt bedeuten zweifellos eine organisatorische Verbesserung.

Was die Morphologie der Symbionten der verschiedenen Hippobosciden anlangt, die ebenfalls vor allem von ASCHNER genauer studiert wurde, so ist die Mannigfaltigkeit auf den ersten Blick eine recht große. Die Unterschiede sind derart, daß man an Hand der Ausstriche die einzelnen Wirte ohne weiteres erkennen kann (Taf. III, *c—l*). Während *Melophagus*, wie

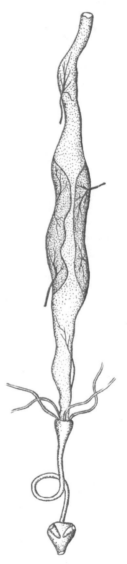

Abb. 230
Ornithomyia avicularis L. Darm einer frischgeschlüpften Imago mit paarigen Mycetomen. (Nach ZACHARIAS.)

wir schon hörten, kugelige und gedrungen stabförmige Symbionten besitzt, enthält *Lipoptena caprina* gekrümmte, kurze, wurstförmige Stäbchen. *L. cervi* steht in der Mitte zwischen beiden, wenn sowohl kugelige Gebilde als auch mehr wurstförmige vorhanden sind. Die *Hippobosca equina*-Symbionten stellen kurze, gerade Stäbchen dar, *H. camelina* aber weist scheiben- oder bläschenförmige auf. Sehr polymorph sind die Symbionten von *H. capensis*. Es finden sich hier sowohl fadenförmige als auch kugelige Gebilde. Die Fäden, meist

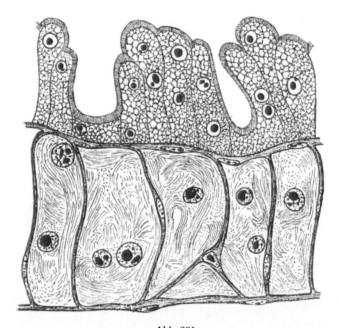

Abb. 231

Ornithomyia avicularis L. Teil des in die Muscularis des Darmepithels eingebetteten Mycetoms. (Nach ZACHARIAS.)

ganz unregelmäßig gekrümmt und gewunden, sind sehr verschieden lang. Neben solchen, die den Symbionten von *Melophagus* und *Lipoptena* gleichen, trifft man nicht selten Fäden bis zu einer Länge von 25 μ, die unregelmäßige Einschnürungen und Ausbuchtungen zeigen und in Fragmente zerlegt sein können, welche nur noch durch ganz dünne Verbindungen vereint sind; daneben gibt es runde, ovale, birn- und scheibenförmige Gebilde, die zum Teil mit aller Deutlichkeit durch die Aufknäulung eines Fadens entstanden sind. Was die Bildung solcher Filamentballen auslöst, bleibt zunächst unklar. Der Umstand, daß sie auch im flüssigen Sekret der Milchdrüsen zu finden sind, schließt die Annahme aus, daß sie durch die Bedingungen des intrazellularen Lebens ausgelöst werden. Jedenfalls besteht kein Zweifel, daß diese ganze Mannigfaltigkeit, die uns in recht ähnlicher Weise bei den Symbionten der

Bettwanze wieder begegnen wird, auf verschiedene Erscheinungsformen ein und desselben Organismus zurückgeht.

Lynchia maura enthält, wie *Hippobosca camelina*, scheiben- und bläschenförmige Symbionten, doch sind sie hier labiler in der Form und schwächer färbbar. *Ornithomyia* schließlich besitzt gleichmäßig lange, dünne Fäden, welche haarlockenähnlich in Bündeln das Syncytium durchziehen.

ASCHNER kommt bei seiner sorgfältigen, durch zahlreiche Mikrophotographien belegten Analyse dieser Symbiontengestalten zu dem Schluß, daß sie überall durch Übergänge verbunden sind und daß sie trotz aller Verschiedenheit doch sehr wohl einem engeren Verwandtschaftskreis angehören können.

Auch hinsichtlich des larvalen Sitzes ergeben sich mancherlei nicht uninteressante Varianten. Bei *Lipoptena caprina* handelt es sich wie bei *Melophagus* um das Epithel des engen Anfangsteiles des Mitteldarms, dessen infizierte Zellen jedoch hier nicht kubisch sind, sondern zottenartig in das Lumen vorspringen. Die *Hippobosca equina*-Larven beherbergen wohl ihre Symbionten in der gleichen Gegend, doch verhalten sie sich im speziellen recht abweichend. Hier bildet der Mitteldarm hinter dem Ösophagus eine bauchige Erweiterung, auf die zunächst wieder ein enger Abschnitt folgt, der dann erst in den sackförmigen Chylusdarm übergeht. Die Wandung dieser Erweiterung springt in Falten gegen das Innere vor, auch die Zellen selbst tragen zapfenförmige Vorsprünge, und die nun extrazellulär lebenden Symbionten erscheinen als dichter Belag auf dieser mannigfach gegliederten Oberfläche. Dabei sind die kurzen Stäbchen alle senkrecht zu ihr gestellt, so daß ein regelrechter Rasen alle Vorsprünge und Einschnitte gleichmäßig überzieht, der erst kurz vor dem Übergang in den sackförmigen Darmabschnitt unvermittelt endet (Abb. 232).

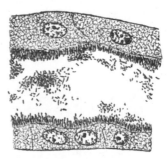

Abb. 232

Hippobosca equina L. Ungefalteter Anfangsteil des symbiontenhaltigen larvalen Darmabschnittes; die Bakterien liegen frei im Lumen und senkrecht zur Oberfläche des Epithels. (Nach einer Mikrophotographie von ASCHNER.)

Hippobosca capensis verhält sich ähnlich. Hier macht jedoch der betreffende Darmteil keine Falten, sondern es dienen lediglich Vorsprünge der einzelnen Zellen einer Vergrößerung der Oberfläche und einem besseren Haften der Symbionten. Dabei verankern sich die stabförmigen Elemente vorzugsweise am Grunde der Buchten in dichten Büscheln senkrecht zur Oberfläche, während die rundlichen in dicker Schicht als Kappen auf den Vorsprüngen Halt finden. Da und dort treten sie auch als Klumpen frei im Lumen auf. Daß bei beiden Objekten stets auch ein kleinerer Teil der Symbionten mit dem Sekret in den Chylusdarm getragen wird, ist mit Sicherheit anzunehmen, doch entziehen sie sich dort der Beobachtung oder verfallen in Bälde der Auflösung.

Hippobosca camelina verhält sich merkwürdigerweise nicht wie die beiden anderen *Hippobosca*arten. Hier sind die Symbionten weder extra- noch intrazellular im Anfangsteil des Mitteldarmes nachzuweisen, der auch keinerlei anatomische Anpassung an ihre Beherbergung zeigt. Da sie jedoch auch hier im Milchdrüsensekret nicht fehlen, müssen sie mit ihm in den Chylusdarm gelangen. In der Tat scheinen gewisse traubige Verbände, die sich in ihm finden, mit ihnen identisch zu sein, doch ist die Gestalt der Symbionten hier den Dotter- und Eiweißkugeln, die alles erfüllen, zu ähnlich, als daß sichere Aussagen gemacht werden könnten.

Ähnlich liegen die Dinge bei *Lynchia maura*-Larven, in denen die Symbionten ebenfalls im Anfangsteil des Mitteldarmes vermißt werden und sich allem Anschein nach lediglich frei im Nahrungsbrei aufhalten, bis sie ihre imaginalen Wohnstätten beziehen.

Von *Ornithomyia avicularis* konnte ZACHARIAS kein Larvenmaterial untersuchen. Doch steht wenigstens fest, daß sie auch hier zunächst im Darm, sei es frei oder intrazellular, untergebracht werden, denn auf dem Puppenstadium sieht man die fädigen Gebilde zu Ballen vereint durch das junge Darmepithel hindurchtreten und in eine dahinterliegende Zone einsinken, in der schon vorher die Muskularis entsprechend verdickt und das zu beziehende Syncytium bereitgestellt wurde.

Die Übertragung geht bei all diesen Objekten durch Verfütterung der Symbionten mit dem Sekret der Milchdrüsen vor sich. Stets fand ASCHNER die entsprechend gestalteten Organismen, manchmal in beträchtlichen Ansammlungen, in ihrem Lumen. Mit den Vorgängen während der Metamorphose beschäftigte er sich weniger, aber was ihm davon zu Gesicht kam, bestätigte die Darstellung ZACHARIAS'.

Wie bei *Melophagus*, so kommen auch bei den übrigen Hippobosciden die verschiedensten weiteren Mikroorganismen vor, welche zum Teil mehr oder weniger offenkundig Parasiten darstellen, zum Teil aber auch Züge zeigen, welche an die Anbahnung eines symbiontischen Verhältnisses denken lassen. ASCHNER hat auch ihnen seine besondere Aufmerksamkeit geschenkt und unterscheidet außer den stäbchenförmigen Bakterien, welche ZACHARIAS bereits bei *Melophagus* begegneten, extra- und intrazellulare Rickettsien. Bei *Lynchia maura* fand er Bakterien, welche weitgehend den bei *Melophagus* auftretenden ähneln und nur selten vermißt werden. Die Besiedelungsstärke ist eine sehr wechselnde, und die verschiedensten Gewebe können sie enthalten. Des öfteren kommen sie auch frei im Nahrungsbrei sowie zwischen der diesen umgebenden peritrophischen Membran und dem Darmepithel vor. Manchmal ist die den Darm umziehende Muskularis derart stark befallen, daß die Muskelzellen von den Fäden völlig durchwachsen und umsponnen werden und so ein Zustand entsteht, der bis zu einem gewissen Grad an die eigenartigen Mycetome von *Ornithomyia* erinnert. Auch die bereits von den Symbionten in Beschlag genommenen Zellen können zusätzlich von ihnen infiziert werden. Wie jene finden sie sich auch im Lumen, aber nie in den Zellen der Milchdrüsen, und treten mit ihnen in den Chylusdarm der Larven über.

Auch *Hippobosca camelina* beherbergt einen solchen Mitläufer, der sich aber interessanterweise als bereits wesentlich enger angepaßt erweist und fast wie ein echter Symbiont anmutet. Er wird kaum je vermißt, zeigt eine ziemlich konstante Infektionsstärke und beschränkt sich lediglich auf die Darmepithelzellen und das Milchdrüsenlumen. Die zarten dünnen Stäbchen, die etwa 1,5 bis 2 μ lang sind und in Ketten vereint auftreten, finden sich vor allem in der den Symbionten eingeräumten Zone und bewohnen dann in dichte Bündel vereint und senkrecht zur Basis gestellt, ganz wie diese lediglich die basale Zone der Epithelzellen (Abb. 229 b). Die Symbionten wie mit einem Flechtwerk durchziehend lösen sie trotzdem sichtlich keinerlei Schädigung dieser oder der Zellen selbst aus. Seltener kommt es zu einem Befall symbiontenfreier Darmzellen. Dann wird wie bei *Lynchia maura* der ganze Zelleib von ihnen eingenommen.

Extrazellulare Rickettsien fanden sich bei *Lipoptena caprina*, *Hippobosca capensis* und *equina*. Bei der ersteren ähneln sie sehr der *Rickettsia melophagi;* sie bilden einen dichten Überzug der Außenseite der Darmepithelzellen und sind zwar infolge ihrer Kleinheit in den Milchdrüsen nicht nachzuweisen, werden aber wahrscheinlich nach der Meinung ASCHNERS trotzdem mit deren Sekret übertragen. Puppen und frisch geschlüpfte Imagines sind jedenfalls wie bei *Melophagus* bereits infiziert. In *Hippobosca capensis* lebt ein ganz ähnlicher Organismus in viel geringerer Zahl auf der Oberfläche der Darmepithelzellen, und in *H. equina* tritt er so spärlich auf, daß er nur nach vorausgegangener Anreicherung in steril entnommenen und auf geeignete Nährböden gebrachten Därmen manchmal nachzuweisen war.

In *Lynchia maura* ließ sich schließlich auch eine nur intrazellular vorkommende *Rickettsia* nachweisen. Die sehr kleinen Organismen treten nie in großer Menge auf und sind nur schwer färberisch darzustellen. Vor allem finden sie sich da und dort in den Darmepithelzellen, manchmal auch in Zellen des Fettkörpers oder der Milchdrüsen. Die Übertragung geht hier jedoch nicht durch Verfütterung vor sich, sondern auf dem Wege der Eiinfektion. Das Follikelepithel junger Ovocyten wird in seiner ganzen Ausdehnung ziemlich dicht von ihnen durchsetzt, von hier treten sie dann in die Eizellen selbst über, wobei es zu einer besonders reichlichen Ansammlung am hinteren Pol kommt, also dort, wo sich in so vielen Fällen auch die echten Symbionten einfinden. Es finden sich also in dieser Hippobosicide dreierlei Mikroorganismen vereint, von denen zwei, die Symbionten und das stäbchenförmige Begleitbakterium, durch die Milchdrüsen, und einer, die intrazellulare Rickettsie, durch die Eizellen übertragen werden.

f) Nycteribiiden

Die an Fledermäusen saugenden Nycteribiiden weichen hinsichtlich ihrer symbiontischen Einrichtungen weitgehend von den Hippobosciden ab. Besondere Zonen des larvalen oder imaginalen Darmes kommen bei ihnen, soweit wir dank den Untersuchungen ASCHNERS wissen, als Wohnstätten niemals in Frage.

Nycteribia biarticulata Herm. und *N. blasii* Kol. bringen ihre Symbionten in Mycetomen unter. Bei den Weibchen der ersteren liegt in der hintersten Region des Abdomens, den hier sehr umfangreichen Enddarm flankierend, je eine traubige Ansammlung von Mycetocyten, welche über dem After durch eine lockere Brücke von solchen verbunden werden und außerdem kleinere Zell-stränge in die griffelförmigen Fortsätze senden, welche am Hinterende der selt-samen flügellosen Tiere entspringen (Abb. 233). Bei den Männchen ist die An-ordnung eine weniger regelmäßige. Es fehlt die Konzentration der Mycetocyten zu organartigen Gebilden; statt dessen sind sie in kleinen Gruppen oder einzeln in das Fettgewebe eingesprengt und treten gelegentlich auch in mehr kopfwärts gelegenen Regionen des Abdomens auf. *Nycteribia blasii* besitzt hingegen auch

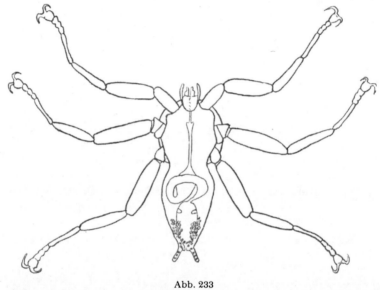

Abb. 233

Nycteribia biarticulata Herm. In der hinteren Region des Abdomens zwei traubige Mycetome.
(Nach ASCHNER.)

im weiblichen Geschlecht keine zusammenhängenden Mycetome, sondern ledig-lich jederseits drei Gruppen strangförmig angeordneter Mycetocyten. In beiden Fällen sind die symbiontenhaltigen Zellen, welche von keiner besonderen Hülle zusammengehalten werden, von den Verzweigungen der Milchdrüsen eng umsponnen. Sie sind derartig dicht besiedelt, daß die Form ihrer offenbar oben-drein irgendwie verklebten Insassen selbst auf Ausstrichen nur schwer zu er-kennen ist. Bei *N. biarticulata* handelt es sich um sehr polymorphe Gebilde, welche teils als kleinste Kokken, teils als schlanke Stäbchen oder in allen mög-lichen vermittelnden Gestalten erscheinen. Die Symbionten von *N. blasii* sind etwas größere und weniger variable, zumeist rundliche oder ovale Bakterien, welche den Zellkern nach der Peripherie zu drängen pflegen (Abb. 234).

Die Übertragung wird wieder von den Milchdrüsen übernommen. Bei *N. biarticulata* ist ihr Lumen von einer granulierten Masse erfüllt, die offen-bar im wesentlichen aus den auch in den Mycetocyten begegnenden Formen besteht. Da andererseits der sezernierende Teil im Vergleich zu den Hippobosciden hier nur sehr schwach entwickelt ist und seine Zellen alle Anzeichen lebhafterer sekretorischer Tätigkeit vermissen lassen, vermutet ASCHNER, daß in diesem Falle die Symbionten nicht nur der Übertragung, sondern auch der Ernährung der Larve dienen. Wie auch bei *N. blasii* das Lumen der Milchdrüsen von den Symbionten dicht erfüllt wird, zeigt Abb. 234; bei *N. blainvillei* Leach konnte aus Materialmangel lediglich das Vorhandensein der typischen Mycetocyten und sehr pleomorpher Symbionten festgestellt werden.

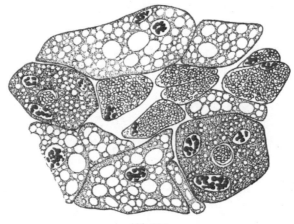

Abb. 234

Nycteribia blasii Kol. Mycetocyten zwischen Fettzellen und Milchdrüsentubuli, im Lumen der letzteren Symbionten. (Nach ASCHNER.)

Aus dem gleichen Grunde wissen wir vorläufig nichts über die Entwicklung der Mycetome und die Lokalisation der Symbionten in den Larven. Jedenfalls müssen diese entweder schon bald nach Beginn der Nahrungsaufnahme oder im Laufe der Metamorphose, ähnlich wie bei *Ornithomyia*, das Darmepithel durchwandern.

Durch die Untersuchung von *Eucampsipoda aegyptica* Mcq. konnte ASCHNER (1946) neuerdings die Nycteribiiden-Symbiose um einen weiteren recht interessanten Typ bereichern. Bei dieser Form sucht man vergeblich nach einem Wohnsitz am Darm oder nach Mycetomen, die Symbionten finden sich vielmehr lediglich in den Milchdrüsen. Diese aber haben sich dem in recht merkwürdiger Weise angepaßt. Das Lumen der Ausführgänge ist im allgemeinen sehr eng und mit einer kräftigen, welligen Intima ausgekleidet. Im Bereich der Enden der einzelnen Tubuli jedoch erweitert es sich ganz wesentlich, und die Auskleidung wird eine zarte. Diese zahlreichen, schlank keulenförmigen Räume sind dicht von den hier lange, dünne Fäden darstellenden Symbionten erfüllt (Abb. 235).

Die gleichen Organismen treten durch den Ösophagus in den Chylusdarm der Larven über und finden sich reichlich in der Gegend seiner Einmündung. Auch hier ist ASCHNER überzeugt, daß sie einen Teil der Larvenkost ausmachen.

In den weiblichen Larven oder Puppen müssen natürlich auch die Milchdrüsen von ihnen auf irgendeine Weise wieder infiziert werden; im Darm der männlichen Larven, die ja keine Milchdrüsen anlegen, verfallen hingegen offenkundig alle Symbionten der Auflösung, denn die Imagines dieses Geschlechtes erwiesen sich als symbiontenfrei, ein Verhalten, das deutlich dafür spricht, daß die Pupiparensymbionten nicht etwa für die Blutverdauung nötig sind.

Als Mitläufer fand ASCHNER bei *N. blasii* in einer Anzahl von Fällen einen sehr kleinen punktförmigen Organismus, wie er ihn auch schon bei *Lynchia maura* festgestellt und als Rickettsie charakterisiert hatte. Auch hier besiedelt dieser vorzugsweise das Darmepithel und Zellen der Malpighischen Gefäße. Außerdem

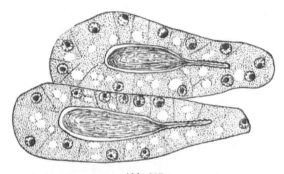

Abb. 235

Eucampsipoda aegyptica Mcq. Die Enden zweier Tubuli der Milchdrüsen mit erweitertem, symbiontenhaltigem Kanal. (Nach ASCHNER.)

wurde er in Fettzellen und solchen der Milchdrüsen angetroffen. Wie bei *Lynchia* tritt er auch in den Follikelzellen junger Ovocyten auf, dringt von hier aus in diese ein und bildet am hinteren Pol eine besonders starke Ansammlung.

g) Strebliden

Von Strebliden konnte ASCHNER lediglich *Nycteribosca kollari* Frfld. untersuchen und hiebei feststellen, daß zum mindesten diese Gattung hinsichtlich ihrer Symbiose ganz wesentlich von den Hippobosciden und Nycteribiiden abweicht. Darmepithel und Milchdrüsen sind frei von den typischen Pupiparensymbionten, und mycetomartige Bildungen sucht man ebenfalls vergebens. Doch erfüllen in diesem Falle möglicherweise Rickettsien, welche bei *Nycteribia blasii* und *Lynchia maura* lediglich die Rolle gelegentlicher Mitläufer spielen, die Aufgabe der Symbionten. Sie treten ausschließlich intrazellular auf, am häufigsten da und dort in Darmepithelzellen, wo sie in der für sie charakteristischen Weise zu lockeren Strängen oder kleinen maulbeerförmigen Häufchen angeordnet sind, außerdem aber wie bei den beiden anderen Formen in den Malpighischen Gefäßen, den Milchdrüsen und im Fettkörper. Oft sind auch die den Herzschlauch begleitenden Zellen infiziert. Die Übertragung aber geschieht wie dort durch Infektion des Follikels und der Ovocyten.

Zweifellos würde ein isoliertes derartiges Vorkommen nicht zur Annahme einer Symbiose berechtigen. Doch macht es in diesem Falle der Umstand, daß alle übrigen als «Pupiparen» bezeichneten Formen symbiontische Einrichtungen geschaffen haben, die sich in eine von sehr einfachen Zuständen zu komplizierten aufsteigende Reihe ordnen lassen, sehr wohl möglich, daß Aschner mit Recht in diesen Gästen der *Nycteribosca* einen auf noch recht primitiver Stufe stehenden «Symbiontenersatz» sieht. Er erinnert hiebei unter anderem an die Verhältnisse bei den Trypetiden, bei denen ja auch neben hochentwickelten Symbiosen eine einfache Besiedelung des Darmlumens vorkommt, welche als Einzelvorkommen nicht ohne weiteres für eine Symbiose erklärt werden dürfte.

h) **Triatomiden**

Die Symbiose der Triatomiden, deren Erforschung vor allem Wigglesworth (1936, 1943) und seinen Mitarbeiter Brecher (1944) beschäftigt hat, weist mancherlei Züge auf, die uns auch bei anderen, nicht Blut, sondern Pflanzensäfte saugenden Heteropteren begegnen. Wie die Mehrzahl der letzteren, so bringen auch diese als Überträger der Chagas-Krankheit im tropischen Südamerika bedeutungsvollen Raubwanzen ihre Symbionten im Bereich des Mitteldarmes unter, verwenden aber hiezu nicht dessen hintersten Abschnitt, sondern benutzen, ganz wie die Larven der Glossinen, den der Valvula intestinalis zunächst liegenden entodermalen Abschnitt des Proventriculus (Abbildung 236). Wenn hiebei die Zellen selbst besiedelt werden, so stehen sie damit freilich im Gegensatz zu den meisten übrigen Heteropteren, finden aber doch auch hierin ein Gegenstück in den Aphaninen. Hier wie dort behält zudem ein Teil der Symbionten die ursprünglichere Gewohnheit des Lebens im Darmlumen bei.

Der Übertritt in dieses geht nach Wigglesworth vor allem im Anschluß an die jeweilige Nahrungsaufnahme vor sich, die nötig ist, um das nächste Häutungsstadium herbeizuführen. Während daher das Darmlumen der Junglarven vor der ersten Mahlzeit noch bakterienfrei ist, schnüren die infizierten Epithelzellen, welche gleichzeitig als Drüsenzellen funktionieren, dann distale symbiontenhaltige Plasmaknospen ab. Aus ihnen befreit wachsen die anfangs stäbchenförmigen Gebilde im noch unverdauten Blut je nach Temperatur innerhalb sechs bis zehn Tagen zu reich verästelten Fäden aus. Anschließend zerfallen sie aber wieder in Stäbchen und Kokken.

Wigglesworth hatte zunächst (1936) die grampositiven, stäbchenförmigen *Rhodnius*symbionten für einen diphtheroiden Bazillus erklärt, ohne zu wissen, daß sie kurz vorher von Erikson (1935) als zu den Actinomyceten gehörig erkannt und als *Actinomyces rhodnii* bezeichnet worden waren, schloß sich aber dann später (1944) dessen wohlbegründeter Auffassung an. Beide Autoren haben die Symbionten auf künstlichen Nährböden zu züchten vermocht. Auf synthetischem Agar erschienen bei 30° C nach 48 Stunden die ersten Kolonien, welche dann einen Durchmesser von 1–2 mm erreichten, glatten Rand und glatte

Oberflächen besaßen und leicht gewölbt waren. Ihre Farbe hing, wie es auch sonst bei Actinomyceten beobachtet wird, von dem Medium ab. Anfangs weißlich, wurden sie in 5%igem Blutagar nach einer Woche rotbraun, in 10—20%igem Blutagar dunkelrot, auf Agar mit Loefflers Serum orangefarben (WIGGLES-WORTH). Ohne Kenntnis seiner beiden Vorgänger hat auch WEURMAN (1946) Mitteilungen über die Kultur der in den Darm übergetretenen Symbionten von *Triatoma infestans* Klug gemacht. Er beschreibt sie als gramnegative, sehr kleine, geißeltragende Stäbchen, die die gleiche Eigenschaft der Pigmentbildung

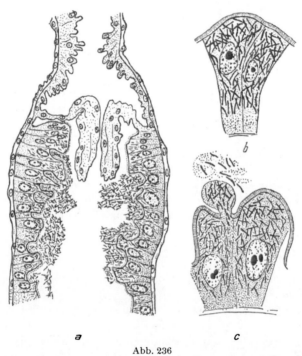

Abb. 236

Rhodnius prolixus Stål. *a* Anfang des Mitteldarmes eines zweiten Larvenstadiums, drei Wochen nach Fütterung; die Symbionten intra- und extrazellular. *b* Darmepithelzellen eines ersten Larvenstadiums. *c* Gleiches Stadium, 7 Tage nach Fütterung; die Symbionten treten in das Darmlumen über. (Nach WIGGLESWORTH.)

zeigten, wenn sie auf Peptonagar cremefarbene Kolonien erzeugten, sich aber auf gewissen Pepton-Gelatineböden oder in Peptonwasser rosa färbten, und stellt sie zu *Pseudomonas*. Agglutinationsversuche mit dem Serum immunisierter Kaninchen erwiesen die Identität der Kulturen mit den Insassen des Proventrikels. Unmittelbar diesem entnommenes Material ließ sich jedoch, obwohl ja an der Wesensgleichheit der beiden Zustände kein Zweifel sein kann, auf den genannten Nährböden nicht züchten. WEURMAN stellte an seinen Kulturen fest, daß auf Blut-Glukoseagar rund um die Bakterienansammlungen eine grüne Zone auftritt, in der sich spektroskopisch anfangs eine Verminderung des Oxyhämoglobingehaltes und bald ein völliger Schwund des entsprechenden Bandes nachweisen läßt, und vermutet, daß es sich dabei um das Verdohämochromogen, eine den Übergang zwischen Hämoglobin und Biliverdin darstellende Verbindung handelt. WIGGLESWORTH (1943, 1951) hingegen lehnt eine Beteiligung der *Rhodnius*symbionten an der Auflösung des Blutes ab (siehe Schlußkapitel).

Was die Übertragungsweise auf die Nachkommen anlangt, so war WIGGLESWORTH zunächst der Meinung, daß schon die Ovocyten infiziert würden und daß frisch geschlüpfte Tiere bereits die Symbionten im Darmepithel aufwiesen. Die Beobachtungen von ROSENKRANZ (1939), der eine oberflächliche Beschmierung der Heteropteren-Eier im Augenblick der Ablage und eine anschließende Aufnahme der Symbionten durch den Rüssel der eben geschlüpften Larve feststellte, veranlaßten ihn jedoch zu einer Revision seiner Auffassung (1944). Er überzeugte sich nun auch bei seinem Objekt von der Sterilität des Eiplasmas und von der Existenz der Symbionten auf dem Chorion der abgelegten Eier, das nichtsterilisiert in Bouillon mit 0,2 % Glukose die typischen Kolonien ergab. Dementsprechend erwiesen sich Larven, welche nach Sterilisation der Eischale schlüpften und weiterhin steril gehalten wurden, stets als symbiontenfrei. Da jedoch die Menge der Symbionten auf der Eischale so gering ist, daß sie nur durch die Kultur nachgewiesen werden können, und besondere die Beschmierung steigernde Einrichtungen sowie der sonst beobachtete Instinkt der Neugeborenen, die Eischalen mit dem Rüssel abzutasten, fehlen, kommt WIGGLESWORTH zu der Auffassung, daß hier neben den Eischalen auch der symbiontenhaltige Kot der Genossen eine wichtige Infektionsquelle darstellt. In der Tat saugen die Tiere gerne an den flüssigen Faeces der anderen, und sterile Larven infizierten sich ohne weiteres, wenn ihnen solche geboten wurden oder wenn sie einfach mit normalen Larven zusammengebracht wurden. Wie dem auch sei, jedenfalls gelangen die Tiere in der Natur ausnahmslos zu ihren Symbionten.

Außer *Rhodnius prolixus* Stål wurden sechs *Triatoma*arten, sowie *Eutriatoma flavida* Neiva und *Psammolestes coreodes* Bergroth untersucht und alle als in gleicher Weise mit einem *Actinomyces* in Symbiose lebend befunden (DIAS, 1937; LIEM SOEI DIONG, 1938; WEURMAN, 1946).

Über die interessanten Erfahrungen, welche WIGGLESWORTH an sterilen Tieren machen konnte, soll im Schlußkapitel berichtet werden.

i) **Cimiciden**

Cimex lectularius L. besitzt in beiden Geschlechtern glasig-weißliche Mycetome, welche freilich, da sie auf den ersten Blick einem Fettläppchen recht ähnlich sind, leicht der Beobachtung entgehen können (BUCHNER, 1921, 1922, 1923). Sie sind paarig und liegen bei den Weibchen in der Gegend des dritten Abdominalsegmentes, während sie im männlichen Geschlecht merkwürdigerweise mit den Vasa deferentia der Hoden leicht verwachsen sind. Der Hoden von *Cimex lectularius* besteht aus sieben ovalen, im Bogen angeordneten

Fächern, während das ebenfalls annähernd ovale Mycetom, einem verirrten achten Fach gleichend, an der konkaven Seite des Hodens hängt (Abb. 237). Anfangs voluminöser als die Hodenanlage, überflügelt diese im Laufe der postembryonalen Entwicklung das ebenfalls stetig wachsende Mycetom, das im reifen Männchen etwa $^1/_2$ mm lang ist.

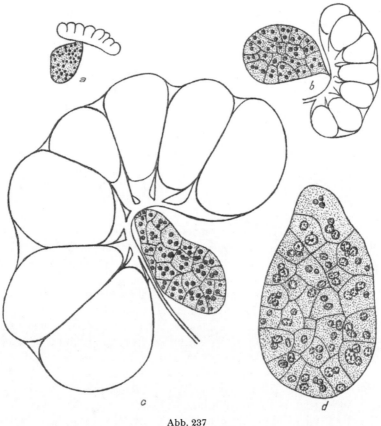

Abb. 237

Cimex lectularius L. *a* bis *d* Mycetom und Hoden während der postembryonalen Entwicklung.
(Nach BUCHNER.)

Histologisch unterscheiden sich diese Organe ohne weiteres vom Fettgewebe. Sie bestehen aus riesigen Zellen mit drei bis fünf chromatinreichen Kernen, von denen etwa vier bis fünf in der Breiten- und acht in der Längenausdehnung Platz finden. Eine zarte zellige Hülle mit spärlichen abgeplatteten Kernen umzieht sie und dringt auch von Tracheolen begleitet zwischen die Mycetocyten ein, deren Plasma so dicht von den Mikroorganismen erfüllt ist, daß es auf Schnitten fein granuliert erscheint.

Erst die Untersuchung von zerquetschten Organen und Ausstrichen derselben gibt Aufschluß über die Morphologie seiner Bewohner. In den Mycetomen der Imagines finden sich nebeneinander schlanke, gerade Stäbchen, welche eine schlängelnde Eigenbewegung besitzen, gewundene Fädchen, Kokken und eigenartige scheibenförmige Zustände, welche trotz ihrer Vielgestaltigkeit offenkundig alle ein und denselben Organismus darstellen.

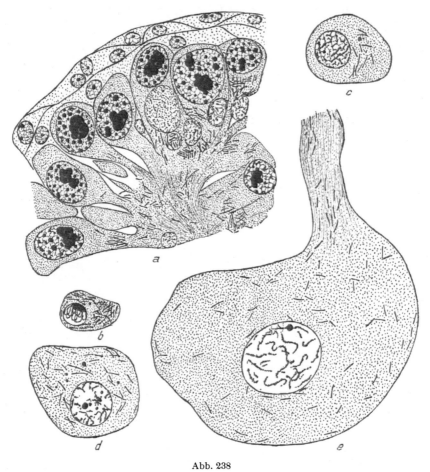

Abb. 238

Cimex lectularius L. Übertragung der Symbionten. *a* Infektion der Nährzellen. *b, c, d* Junge infizierte Ovocyten. *e* Die Symbionten treten durch den Nährstrang in das Ei. (Nach BUCHNER.)

War zunächst das Vorkommen solcher Mycetome bei einer heteropteren Wanze etwas sehr Überraschendes, so haben sie heute ihre Sonderstellung verloren, nachdem inzwischen SCHNEIDER (1940) bei mehreren Pflanzensäfte saugenden Wanzen ebenfalls wohlumschriebene ähnliche Organe gefunden hat. Das gleiche gilt für die zunächst einzig dastehende Art der Übertragung der Symbionten auf dem Umwege über eine Infektion der Nährzellen. Schon auf frühen Larvenstadien kann man im Plasma der zweikernigen Nährzellen teils dichte Klumpen kleinerer, stark färbbarer Zustände, teils isolierte, sich stärker tingierende Stäbchen feststellen. Ausstriche ergeben die gleichen Gestalten, welche im Mycetom begegnen. Durch den Sekretstrom werden sie in dem seinem Transport dienenden Faserbündel zu den jungen Ovocyten getragen. Daneben trifft man aber vielfach auch sehr frühe Stadien, selbst Bukettstadien, deren Plasma gut färbbare Stäbchen enthält (Abb. 238). Anfangs das Eiplasma allseitig durchsetzend, sammeln sich die Symbionten schließlich ähnlich wie bei

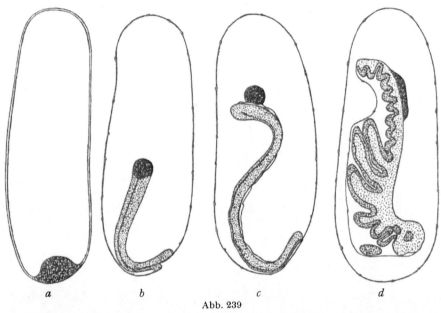

a   b   c   d

Abb. 239

Cimex lectularius L. Die Entwicklung der Mycetome. Bei *d* ist das Mycetom bereits weitgehend zerschnürt, der Schnitt daher mehr lateral gelegt. (Nach Buchner.)

so manchen anderen Objekten am hinteren Eipol in einer dünnen, recht unauffälligen Lage.

Die Embryonalentwicklung verläuft bei der ovoviviparen Bettwanze bis zum Stadium des S-förmigen Keimstreifs noch im Verbande der Eiröhren. Die zur Peripherie aufsteigenden Furchungskerne tauchen am Hinterende des Eies in die Symbiontenzone. Anschließend vermehren sich die auf solche Weise infizierten Blastodermzellen und liefern ein mehrschichtiges, sich in den Dotter vorwölbendes Kissen. Da nun rund um dieses die Invagination des Keimstreifs einsetzt, wird es wieder von ihm nach innen geschoben und schließt eine Weile die Amnionhöhle wie ein Pfropf ab. Erst wenn der Keimstreif sich S-förmig krümmt, scheidet er die infizierte Zellmasse, die nun Kugelgestalt besitzt, endgültig aus. Während er weiterwächst, bleibt sie an Ort und Stelle liegen; wenn die Extremitäten sprossen, flacht sie sich ab und legt sich erneut dicht an den Keimstreif, der das junge Mycetom auf solche Weise bei der Umrollung mit transportiert. Nach dieser zerschnürt es sich hantelförmig (Abb. 239). Schließlich kommen die beiden jungen Mycetome zwischen Darmepithel und Hypodermis einerseits und zwei dorsoventralen Muskelbündeln andererseits zur Ruhe. Während anfangs die Besiedelung der embryonalen Mycetocyten eine recht spärliche ist und manche vielleicht noch symbiontenfrei sind, setzt noch vor der Umrollung eine lebhafte Vermehrung der Symbionten ein und führt zu der dichten, die Gestalt der Organismen kaum noch verratenden Füllung. Dieser ganze Vorgang der Embryonalentwicklung erinnert außerordentlich an den von SCHNEIDER für die heteroptere Wanze *Ischnodemus* beschriebenen (Abb. 94). Bis zur Abplattung teilen sich die embryonalen Mycetocyten mitotisch, dann erlahmt dieses Vermögen und wird durch Amitosen abgelöst, welche Mehrkernigkeit und allmähliches Riesenwachstum im Gefolge haben (Abb. 237).

Während ich meine Untersuchungen seinerzeit großenteils nur an Hand von Schnitten angestellt habe, hat PFEIFFER (1931) das Verhalten der Symbionten während der embryonalen und postembryonalen Entwicklung auch auf Grund von Ausstrichen studiert und dabei gewisse zyklische Formveränderungen der Symbionten festgestellt, wie sie zum Teil schon HERTIG u. WOLBACH (1924) aufgefallen waren, welche als erste meine Beobachtungen bestätigten. In den ersten Larvenstadien fand er gewundene Stäbchen von verschiedener Größe, welche Einschnürungen zeigen, oft nur mittels dünner Brücken zusammenhängen und auf solche Weise offenbar auch rundlichen Stadien den Ursprung geben. Manchmal treten auch jetzt schon eigenartige «Filamentballen» auf, die ebenfalls bereits von HERTIG und WOLBACH gesehen wurden und nach ihnen vermutlich auf eine unsichtbare, die Streckung hemmende Hülle zurückzuführen sind. Später gesellen sich hiezu scheibenförmige, auch schon den amerikanischen Autoren aufgefallene Gebilde, welche teils rund, teils eckig begrenzt sind, den Imagines ebenfalls nicht fehlen und vielleicht durch ein Zusammenfließen der Fadenknäuel entstehen. HERTIG und WOLBACH sprechen außerdem von runden oder ovalen Granula mit dichterem Rand und hellerem Zentrum und von ring- oder C-förmigen Stadien. Daß alle diese Zustände genetisch zusammenhängen, kann wohl mit Sicherheit angenommen werden. Es handelt sich also um einen ganz besonders pleomorphen Organismus, der in vieler Hinsicht an ähnlich vielgestaltige Symbionten der Hippobosciden oder mancher Amblyomminen *(Boophilus)* erinnert.

Mit der Schilderung dieses so variablen Mycetombewohners werden jedoch die bakteriologischen Probleme, welche die Bettwanzensymbiose bietet, keineswegs erschöpft. Mit großer Regelmäßigkeit finden sich bei *Cimex lectularius* auch außerhalb der Mycetome Bakterien, deren Verhältnis zu dem bisher beschriebenen Gast der Klärung bedarf. Ich stellte solche seinerzeit in den Fettzellen, in leukocytenartigen Elementen, welche im Receptaculum seminis die überflüssigen Spermien resorbieren, in ähnlichen Zellen des seltsamen RIBAGAschen Organes, das bei der Begattung die Spermien aufnimmt, sowie endlich im Epithel des Eileiters fest. Zumeist handelt es sich bei diesen zusätzlichen Bewohnern um gut färbbare, längere Stäbchen und Fädchen, gelegentlich auch um dichte Nester kürzerer Formen.

ARKWRIGHT, ATKIN u. BACOT (1921), welche lediglich Ausstriche untersuchten und höchstens bei solchen der Hoden die Bewohner der ihnen noch unbekannt gebliebenen Mycetome zu Gesicht bekommen konnten, fanden ferner vor allem auch vereinzelte Zellen der Malpighischen Gefäße, die dann beträchtlich anschwellen können, regelmäßig mit kleinsten kokken- bis fadenförmigen Organismen infiziert, von denen die letzteren ihrerseits wieder in winzige Gebilde zerfallen können, und stellten fest, daß auch die Darmepithelzellen unter Umständen nicht verschont bleiben. Nur auf diesen Befund bezieht sich die von ihnen in die Literatur eingeführte Bezeichnung «*Rickettsia lectularia*».

Während ich mich zunächst nur zögernd für die Identität der außerhalb der Mycetome vorkommenden Organismen mit deren typischen Bewohnern aussprach, wurden sie von HERTIG und WOLBACH unbedenklich in einen Formenkreis vereint. PFEIFFER dagegen vertritt mit Entschiedenheit die Meinung, daß hier zwei wohlzuunterscheidende Organismen vorliegen und daß unter *Rickettsia lectularia* lediglich jene ungezügelten, in ihrem Auftreten Schwankungen unterworfenen Begleitformen verstanden werden dürfen. Er findet sie auch neben den Symbionten und von ihnen unterscheidbar in den Mycetomen und stellt fest, daß sie mit diesen, die gleichen Bahnen benützend, die Eizellen infizieren. Er ist schließlich der Meinung, daß auch die gut färbbaren Stäbchen, welche sich außerdem auch schon in jüngsten Ovocyten finden, der Begleitform und nicht den Symbionten zuzurechnen seien.

Wenn man sich erinnert, wie bei den Hippobosciden und so manchem anderen Symbiontenträger derartige nichtpathogene Mitläufer überaus regelmäßig auftreten können, so gewinnt eine solche Auffassung viel an Wahrscheinlichkeit. Sie wird weiterhin dadurch wesentlich gestützt, daß bei der Schwalbenwanze, *Oeciacus hirundinis* Jen., welche ganz entsprechende Mycetome besitzt, keine solchen Begleitformen vorkommen, wohl aber die für die Bettwanzen-Mycetome typischen derberen Stäbchen, Filamentballen und Scheibenformen. In den Mycetom-Ausstrichen vermißt man hier hingegen feine Fadenformen und kleinste Kokken, was dafür spricht, daß diese, soweit sie im Bettwanzenmycetom vorhanden sind, auch den zusätzlichen Gästen zuzurechnen sind, welche vor der Wohnstätte der legitimen Symbionten nicht haltmachen.

Bedenkt man außerdem, daß wir diese Cimiciden-Symbionten Gestalten annehmen sehen, wie sie bisher nie bei unzweifelhaften Rickettsien beobachtet wurden − aufgeknäulte Fädchen, Scheiben und dergleichen −, und daß echte Rickettsien auch sonst nie als mycetombewohnende Symbionten festgestellt wurden, so wird man jedenfalls gut tun, die Bezeichnung *Rickettsia lectularia* nicht auf die regulären Insassen der Cimicidenmycetome anzuwenden.

Natürlich wären weitere, eine möglichst scharfe Trennung der beiden Formen anstrebende Untersuchungen sehr erwünscht, die dann ihr Augenmerk auch auf das Nebeneinander derselben während der Embryonalentwicklung lenken müßten. Schon vor Jahren fiel mir auf, daß nicht alle Stäbchen und Fäden der hinteren Eiregion in die embryonale Anlage der Mycetome einbezogen werden, sondern in Begleitung einiger Dotterkerne auch während der

Bildung des Embryos immer noch äußerlich der Mycetomanlage anhängen. Es wäre zu untersuchen, ob es sich dabei um Begleitformen und damit um die Quelle der Infektion der übrigen Gewebe handelt oder vielleicht um diejenigen Symbionten, welche in der Folge die weiblichen Gonaden zu infizieren haben, deren Besiedlung offenbar ähnlich frühzeitig getätigt wird, wie dies von SCHNEI-DER für *Ischnodemus* beschrieben wurde (Abb. 93).

Mehrfach hat man versucht, die geschilderten Mikroorganismen der Wanzen zu züchten. Weder ARKWRIGHT, ATKIN u. BACOT noch KUCZYNSKI (1927)

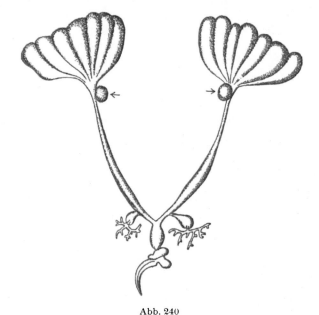

Abb. 240

Cimex rotundatus Signoret. Männlicher Geschlechtsapparat mit den beiden Mycetomen.
(Nach PATTON u. CRAGG.)

hatten, obwohl die verschiedensten Nährböden angewandt wurden, irgendwelchen Erfolg zu verzeichnen. Die vielfältigen Bemühungen PFEIFFERS, der auch die Zucht in Gewebekulturen versuchte, blieben ebenfalls ergebnislos. Nur gelegentlich stellte er, besonders bei Zugabe von Embryonalextrakten, eine beschränkte Entwicklungsmöglichkeit der Symbionten wie der Rickettsien fest, die jedoch bei Übertragung auf die gleichen Nährböden nicht Bestand hatte. Schließlich berichtet auch noch STEINHAUS (1946) von Kulturversuchen, bei denen ein diphtheroider Organismus auftrat, dessen Zugehörigkeit zu den hier geschilderten Bewohnern der Bettwanze unentschieden bleiben muß.

Daß diese nicht pathogen sind, haben Versuche ARKWRIGHTS, ATKINS und BACOTS sowie solche, die ich selbst angestellt, dargetan. Die ersteren impften zwei Versuchspersonen zerriebene Wanzendärme ein, ohne daß dies irgendwelche Folgen gehabt hätte. Ich impfte mir mehrfach Mycetome in einen künstlichen

Stichkanal und erzielte damit lediglich genau die gleiche Quaddelbildung, welche ein Bettwanzenstich oder die Einführung irgendwelcher anderer von sterilen Insekten stammender Eiweißkörper auslöste. Auch die Einpflanzung zerriebener Wanzen in Mäuse, Meerschweinchen oder Kaninchen führte zu keinerlei Reaktion.

Bisher hat sich unsere Darstellung nahezu ausschließlich auf die Verhältnisse bezogen, wie sie der begreiflicherweise in erster Linie studierte *Cimex lectularius* bietet. Nur von der Schwalbenwanze *Oeciacus* wurde bereits mitgeteilt, daß sie ganz ähnliche symbiontische Einrichtungen besitzt. Darüber hinaus kann man aber heute schon sagen, daß höchstwahrscheinlich alle übrigen blutsaugenden Cimiciden ebenfalls ihre Symbionten haben. So zeigt eine Abbildung des männlichen Geschlechtsapparates des tropischen und subtropischen *Cimex rotundatus* Signoret, die sich in PATTON u. CRAGGS Textbook of Medical Entomology (1913) findet, am Ursprung des Vas deferens ein hier verhältnismäßig viel kleineres, rundliches Gebilde, das die Verfasser als «akzessorischen Lappen» bezeichnen, das aber zweifellos mit dem Mycetom unserer Bettwanze identisch ist (Abb. 240). Darüber hinaus hat aber CARAYON laut brieflichen Mitteilungen noch bei weiteren tropischen Verwandten entsprechende Mycetome gefunden. Bei den Männchen von *Ornithocoris uritui* Lent. u. Abalos und *O. toledoi* Pinto, zwei südamerikanischen Formen, fand er in ganz ähnlicher Weise je ein rundliches Mycetom dort dem siebenfächerigen Hoden angeheftet, wo ihm das Vas deferens entspringt. Das gleiche gilt für *Leptocimex boueti* Brumpt, eine Wanze des tropischen Afrika, die sich am Menschen ebenso leicht züchten lässt wie unsere Bettwanzen. Dank der Freundlichkeit CARAYONS kenne ich hier die Verhältnisse zum Teil aus eigener Anschauung. Das recht unansehnliche Mycetom der Weibchen liegt unabhängig von den Gonaden jederseits dicht unter der Hypodermis und ist aus nicht sehr großen einkernigen Zellen aufgebaut, deren Plasma von langen, sich durchflechtenden fadenförmigen Symbionten erfüllt ist. Sie unterscheiden sich also hinsichtlich ihrer Gestalt und Deutlichkeit sehr wesentlich von den *Cimex lectularius*-Symbionten.

Die Übertragungsweise ähnelt der der letzteren, wenn ebenfalls sehr junge Ovocyten infiziert werden, weicht aber insofern ganz wesentlich ab, als diese in einer Weise von den Mikroorganismen überschwemmt werden, wie dies sonst nur von den *Camponotus*-Arten und *Formica fusca* bekannt ist. Ihr Plasma beschränkt sich dann, wenigstens bei *Leptocimex*, wo die Symbionten jetzt gedrungener und stärker färbbar zu sein scheinen, auf ein spärliches Maschenwerk, und erst, wenn die Ovocyte bereits mit einem kräftigen Nährstrang in Verbindung steht, gewinnt sein Wachstum allmählich die Oberhand. Schließlich werden auch hier die Symbionten am hinteren Ende der älteren Ovocyten in flacher Lage konzentriert. Wie bei *Cimex lectularius* bildet das Blastoderm dann eine endständige, symbiontenhaltige verdickte Zone, die bei der Invagination nach vorne verlagert wird.

Bei allen Exemplaren von *Leptocimex* hat CARAYON außerdem im Fettkörper und bei den Weibchen auch um die Ovariolen Begleitbakterien gefunden, die an jene der Bettwanze erinnern, den beiden amerikanischen Arten aber ebenso abgehen, wie dies bei *Oeciacus* der Fall war. Es ist zu hoffen, daß ein eingehenderes vergleichendes Studium der Cimicidensymbionten Wesentliches zum Verständnis der in mancher Hinsicht undurchsichtigeren Verhältnisse der Bettwanzensymbiose beitragen wird.

k) **Anopluren**

Nachdem SIKORA (1919) und ich (1919) unabhängig voneinander die Symbiose der Anopluren entdeckt, aber nur unvollständige Mitteilungen über sie gemacht hatten, wurde sie von RIES (1931) in ausgezeichneter Weise durchforscht und damit zu einem der interessantesten Kapitel der Symbioselehre.

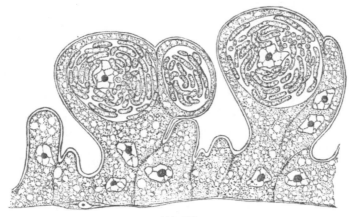

Abb. 241

Haematopinus eurysternus N. Darmepithel mit Mycetocyten. 1200fach vergrößert. (Nach RIES.)

Die Lokalisation der Symbionten kann eine recht verschiedene sein. Die einfachsten Verhältnisse begegnen innerhalb der Gattung *Haematopinus*. Bei *H. eurysternus* Nitzsch vom Rind, *H. suis* L. vom Schwein und *H. macrocephalus* Burm. vom Pferd sind in ganz gleicher Weise zahlreiche Mycetocyten über das Epithel des Mitteldarms verstreut, welche lediglich den dieser Gattung allein eigenen Proventriculus meiden, im übrigen aber so innig in das Epithel eingelassen sind, daß es vielfach den Anschein erweckt, als lägen sie innerhalb der Zellen. Die Entwicklungsgeschichte des Darmes lehrt jedoch, daß es sich trotzdem durchaus nur um zwischen die Zellen eingekeilte und von ihnen umschlossene Elemente handelt (Abb. 241, 243 *b*). Die Mycetocyten sind rundlich, die schlauchförmigen, hier deutlich wabig strukturierten Symbionten, bei denen es sich zweifellos um Bakterien handelt, umziehen den zentralen Kern, zum Teil Ketten bildend, in gleichlaufenden Lagen, während vom Plasma der Wirtszellen kaum etwas zu erkennen ist. Ein Übertritt der Symbionten in das Darmlumen findet im Gegensatz zu den Angaben von FLORENCE (1924) niemals statt.

Bei der auf katarrhinen Affen lebenden Gattung *Pedicinus* stellte Ries einen weiteren, bis dahin nicht zur Beobachtung gelangten Typus der Lokalisation fest. Hier findet sich in halber Höhe des Magendarmes ein geschlossener Ring von Mycetocyten, welche zwischen dem Darmepithel einerseits und der Basalmembran mit ihrer Ring- und Längsmuskulatur andererseits liegen und damit den Darm an dieser Stelle merklich einengen (Abbildung 243c). Die vom Epithel abgedrängte und mit spärlichen abgeflachten Kernen versorgte Membran steht nur noch durch feine, zwischen den Mycetocyten ziehende Fasern mit diesem in Verbindung. Die meist exzentrisch gelegenen Mycetocytenkerne sind gelappt, das sie umgebende Plasma ist erfüllt von kreuz und quer ziehenden, kurzen, granulierten Schläuchen. Das Darmepithel zeigt in der betreffenden Zone keinerlei Besonderheiten (Abb. 242).

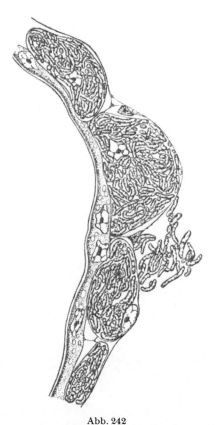

Am häufigsten sind jedoch die Symbionten der Läuse in wohlumschriebenen Mycetomen untergebracht, deren Bau und Lage in mehrfacher Hinsicht variieren kann. Zumeist handelt es sich um ein unpaares, ovales oder rundliches, ventral vom Magendarm gelegenes Organ, das keine engeren Beziehungen zu diesem zu besitzen pflegt (*Linognathus*, *Polyplax*, Abb. 243a), unter Umständen aber auch etwas inniger mit ihm verwachsen ist (*Pediculus*, Abbildung 245h).

Abb. 242

Pedicinus rhesi Fahrh. Ausschnitt aus der von Mycetocyten begleiteten Zone des Mitteldarmes. 1800fach vergrößert. (Nach Ries.)

Im einfachsten Falle bestehen diese Organe lediglich aus einer scharf umschriebenen Ansammlung gegeneinander abgeflachter Mycetocyten ohne jegliche Hüllbildung. Dies gilt für *Linognathus tenuirostris* Burm. und *Polyplax spinulosus* Burm. Während bei ersterem typische fädige Symbionten die Zellen erfüllen, bestehen die Insassen des besonders einfach gebauten *Polyplax*mycetoms aus kleinen, unregelmäßigen, granulierten Bläschen. Komplizierter gebaut sind die «Magenscheiben» der Pediculus- und Phthirusarten. Sie setzen sich im Gegensatz zu den völlig farblosen Mycetomen von *Linognathus* und *Polyplax* als weißlichgelbe Gebilde deutlich gegen den blutgefüllten dunkelroten Darm ab. Ein Syncytium umschließt bei *Pediculus capitis* De Geer 10—16 radiär angeordnete Fächer, in denen die völlig homogenen, wurstförmigen Symbionten liegen. Steht das Mycetom auf dem Höhepunkt seiner Entfaltung, wie dies bei den Larven vor der dritten Häutung der Fall ist, so kann man an ihnen drei Zonen unterscheiden: eine zentrale, schwach vakuolisierte

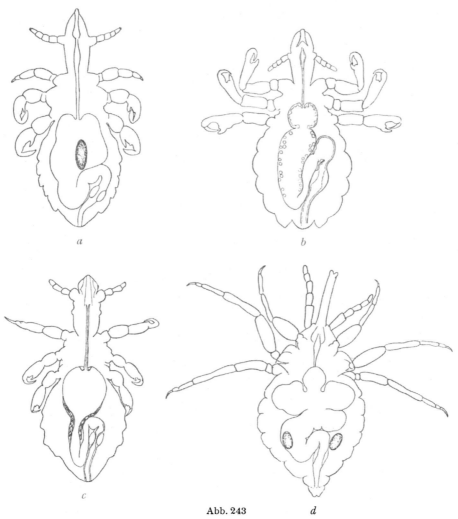

Abb. 243

a Linognathus tenuirostris Burm. Erwachsenes Männchen mit unpaarem Mycetom. *b Haematopinus suis* L. Männchen, Mycetocyten im Mitteldarmepithel. *c Pedicinus rhesi* Fahrh. Erwachsenes Männchen, Mycetocyten zwischen Darmepithel und Basalmembran. *d Haematomyzus elephantis* Piaget. Erwachsenes Männchen mit paarigen Mycetomen. *a, c, d* rund 22fach, *b* rund 18fach vergrößert.
(Nach RIES.)

Zellmasse, eine zweite ähnlich geartete, in deren Bereich die Kammern liegen, und eine dritte, mehr faserig strukturierte, derbe, das Organ umziehende Hüllschicht. Unregelmäßig gestaltete, häufig gelappte Kerne sind wahllos in diesen

Syncytien verteilt. Die von den Symbionten eingenommenen Fächer dagegen
enthalten niemals Kerne und stellen mithin keine Zellen, sondern lediglich wohlbegrenzte und regelmäßig angeordnete Vakuolen des Syncytiums dar (Abb. 244).

Das opake Aussehen dieser Magenscheiben rührt von sehr zahlreichen Granulationen her, welche der äußeren Umhüllung eingelagert sind. Es handelt sich
dabei um sehr kleine, ovale und stark lichtbrechende Körnchen, die schon auf

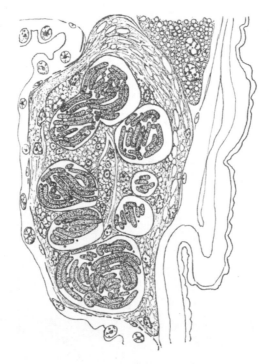

Abb. 244

Pediculus capitis DeG. Sagittalschnitt durch die Magenscheibe einer männlichen Larve vor der
dritten Häutung; links Darmepithel, rechts Hypodermis. 770fach vergrößert. (Nach RIES.)

frühen embryonalen Stadien erscheinen und sich in verdünnten Mineralsäuren
lösen, so daß sie im mikroskopischen Präparat zumeist nicht mehr sichtbar sind.
In den Vakuolen kommen schließlich zwischen den Symbionten liegende, stark
färbbare Granula vor, Stoffwechselprodukte, über deren Natur sich nichts Be-
stimmtes aussagen läßt. An der Stelle des Kontaktes wölben diese Organe das

---

Abb. 245 (rechts). *Pediculus capitis* De G. Symbiontischer Zyklus. *a* Weibliche Imago mit veröde-
tem Mycetom und infizierten Ovarialampullen. *b* Infektion der Ovocyten von den Ampullen aus.
c, d Invagination des Keimstreifs, die Symbionten werden in das Innere des Embryos getragen.
e Primäres Mycetom im Dotter. *f* Das transitorische Mycetom ist in den embryonalen Darm gelangt.
g Abschnürung der Magenscheibe. *h* Jüngstes Larvenstadium mit Mycetom. *i* Die Symbionten
treten aus dem Mycetom in die Ovarialampullen über. Halbschematisch. (Nach RIES.)

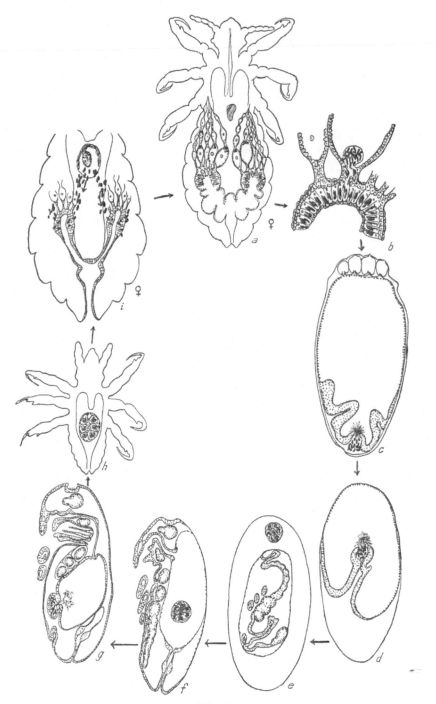

Abb. 245

Darmepithel, mit dem sie leicht verlötet sind, kissenartig nach innen vor, ohne daß jedoch irgendwelche Verbindung mit dem Darmlumen vorhanden wäre.

Die Übertragung der Anoplurensymbionten auf die Nachkommen geschieht zwar stets auf dem Umwege über die Infektion besonderer, zwischen Ovarien und Eileiter eingebauter Organe, der sogenannten Ovarialampullen, doch können ihre histologische Struktur, vor allem aber auch die Wege, welche

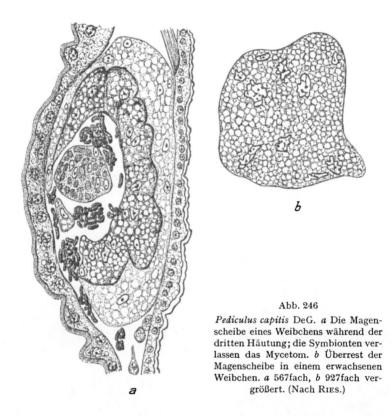

Abb. 246

Pediculus capitis DeG. *a* Die Magen-scheibe eines Weibchens während der dritten Häutung; die Symbionten ver-lassen das Mycetom. *b* Überrest der Magenscheibe in einem erwachsenen Weibchen. *a* 567fach, *b* 927fach ver-größert. (Nach Ries.)

zu ihrer Füllung mit den Symbionten führen, von Art zu Art recht verschieden sein. Bei *Pediculus* setzen in der weiblichen Larve, wenn die Zeit der dritten Häutung herannaht, gewisse Veränderungen im Mycetom ein. Die Sym-bionten vermehren sich stärker und werden kürzer und gedrungener, die Kam-mern fließen zusammen, so daß ein isolierter zentraler Zellhaufen, der wie zu-sammengesintert aussieht, und eine periphere, stark vakuolisierte Hülle ent-stehen. Dann drängen sich die Symbionten in dichten Klumpen durch Lücken in der äußeren Bindegewebshülle hindurch und gleiten an der Ventralseite des Magens nach hinten (Abb. 245*i*, 246). Wie diese Bewegung vor sich geht, bleibt unklar, denn irgendwelche Eigenbewegung der Symbionten konnte bis-her niemals beobachtet werden. Jedenfalls zerstreuen sich die Symbionten hiebei keineswegs in der ganzen Leibeshöhle, sondern streben ausschließlich der

Ampullenanlage zu. Diese besteht um diese Zeit lediglich in einer bereits mäßig verdickten Strecke des an die jungen Eiröhren anschließenden Oviduktepithels. Nur hier treten die Symbionten in dasselbe über, wobei die sonst homogene Tunika vorübergehend unregelmäßig aufgerauht wird, und liegen dann einzeln in Vakuolen des Zellplasmas. Allmählich kommt es zu einer **für die meisten Ovarialampullen sehr typischen Vierschichtigkeit** des infizierten Abschnittes. Von den Eifollikeln her schieben sich Zellen hinter der bereits wieder glatt gewordenen Tunika nach hinten und drängen das infizierte Epithel nach innen. Andererseits wachsen von dem nicht infizierten Teil des Eileiters Zellen nach vorne und liefern die innere Auskleidung der Ampulle (Abb. 247). Schließlich legen sich auch noch mesodermale Elemente äußerlich an die Tunika und führen so den endgültigen Zustand der Ampullenwandung herbei (Abb. 248).

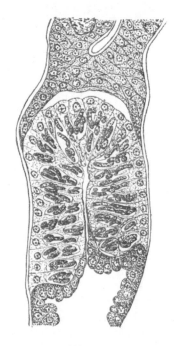

Durch diese Abwanderung ist **die Magenscheibe völlig symbiontenfrei geworden** und stellt nun im erwachsenen Weibchen nur noch einen unregelmäßigen, manchmal sogar verästelten und immer noch stark lichtbrechenden Zellhaufen mit geschrumpften Kernen dar (Abb. 245a, 246b). Die Abbildungen SWAMMERDAMS, von denen in der historischen Einleitung die Rede war, beziehen sich auf solche verödete und verzerrte Organe.

Haben die Eiröhren ein gewisses Alter erreicht und ist die jeweils zuhinterst liegende Ovocyte in das infektionsreife Stadium eingetreten, so verläßt ein Teil der Symbionten das Ampullenepithel und tritt in Vakuolen vereint in den Eistiel über. Von hier gleiten die Bakterien in eine Eindellung der Ovocyte, die sich, wenn sie sich genügend angereichert haben, hinter ihnen

Abb. 247

Pediculus capitis DeG. Entwicklung des vierschichtigen Baues der Ovarialampulle. 510fach vergrößert. (Nach RIES.)

schließt. Eine zum Symbiontenballen ziehende Naht erinnert auch später noch an die einstige Einfallspforte (Abb. 245b).

Merkwürdigerweise kommt es um die gleiche Zeit, in der die Abwanderung der weiblichen Symbionten vorbereitet wird, auch in den **männlichen Mycetomen zu degenerativen Veränderungen.** Die wohlgeordnete Kammerung wird undeutlich, die zunächst noch schlauchförmigen Symbionten beginnen sich höchst unregelmäßig zu färben. Es treten allerlei abweichende Gestalten, rundliche und elliptische Formen auf. Im erwachsenen Männchen sind schließlich die Kammerwände zumeist fast vollkommen geschwunden, und eine dünne, faserige Hülle umgibt einen Symbiontenklumpen, dessen Komponenten sich nicht mehr abgrenzen lassen. RIES spricht daher geradezu von einem

«Symbiontenschutt». Doch kommen daneben auch geschlechtsreife Männchen vor, bei denen das Mycetom noch das unveränderte Bild der larvalen Magenscheibe bietet.

Diese sich auf *Pediculus capitis* gründende Schilderung gilt ebenso für *P. vestimenti* Leach, von dem es ja keineswegs feststeht, ob er eine eigene Art darstellt. Darüber hinaus verhält sich aber auch *Phthirus pubis* Leach ganz ähnlich.

Auf viel einfachere Weise vollzieht sich die Besiedelung der Ovarialampullen bei *Linognathus tenuirostris* Burm. Hier wird, wieder kurz vor der dritten Häutung, das gesamte einfacher gebaute Mycetom in die ektodermale

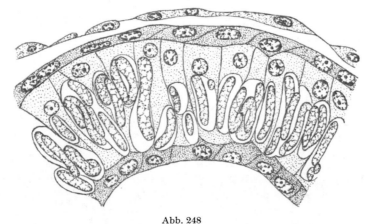

Abb. 248
Pediculus capitis DeG. Histologie der fertigen Ovarialampulle. (Nach Buchner.)

Genitalanlage, welche um diese Zeit noch keinen Anschluß an die Ovariolen gefunden hat, übernommen. Dort, wo die seitlichen Flügel des Eileiters entspringen, differenziert sich ein Bündel eigentümlicher, faserig strukturierter Zellen, das die Wandung des embryonalen Ovidukts durchbricht und an das schlauchförmige Mycetom herantritt. Wie Zugfasern legen sich die Zellen dicht an die Mycetocyten, deren Zellgrenzen um diese Zeit undeutlich zu werden beginnen, und kurz darauf liegen bereits sämtliche Bakterien innerhalb der Genitalanlage, ohne daß sich an Hand der Präparate entscheiden ließe, ob wirklich eine Zugwirkung oder lediglich eine Wegbereitung vorliegt (Abb. 249). Jedenfalls ist damit die Aufgabe der Faserzellen erfüllt; sie schwinden, während der Ovidukt den beiderseitigen Anschluß an die Eiröhren findet. Die alten Mycetocytenkerne degenerieren, die sich reichlich vermehrenden Symbionten wandern nach beiden Seiten auseinander und bewegen sich auf die Eiröhren zu. An den blinden Enden der Eileiter angelangt, dringen sie in deren jetzt noch ein Syncytium darstellende Wandung ein. Ein Teil der Kerne dieses Syncytiums versorgt eine steril bleibende basale Zellage, die übrigen finden für die sich jetzt erneut bildenden Mycetocyten Verwendung. Eine nach innen abschließende Zellschicht wird wie bei *Pediculus* von dem nicht infizierten Epithel des in seinem weiterer Verlauf als Kittdrüse funktionierenden Eileiters geliefert. Auf solche Weise entsteht auch hier, ohne daß jedoch diesmal Follikelzellen Verwendung finden, eine ganz ähnliche Schichtung der Ampullenwand. Im Gegensatz zu *Pediculus* kommt es andererseits bei *Linognathus* im männlichen Geschlecht zu keinerlei Degenerationserscheinungen im Mycetom.

Bei *Polyplax spinulosus* Burm., der Rattenlaus, wird ebenfalls das gesamte Mycetom in die Anlage des Ovidukts übernommen, doch unterbleibt hier die Ausbildung besonderer Faserzellen. Offenbar wird das Epithel der ektodermalen Einstülpungen dort, wo das Mycetom ihrer Entfaltung im Wege steht, stark gedehnt, bis es schließlich reißt, um sich hinter dem übergetretenen Organ alsbald wieder zu schließen. Wiederum degenerieren die alten Mycetocytenkerne, und die Symbionten werden auf die beiden Flügel der Genitalanlage verteilt. Neuartig ist jedoch, daß jetzt aus dem geschlossenen Zellverband der Eistiele Elemente auswachsen und auf die Ankömmlinge zustreben (vgl. Abb. 253c). Sie nehmen die Symbionten, welche die gleiche rundliche Gestalt bewahren, die sie in den Mycetomen besaßen, auf und geben dem Syncytium den Ursprung, aus dem hier ein wesentlicher Teil der im übrigen in der typischen Weise gebauten Ampulle besteht.

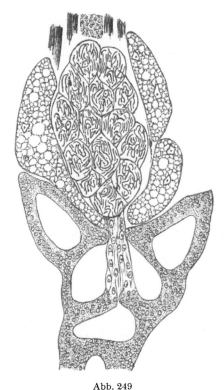

Abb. 249

Linognathus tenuirostris Burm. Frontalschnitt durch die Anlage des weiblichen Genitalapparates; das Mycetom ist durch Faserzellen mit dem Ovidukt verbunden. 360fach vergrößert. (Nach Ries.)

Nach Abschluß der Eiinfektion liegen bei diesem Objekt die Symbionten nicht als rundliche Ballen im Dotter, sondern schmiegen sich dichtgedrängt als flache Masse hinter der Dotterhaut eng an das Keimhautblastem, bleiben also zunächst genau genommen außerhalb des Eies.

Bei *Pedicinus rhesi* Fahrh. behalten abermals nur die Männchen die zwischen Darm und Muskularis gelegenen Mycetocyten unverändert bei; in den Weibchen dagegen wandern die Symbionten restlos aus, begeben sich an die Stelle, wo sich die Anlage der Ampullen sondert, und dringen, ähnlich wie bei *Pediculus*, von außen her in sie ein. Auch hier kommt es also zu einem Umladen derselben, und der mehrschichtige Bau stellt sich schließlich wenigstens annähernd wie bei *Pediculus* und *Linognathus* dar.

Völlig abweichend verhält sich schließlich Haematopinus, eine
Gattung, bei der die Komplikationen, welche die Füllung der Ovarialampullen
begleiten, den Höhepunkt erreichen. Die Vorbereitungen, welche ihr und damit
der Eiinfektion dienen, werden hier sogar bis in die Embryonalentwicklung zu-
rückverlegt. Es wird im folgenden noch zu schildern sein, wie die sekundären,
im Inneren der Darmanlage sich bildenden und auf diese zurückgehenden Mycetocyten bei den weiblichen Embryonen nur zum Teil wieder in das Mitteldarmepithel eingebaut werden, im übrigen aber dieses in der Rückenregion durchwandern. Auf solche Weise kommt es in dem zu dieser Zeit noch diffusen Fettgewebe zwischen Darm und dorsaler Hypodermis zur Bildung von drei
unpaaren Ansammlungen von Mycetocyten, die man als Depot-
Mycetome bezeichnen kann. Haben sie doch die Aufgabe, zunächst die später
der Füllung der Ovarialampullen dienenden Symbionten zu beherbergen. Mesodermale Zellen bilden eine zarte Hülle um sie, und auf späteren Stadien werden
sie sogar mittels eines hohlen zelligen Stranges an der Hypodermis aufgehängt,
so daß sie wie Glockenschwengel vom Rücken in die Leibeshöhle hängen
(Abb. 250 d, g, h, 251a).

Erst kurz vor der dritten Häutung setzen tiefgreifende Veränderungen
an den Depots ein. Die Begrenzung der Mycetocyten wird dann aufgegeben,
Flüssigkeitsvakuolen treten auf, die Hülle beginnt ebenfalls undeutlich zu werden und schwindet an manchen Stellen ganz, das Aufhängeband wird aufgelöst.
Hebt sich nun die letzte Larvenhaut ab und erscheint bereits die imaginale
Haut als zarter Saum, so treten dichte, meist als Klumpen um einen geschrumpften Kern gescharte, den Depot-Mycetomen entstammende Symbionten durch
die Hypodermis in den mit Häutungsflüssigkeit gefüllten Raum zwischen der
alten und neuen Kutikula (Abb. 250i, 252).

Jetzt bildet sich, als einzige Einfallspforte auf diesem Stadium der Entwicklung, eine weite Öffnung der Genitalanlage, und am distalen Ende
der letzteren sprossen seltsame, faserig strukturierte Leitzellen, die sich deutlich von der stärker färbbaren Nachbarschaft abheben; die Symbionten aber
gleiten − offenbar sehr rasch − in der Häutungsflüssigkeit an jene Öffnung
heran, treten in sie ein und steigen zu jenen Faserzellen empor, von denen sie
alsbald erfaßt werden (Abb. 250i, 253 a, b). Ob hiebei Pumpbewegungen des
Wirtstieres eine Rolle spielen oder aktive Bewegungen der Symbionten und ob
in diesem Falle vielleicht eine chemotaktische Fernwirkung den Weg weist,
muß leider unentschieden bleiben.

Nun buchten sich die beiden seitlichen Flügel der Anlage des ausführenden
Apparates nach oben aus und verwachsen mit den ihnen entgegenkommenden

---

Abb. 250 (rechts). *Haematopinus suis* L. Symbiontischer Zyklus. *a* Weibliche Imago, Mycetocyten
im Darmepithel, Ovarialampullen infiziert. *b* Infektion der Ovocyten von den Ovarialampullen aus.
c Invagination des Keimstreifs, Entstehung eines transitorischen Mycetoms. *d* Zerfall desselben.
e Aufnahme der Symbionten in Mitteldarmzellen. *f* Männchen mit infizierten Mitteldarmzellen.
g Im weiblichen Embryo werden drei Depotmycetome gebildet. *h* Weibchen mit infizierten Darmepithelzellen und den drei vollendeten Depotmycetomen. *i* Die Symbionten treten aus den letzteren
in die Exuvialflüssigkeit über. *k* Infektion der Ovarialampulle. Halbschematisch. (Nach RIES.)

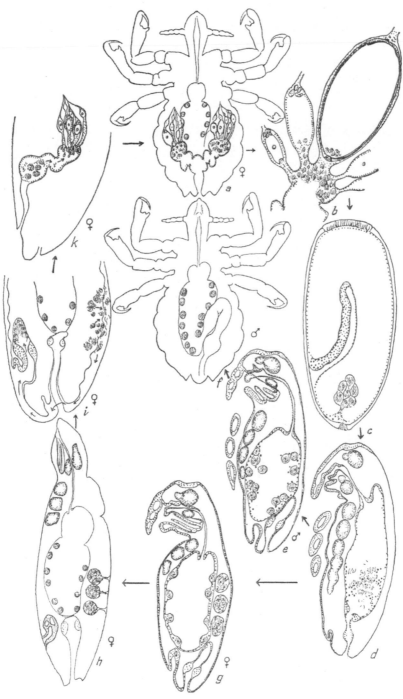

Abb. 250

Stielen der Ovariolen zur Ampullenanlage. Die infizierten Leitzellen lösen sich
indessen von ihrer Bildungsstätte und wandern, ohne daß deutliche Zellgrenzen
ausgebildet wären, in zwei Haufen geteilt auf die Ovariolen zu (Abb. 250k).
Diese aber differenzieren abermals, ähnlich, wie es uns bereits bei *Polyplax* begegnete, je eine zweite Gruppe von blasseren Greifzellen, welche sich Händen

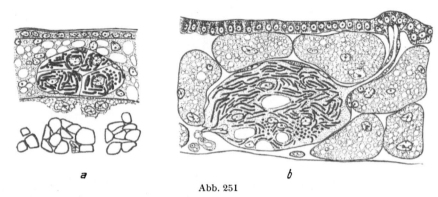

Abb. 251

Haematopinus eurysternus N. *a* Eines der drei Depotmycetome zwischen Darm und Rückenwand.
b Depotmycetom kurz vor der Auflösung. 824fach vergrößert. (Nach RIES.)

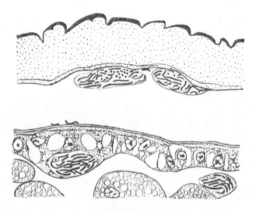

Abb. 252

Haematopinus eurysternus N. Durchtritt der Symbionten durch die Hypodermis. 824fach vergrößert.
(Nach RIES.)

gleich den Ankömmlingen entgegenstrecken (Abb. 253c). Die Kerne, welche
den Symbionten eben erst zugesellt waren, werden, sobald sie nach wenigen
Stunden ihre Aufgabe erfüllt haben und die Symbionten in der Ampulle angelangt sind, bereits wieder verlassen und verfallen der Degeneration, während die neuen Greifzellen zu den definitiven Mycetocyten werden. In einer
anfangs syncytialen Masse treten Zellgrenzen auf, und dieses infizierte Polster
schiebt sich zwischen Eiröhren und Eileiter. Wie bei *Pediculus* besteht die
Ampullenwandung dann schließlich wieder aus vier Lagen, einer mesodermalen

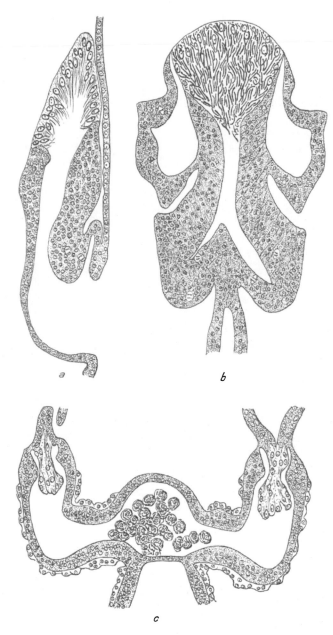

Abb. 253

Haematopinus eurysternus N. *a* Sagittaler Schnitt durch die Anlage der Geschlechtswege vor Besiedelung durch die Symbionten; faserige Leitzellen warten auf die Symbionten. *b* Frontaler Schnitt durch die Geschlechtsanlage nach Besiedelung der Leitzellen. *c* Frontaler Schnitt durch ein späteres Stadium der Anlage der Geschlechtswege; die primären Leitzellen haben sich abgerundet, sekundäre Leitzellen harren am Ort der künftigen Ampullen. *a, b* 400fach, *c* 210fach vergrößert. (Nach RIES.)

muskulösen Tunika, einer basalen Zellschicht, die von den Eiröhren auswächst, der infizierten Zone und einem nach innen zu begrenzenden, vom Ovidukt stammenden Epithel.

RIES hat vor allem *Haematopinus eurysternus* untersucht, sich aber davon überzeugt, daß *H. suis* sich ebenso verhält.

Um die verschiedenen symbiontischen Zyklen zu schließen, bedarf es noch der Schilderung der embryologischen Geschehnisse, welchen RIES nicht

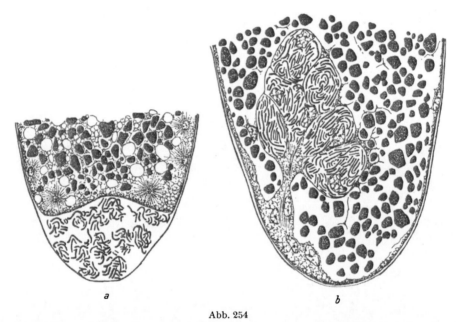

a   *b*

Abb. 254

Haematopinus eurysternus N. *a* Frühes Blastodermstadium, die Symbionten liegen noch außerhalb des Embryos. *b* Das transitorische Mycetom löst sich von der Serosa. 660fach vergrößert. (Nach RIES.)

minder seine Aufmerksamkeit geschenkt und zu denen auch SCHÖLZEL (1937) einiges Ergänzende beigetragen hat.

Schon die verschiedenen Wege, welche die Anopluren einschlagen, wenn es gilt, die Symbionten unterzubringen oder die Ovarialampullen mit ihnen zu besiedeln, weisen mit aller Deutlichkeit darauf hin, daß sie von Fall zu Fall gefundene Lösungen darstellen, die sich nicht voneinander ableiten lassen. So wird es nicht wundernehmen, daß auch das Studium der Embryonalentwicklung weitere Belege für eine solche Auffassung liefert und die genauer untersuchten Gattungen *Haematopinus*, *Linognathus*, *Pediculus* und *Polyplax* jeweils ihre Symbionten im Laufe der Eientwicklung verschieden behandeln.

Bei *Haematopinus* werden die zwischen Ei und Dotterhaut liegenden Symbionten von der Furchung überhaupt nicht berührt (Abb. 254). Erst während der Bildung des Keimstreifs, der sich in einiger Entfernung vom hinteren Pol

einstülpt, werden die Symbionten vom Embryo geschluckt und mit Dotterkernen versorgt. Wenn dann der Ballen tiefer in den Dotter einsinkt — der
Embryo hat um diese Zeit bereits Mundteile und Extremitäten angelegt —,
bildet sich zwischen ihm und der Serosa ein zelliger Stiel, der faserige Fortsätze
zwischen die Bakterien schickt und damit die Abgrenzung der einzelnen Mycetocyten um je einen Dotterkern herbeiführt (Abb. 250c, 254b). Erst bei der

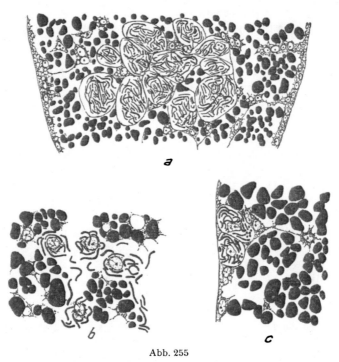

Abb. 255

Haematopinus eurysternus N. *a* Ausschnitt aus der Anlage des Mitteldarmes; Darmzellen wandern
zu den degenerierenden provisorischen Mycetocyten. *b* Die frei gewordenen Symbionten werden umgeladen. *c* Die zurückwandernden definitiven Mycetocyten werden in das embryonale Darmepithel
eingelagert. *a* 500fach, *b*, *c* 824fach vergrößert. (Nach Ries)

Umrollung des Embryos gerät dieses transitorische Mycetom, das bis dahin
immer noch völlig unbeteiligt am Eiende verharrt — Schölzel hat hiezu
hübsche Übersichtsbilder geliefert —, in die zentralen Regionen des Dotters,
um hier, bereits wenn vom Anfangs- und Enddarm her das künftige Mitteldarmepithel auswächst, deutliche Anzeichen einer Degeneration erkennen
zu lassen. Die Mycetocyten werden blasig aufgetrieben, ihre Begrenzungen
beginnen zu schwinden.

Um diese Zeit wandern vom embryonalen Darmepithel Stränge von Zellen
auf das zerfallende Mycetom zu, um einen Teil derselben sammeln sich die jetzt
völlig frei gewordenen Symbionten, neue Zellgrenzen werden ausgebildet und
dann verfrachten die symbiontenfrei gebliebenen Geschwisterzellen in Züge

geordnet die neue Mycetocytengeneration wieder zurück zum Darmepithel, wo diese jetzt erneut da und dort eingefügt wird. Die damit frei gewordenen ehemaligen Dotterkerne aber scheinen nicht sogleich der Degeneration zu verfallen, sondern erst dann zugrunde zu gehen, wenn auch für ihre nicht vorübergehend in den Dienst der Symbiose gestellten Genossen die Stunde geschlagen hat (Abb. 255).

Es kann also kein Zweifel darüber herrschen, daß den so innig in den Magendarm der *Haematopinus*arten eingefügten Mycetocyten der Wert von echten Darmepithelzellen zukommt. Auch der Umstand, daß nun entsprechend den verschiedenen Leistungen die Kerne der beiden Zellsorten alsbald ein recht verschiedenes Aussehen bekommen, kann nicht darüber hinwegtäuschen.

Daß im weiblichen Geschlecht im Anschluß an die Rückwanderung der sekundären Mycetocyten ein wesentlicher Teil derselben durch das Darmepithel hindurch in die Leibeshöhle gelangt und dort die drei Depotmycetome aufbaut, wurde bereits in anderem Zusammenhang mitgeteilt.

Bei *Linognathus* liegen die Symbionten zu Beginn der Furchung schon im Inneren des Eies, doch kommt es auch hier erst um die Zeit der Keimstreifbildung zu einer Versorgung mit Dotterzellen. Wie bei *Haematopinus* bildet sich wieder, ausgehend von der durch den Schluckakt entstandenen Naht, ein faseriger Stiel, dessen Verzweigungen bei der Bildung der Zellgrenzen eine Rolle spielen. Auch hier gelangt das junge Mycetom bei der Umrollung in den zentralen Dotter, doch gleitet es diesmal, ohne daß es zu einem Umladen käme, noch vor der Ausbildung des Darmepithels aus ihm heraus und an seine endgültige Stelle. Man stellt somit bei dieser zu der gleichen Familie der Haematopiniden gehörigen Gattung zum Teil mit *Haematopinus* verwandte Züge, aber andererseits ein wesentlich einfacheres Verhalten fest.

Die *Pediculus*- und *Phthirus*arten, also die Vertreter der Familie der Pediculiden, bieten hingegen keinerlei Parallelen zu den Haematopiniden. Hier umwandern nach RIES bereits die Furchungskerne die Symbiontenansammlung, ohne freilich zunächst in sie einzudringen. Der Keimstreif soll sich nach ihm im Gegensatz zu allen anderen Anopluren am hinteren Pol einstülpen, während SCHÖLZEL offenbar mit Recht in der dies illustrierenden Figur die Darstellung einer Anomalie erblickt. Den Beobachtungen des letzteren zufolge geht vielmehr die Invagination auch hier ganz wie bei allen übrigen Läusen vor sich, doch unterscheidet sie sich jedenfalls alsbald dadurch von jenen, daß die Symbionten an ihre Spitze gelangen und wie bei so vielen Homopteren und bei manchen Heteropteren von ihr nach vorne geschoben werden. Dabei verhindert die tiefe Grube, in der die Bakterien vereint sind, den terminalen Verschluß der Einstülpung. Über den Symbionten aber tritt schon sehr frühzeitig, ähnlich wie bei den Fulguroiden, *Ischnodemus* und *Orthezia*, eine deutliche Strahlung auf. Im Laufe der Entwicklung nimmt dieser Monaster noch beträchtlich an Mächtigkeit zu, seine Fasern erscheinen vor allem in der Längsachse des Embryos beträchtlich ausgezogen und greifen andererseits wie Zugfasern am offenen Ende des Keimstreifs an, so daß RIES meint, es müsse sich um eine Art lokomotorisches Zentrum handeln, das auf dessen Wachstumsrichtung Einfluß hat

(Abb. 245 *c*, *d*, 256*a*). Schließlich scheinen diese Strahlen, bevor sie degenerieren, auch die Symbionten aus der Lücke im Keimstreif herauszuziehen.

Mit der Rückbildung der Strahlenfigur ist auch der Zeitpunkt für die Bildung eines transitorischen Mycetoms gekommen. Ein sich vom Keimstreif herleitendes Syncytium, das bis dahin unbeteiligt über den Symbionten lag, vereinigt sich jetzt mit ihnen und schließt sie, ohne daß Zellgrenzen gebildet würden, gruppenweise in Vakuolen ein. Der Zellsockel, mit dem dieses Syncytium zunächst immer noch an den sich endlich schließenden und nun S-förmig sich krümmenden Keimstreif gelötet war, degeneriert, und ein rundliches, transitorisches Mycetom, dem sich noch einige Dotterzellen als Umhüllung zuzugesellen scheinen, liegt schließlich nahe dem oberen Pol frei im Dotter (Abb. 245*e*, 256*b*). Bei der Umrollung gerät es, wie bei anderen Läusen, trotzdem in das Innere der Mitteldarmanlage und muß daher durch einen mehr oder weniger gewaltsamen Akt an seine endgültige Stelle befördert werden (Abb. 245*f*). Die Art, wie dies geschieht, ist abermals ohne Parallele und bedingt den oben geschilderten Bau der Magenscheibe. Zunächst wandert das Mycetom ventralwärts in die Gegend seiner definitiven Lage. Dann drängt es, das noch syncytiale Mitteldarmepithel vor sich her wölbend, aus dem Darm hinaus. So entsteht eine ansehnliche, bis an die Hypodermis heranreichende Knospe, in die auch etliche Dotterschollen geraten (Abb. 245*g*, 256*c*). Wenn sie schließlich nur noch ein enger Kanal mit dem eigentlichen Darm verbindet, gleitet das Syncytium mit seinen Kernen und den Dotterschollen in ihn zurück, so daß nur noch die Symbionten in der Abfaltung verbleiben. Höchstens der eine oder andere von ihnen kann ebenfalls mit zurückgerissen werden und geht dann mitsamt den Kernen im Dotter zugrunde. Inzwischen haben mesodermale Zellen um das Epithelsäckchen, das noch deutlich den Charakter des Darmepithel bewahrt, eine äußere Hülle gebildet (Abb. 256*d*).

Allmählich wird auch die letzte Verbindung mit dem Darm aufgegeben; die Symbionten, welche seit der Abwanderung aus dem mütterlichen Mycetom ihre gedrungene Gestalt bewahrt hatten und jetzt erst wieder zu längeren Schläuchen auswachsen, liegen in regelmäßigen Kammern und vermehren sich in diesen lebhaft. Darmepithel und äußere mesodermale Zellen nehmen den Charakter des oben beschriebenen syncytialen Gewebes an, das somit aus zwei völlig verschiedenen Quellen stammt, und kernhaltige Septen schieben sich zwischen die Vakuolen. In dieser Form bleibt dann das Mycetom, das nur noch auf etwa das Doppelte seiner anfänglichen Umfanges heranwächst und in jungen Larven verhältnismäßig voluminös erscheint (Abb. 245*h*), bis zur Abwanderung der Symbionten nach den Ampullen erhalten.

Ungleich einfacher liegen die Dinge bei *Polyplax*. Hier werden die Symbionten, die erst nach der Invagination des Keimstreifs in den Embryo aufgenommen werden, mit Dotterkernen versorgt; ohne daß es offenbar zu einem Umladen kommt, tritt dieses embryonale Mycetom in seiner einfachen Form aus der Darmanlage heraus und gelangt an seine definitive Stelle.

Die Embryonalentwicklung von *Pedicinus* konnte leider bisher nicht erforscht werden.

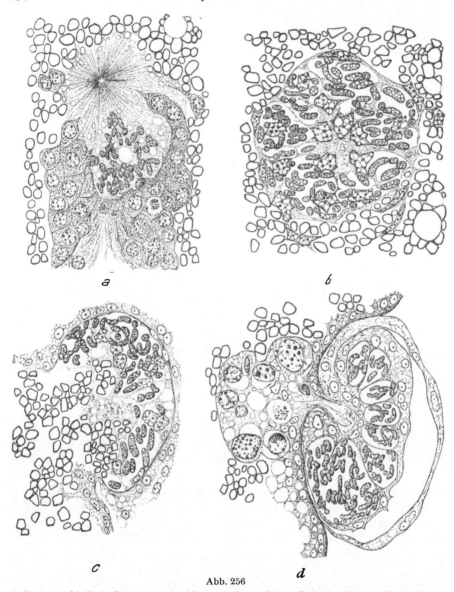

Abb. 256

Pediculus capitis DeG. Entstehung der Magenscheibe. *a* Oberes Ende des Keimstreifs mit Symbionten und Plasmastrahlung. *b* Das transitorische Mycetom kurz vor der Umrollung des Keimstreifs. *c* Das transitorische Mycetom buchtet das Darmepithel vor. *d* Entstehung des definitiven und Degeneration des provisorischen Mycetoms. *a* 700fach, *b*, *c*, *d* 770fach vergrößert. (Nach Ries.)

Daß diese verschiedenen symbiontischen Zyklen auch von wohlgeregelten Phasen der Vermehrung und Formveränderungen der Bakterien begleitet werden, geht zwar bereits aus dem da und dort Gesagten hervor, bedarf aber doch noch weiteren Eingehens. Die ersteren entsprechen jeweils deutlich den Bedürfnissen des geregelten Zusammenlebens. Bei *Pediculus* kann man drei Wellen der Vermehrung unterscheiden: die eine setzt ein, nachdem das definitive Mycetom vom Darm abgeschnürt wurde, und liefert die seiner endgültigen Größe entsprechende Symbiontenmenge, eine zweite stellt man fest, wenn sich die dritte Häutung und damit die Abwanderung in die Ampullen nähert, eine dritte, nachdem diese bezogen wurden und nun das beträchtliche neue Territorium mit einem hinreichenden Vorrat infektionstüchtiger Bakterien versorgt werden muß. Bei *Haematopinus* setzt ebenfalls eine beträchtliche Anreicherung der Symbionten ein, nachdem diese in die sekundären Mycetocyten übernommen und in das Darmepithel eingefügt wurden, und nach Besiedlung der Ampullen folgt eine weitere Welle von Querteilungen. Bei *Linognathus* geht die Vermehrung nicht minder der Aufnahme in die Dotterzellen parallel, die hier das definitive Mycetom aufbauen, und setzt erneut im Anschluß an die Infektion der Ampullen ein.

Formveränderungen stellt man in erster Linie im Zusammenhang mit der Eiinfektion fest. Erreicht bei *Haematopinus* eine Ovocyte das infektionsreife Stadium, so werden zunächst die Symbionten lediglich in der angrenzenden Region stärker färbbar, und im Anschluß daran zerfallen die solche Vorbereitungsstadien enthaltenden Zellen, um sie gruppenweise in den Eistiel übertreten zu lassen. Eine solche gesteigerte Affinität zu den Farbstoffen tritt aber interessanterweise auch in der Folge jedesmal dann ein, wenn die Symbionten erneut zu extrazellularem Leben übergehen. Dies ist der Fall, wenn die primären Mycetocyten zerfallen und die Insassen in den Dotter entlassen und wenn diese später in der Häutungsflüssigkeit nach der weiblichen Genitalöffnung verfrachtet werden.

Mehrfach sind die der Eiinfektion dienenden Stadien auch durch besondere chromatische Einlagerungen ausgezeichnet. Bei *Linognathus* besitzen die fädigen Insassen der Ampullen ein zentrales, stark färbbares Korn, das, nachdem sie in das Ei übergetreten sind, wieder schwindet (Abb. 257 a, b). Bei *Pediculus* sind die Symbionten während der Embryonalentwicklung unregelmäßig elliptisch bis wurstförmig, und ihr grobwabiges Plasma enthält nur wenige stärker färbbare Granula. In der Larve sind aus ihnen allmählich lange, dünne, homogene Fäden geworden, während die verkürzten Stadien, welche die Ampullen infizieren, wieder stark an die Zustände in den Embryonen erinnern, von denen sie sich lediglich durch den Besitz von ein oder zwei sehr stark färbbaren Körnern unterscheiden. Die Bewohner der Ampullen und die in die Ovocyten übertretenden Zustände haben aber wieder Schlauchform angenommen, zeigen weniger deutliche Wabenstruktur und haben die Granula rückgebildet.

Nimmt man noch hinzu, daß zu gewissen Zeiten Involutionsformen auftreten — bei *Linognathus* tauchen im eben abgelegten Ei neben den normalen auch keulenförmige und lappige Zustände auf (Abb. 257a), bei *Pediculus* entarten, wie wir hörten, die Symbionten in der männlichen Magenscheibe zumeist zu einer undefinierbaren Masse — und daß bei *Polyplax* die üblichen Fäden und Schläuche durchweg durch kleine, unregelmäßige Bläschen ersetzt werden, so ergibt sich

das Bild einer ungewöhnlichen Plastizität der Anopluren-Symbionten, dank
der sie sich harmonisch in die komplizierten symbiontischen Zyklen einfügen.

Unsere vergleichende Darstellung erlaubte zwar nicht, diese Zyklen jeweils
im Zusammenhang zu schildern, aber die Abbildungen 245 und 250, welche sie
leicht schematisiert von *Pediculus* und *Haematopinus* vorführen, lassen sie zum
Schluß noch einmal mit einem Blick überschauen. Dreimaligen Wechsel der
zelligen Wohnstätten erleiden die Symbionten bei ersterem, wenn sich Aufnahme
in ein transitorisches Mycetom, Weitergabe in ein neues, syncytiales Organ, restlose Umsiedlung in die Ovarialampullen ablösen. *Haematopinus* aber übertrifft

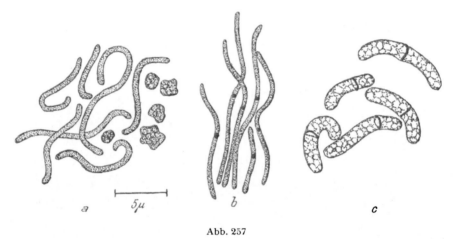

Abb. 257

a Linognathus tenuirostris Burm. Symbionten aus einem Embryo, zum Teil Involutionsformen.
b Linognathus tenuirostris Burm. Der Eiinfektion dienende Formen. *c Haematomyzus elephantis*
Piaget. Der Eiinfektion dienende Symbionten. 2800fach vergrößert. (Nach RIES.)

die Menschenläuse noch an Komplikation. Hier kommt es nicht nur zur Bildung
eines transitorischen Mycetoms und der Umlagerung in die Darmepithelzellen,
sondern es werden auch noch jene seltsamen Depotmycetome angelegt, von
denen aus die Symbionten auf dem Umwege über die Häutungsflüssigkeit die
Genitalanlage infizieren. Hier angelangt, belegen sie nicht sofort die definitiven
Wohnstätten in den Ampullen, sondern werden von einer weiteren Zellsorte
empfangen, die sie zu jenen hinschafft, um dann ebenfalls zugrunde zu gehen.
Hier sind also gar fünf verschiedene zellig gebaute Wohnstätten
hintereinandergeschaltet, und die Symbionten weilen zwischendurch zweimal extrazellular an anderen Orten, einmal in der Exuvialflüssigkeit und später
im Raum zwischen Ei und Chorion. Dazu gesellen sich, abgesehen von dem Vorhandensein oder Fehlen der Ovarialampullen, weitere geschlechtsbedingte Unterschiede. Bei *Pediculus* entleert sich das weibliche Mycetom vollständig, während in der männlichen Magenscheibe die Symbionten dem Untergang verfallen.
Bei *Haematopinus* erhalten sie sich zwar in beiden Geschlechtern, aber nur im
weiblichen kommt es zur Bildung jener Depotmycetome.

So gut wir auch heute bereits über die Anopluren-Symbiose Bescheid wissen, so ist doch bisher noch kein Vertreter der Familie der Echinophthiriiden und der zu den Hämatopiniden zählenden Unterfamilie der Euhämatopininen untersucht worden. Wahrscheinlich würden diese Gruppen wieder neue Lösungen bringen. Andererseits ist freilich auch mit der Möglichkeit zu rechnen, daß gelegentlich eine Form keine Symbionten enthält, denn RIES hat überraschenderweise bei zwei Vertretern der Linognathinen, bei *Haemodipsus ventricosus* Denny vom Kaninchen und *Hoplopleura acanthopus* Burm. von der Feldmaus bis jetzt keine symbiontischen Organe nachweisen können. In beiden Fällen fehlen auch die sonst so charakteristischen Auftreibungen der Ovidukte.

l) **Mallophagen**

Die symbiontischen Einrichtungen der Mallophagen, von denen SIKORA (1922) und ich selbst (1928) seinerzeit lediglich die Ovarialampullen gesehen hatten und die dann erst von RIES (1931) im Zusammenhang mit seinen Studien an Anopluren eingehend untersucht wurden, zeigen, ohne freilich auch nur entfernt an deren Komplikationen heranzureichen, offenkundig eine enge Verwandtschaft mit der Läusesymbiose. Aus diesem Grunde werden sie in diesem Kapitel behandelt, obwohl den Wirten hier in erster Linie und zum guten Teil ausschließlich Hornsubstanzen — Federn, Kiele, Schuppen der Haut — zur Nahrung dienen und Blut nur eine gelegentliche, zusätzliche Kost darstellt[1]).

Die Wohnstätten, welche sie ihren Bakteriensymbionten geben, sind denkbar einfach geartet. Niemals kommt es zur Bildung von geschlossenen Organen, sondern die Symbionten leben durchweg in einzelnen Mycetocyten, welche bei der sehr schlanken, fast stabförmigen *Columbicola columbae* L. beiderseits im Abdomen dicht unter der Hypodermis lockere Nester bilden (Abb. 258*f*); bei soviel breiteren Vertretern wie *Sturnidoecus sturni* Schrk. finden sie sich dementsprechend auch mehr in der Tiefe in Lücken zwischen den Fettläppchen, bei *Turdinirmus merulensis* Den. werden sie vor allem in die Falten der hier stark eingekerbten Segmente gedrängt. Unter Umständen werden diese Mycetocyten aber auch tiefer in das Fettgewebe eingesenkt, so daß sie an die der Blattiden erinnern, wenn es auch bei ihnen niemals zu einer so regelmäßigen Anordnung kommt wie bei diesen. Die Gattungen *Goniocotes* und *Campanulotes* bahnen einen solchen Zustand bereits an, bei *Coloceras damicornis* Ntz. von der Taube ist er am besten entwickelt (Abb. 259), während eine «*Goniodes* sp.»

---

[1]) Die bei RIES verwandte Nomenklatur entspricht nicht mehr der heutigen Auffassung. Zum besseren Verständnis seien seine Bezeichnungen neben die heute geltenden und oben erscheinenden gesetzt: *Lipeurus baculus* Ntz. = *Columbicola columbae* L., *L. lacteus* Gbl. = *Anaticola tadornae* Den., *L. frater* Gbl. = *Falcolipeurus frater* Gbl., *Docophorus leontodon* Ntz. = *Sturnidoecus sturni* Schrk., *Nirmus merulensis* Den. = *Turdinirmus merulensis* Den., *N. fuscus* Ntz. = *Kélerinirmus fuscus* Ntz., *N. subtilis* Gbl. = *Brüelia subtilis* Gbl., *Goniocotes compar* Ntz. = *Campanulotes compar* Ntz., *Goniodes damicornis* Ntz. = *Coloceras damicornis* Ntz., *G. dissimilis* Ntz. = *Oulocrepis dissimilis* Ntz., *G. falcicornis* Ntz. = *G. pavonis* L., *Menopon biseriatum* Piaget = *Eomenacanthus stramineus*.

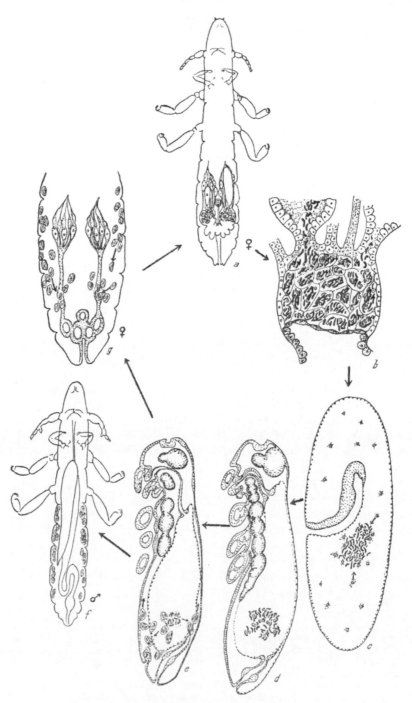

Abb. 258

vom Wanderfalken die Mycetocyten wieder nur in den Lücken des Fettkörpers unterbringt.

Größe und Füllung der Mycetocyten können recht verschieden sein. Bei *Columbicola columbae,* dem am eingehendsten untersuchten, auf der Taube lebenden Federling, sind sie klein und enthalten nur wenige wurstförmige Symbionten, die so ungewöhnlich schwach färbbar sind, daß sie den Vorgängern von RIES entgangen sind (Abb. 260); andererseits übertreffen die der auf der Brandgans lebenden *Anaticola tadornae* Den. alle bei Mallophagen und Anopluren sonst angetroffenen, von Symbionten bewohnten Zellen an Größe. Ihre

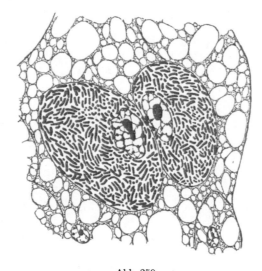

Abb. 259
Coloceras damicornis Ntz. Mycetocyten im Fettgewebe. 1600fach vergrößert. (Nach RIES.)

Insassen sind hier mehr oval bis rundlich. Die Symbionten von *Sturnidoecus sturni* Schrk. vom Star, die wieder recht kleine Elemente bewohnen, stellen hingegen außerordentlich feine und dünne, schwer zu erkennende Fäden von offenkundiger Bakteriennatur dar. Die *Turdinirmus, Kélerinirmus* und *Brüelia* verhalten sich ähnlich, aber bei *Goniocotes* und *Campanulotes* begegnen wieder recht ansehnliche Mycetocyten mit dicken, vollkommen unstrukturierten, kurzen Schläuchen. Die von *Coloceras damicornis* sind noch größer, und in ihrem Plasma drängen sich zahllose kurze Stäbchen, während jene andere als *Goniodes* sp. bezeichnete Art wieder mehr an *Columbicola* erinnert (Abb. 263). Die stets

---

Abb. 258 (links). *Columbicola columbae* L. Symbiontischer Zyklus. *a* Reifes Weibchen, die Symbionten lediglich in den Ovarialampullen. *b* Die Symbionten infizieren von der Ovarialampulle aus die junge Ovocyte. *c* Die Symbionten liegen im Dotter und werden während der Invagination des Keimstreifs mit Kernen versorgt. *d* Die Symbionten im Lumen des embryonalen Darmes. *e* Die Mycetocyten treten in die Leibeshöhle über. *f* Männchen mit den Mycetocyten unter der Hypodermis. *g* Weibchen, die Mycetocyten treten in die Ovarialampullen über. Halbschematisch. (Nach RIES.)

nur in der Einzahl vorhandenen Kerne dieser Mycetocyten sind bald rund, bald gelappt, aber stets hinsichtlich Form und Struktur artkonstant.

Die Übertragung der Symbionten geschieht nahezu ausschließlich ganz wie bei den Anopluren auf dem Umwege über eine Infektion von Ovarialampullen. In der Mehrzahl der Fälle wird diese einfach dadurch bewerkstelligt, daß die Mycetocyten unverändert in die Ampullenanlagen verpflanzt werden. Zu diesem Zwecke beginnen sie in den weiblichen Tieren vor der dritten

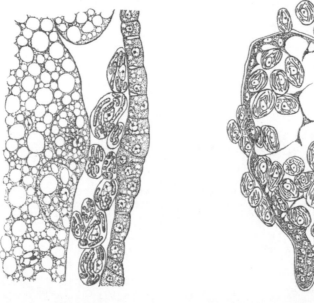

Abb. 260   Abb. 261

Abb. 260. *Columbicola columbae* L. Männliche Larve; Mycetocyten zwischen Fettgewebe und Hypodermis. 927fach vergrößert. (Nach Ries.)

Abb. 261. *Sturnidoecus sturni* Schrk. N. Die Mycetocyten dringen in die sich bildende Ovarialampulle ein. 927fach vergrößert. (Nach Ries.)

und letzten Häutung nach hinten zu wandern und sich in der Gegend des Ovidukts zu sammeln (Abb. 258g). Hier legen sie sich an die bei den Mallophagen besonders lang ausgezogenen, die Eiröhren mit dem Eileiter verbindenden Zellstränge und treten allmählich in sein vakuolisiertes Inneres über (Abb. 261). Nach dessen Füllung tritt eine starke Verkürzung dieser Stränge ein, das junge Epithel des Eileiters bildet eine dünne Begrenzungsschicht gegen den infizierten Abschnitt und setzt sich auch sonst dank seiner starken Färbbarkeit deutlich gegen ihn ab. Das Ampullenepithel hingegen wird von den steril bleibenden Follikelzellen geliefert und nach der Leibeshöhle zu von allmählich sich äußerlich anlegenden mesodermalen Elementen begleitet, die so auch hier eine Tunica externa bilden, welche den Eiröhren wie dem Eileiter abgeht. Das Endresultat gleicht somit durchaus dem für die Läuse typischen. Abbildung 262 stellt die beiden eben gefüllten Ampullen von *Columbicola* zu einer Zeit dar, in der die später dichter aufschließenden und so ein mehrschichtiges Polster bildenden Mycetocyten noch locker liegen, und läßt zugleich eine nur bei dieser Art gefundene Eigentümlichkeit erkennen. Die vorher einkernigen Mycetocyten werden in der Ampulle offenbar infolge paarweiser Verschmelzung zweikernig.

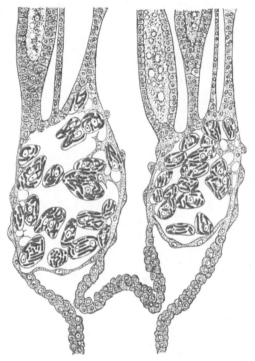

Abb. 262

Columbicola columbae L. Geschlechtsapparat eines Weibchens unmittelbar nach der dritten Häutung mit gefüllten Ampullen. 567fach vergrößert. (Nach RIES.)

Während bei *Columbicola* sämtliche Mycetocyten der Weibchen in die Ampullen übertreten (Abb. 258a), erhalten sich bei *Anaticola* noch Nester freier Mycetocyten zwischen Fettgewebe und Hypodermis, so daß die reifen Weibchen hier den reifen Männchen ähnlicher bleiben.

Bei *Turdinirmus merulensis* Den. von der Amsel treten ebenfalls die Mycetocyten, ohne weitere Veränderungen zu erleiden, in die an die Eiröhren anschließende Zone über, aber in anderen Fällen besteht ein so deutlicher Unterschied zwischen den in der Leibeshöhle oder im Fettgewebe liegenden Mycetocyten einerseits und den infizierten Zellen der Ampullen andererseits, daß er nur durch ein Umladen der Symbionten zu erklären ist, wie dieses ja auch bei den Anopluren gelegentlich der Ampulleninfektion vorgenommen zu werden pflegt. So sind die Mycetocyten bei *Goniocotes* und *Campanulotes* in den Ampullen viel kleiner, kaum deutlich begrenzt und enthalten statt des ansehnlichen, gelappten Kernes einen kleinen, chromatinarmen, rundlichen Kern. Reichliche Granulationen, die sich dazwischen fanden, deuten darauf hin, daß dieses Umladen erst innerhalb der Ampulle vor sich ging und nicht etwa bereits vorher frei gewordene Symbionten die Genitalanlage infizieren. Nicht minder groß ist der Unterschied zwischen den Mycetocyten im Fettgewebe und denen in den Ovarialampullen bei *Coloceras*. An Stelle der großen, symbiontenreichen Zellen

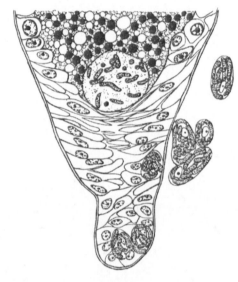

Abb. 263

Goniodes sp. Mycetocyten tragen die Symbionten in den Eistiel und zum Ei, ohne daß es zur Ampullenbildung kommt. 824fach vergrößert. (Nach Ries.)

finden sich in den letzteren zahlreiche sehr kleine mit entsprechend geringeren Symbiontenmengen.

Jene unbestimmt gebliebene «*Goniodes*»-Art unterscheidet sich jedoch hinsichtlich der Übertragungsweise sehr wesentlich von allen anderen bisher untersuchten Mallophagen und Anopluren. Hier liegt der interessante Fall vor, daß keine Ovarialampullen gebildet werden. Die Mycetocyten wandern zwar auch während der Vorbereitungen zur dritten Häutung nach rückwärts und sammeln sich an der Basis der Eiröhren. Hier treten sie einzeln in die Eistiele über und dringen in ihnen eiwärts vor. Dabei schrumpfen ihre Kerne, werden undeutlich und schwinden schließlich ganz. Das Ei bildet, wie so oft, eine mit Sekret gefüllte Empfangsgrube, die sich nach der Füllung hinter den Symbionten schließt (Abb. 263).

Diese ursprünglichere Art der Übertragung, die bis zu einem gewissen Grad an den Übertritt intakter Mycetocyten in das Aleurodidenei erinnert, macht verständlich, wie es zur Entwicklung der sonst für die beiden Gruppen so typischen Ampullen gekommen ist, und warnt zugleich davor, aus dem Fehlen solcher voreilig auf das Nichtvorhandensein einer Symbiose zu schließen.

Wie bei den Läusen beobachtet man auch bei den Federlingen an den der Ampullen- und Eiinfektion dienenden Symbionten in manchen Fällen gewisse Veränderungen, welche an die sonst so häufigen spezifischen Übertragungsstadien erinnern. Bei *Columbicola* enthalten die Bakterien der Ampullen wiederum ein feines, aber deutliches Korn, das im Ei abermals schwindet und in den Mycetocyten stets fehlt. Das gleiche gilt für die Symbionten von *Turdinirmus*, die außerdem vor der Abwanderung in die Ampullen eine rege Vermehrungsperiode durchmachen. Die an sich blassen *Columbicola*-Symbionten färben sich, nachdem sie die Ampullenzellen verlassen haben, wieder sehr intensiv, verlieren aber diese stärkere Färbbarkeit, sobald sie in die Eizelle übergetreten sind.

Das Verhalten der Symbionten während der Embryonalentwicklung wurde bisher nur bei *Columbicola* untersucht. Auch hier ergaben sich mancherlei Berührungspunkte mit den Anopluren. Abermals bleiben die Symbionten bis zur Einstülpung des Keimstreifs unbeteiligt im Plasma liegen und werden lediglich etwas tiefer in den Dotter gezogen. Dann dringen Dotterkerne zwischen die Symbionten, ohne daß es jedoch zunächst zur Bildung von Zellgrenzen käme. Solche treten, in der Peripherie beginnend und allmählich nach innen zu fortschreitend, erst auf, nachdem der Symbiontenhaufen bei der Umrollung wie bei den Läusen in den zentralen Dotter gelangt ist. Ist die Aufteilung vollendet, so schwärmen die neu gebildeten Mycetocyten auseinander, dringen einzeln durch das noch sehr kernarme Darmepithel in das Fettgewebe und begeben sich allmählich an die ihnen zukommenden Orte (Abb. 258 c, d, e).

Wenn es schon bei einigen wenigen Läusen nicht möglich war, eine Symbiose festzustellen, so gilt dies in erhöhtem Maße für die Mallophagen. Offenbar entbehren alle Trichodectiden, von denen RIES vier Arten untersuchte, die Symbionten; das gleiche gilt für die Familie der Liotheiden. Hier wurden acht Gattungen, zum Teil freilich an Hand mangelhaft fixierten Sammlungsmateriales, geprüft, ohne daß sich Anhaltspunkte für eine eventuelle Symbiose ergeben hätten. Auch bei *Oulocrepis dissimilis* Ntz. konnte keinerlei Andeutung an symbiontische Einrichtungen entdeckt werden.

Wenn RIES bei *Eomenacanthus stramineus* in allen untersuchten Fällen die chitinöse Auskleidung des Kropfes mit einem ununterbrochenen Saum kleinster Stäbchen begleitet fand, die er als Rickettsien anspricht, so könnte es sich um eine Art Symbiontenersatz handeln. Er neigt dazu, in einer eigenartigen Fältelung des Kropfes in der Gegend des Überganges in den Ösophagus, die besonders große Massen dieser Organismen festhält, eine diesen dienliche Anpassung zu sehen (1931).

m) **Rhynchophthirinen**

Die Symbiose der Elefantenlaus, *Haematomyzus elephantis* Piaget weist Züge auf, welche teils an die Anopluren, teils an die Mallophagen erinnern, und fügt sich so bei keiner der beiden Gruppen reibungslos ein. Damit harmoniert, daß dieses schon rein habituell dank seinem seltsamen rüsselartigen Vorderende eine Sonderstellung einnehmende Tier auch ohne Berücksichtigung seiner ebenfalls von RIES erforschten symbiontischen Einrichtungen bald bei den ersteren, bald bei den letzteren seinen Platz fand. Sein Verhalten gegenüber den Symbionten, das, wie so oft, auch hier ein empfindlicher Gradmesser für verwandtschaftliche Beziehungen ist, harmoniert zweifellos am besten mit der Auffassung WEBERS (1939), welcher für *Haematomyzus* eine eigene Unterordnung der Rhynchophthirinen errichtet und sie mit denen der Anopluren und Mallophagen zur Ordnung der Phthirapteren zusammenfaßt.

Die Elefantenlaus besitzt im Gegensatz zu allen bisher untersuchten Anopluren und Mallophagen paarige Mycetome, denen jede Beziehung zum Darm abgeht (Abb. 243 d). Bei den Männchen, in denen sie allein ihre ursprüngliche Lage beibehalten, finden sie sich zwischen den Hoden und der ventralen Hypodermis inmitten der Fettgewebsläppchen. Auch ihr histologischer Bau weicht von allen Anoplurenmycetomen ab, wenn sie aus einer wohlentwickelten bindegewebigen Grundmasse bestehen, die einerseits eine plasmareiche Hülle, andererseits zartere Scheidewände zwischen den einzelnen großen, dicht von kurzen Schläuchen erfüllten Mycetocyten bildet.

Wie bei Anopluren und Mallophagen geht die Eiinfektion auch bei *Haematomyzus* von eigens zu diesem Zweck errichteten Ovarialampullen aus. Hinsichtlich der Art ihrer Füllung aber nimmt er abermals eine Sonderstellung ein. Die jetzt von vorneherein paarigen Mycetome sind so gelegen, daß sie notwendig in engen Kontakt mit den auswachsenden Genitalanlagen kommen müssen. Dabei übernehmen nun hier die ja stets schon hiefür präformierten Abschnitte der Eileiter die gesamten Mycetome nahezu unverändert. Im einzelnen konnte RIES den Vorgang leider nicht beobachten, aber auch in den reifen Weibchen zeigen sie jedenfalls an dem neuen Platz immer noch die typische Anordnung der Mycetocyten und die so charakteristische syncytiale Umhüllung, während andererseits die übliche Vierschichtigkeit vermißt wird. Nur scheinen die Mycetocyten zum Teil jetzt größer und mehrkernig geworden zu sein, so daß man annehmen muß, daß eine teilweise Verschmelzung der primären Mycetocyten stattgefunden hat, wie sie auch bei manchen Mallophagen *(Columbicola)* vorkommt.

Dabei wird man sich daran erinnern, daß bei *Linognathus* wohl auch das ganze unpaare Mycetom in die Genitalanlage übernommen wurde, anschließend aber seine Zellen degenerierten und die Symbionten umgesiedelt wurden, andererseits bei einem Teil der Mallophagen ebenfalls intakt bleibende, jedoch nun isolierte Mycetocyten verpflanzt wurden, so daß hier die Elefantenlaus Züge der beiden Unterordnungen in sich vereint. Ähnlich wie sich auch bei manchen Läusen spezifische Veränderungen an den infizierenden Stadien feststellen ließen, tritt bei den *Haematomyzus*-Symbionten nach der Verlagerung in die Ampullen als vorübergehende Bildung ein stark färbbares Ringchen auf, das sich als kleiner Wulst um die Mitte jedes Bakteriums legt (Abb. 257 c).

Die Embryonalentwicklung dieser interessanten Form konnte bisher leider nicht untersucht werden.

5. SYMBIOSEN BEI INSEKTEN,
WELCHE VON GEMISCHTER KOST LEBEN

a) **Blattiden**

Alle Blattiden leben in Symbiose mit Bakterien. Nachdem BLOCHMANN erstmalig bei *Blattella (Phyllodromia) germanica* L. und *Blatta (Periplaneta) orientalis* L. derartiges festgestellt hatte (1887, 1892), haben sich zwar überaus zahlreiche Autoren mit diesem Vorkommen befaßt, aber nur verhältnismäßig wenige von ihnen widmeten sich der Erforschung des symbiontischen Zyklus (MERCIER, 1907; BUCHNER, 1912; FRÄNKEL, 1921; GIER, 1936; HOOVER, 1945; BORGHESE, 1946; KOCH, 1949). Die Mehrzahl bemühte sich in erster Linie vielmehr um die bakteriologischen Probleme, insbesondere die Züchtbarkeit der Symbionten, ohne daß leider durch diese vielen, zum Teil sehr knapp gehaltenen Mitteilungen unsere Kenntnisse immer wesentlich gefördert wurden.

Nicht weniger als 25 bestimmte und manche unbestimmt gebliebenen Arten aus 16 Gattungen — *Blatta, Periplaneta, Blattella, Parcoblatta, Blaberus, Eurycotis, Cryptocercus, Pycnoscelis, Ectobia, Heterogomia, Epilampra, Nauphoeta, Homalo, Derocalymma, Platyzosteria* und *Nyctobora* — sind bis jetzt auf das Vorhandensein einer Symbiose geprüft worden und haben stets recht ähnliche Verhältnisse ergeben. Immer sind es spezifische, dem Fettgewebe eingelagerte Zellen, welche die Wohnstätten der Bakterien darstellen, aber bei genauerem Zusehen ergeben sich immerhin vielfach kleinere, artbeständige Unterschiede hinsichtlich Zahl und Anordnung der stets im Inneren der Läppchen gelegenen Mycetocyten. Bei *Blatta orientalis* und manchen anderen Arten handelt es sich stets um eine einfache Reihe von solchen (Abb. 264), während sie bei *Nauphoeta* in zwei und bei *Blattella* in drei bis vier Reihen geordnet sind. Bei *Blatta aethiopica* Sauss. und *Pycnoscelis surinamensis* hingegen sind die infizierten Zellen regellos verstreut, und bei *Homalo demascruralis* kommt es zu enormen Ansammlungen, welche oft dichtgedrängt fast die ganzen Läppchen einnehmen. Auch bei *Ectobia lapponica* L. bleibt für die sterilen Fettzellen nur ein schmaler Saum reserviert, während *Cryptocercus punctulatus* Scudd. wieder nur vereinzelt liegende Mycetocyten aufweist, von denen jede einzelne allseitig von Fettzellen umgeben ist.

Diese Durchdringung des Fettgewebes erstreckt sich jedoch keineswegs auf alle Zonen. Der im Thorax gelegene Teil und die parietalen Lappen im Abdomen werden vielmehr stets gemieden, und allein die visceralen Abschnitte enthalten Symbionten. Bei *Blattella germanica* beschränken sie sich nach KOCH auch hier lediglich auf die sieben vorderen Segmente. Außerdem trifft man die Mycetocyten stets in dem die Gonaden beiderlei Geschlechtes umhüllenden Bindegewebe.

Die unbeweglichen Symbionten sind grampositiv, aber nicht säurefest. Bald handelt es sich um relativ gedrungene Gestalten, bald um schlankere Fädchen und Stäbchen. Mit Vorliebe sind sie leicht gekrümmt, die Enden sind gewöhnlich abgerundet. Ihre Länge unterliegt nicht unbeträchtlichen Schwankungen. Für *Blatta orientalis* werden $2,5-5,3\,\mu$ angegeben, für *Cryptocercus punctulatus* 2,5—8,1 μ, für *Heterogomia* 5,3—9 μ, während die Symbionten von *Blatta aethiopica* nur 1,6 μ und die von *Blattella germanica* 3 μ messen. All diese verschiedenen Gestalten sind streng artspezifisch. Auch der Feinbau ist nicht stets der gleiche. Manche sind strukturlos, andere lassen eine vakuolisierte Binnenstruktur erkennen. Hellere Zonen können mit dichteren Querbändern abwechseln. In der Peripherie liegen unter Umständen Granula, welche vermutlich metachromatischer Natur sind (NEUKOMM, 1927), während ein zentrales, von diesen wohl zu unterscheidendes Korn, das von einem hellen Hof

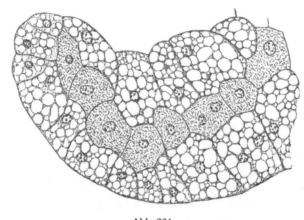

Abb. 264

Blatta orientalis L. Fettläppchen mit Mycetocyten. 280fach vergrößert. (Frei nach BLOCHMANN.)

umgeben zu sein pflegt, bei den Symbionten von *Blatta orientalis* von HOL-LANDE u. FAVRE (1931) als Kern gedeutet wird. In der Tat teilt es sich, wenn die Stäbchen sich zur Querteilung anschicken und dabei eine quere Membran bilden, über die auch schon LWOFF (1923) und NEUKOMM genauere Angaben machten, in zwei und bildet dabei eine manchmal sehr deutliche Desmose. Durch gehäufte Querteilungen entstehen unter Umständen kleine Ketten von drei und vier Gliedern, eine Tendenz, die besonders bei *Parcoblatta* ausgeprägt ist, aber auch von *Blattella germanica* gemeldet wird (LWOFF). Sporenbildung ist in lebenden Tieren niemals beobachtet worden, doch teilt LWOFF mit, daß in getöteten Tieren nach 48 Stunden zum Teil stark färbbare Einschlüsse auftraten, die vielleicht als solche anzusprechen sind.

    Obwohl die Bakteriennatur dieser Organismen über alle Zweifel erhaben ist, hat NEUKOMM (1932) zu allem Überfluß auch noch auf serologischem Wege dargetan, daß es sich nicht um tiereigene Differenzierungen handelt. Die durch Einspritzung einer Aufschwemmung von Bakterien bzw. bakterienfreien Fettzellen gewonnenen Kaninchensera ergaben jeweils eine für Fett und Bakterien sehr spezifische Komplementbildung. Der gleiche Autor wies schließlich auch noch nach, daß die Blattidensymbionten ultravioletten Strahlen gegenüber sich recht bakterienähnlich verhalten. Wenn KOCH (1930) endlich zeigen konnte, daß in den Mycetocyten der Schaben neben den Symbionten Mitochondrien vorhanden sind, so entkräftigt dies zu allem Überfluß die Auffassung K. C. SCHNEIDERS (1902), der die Möglichkeit in Betracht zog, daß die fraglichen Einschlüsse Chondriosomen darstellen könnten. Daß selbst 1924 WOLF der Bakteriennatur der Blattidensymbionten nicht sicher sein konnte, ist schwer verständlich.

So gering die Unterschiede zwischen den Symbionten der einzelnen Arten sind, so erweisen sie sich doch jeweils als streng artkonstant. Individuen, die von den verschiedensten Lokalitäten stammten und unter den verschiedensten Bedingungen gehalten wurden, ergaben stets die gleichen Formen. Einseitige oder unzureichende Ernährung, völliger Nahrungsentzug, extreme Temperaturen, Injektion von Hefen oder Bakterien in die Leibeshöhle, Behandlung mit X- oder ultravioletten Strahlen oder die Kombination mehrerer derartiger Faktoren hatten nicht den geringsten Einfluß auf sie (GIER). Andererseits vermochte GLASER (1946) durch längere Einwirkung von 39° die Bakterien nicht nur zu schädigen, sondern schließlich zu eliminieren (siehe Schlußkapitel). Wenn HOOVER in hungernden *Cryptocercus* eine Zunahme der Mycetocyten in den einzelnen Fettläppchen feststellte, so dürfte diese nur durch die gleichzeitige Reduktion der Fettzellen vorgetäuscht worden sein.

Nach MERCIER und GROPENGIESSER (1925) würden merkwürdigerweise unter Umständen an Stelle der typischen Bakterien hefeartige Organismen die Mycetocyten bewohnen. In wechselndem Grade sollen sie die regulären Gäste verdrängen, und GROPENGIESSER berichtet gar, daß sein Material zum Teil nur von solchen ovalen, ihn an *Torula* erinnernden Gebilden infiziert war. Es dürfte jedoch kaum noch ein Zweifel darüber bestehen, daß diese Erscheinung, der die übrigen Untersucher niemals begegneten, durch ungenügende Fixierung und mangelhafte Färbung vorgetäuscht wurde. In hypotonischen Lösungen quellen die Blattidensymbionten in der Tat zu recht hefeähnlichen Gebilden auf, und ungleiche Querteilungen, wie sie auch normalerweise nicht selten sind, muten dann wie Knospungen an (GIER).

Die Übertragung der Symbionten geht bei allen Blattiden in prinzipiell gleicher Weise vor sich, und es sind lediglich kleinere Abweichungen, durch die sich die einzelnen Arten unterscheiden. Allgemein wird sie dadurch erleichtert, daß, wie schon erwähnt, mehr oder weniger zahlreiche Mycetocyten ohne Begleitung von Fettzellen in die bindegewebige Umhüllung der Eiröhren eingesprengt sind und so einen unmittelbaren Übertritt der Symbionten in diese ermöglichen. Ohne daß es zu einer vorübergehenden Infektion der Follikelzellen käme, wie dies MERCIER und andere ältere Autoren noch annahmen, gleiten die Bakterien einzeln zwischen diesen hindurch und kommen so zwischen die Ovocyten zu liegen. Dabei bleiben die jüngsten Zonen des Keimlagers stets frei von Symbionten, im übrigen aber schwankt der Zeitpunkt des Übertritts. Bei *Periplaneta americana* geht er schon zu einer Zeit vor sich, in der noch mehrere Ovocyten nebeneinander liegen, bei *Blattella germanica, Blatta orientalis* und anderen erst, wenn diese hintereinander Platz gefunden haben (Abb. 265, 266).

GIER tritt allerdings im Gegensatz zu den übrigen Autoren dafür ein, daß aller Wahrscheinlichkeit nach schon in den Embryonen die Anlagen der Geschlechtsdrüsen von vereinzelten Bakterien infiziert würden und daß auf diese die gesamten, von ihm etwa im dritten Monat erstmalig festgestellten und sich dann so lebhaft in den Eiröhren vermehrenden Symbionten zurückzuführen seien. Ein Übertritt der unbeweglichen Organismen aus den umliegenden Mycetocyten in die Eiröhren durch die Tunica hindurch erscheint ihm aus mechanischen Gründen ausgeschlossen, obwohl Ähnliches an anderen Symbionten doch

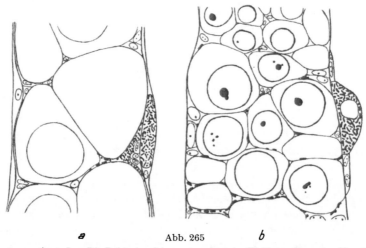

a   Abb. 265   *b*

Periplaneta americana L. *a* Die Bakterien dringen aus einer der Eiröhre anliegenden Mycetocyte in diese ein. *b* Die Bakterien überall zwischen den jungen Ovocyten. *a* 1000fach, *b* 1100fach vergrößert.
(Nach GIER.)

auch des öfteren beobachtet wird und vermutlich durch deren lytische Fähigkeiten zu erklären ist.

Ohne daß die Symbionten in die Eizellen selbst eindringen, kommt es anschließend in dem Raum zwischen diesen und dem Follikel zu lebhafter Vermehrung, und so entsteht ein nirgends unterbrochener Belag von Bakterien auf der Oberfläche der Ovocyten. Anfangs pflegen sie noch tangential zu liegen, doch kommt es bei *Periplaneta americana* und anderen Arten mit zunehmender Vermehrung bald zu einer palisadenartigen, unter Umständen sogar mehrschichtigen Umhüllung. Dabei sind die beiden Pole stets durch besonders gesteigerte Massenzunahme ausgezeichnet, die in wechselndem Grade von einer lokalen Faltenbildung der Eioberfläche begleitet wird. Bei *Periplaneta americana* setzt sie ein, wenn das Ei eine Länge von etwa 0,1 mm erreicht hat, und steigert sich bis zu dem Zeitpunkt, an dem es etwa 1 mm mißt. Nachdem die Bakterien anfangs in gleichmäßig dicker Lage die Falten begleitet und dabei alle Winkel der zottenförmig vorspringenden Follikelzellen ausgefüllt hatten, dringen sie schließlich in scharf abgesetzten Schläuchen tief in die dotterfreie Randzone der Eier vor (Abb. 267 *a*, *b*).

In noch extremerem Grade kommt es bei *Heterogomia aegyptica* an beiden Polen zu einer ungewöhnlich tiefen Faltung der Eioberfläche (FRÄNKEL). Bei

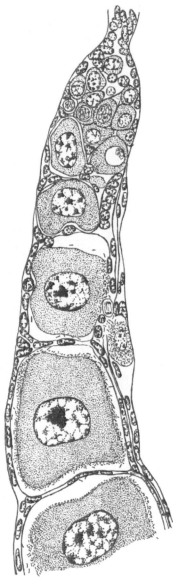

Blatta orientalis setzt ebenfalls eine besonders starke Vermehrung ein, und schließlich wölben sich halbkugelige Bakterienmassen in das Eiplasma (GIER). Am Ei von *Periplaneta australasiae* L. hingegen bilden die Symbionten abermals an beiden Polen einen ringförmigen Wulst (KOCH; Abb. 268). Andere Arten, wie zum Beispiel *Cryptocercus punctulatus*, zeigen wieder nur sehr schwache polare Ansammlungen. Mit dem gesteigerten Wachstum des Eies hält dann die Vermehrung der die seitlichen Regionen einnehmenden Bakterien nicht mehr Schritt; die anfangs lückenlose Bekleidung erleidet da und dort Unterbrechungen, und schließlich finden sich hier nur noch verstreute Nester von Symbionten.

Die Aufnahme in das Ei selbst geht allgemein erst in letzter Stunde vor sich. Kurz vor seiner Ablage, wenn die Dotterhaut sich bildet, sinken die Bakterien in das oberflächliche Protoplasma und bilden hier, die Anordnung in Furchen aufgebend, am vorderen wie am hinteren Ende eine scheibenförmige, dotterfreie Ansammlung (Abb. 267c). Bei *Periplaneta americana* ist sie im Zentrum etwa 15 μ dick und mißt 150 μ im Durchmesser, während sie bei *Blatta orientalis* zwar kaum viel ausgedehnter ist, aber eine maximale Dicke von 40 μ erreicht.

Über das Verhalten der Symbionten im Verlaufe der Embryonalentwicklung gaben zwar schon die anderen Zielen nachgehenden Untersuchungen von WHEELER (1889), CHOLODKOWSKY (1891) und vor allem HEYMONS (1895) mancherlei Auskunft, doch brachten GIER und KOCH auch hiezu noch wichtige Ergänzungen. Aus den Mitteilungen der Genannten geht hervor, daß zwar abermals auch hiebei die weitgehende Uniformität der Blattidensymbiose gewahrt bleibt, aber daneben doch vor allem hinsichtlich der Bildung eines transitorischen Mycetoms interessante Unterschiede auftreten können.

Abb. 266

Blatta orientalis L. Oberes Ende einer Eiröhre zur Zeit der Infektion; Symbionten an der Oberfläche der Ovocyte und in einer äußerlich anliegenden Mycetocyte. (Nach KOCH.)

GIER schildert die komplizierten Vorgänge bei *Periplaneta americana* folgendermaßen: Schon wenn die Furchungskerne zur Eioberfläche aufsteigen, sinken sie vor allem an den beiden Polen auch in die Symbionten führende Randzone

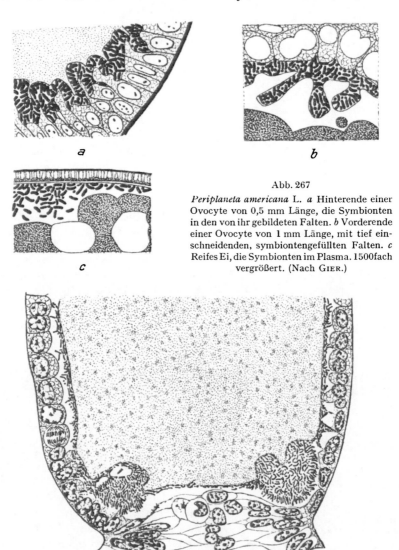

a

b

Abb. 267

Periplaneta americana L. *a* Hinterende einer Ovocyte von 0,5 mm Länge, die Symbionten in den von ihr gebildeten Falten. *b* Vorderende einer Ovocyte von 1 mm Länge, mit tief einschneidenden, symbiontengefüllten Falten. *c* Reifes Ei, die Symbionten im Plasma. 1500fach vergrößert. (Nach GIER.)

c

Abb. 268

Periplaneta australasiae L. Hinterende eines Eies mit ringförmigem Bakterienwulst. (Nach KOCH.)

ein und verursachen so eine Unterbrechung des sonst allseitig sich bildenden Blastoderms. Zunächst verbinden sich an beiden Polen je 5—10 Kerne mit den Symbionten; in einem vier Tage alten Embryo sind daraus je etwa 40 Kerne geworden, aber nur ein Teil von ihnen behält seine anfängliche Größe und wird zu Kernen der primären Mycetocyten. Der Rest schwillt — offenbar unter dem Einfluß der umgebenden Bakterien — ungewöhnlich an und wird bei der nun einsetzenden Verlagerung der Mycetocyten aus ihrem Verbande ausgeschieden, ohne daß sein weiteres Schicksal aufgeklärt werden konnte. Am hinteren Pol

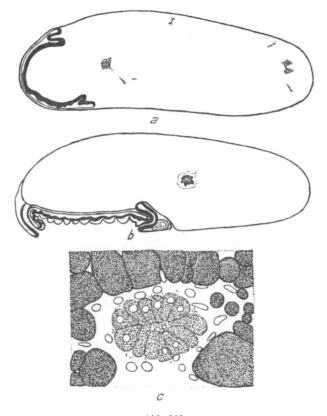

Abb. 269

Periplaneta americana L. *a* Sagittalschnitt durch einen 6 Tage alten Embryo mit unregelmäßig im Dotter verstreuten Bakteriennestern. *b* 11 Tage alter Embryo mit transitorischem Mycetom im Dotter. *c* Transitorisches Mycetom eines 10 Tage alten Embryos. *a*, *b* 55fach, *c* 300fach vergrößert. (Nach GIER.)

haben um diese Zeit die Mycetocyten eine nahezu kugelige Ansammlung gebildet, die jetzt an das Ende des inzwischen angelegten Keimstreifs zu liegen kommt. Im drei Tage alten Embryo beginnt sie bald als kompakte Masse, bald in einzelne Portionen aufgeteilt zwischen Keimstreif und Dotter nach vorne und ventral zu gleiten. Etwa in der Mitte des Embryos angelangt, schwenkt sie nach dem Eizentrum ab und vereinigt sich hier mit den gleichzeitig von vorne kommenden und mit den geringfügigen, bis dahin seitlich gelegenen Portionen am Ende des achten Tages zu einem wohlumschriebenen transitorischen Mycetom, das aus einer Rosette keilförmiger, ein- oder zweikerniger, von Bakterien dicht erfüllter Zellen besteht (Abb. 269). Um diese regelmäßige,

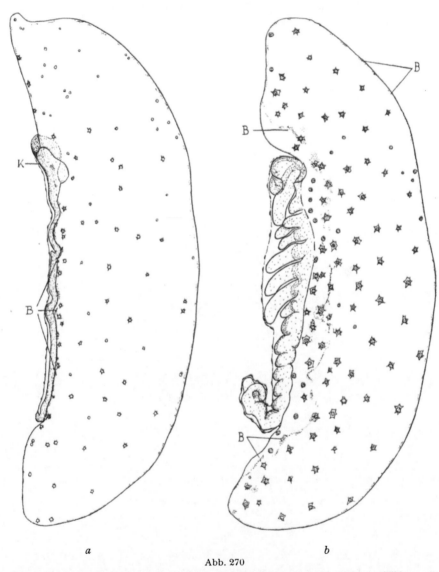

a　　　　　　　　　　　　　　　　*b*

Abb. 270

Blattella germanica L. Embryonalentwicklung I. *a* Frühes Stadium der Keimstreifbildung; die Bakterien (*B*) liegen noch an der Peripherie des Eies; *K* Kopflappen. *b* Etwas älterer Embryo; die Bakterien sinken in die Tiefe. (Nach KOCH.)

organartige Bildung liegt ein Kranz von Vitellophagen, welchen die Verflüssigung des umgebenden Dotters zuzuschreiben ist.

Etwa drei Tage verharren die Symbionten in dieser provisorischen Wohnstätte, um sie dann wieder aufzugeben. Die Rosette streckt sich in die Länge,
zerfällt, und die Bakterien gelangen erneut zwischen die Dotterschollen. Ein

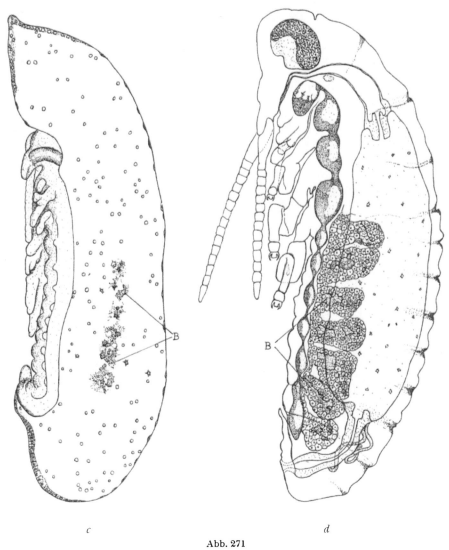

c   *d*

Abb. 271

Blattella germanica L. Embryonalentwicklung II. *c* Die Bakterien haben sich im Verein mit Dotterzellen im Zentrum gesammelt. *d* Embryo kurz vor dem Schlüpfen; die Symbionten führenden
Zellen im Inneren der Fettläppchen. (Nach KOCH.)

Teil von ihnen tritt dort, wo das Darmepithel noch unvollkommen ist oder
völlig fehlt, in die Leibeshöhle über, ein anderer staut sich an den Stellen, an

denen seine Zellen bereits dichter liegen, vermehrt sich hier noch eine Weile, wird aber dann offenbar vom 18. Tage an rasch resorbiert. Die Kerne des aufgelösten Mycetomes lassen sich jetzt nicht mehr von den übrigen Dotterkernen unterscheiden und teilen deren Schicksal. Die in der Leibeshöhle flottierenden Bakterien werden schließlich von randständigen Zellen der lateralen Fettläppchen aufgenommen.

Blattella germanica verhält sich nach dem, was KOCH über ihre Entwicklung mitteilt, offenbar etwas anders. An Stelle der üblichen polaren Ansammlungen der Bakterien tritt hier zum mindesten zur Zeit der Reifeteilungen eine gleichmäßig lockere Verteilung der Symbionten über die ganze Eioberfläche. Erst nach Abscheidung der Eihüllen macht sich eine zunehmende Tendenz zur Verlagerung der Bakterien nach der zukünftigen Ventralseite bemerkbar. Während der Furchung und Blastodermbildung gruppieren sie sich um die einzelnen Dotterkerne und werden großenteils von diesen unmittelbar hinter die Anlage des Keimstreifs getragen (Abb. 270 a). Die mehr seitlich und dorsal gelegenen verharren zwar zunächst noch an Ort und Stelle, aber alsbald offenbart sich allerorts die Neigung, sich in der dotterreichen Mitte des Embryos zu konzentrieren, und so kommt es zur Bildung einer unregelmäßigen Ansammlung von mit Dotterkernen versorgten Bakterienmassen (Abb. 270 b, 271 a).

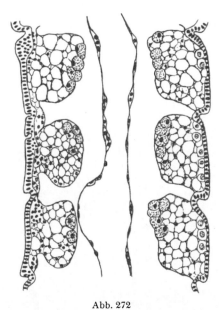

Abb. 272

Blattella germanica L. Drei embryonale Segmente des Abdomens mit den soeben besiedelten, noch nicht in die Fettläppchen eingesunkenen Mycetocyten. (Nach KOCH.)

Ein so regelmäßig gebautes, organartig anmutendes transitorisches Mycetom wird also in diesem Fall nicht gebildet. Doch verlassen auch hier die Symbionten nach einiger Zeit die ihnen zugesellten Kerne und dringen ventrolateral durch das embryonale Mitteldarmepithel in die Leibeshöhle. KOCH weiß nichts von hiebei im Darm zugrunde gehenden Bakterien, doch kann man nach ihm nun interessanterweise bei *Blattella germanica* die künftigen Mycetocyten bereits vor der Infektion von den Fettzellen an der auffallenden Größe der Kerne und dem völlig homogenen Plasma unterscheiden (Abb. 272). Erst nach ihrer Besiedelung sinken diese tiefer in die Fettläppchen ein, in denen eine starke Vermehrung der Bakterien und parallelgehende Amitosen der Wirtszellen den Endzustand herbeiführen (Abb. 271 b).

Blatta orientalis nimmt nach dem, was HEYMONS mitteilt, hinsichtlich des Verhaltens der Symbionten in der Mitteldarmanlage eine Zwischenstellung ein. Die Bakterien vermehren sich hier sehr stark und die zahlreichen Dotterkerne, welche sie allseitig durchdringen, erleiden ebenfalls lebhafte amitotische Teilungen, so daß ein ansehnliches, scharf umschriebenes Syncytium resultiert. Wenn dann dessen Kerne zusammenzufließen beginnen und große, unregelmäßige Chromatinhaufen aus ihnen werden, gleiten auch hier die Bakterien in Scharen auf das schon allseitig entwickelte Darmepithel zu und gelangen durch dieses in die Leibeshöhle. Auch bei *Ectobia livida* kommt es zur Bildung eines voluminösen, scharf abgesetzten transitorischen Mycetoms (HEYMONS).

Bei keiner der anderen Insektensymbiosen hat man sich so sehr um die Kultur der Symbionten bemüht, wie bei der der Blattiden. Aber es folgten hiebei in bunter Reihe Angaben über gelungene Kulturen und über vergebliche Versuche, und erst die jüngsten Anstrengungen KELLERS (1950) scheinen wirklich zum Ziele gelangt zu sein.

Daß die älteren Autoren, die bereits darauf ausgingen, wie BLOCHMANN (1887), KRASSILSTSCHIK (1889) und FORBES (1892), keinen Erfolg hatten, nimmt nicht weiter wunder. Ihnen folgte MERCIER mit sehr bestimmten Angaben über positive Ergebnisse, aber der bewegliche, allseitig bewimperte, sporenbildende Organismus, den er züchtete und *Bacillus cuenoti* taufte, hatte zwar gewisse Ähnlichkeit mit dem Symbionten von *Blatta orientalis*, stellte aber offenbar eine regelmäßig wiederkehrende Verunreinigung dar, wie sie bei seinem Ausgangsmaterial, dem schwer zu sterilisierenden Kokoninhalt, kaum zu vermeiden war. Dementsprechend erhielten JAVELLY (1914) und HERTIG (1921), welche zum Teil die gleiche Methode wie MERCIER anwandten, ebenfalls nur Verunreinigungen verschiedener Art, aber niemals Stämme, die mit dem Symbionten zu identifizieren waren. Auch HOVASSE (1913) und WOLLMAN (1926) mußten gestehen, daß sie unfähig waren, sie zu züchten, und GLASER, der 1920 ein *Spirillum* gewann, das zwar nicht mit dem *Bacillus cuenoti* MERCIERS identisch war, aber trotzdem den gesuchten Organismus darstellen sollte, mußte selbst bald darauf seine Auffassung widerrufen. Bevor er dann erneut mit Angaben über angeblich positive Erfolge an die Öffentlichkeit trat, erschien eine Untersuchung GROPENGIESSERS (1925), der, immer noch von den Kokons ausgehend, auf den gebräuchlichsten Nährböden einen Organismus zog, welcher weitgehend dem MERCIERS glich und den er ebenfalls, ohne etwa die Identität auf serologischem Wege darzutun, ohne Bedenken mit dem Symbionten identifizierte.

GLASER (1930) ging dann bei seinen erneuten Versuchen vom Fettkörper aus. Er zog jetzt aus *Periplaneta americana* und aus *Blattella germanica* drei Stämme eines Bakteriums, das gewisse Ähnlichkeiten mit den Symbionten besaß. Sie ließen sich zwar durch die Agglutination mit spezifischen Kaninchenseren gegeneinander abgrenzen, doch konnte ihre Identität mit den Symbionten mit Hilfe der Komplementbindung nicht nachgewiesen werden, da es ihm nicht gelang, eine genügend dichte und saubere Aufschwemmung der Insassen des Fettkörpers herzustellen. Nach der Meinung seiner Nachfolger stellt aber auch dieses sein *Corynebacterium periplanetae* ein aus der Luft stammendes diphtheroides Stäbchen dar. 1931 lehnten HOLLANDE u. FAVRE auf Grund eigener Mißerfolge die Ergebnisse von MERCIER, GROPENGIESSER und GLASER ebenfalls ab. BODE (1936) versuchte ohne Erfolg, Tröpfchenkulturen von den üblichen, in den

Laboratorien gehaltenen Blattiden zu gewinnen, während er bei der Aussaat
größerer Mengen von Fettkörpern in Fleischbouillon Reinkulturen eines Bakteriums erhielt, das ihm mit dem von MERCIER und GROPENGIESSER gezüchteten
identisch schien. Ob aber damit die Symbionten gezüchtet wurden, wagte auch
er nicht zu entscheiden.

1937 berichtete GIER, daß ihm die Kultur der Symbionten von *Periplaneta
americana* und verschiedener anderer Blattiden ebenfalls nicht gelungen sei.
Er konnte sie lediglich im Explantat des Fettkörpers einige Tage überlebend
erhalten, aber niemals eine Vermehrung beobachten. Auch die Übertragung in
Grillen und Hühnerembryonen führten zu keinem Resultat. STEINHAUS (1945)
hat ebenfalls GLASERS Versuche ohne Erfolg wiederholt, während im gleichen
Jahr HOOVER, als sie Fettkörper von *Cryptocercus* auf Blutagarplatten ausstrich, nach 12—14 Tagen Kulturen erhielt, an denen sie wie GLASER drei Typen
unterscheiden konnte und die sie ebenfalls mit den Symbionten identifizierte.

Den Beschluß dieser langen Reihe vergeblicher Bemühungen stellt endlich
eine sehr sorgfältige Studie von GUBLER (1947) dar. Hier wurde nochmals mit
allen Mitteln die Kultur der Symbionten von *Blatta orientalis* und *Periplaneta
americana* versucht. Nur gelegentlich wuchsen auf den verschiedensten Nährböden oder bei Übertragung der Bakterien in den Dottersack von Hühnerembryonen Formen, die eine gewisse Ähnlichkeit mit den Symbionten hatten.
Aber die serologische Prüfung ergab, daß sie weder untereinander identisch
waren, noch den Symbionten entsprachen. Stets handelte es sich vielmehr
offenkundig um langsam wachsende, aus der Luft stammende Corynebakterien,
die freilich auf Grund ihrer morphologischen und färberischen Eigenschaften
oft kaum von den Symbionten zu unterscheiden waren.

Von Erfolg gekrönt waren nun aber offenbar endlich die Kulturversuche
KELLERS (1950). Er benützte erstmalig einen dem Milieu der Symbionten entsprechenden Nährboden, indem er in RINGER-Lösung verriebenen Fettkörper
der Wirte mit Agar versetzte. Solche Platten waren für Luftkeime und andere
Verunreinigungen sehr ungünstig, ergaben aber an den mit dem symbiontenhaltigen Fettgewebe beimpften Stellen nach rund sieben Tagen sehr zarte,
durchsichtige Kolonien, die sich auf Fettkörperagar, nicht aber auf gewöhnlichen Bouillonagar weiterimpfen ließen. Der Umstand, daß der Blattidenfett-
körper gleichzeitig ein Speicherorgan für mancherlei Stoffwechselendprodukte
ist, unter denen die Harnsäure die wesentlichste Rolle spielt, legte es KELLER
nahe, die so gewonnenen Stämme auf einen Kümmernährboden, der aus 0,2 g
Harnsäure, 0,3 g NaCl, 100 g Wasser und 2% Agar bestand und die Gefahr
einer Fremdinfektion praktisch ausschloß, zu übertragen. Auch auf ihm wuchsen die Bakterien als hauchdünne glattrandige Kolonien, wenn auch noch
langsamer als auf dem Fettkörperagar. Mit der Zahl der Überimpfungen
wandelte sich ihre Gestalt in zunehmendem Grade; die Stäbchen verkürzten
sich und näherten sich immer mehr der Form von Kokkobazillen und Kokken.
Nach KELLER stehen sie den Symbionten der Leguminosen nahe, zu denen
sich auch physiologische Parallelen finden, was ihn veranlaßt, sie *Rhizobium
uricophilum* zu nennen. Recht eindeutige Versuche, welche nach der besonders

empfindlichen Methode von Cannon u. Marshall mit dem Serum immunisierter Kaninchen angestellt wurden, bestärken in der Annahme, daß in diesem Fall wirklich die Symbionten gezüchtet wurden.

Schwer verständlich ist es, daß mehrere Autoren der Meinung sind, daß es sich bei den Blattidensymbionten um Rickettsien oder wenigstens diesen nahestehende Organismen handelt. Glaser identifiziert sie geradezu mit solchen, Gier meint, daß sie ihnen zum mindesten nahestehen, und Hoover, daß sie im Begriff seien, Rickettsien zu werden. Andererseits betonen Hertig u. Wolbach die Wesensverschiedenheit der unverhältnismäßig großen grampositiven Symbionten und der so ungleich kleineren, gramnegativen Rickettsien, und auch Ries spricht sich mit vollem Recht gelegentlich der Beschreibung echter Rickettsien aus der Hühnerlaus *Eomenacanthus* nachdrücklich gegen eine derartige Verwässerung des Rickettsienbegriffes aus.

b) **Mastotermitiden**

Die Entdeckung Juccis (1930, 1932), daß unter allen Termiten allein *Mastotermes darwiniensis* Froggatt, der einzige heute noch in Australien lebende Vertreter der überaus ursprünglichen, einst weitverbreiteten Familie der Mastotermitiden, ähnlich wie die Blattiden, im Fettgewebe bakterienbeladene Zellen aufweist, gewann in besonderem Maße an Interesse, als anschließend Koch (1938) zeigen konnte, daß sich diese Ähnlichkeit bis in die letzten, auch die Übertragung betreffenden Einzelheiten erstreckt. Aus diesem Grunde sei der Fall an dieser Stelle behandelt, obwohl es sich um Tiere handelt, welche von lebendem und totem Holz leben.

Die Mycetocyten sind ganz wie bei den Blattiden auf die visceralen Partien des abdominalen Fettkörpers, welche bis an die Rückendecke reichen und vom ersten Hinterleibssegment noch einige Zipfel in den Metathorax senden, beschränkt. Stets liegen sie auch hier allseitig von Fettzellen umgeben; die 3—6 μ langen, strukturlosen, gramnegativen Bakterien erfüllen den einkernigen Zelleib nach allen Richtungen, liegen aber dabei nicht wirr durcheinander, sondern erscheinen zumeist in gleichsinnig ziehende Bündel geordnet (Abb. 273).

Im einzelnen ist das histologische Bild, das der Fettkörper der verschiedenen Stände bietet, hinsichtlich der relativen Häufigkeit der Mycetocyten und der feineren Struktur der Fettzellen ein recht verschiedenes. Bei ausgewachsenen Arbeitern fand Koch in den einzelnen Läppchen eines nur schwach entwickelten Fettkörpers stets nur ein bis drei durch Fettzellen völlig voneinander getrennte Mycetocyten, während bei Nymphen und geflügelten jungen Imagines beiderlei Geschlechts der jetzt überaus voluminöse Fettkörper die besiedelten Zellen so weit auseinander drängt, daß sie leicht der Beobachtung entgehen können. In geschlechtsreifen Imagines ist zwar die Verteilung der Mycetocyten noch die gleiche, doch erscheinen die umgebenden Fettzellen jetzt mit riesigen Uratkonkretionen erfüllt, während Fettvakuolen und Eiweißgranula stark reduziert oder völlig geschwunden sind. Umgekehrt ist das Fettgewebe der Soldaten zwar uratfrei, aber dafür mit Pigmentkörnchen beladen und so stark geschrumpft, daß nicht selten 15—20 Mycetocyten auf ein Läppchen zu liegen kommen. In erster Linie beruhen diese ohne weiteres auffallenden Differenzen offensichtlich auf Altersunterschieden. Inwieweit sich außerdem hinter ihnen auch durch die Kasten bedingte Unterschiede verbergen, könnte nur eine vergleichende Unter- suchung des Fettkörpers aller Entwicklungsstadien aufzeigen.

Die Einzelheiten der Eiinfektion gleichen den bei Blattiden zu beobach- tenden in so hohem Grade, daß die sie illustrierenden Bilder sich ebensogut auf irgendeine Schabe beziehen könnten. Mit Beginn des Eiwachstums tauchen in

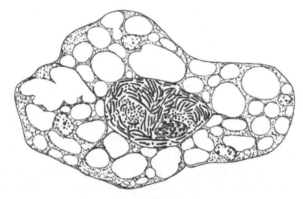

Abb. 273

Mastotermes darwiniensis Froggatt. Mycetocyte, von Fettzellen umgeben, aus einem Arbeiter stammend. (Nach Koch.)

dem Raum zwischen den jungen Ovocyten und dem Follikel zunächst nur ver- einzelte Stäbchen auf, darauf folgen Stadien, deren Oberfläche allseitig einen Belag tangential liegender Bakterien aufweist (Abb. 274). Anschließend ver- mehren sie sich aber dann so sehr, daß sie in mehreren Schichten den ganzen Raum hinter dem Follikel nahezu völlig ausfüllen. Mit zunehmendem Eiwachs- tum macht sich jedoch bald eine fortschreitende Verödung der seitlichen Regionen und eine gesteigerte Ansammlung der Symbionten an den beiden Polen bemerkbar.

Diese Verlagerung geht so rasch vor sich, daß Koch der Ansicht ist, sie könne hier keineswegs nur rein mechanisch durch das Eiwachstum, dem die Symbiontenvermehrung nicht Schritt hält, bedingt sein, sondern es müßten wohl auch Ortsbewegungen der Bakterien eine Rolle spielen.

Schließlich bilden sich an den Polen so mächtige Bakterienkappen, daß sie schon mit schwächster Vergrößerung deutlich zu erkennen sind. Ihre Einbe- ziehung in das Eiplasma geht jedoch früher als bei den Blattiden vor sich. Wenn die Eier, die bis 1,25 mm lang werden, etwa ein Drittel ihrer endgültigen Größe erreicht haben, erfüllen bereits dichte Massen je eine 50—60 μ breite, gegen das bakterienfreie Plasma unscharf begrenzte Zone. Ältere Stadien standen Koch leider nicht zur Verfügung.

In den Ovarien der jungen geflügelten Königin ist die Durchdringung der Eiröhren mit Symbionten bereits abgeschlossen. Ein dichter Filz von Tracheen umspinnt die einzelnen Ovariolen und umgibt das gesamte Organ wie ein Mantel. Mycetocyten und Fettzellen sind in der peritonealen Umhüllung nicht vertreten. Das Ovar einer weiblichen Nymphe hingegen bietet ein hievon völlig verschiedenes Bild. Hier legt sich der jetzt maximal entwickelte Fettkörper stellenweise dicht an die Büschel der Eiröhren, deren Tracheenversorgung noch nicht so stark entwickelt ist, und überall sind zwischen sie Mycetocyten eingesprengt, die, zumeist abgeplattet, sich dicht an die jungen Ovariolen schmiegen. Sie entlassen jetzt einzeln die Symbionten, welche durch die Wand des noch sehr flachen Follikels hindurchtreten und so zwischen die erst auf dem Bukettstadium stehenden Ovocyten gelangen (Abb. 275). Obwohl solche Mycetocyten auch noch den jüngeren, nur Ovogonien enthaltenden Regionen des Keimlagers in der ganz gleichen Weise anliegen, bleiben diese stets bakterienfrei. Andererseits erhalten auch ältere, schon infizierte Ovocyten gelegentlich noch Zuzug aus ihnen benachbarten Mycetocyten. Da solche aber dem Ovar der reifen Königin durchaus abgehen, muß man schließen, daß am Ende ihrer Metamorphose eine restlose Ausschüttung der Symbionten stattfindet und eine Degeneration der damit verödenden Mycetocyten eintritt.

Ähnlich wie die Ovarien der Arbeiterinnen bei den Ameisen noch mehr oder weniger weit gedeihende Anläufe zu einer regulären Infektion zeigen, so auch hier. Die Entwicklung der Ovarien der Termiten-Arbeiterinnen geht wie bei den Ameisen verschieden weit. Zumeist scheint es, bevor Degeneration einsetzt, noch zu einem erheblichen Wachstum zu kommen, in anderen Fällen wird die Entwicklung der Gonade so früh gehemmt, daß man ihr Geschlecht noch nicht erkennen kann. *Mastotermes* aber nimmt eine Mittelstellung ein, wenn bei ihm zwar typische Eiröhren gebildet werden, diese jedoch niemals Synapsisstadien, sondern stets nur Ovogonien enthalten. Die ersten Vorkehrungen zu einer Infektion werden aber trotzdem getroffen, denn auch hier erscheinen die Mycetocyten überall zwischen den jungen Ovariolen. Daß sie keine Bakterien in die unmittelbar benachbarten Keimlager schicken, nimmt nicht wunder, nachdem ja die entsprechenden Zonen auch im Ovar der Königinnen stets steril bleiben.

Abb. 274

Mastotermes darwiniensis Froggatt. Eiröhre aus dem Ovar einer jungen Königin. (Nach Koch.)

Die Embryonalentwicklung von *Mastotermes darwiniensis* konnte leider bisher nicht untersucht werden, aber es besteht kaum ein Zweifel, daß sich auch in ihr, nachdem die obige Schilderung ja auf Schritt und

Tritt in beiden Familien gleichlaufende Züge offenbarte, die Symbionten ähnlich verhalten wie bei den Blattiden. Der Habitus der Mycetocyten, ihre Lokalisation im Fettgewebe, ihr Auftreten in engster Nachbarschaft der Ovariolen und ihre Rolle bei der Infektion, der Zeitpunkt des Übertritts in die Eiröhren, die hiebei bekundete Immunität des Keimlagers, die Art, wie der Follikel durchwandert wird, ohne daß sich die Symbionten im Plasma der Follikelzellen aufhalten, die Ausbreitung der Symbionten über die Eioberfläche, die sekundäre Konzentration an den beiden Polen und der späte Übertritt in das Eiplasma, all das sind Eigentümlichkeiten, die hier wie dort in gleicher Weise wiederkehren.

   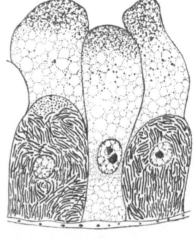

Abb. 275   Abb. 276

Abb. 275. *Mastotermes darwiniensis* Froggatt. Querschnitt durch die Ovariole einer Nymphe; aus zwei anliegenden Mycetocyten treten die Symbionten in die auf dem Bukettstadium befindlichen Ovocyten über; an drei Stellen sind Tracheen getroffen. (Nach Koch.)

Abb. 276. *Camponotus ligniperda* Latr. Darmepithel einer Imago mit Mycetocyten.
(Nach Lilienstern.)

Welche Bedeutung diese überraschende Feststellung für die historischen Probleme der Symbiose und für die Stammesgeschichte der Blattidensymbiose im speziellen hat, wird an anderer Stelle zu erörtern sein.

c) Formiciden

Nur ein verschwindend kleiner Teil der Ameisen lebt, soweit wir heute wissen, in Endosymbiose mit Bakterien. Es sind das einerseits alle *Camponotus*-arten und andererseits *Formica fusca* Latr., während die anderen *Formica*arten zwar keine Symbionten besitzen, aber zum Teil an ihrer Embryonalentwicklung erkennen lassen, daß sie offenbar eine einst vorhanden gewesene Symbiose wieder abgeschafft haben (BLOCHMANN, 1884, 1886, 1887; BUCHNER, 1918, 1921, 1928; HECHT, 1924; LILIENSTERN, 1932).

Die Wohnstätten sind in beiden Fällen verschieden. Bei *Camponotus* sind über den ganzen Mitteldarm hin zwischen die sezernierenden und resorbierenden Epithelzellen interstitiellen Zellen gleichende Mycetocyten eingeschoben, die teils keulenförmig und von sehr beträchtlicher Größe sind, teils bescheidenere Dimensionen aufweisen, immer aber der Basalmembran aufsitzen. Ihr Plasma ist überaus dicht und gleichmäßig von schlanken Fädchen und Stäbchen

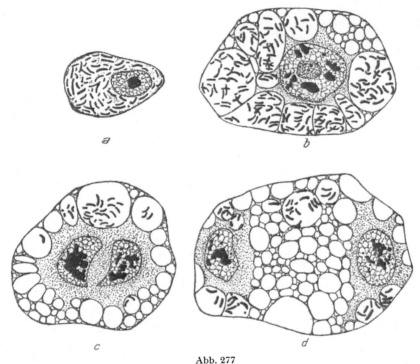

Abb. 277

Formica fusca Latr. *a* Mycetocyte aus einer Larve, *b* aus einer älteren Puppe, *c*, *d* in amitotischer Teilung. (Nach Lilienstern.)

erfüllt (Abb. 276). Blochmann hatte diese Zellen zuerst nur bei *Camponotus ligniperda* Latr. gesehen; als ich jedoch *C. senex* Smith aus Mexiko, *C. maculatus* F. in drei Subspezies aus verschiedenen Gebieten Afrikas und *C. rectangularis* Em. untersuchte, ergab sich, von Größenschwankungen abgesehen, überall das gleiche histologische Bild.

Bei *Formica fusca* hingegen liegen die etwas kürzeren, mehr oder weniger gekrümmten Symbionten bei den Imagines in kubischen Zellen, die hinter dem Mitteldarm in locker auseinandergezogener, zumeist einzelliger Schicht angeordnet sind. Während sie bei den Larven kleiner und gleichmäßig dicht von den Bakterien erfüllt sind, nehmen sie in der Puppe sehr an Größe zu, werden von Vakuolen durchsetzt und erscheinen dann vorübergehend viel weniger dicht besiedelt (Lilienstern; Abb. 277).

Larven, Puppen und Imagines der Königinnen, Männchen und Arbeiterinnen verhalten sich sowohl bei *Camponotus* wie bei *Formica* ganz gleich.

Die Übertragung geschieht auf dem Wege einer sehr frühzeitigen Infektion der Eiröhren. Sobald sich die jungen Ovocyten hintereinanderordnen und die Nährzellnester sich jeweils einer von ihnen zugesellen, tauchen bei *Camponotus*

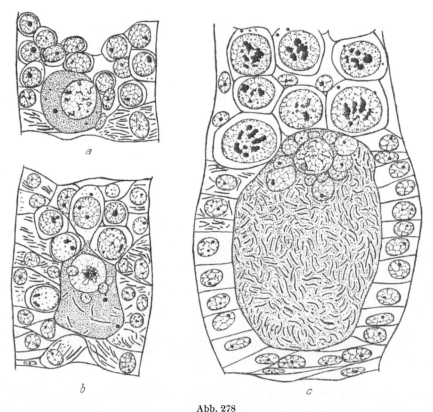

Abb. 278

Camponotus ligniperda Latr. Drei Stadien der Infektion des Follikels und der jungen Ovocyten.
(Nach Buchner.)

ligniperda die ersten Symbionten in den Eiröhren auf und überschwemmen rasch das Plasma der Follikelzellen. Während die Nährzellen streng gemieden werden, treten sie alsbald auch in das Plasma der noch sehr jungen Ovocyten über, welche dann eben die ersten kleinen «akzessorischen Kerne» um ihren noch auf dem Synapsisstadium stehenden Kern entstehen lassen.

In der Folge nehmen die anfangs spärlichen Bakterien teils durch weiteren Zuzug, teils dank ihrer Vermehrung und dem Umstand, daß sie in der neuen, offenbar günstige Bedingungen bietenden Umgebung zu längeren Fäden auswachsen, derart zu, daß die Ovocyte bald nach allen Richtungen von ihnen durchzogen wird. Sie erscheint jetzt wie ein einziger Fadenknäuel, und ihr

Plasma beschränkt sich auf spärliche, die Symbionten trennende Wände (Abbildung 278). Die Follikelzellen haben inzwischen entsprechend dem Eiwachstum an Zahl zugenommen, ohne daß die Vermehrung der Symbionten in ihnen damit Schritt gehalten hätte; nur hin und wieder trifft man daher noch auf eine infizierte Zelle, und auch deren Insassen treten schließlich in das Ei über. Allmählich stellt sich auch in diesem das sichtlich vorübergehend verlorengegangene Gleichgewicht wieder her. Symbiontenfreies Protoplasma, an dessen Aufbau sich die Nährzellen beteiligen, gewinnt immer mehr an Boden und drängt die Bakterien, deren Vermehrung jetzt zum Stillstand kommt, wenn die Dotterbildung einsetzt, immer mehr nach hinten. Im legereifen Ei finden sie sich dann nur noch am hinteren Pol, wo sie eine Kalotte zwischen dem Keimhautblastem und dem dotterführenden Plasma bilden.

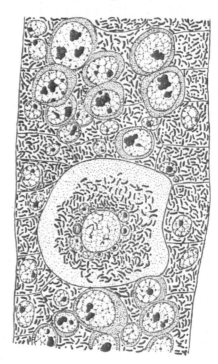

Bei *Formica fusca* verläuft die Einfektion ganz ähnlich. Abbildung 279 zeigt sehr eindringlich, in welchen Massen die hier kürzeren Stäbchen zunächst die Follikelzellen durchsetzen und dabei niemals in die Nährzellen übertreten, obwohl diese ja Geschwisterzellen der Ovocyten sind. Vorübergehend folgt diesmal auf eine allseitige Durchdringung eine Phase, in der eine periphere symbiontenfreie Zone auftritt. Aber alsbald ist auch hier wieder das gesamte Protoplasma ebenso weitgehend überschwemmt wie bei *Camponotus*.

Die normalerweise rudimentär bleibenden, nur junge, alsbald wieder zerfallende Ovocyten bildenden Ovarien

Abb. 279

Formica fusca Latr. Infektion des Follikels und einer jungen Ovocyte. (Nach LILIENSTERN.)

der Arbeiterinnen von *Camponotus* werden ganz in der gleichen Weise infiziert wie die der Königinnen (BUCHNER, 1928). Bei *Formica fusca* wird der Übertritt in die Ovarien sogar noch dadurch erleichtert, daß ihnen da und dort ähnlich wie bei Blattiden und *Mastotermes* vereinzelte Mycetocyten unmittelbar anliegen. Doch kommt es hier im allgemeinen offenbar nur zu einer Infektion der Follikelzellen, und Ovocyten, welche bei einer Königin bereits maximal überschwemmt wären, sind symbiontenfrei. Manchmal muß jedoch auch bei diesem Objekt eine wenn auch nur mangelhafte Infektion stattfinden, denn die Larven, welche sich gelegentlich, wenn keine Königin vorhanden ist, aus den Eiern von Arbeiterinnen entwickeln, enthalten wenigstens zum Teil spärlich infizierte Mycetocyten (LILIENSTERN).

Die Schicksale der Symbionten während der Embryonalentwicklung des Camponotus-Eies sind sehr kompliziert (STRINDBERG, 1913; BUCHNER; HECHT). Wenn die Furchungskerne in die symbiontenhaltige Randzone eintauchen, lösen sie die Abgrenzung hoher zylindrischer Zellen aus, in denen die Bakterien im wesentlichen auf die distalen, plasmareicheren Abschnitte beschränkt bleiben. Die Kerne dieser primären Mycetocyten bilden nun ganz in der gleichen Weise wie vorher der Kern der Ovocyte eine Anzahl akzessorischer Kerne. Außer dieser mit den Symbionten behafteten Strecke lassen sich am fertigen Blastodermstadium jedoch noch eine Anzahl weiterer, bereits ungewöhnlich früh differenzierter Zonen unterscheiden. Am vorderen Pol werden Zellen mit viel Dotter und Vakuolen abgegrenzt, welche sich in der Folge abrunden, aus dem engeren Verband des Embryos ausgestoßen werden und nur noch trophische Funktionen besitzen. Ventral und seitlich schließt ein Abschnitt mit besonders regelmäßigen, plasmareichen und dotterarmen Zellen an, welche im wesentlichen die eigentliche Embryonalanlage darstellen. Ebenfalls ventral und nach hinten zu angrenzend liegt eine vierte Blastodermzone, welche abermals extraembryonale, dem Untergang geweihte Zellen umfaßt und ohne schroffe Grenzen in eine gürtelförmig den Dotter umgreifende Zone ausnehmend großer Zellen von kubischer oder polygonaler Gestalt übergeht. In ihnen haben ebenfalls noch Bakterien, wenn auch in geringerer Zahl, Aufnahme gefunden. Sie verschmelzen in der Folge zu wenigen riesigen Elementen, dem sogenannten Blastodermsyncytium. Die Dorsalseite aber ist besonders nach vorne zu anfangs nur mangelhaft mit Zellen bedeckt (Abb. 280a). Schließlich sondert sich ebenfalls bereits auf dem Blastodermstadium ein eng umschriebenes Nest kleinster, stark färbbarer Zellen, welche ich seinerzeit als die Urgeschlechtszellen zu deuten geneigt war, was um so mehr nahelag, als sich im ungefurchten Camponotus-Ei an entsprechender Stelle ein Körper findet, der zum Vergleich mit den bei anderen Hymenopteren ebendort vorhandenen keimbahnbegleitenden Substanzen herausforderte. Von diesen Zellen wird im folgenden nochmals die Rede sein müssen, da HECHT in ihnen die jetzt schon bereitgestellten definitiven Mycetocyten sehen möchte.

Interessanterweise prägt sich dieses in der Insektenentwicklung einzig dastehende Anlagenmosaik bereits in entsprechenden Sonderungen im Keimhautblastem aus, die schon einsetzen, bevor die Furchungskerne die Eioberfläche erreichen.

Wenn die obenerwähnte Platte embryonaler Zellen sich zum Keimstreif weiterentwickelt, drängt sie, ohne daß ein Amnion gebildet würde, die nach vorn anschließenden, sich jetzt abrundenden Zellen in den Raum zwischen Embryo und Dotterhaut. In ähnlicher Weise wird am hinteren Pol, wo der Keimstreif Anschluß an das Blastodermsyncytium findet, ein zweiter Haufen aus dem Verband des Embryos ausgeschieden. Die Weiterentwicklung ist nun von fortschreitenden Lageveränderungen begleitet, in deren Verlauf die Zellen des Blastodermsyncytiums, die jetzt unter Umständen zu einem einzigen riesigen, vielkernigen Komplex zusammenfließen, nach der Dorsalseite gleiten und die symbiontenbeladenen Zellen vor sich herschieben. Auch sie geben den

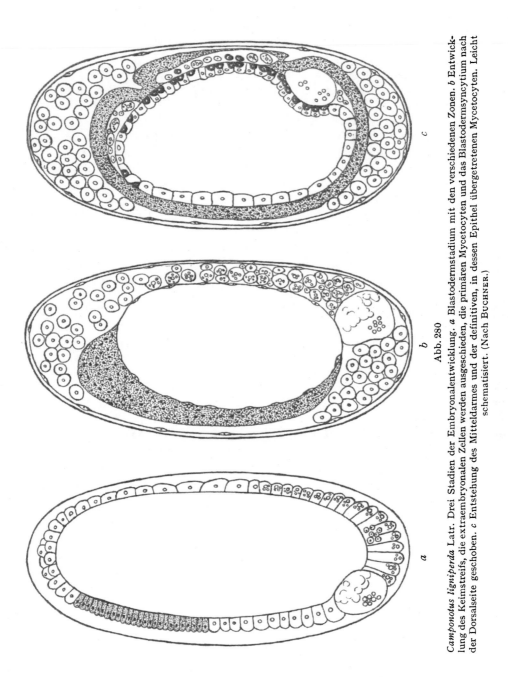

Abb. 280

Camponotus ligniperda Latr. Drei Stadien der Embryonalentwicklung. *a* Blastodermstadium mit den verschiedenen Zonen. *b* Entwicklung des Keimstreifs, die extraembryonalen Zellen werden ausgeschieden, die primären Mycetocyten und das Blastodermsyncytium nach der Dorsalseite geschoben. *c* Entstehung des Mitteldarmes und der definitiven, in dessen Epithel übergetretenen Mycetocyten. Leicht schematisiert. (Nach Buchner.)

epithelialen Verband auf, runden sich ab und breiten sich von der Dorsalregion, in die sie auf solche Weise transportiert wurden, über die Seiten und die ventralen Bezirke des Dotters aus, der bereits von einem spärlich entwickelten Mitteldarmepithel umspannt wird (Abb. 280 b).

Nachdem so die Mycetocyten, die an ihren akzessorischen Kernen ohne weiteres kenntlich sind, in Darmnähe gebracht worden sind, tauchen allerorts zwischen ihnen viel kleinere, eckige, bakterienfreie Elemente auf, in welche die Symbionten umgeladen werden. Abbildung 281 a führt die drei verschiedenen Zellsorten vor, welche jetzt durcheinandergemengt den zentralen Dotter umgeben: die abgeplatteten, Dotterkugeln enthaltenden, embryonalen Darmepithelzellen, die mächtigen transitorischen Mycetocyten und eine der zwischen sie eingekeilten künftigen Mycetocyten. Von der Fläche gesehen, erscheinen die beiden letzteren Sorten auf Abbildung 282 a. Wenn auch der Augenblick des Umladens weder mir noch HECHT zu Gesicht kam, kann an seiner Tatsache kein Zweifel sein. Denn bald darauf sind die einkernigen Zwischenzellen schon beträchtlich gewachsen und dicht mit Bakterien gefüllt, während die ursprünglichen Mycetocyten nur noch da und dort einen Symbionten enthalten und unzweideutige Merkmale der beginnenden Auflösung erkennen lassen. Ihre Kerne werden hyperchromatisch, die Kernmembranen schwinden, so daß die Nukleolen in das Plasma zu liegen kommen; dieses wird immer homogener und schrumpft zu unregelmäßigen Massen zusammen, die schließlich im Dotter zugrunde gehen. Die jungen Mycetocyten aber schieben sich zwischen die nun schon dicht aufschließenden Darmepithelzellen ein und gelangen damit an ihren endgültigen Ort (Abb. 280 c, 281 b).

Leider ist die Frage der Herkunft der definitiven Mycetocyten nicht restlos geklärt. Die Annahme STRINDBERGS, daß ein Teil der ursprünglichen Mycetocyten den Charakter der definitiven annimmt, scheidet angesichts des von Grund aus verschiedenen Baues der beiden Zelltypen ohne weiteres aus. Aber auch gegen die Auffassung HECHTS, der sie von jenem schon auf dem Blastodermstadium auftauchenden Zellhäufchen herleiten will, läßt sich manches ins Feld führen. Ganz abgesehen davon, daß dieses in so hohem Maße an Urgeschlechtszellen erinnert, kehrt eine derartige Einfügung fremder Elemente in das Darmepithel sonst nirgends wieder, während bei *Haematopinus*, wo in ganz ähnlicher Weise Mycetocyten in dasselbe eingeschaltet sind, diese eindeutig auf embryonale Darmzellen zurückgehen, welche die Symbionten ebenfalls aus transitorischen Mycetocyten übernommen haben. Aus solchen Gründen muß zumindest doch auch mit der Möglichkeit gerechnet werden, daß jene anfangs sterilen Zwischenzellen ebenfalls der Mitteldarmanlage angehöriges Material darstellen.

Recht eigenartig ist das Schicksal des Blastodermsyncytiums. In ihm vermehren sich die Symbionten ebenfalls zu beträchtlichen Massen, und Hand in Hand damit kommt es auch hier zur Bildung zahlreicher akzessorischer Kerne, die manchmal in ganzen Schwärmen auftreten. Bei fortschreitendem Rückenverschluß wird es wie die übrigen Mycetocyten vom Keimstreif überwachsen und gelangt in den Raum zwischen Mitteldarm und Hinterende des

Embryos (Abb. 280c). Wie die primären Mycetocyten, mit denen es so viele Berührungspunkte hat, geht es, nachdem es sich in zwei beiderseits vom Enddarm gelegene Massen geteilt hat und seiner Symbionten verlustig gegangen ist, die offenbar ebenfalls von den definitiven Mycetocyten übernommen und so dem Darmepithel zugeführt werden, zugrunde. Auf eine mutmaßliche Bedeutung dieser seltsamen Zellmasse wird nochmals zurückzukommen sein, nachdem

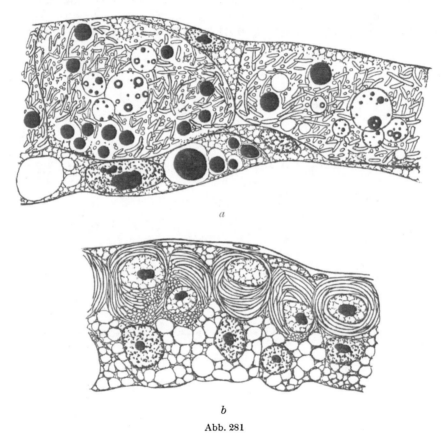

Abb. 281

Camponotus ligniperda Latr. *a* Epithel des embryonalen Mitteldarmes mit dahinterliegenden transitorischen Mycetocyten und interstitiellen Zellen. *b* Mitteldarmepithel einer schlüpfreifen Larve mit eingeschobenen Mycetocyten. (Nach Buchner.)

wir das Verhalten der Symbionten bei der Embryonalentwicklung der Gattung *Formica* geschildert haben.

Die Entwicklung des Formicafusca-Eies verläuft wesentlich einfacher als die des *Camponotus*-Eies. Abermals entsteht zunächst am hinteren Pol eine einschichtige Lage infizierter Blastodermzellen, doch wandelt sich diese anschließend in eine mehrschichtige Zellmasse, die bei der Bildung des Keimstreifs eingedellt und in der Folge von diesem überwachsen wird (Abb. 283). Die anfangs klaren Zellgrenzen werden in diesem unpaaren, embryonalen Mycetom, das bei der Ausbildung des Mitteldarmes in den Winkel zwischen Prokto- däum, Mitteldarm und Bauchganglienkette gelangt, vorübergehend undeutlich (Strindberg, Lilienstern).

Noch bevor die Larve schlüpft, plattet sich das Mycetom ab, doch wird es erst bei der Verpuppung in zwei lose Zellgruppen zerlegt, deren Bestandteile sich um den Mitteldarm verteilen und außerdem Beziehungen zu den weiblichen Gonaden eingehen. Die jetzt beträchtlich wachsenden Mycetocyten vermehren sich um diese Zeit sehr lebhaft. Dabei tritt im Kern ein zentrales Loch auf,

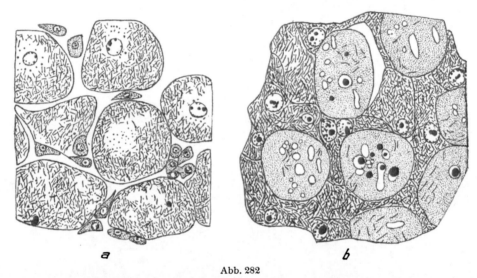

a   *b*

Abb. 282

Camponotus ligniperda Latr. *a* Transitorische Mycetocyten und sterile interstitielle Zellen vor dem Umladen, *b* nach dem Umladen; die jetzt symbiontenfreien Mycetocyten degenerieren. (Nach Hecht.)

dieses bricht erst nach einer und dann nach der anderen Seite durch, und die beiden sichelförmigen Hälften weichen auseinander, ohne daß es zu der sonst für Amitosen charakteristischen hantelförmigen Zerschnürung der Kerne käme (Abb. 277 *c, d*). In älteren Puppen gewinnt dann die erneute Vermehrung der Symbionten das verlorene Terrain wieder zurück.

Lilienstern hat auch die Entwicklung unbefruchteter Arbeite- rinneneier, die bekanntlich ausschließlich Männchen ergeben, untersucht, und dabei gefunden, daß diese, gleichgültig, ob sie nur spärlich oder gar nicht infi- ziert wurden, stets in ganz derselben Weise das unpaare Mycetom entwickeln wie die normal mit Symbionten versorgten Eier der Königinnen, mit dem alleini- gen Unterschiede, daß es eben völlig steril oder nur mangelhaft besiedelt bleibt.

Diese interessante Feststellung wirft Licht auf eine schon seit den Unter- suchungen Strindbergs bekannte, aber ihm notwendigerweise völlig unver- ständlich gebliebene Tatsache. Es konnten zwar bisher bei keiner anderen

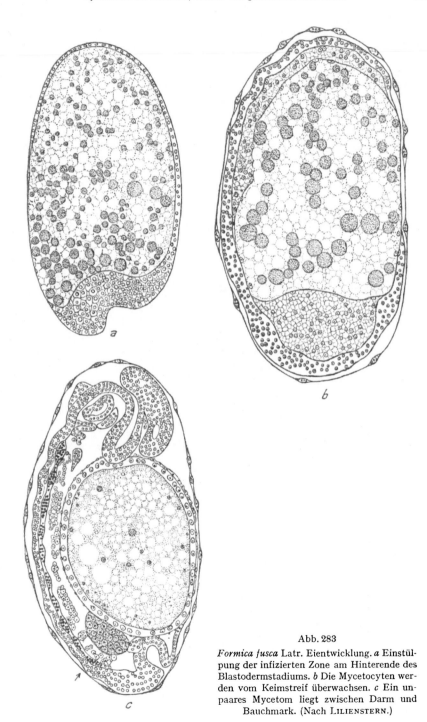

Abb. 283

Formica fusca Latr. Eientwicklung. *a* Einstülpung der infizierten Zone am Hinterende des
Blastodermstadiums. *b* Die Mycetocyten werden vom Keimstreif überwachsen. *c* Ein unpaares Mycetom liegt zwischen Darm und
Bauchmark. (Nach LILIENSTERN.)

Ameise Symbionten festgestellt werden, aber *Formica rufa* L. und *sanguinea* Latr. grenzen im Laufe ihrer frühen Entwicklung eine Zellmasse ab, die der Mycetomanlage bei *F. fusca* außerordentlich ähnelt. LILIENSTERN hat die Verhältnisse bei *Formica rufa* nachuntersucht und im Gegensatz zu STRINDBERG, der nur von ins Innere abgedrängten Zellen schreibt, eine regelrechte polare Einstülpung und Abschnürung gefunden, die zu einer ansehnlichen Bildung führt, welche, was Lage und Struktur anlangt, der Mycetomanlage bei *F. fusca* zum Verwechseln ähnlich sieht, nur daß die Symbionten in ihr fehlen und daß sie in der Folge wieder rückgebildet wird. Von *Formica sanguinea*, die leider seit STRINDBERG nicht wieder untersucht wurde, gibt dieser an, daß die Einstülpung nur von wenigen Zellen gebildet wird und zur Entstehung einer kleinen, rundlichen Masse führt, die ebendort zu liegen kommt, wo sich die Mycetocyten der *F. fusca* finden, um einige Zeit nach Bildung des Darmepithels zu schwinden.

Es dürfte kaum eine andere Deutung für diese den übrigen Ameisen, soweit wir wissen, fehlenden Vorkommnisse geben, als daß bei den Vorfahren dieser Arten eine Symbiose vorhanden gewesen war, die in der Folge wieder abgeschafft wurde, daß aber die Wirte, ganz wie bei der Entwicklung steril gebliebener *fusca*-Eier, die Erinnerung daran noch in diesen bedeutungslos gewordenen embryonalen Geschehnissen bekunden. In die gleiche Richtung deutet die Tatsache, daß LILIENSTERN in den Larven von *Formica fusca* var. *glebaria* Nyl. Em., die freilich von manchen für eine eigene Spezies gehalten wird, ebenfalls vergebens nach Bakterien gesucht hat.

Schließlich ist es keineswegs ausgeschlossen, daß auch das eigentümliche, symbiontenführende, in der Folge aber trotzdem zugrunde gehende, eine Erklärung heischende Blastodermsyncytium von *Camponotus* als Reminiszenzerscheinung zu deuten ist. Man könnte daran denken, daß auch hier die Symbionten zunächst in paarigen Mycetocytenhaufen untergebracht waren, bis dann der abgeleitete heutige Zustand erworben wurde, und daß diese sich recht ähnlich verhaltende Zellmasse abermals als eine Erinnerung daran zu verstehen ist.

6. SYMBIOSEN BEI LEUCHTENDEN TIEREN

a) Cephalopoden

In einwandfreier Form hat sich bisher lediglich bei den fast durchweg in seichterem Wasser lebenden Myopsiden — Loliginiden wie Sepioiden — eine Bakteriensymbiose nachweisen lassen. Die entscheidenden Entdeckungen sind PIERANTONI zu danken (1917, 1918, 1924, 1925, 1934, 1935); ZIRPOLO (1918 bis 1938), MORTARA (1924), MEISSNER (1926) und GETZEL (1934) haben die bakteriologischen Probleme weiter verfolgt und KISHITANI (1928, 1932) und HERFURTH (1936) weitere Ergänzungen in anatomischer wie bakteriologischer Hinsicht beigesteuert, aber trotzdem herrscht keineswegs überall die Klarheit, wie sie etwa bei den Leuchtsymbiosen der Pyrosomen und Fische in fast allen Punkten besteht.

In überraschender Weise fanden zunächst die sogenannten akzessorischen Nidamentaldrüsen, also Einrichtungen, welche von allen Myopsiden längst bekannt waren, eine völlig neue Deutung als Bakterienorgane. Die eigentlichen Nidamentaldrüsen beschränken sich auf das weibliche Geschlecht, wo sie als paarige, den Tintenbeutel begleitende Säcke ohne weiteres durch ihre auf

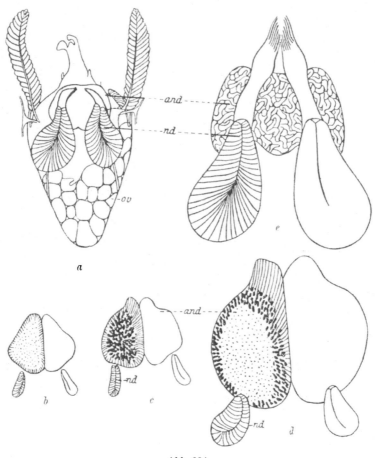

Abb. 284

Sepia elegans D'Orb. *a* Die abdominalen Organe. *b* bis *e* Entwicklung der Nidamentaldrüsen und der anfangs wesentlich größeren « akzessorischen Nidamentaldrüsen ». *ov* Ovar, *nd* Nidamentaldrüsen, *and* akzessorische Nidamentaldrüsen. (Nach Döring.)

reichliche Faltung des Drüsenepithels zurückzuführende blätterige Struktur auffallen. In ihnen werden Substanzen erzeugt, welche gemeinsam mit den in den Eileiterdrüsen abgeschiedenen in die Mantelhöhle austreten und die äußeren Hüllen um die Eier zu bilden haben, welche dann an irgendwelche Unterlagen angeklebt werden. Zu ihnen gesellen sich nun die zumeist dicht davor gelegenen akzessorischen Nidamentaldrüsen, welche teils allein, teils in Verbindung mit Leuchtorganen auftreten können und ihrerseits jedenfalls im allgemeinen kein für unser Auge wahrnehmbares Licht aussenden. Wie ihr Name besagt, nahm man früher allgemein an, daß sie wohl ebenfalls am Aufbau der Eihüllen beteiligt seien, wofür ihre Lage, die noch zu beschreibenden Mündungsverhältnisse und ihre scheinbar drüsige Natur ohne weiteres zu sprechen schienen. Nachdem man nun heute mit Bestimmtheit sagen kann, daß eine derartige Leistung nicht in Frage kommt, ziehen wir es vor, im folgenden lediglich von «akzessorischen Drüsen» zu sprechen, wobei wir uns wohl bewußt sind, daß auch diese Bezeichnung besser durch eine andere ersetzt würde.

Die Mannigfaltigkeit der symbiontischen Einrichtungen der Myopsiden verlangt eine Gliederung des Stoffes in vier Gruppen. Zunächst seien die zahlreichen Fälle betrachtet, in denen sich lediglich auf das weibliche Geschlecht beschränkte akzessorische Drüsen finden. Die klassischen Beispiele hiefür liefert die Familie der Sepiiden, von denen vor allem *Sepia elegans* D'Orbigny und *S. officinalis* L. eingehender untersucht wurden. Die von medialen Ästen der Visceralnerven versorgten akzessorischen Drüsen stellen hier ursprünglich paarige, stattliche Gebilde dar, welche unmittelbar vor den Nidamentaldrüsen gelegen in der Mittellinie in voller Breite zusammenstoßen und schließlich äußerlich und innerlich zu einem unpaaren Organ verschmelzen (Abb. 284*a*, *e*). Auf Schnitten machen sie ganz den Eindruck von tubulösen Drüsen. Ein bindegewebiges Polster ist von zahlreichen, vielfach verzweigten und sich innig durchflechtenden Schläuchen erfüllt, die durch engere Ausführgänge in die Mantelhöhle münden. Ihre Öffnungen sammeln sich auf zwei länglichen, sich deutlich abhebenden Feldern, deren hinterer Abschnitt der Mündung der Nidamentaldrüsen unmittelbar gegenüberliegt, so daß es notwendig zu einer Mischung der beiderlei Inhalte kommen muß. Das ganze von den Einstülpungen eingenommene Feld ist bewimpert, und der Cilienbelag setzt sich auch noch in das Innere der Ausführgänge fort. *Sepia officinalis* unterscheidet sich nur in untergeordneten Punkten von *S. elegans*.

Merkwürdigerweise sind nun diese Tubuli ganz verschieden pigmentiert. Man kann weiße, gelbe und orangerote unterscheiden, und diese drei Sorten sind gleichmäßig über das ganze Organ hin durcheinandergemengt (Abb. 285). Ihr Inneres aber ist nicht, wie die früheren Autoren annahmen, mit einem Sekret gefüllt, sondern stets von einer Unzahl von Bakterien bevölkert. Schon bei schwacher Vergrößerung kann man im histologischen Präparat Unterschiede in der Entwicklung des Epithels der Schläuche und eine verschiedene Struktur ihres Inhaltes erkennen, welche jeweils verschiedenen in ihnen lebenden Symbiontensorten entspricht. PIERANTONI fand zunächst bei *Sepia officinalis* in den weißen Schläuchen schlanke Stäbchen, in den gelben Kokkobazillen und in den orangefarbenen kleinste Kokken und stellte weiterhin fest, daß jeder Wirtsspezies jeweils etwas verschiedene, wohl auseinanderzuhaltende Symbionten eigen sind.

Ihre Kultur in Sepiabouillon machte ihm keinerlei Schwierigkeit. Die aus roten und weißen Schläuchen gezüchteten Kolonien bekundeten dabei kein

Leuchtvermögen, hingegen sollten die aus den gelben stammenden stets leuchten. Während die Insassen der Leuchtorgane anderer Sepioiden im Anschluß an die neuen Einblicke alsbald Gegenstand einer eingehenden bakteriologischen Prüfung werden sollten, beschäftigte sich erst GETZEL (1934) im Institut PIERANTONIS erneut mit denen der akzessorischen Drüsen von *Sepia officinalis*. Als Nährböden dienten ihm in erster Linie Agar, dem eine Bouillon von *Sepia*muskulatur zugesetzt wurde, eine Mischung, mit der ZIRPOLO inzwischen bei anderen Tintenfischsymbionten besten Erfolg gehabt hatte; für das Studium

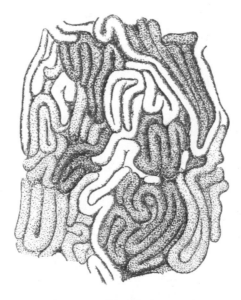

Abb. 285

Sepia officinalis L. Ausschnitt aus der akzessorischen Drüse mit weißen, gelben und orangefarbenen, von verschiedenen Bakterien bewohnten Schläuchen (nach dem Leben). (Nach PIERANTONI.)

der Pigmentbildung verwandte er ein von PERGOLA besonders hiefür empfohlenes Gemisch von Seewasser, Glyzerin und Eidotter. In diesen Medien wuchsen nun nicht weniger als fünf von jeweils spezifischer Pigmentbildung begleitete Formen, die sich in gleicher Weise auf den Ausstrichen der Organe nachweisen ließen. Sie waren durchweg grampositiv, besaßen keine Cilien und bildeten keine Sporen. *Micrococcus nidamentalis albus* stellt einen überaus kleinen, runden Kokkus von 0,5 μ Durchmesser dar, der weiße Kolonien ergibt, *Coccobacterium nidamentale rubrum* einen kaum größeren, elliptischen Kokkus, dessen Kolonien lebhaft ziegelrot gefärbt erscheinen, *Diplobacterium nidamentale pallidum* ein zartes kurzes Doppelstäbchen von 0,9 μ Länge, charakterisiert durch gelblich-ockerfarbenes Pigment. *Staphylococcus nidamentalis croceus* ist der größte der Symbionten. Er ist kugelig, sein Durchmesser beträgt 1,2 μ, seine Kulturen sind ockerfarben. Der fünfte Symbiont, *Staphylococcus nidamentalis malus* ist wieder kleiner, mißt nur 0,8 μ im Durchmesser und produziert einen grünlich-gelben Farbstoff.

Keiner dieser fünf Organismen besaß jedoch die Fähigkeit der Biolumineszenz. Auch in dieser Hinsicht mußten sich also die Angaben PIERANTONIS eine Richtigstellung gefallen lassen. Daß es sich offenbar um spezifische, an diesen Lebensraum angepaßte Formen handelt, geht unter anderem auch daraus hervor, daß sie sich durch ihre Unbeweglichkeit, ihr positives Verhalten gegenüber

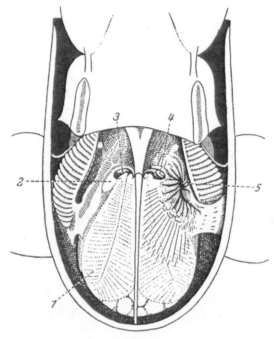

Abb. 286

Sepietta oweniana Naef nach Entfernung des ventralen Teiles des Mantels. *1* Nidamentaldrüse, *2* akzessorische Drüse, *3* gemeinsame Öffnung der beiden, *4* Mündung des Eileiters, *5* Bursa copulatrix. (Nach NAEF.)

der Gramfärbung, die eigentümliche Pigmentproduktion, das Fehlen eines Leuchtvermögens und andere Merkmale mehr scharf von all denen unterscheiden, welche ZIRPOLO (1917) und MEISSNER (1926) von der Oberfläche der Sepien gewonnen und in Kultur studiert haben.

In der Familie der Sepioliden ist der gleiche Typus ebenfalls mehrfach vertreten. Schon PIERANTONI hatte auch *Sepietta obscura* Naef zum Vergleich herangezogen und gefunden, daß diese sich, ganz im Gegensatz zu den übrigen Sepiolinen, wie die Sepien verhält, daß jedoch hier die an Menge überwiegenden orangeroten Schläuche die ganze zentrale Region des ebenfalls sekundär unpaar gewordenen Organes geschlossen einnehmen, während die beiden anderen Sorten weiße und gelbe periphere Flecken bedingen. Wieder entsprechen den drei

Schlauchsorten jeweils verschiedene Symbionten. Auch HERFURTH stellte bei *Sepietta oweniana* Naef die gleiche Anordnung der verschiedenfarbigen Schläuche fest. Die Mündungsverhältnisse garantieren bei dieser Gattung, welche als einzige unter den Sepiolinen durchweg dem *Sepia*typus folgt, in hohem Grade eine Durchmengung des Sekretes der Nidamentaldrüsen mit den Symbionten, denn die flachen Grübchen, in welche die von ihnen bewohnten Schläuche münden, liegen nicht nur dicht vor den Öffnungen der Nidamentaldrüsen, sondern werden noch durch besondere Hautfalten mit diesen verbunden (Abb. 286).

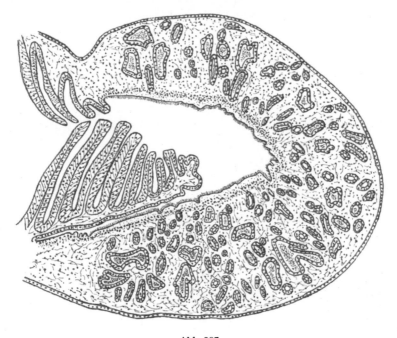

Abb. 287

Rossia macrosoma Owen. Akzessorische Drüse und Nidamentaldrüse öffnen sich in einen gemeinsamen Raum. (Nach HERFURTH.)

Wie *Sepietta* verhalten sich innerhalb der Familie der Sepioliden auch noch nahezu alle Rossiinen. Bei *Rossia macrosoma* Owen, die vor allem genauer untersucht wurde, sind jedoch die Tubuli der hier paarig bleibenden akzessorischen Drüse viel schwächer als sonst entwickelt und durchsetzen zum Teil nicht den ganzen Bereich des verhältnismäßig viel mächtiger entwickelten Bindegewebes. DÖRING (1908) spricht geradezu von einer bindegewebigen Degeneration der Organe, und NAEF (1923) schließt aus ihrem Verhalten ebenfalls auf eine mutmaßliche Tendenz zur Rückbildung. HERFURTH hat Ausstriche untersucht und diesmal nur zweierlei Symbionten festgestellt. Die Mündungen der Schläuche stehen auch hier in besonders enger Beziehung zu der Öffnung der Nidamentaldrüsen, mit denen die akzessorischen Drüsen seitlich verwachsen sind. Zwischen den beiden Organen hat sich ein wohlbegrenzter Raum gebildet, und in diesen treten die Sekrete wie die Symbionten über (Abb. 287).

Auch *Spirula*, die einzige Gattung der Familie der Spiruliden, die bekanntlich eine Form größerer Tiefen ist, reiht sich hier an. Wohlentwickelt und ohne weiteres sichtbar liegen bei *Spirula spirula* Hoyle die auf das Weibchen beschränkten akzessorischen Drüsen im Bogen um die Mündungen der Nidamentaldrüsen, und drei verschiedene Bakterienarten decken sich auch hier mit einer verschiedenen Färbung der Schläuche (HERFURTH). Das in beiden Geschlechtern am rostralen Ende vorhandene Leuchtorgan stellt hingegen eine Bildung dar, zu welcher es bei den übrigen Myopsiden kein Gegenstück gibt und in der HERFURTH auch keinerlei Bakterien nachweisen konnte.

Auch die Familie der Loliginiden besitzt im allgemeinen als einzige symbiontische Einrichtung lediglich im weiblichen Geschlecht vorhandene akzessorische Drüsen. Sie stellen paarige Polster dar, die zu einem guten Teil von den Nidamentaldrüsen überdacht werden und einen reduzierten Eindruck machen. Die Tubuli sind kürzer und weniger verzweigt als etwa bei *Sepia*, die Ausführgänge kurz und eng. Ihre Mündungen erstrecken sich über die ganze Oberfläche (*Loligo vulgaris* Lam., *marmorae* Verany). Schon bei den jungen Weibchen erreichen diese Organe ihre maximale Entfaltung, dann halten sie mit dem weiteren Wachstum nicht mehr Schritt. HERFURTH hat außerdem *Alloteuthis media* Naef in den Kreis seiner Untersuchungen gezogen, deren akzessorische Drüsen ebenfalls mehr in die Tiefe versenkt sind, ohne daß diesmal engere topographische Beziehungen ihrer Mündungen zu denen der Nidamentaldrüsen bestünden. Auch hier spricht diese Lageverschiebung sowie der Umstand, daß wieder einerseits die Schläuche sehr reduziert sind, andererseits das umgebende Bindegewebe stark entfaltet ist, dafür, daß die Organe ebenfalls in Rückbildung begriffen sind (NAEF). In den Schläuchen leben abermals drei Insassen, ein größeres und ein kleineres Stäbchen und kleine Kokken. Genauere Angaben über die Bakterien liegen außerdem bisher nur für *Loligo forbesi* Steenstrup vor, doch handelt es sich hier um einen Sonderfall, der zur Aufstellung einer zweiten Kategorie nötigt.

WÜLKER (1913) und anschließend NAEF (1923) stellten fest, daß bei dieser Spezies im Gegensatz zu allen anderen *Loligo*arten die sonst auf das weibliche Geschlecht beschränkten akzessorischen Drüsen in rudimentärer Form auch bei den Männchen auftreten. Die Organe liegen im Gegensatz zu denen der Sepiiden und Sepioliden, wo sie sich hinter den Nierenöffnungen finden, vor diesen. In halbreifen Tieren sind die Drüsen in beiden Geschlechtern einander am ähnlichsten. Wenn sie auch prinzipiell wie bei den Sepien gebaut sind, so bleiben die epithelialen Einstülpungen doch viel kürzer, weniger verzweigt und weniger durchflochten. Infolgedessen erscheint andererseits wieder der bindegewebige Anteil wesentlich reicher entfaltet. Sind die akzessorischen Drüsen schon im weiblichen Geschlecht recht schwach entwickelt, so bleiben sie im männlichen nicht nur vorzeitig in ihrer Entwicklung stehen, sondern erleiden darüber hinaus noch eine deutliche Rückbildung. Die Schläuche schwinden zum Teil wieder, während das Bindegewebe sich verdichtet und mehrfach von Muskelzügen durchfurcht wird (Abb. 288).

Wülker hatte den Inhalt der Schläuche noch für ein Sekret gehalten, aber Pierantoni konnte sich davon überzeugen, daß er auch hier aus stäbchenförmigen Bakterien besteht. Allgemein sind auch die akzessorischen Drüsen der Loligoarten orangerot pigmentiert; — für Loligo edulis Hoyle wird ausdrücklich

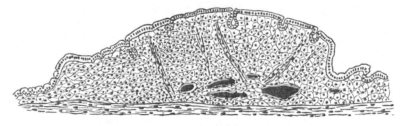

Abb. 288
Loligo forbesi Steenstrup. Rudimentäre akzessorische Drüse eines männlichen Tieres.
(Nach Wülker.)

angegeben, daß dreierlei Farbtöne unregelmäßig gemengt auftreten, woraus man wohl auch hier auf die Anwesenheit mehrerer Symbiontensorten schließen darf.

Die dritte Kategorie umfaßt diejenigen Myopsiden, bei denen ebenfalls nur im weiblichen Geschlecht akzessorische Drüsen vorhanden sind, außerdem aber beide Geschlechter echte, bakterienbewohnte Leuchtorgane besitzen. Dieser Typus ist vor allem innerhalb der Sepiolinen sehr verbreitet und hier mehr oder weniger vollkommen entwickelt. Auf einer primitiveren Stufe stehen die Leuchtorgane von Rondeletiola minor Naef. Hier liegt beim Weibchen unmittelbar vor den Nidamentaldrüsen eine zweiflüglige, aber auf der rechten Seite ansehnlicher entwickelte akzessorische Drüse, in die das rundliche, unpaare Leuchtorgan eingelassen ist. Dieses sendet nun nicht nur ein durch den Mantel hindurchstrahlendes grünlich-weißes Licht aus, sondern vermag gleichzeitig seinen Inhalt in das umgebende Seewasser auszustoßen und dieses so mit einem feurigen Nebel zu erfüllen. Eine feine Hautfalte, welche das Leuchtorgan in der Mitte durchzieht, und paarige Mündungsfelder erinnern noch an die ursprünglich zweiseitige Anlage.

Abb. 289
Rondeletiola minor Naef. Das Leuchtorgan des Weibchens mit den flankierenden akzessorischen Drüsen und den dahinterliegenden Nidamentaldrüsen. 10fach vergrößert. (Nach Pierantoni.)

Leuchtorgan und akzessorische Drüsen lassen beide auch hier schon im Leben die Zusammensetzung aus gewundenen Schläuchen erkennen, wobei der Bereich des ersteren hellgelb getönt ist, während eine ringförmig anschließende schmale Zone lebhaft orange, der Rest der akzessorischen Drüsen aber weißlich erscheint (Abb. 289). Schnitte durch

den Organkomplex lassen erkennen, daß das Leuchtorgan scharf gegen seine
Umgebung abgesetzt ist. Der darunterliegende Tintenbeutel nimmt die an Zahl
ziemlich geringen, nach der Tiefe zu sich jetzt flaschenartig erweiternden Einstülpungen wie ein Becher auf und dient so als Pigmentschirm. Die an seiner
Innenseite ziehende Muskulatur besitzt ein stärkeres Lichtbrechungsvermögen
als anderwärts und funktioniert so als primitiver Reflektor. Andererseits ist
das mit zahllosen feinen Gefäßverzweigungen versorgte Bindegewebe dort, wo
es von den schlankeren Ausführgängen durchzogen wird, besonders dicht gebaut

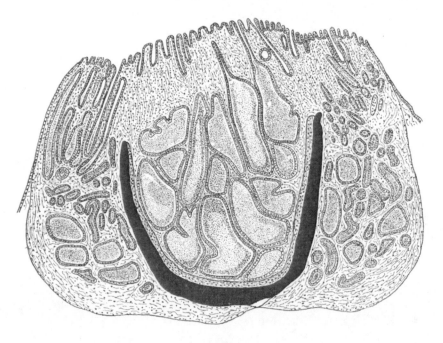

Abb. 290

Rondeletiola minor Naef. Schnitt durch das Leuchtorgan und die akzessorischen Drüsen eines Weibchens. Etwas schematisiert. (Kombiniert nach Pierantoni und Herfurth.)

und überaus lichtbrechend, so daß es den Wert einer wenn auch ebenfalls
noch unvollkommenen Linse erhält. Die Schläuche der akzessorischen Drüsen
sind im allgemeinen nicht so keulig angeschwollen und münden in den peripheren Regionen aus (Abb. 290).

Das Leuchtorgan der Männchen ist wesentlich größer, gleicht aber in seinem
Bau ganz dem der Weibchen, nur fehlen natürlich die begleitenden Schläuche
der akzessorischen Drüse.

Die Gattung *Sepiola*, von der eine ganze Reihe von Arten untersucht wurde,
sowie *Euprymna* unterscheiden sich von *Rondeletiola* dadurch, daß die Leuchtorgane jetzt fern von den akzessorischen Drüsen als paarige, etwa ohrförmige
Gebilde dem Tintenbeutel seitlich auf- und eingelagert sind (Abb. 291a).

PIERANTONI studierte unter dem Gesichtspunkte der Bakteriensymbiose in erster Linie *Sepiola intermedia* Naef, KISHITANI (1932) *S. birostrata* Sasaki, HERFURTH *S. robusta* Naef, *atlantica* D'Orbigny, *ligulata* Naef, *rondeleti* Steenstrup und *affinis* Naef. KISHITANI zog schließlich noch *Euprymna morsei* Verrill zum Vergleich

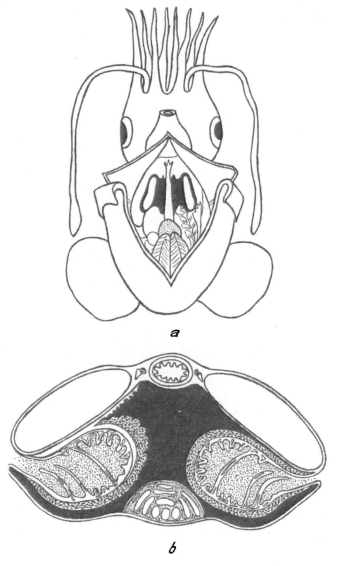

Abb. 291

Euprymna morsei Verrill. *a* Männliches Tier mit geöffnetem Mantel, von der Ventralseite gesehen; die ohrförmigen Leuchtorgane in den Tintenbeutel gebettet, vor den blätterigen Nidamentaldrüsen die unpaare akzessorische Drüse. *b* Schematischer Querschnitt durch die paarigen Leuchtorgane und ihre Linsen, Tintenbeutel, Tintendrüse und Rektum. (Nach KISHITANI.)

heran, doch besitzen all diese Arten, von geringfügigen Abweichungen abgesehen, nach dem gleichen Plan gebaute Leuchtorgane und akzessorische Drüsen.

Die Außenseite der ersteren ist stets von einer elliptischen, stark in die Länge gezogenen und lebhaft irisierenden Linse bedeckt. Wenn die Ausführgänge der

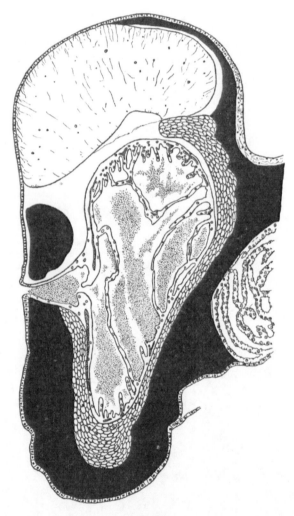

Abb. 292

Euprymna morsei Verrill. Längsschnitt durch das Leuchtorgan mit Linse, Reflektor, Tintenbeutel und Tintendrüse. (Nach Kishitani.)

hinter ihr liegenden weitlumigen Epithelsäcke sie jetzt nicht mehr einzeln durchsetzen, sondern alle zu einer einzigen, seitlich von ihr auf einer kleinen Erhöhung gelegenen Öffnung streben und kurz vor ihr in einen gemeinsamen Raum einmünden, so stellt das zweifellos einen wesentlichen konstruktiven

Fortschritt dar (Abb. 292). Die Linse ist im Leben von glasiger Beschaffenheit und besteht aus einem an Fasern und Vakuolen reichen, wieder von vielen Kapillaren durchzogenen Bindegewebe mit wenigen kleinen Kernen. Der Reflektor ist jetzt ebenfalls wesentlich vervollkommnet. Zwischen spärlichen Kernen liegen bei *Sepiola intermedia* Massen eigentümlicher ovaler Blättchen, die PIERANTONI wohl mit Recht von den Muskelfasern ableiten möchte, welche sich bei *Rondeletiola* in der gleichen Schicht noch in so wenig veränderter Form finden. In anderen Fällen handelt es sich um große, spindelförmige und parallel gelagerte Zellen. Der Tintenbeutel, welcher dort nur einen das Licht nach innen

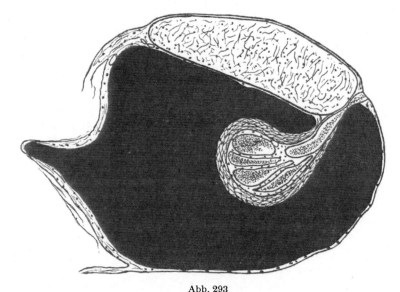

Abb. 293
Sepiola ligulata Naef. Längsschnitt durch das Leuchtorgan mit Linse, Reflektor und Tintenbeutel.
(Nach HERFURTH.)

und seitlich abschirmenden Becher bildete, funktioniert jetzt gleichzeitig als Abblendeeinrichtung.Er greift, besonders bei den fixierten Exemplaren, oft weit um die Lichtquelle herum und schiebt sich dabei selbst zwischen sie und die Linse (Abb. 291 *b*, 293). Alles spricht dafür, daß das lebende Tier, an dem zeitweise kein Leuchten wahrzunehmen ist (KISHITANI), sich dieser Einrichtung willkürlich zu bedienen vermag. Andererseits können auch hier die Bakterien in das Seewasser ausgestoßen werden (PIERANTONI, SKOWRON 1926).

Der hohen Entwicklung dieser Leuchtorgane entspricht auch eine vorzügliche Versorgung mit Gefäßen. Jederseits tritt ein Ast der Aorta aboralis von einer Vene begleitet von rückwärts in die Kapsel ein, verzweigt sich hier im Bindegewebe, durchzieht die Scheidewände und gibt die schon erwähnten Kapillaren an die Linse ab. Auf dem gleichen Wege versorgt je ein Ast des Nervus visceralis die beiden durch einen queren Bindegewebsstrang miteinander verbundenen Organe. Eine diesbezügliche Abbildung KISHITANIS vermittelt eine lebendige Darstellung davon, wie innig schließlich diese Organe, welche den Gipfelpunkt der Cephalopodensymbiose darstellen, im Gesamtkörper des Wirtstieres verankert werden.

Entsprechend der Pigmentverteilung bei *Rondeletiola* fehlt nun dort, wo die Leuchtorgane sich völlig von den akzessorischen Drüsen gesondert haben, in letzteren das gelbe Pigment durchaus, während eine große zentrale Zone lebhaft orange und ein regelmäßiger Saum weißlich gefärbt ist. Mit dem Inhalt der Schläuche haben sich außer PIERANTONI ZIRPOLO, MORTARA, MEISSNER, HER-FURTH und KISHITANI eingehender befaßt. In den Leuchtorganen leben jeweils einander recht ähnliche Organismen, bei *Rondeletiola* ein *Coccobacillus pierantonii* Zirpolo, dessen Dimensionen sich zwischen $1 \times 1\,\mu$ und $1 \times 2\,\mu$ bewegen und der teils unbeweglich ist, teils sich mittels einer oder einiger endständiger Geißeln bewegt, bei *Sepiola intermedia* ein ziemlich variabler, als *Vibrio pierantonii* Zirpolo bezeichneter Organismus, der bald als Kokkus, bald als Stäbchen von $2-4\,\mu$ Länge auftritt und ebenfalls nur teilweise mit ein bis drei an einem Pol sitzenden Geißeln ausgestattet ist. KISHITANI beschreibt aus dem Leuchtorgan von *Sepiola birostrata* einen *Micrococcus sepiolae* und aus *Euprymna morsei* $1,5-2\,\mu$ lange Stäbchen mit unipolaren Geißeln als *Pseudomonas euprymna*. Auch HERFURTH findet bei den übrigen von ihm untersuchten *Sepiola*arten immer wieder den Leuchtsymbionten von *Sepiola intermedia* recht ähnliche Insassen.

Die Besiedlung der akzessorischen Drüsen hingegen bietet stets ein ungleich bunteres Bild. Bei *Rondeletiola* und *Sepiola intermedia* handelt es sich in den weißen Schläuchen um ein kurzes Stäbchen, und in den orangefarbenen um einen *Coccobacillus*; bei anderen Arten stellen sich im Verein mit kleinsten oder derberen Kokken und Kokkobazillen längere Stäbchen oder spindelförmige Gebilde mit verschieden angeordneten, stark färbbaren Einschlüssen ein, Formen, von deren innerhalb der Art jeweils konstanter Mannigfaltigkeit die Abbildung 294 eine Vorstellung vermittelt. Dabei können die akzessorischen Drüsen zwei, drei oder gar, wie bei *Sepiola rondeleti*, viererlei Insassen bergen, zu denen sich jeweils noch als weiterer Gast der Leuchtsymbiont gesellt.

Die Kultur der Leuchtsymbionten machte, wo immer sie von PIERANTONI, ZIRPOLO, MEISSNER, MORTARA und KISHITANI versucht wurde, keine Schwierigkeiten. Als fester Nährboden wurde von MEISSNER eine Bouillon aus *Sepia*- oder Flundernmuskulatur und Seewasser benutzt, der 1% WITTE-Pepton und 2% Agar oder auch 15% Gelatine zugefügt wurden. ZIRPOLO setzte unter anderem auf einen Liter dieses Gemisches noch 40 cm³ Glycerin und ein Ei hinzu und erhielt damit die bei weitem am intensivsten leuchtenden Kulturen. In morphologischer Hinsicht glichen sich die verschiedenen aus *Rondeletiola* beziehungsweise *Sepiola* gewonnenen Stämme durchaus, doch zeigten sie bezüglich ihres Wachstums auf Agar und Gelatine sowie hinsichtlich der Zuckervergärung und des Leuchtvermögens mehr oder weniger große Unterschiede. Der Vergleich mit den anderen bisher gezüchteten Leuchtbakterien ergab, daß es sich jedenfalls in beiden Fällen um neue Formen handelt. Insbesondere sind sie auch deutlich verschieden von all den Kulturen, welche

MEISSNER und ZIRPOLO von der Haut und aus der Muskulatur toter Tintenfische (*Sepia officinalis*) gewannen. Die letzteren – Bazillen und Vibrionen –
zeigten auch nicht die Stammesspezifität der Symbionten, sondern bekundeten
sich jeweils als identisch oder zum mindesten als serologisch einheitliche Arten.

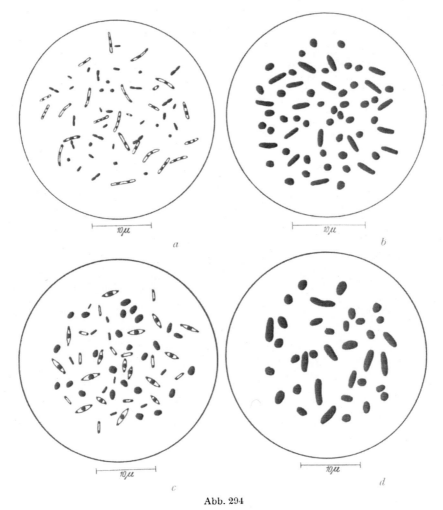

Abb. 294

a Sepiola ligulata Naef. Dreierlei Insassen der akzessorischen Drüsen. *b Sepiola ligulata* Naef. Der
Coccobacillus aus dem Leuchtorgan. *c Sepiola rondeleti* Steenstrup. Viererlei Insassen der akzes-
sorischen Drüse. *d Sepiola rondeleti* Steenstrup. Der *Coccobacillus* des Leuchtorgans.
(Nach HERFURTH.)

Durch diese sorgfältig durchgeführten Untersuchungen wurden die Angaben
MORTARAS richtiggestellt, denen zufolge die *Sepiola* äußerlich anhaftenden und
in den verschiedensten Körperhöhlen, selbst in der vorderen Augenkammer
sich findenden Leuchtbakterien mit den Bewohnern der Leuchtorgane identisch

sein sollten (siehe hiezu auch die diesbezügliche Polemik zwischen MORTARA und PUNTONI einerseits und PIERANTONI und ZIRPOLO andererseits).

Daß die Leuchtorgane, welche OKADA (1927) und KISHITANI (1928) von *Loligo edulis* beschrieben haben, eine Sonderstellung einnehmen, wird bei der auch sonst in so vieler Hinsicht abweichenden Organisation der Loliginiden nicht wundernehmen. Hier flankiert jederseits eine schlank spindelförmige, etwa 30 mm lange und 10 mm breite, von derben Fasern kreuz und quer durchzogene Linse den Enddarm, und unter ihr liegt ein kleinerer kugeliger Komplex von bakteriengefüllten Einstülpungen des Epithels, welche im wesentlichen

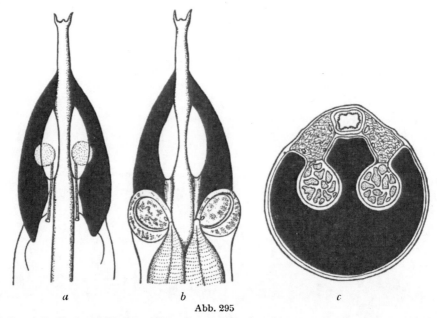

a　　　　　　　　　　b　　　　　　　　　　c

Abb. 295

Loligo edulis Hoyle. *a* Männliches Tier mit spindelförmigen Linsen, runden Leuchtorganen und Ausführgängen. *b* Weibliches Tier mit ebensolchen Linsen, akzessorischen Drüsen und Nidamentaldrüsen. *c* Querschnitt durch den Rumpf mit den in den Tintenbeutel gebetteten Leuchtorganen und den das Rektum flankierenden, von Fasern durchzogenen Linsen. (Nach KISHITANI.)

parallel der Längsachse der Linse ziehen und sich in einen am hinteren Ende entspringenden Ausführgang öffnen. Dieser Gang durchzieht die Linse und führt beim Weibchen zu den akzessorischen Drüsen, während er bei den Männchen an der entsprechenden Stelle in die Mantelhöhle mündet (Abb. 295). Die Wandung des Ganges ist mit Wimpern ausgekleidet, und die gleichen gramnegativen beweglichen Kurzstäbchen, welche sich im Leuchtorgan finden und ohne Schwierigkeit züchten ließen, fehlen auch in ihm nicht.

Die akzessorischen Drüsen stehen dank weiter ventral gelegener Öffnungen, in die auch der Ausführgang der Leuchtorgane mündet, mit der Mantelhöhle in Verbindung. Wieder lassen sich in ihren Schläuchen dreierlei Insassen — ein *Vibrio*, ein *Coccus* und ein langes Stäbchen — unterscheiden; während aber

KISHITANI aus *Euprymna morsei* und *Sepiola birostrata* stets nur die nicht-leuchtenden Bewohner der akzessorischen Drüsen gezüchtet hat, tauchten hier begreiflicherweise, wenn er den Inhalt der akzessorischen Drüsen aussäte, auch zahlreiche leuchtende Formen auf, welche durchaus den Bewohnern der Leuchtorgane entsprachen und zweifellos aus dem gemeinsamen Mündungs-bereich stammten.

Schließlich haben wir uns im Rahmen dieser dritten Kategorie auch mit den Heteroteuthinen, einer weiteren Unterfamilie der Sepioliden, zu befassen,

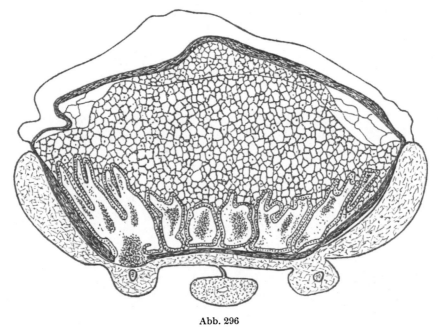

Abb. 296
Heteroteuthis dispar Gray. Querschnitt durch das Leuchtorgan. (Nach HERFURTH.)

welche durchweg in beiden Geschlechtern hochentwickelte Leuchtorgane besitzen. Hier handelt es sich nun um Formen, welche sich an größere Tiefen angepaßt und dementsprechend auch in mehrfacher Hinsicht von den Sepio-linen, von denen sie offenkundig abstammen, entfernt haben. Die Leuchtorgane der in 1200—1500 m lebenden *Heteroteuthis dispar* Gray, die allein bisher auf ihre Symbiose hin untersucht wurde, stellen ansehnliche, 0,5—1 cm messende, zwi-schen den Kiemen gelegene Gebilde dar. Becherförmig vom Tintenbeutel in seinem eingesenkten Teil umschlossen und auf der freien Seite eine schwach gewölbte Scheibe darstellend, erscheinen sie wie große Perlen. Innerlich zer-fallen sie in einen rechten und linken Hautsack mit gefalteter, bewimperter Wandung. Jeder der beiden mit leuchtenden Einschlüssen gefüllten Räume mündet selbständig auf einer erhöhten Warze aus. Zwischen sie und einen rück-wärtigen Reflektor schiebt sich eine mächtig entwickelte netzige Zone ein, deren

Bedeutung unbekannt ist. Nach außen schließen bindegewebige Massen ab, die von Muskelfasern durchzogen sind, in ihrem Aufbau an den Reflektor erinnern und wohl nur in zweiter Linie als strahlensammelnde Linsen dienen (Abb. 296).

Auch *Heteroteuthis* stößt, wenn sie gereizt wird, den leuchtenden Inhalt aus (HARVEY, 1940, und andere). Dabei verlassen die Organe mannigfach gestaltete, vornehmlich bandförmige Massen, die aus einer Grundsubstanz und in sie eingebetteten rundlichen, ovalen oder länglichen Gebilden von zumeist 3 μ Durchmesser und 6—7 und mehr μ Länge bestehen; diese Einschlüsse, welche den sonst stets typische Bakteriengestalt besitzenden Symbionten der Leuchtorgane der übrigen Myopsiden entsprechen, vermehren sich durch Zerlegung in zwei gleiche oder ungleiche Teile, durch multiple Teilung, vor allem aber durch eine Art Knospung, und enthalten ein stark färbbares, je nach dem Umriß rundliches oder stabförmiges Gebilde, in dem PIERANTONI, der sich als erster eingehender mit diesen Einschlüssen befaßte (1924, 1925), einen Kern sehen möchte, das aber ebensogut den eigentlichen, dann von einer Gallerthülle umgebenen Bakterienleib darstellen könnte. Jedenfalls spricht alles dafür, daß es sich hier wirklich ebenfalls um symbiontische Mikroorganismen handelt und daß, wie in so vielen anderen Fällen, eine für Leuchtbakterien freilich ungewöhnliche Entartung der ursprünglichen Bakteriengestalt vorliegt. Auch HARVEY (1940) scheint im Gegensatz zu MORTARA (1922) einer solchen Deutung keineswegs abgeneigt zu sein, SKOWRON (1926) läßt die Frage offen, hält jedoch ein Eigenlicht für wahrscheinlicher. Wenn sich in den Leuchtorganen von *Heteroteuthis* ebensowenig wie bei anderen Sepioliden Luciferin und Luciferase nachweisen ließen, so harmoniert dies aufs beste mit PIERANTONIS Auffassung, für die ja vor allem auch die systematische Stellung der Heteroteuthinen spricht (siehe Abb. 329).

Dazu kommt noch, daß die Untersuchung der auch hier im weiblichen Geschlecht nicht fehlenden akzessorischen Drüsen völlige Übereinstimmung mit den übrigen Myopsiden ergab. Sie sind hier innig mit den Nidamentaldrüsen verwachsen und werden zum Teil von deren Mündung überlagert. Ihr Bau weicht in mancher Hinsicht etwas von dem üblichen ab; so erinnert ein nur hier sich findender Gallertmantel daran, daß auch die Gewebe der tiefenbewohnenden Oegopsiden oft eine ähnliche Beschaffenheit annehmen. An den Schläuchen kann man zwei auch räumlich gesonderte Typen unterscheiden: dickwandige, welche zahllose, große und schlanke Stäbchen enthalten, und dünnwandige mit sehr kleinen Kokken (HERFURTH).

Die letzte Kategorie umfaßt schließlich Tiere, welche im weiblichen Geschlecht eine wohlentwickelte, im männlichen Geschlecht eine rudimentäre akzessorische Drüse besitzen, und außerdem in beiden Geschlechtern rudimentäre Leuchtorgane entwickeln. Der einzige hierher zu rechnende Vertreter ist nach den Beobachtungen CHUNS (1910) *Rossia mastigophora* Chun, die sich damit von den übrigen, freilich noch recht mangelhaft bekannten Rossien unterscheidet. HERFURTH hat neuerdings weibliche Tiere auf ihren Bakteriengehalt prüfen können. Auch hier kommt es zu einer wenigstens teilweisen Verwachsung der akzessorischen Drüsen mit den Nidamentaldrüsen, deren Mündung sie wieder bogenförmig umfassen. Ihr bindegewebiger Anteil tritt keineswegs so sehr in den Vordergrund, wie bei *Rossia macrosoma*, und die Schläuche sind so zahlreich und dicht gelagert, daß kaum von einer Tendenz zur Rückbildung die Rede sein kann. In ihnen leben abermals dreierlei Organismen: am zahlreichsten sind kleinste, oft kettenbildende Stäbchen, und neben ihnen finden sich dickere und schlankere Stäbchen, beide zumeist mit stark färbbaren, kugeligen Endbezirken. Bei den kleinen rudimentären Leuchtorganen hingegen, welche den Enddarm flankieren, handelt es sich lediglich um keulenförmige, wenig in die Tiefe gehende Einstülpungen des Wimperepithels, die einem lockeren, an Kapillaren reichen Bindegewebe aufliegen. An ihren Zellen deutet nichts auf eine drüsige Funktion, doch fanden sich in ihnen schlankere Stäbchen, gemischt mit mehr ovalen Formen, welche stark an die Insassen der Leuchtorgane der Sepiolinen erinnern und vermutlich auch wirklich leuchten (Abb. 297). Das Organ gleicht somit weitgehend den frühen Entwicklungsstadien wohlentfalteter Leuchtorgane, wie sie im folgenden noch beschrieben werden.

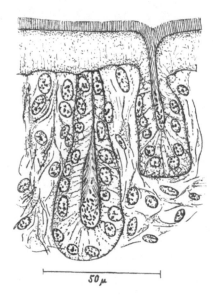

Soweit die heute vorliegenden Befunde über Bau und Insassen der symbiontischen Organe der Myopsiden. Da die Frage der Übertragung der letzteren auf die Nachkommen aufs engste mit der embryonalen und postembryonalen Entwicklung der Leuchtorgane, beziehungsweise der akzessorischen Drüsen verknüpft ist, so sei diese zuerst geschildert. Ihre Entwicklung geht zwar

Abb. 297

Rossia mastigophora Chun. Schnitt durch das rudimentäre Leuchtorgan eines Weibchens mit Bakterien in den schwach entwickelten Schläuchen. (Nach Herfurth.)

zeitlich getrennt vor sich, weist aber hier wie dort recht ähnliche Anfangsstadien auf, zu denen sich dann im Falle der Leuchtorgane noch die zusätzliche Differenzierung der verschiedenen Hilfseinrichtungen gesellt.

Über den Werdegang der akzessorischen Drüsen sind wir vor allem durch die Untersuchungen Dörings (1908) recht gut unterrichtet. Er fand ihre erste Anlage bei *Sepia elegans* an Embryonen von 9 mm Länge. Sie tauchen damit später auf als die Nidamentaldrüsen, eilen diesen aber zunächst in ihrer Entfaltung beträchtlich voraus, um erst im weiteren Verlauf von ihnen überflügelt zu werden. Zu beiden Seiten des Tintenbeutels hebt sich dann je eine rundliche, durch kubische, großkernige Zellen ausgezeichnete Epithelverdickung ab, die sich in der Folge noch allseitig vergrößert und auf 11 mm langen postembryonalen Stadien ein außerordentlich charakteristisches, von einem zentralen Punkt ausstrahlendes Leistensystem zu entwickeln beginnt. Anfangs noch niedrig, werden diese Leisten, an deren Bildung sich das darunterliegende Bindegewebe

nicht beteiligt, allmählich höher, und wenn die Gesamtanlagen soweit gewachsen sind, daß sie sich median berühren, verwachsen die Ränder der Rinnen
derart, daß sie durch Reihen kleiner Grübchen abgelöst werden. Dieser Prozeß
schreitet vom Zentrum nach der Peripherie zu fort, wo sich daher allein noch

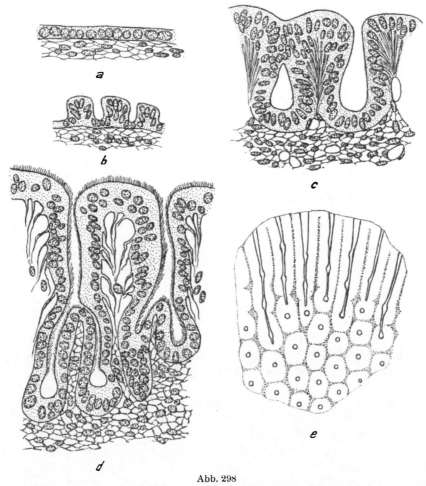

Abb. 298

Sepia elegans D'Orb. Entstehung der akzessorischen Drüsen. *a* Erste Verdickung des Mantelepithels. *b* Anfang der Leistenbildung. *c* Fortgeschrittene Leistenbildung, teilweise Verwachsung
der Rinnenwände. *d* Späteres Entwicklungsstadium, Bildung der eigentlichen Schläuche und Auftreten der Bewimperung. *e* Bildung der Grübchen aus den anfänglichen Furchen, von der Fläche
gesehen. (Nach Döring.)

die radiäre Streifung erhält (Abb. 284 *b, c, d*, 298). Allmählich dringt dann
auch das indessen von zahlreichen Kapillaren durchsetzte Bindegewebe zwischen die im Mittelfeld bereits zu kurzen Schläuchen auswachsenden und in
der Tiefe sich spaltenden Einstülpungen, welche jetzt erst an ihren blinden

Enden die eigentlichen «Drüsentubuli», zunächst als kugelige Auftreibungen, entwickeln (Abb. 298 d). Um diese Zeit hat sich nun die Oberfläche der allmählich zu einem flachen Polster angeschwollenen Anlage mit einem Wimperkleid bedeckt, das auch die engeren primären und sekundären Einstülpungen, nicht aber die sich gegen sie scharf absetzenden, später mit Symbionten gefüllten Schläuche auskleidet. Dieser Prozeß der Schlauchbildung greift immer mehr auf die peripheren Regionen über, an denen sich die Organe noch vergrößern und daher immer noch radiäre Rinnen vorhanden sind. Schließlich kommt es durch Konzentration der Ausführgänge zur Bildung zweier nach vorne konvergierender Mündungsfelder (Abb. 298 e).

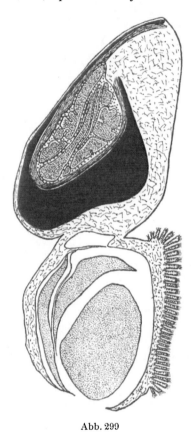

Bei *Loligo forbesi* setzt die Bildung der Schläuche nach WÜLKER bereits ungewöhnlich früh ein. Schon an einem Embryo von 1,5 mm Mantellänge kann man wieder in der Gegend der künftigen Organe eine lokal begrenzte, leichte Verdickung des noch unbewimperten Epithels erkennen, das auch hier anfangs weit offene, radiär gestellte Rinnen bildet, aus denen sich dann die hier nur in spärlichem Ausmaße in die Tiefe wachsenden und in ihrem Anfangsteil bewimperten Schläuche entwickeln. Auf ganz ähnliche Weise entstehen die akzessorischen Drüsen auch anderweitig, wo immer man jugendliche Tiere daraufhin untersucht hat.

Wo neben den akzessorischen Drüsen Leuchtorgane vorhanden sind, eilen sie in der Entwicklung wesentlich voraus (Abb. 299). PIERANTONI fand sie bei *Sepiola intermedia* bereits in einem 15 Tage alten Embryo, das heißt 12—14 Tage vor dem Schlüpfen, angelegt. Auf Stadien, die eben erst die Eikapsel verlassen haben, sind sie dann schon in allen wesentlichen Teilen vorbereitet, während sich die akzessorischen Drüsen bei

Abb. 299

Sepiola intermedia Naef. Ein Jungtier zeigt das Leuchtorgan bereits weit entwickelt, während die Anlage der akzessorischen Drüsen erst auf einem frühen Stadium steht. 20fach vergrößert.
(Nach PIERANTONI.)

dem gleichen Objekt erst in Tieren, die schon 1 cm lang sind, zu entwickeln beginnen. Abbildung 300 zeigt den Querschnitt durch einen Embryo, der kurz vor dem Schlüpfen steht. Das künftige Leuchtorgan erscheint bereits als paarige, abermals ein Wimperkleid tragende Wucherung des Bindegewebes, in das die ersten Falten des Epithels eingestülpt sind; die künftige Linse beginnt sich schon als Polster abzuheben und die dem Tintenbeutel anliegende Muskulatur offenbart schon die blätterige Struktur des künftigen Reflektors. Bei

Rondeletiola, wo das Leuchtorgan im weiblichen Geschlecht nur einen Abschnitt der akzessorischen Drüse darstellt, legen sich die symbiontischen Organe beider Geschlechter ganz in der gleichen Weise in Form radiärer Furchen an, und erst in der Folge kommt es im weiblichen Geschlecht zu einer Sonderung in Leuchtorgan und akzessorische Drüse (NAEF).

Wenn wir uns nun der Frage zuwenden, auf welchem Wege die jeweilige Neubesiedlung der symbiontischen Organe bewerkstelligt wird, so betreten wir ein keineswegs endgültig geklärtes Gebiet. Zunächst gilt es zu entscheiden, wann die teils schon vor dem Schlüpfen in die perivitellinen Substanzen, teils erst in das freie Meerwasser sich öffnenden Anlagen der akzessorischen Drüsen und der Leuchtorgane von den jeweils artspezifischen Bakterien bezogen werden. In diesem Zusammenhang ist von einem höchst merkwürdigen,

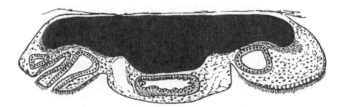

Abb. 300

Sepiola intermedia Naef. Anlage der Leuchtorgane an einem kurz vor dem Schlüpfen stehenden Embryo. 160fach vergrößert. (Nach PIERANTONI.)

vor allem für *Sepia* von DÖRING genau beschriebenen, sich aber auch anderweitig ganz ähnlich abspielenden Vorgang zu berichten. Wenn das Jungtier 16 mm Mantellänge erreicht hat, nehmen die Anlagen der akzessorischen Drüsen eine bräunliche bis schwärzliche Färbung an, welche nur die Randzone freiläßt und darauf zurückzuführen ist, daß sich die einzelnen Schläuche prall mit Seesand, Tintensekret, Diatomeenschalen und anderem Detritus füllen (Abb. 284c). Mit fortschreitender Entwicklung entfärben sich dann die zentralen Regionen wieder, während die Verschmutzung auf die zunächst noch sauberen peripheren Gebiete übergreift. Die Fremdkörper gelangen dabei zwar tief in die sich aufspaltenden Ausführgänge, meiden aber die anschließenden erweiterten Schlauchteile. Wenn sie eindringen, ist das Wimperkleid noch nicht entwickelt, so daß DÖRING vermutet, daß sie durch die Atembewegungen des Mantels in die engen Gänge gepreßt werden. Während der Füllung aber kommt es dann zur Ausbildung und sorgt wahrscheinlich dadurch, daß die Cilien nach außen schlagen, für die alsbald einsetzende Reinigung. Dafür spricht auch, daß diese in dem Maße, in dem die Wimpern gebildet werden, nach der Peripherie zu fortschreitet. Erst nach erfolgter Säuberung setzt die intensive Entwicklung der Schläuche ein, die zur Entstehung des unentwirrbaren Geflechtes führt.

Zweifellos werden mit dem «Unrat» auch zahlreiche Keime eingeführt, und nichts liegt daher näher, als anzunehmen, daß dieses ganze seltsame Geschehen die Besiedelung der Schläuche durch die Symbionten bezweckt, welche ja in unmittelbarem Anschluß an die Reinigung die jungen Tubuli in Menge zu erfüllen beginnen.

In einer solchen Auffassung werden wir bestärkt, wenn wir hören, daß PIERANTONI in der Tat bei *Loligo forbesi*, wo bereits WÜLKER eine entsprechende Füllung mit Fremdkörpern beschrieben hat, einen solchen Infektionsprozeß beobachtete (Abb. 301). In jungen Tieren fand er die den endgültigen Insassen entsprechenden stäbchenförmigen Bakterien noch mit reichlichem Detritus vermischt, doch geht dieser dann immer mehr zurück und macht einer einförmigen

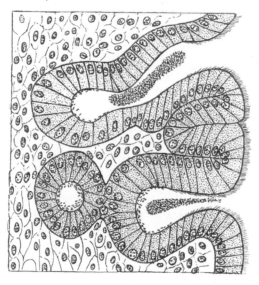

Abb. 301

Loligo forbesi Steenstrup. Infektion der akzessorischen Drüsen von aussen her. (Nach PIERANTONI.)

Besiedlung Platz. Offenbar finden die Bakterien in den Schläuchen einen günstigen, vielleicht aus dem umgebenden Bindegewebe stammenden Nährboden. HERFURTH hat weiterhin die Schläuche bei *Sepia officinalis*, wo sie vorübergehend nicht minder stark verschmutzt werden, auf Schnitten, die mit Bakterienfärbungen behandelt waren, untersucht und festgestellt, daß eine erste Infektion mit Stäbchen und Kokken bei Tieren zu finden ist, die eine Mantellänge von 25 mm überschritten haben. Bei solchen, deren Mantel bereits 40 bis 45 mm mißt, ist nur noch ein Teil der Schläuche verunreinigt, in manchen erscheint der Inhalt bereits einheitlich, in anderen liegen noch Kokken, Stäbchen und fremde Partikel durcheinander. Mit einer solchen allmählichen Herausbildung des einheitliches Bewuchses harmoniert sehr wohl, daß es schwer fällt, aus jungen Tieren Reinkulturen der Symbionten zu gewinnen (PIERANTONI, 1934).

Alles dies spricht auf den ersten Blick dafür, daß hier jeweils zunächst leere Anlagen vom Seewasser aus neu infiziert werden. Für die Leuchtorgane liegen zwar keine entsprechenden Beobachtungen über eine vorübergehende

Verschmutzung vor, aber die Situation ist ja hier so ähnlich — man erinnere sich auch der vorübergehenden Bewimperung —, daß man kaum mit zwei wesentlich verschiedenen Infektionsweisen wird rechnen können. Andererseits machen aber die auf das weibliche Geschlecht beschränkten und mehr oder weniger gemeinsam mit den Nidamentaldrüsen mündenden akzessorischen Drüsen durchaus den Eindruck von Übertragungsorganen! Die das Ei nach der Ablage umgebenden Substanzen entstammen, soweit sie ihm zunächstliegen, den Drüsen des Ovidukts, an sie schließen die von den Nidamentaldrüsen gelieferte Nidamentgallerte und die ebenfalls auf sie zurückzuführenden äußeren, zum Teil durch das Sekret des Tintenbeutels geschwärzten Hüllen an.

PIERANTONI fand nun in der Tat bei *Sepia* vor allem in den inneren gelatinösen Teilen der Kapselwand die Insassen der akzessorischen Drüsen wieder und gibt weiterhin an, daß sie auch in der unmittelbaren Umgebung des Eies in Menge vorhanden sind. Als er *Sepiola intermedia* zum Vergleich heranzog, stieß er in den leicht orangefarbenen peripheren Regionen der Eikapsel auf diejenigen Formen, welche in der akzessorischen Drüse ein ebensolches Pigment produzieren, und stellte auch in der an das Ei anschließenden Zone wiederum zahllose Bakterien fest, unter denen jetzt die Insassen der Leuchtorgane überwogen.

Daß sich bei der Eiablage auch der Inhalt der Leuchtorgane mit dem der akzessorischen Drüsen vereint, ist dort, wo beide noch Teile eines zusammenhängenden Komplexes sind, ohne weiteres verständlich, während ja gerade bei *Sepiola intermedia* die räumliche Trennung eine ziemlich weitgehende ist. Andererseits deutet der bisher einzig dastehende Fall, daß die sehr entfernt liegenden Leuchtorgane von *Loligo edulis* einen langen Ausführgang zur Mündung der akzessorischen Drüsen senden, nachdrücklich auf ein Bestreben, ihre Insassen mit denen der akzessorischen Drüsen zu vereinigen.

Auch HERFURTH hat die Eikapseln von *Sepia officinalis* auf ihren Bakteriengehalt geprüft und sich an Hand von Tupfpräparaten davon überzeugen können, daß tatsächlich alle fünf von GETZEL unterschiedenen Symbiontensorten in ihnen vertreten sind. Im Gegensatz zu PIERANTONI findet er sie aber streng auf die Nidamentalgallerte beschränkt, die sie bereits in der Bursa copulatrix durchsetzen, und vermißt sie stets in der Oviduktgallerte, das heißt in unmittelbarer Nachbarschaft der Eier.

Abgesehen davon bestehen aber noch sehr viel wesentlichere Unterschiede zwischen den beiden Autoren. PIERANTONI glaubt bereits in jungen Embryonen, wenn nicht gar im Ei, von *Sepia officinalis* die Symbionten wiederzufinden und beschreibt eine diffuse Infektion des Bindegewebes und des Epithels der jungen Schläuche der akzessorischen Drüsen. Sie soll die Quelle für die Besiedelung ihres Lumens sein. Er macht also einerseits für die Infektion der *Loligo forbesi*-Organe die Verschmutzung von außen verantwortlich, schreibt ihr aber bei den übrigen Tintenfischen, obwohl er das Eindringen anderer wilder Formen von außen in die jugendlichen Organe der Sepien zugeben muß, keine Bedeutung zu.

HERFURTH hingegen konnte auch mit spezifischen Methoden im Gewebe der Embryonen bis zum Augenblick des Schlüpfens nirgends Bakterien nachweisen — Nester von Symbionten, die PIERANTONI aus dem Epithel der Tubuli beschreibt, erklärt er offenbar mit gutem Grund für auf dem Prophasestadium befindliche Kerne — und glaubt auch eine Infektion im Augenblick des Schlüpfens ausschließen zu müssen. Die Eihülle wird hiebei dank einer Protease, welche das HOYLEsche Organ ausscheidet, lokal verschleimt und anschließend der übrige Körper nachgezogen, so daß hiebei bestenfalls auch nur eine äußerliche Verunreinigung in Frage käme, aber auch in destilliertem Wasser geschlüpfte Jungtiere sind nach HERFURTH noch symbiontenfrei. Damit harmoniert, daß PIERANTONI selbst gesteht, daß er in jungen *Sepiola intermedia*, welche die akzessorischen Drüsen und die Leuchtorgane bereits angelegt hatten, nirgends mit Sicherheit Bakterien finden konnte.

Weniger gewichtige Bedenken gegen seine Auffassung sind auch schon früher geäußert worden. KISHITANI, SKOWRON und MORTARA halten ebenfalls eine Besiedlung nach dem Schlüpfen für wahrscheinlicher. Der erstere weist darauf hin, daß auch die leichte Züchtbarkeit aller Myopsiensymbionten für eine jeweilige Neuinfektion spräche. SKOWRON teilt mit, daß er gar nicht selten *Sepiola intermedia* ohne sichtbares Leuchtvermögen und mit sehr wenig Bakterien in den Leuchtorganen angetroffen habe, ja daß ein Exemplar nach dreitägiger Gefangenschaft, während der eine Ergänzung des vielleicht im Übermaß ausgestoßenen Symbiontenvorrates hätte stattfinden können, immer noch völlig bakterienfrei war, und meint, daß dergleichen für eine gelegentlich versagende Füllung der Organe von außen spräche. MORTARA ist für eine solche, weil sie, freilich zu Unrecht, keinen Unterschied zwischen den spezifisch angepaßten Symbionten und der wilden, auf der Außenseite der Tintenfische vorkommenden Bakterienflora anerkennen will.

Schließlich darf in diesem Zusammenhang nicht vergessen werden, daß bisher noch bei keinem anderen Organismus, der seine Symbionten extrazellular, sei es im Darmlumen oder in irgendwelchen Anhängen desselben, sei es in Hautorganen, wie bei den leuchtenden Fischen und den Lagriiden, oder in Exkretionsorganen, wie bei den Oligochäten, unterbringt, eine Übertragung über die Eier festgestellt wurde, sondern die Symbionten in solchen Fällen stets entweder durch den Mund oder in die Kokonflüssigkeit sich öffnende Exkretionsporen oder durch die in das Seewasser sich öffnenden Drüsenmündungen aufgenommen werden.

Daß auch der Vorstellung einer jeweiligen Neuinfektion aus dem Seewasser bei den Cephalopoden manche Schwierigkeiten begegnen, darf nicht verhehlt werden. Auf den ersten Blick mag es schwer vorstellbar erscheinen, daß dabei gerade immer die verschiedenen, für jede Art so spezifischen Formen den Weg in ihren Wirt finden, aber andererseits ist dabei zu bedenken, daß in diesen symbiontischen Organen eine dauernde Überproduktion stattfindet und laufend in die Umgebung ausgestoßen wird. Auch beim Übertritt der Insassen der akzessorischen Drüsen in die Mantelhöhle und die Bursa copulatrix muß ja jedesmal ein Teil von ihnen frei werden. Im Lebensraum der einzelnen Arten kann somit kein Mangel an den zur Neubesiedlung nötigen Keimen sein. Natürlich müssen zur Zeit der Verschmutzung der Organanlagen notwendigerweise auch unerwünschte Formen in diese gelangen, aber man kann sich ohne weiteres vorstellen, daß sie alsbald gegenüber denen, welche hier die ihnen adäquaten Lebensbedingungen finden, zurücktreten werden und allmählich durch einen solchen Ausleseprozeß die arttypische Besiedelung erreicht wird. Vermutlich sind die speziellen Bedingungen in den verschiedenen, sich ja auch in histologischer Hinsicht unterscheidenden Schlauchsorten derart, daß sie die Entwicklung dieser oder jener Form besonders begünstigen, ohne daß dadurch jeweils eine Reinkultur im bakteriologischen Sinn erzielt zu werden braucht. Durch eine solche Form der Besiedlung wird auch die Vielheit der in den akzessorischen Drüsen vorkommenden Sorten am ehesten verständlich, denn ein anfangs begrenzter Symbiontenbestand konnte auf solche Weise leicht durch eine Art Kooptation allmählich erweitert werden und aus den Organen eine Freistatt für alle möglichen Keime werden. Und welchen Sinn sollte schließlich auch dieses sonderbare, ja einzigartige Geschehen einer geregelten Verschmutzung und Wiederreinigung zarter Organanlagen, das zeitlich so streng mit dem Auftreten der Symbionten gekoppelt ist, besitzen, wenn nicht den einer gewollten Infektion?

Daß im Falle eines sich von Generation zu Generation erneuernden Symbiontenbestandes nicht einfach irgendwelche banale, sonst saprophytisch lebende Bakterien Aufnahme finden, wie dies MORTARA wollte, geht nicht nur aus einer vergleichenden Betrachtung der morphologischen Merkmale der Symbionten hervor, sondern wird auch durch die serologischen Untersuchungen erwiesen, welche in erster Linie MEISSNER zu danken sind und später von KISHITANI mit ganz dem gleichen Erfolg wiederholt wurden. Beide Autoren stellten in zahlreichen Versuchen an Hand von verschiedenen *Sepiola*arten, *Rondeletiola*, *Euprymna* und *Loligo* fest, daß Immunsera, welche durch intravenöse Einspritzung lebender oder abgetöteter Symbionten in Kaninchen gewonnen wurden, im Agglutinationsversuch jeweils prinzipielle Unterschiede zwischen den Symbionten und anderen nicht symbiontisch lebenden Formen ergaben. Darüber hinaus bekundeten die ersteren eine so hohe Stammesspezifität, daß nur der homologe Injektionsstamm hochagglutiniert wurde, während aus anderen Individuen der gleichen Spezies gezüchtete Stämme gar nicht oder nur in sehr geringem Maße agglutiniert wurden. Auch im Pfeifferschen Versuch ließen sich bei Meerschweinchen und Haien spezifische Bakteriolysine für den symbiontischen *Vibrio*, bzw. *Coccobacillus* nachweisen. Die bakterizide Wirkung eines für die Symbionten spezifischen Immunserums richtete sich dabei aber wiederum lediglich gegen den Injektionsstamm, während andere Stämme aus der gleichen Wirtsspezies, aber aus anderen Individuen stammend, völlig unbeeinflußt blieben (MEISSNER). Derartige feine rassenmäßige Unterschiede dürften ebenfalls eher für eine Diskontinuität der Symbiose als für eine erbliche Verkettung sprechen.

Welcher Auffassung man sich auch anschließen wird, stets bleiben weitere, heute noch nicht zu beantwortende Fragen. Wenn die akzessorischen Drüsen, wie es scheinen will, als Übertragungsorgane ausscheiden, wofür ja auch schon der Umstand spricht, daß ihre Insassen immer nur wieder auf das gleiche, lediglich dem Weibchen eigene Organ beschränkt bleiben, so müssen sie irgendwelche andere Rolle im Leben der Tintenfische spielen. Dabei wird man, obwohl die Kulturen ihrer Insassen bisher niemals leuchteten, dennoch in erster

Linie an die Möglichkeit denken, daß es sich um Leuchtorgane besonderer Art handelt. Die Fischereizoologen wissen seit langem, daß die Ventralseite der *Sepia*weibchen zur Brunstzeit ein recht intensives Licht aussendet, und PIERANTONI beobachtete ihr Leuchten im Aquarium während der Begattung. Er möchte freilich dieses Leuchten auf jene im Mantelepithel gefundenen Bakterien zurückführen, aber es kann wohl ebensogut von den akzessorischen Drüsen stammen. Auch NAEF nimmt an, daß diese bei *Loligo forbesi* gelegentlich leuchten. Schließlich ist auch noch mit der Möglichkeit zu rechnen, daß sie ein Licht ausstrahlen, welches für unsere Augen nicht wahrnehmbar ist, denn PIERANTONI (1934) hat festgestellt, daß Kulturen ihrer Bewohner an hochempfindlichen photographischen Platten deutliche Veränderungen hervorrufen.

Daß die engen Lagebeziehungen der akzessorischen Drüsen zu den Nidamentaldrüsen eine Vermengung ihrer Inhalte bezwecken und damit die Versorgung der Eihüllen mit Symbionten auf alle Fälle einen tieferen Sinn haben muß, kann nicht in Zweifel gezogen werden. Welcher ist dieser aber, wenn sie, wie die Mehrzahl derer, die sich mit diesen Fragen befaßt haben, will, nicht der Infektion der Eier und Embryonen dient? Auch hierauf gibt es heute keine befriedigende Antwort, denn mit der kühnen Hypothese PIERANTONIS (1935), daß die Symbionten Strahlen aussenden könnten, welche einen günstigen Einfluß auf die Entwicklung haben, wird man sich kaum zufrieden geben wollen. Hoffentlich bringen in nicht zu ferner Zeit neue, freilich nicht ganz leicht durchzuführende Untersuchungen über die angebliche Infiltration der Gewebe der Embryonen und Jungtiere mit Symbionten, über das Schicksal der Bakterien in den Eihüllen und über die erste Besiedlung der symbiontischen Organe die heute noch vermißte Klarheit.

Die Myopsidensymbiose gibt aber auch noch Rätsel ganz anderer Art auf. Das scheinbar regellose Vorkommen der verschieden gearteten Einrichtungen, die nicht seltenen Hinweise auf da und dort sich geltend machende Tendenzen zur Rückbildung und Anzeichen einer schließlichen völligen Wiederabschaffung der Symbiose fordern zu stammesgeschichtlichen Überlegungen heraus. Hierüber hat sich bereits NAEF in seiner großen Cephalopodenmonographie Gedanken gemacht, und durch die neuen Einblicke in die nicht mehr zu leugnende Bakteriensymbiose, welche NAEF merkwürdigerweise mit Stillschweigen übergeht, gewinnen solche Spekulationen erhöhtes Interesse. Im einzelnen soll auf sie erst dort eingegangen werden, wo von der Stammesgeschichte der Symbiose die Rede sein wird. Hier sei nur eine Frage kurz erörtert, welche mit der nach der Bedeutung der akzessorischen Drüsen in enger Beziehung steht. PIERANTONI und NAEF sind sich darüber einig, daß zwischen diesen und den hochentwickelten Leuchtorganen phylogenetische Beziehungen bestehen. PIERANTONI geht von der auffallenden, in der verschiedenen Pigmentierung zum Ausdruck kommenden Dreiteilung der akzessorischen Drüsen aus und stellt sich, nicht zuletzt auf Grund der freilich später widerrufenen Annahme, daß der Inhalt der gelben Schläuche leuchte, vor, daß dieser Abschnitt sich allmählich von den weißen und orangefarbenen Zonen gesondert habe und zum Leuchtorgan erhoben worden sei, das, bei *Rondeletiola* noch unvollkommen und in seine alte Umgebung eingebettet, schließlich mit allen Hilfsmitteln ausgerüstet, auch räumlich schärfer gesondert wird. NAEF nimmt ebenfalls, ohne die Differenzierung der Schläuche zu berücksichtigen, ein hypothetisches Stadium an, auf dem die akzessorischen Drüsen gleichsam eine leuchtende Knospe abschnüren, die dann weiter nach vorne verlagert wird, sieht aber freilich im Verhalten von *Rondeletiola* aus Gründen, denen hier nicht weiter nachgegangen werden soll, einen atavistischen Rückschlag in ältere Zustände. Jedenfalls verleihen auch solche Überlegungen den akzessorischen Drüsen den über den Wert einfacher Übertragungsorgane hinausgehenden Rang alter, einen Selbstzweck besitzender Organe.

Wenn wir uns jetzt der Frage einer Symbiose bei Ögopsiden zuwenden, welche eine solche Fülle nun durchweg geschlossener Leuchtorgane entfaltet haben, so ist wenig Positives zu berichten. PIERANTONI hat sich wohl zunächst (1919, 1920) dahin ausgesprochen, daß die stäbchenförmigen und granulären Einschlüsse, welche sich in den Leuchtorganen von *Charybditeuthis maculata* Viv. finden, hochgradig an das intrazellulare Leben angepaßte Bakterien darstellten, und SHIMA (1926, 1927) hat sich hinsichtlich der scharf umschriebenen, stäbchenförmigen Gebilde, welche als höchst auffällige Einschlüsse im leuchtenden Zentrum der Brachial-, Augen- und Hautorgane von *Watasenia scintillans* Berry erscheinen, im gleichen Sinn ausgesprochen, aber diese Angaben haben keinerlei Bestätigung, wohl aber entschiedene Ablehnung gefunden. HAYASHI (1927) hat *Watasenia* nachuntersucht und eindeutig gezeigt, daß diese homogenen, scharf begrenzten, im Querschnitt vierkantigen Gebilde Kristalloide sind, OKADA, TAKAGI u. SUGINO (1933) haben sie mikrochemisch genau analysiert und kommen ebenfalls zu der Überzeugung, daß hier Protein-Kristalloide vorliegen, die sich bei in Formalin fixierten Tieren innerhalb einiger Monate auflösen; TAKAGI (1933), der die zwischen diesen liegenden Mitochondrien beschrieben, und KISHITANI (1928) lehnen ebenfalls die Annahme einer Bakteriensymbiose ab, und ich kann dem auf Grund japanischer Originalpräparate nur beistimmen. Bei den Kulturen, welche SHIMA bei *Watasenia* aus den Leuchtorganen gewonnen haben will, handelt es sich daher zweifellos um solche von oberflächlich anhaftenden Keimen. MORTARA (1922) hat schließlich auch *Abralia veranyi* Rüppel untersucht, ohne Anhaltspunkte für eine Leuchtsymbiose zu finden.

So werden wir uns damit abfinden müssen, daß in all diesen wundervollen, so mannigfach variierten und an den verschiedensten Körperteilen auftretenden Leuchtorganen der Ögopsiden tiereigenes Licht produziert wird und damit der gleiche Gegensatz zwischen seichte und tiefe Gewässer bewohnenden Formen besteht, der uns in ähnlicher Weise auch bei den leuchtenden Fischen begegnet.

Daß den Ögopsiden nicht nur Leuchtsymbionten, sondern gleichzeitig auch den akzessorischen Drüsen entsprechende Organe abgehen, dürfte angesichts der offenkundigen, zwischen beiden Einrichtungen bestehenden Beziehungen kein Zufall sein, doch ist hier von einer höchst merkwürdigen Ausnahme zu berichten. Einzig und allein *Ctenopteryx siculus* Pfeffer besitzt, soweit unsere Kenntnisse reichen, im weiblichen Geschlecht eine akzessorische Drüse! NAEF bildet sie von einem jungen Weibchen ab, bei dem sie als ansehnliches, unpaares Organ hinter dem Tintenbeutel und vor den Nierenöffnungen liegt und der Entwicklung der Nidamentaldrüsen ganz wie bei den Myopsiden weit voraneilt. Interessanterweise strahlen die auch hier nicht fehlenden Furchen nicht wie sonst von zwei Bildungszentren aus, sondern sind fächerförmig angeordnet, so daß die Verschmelzung um einen wesentlichen Schritt weitergegangen ist als sonst. Wenn auch diesbezügliche Untersuchungen fehlen, so wird man doch kaum daran zweifeln können, daß es sich hier ebenfalls um eine Symbiontenwohnstätte handelt. Der Entfaltungsgrad des Organs im erwachsenen Weibchen ist leider nicht bekannt, doch nimmt NAEF an, daß es im Laufe der Entwicklung auf einer mehr oder weniger unvollkommenen Stufe stehenbleibt. Möglicherweise sind schwach entwickelte Rudimente des Organs bei den verwandten Bathyteuthiden übersehen worden. Das große, flache Leuchtorgan, das *Ctenopteryx* am Augenbulbus trägt (CHUN, 1910), ist, wie bei den übrigen Ögopsiden, ein geschlossenes. Bei der Erörterung der Stammesgeschichte der Cephalopodensymbiose wird von der nicht geringen theoretischen Bedeutung dieses vereinzelten Vorkommens ausführlicher die Rede sein müssen.

b) **Tunicaten**

α) *Pyrosomiden*

Alle bisher untersuchten Pyrosomen besitzen überaus einfache, in ihrem Bau kaum variierende Leuchtorgane. Jedes Individuum der unter Umständen aus Tausenden von Einzeltieren zusammengesetzten Kolonie weist beiderseits der Ingestionsöffnung eine lose an der äußeren Wandung des peripharyngealen Blutraumes befestigte, mesodermale Zellgruppe auf, welche trotz des Fehlens jeglicher Hilfseinrichtungen ein überaus intensives Licht ausstrahlt (Abb. 302). 20 bis mehrere 100 ovale Zellen bilden eine Platte, die zumeist einschichtig, manchmal auch zweischichtig ist und keine besonderen Hüllbildungen besitzt. Auch geht ihr jegliche Innervierung ab. Nur bei *Pyrosoma agassizi* Ritter findet sich gelegentlich eine Rasse, bei der statt der beiden rundlichen Zellplatten mehrere untereinander zusammenhängende Schnüre von Leuchtzellen die Mundöffnung umziehen. Ferner nehmen *P. agassizi* und *spinosum* Herdman insofern eine Sonderstellung ein, als sich nur bei ihnen zu diesen allgemein verbreiteten Zellgruppen noch zwei weitere ebenso gebaute zu beiden Seiten der Kloakenöffnung gesellen (NEUMANN, 1913; FARRAN, 1909). Damit harmoniert, daß diese beiden Formen aus einer Reihe von Gründen allen anderen Pyrosomen als Pyrosomata fixata gegenübergestellt werden.

Der Kern der Leuchtzellen pflegt der Zellwand anzuliegen, ihr Plasma aber ist von zahlreichen wurstförmigen, mehr oder weniger gewundenen Gebilden eingenommen, die den früheren Untersuchern so viel Kopfzerbrechen gemacht haben und von denen wir heute wissen, daß sie Bakterien darstellen (BUCHNER, 1914, 1919; PIERANTONI, 1921, 1922, 1923). Etwa $10-30\,\mu$ lang und $2-3\,\mu$ breit, sind sie schon im Leben ohne weiteres zu erkennen; ihr Plasma besitzt eine deutliche Gerüststruktur, die ihm eingelagerten stärker färbbaren

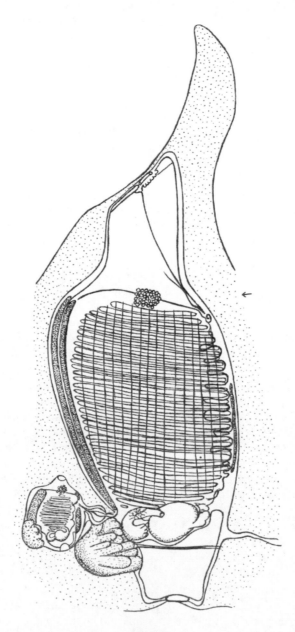

Abb. 302

Pyrosoma sp. Ein Individuum der Kolonie in seitlicher Ansicht mit dem über dem Kiemendarm gelegenen Leuchtorgan; das am Stolo entstandene Jungtier besitzt ebenfalls bereits Leuchtorgane.
(Nach SEELIGER.)

Granulationen bevorzugen besonders die Knotenpunkte und die Randregion (Abb. 303a).

In manchen der Leuchtzellen finden sich auch Bakterien, welche die chromophilen Substanzen an ein oder zwei Stellen, vorzugsweise an den Enden, konzentrieren, während der übrige Teil allmählich seine Färbbarkeit verliert und schließlich zugrunde geht. So entstehen ovale, sich intensiv färbende Sporen, welche in den peripharyngealen Blutsinus übertreten (Abb. 303b, c).

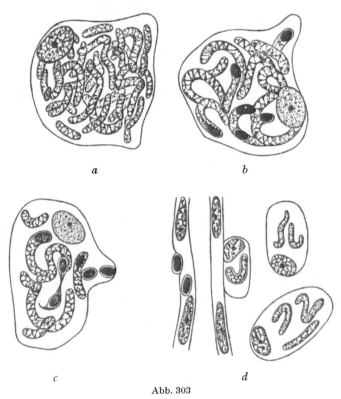

a   b

c   d

Abb. 303

Pyrosoma giganteum Les. *a* Eine Mycetocyte des Leuchtorgans. *b, c* Mycetocyte mit sporenbildenden Symbionten. *d* Infektion des Follikels durch Sporen und Sonderung der Testazellen mit den sich vermehrenden Symbionten. (Nach PIERANTONI.)

Dieses unter den Symbionten so überaus seltene Vorkommen einer Sporenbildung steht mit der Übertragung der leuchtenden Gäste auf die Nachkommen in Zusammenhang. Vom Blutstrom getragen, gelangen die Sporen auch in den Genitalsinus, in dem jeweils das einzige von jedem der hermaphroditen Individuen der Kolonie erzeugte Ei heranwächst. Da PIERANTONI sie nicht selten auch intrazellular gefunden hat, ist zu vermuten, daß sie auf dieser Wanderung auch Zellen zu passieren vermögen. Die komplizierten Vorgänge, welche sich nun am Ei und am Embryo abspielen und deren Aufklärung in erster Linie

JULIN (1909, 1912) und PIERANTONI zu danken ist, offenbaren eine überraschend
weitgehende Anpassung der Leuchtsymbiose an die hier so hochgradig spezialisierten Geschehnisse der embryonalen wie der ungeschlechtlichen Entwicklung.

Wie bei anderen Tunicaten sondert sich der zunächst einschichtige Follikel
des Pyrosomeneies in zwei Lagen, den sekundären Follikel und die eiwärts austretenden Testazellen; doch verlieren diese hier ihre trophischen Funktionen
und gehen, indem sie lediglich noch als Transportmittel verwandt werden, engste
Beziehungen zur Leuchtsymbiose ein. Gegen Ende des Eiwachstums tauchen

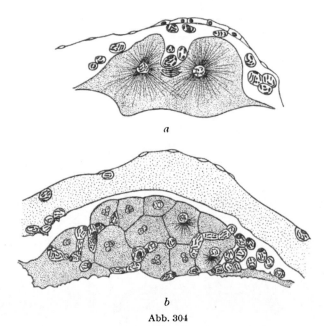

a

b

Abb. 304

Pyrosoma giganteum Les. *a* Erste Furchungsteilung mit infizierten Testazellen. *b* Fortgeschrittenes
Furchungsstadium; die infizierten Testazellen zwischen den Blastomeren und in der Randzone um
die Keimscheibe. (Nach JULIN.)

die Sporen im primären Follikel auf (Abb. 303*d*). Jede mit einer solchen be-
haftete Follikelzelle teilt sich amitotisch in eine sekundäre Follikelzelle und
eine sich aus dem Verband lösende Testazelle. Ihr wird die Spore mitgegeben,
welche gleichzeitig wieder ihre Ausgangsform anzunehmen beginnt. Anschließend vermehrt sich dieses eine Bakterium erneut durch Querteilung und verleiht allmählich der Testazelle ganz den Charakter der Zellen des Leuchtorgans.

Die Infektion des Follikels und damit die Entstehung der zunächst nicht
sehr zahlreichen Testazellen geht vornehmlich am oberen Pol der telolecithalen
Eier vor sich. Während diese nun bei den Ascidien alsbald in die oberflächlichen
Regionen des noch ungefurchten Eies einsinken, treten sie bei den Pyrosomen
erst im Laufe der Entwicklung sehr allmählich in den Embryo über. Die Furchung des Pyrosomeneies ist entsprechend seiner ungleichen Dotterverteilung

eine discoidale. Schon während der ersten Teilungen gleiten die infizierten Testazellen in die Einschnürungen, welche bei der Plasmazerklüftung auftreten, und werden durch diese gleichsam eingefangen. Mit fortschreitender Furchung sinken sie dann immer tiefer zwischen die zahlreicher und kleiner werdenden Blastomeren hinein, bis ihnen der angrenzende ungefurcht bleibende Dotter Halt bietet. Anfangs regelrechte Ketten zwischen den Furchungszellen bildend, verteilen sie sich allmählich immer mehr zwischen ihnen, bis sich am Ende der

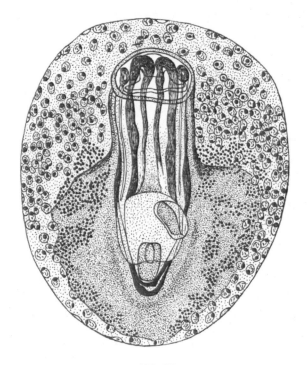

Abb. 305

Pyrosoma giganteum Les. Bildung des Stolo am Oozoid. Die infizierten Testazellen in letzterem sind hufeisenförmig angeordnet. (Nach JULIN.)

Furchung kaum noch Testazellen zwischen Follikel und Embryo, wohl aber an 40—50 derselben in dem letzteren finden (Abb. 304). Die älteren Autoren, denen natürlich dieser Anteil somatischer Elemente am Aufbau des Keimes nicht entgehen konnte, nahmen eine aktive Beweglichkeit der Testazellen an. JULIN, der ihr Verhalten, freilich ohne die Natur ihrer Plasmaeinschlüsse zu ahnen, am sorgfältigsten erforschte, kam hingegen zu der Auffassung, daß sie völlig passiv in den Embryo einbezogen werden.

Mit Abschluß der Furchung hört zwar die Follikelinfektion und die Abgabe von Testazellen keineswegs auf, doch verschiebt sich die Zone ihrer Bildung. Schon die am Ende der Furchung im Embryo vorhandenen Testazellen stammen nicht alle von dem anfänglichen polaren Bildungsfeld, sondern zum Teil von einem neuen ringförmigen, dem Umkreis der Keimscheibe entsprechenden Bereich und nehmen daher auch bereits, ohne diese durchwandert zu haben, eine mehr periphere Lage ein. Während der Gastrulation, in deren Verlauf sich die Keimscheibe ausdehnt, abflacht und das dem Entoderm entsprechende Dottersyncytium epibolisch umgreift, werden die noch in sie eingesprengten Testazellen ebenfalls nach der Peripherie gedrängt, und die bis dahin schwächer ausgeprägte Ringzone wird so durch sie verstärkt.

Während nun Nervensystem, Pericardialorgan und Peribranchialräume angelegt werden, die Kloake sich einstülpt und so das kurzlebige, unvollkommene Oozoid als erstes und allein geschlechtlich erzeugtes Individuum der künftigen Kolonie entsteht, kommt es zu keiner wesentlichen Änderung in der Verteilung der Testazellen. Ihm fehlen also noch wohlumschriebene Leuchtorgane, doch enthält es bereits ein Gutteil des Zellmateriales, das bestimmt ist, die acht Leuchtplatten der vier nun ungeschlechtlich am Oozoid knospenden Primärascidiozoide aufzubauen. Ihre Entstehung wird durch das Hervorsprossen eines Stolos eingeleitet, in den sich die Organanlagen des Oozoids zum Teil unmittelbar fortsetzen (Abb. 305). An dessen Ventralseite sich ausstülpend, führt er hier zu einer Unterbrechung des Testazellringes, der Follikel hört auf, an dieser Stelle weitere Testazellen abzugeben, bildet sie aber jetzt dafür seitlich in gesteigertem Maße. Ja, es wird jetzt überhaupt erst der Höhepunkt der Versorgung des Keimes mit einwandernden Leuchtzellen erreicht, deren Zahl damit schließlich auf etwa 400 ansteigt.

Julin und Pierantoni sind sich darin einig, daß es während dieser ganzen Zeit nie zu einer Teilung der Testazellen kommt, sondern jede einzelne auf die Infektion einer Follikelzelle zurückzuführen ist.

Der anfangs gerade, sich aber dann schräg um das Oozoid legende Stolo zerschnürt sich nun in die Anlagen der ersten Ascidiozoide. Wenn diese sechs bis acht Paar quere Kiemenspalten besitzen, beginnen die Testazellen in Zirkulation zu treten und ihre Leuchtorgane aufzubauen, welche bereits ganz den eingangs geschilderten gleichen, sich aber dadurch von ihnen unterscheiden, daß ihr Zellmaterial nicht den sie tragenden Tieren eigen ist, sondern ein Implantat großmütterlicher Elemente darstellt!

Mit dem Aufbau dieser acht Leuchtorgane finden freilich diese so lange überlebenden Zellen ihr Ende. Wenn nun am hinteren Ende des Kiemendarms eines jeden Individuums erneut ein Stolo gebildet wird, der die das weitere Wachstum der Kolonie bedingenden, sich allmählich zwischen die älteren Individuen einschiebenden Ascidiozoide abschnürt, werden deren Leuchtzellen nach Pierantoni (1923) von dem sogenannten Dorsalorgan des Muttertieres geliefert. Einzelne Elemente dieses mesenchymatösen, im Dorsalsinus gelegenen Zellhaufens lösen sich von ihm, nehmen aus den Leuchtzellen ausgetretene Bakterien auf und treten in den Stolo über, in den sich außerdem Kiemendarm, Pericard, Nervensystem, Geschlechtsanlage und Peribranchialtaschen in Form abgeschnürter Stränge unmittelbar fortsetzen. Solche wandernde Abkömmlinge des Dorsalorgans vereinigen sich dann zu den Leuchtplatten, welche später zur Zeit der Geschlechtsreife wieder Sporen zum Zwecke der Übertragung auf neue Kolonien nach den Eiern senden.

Daß die Einschlüsse der wandernden Testazellen mit denen der Leuchtorgane identisch sind, ergibt schon die Beobachtung lebender Entwicklungsstadien im Dunklen, denn die bei Ammoniakzusatz in den Embryonen aufleuchtenden Punkte entsprechen genau ihrer jeweiligen Anordnung.

Auch sonst leuchten die Pyrosomen nur auf Reize hin auf und bleiben dann wieder eine Weile dunkel. Unter natürlichen Bedingungen kommen hiebei in erster Linie mechanische Reize in Frage. Im Sturm oder von der Schiffsschraube bewegte Feuerwalzen leuchten intensiv auf, aber es genügt auch schon die leise Berührung einer Kolonie an einem Ende, um die Erscheinung hervorzurufen. In einigen Sekunden breitet sich dann zumeist das Licht bis zum anderen Ende der Kolonie aus. Unter Umständen werden dabei aber auch Strecken übersprungen oder wird der Reiz nur sehr langsam fortgeleitet. Berichtet doch ein englischer Zoologe, daß er auf eine große Walze seinen Namen in feurigen Lettern schreiben konnte! In ähnlicher Weise lösen chemische Mittel, wie Alkohol, Äther, Ammoniak, Süßwasser, oder auch Induktionsströme die Luminescenz aus (POLIMANTI, 1911, und andere).

Überraschenderweise leuchten die Organe aber auch auf Lichtreize hin auf. BURGHAUSE (1914) konnte zeigen, daß eine Pyrosomenkolonie am Lichte einer anderen, in einem benachbarten Glasgefäß befindlichen sich entzünden kann und daß der gleiche Effekt durch andere leuchtende Tiere oder durch den Schein eines Zündholzes erzielt werden kann. Man wird annehmen müssen, daß der primitive, nächst dem Ganglion gelegene Augenfleck den Lichtreiz empfängt und die Erregung zu den Leuchtorganen weiterleitet. Wie dies geschieht, ist freilich zunächst noch unklar. Ein koloniales Nervensystem und eine Innervierung der so einfach gebauten Leuchtzellhaufen konnte, wie erwähnt, bis heute nicht nachgewiesen werden. Andererseits stehen jedoch die Kloakenmuskeln durch Faserzüge miteinander in Verbindung, welche sehr wohl geeignet erscheinen, einen Kontraktionsreiz weiterzugeben. Ein solcher wird aber dann notwendigerweise eine raschere Zirkulation des Atemwassers und damit eine gesteigerte Sauerstoffversorgung der Leuchtorgane im Gefolge haben, die ihrerseits erst das Aufleuchten der Symbionten auslöst.

In wie hohem Maße Leuchtbakterien sauerstoffbedürftig sind und wie bereits minimale Mengen ein vorübergehendes Aufleuchten derselben auslösen können, haben ja viele eindrucksvolle Experimente dargetan. Es sei nur daran erinnert, daß schon BEIJERINCK (1889) gezeigt hat, daß eine nach Verbrauch des vorhandenen Sauerstoffes nicht mehr leuchtende Kultur mit einem chlorophyllhaltigen Extrakt versetzt aufleuchtet, wenn lediglich der Schein eines rasch verbrennenden Zündholzes auf sie gefallen ist, so daß auf solche Weise ein denkbar empfindlicher Indikator zum Nachweis kleinster von Algen produzierter Sauerstoffmengen gewonnen werden kann.

Merkwürdigerweise leuchten dagegen absterbende, ja schon in Zersetzung begriffene, also sicher sauerstoffarme Tiere vielfach kontinuierlich, so daß man schließen möchte, daß in gesunden Pyrosomen nicht nur Sauerstoffmangel, sondern auch andere besondere Bedingungen selbst ein schwaches kontinuierliches Glimmen unmöglich machen, wenn nicht lebhaftere Atembewegungen die Organe anfachen.

PIERANTONI berichtet auch über Kulturen der *Pyrosoma*symbionten, die er gemeinsam mit ZIRPOLO gewonnen hat. Er gibt zwar selbst zu, daß es sich dabei um ein Objekt handelt, das kaum hinreichend zu sterilisieren ist, ist aber doch überzeugt, daß die Organismen, die auf einem mit *Sepia*brühe versetzten Agar wuchsen, mit den Symbionten identisch waren. Sie hatten die Gestalt von Kokkobazillen und ähnelten somit mehr den stark färbbaren Sporen.

β) Salpiden

Die Pyrosomen sind bekanntlich nicht die einzigen leuchtenden Tunikaten. Außer ihnen leuchten die Salpen, Appendikularien und Dolioliden. Über letztere, die an der ganzen Oberfläche leuchten sollen, sind wir wenig orientiert, und die Appendikularien scheinen ein tiereigenes Licht auszusenden. Bei den Salpen liegt jedoch höchstwahrscheinlich eine Leuchtsymbiose vor.

Wohlumschriebene Leuchtorgane finden sich ausschließlich bei der Gattung *Cyclosalpa*, die sich von den übrigen Salpen durch die kranzförmige Anordnung der Geschlechtstiere unterscheidet. Es handelt sich hier um langgestreckte, scharf umschriebene Abschnitte der Blutbahnen, welche bald in Einzahl, bald in eine Kette von fünf Strängen aufgeteilt beiderseits der Körperwand eingelagert sind. Manchmal unterscheiden sich auch die solitären Salpen und die Kettensalpen der gleichen Spezies in dieser Hinsicht. So besitzt bei *Cyclosalpa pinnata* Forskal, an der seinerzeit CHAMISSO den Generationswechsel entdeckte und die bisher allein im Hinblick auf eine zu vermutende Leuchtsymbiose genauer untersucht wurde, die Solitärform zwei fünfgeteilte, die Kettenform zwei kurze einheitliche Leuchtorgane. Sie werden von bindegewebigen Balken durchzogen und stellen zugleich Zentren der Blutbildung dar.

Bei den übrigen Salpen geht das Licht vornehmlich vom sogenannten Nukleus, das heißt dem U-förmigen oder aufgeknäulten, hinter dem Kiemendarm gelegenen Abschnitt des Darmes aus und ist hier vermutlich auch an die dort sich bildenden größeren Ansammlungen von Blutzellen gebunden.

Bei den Salpen besteht also keine so scharfe Sonderung von Leuchtorganen und hämatopoetischen Organen, wie sie bei den Pyrosomen durchgeführt wird, welche in ihren Lateralorganen besondere blutbildende Stätten geschaffen haben.

Das histologische Bild der Leuchtorgane von *Cyclosalpa* ist ein recht buntes. Daß sich zwischen den an sich schon verschieden gebauten Elementen des Blutes auch solche finden, welche hinsichtlich ihrer Einschlüsse außerordentlich den bei Pyrosomen die Embryonen infizierenden Testazellen gleichen, ist bereits JULIN (1912) aufgefallen. Sie führen zahlreiche rundliche oder längliche, lediglich etwas kleinere Einschlüsse, durch welche ganz wie bei den Pyrosomen der Zellkern an die Wand gedrängt wird (Abb. 306).

Nachdem sich die in den Leuchtorganen und in den infizierenden Testazellen der Pyrosomen sich findenden Gebilde als Bakterien enthüllt hatten, lag es nahe, diese Erkenntnis auch auf die Salpen auszudehnen und sich um die Aufdeckung des auch hier offenbar nicht fehlenden symbiontischen Zyklus zu bemühen. Die Situation war bei ihnen auch insofern von vorneherein ähnlich, als hier ebenfalls recht seltsame Angaben über die Embryonalentwicklung vorlagen, von denen zu hoffen war, daß sie als Folgeerscheinungen einer Symbiose verständlich würden. Leider muß jedoch vorausgeschickt werden, daß trotz eigener Bemühungen (1930) und der meiner Schülerin STIER (1938) die wohl kaum noch in Zweifel zu ziehende Leuchtsymbiose der Salpen bis heute keineswegs in jeder Hinsicht aufgeklärt ist.

Abb. 306

Cyclosalpa pinnata Forsk. Blutzellen und drei mit den vermutlichen Leuchtsymbionten beladene Zellen aus den Lateralorganen. (Nach STIER.)

All die zahlreichen Autoren, welche sich mit der Salpen-Entwicklung befaßten, haben bereits die eigentümlichen Einschlüsse zu Gesicht bekommen, welche bei sämtlichen Arten in den Blastomeren früher Furchungsstadien auftreten. Man erklärte sie für Plasmafragmente, welche ein Anzeichen kommender Degeneration sein sollten, für Tochterblastomeren, welche durch eine endogene Knospung entstehen (SALENSKY), für Reste gefressener Follikelzellen (HEIDER, BROOKS), für Dotterkugeln (KOROTNEFF) oder für

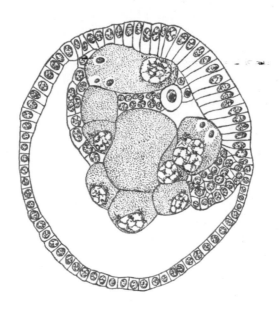

Abb. 307

Cyclosalpa pinnata Forsk. Sagittalschnitt durch ein 12-Zellen-Stadium. In den Blastomeren tauchen die ersten Symbionten auf; die Follikelzellen beginnen die Blastomeren zu umwachsen und zwischen sie einzudringen; oben rechts, dem Follikelpolster anliegend, die drei Richtungskörper. (Nach STIER.)

Sekrete, welche sich dank einer intensiven Ernährung des Embryos in Plasma-
vakuolen kondensieren. Erinnert nicht diese Ratlosigkeit von vornherein an
die verschiedenen Deutungen, welche man dem Inhalt der Leuchtzellen der
Pyrosomen, dem Pseudovitellus der Aphiden und so manchen anderen Strukturen gab, welche wir heute endlich als Symbionten oder Wohnstätten von solchen verstehen gelernt haben?

Wie die Pyrosomen, so sind auch die Salpen vivipar. Die ersten Furchungsstadien des im allgemeinen nur in der Einzahl von jedem Individuum der Kette

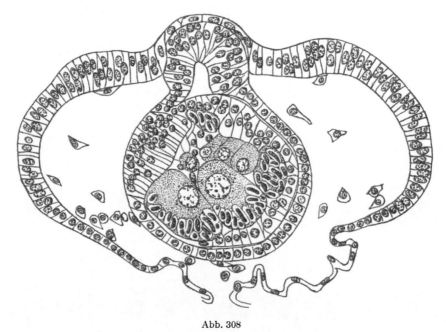

Abb. 308

Cyclosalpa pinnata Forsk. 16-Zellen-Stadium mit fortgeschrittener Infektion. Die Follikelzellen
umschließen allseitig die Blastomeren, die Follikelhöhle ist geschwunden, das Atemhöhlenepithel
legt sich weitgehend über den Follikel. (Nach Buchner.)

gebildeten Eies liegen in einer geräumigen Follikelhöhle und sind lediglich an
einer engumschriebenen Stelle mit einem von besonders hohen Zellen des einschichtigen Epithels gebildeten Polster verankert. Die Furchung der dotterarmen Eier ist eine totale, bilateralsymmetrische und hinsichtlich der Größe
und Lage der Blastomeren und ihres Teilungsrhythmus streng determinierte.
Einem Sechszellenstadium folgt ein solches mit zwölf Zellen und auf diesem
tauchen nun erstmalig die fraglichen Körper auf. Immer sind es acht bestimmte
Zellen, welche sie enthalten, während die restlichen vier stets frei bleiben. Alles
spricht unserer Meinung nach dafür, daß sie um diese Zeit aus dem den Follikel
umspülenden Blutsinus in die Blastomeren eindringen; aber dieser Vorgang
spielt sich offenbar sehr schnell ab, denn er konnte bisher in der Präparaten
nicht erfaßt werden. Das früheste Stadium, das sich finden ließ, zeigte erst in

vier Blastomeren nahe ihrer Oberfläche einige wenige dieser Einschlüsse, welche von nun an der Kürze wegen als Symbionten bezeichnet seien (Abb. 307). Sie treten also jedenfalls nicht spontan in allen Zellen in der endgültigen Menge auf, wie dies ja auch im Falle einer Infektion nicht anders zu erwarten ist. Rundlich oder oval, von stärker färbbaren Körnchen durchsetzt, liegen sie zunächst meist wenig scharf begrenzt in je einem helleren Hof des Plasmas und erinnern damit sehr an die bei den Pyrosomen im Anschluß an die Infektion in den Testazellen aufquellenden Sporen.

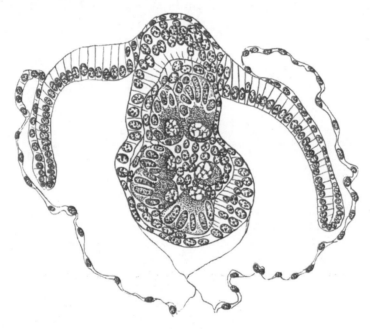

Abb. 309

Cyclosalpa pinnata Forsk. 16-Zellen-Stadium. Zahlreiche Follikelzellen zwischen den infizierten Blastomeren, Faltung des Atemhöhlenepithels. (Nach STIER.)

Wenn alle acht Blastomeren infiziert sind, sind die Symbionten mehr in die Länge gewachsen und nehmen nun, zumeist fächerförmig angeordnet, einen wesentlichen, stets peripher gelegenen Teil der meist birnförmigen und den Kern am plasmareicheren, verjüngten Ende tragenden Furchungszellen ein (Abb. 308).

Während die Furchung nur langsam abläuft, vermehren sich um diese Zeit die Follikelzellen sehr lebhaft, zwängen sich als sogenannte Kalymmocyten zwischen den Blastomeren in das Innere der Morula ein, drängen sie auseinander und umgeben sie als kleine, von diesen stets ohne weiteres zu unterscheidende Elemente schließlich allseitig. Auch an der Oberfläche bildet sich ein kontinuierlicher Belag von Follikelzellen; die anfangs geräumige Follikelhöhle, in der die Besamung vor sich gegangen war, wird auf solche Weise immer mehr reduziert und schwindet schließlich völlig. Als «Uterussack» liegt ihr Epithel dann dem von somatischen Elementen durchsetzten und überzogenen Embryo an (Abb. 309).

Zu diesen Veränderungen gesellen sich gleichzeitig solche an dem den umgebenden Blutsinus begrenzenden Kloakenepithel. Ein vorher schon durch seine höheren Zellen ausgezeichneter Abschnitt, der sich als sogenannter Epithelialhügel in die Kloake vorwölbt, wird durch eine Ringfalte schärfer abgesetzt und umhüllt nun, wie die Glocke den Klöppel, den auch als Embryonalmassiv (BRIEN) bezeichneten Keim, der zu dieser Zeit immer noch auf dem 16-Zellenstadium steht (Abb. 308 vor Bildung der Ringfalte, Abb. 309 frühes Stadium ihrer Bildung). Damit wird die Entstehung einer Plazenta eingeleitet, von der noch die Rede sein wird.

Was nun die weitere Entwicklung des aus heterogenen Materialien zusammengesetzten «Embryonalmassivs» anlangt, so bestehen die verschiedensten Auffassungen. SALENSKY (1882, 1883) kam zunächst zu der Überzeugung, daß der größte Teil des Salpenkörpers von den mütterlichen Kalymmocyten aufgebaut wird, während die Blastomeren im Laufe der Entwicklung zugrunde gehen und dem Embryo als Nahrung dienen sollten («Follikuläre Knospung»). HEIDER (1895) ließ umgekehrt die Kalymmocyten von den Blastomeren resorbieren, deren Einschlüsse, wie wir schon hörten, von ihm für die Reste ihrer Kerne gehalten wurden, und sprach Elemente, welche sonst allgemein dem Follikel zugerechnet werden, als vom Ei stammende Mikromeren an. BROOKS (1893) kam ebenfalls zu dem Resultat, daß der Embryo in der Tat zunächst in allen seinen wesentlichen Teilen von den Follikelzellen aufgebaut wird. Während dieser Periode ist nach seiner Darstellung die Vermehrung der Blastomeren zwar eine ganz ungewöhnlich langsame, doch kommen sie schließlich, wenn auch nur in geringer Zahl, ebenfalls an die Orte der künftigen Organe zu liegen, wo sie sich dann rasch vermehren und die endgültigen Gewebe aufbauen. Dabei werden die Follikelzellen, welche gleichsam eine Art flüchtiger Skizze des künftigen Organismus entwarfen, Zelle für Zelle ersetzt und schließlich resorbiert. Die rätselhaften Einschlüsse der Furchungszellen sind auch für ihn Reste gefressener Follikelzellen.

SALENSKY bekehrte sich wohl später (1916, 1917, 1921) ebenfalls zu dieser Auffassung, lehnte aber die Annahme einer normalen Teilungsfähigkeit der Blastomeren ab. Durch die umgebenden Kalymmocyten behindert, sollten nach ihm die Tochterblastomeren auf dem Wege einer ganz ungewöhnlichen endogenen Knospung entstehen. Das Plasma sollte dabei zerstückelt und die Fragmente – unsere Bakterien – mit Kernteilen versorgt werden. Auf solche Weise sollten in wenigen großen Blastomeren zahlreiche kleine zu liegen kommen, welche später frei werden und die bis dahin beherrschenden somatischen Elemente verdrängen. DAVIDOFF (1928) schloß sich auf Grund der Präparate SALENSKYS dessen Auffassung an.

KOROTNEFF (1896), welcher ebenfalls den neuen Organismus lediglich aus Blastomeren hervorgehen läßt, möchte hingegen in dem Gerüst der Follikelzellen nicht eigentlich Vorläufer der endgültigen Organe, sondern lediglich ein

Organe simulierendes Gerüst sehen, und BRIEN (1928) spricht von einer Art
«Follikelgalle» (Blastophor), in der und auf deren Kosten die Abkömmlinge des
Eies den Embryo bilden. Mit Recht lehnt er eine Phagocytose der Follikelzellen
durch frühe Furchungszellen wie auch eine endogene Knospung derselben ab,
verfällt aber dafür in einen anderen Irrtum, wenn er in den unverständlichen
Einschlüssen Dotterkugeln erblickt. Daß solche plötzlich im Laufe der Furchung in einer bestimmten Gruppe von Blastomeren auftreten sollen, muß ja
von vorneherein überaus unwahrscheinlich erscheinen.

Als ich STIER zu einer erneuten Untersuchung des Schicksales der Blastomeren veranlaßte, hielt ich es zunächst immerhin für möglich, daß zumindest
ein Teil des Embryos von den Follikelzellen geliefert würde. Nachdem ich gefunden hatte, daß die Furchung der Salpen weitgehend determinierten Charakter besitzt und somit höchstens über ein beschränktes Regulationsvermögen
verfügen kann, lag es nahe, sich vorzustellen, daß der Ausfall, der durch die
Beschlagnahme eines wesentlichen Teils der Blastomeren durch die Symbionten
bedingt wird, durch ein Heranziehen von somatischen Zellen wettgemacht
würde. Daß dergleichen prinzipiell möglich ist und durch die Existenz einer
Symbiose ausgelöst werden kann, lehrten die nahestehenden Pyrosomen, bei
denen ja die acht Leuchtorgane der vier ersten Ascidiozoide unzweifelhaft von
Follikelzellen aufgebaut werden.

Die Beobachtungen STIERS brachten jedoch keine Bestätigung dieser Vorstellung. Auch sie kommt vielmehr zu der Auffassung, daß ein provisorisches
somatisches Organgerüst schließlich durch Abkömmlinge des Eies ersetzt wird.
Andererseits verfolgte sie die einzelnen Teilungsschritte der Blastomeren und
das Schicksal ihrer Einschlüsse viel genauer als ihre Vorgänger und vervoll-
ständigte so das Bild des mutmaßlichen symbiontischen Zyklus ganz wesentlich.

Wie schon erwähnt, teilen sich die Blastomeren während der Einwucherung
der Follikelzellen nur sehr langsam. Auf das 12-Zellenstadium mit vier nichtinfizierten Zellen folgt ein 14- und ein 16-Zellenstadium, bei dem zehn, bzw.
zwölf Zellen infiziert sind und nach wie vor vier Zellen ohne Einschlüsse bleiben.
Diese letzteren unterscheiden sich von allen anderen Blastomeren auch durch
ihre Kernstruktur und stellen höchstwahrscheinlich die Geschlechtszellen dar.
Auf dem 24-Zellenstadium sind 12 Zellen infiziert und ebenso viele symbiontenfrei. Die ersteren setzen sich zusammen aus zwei großen, sich frühzeitig sondernden und lange Zeit ungeteilt bleibenden «Darmblastomeren», das heißt der
Anlage des Atemhöhlenepithels, des Darmes und der Kiemen, vier Zellen,
welche der Perikardialanlage entsprechen, und sechs, deren Abkömmlinge sich
am Aufbau des Nervensystems beteiligen. Steril sind hingegen außer den vier
vermutlichen Urgeschlechtszellen noch weitere acht der Neuralanlage zuzu-
rechnende Elemente. Dieses Verhältnis der infizierten und nichtinfizierten Blastomeren bleibt auch weiterhin erhalten. Auf einem 42-Zellenstadium zählt man
zum Beispiel 22 Zellen mit und 20 ohne Einschlüsse, unter denen sich nach wie
vor die vier Keimzellen besonders abheben.

Ohne daß um diese Zeit irgendwelche Anzeichen eines Zuzuges weiterer Symbionten vorlägen, geschieht die Anreicherung der infizierten Blastomeren durch

Teilung solcher, welche bereits symbiontenbeladen sind, während für die Zunahme der nichtinfizierten Elemente nicht nur die Teilung steriler Zellen in
Frage kommt, sondern auch die knospenartige Abgabe steriler Tochterzellen
von infizierten Blastomeren, welche durch die exzentrische Lage der Kerne in
einem bakterienfreien Plasmahof sehr erleichtert wird (Abb. 310a).

Während sich so die Blastomeren langsam vermehren, gehen weitere recht
komplizierte Veränderungen in ihrer Umgebung vor sich, die hier nur in Kürze

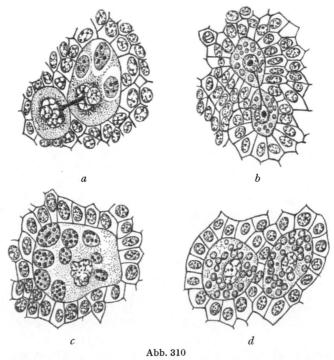

Abb. 310

Cyclosalpa pinnata Forsk. *a* Durch Teilung entsteht eine sterile und eine symbiontenführende
Blastomere. *b* Eine infizierte Blastomere verteilt die in kleine Bläschen zerfallenen Symbionten auf
beide Tochterzellen. *c* Die Symbionten einer Blastomere leiten den Zerfall in kleine Bläschen ein.
d Bläschenförmige Symbionten führende Blastomeren. (Nach STIER.)

geschildert werden können. Für alle Einzelheiten sei auf die Darstellung IHLES
(1935) verwiesen, welchem die Existenz einer Leuchtsymbiose durchaus wahrscheinlich dünkt. Auf der Ventralseite des Keimes entsteht durch erneutes
Klaffen der auf einen virtuellen Spalt reduzierten ehemaligen Follikelhöhle ein
Raum, der durch den «Plazentarplafond» von der darunterliegenden Plazentar-
höhle geschieden wird. Gleichzeitig ordnen sich die Kalymmocyten weitgehend
epithelial an, in der bis dahin soliden Masse des Keimes treten Hohlräume auf,
und tief einschneidende Falten öffnen sich in die neu entstandene Follikelhöhle
(Supraplazentarhöhle). Auf das auf solche Weise sich bildende Gerüst somatischer Zellen werden jetzt die Blastomeren in Form von Nestern verteilt. Dem

innerhalb der Kalymmocyten auftretenden, dem künftigen Darmlumen entsprechenden Hohlraum werden die Darmblastomeren beigegeben, andere Zellgruppen entsprechen der Anlage des Perikards und des Nervensystems usf.

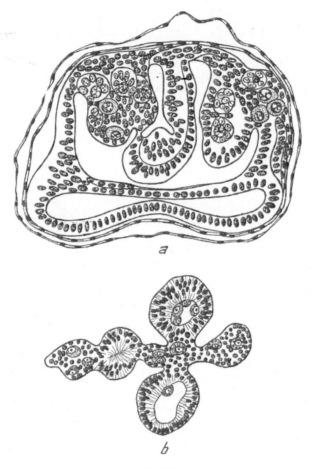

Abb. 311

Cyclosalpa pinnata Forsk. *a* Längsschnitt. Die sekundäre Follikelhöhle tritt auf, die Blastomeren erscheinen über das Falten und Höhlungen bildende, aus Follikelzellen bestehende Gerüst des Keimes verteilt. *b* Das gleiche Stadium. Ein Horizontalschnitt ergibt die Kreuzform. Die Blastomeren stellen (von rechts nach links) die Anlage des Perikards, des Darmes und des Nervensystems dar. (Nach STIER.)

(Abb. 311 *a*). Da der Keim nun nur noch in seiner Dorsalregion mit dem ehemaligen Embryosack zusammenhängt, ergeben jetzt horizontal gelegte Schnitte das für die Salpenentwicklung so typische Bild eines frei in der sekundären Follikelhöhle schwebenden Kreuzes (Abb. 311 *b*).

Auf die gleichzeitig sich abspielende Weiterentwicklung der Plazenta näher einzugehen, ist hier nicht der Platz. Eine ringförmige Wucherung der Seitenwand der sekundären Follikelhöhle, also von Kalymmocyten, führt zumeist zur Entstehung des sogenannten Plazentardaches. Zu einem voluminösen Gebilde heranwachsend, engt es jetzt die in zwei Räume geschiedene Follikelhöhle beträchtlich ein. Schließlich wird die stark vergrößerte und dem schon weit entwickelten Embryo immer noch als umfangreicher Körper anhängende Plazenta dank ihren engen Beziehungen zum mütterlichen Blutkreislauf zu einem wichtigen ernährenden Organ und ersetzt so die allmählich dem Untergang verfallenden Kalymmocyten.

Da diese stark eosinophil, die Abkömmlinge der Blastomeren aber basophil sind, läßt sich das Schicksal der beiden Zellsorten gut verfolgen. An der Oberfläche des Embryos weichen die provisorischen, vom Follikel gelieferten Ektodermzellen in fortschreitendem Maße den definitiven. In der massiven Kloakenanlage tritt ein Hohlraum auf, und seine Auskleidung wird ebenfalls allmählich von embryonalen Elementen übernommen. Die sonstigen embryonalen Anlagen entwickeln sich nicht minder auf Kosten der Kalymmocyten und bilden immer mehr ein zusammenhängendes Ganzes (Abb. 312). Hand in Hand damit lockert sich das Gefüge der Kalymmocyten, Hohlräume treten zwischen ihnen auf, und in den peripheren Regionen lösen sie sich allmählich, amöboide Fortsätze bildend, ab und treiben einzeln in der Follikelhöhle.

In unserem Zusammenhang interessiert uns hiebei vor allem das Verhalten der mutmaßlichen Symbionten. Schon ungefähr auf dem 30-Zellenstadium geht eine wesentliche Veränderung an ihnen vor sich. Bisher von

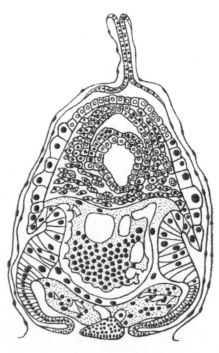

Abb. 312

Salpa fusiformis Cuvier.. Querschnitt durch einen Embryo, in dem der Ersatz der Follikelzellen (mit schwarzen Kernen) durch embryonale Zellen (mit weißen Kernen) im Gang ist; ventral vom Embryo das stark geschwollene und vakuolisierte Plazentardach, die Supraplazentarhöhle, der Plazentarplafond und die Plazenta. (Nach HEIDER.)

stattlicher Größe und geringer Zahl, wandeln sie sich dank einer Art endogener Vermehrung in viele kleine, rundliche Bläschen, die nun den Kern allseitig umgeben (Abb. 310 *c, d*). Sie machen einen durchaus gesunden Eindruck und muten keineswegs etwa wie Zerfallsprodukte an. Anschließend setzt offenbar sogar eine zweite, intensivere Infektionswelle ein, denn auf einem wenig älteren Entwicklungsstadium enthalten auch die bis dahin steril gebliebenen Zellen, mit Ausnahme der Geschlechtszellen, solche bläschenförmige Gebilde. Sie reichern sich allmählich in ihnen an, und Zellen, in denen nur ein einziger oder einige wenige Einschlüsse vorhanden sind, erinnern stark an die ersten Infektionsstadien der Furchungszellen. Ob es sich dabei um einen Zuzug aus dem mütterlichen Blut handelt, oder ob die Bewohner der Blastomeren selbst die Quelle darstellen, konnte STIER, der wir in diesen Einzelheiten folgen, nicht entscheiden. Jedenfalls wird man sich dabei der Tatsache erinnern, daß auch bei den Pyrosomen lange Zeit hindurch Leuchtbakterien in den Embryo übertreten.

Dieser Zustand einer allgemeinen Infektion ist jedoch nur ein vorübergehender und wird von einer Phase abgelöst, in welcher das embryonale Zellmaterial völlig von den Symbionten befreit wird. Nach STIER wird dies auf verschiedenen Wegen erreicht. Zum Teil sollen die infizierten Zellen ihren Inhalt an benachbarte Kalymmocyten abgeben, zum Teil sollen sie sich in eine infizierte und eine nicht infizierte Tochterzelle teilen, und die erstere soll der Degeneration verfallen. Auch kernlose, symbiontenhaltige Plasmafragmente finden sich nun nicht selten zwischen den Follikelzellen.

Unter den in der Follikelhöhle frei treibenden Kalymmocyten trifft man daher jetzt neben Blastomeren- und Symbiontenreste phagocytierenden Zellen vielfach auch solche, welche nicht sehr zahlreiche lebenstüchtige Symbionten umschließen. Auf sie sind aller Wahrscheinlichkeit nach endlich diejenigen Elemente zurückzuführen, welche schließlich im Eläoblast auftauchen, jenem Blutzellen bildenden Organ, das sich nun vorübergehend in Nachbarschaft der Stoloanlage älterer Embryonen bildet. Zwischen den gewöhnlichen, seine Rinde aufbauenden Blutzellen liegen, zunächst bezeichnenderweise vor allem dort, wo das Organ an die sekundäre Follikelhöhle grenzt, häufig Zellen, deren Einschlüsse ganz denen der älteren Blastomeren und der später infizierten Kalymmocyten gleichen. Offenbar vermehren sie sich in ihnen, denn es gibt alle Übergänge von spärlich damit versehenen bis zu dicht erfüllten Zellen, die damit ganz das Aussehen der infizierten Elemente bekommen, die sich auch in den Leuchtorganen zwischen den Blutzellen fanden und von denen wir ausgegangen waren.

Der Umstand, daß die Leuchtorgane sowohl bei geschlechtlicher wie bei ungeschlechtlicher Entwicklung erst auftreten, wenn sich der Eläoblast zurückbildet, und daß sie sich in dem Maße mit Blut- und Leuchtzellen füllen, in dem jener schrumpft, spricht ebenfalls sehr dafür, daß zwischen beiden Vorkommnissen ein Zusammenhang besteht. Ob die Infektion der Eläoblastzellen auf freitreibende Symbionten zurückzuführen ist, oder ob infizierte Kalymmocyten sich unmittelbar am Aufbau des Organes beteiligen, bleibt unentschieden. BRIEN läßt den Eläoblast ausschließlich aus embryonalen Zellen entstehen, SALENSKY aus embryonalen und Follikelzellen. In letzterem Falle wäre die Möglichkeit gegeben, daß wenigstens die Leuchtzellen der solitären Salpen gleich denen der vier ersten Individuen einer Pyrosomenkolonie auf mütterliche Körperzellen zurückgehen.

Zweifellos bedarf es weiterer sorgfältiger, nicht leicht durchzuführender Untersuchungen, um den symbiontischen Zyklus, wie wir ihn hier dargestellt haben, in allen Punkten zu erhärten. Insbesondere gilt dies für die Phasen des ersten Auftauchens der Einschlüsse in den Blastomeren und ihrer späteren Elimination, sowie für die mutmaßliche Rolle, welche der Eläoblast als Organ,

das die Symbionten den Leuchtorganen, beziehungsweise, wo solche fehlen, dem
Blut übermittelt, spielt. Die Schicksale der Symbionten bei der stolonialen Knospung bleiben nicht minder noch zu erforschen. Wenn auch aus den in der Literatur vorliegenden Abbildungen hervorgeht, daß bei allen Salpen ohne eigent-
liches Leuchtorgan die gleichen Einschlüsse in den Blastomeren auftauchen, so
sollten sie doch ebenfalls unter dem Gesichtspunkt der Symbiose erneut verglichen werden. Gewisse Unterschiede würden sich dabei immerhin einstellen;
gibt doch KOROTNEFF zum Beispiel für *Salpa zonaria* stäbchenförmige, also
vermutlich typischen Bakterien ähnliche Einschlüsse an.

Nach wie vor aber scheint uns, auch nachdem an der Tatsache, daß der
neue Organismus letzten Endes doch von Abkömmlingen des Eies aufgebaut
wird, kaum noch zu zweifeln ist, das Ungewöhnliche dieser Entwicklung in der Leuchtsymbiose begründet zu sein. Wir kennen keinen
anderen Fall, in dem Blastomeren eines sich total furchenden Eies von Symbionten in Beschlag genommen werden, und es leuchtet ein, daß dies, wenn es
sich um ein Objekt mit determinierter Furchung handelt und obendrein die
Infektion einen solchen Umfang annimmt, schwere Störungen im Ablauf der
Entwicklung auslösen muß. Die Furchungszellen scheinen in der Tat wie ge-
lähmt, ihr Teilungstempo wird, wie das so oft bei symbiontenbeladenen embryonalen Zellen der Fall ist, maximal herabgesetzt, somatische Zellen des
mütterlichen Körpers, die ja bei den Tunikaten ganz allgemein weitgehende
reproduktive Fähigkeiten besitzen, springen für sie ein und bauen ein provisorisches Substrat des künftigen Organismus auf, das erst ersetzt wird, nachdem für die embryonalen Zellen der Zeitpunkt gekommen ist, an dem sie ihre
Insassen Elementen des Blutes als ihrer definitiven Wohnstätte übergeben
können und sie damit endlich befähigt werden, sich ihren eigentlichen, organbildenden Aufgaben zuzuwenden.

c) **Teleostier**

α) *Anomalopiden*

Die beiden Gattungen *Anomalops* und *Photoblepharon* stellen die ersten
Knochenfische dar, bei denen eine Leuchtsymbiose festgestellt wurde. Der Bau
ihrer seltsamen Organe war zwar schon 1909 eingehend von STECHE beschrieben
worden, aber die Bakteriennatur ihres leuchtenden Inhaltes wurde erst viel
später (1921, 1922) von HARVEY erkannt. *Anomalops katoptron* Bleeker und
Photoblepharon palpebratus Boddaert, die einzigen bisher bekannt gewordenen
Arten der beiden Gattungen, leben, obwohl sie die typische dunkelbraune Färbung und den Habitus von Tiefseefischen haben, in den seichten Atollen der
Banda-Inseln und sind den Eingeborenen, welche die nach dem Tode noch eine
Weile weiterleuchtenden Organe als Köder verwenden, wohlbekannt. *Anomalops*
findet sich außerdem auch anderweitig in der Südsee, bei Celebes, den Fijdschi-
inseln, den Neuen Hebriden usf.

In beiden Fällen handelt es sich um wundervolle, höchst auffällige Organe,
welche etwa bohnenförmig dicht am unteren Rande der Orbita liegen und

$^1/_8$ bis $^1/_{10}$ der Gesamtlänge des kleinen Fisches ausmachen (Abb. 313a). Hellgelb gefärbt heben sie sich scharf von der dunkel pigmentierten Umgebung
ab. Das kontinuierliche Licht, das von ihnen ausgeht, kann willkürlich abgeblendet werden. *Anomalops* dreht ständig die Organe derart um einen Knorpel-
stiel gegen den Boden der Augenhöhle, daß er zehn Sekunden leuchtet und fünf
Sekunden dunkel bleibt, *Photoblepharon* dagegen zieht nur gelegentlich eine
untere Lidfalte über das Organ.

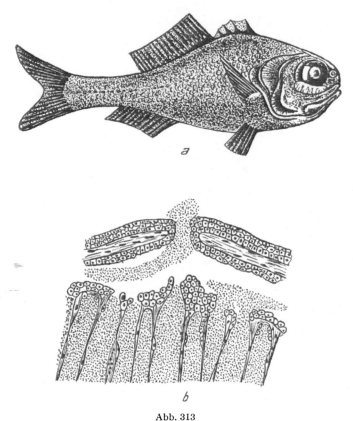

Abb. 313

Anomalops katoptron Bleeker. *a* Totalansicht mit Leuchtorgan unter dem Auge. *b* Ausschnitt aus
dem von Bakterien besiedelten Organ. (Nach STECHE.)

Der eigentliche Leuchtkörper besteht aus zahllosen, senkrecht zur Oberfläche ziehenden Drüsenschläuchen, zwischen die sich nur wenig von Kapillaren
durchzogenes Bindegewebe einschiebt. Subdermale, flache Sammelräume nehmen jeweils eine Anzahl solcher Schläuche in sich auf und stehen je durch einen
Porus mit der Außenwelt in Verbindung (Abb. 313b). Das sonst einschichtige,
die Schläuche auskleidende Epithel geht hier in das mehrschichtige der Haut
über. Rückwärts umfaßt den ganzen Leuchtkörper ein muldenförmiger, aus
Bindegewebe und guaninhaltigen Zellen zusammengesetzter Reflektor. Die

Organe sind gut mit Blut versorgt. Eine Hauptarterie gibt in regelmäßigen Abständen Äste erster und zweiter Ordnung ab. Auch tritt ein ziemlich starker, aus dem Trigeminus-Facialis-Komplex stammender Nerv an sie heran.

HARVEYS Verdienst ist es nun, erkannt zu haben, daß der die drüsigen Schläuche erfüllende Inhalt aus zahllosen stäbchenförmigen, zum Teil zu sporenbildenden Ketten vereinten, beweglichen Bakterien besteht. Auf Peptonagar erzielte er gutes Wachstum derselben, doch setzte in diesen Kulturen, wie dies auch sonst bei Leuchtbakterien gelegentlich vorkommt, die Lichtproduktion aus. Bringt man Süßwasser oder andere cytolytisch wirkende Reagenzien zu Aufschwemmungen der symbiontischen Bakterien, so erlöschen sie alsbald. Wie allgemein bei Leuchtbakterien, ist ihr Sauerstoffbedürfnis sehr groß. Getrocknet und wieder angefeuchtet leuchten die Organe nur schwach auf. Luciferin und Luciferase konnten nicht nachgewiesen werden.

Ein Austritt der Bakterien aus den Öffnungen der Leuchtorgane ist weder von STECHE noch von HARVEY beobachtet worden, doch dürfte er wohl sicher unter gewissen Umständen vor sich gehen und eine Überproduktion der symbiontischen Mikroorganismen ausgleichen.

Über die Entwicklungsgeschichte der Leuchtorgane ist leider ebensowenig etwas bekannt, wie über die Art, wie diese jeweils von ihren Insassen infiziert werden. HARVEY stellte lediglich fest, daß die reifen Weibchen entnommenen Eier nicht leuchten und auch durch die üblichen Stimulantien nicht zum Leuchten zu bringen sind.

β) Monocentriden

Der an den japanischen Küsten ziemlich häufige *Monocentris japonicus* Houttuyn, der Ritterfisch, ein etwa 12 cm langes, stark seitlich komprimiertes Tier, besitzt am vorderen Ende des Unterkiefers zwei ovale, sich in der Medianlinie berührende Leuchtorgane, welche seine Unterlippe wie geschwollen erscheinen lassen (Abb. 314a). Sie stellen quergestellte, kissenförmige Vorwölbungen von etwa 4 mm Länge dar, deren Oberfläche dicht mit dunkelbraun pigmentierten Papillen besetzt ist, so daß sie sich nur wenig von der Umgebung abheben und den Ichthyologen zumeist entgangen sind. Der Bau dieser Organe wurde von YOSHIZAWA (1916) und vor allem von OKADA (1926) genauer beschrieben. Ähnlich wie bei den Anomalopiden handelt es sich um zwei sich nach außen öffnende Komplexe von zahlreichen schlanken Ausstülpungen (Abbildung 314b). Die Schläuche münden auch hier in besondere Sammelräume, die, etwa neun an Zahl, durch Scheidewände getrennt und ihrerseits wieder von Trabekeln durchzogen sind. Jeder von ihnen steht gesondert durch einen engen Gang mit der Außenwelt in Verbindung. Ein quer gestellter Schlitz enthält die einzelnen Poren, mit denen diese Kanäle enden und aus denen sich die leuchtende Materie herausdrücken läßt (Abb. 315).

Die eigentlich drüsigen, distalen Abschnitte, welche das Sekret liefern, in das die Bakterien gebettet sind, werden von einem plasmareichen hohen Epithel gebildet, die Sammelräume hingegen wie bei den Anomalopiden von der mehrschichtigen Haut geliefert. Auch hier dringt je eine Blutkapillare in das die Schläuche trennende Bindegewebe und sorgt ein Reflektor für die Steigerung der Lichtwirkung. Das zentral gelegene und eine Strecke weit am Rand herumgreifende Bindegewebe ist stets von zahlreichen, in auffallendem Licht opak erscheinenden Kristallen durchsetzt, welche so angeordnet sind, daß sie notwendig den Schein des Lichtes mundwärts lenken müssen. Beobachtungen,

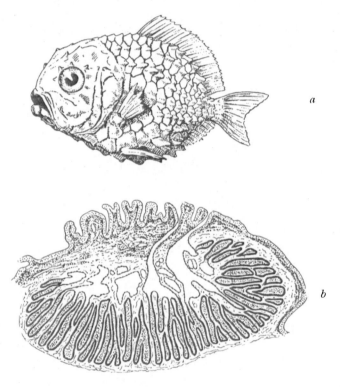

Abb. 314

Monocentris japonicus Houttuyn. *a* Totalansicht mit Leuchtorgan am Vorderende des Unterkiefers. *b* Schnitt durch eines der beiden Organe. (Nach Buchner.)

welche Yasaki (1928) gemacht hat, bestätigen dies. Das Licht ist zwar auch hier, wie bei *Anomalops*, ein kontinuierliches, doch setzt es scheinbar manchmal für einige Minuten aus. Öffnet man dann das Maul, so findet man, daß es auch dann durch die Schleimhaut hindurch in die Mundhöhle strahlt. Der eine derartige Abblendung bewirkende Mechanismus ist freilich noch unbekannt.

Ein spontaner Austritt leuchtender Materie durch die engen Poren ist auch hier nicht beobachtet worden, doch kann man, wie erwähnt, durch Druck feurige Strahlen hervortreten lassen.

Die auf das Drüsenlumen beschränkten Symbionten stellen 1,5–3 μ lange, leicht gekrümmte, gramnegative Stäbchen dar, welche dank ein bis drei

unipolaren Geißeln lebhaft beweglich sind. Sporenbildung konnte nicht beobachtet werden, doch kommen runde, spindel- oder fadenförmige Involutionsformen vor. Daß wirklich die Bakterien leuchten und nicht etwa das tiereigene
Sekret, in dem sie leben, geht zu allem Überfluß auch daraus hervor, daß nach
einer Passage des Drüseninhaltes durch ein Bakterienfilter lediglich der Rück-
stand leuchtet. Mühelos wurden aus allen 79 untersuchten Tieren auf einem
Nährboden, der mit 500 g Fleisch, 30 g NaCl, 10 g Pepton, 20 g Agar und
1000 cm³ destilliertem Wasser hergestellt wurde und einen PH-Wert von 7,4

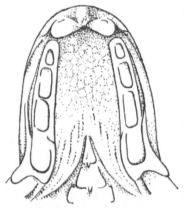

aufwies, leuchtende Kulturen erzielt. In verschiedene Warm- und Kaltblüter übertragen,
hatten die *Monocentris*symbionten weder
Leuchterscheinungen, noch pathologische
Wirkungen im Gefolge.

Die Übertragungsweise ist auch hier
unbekannt. Eine andere *Monocentris*art, *M.
gloria-maris*, besitzt ebenfalls nächst dem
Maule Leuchtorgane, bei denen man natürlich
auch eine entsprechende Füllung mit Bakterien wird annehmen dürfen (STEAD, 1906).

Abb. 315

Monocentris japonicus Houttuyn. In-
nenansicht des Unterkiefers mit den
beiden Leuchtorganen und ihren
schlitzförmigen Öffnungen. (Nach
OKADA.)

γ) Leiognathiden

Im gleichen Jahre, in dem YASAKI eine
Leuchtsymbiose bei *Monocentris* feststellte,
gelang HARMS (1928) der entsprechende Nachweis für die zur Familie der Leiognathiden
gehörige Gattung *Leiognathus* (*Equula*). Mehrere Arten derselben werden an der javani-
schen Küste gefangen und massenhaft getrocknet, um als Beilage zum Reis zu
dienen. HARMS untersuchte *Leiognathus splendens* Cuv. Der Sitz des Leuchtorgans ist ein sehr eigenartiger, denn dieses umzieht hier als ein dicker Ring
den Ösophagus dort, wo er in den Magen eintritt. Auf der Dorsalseite ragt
es dabei in die Schwimmblase hinein. Das Tag und Nacht vorhandene, zeitweise intermittierende Licht ist grünlichblau, strahlt durch die Bauchwand
hindurch und erscheint außerdem scheinwerferartig am hinteren Rande der
Kiemenöffnungen. Bei einem 10—12 cm langen Fisch mißt dieser Ring etwa
4—5 mm im Durchmesser und 1,5—2 mm in der Breite.

Der eigentliche Leuchtkörper besteht wiederum aus einer Masse fingerförmiger Drüsenschläuche, die im großen und ganzen parallel zueinander
und radiär zur Längsachse des Ösophagus stehen. Zwischen sie schiebt sich
auch hier ein sehr zartes, von Kapillaren durchzogenes Bindegewebe. Mehrere
solche Schläuche münden in einen Ausführgang erster Ordnung und gehen
dann in ein Sammelreservoir über, von dem wieder Ausführgänge zweiter
Ordnung zum Ösophagus führen, in den sie zwischen den Schleimzotten einmünden (Abbildung 316a).

Das Lumen der Blindsäcke wird von hohen kubischen Zellen ausgekleidet, die sich nach der Mündung zu immer mehr abflachen. An ihrem blinden **Ende** finden sich Gruppen von Zellen, welche je einen stark lichtbrechenden, vielleicht

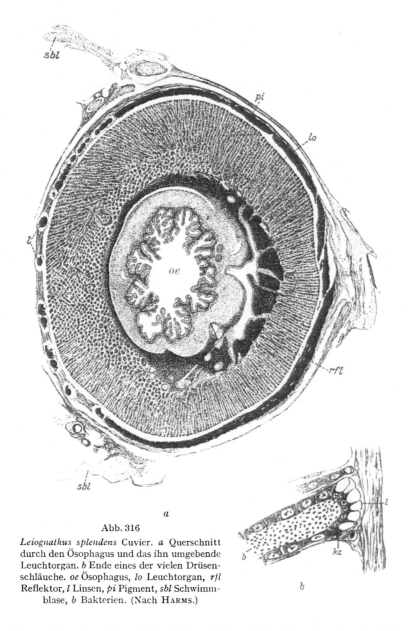

a

Abb. 316

Leiognathus splendens Cuvier. *a* Querschnitt durch den Ösophagus und das ihn umgebende Leuchtorgan. *b* Ende eines der vielen Drüsenschläuche. *oe* Ösophagus, *lo* Leuchtorgan, *rfl* Reflektor, *l* Linsen, *pi* Pigment, *sbl* Schwimmblase, *b* Bakterien. (Nach HARMS.)

als Linse wirkenden Einschluß führen (Abb. 316*b*). Wenn auch ein feinkörniges Sekret den Hohlraum der Schläuche füllt, so besteht ihr Inhalt doch im wesentlichen wieder aus dichtgedrängten, beweglichen, stabförmigen Bakterien. Die Ausführgänge erster Ordnung werden im allgemeinen von ihnen gemieden. Treten aber doch welche auch in sie über, so wandeln sie sich hier in längere, zur Sproßbildung neigende Fäden.

Ein vor allem ventral stark entwickelter Reflektor umzieht den Ösophagus, so daß die Ausführgänge ihn durchsetzen müssen. Nach außen breitet sich ein Pigmentmantel um das seltsame Organ, der in der Nachbarschaft der Schwimmblase unterbrochen ist, so daß das Licht in diese fallen muß. Selbst wie ein Reflektor wirkend, wirft sie es dann in ihre beiden sich nach vorne verlängernden Zipfel und erzeugt so die beiden seitlichen Lichtkegel an den Kiemenspalten. Das Licht, welches den ganzen Bauch schwach leuchtend macht, stammt hingegen von dem ventralen, nicht in die Schwimmblase reichenden Teil des Ringes. Hier dient das ja ebenfalls stark mit Guanin durchsetzte Peritoneum als Reflektor. HARMS beschreibt weiterhin eigenartige, linsenförmige Bildungen, die das Licht in den Bauchraum und in die Schwimmblase werfen sollen. Abbildung 316a zeigt sie längs der Wandung der letzteren gelegen. Die Pigmenthülle jeweils unterbrechend, stellen sie rundliche Gebilde dar, welche im Zentrum ihrerseits eine Pigmentansammlung tragen, durch deren Expansion die Linsenwirkung ausgeschaltet werden kann.

Luciferin und Luciferase sind auch hier nicht nachweisbar. Getrocknete und wieder befeuchtete Organe leuchten schwach auf, cytolytische Mittel bringen das Licht zum Erlöschen.

Über die Einrichtungen, welche eine Kontinuität des Zusammenlebens sichern, wissen wir leider auch in diesem Falle nichts. HARMS konnte lediglich feststellen, daß ein sehr junges Exemplar, welches knapp einen Zentimeter maß, bereits infizierte, aber zunächst noch paarige Ösophagusdrüsen besaß.

Ohne von der Entdeckung HARMS' Kenntnis zu haben, stieß HANEDA (1940, 1950) ebenfalls auf die eigentümlichen Leuchtorgane der Leiognathiden und erkannte ihre symbiontische Natur. Außer der bereits HARMS vorliegenden Art untersuchte er zehn weitere *Leiognathus*-Arten, *Gazza minuta* Bloch und zwei *Secutor*-Arten und fand bei dem von den verschiedensten Stellen der indonesischen und südjapanischen Gewässer stammenden Material stets dieselben Einrichtungen. Er beschreibt sie zwar weniger eingehend hinsichtlich ihres histologischen Baues, doch liegen jedenfalls bei allen drei Gattungen wesensgleiche Organe vor. *Leiognathus rivulatus* Temm. u. Schlegel unterscheidet sich von allen anderen Vertretern der Familie dadurch, daß das Leuchtorgan keinen Ring um den Oesophagus darstellt, sondern lediglich eine dorsale Schwellung. Für *Gazza minuta* werden nur zwei symmetrisch gelegene Ausfuhrgänge der Leuchtdrüse beschrieben. Die ventrale Muskulatur des Thorax und der Abdominalregion ist nach HANEDA milchweiß und semitransparent und wirkt so geradezu als Linse. In ihrem Bereich ist daher auch das bläulich-weiße Licht am intensivsten.

HANEDA hat die symbiontischen Bakterien mühelos auf verschiedenen Nährböden gezüchtet. Es sind unbewegliche oder schwachbewegliche Kokkobazillen von etwa 3 μ Länge, die in der Kultur dazu neigen, Fadenform anzunehmen. Er nennt sie *Coccobacillus equulae* und verspricht weitere Mitteilungen über ihn.

δ) Macruriden und Gadiden

Die erste Angabe über eine vermutliche Leuchtsymbiose begegnet bereits im Jahre 1912. Damals veröffentlichte OSORIO eine kurze Mitteilung über eine seltsame Gewohnheit der portugiesischen Fischer. Sie drücken aus dem After des *Malacocephalus laevis* Lowé eine dicke, gelbe, leuchtende Flüssigkeit, mit der sie das Fleisch von *Scyllium*, *Pristurus* und anderen Fischen einreiben. Auf solche Weise ebenfalls leuchtend gemacht, wird es in kleine Stücke geschnitten und als Köder an den Angelhaken befestigt. Seine Phosphoreszenz erhält sich stundenlang und nimmt erneut zu, wenn diese «candil», wie sie den leuchtenden Köder nennen, in das Seewasser gelangen. OSORIO überzeugte sich davon, daß es sich dabei um Mikroorganismen handelt, die sich auf dem Fleisch vermehren, und versprach weitere bakteriologische Studien, welche jedoch nie erschienen sind. Aber erst YASAKI u. HANEDA (1935) und letzterer allein (1938, 1951) haben dann die Auffassung OSORIOS eingehend begründet.

Sie haben sich dabei mit einer ganzen Reihe weiterer Formen befaßt und den feineren Bau ihrer Leuchtorgane, mit dem sich bis dahin lediglich HICKLING (1925, 1926, 1931), der freilich von einer Symbiose nichts wissen will, an Hand von *Malacocephalus* und *Coelorhynchus* beschäftigt hatte, vergleichend untersucht. Aus ihren Angaben und solchen, die Arbeiten systematischen Charakters zu entnehmen sind, geht die weite Verbreitung solcher Organe bei den Macruriden hervor. Die beiden japanischen Autoren haben sie nicht nur bei einer Reihe weiterer Arten der Gattungen *Malacocephalus* und *Coelorhynchus* festgestellt, sondern auch bei *Abyssicola*, *Hymenocephalus*, *Nezumia* und *Coryphenoides* gefunden und sich allemal davon überzeugt, daß sie Bakterien enthalten. PATT (1946) beschrieb sie ihrer äusseren Erscheinung nach an Hand von *Ventrifossa*, *Grenurus* und *Trachonurus*, und mit dem Leuchtorgan von *Hymenocephalus italicus* Gigl. befaßte sich auch VINCIGUERRA (1932).

Betrachtet man *Malacocephalus laevis* von der Unterseite, so fällt v o r d e r Afteröffnung zwischen den Bauchflossen ein kleinerer, rundlicher und vor diesem ein größerer, quergestellter, schwach leuchtender Fleck auf (Abb. 317a). Beide Stellen sind zwar schwarz pigmentiert, bleiben aber andererseits frei von Schuppen, und das hinter ihnen gelegene Bindegewebe ist von glasiger Beschaffenheit. Es handelt sich um Linsen, deren Melanophoren sich nach HANEDA auf die verschiedensten Reize hin ausdehnen oder kontrahieren können und so das Licht bald abblenden, bald durchtreten lassen. Über der vorderen, größeren Linse liegt ferner ein an Guaninzellen reicher Reflektor, und zwischen beiden Linsen zieht ein Muskel. Hinter der vorderen und über der hinteren Linse befindet sich der eigentliche Leuchtkörper, ein sackförmiges, wieder aus einer Anzahl von Drüsenschläuchen bestehendes Organ mit einem nach rückwärts ziehenden Ausführgang. Dieser umgreift mit seiner Mündung die Afteröffnung und bildet rund um sie noch eine Anzahl Blindsäcke (Abb. 317b).

Eine doppelte, ebenfalls an Chromatophoren reiche, bindegewebige Tasche, die von einem Netz von Nervenzellen und Blutgefäßen durchzogen wird, hüllt

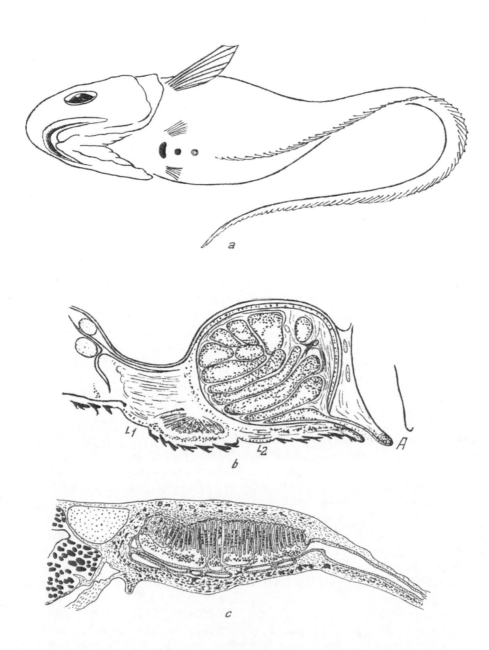

Abb. 317

a Malacocephalus laevis Lowé. Ventralansicht. Zwischen den Bauchflossen in der Region der Leuchtorgane zwei schuppenfreie dunkelpigmentierte Linsen, dahinter die Afterpapille. *b* Sagittalschnitt
durch das Leuchtorgan; L_1, L_2 die beiden Linsen; *A* After. (Nach HANEDA.) *c Coelorhynchus coelorhynchus* Risso. Sagittalschnitt durch das Leuchtorgan. (Nach HICKLING.)

die Drüse ein und trennt zugleich die einzelnen Schläuche. Glatte Muskelzellen breiten sich derart über das Organ, daß ihre Kontraktion den Austritt der leuchtenden Materie im Gefolge hat.

Nach der Darstellung der japanischen Autoren sind die auf das Lumen der Schläuche beschränkten Bakterien in rundliche Säckchen (Gallertkugeln?) eingeschlossen, welche traubenförmig an dem Drüsenepithel hängen (Abb. 318). Reißt ihre Hülle, so treiben die Symbionten frei im Lumen der Drüse. HICKLING hingegen läßt, wie uns scheinen will, zu Unrecht, in den Epithelzellen zwischen Kern und Oberfläche, ein granuliertes Leuchtsekret entstehen, das erst durch Zerfall der Zellen frei wird, aber auch dann noch in Klumpen vereint bleibt.

Das im großen und ganzen recht ähnliche Leuchtorgan von *Coelorhynchus coelorhynchus* Risso weicht der Beschreibung HICKLINGS zufolge in mehrfacher Hinsicht von dem des *Malacocephalus* ab. Auch hier handelt es sich um eine Analdrüse, deren Lage durch einen Pigmentfleck markiert wird, welcher einer wenig ausgeprägten Linse entsprechen dürfte, doch fehlt eine zweite derartige schuppenfreie Stelle. Die Drüse selbst besteht hier aus viel zahlreicheren, senkrecht gestellten engen Röhrchen, die sich in ein System von Sammelräumen öffnen, aus denen der zum After ziehende, auch hier in dessen Nachbarschaft Blindsäcke treibende Ausführgang ent-

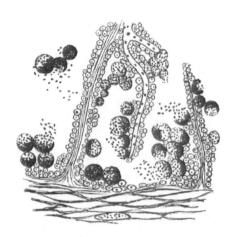

Abb. 318
Malacocephalus laevis Lowé. Schnitt durch die «Leuchtdrüse». (Nach HANEDA.)

springt (Abb. 317c). Bindegewebshülle, Reflektor und Blutversorgung entsprechen den bei *Malacocephalus* gefundenen Verhältnissen, doch fehlt die dort vorhandene, ein Auspressen der Leuchtsubstanz bewirkende Muskulatur. Statt dessen hat die bindegewebige Hülle des Organs hier innigere Beziehungen zu zwei besonderen, medianen, durch ein Ligament verbundenen Knorpelstücken des Beckengürtels eingegangen, die so geartet sind, daß ein Zusammenbiegen der beiden Schenkel ein Ausquetschen des «Drüseninhaltes» zur Folge hat. HICK-LING vergleicht den Effekt der Knorpelstücke mit dem eines Nußknackers.

Der auffallendste Unterschied besteht jedoch darin, daß das Leuchtorgan von *Coelorhynchus coelorhynchus* mit zunehmendem Wachstum einer Rückbildung unterliegt. Am besten ist es in jugendlichen Tieren entwickelt, während in älteren Exemplaren das Leuchtvermögen so stark abnimmt, daß man ihnen nur mit Mühe eine dünne, kaum leuchtende Emulsion entpressen kann. Schließlich kommen Tiere vor, bei denen auch auf Schnitten die Drüsenröhrchen überhaupt nicht mehr nachzuweisen sind.

Zieht man die übrigen Formen zum Vergleich heran, so ergeben sich noch mancherlei weitere Varianten. Unter Umständen ist das Organ sehr klein, liegt

unmittelbar vor dem After, besitzt weder Linse noch Reflektor und ist äußerlich kaum sichtbar, enthält aber trotzdem Leuchtbakterien (*Coelorhynchus ana-
tirostris* Jordan u. Gilbert). Bei *Coryphenoides*-Arten ist die Linse und der
schuppenfreie Fleck wenigstens angedeutet und der Ausführgang ebenfalls
recht kurz. Sie leiten über zu dem gutentwickelten Zustand, wie er sich bei
Abyssicola, Nezumia und zwei japanischen *Coelorhynchus*-Arten fand, die hinter
einer schuppenfreien Stelle mit dünner, transparenter Haut ziemlich große
Leuchtdrüsen, Reflektoren und Linsen besitzen. Der zum After ziehende Kanal
ist auch dann bald länger, bald kürzer, und die Linsen und schuppenfreien Stellen

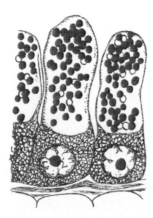

können jetzt, wie bei *Malacocephalus laevis*, in der
Zweizahl auftreten. Unter Umständen wird der
ebenfalls mit Bakterien gefüllte Kanal aber auch
sehr lang und ist dann in seiner ganzen Ausdehnung
mit einer Reflektorschicht und einer freilich schwach
entwickelten Linse ausgerüstet, so daß wenigstens
bei Jungfischen eine leuchtende Linie zwischen den
Brustflossen bis zum After zieht. In älteren Tieren
hingegen ist der Gang von Melanophoren bedeckt,
die in seinem Bereich kein Licht durchtreten lassen.
Einen extrem langen und dünnen Ausführgang fand
HANEDA endlich bei *Coelorhynchus hubbsi* Matsu-
bara; hier ist Anfang und Ende zu je einem Leuchtorgan mit allem Zubehör umgestaltet, während er
bei *Hymenocephalus*-Arten wohl auch sehr ausgedehnt ist, aber diesmal lediglich am blinden Ende
ein Leuchtorgan trägt, das nun jedoch mit einer doppelten Linse versehen ist (VINCIGUERRA, HANEDA).

Abb. 319

Physiculus japonicus Hilgen-
dorf. Zellen der Wandung der
Falten des Leuchtorganes mit
Leuchtbakterien. (Nach
KISHITANI.)

Angesichts solcher Mannigfaltigkeit erhebt sich
die Frage, ob sich in ihr ein Ringen um immer
bessere Lösungen widerspiegelt oder die Tendenz zu allmählicher Rückbildung.
Die Tatsache, daß die Organe unter Umständen bei Jungtieren besser ausgebildet sind als bei den Erwachsenen, ja daß sie HICKLING bei *Coelorhynchus coelorhynchus* in solchen auch auf Schnitten überhaupt nicht mehr auffinden
konnte, spricht mehr für die letztere Möglichkeit und läßt damit rechnen, daß
es auch Arten gibt, welche die Organe völlig verloren haben. In der Tat werden sie auch gelegentlich der Beschreibung der in der Tiefsee lebenden Jugend-
formen von *Trachyrhynchus trachyrhynchus* Risso nicht erwähnt und vermißte
HICKLING, als er Erwachsene auf Schnitten untersuchte, jegliche Andeutung
von solchen. Sollte sich eine solche Auffassung von der Leuchtsymbiose der
Macruriden bestätigen, so würden sich damit Vergleichspunkte zu der ja
auch mehrfache Rückbildungstendenzen aufweisenden Leuchtsymbiose der
Cephalopoden ergeben.

HANEDA hat die Symbionten aller von ihm studierten Macruriden mühelos
gezüchtet. Bei *Malacocephalus* handelt es sich um gramnegative Kokken oder
Kurzstäbchen von 2,2–3,6 μ, die eine endständige Geißel besitzen und daher

lebhaft beweglich sind. Als Nährböden wurden Gelatineplatten, Agar, Bouillon und gekochtes Eiweiß benutzt. Ihre Aufschwemmung in Seewasser erwies sie wieder als sehr sauerstoffbedürftig, so daß sie, nicht geschüttelt, alsbald nur noch an der Oberfläche leuchten. Die spektroskopische Untersuchung ergab ein breites Band im Bereich von 638 bis 430. Die Veröffentlichung der die übrigen Arten betreffenden Beobachtungen steht noch aus.

Für die Richtigkeit der Auffassung YASAKIS und HANEDAS spricht auch, daß KISHITANI (1930) kurz nach dem Erscheinen der Mitteilung des letzteren zeigen konnte, daß auch bei den Gadiden, welche mit den Macruriden die Gruppe der Anacanthini oder Gadiformes bilden, aber im Gegensatz zu den in größeren Tiefen lebenden Macruriden Bewohner des seichten Wassers sind und sich deshalb auch in Aquarien studieren lassen, ganz ähnliche von Bakterien bewohnte Leuchtorgane vorkommen. Er studierte *Physiculus japonicus* Hilgendorf, einen in Küstennähe lebenden Fisch, bei dem schon FRANZ (1910) eine abermals am After ausmündende, ventral gelegene Drüse gefunden hatte, deren Bedeutung ihm freilich rätselhaft geblieben war.

Äußerlich macht sich das Organ, ähnlich wie bei *Malacocephalus* und seinen Verwandten, als eine kleine, rundliche Scheibe bemerkbar, die auch hier schwarz pigmentiert und frei von Schuppen ist. Bei einem Exemplar, das 37 cm maß, hatte sie einen Durchmesser von 4 mm. Auch die darunterliegende etwas größere, herzförmige Drüse ist ganz ähnlich gebaut, wenn sie wieder in Schläuche aufgeteilt ist, die nach dem Ausführgang zu immer seichter werden. Dieser durchsetzt die Bauchmuskulatur und mündet in unmittelbarer Nähe des Afters in das Rektum. Die Umhüllung der Drüse besteht ebenfalls aus zwei Lagen fibrillären, von Chromatophoren durchsetzten Bindegewebes. Auch hier ist das Bindegewebe zwischen den Leuchtorganen und der Bauchhaut besonders durchscheinend und erinnert so an die primitiven Linsen des *Malacocephalus*.

KISHITANI konnte sich freilich angesichts der starken Pigmentierung dieser Zone nicht entschließen, auch hier von einer Linsenbildung zu sprechen, zumal er nie das Licht durch die Bauchhaut schimmern sah. Doch ergänzen hier Beobachtungen HANEDAS (1938, 1951), der die Tiere im Aquarium leuchten sah und feststellen konnte, daß das Licht durch die Expansion der Melanophoren abgeblendet wird, sowie die Erfahrungen der japanischen Fischer, welche den Fisch Dongo nennen und, wenn sie etwas in der Tiefe aufleuchten sehen, zu sagen pflegen, Dongo habe gegähnt.

Ähnlich wie bei *Malacocephalus* sind die $1-1,5\,\mu$ messenden Kokken wieder in «Plasmasäckchen» eingeschlossen, welche den kubischen Epithelzellen aufsitzen, aber keineswegs ihnen angehören, sondern ein Ausscheidungsprodukt der Symbionten darstellen und erst sekundär diese eigenartige Lagebeziehung eingehen sollen (Abb. 319).

Diese Kokken leuchten unter dem Mikroskop, besitzen aber keine Eigenbewegung. Die Beobachtungen über ihren Sauerstoffbedarf entsprechen den bei anderen Fischen gemachten. Auf HATTORIS Nährboden für Leuchtbakterien oder auf Fleischbouillon-Agar und -Gelatine mit 3% Kochsalz lieferten 30

Exemplare in allen 60 Versuchen intensiv grün leuchtende Reinkulturen, in denen allmählich an Stelle der Kokkenform in zunehmendem Maße die kurzer Stäbchen trat. Wie KISHITANI begegnete auch HANEDA (1951), welcher die gleichen bakterienhaltigen Organe auch bei *Lotella phycis* Temm. u. Schl. fand, bei der Kultur ihrer Insassen keinerlei Schwierigkeiten.

Der *Micrococcus physiculus* Kish. vermag Gelatine nicht zu verflüssigen. Dextrose, Mannose, Galaktose, Maltose und Lävulose wird in allen Stämmen vergoren, nicht dagegen Laktose und Saccharose.

KISHITANI prüfte auch den Inhalt des Darmrohres und stellte fest, daß im Rektum, nahe der Mündung, immer eine wenn auch geringe Zahl symbiontischer Leuchtbakterien vorhanden ist, daß aber bei Aussaat der übrigen Abschnitte stets nur gestaltlich und in ihrem Verhalten deutlich verschiedene banale Wasservibrionen wuchsen. Agglutinationsversuche mit Kaninchenserum ergaben eine ausgesprochene Spezifizität der symbiontischen Stämme und ihre Verschiedenheit von den saprophytischen Vibrionen.

ε) Acropomatiden und Apogoniden

Acropoma japonicum Günther, ein in den südlichen japanischen Gewässern lebender kleiner Fisch, wurde zunächst ebenfalls von YASAKI u. HANEDA (1936) als Symbiontenträger erkannt und in der Folge (1950) von letzterem noch eingehender untersucht. Das Leuchtorgan, das etwa die Gestalt einer Stimmgabel besitzt, liegt zwischen den vor die Brustflossen verlagerten Bauchflossen und flankiert mit den beiden nach hinten schauenden Enden die Afteröffnung (Abb. 320*a, b*). Die Wandung des gelbgefärbten, von einer bindegewebigen Kapsel umhüllten Organes bildet auch hier zahlreiche kleine Schläuche; die Bakterien haften an der Oberfläche der Epithelzellen oder erscheinen zu Klumpen vereint. Ein Ausführgang, der zahlreiche Endverzweigungen zu den paarigen Abschnitten des Leuchtorganes schickt, zieht zwischen diesen zum Enddarm und mündet gegenüber der Öffnung des Urogenitalapparates in die Kloake (Abb. 320*c*).

Die Muskulatur der Ventralseite ist nicht nur im unmittelbaren Bereich des Leuchtorganes, sondern auch bis in die Kopf- und Schwanzregion deutlich verschieden von der übrigen Muskulatur. Durchsichtig wie Milchglas, wirkt sie, ähnlich wie bei den Leiognathiden, als Linse und strahlt wie eine mattierte Glühlampe, ohne daß die Lichtquelle äußerlich sichtbar wäre. Hinter der modifizierten Muskulatur liegt ein weißliches, opaleszierendes Gewebe, das sie von der oberen lateralen und der dorsalen Muskulatur scheidet und so die Rolle eines Reflektors spielt. Das Licht ist ein kontinuierliches, doch scheinen besondere Melanophoren der entsprechenden Regionen der Bauchhaut seine Stärke variieren zu können.

Als HANEDA später ein größeres Material von *Acropoma* untersuchte, stellte er fest, daß offensichtlich bisher zwei verschiedene Arten als *japonicum* bezeichnet wurden. Neben der, welche der vorangehenden Beschreibung zugrunde

liegt, existiert eine weitere, bisher unbenannte, welche sich vor allem hinsichtlich des Leuchtorgans, aber auch durch andere Färbung, Beschuppung, Lage
des Afters und so fort unterscheidet. Bei ihr stellen die Leuchtdrüsen zwei
ungleich längere, fast die ganze Bauchseite des Fisches einnehmende Schläuche
dar, die kopfwärts nicht zusammenhängen, aber am Hinterende umbiegen und
nochmals eine Strecke weit nach vorne ziehen.

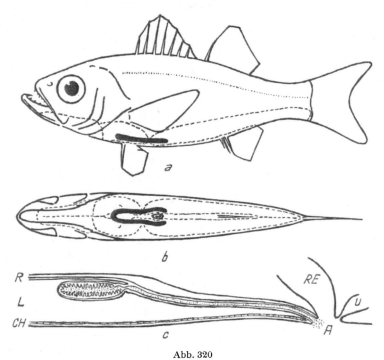

Abb. 320

Acropoma japonicum Günther. *a* Seitenansicht, *b* ventrale Ansicht, *c* medianer Längsschnitt durch
den unpaaren Teil des Leuchtorganes und seinen Ausführgang. *R* Reflektor, *L* Linse, *Ch* Chromatophoren, *Re* Rektum, *A* Anus, *U* Mündung des Urogenitalganges. (Nach YASAKI u. HANEDA.)

Die Symbionten haben die Form von Kokken oder Kurzstäbchen (0,8
bis 2 μ), sind dank einer Geißel lebhaft beweglich und bilden auf den für
Leuchtbakterien üblichen Nährböden in allen Versuchen ein blaugrünes Licht
ausstrahlende Kolonien. Das Organ leuchtet auch noch zwei Tage nach dem
Tode des Fisches. Sauerstoffbedarf und sonstiges Verhalten der leuchtenden
Substanz entspricht dem von Leuchtbakterien Gewohnten. Agglutinationsversuche ergaben, daß es sich bei beiden Arten jeweils um spezifische, nichtbanale
Formen handelt, über die von HANEDA weitere Mitteilungen in Aussicht ge-
stellt werden.

Nach einer japanischen Mitteilung KATOS (1947) besitzt schließlich auch
Apogon marginatus Döderlein, ein Vertreter der Familie der Apogoniden, Leuchtorgane, die denen der Acropomatiden gleichen.

ζ) Pediculaten

Nach einer leider nur sehr kurz gefaßten Mitteilung DAHLGRENS (1928) zählen auch die Pediculaten zu den Fischen, welche ihr Leuchtvermögen einer Symbiose verdanken. Er gibt in ihr an, daß das kugelige Organ, das in der Endanschwellung des langen, das Maul wie eine Angel überragenden Tentakels von *Ceratias* untergebracht ist, von Bakterien bewohnt wird. Da es sich auch hier um ein offenes, drüsenartig anmutendes Gebilde handelt, kann eine solche Feststellung kaum überraschen. Abermals springen bindegewebige Septen von der Peripherie in das Innere vor, und ein Reflektor und ein Pigmentmantel umgeben das Organ. Die Versorgung mit Blutgefäßen ist ebenfalls eine ausgiebige.

Es wäre sehr zu wünschen, daß nicht nur die Ceratiiden, sondern auch die übrigen Pediculaten, das heißt die Gigantactiden, Antennariiden und Malthiden eingehender auf eine eventuelle Symbiose untersucht würden, da ja die Leuchtorgane all dieser Familien mit der Außenwelt in Verbindung stehen und sich in anatomischer und histologischer Hinsicht weitgehend ähneln. Zahl und Sitz der Organe ist freilich mancherlei Wechsel unterworfen. Zu den bizarren Tentakelorganen, die an der Spitze isolierter, beweglicher und unter Umständen bis auf die Schnauze vorgeschobener Strahlen der Rückenflosse sitzen, treten bei einigen Ceratiiden am Anfang der Rückenflosse drei weitere, kurze, keulenförmige Gebilde, die sogenannten Karunkeln, die nach BRAUER (1906, 1908) in ihrem Bau weitgehend mit den Tentakelorganen übereinstimmen. Bei *Chaunax* und den Malthiden ist der Tentakel dagegen sehr kurz und liegt frei auf der Stirn, aber das Organ in ihm stellt abermals eine offene Drüse dar; bei wieder anderen liegt es in einer Stirnhöhle. Wahrscheinlich sind alle diese Organe Wohnstätten von Leuchtbakterien.

7. IN EXKRETIONSORGANEN LOKALISIERTE SYMBIOSEN

a) Anneliden

α) Lumbriciden

Die kompliziert gebauten segmentalen Exkretionsorgane der Lumbriciden sind in einem eng begrenzten Bezirk regelmäßig von Bakterien besiedelt. Obwohl ihre Natur bereits von MAZIARSKI (1905) richtig erkannt worden war, war seine Auffassung von den späteren Autoren mehr oder weniger in Zweifel gezogen worden. Erst KNOP (1926) beseitigte solche Bedenken endgültig und legte den ganzen symbiontischen Zyklus dar, während PANDAZIS (1931) unsere Kenntnisse in physiologischer Hinsicht erweiterte.

An das Nephrostom eines Segmentalorgans von *Lumbricus terrestris* L. schließt zunächst der Anfangskanal und der drei Windungen bildende enge Schleifenkanal an. Dieser setzt sich in den Wimperkanal fort, dessen Lumen weiter und mit Wimpern ausgekleidet ist. Dort, wo die zweite Schleife ihr Ende erreicht, geht dieser in die Ampulle über, die ihrerseits in den als Drüsenkanal bezeichneten Abschnitt mündet. Nach komplizierten Windungen endet dieser in der sich nach außen öffnenden Harnblase. Lediglich die Ampulle, deren

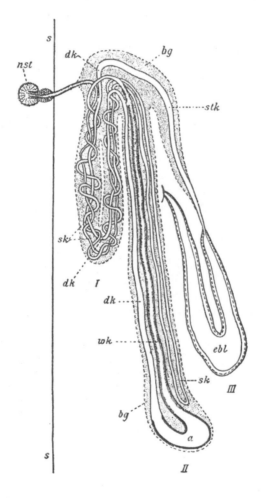

Abb. 321

Lumbricus terrestris L. Schematische Darstellung eines Nephridiums. *I–III* die drei Hauptschleifen, *a* Ampulle, *dk* Drüsenkanal, *ebl* Endblase, *sk* Schleifenkanal, *wk* Wimperkanal, *nst* Nephrostom. (Nach MAZIARSKI.)

unbewimperte Wandung stark vakuolisiert und frei von den die Drüsenkanal-füllenden Granulis ist, wird von den Bakterien besiedelt (Abb. 321).

Diese bilden hier einen breiten, der Zelloberfläche anliegenden Saum, wobei die 3—5 μ langen, an beiden Enden sich stärker färbenden Stäbchen meist

Buchner 34

senkrecht zu ihr gestellt sind. Wo sie weniger dicht liegen, erkennt man deutlich, daß sie in ein sie verklebendes Sekret gebettet sind, welches verhindert,
daß sie in größerer Menge in die anschließenden Teile des Nephridiums gespült
werden, in denen man sie in der Tat, von den Zeiten der Fortpflanzung abgesehen, niemals findet (Abb. 322).

Das völlig regelmäßige Vorkommen und die strenge örtliche Begrenzung der
Bakterien ließ von vorneherein mit wohlfunktionierenden Übertragungseinrichtungen rechnen, wie sie dann in der Tat von KNOP aufgedeckt wurden.

Daß die Eizellen symbiontenfrei blieben, deckt sich
mit der allgemeinen Erfahrung, daß bei einer Lokalisation der Symbionten in Körperhöhlen andere
Wege der Übermittlung eingeschlagen werden.
Untersucht man die Ampullen von Würmern, die
sich in ihrer Fortpflanzungsperiode befinden — bei
Lumbricus terrestris fällt sie in die Monate April bis
August —, so stößt man vielfach auf solche, welche
stärker angeschwollen sind und deren Flüssigkeit,
nach Auflösung der die Bakterien verkittenden Substanz, jetzt allseitig von den Symbionten durchsetzt
ist. In solchen Fällen treten diese dann begreiflicherweise auch zahlreich in die Harnblase über. Offensichtlich stellt dieser Umschwung die Einleitung zur
Infektion der Kokonflüssigkeit dar, denn auch in
dieser sind die Bakterien anfangs in geringer Zahl,
bald aber in großer Menge sie gleichmäßig durchsetzend vorhanden. Wenn der Wurm seinen Körper aus dem sich in der Folge zum Kokon schließenden Sekretring herauszieht, müssen ja notwendig auch Keime aus den Harnblasen in die
künftige Kokonflüssigkeit übertreten, die dann in ihr sichtlich einen vorzüg-
lichen Nährboden finden.

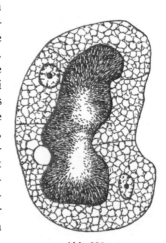

Abb. 322

Lumbricus terrestris L. Schnitt
durch die Ampulle eines Nephridiums mit dem von den
Symbionten gebildeten Wand-
belag. (Nach KNOP.)

Da die sich entwickelnden Würmer die Kokonflüssigkeit schlucken, trifft
man die Bakterien begreiflicherweise zu dieser Zeit auch im Darm an, doch ist
der Weg der Ampulleninfektion ein anderer. Zunächst bleiben die sich von vorne
nach hinten zu fortschreitend anlegenden Nephridien geschlossen. Erst wenn
sie in allen Teilen vollendet sind, bricht der Exkretionsporus nach außen durch,
und die Symbionten wandern aus der umgebenden Flüssigkeit in die Ampulle.
So kommt es, daß man an einem Wurm alle Stadien der Infektion hintereinan-
dergereiht findet: wohlgefüllte Ampullen, infizierte Harnblasen und erstes Auftreten der Bakterien in der Ampulle, infizierte Harnblasen, aber noch bakterienfreie Ampullen, erstes Einwandern in die Harnblase und schließlich völlig
sterile, noch geschlossene Nephridien. Verläßt der Wurm den Kokon, so sind
alle Exkretionsorgane infiziert.

KNOP hat eine große Anzahl von Lumbriciden — 30 Arten, unter denen sich
Vertreter aus Europa, Asien, Afrika und Amerika befanden — zum Vergleich

herangezogen und ist stets auf die gleichen Verhältnisse gestoßen. Gestalt und Größe der Bakterien waren in allen Unterfamilien stets ungefähr die gleichen, und wo Kokons untersucht werden konnten, waren sie ebenfalls durchweg infiziert.

Auch PANDAZIS konstatierte bei mehreren *Lumbricus-*, *Lumbriculus-* und *Eisenia*arten stets die gleichen Bakterien. Ihm gelangen auch einwandfreie Kulturen derselben. Als Nährboden benutzte er zweiprozentigen, mit Aszitesflüssigkeit oder Rinderserum versetzten Agar, wobei eine schwach saure Reaktion sich als vorteilhaft erwies. Nach 20 Stunden erschienen Kolonien von 1,5−12 μ langen, sich bipolar färbenden, gramnegativen Stäbchen ohne Eigenbewegung, welche oft kleinere oder größere Ketten, aber nie Sporen bildeten. In älteren Kulturen traten zahlreiche Involutionsformen auf.

Die Untersuchung ihrer physiologischen Eigenschaften ergab, daß sie Eiweiß in Albumasen und Peptone spalten und höhere Fette in Fettsäuren verwandeln. Sie greifen keine Zuckerart an, bilden keine Säure und besitzen eine reduzierende Wirkung gegenüber Nitraten. In die Körperhöhle der Würmer injiziert, lösen sie eine starke Vermehrung der Phagocyten aus, die sich alsbald mit den Bakterien füllen. Anschließend treten Haufen von nur noch schwach färbbaren Bakterien in den Wandzellen und im Lumen der Nephridien auf. Steigert man die Menge der eingeführten Keime, so machen sich an den Würmern Störungen bemerkbar; große Dosen haben ihren Tod zur Folge. Die Bakterien in den Ampullen bleiben hiebei stets unverändert.

β) Glossoscolecinen

Als KNOP der Frage nachging, inwieweit bei anderen Familien der Oligochäten ein ähnliches gesetzmäßiges Zusammenleben mit Bakterien vorkommt, stellte er an Hand eines aus den verschiedensten Ländern stammenden Materiales fest, daß sich weder bei den ebenfalls terrestrisch lebenden Megascoleciden, noch bei den teils terrestrisch, teils limnisch lebenden Criodrilinen, Hormogastrinen und Microchätinen aus der Familie der Glossoscoleciden Ähnliches findet. Lediglich bei der Unterfamilie der Glossoscolecinen, welche im tropischen und subtropischen Südamerika die hier erst später eingeschleppten Lumbriciden vertreten, stieß er ebenfalls auf eine regelmäßige, freilich in mancher Hinsicht abweichende und im einzelnen verschieden entfaltete Besiedlung der Exkretionsorgane.

Zunächst begegnen Formen, welche insofern noch an die Lumbriciden erinnern, als die Bakterien sich ebenfalls auf die Ampulle beschränken. Aber auch dann finden sich bereits im Gegensatz zu diesen vereinzelte Bakterienansammlungen im Plasma der die Ampullenwand bildenden Zellen. *Enandiodrilus* und *Diachaeta* sind Beispiele hiefür. *Andiorrhinus* und *Andiodrilus* entfernen sich schon mehr, denn die Ampullen sind hier auf Kosten des Wimperkanals stark vergrößert und tragen ebenfalls Cilien, ihre Wandung besteht aus ansehnlichen, sekretbeladenen Drüsenzellen, und die Symbionten leben nun auch in diesen in großer Menge und häufen sich insbesondere innerhalb der Sekretkugeln (Abbildung 323 *b*). Bei *Andiodrilus* treten an Stelle der sonst schlanken Stäbchen dickere und kürzere Formen. *Thamnodrilus* besitzt eine noch größere Ampulle, verhält sich aber im übrigen recht ähnlich. Umgekehrt ist die Ampulle bei *Pontoscolex* kleiner als bei den Lumbriciden und Wand und Lumen nur schwach infiziert, während das Harnblasenepithel dicht besiedelt ist (Abb. 323 *a*). Bei *Glossoscolex* fehlt die Ampulle völlig, aber statt dessen ist nicht nur die ihr

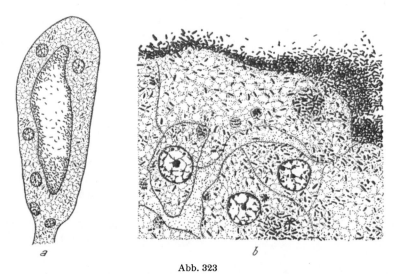

Abb. 323

a Pontoscolex corethrurus Fr. Müll. Schnitt durch die extra- und intrazellular besiedelte Ampulle.
b Andiodrilus affinis Mich. Schnitt durch ein extra- und intrazellular infiziertes Nephridium.
(Nach KNOP.)

entsprechende Region, sondern auch das ganze übrige Nephridium, Schleifen- und Wimperkanal und Harnblase von zahllosen, hier fast fadenförmig verlängerten Mikroorganismen besiedelt. Lediglich die Gattung *Aptodrilus* scheint keine Symbionten zu beherbergen.

Die Glossoscolecinen-Symbiose unterscheidet sich mithin von der der Lumbriciden sowohl durch die überall zum Durchbruch kommende Tendenz zu intrazellularer Besiedlung, als auch durch die Neigung, über die Ampulle hinaus von den übrigen Abschnitten der Nephridien Besitz zu ergreifen.

Obwohl lediglich fixiertes Material untersucht wurde, darf man mit Sicherheit annehmen, daß auch hier die Kokonflüssigkeit und die sich in ihr entwickelnden Würmer infiziert werden.

γ) Hirudineen

In der Harnblase der Nephridien von *Hirudo medicinalis* leben ebenfalls stets Bakterien, die zum Vergleich mit denen der Lumbriciden und Glossoscolecinen herausfordern. Wie bei den ersteren schwankte ihre Beurteilung, nachdem erstmalig LEUCKART auf sie aufmerksam gemacht hatte. Dicht gedrängt heften sie sich mit einem Ende an die Oberfläche des Epithels, so daß ein Rasen entsteht, der, zumal sie schwache schlängelnde Bewegungen ausführen, ein Wimperepithel vortäuscht.

JASCHKE (1933), der sich ebenfalls mit dem Vorkommen befaßte und sich von seiner Regelmäßigkeit überzeugte, fand außerdem auch im Epithel der Harnblasen in Nester vereinigte Bakterien, welche die Gestalt etwas gebogener, plumper Kokkobazillen besitzen und ebenfalls stets vorhanden zu sein scheinen (Abb. 324). Die Untersuchung des Pferdeegels (*Haemopis sanguisuga* L.) ergab

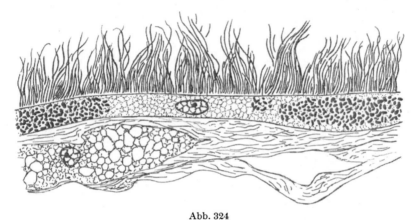

Abb. 324

Hirudo medicinalis L. Wandung der Harnblase eines Nephridiums mit extra- und intrazellularen Bakterien. (Nach JASCHKE.)

schließlich, daß er wie *Hirudo* in der Harnblase durchweg Bakterien beherbergt, welche sich hier noch weit in den Ausführgang erstrecken.

Aller Wahrscheinlichkeit nach wird wie bei den Regenwürmern die Kokonflüssigkeit infiziert und so das Zusammenleben garantiert. Dafür spricht schon, daß auch außerhalb der Fortpflanzungszeit bei stärkerer Reizung der Blutegel, nachdem der wäßrige Blaseninhalt ausgelaufen ist, weiße, rahmartige Tröpfchen hervortreten, welche nichts anderes als Bakterienmassen darstellen.

b) Cyclostomatiden und Annulariiden

Die zu den Prosobranchiern zählenden Cyclostomatiden besitzen eine eigenartige, jeglichen Ausführgang entbehrende Speicherniere, von der man schon seit langem weiß, daß sie ganz regelmäßig Bakterien beherbergt. Das Objekt, an dem zunächst allein dieses Vorkommen untersucht wurde, ist *Cyclostoma elegans* Drap., eine Feuchtigkeit liebende Schnecke, die in den Mittelmeerländern sowie in wärmeren Gegenden nördlich der Alpen oft in Massen unter Laub und Gebüsch vorkommt. Die mäandrischen Windungen dieser meist rein weißen, zum Teil oberflächlich gelegenen, zum Teil in die Tiefe dringenden

und hier dem Darm anliegenden «Konkrementendrüse» schimmern mehr oder
weniger deutlich durch das Gehäuse hindurch. Mit dem Alter der Tiere nimmt
sie an Umfang zu, doch soll auch ein gewisser, freilich nicht von allen Autoren
anerkannter jahreszeitlicher Rhythmus festzustellen sein.

Die die Konkremente speichernden Zellen bilden unregelmäßige Nester,
zwischen die sich Bindegewebe schiebt, das besonders in gut genährten Tieren

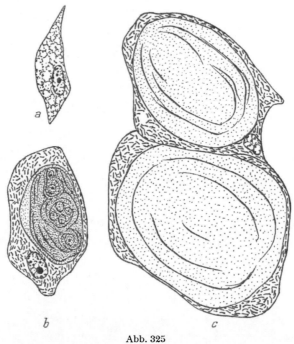

Abb. 325

Cyclostoma elegans Drap. *a* Purinocyte vor Speicherung der Exkrete und Infektion durch die Symbionten. *b* Beginn der Konkrementbildung; das Plasma ist infiziert. *c* Fortgeschrittene Konkrementbildung. (Nach MERCIER.)

sehr viel Glykogen speichert und in das außerdem Kalkzellen und bräunliches
Pigment führende Zellen eingelagert sind.

Daß in den exkretorischen Zellen neben den Konkrementen stets auch zahlreiche Bakterien vorhanden sind, hatte schon GARNAULT (1887) festgestellt.
Während ihm dann in der Folge BARBIERI (1907) zu Unrecht widersprach und
die angeblichen Bakterien für mineralische Substanzen erklärte, pflichteten die
nach ihm kommenden Autoren MERCIER (1911, 1913), QUAST (1923, 1924) und
MEYER (1923, 1925) GARNAULT durchaus bei, und ich selbst habe mich ebenfalls oft von ihrer Bakteriennatur überzeugt.

Nach MERCIER sind diese Nierenzellen zunächst völlig frei von irgendwelchen besonderen Einschlüssen, dann tritt in ihrem Protoplasma eine große
Vakuole auf, die eine wechselnde Anzahl kleiner, aus konzentrischen Lagen
bestehender Kugeln enthält. Mit zunehmender Abscheidung des Exkretes gehen

diese alle in einen einzigen, lamellös gebauten Körper ein. Um diese Zeit treten in dem bis dahin bakterienfreien Plasma die Symbionten zunächst vereinzelt auf, vermehren sich aber rasch in ihm und erfüllen es bald nach allen Richtungen. Weiteres Wachstum des geschichteten Konkrementes, lebhaftes Wuchern der Bakterien und Anschwellen der Zellen zu beträchtlichen Dimensionen gehen jetzt Hand in Hand (Abb. 325). Das Protoplasma wird dabei stellenweise auf einen dünnen Saum beschränkt und die Kerne nehmen unregelmäßige Formen an. Dann setzt eine absteigende Phase ein. Zwischen den Nierenzellen finden sich viele amöboide Elemente, welche die Rolle von Phagocyten spielen und sie mitsamt den Konkretionen und Bakterien resorbieren. In ihnen tauchen Vakuolen auf, welche zu Klumpen vereinte und allmählich der Verdauung verfallende Bakterien enthalten. Auch die Exkretkörper werden verflüssigt und resorbiert. Da sich oft ganze Gruppen von Phagocyten um die Konkrementzellen legen, entstehen nach deren Auflösung epithelähnliche Verbände von Amöbocyten. MEYER stimmt hinsichtlich dieses Zyklus im wesentlichen mit MERCIER überein, während QUAST offenbar zu Unrecht die Meinung vertritt, daß diese Konkremente extrazellular liegen.

Was ihre Zusammensetzung anlangt, so finden QUAST und MEYER 36—50% Harnsäure, außerdem Xanthin und andere Purinbasen (Hypoxanthin und Adenin), so daß der letztere vorschlägt, lieber von Purinocyten zu sprechen.

Die Bakterien stellen unbewegliche, gramnegative schlanke Stäbchen von $2-5\,\mu$ Länge dar, die meist leicht gekrümmt sind und gelegentlich zu längeren Fäden auswachsen.

MEYER hat erfreulicherweise auch andere Cyclostomatiden verglichen und bei *Cyclostoma lutetianum* Bourg. aus Frankreich und *mauretanicum* Plry. aus Algier sowie bei einer weiteren nordafrikanischen *Leonia mamillare* Link. prinzipiell die gleichen Verhältnisse angetroffen. Nur bei *Cyclostoma sulcatum* Drap. ist ihm einmal ein bakterienfreies Individuum begegnet.

Der gleiche Autor zog auch eine Anzahl der eng verwandten Annulariiden in den Kreis seiner Untersuchungen. Bei *Tudora putre* Pfeiffer von Cuba fanden sich Konkretionen und Bakterien, bei einer anderen, *Chondropoma subreticulatum* Maltz von Haiti an Stelle der typischen Bakterien große, an eine *Torula* erinnernde Kokken; andere Arten ließen keine Mikroorganismen erkennen. Bei einer *Glossostyla*art von Manila fehlt die Speicherniere überhaupt, und die Purine werden durch das Nephridium ausgeschieden, während *Chondropoma dentatum* Say. wohl extrazellular liegende Konkremente besitzt, aber keine Bakterien zu führen scheint.

Die früher mit den Cyclostomatiden vereinigten Annulariiden bekunden somit zum Teil auch in symbiontischer Hinsicht enge Beziehungen zu diesen, zum Teil weichen sie von ihnen ab.

Die Übertragung der *Cyclostoma*symbionten wurde leider noch nicht aufgeklärt. In den Ovarialeiern konnten sie jedenfalls nicht festgestellt werden. Die Erfahrungen an Oligochäten legen nahe, an eine Infektion der dem Ei beigegebenen Nährflüssigkeit und eine anschließende Aufnahme durch die im Kokkon sich entwickelnden Embryonen zu denken.

Daß ein dem Wirtstier nützliches Zusammenleben vorliegt, kann zunächst nur aus der Regelmäßigkeit des Vorkommens und der engen Beschränkung der Bakterien auf den einen Zelltyp erschlossen werden. Einwandfreie Reinkulturen, welche vielleicht Aufklärung bringen würden, sind bisher trotz mehrfacher Bemühungen nicht gelungen (GARNAULT, MERCIER, QUAST). MEYER züchtete aus der Drüse vier Gruppen von gramnegativen Stäbchen, unter denen vielleicht auch die Symbionten enthalten waren. Dies gilt vor allem auch für die Angehörigen der *fluorescens*-Gruppe, bei denen eine Uricase festgestellt werden konnte, denn die nächstliegende Erklärung für die Cyclostomatidensymbiose ist ja wohl die, daß die Schnecken von sich aus nicht zu einer Spaltung der Konkremente befähigt sind und daß diese von den Symbionten übernommen wird. Dadurch, daß sie die tierischen Endprodukte zu ihrer Eiweißsynthese verwerten und schließlich selbst der Resorption verfallen, würde dann ein gewisser Teil der Abbauprodukte dem Wirtsorganismus wieder zugeführt werden. Während QUAST nur ganz allgemein für ein sinnvolles Zusammenleben eintritt, vermutet auch MEYER dessen Nutzen in dieser Richtung.

c) **Molguliden**

Eine Speicherniere ohne jeglichen Ausführgang besitzen als einzige unter den Tunikaten auch die Molguliden. Das mit Uraten verschieden stark gefüllte Organ liegt einseitig als bohnenförmiger Sack in unmittelbarer Nachbarschaft des Herzens in einer Darmschlinge. In seinem Lumen bilden sich die Konkremente und leben außerdem stets Pilze, deren Größe schon von vornherein ein intrazellulares Leben verbieten würde. Das Vorkommen ist so auffallend, daß es schon LACAZE-DUTHIERS (1874) und GIARD (1888) nicht entgehen konnte. Letzterer beschrieb sie aus *Molgula socialis* Alder unter dem Namen *Nephromyces* als ein feinfädiges, die Konkremente umspinnendes Mycel, zwischen dem da und dort auch dickere und unregelmäßige Zustände nicht fehlen. Zeitweise werden Sporangien mit runden, langgeißligen Sporen und von einer feingranulierten Hülle umgebene Zygosporen gebildet. *Anurella roscovitana* L-D. beherbergt einen anderen, aber recht ähnlichen Pilz. Bei einer *Listonephrya*art wird die Niere fast ganz von einer einzigen großen Konkretion eingenommen, so daß für die Pilze, die hier durch birnförmige Sporen charakterisiert sind, nur wenig Platz bleibt.

Ich selbst habe mich eingehender mit *Molgula impura* Heller befaßt und über die mannigfaltigen Zustände ihrer symbiontischen Nierenbewohner berichtet (1930). Die verschieden langen Hyphen sind hier nur sehr spärlich verzweigt und schnüren gelegentlich konidienähnliche Enden ab. Im übrigen fehlt jegliche Querwandbildung. Zwischen ihnen liegen andere, ungewöhnlich dicke und besonders flüssigkeitsreiche, nur an den Enden dichteres Plasma tragende Zustände. Viele Schläuche sind mit lichtbrechenden Körnchen inkrustiert, die zu den in der Niere sich anreichernden Exkreten gehören und offenbar gelegentlich ihr Absterben bedingen. Ein Teil der Hyphen wandelt sich in kugelige Stadien, die erneut zu Schläuchen austreiben können. Andere, ebenfalls kugelige, aber aus dichterem Protoplasma bestehende und eine Hülle bildende Zustände stellen teils Makrogameten, teils die Ausgangsstadien von zweigeißeligen Mikrogameten dar, und aus wieder anderen werden Sporen, welche die Gestalt stark lichtbrechender, gekrümmter Stäbchen besitzen, an denen ich

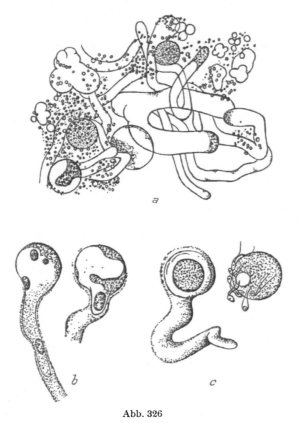

Abb. 326

Molgula impura Heller. *a* Die Pilze durchsetzen in zweierlei Gestalt die Exkrete der Speicherniere. *b* Sich abkugelnde Schläuche. *c* Makrogamet und Kopulation; bei *b* und *c* zum Teil die Exkrethülle sichtbar, aus der sich die Pilze zurückgezogen haben. (Nach BUCHNER.)

keine Geißeln erkennen konnte (Abb. 326). Nach brieflichen Auskünften CLAUS-SENS handelt es sich hier um einen niederen Pilz, der unter den zunächst in Frage kommenden Gruppen — Oomyceten, Ancylistinen und Chytridineen — keinen auch nur entfernt Verwandten besitzt, während GIARD seinen *Nephromyces* zu den Chytridineen stellte.

Daß dieser Organismus auf Kosten der Ascidien-Exkrete lebt, darf man mit Bestimmtheit annehmen. Schon GIARD hat sich dahin ausgesprochen. Gelegentlich konnte ich auch beobachten, daß sich im Nierenlumen vorhandene Amöbocyten ähnlich wie in den Speichernieren von *Cyclostoma* mit wenigen oder vielen Pilzen beladen, die in ihrem Inneren zerfallen. Stets handelt es sich dann aber lediglich um die abgekugelten Stadien.

Auch hier ist die Übertragungsweise nicht aufgeklärt. Allem Anschein nach werden die Jungtiere wie bei so vielen, selbst sehr innigen Algensymbiosen jedesmal aufs neue vom Seewasser aus infiziert, denn die Eizellen bleiben steril, und die jungen, im Laboratorium entstandenen festsitzenden Larven enthalten in ihrer Speicherniere, wenn bereits die ersten Exkrete auftauchen, noch keine Pilze.

Daß alle Gattungen und Arten der Molguliden eine solche Niere besitzen, geht aus den anatomischen und systematischen Studien einer Reihe von Autoren hervor. Ihre seltsame Besiedlung durch Pilze scheint ebenso allgemein verbreitet zu sein, denn ich habe eine ganze Reihe von ihnen aus allen Teilen der Erde an Hand von Alkoholmaterial untersucht und stets mehr oder weniger ähnliche Gäste festgestellt.

Allgemeiner Teil

1. DIE WOHNSTÄTTEN DER SYMBIONTEN

Ohne Zweifel stellt das Darminnere die Wohnstätte dar, welche sich in allererster Linie bot, wenn es galt, im Körper vielzelliger Tiere irgendwelche pflanzliche Gäste einzubürgern, denn in der überwältigenden Zahl der Fälle werden diese ja eines Tages mit der Nahrungsaufnahme in ihn gelangt sein, und gar nicht selten werden sie ja auch heute noch von Generation zu Generation erneut durch den Mund aufgenommen, sei es, daß dies mit weitverbreiteten und in der Umgebung der Wirte nie fehlenden freilebenden Organismen geschieht, sei es, daß besondere Einrichtungen dafür sorgen, daß die erwünschten Keime die erste Speise der schlüpfenden Larven darstellen. Demgegenüber treten die sonstigen Einfallspforten an Bedeutung stark zurück. Immerhin sprechen die als Hauteinstülpungen drüsigen Charakters sich anlegenden und später Bakterien führenden Leuchtorgane vieler Cephalopoden und Teleostier deutlich für eine Aquisition der Symbionten ohne Beteiligung des Darmes, und in den Nephridien der Borstenwürmer treten die Bakterien ebenfalls immer wieder erneut durch die Exkretionsporen ein. Wie die leuchtenden Analdrüsen der Macruriden und Gadiden auf den After als Einfallspforte weisen, so könnte man daran denken, daß die süßen Exkremente der Homopteren ebenfalls gelegentlich zu einem Symbiontenerwerb durch den After geführt haben, zumal wir von den Rickettsien wissen, daß sie unter Umständen diese Straße benützen. Einzig unter den Insekten stehen schließlich die Dorsalorgane der Lagriiden-Larven da, die sich als drüsige Hautsäckchen anlegen und dementsprechend von außen her besiedelt werden, so daß man vermuten muß, daß sich hierin ebenfalls der Weg des einstigen Erwerbes widerspiegelt.

Die einfachste Form einer Besiedelung des Darmes stellt natürlich eine mehr oder weniger gleichmäßige oder auch bestimmte Regionen bevorzugende Durchsetzung des Nahrungsbreies dar, bei der keinerlei anatomische oder histologische Veränderungen ausgelöst werden. Eine so geartete Symbiose entzieht sich aber begreiflicherweise leicht der Beobachtung, und es bedarf besonderer Umstände, um auf sie aufmerksam zu werden und die Symbionten von gleichgültigen Darmbewohnern unterscheiden zu können. Wenn wir zum Beispiel bei jenen Trypetiden, welche als Larven und Imagines zahlreiche Bakterien diffus im Mitteldarm verteilt enthalten, von einer Symbiose sprachen, so berechtigte dazu der Umstand, daß die nächsten Verwandten den Bakterien spezifische Anhangsorgane des Darmes als Wohnstätten bieten, und daß sich auch bei solch niederer Stufe der Einbürgerung bereits gewisse der

Eibeschmierung dienende Neubildungen finden. In ähnlicher Weise ließ sich durch den Vergleich mit anderen Pflanzensäfte saugenden Heteropteren wahrscheinlich machen, daß die Bakterienmassen im Mitteldarm von *Pyrrhocoris* den bei jenen mit viel Aufwand untergebrachten gleichzustellen sind, und man kann von den Bakterien, welche die Larven von *Hippobosca camelina* oder *Lynchia maura* im Chylusdarm innig vermengt mit dem Milchdrüsensekret enthalten, mit Sicherheit sagen, daß sie den bei den übrigen Hippobosciden strenger lokalisierten Symbionten entsprechen, zumal auch sie bei der Metamorphose in besondere Zellen des Darmepithels aufgenommen werden. Von den unter den Speisebrei gemengten Bakterien des *Hylemyia*darmes ließ sich durch Sterilisieren der Eioberfläche zeigen, daß sie lebensnotwendig sind. Eine weitere Möglichkeit, bei solcher Lokalisation über Wert oder Unwert Aufschluß zu erhalten, bietet natürlich die Kultur der fraglichen Mikroorganismen außerhalb ihres Wirtes und der Nachweis, daß sie über Fähigkeiten verfügen, welche diesem willkommen sein müssen. Doch liegen in dieser Hinsicht, wenn man von der Darmflora der Wirbeltiere absieht, leider bis jetzt nur wenige erste Ansätze vor[1]).

Wo der Sinn des Zusammenlebens in einer unmittelbaren Beeinflussung der Nahrung durch die Symbiontenenzyme liegt, muß eine solche diffuse Besiedelung die beste Ausnützung derselben garantieren. Andererseits liegt aber auf der Hand, daß sie auch gewisse Unzuträglichkeiten mit sich bringen kann und daß sich das Bedürfnis nach einer besseren Fixierung der Symbionten oder, wo die Aufschließung der Nahrung längere Zeit in Anspruch nimmt, nach Bereitstellung mehr oder weniger abgeschlossener Darmabschnitte fühlbar gemacht hat. Noch viel mehr werden sich aber natürlich solche Tendenzen überall dort äußern, wo die Bedeutung der Symbiose in anderer Richtung liegt und eine Unterbringung der Gäste im oder am Darm, der ja bei den Insekten obendrein im Verlaufe der Metamorphose vielfach eine totale Erneuerung erleidet, unnötige Komplikationen und Gefahren für ihren Bestand mit sich bringt.

Chitinöse Retentionseinrichtungen, wie sie an der Wandung von Räumen, welche auf Hautfalten zurückzuführen sind, so häufig sind, kommen im Bereich des Mitteldarmes nicht in Frage. Höchstens durch Zottenbildung kann hier ein ähnlicher Effekt erzielt werden, und in der Tat bildet die Wandung jener bauchigen Erweiterung des Larvendarmes von *Hippobosca equina*, welche dort allein die Symbionten enthält, zahlreiche Falten, und obendrein trägt hier jede Zelle einen zapfenförmigen Fortsatz, so daß ein reichgegliedertes Relief von Buchten und Vorsprüngen entsteht, an dem ein dichter Bakterienbesatz Halt findet. Bei *Hippobosca capensis* fehlen zwar die Falten, aber die Zapfenbildung der einzelnen Zellen läßt auch hier Nischen entstehen, in denen sich die Symbionten in besonderer Menge vor Anker legen.

---

[1]) Wie sich solche auf das Darmlumen beschränkte Symbiosen aus Vorstufen, die eine solche Bezeichnung noch nicht verdienen, entwickeln können, veranschaulicht *Tenebrio molitor*. Stellten doch BUSNEL u. DRILHORN (1948) und anschließend KAUDEWITZ fest, daß die Darmbakterien dieses Tenebrioniden Wuchsstoffe synthetisieren, die immerhin bei reiner Mangeldiät noch ein gewisses Wachstum ermöglichen. Erzielt man durch Gaben von Antibiotika (Sulfaguanidin, Prontosil) Sterilität des Darmes, so kommt bei Mangeldiät auch dieses in Wegfall.

Wo hingegen Symbionten in Abschnitten des Insektendarmes leben, die mit Chitin ausgekleidet sind, wie im Enddarm der Tipuliden, Grillen und Lamellicornier, tauchen auch mannigfach verzweigte Borstenbildungen auf, welche der Fixierung der Bakterien in vorzüglicher Weise dienen.

Viel weiter verbreitet ist die Beschränkung der Symbionten auf Ausstülpungen des Darmes, welche gegen diesen mehr oder weniger abgeschlossen sind und gleichsam stillere Räume darstellen. Dabei sind schon vor dem Erwerb der Symbiose vorhanden gewesen Bildungen und solche, die ihre Entstehung erst einer solchen verdanken, zu unterscheiden. Zu den ersteren gehören die vier rundlichen Blindsäcke am Anfang des Mitteldarmes der Trypetidenlarven, welche sich auch bei Formen mit diffuser Besiedlung des Darmlumens als leere Ausstülpungen finden (Abb. 12). Ihre Beschlagnahme durch die Symbionten löst dann beträchtliches Wachstum, unter Umständen auch Unterteilung aus und legt gleichzeitig die bei sterilen Säckchen an der Vakuolisierung des Plasmas kenntliche sekretorische Tätigkeit der Wandung still. Eine andere, bereits unabhängig von der Symbiose errichtete Wohnstätte liegt in den kleinen Zotten vor, welche bei den Imagines von *Bromius* die hintere Region des Mitteldarmes begleiten. Bei der Metamorphose treten die bis dahin in den Malpighischen Gefäßen untergebrachten Bakterien in das Lumen eines Teiles derselben über und veranlassen damit eine wesentliche Verlängerung der beschlagnahmten Zotten (Abb. 44).

Sonst handelt es sich, so weit bekannt, stets um Neubildungen, die ihre Entstehung der Symbiose verdanken. Die sogenannten Gärkammern bieten ein Beispiel dafür, wie der Organismus derartigen Bedürfnissen in steigendem Maße gerecht wird. Im Enddarm der Grillen fehlt noch jede entsprechende Sonderung des bakterienbewohnten Abschnittes, bei Tipulidenlarven finden sich alle Übergänge zur Bildung scharf abgesetzter voluminöser Blindsäcke, bei den Lucanidenlarven wird ein Kranz kleiner Kammern gebildet, bei denen der Melolonthinen ein Teil des Enddarmes zu einem gewaltigen Ballon aufgetrieben, und bei *Scarabaeus* steht ein ansehnlicher Blindsack nur mittels eines engen Halsteiles noch mit dem Enddarm in Verbindung (Abb. 9, 10).

Die Trypetiden-Imagines bieten zum Teil ihren Symbionten völlig neuartige Ausstülpungen am Mitteldarm, die sich wieder in eine Reihe zunehmender Sonderung ordnen lassen. Eine nur seichtere Falten tragende, den Darm allseitig umgreifende Zone, schärfer abgesetzte, tiefere und nur noch einseitig gelegene, aber in breiter Front in den Darm mündende Ausstülpungen und schließlich ein lediglich durch einen engen Gang mit ihm in Verbindung stehender Anhang bekunden deutlich das Bestreben, die Symbionten vom Darminhalt fernzuhalten (Abb. 14). Auch das eigenartige Kopforgan der Imago von *Dacus* muß man wohl, nachdem es bei anderen Trypetiden vermißt wird, als Neubildung bewerten (Abb. 13).

Neubildungen von besonderem Ausmaße, durch welche extrazellulare Darmsymbionten ebenfalls weitgehend dem Lumen entrückt werden, schaffen ferner vor allem auch die Pflanzensäfte saugenden Heteropteren, bei denen bald wenige schlanke, manchmal verästelte Röhren, bald zahlreichere, ebenfalls längere und miteinander leicht verwachsene Schläuche, vor allem aber in zwei oder vier Reihen geordnete kleine Krypten auftreten, die dann nach Hunderten zählen können. Bei den Acanthosomiden werden sogar die engen Wege, durch die sie stets noch mit dem Darmlumen in Verbindung stehen, verlötet und damit jeder Zusammenhang der beiderlei Räume aufgegeben (Abb. 82—85).

Ein nächster bedeutungsvoller Schritt, der die gleiche Tendenz zu innigerer Einverleibung und gleichzeitiger Entfernung vom Darmlumen bekundet, besteht in der Aufnahme der Symbionten in das Innere der Darmepithelzellen. Daß sie nicht schwer fällt, belegen die häufigen Fälle eines ständig vor unseren Augen sich wiederholenden derartigen Übertrittes, der bald im Bereich des ganzen entodermalen Darmsystemes, wie bei so vielen Algensymbiosen, bald an beschränkten Stellen vor sich geht. Wenn man bedenkt, wie weit verbreitet eine intrazellulare Verdauung nicht nur bei Protozoen, sondern auch bei niederen vielzelligen Tieren, wie Cölenteraten und Würmern, ist, so kann ein solcher Schritt nicht wundernehmen. Wo wir Darmepithelzellen der Insekten, bei denen es sonst lediglich zur Aufnahme gelöster Stoffe kommt, Bakterien und Pilze gleich Nahrungstrümmern sich einverleiben sehen, bedeutet dies ein Zurückgreifen auf Fähigkeiten, die in ihrer Stammesgeschichte wohl verankert sind.

Des öfteren stellt der Übergang zu intrazellularem Leben keineswegs die völlige Preisgabe des freien Lebens dar, und nicht selten begegnet er auch nur sprunghaft bei einzelnen Vertretern eines größeren, an der Besiedlung des Darmlumens festhaltenden Kreises. Unter den heteropteren Wanzen kommt es zum Beispiel lediglich innerhalb der Aphaninen zu einer extra- und intrazellularen Besiedlung der dort lang fadenförmigen Darmanhänge. Die blutsaugenden Triatomiden bringen ihre Bakterien zwar in leicht vergrößerten Zellen unter, welche eine an die Valvula cardiaca anschließende Zone bilden, doch treten diese laufend auch in das Darmlumen über und finden sich in stattlichen Ansammlungen unter das in Auflösung begriffene Blut gemengt (Abb. 236). Bei den Glossinen hingegen bestehen, bedingt durch die Holometabolie, bei Larven und Imagines Unterschiede. In ersteren findet man die Symbionten auf eine sehr kurze Strecke des an die Valvula cardiaca anschließenden Darmepithels beschränkt, ohne daß sie hiebei eine nennenswerte Vergrößerung der Zellen auslösen, bei den letzteren handelt es sich um zwei weiter rückwärts gelegene, scharf umschriebene Zonen, die sich dank dem jetzt sehr beträchtlichen Zellwachstum stark vorwölben. In beiden Zuständen treten aber auch jetzt noch, freilich offenbar in geringerem Maße, Bakterien in das Darmlumen über (Abb. 222—224).

Während bei allen anderen Curculioniden die Symbionten zwar an den verschiedensten Orten, aber stets ausschließlich intrazellular und nicht in Darmepithelzellen vorkommen, bieten ihnen die Cleoniden durchweg am Anfang des Mitteldarmes gelegene und abermals als Neubildungen zu bewertende Ausstülpungen von wechselnder Gestalt, in denen sie teils intra-, teils extrazellular vorkommen (Abb. 52, 53), und in ähnlicher Form begegnen beide Lebensweisen bei den Hippobosciden, unter denen ein Teil die Symbionten sowohl als Larven

wie als Imagines, wenn auch an verschiedenen Orten des Darmepithels, intrazellular birgt, andere aber erst bei der Metamorphose ihre Zellen öffnen und
als Larven die Bakterien bald im Lumen einer weiter vorn gelegenen Auftreibung des Mitteldarmes, bald in seiner ganzen Ausdehnung führen (Abb.
226). Stets aber sind die infizierten Zellen, welche zumeist mit gesteigertem
Wachstum reagieren und ihren Bürstenbesatz schwächer oder gar nicht entwickeln, scharf gegen die immun bleibenden abgesetzt und weisen eine art-
spezifische Ausdehnung auf.

Auch die Hirudineen führen uns mehrere entsprechende Etappen der Einbürgerung vor. *Hirudo medicinalis* scheint diffus im Darmlumen lebende Symbionten zu besitzen, *Piscicola* konzentriert sie im Hohlraum besonderer Ösophagusausstülpungen und bei *Placobdella* wird das Epithel entsprechender Organe
reich infiziert, ohne daß damit die extrazellulare Lebensweise aufgegeben würde
(Abb. 211, 212).

Wenn in den zweifellos erst durch die Symbiose ausgelösten Darmausstülpungen der Cleoniden die Symbionten sich sowohl inner- wie außerhalb der Zellen finden, so ist dies ungewöhnlich, denn bei allen übrigen bis heute
bekanntgewordenen ähnlichen Neubildungen bedeutet ihre Besiedelung den
Verzicht auf ein gleichzeitiges Vorkommen im Lumen. Das lehren uns die Anobiiden und Cerambyciden sowie *Cassida*, *Bromius* und *Donacia*. Durchweg handelt es sich dabei um Aussackungen am Anfang des Mitteldarmes, das heißt an
einer Stelle, die offenbar von vorneherein hiezu besonders prädestiniert ist
und daher solche unter Umständen auch ohne Anwesenheit von Symbionten
bildet. Daß es sich aber in den genannten Fällen wirklich um Neubildungen
handelt, ergibt der Vergleich mit symbiontenfreien, keine solchen Differenzierungen aufweisenden Verwandten. Ihre Gestalt kann eine verschiedene sein;
rundliche Säckchen kommen neben schlauchförmigen vor, glatte neben ge-
buckelten oder mit Zotten bedeckten. Bald handelt es sich nur um zwei oder
vier Ausstülpungen, bald um einen ganzen Kranz (Abb. 41, 42, 44). Bei den
Cerambyciden rückt ein solcher etwas weiter rückwärts und wird bei manchen
Arten noch um einen zweiten vermehrt (Abb. 27). Vergleicht man Larven und
Imagines, so besitzen sie entweder die gleichen, freilich unter Umständen verschieden stark entfalteten Organe (Anobiiden, Buprestiden[1]), *Cassida*) oder weichen beträchtlich voneinander ab *(Bromius)*, oder es ergibt sich endlich, daß
sie in den Imagines fehlen und dann auch nicht durch andere Wohnstätten
ersetzt werden, wie bei den Bockkäfern und mit einer gewissen Einschränkung
bei *Donacia*. Als Bewohner kommen neben Bakterien nun auch hefeähnliche
Insassen vor (Cerambyciden, Anobiiden), das heißt Organismen, die bis heute
niemals als reguläre Bewohner des Darmlumens begegneten.

Der gleiche Übergang von extrazellularer zu intrazellularer Besiedelung
spielt sich auch an den Malpighischen Gefäßen ab, welche in einer Reihe

---

[1]) Ich hatte in jüngster Zeit Gelegenheit, mich davon zu überzeugen, daß bei zwei noch nicht
bestimmten Arten die larvalen Darmausstülpungen in der Tat von grossen Massen ansehnlicher
stäbchenförmiger Bakterien besiedelt sind, so daß man annehmen muß, daß diese niemals fehlenden Anhänge durchweg Wohnstätten von Symbionten sind.

von Fällen ebenfalls als Symbiontenwohnstätten Verwendung finden und dabei verschieden weit gehenden Wandel erleiden. Eine extrazellulare, sich gleichmäßig auf alle Gefäße erstreckende Beschlagnahme ist bisher lediglich von den Larven von *Bromius* bekannt geworden, deren symbiontische Bakterien bei der Metamorphose von hier in die oben erwähnten Mitteldarmzotten verpflanzt werden. Gewisse Apioninen — *Aspidapion* und andere — infizieren, ohne daß es bei ihnen zu einer Beschränkung auf gewisse Gebiete käme, bei der Verwandlung von der Leibeshöhle her einen Teil der die Gefäße zusammensetzenden Zellen.

Ähnliches gilt für *Ixodes*, während bei den übrigen Ixodiden nur bestimmte Zonen der Vasa Malpighi besiedelt werden und sich dann schon äußerlich als verdickte Abschnitte zu erkennen geben. Bei *Rhipicephalus* und *Dermacentor* enthält höchstens der vierte Teil der beiden Gefäße Symbionten, und bei *Boophilus* setzen sich die hier stark vergrößerten Zellen als kleines, endständiges Knöpfchen gegen die sterilen Strecken ab (Abb. 216). Ähnlich liegen die Verhältnisse auch bei den Argasiden, wo *Argas persicus* die Gefäße in ihrer ganzen Ausdehnung öffnet, *Ornithodorus* hingegen wieder nur einen beschränkten verdickten Abschnitt zur Verfügung stellt.

Bei den Donacien geht die Einengung noch einen Schritt weiter, wenn in älteren Larven beiderlei Geschlechtes nur zwei der sechs Malpighischen Gefäße eine Strecke weit bezogen werden. Doch handelt es sich hiebei genau genommen wohl lediglich um eine sehr früh eingeleitete Besiedlung künftiger Übertragungsorgane, die in der Folge im männlichen Geschlecht zu einer Reduktion der Symbionten führt oder gar mit deren völliger Auflösung endet (Abb. 47). Einzig dastehend ist die Hypertrophie, welche vier der sechs Vasa Malpighi bei dem Ipiden *Coccotrypes* dadurch erleiden, daß sie nahezu in ihrem ganzen Verlauf symbiontischen Bakterien eingeräumt und damit ihren ursprünglichen Funktionen entzogen werden. Die am tiefsten greifende Umgestaltung der Malpighischen Gefäße begegnet jedoch bei einem Teil der Apioninen. Die hier ebenfalls ausschließlich in den Dienst der Symbiose gestellten beiden Gefäße werden in kleine Keulen umgewandelt, deren Lumen sich jetzt auf den kurzen Stiel beschränkt und die im übrigen im wesentlichen aus infizierten Riesenzellen bestehen (Abb. 69).

Während uns so der Übergang der Symbionten aus dem Darmlumen in das Darmepithel von einer Reihe von Objekten mit aller Deutlichkeit vorgeführt wird, bereitet die Vorstellung einer Verpflanzung der Symbionten in den Raum zwischen Darm und Hypodermis einige Schwierigkeiten. Daß wir sie wenigstens bei den Symbiosen mit Bakterien und Pilzen nicht in ähnlicher Weise miterleben, hat seinen Grund darin, daß ein solcher Wohnsitz bei ihnen stets zu einer Übertragung auf dem Wege der Ovarialinfektion führt und daher eine eventuelle Rekapitulation der Passage aus dem Darm in diese Regionen nicht in Frage kommt.

Wenn sich hingegen Algen im Mesenchym finden, gelangen sie jeweils erneut auf dem Umwege einer Infektion der Darmzellen in dieses. So beherbergt ein kleiner Teil der grünen Turbellarien die Chlorellen ausschließlich noch im Darmepithel, während der größere sie zwar zunächst ebenfalls in dieses aufnimmt,

dann aber restlos in das dahinterliegende Gewebe weiterreicht. Wo bei Anthozoen die Algen Lumen und Epithel des entodermalen Hohlraumsystems bewohnen und außerdem in Lücken der Mesogloea leben, gelangen sie wohl
ebenfalls auf dem Umwege über das Darmepithel in diese.

Die einzigen Objekte, bei denen eine entsprechende Wanderung bei einem
mit Bakterien vergesellschafteten Organismus ebenfalls in jeder Generation
wiederholt wird, stellen gewisse Pupiparen dar. Die Schwalbenlaus *Ornithomyia*
unterscheidet sich von den anderen Hippobosciden dadurch, daß sie die Symbionten als Imago nicht im Darmepithel unterbringt, sondern in einem mycetomartigen, scharf umschriebenen Syncytium, das hinter diesem in die Muscularis des Darmes eingelassen wird (Abb. 231). Die Larven aber führen trotzdem,
wie alle Verwandten, ihre Symbionten in dem an den Schluckapparat anschließenden Darmteil, und bei der Verpuppung gleiten diese wie auch sonst nach
hinten. Hier aber drängen sie sich nun als Ballen ohne Begleitung von Kernen
durch das Darmepithel hindurch in die schon vorher bereitete, offensichtlich
dem Mesoderm angehörige Mycetomanlage.

Bei den Nycteribiiden, deren Symbiose sich in mancher Hinsicht ähnlich entwickelte wie bei den Hippobosciden, werden die Symbionten gleichfalls im Bereich des Mesoderms lokalisiert. Entdeckte doch ASCHNER bei ihnen ebenfalls
regelrechte, diesmal fern vom Darm liegende imaginale Mycetome bzw. Mycetocytengruppen (Abb. 233). Trotzdem wird auch hier die Übertragung durch
die Milchdrüsen bewerkstelligt, welche die Symbiose der Larven unweigerlich
an den Darm bindet und damit solche Ausnahmezustände bedingt, nur sind
leider bisher weder Larven noch Puppen dieser Tiere untersucht worden, welche
uns auch hier die notwendigerweise stattfindende Wanderung der Symbionten
durch das Darmepithel vorführen würden.

Es liegt nahe, sich in diesem Zusammenhang auch jener beiden Zikaden –
Cicadula 4-notata und *Cymbomorpha* spec. – zu erinnern, welche Hefen im Darmepithel und zum Teil auch im Bereich der Leibeshöhle führen, ohne sie in die
Eizellen aufzunehmen; aber wir werden an anderer Stelle (S. 303) hören, daß
alles dafür spricht, daß es sich hier nicht um einen ursprünglichen Zustand,
sondern um eine Etappe allmählicher Verdrängung handelt.

Auch wenn gelegentlich in einer Gruppe, welche im allgemeinen ihre Symbionten im Raum zwischen Darm und Hypodermis unterbringt, sporadische
Fälle einer Lokalisation wohlangepaßter Symbionten im Darmepithel oder in
Abkömmlingen desselben vorkommen, muß es sich keineswegs notwendig um ein
ursprünglicheres Verhalten handeln, sondern es kann dem sehr wohl auch eine
sekundäre Sinnesänderung der Wirtstiere zugrunde liegen. Offensichtlich ist das
bei *Marchalina hellenica* und einem Teil der Anopluren der Fall. Die erstere öffnet
allein unter allen Schildläusen weite Strecken des Mitteldarms ihren symbiontischen Bakterien, und bei letzteren ließ sich zeigen, daß die in den Mitteldarm
von *Haematopinus* eingelassenen Mycetocyten echte Entodermzellen darstellen
(Abb. 241), daß die Magenscheibe von *Pediculus* und *Phthirus*, obwohl es sich
hier um ein wohlumschriebenes, hinter dem Darm gelegenes Mycetom handelt,
auf eine Abschnürung des Darmepithels zurückgeht, und daß Entsprechendes

für die zwischen Darmepithel und Basalmembran eingeschobenen Mycetocyten von *Pedicinus* gilt (Abb. 256, 242). Andererseits leiten sich aber die Mycetome bzw. Mycetocyten all der übrigen Anopluren sowie der in jeder Hinsicht sich so ähnlich verhaltenden Mallophagen in typischer Weise von extraembryonalem Zellmaterial ab, und auch die Tatsache, daß *Marchalina* und die genannten Läuse gegen alle Regel ihre Symbionten, obwohl sie in entodermalen Wohnstätten leben, über die Eizellen vererben, wird nur dann verständlich, wenn man darin ein Festhalten an Einrichtungen erblickt, welche von Vorfahren getroffen wurden, die ihre Symbionten wie die übrigen Cocciden, bzw. Anopluren unterbrachten.

Auch die Erwartung, daß vielleicht dort, wo sichtlich die Einbürgerung zusätzlicher, noch mehr oder weniger unbändiger Bakterien hinter dem Darmepithel in vollem Gange ist, sich des öfteren Fälle einer Besiedlung des Darmepithels einstellen würden, trifft keineswegs zu. Die eingehende Untersuchung der Membraciden hat kein einziges Beispiel dafür ergeben, und für die Fulgoroiden liegt nur eine allerdings recht auffällige diesbezügliche Beobachtung vor, wenn bei einer Cixiine das Darmepithel im Bereich des Rektalorgans, und nur in diesem, nicht flach und gedehnt wie sonst, sondern zu einer dicken Schicht angeschwollen und mit fädigen Bakterien dicht erfüllt war. Auch an die Feststellung, daß sich bei *Orthezia insignis* stets in europäischem wie in afrikanischem Material im Darmlumen, im Darmepithel und in den Malpighischen Gefäßen Massen kleiner Bakterien fanden, die vielleicht als werdende Symbionten zu betrachten sind, muß in diesem Zusammenhang erinnert werden.

Alles spricht somit dafür, daß dieser Übertritt der Symbionten aus dem Darmlumen in die dahintergelegenen Räume zumeist recht rasch und oft wohl ohne eine länger dauernde Besiedlung der Epithelzellen vor sich gegangen ist. Mehr oder weniger schattenhafte Erinnerungsbilder an einen solchen Weg des Symbiontenerwerbes dürften sich auch in der Embryonalentwicklung erhalten haben, in deren Verlauf die Symbionten ja des öfteren zunächst in die noch mit Dotter gefüllte Mitteldarmanlage zu liegen kommen, bis dann eine Art Flucht aus ihm einsetzt.

Die Art, wie die Symbionten in dem Raum zwischen Hypodermis und Darmrohr untergebracht werden, ist eine außerordentlich verschiedene, und die uns bis heute begegneten Lösungen sind schon kaum noch zu überschauen. Da die in diesem Bereich ausschließlich bei Homopteren und auch hier nur innerhalb der Schildläuse und Zikaden vorkommenden hefeähnlichen Organismen sich zum Teil sehr ursprünglich verhalten und, wenn überhaupt, zumeist nur auf niedriger Stufe verharrende organbildende Reaktionen auslösen, sollen sie als erste behandelt werden. Ausschließlich extrazellular wurden sie bisher nur bei einem Teil der Fulgorinen gefunden, wo sie dann derart regelmäßig in den Lücken zwischen den Fettzellen liegen, daß sich eine wabenförmige Anordnung ergibt (Abb. 184). Die sich schon hiebei bekundende Affinität zum Fettgewebe kommt jedoch zumeist in viel stärkerem Grade zum Ausdruck. Die nächste Stufe derselben führen unter den Schildläusen die Lecaniinen und die Gattung *Lakshadia*, unter den Zikaden die Cicadinen und manche Membraciden, wie *Notocera*, vor. Bei ihnen bevölkern zahlreiche freie Hefen die Lymphe, andere aber dringen unter Umständen in Massen auch in das Innere der Fettzellen ein, ohne daß dadurch deren Funktionen sichtbar beeinflußt würden.

Ein solcher Zustand leitet hinüber zu den weit zahlreicheren Fällen, in denen die Hefen, wenn man von wenigen Ausnahmen und den auf dem Wege zur Einfektion befindlichen Symbionten absieht, ausschließlich im Inneren der Fettzellen liegen und diese damit zumeist völlig oder doch wenigstens in sehr hohem Maße ihren ursprünglichen Aufgaben entziehen. Anwachsen zu Riesenzellen mit polymorphen, zur Abschnürung von Knospen neigenden Kernen und vor allem auch Auflösung der Zellgrenzen und damit Syncytienbildung sind dann die Folgen der starken Belastung des Protoplasmas. Dabei bleibt jedoch die Herkunft von Fettzellen zumeist deutlich zu erkennen, sei es, daß sich Übergänge mit schwächerer Infektion finden oder in die Syncytien gelegentlich noch die ein oder andere Fettzelle eingesprengt ist.

Im allgemeinen sind diese von den Hefen okkupierten Zonen, die bald wahllos verstreut sind, bald bestimmte Bereiche des Gewebes bevorzugen, immer noch von sterilen Fettzellen umgeben. Während bei Issiden, Phalaenomorphiden und Flatiden, sowie einer Reihe von Cicadoiden, wie den Ledriden, Jassiden und Eusceliden, diese Fettzellhülle noch mehrschichtig und von wechselnder Stärke ist, kommen bei den Delphaciden die organbildenden Tendenzen bereits stärker zum Durchbruch. Die Fettzellen erhalten dann in den infizierten Gebieten, die unter Umständen gleichzeitig gesetzmäßig eingeengt werden, einen ausgesprochen epithelartigen Charakter. Neben Arten mit bereits einschichtiger, aber immer noch von typischen Fettzellen gelieferter Umhüllung treten schließlich solche auf, bei denen die durch Verschmelzung entstandenen ausgedehnten Syncytien von einem regelrechten, plasmareichen Epithel umzogen werden, in dem sich keinerlei Fetttropfen mehr finden (Abb. 184). Übergänge der verschiedensten Art dokumentieren den Weg, der von einer diffusen Besiedlung des Fettgewebes zu diesem Endzustand führt.

Daneben äußert sich ein solches Bemühen um organmäßige Eingliederung auch noch auf andere Weise und gipfelt in einer noch entschiedeneren Sonderung der Hefen in paarigen oder unpaaren, scharf umschriebenen Behausungen. Bei *Ulopa reticulata*, der einzigen bisher untersuchten Aethalionide, bestehen diese in zwei umfangreichen, den ebenfalls paarigen *a*-Organen nach innen zu anliegenden, unregelmäßig gestalteten Gebilden, die noch von einer zum Teil lückenhaften einfachen Lage von Fettzellen umgeben sind, während *Issus dilatatus* zu seinen übrigen symbiontischen Organen ein ansehnliches unpaares Hefeorgan entwickelt hat, das aus einem einzigen hüllenlosen Syncytium besteht. Auch innerhalb der Membraciden, die mit ihren Hefegästen sehr verschieden verfahren, kommt es neben allen möglichen ursprünglicheren Lösungen zur Bildung solcher Organe. Fanden sich doch auch bei ihnen nicht nur eine diffuse Durchsetzung der Lymphe und der Fettzellen und räumlich begrenzte Syncytienbildung mit sehr scharfer Trennung vom Fettgewebe, sondern auch paarige mycetomartige Behausungen, die dann ähnlich denen von *Ulopa* einen einschichtigen Überzug von Fettzellen besitzen (Micrutalinen, *Acono-phora*) oder, wie bei *Pyrgauchenia*, als zwei langgestreckte lappige Komplexe von Syncytien ohne jede zellige Umhüllung erscheinen (Abb. 161). Insofern sie schließlich den Hefen auch in ihren *a*-Organen eine Stätte bereiten, werden sie uns noch an anderer Stelle begegnen.

Ähnliche, für Bakterien auf Kosten des Fettgewebes errichtete Wohnstätten sind seltener und erreichen nur gelegentlich eine an Mycetome mahnende Ausbildung. Der Käfer *Trixagus* führt im Fettgewebe paarige, von Bakterien bewohnte Zellgruppen, die offenkundig diesem zuzurechnen sind und auch da und dort noch in ihrem Inneren eine Fettzelle enthalten. Ob die große Zellmasse, welche, aus einkernigen Mycetocyten bestehend, einen guten Teil des Abdomens von *Omphalapion* einnimmt, ebenfalls modifiziertes Fettgewebe darstellt, bleibt hingegen, solange embryologische Daten fehlen, ungewiß.

Sonst sind es in erster Linie wieder Homopteren, bei denen dergleichen vorkommt. Einen Sonderfall unter den Psylliden stellt eine *Troiza* sp. dar, bei der die an Stelle einer der beiden, sonst stets in einem Mycetom vereint lebenden Symbiontensorten getretene Form es vorzieht, in diesen benachbarten Fettzellen zu leben. Bei der Cicadine *Platypleura kaempferi* E. fand sich ein dritter, akzessorischer Symbiont auf ebensolche Weise in Mycetomnähe untergebracht. Das aus riesigen einkernigen Mycetocyten bestehende *a*-Organ von *Tomaspis tristis* wird umgeben von zahlreichen kleinen bakterienbewohnten Syncytien, deren Fettzellnatur noch deutlich zu erkennen ist. Weiter von dieser entfernt haben sich die mehrkernigen Riesenzellen, welche bei *Philaenus spumarius*, kleine Kügelchen enthaltend, die *a*-Organe begleiten, aber trotzdem wird man auch hier mit einer entsprechenden Herkunft rechnen dürfen.

Auch bei Fulgoroiden fehlt es nicht an ähnlichen Vorkommnissen, wenn sich bei einer Meenopline in einer rechten und linken Zone des Fettkörpers grobe Schläuche und bei einer Asiracine in einer freilich etwas lockereren Weise lange schlauchförmige Organismen untergebracht fanden und dadurch Wachstum der Zellen und ihrer unregelmäßig werdenden Kerne sowie Verschmelzungen ausgelöst werden. Bei einer Derbine ist ebenfalls der ursprüngliche histologische Charakter gewisser bakterienhaltiger Zellen noch deutlich zu erkennen, und bei der Laternariide *Lycorma* ist das Fettgewebe von bakterienhaltigen, ansehnlichen Syncytien vielseitig durchsetzt.

Nicht selten kommt es auch vor, daß noch wenig angepaßte, in Mycetomen lokalisierte Symbionten außerdem im Fettgewebe auftauchen. *Aphrophora salicis* besitzt neben den *a*-Mycetomen Organe, in denen sie faden- oder stäbchenförmige Bakterien unterbringt, doch sind diese noch recht wenig gezügelt und kommen daneben in Fettzellen, die sie zu Vielkernigkeit anregen, und zwischen ihnen oft in Menge vor und begegnen außerdem in Önocyten und Blutzellen. Auch die Membraciden bieten Beispiele für ein solches zusätzliches Vorkommen im Fettgewebe, wobei es sich natürlich auch wieder um wenig angepaßte akzessorische Symbionten handelt, durch welche unter Umständen ansehnliches Wachstum der befallenen Elemente ausgelöst wird (*Darnis*, *Enchophyllum* und andere).

Ähnliches gilt für die zusätzlichen Bakteriensymbionten, die sich bei so vielen Blattläusen finden und ihre mangelhafte Einfügung dadurch bekunden, daß sie vor allem in älteren Tieren auch außerhalb der Mycetome vorkommen und hier Lymphe und Fettgewebe, daneben aber auch Blutzellen und andere Elemente bevölkern. *Schizoneura lanigera*, *Pterochlorus roboris* und *Stomaphis quercus* boten Beispiele hiefür. Bei den beiden letzteren trisymbiontischen Arten treten die zwei akzessorischen Symbionten — Kokken und Stäbchen — in Lymphe und Fettzellen über.

All diese bisher betrachteten Besiedelungsweisen des Fettgewebes, seien sie nun streng gesetzmäßige oder mehr oder weniger wilde, haben das gemeinsam, daß hiebei die Symbionten bereits einseitig determiniertes und zumeist auch schon entsprechend differenziertes Zellmaterial beziehen. Damit rücken sie weit ab von der großen Masse der nun zu behandelnden Wohnstätten, die, sei es, daß es sich um ebenfalls in das Fettgewebe eingesprengte isolierte Zellen oder Zellnester oder um wohlbegrenzte Organe handelt, stets entweder auf Furchungszellen oder wenigstens auf undifferenzierte Elemente der späteren Mesodermanlage zurückgehen. Es empfiehlt sich daher, organartige Bildungen, wie die von *Pyrgauchenia*, *Ulopa* und *Aconophora* als Pseudomycetome solchen echten Mycetomen gegenüberzustellen und diesen Begriff auf alle diejenigen sonstigen Mycetome auszudehnen, die ebenfalls aus Zellen bestehen, welche zunächst eine andere Bestimmung hatten, wie dies bei der aus einem entodermalen Darmsäckchen hervorgehenden Magenscheibe von *Pediculus*, den ektodermalen Organen am Anfang des Mitteldarmes der Rüsselkäfer, den drei dorsalen Hautbildungen der Lagriiden oder den aus Blutzellen zusammengefügten Leuchtorganen der Pyrosomen der Fall ist.

So sehr vielfach auf den ersten Blick im Fettgewebe liegende Mycetocyten den Gedanken eines genetischen Zusammenhanges mit diesem nahelegen, so ergibt doch die embryologische Untersuchung zumeist, daß sie nichts mit ihm gemeinsam haben, sondern gleichsam zersplitterte echte Mycetome darstellen. Dies gilt zum Beispiel für die kleinen einkernigen, mit winzigen Bakterien gefüllten Zellen bei *Tachardiella* und für die ähnlich gestalteten, in großer Menge das Fettgewebe bei *Cryptococcus* und *Eriococcus* durchsetzenden, allemal auf Furchungs- oder Dotterzellen zurückgehenden Elemente, oder für die sich bei *Orthezia insignis* auf bestimmte Zonen beschränkenden, zum Teil stattlicheren und mehrkernigen mesodermalen Mycetocyten, die dicht von feinen Fädchen erfüllt sind. *Orthezia urticae* unterscheidet sich von ihr dadurch, daß hiezu noch recht ansehnliche extrazelluläre Symbiontenmassen kommen. Bei *Tachardina lobata* handelt es sich um bisquitförmige Organismen, bei den Diaspidinen um vermutlich entartete Bakterien darstellende rundliche Gebilde, aber stets liegen die von ihnen bewohnten Zellen auch hier ohne Übergänge zwischen den Fettzellen und leiten sich unmittelbar von Furchungszellen ab. Das gleiche wird auch von den von Hefen bewohnten Mycetocyten der Asterolecaniinen gelten, deren Embryonalentwicklung unbekannt ist, denn bei ihnen finden sich neben reich infizierten ein- oder zweikernigen Zellen spärlich oder

gar nicht infizierte, welche aber trotzdem das gleiche fettfreie, dichte Protoplasma besitzen (Abb. 106, 112).

Auch bei den Blattiden trifft man niemals auf Übergänge zwischen den Fettzellen und den stets einkernigen, in artspezifischer Weise zwischen sie eingelagerten Mycetocyten. Damit harmoniert, daß Koch gezeigt hat, daß die Bakterien, wenn sie den Dotter des embryonalen Darmes verlassen, von besonderen
plasmareichen, sich von vornherein von den embryonalen Fettzellen unterscheidenden Elementen aufgenommen werden und dann erst in die einzelnen
Fettläppchen einsinken (Abb. 272). Auch die sehr kleinen, teils von fädigen,
teils von aufgequollenen Bakterien besiedelten Zellen, welche bei einer Reihe
von Mallophagen bald zwischen Hypodermis und Fettgewebe, bald in den
Lücken des letzteren vorkommen, leiten sich wieder eindeutig von Furchungszellen ab, und selbst wenn sie ganz nach Art der Blattiden in das Innere der
Fettläppchen verlagert werden, wie bei dem Mallophagen *Coloceras*, handelt es
sich sicher um diesen fremde Elemente (Abb. 259, 260).

Niedrig organisierte, von Bakterien bewohnte Gruppen von Mycetocyten,
gelegentlich auch von Syncytien, die kaum die Bezeichnung Mycetome verdienen, sind es auch, welche sich bei einer Reihe von Rüsselkäfern meist in
enger Nachbarschaft des Mitteldarmes finden, doch deutet hier manches auf
teilweise Beziehungen zu Blutzellen und zum Fettgewebe, so daß es sich bei
diesen noch eingehendere Untersuchung heischenden Einrichtungen vermutlich
zum Teil um Pseudomycetome handelt (*Balaninus, Cionus, Ceutorrhynchus,
Smicronyx* und andere, Abb. 67).

Gelegentlich liegen auch engere topographische Beziehungen zum
Darm vor. Von den eigenartigen, im Bereich der Muscularis gelegenen Organen
der Imagines von *Ornithomyia* war schon die Rede. Bei den Larven von *Aspidapion* haften kleine, mit Bakterien gefüllte Zellen dem Mitteldarm an, und die
Symbionten von *Formica fusca* leben in Zellen, die eine einfache geschlossene
Lage dicht hinter dem Darmepithel bilden. Die *Camponotus*arten, die einzigen
Ameisen, von denen außerdem eine Bakteriensymbiose bekannt geworden ist,
gehen sogar einen Schritt weiter und ordnen die entsprechenden Zellen, obwohl
sie genetisch ebenfalls nichts mit dem Mitteldarmepithel gemein haben dürften,
sogar in dessen Verband ein (Abb. 276).

Im allgemeinen bestehen jedoch, wenn die Symbionten einmal die Schranke
des Darmepithels überschritten haben, keinerlei Beziehungen mehr zu ihm.
Dies gilt für alle die zahlreichen Varianten der echten Mycetome,
denen wir uns jetzt zuwenden. Zunächst seien lediglich diejenigen berücksichtigt, welche von einer einzigen Symbiontensorte bewohnt werden.
Nur selten handelt es sich um einfache, lediglich von einer unzelligen Membran
zusammengehaltene Ansammlungen von einkernigen Mycetocyten, wie solche
zum Beispiel bei *Polyplax*, der Rattenlaus, und *Linognathus*, der Hundelaus,
als unpaare Gebilde dem Mitteldarm anliegen (Abb. 243), oder bei Nycteribien nur locker gefügt und zum Teil zersplittert vorkommen (Abb. 233). Ähnlich
einfach sind auch die paarigen ovalen Organe der Aleurodiden gebaut, deren
einkernige Mycetocyten in den weiblichen Tieren im Laufe der postlarvalen

Entwicklung zwischen die Eiröhren verlagert werden. Die bei *Cicadella viridis* die *a*-Organe jederseits in der Zweizahl begleitenden Mycetome bestehen ebenfalls aus wenigen großen, dicht mit Bakterien gefüllten, einkernigen Zellen, welche lediglich von einer sehr zarten Membran zusammengehalten werden.

Bei den paarigen Mycetomen von *Margarodes polonicus* oder der Wanze *Nysius* tritt an Stelle der Membran ein mit Kernen versehenes Epithel. Unpaar, aber ebenfalls mit einem hier zwischen die Mycetocyten Fortsätze schickenden Epithel ausgestattet, liegen die großen ovalen Mycetome unter dem Darm der *Pseudococcus*arten, während die ähnlich gebauten, aber paarigen und sehr langgestreckten der Monophlebinen den Segmenten entsprechend perlschnurartig eingeschnürt oder gar in eine Reihe von Teilmycetomen zerlegt sind.

Auch unter den Zikaden fehlen Mycetome solcher Art nicht. Wo sie bei Cicadoiden vorkommen, sind sie stets mit einem wohlentwickelten plasma- und kernreichen Epithel umzogen. Die *a*-Organe der Cercopiden, Jassiden und Eusceliden haben zahlreiche Beispiele dafür geliefert. Selten sind sie von so gedrungener Gestalt wie etwa bei *Penthimia* (Abb. 168); die Regel ist vielmehr, daß sie langgestreckt beiderseits dicht unter der Hypodermis liegen und, ähnlich den Mycetomen der Monophlebinen, durch die segmentalen Muskeln mehr oder weniger tiefe, mit ihrer Länge an Zahl zunehmende Einschnürungen erleiden (*Opsius, Grypotes, Bythoscopus, Philaenus* und andere, Abb. 163, 172). Bei den Fulgoroiden sind hingegen aus ein- oder höchstens zweikernigen Mycetocyten bestehende Mycetomtypen recht selten. An erster Stelle sind hier die unscheinbaren, aber weitverbreiteten, zumeist paarigen *f*-Organe zu nennen, schlanke, wurstförmige, von wohlentwickeltem Epithel umgebene Organe, deren Mycetocyten oft nur in einer Reihe hintereinander geordnet sehr kleinen Kokken zur Herberge dienen. Das unpaare *q*-Organ von *Stenocranus* und anderen besitzt hingegen kein Epithel und besteht aus wenigen riesigen Mycetocyten, in deren Zentrum ein einziger, bizarr gestalteter Kern liegt, um den sich die sehr charakteristischen Symbionten scharen.

Zumeist treten jedoch an Stelle der einkernigen Mycetocyten S y n c y t i e n. Amitotische Teilungen können zur Bildung einer sich noch in mäßigen Grenzen haltenden Kernzahl führen und entsprechendes Zellwachstum auslösen. Dafür bieten zum Beispiel die sehr einfach gebauten paarigen Mycetome der Bettwanze ein Beispiel, bei denen polygonale Syncytien von einer nur wenige Kerne führenden Hülle umspannt werden, oder die des verwandten, aber an Pflanzen saugenden *Ischnodemus* (Abb. 92). Ähnlich einfach gebaut sind auch die Mycetome der Bostrychiden oder der *Dasyhelea*arten (Abb. 81). Vor allem aber bieten die Zikaden eine große Mannigfaltigkeit solcher syncytialer Mycetome. In den *a*-Organen der Cicadoiden treten nur selten Syncytien an Stelle der Mycetocyten und erreichen dann im allgemeinen keine ungewöhnlichen Dimensionen (*Selenocephalus, Cicadula*). Eine Sonderstellung nehmen hier nur die Gaeaninen ein, bei denen die sonst einheitlichen *a*-Organe in eine ganze Gruppe kugeliger Teilmycetome zerlegt werden und diese aus je einem riesigen Syncytium mit zahlreichen Kernen bestehen. Daß solche große kernreiche Massen dann nicht auf eine einkernige Mycetocyte zurückgehen, sondern sogenannte

Synsyncytien darstellen, das heißt, durch nachträgliches Zusammenfließen mehrerer Syncytien entstehen und mithin eine Art Plasmodium repräsentieren, ist bei den Fulgoroiden immer wieder mit aller Deutlichkeit zu erkennen.

Bei ihnen sind die ein anderes Gepräge erhaltenden a-Organe wohl stets als Synsyncytien zu bewerten, und unter Umständen geht die Tendenz zur Verschmelzung so weit, daß auch hier überhaupt nur noch ein einziges riesiges, jeglicher Unterteilung entbehrendes Territorium vorliegt, das von einem gut entwickelten sterilen Epithel aus kubischen Zellen umgeben zu sein pflegt. Das Plasma des Syncytiums beschränkt sich dann vornehmlich auf einen schmalen randlichen Bezirk und enthält allein die entsprechend abgeplatteten Kerne (Abb. 202). Was ihre Gestalt anlangt, so können sie unpaare rundliche, breit ovale oder zu einem queren Schlauch verlängerte Organe darstellen, hufeisenförmig gebogen sein, nur eine sehr dünne Brücke beibehalten oder paarig entwickelt sein und dann alle Übergänge von kugeligen Gebilden zu extrem langen aufgeknäulten Schläuchen zeigen (Abb. 187).

Einen anderen Typ syncytial gebauter Mycetome, der bei den Fulgoroiden besondere Bedeutung besitzt und in seinem Bau eine gewisse Ähnlichkeit mit dem ihrer a-Organe aufweist, repräsentieren die x-Organe, jene paarigen schlauchförmigen Mycetome, welche oft in je zwei oder mehrere Teilstücke zerfallen und den so ungewöhnlich heranwachsenden Riesensymbionten zur Wohnung dienen. Bei ihnen ist ebenfalls das Protoplasma zumeist auf die allein Kerne führende Randzone beschränkt, und springen dann lediglich septenartige Fortsätze desselben nach innen vor und bilden die Nischen, in denen die Symbionten liegen. Im Inneren aber findet sich ein Hohlraum, der durch Auflösung der primären Mycetocyten entstanden ist, welche zunächst die noch einigermaßen normal gestalteten Bakterien aufgenommen hatten. Neben diesem bei Fulgorinen, Cixiiden und anderen verbreiteten Typ begegnete uns noch ein zweiter, bei dem, weil offenbar solche Degenerationserscheinungen ausgeblieben sind, das Plasma in gleichmäßigen Maschen das ganze Organ erfüllt, die Kerne aber die Peripherie meiden und statt dessen allerorts in den Plasmazwickeln liegen (Derbinen, Delphacinen, Meenoplinen, *Myndus* und andere, Abb. 190).

Zu diesen verbreitetsten syncytialen Fulgoroiden-Mycetomen gesellt sich nun aber noch ein ganzes Heer weiterer, die für jeweils verschiedene Symbionten errichtet, sich auch in histologischer Hinsicht mehr oder weniger unterscheiden. Aus Syncytien ohne echtes Epithel bestehen die c-Organe einiger Cixiinen, die o-Organe von Issinen und *Caliscelis*, das s-Organ der Tettigometriden, die m-Organe von *Fulgora europaea* und anderen Fulgoriden, die n-Organe der Nogodininen. Kernhaltige Epithelien umspannen die k-Organe der Poiocerinen, die b-Organe der Cixiiden und das h-Organ, das sich bei einer Derbine fand. Dieses letztere baut seinen Symbionten ein einziges großes Syncytium, dessen Plasma fast völlig auf den Rand beschränkt ist. Die flachen Kerne liegen an der Innenseite dieses Saumes und werden zum Teil von den Wirbeln der in parallelen Bündeln ziehenden Bakterien mit in das Innere gezogen.

Sehr eigenartig ist auch das unpaare r-Mycetom, das flächenhaft ausgebreitet bei manchen Megamelinen und Delphacinen einen großen Teil des Abdomens erfüllt (Abb. 199). Ohne jede epitheliale Hülle besteht es aus riesigen Syncytien, deren Plasma hier im Zentrum vereinigt ist und von da nach allen Seiten bizarre kernhaltige Fortsätze sendet. Ein Organtyp, der sich lediglich bei einer einzigen Derbide gefunden, läßt auf den ersten Blick vermuten, daß hier zweierlei Symbionten Unterkunft finden, denn hinter einer kräftigen epithelialen Hülle liegt zunächst ein Kranz mittelgroßer Syncytien und in diesem ein großes Synsyncytium; doch findet diese Schichtung in dem Umstand ihre Erklärung, daß die sekundäre Verschmelzung hier lediglich das Zentrum ergreift. Die c-Organe von *Oliarius*, unpaare Schläuche mit kernloser Umhüllung, stellen hingegen ähnlich den *x*-Organen ein einziges Syncytium dar, von dessen plasmatischem Randsaum radiäre Septen zwischen die feinfädigen Symbionten vorspringen.

Dies mag genügen, um die Mannigfaltigkeit der Zikadenmycetome zu veranschaulichen, soweit sie von einer einzigen Symbiontensorte bewohnt werden.

Die syncytial gebauten Mycetome von *Oryzaephilus* entstehen auf ganz ungewöhnliche Weise. Hier sondern sich nach Auflösung der Zellgrenzen des embryonalen Mycetoms eine Anzahl mehrkerniger Fächer, in denen jeweils ein zentraler Kern besonders heranwächst, während die übrigen rund um ihn kleinbleiben und ihr Vermögen, sich mitotisch zu teilen, beibehalten. Auch die Hüllzellkerne sind merkwürdig regelmäßig angeordnet und differenziert. Je zwei liegen dort, wo die Scheidewände nach innen vorspringen, und im Zentrum des ganzen Organs, das so streng wie sonst nirgends durchkonstruiert ist, liegt ein besonders großer Kern (Abb. 70).

Eine weitere, bisher ohne jedes Gegenstück gebliebene Lösung begegnet bei jener *Margarodes*spezies, die Šulc untersuchte. Dieses Tier baut seine paarigen, von einer dünnen zelligen Hülle umgebenen Mycetome in ein Fenster des Eileiters ein, so daß der die Übertragungsformen bildende Abschnitt unmittelbar an dessen Lumen grenzt, und verankert sie hier mit Hilfe der den Ovidukt umziehenden Muskulatur (Abb. 124). Auch die *Nosodendron*-Mycetome scheinen einen recht abweichenden Typus zu repräsentieren, doch bedürften sie einer eingehenderen embryologischen Untersuchung, die allein ihre Struktur verständlich machen könnte.

Der Umstand, daß bei vielen Tieren in den Organen, die zunächst nur für eine Symbiontensorte errichtet wurden, noch zusätzliche weitere Formen Aufnahme finden, führt zu einer weiteren, nicht unerheblichen Steigerung der Mannigfaltigkeit. Mycetome mit mehreren Symbionten finden sich bei Lyctiden, Trixagiden, Cocciden, Aphiden, Psylliden, Cicadinen und Gamasiden. Bei *Lyctus* und *Trixagus* sind beide Zonen der paarigen Organe syncytial gebaut; bei ersterem sitzt mehreren größeren zentralen Syncytien eine Anzahl kleinerer Syncytien oberflächlich auf oder ist mehr oder weniger eingesenkt, bei letzterem wird ein einziges zentrales Syncytium allseitig von kleineren Syncytien umgeben. Bei Schildläusen ist die Neigung zur Einverleibung zusätzlicher Symbionten gering. Sie ist bei Monophlebinen im Gang, von denen neben den monosymbiontischen Formen Gattungen bekannt geworden sind, bei denen das ursprüngliche, aus einkernigen Mycetocyten bestehende Organ nur noch eine dünne Rindenschicht darstellt, die ein viel umfangreicheres Syncytium umgibt, in dem die an zweiter Stelle aufgenommenen, ihre typische Bakteriengestalt noch bewahrenden Symbionten Platz gefunden haben (Abb. 123). Eine Reihe von *Icerya*arten hingegen hat ebenfalls in ihren Mycetomen eine syncytiale Wohnstätte für eine zweite Form errichtet, ohne jedoch bereits einen so ausgeglichenen Zustand erreicht zu haben. Paarige Mycetome mit zweierlei, verschiedene Insassen beherbergenden Mycetocyten sind ferner in jüngster Zeit bei *Margarodes vitis* entdeckt worden. Der einzige weitere Fall einer Symbiose mit zwei Formen, der bis jetzt bei Cocciden bekannt geworden ist, ist hingegen völlig anders geartet. *Tachardina silvestrii* führt allerorts im Fettgewebe zahlreiche kleine Verbände, die aus einer zentralen Zelle mit stark zerklüftetem Kern für die eine Sorte und verstreut oberflächlich aufsitzenden einkernigen Zellen für die andere zusammengefügt sind (Abb. 104).

Bei den Blattläusen sind hingegen disymbiontische Arten nicht selten und kommen sogar vereinzelt trisymbiontische vor. Die Einfügung der zusätzlichen Bezirke in die niemals fehlenden, von den typischen kleinen, runden Stammsymbionten eingenommenen Mycetome ist eine recht verschiedene. Ein unpaares Syncytium kann zwischen die zwei Schenkel des Mycetoms eingeschoben werden, wie bei *Macrosiphum jaceae* (Abb. 126), oder ein paariges in die beiden Hälften fest eingebaut werden, wie bei *Chaetophorinella testudinata*. Bei *Pineus* bewohnen die zusätzlichen Gäste hingegen oberflächlich gelegene einkernige Zellen, und die Stammsymbionten leben statt dessen in Syncytien; und bei *Pterocallis juglandis* trifft man beide Sorten in einkernigen Zellen wohl vereint (Abb. 129).

Wo zweierlei zusätzliche Symbionten vorhanden sind, finden sie wohl auch beide im Mycetom eine Bleibe — *Stomaphis quercus* lokalisiert zum Beispiel eine Schlauchform in einkernigen Zellen und einen stäbchenförmigen Symbionten in einigen größeren Syncytien und fügt beide zwischen die Zellen des ursprünglichen Mycetoms —, aber darüber hinaus treten sie auch im Bereich des Fettgewebes, in der Lymphe und in Blutzellen auf und bekunden so ihre unvollkommene Einbürgerung.

Die disymbiontischen Psylliden hingegen stehen in dieser Hinsicht auf einer wesentlich höheren Stufe. An ihren von Haus aus unpaaren, mit zunehmendem Wachstum aber vielfach verzerrten und zerrissenen Mycetomen lassen sich, von dem wohlentwickelten Epithel abgesehen, stets zwei Abschnitte unterscheiden, ein syncytial gebauter mit einer Sorte und ein aus Mycetocyten bestehender mit der anderen, und diese letzteren bilden entweder eine wohlgeschiedene, zusammenhängende Rinde um die Syncytien oder dringen außerdem Nester bildend in diese ein oder durchsetzen sie in anderen Fällen gleichförmig.

Die Zikaden unterscheiden sich, wenn es gilt, zusätzliche Symbionten unterzubringen, in höchst auffälliger Weise. Die Cicadoidea stellen ihnen, vorausgesetzt, daß es sich nicht um Hefen handelt, in der überwältigenden Zahl der Fälle wie die Aphiden, Psylliden und Monophlebinen Räume in ihren Stammycetomen zur Verfügung oder bauen sie wenigstens locker in diese ein, während die Fulgoroiden jene kaum irgendwo überwundene Abneigung gegen derartige Konzentrationen bekunden und es vorziehen, jeder Sorte eine eigene Behausung zu errichten. In wie mannigfaltiger Weise diese verschiedenen Organtypen bei den di-, tri- und polysymbiontischen Arten der letzteren kombiniert werden können, wurde im Speziellen Teil, auf den hier verwiesen sei, eingehend dargelegt.

Wenn bei den Cicadoiden mehrere Formen in einem Organ vereinigt werden, sind es stets die a-Organe, welche eine solche Aufnahmebereitschaft bekunden. Dabei handelt es sich dann in erster Linie um die sich gegenseitig so hartnäckig ausschließenden b- und t-Symbionten, doch werden die beiden in recht verschiedener Weise behandelt. Erstere kommen ja vielfach auch in völlig selbständigen Mycetomen vor und bewahren, auch wenn sie in engere topographische Beziehungen zu den a-Organen treten, immer noch eine beträchtliche Unabhängigkeit, insofern sie dann von diesen wohl schüsselförmig umfaßt werden, nach der Hypodermis zu aber stets nackt bleiben und niemals durch eine gemeinsame Hüllbildung enger mit ihnen verbunden werden. Während ihre Mycetome, solange sie selbständig bleiben, aus großen, einkernigen Mycetocyten zusammengesetzt zu sein pflegen (viele *Philaenus*arten), besitzen sie dann stets einen syncytialen Bau (*Cercopis sanguinolenta, Lepyronia coleoptrata* und andere). Auch *Philaenus alni* besitzt solche Mycetome, doch gesellt sich bei ihm noch ein dritter, schlauchförmiger Gast zu den a- und b-Symbionten, welcher kleine Zellnester bezieht, die ebenfalls nur lose in Lücken zwischen den beiden Mycetomteilen zu liegen kommen.

Anders, wenn es sich darum handelt, die stets nur in einkernigen Mycetocyten hausenden, bei Membraciden, Jassiden und Eusceliden ungleich weiter verbreiteten t-Symbionten unterzubringen! Hiebei tritt eine ausgesprochene Abneigung gegen die Errichtung selbständiger Organe zu Tage, und die Vorkommnisse lassen sich in eine klare Reihe immer festerer Verankerung in den a-Organen ordnen. *Euacanthus interruptus* repräsentiert einen sehr seltenen primitiven Zustand, wenn hier der langgestreckte Verband der t-Zellen noch nach Cercopidenart lediglich lose in das a-Organ eingesenkt ist, die beiden epithelialen Umhüllungen völlig gesondert bleiben und sogar die dorsoventralen Muskeln zwischen den beiden Organteilen ziehen. Sonst überzieht die zellige Hülle, auch wenn der a-Abschnitt einseitig bleibt, immerhin die beiden Gebiete und vereint sie nachhaltiger (*Eupelix, Strongylocephalus, Aphrodes, Paramesus, Deltocephalus* und andere). Ein nächster bedeutsamer Schritt aber besteht darin, daß die t-Zellen schließlich allseitig von dem a-Organ umschlossen werden und damit dieses allein die epitheliale Umhüllung liefert. Derartige konzentrisch gebaute Doppelmycetome sind besonders für die Membraciden überaus charakteristisch (Abb. 170).

Solche aus a- und t-Symbionten zusammengesetzte Mycetome neigen außerordentlich dazu, weitere Mikroorganismen — zumeist Bakterien, seltener auch Hefen — in sich anzusiedeln und führen uns insbesondere bei den Membraciden alle erdenklichen Stadien eines Ringens um reibungslose, auf bestimmte Regionen beschränkte Einbürgerung vor, bezüglich dessen Einzelheiten wieder auf den speziellen Abschnitt verwiesen werden muß. Eine sich dabei immer wieder äußernde Tendenz geht dahin, eine dritte zwischen den Gebieten der a- und t-Symbionten gelegene Zone für einen weiteren

Einmieter zu reservieren, in anderen Fällen wird eine besondere Mycetocytensorte unter die t-Zellen gemengt, oder es kommen beide Neigungen nebeneinander zum Ausdruck, da es sich ja vielfach nicht nur um eine dritte, sondern auch
um eine vierte, ja selbst manchmal noch um eine fünfte Form handelt, die in
dieser Art Freistätte untergebracht werden (Abb. 177). Bei den Jassiden und
Eusceliden sind solche zusätzliche Aufnahmen weniger häufig, kommen aber
doch auch hier gelegentlich, zum Teil sogar in recht ausgeglichener Form vor, so
bei *Idiocerus* und *Agallia*, wo unter Umständen eine säuberlich geschiedene Zone
von Mycetocyten zwischen die von den beiden übrigen Symbionten eingenommenen Territorien geschoben wird (Abb. 174).

Ein dritter Typus von Doppelmycetomen begegnet bei einer ganzen Reihe
von Cicadinen, wie *Cicada plebeja, septemdecim* und anderen mehr, indem die
einzelnen runden Teilmycetome je aus einem zentralen und einem eine Kugel-
schale bildenden Syncytium bestehen, von denen eines den a-Symbionten eingeräumt wird, das andere schlauchförmigen Insassen überlassen wird, die nicht
mit den b-Symbionten zu identifizieren sind.

Daß auch die epithelialen Umhüllungen der Zikadenmycetome
unter Umständen für die Unterbringung von Symbionten verwendet werden, lehren mancherlei Beobachtungen. Bei einer Membracine mit
sechs verschiedenen Symbionten tauchen zum Beispiel die ja stets noch besonders
ungefügen η-Symbionten da und dort im Epithel der $a + t$-Organe auf, bei
Enchophyllum 5-maculatum erscheint ein anderes akzessorisches Bakterium, das
außerdem im t-Abschnitt lebt, diesmal dicht und gleichmäßig ebenfalls in ihm.
Noch regelmäßiger mutet der Befall der Epithelzellen mit n-Symbionten bei
Campylenchia an, wo diese bereits völlig den Charakter gleichmäßig dicht besiedelter Mycetocyten erhalten, obwohl derselbe Gast hier sogar in sehr weitem
Maße auch vom t-Organ Besitz ergreift (Abb. 179).

Eine offenbar schon recht alte Okkupation des Mycetomepithels, die hier
zu einer weitgehenden Umgestaltung des Organtyps führt, begegnete weiterhin
bei *Lycoderes, Omolon* und *Sphongophorus*. Hier sind es Hefen, welche im Epithel
der a-Organe lokalisiert werden und damit seinen Charakter völlig verändern.
Es schwillt zu einer riesigen syncytialen Masse an, welche das ursprüngliche
Mycetom mannigfach zerklüftet. An Stelle des auf solche Weise vergebenen
Epithels umzieht jetzt nur noch eine kernlose Membran die Organe (Abb. 164).

Die gleiche Verwendung des Mycetomepithels begegnet schließlich auch bei
einigen wenigen Fulgoroiden (Laternariiden). Abermals ist es das a-Organ, dessen Epithel bei *Crepusia nuptialis* und einigen Verwandten zarten Fädchen eingeräumt wird. Wieder reagiert dieses mit Syncytienbildung und wird zu einer
dicken, allseitigen Rindenzone, über die sich eine kernlose Membran breitet.
Bei einer anderen Poiocerine, einer *Lystra* sp., ist es das k-Organ, dessen
Epithel in ähnlicher Weise von fädigen Symbionten bezogen und ebenfalls in
ein einheitliches Syncytium gewandelt wird.

Man hat alle diese Mycetome, deren von Haus aus steriles Epithel zur Symbiontenwohnstätte erhoben wird, nicht sehr glücklich unter den Begriff der
Epithelorgane zusammengefaßt, muß sich aber jedenfalls dabei bewußt

bleiben, daß es sich um recht verschiedenartige, da und dort spontan aufgetretene Bildungen handelt.

Gegenüber diesen so zahlreichen und dabei in ihrer Mannigfaltigkeit ja noch keineswegs vollständig erfaßten Gestalten, unter denen uns echte Mycetome begegnen, treten die Pseudomycetome stark in den Hintergrund. Entsprechend ihrer heterogenen Herkunft bieten sie auch jeweils keinerlei Vergleichspunkte, sondern stellen Lösungen dar, die da und dort einmal gefunden und lediglich in einem engeren systematischen Verband eingeführt worden sind. Von den Anläufen zu mycetomähnlichen Bildungen zum Zwecke der Einengung der Hefesymbionten war schon die Rede. Ungleich geschlossener erscheinen die kompakten, im einzelnen so verschieden gestalteten Pseudomycetome, welche zahlreiche Rüsselkäferlarven an der Grenze von Anfangs- und Mitteldarm aus präsumptiven Ektodermzellen aufbauen und die ihre Sondernatur dadurch deutlich bekunden, daß sie sich bei der Metamorphose in ihre einzelnen Komponenten auflösen und als solche über das Mitteldarmepithel verteilen. In ähnlicher Weise sind lediglich die Lagriiden-Larven auf den Einfall gekommen, in der Rückenregion jene drei hintereinandergelegenen drüsigen Hautsäckchen, nachdem die symbiontischen Bakterien in sie übergetreten sind, abzuschnüren und unter die Hypodermis zu versenken. Ebenso einzig steht Aufbau und Entstehungsweise der Magenscheibe der Pediculus- und Phthirusarten da, welche die in Fächer geteilten Symbionten in ein Gewebe betten, das auf abgeschnürtes Mitteldarmepithel zurückgeht, und um das Ganze noch eine zweite mesodermale Hülle legen.

Unter den symbiontischen Leuchtorganen stellen lediglich die der Pyrosomen mycetomartige Bildungen dar, aber diese so einfach gearteten hüllenlosen Ansammlungen von Mycetocyten gehen in den vier ersten Individuen auf Testazellen und in der Folge auf Blutzellen zurück und sind daher ebenfalls unter die Pseudomycetome einzureihen. Bei den Salpen erscheinen hingegen die infizierten Blutzellen in den Lateralorganen locker unter die nichtinfizierten Bestandteile des Blutes gemengt, so daß man bei ihnen überhaupt nicht mehr von organmäßigen Wohnstätten reden kann. Bei allen anderen Leuchtsymbiosen handelt es sich um eine extrazelluläre Besiedelung von Einstülpungen der Haut oder des Darmkanales, die mit den bisher betrachteten Wohnstätten kaum Berührungspunkte haben, aber andererseits unser besonderes Interesse erwecken müssen, da sie ja unter Umständen den Wirtsorganismus zur Entfaltung der mannigfachsten Hilfseinrichtungen, wie Linsen, Reflektoren und Abblendeeinrichtungen, veranlassen und auch auf die Entwicklung von Nerven, Muskeln und Blutgefäßen sowie auf Pigmentierung und Beschuppung Einfluß gewinnen können.

Wenn bei den Teleostiern an den verschiedensten Stellen des Systems Hautdrüsen ähnliche symbiontische Leuchtorgane begründet werden und diese bald in der Orbitalregion, bald am Unterkiefer oder auf besonders differenzierten Flossenstrahlen auftreten und wieder andere Formen drüsige Bildungen am Ösophagus oder Enddarm zu Leuchtorganen ausgestalten, so handelt es sich natürlich um Konvergenzerscheinungen. Die verschiedenen bakterienhaltigen

Leuchtorgane der Myopsiden hingegen geben, wie in dem von den Beziehungen zwischen System und Symbiose handelnden Kapitel eingehend dargelegt werden wird, auf eine gemeinsame Wurzel zurück. Bei ihnen sind es durchweg Hauteinstülpungen, welche, wie die Leuchtorgane der Fische, von außen besiedelt werden und teils den primitiven Bau der akzessorischen Drüsen bewahren, teils sich von ihnen sondernd zu hochkomplizierten Organen mit allen erdenklichen Hilfseinrichtungen erhoben werden.

Wo hingegen in Nierenorganen lokalisierte Symbiosen vorkommen, wird der Wirtsorganismus dadurch kaum zu irgendwelchem Aufwand veranlaßt. Bei Cyclostomatiden und Annulariiden sind es die typischen Purinocyten, welche von den Bakterien besiedelt werden, bei Molguliden treiben die symbiontischen Pilze im Lumen der flüssigkeitgefüllten Speicherniere; höchstens in den so scharf abgesetzten und in histologischer Hinsicht besonders differenzierten Ampullen der Nephridien der Oligochäten darf man vielleicht eine besondere Anpassung an die sie besiedelnden Bakterien sehen.

2. DIE WEGE DER ÜBERTRAGUNG

Das Studium der Übertragungseinrichtungen gehört zweifellos zu den reizvollsten Aufgaben der Symbioseforschung. Mußte schon der nie in Verlegenheit kommende Erfindungsreichtum fesseln, der dort zu Tage tritt, wo es sich um die Schaffung von Wohnstätten handelt, so gilt dies in erhöhtem Maße, wenn man die verschiedenen Wege an sich vorüberziehen läßt, welche eingeschlagen werden, wenn es gilt, den Bestand der Symbiose zu sichern, und dabei erneut auf eine erstaunliche Mannigfaltigkeit der Lösungen und eine bis ins Letzte gehende Abgemessenheit stößt.

Unter Umständen freilich wird der jeweilige Neuerwerb der Symbionten dem Zufall überlassen. Das ist bei zahlreichen Algensymbiosen der Protozoen, Cölenteraten und Würmer der Fall, die ja vielfach keine lebensnotwendigen sind und deren Bestand selbst dort, wo es sich um ein mehr oder weniger obligatorisches Zusammenleben handelt, nicht in Frage gestellt wird, weil die betreffenden Algen in der Umwelt der Wirtstiere offenbar stets in Menge vorhanden sind und ohne weiteres von den Pseudopodien umflossen oder durch die Mundöffnung aufgenommen werden können. In ähnlicher Weise wird auch die nützliche Bakterienflora so mancher von zellulosereicher Kost lebender Insektenlarven, wie sie sich zum Beispiel in den sogenannten Gärkammern findet, und zumeist auch die Bakterienflora höherer Wirbeltiere jeweils aufs Neue von den Jungtieren mit der Nahrung aufgenommen.

Die Besiedlung der Leuchtorgane der Teleostier, die sich ja stets entweder unmittelbar nach außen oder in den Darmkanal öffnen, geht trotz der zum Teil so erstaunlichen Höhe ihrer Organisation nach allem, was wir wissen, ebenfalls auf das reiche, nie fehlende Angebot freilebender Leuchtbakterien zurück. Wenn sie in den Ösophagus münden, wie bei *Leiognathus*, werden sie durch den Mund einwandern; handelt es sich um Anhangsorgane des Enddarms, so dürften sie,

nachdem sich gezeigt hat, daß hier die Leuchtsymbionten in den übrigen Darmabschnitten nicht gedeihen, jedesmal erneut durch den After in sie gelangen.
Bei den ebenfalls stets mit der Außenwelt in Verbindung stehenden symbiontischen Leuchtorganen der Tintenfische hat sich die zunächst jedenfalls beste-
chende Annahme, daß die akzessorischen Drüsen Übertragungsorgane seien,
welche die Kokonflüssigkeit infizieren, nicht bestätigt, und alles spricht dafür,
daß auch diese Leuchtorgane stets wie bei den Fischen von außen her bezogen
werden. Für die akzessorischen Drüsen der Sepioliden konnte ein solcher Infektionsmodus jedenfalls einwandfrei dargetan werden. Hier wie bei den leuchtenden Fischen setzt dies freilich bereits das Vorhandensein komplizierterer Anpassungen voraus, denn der Organismus muß ja die Fähigkeit besitzen, die
Entwicklung unerwünschter Eindringlinge zu unterbinden. Bei den akzessorischen Drüsen der Tintenfische dient weiterhin eine Bewimperung der Einstülpungen dazu, die gleichzeitig aufgenommenen Schmutzpartikelchen, Sand und
dergleichen, wieder hinauszubefördern, und drüsige Absonderungen der betreffenden Organe befördern bei Cephalopoden wie bei Teleostiern die Ansiedlung
und rasche Vermehrung der willkommenen Gäste. Die nie fehlenden Insassen
der Speicherniere der Moguliden, die in Eiern und Larven noch nicht vorhanden
sind, müssen ebenfalls aus der Umgebung durch die Ingestionsöffnung aufgenommen werden. Eine gewisse Sicherung der Neuinfektion bietet bei *Convoluta
roscoffensis* der Umstand, daß die frei beweglichen Flagellatenstadien durch die
Gallerte des Kokons angelockt werden und in ihr günstige Vermehrungsbe-
dingungen finden, so daß sie den ihnen entschlüpfenden Jungtieren sofort in
hinreichender Menge zu Verfügung stehen.

In anderen Fällen kommt es bereits zu einer Infektion der Kokonflüssigkeit von seiten des Muttertieres, und wird damit die Übertragung
schon in vorzüglicher Weise gesichert. Für die Bakterien in den Ampullen
der Nephridien der Oligochäten ist dieser Weg nachgewiesen worden, und
für die Symbionten der Hirudineen, Cyclostomatiden und Annulariiden muß
man ihn vermuten.

Solche Einrichtungen leiten hinüber zu den zahlreichen Fällen, in denen
das Muttertier jedem Ei bei der Ablage einen kleinen Vorrat
an Symbionten mitgibt und ihn so unterbringt, daß er mit Sicherheit als
erste Speise aufgenommen wird. Im allgemeinen dienen dem besondere Beschmiereinrichtungen, spritzenähnliche Organe und zusätzliche Symbiontendepots am Legeapparat, aber daneben kommt es auch vor, daß reichlicher
Abgang der Symbionten mit dem Kot — es handelt sich dann stets um Bakterien — bereits genügt, die Eioberfläche hinreichend mit diesen zu versorgen.

So primitive Zustände, wie sie bei *Hylemyia* begegnen, wo eine reiche, nur
locker angepaßte Bakterienflora den Darm füllt und bei der Eiablage das Chorion mit ihr verunreinigt wird, ohne daß dem besondere Einrichtungen ent-
gegenkämen, sind wahrscheinlich gar nicht sehr selten, doch entziehen sie sich
natürlich leicht der Beobachtung. So hätte man wohl auch übersehen, daß eine
Reihe von Trypetiden ebenfalls ohne besondere, in der Anatomie sich ausprä-
gende Maßnahmen ganz regelmäßig vom Enddarm aus die Eioberfläche mit

symbiontischen Bakterien versorgt, wenn nicht bei anderen Vertretern der gleichen Familie hiefür besondere, zum Teil schon sehr vollendete Vorkehrungen geschaffen worden wären.

Eine Reihe von Verwandten hat in den Enddarm Längsfalten eingegraben, die sich gegen das Lumen immer besser abschließen, unter Umständen in der Tiefe noch aufteilen und nun als besondere Bakterienreservoire dienen. War schon bei jenen primitivsten Formen eine wenn auch noch sehr kurze Darm-Vagina-Verbindung als erster Anpassungsschritt hergestellt worden, so ist diese nun bereits viel ausgiebiger geworden. Das Ende dieser Entwicklungsreihe aber führte uns *Dacus* vor mit seinen rund um den Enddarm angeordneten flaschenförmigen Einstülpungen und einer besonders langen Kommunikation desselben mit der Vagina (Abb. 16). Hand in Hand mit solchen zunehmenden Verbesserungen am Legeapparat wird aber auch die Mikropylenregion dieser Tiere in sonst nicht wiederkehrender Weise mit Hohlräumen zur Aufnahme der Symbionten ausgestattet, die hier von besonderer Bedeutung sind, weil im Gegensatz zu allen anderen derart den Eiern beigefügten Bakterien diese bei den Trypetiden ähnlich den Spermatozoen bereits durch die Mikropylen zu den Embryonen vordringen und nach Anlage des Darmtraktes von ihnen durch den Mund aufgenommen werden (Abb. 16c).

Bei den Heteropteren kann man viererlei Lösungen unterscheiden, dank denen im Darmlumen lokalisierte Bakterien ebenfalls in immer vollendeterer Weise auf die Nachkommen vererbt werden. Bei *Rhodnius* und wohl auch bei allen anderen blutsaugenden Triatomiden fehlen, obwohl der Sitz der Symbionten fern vom After, am Anfang des Mitteldarms gelegen ist, Vorkehrungen, welche eine reichliche Beigabe derselben garantieren könnten; in der Tat ist die Beschmierung der Eier hier eine spärliche, doch wird sie durch die Gewohnheit der Larven, am Kot der Genossen zu saugen, ausgeglichen. Die Pflanzensäfte saugenden Heteropteren treffen hingegen bessere Vorkehrungen. Wenn sich bei einem Teil der Formen im weiblichen Geschlecht eine bestimmte Zahl der dem Enddarm zunächst gelegenen Krypten ungewöhnlich vergrößert, dementsprechend reichlicher gefüllt wird, in erhöhtem Maße Sekret absondert und schließlich zur Zeit der Eiablage ihren Inhalt in Massen in das Lumen des Enddarmes sendet, so kann man schon von einer Art primitiver Übertragungsorgane sprechen. Die so auf die Eischale gelangenden Symbionten werden dann von den Jungtieren während der sogenannten Ruhezeit aufgesogen (Abb. 83).

Dort, wo sich die Krypten völlig gegen das Darmlumen abriegeln, müssen freilich radikalere Maßnahmen ergriffen werden, und in der Tat haben die Vertreter aller Acanthosominen ein durchaus neuartiges, kompliziert gebautes Organ am Legeapparat errichtet, das so konstruiert ist, daß die herabgleitenden Eier einen Teil seines Inhaltes ausquetschen. Besondere bakteriengefüllte Chitinröhrchen an der Wandung des Depots, seine Verbindung mit der Vagina, Haarbildungen, welche unerwünschten Übertritt in sie verhüten und eine raffinierte Chitinverzahnung, welche den Raum nach außen abschließt, kennzeichnen den Aufwand, der dabei getrieben wird und der zum Teil bei ähnlichen Einrichtungen anderer Insekten wiederkehrt (Abb. 89). Die vierte, wohl vollendetste Stufe aber erreicht *Coptosoma*, wo der hintere Abschnitt des weiblichen Darmes sich völlig vom übrigen Mitteldarm sondert und nur noch als Herstellungsort jener besonderen Kapseln dient, die mit Symbionten gefüllt in regelmäßiger Anordnung zwischen die Eier gesetzt werden. Morphologische Differenzierungen und neuerworbene Instinkte des Muttertieres wie der schlüpfenden Larven, welche die Kapseln aussaugen, vereinen sich hier in vollendeter Weise, um das stete Zusammenleben zu sichern (Abb. 86, 87, 88).

Wenn sich PIERANTONIS Vermutung bestätigt, daß bei *Tropidothorax* die von den Symbionten besiedelten und dadurch modifizierten Endabschnitte der Vasa Malpighi der Eibeschmierung dienen, so würde sich damit ein fünfter Typ der Übertragung von am Darm lokalisierten Heteropterensymbionten ergeben.

Einen völlig anderen Weg wählten sämtliche Cleoniden, um ihre Nachkommen mit den Bakterien zu versorgen, welche sie als Larven in Ausstülpungen des vordersten Mitteldarmes unterbringen (Abb. 54). An der Grenze zwischen dem siebenten und achten Abdominalsegment, das heißt dort, wo der Legeapparat in die ihn in der Ruhelage umhüllende Scheide übergeht, schufen sie jederseits eine meist keulenförmige Einstülpung mit reichgefaltetem, beborstetem Epithel und wohlentwickelter Längsmuskulatur, welche als regelrechte Spritze funktionierend im Augenblick der Eiablage jeweils etwas von ihrem Inhalt auf die Eischale gelangen läßt und damit an jene recht ähnlichen Bildungen erinnert, welche bei den Siriciden die Oidien ihrer symbiontischen Basidiomyceten in den Stichkanal treiben. Bei anderen Arten sind es schlankere Schläuche oder gar Büschel von solchen, welche den gleichen Dienst tun. Hier verzehrt nun, wie bei den beiden folgenden mit Hefen vergesellschafteten Insektenfamilien, die schlüpfende Larve einen Teil der Eischale und infiziert sich auf diesem Wege.

Anobiiden und Cerambyciden tragen an der gleichen Stelle ebenfalls symbiontengefüllte Behälter, aber bei ihnen spielen sie offenbar mehr die Rolle von Reservoiren, von denen aus weitere, in engerer Beziehung zur Vagina stehende Räume gefüllt werden. Statt der Spritzen der Cleoniden finden sich nun bei den Anobiiden schlanke Intersegmentalschläuche, welche hier eine schwächere, längs und transversal ziehende Muskulatur besitzen und außerdem im Gegensatz zu den Organen der Cleoniden mit Drüsenzellen wohl versorgt sind, die das die Hefen umgebende Sekret liefern. Zu ihnen gesellen sich am Ende des Legeapparates zwei, durch sich überdachende Chitinplatten nach außen abgeriegelte, andererseits aber mit der Vagina in Verbindung stehende Taschen, von denen aus die Symbionten in Menge in diese und auf die Eischale gelangen (*Sitodrepa*, Abb. 19, 20). Bei manchen Arten sind die Intersegmentalschläuche gewaltig verlängert *(Anobium, Dendrobium)*, und die Vaginaltaschen steigern ihr Fassungsvermögen ebenfalls noch durch sackförmige Erweiterungen (Abbildung 25). Wenn diesen leistungsfähigeren Übertragungseinrichtungen auch wesentlich voluminösere Wohnstätten am Darm entsprechen, so bestätigt diese Parallelität die auch sonst zu konstatierende Regel, daß der Umfang der Wohnstätten und die Menge der für die Übertragung zur Verfügung gestellten Symbionten aufeinander abgestimmt sind.

Daß die Bockkäfer sich, ohne näher verwandt zu sein, recht ähnlich verhalten, läßt erkennen, daß eben in der Konstitution der Wirte von vorneherein jeweils gewisse Möglichkeiten schlummern, deren Realisation durch das sich einstellende Bedürfnis ausgelöst wird. Wieder findet man an der gleichen Stelle drüsige Intersegmentalschläuche und Vaginaltaschen, welche erst von jenen aus nach der Metamorphose gefüllt werden müssen. Die ersteren werden bei manchen Arten ganz exzessiv verlängert, die letzteren wieder durch Platten versteift und geschützt. Bei einer Reihe von Arten kommt es aber jetzt darüber hinaus zu einer weiteren Sicherung ergiebiger Eibeschmierung, indem noch ein dorsal von der Vagina liegender, ebenfalls mit ihr in Verbindung stehender, taschenartiger Raum Hefen enthält (Abb. 30, 31). Ein schleimiges Sekret überzieht nach der Ablage die Eioberfläche und hält die Symbionten auf ihr fest, und manchmal unterstützt auch noch ein System von Leisten des Chorions ihre Fixierung (Abb. 32). Im Darm der eben geschlüpften Larven aber findet man dann wieder Trümmer der Schale und Symbionten gemengt.

Die Lagriiden besitzen zwar Bildungen, welche denen der Anobiiden und Cerambyciden im Prinzip gleichen, bekunden aber eine bei keiner anderen Gruppe in solchem Maße wiederkehrende Neigung, sie in der verschiedensten Richtung abzuwandeln und vielfach geradezu zu übersteigern. Bei der einheimischen *Lagria hirta* freilich handelt es sich lediglich um einfache ovale Intersegmentalsäcke und Vaginaltaschen, die aber jedenfalls auch schon ausreichen, um einen allseitigen Überzug der Eier mit bakterienhaltigem Schleim zu garantieren. Bei den vielen exotischen Verwandten kommt es jedoch zu mannigfacher Lappung und Aufteilung der zum Teil enorm vergrößerten Intersegmentalorgane und zur Bildung ansehnlicher sackförmiger Anhänge an den Vaginaltaschen, von denen sich bei *Lagria hirta* nur bescheidene Ansätze finden (Abbildungen 38, 39, 40).

Der Weg, auf dem dann die Symbionten in den tierischen Körper aufgenommen werden, ist jedoch ein völlig anderer und sonst nirgends wiederkehrender. Ein bis zwei Tage vor dem Schlüpfen bilden die Intersegmentalhäute der Rückenregion drei hintereinander gelegene drüsige Einstülpungen, in die die Symbionten übertreten und die sich dann hinter ihnen schließen. Man darf wohl angesichts der zum Teil so enorm entwickelten Bakterienreservoire am Legeapparat schließen, daß diese seltsamen, auf die Larven beschränkten Organe unter Umständen viel ansehnlicher sind als bei *Lagria hirta* (Abb. 37).

Daß mit einer Beschmierung der Eier vom Enddarm aus, wie sie Heteropteren und Trypetiden am höchsten entwickelt haben, oder mittels chitinöser Hauteinstülpungen am Legeapparat, wie sie Anobiiden, Cerambyciden, Cleoniden, Lagriiden und vielleicht auch die Buprestiden entfaltet haben, die Möglichkeiten eines solchen Übertragungsmodus nicht erschöpft sind, lehren die Chrysomeliden. Bei *Bromius* und *Cassida* verfällt der Wirtsorganismus darauf, an der Vagina schlanke drüsige Bakterienbehälter zu entwickeln, die den symbiontenfreien Verwandten durchaus abgehen und aus denen das Bakterienkäppchen stammt, das hier jedem einzelnen Ei gerade dort aufgesetzt wird, wo es der schlüpfenden Larve in den Mund fallen muß (Abb. 41, 43, 44).

Die Donacien aber stellen ein schon vorhandenes Organ in den Dienst der Übertragung und gestalten es hiefür besonders aus. Zwei ihrer sechs Malpighischen Gefäße werden den ursprünglichen Aufgaben entzogen und in ihrem unteren Abschnitt zu beträchtlich angeschwollenen Bakterienbehältern, in ihrem distalen zu einer das Sekret der Eikokons liefernden Drüse. Abermals betten sie dort einen wohlumschriebenen Bakterienklumpen in das schaumige Sekret, das die Eier umgibt und nach der Ablage erstarrt, wo später die Larve die Hülle durchfrißt (Abb. 47, 49).

Nahezu alle Insekten, welche auf diese oder jene Weise ihren Eiern die Symbionten äußerlich bei der Ablage mitgeben, gehören zu den monosymbiontisch lebenden. Nur *Bromius* führt, soweit wir bis heute wissen, an räumlich getrennten Stellen zwei verschiedene Symbiontensorten, welche sich dann aber in den Vaginalschläuchen treffen und vereint auf den Eiern finden.

Schließlich gibt es aber noch einen völlig anders gearteten Weg, auf dem die Symbionten zum Zwecke der Übertragung an Larven «verfüttert» werden. Er wurde den Pupiparen und Glossinen nahegelegt, welche die jeweils in der Einzahl im mütterlichen Körper sich entwickelnden Larven mit dem Sekret ihrer Milchdrüsen ernähren. Sie führen in diesen die Symbionten und schicken sie mit dem Sekret in die Schluckbewegungen ausführenden Larven, in denen sie dann an den jeweils spezifischen Orten angesiedelt werden. Eine Ausnahme macht hierin lediglich die Nycteribiide *Eucampsipoda aegyptica*, welche die Symbionten nicht irgendwie an den Darm bindet, sondern lediglich in den Milchdrüsen und ihrem Sekret beherbergt, ähnlich wie etwa die Imagines der Bockkäfer die Symbionten nur noch in den Übertragungsorganen der Weibchen enthalten. Dafür werden freilich die blinden Enden der Drüsenlumina besonders erweitert und in reichlich mit den hier zarte Fäden darstellenden Bakterien gefüllte Reservoire umgewandelt (Abb. 235).

Alle diese Übertragungseinrichtungen, bei denen der Umweg über die Außenwelt eingeschlagen oder doch wenigstens eine intrauterine Verfütterung gewählt wird, haben das gemeinsam, daß die Symbionten im Lumen oder in der Wandung des Darmes lokalisiert sind. Wenn man bedenkt, daß bei einer solchen Besiedlung die Symbionten, selbst wenn sie intrazellular leben, zumeist auch laufend oder wenigstens im Zusammenhang mit der Metamorphose durch den After ausgestoßen werden, erscheint es ohne weiteres begreiflich, daß derartige Gewohnheiten über eine zufällige Beschmierung der Eioberfläche zu geregelteren Einrichtungen geführt haben, sei es, daß sie lediglich vom After ausgeht oder daß von diesem aus Räume gefüllt werden, welche die Symbionten in engere Beziehung zur Vagina bringen. Wenn selbst bei den Lagriiden, wo eine Infektion der Eizellen von den Dorsalorganen aus auf den ersten Blick eine so einfache Lösung scheint, trotzdem der komplizierte Umweg einer erneuten Ausstoßung der Symbionten bei der Verpuppung sowie vermutlich eine Wanderung derselben in der Exuvialflüssigkeit zum Legeapparat und damit eine Beimpfung der dort befindlichen Intersegmentalorgane und Vaginaltaschen vorgezogen wird, so erhellt daraus nur besonders deutlich, daß die Wirtstiere, wenn ihre

Symbionten nicht in extraembryonalen oder mesodermalen Zellen untergebracht sind, bestrebt sind, die Immunität der Eizellen aufrechtzuerhalten.

Bis heute sind nur wenige Fälle bekannt geworden, in denen diese
für die Insektensymbiosen geltende Regel durchbrochen wird.
Bei *Ornithomyia*, bei der die Symbionten ein in die Muscularis gebettetes Mycetom bezogen haben, und bei den Nycteribiiden, bei welchen es zu mycetomähnlichen Wohnstätten gekommen ist, bleiben die Ovarien trotzdem steril,
doch erklärt sich dies ohne weiteres durch die engen Beziehungen der Pupi-
parensymbiose zu den Milchdrüsen. Auffallender mag auf den ersten Blick
erscheinen, daß umgekehrt *Marchalina*, sowie eine Reihe von Anopluren *(Pediculus, Phthirus, Pedicinus, Haematopinus)*, obwohl bei ihnen die Symbionten
entodermale Zellmaterialien bewohnen, eine Eiinfektion zulassen. Doch wurde
bereits im vorangehenden Kapitel dargelegt, daß alles dafür spricht, daß in
diesen Fällen der Verwendung von Darmepithelzellen eine Unterbringung der
Symbionten in extraembryonalem Zellmaterial vorangegangen ist und sich auf
solche Weise das zunächst ungewöhnlich erscheinende Verhalten als das stammesgeschichtlich ältere erklärt. Wenn Ipiden und Apioninen ihre im Darmepithel oder in den Malpighischen Gefäßen untergebrachten Symbionten in die
Eizellen gelangen lassen und jene Rüsselkäfer, welche ihnen dem Stomodäum
homologe Pseudomycetome errichten, den gleichen, ja auch sonst bei Curculioniden üblichen Weg einschlagen, so dürfte freilich eine solche Erklärung
nicht am Platze sein. Möglicherweise wurzelt in all diesen Fällen das ungewöhnliche Verhalten in dem Umstand, daß hier nicht, wie sonst, Ovocyten, sondern
bereits Urgeschlechtszellen infiziert werden. Daß schließlich auch die Rektalsymbionten, obwohl in Abkömmlingen des Darmepithels lokalisiert, in die Eizellen gelangen, ist hingegen ohne weiteres begreiflich, denn bei ihnen handelt
es sich ja ursprünglich um echte Mycetombewohner, welche zweifellos erst nachträglich an diese ungewöhnliche Stelle verlagert wurden.

Daß sich so manche Algenwirte anders verhalten und trotz einer Lokalisation der Symbionten im Darmepithel die Eizellen zur Übertragung
benützen, wird angesichts ihrer völlig anders gearteten Organisation nicht
wundernehmen. *Chlorohydra* stellt ja das Objekt dar, bei dem überhaupt erstmalig eine Infektion der Ovocyten, die uns nun beschäftigen soll und die ja
natürlich die idealste Form einer «Vererbung» der Symbionten darstellt, zur
Beobachtung kam. Eine lokale Lösung der Stützlamelle und der Eioberfläche
ermöglicht einem länger andauernden Strom von Chlorellen den Übertritt in
die Eizelle, ohne daß dabei irgendwelche weiteren Komplikationen in die Erscheinung träten. Wo Wanderungen der Ovocyten in Medusoide oder Sporosaks
vorkommen, verlieren diese erst, wenn sie an dem Ort ihrer Reife angelangt
sind, ihre Immunität *(Aglaophenia, Halecium, Millepora)*.

Über die bei Insekten so außerordentlich verbreitete Eiinfektion liegt heute schon ein überaus reiches Beobachtungsmaterial vor, das zunächst nach dem Ort des Übertritts der Symbionten in die Eizellen geordnet
werden soll, der apolar, unipolar oder bipolar sein kann. In letzterem Fall werden die Symbionten sowohl am vorderen wie am hinteren Ende der Eizellen

aufgenommen; die unipolare, bei weitem am häufigsten vorkommende Infektion kann sich entweder am vorderen oder am hinteren Pol abspielen.

Beispiele für einen apolaren Übertritt bieten die Ameisen und die Lyctiden. Bei ersteren *(Camponotus, Formica)* kommt es zu einer sehr frühen, außerordentlich reichen Infektion der Follikelzellen und anschließend zu allseitigem Übertritt in die von ihnen umgebenen, noch sehr jungen Ovocyten, wo eine zunächst einsetzende stürmische Vermehrung eine ganz außerordentliche Überschwemmung des Protoplasmas bedingt (Abb. 278, 279). Ganz anders spielt sich die apolare Infektion bei *Lyctus* ab, die hier erst an Eiern, welche die endgültige Größe erreicht haben, vor sich geht. Die bis dahin dicht anschließenden Follikelzellen weichen wie auf Kommando an ihrer ganzen Oberfläche auseinander und bilden so ein regelmäßiges Netz, durch dessen Maschen die Symbionten einwandern. Sobald diese dann in die Randzone des Eiplasmas eingesunken sind, rücken die Follikelzellen wieder eng zusammen (Abb. 76). In ähnlicher, wenn auch nicht so eindrucksvoller Weise treten die Bostrychidensymbionten ebenfalls auf späten Stadien da und dort zwischen den Follikelzellen in die Eizelle über.

Eine bipolare Infektion durch ein und dieselbe Symbiontensorte kennen wir bisher nur von den Blattiden, bei denen sie allgemein verbreitet ist, und dürfen sie außerdem mit Bestimmtheit auch bei *Mastotermes* erwarten, dessen Symbiose sich ja in jeder Hinsicht aufs engste an die der Blattiden anschließt. Hier bereiten zahlreiche, bakterienbeladene, in die bindegewebige Hülle der Eiröhre eingesprengte Zellen den Übertritt in diese vor. Schon sehr frühzeitig treten vereinzelte Bakterien, sich zwischen den Follikelzellen hindurchzwängend, an die jungen Ovocyten heran und vermehren sich an ihrer Oberfläche, bis die gleichzeitig wachsende Eizelle allseitig von einem extrazellularen Bakterienbelag umgeben ist. Wenn die Vermehrung der Symbionten dann mit der Vergrößerung des Eies nicht mehr Schritt halten kann, beschränken sie sich allmählich auf die beiden Pole. Von Art zu Art verschiedene, recht merkwürdige Faltenbildungen nehmen sie schließlich hier auf und führen dadurch, daß im völlig ausgewachsenen Ei abgeschnürt werden, zu ihrer Aufnahme in dieses (Abb. 265—268).

Ungleich häufiger und in immer wieder anderer Gestalt begegnet eine sich auf den hinteren Pol beschränkende Infektion. Bei ihr können die Symbionten bald zwischen den Follikelzellen, bald diese vorübergehend besiedelnd, zum Ei gelangen, oder es werden besondere Ovarialmycetome errichtet, von denen aus die Ovocyten gespeist werden. Eine interfollikuläre Infektion findet sich bei Aphiden, einigen Cocciden und in abweichender Form bei einer *Goniodes*art und den Aleurodiden. Bei den Aphidinen sind es lediglich die Wintereier, bei den Adelginen (Chermesinen) auch die parthenogenetisch sich entwickelnden, bei welchen in einer eng umschriebenen, das hintere Ende der Eier begrenzenden Zone des Follikels dessen Zellen zu einer bestimmten Zeit anschwellen und auseinanderweichen, so daß den Symbionten ein direkter Zugang zum Ei ermöglicht wird. Ohne daß zunächst, wie sonst zumeist bei solcher Infektion am hinteren Pol, ein Raum zwischen Follikel und Ei gefüllt würde, treten hier die Symbionten unmittelbar in das nun zwischen den klaffenden Follikelzellen an die Oberfläche reichende, ja bei Adelginen sich hier jeweils leicht vorwölbende Eiplasma über. Der Zuzug dauert an, bis die gesetzmäßig beschränkte Symbiontenmenge übergetreten ist und sich die Lücken im Follikel wieder schließen (Abb. 133, 134).

Die merkwürdigen Geschehnisse, welche, bei den einzelnen Arten in mancherlei Form abgewandelt, bei der Übertragung der Symbionten in die parthenogenetisch sich entwickelnden Sommerembryonen begegnen, werden, wie im Speziellen Teil eingehend dargelegt wurde, ohne weiteres verständlich, wenn man in ihnen eine Erinnerung an die ursprünglich allein vorhandene Infektion dotterreicher Eier erblickt. An Stelle der zahlreichen Lücken im Follikel wird eine einzige gebildet, hier wie dort ergießt sich ein kontinuierlicher Strom von Symbionten unmittelbar in den zu infizierenden Raum, nur daß dieser jetzt, da einerseits der Beginn der Embryonalentwicklung schon auf einem frühen Stadium des Eiwachstums einsetzt, andererseits der Follikel, ohne darauf Rücksicht zu nehmen, den alten Zeitpunkt seiner Empfangsbereitschaft beibehält, nicht auf ungefurchtes Eiplasma, sondern verschieden weit entwickelte Embryonen trifft.

Auch bei einigen Schildläusen (Monophlebinen, *Lakshadia*) treten die Symbionten am hinteren Pol zwischen den Follikelzellen an die Eier heran, doch erinnern sie insofern schon wesentlich mehr an die vor allem bei Zikaden allgemein übliche Übertragungsweise, als sie sich ähnlich wie bei jenen zunächst in einem zwischen Follikel und Ei sich bildenden Raum sammeln und dann erst alle auf einmal in einer Grube Aufnahme finden, die sich am hinteren Ende des Eies bildet (Abb. 102). Schließlich entstehen auch bei *Oryzaephilus* Lücken zwischen den hier an dieser Stelle besonders heranwachsenden Follikelzellen, durch welche die Symbionten zunächst in den Raum zwischen Ei und Dotterhaut gelangen.

Recht seltsam verhält sich eine *Goniodes*art (Mallophagen). Bei ihr treten ganze Mycetocyten, wie sie vorher als normale Wohnstätten zwischen den Fettzellen lagen, nachdem sie sich um die Zeit der dritten Häutung bereits zwischen den Stielen der Eiröhren gesammelt hatten, in diese über und wandern zwischen den Zellen eiwärts (Abb. 263). Dabei degenerieren sie, der Kern schwindet, und die frei gewordenen Symbionten sammeln sich in einer Grube am hinteren Eipol. Von einer solchen Verwendung ganzer Mycetocyten, auf die wir bei Besprechung der Ovarialampullen nochmals zurückkommen müssen, zu dem einzig dastehenden Infektionsmodus aller Aleurodiden ist nur noch ein Schritt. Abermals erscheinen intakte Mycetocyten der zersplitterten Organe am Hinterende der jungen Ovariolen und zwängen sich zwischen die Follikelzellen. Diesmal entsteht teils durch Zurückweichen eines verjüngten Fortsatzes der Ovocyte, teils durch Klaffen der Follikelzellen ein Raum, der die sich zu einer Art Mycetom abrundenden Eindringlinge aufnimmt, welche schließlich nach vorne geschoben und ganz wie sonst die freien Symbionten als unveränderte Zellen vom Ei aufgenommen werden (Abb. 150).

Eine Infektion am hinteren Eipol, verbunden mit vorübergehender Besiedlung der Follikelzellen, wird unter den Schildläusen, die zumeist das entgegengesetzte Einfallstor vorziehen, vor allem bei den Orthezinen, hier aber in sehr eigentümlicher Weise, verwirklicht. Eine beschränkte Anzahl von Follikelzellen, etwa 40, bilden in der entsprechenden Region einen aufnahmebereiten Gürtel. In ihnen setzt eine lebhafte Sekretbildung ein und läßt in jeder Zelle einen ansehnlichen, dem Ei zugewandten Sekretpfropf entstehen, in den die sich vorher schon in beträchtlichen Massen außen sammelnden Bakterien übertreten. Schließlich wird die Summe dieser Pfröpfe abgeschnürt und in das Ei einbezogen (Abb. 107).

Die Psylliden verhalten sich schon ganz wie sehr viele Zikaden, wenn bei ihnen das Ei zunächst einen endständigen Zapfen bildet und die ihn umgebenden Follikelzellen sich als wiederum allein zur Aufnahme befähigte Keilzellen sondern. Die Symbionten treten in sie ein und werden, ohne lange in ihnen zu verweilen, in den Raum weitergegeben, der sich dahinter durch Rückbildung des Zapfens bildet. Wenn dann der eine Weile dauernde Zuzug sein Ende nimmt, sinken sie in eine hinter ihnen sich schließende Grube des Eies (Abb. 156, 157).

Bei den Zikaden wird eine solche Infektion mit Hilfe von Keilzellen aber noch in mannigfachster Weise abgewandelt und gestattet vor allem bei den Fulgoroiden, die ja ganz allgemein wesentlich besser durchforscht sind als die Cicadoiden, die Unterscheidung einer Reihe von Typen, welche zumeist eng an die einzelnen systematischen Einheiten gebunden sind, so daß es durchaus möglich ist, eine unbekannte Form nach den charakteristischen Zügen der Eiinfektion mit einiger Sicherheit in die richtige Unterfamilie einzuordnen. Die Zone der Keilzellen kann recht verschieden hoch sein; im extremsten, freilich seltenen Fall stellt sie einen nur aus einer einzigen Zellschicht bestehenden Ring dar, wie bei *Cicadella viridis*, gewöhnlich handelt es sich um zwei, drei und mehr Zellreihen, welche meist schon vor dem Eintreffen der Symbionten gewisse Veränderungen erleiden. Sie pflegen mehr oder weniger heranzuwachsen, in ihrem Plasma treten Vakuolen auf, und nicht selten wölben sie sich auch über ihre Nachbarn vor (Abb. 173). All das deutet auf Veränderungen hin, die sie im Gegensatz zu diesen aufnahmefähig machen. Die übergetretenen Symbionten werden in Vakuolen eingeschlossen und treten dann, wie dies schon bei den Psylliden der Fall war, unter Umständen ohne längeren Aufenthalt an der entgegengesetzten Seite der Keilzellen alsbald wieder aus. Die Folge ist dann eine stets annähernd gleichbleibende mäßige Füllung der nur als Durchgangsraum dienenden Zellen, so daß man von einer gleitenden Infektionsweise sprechen kann. Sie ist bezeichnend für die Delphaciden, findet sich aber zum Beispiel auch bei Tropiduchinen, bei *Ledra aurita*, *Pyrgauchenia* und anderweitig.

Während bei diesem gleitenden Typ die Keilzellen begreiflicherweise keine tiefgreifenden Veränderungen erleiden, wird dies anders, wenn sich die Symbionten zunächst in ihnen sammeln und vermehren. Dann liegen in den Vakuolen die Mikroorganismen nicht mehr einzeln, sondern zu Nestern vereint, das Plasma wird bald allseitig von ihnen erfüllt, die Kerne werden deformiert und die Zellen bald mehr, bald weniger aufgetrieben. Dabei kann es zu passiven Vorwölbungen kommen, die über das Maß der gelegentlich im Zusammenhang mit den vorbereitenden Veränderungen auftretenden weit hinausgehen und sicher nichts mit der Aufnahme der Symbionten zu tun haben. In der Regel kommt es schließlich infolge der starken Belastung der Zellen zur Auflösung ihrer Grenzen und zur Bildung eines polsterförmigen Syncytiums, das nach maximaler Füllung rasch den gesamten Symbiontenvorrat in den zwischen Ei und Follikel sich bildenden Raum oder auch unmittelbar in die Empfangsgrube des ersteren schüttet. Die leeren Keilzellen fallen dann zusammen und gehen samt gelegentlich in ihnen zurückgebliebenen Symbionten der Auflösung entgegen. Cicadiden, Cercopiden, Membraciden, Jassiden und Eusceliden und nicht minder viele Fulgoroiden, darunter die Cixiinen, repräsentieren diesen Typus.

In wie mannigfacher Weise eine solche Übertragung auf dem Umwege über eine Infektion der Keilzellen variiert werden kann, haben die Untersuchungen an den Fulgoroiden besonders eindrucksvoll dargetan. Die Zahl der Keilzellen, die Menge der Symbionten, der Ort ihrer Vermehrung, das Tempo des Übertrittes, die Bildung des hinter den Keilzellen entstehenden Hohlraumes, die Art, wie die Eizelle ihrerseits der Aufnahme entgegenkommt, all dies wird in einer der jeweiligen Konstitution der Unterfamilie entsprechenden Weise von Gruppe zu Gruppe abgeändert, und dazu kommen spezifische Formveränderungen der Keilzellen, Verlagerungen, welche sie während des Infektionsvorganges erleiden, die Zuhilfenahme besonderer «Dachzellen» und mancherlei andere besondere Eigentümlichkeiten. Wie diese verschiedenen Typen, der Flatidentyp, Fulgorinentyp, Tropiduchinentyp, Derbidentyp, Nogodininentyp, Issinentyp, Delphacidentyp, usf. im einzelnen geartet sind, möge man im Speziellen Teil nachlesen.

Zu den Formen, welche ihre Symbionten am hinteren Pol in die Eizellen schicken, gehören auch die Anopluren, Rhynchophthirinen und Mallophagen, doch weichen die Wege, die hiebei beschritten werden, von allem sonst Gewohnten ab. Sie errichten für jedes der beiden Ovarien ein zwischen den Eiröhren und dem Eileiter gelegenes Filialmycetom, eine sogenannte Ovarialampulle, von der aus die Eiinfektion bewerkstelligt wird (Abb. 247, 248). Höchst merkwürdig ist ihre bei den einzelnen Formen ganz verschiedene Wege einschlagende Füllung. Die *Goniodes*art, von der schon die Rede war, bahnt bereits die Errichtung solcher Ampullen an. Während bei ihr die in die Eileiter übergetretenen Mycetocyten alsbald der Auflösung verfallen, bleiben sie bei anderen Mallophagen erhalten und füllen als solche die Ampullen. Bei *Haematomyzus*, der Elefantenlaus, werden hingegen die paarigen Mycetome in ihrer Gesamtheit an die betreffenden Stellen verpflanzt; bei *Polyplax* schluckt die ektodermale Geschlechtsanlage ebenfalls das intakte, hier unpaare Mycetom, doch gehen dann seine Zellen zugrunde, und die freien Symbionten treten von innen her in die Anlage der beiden Ampullen; bei *Pediculus* verlassen die Symbionten schon vorher einzeln die Mycetome und dringen von der Leibeshöhle her in diese ein (Abb. 245, 246). *Pedicinus* verhält sich ebenso. Ganz seltsam aber benehmen sich die *Haematopinus*arten, welche außer ihren infizierten Darmepithelzellen im weiblichen Geschlecht noch drei Symbiontendepots errichten, aus denen sie auf dem Umwege über die Exuvialflüssigkeit und eine Einwanderung durch die Geschlechtsöffnung die Ampullen speisen (Abb. 250—253). Obwohl bei diesen

Entstehungsweisen die Herkunft der Zellmaterialien im einzelnen eine ganz verschiedene ist, weist die Wandung der Ampullen doch schließlich allemal mehr oder weniger den gleichen komplizierten, vierschichtigen Bau auf.

Ähnlich wie hier der gesamte Symbiontenvorrat auf diese oder jene Weise schließlich zur Sicherung der Übertragung in den Geschlechtsapparat verlagert wird, so baut eine *Margarodes*art ihre paarigen Mycetome derart in die Ovidukte ein, daß sie an deren Lumen grenzen und daher die Symbionten unmittelbar in dieses übertreten können. Diesmal ragen die einzelnen Eier mit besonderen, einen Kanal aufweisenden Zapfen des Follikels in den Ovidukt und erhalten durch diesen ihre Symbionten (Abb. 125).

So weit die bis heute bekannt gewordenen Übertragungsweisen, die sich am hinteren Pol der Eier abspielen. Zu ihnen gesellt sich nun noch eine dritte Kategorie, bei welcher die Eintrittsstelle am vorderen Pol liegt. Es sind in erster Linie viele Cocciden, welche diesen Weg vorziehen, ferner alle Curculioniden mit Ausnahme der Cleoniden, welche ihre Symbionten im Darm führen, die freilich noch nicht hinreichend erforschten Ipiden, sowie diejenigen heteropteren Wanzen, welche Mycetome besitzen, und einige polysymbiontische Zikaden, bei denen dann interessanterweise ein Teil der Symbionten den vorderen, ein anderer den hinteren Pol benützt.

Bei den Schildläusen handelt es sich, wenn man zunächst von *Marchalina* absieht, um sehr einfache Vorgänge. Die Bakterien oder Hefen dringen zumeist zwischen den Follikelzellen, welche Nähr- und Eizellen verbinden, ein, und nur selten kommt es zu einer rasch vorübergehenden intrazellularen Infektion derselben (Lecaniinen). In beiden Fällen sammeln sich die Symbionten alsbald rund um den Faserstrang, der von den Nährzellen zum Ei zieht. Gelegentlich schwellen die Follikelzellen an dieser Stelle, ähnlich wie zumeist bei der Infektion am hinteren Pol, in auffälliger Weise an *(Lecaniodiaspis)* und der symbiontengefüllte Raum um den Nährstrang wird ebenfalls beträchtlich aufgetrieben. Stets aber gleiten die Symbionten dann, ohne in diesen einzudringen, eiwärts, wo sie entweder, ähnlich wie sonst am entgegengesetzten Ende, von einer Grube aufgenommen werden oder hinter der Dotterhaut warten, bis sich zwischen den Blastodermzellen Lücken auftun, durch welche sie übertreten können (Abb. 98).

Bleiben hiebei die ja stets nur in geringer Zahl als Riesenzellen entwickelten Nährzellen von den Symbionten unberührt, so kommt es andererseits bei Objekten, die statt dessen ein viel ansehnlicheres, kernreiches Syncytium entwickeln, in dem die dann jedesmal zu mehreren hintereinander gelegenen Ovocyten ziehenden Nährstränge entspringen, des öfteren zu einer Infektion dieser Syncytien und zu einer Verwendung der Nährstränge als Transportmittel (Heteropteren, Curculioniden, Ipiden). Sowohl bei den Heteropteren als auch bei den Rüsselkäfern wird die Infektion der Gonaden schon außerordentlich früh bewerkstelligt. Bei den Rüsselkäfern werden bereits die auf dem Blastodermstadium sich sondernden Urgeschlechtszellen ohne Unterschied des künftigen Geschlechtes aus dem dem Ei mitgegebenen Vorrat infiziert. Die in die männlichen Gonadenanlagen gelangten Symbionten gehen dann alsbald zugrunde, in den weiblichen hingegen vermehren sie sich und erfüllen schon in den jüngsten Ovariolen die Zellen der künftigen Nährkammern (Abb. 68). Bei den Heteropteren hingegen treten die Symbionten zwar auch noch während der Embryonalentwicklung, aber zu einem wesentlich späteren Zeitpunkt aus den jungen Mycetomen ausschließlich in die weiblichen Gonadenanlagen über, welche dann noch keine Trennung in Ei- und Nährzellen erkennen lassen. Infolgedessen finden sich hier auch nach deren Sonderung immer schon vereinzelte Bakterien in den jungen Ovocyten, bevor die größere Menge aus den Nährzellen übertritt (*Ischnodemus*, Abb. 93). Bei *Cimex lectularius* und den Ipiden ist die erste Infektion der Gonaden zwar noch nicht beschrieben worden, doch darf man gewiß sein, daß sie ähnlich früh abläuft, zumal man bei dem ersteren ebenfalls in noch recht jungen Tieren bereits eine schwache Infektion der Ovocyten feststellt, bevor sie mit den Nährzellen in Verbindung treten (Abb. 238). Allemal finden die Bakterien offenbar in dem drüsigen Nährzellplasma günstige Bedingungen und vermehren sich in ihm reichlich, bevor sie dann mit dem Sekret durch die Faserstränge in die Eizellen gleiten. Nur bei *Leptocimex*, jener tropischen Bettwanze, scheint die Infektion der Nährzellen lediglich eine geringe Rolle zu spielen und die Überschwemmung jüngster Ovocyten unabhängig von einer solchen einzusetzen.

Marchalina nimmt auch hinsichtlich ihres Übertragungsmodus eine Sonderstellung unter den Schildläusen ein, denn hier werden bereits überaus früh von einer Art transitorischem Ovarialmycetom aus, das sich schon im Laufe der Embryonalentwicklung bildet, der Ovidukt und die zahlreichen an ihm sprossenden Anlagen der Eiröhren infiziert, und so entstehen zunächst zwischen den Nährzellen und später in deren syncytialem Protoplasma Bakteriennester, von denen aus die Ovocyten mit Hilfe des Nährstranges gespeist werden.

In all den bisher herangezogenen Fällen treten dort, wo mehrere Symbionten in ein und demselben Wirt leben, alle gemeinsam auf dem gleichen Wege in das Ei über. Unter den Formen, welche eine Infektion am oberen Pol gestatten, war bisher nur eine einzige disymbiontische Art, *Tachardina silvestrii*. Bei ihr kommen beide Sorten einzeln oder in Wanderzellen vereint am Follikel an und gelangen gemeinsam durch diesen in das Ei (Abb. 104, 105). Nun gesellen sich hiezu noch die disymbiontischen Ipiden, bei denen sich beide Symbiontensorten in den Endkammern der Eiröhren nachweisen lassen. Bei den disymbiontischen Lyctiden passiert ebenfalls ein Gemenge der beiden Symbionten allerorts die Maschen des Follikelepithels (Abb. 76). Am hinteren Eipol treten jedoch in zahllosen Fällen zwei, in vielen drei und in so manchen auch vier oder fünf verschiedene Symbionten gleichzeitig in das Ei ein. Alle Psylliden, die di- und wahrscheinlich auch die trisymbiontischen Aphiden, unter den Schildläusen vermutlich die disymbiontischen Monophlebinen und vor allem ein Heer von Zikaden bieten die Beispiele hiefür. Gleichgültig, ob die betreffenden Symbionten in verschiedenen Abteilungen ein und desselben Mycetoms oder in gesonderten Organen untergebracht sind, zum gegebenen Zeitpunkt treffen sie sich alle vor den betreffenden Zonen des Follikels und gelangen gemeinsam in das Ei, sei es, daß hiebei Lücken im Follikel benutzt oder, wie zumeist, die Keilzellen vorübergehend infiziert werden. Nur selten sind hiebei bei gewissen Zikaden *(Cixius, Stenocranus)* geringe zeitliche Differenzen festzustellen, welche zu einer ungefähren Sortierung der verschiedenen Symbionten im Eiballen führen (Abb. 166, 171, 173, 176, 179, 180, 191).

Um so auffallender ist es, daß unter den Zikaden einige Formen bekannt geworden sind, bei denen, wie erwähnt, diese Regel durchbrochen wird und eine Übertragung der Symbionten teils am hinteren, teils am vorderen Pol vonstatten geht. Sie gehören teils den Cicadoiden, teils den Fulgoroiden an. Während bei allen Membraciden a- und t-Symbionten stets am hinteren Eipol aufgenommen werden und die zusätzlichen Gäste, die ja in dieser Gruppe in so großer Menge begegnen, zumeist den gleichen Weg nehmen, werden von einigen bezeichnenderweise stets recht ungefügen Symbionten andere Straßen bevorzugt. *Enchophyllum 5-maculatum* beherbergt zu seinen vier übrigen Symbionten noch zwei kleine Stäbchensorten, welche in ungezügelter Form innerhalb und außerhalb der Mycetome leben. Beide infizieren die Endkammern der Ovariolen einschließlich der zentralen Fasermassen und die noch sehr jungen in der Nachbarschaft gelegenen Ovocyten. Nach lebhafter Vermehrung in den heranwachsenden Eiern werden sie aber schließlich sämtlich nach dem hinteren Pol getragen und erscheinen hier bereits zu einer Zeit, in der die übrigen Symbionten noch in den Follikelzellen liegen, als schmaler Saum dicht unter der Oberfläche. Sind die anderen vier Sorten übergetreten, so bilden sie eine wohlgesonderte kugelige Ansammlung über diesen (Abb. 181). Ähnlich benehmen sich auch die η-Symbionten einer *Campylenchia*art, und bei einer Polyglyptine verläßt die gleiche Symbiontensorte in Klumpen das Mycetom und gelangt ebenfalls auf dem Umwege über die Nährkammer in die Eizellen (Abb. 179).

Aus solchem recht ungeordneten Verfahren haben sich nun an drei Stellen Einrichtungen entwickelt, die einer wesentlich höheren Organisationsstufe angehören. Die Wanzen *Nysius* und *Ischnorrhynchus* schufen sich in einer ringförmigen Zone hinter dem Lager der jüngsten Ovocyten eine Art Filialmycetom, das ohne weiteres durch die gleiche lebhafte Orangefärbung auffällt, welche den Mycetomen eigen ist. Ohne daß auf den Nährstrang als Transportmittel zurückgegriffen wird, treten hier die Bakterien, wenn die Ovocyten der Reihe nach durch diesen infizierten Zellgürtel hindurchgleiten, in sie über und vereinen sich schließlich, nachdem sie zunächst diffus im Ei verteilt waren, in einem ausnahmsweise am vorderen Ende gelegenen Ballen (Abb. 95).

Sind es hier lediglich die Follikelzellen, welche infiziert werden, so geht *Fulgora confusa* noch einen Schritt weiter, denn diese Zikade baut ein regelrechtes, von einer Lage flacher Hüllzellen umgebenes und im Inneren aus einem sekundären Syncytium bestehendes kleines Mycetom hinter der Nährkammer in die Eiröhren ein, das zum Vergleich mit den am entgegengesetzten Ende der Ovariolen errichteten Ampullen der Läuse und Federlinge herausfordert (Abb. 194). Es ist von den im übrigen in einer primitiven Zellanhäufung am Darm lebenden, fädigen m-Symbionten erfüllt, von denen jeweils ein Teil in die Stränge gerät, welche von der Nährkammer kommend das Organ durchziehen, und so in die jungen Eizellen getragen wird. Wie dieses Filialmycetom von den m-Symbionten besiedelt wird, konnte zwar nicht beobachtet werden, aber man darf mit Gewißheit annehmen, daß es einzelne Bakterien sind, die frei durch die Leibeshöhle treibend in dasselbe eindringen.

Schließlich begegnet noch bei *Bladina fraterna*, einer Ricaniide, eine ähnliche Bildung, doch ließ sich hier zeigen, daß ihre Entstehung eine völlig andere ist und daß es sich bei ihr letzten Endes um Teile eines fragmentierten Infektionshügels handelt. Aus diesem Grunde wird auf sie bei der Behandlung dieser der Erzeugung spezifischer Infektionsstadien dienenden Einrichtungen zurückzukommen sein (Abb. 197).

Daß die Übertragung der Symbionten blutsaugender Arachnoideen Züge aufweist, die bei den Insekten nicht begegnen, wird nicht wundernehmen. Bei den Gamasiden kommen die in die Leibeshöhle übergetretenen Eier in unmittelbare Berührung mit den Mycetomen und die Symbionten treten aus diesen in sie über. Hier werden sie, was sonst an keiner Stelle begegnet, in die Dotterkugeln aufgenommen, in denen sie dann selbst in den Embryonen noch nachzuweisen sind (Abb. 214). Bei Ixodiden wird hingegen schon die erste Anlage der Gonaden gleichzeitig mit der der Vasa Malpighi infiziert; die Symbionten finden sich daher in der Folge in allen Zellen des Keimlagers und brauchen in den wachsenden Ovocyten nur noch angereichert zu werden (Abb. 217). Die Argasiden verhalten sich ganz ähnlich; auch bei ihnen unterbleibt jeglicher weitere Zuzug von Symbionten aus den Malpighischen Gefäßen, und es wird bereits das undifferenzierte Keimlager, wenn auch zunächst nur spärlich, infiziert.

Begreiflicherweise gehen auch die Tunikaten völlig eigene Wege, wenn es sich darum handelt, die symbiontischen Leuchtbakterien den Nachkommen zu übermitteln. Aus den Mycetocyten der Pyrosomen treten Sporen aus, welche die Follikelzellen des eben mit der Furchung beginnenden Eies infizieren und sich anschließend in ihm vermehren. Die damit zu Transportmitteln gewordenen Zellen lösen sich aus ihrem epithelialen Verband und zwängen sich als Testazellen zwischen die Blastomeren (Abb. 303, 304). Während der weiteren Entwicklung dauert die Durchdringung des Embryos mit laufend übertretenden und sich gesetzmäßig anordnenden derartigen Zellen an, bis es etwa 400 geworden sind, die dann, ohne zu degenerieren, die acht Leuchtorgane der ersten vier alsbald am Oozoid knospenden Individuen bilden. Dieses einzig dastehende Verhalten erinnert an die Einwanderung unversehrter Mycetocyten in die Eier von *Aleurodes* und an deren langes Erhaltenbleiben während der Embryonalentwicklung und zeigt in besonders eindrucksvoller Weise, wie die Einbürgerung fremder Organismen im tierischen Körper zu den absonderlichsten Konsequenzen führen kann.

Aller Wahrscheinlichkeit nach ist auch die so völlig aus dem Rahmen alles Gewohnten fallende Entwicklung der Salpen, bei der ein transitorisches Gerüst von aus mütterlichen Zellen aufgebauten Organanlagen schrittweise durch embryonales Material ersetzt wird, letzten Endes auf den Umstand zurückzuführen, daß hier ein Gutteil der Blastomeren eines streng determinierten Systemes zum Zwecke der Übertragung von Symbionten okkupiert und damit seinen

Aufgaben wenigstens für eine Weile entzogen wird. Jedenfalls ist bis heute kein weiteres Objekt bekannt geworden, dessen Eier sich total furchen und gleichzeitig der Übertragung von Symbionten dienen.

Die vielfältigen, mit der Übertragung auf die Eizellen Hand in Hand gehenden Gestaltveränderungen und spezifischen Vermehrungsperioden der Symbionten sollen uns erst in einem späteren Kapitel, welches von den Wechselbeziehungen der beiden Partner handelt, beschäftigen. Doch wird man nicht umhin können, an dieser Stelle die Frage aufzuwerfen, welcher Art die Kräfte sind, die beim Transport der Symbionten von ihren Wohnstätten zu den Eiröhren und beim Übertritt in die Follikel- und Eizellen wirksam sind.

Unter Umständen wird der Weg, welchen die freien Organismen zurücklegen müssen, dadurch verkürzt, daß eine Zerklüftung und Verlagerung der Mycetome die Symbionten bereits in die unmittelbare Nachbarschaft der Eiröhren bringt (Aleurodiden, Aphiden, Lyctiden), und in besonderen Fällen bilden sogar hiezu spezialisierte Mycetocyten eine Art Hülle um die jungen Ovariolen (Blattiden, *Mastotermes*). Bei *Aspidiotus piri* sammelt sich eine Anzahl der sonst das Fettgewebe durchsetzenden Mycetocyten rund um die Zone des Follikels, welche in der Folge allein die Symbionten passieren läßt, und bei der disymbiontischen *Tachardina* sind es regelrechte Wanderzellen, welche ein Gemenge der beiderlei Organismen an die gleiche Stelle tragen.

Noch «bequemer» wird es den Symbionten jener *Goniodes*art gemacht, bei der die ganzen Mycetocyten in den Follikel eindringen, um dann in ihm zu zerfallen, oder denen jener Mallophagen und Anopluren, welche Mycetocyten oder gar Mycetome in die Ovarialampullen und damit in die nächste Nähe der zu infizierenden Ovocyten verpflanzen. Zu einer nicht zu überbietenden Spitzenleistung aber führte diese Tendenz, den freien Weg der Symbionten zu verkürzen, schließlich bei den Aleurodiden, bei denen wir die mütterlichen Mycetocyten gar in Ei und Embryo übertreten sahen.

Doch bleiben dies alles Sonderfälle, und die Symbionten werden im allgemeinen stets bereits isoliert oder höchstens zu Bündelchen oder in Schleimpaketen vereint der Lymphe übergeben und müssen in ihr zwischen den Organen ihren Weg finden. Eine aktive Beweglichkeit und damit eine irgendwie gerichtete Wanderung kommt hiebei kaum irgendwo in Frage. Höchstens das ein oder andere akzessorische, noch ursprünglich gestaltete Bakterium mag sich die Fähigkeit selbständiger Fortbewegung bewahrt haben, aber all den weitgehender angepaßten Formen und natürlich auch allen hefeähnlichen Organismen geht sie zweifellos ab. In der Tat findet man die Übertragungsformen nicht selten in den verschiedensten Winkeln der Leibeshöhle, und es fällt schwer, sich vorzustellen, wie es möglich ist, daß sie trotzdem mit einer niemals durchbrochenen Regelmäßigkeit, zeitlich und örtlich streng gebunden, erneut in oder zwischen den Follikelzellen auftauchen. Bald ist es der Follikel noch sehr junger Ovariolen, der auf weite Strecken infiziert wird, wie bei den Ameisen, bald eine sehr beschränkte Zahl von Zellen am Hinterende mehr oder weniger ausgewachsener Eier oder die Region zwischen Ei- und Nährzellen, oder auch der gesamte

Follikel älterer Eier, und in wieder anderen Fällen erscheint die Übertragung gar schon durch eine Infektion überaus junger Gonadenanlagen gesichert. Offensichtlich wird also jeweils nur an diesen von Fall zu Fall so verschiedenen Stellen die sonst allerorts herrschende Immunität für gewisse Zeit aufgehoben, und entstehen so die nötigen Einfallspforten für die vom Blutstrom in ihre Nähe getragenen Symbionten.

Sich den immer wieder begegnenden Übertritt in die Follikelzellen zu erklären, bestehen von vornherein zwei Möglichkeiten. Entweder sind diese aktiv beteiligt und verleiben sich die herantreibenden Organismen phagocytengleich mit Zellfortsätzen ein, oder die Symbionten besitzen als ehemalige Parasiten nach wie vor die Fähigkeit, mit Hilfe von Lysinen die Zellwände lokal zu verflüssigen, und sinken so, wohnungslos und gleichsam überall anklopfend, aber nur hier eine Türe findend, in das Zellinnere. Bei den Keilzellen deutet ein der Infektion vorangehendes Zellwachstum und das Auftreten von Flüssigkeitsvakuolen in der Tat vielfach auf eine besondere Zurüstung, die sehr wohl mit der gleichzeitigen Aufgabe der Immunität zusammenhängen kann; aber in anderen Fällen geht die Infektion des Follikels ebenso sicher vor sich, ohne daß solche Veränderungen morphologischer Art in die Erscheinung träten. Regelrechte Greiffortsätze, wie sie sonst im Laufe der Embryonalentwicklung und bei gelegentlichem Umladen der Symbionten bei der postembryonalen Entwicklung begegnen, kommen jedenfalls kaum je zu Gesicht. Lediglich eine manchmal zu beobachtende, nicht unbeträchtliche Vorwölbung noch leerer oder nahezu leerer Keilzellen mancher Zikaden könnte man in diesem Sinne deuten.

Wenn man also kaum umhinkönnen wird, den Symbionten eine gewisse Aktivität bei der Eiinfektion zuschreiben zu müssen, so ist es doch offenkundig der Wirtsorganismus, der allemal den Zustrom lenkt und dosiert, indem er die Aufgabe der Immunität zeitlich und örtlich beschränkt, Straßen, die er durch Auseinanderweichen geschaffen, wieder schließt oder durch komplizierte Lageveränderungen die an sich empfangsbereiten Keilzellen, nachdem sie ihren Dienst getan, von den Leibeshöhle abdrängt.

Wie der Follikel bald auf weite Strecken, bald nur an eng begrenzten Stellen aufnahmefähig wird, so auch die Eizelle selbst. Bei den Ameisen, bei heteropteren Wanzen und anderweitig gestatten bereits sehr junge Ovocyten vor aller Dotterbildung den Übertritt der Bakterien; bei *Lyctus* sinken die zwei gemeinsam infizierenden Symbiontensorten an der ganzen Oberfläche erst in das dottergefüllte Ei; bei Aphiden und Psylliden sind es lediglich die an die Lücken im Follikel grenzenden, eng umschriebenen Zonen, welche die Symbionten aufnehmen; bei den meisten sonstigen Homopteren und vielen anderen Objekten ist es der hintere Eipol, bei anderen aber auch nur der vordere, der die Symbionten einläßt; und bei Blattiden sehen wir die Bakterien gleichzeitig an beiden Polen infizieren. Unter Umständen verschließt sich aber die Eizelle auch durchaus den Symbionten, und diesen wird der Eintritt erst während der Furchung oder gar erst auf dem Blastodermstadium, ja selbst erst nach Invagination des Keimstreifs, gestattet. So bietet sich auch hier wieder das gleiche Bild hochgradiger zeitlicher und örtlicher Begrenzung.

Wo hiebei die Symbionten ohne irgendwelche Gestaltveränderung an der Ovocyte in sie übertreten, wie etwa bei Ameisen, Blattläusen, Lyctiden usf., wird man wohl abermals an eine lokale Lösung der Oberflächenbegrenzung durch die Symbionten denken dürfen, in zahlreichen anderen Fällen aber kommt es hier zweifellos zu einem regelrechten, an Phagocytose erinnernden Schluckakt des Eies. Flachere oder tief einschneidende Buchten treten dann bald am Vorderende, bald am Hinterende auf und schließen sich hinter den Symbionten. Wenn bei den Blattiden die Bakterien nicht, wie sonst, durch eine einzige Grube, sondern durch eine wechselnde Zahl von Falten in das Ei-innere einbezogen werden, so stellt dies eine sonst nirgends wiederkehrende Variante dar (Abb. 267, 268).

Ob freilich ein solches Zusammenspiel einer lokalen Aufhebung der Immunität der Wirtszellen einerseits und eines richtungslosen Strebens der Symbionten zu intrazellularem Leben andererseits ausreicht, um die frei treibenden Symbionten jeweils an die gewünschten Orte gelangen zu lassen, muß dahingestellt bleiben. Hat man doch nur allzuoft den Eindruck, daß diese sich in unmittelbarer Nachbarschaft der Einfallspforten in erhöhtem Maße ansammeln und daß hiebei doch irgendwelche uns noch unbekannte, sie dorthin dirigierende Kräfte im Spiele sind. Von *Orthezia* wird zum Beispiel angegeben, daß sich die freigewordenen Symbionten in unmittelbarer Nähe der zu infizierenden Follikelzellen mitunter in großer Menge finden, und bei einer Tropiduchine kommt es an entsprechender Stelle nicht nur zu einer deutlichen Häufung, sondern auch zur Vermehrung der Symbionten, und Ähnliches wird auch sonst beobachtet. Wenn bei *Pediculus* die Symbionten die Magenscheibe verlassen und zur Infektion der Ovarialampullen schreiten, liegt im Grunde eine der Infektion der Keilzellen recht ähnliche Situation vor, und auch hiebei wird ausdrücklich berichtet, daß die Bakterien wohl gerichtet von dem einen Organ zum anderen ziehen (Abb. 245). Dies geht sogar so weit, daß die Symbionten, wenn sie infolge künstlich herbeigeführter teilweiser Elimination nur eine Hälfte des Mycetoms besiedeln, auch nur die entsprechende Seite der Ovarialampullen infizieren (siehe S. 677).

3. DIE EMBRYONALEN UND POSTEMBRYONALEN GESCHEHNISSE

Für eine vergleichende Betrachtung der die embryonale und postembryonale Entwicklung begleitenden Geschehnisse kommen nahezu ausschließlich die Insekten in Frage, da alle anderen bis heute bekannten Symbiontenträger entsprechend ihrer abweichenden Organisation kaum Vergleichspunkte liefern. Wo immer die Symbionten bereits vor Beginn der Entwicklung im Ei vorhanden sind oder wenigstens auf frühen Stadien derselben übertreten, stellt man ein Bestreben des Wirtsorganismus fest, diese baldigst mit Kernen zu versorgen und in Zellen oder Syncytien aufzunehmen. Dabei handelt es sich jedoch

keineswegs stets um Vorgänge, welche zielstrebig zur Entwicklung der endgültigen Wohnstätten führen; in vielen Fällen ist vielmehr diese Unterbringung eine provisorische und läßt mit aller Deutlichkeit erkennen, daß es
den Wirten dabei in erster Linie auf Abriegelung und Manövrier-
fähigkeit seiner Gäste ankommt. Schon die membranartigen Plasma-
verdichtungen, welche sich dort, wo in den Ovocyten scharf umschriebene
Symbiontenballen gebildet werden, um diese legen, deuten ja in diese Richtung; denn sie können beträchtliche Festigkeit erreichen, und als man sie bei
Zikaden isolierte, bedurfte es nicht geringen Druckes, um sie unter dem Deck-
gläschen zum Platzen zu bringen.

Bis heute ist nur ein einziger Fall bekanntgeworden, in dem die Symbionten
nicht alsbald in innige Berührung mit Kernen gebracht werden; aber auch in
ihm kommt es bezeichnenderweise doch bereits im Laufe der Furchung wenigstens zu einer regelrechten Umhüllung derselben mittels Dotterkernen,
die freilich schon, während der Keimstreif in die Tiefe wächst, durchbrochen
wird und einer diffusen Durchsetzung des Dotters durch die sich gleichzeitig
vermehrenden Hefen Platz macht. Erst in schlüpfreifen Larven werden dann
schließlich die Fettzellen infiziert (Lakshadia).

Sonst begegnet man stets einer innigeren und länger andauernden Versorgung mit Kernen. Gleichgültig, ob die Symbionten zu Beginn der Furchung bereits im Ei anwesend sind oder erst während der Entwicklung eintreten, sind es, mit ganz verschwindenden Ausnahmen, immer entweder Furchungskerne, welche auf dem Wege zur Eioberfläche
sind, oder solche, welche bereits zu Blastodermkernen wurden,
oder schließlich solche, die im Dotter zurückgeblieben sind –
Dotterkerne oder Vitellophagen –, welche hiezu verwandt und
damit ihren ursprünglichen Aufgaben entzogen werden. Der Umstand, daß es sich mithin um Kernmaterial handelt, das im Grunde wesensgleich ist und sich nur durch die Zahl der durchlaufenen Mitosen unterscheidet,
macht es verständlich, daß hiebei mancherlei Übergänge bestehen und daß sich
unter Umständen auch Blastodermkerne und Furchungskerne gemeinsam an
der Symbiontenversorgung beteiligen, wie bei Fulgoroiden, oder gar, wie es bei
der Wintereientwicklung der Aphidinen der Fall zu sein scheint, Furchungs- und
Blastodermkerne in den Symbiontenballen eindringen und Dotterkerne schließlich die Hülle des Mycetoms bilden. Adelginen, Psylliden, Membraciden und
Silvaniden verwenden andererseits lediglich Furchungskerne zum Aufbau ihrer
symbiontischen Organe. Das gleiche gilt auch für Orthezia, aber bei allen anderen
hinsichtlich ihrer Embryonalentwicklung untersuchten Schildläusen – Tachardiella, Tachardina, Icerya, Eriococcus, Lecanium, Diaspinen – sind es stets
Dotterkerne, welche sich den Symbionten zugesellen. Ihrem Beispiel folgen
auch die Aleurodiden, während die Blattiden, Formiciden und unter den Heteropteren Ischnodemus und Cimex Blastodermkerne zur Verfügung stellen.

Im einzelnen kommt es zu mancherlei Varianten. Wenn die Symbionten,
wie so oft, eine dem Hinterende des Eies unmittelbar anliegende Kugel oder
linsenförmige Ansammlungen bilden, stellen sie ein Hindernis für die zur

Eioberfläche wandernden Kerne dar, das nicht selten zu einer vorübergehenden Unterbrechung des Blastoderms führt. Die Wintereier der Blattläuse, die Aleurodiden, bei denen diese Stelle von den mütterlichen Mycetocyten eingenommen wird, Zikaden *(Cixius)* und *Pediculus* bieten Beispiele hiefür. Unter Umständen stauen sich dann die Blastodermzellen rund um das Hindernis zu einem Wulst *(Cixius, Gargara)* und drängen allmählich, die Lücke schließend, den Ballen in das Eiinnere ab. Andererseits kommt es aber auch nicht selten vor, daß der Keimstreif, wenn er sich an ebendieser Stelle einstülpt und damit die Masse der Symbionten vor sich herschiebt, noch lange am vorderen Ende offenbleibt, beziehungsweise durch das embryonale Mycetom unterbrochen wird (Aphiden, *Cimex, Ischnodemus* und für kürzere Zeit auch *Oryzaephilus*, Abb. 135).

Wo die Symbionten hingegen eine lockere, oberflächliche Schicht bilden, pflegen die Furchungskerne ohne weiteres in sie einzusinken und werden, wenn es zur Bildung von Zellgrenzen kommt, zu den Kernen der Mycetocyten *(Formica, Camponotus*, Heteropteren, Blattiden). Bei *Oryzaephilus* durchwandern jedoch die Furchungskerne zunächst den infizierten Bereich, bilden hinter ihm ein steriles Blastoderm und schieben damit die Symbionten nach innen, wo sich dann später anlangende Furchungskerne ihrer bemächtigen; doch ist hier dieses etwas ungewöhnliche Verhalten sichtlich dadurch bedingt, daß ausnahmsweise an dieser Stelle dicht unter der Eioberfläche eine die Keimbahn begleitende Substanz liegt, welche notwendig in sterile Elemente gelangen muß (Abb. 72). Wo es hingegen im Plan der Symbiose liegt, daß am hinteren Pol sich sondernde Urgeschlechtszellen infiziert werden, wie bei einem Teil der Rüsselkäfer, treten die hiefür bestimmten Kerne ohne weiteres in das symbiontenhaltige Randgebiet ein (Abb. 62). Bei *Cimex, Ischnodemus* und *Formica* löst die Infektion der Blastodermzellen eine auffällige Vermehrung derselben aus, die noch vor der Invagination des Keimstreifs zur Bildung eines ansehnlichen, sich nach innen wölbenden Zellkissens führt (Abb. 94, 239).

Wenn Dotter- oder Furchungskerne die Symbiontenansammlungen versorgen, dringen sie meist sogleich sämtlich in sie ein und wandeln sie so in ein Syncytium um; manchmal verharren sie aber auch zunächst an der Oberfläche, ähnlich wie dauernd bei *Lakshadia*, und entschließen sich erst nach einer Weile, tiefer einzudringen. Wenn dies bei *Orthezia* im extremen Maße der Fall ist, so hat dies wohl seinen Grund darin, daß hier die symbiontischen Bakterien um diese Zeit noch zu großen, vom Sekret zusammengehaltenen Ballen vereint sind. Sobald diese jedoch aufgelöst werden, bemächtigen sich auch hier die Kerne ihrer. Gelegentlich ist eine Verzögerung sichtlich auch dadurch bedingt, daß die hinzugetretenen Vitellophagen zunächst noch der Verfrachtung der Symbiontenmasse zu dienen haben *(Tachardiella)*. Auch kommt es vor, daß ein Teil der Kerne an der Oberfläche verharrt und entweder die Umhüllung bildet oder bei disymbiontischen Formen der Unterbringung einer zusätzlichen Symbiontensorte dient, wie bei Adelginen und Psylliden (Abb. 136).

Ein vor allem bei Cocciden und Anopluren zu beobachtendes, verspätetes Eindringen der Symbionten in sich bereits entwickelnde Eier schließt die Verwendung von Dotterkernen keineswegs aus. Wenn die Infektion noch während der Blastodermbildung vor sich geht, wie bei *Tachardina, Cryptococcus, Phena-coccus* und anderen, oder gar schon auf frühen Furchungsstadien, wie bei *Aste-rolecanium*, wird dies nicht weiter wundernehmen. Doch kommt es auch dort, wo ein Blastodermstadium am oberen Pol in breiter Front infiziert wird, niemals zur Aufnahme durch die die Oberfläche begrenzenden, epithelial gefügten Zellen, sondern es sind immer erst Dotterkerne, welche sich den Symbionten nähern, nachdem sie in den Raum hinter dem Blastoderm gelangt sind. Bei *Haemato-pinus* und *Polyplax* hat hingegen der Embryo zur Zeit der Infektion bereits den Keimstreif gebildet und die Extremitäten angelegt, aber auch das hat auf die Kernversorgung der Symbionten keinerlei Einfluß. Da die Invagination bei diesen Tieren zeitig einsetzt, die Bakterien aber am Hinterende aufgenommen werden, stoßen sie trotzdem auf ein Gebiet, das noch genau so geartet ist wie während der Blastodermbildung (Abb. 254). Bei viviparen Blattläusen hin-gegen, bei denen ja ebenfalls erst Embryonen mit Symbionten versorgt werden, deren Invagination mehr oder weniger weit fortgeschritten ist, werden die gleichen Zellmaterialien für ihre Aufnahme bereitgestellt, welche bei der Ent-wicklung der bereits infizierten Wintereier hiezu dienen.

Nur wenige Ausnahmen durchbrechen die Regel, daß die erste Symbiontenversorgung Furchungs-, Dotter- und Blastoderm-kernen obliegt. Von *Pseudococcus* haben wir gehört, daß die polyploiden Zellen, welche sich auf die am oberen Pol eingedrungenen Symbionten zube-wegen, durch eine ganz einzig dastehende Verschmelzung von Furchungs-kernen mit Derivaten der Richtungskörper entstanden sind, ohne daß man einen Grund angeben könnte, warum•hier diese seltsame Maßnahme er-griffen wird (Abb. 116, 117). Von *Pediculus* wird gemeldet, daß den Symbion-ten, die abermals erst während der Invagination vom Embryo übernommen werden, Kerne zugeteilt werden, welche vom oberen Ende des Keimstreifs stam-men und somit dem Mesoderm angehören (Abb. 256). Bei Lyctiden kommt es zu einer noch viel späteren Kernversorgung, deren Grund zweifellos darin zu suchen ist, daß sich hier die Symbionten zu Beginn der Entwicklung noch über die ganze Eioberfläche verteilt finden und in ihrem Verlaufe erst konzentriert werden müs-sen. Ob die hiebei Verwendung findenden Zellen trotzdem noch Dotterzellen darstellen oder, wie es dem Untersucher der Lyctiden-Symbiose wahrscheinlicher dünkt, der Anlage des Fettkörpers angehören, konnte nicht mit Sicherheit entschieden werden. Sollte letzteres der Fall sein, so würde jedenfalls ein sol-ches einzig dastehendes Verhalten in der nicht minder ungewöhnlichen späten Unterbringung der Symbionten seine Erklärung finden können (Abb. 78).

Sucht man nun die zahlreichen Beobachtungen, welche heute schon über die Entstehung der verschiedenen Wohnstätten vorliegen, zu ord-nen, so ergibt sich eine große Mannigfaltigkeit, die zu einem guten Teil auf das Bestreben zurückgeht, die Symbionten während der Embryonalentwicklung auch dann in mycetomartig geschlossenen Verbänden vereint zu halten, wenn die endgültige Unterbringung anderer Art ist. Wir haben solche früher oder später wieder der Auflösung verfallende Bildungen als transitorische Mycetome den persistierenden gegenübergestellt. Daß der Embryo auf jegliche organartige Zusammenfassung verzichtet, ist überaus selten und begegnet wohl nur innerhalb der Schildläuse. Bei *Lakshadia* werden zwar, wie schon erwähnt, die Symbionten überhaupt nicht mit Kernen versorgt, aber ihre Ansammlung mahnt doch immerhin vorübergehend dank ihrer zelligen Umhüllung an ein transitorisches Mycetom. Anders bei *Eriococcus;* hier zerstreuen sich die kurze Stäbchen darstellenden Symbionten im Eidotter, und erst zur Zeit der Anlage der Extremitäten werden sie da und dort von Dotterzellen aufgenommen und so in von Anfang an diffus verteilten Mycetocyten untergebracht. Ähnlich verhalten sich auch manche Diaspinen *(Aspidiotus, Chionaspis)*, bei denen die am oberen Pol aufgenommenen Hefen sich allmählich vermehren und zerstreuen, bis sie von Dotterzellen aufgegriffen werden.

Sonst aber werden bei Schildläusen, welche im Fettgewebe verteilte Mycetocyten besitzen, stets transitorische Mycetome gebildet, wobei freilich die Schärfe der Abgrenzung und das organmäßige Verhalten verschieden weit gehen. *Cryptococcus* bildet nur einen lockeren Haufen von Mycetocyten, der sich frühzeitig in Gruppen zerteilt, aber erst in der Larve völlig in Einzelzellen auflöst. Ein Teil der Diaspinen (*Lepidosaphes*) gruppiert die Mycetocyten zunächst in paarige Ansammlungen, bei *Tachardiella* entsteht ein transitorisches Mycetom aus dichtgefügten, keilförmigen Zellen, das später paarig wird, sich dann aber trotzdem ebenfalls auflöst, während andere Lackschildläuse in der provisorischen Konzentrierung ihrer Symbionten noch weiter gehen. *Tachardina silvestrii* vereint zwei symmetrisch gelegene Zellgruppen zu einem sehr scharf umschriebenen, einseitig gelagerten embryonalen Organ, das erst in der Larve gelockert wird, während *T. lobata* ihr ebenfalls aus zwei Zellgruppen entstandenes, voluminöses transitorisches Mycetom, bevor es auseinanderfällt, merkwürdigerweise in dem Raum zwischen Bauchmark und Hypodermis unterbringt. Bei Mallophagen gerät ein wohlumschriebener Zellhaufen in den vom Mitteldarm umschlossenen Dotter, in der Folge schwärmen seine Komponenten auseinander, durchwandern einzeln das embryonale Darmepithel und verteilen sich in den Lücken zwischen den Organen. *Formica fusca* gruppiert die embryonalen Mycetocyten erst in einer unpaaren, dann in einer paarigen wohlkonturierten Ansammlung, an der nichts darauf hindeutet, daß ihre Zellen schließlich hinter dem Mitteldarm in einschichtiger Lage ausgebreitet werden.

Selbst bei Lecaniinen, deren Symbionten in so ungezügelter Weise Lymphe und Fettzellen besiedeln, kommt es zu solchen provisorischen Bildungen. Leider ist ihre Embryonalentwicklung bisher kaum untersucht worden; aber da sich bei einer *Lecanium*art ergab, daß die am oberen Pol liegenden Hefen, mit Dotterkernen versorgt, als scharf umschriebenes Gebilde bei der Umrollung ganz wie die Anlagen definitiver Mycetome in das Abdomen verfrachtet werden und dann erst die Überschwemmung der Leibeshöhle und des Fettgewebes einsetzt, wird man annehmen dürfen, daß dies zum mindesten auch für einen Teil ihrer Verwandten gilt. Hier muß es demnach zu einer Degeneration der primären Mycetocyten und damit zu einem Umladen der Symbionten kommen, das an die vielen ähnlichen Geschehnisse erinnert, welche die Ablösung primärer Mycetome durch sekundäre begleiten.

Daß Entsprechendes in den zahlreichen Fällen eintritt, in denen bei Zikaden hefeartige Symbionten das Fettgewebe diffus oder in Pseudomycetomen bewohnen, darf man aus den einzigen hiezu bisher vorliegenden Feststellungen schließen, die bei der Fulgoroide *Eurybrachys* gemacht wurden. In den zunächst am Hinterende des Eies gelegenen und dann durch den Keimstreif nach vorne geschobenen Symbiontenballen dringen Dotterkerne ein, bei der Umrollung wird er aus der Schwanzregion wieder herausgezogen und dann erst aufgelockert und damit den Hefen der Weg in die Leibeshöhle freigegeben. Auch hier werden die Kerne des transitorischen Mycetoms gleichzeitig der Degeneration verfallen.

Bisher wurden entweder die Mycetocyten der transitorischen Mycetome als solche erhalten oder die die Symbionten anfänglich bergenden Syncytien dem Untergang preisgegeben und statt ihrer Lymphe und Fettgewebe bezogen. In anderen Fällen werden wohl ebenfalls transitorische Mycetome wieder abgebaut, den Symbionten dann aber zwar auch in das Fettgewebe eingelagerte, aber anderweitig entstehende Zellen als Wohnstätten zugewiesen. *Orthezia* versorgt ihre symbiontischen Bakterien zunächst mit Furchungskernen und behandelt das so entstehende unpaare Syncytium ganz, wie wenn es zu einem definitiven Mycetom werden sollte. Wenn die Extremitäten angelegt werden, wandern jedoch Zellen des unteren Blattes, also dem Mesoderm angehörige Elemente, an dieses heran, verteilen sich über seine Oberfläche und füllen sich allmählich mit den Bakterien, bis schließlich nur noch die degenerierenden Reste der ehemaligen Furchungszellen übrigbleiben. Der so entstehende lockere Zellhaufen wird dann zunächst in einen rechten und linken zerlegt, und später erst verbreiten sich seine Komponenten über den ganzen Bereich des Fettgewebes (Abb. 110).

Vergleichbares bieten endlich auch die Blattiden. Die Tendenz zur Bildung transitorischer Mycetome geht bei ihnen verschieden weit; bei *Blattella germanica* liegt inmitten des Dotters zur Zeit der Extremitätenbildung lediglich eine locker in die Länge gezogene Ansammlung von Bakterien, die sich um ehemalige Blastodermkerne scharen, bei *Blatta orientalis* ein immerhin schon wohlumschriebener Komplex von sehr zahlreichen Kernen und Bakterien ohne Zellgrenzen, bei *Periplaneta americana* und *Parcoblatta pennsylvanica* jedoch ein regelrechtes, aus keilförmigen Zellen bestehendes, kleines Mycetom (Abb. 269). Schließlich aber degenerieren bei allen Blattiden diese Kerne bzw. Zellen, und die Bakterien schwärmen, erneut frei, durch die embryonale Darmwand in die Leibeshöhle, wo zahlreiche, später in das Fettgewebe einsinkende spezifische Mesodermzellen bereits auf sie warten (Abb. 270, 271).

Wo es sich um die Genese dauernd erhalten bleibender Mycetome handelt, sind zunächst drei Möglichkeiten zu unterscheiden. Die primären Mycetome können unverändert erhalten bleiben, oder sie können durch sekundäre abgelöst werden, oder es kommt zur Errichtung von Mycetomen aus mütterlichen Mycetocyten, die natürlich nicht minder einen Ersatz durch jugendliche Zellelemente benötigen.

Bei weitem am häufigsten werden die primären Mycetome beibehalten. Anopluren, Heteropteren, Cocciden, Aphiden, Psylliden, Zikaden,

Lyctiden und Curculioniden liefern zahlreiche Beispiele. Bei manchen Anopluren *(Linognathus, Polyplax)* sind diese Mycetome denkbar einfach gebaute, hüllenlose Zellhäufchen, die sich in der Form erhalten, in der sie unpaar aus dem Symbiontenballen durch Einwanderung der Dotterkerne entstanden sind. Zumeist wird jedoch der organartige Charakter durch die Ausbildung bald sehr zarter, mit wenigen flachen Kernen versorgter Hüllen, bald kern- und plasmareicher Epithelien, welche extraembryonaler oder mesodermaler Natur sein können, und durch ausgiebige Tracheenversorgung wesentlich gesteigert. Es genügt, auf den Reichtum der im einzelnen stets spezifisch geprägten, echten Zikadenmycetome hinzuweisen, die, soweit wir wissen, mit Ausnahme der x-Organe alle ihren primären Zustand beibehalten, um Umfang und Bedeutung dieser wohl ursprünglichsten Mycetome klarzumachen.

Viel seltener kommt es vor, daß primäre Mycetome durch sekundäre abgelöst werden. Dabei kann das definitive Zellmaterial mesodermaler oder entodermaler Natur sein. Ersteres gilt für *Icerya* und damit wohl für alle Monophlebinen, sowie für *Oryzaephilus*, letzteres für gewisse Anopluren. Im einzelnen weist hiebei jeder Fall sein eigenes Gepräge auf. Bei *Icerya* bilden vom Keimstreif sich lösende Mesodermzellen bereits vor der Umrollung eine kontinuierliche Hülle um das primäre, von Dotterkernen durchsetzte Mycetom, dann dringen sie ein und übernehmen, wie immer bei solchem Umladen, in den randlichen Gebieten damit beginnend, die Symbionten, während die alte Kerngarnitur degeneriert. Einige hiebei übrigbleibende Zellen flachen sich ab und liefern die Hülle der später paarigen Mycetome (Abb. 121). *Oryzaephilus* steht insofern einzig da, als hier das primäre Mycetom, das bis dahin am Keimstreif haftete, um die Zeit der Anlage der Extremitäten aufgelöst wird und Symbionten und Kerne nach dem hinteren Pol zu verfrachtet werden. Die letzteren gehen dabei allmählich zugrunde, die ersteren aber treffen dort auf vier, bereits von einer zarten Hülle umgebene Anlagen der definitiven Mycetome, welche sie alsbald beziehen (Abb. 73).

Ganz anders geartet sind die Umlagerungen, welche bei einem Teil der Anopluren begegnen. Wie bei den Blattiden, vielen Curculioniden, den Mallophagen und anderen Anopluren geraten die Symbionten in den von der Mitteldarmanlage umgebenen Dotter, aber während sie sonst entweder trotzdem noch den Weg zur definitiven Wohnstätte im Bereich des Mesoderms finden (Blattiden, *Polyplax, Linognathus*) oder von prospektiven Stomodäumzellen aufgegriffen werden (Curculioniden), sind es diesmal Zellen, die eigentlich dazu bestimmt waren, am Aufbau des Mitteldarmepithels teilzunehmen, welche zu Mycetocyten werden. Bei *Haematopinus* degenerieren die Zellen eines locker gefügten Mycetocytenhaufens, und solche des embryonalen Darmepithels wandern durch den Dotter auf sie zu und fügen sich, den gleichen Weg mit Symbionten wieder zurücklegend, erneut in das Darmepithel ein (Abb. 255). Bei weiblichen Tieren aber wandern außerdem geschlossene Verbände solcher infizierter Entodermzellen durch die Darmwand hindurch und geben den drei Depotmycetomen den Ursprung, welche später, wenn sich die letzte Larvenhaut abhebt, ihre Insassen in die Exuvialflüssigkeit und damit zu den Ovarialampullen entlassen. Bei *Pedicinus*, der Affenlaus, werden die entodermalen sekundären Mycetocyten nicht im Darmepithel, sondern unmittelbar hinter diesem lokalisiert, durchwandern dieses also sämtlich; bei *Pediculus* aber wird wieder ein anderer Weg eingeschlagen. Die Kerne des primären, hier höher organisierten und von Hüllzellen umgebenen primären Mycetoms gehen ebenfalls zugrunde, aber diesmal wird eine engumschriebene Aussackung des Darmepithels abgeschnürt und zu einem Syncytium umgeformt, in das die Symbionten zu liegen kommen. Mesodermale Elemente legen sich dann schließlich noch, eine Hülle bildend, um dieses sekundäre, auf so eigenartige Weise entstehende Mycetom.

Als dritte Möglichkeit, wie primäre Mycetome von sekundären abgelöst werden, nannten wir die, daß die ersteren von mütterlichen Zellen gestellt werden und erst später tiereigenen Organen Platz machen. Dieser einzigartige Weg wird bekanntlich nur von den Aleurodiden eingeschlagen. Die Embryonen haben die Umrollung bereits vollzogen, wenn es zur Ablösung der alten Zellen kommt. Elemente, die entweder den Wert von Vitellophagen haben oder vom unteren Blatt stammen, umzingeln das primäre Mycetom und übernehmen, ähnlich wie bei *Icerya* oder *Orthezia*, vom Rande her die Symbionten (Abb. 152).

Schließlich ist in diesem Zusammenhange noch eines sehr merkwürdigen Vorganges zu gedenken, der sich an den *a*- und *x*-Organen der Fulgoroiden abspielt und bei letzteren auch zu einer freilich recht abweichenden Form des Umladens der Symbionten führt. Bei *Fulgora* und *Cixius* werden die embryonalen *a*- und *x*-Organe während und nach der Umrollung von einem plasmareichen mesodermalen Epithel überzogen. Handelt es sich um die aus einzelnen Mycetocyten aufgebauten *a*-Organe, dann treten die hier klein bleibenden Symbionten alsbald auch in diese Epithelzellen über, und es entsteht, ohne daß die primären Mycetocyten degenerieren, eine zweite zusätzliche Lage von solchen, so daß einheitliche Organe resultieren, die ihre Symbionten teils in ehemaligen Blastodermzellen, teils in mesodermalen Elementen bergen. Aller Wahrscheinlichkeit nach kommt es bei allen *a*-Organen, die ja auch bei Cicadoiden außerordentlich verbreitet sind, zu einer derartigen einzig dastehenden Form der Vergrößerung der Mycetome; denn auch bei den Membraciden, den einzigen bisher hinsichtlich der Embryologie der Mycetome untersuchten Cicadoiden, überzieht, nachdem die Sonderung der *a*- und *t*-Symbionten eingetreten ist, eine vom Ende des Keimstreifs stammende Lage mesodermaler Zellen das noch unpaare junge Mycetom, und diese werden offensichtlich bis auf wenige, die sich zu flachen Hüllzellen entwickeln, ebenfalls von den ihnen anliegenden *a*-Symbionten infiziert.

An der Oberfläche der syncytial gebauten *x*-Organe werden die zusätzlichen Epithelzellen um die gleiche Zeit aktiv. Sie brechen gleichsam nach innen zu auf, strecken Fortsätze zwischen die bis dahin mäßig angewachsenen Symbionten und umschließen sie mit ihnen. Diesmal gehen aber nun die alten, zentral gelegenen Kerne zugrunde, und ein neues Syncytium ersetzt so, da auch am Epithel die Zellgrenzen schwinden, in recht unauffälliger Weise das provisorische, ohne daß dessen Form und Aufbau dabei wesentlich verändert würden.

Eine vergleichende Darstellung der Herkunft der verschiedenen, die Symbionten im Laufe der Eientwicklung versorgenden Zellmaterialien, wie wir sie bisher gegeben haben, vermag wohl einen Einblick in die mannigfachen sich hiebei bietenden Wege und in die unwandelbare Gesetzmäßigkeit, mit der sie jeweils beschritten werden, zu geben, aber sie erschöpft keineswegs die zell- und histophysiologischen Begebenheiten, in welchen sich erst so recht die intimen Wechselbeziehungen zwischen dem werdenden Organismus und seinen Gästen widerspiegeln.

Vielfach lassen sich bereits Beziehungen zwischen der Art der Eiinfektion und dem Verhalten der Symbionten in der heranwachsenden Ovocyte zu den späteren embryologischen Geschehnissen erkennen. Wenn sich immer wieder die Tendenz äußert, die Symbionten bereits vor Beginn der Entwicklung auf eine beschränkte, möglichst scharf umschriebene Zone zu konzentrieren, so wird dadurch natürlich der Entstehung transitorischer oder endgültiger Mycetome ganz wesentlich vorgearbeitet. Unter diesem Gesichtspunkt erscheint auch die engbegrenzte Aufnahmebereitschaft des Follikels oder der Eioberfläche überaus zweckmäßig und die Kugelform des endständigen Symbiontenballens die idealste Lösung. Vielfältig begegnet man daher dem Bestreben, auch dort, wo die Ovocyte zunächst mehr oder weniger diffus infiziert wird, eine solche Konzentration nachträglich herbeizuführen, und es ist sicher kein Zufall, daß selbst eine Infektion der Eizellen am vorderen Pol vielfach mit einer Ansammlung der Symbionten am hinteren Pol endet, welche ganz der gleicht, die durch ein lokal begrenztes Eindringen an dieser Stelle herbeigeführt zu werden pflegt.

Treten doch zum Beispiel die *Ischnodemus*bakterien durch den Nährstrang in das Ei ein, durchsetzen es anfänglich nach allen Richtungen und bilden trotzdem schließlich eine Kalotte am Hinterende. An der gleichen Stelle werden die Symbionten von *Camponotus* und *Formica* vereint, nachdem sie anfänglich die Ovocyten überschwemmt hatten. Akzessorische Symbionten der Membraciden sahen wir mehrfach die jüngsten Ovocyten infizieren oder durch die Nährzellen übertreten, und doch trafen wir sie im ausgewachsenen Ei eng konzentriert und in unmittelbarer Nachbarschaft der übrigen, von vornherein am hinteren Pol eingetroffenen Symbionten! Bei *Nysius* und *Ischnorrhynchus* hingegen, bei denen leider die Embryonalentwicklung unbekannt ist, werden die Symbionten, nachdem sie ebenfalls zunächst die ganze junge Ovocyte in Beschlag genommen hatten, am vorderen Pol zusammengedrängt, aber wir wissen nicht, ob sie nicht etwa vor Beginn der Furchung doch noch nach hinten gleiten.

Daß diese Symbiontenbewegungen keine zufälligen sind, sondern im Hinblick auf die Embryonalentwicklung ausgeführt werden, geht mit ganz besonderer Eindeutigkeit aus dem Verhalten jener Rüsselkäfer hervor, welche am Stomodäum ektodermale Mycetome bilden und gleichzeitig schon zu Beginn der Entwicklung die Urgeschlechtszellen infizieren. Sie behalten den Großteil der Bakterien in der vorderen Region, in der sie vor allem benötigt werden, und senden eine kleinere

Abordnung an das Hinterende des Eies, an dem sich die Urgeschlechtszellen sondern (Abb. 62, 63)!

Nicht minder überraschend sind die komplizierten Verlagerungen, welche die Symbionten der Zecken im Laufe des Eiwachstums erleiden. Anfangs diffus verteilt, werden sie zunächst in zwei Haufen gesammelt, anschließend aber an einer bestimmten Stelle in einem einzigen runden Ballen sehr sauber vom dotterreichen Eiplasma gesondert. Diesmal geschieht dies freilich nicht im Hinblick auf die künftige Entwicklung, sondern wohl mehr aus einem Bedürfnis nach Isolierung heraus, denn gegen Ende des Eiwachstums zerstreuen sich die Symbionten wieder über den ganzen Raum. Noch bevor das Ei abgesetzt wird, werden sie aber erneut an einer engbegrenzten Stelle im Keimhautblastem und im angrenzenden Dotter konzentriert, und diese entspricht genau jener, an der nun alsbald die Entwicklung einsetzt und sich die zu infizierenden Malpighischen Gefäße und Urgeschlechtszellen bilden!

Bei all diesen Ortsbewegungen werden ebensowenig wie bei der Eiinfektion aktive Wanderungen der Symbionten eine wesentliche Rolle spielen. Alles spricht vielmehr dafür, daß es in erster Linie Strömungen des Eiplasmas sind, welche für solche Verlagerungen in Frage kommen. Daß sie im wachsenden Insektenei in der zu fordernden Richtung herrschen, geht aus so manchen Beobachtungen hervor. Eine besonders eindrucksvolle Parallele bieten die Bewegungen des im Ei der Psylliden vorhandenen gelben Pigmentes. Erst über die ganze Oberfläche verteilt, sammelt es sich vor der Infektion durchweg in dem am Hinterende entstehenden zapfenförmigen Fortsatz des Eies und nach dem Übertritt der Symbionten gar rundum an der Oberfläche des von ihnen gebildeten Ballens. In ganz ähnlicher Weise sieht man aber auch keimbahnbegleitende Substanzen, Mitochondrien und andere spezifische Einlagerungen sich am hinteren Pol von Insekteneiern sammeln und hat dabei immer wieder den Eindruck, daß sie sich, von vorne kommend, hier stauen (vgl. hiezu BUCHNER, 1918). Wenn unter Umständen auch Parasiten ganz ähnlich wie die Symbionten nach diffuser Besiedlung schließlich am hinteren Pol der Eier konzentriert werden, wie dies an den gelegentlich bei Hippobosciden und Nycteribien auftretenden Rickettsien beobachtet wurde, so bezeugt dies nicht minder, daß eben ganz allgemein in diesen Eizellen solche Transportmöglichkeiten bestehen und daher bei Errichtung einer Symbiose entsprechend ausgenützt werden können. Letzten Endes werden also die Symbionten im wachsenden Ei ganz wie «organbildende Substanzen» der Mosaikeier von Ascidien, Mollusken usf. behandelt, die ihre endgültige Anordnung ebenfalls in erster Linie den im Plasma der Ovocyten oder Furchungszellen herrschenden Strömungen verdanken.

Ein eindringlicheres cytologisches Studium aller das Eiwachstum begleitenden Faktoren würde zweifellos zu einer weiteren Vertiefung unserer Kenntnisse von diesen zum Teil so auffälligen Verfrachtungen und Konzentrationen der Symbionten führen, bei denen außer Strömungen offenbar unter Umständen auch ein auf die Tätigkeit des Follikels und der Nährzellen zurückgehender lokalisierter Plasmazuwachs einen Einfluß haben kann.

Auch nach Beginn der Entwicklung sind sinnvolle Verlagerungen noch nicht mit Kernen versorgter Symbionten des öfteren festzustellen. Wie zu erwarten, sind sie bei *Lyctus*, bei dem es ausnahmsweise zu keiner Konzentration der Bakterien vor der Entwicklung kommt, besonders auffällig. Von allen Seiten der Eioberfläche treiben sie hier zu Schwärmen vereint nach der hinteren Region des Keimstreifs und treten dort aus dem Dotter in die Leibeshöhle. Die symbiontischen Bakterien von *Cryptococcus* sinken auf dem Blastodermstadium in Schwaden vom vorderen Eipol nach der Eimitte, wo bereits die für sie bestimmten Kerne warten (Abb. 113). In ähnlicher Weise bewegen sich die Symbiontenballen von *Pseudococcus* auf die ihnen entgegenstrebenden künftigen Mycetocyten zu. Die Symbionten jener Apioniden, welche in zwei sich frühzeitig abwegig entwickelnden Malpighischen Gefäßen untergebracht werden, geraten zunächst in die Mitte des dottergefüllten Mitteldarmes und finden trotzdem den Weg zur Mündung dieser beiden Gefäße. Bei *Oryzaephilus* konstatiert man eine wohlgerichtete Bewegung der nach Degeneration des primären Mycetoms erneut freigewordenen Symbionten in Richtung auf die der Besiedlung harrenden sekundären Mycetome, und ähnliches begegnet bei den Blattiden, wo die Bakterien nach Auflösung der transitorischen Mycetome durch Dotter und Mitteldarmepithel den Weg in die Leibeshöhle finden müssen.

Zu solchen Verlagerungen der Symbionten im sich entwickelnden Keim gesellen sich jedoch noch weitere höchst merkwürdige Reaktionen der embryonalen Zellen und des Eiplasmas, welche der Abschließung und der Konzentration bis dahin mehr oder weniger zerstreuter Symbionten dienen. Beide Funktionen können begreiflicherweise Hand in Hand gehen, doch kann auch die der Abriegelung überwiegen, so wenn bei *Icerya aegyptica*, welche die Symbionten von Anfang an wohlkonzentriert am hinteren Pol des Eies führt, die dort entstehenden Blastodermzellen sonst nie auftretende faserige Fortsätze bilden und diese sich über den Symbionten und den zu ihnen getretenen Furchungskernen vereinen. Auf solche Weise werden diese während der Invagination des Keimstreifs allseitig abgeschlossen und mit längeren fibrillären Fortsätzen gleichzeitig im Dotter verankert (Abb. 120). Erst wenn dieser Abschluß durch die Zuwanderung der ein Epithel bildenden Mesodermzellen überflüssig wird, bilden sich die Fasern zurück. Bei *Orthezia urticae* entsteht während der Invagination des Keimstreifs ein an dessen freiem Ende entspringender und hier die Symbionten samt ihren Dotterkernen umgreifender Plasmasack, der, anfangs voluminös und zahlreiche Dotterkugeln mit einschließend, sich immer mehr auf die Symbionten zu zusammenzieht und dabei die Dotterschollen durchtreten läßt, so daß er schließlich einen engen, völlig dotterfreien, nur noch die Anlage des transitorischen Mycetoms enthaltenden Plasmahof umschließt (Abb. 111). Um diese Zeit geht dann eine ansehnliche Strahlung von ihm aus, die sich wieder erst zurückbildet, wenn Mesodermzellen sich rüsten, um die Bakterien endgültig zu übernehmen. Auch hier handelt es sich offensichtlich um eine Reaktion des Eiplasmas, welche durch die Anwesenheit der fremden Organismen ausgelöst wird und nicht eine Konzentrierung bezweckt, sondern eher der Ausdruck eines Abriegelungsbedürfnisses ist. Bei *Orthezia insignis* hingegen kommt es nicht zu jener Sackbildung, sondern zur Entwicklung von Plasmafasern, welche einerseits in den Dotter ausstrahlen, andrerseits die Symbionten umgreifen und später, nachdem sie verkürzt wurden, ebenfalls einer, wenn auch schwächeren Strahlung Platz machen (Abb. 109).

Höchst merkwürdig sind die zum Vergleich herausfordernden plasmatischen Strukturen, welche die Entstehung der am Stomodäum gelegenen Mycetome der Rüsselkäfer einleiten. Diesmal taucht am Ende des embryonalen Anfangsdarmes eine Strahlung auf, von welcher die Bildung eines Plasmanetzes ausgeht, das hier, wenn maximal entfaltet, den ganzen zentralen, von den symbiontischen Bakterien durchsetzten Dotter umschließt. Wieder wird es dann fortschreitend verengt und läßt hiebei die Dotterkugeln durch seine Maschen gleiten, aber gleichzeitig sammelt es die Bakterien, wie ein sich zusammenziehendes Netz die Fische, und vereint sie schließlich in einem am Stomodäum aufgehängten Säckchen (Abb. 63, 64).

Auf zentripetale Strömungen muß die Entstehung jener ansehnlichen dotterfreien Plasmaansammlung zurückzuführen sein, die bei *Cryptococcus* auf dem Blastodermstadium entsteht und sichtlich auf die noch kernfreien Bakterien wie auf die Dotterkerne eine anziehende Wirkung ausübt (Abb. 113).

Bei *Ischnodemus*, *Pediculus*, *Fulgora* und *Cixius* treten hingegen zur Zeit der Invagination des Keimstreifs den bereits mit Kernen versehenen Symbionten aufsitzende, also der Einstülpung voranwandernde Plasmastrahlungen auf, die jedenfalls keine Symbionten sammelnden oder isolierenden Funktionen haben können, wenn sie auch natürlich sofort an die bei Orthezien und Rüsselkäfern erscheinenden erinnern. Über ihre Bedeutung läßt sich nichts Endgültiges sagen. Teils wollte man in ihnen eine Art lokomotorisches Zentrum sehen, das für die Bewegung des Keimstreifs verantwortlich zu machen sei (RIES, 1931), teils eine Einrichtung, welche die Loslösung des embryonalen Mycetoms von diesem erleichtert (H. J. MÜLLER, 1940). Gegen die erste Vorstellung wird man ins Feld führen müssen, daß das Vordringen des Keimstreifs in das Eiinnere in erster Linie auf Wachstumsprozesse zurückzuführen ist, während für die letztere spricht, daß die Strahlung mit der Trennung der Symbionten vom Keimstreif stets rückgebildet wird, während dieser trotzdem weiterwächst. Jedenfalls spiegelt sich die Bewegungsrichtung auch in der asymmetrischen Ausbildung dieser riesigen Monaster wider; bei *Pediculus* setzen die Fasern an den Rändern der die Symbionten enthaltenden Grube an, und es macht den Eindruck, wie wenn sie auf solche Weise aus ihr herausgezogen würden. Andererseits darf nicht verschwiegen werden, daß später auch bei *Haematopinus eurysternus*, d. h. bei einem Objekt, bei dem die Symbionten um diese Zeit weit entfernt am hinteren Eipol liegen, und bei dem Mallophagen *Trichodectes scalaris* Nitzsch, der, soweit wir wissen, überhaupt keine Symbionten besitzt, ganz ähnliche Strahlungen am Vorderende des Keimstreifs gefunden wurden (SCHOELZEL, 1937). Man wird mithin wohl annehmen müssen, daß es sich hier um weiter verbreitete, in ihrer Bedeutung unbekannte Erscheinungen handelt, welche lediglich sekundäre Beziehungen zu den an die gleiche Stelle gelangten Symbionten eingegangen haben.

Während man bei den Ortsveränderungen, welche freie Mikroorganismen während der Embryonalentwicklung erleiden, immer in erster Linie an einen passiven Transport denken wird, hat man bei gewissen gerichteten Bewegungen noch steriler oder auch schon infizierter Elemente ganz den Eindruck des aktiven Wanderns. Besonders überzeugend sind in dieser Hinsicht jene embryonalen Mitteldarmzellen von *Haematopinus*, die im gegebenen Augenblick sich auf die im Dotter frei werdenden Symbionten zubewegen, sie aufnehmen und dann in Zügen, von steril bleibenden Zellen begleitet, wieder zurücktreten, und die Zellen der Anlage des Stomodäums, welche bei *Hylobius* und seinen Verwandten längs der Aufhängefasern zu den Bakterien gleiten, sich mit ihnen infizieren und dann an der Grenze zwischen dem ektodermalen und entodermalen Darmepithel hindurchzwängen (Abb. 64). Die polyploiden prospektiven Mycetocyten von *Pseudococcus* lassen auch an ihren Umrissen erkennen, daß sie gleich Amöben den Symbionten entgegenstreben, die sie alsbald mit ihren Pseudopodien umfließen (Abb. 117).

Kompliziertere Wanderungen müssen vor allem auch die von Dotterkernen begleiteten Bakterien der Blattiden machen, die aus verschiedenen Regionen des Embryos, vornehmlich vom vorderen und hinteren Pol, aber auch von lateral und dorsal gelegenen Zonen kommend, sich schließlich auf stets eingehaltenen Bahnen gleitend inmitten des Dotters zum transitorischen Mycetom vereinen. HEYMONS hatte noch an eine aktive Beweglichkeit der Symbionten gedacht, aber seine Nachfolger sehen mit Recht in den eskortierenden Vitellophagen die eigentlichen Transporteure derselben. Nach GIER ist bei *Blatta americana* die wandernde Bakterienmasse an ihrem Vorderende oft sehr unregelmäßig gestaltet und macht den Eindruck eines Körpers, der gegen die Dotterkugeln gedrängt wird. In anderen Fällen erscheinen die Dotterkugeln auf der von den Bakterien zurückgelegten Straße verflüssigt. Auch bei den kleineren, von den Seiten kommenden Trupps fehlen die begleitenden Dotterkerne niemals. Für die Rückwanderung der Bakterien aus dem Dotter in die Leibeshöhle möchte GIER hingegen den nach dem Keimstreif ziehenden Strom verflüssigten Dotters verantwortlich machen. Bei Mallophagen kriechen hingegen die ganzen Mycetocyten nach Lockerung des ja auch hier im Dotter errichteten transitorischen Mycetoms einzeln durch die sich bildende Darmwand in die Leibeshöhle, bei *Camponotus* treten die definitiven Mycetocyten in breiter Front in das Mitteldarmepithel über.

Die Zahl solcher Fälle könnte leicht noch um manchen weiteren vermehrt werden, aber der Entscheid darüber, inwieweit aktive Bewegung oder passiver Transport in Frage kommt, läßt sich begreiflicherweise auf Grund rein morphologischer Befunde keineswegs immer mit Sicherheit treffen. Wo es sich hingegen um eine Verlagerung wohlumschriebener transitorischer oder definitiver Mycetome handelt, wird man wohl stets mit der zweiten Möglichkeit zu rechnen haben. Hier ist vor allem an die so weit verbreitete Bedeutung des sich einstülpenden Keimstreifs als ein Transportmittel zu erinnern, durch das nicht nur die Symbionten, sondern des öfteren auch in ganz ähnlicher Weise die Urgeschlechtszellen vom hinteren nach dem vorderen Pol bewegt werden

(Aphiden, Psylliden, Aleurodiden, Zikaden, manche Cocciden und Heteropteren, Lyctiden, *Pediculus*). Diese enge Beziehung zwischen den Symbionten und dem Invaginationsprozeß ist zweifellos von tieferer Bedeutung und darf keineswegs als eine aus der Infektion am hinteren Pol sich ergebende Zufälligkeit betrachtet werden. Das geht aus dem bisher kaum beachteten Umstand hervor, daß sie, von einer einzigen Ausnahme abgesehen (Orthezinen), stets mit der Bildung von Mycetomen Hand in Hand geht, während umgekehrt die solche Beziehungen zum Keimstreif ausschließende Lage am oberen Pol, ebenfalls mit einer einzigen Ausnahme *(Pseudococcus)*, immer eine Besiedlung von Lymphe und Fettgewebe oder die Entstehung diffus verteilter Mycetocyten nach sich zieht. Daß hiebei der ausbleibende Kontakt mit dem Keimstreifende entscheidend ist, bezeugt der Umstand, daß es auch dort, wo die Symbionten zwar am hinteren Ende des Eies gelegen sind, der Keimstreif aber an anderer Stelle invaginiert oder sonst in abweichender Weise gebildet wird, ebenfalls nicht zur Bildung echter Mycetome zu kommen pflegt. Dies ist zum Beispiel bei den Formiciden der Fall, bei denen die Einsenkung der Embryonalanlage in breiter Front die Entwicklung der Mycetocyten in ganz andere Bahnen lenkt (Abb. 280). Auch bei den Blattiden läßt der Keimstreif jegliche Beziehungen zu den an den verschiedensten Stellen liegenden Symbionten vermissen, und diese kommen schließlich nach höchst umständlichen Wanderungen in diffus dem Fettgewebe eingelagerten Zellen zur Ruhe (Abb. 270, 271).

Ähnliche mißliche Konsequenzen stellt man bei Anopluren und Mallophagen fest, die zwar eine wohlumschriebene Symbiontenansammlung am Hinterende der Eier bilden, bei denen aber die Invagination seitlich einsetzt. Wie bei den Blattiden gelangen die Symbionten, ohne Fühlung mit ihr zu bekommen, in den embryonalen Mitteldarm, und in ihrem von Fall zu Fall so verschiedenen und ungewöhnlichen weiteren Verhalten spiegelt sich offenkundig das Bemühen der Wirtstiere wieder, dieser «peinlichen Situation» gerecht zu werden. Ein sonst nie begegnendes Umladen in das Mitteldarmepithel, Auswanderung auf Dotterzellen zurückgehender isolierter Mycetocyten in die Leibeshöhle und nachfolgende Zerstreuung in ihr, oder Austritt ganzer, höchst primitiver Mycetome in diese stellen die polyphyletisch gefundenen Auswege dar. Lediglich bei *Pediculus* gelingt dennoch ein Anschluß der Symbionten an das Keimstreifende und damit ihr Transport nach vorne, aber diese geraten trotzdem auch hier wie bei den Verwandten in den Mitteldarm. Wenn dann schließlich dennoch durch eine sonst nirgends in der Embryologie der Insektensymbiosen begegnende Abschnürung eines Darmsäckchens ein entodermales Mycetom zustande kommt, so handelt es sich abermals um einen Prozeß, der deutlich den Stempel der Notlösung trägt.

Wenn auch die Lyctiden eine Ausnahme darstellen und schließlich Mycetome bilden, obwohl bei ihnen keine Beziehungen zum Keimstreif bestehen, so bestätigt das nur unsere Auffassung, der zufolge durch solche die Mycetombildung in hohem Maße begünstigt wird, denn der Weg, den sie in diesem Fall beschreiten müssen, ist ein ungewöhnlich langwieriger und umständlicher.

Die Verfrachtung der embryonalen Mycetome durch den Keimstreif ist auch für ihre definitive Lokalisation im Wirtskörper von ausschlaggebender Bedeutung. Zunächst werden sie damit aus der künftigen Kopfregion, in der sie nur stören würden, entfernt und in der Schwanzregion des Embryos abgesetzt. Vor der Umrollung pflegen sie jedoch zumeist wieder in innigeren Kontakt mit der Dorsalregion der Embryonalanlage zu treten. Bei Zikaden und anderweitig sorgen mesodermale Zellen für eine Verlötung, bei den aus Wintereiern entstehenden Blattläusen umschlingt sogar das Hinterende des Keimstreifs die Mycetocyten, des öfteren breiten sich die Mycetome auch kuchenförmig über der Embryonalanlage aus und erzielen so besseren Halt. Kommt es dann zur Umrollung, so machen sie die Bewegungen des Keimes mit und gelangen damit an den ihnen im Bauplan des Tieres angewiesenen Ort.

Aus solchen Überlegungen ergibt sich eine überraschende, sinnvolle Bezogenheit der am häufigsten geübten Infektionsweise auf die Embryonalentwicklung, und es erscheinen alle die speziellen Maßnahmen, welche irgendwie mit einer Infektion am hinteren Pol oder mit einer sekundären dortigen Konzentration an anderen Stellen übergetretener Symbionten im Zusammenhang stehen, schon im Hinblick auf die künftige Unterbringung in wohlindividualisierten Mycetomen getroffen.

Schließlich hat uns noch eine besonders interessante, aber freilich dem Verständnis nicht geringe Schwierigkeiten bereitende Erscheinung, die Sonderung der verschiedenen, gemeinsam infizierenden Symbiontensorten während der Embryonalentwicklung, zu beschäftigen. Untersucht wurden die betreffenden Vorgänge bisher bei di- und trisymbiontischen Insekten (Aphiden, Psylliden, Lyctiden, *Tachardina*, bzw. Aphiden, Fulgoroiden und Membraciden). Für alle diese Fälle liegen mehr oder weniger lückenlose Serien der einzelnen Stadien dieses Prozesses vor, die uns zeigen, wie dort, wo zunächst die Symbionten ungeordnet durcheinanderliegen, recht plötzlich eine säuberliche Scheidung durchgeführt wird, aber Sicheres über die hiebei wirksamen Faktoren läßt sich ihnen trotzdem kaum je entnehmen. Bald hat man mehr den Eindruck, daß die Entmischung dadurch zustande kommt, daß die einzelnen Zellen jeweils eine gewisse Anziehungskraft auf eine bestimmte Sorte ausüben, bald sieht es so aus, als ob sie sich die ein oder andere gleichsam aus dem Gemenge herausfischten.

Das erstere gilt zum Beispiel für *Tachardina silvestrii*, jene Lackschildlaus, bei der nach Abschluß der Blastodermbildung ein lockeres Symbiontengemenge von völlig gleich gearteten Dotterkernen durchsetzt wird, und bei der sich nun im Plasma der einen die stabförmigen Symbionten, in dem der anderen die kettenförmigen anreichern, ohne daß zunächst deutliche Zellgrenzen gebildet würden (Abb. 105). Anschließend wirkt sich dann die Besiedlung des ursprünglich einheitlichen Zellmateriales verschieden aus; die von Stäbchen infizierten Zellen bleiben klein und behalten ihre mitotische Vermehrungsfähigkeit bei, die Ketten bergenden wachsen zu Riesenzellen mit einem einzigen, stark gelappten Kern heran.

Sehr ähnlich liegen die Dinge bei *Lyctus*. Ohne daß wieder das hier mesodermale Kernmaterial irgendwelche Unterschiede erkennen ließe, hat es den Anschein, daß sich die Symbionten, welche diesmal nicht von den Kernen aufgesucht werden, sondern ihrerseits aus dem Dotter auf sie zutreiben, teils von der einen, teils von der anderen Kerngruppe angezogen fühlen, und wie dort lösen sie eine jeweils spezifische Reaktion aus, wenn die eine Sorte alsbald in einkernige Mycetocyten, die andere in Syncytien eingeschlossen wird.

Etwas anders verläuft die Sonderung, wo das Symbiontengemenge einen dichten Ballen bildet, wie bei den Blattläusen, Psylliden und Zikaden. Bei ihnen werden die verschiedenen Sorten schon vorher deutlich differenzierten Kernen zugeteilt. Bei Aphiden und Psylliden wird die eine mit Furchungskernen versorgt, die andere von Dotterzellen aufgenommen. Bei *Fulgora* und *Cixius* gelangen die *a*-Symbionten in ehemalige Blastodermzellen, die Rektalsymbionten in ehemalige Dotterzellen, bei den Membraciden gesellen sich den *a*-Symbionten ebenfalls vom Blastoderm stammende Kerne zu, und die sich der *t*-Symbionten annehmenden sind wohl auch auf Dotterkerne zurückzuführen. Für die dritten akzessorischen Symbionten aber kommt wieder anders geartetes Kernmaterial in Frage.

Im einzelnen ergeben sich dabei noch mancherlei Unterschiede. Bei Adelginen und Psylliden treten zunächst lediglich Furchungskerne in das Symbiontengemenge ein, und diesem sitzen Hüllzellen als sterile Gebilde äußerlich auf. Auf diesem Stadium kommt es bei *Pineus pini* bereits zu einer gewissen Sonderung, indem die kleineren, stärker färbbaren Symbionten, welche im Mycetom einkernige Zellen bewohnen, sich enger um die Kerne des Syncytiums zu scharen beginnen; dann dringen die Hüllkerne rundum in dasselbe ein und bilden schlagartig um die größeren, blasseren, später Syncytien bewohnenden Organismen Zellgrenzen. Nun erst folgen die zentralen Kerne hierin ihrem Beispiel. Indem anschließend die zuerst entstandenen Mycetocyten vielkernig werden und zum Teil zwischen die einkernig bleibenden Zellen der Mitte einsinken, wird der endgültige Zustand herbeigeführt (Abb. 136). Bei *Dreyfusia* hingegen geraten die sich infizierenden Hüllzellen von vornherein mehr in die Tiefe. Die einzige bisher untersuchte Aphidine verhält sich hierin ganz ähnlich. Das gleiche gilt für die Psylliden. Hier ist es ebenfalls die später in mehr oder weniger zentralen Syncytien lebende Sorte, welcher die Hüllzellen zugeteilt werden, und daher kommt es zu einer verschieden weit gehenden Verlagerung der beiden infizierten Territorien (Abb. 158).

Bei *Fulgora* umgeben die b e i d e n Zellsorten zunächst steril den Symbiontenballen. Den hinteren Teil der Hülle bilden die Abkömmlinge des Blastoderms, den vorderen Dotterzellen. Dann macht sich schon zu Beginn der Keimstreifbildung vor ihrer Infektion ein Unterschied an ihnen bemerkbar. Die sich vermehrenden Zellen werden zunächst ganz allgemein plasmareicher, dann treten in den unteren Vakuolen auf, während die oberen ihrer Vitellophagennatur entsprechend sich nach der Eimitte zu auflockern und Dotterkugeln aufnehmen und zerkleinern. Unterschiede in der Kernstruktur begleiten diese Differenzierung. Der Umstand, daß um diese Zeit bereits vor dem Symbiontenballen jene

Plasmastrahlung auftritt, steigert noch die auffallende Bipolarität dieses Stadiums. Dann rücken wie auf einen geheimen Befehl hin die großen, dunklen
a-Symbionten nach unten und geraten in die ehemaligen Blastodermzellen,
während die kleineren Rektalsymbionten nach vorne gleiten und den immer
noch nebenbei Dotterkugeln aufnehmenden Vitellophagen verfallen. Die kleinen
m-Bakterien, das heißt die dritte, noch sehr wenig angepaßte Sorte, bleiben dabei in der Mitte liegen (Abb. 203).

Cixius folgt im Prinzip *Fulgora*, doch arbeitet hier eine wenn auch nur grobe
präembryonale Sonderung der Symbionten der embryonalen Entmischung vor
(Abb. 191). Statt der m-Bakterien bleiben hier nach Bildung der beiden polar
gelagerten Mycetocytensorten die b-Symbionten als dritte in großer Menge
ohne begleitende Kerne wieder in der Mitte übrig (Abb. 205).

Bei den Membraciden unterbleibt hingegen eine derartige, die sortierende
Aufnahme vorbereitende Hüllbildung. Blastodermkerne treten sogleich in die
polare Ansammlung der Symbionten ein, zerstreuen sich in ihr und sammeln
sofort die großen, dunklen a-Symbionten um sich. Freie Zellbildung führt rasch
zu einkernigen Mycetocyten, die jetzt als Inseln in der Masse der übrigbleibenden t-Symbionten liegen (Abb. 182). Obwohl auch sie bereits von anders
strukturierten und, wenigstens bei *Gargara*, viel kleineren Kernen, die wahrscheinlich Dotterkernen entsprechen, durchsetzt ist, kommt es doch erst viel
später zu ihrer Aufteilung in die t-Mycetocyten. Inzwischen sind die a-Myce-
tocyten an die Oberfläche gestiegen und damit an ihren definitiven Ort gelangt
und, wie wir es schon beschrieben haben, durch nachträgliche Infektion mesodermaler Hüllzellen wesentlich vermehrt worden. Die akzessorischen Symbionten, welche hier als dritte Sorte hinzukommen, teilen zunächst das Schicksal
der t-Symbionten und werden mit ihnen in Zellen eingeschlossen.

Durch die verspätete Infektion der parthenogenetisch entstehenden Embryonen wird bei den Aphidinen die Situation umgekehrt. Nicht die
Kerne treten zu den Symbionten, sondern diese strömen in ein auf sie warten-
des Syncytium. Handelt es sich um di- oder trisymbiontische Arten, so stellt
man hier zumeist eine schon durch ein zeitlich etwas verschiedenes Erscheinen
mehr oder weniger angebahnte Sortierung fest, welche der präembryonalen von
Cixius entspricht. Meistens strömen bei disymbiontischen Arten zuerst nur die
runden Stammsymbionten ein und nehmen die mehr peripheren Regionen samt
ihren Kernen ausschließlich in Beschlag, dann aber folgt ein Gemenge nach,
für das die mittleren Teile des Syncytiums übrig bleiben. An ihm erlebt man
dann den gleichen geheimnisvollen Vorgang, der dahin führt, daß nach einiger
Zeit alle Stammsymbionten peripher und alle akzessorischen zentral liegen. Die
ersteren werden in einkernige Zellen eingeschlossen, die letzteren verharren in
Syncytien (*Macrosiphum jaceae* und viele andere Arten, Abb. 143). Bei einer
Aphis sp. treten hingegen die akzessorischen Symbionten erst in letzter
Stunde, kurz bevor die Möglichkeit einer Infektion aufgehoben wird, über
und werden nicht mit Kernen des Syncytiums, sondern mit anderen, in dessen
Nähe gelegenen versorgt. Auch in der Folge werden diese auf solche Weise
von vornherein gesonderten, wenig angepaßten, schlauchförmigen Organismen

keineswegs fest in das Mycetom eingebaut. Die dritte Möglichkeit verwirklicht *Pterocallis juglandis*. Hier erscheinen zuerst die akzessorischen Schläuche und bilden eine periphere, mit Kernen des Syncytiums ausgestattete Schicht, und die wenigen Genossen, die verspätet mit den Stammsymbionten ankommen, werden ihnen nachträglich noch zugeteilt.

Bei den trisymbiontischen Blattläusen komplizieren sich die Dinge. *Ptero-chloris roboris* sendet zunächst die Stammsymbionten in das Syncytium, dann erscheint ein Gemenge von Kokken und Stäbchen, das deren Masse durchbricht und sich am vorderen Ende des Embryos staut. Auch jetzt erst mit ihnen anlangende Stammsymbionten finden immer noch den Anschluß an ihresgleichen (Abb. 144), die Kokken aber infizieren die Hüllzellen des Mycetoms und mancherlei andere Gewebe, und die Stäbchen werden auch, soweit sie nicht ebenfalls in die Leibeshöhle übertreten, in Zellen untergebracht, die nicht dem originalen Syncytium angehören. Die beiden akzessorischen Symbionten von *Stomaphis quercus* infizieren gleichfalls erst nach den Stammsymbionten; einer derselben, die Schlauchform, scheint sich dabei zum Teil um Kerne des Syncytiums zu sammeln, die eigentlich für die Stammsymbionten bestimmt waren, zum Teil infiziert er wieder Hüllzellen; der andere, kleinere Stäbchen darstellende, wird teils ebenfalls in einkernigen Zellen, teils in einem Syncytium untergebracht, daneben aber treten die beiden noch sehr ungefügen Sorten auch in die Leibeshöhle und in andere Gewebe über.

Überschaut man dieses bis heute erarbeitete Tatsachenmaterial, so ergeben sich interessante Einblicke in die Beziehungen zwischen dem Sonderungsprozeß und dem Alter der Symbiose. Je besser die Begleitsymbionten und die sonstigen zusätzlichen Gäste in den Wirtsorganismus eingefügt sind, desto ausgefahrener sind auch die Bahnen ihrer Sortierung. Besonders gut angepaßten zusätzlichen Formen wird das gleiche Zellmaterial zur Verfügung gestellt wie den zunächst allein vorhandenen. Dafür sind nicht nur *Tachardina* und *Lyctus* Beispiele, sondern auch *Fulgora* und *Cixius*; denn wenn diese den *a*- und Rektalsymbionten auch teils Blastoderm-, teils Dotterkerne zuteilen, so stellen diese ja prinzipiell gleichwertiges, auch bei monosymbiontischen Arten sich vertretendes Material dar. *Centrotus* und *Gargara* hingegen stehen nicht ganz auf der Höhe der Fulgoroiden und lassen deutlich eine Bevorzugung der älteren *a*-Symbionten erkennen, die sich vor allem in der so viel späteren Aufteilung des *t*-Syncytiums in Zellen äußert. Einen noch unvollkommeneren Eindruck macht das Verhalten der Aphiden und Psylliden, wenn sie Hüllzellen, welchen zunächst eine andere Aufgabe oblag, den an zweiter Stelle erworbenen Symbionten zuteilen. In dieser Hinsicht ist die Gegenüberstellung einer monosymbiontischen Adelgine, wie *Saccophanthes viridis*, und einer disymbiontischen, wie *Pineus pini*, sehr aufschlußreich. Bei beiden ist vorübergehend die Kernversorgung des Symbiontenballens ganz die gleiche, aber in dem einen Fall bleiben die Hüllzellen Hüllzellen und in dem anderen bemächtigen sie sich der zusätzlichen Symbionten. Zieht man weiterhin die Embryoinfektion solcher Aphiden zum Vergleich heran, welche sich den zweiten Symbionten schon in hohem Grade eingegliedert haben (*Macrosiphum jaceae*-Typ), so vertieft sich der Einblick in die Arbeitsweise der Symbiontenwirte noch weiter. Die jetzt in das Syncytium strömenden zusätzlichen Symbionten kommen in diesem Fall in sofortige Berührung mit den Kernen desselben und werden daher in den parthenogenetischen Generationen mit diesen versorgt und nicht, wie bei der Wintereientwicklung, in Hüllzellen aufgenommen!

Wo es sich aber um die Versorgung dritter Gäste handelt, begegnen wir allerorts Unzulänglichkeiten. Die *b*-Symbionten von *Cixius* bleiben die längste Zeit ohne Kerne und werden erst bei der Umrollung mit embryonalen Zellen versorgt, über deren Herkunft keine Gewißheit besteht; die noch wesentlich weniger gut eingefügten *m*-Bakterien von *Fulgora* werden ebenfalls bei der Kernversorgung der *a*- und Rektalsymbionten nicht mitberücksichtigt und liegen entweder dem Doppelmycetom in kleinen Bündeln äußerlich an oder werden von ihm eingeschlossen, um ebenfalls erst nach der Umrollung von losen, unscheinbaren Wirtszellen aufgenommen zu werden; die akzessorischen Symbionten in den beiden Membraciden werden zunächst mit in die *t*-Mycetocyten eingefangen und treten erst später aus ihnen aus. Noch mehr Unordnung zeigt das Verhalten so mancher akzessorischer Symbionten bei der Embryoinfektion der Aphiden. Auch hier müssen zum Teil Hüllzellen in die Lücke springen, und unter Umständen kommt es sogar zu sonst nirgends beobachteten Mischinfektionen, die mit der Ausstoßung oder Auflösung einer der beiden Sorten enden.

Schon gelegentlich der Behandlung der so eindrucksvollen Zielstrebigkeiten, welche die Übertragung der Symbionten in die Eizellen begleiten, haben wir Zweifel geäußert, ob diese lediglich durch eine lokale Aufgabe sonst bestehender Immunität und ein allgemeines Bestreben freier Symbionten, wenn möglich wieder zu intrazellularem Leben überzugehen, erklärt werden können. Wie viel mehr müssen solche angesichts der die Embryonalentwicklung begleitenden gerichteten Wanderungen freier Symbionten und der die Aussortierung anbahnenden Symbiontenbewegungen wach werden!

Wenn wir so überall dort, wo Eizellen oder frühe Entwicklungsstadien infiziert werden, am Ende der Embryonalentwicklung die verschiedenen Wohnstätten auch bereits in ihrer wesentlichen Form angelegt und bezogen finden, so erleiden sie doch vielfach auch während der postembryonalen Entwicklung noch eine weitere Ausgestaltung. Lage, Form und histologischer Bau der Organe können noch in der verschiedensten Weise verändert werden. Unpaare Mycetome können in paarige zerschnürt und unter Umständen noch weiter aufgeteilt werden, wie dies insbesondere von H. J. MÜLLER an den Fulgoroiden in vielen Fällen im einzelnen dargelegt wurde. Andererseits kann es aber auch, allerdings wesentlich seltener, zu einer nachträglichen Verschmelzung anfangs gesonderter Mycetome kommen, wie bei dem *Hylobius*typ unter den Rüsselkäfersymbiosen. Auf späteren Stadien erlebt man besonders in weiblichen Tieren vielfach eine mehr oder weniger weitgehende Zerklüftung, ja eine völlige Auflösung bis dahin kompakter paariger oder unpaarer Mycetome, welche diese in engere topographische Beziehung zu den Ovarien zu bringen pflegt. Andere Lageveränderungen sind komplizierterer Art, aber stets sind sie letzten Endes in der Entfaltung und in den Verschiebungen der übrigen Organe der Wirtstiere begründet (Abb. 210).

Histologische Veränderungen sind vor allem durch die vielfache Verschmelzung der Syncytien, das Anwachsen der Mycetocyten zu Riesenzellen und Ähnliches bedingt, können aber auch die Umhüllungen betreffen. Das Wachstum der Mycetome löst unter Umständen eine Abflachung der Epithelien aus, wie bei *Oryzaephilus* und manchen Zikadenorganen, aber andererseits begegnet bei den *a*-Organen der letzteren auch der umgekehrte Fall, wenn deren Umhüllung anfangs sehr unscheinbar ist und aus abgeflachten Zellen besteht, sich aber allmählich in ein kräftiges, mit Tracheen wohlversorgtes Epithel aus nahezu kubischen Zellen wandelt *(Fulgora)*.

Von der Entstehung der Ovarialampullen, die ja auch in die postembryonale Zeit fällt, haben wir bereits in anderem Zusammenhang gesprochen, und auf die Entfaltung der Infektionshügel, für die das gleiche gilt, werden wir im folgenden Kapitel zu sprechen kommen. Soweit es sich um andere in diese Periode fallende Wandlungen von untergeordneter Bedeutung handelt, muß auf die im speziellen Teil mitgeteilten Einzelheiten verwiesen werden.

Völlig anderer Art sind natürlich die Beziehungen der postembryonalen Entwicklung zu den Symbionten, wo diese erst beim Schlüpfen der Larven oder noch später aufgenommen werden. Wenn die Symbionten im Lumen des ganzen Darmes oder in ohnedies vorhandenen Ausstülpungen desselben leben, beziehen sie dann einfach die entsprechenden Räume, ohne daß besondere Maßnahmen der Wirtstiere nötig sind (ein Teil der Tephritinen, alle Trypetinen, *Dacus*, ein Teil der Hippobosciden, der eine der beiden *Bromius*symbionten, welcher im Lumen der Malpighischen Gefäße untergebracht wird). Das gleiche gilt für die intrazellulare Besiedlung bestimmter, dadurch nicht wesentlich veränderter Strecken des Darmepithels (Triatomiden, Glossinen, *Melophagus* und andere Hippobosciden).

Wo hingegen den Symbionten durch ihre Einbürgerung ausgelöste Neubildungen zur Verfügung gestellt werden, geht deren Entstehung zum Teil bereits auf die Zeit der Embryonalentwicklung zurück, zum Teil wird sie erst in den Larven getätigt. Die Symbionten der Chrysomeliden und Cleoniden treffen bereits auf die empfangsbereiten Anlagen der jeweiligen Darmausstülpungen, die *Lagria*larven legen einige Tage vor dem Schlüpfen die drei dorsalen Hautsäckchen an, in die dann die dem Ei bei der Ablage mitgegebenen Bakterien übertreten, und die Gärkammern der Lamellicornier, Coprophagen und Tipuliden werden wohl auch schon vor dem Schlüpfen gebildet (Abb. 55, 46, 37). Bei den Bockkäfern besitzen die Stellen des Mitteldarmes, an denen sich nach Übernahme der Hefen die Blindsäcke differenzieren, in der schlüpfenden Larve wenigstens bereits ein spezifisches histologisches Gepräge, und wenn ein solches bei den Anobiiden um diese Zeit noch nicht zu erkennen ist, so verrät doch der Umstand, daß sich die Ausstülpungen des Darmes auch dann entwickeln, wenn die Infektion künstlich unterbunden wurde, daß es sich um Zellgruppen handelt, welche bereits während der Embryonalentwicklung

determiniert wurden. Die Kryptenbildung am Heteropterendarm setzt ebenfalls
erst ein bis zwei Tage nach Eintreffen der Symbionten ein und zieht sich dann
durch die längste Zeit der Larvenentwicklung hin, aber in diesem Fall wissen
wir nicht, ob, wie man vermuten möchte, dieser Vorgang hier ebenfalls bereits
derart erblich fixiert ist, daß er auch ohne Anwesenheit der Bakterien abläuft.

Solche Unterbringung der Symbionten im Lumen oder in den
Zellen von Darmausstülpungen bietet bei hemimetabolen Insekten keinerlei Schwierigkeiten. In der Tat werden die Krypten des
larvalen Heteropterendarmes oder die infizierten Darmepithelzellen von *Rhodnius* ohne weiteres unverändert in die imaginale Organisation übernommen.
Wo jedoch Holometabolie vorliegt und der larvale Darmkanal bei der
Verpuppung eingeschmolzen und durch einen aus embryonal gebliebenen Zellreserven neu aufgebauten ersetzt wird, erstehen Schwierigkeiten, die
besondere, den Bestand der Symbiose sichernde Maßnahmen
verlangen.

Die Wege, die hier eingeschlagen werden, lassen sich in drei Gruppen
ordnen. Eine sehr radikale Lösung besteht zunächst darin, daß der Wirtsorganismus die Gelegenheit benützt, sich seiner inzwischen
überflüssig gewordenen Gäste bis auf einen kleinen, der Übertragung dienenden Teil zu entledigen. Dies tun Cerambyciden, Cleoniden und Donacien. Wenn bei den ersteren hinter dem Larvendarm der imaginale Mitteldarm entsteht, werden auch die Mycetocyten in das Darmlumen
ausgestoßen, verfallen hier der allgemeinen Auflösung und werden mit den
übrigen Zelltrümmern bei der letzten Entleerung der Larve aus dem Körper
entfernt. Ein die Metamorphose überdauernder Rest an Hefen gelangt dann bei
den männlichen Imagines der Bockkäfer ebenfalls noch ins Freie, während er bei
den Weibchen zur Beimpfung der Intersegmentalschläuche und Vaginaltaschen
dient. Der Schwund der bakterienhaltigen Darmorgane der Cleoniden dürfte
auf ähnliche Weise vor sich gehen. Auch bei ihnen enthalten lediglich die
Weibchen noch die Symbionten in den Übertragungsorganen. Die Blindsäcke
der *Donacia*larven jedoch, die nur noch durch ein überaus dünnes Gängchen
mit dem übrigen Mitteldarm in Verbindung stehen, können offensichtlich aus
diesem Grund nicht mehr in dessen Inneres gelangen und gehen daher im
Zusammenhang mit der Darmerneuerung an Ort und Stelle durch lytische
Prozesse der Auflösung entgegen.

In allen anderen bisher bekanntgewordenen Fällen bewahrt der Wirtsorganismus seine Symbionten trotz Einschmelzung ihrer larvalen Sitze und errichtet entweder an der gleichen Stelle neue
imaginale Organe, welche den larvalen mehr oder weniger gleichen, oder
die Metamorphose nötigt ihn zu einer Verpflanzung der Symbionten an andere Stellen und damit unter Umständen zur Schaffung
völlig abweichender Organe.

Ersteren Weg schlagen die Anobiiden ein. Der größere Teil der Mycetocyten wird auch bei ihnen in das Darmlumen abgestoßen und geht nach
außen; ein Teil der Hefen aber tritt zu einer Zeit, in der larvales und imaginales

Epithel sich noch berühren, in das letztere über, und dieses formt für sie erneut lediglich etwas kleinere Blindsäcke. Ähnlich werden vermutlich die *Cassida*arten verfahren, bei denen Larven und Imagines ebenfalls an entsprechender Stelle gleichgestaltete Ausstülpungen aufweisen, ohne daß hier freilich bis jetzt der Übertritt der Symbionten in die Organe der Geschlechtstiere beobachtet werden konnte. Da die Buprestidenblindsäcke auch vor und nach der Verpuppung in gleicher Weise vorhanden sind, werden auch sie an dieser Stelle einzureihen sein. Die *Bromius*larven stoßen ebenfalls die zwei rundlichen Blindsäcke am Anfang des Mitteldarmes bei der Verpuppung ab, dabei zerfallen die Rosetten, welche hier die Symbionten darstellen, in ihre Teilstücke, und diese infizieren erneut einen zwar an gleicher Stelle sich findenden, aber diesmal recht abweichend gestalteten Kranz schlanker Zotten. Die zweite hier vorhandene Symbiontensorte wird jedoch durch die Metamorphose zu tiefergreifendem Wohnungswechsel veranlaßt, denn die stäbchenförmigen Bakterien, welche hier außerdem die Malpighischen Gefäße bewohnen, geraten bei der Einschmelzung in das Darminnere und treten von hier in gewisse Zotten über, welche sich gegen das Ende des Mitteldarms zu bilden (Abb. 44).

Das Schicksal dieser Bakterien leitet bereits hinüber zu der dritten Gruppe von Erscheinungen, die alle das gemeinsam haben, daß die Holometabolie die Wirte veranlaßt, ihre Symbionten im larvalen und imaginalen Zustand an völlig verschiedenen Orten unterzubringen. Im allgemeinen liegen die imaginalen Wohnstätten dann ebenfalls am Darm, aber gelegentlich kommt es, wie wir sahen, auch vor, daß im Verlaufe der Verpuppung hinter dem Darm gelegene Räume bezogen werden. Die Imagines von *Dacus oleae* verpflanzen die Symbionten in jene unpaare Ausstülpung des Ösophagus, andere Trypetiden siedeln sie aus den gleichen, am Anfang des larvalen Mitteldarms gelegenen Blindsäcken in ebenfalls eigens zu diesem Zwecke errichtete, mehr oder weniger hoch differenzierte und weiter rückwärts gelegene Ausstülpungen des Mitteldarms um, wobei die Symbionten in beiden Fällen auf das Lumen beschränkt bleiben. Auch sonst pflegen Dipteren bei der Metamorphose die auf dem Larvenstadium im Bereich des Proventriculus untergebrachten Symbionten in weiter hinten gelegenen Regionen des Mitteldarmes zu fixieren. Dabei können diese dann bei Larven und Imagines intrazellular leben oder sich bei ersteren extrazellular finden und im Zusammenhang mit der Verwandlung zu intrazellularem Leben übergehen. Ersteres kommt bei Glossinen und einem Teil der Hippobosciden *(Melophagus, Lipoptena caprina)* vor, während andere Beispiele für die zweite Möglichkeit liefern *(Hippobosca equina* und *capensis). Hippobosca camelina* und *Lynchia maura* beschränken als Larven ihre Gäste überhaupt nicht auf enger umschriebene Wohnsitze, sondern führen sie frei im Nahrungsbrei des gesamten Darmlumens, entschließen sich aber bei der Verpuppung doch auch zu ihrer Aufnahme in Mitteldarmzellen. *Ornithomyia* hingegen wird durch die Einschmelzung des Larvendarmes zu viel einschneidenderen Maßnahmen veranlaßt und verzichtet als Imago auf eine Unterbringung im Darmepithel, indem sie eine mycetomartige Bildung außerhalb des Darmes errichtet (Abb. 231).

Bei jenen Curculioniden, welche als Larven kompakte, an der Grenze von Anfangs- und Mitteldarm gelegene Mycetome besitzen, als Imagines aber die Symbionten in Mycetocyten führen, welche Kryptenzellen ähnlich über das ganze Mitteldarmepithel verbreitet sind, scheint auf den ersten Blick der umgekehrte Fall vorzuliegen. Doch haben wir gesehen, daß jene Mycetome auf Kosten der Anlage des Anfangsdarmes errichtet werden und daß sie bei der Metamorphose, welche hier zu einer Erneuerung des Mitteldarmes durch ektodermale Zellreserven führt, sich gleichsam ihrer Herkunft erinnern, sich auflockern und am Aufbau des imaginalen Darmes teilnehmen. Hier liegt also kein Umladen in andere Zellen, sondern lediglich eine komplizierte Verlagerung larvaler Mycetocyten vor (*Hylobius*, *Otiorrhynchus*, *Calandra* und andere, Abbildungen 59, 60, 328).

Ob die an gleicher Stelle gelegenen Mycetome von *Rhynchophorus*, die ausnahmsweise unverändert die Metamorphose überdauern, anderer Herkunft sind und sich deshalb abweichend verhalten, wissen wir nicht zu sagen.

So ersteht auch aus einer Betrachtung der verschiedenen Maßnahmen, welche hier von den Wirtstieren ergriffen werden, um einer mißlichen Situation zu begegnen, erneut das Bild eines überlegenen Organisators, der es versteht, Symbionten an andere Stellen seines Körpers zu dirigieren, sie aus einer Zellsorte in eine andere umzupflanzen, neue, anders geartete Wohnstätten zu errichten und so den gefährdeten Bestand der Symbiose zu sichern.

4. DIE WECHSELBEZIEHUNGEN ZWISCHEN DEM WIRTSORGANISMUS UND SEINEN SYMBIONTEN

Aus jeder Seite des vorangehenden Speziellen Teiles wie der vergleichenden Kapitel über die Wohnstätten, die Wege der Übertragung und die embryonalen Geschehnisse spricht bereits mit nicht zu überbietender Deutlichkeit die Tatsache, daß, wo immer Endosymbiosen im wahren Sinne des Wortes begegnen, die Wirtstiere in jeder Hinsicht Herren der Situation sind, und notwendigerweise wird dieses wesentliche Ergebnis unserer Untersuchung auch den Mittelpunkt einer allgemeinen Betrachtung der zwischen den beiden Partnern bestehenden Wechselbeziehungen darstellen müssen. Der Symbiontenwirt reguliert in gleicher Weise den Grad und die spezielle Form der Vermehrung seiner Gäste, vermag ihnen bestimmte Gestalt zu verleihen, reguliert ihre Ausdehnung und verfügt schließlich auch über die Fähigkeit, sich ihrer gegebenenfalls zu entledigen.

Unter Umständen begegnet ja bereits bei den Algensymbiosen eine ganz erstaunlich weitgehende Beherrschung der Vermehrungsrate. So ist die Zahl der gelben Zellen bei den Radiolarien vielfach hochgradig begrenzt. Unter den Sphärozoen gibt es Arten, bei denen sich an die 100 Algen um jedes Individuum der Kolonie scharen, solche, bei denen der Zentralkapsel jeweils nur 1–2, höchstens 3–4 Symbionten anliegen, und wieder andere, welche die Mitte halten.

Auch bei den Acanthometriden ist die Zahl der Algen von Art zu Art sehr verschieden und schwankt weiterhin auch je nach den Entwicklungsstadien. Nur wenige enthalten 6–10, oder etwa 20–40 Zooxanthellen, meist handelt es sich um 60–100, und bei den Dorotaspiden und Hexalaspiden liegen sie gruppenweise zu 8–16 um jeden Skelettstachel, so daß sie insgesamt bis zu 300 ausmachen. Die allermeisten aber finden sich bei den Stauracanthiden und Dictyacanthiden, bei denen große, von besonderen Hüllen umgebene Verbände fast die ganze Zentralkapsel erfüllen.

Noch überraschender ist die hochgradige Abhängigkeit, in welche die Vermehrung mancher symbiontischer Cyanophyceen im Anschluß an die Einbürgerung in Rhizopoden und Flagellaten geraten ist. Enthält doch *Paulinella chromatophora* stets nur zwei Blaualgen, von denen die eine bei der Teilung des Wirtsorganismus in das Tochtertier gleitet, worauf sich dann jeweils beide erneut einmal teilen. In anderen Fällen beschränkt sich die Zahl auf 1–6 Cyanellen, während gewisse Amöben über 100 enthalten.

Daß sich auch die Vermehrung der übrigen Symbionten stets in ganz bestimmten Grenzen abspielt, geht schon aus dem immer wieder zu beobachtenden Umstande hervor, daß die einzelnen Wohnstätten auf den verschiedenen Stadien stets eine spezifische Größe und Besiedelungsdichte aufweisen. Wahrscheinlich geht diese Gebundenheit sogar in manchen Fällen so weit, daß die Mycetome aus einer konstanten Zellzahl aufgebaut sind. Zumeist fehlen freilich genauere diesbezügliche, bei größeren Organen mühselige Untersuchungen, und man muß sich dann mit ungefährer Schätzung begnügen, aber in einem Fall ist eine solche Eutelie ohne weiteres in sehr eindrucksvoller Weise festzustellen. Die wenigzelligen Rektalorgane der Fulgoroiden bestehen bei den einzelnen Arten vielfach aus einer jeweils spezifischen Zellzahl. *Cixius nervosus* und *Oliarius horisanus* bauen es zum Beispiel stets aus 9 Zellen auf, andere *Cixius*arten aus 4, 6, 7, 11 Zellen, *Kelisia praecox* Hpt. aus 7, *Kelisia vittipennis* I. Shlb. aus 8, eine Meenopline gar nur aus 3. Bei den Issiden begegnen Rektalorgane mit 11 und mit 20 Mycetocyten, in anderen Fällen trifft man zwar auf geringfügige Schwankungen, aber sie bewegen sich dann stets in den gleichen Grenzen. Nur die Tettigometriden besitzen Rektalorgane mit höheren Zellzahlen, so *Tettigometra fusca* Fieb. mit 25, *obliqua* Panz. mit 30 und *atra* Hgb. mit 35–40 Zellen. Gelegentlich freilich kommt es hiebei doch noch zu nicht im Plane des Organs vorgesehenen Zellteilungen, aber interessanterweise werden dann die überschüssigen Elemente aus diesem gedrängt und liegen ganz ähnlich gestaltet in benachbarten und ferner liegenden Spalträumen des Abdomens. Bei *Crepusia nuptialis* Gerst., deren Rektalorgan normalerweise aus etwa 25 Zellen besteht, stellte H. J. MÜLLER, dem all diese Beobachtungen zu danken sind, einmal 21 derartige ausgestoßene Zellen fest, so daß man schließen darf, daß sich in diesem Fall versehentlich alle embryonalen Mycetocyten noch einmal geteilt haben.

Genaueres Zusehen läßt bald erkennen, daß die Vermehrungsrate der Symbionten zu verschiedenen Zeiten eine verschiedene ist und daß der Wirtsorganismus den momentanen Bedürfnissen entsprechend gleichsam die Zügel bald straffer anzieht, bald lockerer läßt. Dabei kann man im Verlaufe der symbiontischen Zyklen dreierlei Formen gesteigerter Vermehrung unterscheiden: zeitlich begrenzte Vermehrungsperioden während der Embryonalentwicklung, gleitende, länger andauernde Massenzunahme während der postembryonalen Entwicklung und speziellen Zwecken dienende, zumeist auf bestimmte Zonen beschränkte Vermehrungsstöße.

Zeitlich scharf umschriebene Schübe der Vermehrung während der Embryonalentwicklung zeichnen sich zum Beispiel bei den so genau untersuchten *Fulgora*- und *Cixius*-Embryonen mit aller Deutlichkeit ab. Nach Beginn der Invagination des Keimstreifs erwachen hier die a- und x-Symbionten aus der Teilungsruhe, welche im allgemeinen nach Abschluß der Einfektion einzutreten pflegt, und vermehren sich bis zum Ende derselben, das heißt bis zum 15.–20. Tag der Entwicklung, etwa auf das Vierfache. Dann wird bei beiden Sorten die Periode der Teilungen durch eine solche des Wachstums abgelöst. Während sich die x-Symbionten in der Folge überhaupt nicht mehr vermehren — man konnte dies auch zahlenmäßig belegen —, kommt über die a-Symbionten nach der Umrollung eine zweite Welle der Vermehrung. Die dritten Gäste dieser beiden Fulgoroiden hingegen, die b-Symbionten von *Cixius* und die m-Symbionten von *Fulgora*, nehmen während dieser ganzen Zeit ungleich weniger an Zahl zu als ihre beiden Genossen.

Eine ähnliche, sehr auffallende Vermehrung im anfangs hier nur sehr spärlich besiedelten embryonalen Mycetom setzt zum Beispiel auch bei *Cimex lectularius* vor der Umrollung ein. Bei *Lyctus* konstatiert man ebenfalls in unmittelbarem Anschluß an die Okkupation der Wohnstätten, also wieder vor der Umrollung, eine rege Vermehrung der beiden Sorten. Ähnliches begegnet bei der Aphidenentwicklung, bei der frühembryonalen Vergrößerung des Territoriums der a-Symbionten durch Infektion der Hüllzellen bei Membraciden und an vielen anderen Stellen. Begreiflicherweise ist jedoch die Intensität der embryonalen Symbiontenvermehrung keineswegs überall die gleiche, sondern der jeweiligen Situation angemessen. So ist z. B. die Vermehrung der Symbionten von *Pediculus* während der Embryonalentwicklung nur gering. RIES hat im abgelegten Ei 150–250 Symbionten gezählt und in der Magenscheibe vor dem Schlüpfen 290–330 festgestellt, so daß man schließen muß, daß sich hier zumeist keineswegs jeder Symbiont einmal teilt.

Ganz anderer Art ist die Zunahme der Symbiontenmenge, welche auf Schritt und Tritt im Laufe der postembryonalen Entwicklung konstatiert wird. Sie pflegt weitgehend dem Wachstum der einzelnen Larvenstadien parallel zu gehen und dafür zu sorgen, daß zwischen der Größe der Wirtstiere und ihrer Mycetome die jeweils erblich fixierte Proportion aufrechterhalten wird. Wie das Verhältnis zwischen der Körpergröße der einzelnen Larvenstadien und dem Gesamtvolumen der verschiedenen Mycetome auf solche Weise ungefähr stets das gleiche bleibt, hat wiederum MÜLLER für *Cixius* sehr anschaulich dargetan. Wenn auch sonst derart eindringliche Untersuchungen an solch späten Stadien der Entwicklung kaum vorliegen, so läßt sich doch aus den in der Literatur niedergelegten Angaben entnehmen, daß viele Objekte sich ähnlich

verhalten. Das gilt in gleicher Weise für wohlumschriebene Mycetome, wie
etwa die von *Pseudococcus citri*, *Cimex lectularius* oder der Aphiden, wie für eine
Besiedelung verstreuter Mycetocyten. Auch wo die Symbionten frei in der
Lymphe treiben, wie bei den Lecaniinen, hat man ein allmähliches Ansteigen
der Besiedelungsstärke während der larvalen Entwicklung feststellen können.
Wo die Symbionten das Darmepithel bewohnen, pflegt ihre Zunahme weniger
an der Vergrößerung der einzelnen Zellen, als an der Ausdehnung der besiedelten
Zone kenntlich zu sein, und *Marchalina*, bei der die infizierten Darmepithelzellen entsprechend einer ganz exzessiven Vermehrung der Symbionten während
des postembryonalen Wachstums außerordentlich anschwellen, steht auch hierin vereinzelt da. Daß auch im Darmlumen lebende Symbionten einer vom
wachsenden Wirtstier kontrollierten proportionalen Vermehrung unterliegen,
bezeugen die Trypetidenlarven, die Heteropteren, deren Kryptendarm von
Häutung zu Häutung umfangreicher wird, und andere Fälle mehr.

Wo innerhalb ein und derselben Spezies Generationen aufeinanderfolgen,
bei welchen der Bedarf an Symbionten entsprechend ihrer verschiedenen Körpergröße und Fortpflanzungsintensität ein unterschiedlicher ist, wird der Grad
der Symbiontenvermehrung und damit die Entfaltung der Mycetome entsprechend dosiert. Dies ließ sich besonders schön bei *Pemphigus* zeigen, wo
die Fundatrix etwa 75 Nachkommen erzeugt, die Virgo 30, die Sexupara sechs
und das Geschlechtstier schließlich nur noch ein einziges Ei mit Symbionten zu
versorgen hat (TÓTH). Aber auch bei den Adelginen ergab sich eine ganz ähnliche, den einzelnen Generationen entsprechende Abstufung (PROFFT).

Gelegentlich vermißt man wohl auch ein proportionales Anwachsen des
Wirtskörpers einerseits und der Wohnstätten andererseits, aber solche Abweichungen dürften dann jeweils ihre bestimmten Ursachen haben. Wenn zum
Beispiel bei *Pediculus* das embryonale Mycetom im Laufe der larvalen Entwicklung nur etwa auf das Doppelte heranwächst und in den Jugendstadien
verhältnismäßig am größten ist, so mag dies mit der späteren Umsiedlung der
Symbionten in die Ovarialampullen zusammenhängen.

Vergleicht man die Wohnstätten männlicher und weiblicher Tiere, so stößt
man ebenfalls nicht selten auf beträchtliche Unterschiede im Verhältnis ihrer
Größe zu der des Wirtskörpers. So beträgt beim *Acanthosoma*weibchen der
Kryptendarm etwa die Hälfte der Körperlänge und beim Männchen nur $1/_5$ derselben. Das unpaare Mycetom von *Pseudococcus*, das beim Weibchen etwa $1/_3$
der Körpergröße ausmacht, ist beim Männchen so unscheinbar, daß es bei der
Präparation leicht entgeht. Auch die männlichen Mycetome von *Margarodes
polonicus* sind ungleich kleiner als die der Weibchen, und von *Chionaspis* wird
angegeben, daß die Mycetocyten im weiblichen Geschlecht verhältnismäßig
zahlreicher als im männlichen sind. Bei *Oryzaephilus* bleibt die starke Vermehrung der Symbionten im geschlechtsreifen Wirt im wesentlichen auf das Weibchen beschränkt. Auch das Studium der Zikade *Asiraca* hat ganz besonders
drastische Unterschiede im Verhalten der Symbionten in den beiden Geschlechtern ergeben. Im Männchen erlischt im Herbst mit dem Erreichen der Geschlechtsreife die Vermehrung der Insassen des unpaaren *p*-Organs völlig, und

es kommt nur noch zu einer geringen Vergrößerung der Symbionten; bei den Weibchen hingegen setzt um die gleiche Zeit lebhafte Vermehrung und Verkleinerung der Symbionten ein. Für die *a*-Mycetome dieser Zikade gilt Ähnliches. Sie übertreffen im Weibchen die männlichen Organe sogar um das Zehnfache, und andere Zikaden verhalten sich zum Teil ebenso. Daß auch die sogenannten Hefen einer solchen an das männliche Geschlecht geknüpften Hemmung unterliegen, zeigen die Delphaciden, bei denen sie in diesem lockerer verteilt zu sein pflegen und im Falle einer Syncytienbildung eine geringere Zahl von Fettzellen in Beschlag nehmen. Die Bakterien, welche bei *Donacia* auf dem Larvenstadium in zwei der Malpighischen Gefäße übertreten und hier im Hinblick auf die künftige Versorgung der Eier einen beschränkten Abschnitt in Beschlag nehmen, vermehren sich anschließend in der weiblichen Puppe beträchtlich, während in der männlichen nicht nur eine solche Vermehrung unterbleibt, sondern sogar eine Auflösung der Symbionten einsetzen kann.

Wenn es schon bei diesen auffälligen geschlechtsbedingten Unterschieden naheliegt, sie mit dem gesteigerten Symbiontenbedarf der Weibchen in Zusammenhang zu bringen, so treten bei der oben als Vermehrungsstöße bezeichneten Form der Vermehrung die Beziehungen zu den Erfordernissen der Übertragung zumeist offen zu Tage. Bei manchen Zikaden werden zum Beispiel die Keilzellen des Follikels von einer verhältnismäßig geringen Zahl von Symbionten infiziert, und machen diese dann eine kurze, scharf begrenzte Vermehrungsperiode durch, die mit dem Augenblick ihr Ende findet, in dem die Füllung des so entstehenden Zellpolsters den Höhepunkt erreicht hat. Bei anderen Zikaden unterbleibt eine solche Vermehrung in den Keilzellen, setzt aber statt dessen ein, wenn die Symbionten aus diesen in den dahinter sich bildenden Raum übergetreten sind, und bei wieder anderen werden die Symbionten erst nach Aufnahme in die Ovocyte angereichert. Besonders deutlich ist dies bei *Eurybrachys* zu erkennen, wo in dem kugeligen Symbiontenballen zwischen dem feinen Gerinnsel der begleitenden Bakterien zunächst nur ganz wenige Hefen liegen und diese dann, noch bevor die Entwicklung beginnt, wesentlich zahlreicher werden. Auch bei *Oryzaephilus* hat man eine deutliche Teilungsperiode der noch zwischen Ei und Dotterhaut gelegenen Symbionten beobachtet, und bei *Ixodes* treten schon während dem Eiwachstum besonders auffällige Wellen der Vermehrung auf. Es liegt auf der Hand, daß die Erzeugung von Übertragungsformen auf solche Weise eine fühlbare Entlastung erfährt.

Auch sonst geht vielfach eine zum Teil sehr auffallende spontane Vermehrung der Symbionten Hand in Hand mit der Eiinfektion. Bei Ameisen trafen wir auf eine ganz erhebliche Überschwemmung des Follikels im Bereiche der jungen Ovocyten und anschließend auf eine geradezu stürmische Vermehrung in diesem, und bei Blattiden und *Mastotermes* führte wiederum eine sehr lebhafte Vermehrung der Bakterien an der Eioberfläche zu einem dichten Belag auf ihr.

Sorgt in all diesen Fällen eine Anreicherung der bereits zu den Eiröhren gelangten Symbionten für die Bereitstellung der für die Übertragung nötigen Menge, so äußert sich in anderen die gleiche Fürsorge schon in den eigentlichen Wohnstätten und kann sich hier auf das ganze Mycetom erstrecken oder auf eng umschriebene Zonen desselben beschränken. Nachdem bei *Oryzaephilus* eine erste Vermehrungsperiode in gewohnter Weise für die Füllung der heranwachsenden Organe gesorgt hatte, setzt hier plötzlich in den weiblichen Imagines eine allseitige enorme Vermehrung der Symbionten ein, wobei aus bis dahin schlauchförmigen Insassen die kleinen Übertragungsformen werden. Ganz ähnlich verhalten sich bei *Lyctus* die in der Rindenzone der disymbiontischen Organe lebenden Rosetten. Sie zerfallen im Weibchen bei Eintritt der Geschlechtsreife erst sporadisch, schließlich aber allerorts in ihre Teilstücke, und diese wandeln sich anschließend in sehr charakteristische Infektionsstadien um. In der Magenscheibe von *Pediculus* erleiden die Symbionten hingegen, bevor sie sämtlich das Organ verlassen und in die Ovarialampullen übersiedeln, eine deutliche Vermehrung, und bei den viviparen Blattläusen, in denen die Infektion der zahlreichen Embryonen einen besonders starken Symbiontenverschleiß mit sich bringt, ließen sich epidemisch auftretende Wellen der Teilung nachweisen, durch welche dieser wieder wettgemacht wird (TÓTH).

Als FINK in neuester Zeit den symbiontischen Zyklus bei *Pseudococcus citri* eingehender untersuchte, stieß er ebenfalls auf einen sichtlich den jeweiligen Bedürfnissen entsprechenden Rhythmus. Bis zum Schlüpfen dominiert hier die reproduktive Phase der Symbionten, die durch ovale und rundliche Formen und häufige Teilungsstadien charakterisiert ist. Solange die Larvenstadien beweglich sind und die geregelte Nahrungsaufnahme noch aussteht, tritt die Vermehrung zurück und häufen sich die degenerativen Zustände, d.h. lange, verschieden stark aufgetriebene oder ausnehmend große, rundliche, schlecht färbbare Formen. Vom Augenblick des Festsetzens bis zum Beginn der Eiinfektionen herrscht jedoch erneut die reproduktive Tätigkeit der Symbionten vor, während der Eiablage sinkt sie stark ab und die Stadien der Entartung mehren sich wieder, bis schließlich nach vollendeter Eiablage die Mycetome der allmählich sterbenden Tiere von hochgradig degenerierenden Symbionten mit stark vergrößerten Vakuolen erfüllt sind. Der leider ausstehende Vergleich der männlichen Tiere würde zweifellos die enge Bezogenheit des symbiontischen Zyklus auf die Anforderungen der Wirtstiere und ihren physiologischen Zustand noch klarer dokumentieren.

Wo besondere Depots für die Übertragung errichtet werden, erlebt man auch in ihnen eine zweckmäßige Anfachung der Vermehrungsintensität der Symbionten. Das gilt in gleicher Weise für die Füllung von der Eibeschmierung dienenden Hohlräumen, wie den Intersegmentalschläuchen und Vaginaltaschen der Bockkäfer, Anobiinen usf., sowie den entsprechenden rektalen Bildungen der Trypetiden, und für Filialmycetome mit intrazellularem Sitz der Symbionten. Die Ovarialampullen von *Pediculus* enthalten nach RIES 3000–6000 Symbionten. Täglich werden von ihnen rund 5 Eier mit je 150–250 Symbionten gespeist, ohne daß die Dichte der Besiedlung merklich abnähme. Das bedeutet, daß im gleichen Zeitraum bis zu 1000 Symbionten durch Teilungen nachgeliefert werden müssen. Auch an die obenerwähnte, zeitlich scharf begrenzte Teilungswelle in den Vasa Malpighi der weiblichen Donacien muß in diesem Zusammenhang erinnert werden.

Lokal begrenzte, an die Mycetome gebundene Vermehrungsstöße werden in erster Linie in den vor allem von den *a*-Organen der Zikaden stets gebildeten Infektionshügeln ausgelöst. Bei ihnen handelt es sich um zusätzliche, zunächst sterile Zellnester, welche an bestimmten Stellen der Mycetome entstehen und ihnen bald als mehr oder weniger beträchtliche Erhöhungen aufsitzen, wie bei den Cicadoiden, bald in sie eingesenkt sind und so die Plastik der Organe nicht verändern, wie zumeist bei den Fulgoroiden. Die ersteren bilden stets nur einen solchen, entweder seitlich oder endständig auftretenden Hügel, bei den letzteren jedoch sind die entsprechenden Zellnester, besonders wenn es sich um langgestreckte Organe handelt, unter Umständen zu mehreren vorhanden. Bei den Issinen oder bei *Fulgora europaea* sind es zum Beispiel je zwei, bei den Poiocerinen wechselt die Zahl je nach der Art und kann bei schlauchförmigen Mycetomen auf sechs und mehr ansteigen. Nicht damit zu verwechseln sind die seltenen Fälle, in denen es zu einer nachträglichen, durch das Wachstum oder die Zerklüftung der betreffenden Mycetome herbeigeführten Vermehrung der Infektionshügel kommt. Ersteres ist bei *Asiraca* der Fall, bei der die *a*-Organe extrem in die Länge gezogen werden, letzteres findet bei der Aufteilung der Cicadinen-Mycetome in traubige Verbände statt.

Sobald nun diese kleinen, ein- oder zweikernigen, auf eine lokale rege Vermehrung der Epithelzellen der Mycetome zurückzuführenden Elemente, die sich stets scharf gegen die symbiontenhaltigen Zonen derselben absetzen, auf einem bestimmten Zeitpunkt von diesen her infiziert werden, vermehren sich die Symbionten in ihnen lebhaft. Anfangs einzeln in Vakuolen gebettet, füllen sie bald cystenähnliche Räume und nehmen, nach dem Gipfel zu fortschreitend, das ganze Territorium in Beschlag, bis schließlich die derart angereicherten Infektionsstadien auf der Höhe des Hügels dem Lymphstrom übergeben werden.

An anderen Mycetomtypen begegnen nur selten entsprechende Einrichtungen. In dem unpaaren *g*-Organ einer Derbine schiebt sich ein entsprechendes Zellnest hinter dem Epithel zwischen die Syncytien, doch kam hier bis jetzt nur ein frühes, noch nicht infiziertes Stadium zur Beobachtung. Einen ebenfalls hierher gehörigen Sonderfall repräsentieren die sogenannten Epithelorgane gewisser Poiocerinen, bei denen *a*-Organe, die als solche einen Infektionshügel bilden, ihr Epithel einem zusätzlichen Gast einräumen. Hier wird auch für diesen ein zweites, anders strukturiertes, scharf gesondertes Zellnest bereitgestellt; und bei jenen Cicadinen, welche um die *a*-Mycetome eine Rindenschicht mit *w*-Symbionten legen, ohne diesmal hiebei auf das Mycetomepithel zurückzugreifen, erleiden die beiden Sorten ebenfalls zum Zwecke der Übertragung in je einem Zellnest gesteigerte Vermehrung und Umformung.

Eine ganz exzessive Entfaltung einer offenkundig den Infektionshügeln gleichzusetzenden Bildung, an die sich wieder ein beträchtlicher Teilungsanreiz knüpft, fand sich schließlich noch bei der Ricaniide *Bladina* und einer unbestimmt gebliebenen weiteren Nogodinine. Ihr unpaares *n*-Organ wird allseitig von einer dicken Schicht ansehnlicher zweikerniger Mycetocyten umschlossen. Von dieser ziehen Fortsätze, welche an die oft so stark entwickelten Infektionshügel der Aphrophorinen erinnern, zu den beiden Ovarien und gehen hier

überraschende Beziehungen zu den jungen Eiröhren ein (Abb. 196 *a*, 198). Zell-
degenerationen in ihnen schaffen Platz für die Einpflanzung je einer Anzahl
Mycetocyten, aus welchen sich Filialmycetome entwickeln, von denen aus später
erst das Nährzellplasma und dann die Eizellen infiziert werden. Bei der Verpflanzung in das erstere kommt es wieder zu einer lebhaften Vermehrung der
Symbionten, die dann in den Fastersträngen zu den Eiern gleiten (Abb. 197).
Hier gehen also zwei wohlgeschiedene Vermehrungswellen mit jeweiliger Verpflanzung in neue Gebiete — sterile Zellen des Infektionshügels, bzw. Nährzellen — Hand in Hand und liefern die für den Bestand des Zusammenlebens
nötigen Symbiontenmengen.

Ganz anders geartet ist der sich auf wenige Zellen beschränkende Teilungs-
impuls, durch welchen die Genese der Rektalorgane der Fulgoroiden
eingeleitet wird. Hier ist es eine kleine Gruppe von abermals auf ursprüngliche
Hüllzellen des Mycetoms zurückgehenden Kernen des *x*-Syncytiums, welche
den Anstoß zur Abgrenzung einiger der bereits nicht unbeträchtlich herangewachsenen Symbionten in Zellen geben. In ihnen sistiert alsbald jedes weitere
Wachstum, und an dessen Stelle tritt Aufteilung und Vermehrung in die kleineren Wanderformen, welche das nun sich sondernde provisorische Mycetom
füllen. Solange dieses im Darmlumen verbleibt, herrscht erneute Teilungsruhe,
aber nach Besiedlung der endgültigen Wohnstätte in der Valvula pylorica wird
sie durch eine neue Periode lebhafter Vermehrung abgelöst, die zur Füllung der
zunächst nur spärlich versorgten neuen Mycetocytengeneration führt.

Aus alledem geht mit jeder nur wünschenswerten Deutlichkeit hervor, daß
die Vermehrung der Symbionten unter normalen Verhältnissen in erster Linie
vom Wirtsorganismus selbst gesteuert wird. Lediglich dort, wo mehrere Symbiontensorten nebeneinander gezüchtet werden, ist auch mit der Möglichkeit
zu rechnen, daß zwischen diesen stimulierend wirkende Wechselbeziehungen
herrschen. Dafür spricht von vornehrein so manche Erfahrung, die man an
verschiedenen Mischkulturen nichtsymbiontischer Mikroorganismen in Natur
und Laboratorium gemacht hat (Satellismus), und außerdem die vielfältig er-
wiesene Produktion von wachstumfördernden Vitaminen durch Symbionten,
von der im Schlußkapitel ausführlich die Rede sein wird. Andererseits läßt der
sich bei gewissen Kombinationen geltend machende Antagonismus, welcher bei
der Erörterung historischer Fragen eine bedeutsame Rolle spielen wird, es aber
auch nicht ausgeschlossen erscheinen, daß unter Umständen bei solchen Plurisymbiosen ein Symbiont die Vermehrung eines anderen hemmt.

Bevor wir jedoch nun in die Erörterung der dem Wirt bei der Regulation
der Symbiontenmenge zu Gebote stehenden Mittel eintreten, erscheint es zweckmäßig, auch den entsprechenden Nachweis seiner Beherrschung der Symbiontengestalt zu liefern, denn beiderlei Beeinflussungen gehen vielfach
Hand in Hand und sind auf ähnliche oder gleiche Ursachen zurückzuführen.

Dabei wird man sich freilich davor hüten müssen, die mannigfachen
Gestalten, unter denen uns die Symbionten entgegentreten können, stets als
vom Wirtstier «gewollte» ansehen zu wollen. In vielen Fällen werden diese
vielmehr lediglich durch die veränderte Umwelt hervorgerufen worden

sein. Wissen wir doch, wie überaus empfindlich Mikroorganismen Umwelts-
einflüssen gegenüber sind und wie Pilze und Bakterien, die ungewöhnlichen
Kulturbedingungen unterworfen werden, vielfältig mit oft sehr weitgehenden
Änderungen ihrer Wuchsformen reagieren. Bekannt sind die mannigfachen Zustände, welche zum Beispiel Choleravibrionen auf verschiedenen Nährböden
annehmen können, oder die Involutionsformen, in welche der Diphteriebazillus
übergehen kann. Die technische Mykologie liefert nicht minder zahllose Beispiele hiefür. Essigsäurebakterien wachsen nach vierundzwanzigstündigem Verweilen in 37° zu langen, aufgetriebenen Blasen und Schläuchen aus, die, an viele
zunächst hinsichtlich ihrer systematischen Einordnung Schwierigkeiten machende, schlauchförmige Symbionten erinnern. Eine besonders überraschende
Fülle von Gestalten hat unter anderem insbesondere auch BURRI (1943) an
dem Erreger der Sauerbrut der Bienen in den Maden und unter verschiedenen
Kulturbedingungen aufgedeckt. Er unterscheidet bei diesem *Bacterium pluton*
sehr kurze Stäbchen, ovale, an beiden Enden zugespitzte Formen, Ketten von
Kurzstäbchen, längere Stäbchen, an den Enden verjüngte Stäbchen, Fäden
und spindelförmig gedunsene entartete Zustände.

Besonders interessant sind jedoch für uns die Erfahrungen, welche man bei
der Impfung von parasitischen Bakterien in die Leibeshöhle anderer Insekten
gemacht hat. Die Untersuchungen PAILLOTS (1922, 1933) lieferten in dieser
Hinsicht zahlreiche wertvolle Daten. Das *Bacterium pieris liquefaciens* α, gewonnen aus dem Blut von *Pieris brassicae*, wo es die Gestalt eines Coccobacillus besitzt, bleibt in Raupen von *Vanessa urticae* fast unverändert, in
solchen von *Vanessa polychloros* wird es etwas länger, in *Lymantria dispar*
aber wächst es zu mehr oder weniger gewundenen Fäden von 40 und 50 μ
Länge aus. Das *Bacterium melolonthae liquefaciens* γ stellt im Maikäfer ein
Kurzstäbchen dar, in *Agrotis segetum* treten wieder stattliche Fäden auf, in
Lymantria dispar werden sie wesentlich dicker und bekommen auffallend spitz
ausgezogene Enden.

In anderen Fällen stellen sich ganz abenteuerliche Wuchsformen ein. Der
Bacillus liparis erscheint normalerweise als sanft gekrümmtes Stäbchen; auf
gewissen Zuckern gezüchtet, wächst er aus und schwillt an einem oder an beiden
Enden keulig an, in das Blut von *Pieris brassicae* versetzt aber treibt er knorrige Verzweigungen, die an jene bei *Centrotus* und *Euacanthus* auftretenden
«Rosetten» mahnen. Der *Bacillus melolonthae liquefaciens* γ quillt in *Lymantria
dispar* rasch schlauchförmig auf, auf fortgeschrittenen Stadien der Infektion
kommt es zu medianen oder polaren Auftreibungen, in die allmählich die ganze
Bakteriensubstanz übergeht. Die stark färbbaren Bestandteile ballen sich dabei
im Zentrum oder durchsetzen den ganzen, gleichzeitig unbeweglich werdenden
Organismus, so daß eine gewisse Ähnlichkeit mit Infektionsstadien der Zikaden
resultiert. Nach dem Tode der Raupe schwinden diese Formen wieder und
treiben nur noch die typischen Coccobazillen in ihr. Das *Bacterium lymantri-
colum adiposum* bildet, wenn längere Zeit isoliert und dann in *Lymantria* zurück-
versetzt, alle möglichen Auswüchse und Verdickungen, so daß mycelähnliche
Zustände entstehen, wie sie abermals bei so manchen Symbionten begegnen.

Es kann heute kein Zweifel mehr darüber bestehen, daß auch die große Mehrzahl ungewöhnlich gestalteter Symbionten modifizierte Bakterien darstellen. Alle jene bläschenförmigen, wurstförmigen, schlauch- und rosettenförmigen oder knorrigen Organismen, denen man anfänglich die verschiedensten Deutungen gegeben hat, finden so ihre Erklärung. Selbst wenn keine so sprechenden Erfahrungen vorlägen, wie die eben angeführten, müßte bereits der Vergleich der Symbiontengestalten bei nahe verwandten Wirten davon überzeugen. Innerhalb der das Darmlumen bewohnenden Heteropteren-symbionten begegneten uns zum Beispiel neben typischen Bakteriengestalten bei manchen Arten größere und dickere Formen und bei *Murgantia* riesige, un-regelmäßig gewordene und lokal anschwellende Schläuche (Abb. 91). Bei den verschiedenen *Pseudococcus*arten trifft man zumeist auf wurstförmige, mehr oder weniger aufgetriebene Symbionten, aber *P. adonidum* beherbergt in ganz den gleichen Organen und hier wie dort in Gallertballen vereint typische faden- und stabförmige Bakterien und eine andere Spezies zarte, gekrümmte Fäd-chen, das heißt Formen, an deren Bakteriennatur niemand zweifeln wird (Tafel 2, *e*, *f*, Tafel 3, *a*, *b*). Auch bei den Mallophagen trifft man auf alle Über-gänge zwischen Kurzstäbchen, schlanken Fäden und rundlichen, sowie ovalen, stark aufgetriebenen Formen, und bei den Anopluren gibt es ebenfalls neben gequollenen und verlängerten, zum Teil ganz homogenen Wurstformen granu-lierte rundliche Bläschen, wie bei *Polyplax*, und wenig modifizierte Gestalten. Selbst die riesigen *x*-Symbionten der Fulgoroiden, welche 200 und mehr μ messen können, sahen wir aus Zuständen entstehen, welche typischen Bakte-rien noch sehr nahestanden, und wir können auch in ihnen nichts anderes als in diesem Fall freilich in geradezu grotesker Weise entartete Bakterien erblicken (Abb. 193). Obwohl ich mich seit 20 Jahren für eine solche Deutung all dieser atypischen Symbiontengestalten eingesetzt habe (1930, 1931, 1940) und von meinen Mitarbeitern, vor allem von WALCZUCH und H. J. MÜLLER, wertvolle Belege für sie beigebracht wurden, haben die Bakteriologen von Fach, welche dieses Gebiet doch in hohem Grade interessieren sollte, leider bis heute nur selten Notiz davon genommen. Eine erfreuliche Ausnahme macht in dieser Hinsicht die Studie von RESÜHR (1938), welche sich eingehend mit der physikalischen Beschaffenheit des Protoplasmas und der Membran der wurst- und schlauch-förmigen Symbionten von *Philaenus*, *Cicadella* und *Pseudococcus* befaßt, ihre Kernlosigkeit erneut erhärtet und durchaus für ihre Bakteriennatur eintritt.

Ganz allgemein ist festzustellen, daß solche tiefgreifenden Formveränderun-gen mit verschwindenden Ausnahmen nur bei intrazellular zwischen Darm und Hypodermis lebenden Symbionten vorkommen, während vor allem Bewohner der Körperhöhlen, die mit der Außenwelt in Verbindung stehen, oder auch solche, welche im Epithel des Darmes oder der Malpighischen Gefäße unter-gebracht sind, ursprünglichere Gestalten aufzuweisen pflegen. Das gilt in gleicher Weise für die Symbionten der Trypetiden, Glossinen, Triatomiden und der meisten Pupiparen, wie für die Bakterien in den Leuchtorganen der Fische und Cephalopoden und in den akzessorischen Drüsen der letzteren, sowie für die nie vermißten Insassen der Nephridien gewisser Oligochäten. Durchweg handelt es sich hier um stäbchen- oder fadenförmige Gebilde, und es ist kein Zufall, daß gerade bei diesen auch die Kultur außerhalb des Wirtskörpers keine Schwierigkeiten bietet. Die ungewöhnlich gestalteten Symbionten von *Murgantia* unter den Heteropteren, die Insassen der zu Keulen umgestalteten Vasa Malpighi der Aphiden, die Rosetten in den Darmorganen von *Bromius* und die Einschlüsse der Leuchtorgane von *Heteroteuthis* gehören zu den wenigen Ausnahmen.

Außerdem behalten erfahrungsgemäß auch alle noch mehr oder weniger ungefügen akzessorischen Symbionten ihre ursprünglichen Formen bei, obwohl sie zumeist intrazellular und zuweilen sogar mit entarteten älteren Genossen in ein und derselben Zelle leben, daneben allerdings vielfach auch frei in der Lymphe treiben. Hier wird der Grad der Aufquellung und Deformation geradezu zu einem der Kriterien, die uns bei polysymbiontischen Formen das relative Alter der Einbürgerung festzulegen gestatten. Die gestaltliche Entartung wird also jedenfalls im allgemeinen nicht spontan durch den Übertritt in die Lymphe des Wirtskörpers ausgelöst, wie bei den oben angeführten Experimenten PAILLOTS, sondern offenbart sich als eine – freilich keineswegs immer – allmählich sich einstellende Begleiterscheinung des intrazellularen Lebens. Daß sie auch trotz hohen Alters der Symbiose ausbleiben kann, lehren die Symbionten der Blattiden.

Ungleich weniger plastisch erscheinen die als Hefen bezeichneten Symbionten selbst dann, wenn sie in recht mycetomähnlichen Bildungen untergebracht sind. Wenn auch wahrscheinlich ein Gutteil der sie jeweils unterscheidenden morphologischen Eigentümlichkeiten auf die von Art zu Art verschiedenen Einflüsse der Umgebung zurückzuführen sein mögen, so bewegen sie sich doch jedenfalls stets in bescheidenen Grenzen. Andererseits wird nahezu durchweg die Ausbildung langer Schläuche, büschelförmiger Verbände oder mycelähnlicher Zustände, das heißt die ihnen von Haus aus eigene und in den Kulturen sich einstellende Wuchsform, unterbunden (Abb. 36, 97). Während in den Pseudomycetomen und den Mycetocyten von Darmausstülpungen kaum je ein schlauchartiges Auswachsen begegnet, kommt es, wenn die Hefen in Lymphe und Fettgewebe leben, auch in gesunden Tieren noch gelegentlich vor.

Eine Beeinflussung, welche ganz allgemein bei Bakterien und Hefen zu konstatieren ist, betrifft die generelle Unterbindung der Fähigkeit, Sporen zu bilden. Auf den ersten Blick muß das überraschen, denn gerade sie, sollte man denken, würde für die Übertragung auf die Nachkommen besonders geeignete Zustände liefern. Und in der Tat werden in den beiden einzigen, bis heute bekannt gewordenen Ausnahmen die Sporen zu diesem Zwecke gebildet. Es sind dies die den Eifollikel infizierenden Sporen der Leuchtbakterien der Pyrosomen (Abb. 303) und die Sporen, welche bei einem Teil der Bockkäfer die Beschmierorgane am Legeapparat füllen (Abb. 34, 35). Bei den letzteren dürfte die Ausnahme darin begründet sein, daß die bei den betreffenden Gruppen noch auffallend wenig angepaßten Hefen bald nach der jeweiligen Infektion neuer Darmzellen ungewöhnlich heranwachsen und gleichzeitig das Vermögen der Knospung verlieren.

Angesichts solcher Plastizität der Symbiontengestalt kann es nicht überraschen, daß der Individualzyklus der Wirtstiere, in dessen Verlauf ja die Symbionten obendrein vielfach auch an andere Orte des Körpers verpflanzt werden, nicht nur von kommenden und gehenden Impulsen zur Vermehrung der Symbionten begleitet ist, sondern auch periodische Formveränderungen an ihnen bedingt, so daß diese vielfach zu empfindlichen Indikatoren der im Laufe der einzelnen Entwicklungsstadien sich wandelnden Umweltsbedingungen werden. Im Speziellen Teil begegneten auf Schritt und Tritt Beobachtungen über den zeitlich geregelten, oft sehr weitgehenden Pleomorphismus der verschiedenen Symbionten. So war er zum Beispiel bei den Donacien besonders stark ausgeprägt. In ihren zum Zwecke der Eibeschmierung bezogenen Malpighischen Gefäßen leben breite, gedrungene Stäbchen; aus ihnen entstehen kurze, ovale bis kugelige, wesentlich kleinere Infektionsstadien, die sich auch noch in der eben geschlüpften Larve finden. Aber schon nach zwölf Stunden beginnen sie sich in den jetzt besiedelten Darmanhängen wieder zu verlängern, und im Laufe der Larvenentwicklung wachsen sie zu langen Fäden aus. Anfangs noch gleichmäßig gefärbt, füllen sie sich allmählich mit stärker färbbaren Körnchen, die schließlich zu größeren Strecken zusammenfließen und immer noch länger werdenden Fäden das Aussehen von Ketten verleihen. Während der Großteil der Symbionten bei der Metamorphose in den Darmorganen der Auflösung verfällt, infizieren andere zwei der Malpighischen Gefäße und werden in ihnen wieder verkürzt (Tafel 1).

Mehr oder weniger ausgeprägte zyklische Formveränderungen begegnen auch bei den Trypetiden, wo sie bei *Tephritis heiseri* den Höhepunkt erreichten (Tafel 2 *a—d*). Die Symbionten der Larven haben die Gestalt kurzer, plumper Stäbchen, in jungen Imagines pflegen sie auszuwachsen, in älteren trifft man sehr lange Fäden, in legereifen Tieren jedoch wieder kurze Übertragungsformen, aber auch bei *Dacus* sind die Bakterien in den jungen Larven wesentlich kleiner als in den älteren. Die Apioninensymbionten in den Malpighischen Gefäßen durchlaufen eine Serie von so verschiedenen Zuständen, daß HOLMGREN, der sie noch für zelleigene Einschlüsse hielt, in ihnen die einzelnen Stadien der Reifung von Sekrettropfen sah. In Wirklichkeit wachsen kleinste Stäbchen zu geschlängelten Fäden aus, erzeugen eine gallertartige Hülle und werden schließlich samt dieser in Fragmente zerlegt. Heteropteren, *Oryzaephilus* und *Lyctus* lieferten weitere Beispiele, und bei der Bettwanze und in so manchen Pupiparen wurde bei aller Kleinheit ihrer Symbionten trotzdem eine überraschende Vielgestaltigkeit beobachtet.

Den extremsten Formwandel aber erleiden die x-Symbionten der Fulgoroiden. Während der Embryonalentwicklung noch ganz normale kurze Schläuche darstellend und sich durch Querteilung vermehrend, verlieren sie kurz vor dem Schlüpfen des Embryos plötzlich ihre Teilungsfähigkeit und wachsen zu Gebilden heran, die schließlich alle sonst bekannten Symbionten an Größe um ein Vielfaches übertreffen. Dabei können sie eine polyedrische Gestalt und mehr oder weniger glatte Oberfläche bewahren, wie dies bei dem Derbinentyp der Fall ist, wo das Wachstum sich noch in gewissen Grenzen hält, oder sie nehmen die seltsamsten Formen an und werden tief zerschlissen, wie bei den Fulgorinen, Poiocerinen, *Bladina* und anderen mehr. Hand in Hand damit treten in dem sehr dünnflüssigen Protoplasma zahllose stark lichtbrechende, eosinophile Granula auf, die sich im Laufe des larvalen und imaginalen Lebens in stets gleicher Weise verändern, zu größeren, gestreckten, an eine Fließstruktur mahnenden Gebilden heranwachsen und in alten Tieren zum Teil zu groben Schollen anschwellen.

Unter Umständen ist auch aus dem Verhalten der Symbionten zu entnehmen, daß zu ein und derselben Zeit in den einzelnen Zellen oder Syncytien eines Mycetoms verschiedene Bedingungen herrschen, ohne daß hiefür irgendwelche morphologische Anzeichen sprächen. Die Symbionten weisen dann von Zelle zu Zelle verschiedenes Gepräge auf, stehen aber innerhalb derselben durchweg auf dem gleichen Stadium des Formwandels. Solches begegnet zum Beispiel nicht selten bei Blattläusen, wo dann zwischen die Mycetocyten mit den typischen bläschenförmigen Stammsymbionten solche eingeschaltet sind, in denen sie durchweg einer anderen Größenordnung angehören (Abb. 127). In den *t*-Mycetocyten von *Euacanthus* sind die Rosetten ebenfalls in jeweils recht verschiedener Weise ausgeprägt, und bei Membraciden kommt bei den gleichen Symbionten Entsprechendes vor, ohne daß die Erscheinung etwa mit der Heranzucht von Übertragungsformen im Zusammenhang stünde. Auch die Fulgoroidensymbiose liefert Beispiele für ein solches Verhalten. So leben bei Poiocerinen in den einzelnen Syncytien der *a*-Organe recht verschieden große und abwechselnd gestaltete Organismen, bei einer Species etwa viele kleinere und schlankere Schläuche einerseits und relativ wenige größere, fast eiförmige Gebilde andererseits. Fließen dann solche Syncytien, wie es so oft geschieht, zusammen, so lassen sich an den regionär verschiedenen Größen noch die ehemaligen Territorien erkennen. Bei *Bladina* finden sich in den einzelnen Syncytien Vermehrungsgrüppchen der Symbionten mit jeweils unterschiedlicher Größe und Zahl der Komponenten. Auch das bei schwacher Vergrößerung auffallend scheckige Aussehen der keulenförmig umgestalteten Malpighischen Gefäße bei Apioninen ist darauf zurückzuführen, daß jede Zelle von einem anderen Entwicklungsstadium der Symbionten erfüllt ist, und bei *Tachardina* begegneten ebenfalls von Zelle zu Zelle auffallende Größenunterschiede.

Wie sich beim Vergleich der beiden Geschlechter beträchtliche Differenzen in den Vermehrungsintensitäten ergaben, so reagieren die Symbionten unter Umständen auch in formaler Hinsicht auf die jeweils verschiedenen Umwelten. Mehrfach kommt es so zum Beispiel bei den Fulgoroiden zu einem Dimorphismus der *x*-Symbionten. Bei *Caliscelis* sind sie in den breit schlauchförmigen Organen der Weibchen größer und tief eingeschnitten, in den schlankeren Mycetomen der Männchen kleiner, von polygonaler Gestalt und glatt begrenzt, bei *Asiraca* im Weibchen reich gefiedert, im Männchen gröber und weniger tief gelappt. Umgekehrt wachsen die *a*-Symbionten in der Regel im männlichen Geschlecht, in dem sie, wie wir hörten, im Gegensatz zu den weiblichen Symbionten ihre Teilungsfähigkeit verlieren, wesentlich stärker heran und werden zwei bis drei mal so groß als im anderen Geschlecht. Das gleiche zeigt *Issus* und manche Derbine. Auch von den Diaspinensymbionten wurde angegeben, daß die Symbionten der Weibchen bei gewissen Arten größer sind als die der Männchen. Bei einer Smiline fand RAU gewisse, freilich ganz wie Parasiten anmutende Hefen, welche in der Lymphe und in den Fettzellen der Weibchen die übliche schlank tränenförmige Gestalt besaßen, während sie in den männlichen Tieren zwar, soweit es sich um ihr Vorkommen in den Hodenbläschen handelt, ebenso geformt waren, im übrigen aber als Schläuche erschienen, die oft mehr als das 10fache an Länge massen.

Inwieweit diese bisher angeführten Gestaltveränderungen für den Wirt bedeutungsvoll sind und inwieweit sie lediglich automatische Reaktionen auf die Veränderungen des Milieus sind, läßt sich freilich bei dem heutigen Stand unserer Kenntnisse keineswegs immer sagen. Es wäre ja sehr wohl möglich, daß mit dem oft so beträchtlichen Anschwellen der Symbionten irgendwelche Leistungssteigerungen Hand in Hand gehen. H. J. MÜLLER sieht in den Riesen der *x*-Symbionten Organismen, über welche die Wirtstiere gleichsam die Gewalt verloren haben und die, da sie ihr Teilungsvermögen eingebüßt haben, statt dessen in so unbändiger Weise heranwachsen. Aber man könnte dem entgegenhalten, daß ja gerade die Genese der Rektalorgane mit aller Deutlichkeit zeigt, daß der Wirt sehr wohl über Mittel verfügt, welche auch hier das Wachstum rückgängig zu machen und Teilung auszulösen vermögen. Daß Zustände, welche man gerne als solche der Entartung bewertet, sehr wohl im Zusammenhang mit bestimmten Leistungen stehen können, geht auch aus dem Umstand hervor, daß die *Pseudococcus*-Symbionten in N-freien Nährlösungen fast durchweg sich in jene für die Bakteroiden der Leguminosen so typischen Y- und kreuzförmigen Zustände verwandeln und gleichzeitig hier ebenfalls eine Assimilation des atmosphärischen Stickstoffes einsetzt.

Sinnvolle Beziehungen solcher allgemeiner Gestaltveränderungen zu dem jeweiligen Gebot der Stunde liegen insbesondere auch dann offen zutage, wenn die Gesamtheit der Symbionten damit in einen Zustand versetzt wird, der die Entstehung von für die Übertragung geeigneten Formen anbahnt. Das ist der Fall, wenn bei *Bromius* und *Lyctus* die Rosetten plötzlich in ihre Teilstücke zerfallen, wenn bei *Oryzaephilus*, allerdings in beiden Geschlechtern, die bis zu einer Länge von 70 μ ausgewachsenen Schläuche in gedrungenere Zustände zerlegt werden oder die *Tephritis*symbionten im imaginalen Darm und die von Donacien in den Vasa Malpighi in kürzere Fragmente zerfallen.

Vor allem aber ist eine unverkennbare Zweckbezogenheit überall dort vorhanden, wo die gestaltlichen Veränderungen lediglich einen beschränkten Teil der Symbionten und zumeist auch nur bestimmte Bereiche der Wohnstätten betreffen. Es handelt sich dann in den allermeisten Fällen um die Heranzucht von Übertragungsformen und nur gelegentlich auch um die von Zuständen, die der Verpflanzung in eine andere Wohnstätte dienen.

Vielfach liegt eine diffuse Entstehung von spezifischen Infektionsstadien vor. Die Symbionten von *Icerya* verwandeln sich zum Beispiel da und dort einzeln oder in kleinen Gruppen oder auch im Gesamtbereich einer

Mycetocyte in stärker färbbare, das heißt dichter gebaute Zustände. Dabei kann ihre Gestalt unverändert bleiben *(Icerya purchasi)*, oder es werden wurstförmige, von einer Membran eng umschlossene Gebilde zu Kugeln zusammengebogen *(I. aegyptica)*. An beliebiger Stelle verlassen dann solche Formen, oft noch von kleinen Plasmafetzen umgeben, das Mycetom (Abb. 119). Ähnlich verhalten sich auch die Pseudococcinen. Die Infektionsstadien von *Pseudococcus citri* haben eine gewisse Ähnlichkeit mit denen von *Icerya aegyptica*. Diesmal ergreift die abermals nicht enger lokalisierte Verwandlung allemal die sämtlichen Komponenten der durch eine Gallerte zusammengehaltenen Symbiontenballen, welche in Anzahl in jeder Mycetocyte liegen. Die wurstförmigen Symbionten werden kürzer und dicker, die jeden einzelnen Organismus umschließende Hülle biegt sie stärker U-förmig zusammen, und das Plasma wird homogen (Abb. 115). Ganze Ballen verlassen dann gemeinsam das Mycetom und bleiben auch bei der Eiinfektion vereint. Bei einer anderen *Pseudococcus*art stellen die Symbionten hingegen lange, dünne, wieder in je einer Hülle aufgerollte Fäden dar, und die Infektionsstadien erscheinen lediglich als eine verkleinerte Ausgabe derselben. Wieder andere Arten aber lassen zum mindesten keine morphologischen Unterschiede zwischen den das Mycetom bewohnenden und die Eizellen infizierenden Formen erkennen *(Ps. diminutus, adonidum, nipae)*. Bei *Phenacoccus* sind es die Randgebiete des Mycetoms, in denen die Symbionten deutlich größer werden und aus denen sich dann einzelne Mycetocyten lösen, um ihren Inhalt alsbald der Lymphe zu übergeben (Abb. 118). Auch in den Rektalorganen begegnet man einer da und dort auftretenden Wandlung der Symbionten zu stärker färbbaren und meist auch deutlich größeren Infektionsformen, die dann auf schwer verständliche Weise an verschiedenen Stellen durch die stark entwickelte Muscularis hindurch in die Leibeshöhle übertreten.

Oryzaephilus läßt, nachdem die Symbionten schon vorher in beiden Geschlechtern in kleinere Teilstücke zerfallen waren, in den reifen Weibchen da und dort zwischen unverändert bleibenden Stadien besonders stark färbbare entstehen, welche allein zur Übertragung verwandt werden (Abb. 71). Wo bei den Psylliden unregelmäßig ausgewachsene Schläuche vorliegen, werden sie ebenfalls in rundliche oder ovale Zustände zerlegt, ohne daß hiebei eine Bevorzugung bestimmter Bezirke zu bemerken wäre, während die Insassen des Syncytiums, soweit sie als später Gekommene noch ursprüngliche Bakteriengestalt besitzen, in dieser in das Ei geschickt werden. Ein typisches Beispiel für eine diffuse Heranzucht von wenig veränderten, vor allem stets stärker färbbaren und verkürzten Stadien bieten ferner auch die b-Organe der Zikaden. Dabei ist wieder, wie schon bei *Phenacoccus*, vielfach zu beobachten, daß die Symbionten keineswegs kleiner werden, sondern sogar die im Mycetom verbleibenden Genossen deutlich an Größe übertreffen. An der ganzen Oberfläche der Organe austretend, verweilen sie zunächst in deren Epithel, so daß man vermuten möchte, daß sie in ihm noch eine Art Reife erleiden.

Auch in den Ovarialampullen der Anopluren, Rhynchophthirinen und Mallophagen treten spezifische Übertragungsformen auf, die sich nicht nur durch die gewohnte stärkere Färbbarkeit des Plasmas, sondern auch durch besondere

Differenzierungen desselben und manchmal auch durch eine ursprünglichere, das heißt typischen Bakterien ähnlichere Gestalt *(Haematopinus, Pediculus)* auszeichnen. Im einzelnen herrscht hier jedoch insofern große Mannigfaltigkeit, als die Veränderungen entweder sämtliche Insassen der Ampullen ergreifen können *(Pediculus, Linognathus* und andere) oder nur einzelne Mycetocyten und in diesen bald alle Insassen, bald nur einen Teil betreffen. Bei *Turdinirmus, Columbicola* und *Linognathus* entsteht in den Übertragungsformen ein zentrales Korn, bei *Haematomyzus* legt sich um die Mitte eines jeden der schlauchförmigen Symbionten ein höchst auffälliges, stark färbbares Ringchen. Die stärkere Färbbarkeit tritt unter Umständen nur an den wandernden, also extrazellularen Stadien auf und schwindet alsbald in der Ovocyte wieder *(Lipeurus)*, während sie ja sonst immer schon in den Mycetocyten einsetzt und erst im Laufe der Embryonalentwicklung der durch flüssigkeitsreicheres Plasma bedingten lichten Färbung Platz macht und damit eine Welle der Vermehrung einleitet.

Die Entstehung spezifischer Übertragungsformen in scharf abgesetzten Zonen ist bisher nahezu ausschließlich bei Zikaden zur Beobachtung gekommen. Dabei sind zwei Möglichkeiten zu unterscheiden: Das betreffende Territorium kann ein Teil des von Anfang an den Symbionten zugewiesenen Raumes sein, oder es geht auf zusätzliches, zunächst steriles Zellmaterial zurück. Ersteres trifft für die aus einer Anzahl Syncytien bestehenden o-Organe einer *Hysteropterum*-Art (Issine) zu, welche lediglich im weiblichen Geschlecht einseitig ein Nest von lockerer gebauten Syncytien absondert, in denen die Symbionten in kleinere, rundliche Zustände übergeführt werden, und begegnet in anderer Form bei allen t-Organen, die bei Membraciden, Jassiden und Eusceliden eine so große Rolle spielen, wieder. Hiebei handelt es sich, wie wir sahen, um stets einkernige Mycetocyten, welche als Markzone mehr oder weniger innig in die a-Organe eingebaut werden. Ihre Insassen bilden stets spezifische Übertragungsformen aus, wobei die Umwandlung zwar immer gleichmäßig den gesamten Inhalt der Zelle erfaßt, sich aber andererseits diffus bald hier, bald dort in einer Mycetocyte geltend macht. Sie pflegt in den zentralen Regionen des Organs zuerst aufzutreten und ist dann schon an der Abrundung und Größenzunahme der vorher polygonalen Zellen leicht zu erkennen. Die bis dahin dichtgedrängten Symbionten werden deutlicher begrenzt; wo sie Rosettengestalt besaßen, wie bei *Euacanthus*, wird diese in eine rundlich-ovale übergeführt (Abb. 169). Die Färbbarkeit wird eine geringere, doch vermehren und vergrößern sich andererseits die nie fehlenden eosinophilen Einschlüsse. Daß diese Veränderungen zunächst in der Mitte des Organs beobachtet werden, findet seine Erklärung in dem Umstand, daß die selbst in der Imago noch häufigen Mitosen der t-Mycetocyten stets peripher liegen und so gestellt sind, daß sie einen randlichen Zuwachs bedingen und somit die zentralen Zellen die ältesten sind. An beliebigen Stellen, jedoch hierbei die von den Tracheen vorgezeichneten Bahnen bevorzugend, zwängen sich dann mit Infektionsstadien beladene Wanderzellen durch das Mycetom und dessen Epithel hindurch in die Leibeshöhle, wo sie alsbald zerfallen und ihren Inhalt der Lymphe übergeben (Abb. 171, 176). Bei einer einzigen Membracide, einer unbestimmt gebliebenen, fünferlei Symbionten beherbergenden Polyglyptine, werden auch die einen akzessorischen Symbionten beherbergenden Mycetoyten beweglich und tragen ihre wurstförmigen Insassen, die hier freilich keine Formveränderung erkennen lassen, nach außen (Abb. 177*e*).

In wieder anderer Weise ist die Entstehung der Übertragungsformen bei den seltsamen Mycetomen örtlich begrenzt, die Šulc von einer *Margarodes*art beschrieben hat und die in die Wandung des Oviduktes eingelassen sind. Hier wachsen die Mycetocyten nach dem Lumen zu immer mehr an, und andererseits werden gleichzeitig die sich vermehrenden Symbionten immer kleiner. Hand in Hand damit tritt in ihnen, wie bei manchen Anoplurensymbionten, ein zentrales, stark färbbares Korn auf. So gereift treten die Infektionsstadien schließlich in den Ovidukt und die Eizellen über (Abb. 124, 125).

Vor allem aber erlebt man in den Infektionshügeln der *a*-Organe, an die gleichzeitig ein derart gesteigerter Impuls zur Vermehrung geknüpft ist, eine diesem parallelgehende Umformung der Symbionten. Zunächst schlauchförmig, beginnen sie schon in der Nähe des spezifischen Zellnestes sich zu verkürzen und abzurunden, und diese Tendenz setzt sich nach Übertritt in den Infektionshügel weiter fort. Gleichzeitig werden sie auch hier wieder stärker färbbar. Die reifen Infektionsstadien, welche dann in die Leibeshöhle entlassen werden, sind oft kleiner als die im Mycetom verbleibenden Zustände, aber wohl ebenso häufig auch sichtlich voluminöser, und übertreffen manchmal deren Größe wohl um das Doppelte (Abb. 163, 167, 170).

Bei denjenigen Poiocerinen, welche das Epithel der *a*-Mycetome einem weiteren, zusätzlichen Symbionten eingeräumt haben und nun für beide Sorten gesonderte Infektionshügel bilden, werden in dem einen die *a*-Symbionten in der üblichen Weise gewandelt, in dem anderen gebogene, blaß färbbare Fäden zu verkürzten und verdickten, nahezu geraden und sich jetzt wieder viel stärker färbenden Gebilden (Abb. 202). Wo Cicadinen ihre Mycetome einem zweiten Symbionten öffnen, sorgen ebenfalls zwei Zellnester für die Herbeiführung der üblichen gedrungenen, dichteres Plasma besitzenden Infektionsstadien, und bei den *k*-Organen der Poiocerinen begegnen randständige Syncytien, die allem Anschein nach ebenfalls auf zunächst sterile, eingesenkte Epithelzellen zurückgehen und in denen allein die Symbionten zu anders gestalteten, diesmal blasser werdenden Übertragungsformen werden. Bei *Bladina fraterna* herrschen hingegen im Plasma der Nährzellen Bedingungen, welche die dort vorübergehend stationierten *n*-Symbionten, bevor sie in die Eizellen verfrachtet werden, nicht nur zu lebhafter Vermehrung, sondern auch zu beträchtlichem Wachstum veranlassen.

Wo die Heranzucht spezifischer Übertragungsstadien auf so scharf umschriebene Territorien begrenzt ist, wie sie die Infektionshügel, die Wanderzellen der *t*-Symbionten oder die Rektalorgane darstellen, handelt es sich stets um Einrichtungen, welche zunächst für eine einzige Symbiontensorte getroffen wurden und höchstens bei gewissen Doppelmycetomen, wie den Epithelorganen oder den zweischichtigen Cicadinenmycetomen, die Entstehung einer zweiten, dann aber wohlgesonderten, einem zusätzlichen Gast dienenden Umbildungszone erleichtert haben. Es kommt jedoch auch vor, daß solche später Aufnahme findende Symbionten unter den unmittelbaren Einfluß der zunächst für ältere Mycetombewohner geschaffenen Infektionshügel oder Wanderzellen gelangen, wobei nicht immer klar zu erkennen ist, inwieweit es sich um eine vom Wirtstier getroffene Anpassung oder um die Folge einer noch ungezügelten Überschwemmung handelt.

Ersteres gilt offenbar für *Cicadella viridis*. Bei dieser Zikade finden sich die bald stäbchen-, bald fadenförmigen, ein eigenes Mycetom bewohnenden Symbionten zwar niemals im eigentlichen *a*-Mycetom, wohl aber stets in dessen Infektionshügel, teils diffus unter die sich hier umwandelnden *a*-Symbionten gemengt, teils in große, einkernige Zellen vereint, und bilden nur hier, aber niemals in ihrem eigenen Mycetom, aus kurzen Stäbchen zusammengesetzte Bündelchen, welche mit den Infektionsformen der *a*-Symbionten den Hügel verlassen und mit diesen in die Keilzellen und Ovocyten übertreten (Abb. 173).

Auf eine ähnlich geregelte Beeinflussung eines ebenfalls dünne, längere Fädchen darstellenden akzessorischen Symbionten, der hier freilich noch recht ungezügelt die *a*-Syncytien durchsetzt, stößt man auch bei der Membracide *Hypsoprora coronata*. Je näher diese Bakterien dem Infektionshügel zu liegen kommen, in desto stärkerem Maße bilden sie, wie die *Cicadella*symbionten, kleine Bündelchen parallel liegender oder sich umschlingender kürzerer Fäden. Als solche werden sie mit den *a*-Symbionten in die Zellen des Infektionshügels übernommen und an dessen Gipfel zum Ovar entlassen. Andere Membraciden führen uns die schrittweise Anbahnung einer solchen Regelung vor. So infizieren die kleinen Bakterien, die als dritte Gäste bei einer gewissen Tragopine leben, ebenfalls die Infektionshügel, verursachen dabei aber starke Störungen der *a*-Symbionten, die freilich trotzdem mit ihnen in den Keilzellen erscheinen. Ähnliches geschieht bei *Bolbonota* mit den *η*-Symbionten und bei *Sundarion*-, *Eualthe*- und *Hemikyphta*arten mit den *γ*-Symbionten.

Eine solche Benutzung der zunächst nur für die *a*-Symbionten geschaffenen Einrichtung begegnet niemals gleichzeitig mit einer solchen der den *t*-Symbionten dienenden Wanderzellen, die ebenfalls zum Transportmittel zahlreicher akzessorischer Symbionten werden. Auch hier stellt man eine mehr oder weniger weitgehende Regelung und gelegentliche Beeinflussung der Gestalt fest. So erscheinen gewisse, vornehmlich in Syncytien zwischen den *t*-Mycetocyten untergebrachte lange Schläuche in den Wanderzellen als kürzere, blassere Gebilde. Bei *Adippe* werden sämtliche Wanderzellen von den kleinen, akzessorischen Kokken mitbenutzt. Bei *Bolbonota* geschieht dies in solchem Ausmaße, daß dem gesteigerten Bedarf eine wesentliche Vermehrung dieser Transportmittel entgegenkommen muß. Bei Polyglyptinen bedienen sich ihrer sogar im Mycetom lebende Hefen, und bei einer Darniine werden gar zweierlei akzessorische Bakterien, die noch beträchtliche Störungen im *t*-Organ bedingen, zusammen mit den *t*-Symbionten verfrachtet (Abb. 176).

Nachdem somit der Wirtsorganismus ohne Zweifel in gleicher Weise Vermehrung und Form seiner Gäste weitgehend in der Gewalt hat und allerorts eine ganz erstaunliche Harmonie zwischen seinen jeweiligen Bedürfnissen und dem

Verhalten der Symbionten begegnet, ersteht die Frage nach den Mitteln, welche hiebei eine Rolle spielen. Hiebei sind generelle und spezielle Beeinflussungen zu unterscheiden.

Ohne Zweifel geht mit der Einbürgerung aller Symbionten eine sehr wesentliche allgemeine Hemmung der Vermehrungsintensität Hand in Hand. Die Mengenzunahme, welche sie im Laufe eines Individualzyklus ihrer Wirte erleiden, bleibt hinter der frei oder parasitisch lebender Mikroorganismen weit zurück, und wo eine einwandfreie Kultur der Symbionten auf künstlichen Nährböden gelang, ist ihre Vermehrung natürlich eine ungleich lebhaftere als in ihren Wirten. Die Ernährungsbedingungen, unter denen sie gehalten werden, sind offenbar knappe, und zeitweise Herabsetzung des Wirtsstoffwechsels hat entsprechende Sistierung ihrer Vermehrung im Gefolge. Wo Embryonen eine Winterruhe durchmachen, wie bei Blattläusen, Schildläusen oder manchen Zikaden (*Gargara*, *Fulgora* nach RAU bzw. MÜLLER), geht auch an den Symbionten in dieser Zeit keinerlei Veränderung vor sich. Bei Lecanien, die als Junglarven überwintern, bleibt ebenfalls die bis dahin noch geringe Symbiontenmenge die gleiche (SCHWARTZ). In den Bockkäferlarven oder denen von *Ernobius abietis* geht im Winter die Zahl der Hefen sogar sehr stark zurück, und wenn man sie im Sommer tiefen Temperaturen aussetzt oder die Tiere hungern läßt, wird ebenfalls die Vermehrung der Symbionten unterbunden und ein Gutteil derselben sogar in den Darm ausgestoßen. Treten für die Wirtstiere wieder günstige Verhältnisse ein, so steigt alsbald auch die Vermehrungsrate der Symbionten, und der Verlust wird wieder wettgemacht (KIEFER). Wenn bei Blattiden infolge Ausbleibens der Begattung oder Mangel an geeignetem Futter oder in den die Fortpflanzungszeiten unterbrechenden Ruheperioden das Eiwachstum sistiert wird, ruht auch die Vermehrung der Bakterien an den Eiröhren (GIER), und in ähnlicher Weise wird die Unterbindung des Eiwachstums im Ovar der Ameisenarbeiterinnen von einer Hemmung der sonst infizierenden Symbionten begleitet (LILIENSTERN).

Eine schärfere Erfassung der einzelnen, die Symbiontenvermehrung regulierenden Faktoren bleibt freilich künftiger Forschung vorbehalten, wobei man vor allem auch der Frage wird nachgehen müssen, inwieweit Erfahrungen, die man in dieser Hinsicht zum Teil schon heute an Symbiontenkulturen machen kann, auf das Leben im Tier übertragen werden dürfen. Wissen wir doch zum Beispiel, daß ein Überangebot bestimmter an sich lebensnotwendiger Vitamine die Vermehrung in der Kultur hemmen kann. FINK vermutet, daß bei *Pseudococcus* eine vom Wirt gesteuerte Steigerung der synthetischen Leistungen der Symbionten zu deren Tod führt und damit ihre Vermehrung in gewissen Grenzen gehalten wird.

Daß all diese Hemmungen an den gesunden Zustand der Wirte geknüpft sind, lehrt eine Reihe von Beobachtungen, die man an degenerierenden Eiern sowie an alternden, kranken oder toten Tieren gemacht hat. Bei Blattiden kommt es vor, daß einzelne Ovocyten im Ovar zugrunde gehen. Die Folge ist, daß sich die Bakterien in ihnen hemmungslos vermehren. Das Gleiche fand sich bei *Mastotermes*. Hier wird das Plasma solcher Eier derart überschwemmt, daß es wie eine Reinkultur der Symbionten anmutet, und wenn sie schließlich in den Ovidukt ausgestoßen werden, trifft man in diesem riesige Bakterienschwaden (KOCH). In kranken *Aleurodes*larven, welche an einer Überproduktion des orangefarbenen Pigmentes leicht kenntlich sind, wuchern die Mycetome und lösen sich in Teilstücke auf, die sich im Körper zerstreuen (BUCHNER). In alternden Lecanien wird die Vermehrung der Konidien durch Knospung vielfach durch eine Neigung zum Auswachsen in Schläuche abgelöst, wie sie auch in den Kulturen, in denen ja ebenfalls die hemmenden Faktoren wegfallen, sich zu äußern pflegt (SCHWARTZ). In den *Pseudococcus*mycetomen entarten die Symbionten nach Beendigung der Eiablage hochgradig, und bei *Oryzaephilus* finden sich dann ebenfalls nur degenerierende Symbionten im Mycetom. Ähnliches gilt auch für die in den modifizierten Nierengefäßen der Apioninen lebenden Organismen. Als man tote Bockkäferlarven untersuchte, fand man ebenfalls 14 Stunden nach dem Tode kettenförmige Sprossverbände, wie sie niemals in lebenden Larven auftreten. Am zweiten Tage erreichte die Sprossung den Höhepunkt, dann nahm die bis dahin sehr intensive Vermehrung ab, und schließlich gingen die Pilze in den faulenden Larven zugrunde (SCHOMANN). Leider ist bisher kaum etwas über das Schicksal der Symbionten nach dem natürlichen Tode ihrer Wirte bekannt geworden, aber es dürfte kaum ein Zweifel sein, daß sie, wenigstens dort, wo es sich um intrazellular lebende Formen handelt, nicht mehr zu saprophytischem Leben zurückkehren können und jeweils mit ihren Wirten zugrunde gehen müssen.

Als hemmender Faktor allgemeiner Art kommt ferner die von Fall zu Fall in spezifischer Weise geregelte Größe des zugeteilten Wohnraumes in Frage. Hand in Hand mit der Immunität der übrigen Gebiete führt diese nach maximaler Füllung notwendig zu einer Sistierung der Symbiontenvermehrung. In der Tat beobachtet man ja immer wieder, wie der Wirtsorganismus im Laufe der embryonalen und postembryonalen Entwicklung den jeweiligen Bedürfnissen entsprechend stets den für das erwünschte Maß der Vermehrung nötigen Raum zur Verfügung stellt, sei es, daß Zellteilungen hiefür sorgen oder die sekundäre Zuteilung bis dahin steriler Elemente, wie bei den Hüllzellen der *a*-Organe oder bei der Besiedelung bestimmter Strecken des Darmepithels, oder daß die Entstehung polyploider Kerne ein entsprechendes Zellwachstum auslöst. Daß selbst in reifen Tieren durch Teilung der Mycetocyten eine Mehrung der Symbionten erzielt und damit ein Ersatz für den Ausfall der das Organ verlassenden Infektionsstadien geschaffen werden kann, lehrten die *t*-Organe. Wo der Verschleiß von Mycetocyten besonders groß ist, wie bei *Bolbonota*, bei der die Wanderzellen in ungewöhnlichem Maße von den akzessorischen Symbionten infiziert werden, steigt auch die Zahl der Mitosen entsprechend an (RAU). Auch jene Anobiiden- und Cerambycidenlarven, deren Symbiontenbestand durch Hunger und Kälte stark herabgesetzt wurde, zeigen uns, wie die Vermehrungsrate dem verfügbaren Raum entspricht, denn sobald die verödeten Mycetocyten unter besseren Bedingungen ihre normale Füllung wieder erreicht haben, sinkt sie auf ein Mindestmaß herab. Wenn die Füllung der Mycetocyten der Küchenschabe infolge einer Mikrosporidieninfektion zurückgegangen ist, werden diese bei abklingender

Schädigung wieder allseitig besiedelt. Im Fettgewebe und in der Leibeshöhle hingegen fällt eine solche Beschränkung durch den verfügbaren Raum vielfach fort, und die weitgehende Überschwemmung durch Bakterien und Hefen stellt daher hier eine immer wieder begegnende Erscheinung dar.

Andererseits kann man des öfteren beobachten, daß Symbionten trotz eines sich ihnen bietenden Vakuums dieses keineswegs ausfüllen, und wird so darauf aufmerksam gemacht, daß die Regulationen komplizierter Art sein müssen. Es handelt sich dann vor allem um «verirrte Symbionten». Bei der Zikade *Ulopa* findet sich gelegentlich die eine oder andere Hefezelle in der aus Fettzellen gebildeten epithelähnlichen Umhüllung der großen Pseudomycetome, ohne daß sie sich hierin vermehren würde, obwohl doch dieser Symbiontentyp vielfach in Fettzellen lebt und die Mycetome von *Ulopa* auch auf Fettgewebe zurückgehen. Bei *Lyctus* hat Koch einmal eine Larve gefunden, bei der es aus unbekannten Gründen zu einer Vertauschung der beiden Wohnstätten dieser disymbiontischen Tiere gekommen war. Während die eigentlich in die Rindenschicht gehörenden Symbionten sich auch in den zentralen Syncytien vermehrt hatten, unterblieb die Vermehrung der anderen Sorte in der Rinde trotz reichlichen Raumes. Auch die oft nicht rechtzeitig in die Ovocyten übergetretenen, sondern in den Keilzellen zurückbleibenden Symbionten vermehren sich niemals, obwohl ihnen der Raum zur Verfügung stünde und in diesem sogar bis vor kurzem die Vermehrung unter Umständen angefacht worden war. Aehnliches ist bei *Ixodes* der Fall, wo das Keimlager und insbesondere die Zellen des Eisockels nur sehr spärlich besiedelt sind, während die Symbionten sich lebhaft vermehren, sobald eine Ovocyte zu wachsen beginnt. Wo die Symbionten mit dem Sekret der Nährzellen in die Eizelle geschickt werden, vermehren sie sich vorher intensiv in jenen, während die dann oft vereinzelt unmittelbar in die jungen Ovocyten gelangten einer Vermehrungshemmung unterliegen (Rüsselkäfer, ein Teil der Heteropteren). Auch an die enge räumliche Beschränkung der Symbionten in den Eizellen wird man in diesem Zusammenhang erinnern müssen.

Daß auch die formale Entfaltung der Symbionten weitgehend von den generellen Bedingungen des Wirtsstoffwechsels abhängt, bezeugen die Veränderungen, welche sämtliche Insassen beider Geschlechter in gleicher Weise erfassen und mehr oder weniger weit von ihrer Ausgangsgestalt entfernen, sowie die sonstigen bei männlichen und weiblichen Tieren in der gleichen Form auftretenden zyklischen Veränderungen. Aus einem reichen Tatsachenmaterial geht jedoch andererseits ebenso eindeutig hervor, daß sich vielfach sowohl in den Vermehrungsintensitäten als auch in der Gestaltung der Symbionten der spezifische Chemismus der Geschlechter widerspiegelt. Die dabei auftretenden Unterschiede können dreierlei Art sein. Sie betreffen entweder jeweils die Gesamtheit der Gäste, wie dies bei manchen Fulgoroidensymbionten der Fall ist, oder sie beschränken sich auf einen Teil der Symbionten des weiblichen Geschlechtes und treten dann bald diffus, bald lokalisiert auf. In den beiden letzteren Fällen stehen sie stets in irgendwelchem Zusammenhang mit der Heranzucht von Übertragungsformen. Angesichts solcher geschlechtsbegrenzter Beeinflussungen liegt es natürlich nahe, an eine hormonale, von den Gonaden ausgehende Steuerung zu denken. Ob sie dort, wo der gesamte, vielfach weithin im Körper verstreute Symbiontenvorrat beeinflußt wird oder da und dort sporadisch eine Umwandlung in Infektionsstadien einsetzt, unmittelbar von den Geschlechtsdrüsen ausgeht oder die Veränderungen auf dem Umwege über besondere Wirkstoffträger, wie Önocyten oder Leukocyten, ausgelöst werden, können wir nicht sagen, wohl aber wissen wir, daß sich dort, wo sie lokalisiert auftreten, spezifische Elemente dazwischenschalten, welche diese Eigenschaften einer komplizierten Induktion verdanken.

Aus irgendwelchen Gründen liegt es offenbar im Interesse der Wirtstiere, die ursprünglich sporadische Entstehung der Übertragungsformen durch eine enger lokalisierte zu ersetzen, denn es führt eine deutliche Reihe von Objekten, bei denen nur einzelne Individuen der Belegschaft einer Zelle oder eines Syncytiums zu solchen werden, über andere, bei denen diese jeweils restlos erfaßt wird, im übrigen aber die Orte der Umwandlung sich über das ganze Mycetom verteilen, und solche, bei denen immerhin schon eine gewisse lokale Beschränkung, etwa auf die Randgebiete der Organe, erzielt wird, zu einer Umformung innerhalb eng begrenzter Zonen. Hiebei offenbaren sich immer wieder sehr auffallende Beziehungen zwischen der Heranzucht von Übertragungsformen und den Epithelien der Mycetome. Schon der Umstand, daß es oftmals nur die an sie grenzenden oberflächlicheren Regionen sind, in denen sie entstehen, und daß sie dann gerne noch eine Weile im Inneren der Epithelzellen verharren und dabei vermutlich noch irgendwie beeinflußt werden, deutet auf solche hin. Bei gewissen Poiocerinen werden sie jedoch noch viel deutlicher, denn bei ihnen sinken in der Tat an der ganzen Oberfläche der k-Mycetome Hüllzellen in das Innere derselben ein, und lediglich in sie übergetretene Symbionten wandeln sich in die der Übertragung dienenden Zustände. Vor allem aber ergab sich auch, als man die Genese der Infektionshügel untersuchte, daß sie auf eine Wucherung embryonaler Hüllzellen des Mycetoms zurückgehen, die stets nur dort einsetzt, wo die betreffenden Organe für eine Weile mit dem larvalen Eileiter eine leichte Verwachsung eingehen. Wenn es bei schlauchförmigen Mycetomen, ihrer Länge entsprechend, an mehreren Stellen zu einem solchen Kontakt kommt und dementsprechend viele Infektionshügel entstehen, so dokumentiert dies in besonders eindringlicher Weise die übergeordnete Rolle der weiblichen Gonaden.

Ist es hier der vorübergehende Kontakt der Zellen des Eileiters mit dem larvalen Mycetomepithel, der lokale Wucherung und Absonderung auslöst, so liegt der Entstehung der ja ebenfalls der Übertragung dienenden Rektalorgane zwar eine noch kompliziertere Kette von Beeinflussungen zugrunde, doch geht auch in ihrem Verlaufe der Anstoß zur Vermehrung und Umformung wieder von ursprünglichen Hüllzellen aus. Auf eine innige Berührung des in Bildung begriffenen Enddarmes mit dem embryonalen x-Organ, zu der es lediglich im weiblichen Geschlecht kommt, folgt eine gesteigerte Aktivität einiger weniger unmittelbar benachbarter Epithelzellen, die nun eine Anzahl der an sie grenzenden Symbionten ergreifen und umschließen. Gleichzeitig erleidet der Stoffwechsel dieser Zellen eine Veränderung, durch welche das weitere Wachstum der Symbionten verhindert wird und dank der sie sich statt dessen vermehren und verkleinern. So entsteht eine Art primärer Übertragungsformen, die sie enthaltenden Zellen lösen sich aus dem Verbande des x-Organs, treten, sich in einem transitorischen Mycetom vereinend, in den Mitteldarm über und entlassen ihre Insassen erst, wenn es gilt, das eigentliche Rektalorgan zu besiedeln.

Angesichts all dieser interessanten, auf die Beziehungen zwischen Geschlecht und Symbiose bezüglichen Feststellungen empfindet man es schmerzlich, daß sie bis heute noch keiner experimentellen Analyse unterzogen werden konnten. Zweifellos würden uns Kastrations- und Transplantationsversuche, die sich wohl am ehesten an den großen Cicadinenlarven oder an den stattlichen exotischen Fulgoroiden anstellen ließen, ihrem Verständnis näherbringen. Inzwischen können uns immerhin gewisse Naturexperimente einen Hinweis auf die dabei zu erwartenden Resultate geben. Bei Jassiden und Eusceliden verursacht nicht selten der Befall von parasitischen Dipterenlarven *(Pipunculus)* vollständige Unterdrückung oder wenigstens weitgehende Hemmung der Entwicklung der Ovarien. In solchen Tieren fehlen dann die Infektionshügel entweder gänzlich oder sie erreichen zum mindesten bei weitem nicht die dem Alter des Tieres entsprechende Reife, während das übrige Mycetom völlig unberührt bleibt (BUCHNER, 1925).

Immerhin bieten uns auch die histologischen Befunde wenigstens einige wertvolle Anhaltspunkte. So treten ganz allgemein in den noch sterilen Zellen der Infektionshügel Vakuolen auf, von denen man vermuten möchte, daß sie den fraglichen Wirkstoff enthalten, und mit der Entfernung allmählich abklingende Veränderungen, welche sich dann in der Nachbarschaft bemerkbar machen, lassen auf eine Diffusion desselben in die angrenzenden Gebiete der Mycetome schließen. Handelt es sich um einkernige Mycetocyten, so wird ihr Wachstum gehemmt, liegen Syncytien vor, so nimmt die Neigung, zu Synsyncytien zu verschmelzen, mit zunehmender Nähe immer mehr ab. Gleichzeitig beginnen die Symbionten sich bereits vor der Übernahme in die Zellen des Infektionshügels zu verkürzen und bereiten damit die in diesen einsetzenden Wandlungen vor.

Auch in den Zellen, welche dazu bestimmt sind, die Entstehung der Wanderformen der x-Symbionten auszulösen, tritt bereits vorher eine offensichtlich mit dieser Funktion zusammenhängende Veränderung im Plasma ein, die an seiner stärkeren Färbbarkeit und Dichte kenntlich ist. Außerdem liegt eine Beobachtung H. J. MÜLLERS vor, aus der man schließen möchte, daß hier die Auslösung ihrer Differenzierung keineswegs nur auf den Kontakt mit dem embryonalen Darmgewebe zurückgeht. In einem weiblichen *Fulgora*embryo, bei dem dieses das x-Mycetom noch nicht ganz erreicht hatte, fand er jederseits im Mycetom streng symmetrisch genau dort, wo sich alsbald die mit so besonderen Fähigkeiten begabten Hüllzellen zu differenzieren haben, eine höchst auffällige, sterile, mit stark eosinophilen Granulis gefüllte Lymphocyte, wie sie, wenn auch nur sehr vereinzelt, um diese Zeit auch frei in der Leibeshöhle vorkommen, so daß man durchaus den Eindruck gewinnt, daß sie Träger von Stoffen sind, welche die jetzt hier einsetzende Zelldifferenzierung mit bedingen.

In anderen Fällen scheint die Beeinflussung der Symbionten ohne solche komplizierte Umwege vor sich zu gehen. Wenn sich in den Ovarialampullen von *Haematopinus* immer nur dort in beschränktem Maße Infektionsstadien bilden, wo jeweils eine auf einem ganz bestimmten Wachstumsstadium angelangte Ovocyte angrenzt, so möchte man daraus auf eine unmittelbar von dieser ausgehende Umstimmung schließen. Ähnlich liegt die Situation auch bei jener Margarodine, bei welcher die Mycetome an das Lumen des Eileiters grenzen, denn an ihnen ist wieder ein deutliches, von diesem ausgehendes Diffusionsgefälle der Wirkstoffe festzustellen, das zur Folge hat, daß die Mycetocyten auf den Eileiter zu immer größer, die Symbionten aber zahlreicher und kleiner werden und allmählich die Struktur der Übertragungsformen erhalten.

Daß die Ausschüttung der Wirkstoffe eine zeitlich scharf begrenzte ist und einem bestimmten Reifegrad der Ovarien entspricht, geht aus zahllosen Beobachtungen hervor. In alternden Weibchen versiegt regelmäßig der Nachschub der Übertragungsformen; wo Infektionshügel vorhanden sind, treten, da offenbar ihr Vorrat an Wirkstoff allmählich verbraucht wurde, keine neuen Symbionten mehr in sie über, und sie veröden so. Daß die fraglichen Stoffe keine sehr spezifischen sind, kann man dem oben ausgeführten Umstand entnehmen, daß sowohl in Infektionshügeln wie in den wandernden *t*-Zellen zusätzliche Symbionten dem gleichen Einfluß unterliegen können, wobei jedoch ihre Formveränderungen völlig andere Wege gehen.

Welches ist nun der tiefere Sinn der zum Teil mit solchem geradezu raffiniertem Aufwand herbeigeführten Erzeugung spezifischer Übertragungsstadien? Zunächst stellt man fest, daß kleinere, kokken- oder stäbchenförmige Symbionten kaum je irgendwelche Veränderungen erleiden, daß aber längere Fäden in kleinere Teilstücke zerlegt zu werden pflegen. Rosetten werden durch rundliche oder ovale Gestalten ersetzt, lang ausgezogene oder perlschnurartig deformierte Gebilde werden in gedrungenere Formen übergeführt. All das legt den Gedanken nahe, daß der Zweck der Veränderungen die Bereitstellung für den Transport zwischen den Organen und zur Passage durch den Eifollikel geeigneter, nicht sperriger Formen sei.

Zum Teil trifft das zweifellos zu, aber die Bedeutung der so weit verbreiteten Einrichtung geht ebenso sicher noch darüber hinaus. Das erhellt aus dem Umstand, daß so manche Begleiterscheinungen, wie die intensivere Färbbarkeit, das Auftreten besonderer Einschlüsse oder die Bildung von Bakterienbündeln, von vornherein nichts mit einer Erleichterung des Transportes zu tun haben können, und wird noch evidenter, wo die Übertragungsformen sogar größer, manchmal schätzungsweise doppelt so groß wie die normalen Mycetombewohner werden. Aller Wahrscheinlichkeit nach ist es vielmehr in erster Linie das Bedürfnis nach Symbionten, deren physiologischer Zustand derart ist, daß sie als Ausgangsmaterial für die in den Tochtertieren zu begründenden neuen Kulturen geeignet sind, welches die Umwandlungen auslöst. Nehmen die Symbionten doch in den Mycetomen vielfältig Gestalten an, welche auf weitgehende Entartung deuten. Sie in einen der ursprünglichen Bakteriengestalt näher liegenden, erneut vermehrungstüchtigen Zustand überzuführen, dürfte das vornehmste Ziel ihrer Verwandlung in die besonderen Übertragungsformen sein, und die dabei immer wieder auftretende, auf eine Abgabe von Flüssigkeit zurückgehende stärkere Färbbarkeit derselben, welche ihnen nicht selten einen an Sporen erinnernden Habitus verleiht, dürfte eine wesentliche Begleiterscheinung darstellen.

Unter diesem Gesichtspunkt wird auch der besondere Aufwand, zu dem die x-Symbionten Anlaß geben, durchaus verständlich. Denn hier liegen ja Formen vor, welche einer ganz exzessiven Umformung unterlegen sind und, da sie gleichzeitig ihr Teilungsvermögen eingebüßt haben, für eine Vereinfachung überhaupt nicht mehr in Frage kommen. Nur durch rechtzeitige Verpflanzung eines Teiles der Symbionten an einen Ort, an dem sie solchen Einflüssen entzogen sind, kann hier der Fortbestand der Symbiose gesichert werden. Das gleiche gilt aller Wahrscheinlichkeit nach für die bei den *Oliarius*arten begegnende Koppelung der c- und d-Organe, nachdem die letzteren ganz wie die Rektalorgane in den männlichen Tieren fehlen und einen weniger stark entarteten Teil der c-Symbionten für die Übertragung zu reservieren scheinen.

So wird die zunächst am meisten in die Augen fallende Vereinfachung ungewöhnlicher Wuchsformen lediglich zu einer gelegentlichen Begleiterscheinung von Wandlungen, welche einen viel tieferen Sinn haben, als nur bequeme Transportformen zu erzielen. Gleichzeitig wird damit auch verständlich, daß sich mit zunehmendem Alter der Einbürgerung eines Symbionten — man denke nur an die a-, x- und t-Symbionten! — vielfach das Bedürfnis nach solcher Reorganisation in besonderem Maße fühlbar macht und andererseits an akzessorischen Symbionten nur in den seltensten Fällen solche Veränderungen beobachtet werden.

Die symbiontischen Hefen der Zikaden hingegen erleiden sichtlich trotz des hohen Alters ihrer Einbürgerung, von dem im folgenden Kapitel noch die Rede sein wird, keinerlei Einbuße und sind durchweg in der ursprünglichen, durch alle Zeiten bewahrten Form zur Übertragung geeignet. Sie stehen damit in einem gewissen Gegensatz zu den Hefen der Cerambyciden, bei denen sich ja eine allmählich zu innigerer Einfügung emporsteigende Reihe feststellen ließ. Wenn bei ihnen zum Teil Sporen der Übertragung dienen, so darf dies nicht der Bildung von Infektionsstadien gleichgestellt werden, wie sie die starke Entartung von Symbionten nötig macht, sondern ist ganz im Gegenteil als Symptom der noch mangelhaften Assimilation der betreffenden Pilze zu werten.

Zu der Beherrschung der Vermehrungsrate und der Gestalt der Symbionten gesellt sich weiterhin als eindrucksvollstes Kriterium aller vollendeten Endosymbiosen die absolute Beherrschung der jeweiligen Ausdehnung der Mikroorganismen im Körper des Wirtes. Sind es doch jedesmal nur ganz bestimmte Organe und, wenn diese zugleich anderen Zwecken dienen, zumeist nur eng begrenzte Abschnitte derselben, welche ihnen eingeräumt werden. Dafür brachte der spezielle Teil zahllose Belege. Haarscharf sind unter Umständen die Zonen des Darmepithels, welche Symbionten enthalten, gegen die steril bleibenden begrenzt, und dies gilt keineswegs nur, wenn sich die betreffenden Abschnitte als Ausstülpungen absetzen, sondern auch dort, wo das im übrigen unveränderte Darmrohr eine Strecke weit in Beschlag genommen wird. Man erinnere sich nur der Hippobosciden, bei denen die jeweilige Ausdehnung der Infektion von Gattung zu Gattung in verschiedener Weise festgelegt erscheint. Handelt es sich um Malpighische Gefäße, so sind es bei Insekten und Ixodiden abermals zumeist nur bestimmte Abschnitte, welche besiedelt sind, und bei ersteren sind es außerdem von vorneherein gewöhnlich nur bestimmte Gefäße, welche überhaupt aufnahmebereit sind, während die übrigen sich durchaus ablehnend verhalten. So werden bei den Apioninen zwei, bei der Ipide *Coccotrypes* vier den Symbionten geöffnet.

Leben die Symbionten im Fettgewebe, so handelt es sich im allgemeinen nur um ganz bestimmte Regionen desselben, und selbst in diesen macht sich dann vielfach noch eine Einengung der Symbionten auf wohlbegrenzte Territorien geltend. Oft sind diese von einer Fettzellrinde umgeben, welche von den Symbionten respektiert zu werden pflegt, obwohl es sich um Zellmaterial handelt, das dem sich ihnen öffnenden wesensgleich ist. Wo echte Mycetome gebildet werden und diese von alteingebürgerten Gästen bewohnt werden, trifft man sie niemals außerhalb derselben.

Vor allem offenbart sich auch bei den mit der Eiinfektion im Zusammenhang stehenden Vorgängen die räumliche Beherrschung der Symbionten immer wieder in der überraschendsten Weise. Auf Schritt und Tritt begegnet eine streng begrenzte Aufnahmebereitschaft bestimmter Strecken des Follikels der Eiröhren; die am hinteren Pol sich sondernden Keilzellen der Homopteren, welche allein der Passage dienen, erscheinen zahlenmäßig festgelegt und bilden einen Gürtel, der bald aus einem, bald aus zwei, drei oder mehr Zellkränzen besteht. Bei anderen Homopteren ist es hingegen ausschließlich ein wenigzelliger Ring zwischen den Nährzellen und der Ovocyte, der seine Abwehrstellung aufgibt. Bei gewissen Zikaden, den meisten Rüsselkäfern, den Ipiden und *Marchalina* bekunden sich die Nährzellen, beziehungsweise Endkammern aufnahmebereit, aber im allgemeinen bleiben sie durchaus steril. Das wird besonders eindrucksvoll, wenn, wie bei den Ameisen, bereits die jungen Ovariolen samt den Ovocyten infiziert werden und die Nährzellen als völlig symbiontenfreie Inseln inmitten der bakterienbeladenen Elemente liegen (Abb. 279). Da die aus je einer Ovocyte und einer Nährzellgruppe bestehenden Verbände auf eine Mutterzelle zurückgehen, wird hier durch eine Mitose eine bis dahin immune Zelle in eine immun bleibende und eine aufnahmebereite zerlegt!

Auch das Geschlecht hat unter Umständen Einfluß auf die Immunität. Bei den heteropteren Wanzen verschließen sich die männlichen Gonadenanlagen den Symbionten, während die weiblichen auf sehr frühen Stadien infiziert werden.

Oft ist die Aufgabe der lokalen Immunität eine zeitlich eng begrenzte. Die Keilzellen öffnen sich den Symbionten nur von einem bestimmten Zeitpunkt ihrer Entwicklung an und verschließen sich ihnen dann wieder. Die Aufnahmebereitschaft der Ovocyten ist von Fall zu Fall in zeitlicher

Hinsicht eine sehr verschiedene und stets streng fixiert. Sie kann sich schon auf jüngsten Stadien einstellen, kann sich erst am Ende des Wachstums geltend machen, oder je nach dem Objekt, an irgendeine dazwischenliegende Phase gebunden sein. Unter Umständen bleiben die Ovocyten aber auch durchaus refraktär, und es öffnen sich erst ganz bestimmte frühe oder spätere Furchungsstadien oder gar erst spätere Stadien der Entwicklung, wie bei manchen Schildläusen. Bei den Pyrosomen wird zum Zwecke der Übertragung ein zahlenmäßig sehr genau festgelegter Teil der Testazellen von den Sporen der Leuchtbakterien infiziert, und diese sich über längere Zeit erstreckende Infektion geht außerdem, je nach dem Entwicklungsstadium des Embryos, in verschieden gelagerten Zonen des Follikels vor sich.

Wo mehrere Symbionten wohlausgeglichen in ein und demselben Organismus leben, ist die Aufnahmebereitschaft keineswegs, solange es sich um die Wohnstätten handelt, eine generelle, sondern die Immunität wird von einer bestimmten Zellsorte immer nur einer Symbiontenart gegenüber aufgehoben und bleibt den übrigen gegenüber bestehen. Nur im Zusammenhang mit der Übertragung kann davon abgegangen werden. So sind die Keilzellen der Zikaden zumeist für den ganzen Symbiontenschatz in gleicher Weise zugänglich, und die Blutzellen, welche bei der disymbiontischen *Tachardina silvestrii* dem Transport zu den Eiröhren dienen, beladen sich mit beiden Sorten. In ganz der gleichen Weise begegnen auch bei der Embryonalentwicklung des disymbiontischen *Lyctus* Wanderzellen, welche beiderlei Symbionten aufnehmen und an die Bildungsstätte des transitorischen Mycetoms tragen. Nicht minder gibt natürlich die Ovocyte sämtlichen legitimen Gästen gegenüber ihre Abwehrstellung auf.

Daß diejenigen Zellen, Organe oder Organabschnitte, welche normalerweise den Symbionten zur Verfügung gestellt werden, eine Art Freistatt für sie darstellen, die nur von den der Übertragung dienenden Symbionten unbeschadet verlassen werden darf, geht aus so manchen Beobachtungen hervor. Wenn bei Coelenteraten gelegentlich der Delamination der Keimblätter Algen in das falsche Keimblatt geraten, gehen sie in ihm zugrunde. Wenn man Embryonen von *Pediculus* zentrifugiert, werden dadurch die Symbionten vielfach disloziert; während den im Mycetom verbliebenen diese Behandlungsweise keinen Schaden tut, gehen die so in eine andere Umwelt geratenden zugrunde, so daß man auf solche Weise unter Umständen sterile Tiere erlangt. Die Bakterien, welche, wenn sich bei *Coptosoma* der hintere, die Symbionten bergende Abschnitt des Mitteldarmes von dem vorderen abschnürt, in letzterem zurückbleiben, sterben hierin, ganz wie diejenigen Bakterien, welche gelegentlich bei Blattiden oder *Pediculus* im Verlaufe der Embryonalentwicklung in dem noch mit Dotter gefüllten Darm zurückbleiben, zugrunde gehen. Auch die Keilzellen bedeuten nur eine vorübergehende Bleibe, denn jene Symbionten, die sich beim Übertritt in die Eizelle, wie dies nicht selten geschieht, verspäten, verfallen in ihnen der Auflösung. Bei den Curculioniden werden zunächst die Urgeschlechtszellen beider Geschlechter im Verlaufe der Blastodermbildung infiziert, aber sie vermehren sich nur in den weiblichen und sind in den männlichen nach einiger Zeit nicht mehr aufzufinden, und für die Ixodiden scheint das gleiche zu gelten.

Wo zusätzliche Gäste begegnen, die alle Abstufungen allmählicher Einbürgerung vorführen können, gewinnen wir einigen Einblick in das Zustandekommen solcher ausgeglichener Symbiosen. Während manche Gruppen nicht die geringste Neigung zur Vermehrung des Symbiontenbestandes zeigen — man denke etwa an die Blattiden, an Aleurodiden, an Anopluren, Mallophagen usf. —, bekunden andere eine solche mit aller Deutlichkeit. So ließen sich bei den Hippobosciden alle Abstufungen von ungezügelten Mitläufern bis zu Begleitformen, die sich kaum noch von den älteren Symbionten unterscheiden, feststellen. In *Melophagus* stößt man nicht selten auf ein Bakterium, das keineswegs so eng begrenzt auftritt wie der eigentliche Symbiont, sondern auch in den Zellen des Enddarmes, in den Nierenorganen, im Herzschlauch und anderweitig, ohne sichtliche Störung zu verursachen, lebt, aber schon genau so wie die Symbionten auf dem Wege einer Infektion der Milchdrüsen übertragen wird. Bei *Lynchia* fehlt fast nie ein Bakterium, das interessanterweise mit Vorliebe seinen Sitz in der Muscularis des Darmes aufschlägt, also an einer Stelle, wo *Ornithomyia* ein regelrechtes Mycetom entwickelt, und das wieder ganz wie die Symbionten vererbt wird. Im Gegensatz zu jeder echten Symbiose aber ist beidemal der Grad der Infektion ein von Fall zu Fall wechselnder. Eine Begleitform, die sich nahezu regelmäßig bei *Hippobosca camelina* einstellt, beschränkt sich hingegen bereits ganz nach Art der Hippoboscidensymbionten auf das Darmepithel, tritt in ihm zumeist unter diese gemengt auf und nimmt wie sie lediglich die basalen Abschnitte der Zellen ein. Nur selten begegnet sie auch außerhalb der den Symbionten eingeräumten Zone des Darmes. Dabei ist die Infektionsstärke schon recht konstant, und die Milchdrüsen dienen natürlich abermals der Übertragung. Kulturversuche ergaben das beachtliche Resultat, daß sich diese Bakterien bereits genau so wenig wie die symbiontischen auf Nährböden züchten lassen, die für gewöhnliche saprophytische Formen die besten Bedingungen bieten.

Traten hier in dem den Symbionten angewiesenen Darmepithel wildere Bakterien auf, so siedeln sie in ähnlicher Weise bei denjenigen heteropteren Wanzen, welche Mycetome besitzen, in diesen. Bei *Ischnodemus* und *Ischnorrhynchus* sind es häufig erscheinende kleine Kokken und Stäbchen, die keinerlei weitere Störung verursachen, bei *Nysius* ganz regelmäßig vorhandene zarte Kurzstäbchen, die mit den Symbionten die Eizellen infizieren, bei der Bettwanze Organismen, die man anfänglich nicht von den recht ähnlichen Symbionten unterschied, die aber hier auch in den verschiedensten anderen Geweben vorkommen. Bei *Dacus* gesellt sich völlig regelmäßig zu dem eigentlichen Symbionten jenes *Bacterium luteum*, das auch saprophytisch lebt und dessen Vermehrung zwar im allgemeinen in angemessenen Grenzen gehalten wird, das sich aber, wenn der Tod des Wirtes herannaht oder bereits eingetreten ist, zügellos vermehrt.

Unter den im allgemeinen monosymbiontisch lebenden Schildläusen ist es vor allem die Unterfamilie der Monophlebinen, bei der sich die Neigung, disymbiontisch zu werden, geltend macht. Bei *Icerya aegyptica* enthielten sämtliche

untersuchte Exemplare außer den Stammsymbionten im Mycetom einen
weiteren fadenförmigen Insassen, der in lockeren Massen unregelmäßige, scheinbar syncytial gebaute und sichtlich etwas gestörte Gebiete erfüllte, während
indische Tiere, die sich sonst in keiner Weise unterschieden, ihn nicht aufwiesen. Ebensolche akzessorische Formen fanden sich auch bei *I. montserratensis* und *Echinocerya anomala,* aber sie waren hier bereits stark aufgetrieben
und deformiert und verrieten so eine schon nachhaltigere Beeinflussung durch
das intrazellulare Leben. Eine weitere *Icerya*art führte ein zweites Bakterium
außerhalb der Mycetome in deren Nachbarschaft und vergesellschaftet mit
Blutzellen, aber bei zwei *Monophlebus*arten und einer *Monophlebidius*art ist
schließlich die Einbürgerung bis zur Vollendung durchgeführt worden, und
die Mycetome bestehen aus je einer scharf geschiedenen Rinden- und Markschicht und unterscheiden sich in nichts von ähnlichen wohldurchkonstruier-
ten Zikadenmycetomen.

Wenn in all diesen Fällen kaum etwas von einem «Kampf» zwischen den
beiden Partnern oder von einer wesentlichen Störung des Gleichgewichtes zu
beobachten war, so sind die beiden weiteren Gebiete, in denen vor allem die
Neigung zur Bildung von Plurisymbiosen zum Durchbruch kommt, durch eine
mehr oder weniger weitgehende Beeinträchtigung der vor der Ankunft der
Neulinge vorhandenen Ordnung und zum Teil durch offensichtliche Schädigungen gekennzeichnet. Es gilt dies für die Aphiden und für die Membraciden.
Bei ersteren ergibt sich eine lückenlose Reihe, die mit Arten beginnt, bei denen
die Begleitsymbionten nicht nur im Mycetom untergebracht werden, sondern
auch in Hüll- und Blutzellen auftreten, ja unter Umständen, wie bei der Blutlaus, den ganzen Körper in einer Weise überschwemmen, die auf den ersten
Blick bedenklich erscheinen muß, tatsächlich aber bei allen Individuen vorliegt
und ihr Befinden in keiner Weise beeinträchtigt, und mit solchen endet, bei
denen sie auf ein an bestimmter Stelle in das Mycetom eingelassenes Syncytium
beschränkt sind. In allen Fällen aber werden die Eizellen, beziehungsweise
die Embryonen unfehlbar auch von den zweiten und dritten Symbionten infiziert. Bezüglich aller weiterer Einzelheiten muß freilich auf den Speziellen
Teil verwiesen werden.

Das gleiche gilt für die Membraciden, deren $a + t$-Mycetome ja geradezu ein
Tummelplatz für zusätzlich aufgenommene Symbionten in allen Phasen der
Einordnung sind. Machten sich schon bei den Aphiden da und dort Störungen
im Gesamtmycetom geltend, so drängen sie sich hier nun auf. In dem sonst
festen Gefüge der Organe erscheinen ansehnliche Hohlräume, die Konturen der
von den t-Symbionten bewohnten Mycetocyten können undeutlich werden,
nicht selten zerfallen die Zellen sogar völlig. Die Bilderreihe der Abbildung 177
dokumentiert besser als viele Worte, wie es in diesen bis dahin so abgemessenen
Doppelmycetomen zu recht stürmischen Auseinandersetzungen kommt, wie da
und dort aber auch bereits ein Ausgleich angebahnt wird und sich allmählich
eine neue Ordnung herausbildet. Es ist hier, wie wenn dem Wirtstier für einen
Augenblick die Zügel dieses Vielgespanns entglitten wären, es aber schon dabei
ist, mit sicherem Griff wieder Ordnung in die zahlreichen Stränge zu bringen.

Jedenfalls erscheint auch die Virulenz der ungefügigsten Gäste bereits weitgehend herabgesetzt, denn ihr Vorkommen ist nahezu stets auf die Mycetome beschränkt und ihre Vermehrungsrate soweit reduziert, daß sie niemals den Bestand der symbiontischen Organe oder gar das Wohl der Wirte
in Frage stellen.

Wie sich in all diesen Fällen der Wirtsorganismus um eine glückliche Lösung
der Wohnungsfrage bemüht, so obliegt es ihm natürlich auch gleichzeitig, den
Übertritt der neuen Symbionten in die Eizellen in geregelte Bahnen
zu lenken. Auch hiebei begegnen uns unausgeglichene Zustände und solche, die
den Vergleich mit den stammesgeschichtlich älteren aushalten. Wenn bei einigen
wenigen Zikaden das Darmepithel bewohnende Hefen nicht in die Eizellen Einlaß finden, so darf das freilich, wie an anderer Stelle darzulegen sein wird
(S. 665), aller Wahrscheinlichkeit nach nicht als ein ursprünglicher, noch unvollkommener Zustand bewertet werden, sondern als ein Symptom bereits weit
fortgeschrittener, nachträglicher Verdrängung von Symbionten, welche sich
mit später aufgenommenen Formen nicht vertragen. Wenn hingegen akzessorischen Symbionten die sonst für alle Sorten offenen Keilzellen verschlossen bleiben und solche noch sehr ursprünglich gestaltete kleinste Stäbchen die jungen
Eiröhren und Ovocyten, eventuell auch auf dem Umweg einer Infiltration der
Nährzellen infizieren, so bekunden sie sich damit offensichtlich als noch unvollkommen eingebürgert. *Fulgora europaea*, die heute noch, nachdem sie ihre
m-Symbionten über die Keilzellen in die Eier schickt, das ehemals ihnen dienende Filialmycetom am oberen Ende der Eiröhren steril reproduziert, verrät
uns ja, daß ein solcher Übertragungsmodus verbesserungsbedürftig ist! Auch
sonst kommt es schließlich für später erschienene Symbionten zum Mitgenuß
von Einrichtungen, welche für ihre Vorgänger geschaffen wurden, indem sie
etwa von den Wanderformen der *t*-Mycetocyten mitgenommen werden oder in
Infektionshügeln den gleichen umformenden Einflüssen unterliegen.

Daß das gleiche Streben nach immer zweckdienlicherer Einfügung sich
auch bei der Behandlung während der Embryonalentwicklung äußert,
wird nicht wundernehmen. In dieser Hinsicht ist zum Beispiel der Vergleich der
m- und *b*-Symbionten bei *Fulgora* und *Cixius* mit den älteren *a*- und *x*-Sym-
bionten oder das Verhalten der verschiedenen in die Aphidenembryonen übertretenden zusätzlichen Symbionten aufschlußreich.

Über all diesen zwischen Wirt und Symbionten sich abspielenden gegenseitigen Beeinflussungen wird jedoch nur allzuleicht vergessen, welche bedeutende Rolle bei der Neueinbürgerung von Symbionten auch die zwischen
den verschiedenen Mikroorganismen bestehenden Wechselwirkungen spielen. Sie können in einer mehr oder weniger tiefgreifenden Schädigung der älteren Symbionten durch die noch virulenteren jüngeren zum Ausdruck kommen, wie dies bei Membraciden vielfach zu beobachten ist. Die
Oberfläche der Stammsymbionten wird hiebei nicht selten unregelmäßig, bei
Bolbonota corrugata lösen die η-Symbionten eine Hypertrophie der *a*-Sym-
bionten aus, bei *Hypsoprora coronata* werden sie, wenn die μ-Symbionten zahlreich sind, ebenfalls zu großen rundlichen oder unregelmäßigen Gebilden, die

schließlich in mehrere Teilstücke zerfallen. Bei einer Smiliine leben zügellose Vibrionen zumeist in den a-Symbionten und bringen sie so zum Teil zum Zerfall, während andere den Befall überstehen und dann die in ihnen liegenden Organismen mit in die Eizellen tragen. Ähnliches begegnet auch, wenn die Wanderzellen von den Neulingen mitbenutzt werden. So verblassen zum Beispiel in ihnen die t-Symbionten von *Bolbonota* bei Anwesenheit von σ-Symbionten und werden erst wieder normal, wenn sie in die Lymphe übergetreten sind und damit der schädigenden Beeinflussung entzogen werden.

Andere Zikadensymbionten vertragen sich überhaupt nicht. Das muß man dem Umstand entnehmen, daß gewisse Formen, die an sich sehr häufig vorkommen, niemals nebeneinander begegnen. So schließen sich die stammesgeschichtlich zweifellos sehr alten Hefen und die so weit verbreiteten t-Symbionten aus, und in den seltenen Fällen, in denen dennoch beide Typen gleichzeitig vorhanden sind, weist das Verhalten der ersteren Züge auf, welche für eine verschieden weit gediehene Verdrängung sprechen (S. 663). Ebensowenig können die Hefen, wenn man von dem Sonderfall der Issinen absieht, von dem im folgenden Kapitel die Rede sein wird, mit x-Symbionten zusammenleben, oder die f-Symbionten sich mit a-Symbionten, die t-Symbionten mit x- oder f-Symbionten vertragen! Die akzessorischen v-Symbionten der Membraciden gestatten, soweit wir wissen, niemals andere akzessorische Symbionten neben sich (*Sundarion-, Eualthe-, Hemikyphta*arten). Andererseits gibt es Symbiontenpaare, die sichtlich besonders gut miteinander harmonieren, wie $H + f$, $a + t$, $x + a$ oder $H + a$.

Es liegt auf der Hand, daß solche Freund- und Feindschaften der Mikroorganismen untereinander bei der Begründung der Konsortien zu einem überaus wichtigen, ja entscheidenden Faktor werden können und daß insbesondere auch die Aufnahme einer Form den Ausschluß einer anderen, schon vorhandenen im Gefolge haben kann. Die im folgenden, den historischen Problemen der Symbiose gewidmeten Kapitel anzustellenden Überlegungen werden uns in der Tat bei den Zikaden zu einer solchen Annahme zwingen.

All diese die schrittweise Einbürgerung der Symbionten betreffenden Fragen eingehender zu erforschen, ist Aufgabe der Zukunft. Obwohl hier ein einzigartiges Gebiet von allgemeinem Interesse vorliegt, haben sich leider die Bakteriologen von Fach kaum noch mit ihm befaßt. Auch die sich auf Aphiden beziehenden Arbeiten PAILLOTS, in denen die Fragen der Immunität und der Abwehrreaktion einen breiten Raum einnehmen, haben uns in dieser Hinsicht nicht weitergebracht. Dazu waren schon dadurch, daß er Stammsymbionten und zusätzlich aufgenommene, weniger angepaßte Symbionten für verschiedene Zustände des gleichen Organismus hielt, von vornherein nicht die Voraussetzungen gegeben.

Welche Möglichkeiten sich hier dem Experimentator bieten, hat H. J. MÜLLER gelegentlich seiner noch nicht abgeschlossenen Untersuchungen an *Coptosoma* dargetan (S. 695, 696). Diese sich sonst jeweils durch Ausschlürfen von symbiontengefüllten Kapseln neu infizierenden Wanzen nehmen statt dieser auch bakterienhaltige, den Gelegen beigegebene Agarklötzchen an. So konnte man ihnen *Bacterium fluorescens, herbicola* und *mycoides* einverleiben und feststellen, daß diese entweder verdaut werden oder die Darmepithelzellen angreifen und unter Umständen die angrenzenden Gewebe überschwemmen, wodurch dann der Tod der Tiere herbeigeführt wird. Überraschenderweise zieht aber auch die Rückinfektion mit den legitimen Symbionten, wenn sie eine Weile auf Agar gezüchtet worden waren, ihren Untergang nach sich und wirft damit helles Licht auf die bei solchen extrazellularen Symbiosen noch nicht sehr nachhaltige Beeinflussung der Symbionten durch den Wirt. Lediglich Tiere, denen man unmittelbar die den entsprechenden Darmabschnitten entnommenen Übertragungsformen künstlich beibrachte, siedelten sie annähernd wie normal aufgenommene Keime in den hiefür errichteten Darmkrypten an.

Einen anderen Weg, Einblicke in die Immunitätsverhältnisse zu gewinnen, hat Ries (1932) erstmalig beschritten. Er transplantierte symbiontenhaltige Gewebe teils in symbiontenfreie, teils in andersgeartete Symbionten enthaltende Tiere. Dabei kam es zwar stets zu deutlichen Abwehrmaßnahmen, doch besaßen sie von Fall zu Fall ein besonderes Gepräge. Bakterienhaltiges Fettgewebe von *Blatta germanica* wird in der Leibeshöhle der Larven von *Tenebrio molitor* L. alsbald von einem Mantel von Lymphocyten umgeben und gleichzeitig melanisiert. Fettgewebe und Bakterien bräunen sich intensiv, das Plasma des ersteren wird homogen, die Kerne verklumpen, aber die Bakteriengestalt bleibt dabei merkwürdigerweise monatelang unverändert erhalten. Wählt man jedoch Raupen der Mehlmotte, so erfolgt eine viel stärkere Melanisierung, schon nach einigen Tagen erscheinen die Symbionten nur noch schattenhaft und das Schabengewebe desorganisiert und lytisch verändert. An Mycetomen von *Psylla buxi*, die, in Mehlwürmer versetzt, ebenfalls abgekapselt, melanisiert und aufgelöst werden, konnte Ries gelegentlich nach 24 Stunden interessante Gestaltveränderungen der Stammsymbionten beobachten. Sie quollen dann zum Teil zu ansehnlichen, unregelmäßig gestalteten, manchmal auch schlauchförmigen oder knorrig verzweigten Gebilden auf und verließen ihre einkernigen Zellen, während die im Syncytium untergebrachten Nebensymbionten keinerlei Formveränderung zeigten.

Daß hefeführende Mitteldarmteile von *Sitodrepa* in *Blatta germanica* ebenfalls von Lymphocyten umgeben und melanisiert werden, wird nicht wundernehmen. Aber auch die Einführung von *Blattella*symbionten mobilisierte bereits die Abwehrkräfte des verwandten Wirtstieres. Leider liegen jedoch in dieser Richtung nur erste orientierende Versuche vor. Würde man sie an einem größeren Material näher und entfernter verwandter Blattiden wiederholen, so würde sich vielleicht doch auch eine entsprechend grössere oder geringere Verträglichkeit ergeben. Dafür spricht der Umstand, daß es Pant u. Fraenkel andererseits gelang, die symbiontischen Hefen von zwei Anobiinengattungen ohne nachteilige Folgen auszutauschen. Im Schlußkapitel wird von diesem interessanten Experiment ausführlicher die Rede sein.

Auch Fink (1951) hat neuerdings *Pseudococcus*symbionten in Mehlwürmer, Maikäfer und Stabheuschrecken verimpft und damit ganz ähnliche Reaktionen wie Ries ausgelöst. Ob die sich in all diesen Fällen einstellende Melanisierung auf die Tyrosinase des Insektenblutes zurückgeht, muß, da FINK eine solche auch in den Symbionten feststellen konnte, noch unentschieden bleiben.

Schließlich liegen auch noch Versuche über die Vertauschbarkeit symbiontischer Algen und ihre Grenzen vor. Sie haben bei Protozoen und Hydren zu recht beachtlichen Resultaten geführt und, wie zu erwarten, dargetan, daß hier die Bindungen zumeist viel weniger fest sind, als dort, wo es sich um innigere Endosymbiosen mit Bakterien und Pilzen handelt (GOETSCH, 1924; GOETSCH u. SCHEURING, 1926).

Die Souveränität der Wirtstiere über ihre Symbionten erschöpft sich jedoch keineswegs in der bisher geschilderten Regulierung ihrer Vermehrungsrate, in der Beherrschung ihrer gestaltlichen Entfaltung und Unterdrückung ihrer Virulenz sowie in der weitgehenden räumlichen Beschränkung, sondern erstreckt sich darüber hinaus auch auf deren Sein oder Nichtsein. Kennen wir doch eine ganze Reihe von Fällen, in denen es auch im Verlaufe des regulären symbiontischen Zyklus zu einer völligen oder wenigstens teilweisen Elimination der Symbionten kommt! Die Wege, die sich hiefür bieten, sind sehr verschiedene. Wo die Symbionten im Darmlumen oder im Darmepithel leben, liegt es natürlich nahe, sie durch den After zu entfernen, und der Umstand, daß bei holometabolen Insekten zur Zeit der Metamorphose ohnedies die larvalen Sitze eingeschmolzen werden müssen, kommt dem noch in besonderem Maße entgegen. Schon bei Anobiiden und bei *Dacus* wird, obwohl hier ja die Symbiose beibehalten wird, ein Gutteil der Hefen, bzw. Bakterien bei dieser Gelegenheit ausgestoßen. Cerambyciden und Cleoniden aber entledigen sich hiebei in den männlichen Tieren sämtlicher Symbionten und behalten in den Weibchen nur soviele bei, als zur Füllung der der Übertragung dienenden Räume am Legeapparat nötig sind.

Wo bei den Rüsselkäfern auf die Anlage des Stomodäums zurückzuführende Mycetome vorliegen, kommt es zwar auch zu einer Ausstoßung der Bakterien über das Darmlumen, aber sie geht diesmal in beiden Geschlechtern auf eine andere Weise und erst im Laufe des imaginalen Lebens vor sich. Nachdem die Organe sich gelockert und über das Mitteldarmepithel verteilt haben, werden die einzelnen Mycetocyten allmählich in das Lumen gedrängt und gehen hier zugrunde. Dies kann zu einer völligen Entledigung in alten Tieren führen, in anderen Fällen bleiben aber wohl auch einige wenige oder zahlreichere Mycetocyten erhalten.

Vermutlich wird auch der Inhalt der seltsamen, auf Hauteinstülpungen zurückzuführenden Dorsalorgane der Lagriiden bei der Metamorphose durch Ausstoßen in die Exuvialflüssigkeit entfernt; jedenfalls finden sich die Symbionten in den Imagines abermals lediglich in den weiblichen Übertragungsorganen, und diese können wohl nur auf diesem Wege gleichzeitig gefüllt werden.

Andere Objekte schreiten zu einer Abtötung der Symbionten mittels Bakteriolysinen. Diese geht dann an Ort und Stelle vor sich und ist stets auch von einer Auflösung der bis dahin den Symbionten als Behausung dienenden Organe begleitet. Die Donacien wählen diesen Weg, obwohl es sich um Anhänge am Darm handelt, weil offenbar die hier sehr dünn gewordene Verbindung eine Einbeziehung der Organe in diesen erschwert. Die fädigen Bakterien werden in das Lumen der Säckchen ausgestoßen und fließen schließlich zu einer homogenen Masse zusammen, die noch eine Weile von den Resten der Darmwandung und ihrer Muskulatur umgeben ist, bis schließlich die ganzen Organe, ohne daß dabei Phagocyten in die Erscheinung träten, schwinden.

Ein entsprechender Vorgang spielt sich hier auch wenigstens bei einem Teil der Arten in den Malpighischen Gefäßen der Männchen ab. Zwei derselben werden schon in älteren Larven von den Darmorganen aus mit Symbionten beschickt, um später von hier aus der Übertragung zu dienen. Dabei werden, sichtlich unnötigerweise, auch die männlichen Gefäße infiziert, doch setzt in ihnen zumeist alsbald ebenfalls Degeneration ein, und ganz wie in den Darmblindsäcken entsteht eine Art Bakterienschutt, der in das Gefäßlumen ausgestoßen wird. Nur wenige Arten behalten kleinbleibende infizierte Abschnitte dauernd bei.

Ein weiteres Beispiel für eine derartige Abtötung bieten die männlichen Magenscheiben von *Pediculus* und *Phthirus*. Wenn hier während der dritten Häutung in den weiblichen Tieren die gesamten Symbionten aus dem Mycetom in die Ovarialampullen abwandern, setzen im anderen Geschlecht zumeist Degenerationserscheinungen ein; die Kammerung des Organs wird undeutlich, die Gestalt der Mikroorganismen entartet, ihre Färbbarkeit wird unregelmäßig, und schließlich umgibt nur noch eine dünne faserige Hülle einen Klumpen von unscharf begrenzten Bakterienresten. In manchen männlichen Tieren freilich vermißt man die in diesem Fall offenbar niemals bis zu völligem Schwund führende Zerstörung der Symbionten.

Bei einigen Fulgoroiden kommt es hingegen wieder zu einer totalen Auflösung gewisser Mycetome durch lytische Prozesse. Bei *Asiraca* macht sich in der jungen männlichen Imago an den unpaaren p-Organen bereits im Herbst eine Stagnation der Entwicklung bemerkbar. Im März beginnt seine Degeneration, im April, wenn die weiblichen Mycetome den Höhepunkt der Entfaltung erreicht haben, schrumpfen sie im Männchen immer mehr zusammen, die Kerne degenerieren pyknotisch, die Konturen der Symbionten verschwimmen immer mehr, die Organismen verklumpen und verblassen. Im Mai findet man nur noch mit Mühe letzte Reste der Mycetome, und in noch älteren Tieren sind sie nicht mehr mit Sicherheit nachzuweisen. Bei *Stenocranus* und *Kelisia* sind es hingegen die in den männlichen Tieren von vorneherein viel kleineren q-Organe, die während des imaginalen Lebens immer mehr reduziert werden und zum Schluß, wie bei *Asiraca*, samt ihrem Inhalt völlig schwinden.

Von *Nosodendron* wird angegeben, daß die Mycetome in den männlichen Imagines glasig werden und die Insassen degenerieren, und bei *Lyctus* kommt es im gleichen Geschlecht zwar auch nicht zu einer restlosen Auflösung der beiden hier in gesonderten Abschnitten der Mycetome lebenden Symbiontensorten, aber doch immerhin zu einer sehr weitgehenden Degeneration und teilweisen Auflösung derselben.

Zu einer totalen, abermals auf das männliche Geschlecht beschränkten Elimination schreitet hingegen auch die Nycteribiide *Eucampsipoda aegyptica*, bei der männliche und weibliche Larven zwar in gleicher Weise mit den in den Milchdrüsen lokalisierten Bakterien versorgt werden, diese aber lediglich in letzterem erneut die Milchdrüsen infizieren. Im männlichen Larvendarm unterliegen sie hingegen restlos der Verdauung, so daß die aus ihnen hervorgehenden Fliegen symbiontenfrei sind.

Bei den an sich schon sehr unscheinbaren und bereits auf dem Larvenstadium wieder abgebauten mycetomähnlichen Bildungen, welche sich bei einer Reihe von Rüsselkäfern finden, scheint lytische und phagocytäre Abtragung Hand in Hand zu gehen. Bei *Smicronyx* ist das anfangs kompakte, syncytial gebaute Organ in älteren Larven bereits völlig geschwunden. Es löst sich in unregelmäßige Fetzen auf, dann nähern sich ihm Ansammlungen von Blutzellen, welche es vollends abbauen und dabei da und dort Symbiontenreste in ihrem Inneren erkennen lassen. Bei *Ceutorrhynchus* und *Phytonomus* hingegen lockern sich die einkernigen Mycetocyten, die zunächst eine wohlumschriebene Ansammlung bildeten, in fortschreitendem Grade und nehmen selbst immer mehr den Charakter von Amöbocyten an. Elemente, die noch mit deutlichen Bakterien angefüllt sind, und andere, die ganz wie Blutzellen aussehen, liegen dann bunt durcheinander, die Ansammlung lockert sich immer mehr auf und schwindet ebenfalls noch vor der Verpuppung völlig. Eine genauere, noch ausstehende Untersuchung dieses Symbiosetypes würde sicher weitere Einblicke in das Abbauvermögen der Wirtstiere ergeben. Bei all diesen Rüsselkäfern gehen auf solche Weise in beiden Geschlechtern die Mycetome bewohnenden Symbionten verloren.

Einen völlig anderen, besonders radikalen Weg schlagen diejenigen Aphiden ein, deren kurzlebige Männchen hochgradig reduziert und nicht mehr zur Nahrungsaufnahme befähigt sind. Wenn sich in den sexuparen Tieren teils zu Männchen, teils zu Weibchen werdende Embryonen bilden, wird von vorneherein in den ersteren die Infektion unterdrückt!

Völlig verfehlt wäre es, aus diesen gar nicht so seltenen Fällen einer Symbiontenelimination den Schluß ziehen zu wollen, daß das Zusammenleben ein überflüssiges sei: genaueres Zusehen ergibt vielmehr ganz im Gegenteil, daß dieses dadurch nirgends in Frage gestellt wird. Wo gleichzeitig in beiden Geschlechtern die Wohnstätten abgetragen werden, wird die Übertragung durch die Infektion von Organen am Legeapparat oder der Vasa Malpighi gesichert (Cerambyciden, Cleoniden, Lagriiden, Donacien) oder sind bereits die Urgeschlechtszellen mit Symbionten versorgt worden, wie bei den meisten Rüsselkäfern. Jene Nycteribiide, bei welcher die Milchdrüsen gleichzeitig Wohnstätte und Übertragungsorgan sind, sorgt für rechtzeitige Infektion ihrer Anlagen in der Larve. Wo jedoch die Übertragung durch eine Verpflanzung der Symbionten in die Ovocyten der Imago getätigt wird, wie bei den genannten Zikaden und Läusen, erstreckt sich die Degeneration der Symbionten stets nur auf männliche Mycetome.

Andererseits ergibt sich aus einer solchen Möglichkeit der totalen Elimination der Symbionten der bedeutungsvolle, uns noch im letzten Kapitel beschäftigende Schluß, daß diese offenbar vielfach für die larvale Entwicklung besonders wertvoll, für die Imagines aber unter Umständen entbehrlich sind. Daß die rudimentären, in einem mit Symbionten versehenen Muttertier sich entwickelnden *Pemphigus*männchen von Anfang an symbiontenfrei bleiben, steht mit einer solchen Feststellung keineswegs in Widerspruch.

Wenn wir schließlich noch einen Blick auf die k o n s t r u k t i v e n   L e i s t u n g e n werfen, zu denen der tierische Körper durch die Aufnahme von Symbionten angeregt wird, so erhebt sich zunächst die nicht leicht zu beantwortende Frage, wieviel von dem, was uns hiebei an besonderen Zellformen begegnet, lediglich automatisch erfolgende Reaktionen auf die ja notwendig von den fremden Organismen ausgehenden Reize darstellt und wieviel andererseits Ausdruck des tierischen Anpassungsvermögens ist. Jedenfalls stößt man, wenn man die durch die verschiedensten Parasiten, seien es nun Bakterien, Pilze, Protozoen oder Würmer, ausgelösten cytologischen Veränderungen an Tieren und Pflanzen betrachtet, auf mancherlei, was an den Aufbau der Symbiontenwohnstätten erinnert. In vielen Fällen kommt es auch bei solchem parasitischen Befall zu gesteigertem Wachstum, ja zu Riesenwachstum, zu entsprechender Kernvergrößerung, zur Bildung bizarr gestalteter Kerne, zu Amitosen und zu vielkernigen Komplexen.

Bei manchen Pilzgallen werden die pflanzlichen Kerne größer und vielgestaltig, die Älchengallen sind durch vielkernige Riesenzellen charakterisiert, die von Mikrosporidien befallenen Lymphocyten von *Lumbriculus* werden zu ganz erstaunlichem Wachstum angeregt und vergrößern ihre Kerne entsprechend, und ähnliches begegnet bei *Potamothrix*, führt dort aber gleichzeitig zu amitotischen Kernteilungen (MRAZÉK, 1910). Ganz gewaltige Dimensionen nehmen die Ganglienzellen von *Lophius piscatorius* an, wenn sie von *Nosema lophii* befallen sind, während andererseits nicht selten eine Besiedlung der verschiedensten Zellsorten durch *Nosema*arten auch bei Insekten keinerlei Wachstum auslöst (siehe zum Beispiel SCHWARZ, 1929).

Von besonderem Interesse sind jedoch in unserem Zusammenhang jene Vorkommnisse, bei denen eine Infektion mit Mikrosporidien zu ausgedehnter Syncytienbildung führt und dabei wohlumschriebene Plasmamassen entstehen, welche eine nicht zu verkennende Ähnlichkeit mit manchen Mycetomen besitzen. Zunächst hielt man die gelegentlich in der Leibeshöhle von *Limnodrilus* flottierenden kugeligen Gebilde in ihrer Gesamtheit für Parasiten, bis man erkannte, daß sie auf kleine, einkernige Wirtszellen (Lymphocyten) zurückzuführen sind, die nach der Infektion mit den sich lebhaft in ihnen vermehrenden Sporozoen (*Myxocystis*) entsprechend heranwachsen und zahlreiche Amitosen bilden. Solche Syncytien tragen an der Außenseite einen Besatz feiner, starrer Cilien oder auch einen Alveolarsaum, der uns daran erinnert, daß auch die Mycetome von *Cicada orni* an ihrer Oberfläche eine Art Stäbchensaum bilden (MRAZÉK, 1910). Ganz entsprechend reagieren die Lymphocyten von *Limnodrilus* auch auf eine Infektion mit anderen Mikrosporidien, wie etwa *Mrazekia* (JÍROVEC, 1936), und WEISSENBERG (1921, 1922) hat gezeigt, daß *Glugea*arten

auch im Stichling und Stint unscheinbare einkernige Wanderzellen des Bindegewebes zu vielkernigen Syncytien anschwellen lassen, die einen Durchmesser
von 4 mm erreichen! Auch ihm ist bereits die Ähnlichkeit solcher Bildungen,
für die er die Bezeichnung Xenone vorschlug, mit Mycetomen aufgefallen. Die
Spermatoblasten von Bryozoen reagieren ebenfalls auf Sporozoeninfektion in
entsprechender Weise (bei *Alcyonella*, KOROTNEFF [1892]), während die Wurm-
knötchen, welche durch eine Infektion von Nematodenlarven im Fettgewebe
von *Tenebrio molitor* ausgelöst werden, Komplexe von abermals vielkernig
gewordenen Wanderzellen darstellen, die die Wurmkörper einschließen und
nach außen von einer sehr regelmäßigen epitheloiden Hülle aus Bindegewebs-
zellen umgeben werden (PFLUGFELDER, 1950; daselbst weitere Literatur über
derartige Reaktionen auf Parasitenbefall).

Daß die Aufnahme von Symbionten in tierische Zellen diese unter Umständen in ganz ähnlicher Weise stimuliert, wie hier Protozoen und andere Parasiten
es tun, wird man mit Bestimmtheit annehmen müssen. In dieser Hinsicht ist
das Studium der akzessorischen Symbionten der Membraciden besonders aufschlußreich, denn bei ihnen begegnen, obwohl der Anpassungsprozeß sichtlich
erst im Gange ist, auf Schritt und Tritt entsprechende Reaktionen, und die tierischen Zellen beantworten den oft noch so ungezügelten Befall mit Deformation der Kerne, Wachstum, Amitosen und Syncytienbildung.

Man wird sich also vorstellen müssen, daß das, was wir an cytologischen
Geschehnissen bei Mycetocyten und Mycetomen erleben, das Ergebnis eines Wechselspieles zwischen Infektionsreiz und Reiz-
beantwortung ist, und daß die Wirte es allmählich gelernt haben, diese
Beeinflussung in wohlabgemessene Bahnen zu lenken. Je nach dem Charakter
der infizierten Zellen ist das Ergebnis dieser Auseinandersetzung ein deutlich
verschiedenes. Handelt es sich um bereits polar differenzierte Zellen,
wie vor allem überall dort, wo Darmepithelzellen infiziert werden, so kann
deren Habitus weitgehend beibehalten werden. Liegen doch zum Beispiel bei
Hippobosca die Bakterien noch ausnahmslos in der basalen Zellhälfte, die Kerne
aber vor ihnen im symbiontenfreien Plasma und tragen die Zellen noch einen
wohlentwickelten Bürstenbesatz (Abb. 229). Bei anderen Hippobosciden, die
stäbchenförmige Symbionten besitzen, ordnen sie sich sogar alle, der wohlerhal-
tenen Struktur des Grundplasmas entsprechend, senkrecht zur Basis. Ganz
ähnlich geartet sind die Mycetocyten von *Leptura*, bei denen wiederum nur die
basale Region bis zum Kern von tränenförmigen Hefen erfüllt ist und diese alle
mit der Spitze nach dem Lumen des Darmes schauen. Extrem scharf geschieden
ist auch die Besiedlung der Zellen der Darmblindsäckchen bei *Cassida* und
Bromius, doch ist es hier, wie übrigens auch bei den Leuchtzellen von *Physiculus japonicus* (Abb. 319), der distale Teil der Zelle, der allein Symbionten
enthält (Abb. 42, 45). Auch an die ebenso gelegenen Symbiontenpfröpfe der
Keilzellen des *Orthezia*follikels wird man sich in diesem Zusammenhang erinnern (Abb. 107).

Andere Darmepithelzellen werden in ihrer ganzen Ausdehnung infiziert, behalten aber trotzdem immer noch ihren Charakter weitgehend bei; insbesondere

ist auch der Bürstenbesatz unter Umständen noch wohlentwickelt, so daß man vermuten möchte, daß auch ihre ursprünglichen Funktionen noch bis zu einem gewissen Grade beibehalten werden. Gelegentlich freilich kommt es dann schon zu einer mangelhaften Entwicklung desselben, wie bei *Melophagus*, und damit werden Zustände angebahnt, bei denen der ursprüngliche Bau der Wirtszelle schließlich völlig verloren geht und nichtinfizierte und infizierte Elemente sich weitgehend unterscheiden. Zu einem völligen Verluste des Bürstenbesatzes kommt es bereits innerhalb der Hippobosciden bei *Lipoptena cervi*, unter den Käfern bei Anobiiden, Cerambyciden, ja schon bei den eben genannten Chrysomeliden, deren Mycetocyten im übrigen keine so tiefgreifenden Veränderungen erleiden, und anderen mehr. Unter Umständen besitzen ihn auch frisch und mäßig infizierte Zellen noch, aber zunehmendes Wachstum und beträchtliche Vermehrung der Symbionten führen dann zu seiner Auflösung, verursachen Kerndeformationen und entkleiden die Zellen immer mehr ihres ursprünglichen Charakters, so dass sie schließlich, völlig apolar geworden, wie Fremdkörper zwischen den sterilen, schlanke Pfeiler bildenden Epithelzellen liegen oder, wenn sie geschlossen auftreten, wie etwa bei *Marchalina*, dem betreffenden Darmabschnitt ein völlig abweichendes Gepräge geben (Abb. 18).

Schon bei den nur so wenig anwachsenden, noch eine symbiontenfreie Basis aufweisenden Mycetocyten der *Glossina*larven konnte WIGGLESWORTH feststellen, daß sie die aus den Milchdrüsen kommenden Fettröpfchen nicht mehr aufnehmen; um so mehr muß man von den hochgradig entarteten Darmepithelzellen anderer Symbiontenträger annehmen, daß sie die ihnen gemäß ihren Anlagen zukommenden Funktionen völlig verloren haben. Daß sich in ihnen trotzdem noch zwischen den Symbionten reichlich Mitochondrien finden, konnte KOCH unter anderem auch bei *Sitodrepa* nachweisen. Ähnliche verschiedene Grade abwegiger Entwicklung begegnen auch bei den Zellen der Malpighischen Gefäße, die dann auch die Bürstenbesätze verlieren können und bei gewissen Apioniden schließlich zu völlig apolaren Elementen werden. Außerdem gehen vor allem auch die Keilzellen des Zikadenfollikels unter Umständen ihrer Polarität völlig verlustig. Auch bei ihnen finden sich alle Uebergänge von solchen, die ihren Epithelzellcharakter durchaus bewahren, bis zu solchen, die sich abrunden, allseitig von Symbionten erfüllt sind und deformierte Kerne besitzen. Daß es lediglich die Symbionten sind, welche hier die unregelmäßigen Gestalten der Kerne bedingen, geht deutlich aus dem Umstand hervor, daß diese nach ihrem Austritt wieder ihre ursprüngliche Gestalt annehmen.

Manchmal kommt es bei solchen ursprünglich polaren Mycetocyten auch zu einer offensichtlich mit ihrer Überbelastung zusammenhängenden Auflösung der Zellgrenzen, wie sie bei anderen Mycetocytentypen überaus häufig erlebt wird. Vor allem sind es reich infizierte Keilzellen, welche zu Syncytien zusammenfließen, denen man ihre ursprüngliche epitheliale Natur nicht mehr ansieht, aber in seltenen Fällen spielt sich der gleiche Vorgang sogar am Darmepithel ab. Bei der Membracide *Cymbomorpha* haben wir es in ganz ungewöhnlicher Weise überreich mit Hefezellen erfüllt und zu einem ausgedehnten Syncytium mit zahlreichen kleinen, unregelmäßig gelagerten Kernen entartet gefunden, während bei der einzigen weiteren Zikade, bei der bisher ein ähnlicher Befall konstatiert wurde, die Besiedlung eine ungleich lockerere ist und daher bezeichnenderweise der Charakter des Darmepithels viel besser gewahrt bleibt (Abb. 165).

Wo das Fettgewebe infiziert wird, können jegliche cytologische Reaktionen ausbleiben, wie bei den Lecaniinen, oder es kann ebenfalls beträchtliches Zellwachstum und Amitose ausgelöst und die Fettspeicherung reduziert oder schließlich ganz ausgeschaltet werden. Vor allem aber macht sich dann in weitem Ausmaße die bei infizierten Epithelzellen so seltene Tendenz zur Zellverschmelzung geltend und führt zur Bildung von Syncytien, die riesige Dimensionen und mehr oder weniger organartiges Gepräge annehmen können (Abb. 96, 159, 161, 184).

Die Entwicklung echter Mycetome aber ist, wie wir sahen, an die Infektion indifferenten embryonalen Zellmateriales geknüpft. Wenn dieses zunächst epithelial gefügt ist, wie bei den Blastodermzellen oder dort, wo sich embryonale Zellen anfänglich als Hülle um die Symbionten legen, geht ihre Polarität mit der Infektion alsbald verloren (*Camponotus*, *Formica*, *Cimex*, Zikaden und andere mehr). Das Wachstum kann sich in bescheidenen Grenzen bewegen, wie dies vor allem dort der Fall ist, wo Mycetocyten, zumeist nach vorangehender Bildung transitorischer Mycetome, diffus im oder zwischen dem Fettgewebe verteilt werden, wie bei vielen Schildläusen, bei Blattiden und Mallophagen, aber auch in Mycetomen vorkommt, wie bei Aleurodiden, Rüsselkäfern und anderen. Dabei wird die Fähigkeit mitotischer Vermehrung zum Teil beibehalten (Cocciden, Aleurodiden, *t*-Mycetocyten), zum Teil durch Amitosen mit anschließender Zellteilung abgelöst (Blattiden, *Mastotermes*, *Formica*). Häufiger aber setzt bei echten Mycetomen ein Wachstum ein, das zu ganz beträchtlichen Ausmaßen führen kann und stets mit dem Verlust des mitotischen Teilungsvermögens einhergeht.

Die Zellen können hiebei ebenfalls einkernig bleiben und führen dann entweder einen entsprechend vergrößerten rundlichen bis ovalen oder auch mehr oder weniger deformierten, ja oft extrem verästelten, zerschlissenen oder durchlochten Kern. Noch häufiger aber vermehren sich die Kerne amitotisch, und es entstehen so mehrkernige Komplexe von recht verschiedenem Aussehen. Daß die so häufige Ablösung der mitotischen Teilung durch Amitosen in engstem Zusammenhang mit der Belastung des Plasmas durch die Symbionten steht, bezeugt die interessante Feststellung MERCIERS, daß die Mycetocyten der Küchenschaben, wenn ihr Plasma infolge der antibiotischen Wirkung parasitischer Mikrosporidien nur noch wenige Symbionten enthält, wieder zu mitotischen, wenn auch mannigfach gestörten Teilungen zurückkehren. Unter Umständen führt eine einzige Amitose zu zweikernigen Zellen. Das ist ganz regelmäßig bei allen Rektalorganen oder bei den Mycetocyten des Filialmycetoms der Fall, das *Bladina* in den Ovariolen errichtet. Andere Mycetocyten führen stets einige wenige Kerne, und bei wieder anderen ist ihre Zahl eine sehr große.

Solcher progressiven Vergrößerung der Mycetocyten liegt wahrscheinlich vielfach ein rhythmisches Kernwachstum zugrunde. Wenn auch leider bisher nirgends durch Messungen die einzelnen Größenklassen festgestellt wurden, so wissen wir doch von *Pseudococcus* und *Aleurodes,* daß bei ihnen die Mycetocytenkerne in zunehmendem Maße polyploid werden, und sind, zumal in neuerer Zeit die Häufigkeit solchen periodischen Zellwachstums bei Insekten immer evidenter geworden ist, wohl berechtigt, diese Erfahrung auf andere Objekte auszudehnen. Bei *Pseudococcus* kommt die Polyploidie anfänglich durch wieder rückläufig gemachte Mitosen zustande; inwieweit bei den so viel häufigeren Amitosen die Chromosomensätze komplett bleiben, wissen wir nicht, aber jedenfalls enthält die Summe all der Kerne und Kernfragmente der Syncytien eine Vielheit von Chromosomen, die ihrerseits die Plasmavermehrung nach sich zieht.

Auch bei solchen auf embryonales Zellmaterial zurückgehenden Mycetocyten und Syncytien spielt die Neigung, zu verschmelzen, eine große Rolle Gelegentlich fließen immer nur je zwei Mycetocyten zusammen. Auf solche Weise entstehen zum Beispiel die zweikernigen Mycetocyten in den Ovarialampullen von *Haematomyzus* und *Columbicola.* In den Depotmycetomen, welche manche *Fulgora*arten in den Eiröhren anlegen, geht die Auflösung der Zellgrenzen der einkernigen Mycetocyten nur zögernd vor sich und schreitet von innen nach der Peripherie zu fort. Wo die epitheliale Umhüllung gewisser Mycetome zusätzlichen Symbionten geöffnet wird, setzt ebenfalls Syncytienbildung ein. Bei den Poiocerinen bleibt hiebei wenigstens die ungefähre Form der von Bakterien erfüllten Zone erhalten, aber bei manchen Membraciden ist eine völlige Desorganisation des ursprünglichen Epithels die Folge, und es kommt zu einer weitgehenden Zerklüftung und Deformation des von den *a*-Symbionten bewohnten Raumes durch die mächtigen, hier von Hefen okkupierten Massen (*Lycoderes, Omolon,* Abb. 164).

Vor allem aber bekunden die Syncytien der Zikadenmycetome eine auffallende Neigung, untereinander zu verschmelzen und Synsyncytien zu bilden. Insbesondere an den *a*-Syncytien erlebt man das immer wieder, und unter Umständen geht dies so weit, daß schließlich nur noch ein einziger, genau genommen unter den Begriff der Plasmodien fallender Komplex vorliegt.

Wenn die Beantwortung der doch wohl immer wieder recht ähnlichen Reize zu einer recht beträchtlichen Mannigfaltigkeit führt, so spiegelt sich hierin die verschiedene Konstitution der Wirtstiere wider. Es sei nur daran erinnert, wie verschieden die Darmepithelzellen auf die Infektion antworten können oder wie die Grade der Füllung und die cytologischen Einzelheiten bei den Keilzellen der Zikaden so typische sind, daß man sie geradezu als ein Kriterium für die systematische Stellung der Wirte benutzen kann. Die verschiedenen Typen der Kerndeformation in den Rektalorganen sind ebenfalls für die einzelnen Familien und Unterfamilien der Fulgoroiden jeweils bezeichnend. Die großen Syncytien der Fulgoroidenmycetome zeigen hinsichtlich der bald diffusen, bald mehr zentralen, bald randständigen Lage der Kerne und deren spezieller Gestalt sowie hinsichtlich der Verteilung des Plasmas eine Menge feiner Unterschiede, die den betreffenden Insekten erbeigen sind, und gelegentlich kann es hiebei sogar zu so eigenwilligen Lösungen kommen, wie sie die *v*-Mycetome der Megamelinen oder die von *Oryzaephilus* darstellen.

Daß die anatomischen Einrichtungen, die heute der Symbiose dienen, das Resultat eines langdauernden Anpassungsgeschehens sind, erhellt aus den Reihen zunehmender Vervollkommnung, die uns immer wieder begegnen. Die Besiedlung des Trypetidendarmes stieg schrittweise von der primitiven Unterbringung der Bakterien im Darmlumen bis zur Beschränkung auf schließlich hochgradig vom Darm abgesonderte Anhänge empor; bei den Heteropteren führt eine Reihe von Formen mit einigen wenigen, locker gestellten Darmkrypten zu solchen, bei denen sie in vier Reihen zu Hunderten dicht gedrängt den Darm begleiten, und zu den Acanthosominen, die sie schließlich fast völlig abtrennen. Bei den Hippobosciden geht die Tendenz von einer weitausgedehnten Infektion wenig veränderter Darmepithelzellen zu einer Beschränkung auf einen kurzen, aber nun ausschließlich der Symbiose dienenden Abschnitt. Die Lokalisation der Hefen im Fettgewebe beginnt mit diffuser Überschwemmung und endet mit einer an echte Mycetome erinnernden Konzentration.

Das gleiche gilt für die Einrichtungen, welche den Eiern erst im Augenblick ihrer Ablage Symbionten für die larvale Infektion zuteilen. Hier treten Anforderungen an die Wirte heran, die sich nur durch komplizierte anatomische Hilfseinrichtungen lösen lassen, und der tierische Partner erscheint dann noch ideenreicher als bei der verhältnismäßig leicht zu bewältigenden Wohnungsfrage. Die vielseitigen Verwendungsmöglichkeiten chitinöser Differenzierungen kommen ihm hiebei nicht wenig zu Hilfe, und es entstehen all die symbiontengefüllten Reservoire, Spritzen, Taschen und Krypten am Legeapparat, an deren Vervollkommnung der Organismus nicht weniger arbeitet. Der Vergleich der Intersegmentalschläuche einer großen Anzahl von Bockkäfern hat eine besonders eindrucksvolle Reihe ergeben (Abb. 29), aber auch die entsprechenden Einrichtungen der Anobiiden, Lagriiden und Cleoniden lassen eine allmähliche Leistungssteigerung erkennen. Die Untersuchung der Trypetiden-Legeapparate hat gezeigt, wie hier der Weg von einer einfachen Beschmierung vom Enddarm ohne jede spezifische Einrichtung über bereits als Reservoire dienende Längsfalten des Darmes zu immer besser gesonderten bakteriengefüllten Krypten führt und wie parallel mit diesen Neuschöpfungen eine immer länger werdende schlitzförmige Verbindung zwischen Darm und Vagina schließlich zu dem von *Dacus* repräsentierten Höhepunkt führt.

Daß die gleichen Erfordernisse vielfach konvergente Bildungen im Gefolge haben, wird nicht weiter wundernehmen. Die eben erwähnten Beschmiereinrichtungen der Cerambyciden, Anobiiden und Lagriiden sind natürlich unabhängig voneinander entstanden, gleichen sich aber trotzdem außerordentlich, und bei Cleoniden und selbst bei Siriciden begegnen recht ähnliche Lösungen. Hippobosciden und Glossinen, bei denen die gleiche Lebensweise zu so weitgehenden Konvergenzen geführt hat, behandeln auch ihre Symbionten überraschend ähnlich. Die Bildung der Darmanhänge bewegt sich auch dort, wo es sich um Neubildungen handelt, vielfältig ganz in den gleichen Bahnen, der vierschichtige Aufbau der Ovarialampullen der Anopluren ist trotz seiner recht verschiedenen Genese im Endresultat immer im wesentlichen der gleiche, und

die Hilfseinrichtungen, welche bei Cephalopoden und Fischen durch die Anwesenheit der Leuchtsymbionten ausgelöst werden, überraschen uns durch ihre
weitgehenden Ähnlichkeiten.

Solche Beispiele ließen sich leicht noch vermehren. Andererseits aber werfen
dann wieder ungewöhnliche, plötzlich irgendwo eingeschlagene Wege helles
Licht auf den Erfindungsreichtum der nie in Verlegenheit geratenden Wirte.
So werden allein bei *Bromius* und den *Cassida*arten Vaginalschläuche für die
Übertragung gebildet, für die es kein Gegenstück gibt, fertigt *Coptosoma* in
seinem Darm auf die komplizierteste Weise jene bakteriengefüllten Kapseln,
die zusammen mit den Eiern abgelegt werden, errichten allein die Acanthosominen, als es die Absonderung der Krypten vom Darm nötig machte, ein in
dieser Form sonst nirgends vorkommendes Beschmierorgan am Legeapparat
und erheben die Lagriiden dorsale Hauteinstülpungen zu mycetomähnlichen
Bildungen (Abb. 86, 88, 37).

Aus einfachen Chitinborsten werden ausgezeichnete, dem Zurückhalten der
Symbionten dienende Vorrichtungen, ja selbst röhrchenartige Behälter, wie bei
den eben genannten Acanthosominen. Um größere Symbiontendepots am Legeapparat abzuschließen, werden Sperrhaare gebildet oder chitinöse Versteifungen
ineinander verfalzt, ähnlich, wie es dort vorkommt, wo es gilt, die vorderen und
hinteren Flügel mancher Insekten fester zu verbinden (Abb. 89, 90).

Wo Symbionten ein besonderer Weg gewiesen werden soll, wie bei der
Füllung der Rektalorgane, entstehen zur rechten Zeit am rechten Ort sie auf-
fangende reusenartige Bildungen (Abb. 209). Faserige Greiffortsätze, wie sie
sonst in der Insektenhistologie nirgends vorkommen, strecken sich den zu
erwartenden Symbionten entgegen, wie bei der Füllung der Ovarialampullen
der Läuse oder der Darmsäckchen der *Bromius*larven, und ein seltsames Bündel
von faserigen Zellen zieht bei *Linognathus* das ganze Mycetom in die Genitalanlage (Abb. 253, 46, 249). Ja selbst eine Symbiose mit Algen, bei der es sonst
kaum je zu besonderen konstruktiven Leistungen des Wirtes kommt, hat eine
der verblüffendsten Erfindungen gezeitigt. Entwickelt doch *Tridacna* inmitten
der einzelnen Algennester jene hyalinen, linsenähnlichen Zellgruppen, welche
offenkundig als eine Art Beleuchtungsapparat den tiefer liegenden Algen einen
erhöhten Lichtgenuß garantieren (Abb. 1)!

Vielfach löst die Symbiose auch eine spezifischen Zwecken dienende Drü-
sentätigkeit aus. Nicht selten findet man, daß eine solche dort einsetzt, wo
eine rasche Vermehrung frisch verpflanzter Symbionten wünschenswert erscheint. Dies ist bei dem zunächst nur schwach infizierten Kopforgan der
*Dacus*imago oder den Mitteldarmausstülpungen anderer Trypetiden-Imagines
der Fall, ohne daß spezialisierte Drüsenzellen dabei in die Erscheinung träten.
In die Wandung der Dorsalorgane von *Lagria* sind hingegen regelrechte Drüsenzellen eingebaut, und das gleiche gilt für die Intersegmentalschläuche der Bockkäfer und Anobiiden, sowie für die Pilzspritzen der Siriciden, während in den
entsprechenden Organen der Cleoniden und Lagriiden offenbar wieder eine
Abscheidung der gesamten Wandung vorliegt. Gleiches gilt für die offenen
Leuchtorgane und akzessorischen «Drüsen» der Cephalopoden.

Man wird nicht fehlgehen, wenn man annimmt, daß diese Sekrete allemal einen günstigen Nährboden für die Symbionten darstellen. Außerdem kommt es aber auch zu einer plötzlich sich steigernden Sekretion der Wandung gewisser Bakterienbehausungen, wenn es gilt, eine besser gleitende Aufschwemmung bis dahin dicht gelagerter Bakterien zu erzielen. Hiefür sind die endständigen, spezifische Übertragungsformen erzeugenden Krypten am weiblichen Heteropterendarm und die Ampullen der Nephridien fortpflanzungsreifer Lumbriciden ein Beispiel. In anderen Fällen funktioniert das Sekret der Intersegmentalorgane auch als eine die Symbionten auf der Eischale festklebende Kittsubstanz (*Oxymirus*). Einem besonderen Zweck dient weiterhin eine mehrfach an den Keilzellen zu beobachtende Abscheidung, in welche die aus ihnen austretenden Übertragungsformen gebettet werden. Am *Coptosoma*darm hingegen kann man zwei Zonen unterscheiden, von denen die eine das Sekret liefert, welches das Substrat für die in die Kapseln eingeschlossenen Bakterien darstellt, die andere die Kapselhülle produziert (Abb. 86).

Wo das Bedürfnis nach einer Muskulatur besteht, welche die Symbionten aus den Depots am Legeapparat herausquetscht, wird sie gebildet (Cleoniden, Siriciden und andere), und wo die Mycetome besondere Sauerstoffversorgung verlangen, ist der Organismus auf eine entsprechende, unter Umständen mit den Endverzweigungen tief in die Organe eindringende Tracheenversorgung bedacht.

Wie innig die Verankerung solcher Neuschöpfungen ist, geht besonders eindrucksvoll aus dem Umstande hervor, daß sie vielfach bereits vorausschauend angelegt werden. Die Darmausstülpungen der Cleoniden, das heißt ohne Zweifel erst im Gefolge der Symbiose entstandene Organe, die ja allen anderen Rüsselkäfern abgehen, werden gebildet, bevor die Larven sich durch Fressen der Eischale beim Schlüpfen infizieren (Abb. 55). Das gleiche gilt für die Donacien und für *Bromius*, welch letzterer sogar die Greiffasern schon vor dem Schlüpfen bereitstellt (Abb. 46). Die zu infizierende Zone des Darmepithels junger Bockkäferlarven wird ebenfalls vor Anwesenheit der Hefen vorbereitet (Abb. 33). Die zwei keulenförmig deformierten Malpighischen Gefäße mancher Apioniden werden von vornherein in dieser Form, die sie ja erst durch die Symbiose erlangt haben, angelegt. Glossinen und Hippobosciden zeigen das besonders angeschwollene Zellpolster am Mitteldarm, das dazu da ist, die Bakterien aufzunehmen, bevor diese ankommen, und die bei *Tephritis* für die Symbionten bestimmten Darmepithelzellen unterlassen von vornherein die Bildung des Bürstenbesatzes und erhalten statt dessen einen die Infektion offenbar erleichternden aufgelockerten Rand. Die Anlagen der definitiven Mycetome von *Oryzaephilus* warten aufnahmebereit auf die nach Auflösung der transitorischen Mycetome frei werdenden Symbionten (Abb. 73), die imaginalen Wohnstätten am Darm der Schwalbenlaus lassen sich an der lokalen Verdickung der Muscularis und dem sich in ihr bildenden Syncytium ebenfalls bereits erkennen, bevor die in Klumpen vereinten Bakterien durch die Darmwand hindurchtreten und die bereits gerüstete Stätte beziehen. Die für die Blattidensymbionten bestimmten Zellen sondern sich schon zu einer Zeit, in der diese noch im embryonalen Darm liegen. Alle nach außen sich öffnenden

Leuchtorgane der Cephalopoden und Fische samt ihren Hilfseinrichtungen, wie auch die akzessorischen Drüsen der ersteren legen sich steril an und warten auf die Symbionten.

Aber nicht nur, wenn es gilt, den Gästen ihre Wohnstätten anzuweisen, sondern auch im Zusammenhang mit der Übertragung ergeben sich immer wieder vorausschauende Maßnahmen. Die Differenzierung gewisser Abschnitte des Follikels, die Anlage der Infektionshügel, die für die künftigen Depotmycetome von *Bladina* Raum schaffende Degeneration bestimmter Zonen der Ovariolen, Vorbereitungen, welche mit der Infektion der Ovarialampullen der Anopluren und Mallophagen im Zusammenhang stehen, wie die schon vor dieser einsetzende Verdickung bei *Pediculus* und die durch große Flüssigkeitsmengen verursachte starke Auftreibung des zu infizierenden Abschnittes bei Mallophagen (*Sturnidoecus, Turdinirmus*) sind Beispiele für solche.

Es dürfte kaum nötig sein, besonders darauf hinzuweisen, wie nachdrücklich solche Feststellungen die Innigkeit der Einfügung der Symbionten in den Wirtskörper und seine Entwicklung bezeugen und wie weit damit die Wechselwirkungen der beiden Partner von den bei parasitärem Befall zu beobachtenden abrücken.

5. HISTORISCHE PROBLEME

Das ganze reiche Tatsachenmaterial, das wir in den vorangehenden Kapiteln ausgebreitet haben, trägt einen eminent historischen Charakter. Handelt es sich doch immer wieder um Einrichtungen, welche zusätzlich in die Organisation der Wirte eingebaut wurden, wobei sie zwar zumeist den Eindruck erwecken, daß sie in völliges Gleichgewicht mit dieser gekommen sind, gelegentlich aber auch mit aller Deutlichkeit erkennen lassen, daß der tierische Partner noch um ein solches ringt. In dem Maße, in dem wir Einblick in die Fülle der einzelnen Lösungen gewannen, drängte sich auch das Problem ihrer Stammesgeschichte auf, und heute sind wir immerhin bereits in der Lage, hiezu eine Reihe gesicherter Aussagen zu machen und künftiger Arbeit auf diesem Gebiet die Wege zu weisen.

In erster Linie sind es die Beziehungen der einzelnen Symbiosetypen zum System der Wirte, welche notwendigerweise Rückschlüsse auf ihr jeweiliges Alter gestatten. Wo größere systematische Einheiten gleichgeartete Symbionten stets auf ein und dieselbe Weise unterbringen, wird man annehmen müssen, daß diese bereits von ihren Stammformen erworben und an alle in der Folge sich sondernde Gattungen und Arten weitergegeben wurden. Das Schulbeispiel für einen solchen Fall stellen die Blattiden dar, von denen schon so viele, den meisten der zehn Familien entstammende Arten aus allen Erdteilen untersucht wurden und die stets die gleichen in das Fettgewebe eingelagerten und von einander recht ähnlichen Bakterien besiedelten Mycetocyten besitzen. Was dabei an geringfügigen Varianten hinsichtlich ihrer Anordnung und des Verhaltens bei der Eiinfektion und Embryonalentwicklung begegnet, darf lediglich als sekundäre, in der spezifischen Konstitution der jeweiligen Wirte begründete Abänderungen ein und desselben Grundtypus bewertet werden. Da nun aber die Blattiden eine überaus ursprüngliche Insektenordnung darstellen, welche sich bereits im unteren Karbon in voller Entwicklung findet und bald hinsichtlich Arten- und Individuenzahl den Höhepunkt ihrer Entfaltung erreichte, so wird man nicht umhin können, dieser Symbiose ein entsprechend hohes Alter zuzuschreiben, und sich an den Gedanken gewöhnen müssen, daß sie bereits vor etwa 300 Millionen Jahren bestand.

Wahrscheinlich haben aber sogar jene ältesten Blattiden die symbiontischen Bakterien schon von ihren Vorfahren übernommen. Darauf deutet die überraschende, in stammesgeschichtlicher Hinsicht so interessante Tatsache, daß sich bei den primitivsten Termiten, den heute nur noch in Gestalt einer Spezies in Australien vertretenen Mastotermitiden, welche noch im Tertiär weit verbreitet waren, eine Bakteriensymbiose fand, die bis in die letzten Einzelheiten der der Blattiden gleicht (JUCCI, 1930; KOCH, 1938). Dies harmoniert aufs beste mit der über alle Zweifel erhabenen Tatsache, daß zwischen Blattoideen und Isopteren die engsten verwandtschaftlichen Beziehungen bestehen. HANDLIRSCH ließ die Termiten sogar erst spät, gegen Ende der Jurazeit, von typischen Blattoideen abzweigen, aber nach der heute allgemein herrschenden, bereits von HOLMGREN (1910/11) vertretenen Auffassung sollen sich schon zu Beginn des Karbons die Schaben und Termiten gemeinsamen Vorfahren in die beiden Äste gespalten haben (Abb. 327). Wenn dem so ist, bedeutet dies aber, daß diese ältesten Blattopteroideen bereits die gleiche Bakteriensymbiose besaßen wie unsere heutigen Küchenschaben und *Mastotermes*.

Die stammesgeschichtliche Bedeutung der *Mastotermes*symbiose geht aber noch weiter. Bei den höheren Familien der Termiten, den Calotermitiden, Termopsiden, Hodotermitiden, Rhinotermitiden und Termitiden, die aus den Mastotermitiden hervorgegangen sind, sucht man vergebens nach der Bakteriensymbiose der letzteren, so daß kein Zweifel darüber bestehen kann, daß diese von ihnen nachträglich wieder abgeschafft wurde. Die hiezu führenden Motive dürften ziemlich klar sein. *Mastotermes* ist noch ein Allesfresser nach Art der Blattiden, der nicht nur jegliche Art von zellulosereichen Substanzen, sondern auch Wolle, Horn, Zucker usw. frißt. Immerhin spielt lebendes und totes Holz bei ihm und sichtlich auch schon bei den ausgestorbenen Verwandten, die ebenfalls eine stark entwickelte Kopfkapsel und kräftige Kaumuskeln besaßen, bereits eine so große Rolle in seiner Ernährung, daß sie den Erwerb jener üppigen Darmfauna voraussetzte, ohne die den Termiten, wie wir hörten, eine Verwertung der Zellulose nicht möglich ist. Offenbar hatte schon bei ihren schabenartigen Vorfahren die Gewohnheit, an organischen Resten reichen Humus zu fressen, zu ihrer Entfaltung geführt. Daß eine solche neben einer Bakterien-Endosymbiose zu bestehen vermag, lehrte uns ja die auch sonst so manche termitenähnliche Züge tragende und sogar erste Ansätze zur Staatenbildung zeigende Schabe *Cryptocercus*. *Mastotermes* vereinigt zwar auch noch diese beiden Formen einer Symbiose in sich, aber allmählich machte offenbar die neue reichere Eiweißquelle der der Verdauung verfallenden Flagellaten die Bakterien überflüssig, von denen wir durch KELLER (1950) wissen, daß sie die im Fettkörper gespeicherte Harnsäure als N-Quelle zu verwerten vermögen.

Daß andererseits auch die Existenz dieser neuen Symbiose weitgehend von der Ernährungsweise der Wirtstiere abhängig ist, geht aus dem Umstand hervor, daß sie ihrerseits wieder verlorengehen oder zum mindesten stark in den Hintergrund treten kann, sobald bei den höchstentwickelten Termitiden an Stelle des Holzes wieder humöse Erde oder eigens gezüchtete Ambrosiapilze gefressen werden oder auch Geschlechtstiere mit dem Sekret der Speicheldrüsen ernährt werden.

Besteht die augenblickliche Auffassung vom Stammbaum der Blattopteroideen zu Recht, dann zwingt diese aber sogar zur Annahme eines weiteren Symbioseverlustes. Erblickt man doch heute allgemein in den räuberischen Mantoideen hochspezialisierte Blattopteroideen und läßt sie im späteren Karbon von Blattoideen abzweigen (Abb. 327). Nun hat man zwar im Fettkörper dieser Tiere niemals nach Bakterien gefahndet, aber sie dürften ihm wohl bestimmt abgehen. Auch hier wäre dann die Änderung der Lebensweise — karnivore Tiere haben ja nie eine Endosymbiose — das Motiv des Verlustes. Ob die Protoblattopteren — HANDLIRSCHS Protoblattoideen —, die bereits im Perm oder bald darauf aussterben, eine Bakteriensymbiose besaßen, werden wir nie mit Bestimmtheit sagen können; wenn sie sich aber wirklich im frühen Karbon nach Entstehung der Isopteren vom Stamme der Blattoideen abspalteten und ebenfalls karnivor waren, wird man auch bei ihnen mit einem Verlust der Bakteriensymbiose rechnen müssen.

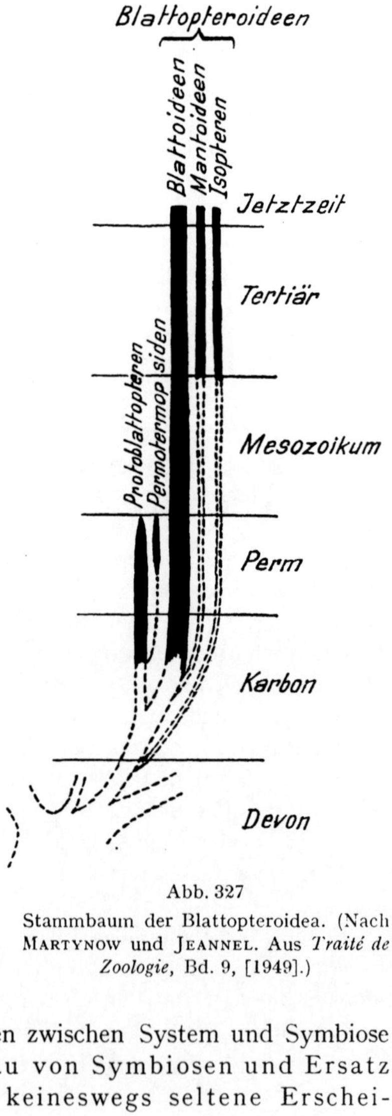

Das bewegte Bild, das sich uns hier enthüllt hat, warnt natürlich davor, selbst wohlgefügte Symbiosen als einen unveränderlichen Besitz der betreffenden Wirte zu betrachten, und in der Tat häufen sich, sobald man tiefer in die Beziehungen zwischen System und Symbiose eindringt, die Anzeichen dafür, daß Abbau von Symbiosen und Ersatz durch anders geartete Bindungen keineswegs seltene Erscheinungen darstellen.

Daß sich bei den höheren Termiten keine Reminiszenzen an die ehemalige intrazellulare Symbiose finden, ist angesichts des schon so weit zurückliegenden

Abb. 327

Stammbaum der Blattopteroidea. (Nach MARTYNOW und JEANNEL. Aus *Traité de Zoologie*, Bd. 9, [1949].)

Verlustes kaum verwunderlich[1]). Unter Umständen erlischt jedoch die Erinnerung an die ehemaligen Gäste keineswegs völlig, sondern macht sich
bald wenigstens noch im embryonalen Geschehen, bald aber auch im Bau der
vollentwickelten Tiere bemerkbar. Ersteres ist bei den Ameisen der Fall, wo
heute nur noch die Camponotinen und *Formica fusca* eine Bakteriensymbiose
aufweisen, andere *Formica*arten — *rufa* und *sanguinea* — aber immer noch am
hinteren Pol des Blastodermstadiums die gleichen Zellen sondern, welche bei
F. fusca zu Mycetocyten werden. Bei *F. rufa* wird ein ebenso voluminöses steriles Zellpolster abgeschnürt und eingesenkt, wie bei *fusca*, bei *sanguinea* sind
es hingegen nur noch wenige Zellen, welche das gleiche Schicksal erleiden. In
beiden Fällen gehen aber schließlich diese prospektiven Mycetocyten zugrunde.
So kann auch hier kein Zweifel darüber bestehen, daß die Bakteriensymbiose
innerhalb der Formiciden früher weiter verbreitet war als heute.

Ähnlich liegen die Dinge bei *Calandra*. *Calandra oryzae* und *granaria* besitzen als Larven jenes voluminöse Mycetom, das vornehmlich ventral vom
Anfangs- und Mitteldarm liegt und an der Übergangsstelle der beiden das
Darmrohr umgreift (Abb. 58). Bei einer ägyptischen Varietät der *C. granaria*
findet sich jedoch statt dessen nur eine wesentlich kleinere sterile Zellmasse,
die aber immer noch bei der Metamorphose die gleichen Verlagerungen erleidet
wie bei den bakterienhaltigen europäischen Vertretern der gleichen Art, die sich
auch sonst in mehrfacher Hinsicht von der *var. africana* Zacher unterscheiden.
In den Krypten des imaginalen Darmes sucht man dementsprechend ebenso
vergeblich nach den sonst so auffälligen Mycetocyten wie in den Endkammern
der Ovariolen nach der der Übertragung dienenden Infektion (Abb. 328). Es
wäre reizvoll, auch bei diesem Objekt die Embryonalentwicklung steriler
und infizierter Tiere vergleichend zu untersuchen und so noch tieferen Einblick in die dabei sich äußernden Reminiszenzen zu gewinnen. Während wir
für den Symbiontenverlust bei Ameisen bis heute keinen Grund angeben
können, ist es bei *Calandra granaria var. africana* offenbar die höhere Temperatur ihres Wohnraumes, welche zur Ausschaltung der Symbionten führte
(siehe KOCH, 1936).

Ein derartig eng begrenzter Symbiontenverlust ist schließlich auch noch
von gewissen Psylliden bekannt geworden. Alle bisher untersuchten Psylliden
enthalten in ihren aus einkernigen Zellen und Syncytien aufgebauten Mycetomen zweierlei Symbionten, von denen der stammesgeschichtlich ältere in den
ersteren, der später aufgenommene in den letzteren lebt. Bei *Strophingia ericae*
und einer *Troiza sp.* jedoch bleiben die Syncytien leer und werden dementsprechend von den allein infizierten Mycetocyten auf schmale Räume zusammengedrängt. *Strophingia* kehrt so zu dem ursprünglicheren monosymbiontischen Zustand zurück, die *Troiza sp.* jedoch hat interessanterweise an Stelle
der eliminierten Sorte einen neuen zweiten, nun im Fettgewebe lokalisierten
und sichtlich noch sehr jungen Gast aufgenommen!

---

[1]) Es wäre immerhin möglich, daß wenigstens im Laufe der Embryonalentwicklung ebensolche spezifische Zellen auftauchen, wie sie KOCH (1949) bei *Blattella germanica* gefunden hat,
wo sie bei der Weiterentwicklung von den aus dem Darm kommenden Bakterien besiedelt werden.

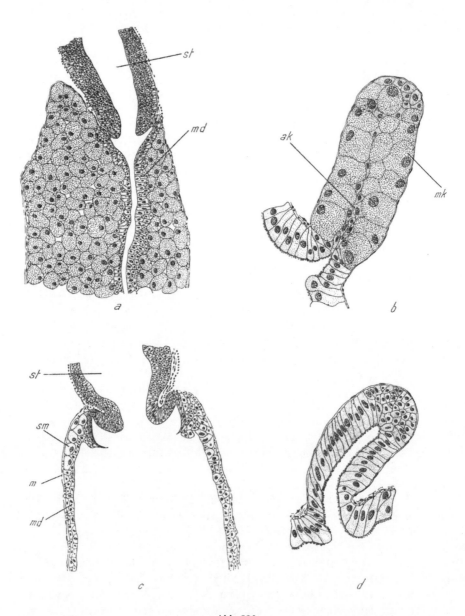

Abb. 328

a, b Calandra oryzae L. mit Symbionten, *c, d Calandra granaria* L. var. *africana* Zacher nach Symbiontenverlust. *a* Das Mycetom gleitet bei der Metamorphose zwischen dem neuen Mitteldarmepithel und der Muscularis nach hinten. *b* Eine der Darmzotten mit zahlreichen Mycetocyten. *c* An
Stelle der infizierten Zellen werden nur wenige sterile verlagert. *d* Eine Darmzotte ohne Mycetocyten, am Grunde ein Nest von Kryptenzellen. *st* Stomodäum, *md* Mitteldarmepithel, *ak* Achsen-
zellen der Krypte, *mk* Mycetocyten der Krypte, *sm* sterile Mycetocyten, *m* Muscularis.
(Nach MANSOUR.)

Das bei *Formica, Calandra* und diesen beiden Psylliden begegnende Fort-
wirken der durch das lange Zusammenleben entstandenen Engramme erinnert
uns daran, daß ja auch bei *Fulgora europaea* ähnliches zu beobachten war. Während andere Fulgorinen für die noch nicht sehr fest verankerten *m*-Symbionten
zum Zwecke der Übertragung in den einzelnen Ovariolen je ein eigenes Filialmycetom errichtet haben, hat *Fulgora europaea* den auch von ihren übrigen
Symbionten beschrittenen Weg über die Keilzellen vorgezogen. Trotzdem aber
wird auch hier immer noch in jeder Eiröhre die entsprechende, einst bezogene,
jetzt aber leer bleibende Stätte bereitet (Abb. 194, 195). Auch jene eigenartigen Vorgänge, welche die Infektion der Aphidenembryonen begleiten, die
Bereitstellung einer syncytialen Masse, das Verhalten des Follikels, der späte
Übertritt der Symbionten, ließen sich nur durch die Vorstellung verständlich
machen, daß sich hierin Erinnerungen an die ursprünglich allein bestehende
Ovarialinfektion äußern.

Nach alledem wird es nicht wundernehmen, daß schließlich auch dort, wo
es gelang, die Symbionten auf experimentellem Wege zu entfernen, wie bei
Sitodrepa, Cerambyciden, *Pediculus* oder *Oryzaephilus*, deren Wohnstätten
trotzdem angelegt und unter Umständen auch generationenlang steril beibehalten werden (Näheres hiezu siehe im folgenden Kapitel).

Handelte es sich zum mindesten bei *Calandra* und den beiden Psylliden um
sehr eng begrenzte Verluste, so nötigt uns andererseits die vergleichende
Betrachtung der bei den Cephalopoden in Leuchtorganen und
akzessorischen Drüsen lokalisierten Symbiosen zu dem Schluß, daß
hier ein solcher an mehreren Stellen und zum Teil sogar in sehr breiter Front
einsetzte. Die ältesten symbiontischen Einrichtungen der Tintenfische stellen
zweifellos die in ihrer Bedeutung freilich noch recht rätselhaften akzessorischen
Drüsen dar. Finden sie sich doch bei allen Sepiiden, den meisten Loliginiden,
in der einzigen die Spiruliden repräsentierenden Gattung und bei den ursprünglichsten Sepioliden, den Sepiadariinen, als alleinige Bakterienwohnstätten. Von
ihnen haben sich an mehreren Stellen des Cephalopodenstammbaumes in konvergenter Weise ebenfalls von Bakterien besiedelte Leuchtorgane abgespalten
und räumlich mehr oder weniger weitgehend gesondert. Innerhalb der Familie
der Sepioliden, die zunächst eingehender betrachtet sei, hat sich dieser Prozeß
bei den Rossiinen und Sepiolinen abgespielt, und die letzteren haben sie auch
den an der Basis ihres Stammes entsprungenen Heteroteuthinen als Erbgut
mitgegeben (Abb. 329). Bei den Rossiinen freilich war diese Neuerwerbung nicht
von Bestand. Das bezeugt die interessante *Rossia mastigophora*, welche außer
den akzessorischen Drüsen in beiden Geschlechtern höchst rudimentäre, der
Linsen entbehrende Leuchtorgane besitzt (Abb. 297), während alle übrigen
litoralen Rossien nur noch akzessorische Drüsen aufweisen und damit erneut
den Sepiadariinen gleichen, von denen sie stammen. Von den notwendig zu
postulierenden Rossien mit gutentwickelten Leuchtorganen ist bisher kein
Vertreter bekannt geworden, aber Naef, dessen Ausführungen wir hier folgen, vermutet, daß solche auch heute noch in größeren Tiefen zu finden wären.
Leider sind aber gerade die Rossien überhaupt nur recht mangelhaft bekannt,

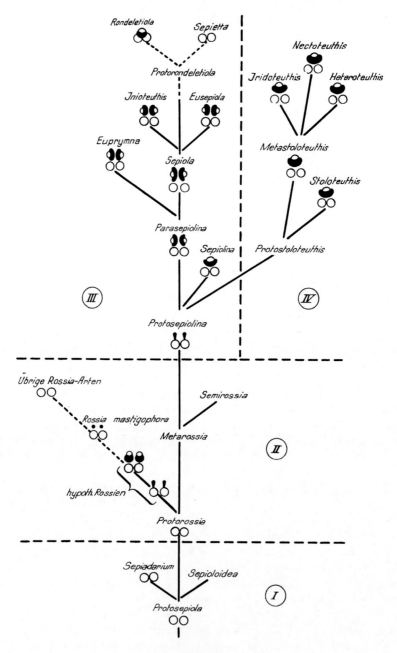

Abb. 329

Stammbaum der Sepioliden. *I* Sepiadariinen, *II* Rossiinen, *III* Sepiolinen, *IV* Heteroteuthinen.
Die Kreise entsprechen den akzessorischen Drüsen, die mit und ohne zusätzliche Leuchtorgane erscheinen. Unterbrochene Linien = Entwicklungsreihen, welche zu einer Rückbildung der Leuchtorgane führen. (In Anlehnung an Naef.)

so daß auch über die symbiontischen Einrichtungen von *Semirossia* nichts ausgesagt werden kann.

Innerhalb der Unterfamilie der Sepioliden, die sich aus den Rossiinen entwickelt hat, kommt es nun zu reicher Entfaltung hochentwickelter Leuchtorgane mit all ihren verschiedenen Hilfseinrichtungen, wie wir sie im speziellen Teil von *Euprymna*, *Sepiola* und anderen geschildert haben, aber merkwürdigerweise an den Endästen des Stammbaumes auch wieder zu einer völligen Abschaffung oder wenigstens zu einer Vereinfachung der Leuchtorgane. *Sepietta* besitzt nur noch akzessorische Drüsen, und die Leuchtorgane von *Rondeletiola*, bei denen der leuchtende Teil nicht mehr scharf von den akzessorischen Drüsen geschieden ist und Linse und Reflektor unvollkommener sind, stellen nach NAEF nicht etwa eine Vorstufe der hochentwickelten Organe anderer Sepiolinen dar, sondern befinden sich auf dem Wege einer Reduktion, die bei *Sepietta* ihr Endstadium erreicht hat (Abb. 289, 290).

Die in größeren Tiefen pelagisch lebenden Heteroteuthiden hingegen haben die ihnen von der Stammform der *Protosepiolina* überkommenen Leuchtorgane in allen ihren Zweigen treu bewahrt und in beiden Geschlechtern zu hoher Entfaltung gebracht.

Während die nie fehlenden akzessorischen Drüsen der Sepioliden nirgends eine Tendenz zur Rückbildung offenbaren und diese sich stets durchaus auf das Leuchtorgan beschränkt, macht sich in der Familie der Loliginiden auch an ihnen eine solche bemerkbar. Sie pflegen nur bei jungen Tieren einigermaßen gut entwickelt zu sein und mit zunehmendem Alter im Wachstum zurückzubleiben. Dabei sind die bakterienhaltigen Tubuli durchweg schwächer entwickelt, nicht so reich verzweigt und durchflochten, wie bei den Sepien, während andererseits der bindegewebige Anteil der Organe stärker in den Vordergrund tritt (vgl. Abb. 288). Wie bei den Sepioliden ist es aber auch in dieser Familie zum Teil zu einer Abspaltung hochentwickelter Leuchtorgane von den zunächst allein vorhandenen akzessorischen Drüsen gekommen. Daß sie manche besondere Züge, wie etwa die langen, zu den akzessorischen Drüsen ziehenden Ausführgänge, aufweisen, harmoniert mit der Sonderstellung der Familie, welche nach NAEF enge Beziehungen zu den Ögopsiden besitzt und daher nicht mit den Sepioiden vereint werden sollte (Abb. 295).

Diese den Loliginiden eigene Neigung, die Entfaltung der akzessorischen Drüsen zu hemmen, gewinnt durch den Umstand, daß solche offenbar ursprünglich auch bei den Ögopsiden vorhanden waren, ein besonderes Interesse. Schon die freilich nicht von allen geteilte Annahme, daß die Ögopsiden der tiefen Gewässer von den Myopsiden der seichteren stammen, würde von vornherein vermuten lassen, daß sie zunächst ebenfalls mit akzessorischen Drüsen ausgestattet waren. Dazu gesellt sich aber nun noch die Tatsache, daß *Ctenopteryx siculus* Pfeffer, allerdings, soweit heute bekannt, als einzige Ögopside unzweifelhafte, hier weitgehend zu einem unpaaren Gebilde verschmolzene akzessorische Drüsen besitzt! Wenn auch über ihre Bakterienfüllung keine Angaben vorliegen, so ist doch kaum an einer solchen zu zweifeln. Wahrscheinlich kommen ähnliche, mehr oder weniger rudimentäre Organe auch noch bei anderen Bathyteuthiden vor und sind zum Teil vermutlich bisher nur übersehen worden. Jedenfalls ist ein so guter Kenner der Cephalopodenorganisation wie NAEF davon überzeugt, daß einst auch alle Ögopsiden und damit die gesamten dekapoden Cephalopoden akzessorische Drüsen besaßen.

So enthüllen uns die Tintenfische ein überaus merkwürdiges Bild stufenweiser Entfaltung und erneuter, bald in engerem Kreis, bald in weitem Bereich vor sich gehender Rückbildung ihrer symbiontischen Einrichtungen, über dessen Hintergründe wir freilich zunächst kaum etwas aussagen können. Man kann nur vermuten, daß Veränderungen in der Lebensweise, Anpassung an größere Tiefen einerseits und Übergang zu litoralem Leben andererseits, die Bildung flottierender Laichmassen und ähnliches dabei eine Rolle spielen. Auch könnte man sich sehr wohl denken, daß in der Tiefsee die ja jeweils neu aus dem umgebenden Seewasser aufzunehmenden Bakterien, an die sich die Formen der Uferzone angepaßt haben, fehlen, und daß dadurch die Ögopsiden sich genötigt sahen, neue, nun ein Leuchtsekret produzierende Organe zu bilden, die ja manchmal merkwürdigerweise genau dort erscheinen, wo sonst die akzessorischen Drüsen liegen, so daß man sie sogar bei *Chiroteuthis* irrtümlicherweise als solche beschrieben hat.

Wenn gelegentlich die akzessorischen Drüsen als schwächer entwickelte Organe auch im männlichen Geschlecht erscheinen, wie bei *Rossia mastigophora* oder *Loligo forbesi*, so hat dies keine tiefere stammesgeschichtliche Bedeutung. Sie danken dies offenbar lediglich einem Vererbungsmechanismus, durch den ja auch die im weiblichen Geschlecht entstandenen Leuchtorgane ganz allgemein sekundär auf das andere Geschlecht übertragen werden.

Allem Anschein nach kommt es innerhalb der Macruriden zu einer vergleichbaren stufenweisen Rückbildung. Fanden sich doch unter den bisher untersuchten Arten neben solchen mit wohlentwickelten und schwach ausgebildeten Leuchtorganen andere, bei denen sie nur noch auf Schnitten als kümmerliche Bildungen festzustellen waren. In wieder anderen Fällen nimmt ihre Entfaltung im Laufe des individuellen Lebens beträchtlich ab, und bei *Trachyrhynchus trachyrhynchus* sollen sie völlig fehlen. Es ist vielleicht kein Zufall, daß die so nahe verwandten, in seichtem Wasser lebenden Gadiden, die ganz entsprechende Organe besitzen, keine Anzeichen einer solchen Reduktion ergaben, während sie sich bei den größere Tiefen bewohnenden Macruriden häufen.

Aus all diesen Erfahrungen geht eindeutig hervor, daß die verschiedenen symbiontischen Bindungen keineswegs als Einrichtungen zu bewerten sind, die notwendigerweise von allen Nachkommen festgehalten werden müssen, sondern daß bei unseren weiteren Betrachtungen der Beziehungen zwischen System und Symbiose stets mit der Möglichkeit des Abbaues und des Ersatzes durch neue Gäste zu rechnen ist.

Daß eine ganze Insektenordnung nach Art der Blattiden durchweg den gleichen Symbiosetyp aufweist, begegnet sonst nirgends. Es sind vielmehr stets niederere systematische Einheiten, welche eine entsprechende Eintönigkeit zeigen. Eine solche erscheint zum Beispiel in der Ordnung der Homopteren bei der Unterordnung der Aleurodiden. Ihre Symbiose weist obendrein so charakteristische, sonst nirgends wiederkehrende Züge auf — es sei nur an die Übertragung mittels mütterlicher Mycetocyten erinnert —, daß man notwendigerweise eine Aquisition durch die Ausgangsform annehmen muß. Ebenso verhalten sich die nach HANDLIRSCH aus den im Perm auftretenden Permopsylliden und Cicadopsylliden entstandenen Psylliden zum mindesten hinsichtlich der älteren Stammform ihrer beiden Symbiontensorten. Bisher hat man noch keinen Vertreter dieser Unterordnung gefunden, der sie nicht in gleicher Weise in einkernigen Zellen seines Mycetoms geführt hätte.

Nicht ganz so einheitlich erscheinen die ebenfalls auf eine einzige Familie beschränkten Blattläuse. Von ihren vier Unterfamilien gleichen sich die Aphidinen und Pemphiginen (Eriosomatinen) in symbiontischer Hinsicht so sehr, daß man ohne weiteres eine gemeinsame Wurzel wird annehmen dürfen. Ihre so typischen, nie fehlenden rundlichen Stammsymbionten werden in derselben Weise untergebracht und auf Ovarialeier, bzw. Embryonen übertragen. Die Symbiose der Adelginen (Chermesinen) hingegen rückt insofern etwas von den genannten Unterfamilien ab, als in einer Tribus, bei den Adelgini, an Stelle der typischen Stammsymbionten erheblich von diesen abweichende Schlauchformen treten, die an eine selbständige Erwerbung denken lassen. Bei der vierten Unterfamilie der Phylloxerinen aber konnte man überhaupt keine Symbionten finden. Aller Wahrscheinlichkeit nach handelt es sich hier jedoch wiederum um einen nachträglichen Verlust, der verständlich wird, wenn man bedenkt, daß sie, wie freilich auch manche andere Aphiden, nicht den eiweiß- und vitaminarmen Siebröhrensaft saugen, sondern dazu übergegangen sind, die Zellen ihrer Wirtspflanzen anzustechen, und Hand in Hand damit die Verbindung von Mittel- und Enddarm unterbrochen haben (GRASSI, 1912).

Als alter Besitz ist ferner offenbar die Bakteriensymbiose der Hippobosciden zu bewerten. Dafür spricht neben ihrer lückenlosen Verbreitung nicht zuletzt auch der Umstand, daß sie einen wesentlichen Bestandteil des ganzen für diese Tiere so bezeichnenden Anpassungskomplexes darstellt, der ebensowenig aus ihrer Organisation wegzudenken ist, wie die Art der Nahrungsaufnahme, die Einrichtungen der Vivparie und der Milchdrüsen oder die Tendenz zur Rückbildung der Flügel. Was hier bei den verschiedenen Gattungen an Varianten begegnet, stellt immer nur Spielarten des gleichen Grundtypus dar.

Wenn die Nycteribiiden ihre Symbionten auf ganz andere Weise unterbringen und die Strebliden, wenn überhaupt, nur sehr primitive symbiontische Einrichtungen besitzen, so bestätigt das nur die heute herrschende Auffassung, welche in den Ähnlichkeiten, die zwischen diesen drei Gruppen bestehen, lediglich ökologisch bedingte Konvergenzen erblickt und daher der Bezeichnung Pupiparen keinen systematischen Wert zubilligt.

Bei den Glossininen hingegen, die ja hinsichtlich Bau und Lebensweise ebenfalls so große Ähnlichkeit mit den Hippobosciden aufweisen, erstreckt sich die Konvergenz auch auf die Symbiose, die sich den gleichen Erfordernissen entsprechend bei allen Vertretern dieser aus einer einzigen Gattung bestehenden Unterfamilie hinsichtlich der Lokalisation der Symbionten, ihrer Umsiedlung im Verlaufe der Metamorphose und ihrer Übertragung in ganz der gleichen Weise entwickelt hat.

Andere kleinere Einheiten, deren Symbiose man sich monophyletisch entstanden denken möchte, sind unter den Insekten die Trypetiden, die ausnahmslos in einer wenn auch sehr verschieden hoch entwickelten Bakteriensymbiose leben, und die Lagriinen, die bei 82 der 93 bisher geprüften Arten prinzipiell gleichgeartete Übertragungsorgane ergaben, während sich bei den übrigen vier Unterfamilien der Lagriiden nichts Ähnliches fand, unter den Tunicaten die Pyrosomen und Molguliden, unter den Oligochäten die Lumbriciden.

Wenn die Annahme solcher monophyletischer Entstehungsweise von Symbiosen zu Recht besteht, müssen natürlich auch die heute in den einzelnen Gattungen und Arten einer solchen Gruppe lebenden Mikroorganismen Abkömmlinge einer Ausgangsform sein. Daß sie trotzdem da und dort mehr oder weniger verschieden gestaltet sind, widerspricht dem keineswegs, denn einmal wissen wir ja, insbesondere durch PAILLOT, daß ein und dasselbe Bakterium, in verschiedene Insekten verpflanzt, vor unseren Augen verschiedene Gestalt annehmen kann, und außerdem ist mit der Möglichkeit zu rechnen, daß die Symbionten sich ganz wie so viele Parasiten – man denke nur an die Flagellaten des Termitendarmes – im Laufe der stammesgeschichtlichen Entfaltung ihrer Wirte gewandelt und neue Rassen und Arten gebildet haben. Wie weit solche Unterschiede selbst bei den Symbionten einer Gattung gehen können, zeigt in besonders eindrucksvoller Weise die Gattung *Pseudococcus;* Mycetome von ganz gleichem Bau beherbergen hier von Art zu Art sehr verschieden gestaltete Symbionten, die sich aber trotzdem durch eine Reihe von gemeinsamen Merkmalen als wesensgleich bekunden und sichtlich auf eine Stammform zurückgehen (Taf. IIe, f, IIIa, b). Es liegt auf der Hand, daß es sich hier um ein Gebiet handelt, das verspricht, eines Tages für die genetischen Probleme der Bakteriologie bedeutungsvoll zu werden. Kulturversuche mit Symbionten einander nahestehender Wirte und Vertauschungen von solchen müßten ja Aufschluß darüber geben können, inwieweit nicht mehr reversible Änderungen und lediglich umweltbedingte Modifikationen vorliegen.

In einer Reihe von Fällen handelt es sich jedoch ganz offensichtlich um einen polyphyletischen Symbiontenerwerb. Schulbeispiele eines solchen stellen die Heteropteren, Cerambyciden und Curculioniden dar. Eine Zusammenstellung der bisher an den heteropteren Wanzen gemachten Erfahrungen ergibt ein auf den ersten Blick überraschend buntes Bild. In der Familie der Pentatomiden besitzen alle 60 untersuchten Arten der Unterfamilien der Scutellerinen und Pentatominen die charakteristischen von Bakterien bewohnten vier Kryptenreihen am Mitteldarm und alle Acanthosominen zwei Reihen von solchen, wobei diese letzteren außerdem durch die sonst nirgends bei Heteropteren vorkommenden chitinösen Beschmierorgane am Legeapparat ausgezeichnet sind. Andererseits lebt die vierte Unterfamilie, die der Asopinen, ohne Symbionten. Die Familie der Cydniden besitzt ebenfalls durchweg zwei Kryptenreihen, in anderen Familien aber gibt es Formen mit und ohne

Symbionten. Das gilt für die Coreiden, wo sich unter 14 Arten nur 3 mit Krypten fanden, und die Lygäiden, bei denen auf 40 Vertreter mit Symbionten 8 ohne solche kamen, wobei die hohe Zahl der ersteren vor allem darauf zurückgeht, daß hier die Unterfamilie der Aphaninen nahezu durchweg jene für sie bezeichnenden finger- oder schlauchförmigen Anhänge an Stelle der kürzeren Krypten bildet, Wohnstätten, wie sie übrigens auch bei allen drei bisher untersuchten Berytiden begegneten. Neben Arten mit derartigen Anhängen gibt es aber unter den Lygäiden auch andere mit zwei Kryptenreihen und vollends solche, welche regelrechte paarige oder unpaare Mycetome entwickeln, während der neuerdings untersuchte *Tropidothorax leucopterus* zwar die Symbionten ebenfalls am Darm, aber in völlig eigenwilliger Weise unterbringt und bei ihrer Übertragung sonst nirgends beobachtete Wege einschlägt. Lokalisation am Darm und in Mycetomen kann sogar in ein und derselben Unterfamilie begegnen. Von den Plataspiden ist bisher leider nur die eine, so interessante Gattung *Coptosoma* eingehend studiert worden, so daß wir nicht wissen, inwieweit auch ihre regelrechte Kokons bildenden, exotischen Verwandten den einzigartigen bakteriengefüllten Kapseln vergleichbare Übertragungseinrichtungen entwickelt haben. Auch von den Phyrrhocoriden scheint wenigstens stellenweise ein noch wenig organisierter Anlauf zur Aufnahme von Symbionten gemacht zu werden, aber bei den Reduviiden, Nabiden, Anthocoriden und den verschiedenen Familien der Wasser- und Uferwanzen kommt es ebensowenig wie bei den Asopinen zu einer solchen.

Hier kann unmöglich von einem teilweisen nachträglichen Verlust der Symbionten die Rede sein, sondern ihr mehr oder weniger sporadisches Auftreten stellt einen ursprünglichen Zustand dar und ist sichtlich in der Lebensweise der Tiere begründet. Alles spricht dafür, daß die Hemipteren ursprünglich alle karnivor waren und erst allmählich dazu übergegangen sind, ausschließlich Pflanzensäfte zu saugen. Bei den Homopteren ist dieser offenkundig Symbionten erfordernde Wandel allerorts eingetreten, bei den Heteropteren aber ist es nur stellenweise zu einem solchen gekommen, und daher sind ausgesprochene Räuber, wie die Reduviiden, Asopinen usw. symbiontenfrei geblieben.

Die zahlreichen Beobachtungen, die dahin gehen, daß selbst solche Formen im Notfall an Pflanzen saugen, umgekehrt aber auch Pentatomiden, Acanthosominen und Cydniden gelegentlich an tote Insekten oder an Aas von Vögeln gehen, und daß auch die symbiontenfreien Capsiden, Tingiden und Piesmiden, sowie unter den Wasserwanzen die Corixiden, obwohl bei ihnen die pflanzliche Kost bereits überwiegt, ganz regelmäßig daneben auch tierische Nahrung zu sich nehmen, zeigen mit aller Deutlichkeit, daß hier die Anpassung an strenge Phytophthirie noch durchaus im Fluß ist, und machen es verständlich, daß bei einer Reihe von Unterfamilien Arten mit und ohne Symbionten in buntem Wechsel vorkommen.

Wenn auch die Triatomiden und Cimiciden in Symbiose leben, so unterbrechen sie keineswegs, wie es auf den ersten Blick scheinen könnte, die Regel, sondern bestätigen auch ihrerseits die Vorstellung, daß das Ernährungsregime für die Begründung solcher Symbiosen ausschlaggebend ist, denn bei ihnen handelt es sich ja um Tiere, die ausschließlich von Wirbeltierblut leben und damit ebenfalls unter allen Umständen Symbionten nötig haben. Wenn in diesen beiden Gruppen teils Mycetome gebildet und die Ovocyten infiziert werden, teils das Darmepithel besiedelt und die Eioberfläche mit Bakterien besudelt wird, so spiegeln sich hierin abermals die beiden der Konstitution der Familie entsprechenden Lösungsmöglichkeiten wider. In jeder der beiden Gruppen herrscht jedoch eine Einheitlichkeit, die nachdrücklich für monophyletischen Ursprung ihrer Symbiose spricht. Ergaben doch die Cimiciden der alten wie der neuen Welt einerseits und alle untersuchten Triatomiden Südamerikas andererseits jeweils ganz die gleichen Einrichtungen.

Sehr sporadisch treten auch die hefeähnlichen Symbionten der Bockkäfer auf. Als man 195 Arten untersuchte, die sich auf 65 Tribus verteilen, fanden sie sich lediglich bei allen Spondylinen, Aseminen und Saphaninen, sowie bei den meisten Lepturinen und einer einzigen Art der zehn geprüften Cerambycinen. Ob außerdem alle Necydalinen, Tillomorphinen und Trichomesinen, von denen jeweils nur 1—2 Vertreter untersucht und in Symbiose lebend befunden wurden, Symbiontenträger sind, bleibt ungewiß. Auch hier kommt nur eine polyphyletische Aquisition in Frage, und die Motive, die zu ihr führten, sind allem Anschein nach abermals ernährungsphysiologischer Art, denn als man die freilich bei exotischen Formen vielfach unbekannte Lebensweise der Symbiontenträger überprüfte, ergab sich, daß die als Larven in lebendem Laubholz oder in Kräutern minierenden Formen niemals Symbionten führen, während andererseits eine deutliche Beziehung zwischen Symbiose und dem Vorkommen der Larven in Nadelholz und totem Laubholz besteht. Zu allem Überfluß wird in diesem Falle die Annahme eines unabhängigen Erwerbes der Symbionten auch noch dadurch bestätigt, daß diese hier wenigstens zum Teil unzweifelhaft verschiedener Art sind. Mögen die einzelnen vegetativen Zustände, wie sie in den recht verschieden gestalteten Konidien vorliegen, auch da und dort nur der Neubildung der Arten parallel gehende Modifikationen darstellen, so kommt dies natürlich dort, wo der Übertragung verschieden gestaltete Sporen dienen, auf keinen Fall in Frage. Auch geht die Anpassung der Cerambycidensymbionten, wie wir sahen, sehr verschieden weit, und ist daraus auf ein jüngeres Datum des Symbiontenerwerbes bei den Spondylinen, Aseminen und Saphaninen zu schließen, während sich andererseits innerhalb der Lepturinen und Necydalinen die vollendetsten und daher wohl ältesten Symbiosen finden.

Auch die Gewohnheit der Siriciden, mittels ihrer oidiengefüllten Spritzen das Holz mit dem symbiontischen Futterpilz zu infizieren, wird polyphyletischen Ursprungs sein. Dafür zeugt der Umstand, daß sich an verschiedenen Fundstellen bei der gleichen Wirtsspezies verschiedene Pilze fanden, und ferner die Tatsache, daß *Xeris spectrum*, die, ohne gelegentlich vorhandene Pilze zu verschmähen, in frischerem, nährstoffreicherem Holz lebt, keine Pilze züchtet und daher auch die Schmierdrüsen am Legeapparat, welche ihre Verwandten zu Übertragungsorganen ausgestattet haben, in ihrer ursprünglichen Form beibehalten hat.

Hinsichtlich der Anobiiden läßt sich, nachdem neuerdings auch eine der Formen, bei denen man zunächst keine Symbiose fand, eine solche ergab, keine bestimmte Aussage machen. Sollte sie sich als lückenhaft erweisen, so spielen möglicherweise ähnliche Unterschiede in der Beschaffenheit des Holzes eine

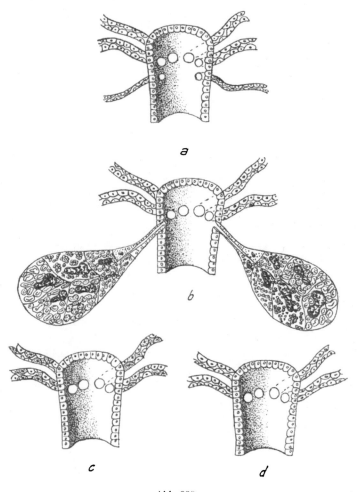

Abb. 330

Umwandlung und Rückbildung zweier Malpighischer Gefäße bei Apioninen. *a* Hypothetisches, symbiontenfreies Ausgangsstadium. *b Erythrapion*; zwei Gefäße sind zu keulenförmigen Symbiontenwohnstätten geworden. *c Aspidapion*; die modifizierten Gefäße sind geschwunden, die symbiontischen Bakterien infizieren bei der Metamorphose wahllos die restlichen Gefäße. *d Omphalapion*; jegliche Beziehungen der Bakterien zu den restlichen Gefäßen sind fortgefallen. Die Symbionten bei *b* sind im Verhältnis zu groß gezeichnet. (Schematisiert in Anlehnung an Nolte.)

Rolle, wie bei den Cerambyciden, und würde auch eine polyphyletische Entstehung zu vermuten sein.

Die Curculionidensymbiose erfaßt zwar scheinbar nahezu die ganze Familie, aber die Lösungen, die hiebei begegnen, sind im Gegensatz zu den Cerambyciden und Anobiiden überaus mannigfache und unter Umständen selbst in ein und derselben Tribus nicht die gleichen. Nur bei der von den übrigen Rüßlern hinsichtlich Lokalisation und Übertragung der symbiontischen Bakterien völlig abweichenden Unterfamilie der Cleoninen, von denen man 55 Vertreter untersuchte, herrscht durchaus Einheitlichkeit, so daß man einen Erwerb der Symbionten durch ihre Stammformen annehmen muß. Andererseits aber treten zum Beispiel innerhalb der Tribus der Calandrinen, der Ceutorhynchinen oder Apioninen grundverschiedene Typen der Lokalisation auf.

Die letzteren bieten in unserem Zusammenhang ein ganz besonderes Interesse. Ergab doch das Studium einer großen Anzahl von Arten der Gattung *Apion,* deren etwa 1000 Arten auf eine Reihe von Untergattungen verteilt werden, daß damit zu rechnen ist, daß ausnahmsweise auch einmal eine heterogene Behandlung der Symbionten auf einen ursprünglich einheitlichen Typ zurückzuführen ist. Im speziellen Teil haben wir die drei bisher bei *Apion* gefundenen Möglichkeiten der Lokalisation der Symbionten beschrieben. Dabei handelte es sich 1. um eine tiefgreifende Umwandlung von zwei der sechs Malpighischen Gefäße zu keulenförmigen, mycetomartigen Anhängen bei Larven und Imagines, 2. um kleine, am visceralen Blatt des Darmes haftende Mycetocyten, deren Inhalt in verpuppungsreifen Larven in die vier nun allein vorhandenen Vasa Malpighi umgeladen wird und sich dann hier teils in den Nierenzellen, teils im Lumen der Gefäße unregelmäßig verteilt findet, 3. um eine Lokalisation der symbiontischen Bakterien in einem zu einem primitiven Mycetom umgestalteten Fettkörperlappen. Auch in diesem letzteren Fall sind lediglich vier, jetzt durchaus symbiontenfrei bleibende Malpighische Gefäße vorhanden. Nun weisen aber alle anderen Curculioniden sechs solche auf und nötigen uns damit zu der Annahme, daß hier zunächst der erste Typ bei allen Arten vorhanden war, dann aber zum Teil aufgegeben wurde, und daß damit der völlige Schwund der beiden durch die Symbiose ihrer ursprünglichen Aufgabe restlos entzogenen Gefäße ausgelöst wurde. Beim zweiten Typ machen sich dann noch Reminiszenzen an die ehemaligen Beziehungen zu den Nierenorganen bemerkbar, beim dritten sind solche nicht mehr lebendig (Abb. 330). Daß es sich bei den zu Keulen umgewandelten Gefäßen und bei den völlig geschwundenen um die gleichen handelt, bezeugt die allgemein etwas abgerückte Einmündung dieses Paares in den Darm und seine stets geringere Stärke[1]).

Besonders eindrucksvoll ist der Mangel an Homogenität, der bei Anopluren begegnet. Die Verschiedenheit der Einrichtungen deckt sich auch hier weder mit den Familien noch mit den Unterfamilien, und erst die Gattungen

---

[1]) Auch STAMMER (1935) betont in seiner vergleichenden Studie über die Vasa Malpighi der Coleopteren, daß die für die Curculioniden ganz ungewöhnliche 4-Zahl nur durch Rückbildung zu erklären sei. Lediglich *Orchestes fagi* besitzt ebenfalls nur 4 Vasa Malpighi. Hier könnte somit auch eine symbiosebedingte Reduktion vorliegen, doch ist die Lokalisation seiner zunächst nur an der Infektion der Nährzellen festgestellten Symbiose noch unbekannt.

verwirklichen jeweils ihren eigenen Typus. Eine Ausnahme machen interessanterweise nur *Pediculus* und *Phthirus*, die, von geringfügigen Unterschieden abgesehen, ihre Symbionten in ganz der gleichen Weise behandeln. Aber gerade von diesen beiden Gattungen wissen wir, daß sie erst in relativ später Zeit, auf anthropoiden Affen, aus einer Stammform hervorgegangen sind. Sonst aber hat jede Gattung, über die wir Bescheid wissen, ihren eigenen Weg eingeschlagen, lokalisiert die Symbionten auf ihre Weise, legt die der Übertragung dienenden Ovarialampullen nach ihrer Art an und schlägt verschiedene Wege ein, wenn es gilt, sie zu infizieren. Dabei lassen sich auch keine Beziehungen zwischen den symbiontischen Bauplänen und der Organisationshöhe der Wirte feststellen. *Haematopinus* verwirklicht einerseits den primitivsten Typus der Anopluren, aber andererseits ist sein Zyklus der komplizierteste (Abb. 250). Man wird daher nicht umhin können, mit RIES aus einem solchen Verhalten den Schluß zu ziehen, daß in diesem Fall im allgemeinen der Symbiontenerwerb erst nach der Differenzierung der einzelnen Gattungen eintrat.

Wenn jedoch der gleiche Autor aus seinen Mallophagenstudien den Schluß ziehen zu müssen glaubte, daß bei diesen sogar erst die Arten zu Symbiontenträgern geworden sind, so verführte ihn dazu der damals noch mangelhafte Stand der Systematik dieser Gruppe. Die Gattungen, bei deren Arten RIES unterschiedliche Symbiosetypen fand, werden heute derart aufgeteilt, daß keine Berechtigung mehr vorliegt, hinsichtlich des Zeitpunktes der Aquisition zwischen Anopluren und Mallophagen einen Unterschied zu machen. Bei den ersteren ging die Einbürgerung der Symbionten mit einer jeweiligen Anpassung an die ausschließliche Wirbeltierblutnahrung Hand in Hand, bei den letzteren dürfte die strenge Beschränkung auf Hornsubstanzen den Anlaß gegeben haben, während die von vielen Arten vorgezogene gemischte Kost — Blut und Horn — keine Symbiose zu bedingen scheint. Wenn sich diese Vorstellung von der Ursache der großen Lückenhaftigkeit des Vorkommens — die Trichodectiden zum Beispiel und offenbar auch alle Liotheiden haben keine Symbionten — bestätigt, so liegt eine ganz ähnliche Situation wie bei den Heteropteren vor, wo ja auch ein sporadischer Symbiontenerwerb der Gewöhnung an einseitige Nahrung parallel geht; doch könnte erst die Untersuchung einer großen Artenzahl unter Berücksichtigung ihrer Freßgewohnheiten die endgültige Klärung dieser Frage bringen.

Schließlich ist uns aber auch sogar ein Fall begegnet, bei dem offenbar zum Teil ein rassenmäßig verschiedener Symbiontenerwerb vorliegt. Zeigte sich doch, daß bei den an Reptilien schmarotzenden Gamasiden innerhalb der gleichen Spezies ganz verschiedene Symbionten auftreten können. Während *Ceratonyssus* von der Maus stets die gleichen Symbionten besitzt, kommen bei *Liponyssus saurarum* nicht weniger als sechs verschiedene Sorten vor, von denen zumeist nur eine, manchmal aber auch zwei, dann reinlich geschieden, vorhanden sind, und leben in Tieren aus Istrien stets andere Formen als in den spanischen. Ganz entsprechend begegnen auch bei *Ophionyssus natricis* zwei vikariierend auftretende Gäste. Trotzdem handelt es sich aber um eine wohlgefügte Symbiose, bei welcher die jeweiligen Symbionten während

Eiinfektion und Embryonalentwicklung stets in ihren spezifischen Gestalten in die Erscheinung treten.

Die angeführten Beispiele dürften den tiefgreifenden Unterschied, der zwischen den Charakteren monophyletisch und polyphyletisch entstandener Symbiose besteht, hinreichend demonstriert haben. Es sind geradezu zwei verschiedene Welten, denen man begegnet, wenn man etwa die Symbiose der Blattiden mit der der Anopluren oder Rüsselkäfer vergleicht! Wenn dabei auf der einen Seite Monotonie und auf der anderen eine überraschende Vielheit der Lösungen herrscht, so bedeutet das, daß von einer Stammform überkommene symbiontische Anpassungen bei der weiteren systematischen Entfaltung der betreffenden Gruppe nahezu unverändert übernommen werden, daß aber, wenn erst an Unterfamilien und Tribus oder gar erst an Gattungen die Aufgabe herantritt, Symbionten zu lokalisieren, zu übertragen und harmonisch in die Embryonalentwicklung einzubauen, diese, gleichsam unbelastet von Überkommenem, die neue Aufgabe auf oft recht verschiedenen Wegen lösen.

Zu scheiden, was bei solchen polyphyletischen Symbiosen jeweils in der Konstitution der Familie begründete Ähnlichkeiten sind und inwieweit die ausgelösten Reaktionen Charakteristikum der Tribus, Gattungsgruppen oder Gattungen sind, stellt eine Aufgabe dar, die einer besonderen Behandlung bedürfte und interessante Einblicke in die Werkstatt verspräche, der all diese uns immer wieder staunen lassenden Erfindungen entstammen. Wenn zum Beispiel Anopluren, Rhynchophthirinen und Mallophagen als die einzigen Insekten Ovarialampullen zum Zwecke der Übertragung bilden, so ist dies zweifellos der Ausdruck einer heute allgemein zugegebenen engeren Verwandtschaft. Andererseits spiegeln sich in den bei den Läusen von Gattung zu Gattung verschiedenen Wegen der Entstehung ihres komplizierten, stets vierschichtigen Baues die Unterschiede ihrer konstitutionellen Eigenart wider. Die Symbiosen der *Cassida*- und *Bromius*arten sind offensichtlich unabhängig voneinander im engsten Kreis entstanden, aber trotzdem lokalisieren und übertragen beide Gattungen als Chrysomeliden ihre Gäste in ganz ähnlicher Weise. Curculioniden und Ipiden infizieren trotz aller sonstigen Verschiedenheit ihrer Symbiosen die Eizellen auf dem Umweg über die Nährzellen und dokumentieren damit die Zugehörigkeit zur Gruppe der Rhynchophoren, und die Lumbriciden der alten und die Glossoscoleciden der neuen Welt haben in ganz entsprechender Weise unabhängig voneinander ihre Nephridien symbiontischen Bakterien geöffnet.

Eine Fülle historischer Probleme knüpft sich vor allem auch an die zahlreichen Fälle, in denen das Wirtstier mehrere Symbionten aufgenommen hat. Die erste Frage, die sich hier aufdrängt, betrifft die zeitliche Reihenfolge der Aquisition und das Alter der zusätzlichen Symbionten, gemessen an der Entfaltung der betreffenden Gruppe. Auch hier gilt natürlich der Grundsatz, daß der Erwerb desto älter ist, je übergeordneter die systematische Einheit ist, die in gleicher Weise ihren Symbiontenbestand erweitert. Einzig stehen in dieser Hinsicht die Psylliden da, denn bei ihnen besitzen ja, wenn wir von den beiden schon erwähnten Ausnahmen eines nachträglichen Verlustes absehen, alle Arten die beiden, stets in gleicher Weise behandelten Symbionten, und es muß sich daher um einen bereits an der Wurzel der Unterordnung stattgefundenen Erwerb auch des zweiten Gastes handeln. Das würde bedeuten, daß die Psylliden jedenfalls schon im oberen Lias zweierlei Symbionten besaßen.

Im allgemeinen aber beschränken sich die sekundären Einbürgerungen auf niedrigere Kategorien, Unterfamilien oder Tribus, oder selbst nur auf Gattungsgruppen, einzelne Gattungen, ja sogar nur Arten und Rassen und bekunden so ihr verschiedenes Alter. Bei den Cocciden ist die Neigung, zusätzliche Symbionten aufzunehmen, sehr gering entwickelt. Ist doch bis jetzt etwas derartiges nur bei Tachardinen, Monophlebinen, Margarodinen und Pseudococcinen bekannt geworden und trägt auch dann jeweils einen höchst sporadischen Charakter. Bei den ersteren handelt es sich um die einzige Spezies der Gattung *Tachardiella*, hinsichtlich der Margarodinen wissen wir bisher auch nur von einer disymbiontischen Art, bei den Monophlebinen kennt man immerhin drei Gattungen, in denen disymbiontische Arten vorkommen. Es sind dies *Monophlebus*, *Monophlebidius* und *Icerya*. Bei *Icerya aegyptica* sind es gar nur die afrikanischen Tiere, welche einem zusätzlichen Bakterium in ihren Mycetomen Platz gemacht haben, während die sich sonst in nichts unterscheidenden Tiere aus Indien nur den Stammsymbionten beherbergen. In ähnlicher Weise werden aus Hawai zwei Formen von *Pseudococcus brevipes* gemeldet, von denen eine ein noch ungefüges akzessorisches Bakterium aufgenommen hat. Die bis jetzt bekannt gewordenen Disymbiosen bei Schildläusen sind demnach durchweg erst nach Entstehung der heutigen Gattungen begründet worden und befinden sich sichtlich zum Teil auch in der Jetztzeit erst im Werden.

Bei den Aphiden sind zwar Arten mit zwei Symbionten ungleich häufiger, und stellenweise finden sich sogar Symbionten mit dreierlei Sorten — schätzungsweise die Hälfte der zahlreichen untersuchten Formen hat mehr als einen Symbionten —, aber die Disymbiosen begegnen regellos da und dort sowohl bei Aphidinen, als auch bei Pemphiginen und Adelginen und finden sich dann keineswegs bei allen Vertretern der betreffenden Tribus. Lediglich die Aufnahme eines dritten Gastes scheint auf die Lachninen beschränkt zu sein. Jedenfalls handelt es sich auch bei all diesen Erweiterungen des Symbiontenbestandes der Blattläuse um späte Geschehnisse.

Ungleich verbreiteter und zum Teil sichtlich viel weiter zurückgehend ist jedoch das Auftreten der Plurisymbiosen bei den Zikaden, bei denen es ja nun nicht nur Arten mit zwei oder drei, sondern auch mit vier, fünf und sechs Symbionten gibt. Schon die Unterscheidung von Hauptsymbionten, Nebensymbionten, Begleitsymbionten und akzessorischen Symbionten deutet hier auf eine dem früheren oder späteren Erscheinen entsprechende Rangordnung.

Bei den nahezu 400 bis heute hinsichtlich ihrer Symbiose untersuchten Arten begegnen nur dreierlei Hauptsymbionten, das heißt Formen, die, wenn auch nur selten, als alleinige Gäste bestehen können. Es sind dies die *a*-Symbionten, welche man bisher nur bei jenen so altertümlichen Peloridiiden ohne Begleitung gefunden hat, die «Hefen», die ebenfalls nur sehr selten als alleiniger Besitz auftreten (*Ledra* und *Pyrgauchenia* unter den Cicadoiden und *Nisia* und eine Derbine unter den Fulgoroiden), und die *x*-Symbionten, welche immerhin bei elf Fulgoroiden ohne jegliche zusätzliche Formen angetroffen wurden.

Bei weitem die häufigsten unter diesen drei Hauptsymbionten sind die *a*-Symbionten. Sind sie doch bei 171 von 183 Cicadoiden und bei 95 von 186 Fulgoroiden festgestellt worden. An zweiter Stelle rangieren die *H*-Symbionten, die bei einer Reihe von Familien, wie den Flatiden, Phalänomorphiden, Ledriden und Eurybrachiiden, soweit bekannt, nie fehlen, bei vielen anderen sich bald häufiger, bald seltener einstellen, andererseits aber in wieder anderen Familien durchaus vermißt werden (Cixiiden, Tettigometriden, Cercopiden und anderen). Sind die *a*-Symbionten bei den Cicadoiden häufiger als bei den Fulgoroiden, so erscheinen umgekehrt bei letzteren die *H*-Symbionten wesentlich öfter (bei 78 von 186 Fulgoroiden und 51 von 183 Cicadoiden). Die *x*-Symbionten schließlich sind durchaus auf die Fulgoroiden beschränkt, für sie aber überaus charakteristisch. Fanden sie sich doch bei 108 von 186 Arten. Bei den Cixiiden und Tettigometriden werden sie nie vermißt, die Laternariiden besitzen sie fast durchweg und bei den übrigen Familien sind sie zumeist recht häufig; nur den *H*-Symbionten besitzenden Eurybrachiiden, Flatiden und Phalänomorphiden gehen sie völlig ab.

Die mit *f* und *t* bezeichneten Nebensymbionten stehen diesen drei Hauptsymbionten hinsichtlich der Häufigkeit des Vorkommens wenig nach. Die kleinen, in so typischen, unscheinbaren Mycetomen untergebrachten *f*-Symbionten sind zwar, ähnlich den *x*-Symbionten, auf die Fulgoroiden beschränkt, kommen aber hier über fast alle Familien verteilt bei etwa der Hälfte der untersuchten Arten vor. Umgekehrt gibt es nur bei den Cicadoiden *t*-Symbionten (bei 104 von 183 Arten). Sie treten dann stets mit *a* gekoppelt auf und sind überaus typisch für Membraciden, Jassiden und Eusceliden, fehlen aber durchaus den Cicadiden und Cercopiden.

Ein ganz anderes Bild bietet hingegen das Vorkommen der auch in morphologischer Hinsicht ungleich mannigfaltigeren Begleitsymbionten, das stets auf kleinere und kleinste Bereiche beschränkt ist und damit vor allem zu der ungewöhnlichen Vielfältigkeit der Zikadensymbiose beiträgt. Die nachstehenden Kombinationsreihen veranschaulichen, wie sie und die vor allem in den letzten Verzweigungen des Stammbaumes auftretenden akzessorischen Symbionten sich in steigendem Maße den Haupt- und Nebensymbionten zugesellen (Tabelle 1).

Das Ergebnis, zu dem schon eine solche statistische Betrachtung der Vorkommnisse hinsichtlich der zeitlichen Folge der einzelnen Erwerbungen führt. wird durch eine ganze Rehe weiterer Kriterien durchaus bestätigt, welche zumeist schon in anderem Zusammenhang im Laufe unserer allgemeinen Betrachtungen berücksichtigt wurden und daher an dieser Stelle kürzer behandelt werden sollen.

Eines derselben gibt uns die Morphologie der Symbionten an die Hand. Je weniger innig sie eingefügt sind, desto ursprünglicher, das heißt parasitären und saprophytischen Formen ähnlicher erscheint ihre Gestalt. Diese Regel findet auf Schritt und Tritt ihre Bestätigung. Es sei nur an die Stäbchen, Fadenformen und Kokken der zusätzlichen Aphidensymbionten, an die «wilden» akzessorischen Symbionten der Membraciden und die zum Teil noch sehr disharmonischen Disymbiosen bei *Icerya*arten oder an die Stäbchen und Fäden

Tabelle 1

Entwicklungsreihen der Fulgoroiden- und Cicadoiden-Symbionten; Begleitsymbionten und akzessorische Symbionten sind ohne Rücksicht auf ihre Verschiedenheiten als B_1, B_2, B_3 und B_4 bezeichnet. In Anlehnung an H. J. MÜLLER.

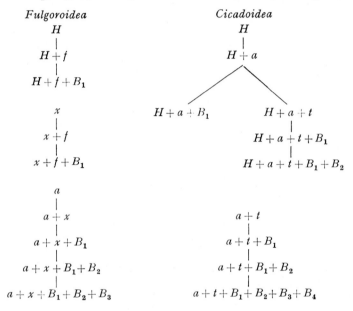

erinnert, die bei *Aphrophora salicis* die a-Symbionten begleiten und die Grenzen des ihnen zugewiesenen Mycetoms keineswegs respektieren (S. 313). Daß freilich auch ein langes Zusammenleben nicht zur Entstehung abweichender Involutionsformen führen muß, belegen die Psylliden, deren zusätzliche Symbionten bei manchen Arten noch recht ursprüngliche Gestalten aufweisen (Abb. 155), oder etwa die Blattiden, deren Symbionten auch durch ein nach so vielen Jahrmillionen zählendes intrazellulares Leben nicht nennenswert modifiziert wurden.

Auch die Natur der Wohnstätten liefert uns immer wieder Anhaltspunkte für die Altersbestimmung der Symbiosen. Vielfach werden in zweiter Linie aufgenommene Gäste in Bereichen untergebracht, die ohne weiteres als nachträgliche, mehr oder weniger harmonische Einbauten in schon vorhandene Mycetome zu erkennen sind. Die Membracidenmycetome lassen sich in eine eindrucksvolle Reihe ordnen, welche von Unordnung und Störung zu ausgeglichenem Nebeneinanderwohnen führt (Abb. 177, S. 320, 321), und die verschiedenen disymbiontischen *Icerya*arten, sowie die Aphiden mit zwei und drei

Symbionten demonstrieren ganz den gleichen Prozeß mit aller nur wünschenswerten Deutlichkeit (S. 255 ff.). Manche Zikaden räumen zusätzlich erworbenen Bakterien das Mycetomepithel ein und bekunden damit eine ausgesprochene Notlösung (Abb. 202); in zahlreichen anderen Fällen werden solchen Abschnitte des Fettgewebes zugewiesen, die dann eine mehr oder weniger scharfe Abgrenzung und eine verschieden weitgehende Aufgabe ihrer ursprünglichen Funktion zeigen.

Das vergleichende Studium der Übertragungseinrichtungen bestätigt vielfach die Schlüsse, zu denen die Statistik des Vorkommens sowie die Morphologie der Symbionten und ihrer Wohnstätten führten. Wenn spezifische Übertragungsformen und damit zumeist auch eine auf komplizierte hormonale Einwirkungen zurückzuführende Sonderung ihrer Bildungsstätten nur bei weitverbreiteten, also alten Gästen vorkommen (Infektionshügel aller a-Symbionten, Rektalorgane der x-Symbionten, Wanderzellen der t-Symbionten), so haben wir das mit gutem Grund damit erklärt, daß solche durch das lange Zusammenleben entartet sind und damit eine Überführung in fortpflanzungstüchtigere Zustände nötiger haben als ihre Genossen jüngeren Datums. Damit steht in bestem Einklang, daß die nicht minder alten, aber durch das Leben im Tier sichtlich in keiner Weise beeinträchtigten Hefen niemals spezifische Übertragungsformen bilden.

Gelegentlich sahen wir auch jüngere, ja jüngste Gäste unter den formenden Einfluß solcher zunächst nicht für sie gedachter Bewirkungen geraten – es sei hiefür auf eine vorangehende Zusammenstellung verwiesen (S. 614) –, aber die näheren Umstände ließen dann über den zusätzlichen Charakter eines solchen unter Umständen von Störungen begleiteten Verhaltens niemals in Zweifel. Nicht minder ist es als ein Merkmal jüngeren Zusammenlebens zu bewerten, wenn akzessorische kleine und kleinste Stäbchen, wie bei manchen Membraciden, nicht mit den Haupt- und Nebensymbionten in ältere Eier übertreten, sondern einen eigenen Weg über die Nährzellen und in die jüngsten Ovocyten einschlagen, oder wenn die m-Symbionten der *Fulgora*arten zu diesem Zweck erst ein besonderes Filialmycetom besiedeln, das dann bei *F. europaea* bei fortschreitender Anpassung wieder aufgegeben wird und nur noch als leeres Rudiment erscheint (Abb. 181, 194, 195).

Auch davon, daß jüngere Erwerbungen in der Embryonalentwicklung offensichtlich zunächst vernachlässigt werden, war schon im Vorangehenden die Rede (S. 592 f.). Dabei äußert sich der zeitliche Unterschied im Erwerb teils in einer verspäteten, wenig geregelten Kernversorgung, teils in einer zunächst unvollkommenen Entmischung der Sorten. Nur als Folge einer zusätzlichen Einbürgerung ist es natürlich auch verständlich, daß bei Psylliden und gewissen Aphiden sonst das Mycetomepithel liefernde Kerne dem neuen Partner zugeteilt werden und dies dann unter Umständen, wenn dieser nicht peripher, sondern zentral zu liegen kommen soll, zu einer höchst seltsamen Umlagerung der infizierten Elemente führt (Psylliden, Abb. 158).

Schließlich gesellen sich zu all diesen Kriterien der zeitlichen Rangordnung auch noch die Symptome einer immer lückenloser werdenden lokalen Immunität der Wirtstiere. Von einer Überschwemmung weitester Gebiete des Körpers, wie sie etwa bei dem zweiten Symbionten von *Schizoneura* vorliegt, führen Fälle, in denen jüngere Aquisitionen nur noch in beschränkterem Maße außerhalb ihres legitimen Wohnsitzes begegnen, zu solchen, in denen diesen alle anderen Gewebe des Wirtes endgültig verschlossen bleiben (S. 625).

Tabelle 2

Die bei den einzelnen Zikadenfamilien einschließlich der Peloridiiden auftretenden Symbiontenkombinationen ohne Berücksichtigung der Begleit- und akzessorischen Symbionten. Nach H. J. MÜLLER.

Cicadoidea

Ledridae	H		
Aethalionidae	$H + a$		
Cicadidae	$H + a$,	$a + B_1$	
Cercopidae		$a + B_1$	
Membracidae	$H + a$,	$a + B_1$,	$a + t$
Jassidae	$H + a$,	$a + B_1$,	$a + t$
Euscelidae	$H + a$,		$a + t$
Typhlocybidae	—	—	—

Fulgoroidea

Peloridiidae	a			
Flatidae	$H + f$			
Eurybrachiidae	$H + f$			
Issidae	$H + f$,	$H + f + x$,	$x + a$,	$H + x + a$
Fulgoridae	$H + f$,	$f + x$,	$x + a$	
Delphacidae	$H + f$,	$f + x$,	$x + a$	
Ricaniidae	$H + f$,		$x + a$	
Derbidae	H,	$f + x$,	x	
Cixiidae		$f + x$,	$x + a$	
Tettigometridae			$x + a$	
Laternariidae			$x + a$	

Die große Mannigfaltigkeit der Zikadensymbiose und die vielfältigen Hinweise auf verschieden alten Symbiontenerwerb fordern natürlich in ganz besonderem Maße Untersuchungen über ihre Stammesgeschichte heraus. Als sich mir 1925 zum ersten Mal der Blick in diese Vielheit eröffnete, kam ich, dem damaligen Stande unserer Einsichten entsprechend, notwendigerweise angesichts des scheinbar unüberbrückbaren Nebeneinander heterogener Typen und sogar so wesensverschiedener, vikariierend auftretender Symbionten, wie Hefen und Bakterien, zu dem Schluß, daß ein polyphyletischer Erwerb zugrunde liegen müsse, und heute, nachdem unser Wissen von diesem seltsamsten aller Symbiosegebiete durch H. J. MÜLLER und A. RAU ganz wesentlich vertieft worden ist, scheint ebenfalls auf den ersten Blick keine andere Deutung möglich. Die vorstehende Tabelle führt die bisher bekannt gewordenen Vorkommnisse von Haupt- und Nebensymbionten auf und zeigt eindringlich, wie hier zum Teil *a*, *x* und *H* als alleinige Gäste geführt werden und wie selbst in ein und derselben in systematischer Hinsicht sicher einheitlichen Familie immer wieder die heterogensten Kombinationen begegnen.

Wenn nun neuerdings H. J. MÜLLER wider alles Erwarten diese Mannig-faltigkeit dennoch in einen primär monophyletischen Stammbaum zu ord-nen vermochte, so war dies erst möglich, nachdem man erkannt hatte, daß eben selbst komplizierte Endosymbiosen keineswegs unabänderliche Einrichtungen darstellen müssen, sondern auch wieder abgeschafft werden können. Er kommt zu dem Schluß, daß bei den Zikaden diese Labilität ihren Höhepunkt erreicht hat und daß es hier während ihrer ganzen systematischen Entfaltung bis in die jüngste Zeit hinein immer wieder einerseits zu Eliminationen, andererseits zur Aufnahme neuer Symbionten gekommen ist. Zunächst nahm er an, daß die Stammform der Unterordnung als einzigen Symbionten eine Hefe besessen habe und daß sich dieser alsbald *a*-Symbionten zugesellten (1949). Aber die Unter-suchung eines Vertreters jener für die Phylogenie der Zikadensymbiosen so über-aus aufschlußreichen Peloridiiden brachte ihm neuerdings die Gewißheit, daß die urtümlichsten Zikaden des späten Paläozoikums zunächst nur *a*-Symbionten besaßen (S. 293), und machte eine entsprechende Korrektur des ursprüng-lichen Stammbaumes nötig. Auf dem neuen Schema unserer Abb. 331, das wir dem hervorragenden Kenner der Zikadensymbiose verdanken, ist diese vor-genommen und auch sonst manche im ersten Entwurf noch vorhandene Un-klarheit beseitigt worden[1]).

Offensichtlich verlangte der alleinige Besitz eines *a*-Symbionten, der ja sonst bei keiner der bisher untersuchten Zikaden begegnet, schon an der Wurzel ihres Stammbaumes nach einer Ergänzung. Nach der von MÜLLER neuerdings entwickelten Vorstellung geschah diese zunächst auf zweierlei Weise. Die Cerco-pides, bei denen im Gegensatz zu den übrigen Cicadoidea (Jassides und Cica-dides) niemals *H*- oder *t*-Symbionten begegnen, haben als zweiten Gast *b*-Sym-bionten aufgenommen und diesen Bestand zum Teil noch durch die Einbürge-rung eines dritten, weniger assimilierten Bakteriums erweitert (*Aphrophora alni*). Andererseits verrät die Existenz von Cercopiden, welche den für die Gruppe so typischen *b*-Symbionten vermissen lassen, aber dafür eine weniger angepaßt anmutende Begleitform besitzen (*Tomaspis tristis, Aphrophora sali-cis*), daß es gelegentlich in dieser Gruppe auch zu einem Verlust der sonst nir-gends bei Cicadoiden begegnenden *b*-Symbionten gekommen ist.

Allen anderen Cicadoidea und allen Fulgoroidea aber scheint die Kombina-tion *a* + *H* zugrunde zu liegen. Was zunächst die weitere Entfaltung der Sym-biosen der ersteren anlangt, so hat eine Reihe von Cicadiden diesen hypotheti-schen Zustand der Procicadina bis in unsere Tage rein bewahrt. Es handelt sich dabei um jene Gaeaninen und Cicadinen, welche einerseits traubige *a*-Mycetome,

---

[1]) In diesem Stammbaum wird die Einteilung, welche HAUPT (1929) aufgestellt hat und der wir im Anschluß an H. J. MÜLLER im vorangehenden gefolgt sind, zugunsten der besser begrün-deten neuen Auffassungen von EVANS und WAGNER aufgegeben, was sich insbesondere in einer wesentlichen Erweiterung der Jassiden auswirkt, denen nun auch die Ledriden, Ulopiden und Eusceliden zugeordnet werden.

andererseits auf das Fettgewebe beschränkte, wohlangepaßte und die Ovocyten geregelt infizierende Hefen besitzen. Andere Cicadinen, wie *Cicada plebeja* und *septemdecim* aber haben offensichtlich die Hefen wieder über Bord geworfen und statt dessen einen oder zwei jüngere Begleitformen aufgenommen.

Wesentlich komplizierter gestaltete sich die Entfaltung der symbiontischen Einrichtungen der Jassides. Bei ihnen spielt der Erwerb der auf sie beschränkten t-Symbionten eine entscheidende Rolle. Zunächst besaßen nach MÜLLER alle Projassides $a + H + t$-Symbionten, doch hat sich dieser Zustand lediglich bei einigen wenigen Membraciden erhalten und ist bei zwei Vertretern der gleichen Familie noch durch zwei, bei einem dritten sogar durch drei zusätzliche Symbionten erweitert worden. Im allgemeinen aber herrscht zwischen Hefen und t-Symbionten ein nicht zu verkennender Antagonismus, der zur Elimination des einen oder des anderen Partners führt. Eine große Anzahl von Membraciden (64) und Jassiden (26) besitzt daher nur noch $a + t$-Symbionten oder vermehrt diesen Bestand noch durch die Aufnahme eines weiteren Symbionten (32) oder auch von zwei (7), drei (5), oder gar vier (1) zusätzlichen Formen. Ein Ausscheiden des t-Symbionten hingegen begegnet weniger häufig; 22 Membraciden und 12 Jassiden sind durch $a + H$-Symbionten charakterisiert und eine Verstärkung dieses Bestandes durch einen weniger weitgehend angepaßten dritten Symbionten (η) fand sich bisher nur bei einer *Aconophora* spec. Andererseits zwingt die Existenz je einer Membracide (*Pyrgauchenia*) und einer Jasside (*Ledra*), denen der sonst bei keinem Vertreter der Cicadoidea fehlende a-Symbiont abgeht und die ausschließlich wohlangepaßte Hefen führen, zu der Annahme, daß hier ausnahmsweise die a-Symbionten gewichen sind.

Eine wesentliche Stütze erhält die von MÜLLER vertretene Auffassung von den zwischen Hefen und t-Symbionten bestehenden, im allgemeinen zum Ausscheiden der ersteren führenden Wechselwirkungen durch die Tatsache, daß überall dort, wo beide Formen noch nebeneinander auftreten, die Hefen die verschiedensten Symptome allmählicher Verdrängung aufweisen. Bei jenen vier $a + H + t$ führenden Membraciden, welche MÜLLER vom $a + H$-Typ ableitet, handelt es sich um Arten, deren Hefen ungeordnet im a-Mycetom leben und sich der Wanderzellen der t-Symbionten bedienen, um dieses zu verlassen und in die Ovocyten überzutreten, oder um solche, welche sie überhaupt nur noch gelegentlich im Fettgewebe enthalten, aber in den Eiern vermissen lassen. Bei *Bolbonota corrugata* hingegen, die $a + H + t + B_1$-Symbionten besitzt, treten die Hefen nur selten und unregelmäßig in den Fettzellen und häufiger in der Körperhöhle auf, begegnen außerdem auch spärlich und Störungen bedingend im Mycetomepithel und zwischen den a- und t-Abschnitten, scheinen aber, obwohl sie sich reichlich an den Ovocyten sammeln, wiederum von deren Infektion ausgeschlossen zu sein. Die Hefen einer die gleiche Symbiontenkombination aufweisenden Polyglyptine hingegen kommen lediglich in unregelmäßigen Nestern zwischen den t-Zellen des Mycetoms vor. Da hier lediglich Männchen untersucht wurden, wissen wir freilich nicht, ob sie in diesem Fall noch geregelt übertragen werden.

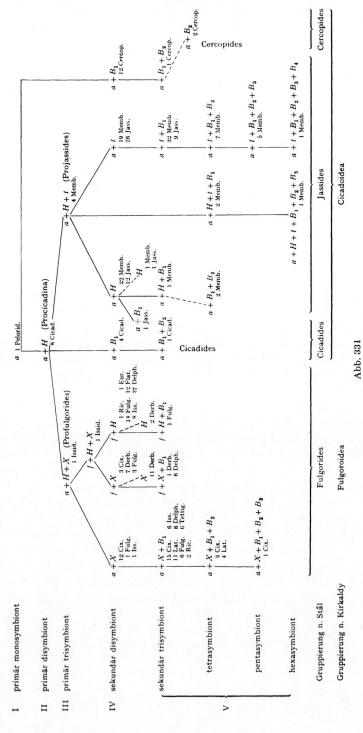

Abb. 331

Hypothetischer Stammbaum der Zikaden. (Nach H. J. Müller.)

Eine Reihe von Beobachtungen spricht weiterhin dafür, daß auch nach Elimination der t-Symbionten unter Umständen die Hefe-Symbionten zurückgedrängt oder völlig ausgeschieden werden. Befindet sich doch unter den 22 Membraciden mit $a + H$-Symbionten, welche sonst durchweg wohlgezügelte, oft in Pseudomycetomen oder Epithelorganen untergebrachte und gesetzmäßig übertragene Hefen besitzen, auch jene seltsame *Cymbomorpha*, bei der das Darmepithel infolge starker Hefebesiedlung weitgehend modifiziert ist, die Hefen aber, obwohl sie auch in der Leibeshöhle erscheinen, nicht in die Eizellen übertreten. Noch einen Schritt weiter aber ging der Abbau der Hefen bei der Jasside *Thamnotettix 4-notatus*, welche ebenfalls a-Mycetome und einen von Hefen besiedelten Darm besitzt, denn in diesem Fall fehlten die Hefen zwar niemals in den Weibchen, zumeist jedoch in den Männchen. In letzterem Fall handelt es sich somit um sekundär monosymbiontische Tiere, die lediglich a-Symbionten besitzen, und wird so ein Weg aufgezeigt, wie im Laufe der Stammesgeschichte der Zikaden erneut dieser Urzustand auftreten kann. Es ist daher sehr wohl möglich, daß künftige Untersuchungen diesen Symbiosetyp auch noch an anderer Stelle in reinerer Form aufzeigen werden.

Eine nicht minder eindeutige Sprache sprechen jene drei *Aconophora*-Arten, von denen eine in einem wohlumschriebenen, höchst spezifisch gebauten Pseudomycetom über die Eizellen vererbte Hefen besitzt $(a + H + B_1)$, während bei zwei weiteren in völlig identischen Organen an ihre Stelle andersgeartete, akzessorische Symbionten getreten sind $(a + B_1 + B_2)$, was wiederum kaum anders als durch die Annahme eines Austausches verständlich wird. Und schließlich hat ja auch bei einer Reihe von Cicadinen der Erwerb akzessorischer Formen in ganz ähnlicher Weise den Schwund wohlangepaßter Hefen ausgelöst.

So spricht alles dafür, daß in der Tat jene unvollkommenen Hefesymbiosen der Jassides nicht etwa, wie man zunächst glauben könnte und wie es RAU in der Tat annahm, Stufen allmählicher, jüngerer Einbürgerung darstellen, sondern daß es sich hier wirklich um eine m e h r o d e r w e n i g e r w e i t g e h e n d e V e r d r ä n g u n g v o n S y m b i o n t e n handelt, welche mit den wohlangepaßten der Vorfahren identisch sind. Damit würde sich uns aber an dieser Stelle ein ganz einzigartiges, für die Immunitätslehre überaus interessantes Bild zwiefacher, vom Wirtsorganismus gesteuerter Auseinandersetzungen mit seinen Gästen enthüllen: auf der einen Seite werden zusätzliche, stets Bakterien darstellende Gäste immer vollendeter eingebürgert, auf der anderen Seite weichen Hefen, welche sich mit diesen Neuerwerbungen nicht vertragen, schrittweise zurück und gehen schließlich ganz verloren.

Nicht berücksichtigt wurden schließlich in diesem Stammbaum der Cicadoidea die Typhlocybiden, von denen wir hörten, daß sie wahrscheinlich völlig symbiontenfrei sind, jedenfalls aber weder im Bereich der Leibeshöhle noch im Darmepithel Symbionten besitzen. Bei ihnen ist es also offensichtlich zu einem völligen Symbiontenverlust gekommen, der aller Wahrscheinlichkeit nach ähnlich wie bei den Phylloxerinen dadurch bedingt ist, daß diese Zikaden nicht vom Siebröhrensaft leben, sondern Zellen anstechen und damit eine hochwertigere Nahrung zu sich nehmen. Diese Sonderstellung der Typhlocybinen harmoniert auf das beste mit der Auffassung von EVANS und WAGNER, die in ihnen eine sehr junge, völlig neue Entwicklungsstufe erblicken, welche noch stark in der Entwicklung und Aufspaltung begriffen ist. Wenn die beiden Autoren sie von den ebenfalls baumbewohnenden Idiocerinen ableiten, so findet dies in der Feststellung MÜLLERS (1951), daß der Schlüpfmechanismus in beiden Gruppen der gleiche ist, eine beachtliche Stütze.

Vergleicht man nun den Werdegang der Fulgoroidensymbiosen mit dem der Cicadoiden, so begegnet man wohl prinzipiell gleichen Geschehnissen, insofern auch hier überaus typische Antagonismen auftreten, welche zum Ausscheiden des einen oder des anderen Partners führen, und daneben die Neigung einhergeht, den Symbiontenbestand durch Hinzunahme von recht verschiedenen Begleitsymbionten zu verstärken, doch erscheinen die einzelnen Konsortien hier durchweg wesentlich ausgeglichener; auch findet sich nur selten mehr als eine Sorte von Begleitsymbionten und fehlen mangelhaft angepaßte akzessorische Formen nahezu völlig. Wie an der gemeinsamen Wurzel der Jassides und Cercopides der anfängliche Symbiontenbestand $a + H$ durch die t-Symbionten verstärkt wurde, so gesellten sich bei den Profulgoroiden zu ihm die für die Gruppe so bezeichnenden x-Symbionten und führte dies auch hier zu Unzuträglichkeiten. Ähnlich wie die Kombination $a + H + t$ nur bei vier Projassiden in einer obendrein bereits im Abbau begriffenen Form begegnete, so fand sich bisher nur eine einzige *Issus*-Art mit $a + H + x$-Symbionten. Wieder sind es sichtlich die Hefen, die sich nun nicht mit x vertragen und damit zur Sprengung dieses Verbandes führen. Ein Großteil der Fulgoroiden eliminierte die älteren Hefen und behielt die x-Symbionten bei. Viele von diesen nahmen dann in der Folge noch einen Begleitsymbionten hinzu, manche auch zwei, und eine einzige Cixiide ergab sogar die für die Fulgoroiden ungewöhnliche Häufung $a + x + B_1 + B_2 + B_3$. Bei den restlichen Fulgoroiden aber wurde der alte a-Symbiont durch eine neue Form, die f-Symbionten, verdrängt, welche für die Gruppe nicht weniger charakteristisch sind, als die x-Symbionten. Das Übergangsstadium $f + H + x$ ist aber wiederum überaus selten und begegnete ebenfalls bisher nur bei einer einzigen *Issus*-Art. Es gibt zwei Ästen des Stammbaumes den Ursprung: 'einem, auf dem abermals das sich mit x nicht vertragende H eliminiert wird, so daß $f + x$ entsteht und dieses Symbiontenpaar eventuell noch durch eine Begleitform verstärkt wird, und einem anderen, auf dem x verlorengeht, wobei das $f + H$-Paar wenigstens bei einer Fulgorine ebenfalls durch einen Begleitsymbionten verstärkt wird. Hinsichtlich der Häufigkeit rangieren die $f + H$-Tiere an zweiter, die $f + x$-Tiere an dritter Stelle. Auf beiden Ästen kommt es aber schließlich auch noch zu einer dritten Elimination, indem jeweils die f-Symbionten verlorengehen und so nach einer Kette von Aquisitionen und Verlusten Tiere entstehen, die lediglich x (11 Derbiden), und solche, die lediglich H besitzen (2 Derbiden).

Auf den ersten Blick mag dieses an ein Schachspiel erinnernde Manövrieren mit den verschiedenen Symbionten, dieses ständige Eliminieren und Kooptieren reichlich willkürlich erscheinen, doch darf dabei nicht vergessen werden, daß beiderlei Prozesse ja auch an anderen Stellen in nicht mißzuverstehender Form begegnen. Nur ihre außerordentliche Häufung und das Verdrängen einer Symbiontensorte durch den Erwerb einer anderen gibt der Zikadensymbiose ihren besonderen Charakter. Dazu kommt, daß die Mikrobiologie ja längst eine Fülle derartiger Antagonismen kennt, die sich in der freien Natur wie im Laboratorium bei Mischkulturen von zweierlei Bakterien, von Hefen und Bakterien oder Hefen und Schimmelpilzen einstellen und das Absterben des einen Partners im Gefolge haben (S. 719).

Vor allem aber spricht für die prinzipielle Richtigkeit dieses Stammbaumes der Zikadensymbiose, daß er, als Ganzes betrachtet, ein sinnvolles Gefüge besitzt und in das scheinbare Chaos eine überraschende Ordnung zu bringen vermag. Deutlich heben sich auf ihm fünf Perioden ab. Auf eine erste, primär monosymbiontische folgt eine zweite, primär disymbiontische und eine dritte, primär trisymbiontische, welche durch die wichtigen Ausgangstypen $a + H + x$ und $a + H + t$ ausgezeichnet ist. Sie entsprechen den Profulgorides und Projassides. Dieser dritte, heute nur noch in Resten vorhandene Zustand löste auf der ganzen Linie eine Phase von Eliminationen aus, der sich auch die lediglich $a + H$ führenden Cicadiden nicht völlig entziehen konnten und die einer ganzen Reihe hochbedeutsamer sekundär disymbiontischer Zustände den Ursprung gab. Bezeichnen doch $a + x$, $a + H$, $a + t$, $a + B_1$, $f + x$ und $f + H$ Symbiosetypen, die man bis heute bei insgesamt 182 Arten festgestellt hat! Diese Periode des Um- und Abbaues fällt im wesentlichen zusammen mit der Aufteilung der Superfamilien in die einzelnen Familien. Die fünfte Periode endlich, welche die restliche heutige Fauna umfaßt, ist in steigendem Maße durch eine sekundäre Vermehrung des reduzierten Symbiontenbestandes charakterisiert. Sekundär trisymbiontische, tetrasymbiontische, pentasymbiontische und hexasymbiontische Arten folgen in ihr aufeinander. Dieser zum Teil unerhörten Symbiontenhäufung gegenüber fallen die spärlichen, ebenfalls in dieser Periode begegnenden Vereinfachungen bis zu sekundär monosymbiontischen Formen oder gar völligem Symbiontenverlust nicht ins Gewicht. Die symbiontischen Eigenheiten der Fulgorides, Cicadides, Jassides und Cercopides und ihr Werdegang kommen auf dem Stammbaum klar zum Ausdruck. Systematiker und Paläozoologen, welche ihre Schlüsse auf so ganz anders geartete Merkmale gründen, werden nun zu prüfen haben, inwieweit sie mit den an Hand der symbiontischen Einrichtungen gewonnenen Vorstellungen harmonieren.

Nachdem so die Erforschung der Phylogenie der Homopterensymbiose bis an die Wurzel des Zikadenstammes vorgedrungen ist, erhebt sich natürlich die Frage, ob jene a-Symbionten auch schon den Stammformen der Aphiden, Cocciden, Psylliden und Aleurodiden, und damit den Urhomopteren überhaupt eigen waren. MÜLLER neigt zu einer solchen Annahme und möchte die Symbionten der Aleurodiden und Psylliden, die bei Cocciden auftretenden Formen, soweit es sich nicht um Hefen handelt, ja sogar die runden Stammsymbionten der Aphiden mit den a-Symbionten der Zikaden homologisieren. Angesichts unseres zumeist noch recht mangelhaften Wissens über die feinere Morphologie dieser Organismen dürfte jedoch eine solche Identifizierung verfrüht sein. Lediglich von den Symbionten von *Pseudococcus citri* kann man nach den neuen

Beobachtungen FINKS mit Bestimmtheit sagen, daß sie den *a*-Symbionten sehr nahestehen. Wenigstens bilden sie die gleichen, das Bakterium zur Krümmung nötigenden Hüllen. Daß aber auch dieses für *a*-Symbionten als typisch geltende Merkmal stoffwechselbedingt und recht sekundärer Art ist, resultiert aus dem Umstand, daß es bei Kultur der *Pseudococcus citri*-Symbionten in vitro verloren geht und daß sicherlich wesensgleiche Symbionten anderer *Pseudococcus*arten, wie *Ps. adonidum*, auch im Mycetom als schlanke Fäden ohne Hüllbildung erscheinen. Auch darf nicht vergessen werden, daß das zweite, wesentliche Charakteristikum — auf sterile Zellen zurückgehende Infektionshügel — außerhalb der Zikaden noch nirgends zur Beobachtung kam.

Sicher ist nur, daß die Symbiosen der Psylliden, Aleurodiden und Aphiden — letztere mit der oben gemachten eventuellen Einschränkung — jede für sich betrachtet, ein ausgesprochen monophyletisches Gepräge besitzen. Damit treten sie in deutlichen Gegensatz zur Coccidensymbiose, die sich ja durch eine sehr weitgehende Heterogenität auszeichnet. In der Tat bekennt WALCZUCH, der wir eine so wesentliche Vertiefung unseres Wissens von den symbiontischen Einrichtungen der Schildläuse verdanken, ähnlich wie ich es seinerzeit für die Zikaden tat, daß die großen hier zwischen den einzelnen Unterfamilien bestehenden Differenzen nur auf polyphyletischem Wege entstanden gedacht werden können. Läßt man die bis heute bekannten Typen an sich vorüberziehen, so stellt man alsbald fest, daß hier innerhalb der einzelnen Unterfamilien eine ungleich größere Einheitlichkeit herrscht als bei den Zikaden und daß gelegentliche Ausnahmen zumeist — oder stets? — nur durch ein nicht den natürlichen Verwandtschaftsbeziehungen gerecht werdendes System vorgetäuscht wurden.

Überaus monoton ist die Symbiose der Lecaniinen mit ihren Lymphe und Fettgewebe bewohnenden Hefen. Sämtliche untersuchte Diaspidinen ergaben dem Fettkörper eingelagerte Mycetocyten mit Organismen, welche bläschenförmig entartete Bakterien darstellen dürften. Die Ortheziinen besitzen ebensolche Mycetocyten, doch haben in ihnen jetzt typische stäbchen- und fadenförmige Bakterien Platz gefunden. Eine ähnliche Einheitlichkeit besteht jeweils innerhalb der drei Gruppen, welche BALACHOWSKY (1948) in eine Unterfamilie der Kerminae vereinigen möchte. Besitzen doch die Pseudococcinen unpaare Mycetome mit zum Teil den *a*-Symbionten der Zikaden ähnelnden oder auch fadenförmigen Bakterien, die Eriococcine im Fettgewebe verstreute Mycetocyten mit typischen Kurzstäbchen, die Kermesinen nach Art der Lecaniinensymbionten in der Lymphe treibende Hefen. Die Monophlebinen entwickeln für ihre Symbionten, die typische Involutionsformen von Bakterien darstellen, paarige, zum Teil zerklüftete Mycetome. Die einzige bisher studierte Coelostomidiine, *Marchalina hellenica*, steht mit ihrem von Bakterien infizierten und enorm hypertrophierten Darmepithel völlig isoliert da. Wenn von den Margarodinen einerseits nichts Ungewöhnliches bietende paarige Mycetome bekannt sind, andererseits aber bei einer unbestimmt gebliebenen Form wiederum kein Gegenstück findende Mycetome gefunden wurden, welche beim Weibchen in den Ovidukt eingelassen sind, so dürfte dieser Unstimmigkeit eine mangelhafte systematische Einordnung zugrunde liegen. Das gleiche gilt vielleicht für die Asterolecaninen, denn *Asterolecanium*arten besitzen Mycetocyten im Fettgewebe mit typischen oder entarteten Bakterien, aber eine *Lecaniodiaspis*art aus Afrika hat große, von typischen Hefen besiedelte Mycetocyten ergeben. Ein ähnlicher Unterschied begegnet bei Tachardiinen, wo *Tachardiella* und *Tachardina* bakterienbesiedelte Mycetocyten im Fettgewebe verteilen, *Lakshadia* aber ein von Hefen durchsetztes Fettgewebe zeigt. Hier hat bereits CHAMBERLIN (1923/24), ohne von den symbiontischen Einrichtungen Kenntnis zu haben, die Meinung geäußert, daß es sich um zwei verschiedene Tribus handle.

Diese Mannigfaltigkeit der Coccidensymbiose würde sicherlich bei einer weiteren Durchforschung noch wesentlich zunehmen. Sind doch einige Unterfamilien von zum Teil sehr isoliertem Vorkommen, wie die Apiomorphinen und Conchaspinen, und so manche Tribus bisher überhaupt nicht untersucht worden. Aber auch unsere heutigen Einblicke dürften bereits genügen, um die Frage nach einer mono- oder polyphyletischen Genese der Schildlaussymbiose zu entscheiden. Kommen doch zu den so verschiedenen Lösungen der Wohnfrage auch die mannigfachsten Wege der Übertragung und decken sich diese nicht weniger scharf mit der systematischen Einteilung der Unterordnung. Die Symbionten erscheinen bald am oberen Eipol hinter den Nährzellen, bald am Hinterende der Ovocyte. Die Orthezinen füllen in jener eigenartigen Weise die distalen Teile der Follikelzellen mit Bakterienpfröpfen und schnüren diese dann ab. *Marchalina* schickt infizierte kleine Elemente zwischen die Nährzellen, jene unbestimmte Margarodine spezifische Übertragungsformen gar in den Ovidukt und von da durch einen besonderen Kanal in die Ovocyte. Die Untersuchungen WALCZUCHS haben schließlich eine ganze Reihe zum Teil sehr eigenartiger Verschiedenheiten in der Behandlung der Symbionten während der Embryonalentwicklung aufgedeckt, bezüglich derer auf den speziellen Teil verwiesen werden muß.

Hier mit Hilfe von Eliminationen und Austauschen von Symbionten nach dem Vorbilde MÜLLERS einen monophyletischen Stammbaum konstruieren zu wollen, hieße den Dingen Gewalt antun. Alles deutet vielmehr in der Tat, wie schon WALCZUCH meinte, darauf hin, daß die einzelnen Familien, bzw. Unterfamilien oder Tribus der Schildläuse bereits im wesentlichen so entfaltet waren wie heute, als sie vor das Problem gestellt wurden, Symbionten zu beherbergen, zu übertragen und in die Eientwicklung harmonisch einzubauen. Nur so erklärt sich zwanglos, daß hier bei der Behandlung von allein vorhandenen Hauptsymbionten derart verschiedene Wege eingeschlagen wurden. Die Coccidensymbiose bestätigt damit erneut, sogar in besonders eindringlicher Form, die Regel, die wir eingangs immer wieder belegt gefunden haben — und die ja auch für die jüngeren Zikadensymbiosen durchaus zutrifft! —, daß untergeordnete systematische Einheiten in solchen Fällen jeweils ihre eigenen Lösungen finden.

So möchten wir glauben, daß man nicht berechtigt ist, eine «Urhomopterensymbiose» anzunehmen, sondern daß Aleurodiden und Psylliden zwar eine ausgesprochen monophyletische Symbiose besitzen, diese aber auf jeweils verschiedene Stammsymbionten zurückgeht, daß unter den Aphiden zum mindesten die Aphidinen- und Pemphiginensymbiose eine gemeinsame Wurzel besitzt, die Adelginen aber vielleicht ihre Symbionten selbständig erwarben, während die Phylloxerinen sie nachträglich wieder verloren haben, daß aber die Coccidensymbiose geradezu ein weiteres Schulbeispiel für eine polyphyletisch entstandene Symbiose darstellt.

Die Zikadensymbiose schließlich verwirklicht einen hochkomplizierten Mischtyp, in dem sich monophyletische und polyphyletische Züge mengen. Während bei Aphiden, Psylliden und Cocciden die Aufnahme zusätzlicher Gäste nicht zum Verlust der schon vorhandenen führt und daher den homogenen Charakter der Symbiose kaum beeinträchtigt, wird er hier Hand in Hand mit den zahlreichen Eliminationen und Substitutionen weitgehend verwischt.

Sind diese Vorstellungen richtig, dann ergeben sich natürlich, nachdem wir davon überzeugt sind, daß bei allen diesen Tieren die Aufgabe der karnivoren Lebensweise und die an ihre Stelle tretende Gewohnheit, Pflanzensäfte zu saugen, den Anstoß zur Symbiose gaben, bedeutungsvolle Schlüsse hinsichtlich des Zeitpunktes eines solchen Wandels. Die Stellen, an denen Heteropteren, Cocciden, Psylliden, Aphiden und Aleurodiden jeweils vom gemeinsamen Stamm der wanzenartigen Vorfahren abzweigten, müssen alle im Karbon, und zwar vor der Geburtsstunde der Zikaden liegen. In jeder dieser Gruppen muß ferner der Wechsel der Ernährungsweise in konvergenter Weise selbständig eingesetzt haben. Am frühesten geschah dies bei Aphiden, Psylliden und Aleurodiden, bei den Schildläusen zwar ebenso allgemein, aber ungleich später, und bei den Heteropteren hat sogar ein großer Teil die alte Lebensweise beibehalten.

Es mag auf den ersten Blick überraschen, daß wir zu dem Schluß kommen, daß das System der Cocciden bereits seine heutige Struktur besessen haben soll, bevor die Tiere zu Pflanzensäftesaugern geworden sind; aber andere Gruppen mit unzweifelhaft polyphyletischer Entstehung der Symbiose, wie die Heteropteren oder die Anopluren, zeugen ja von einem ganz entsprechenden Geschehen. Jedenfalls wird der Paläozoologe, soweit er sich mit der Stammesgeschichte der Insekten befaßt, in Zukunft stets auch die Feststellungen der Symbioseforschung zu berücksichtigen haben.

Vor allem aber wird es die Aufgabe der Zukunft sein, die historische Symbioseforschung durch die Heranziehung eines möglichst vollständigen Materials weiter auszubauen, denn erst, wenn wir die systematischen Einrichtungen einer Gruppe in allen ihren Kategorien überblicken, wird sich über ihre Stammesgeschichte Endgültiges aussagen lassen. Dies ist aber nur möglich, wenn sich auch Systematiker und Sammler in den Dienst dieses Arbeitgebietes stellen. Welche Fülle von Einblicken insbesondere exotisches Material uns in dieser Hinsicht noch bringen kann, haben die Studien von H. J. MÜLLER und RAU gezeigt, denen eine reiche brasilianische Ausbeute von Zikaden zur Verfügung stand.

Der Systematiker wird aber dann von solcher Mitarbeit auch selbst Gewinn haben, denn die Symbiosen betreffende Feststellungen sind unter Umständen geeignet, Unstimmigkeiten mit der bisherigen Einteilung aufzudecken, und haben in der Tat schon des öfteren zu einer Korrektur derselben geführt. Es liegt ja ohne weiteres auf der Hand, daß die durch den Erwerb einer Symbiose ausgelösten, in der Konstitution der Tiere begründeten Reaktionen sicherere Kriterien für eine systematische Zuordnung bieten als die vornehmlich anpassungsbedingte Chitinmorphologie, der man sich hierbei in erster Linie bedient.

So hatten schon meine ersten Zikadenstudien HAUPT (1929) zu mancherlei Verbesserungen des Systems veranlaßt. Die monosymbiontische *Pyrgauchenia* mit von Hefen bewohnten Pseudomycetomen fiel zum Beispiel völlig aus dem Rahmen der übrigen Membraciden und erhielt nun in einer Unterfamilie der Terentiinen ihren richtigen Platz. Innerhalb der Proconiinen stellten *Euacanthus interruptus* und *Cicadella viridis*, was Mycetombau und Symbiontentypen anlangt, völlig verschiedene Formen dar; heute findet man ersteren unter den Euacanthinen und letztere bei den Cicadellinen. Nach dem seinerzeit zugrunde gelegten System von OSHANIN waren *Opsius* und *Grypotes* mit ihren $H + a$-Symbionten zusammen mit *Deltocephalus*, *Athysanus* und vielen anderen $a + t$-Symbionten besitzenden Gattungen in der Division Jassaria vereit; nun aber rangieren die beiden erstgenannten unter den Grypotinen und *Deltocephalus* unter den Deltocephalinen. Ähnliches geschah mit *Selenocephalus*, der mit seinen $H + a$-Symbionten innerhalb der Acocephalaria ein Fremdkörper war und nun bei HAUPT als Vertreter einer eigenen Unterfamilie der Selenocephalinen erschien.

Zu solchen Fällen, in denen die Kenntnis der Symbionten Anlaß zu einer Revision des Systems gaben, gesellen sich andere, in denen sie unerwartete Bestätigungen für die Richtigkeit einer bereits vorgenommenen Korrektur brachte. Solches hat sich schon mehrfach innerhalb der Coccidensymbiosen ereignet.

Von besonderem Interesse werden bei der künftigen Vertiefung so gearteter Symbioseforschung die Symbiosen der Endemismen und überhaupt die Beziehungen zur Tiergeographie sein. Ist doch zum Beispiel anzunehmen, daß bei polyphyletischer Entstehung unter Umständen räumlich getrennte Glieder der gleichen Einheit verschiedene Symbionten und Symbiontenkombinationen erworben haben. Andererseits können spätere Wanderungen auch einen solchen unabhängigen Erwerb wieder verschleiert haben. Wo Symbiontenträger zur Bildung von Rassen neigen, wird sich das unter Umständen auch in einer Labilität ihrer Symbiose widerspiegeln. So sind die stäbchenförmigen Begleitbakterien von *Aphrophora salicis* in verschiedenen Gegenden offenbar bald mehr, bald weniger harmonisch eingefügt, und bei *Centrotus* kommt Ähnliches vor; *Fulgora europaea* bildet an seinen *a*-Mycetomen in Böhmen zwei Infektionshügel, aber in sächsisch-thüringischem Material und solchem von Ischia findet sich nur einer. Eine *Hysteropterum grylloides*-Population (Issinen) auf Ischia besteht aus zwei Rassen, welche sich durch das Vorhandensein, bzw. Fehlen der Infektionssyncytien ihrer *o*-Organe unterscheiden. Auch an *Icerya aegyptica* mit und ohne zweiten Symbionten und an die auffällige Verschiedenheit der Symbionten bei ein und derselben Gamasidenart muß in diesem Zusammenhang erinnert werden.

Jedenfalls wäre es irrig, wollte man annehmen, daß die anatomisch-systematische Symbioseforschung ihre Aufgaben im wesentlichen erfüllt hat. Auch sie hat vielmehr noch viel Arbeit zu leisten und verspricht noch viele neue

Einblicke. Muß es uns nicht wunderbar dünken, daß wir nun von Symbiosen wissen, die Hunderte von Millionen Jahre alt sind, und daß wir beginnen, den bis in unsere Tage andauernden Ausbau der symbiontischen Einrichtungen zu durchschauen? Dazu kommt, daß dieser sich immer mehr enthüllende Werdegang natürlich auch auf das innigste mit den Fragen nach ihrem Sinn verknüpft ist und daß sich so immer wieder auch Querverbindungen zu den Problemen der experimentellen Symbioseforschung ergeben, die uns im folgenden Kapitel beschäftigen sollen.

6. DER SINN DER ENDOSYMBIOSE

Wer den Inhalt der vorangehenden Seiten unbefangen in sich aufgenommen hat, wird kaum noch daran zweifeln können, daß dieses bis in alle Einzelheiten geregelte Zusammenleben der Tiere mit Mikroorganismen für den Haushalt der Wirte eine tiefere Bedeutung hat. Soweit es sich um Endosymbiosen mit Algen handelte, waren die Überlegungen und Experimente, welche die sich mit ihnen befassenden Autoren anstellten, trotz der hier zumeist verhältnismäßig lockeren Beziehungen der beiden Partner von Anfang an von einer solchen Überzeugung geleitet, und die neuen und neuesten exakten Untersuchungen haben der mehr gefühlsmäßigen Einstellung der älteren Forschung recht gegeben.

Desto mehr muß überraschen, daß es dort, wo es sich um das ungleich innigere Zusammenleben mit Pilzen und Bakterien handelt, so manchem schwer fiel, sich mit einer solchen Vorstellung zu befreunden. Wollte doch zum Beispiel MARTINI (1932) in den echten Mycetomen und in den symbiontengefüllten Darmausstülpungen «tierische Gallen» sehen und sie den Kapseln gleichsetzen, in denen Nematoden oder Fliegenlarven abgeriegelt werden, ohne zu bedenken, daß derartige Wohnstätten ungleich tiefer als Gallen im Bauplan des Tieres verankert sind und im Gegensatz zu solchen zu ihrer Bildung keineswegs des auslösenden Reizes der fremden Organismen bedürfen. Für MARTINI stellen unsere Symbionten lediglich Endstadien eines anfänglichen Parasitismus dar, die als solche wohl gelegentlich auch einmal irgendwelchen Nutzen bringen können, bei deren Begründung aber vitale Bedürfnisse und Wahlvermögen der Wirte keinerlei Rolle spielen.

Eine ganz ähnliche Auffassung vertritt W. SCHWARTZ (1935), wenn er eine sinnvolle Auswahl der Symbionten zum Zwecke der Erweiterung der Lebensmöglichkeiten ablehnt und in ihnen «harmlose Parasiten» erblickt, die vielleicht in manchen Fällen durch eine «Umkehr des Parasitismus» zu unentbehrlichen Gästen geworden sind. Entsprechende Tendenzen begegnen auch in den Veröffentlichungen, die unter der Leitung von SCHWARTZ entstanden sind, wie etwa bei W. MÜLLER (1934), der noch nach den KOCHschen Erfahrungen an symbiontenfrei gemachten Sitodrepalarven in der Symbiose der Anobiiden und Cerambyciden einen gemäßigten erblichen Parasitismus erblickt. Auch RIPPER (1931) gehört zu denen, die eine Nützlichkeit der Symbionten ablehnen und in den spezifischen Wohnstätten lediglich den Pflanzengallen vergleichbare

Reaktionen erblicken, obgleich er sich der Konsequenzen wohl bewußt ist, die eine solche Deutung hinsichtlich der Beurteilung der komplizierten Übertragungseinrichtungen nach sich zieht, und MANSOUR (1934) ist mit ihm durchaus einverstanden. Aber es erübrigt sich wohl, alle diejenigen hier anzuführen, welche der neuen Welt, die sich hier auftat, verständnislos gegenüberstanden, nachdem sich ja der Gang der Forschung durch ihre überkritische Einstellung nicht hat aufhalten lassen.

Daß solche Einwände hinsichtlich der Leuchtsymbiosen, deren ökologische Bedeutung von Anfang an niemand bezweifeln konnte, gegenstandslos sind, liegt auf der Hand. Die symbiontischen Leuchtorgane der Pyrosomen zu beiden Seiten der Ingestionsöffnung sowie die nächst der Mundöffnung gelegenen oder ihr Inneres erhellenden Organe von *Anomalops*, *Photoblepharon*, *Ceratias*, *Monocentris* und *Leiognathus* stellen Beutetiere anlockende Lichtfallen dar; die Leuchtorgane der Tintenfische dienen dem Erkennen der Artgenossen, dem Auffinden der Geschlechter und dem Beisammenbleiben der Schwärme; wo leuchtende Bakterienschwaden aus den ja stets offenen Organen ausgestoßen werden, ermöglichen die Symbionten, ähnlich den Tintendrüsen, eine Tarnung des Wirtstieres oder geben ihm ein Schreckmittel an die Hand.

Daß auch die übrigen Endosymbiosen irgendwie ökologisch bedingt sind, geht wohl aus der Art ihres ja zumeist an bestimmte einseitige Ernährungsweisen geknüpften Vorkommens deutlich hervor, doch stehen hier begreiflicherweise der Ergründung des jeweiligen Nutzens ungleich größere Schwierigkeiten gegenüber. Die Wege, welche sich hiezu dem Experimentator bieten, sind zweierlei Art. Einmal wird er sich bemühen müssen, symbiontenfreie Wirte zu erhalten, um an ihnen die eventuell auftretenden Ausfallserscheinungen studieren zu können, und andererseits muß er bestrebt sein, Reinkulturen der Symbionten zu erhalten, um an Hand dieser die vermutlich auch im symbiontischen Verband zur Geltung kommenden Leistungen des pflanzlichen Partners kennenzulernen.

Der erste, der über Versuche berichtete, dank denen es gelang, ein in komplizierter Endosymbiose lebendes Objekt symbiontenfrei zu machen, war ASCHNER (1932). Er benutzte hiezu die Kleiderlaus und wählte den Weg der Operation. Wider Erwarten gelang es ihm verhältnismäßig leicht, die Magenscheibe zu exstirpieren. Er legte dazu die vollgesogene Laus auf den Rücken und bedeckte sie derart mit einem durchlochten Glimmerplättchen, daß dessen Öffnung genau auf das Mycetom zu liegen kam. Dann stach er durch diese die pralle Haut mit einer feinen Nadel an. Durch den Druck im Inneren des Tieres wird so ein Teil des gewünschten Organes herausgepreßt, und es gelingt nun leicht, dieses zu fassen und das Mycetom vollends zu entfernen. Ein Wundpfropf schließt dann alsbald die Einstichstelle.

Nachdem ASCHNER zunächst seine interessanten Ergebnisse nur in Kürze mitgeteilt hatte, berichtete er alsbald gemeinsam mit RIES (1933) ausführlicher über die tiefgreifenden Folgen solcher Exstirpationen. Entfernt man die Mycetome weiblicher Tiere auf dem dritten Larvenstadium, das heißt, bevor die Symbionten aus ihnen in die Ovarialampullen übersiedeln, so sind die Tiere nach einigen Tagen nicht mehr imstande, Blut zu saugen. Manche versuchen es immer wieder, senken die Mundteile in die Haut und machen die heftigsten Anstrengungen, aber es tritt trotzdem kein Blut in den Darm über. Andere sind hingegen völlig apathisch und so schwach, daß sie kaum noch die Gliedmaßen bewegen und sich daher auch nicht mehr anzuklammern oder umzudrehen vermögen. Ein oder zwei Tage nach dem Eintritt solcher Symptome sterben sie dann.

Eine weitere Folge des Symbiontenmangels macht sich an der Eiproduktion bemerkbar. Normale Tiere erzeugen täglich 6—7 Eier. Wenn hingegen von symbiontenfreien Tieren überhaupt noch Eier abgelegt werden, so geschieht dies verspätet und in geringerer Zahl (maximal drei Eier). Zumeist schrumpfen sie dann sogleich nach der Ablage zusammen, aber auch die wenigen, welche sich zu entwickeln beginnen, gehen einige Tage, bevor symbiontenhaltige Nachkommen schlüpfen würden, zugrunde. Es liegen dann stets Ovocyten vor, welche im Augenblick des Symbiontenverlustes bereits beträchtlich im Wachstum vorgeschritten waren. Nicht selten kommt es dabei auch vor, daß die Tiere zu schwach sind, um solche einen Anlauf zur Entwicklung nehmende Eier regelrecht abzulegen, und daß sie daher in der Vagina verbleiben.

Bei alledem handelt es sich um Hungersymptome, welche auch bei symbiontenhaltigen Tieren begegnen können. Während jedoch in einem solchen Fall eine einzige rektale Blutinjektion die Tiere wieder befähigt, zu saugen und damit die alte Lebenstüchtigkeit zu erlangen, treten sie bei den symbiontenfreien Läusen trotz reichlich gebotener Nahrung auf, und rektale Ernährung kann den Tod höchstens um einige Tage verzögern. Daß diese Ausfallserscheinungen wirklich durch den Verlust der Symbionten bedingt sind und nicht durch die Operation an sich, beweisen die Experimente mit Weibchen, die 2—3 Tage vor der dritten Häutung stehen, das heißt mit Tieren, deren Symbionten bereits das Mycetom verlassen und die Ovarialampullen besiedelt haben. In diesem Falle hat die Exstirpation der leeren Magenscheibe keinerlei nachteilige Folgen!

Die angegebene Technik gestattet auch eine partielle Entfernung der Symbionten. Daß dann keine den Verlust ausgleichende Vermehrung der Symbionten einsetzt, haben wir bereits gehört. Ganz entsprechend ihrer verschiedenen Menge treten vielmehr Schädigungen in allen Abstufungen von solchen, die kaum bemerkbar sind, bis zu solchen schwerster Art auf, wie sie für völlig symbiontenfreie Tiere typisch sind, und die Parallelität geht so weit, daß man bereits aus dem Verhalten sichere Schlüsse auf die jeweilige Symbiontenmenge ziehen kann.

Männliche dritte Larvenstadien werden hingegen durch den totalen Symbiontenverlust merklich weniger beeinflußt, obwohl die männlichen Läuse an sich empfindlicher und kurzlebiger sind als die weiblichen. Während die operierten Weibchen im Mittel noch 4,3 Tage leben und im besten Fall 7 Tage erreichen, bleiben die symbiontenfreien Männchen im Durchschnitt 12 Tage am Leben, und manche konnten sogar drei Wochen gehalten werden. Auch wurden niemals irgendwelche Störungen ihrer geschlechtlichen Funktionen beobachtet.

Man wird nicht fehl gehen, wenn man diese größere Unabhängigkeit mit der Tatsache in Verbindung bringt, daß auch in normalen Männchen die Symbionten nach der dritten Häutung bereits zu entarten beginnen und unter Umständen sogar völlig aufgelöst werden.

Anders, wenn man die Exstirpation schon auf dem ersten oder zweiten Larvenstadium vornimmt. Ohne daß sich dann Unterschiede im Verhalten der Geschlechter zeigten, wird zwar in letzterem Fall noch die zweite Häutung

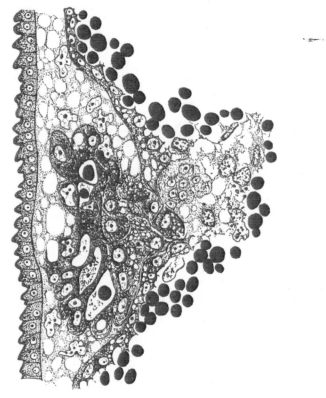

Abb. 332

Pediculus vestimenti Leach. Schnitt durch die Magenscheibe eines symbiontenfreien Embryos. Das äußere Syncytium erscheint normal angelegt; im Innern der an Zahl reduzierten, leeren Kammern liegen Dotterschollen und Reste des transitorischen Mycetoms, das im übrigen im Dotter degeneriert. 1070fach vergrößert. (Nach ASCHNER u. RIES.)

durchlaufen, doch sterben die Tiere plötzlich vor oder nach der dritten Häutung. Wird die Operation am ersten Larvenstadium vorgenommen, so wird die erste Häutung noch gut überstanden, doch gehen die Tiere, welche ebenfalls unfähig sind, Blut zu saugen, dann mit großer Regelmäßigkeit am 7. oder 8. Tage zugrunde. Partielle Entfernung der Symbionten führt auch hier zu mehr oder weniger lang sich hinziehenden Schädigungen, aber 8 Tage nach dem Eingriff pflegen die restlichen Mikroorganismen stets entweder völlig degeneriert oder gänzlich geschwunden zu sein.

Das Studium der Embryonalentwicklung steriler Eier ergab, daß während derselben das transitorische Mycetom trotzdem in der gewohnten Weise angelegt wird, und daß es zu derselben Zeit zu einer sackförmigen Abschnürung des Darmepithels und zur mesodermalen Umhüllung desselben

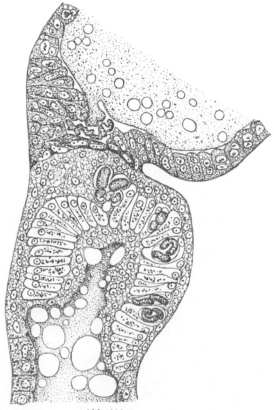

Abb. 333

Pediculus vestimenti Leach. Schnitt durch die Ovarialampulle eines weitgehend seiner Symbionten beraubten Tieres; die sterilen, trotzdem gebildeten Mycetocyten enthalten sonst fehlende Plasmaschollen, die Symbionten sind atypisch gestaltet. (Nach ASCHNER u. RIES.)

kommt wie bei infizierten Embryonen (Abb. 332). Dabei treten nun freilich mancherlei Unregelmäßigkeiten auf. Die Kammerung der normalen Mycetome kann fehlen, oder es wird nur eine geringere Zahl von Kammern gebildet, und in diesen können statt der Symbionten Dotterschollen und Reste des natürlich auch hier degenerierenden transitorischen Mycetoms liegen. In der vom Darmepithel stammenden Zone kommt es vielfach zu Kerndegenerationen, und amitotische Zerschnürungen führen zu Häufchen von Karyomeriten.

In ganz entsprechender Weise bilden sterile Läuse auch die normalerweise ausschließlich der Eiinfektion dienenden Ampullen aus. Sie zeigen den gleichen komplizierten dreischichtigen Bau und weisen auch ungefähr die gleiche Zahl — etwa 1000 — von nun vergeblich auf eine Infektion wartenden Mycetocyten auf. Mit diesem Ausbleiben der Besiedelung muß es auch irgendwie zusammenhängen, daß nun normalerweise nicht zu beobachtende Eiweißgranula und Schollen in ihnen auftreten. Liegt keine völlige Entfernung der Symbionten vor, so kommt es zwar zu einer partiellen Infektion der Ampullen, aber die Symbionten zeigen dann häufig Riesenwuchs und knorrige Entartung

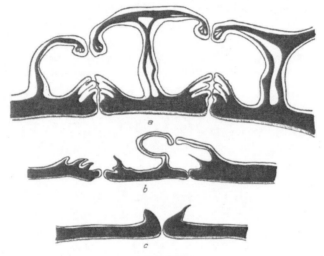

Abb. 334

Pediculus vestimenti Leach. *a* Ausschnitt aus dem normalen Eideckel einer symbiontenhaltigen Laus. *b, c* Ausschnitt aus Eideckeln symbiontenfreier Tiere, mit mangelhafter Kammerbildung oder ohne solche. 1070fach vergrößert. (Nach ASCHNER u. RIES.)

und vermögen hier ebensowenig wie im Mycetom durch gesteigerte Vermehrung den Verlust wettzumachen (Abb. 333). Entsprechend der normalerweise streng symmetrisch vor sich gehenden Infektion der Ampullen hat einseitiger Symbiontenmangel auch einseitige Besiedelung derselben im Gefolge.

Im histologischen Bild sich widerspiegelnde Schädigungen begegnen außerdem nur noch an den Ovarien. Hier erweist sich das Follikelepithel als besonders empfindlich. Werden fortgeschrittene Stadien des Eiwachstums vom Symbiontenverlust betroffen, so treten lediglich geringfügige Entwicklungshemmungen an dem kompliziert gebauten, siebartig durchbrochenen Eideckel auf, indem die normalerweise über jeder einzelnen Mikropyle sich erhebenden Kammern immer unvollkommener gebildet werden oder gänzlich fortfallen (Abb. 334). Wirkt sich der Verlust schon an jüngeren Ovocyten aus, so machen sich schwerere Schäden geltend. Das Eiwachstum geht dann viel langsamer vor sich und bleibt meist schon vor der Schalenbildung ganz stehen.

In dem sonst Nährstoffe an das Ei abgebenden Follikel kommt es jetzt zur Abschnürung von Kernfragmenten und zur Auflösung von Kernen. Zerfallende Gruppen von Follikelzellen treten in das Ei über, dessen Schale höchstens noch hie und da als dünner Saum angedeutet wird und in dessen Plasma große Vakuolen auf Entmischungsprozesse deuten. Schließlich kann aber die Degeneration auch schon vor jeder Dotter- und Schalenbildung einsetzen. Dann verteilen sich, wenn die Tiere nicht, wie das zumeist geschieht, schon vorher sterben, die Zerfallsprodukte des Follikels und der jungen Ovocyten in der Leibeshöhle. Die Nährzellen bleiben jedoch hiebei stets von jeglicher Schädigung unberührt.

Später wandte ASCHNER (1934) noch eine andere Methode an, um die Symbionten der Läuse auszuschalten. Er zentrifugierte die Embryonen zwischen dem 2. und 5. Tag ihrer Entwicklung ungefähr 8 Stunden lang (1500—2000 Umdrehungen in der Minute). Daraufhin zeigten 5—10% der Larven verlagerte Mycetome. Manchmal lag die Magenscheibe auf der Rückenseite, manchmal in der Analregion oder seitlich, oder es wurde auch nur ein Teil abgesprengt. Die an Ort und Stelle verbliebenen Mycetome bargen ihre Symbionten ganz in der üblichen Weise, aber die verlagerten stellten massive Zellmassen ohne die charakteristische Kammerung dar und enthielten keine Bakterien. Wir haben schon an anderer Stelle darauf hingewiesen, daß dies offenbar so zu erklären ist, daß die Symbionten lediglich in der regulär gebauten und gelagerten Magenscheibe den nötigen Schutz gegen die sonst sich geltend machenden Lysine des Wirtes genießen.

Das Resultat dieser Experimente war das gleiche wie bei der Exstirpation. Bis zum 5. oder 6. Tag nach dem Schlüpfen saugten die von zentrifugierten Embryonen stammenden Tiere mit und ohne Symbionten wie unbehandelte und entwickelten sich normal. Dann aber starben plötzlich die symbiontenfreien. Manche gingen schon vor der Häutung, andere während, aber nur wenige nach derselben zugrunde. Bei teilweiser Sterilisierung lebten die Tiere zwar wieder länger, starben aber immerhin früher als die Normaltiere.

Durch diese Versuche wurde erstmalig die Lebensnotwendigkeit eines Bakteriensymbionten eindeutig erwiesen und gezeigt, daß der Sinn des Zusammenlebens zum mindesten bei den Blutsaugern in der Tat in der Richtung zu suchen ist, in der ihn WIGGLESWORTH (1929) und ASCHNER (1931) bereits vermutet hatten. Alles deutete darauf hin, daß von den Bakterien minimale Mengen von Wirkstoffen, vermutlich Vitaminen der B-Gruppe, geliefert werden, welche für das Wachstum der Larvenstadien und für den Aufbau der Ovarien unentbehrlich sind. Offenbar deckt die von dem normalen Symbiontenvorrat produzierte Wirkstoffmenge recht genau den Bedarf an solchem, so daß bereits eine zahlenmäßige Reduktion der Symbionten fühlbaren Mangel im Gefolge hat. Andererseits geht aus dem Umstand, daß die Ausfallserscheinungen nicht sogleich einsetzen und sich allmählich steigern, hervor, daß der Wirtsorganismus die aus den Mycetomen in seine Körpersäfte übergetretenen Stoffe bis zu einem gewissen Grade zu speichern vermag. Wenn hiebei die männlichen Tiere länger von diesem

Vorrat zehren können, als die weiblichen, so ist dies im Hinblick auf die ungleich höheren, durch die Eiproduktion bedingten Anforderungen ohne weiteres verständlich.

Auch der Umstand, daß ASCHNER, als er seinen Tieren nicht nur reine Blutklystiere gab, sondern diesen zum Teil auch Hefeextrakte oder Bakterienfiltrate zufügte, eine deutliche Verzögerung und Abschwächung der verschiedenen Schädigungen erzielte, sprach bereits dafür, daß es sich bei ihnen um die Folgen einer Avitaminose handelt. Schließlich wird durch die Annahme einer Wuchsstoffbelieferung durch Symbionten auch ohne weiteres verständlich, daß die *Pediculus*-Mycetome auf den frühen Larvenstadien im Verhältnis zur Körpergröße am ansehnlichsten sind, und daß die Symbionten in den erwachsenen Männchen mehr oder weniger weitgehend degenerieren.

Versuche, welche in der Folge von BRECHER u. WIGGLESWORTH (1944) an der Wanze Rhodnius, also einem weiteren ausschließlich von Wirbeltierblut lebenden Insekt, angestellt wurden, harmonieren sehr wohl mit den Befunden ASCHNERS. Diesmal handelt es sich um eine Form, bei der die Symbionten eine begrenzte Strecke des Darmepithels bewohnen und bei der Ablage sterilen Eiern vom After aus äußerlich beigegeben werden. So konnten hier die Oberflächen der Eier mit einer Lösung von Gentianaviolett in destilliertem Wasser leicht keimfrei gemacht werden, und mußte im übrigen nur für eine sterile Haltung der aus solchen Eiern geschlüpften Tiere Sorge getragen werden.

Von früheren Studien WIGGLESWORTHs über die Metamorphose von *Rhodnius* wissen wir, daß diese Wanzen 5 Larven-, beziehungsweise Nymphenstadien durchlaufen und daß die Zwischenräume zwischen zwei Häutungen anfangs 10 Tage betragen, bis zur 4. Häutung aber auf 15 Tage ansteigen. Das fünfte Stadium, das der Nymphe, benötigt schließlich 20 Tage, um bis zur Imago heranzureifen. Bis zum 4. Stadium machen sich nun bei den sterilen Tieren keine wesentlichen Auswirkungen des Symbiontenverlustes bemerkbar, doch setzen die einzelnen Häutungen zum Teil mehr oder weniger verzögert ein. Nach der 4. Häutung tritt jedoch eine wesentliche Verschlimmerung ein. Sehr viele Tiere sind jetzt überhaupt nicht mehr imstande, die Entwicklung zu Ende zu führen, und diejenigen, welche es vermögen, benötigen dazu sehr lange Zeiträume.

Ein Beispiel möge dies erläutern. Elf Larven hatten in einem Versuch das vorletzte Stadium erreicht. Sie saugten am 11. März, ohne daß es zu einer Häutung kam. Eine weitere Nahrungsaufnahme am 5. Mai blieb ebenfalls erfolglos, ja eines der Tiere starb sogar. Nach erneutem Saugen am 5. August erreichten fünf Exemplare das imaginale Stadium, aber auch sie erst nach weiteren 42 Tagen. Die übrigen fünf Tiere nahmen am 20. November, am 26. Januar und am 21. April des folgenden Jahres Blut zu sich, lebten also schließlich schon über ein Jahr auf dem fünften Stadium und hatten die Fähigkeit, sich zu Ende zu entwickeln, völlig verloren, während normalerweise die gesamte Entwicklungszeit wenig mehr als zwei Monate beträgt und zwischen zwei Häutungen immer nur eine einzige Nahrungsaufnahme nötig ist!

Die nachteiligen Folgen des Symbiontenverlustes gehen aber noch weiter, denn die wenigen schließlich vorhandenen weiblichen Imagines sind offenbar nicht mehr in der Lage, Eier zu produzieren und sich fortzupflanzen. Ein steriles Pärchen, das Ende November vereinigt wurde und das viermal Blut gesogen hatte, ergab selbst vier Monate nach der letzten Häutung noch keine Eiablage, während symbiontenhaltige Weibchen selbst ohne Anwesenheit von Männchen nach 10 Tagen Eier legen. Als man das sterile Männchen durch ein infiziertes ersetzte, erfolgte nach einigen Wochen Eiablage, und nun erwies sich auch das Weibchen, dank der Gewohnheit der Tiere, den Kot der Genossen aufzusaugen, als Symbiontenträger. In einem anderen Fall, in dem ebenfalls drei Monate hindurch trotz mehrfacher Nahrungsaufnahme keine Eier gelegt wurden, ergab die Sektion, daß keine Ovarien entwickelt waren.

Wie die Infektion steriler Imagines eine verspätete Entwicklung der Ovarien auszulösen vermag, so hat die jüngerer steriler Stadien einen normalen Verlauf der weiteren Häutungen im Gefolge. Unter Umständen funktioniert offenbar auch bei ungeeigneter Haltung der Tiere in gewöhnlichen Zuchten die Übertragung nicht, und vermögen sich die fünften Stadien nicht zu häuten. Auch dann genügt die Beigabe symbiontenhaltiger Exkremente, um fortpflanzungstüchtige Imagines zu erzielen.

BRECHER und WIGGLESWORTH erblicken in den von ihnen beobachteten Ausfallserscheinungen ebenfalls die typischen Symptome einer Avitaminose und halten es auch für höchst wahrscheinlich, daß es sich um für die Bildung der Häutungshormone und die Entwicklung der Ovarien unerläßliche Vitamine der B-Gruppe handelt, die in diesem Falle von symbiontischen Actinomyceten geliefert werden.

Aus dem Umstand, daß die Entwicklung bis zum fünften Stadium, wenn auch verzögert, so doch immerhin normal durchlaufen zu werden pflegt, möchten BRECHER und WIGGLESWORTH schließen, daß hier vielleicht im Ei vorhandene Vitaminreserven oder geringe, im Blut enthaltene Mengen der nötigen Wirkstoffe ausreichen.

Daß die bei Läusen und *Rhodnius* gemachten Erfahrungen über die Unzulänglichkeit reiner Blutnahrung verallgemeinert werden dürfen, lehren die Resultate, welche man erhielt, als man andere, nicht in Symbiose lebende Insekten bei solcher Kost hielt. Als ASCHNER (1931) Larven von *Stegomyia fasciata* (*Aedes aegypti*) lediglich steril entnommenes Kaninchenblut bot, konnte er sie wohl bei 25° über einen Monat am Leben halten, aber die Entwicklung, die bei dieser Temperatur und normaler Kost 6—7 Tage dauert, blieb völlig stehen. Erst der Zusatz von Bakterien oder Bakterienfiltraten hob, ganz wie bei den in ihrer Entwicklung gehemmten, symbiontenfreien *Rhodnius*larven, die bei solcher Nahrung bestehende Entwicklungshemmung auf.

Das gleiche gilt für die Larven von *Lucilia sericata*, die normalerweise von Fleisch leben, das vornehmlich mechanisch zerkleinert und durch die in ihren Exkreten enthaltenen proteolytischen Enzyme verflüssigt aufgenommen wird. HOBSEN (1933, 1935) vermochte sie nur dann bei Blutnahrung zur Entwicklung zu bringen, wenn er sie mit Reinkulturen verschiedener, aus dem Darm normal lebender Larven gezüchteter Bakterien oder auch von *Bacterium coli* versetzte oder statt dessen Hefeextrakte zuführte. Während in reinem, sterilem Blut die Larven fünf Tage nach dem Schlüpfen noch ihr Ausgangsgewicht — 0,05 mg — besaßen, erreichten sie in der gleichen Zeit bei Zusatz von Hefeextrakten 50 mg. Interessanterweise vermochte auch der Zusatz von Kulturen des *Rhodnius*-Symbionten (*Actinomyces*) die Entwicklung der *Lucilia*larven zu gewährleisten (WIGGLESWORTH, 1936). Bei weiterer Analyse fand HOBSEN, daß dem Blut, welches *Lucilia* geboten wurde, mindestens drei in der Hefe vorhandene Stoffe zugefügt werden müssen, ein in Wasser löslicher, aber in Alkohol schwer löslicher und in Äther unlöslicher Faktor und zwei weitere, hitzebeständige Faktoren, von denen er einen mit dem Thiamin identifizieren möchte.

Mit solchen Erfahrungen harmoniert aufs beste, daß ja alle diejenigen Blut saugenden Tiere, bei welchen man Symbionten fand, zugleich solche sind, die ihr ganzes Leben lang ausschließlich steriles Blut zu sich nehmen. Gilt dies doch in gleicher Weise für die symbiontenführenden Hirudineen, die Gamasiden, die Ixodiden, die Anopluren, Cimiciden, Triatomiden, Glossinen, Hippobosciden und Strebliden, während man andererseits bei allen Formen, welche als Larven eine an Mikroorganismen reiche Kost genießen und vielfach auch als Imagines im Darm mancherlei Keime enthalten, das heißt bei Culiciden, Tabaniden, Aphanipteren, Stomoxyinen und Phlebotominen, immer vergeblich nach Endosymbiosen gesucht hat.

Zahlreiche Experimente haben in der Tat vor allem bei Culicidenlarven nachgewiesen, daß die mannigfachen Bakterien, Algen und Pilze einen lebenswichtigen Bestandteil ihrer Nahrung darstellen und damit die Einrichtung einer Symbiose überflüssig machen. ROUBAUD konnte schon 1919 zeigen, daß sich *Stegomyia*larven in keimfreiem Medium nicht zu entwickeln vermögen und daß erst der Zusatz von Bakterien oder Bakterienfiltraten die zum Stillstand gekommene Entwicklung wieder in Gang bringt. Weiterhin fand BARBER (1927, 1928), daß für *Anopheles*-, *Culex*- und *Aedes*larven zwar reine Algen-, Bakterien- oder Infusoriennahrung ausreicht, daß aber erst die Verbindung von Bakterien mit einer der beiden übrigen Komponenten optimale Bedingungen für die Entwicklung schafft. HINMAR (1930, 1933) und ASCHNER (1931) kamen in ähnlicher Weise zu dem Schluß, daß die Bakterien einen das Wachstum der Culicidenlarven stimulierenden Faktor enthalten müssen. ROZEBOOM (1935) befaßte sich mit der Wertigkeit verschiedener Bakterienkulturen und stellte fest, daß die in der natürlichen Umgebung der Larven vorkommenden Stämme die beste Entwicklung gewährleisten, während andere Arten einen mehr oder weniger guten Ersatz bieten.

Einen bedeutsamen Schritt weiter kam TRAGER (1935), als er *Aedes*larven in sterilem Leberextrakt bei Zusatz von autoklavierter Hefe züchtete und zeigen konnte, daß in letzterer vor allem ein hitzebeständiger, in Wasser und nicht zu starkem Alkohol leicht löslicher Faktor von Bedeutung ist, der neben der in der Leber reichlich vorhandenen Substanz für die Entwicklung der Larven unerläßlich ist. In der Folge hat er aber, zum Teil gemeinsam mit SUBBAROW (TRAGER u. SUBBAROW, 1938; SUBBAROW u. TRAGER, 1940;

TRAGER, 1942), die Ansprüche, welche die *Aedes*larven an ihre Nahrung stellen, noch wesentlich genauer erfaßt und gefunden, daß die Mikroorganismen durch Zusatz von Riboflavin, Pantothensäure, Thiamin, Pyridoxin und Nikotinsäure ersetzt werden können, ein Ergebnis, das dann von FOLBERG, DE MEILLON u. LAVOIPIERRE (1945) durchaus bestätigt und dahin erweitert wurde, daß sie auch die Folsäure als einen weiteren lebenswichtigen Faktor erkannten. Sie ist zwar bis zum vierten Larvenstadium entbehrlich, doch kommt es ohne sie niemals zur Verpuppung. Von anderen Vitaminen der B-Gruppe hat aber höchstens noch das Biotin einen fördernden Einfluß. LICHTENSTEIN (1948)

Tabelle 3

	μg/100 ml frisches Blut	μg/g Trockensubstanz		μg/g trockene Diät Bedarf bei Tenebrio
		Blut	Weizen	
Thiamin	8,9	0,5	4	1
Riboflavin	21,2	1,1	1,1	2–8
Pantothensäure .	30	1,6	12	8
Pyridoxin	11	0,6	3,7	1
Nikotinsäure . . .	400–700	21–37	48	16

Vitamingehalt von Affenblut und Weizen, verglichen mit dem Bedarf bei *Tenebrio*. Nach FRAENKEL und anderen.

und TRAGER selbst (1948) haben dann die Kenntnis der Ansprüche, welche die wachsenden *Aedes*larven an sterile Kost stellen, in der Folge noch weiter vertieft, und MUDROW-REICHENOW (1951) hat in jüngster Zeit ihre Erfahrungen ebenfalls bestätigt, so daß wir heute in dieser Hinsicht recht gut Bescheid wissen.

Zweifellos darf man die an Culicidenlarven gemachten Feststellungen im Prinzip auch auf Tabaniden, Stomoxycinen, Aphanipteren und so fort übertragen, obwohl nur wenige entsprechende Untersuchungen an ihnen angestellt wurden. FAASCH gab bereits 1935 an, daß er die Larven mancher Floharten lediglich dann zur Entwicklung bringen konnte, wenn er ihnen elterlichen Kot und damit die nötigen Bakterien reichte. Wenn er außerdem mitteilt, daß ihm im Lumen und an der Wandung des Dünndarmes sowie in der Rektalblase von *Hystrichopsylla talpae* regelmäßig Kurzstäbchen begegneten, und diese geradezu als Symbionten bezeichnet, so dürfte man in diesen doch wohl bestenfalls eine Vorstufe zu solchen erblicken. Nach ihm hat SHARIF (1937, 1948) Zuchtversuche an Flohlarven (*Nosopsyllus* und *Xenopsylla*) angestellt und abermals gefunden, daß sie sich unter aseptischen Bedingungen bei reiner Blutnahrung nicht entwickeln können, daß dies aber sehr wohl möglich ist, wenn man dieser Hefe zusetzt.

Wenn man aus alledem auch bereits mit zwingender Sicherheit schließen darf, daß der Mangel an lebensnotwendigen Stoffen, vornehmlich an B-Vitaminen im Blut zur Einrichtung der Blutsaugersymbiosen geführt hat, so besteht natürlich doch das dringende Bedürfnis, diese nun endlich auf experimentellem Wege genauer zu erfassen. Auf den ersten Blick mag überraschen, daß Blutsauger Mangel an B-Vitaminen haben sollen, denn wir wissen ja, daß im Blut der Säugetiere und des Menschen Thiamin, Riboflavin, Nikotinsäure, Pantothensäure, Pyridoxin, Folsäure, Inositol, Cholin vorhanden sind. Genaueres Zusehen ergibt jedoch, daß zum mindesten ein Teil dieser B-Vitamine offensichtlich nicht in der von den Blutsaugern benötigten Menge vorhanden ist. Das wird bereits dadurch wahrscheinlich gemacht, daß jedenfalls der Gehalt an Thiamin, Riboflavin, Pantothensäure und Pyridoxin wesentlich hinter dem Bedarf eines symbiontenfreien Insektes (*Tenebrio*) zurücksteht, während andererseits zum Beispiel der an Nikotinsäure denselben wesentlich übertrifft (vgl. Tabelle 3).

Die einzigen Untersuchungen, welche uns bisher wenigstens einige Aufschlüsse in dieser Richtung geben und die Vermutung bestätigen, daß unter Umständen die im Blut vorhandenen Mengen in der Tat den Bedarf der Parasiten nicht decken, sind DE MEILLON und seinen Mitarbeitern zu danken (DE MEILLON u. GOLBERG, 1946, 1947; DE MEILLON, THORP u. HARDY, 1947).

Sie befaßten sich mit dem Vitaminbedarf von Cimex lectularius und Ornithodorus moubata und beschritten einen völlig neuartigen Weg, indem sie ihre Versuchsobjekte an Ratten saugen ließen, in deren Blut infolge einer geeigneten Mangeldiät bestimmte B-Vitamine durchaus fehlten[1]). Sie prüften so den Effekt eines Ausfalles von Thiamin, Folsäure und Riboflavin vor allem an der Bettwanze und in zweiter Linie an der genannten Zecke. Die Wachstumsrate von *Cimex* wurde durch die Abwesenheit von Thiamin in keiner Weise beeinträchtigt, aber die Eiablage erschien ziemlich stark gestört. Die Zahl der abgelegten Eier blieb hinter der normalen zurück, ein erheblicher Prozentsatz war taub oder wenigstens nicht entwicklungsfähig, und nur aus vereinzelten schlüpften normale Larven. Als man hingegen solche Wanzenpärchen an normalen Ratten saugen ließ, stieg die Zahl der entwicklungsfähigen Eier wesentlich an. Es wäre nicht ausgeschlossen, daß es sich bei dieser Schädigung um die Wirkung von toxischen Substanzen handelt, die sich im Blut der thiaminfreien Ratten bilden, doch neigen die Autoren mehr zu der Annahme, daß die Vitaminbelieferung der Wanzen durch ihre Symbionten für die erhöhten Ansprüche der Eibildung nicht hinreicht und diese daher um diese Zeit auch auf das zusätzliche Thiamin des Rattenblutes angewiesen sind.

Ornithodorus reagiert noch wesentlich stärker auf das Fehlen von Thiamin im Blut der Wirtstiere. Bei ihm wird die Wachstumsrate herabgesetzt und die Größe der mit vollwertigem Blut ernährten Tiere nicht erreicht. Da hier die Versuche nach Erreichen des dritten Larvenstadiums abgebrochen wurden, kann über die eventuelle Beeinflussung der Fortpflanzungsfähigkeit zunächst nichts ausgesagt werden. Das Fehlen der Folsäure im Rattenblut ergab hingegen

---

[1]) DE MEILLON u. GOLBERG (1947) versuchten auch die Symbionten der Bettwanzen durch Penicillin auszuschalten, das ihnen in die Leibeshöhle gespritzt oder auf dem Umwege über Meerschweinchenblut zugeführt wurde, doch ergab sich dabei weder eine Beeinträchtigung der Symbionten noch ihrer Wirte.

bei *Cimex* recht ähnliche Resultate wie das Fehlen von Thiamin. Die Wachstumsrate wurde abermals nicht beeinflußt, wohl aber die Eizahl reduziert.

Noch eindeutiger lauten die Ergebnisse, wenn Bettwanzen und Zecken sich an Ratten entwickeln, denen das Riboflavin abgeht. Dabei ließ sich nämlich bei beiden Objekten weder eine Beeinflussung des Wachstums noch der Eiproduktion und der Entwicklungsfähigkeit der Eier erkennen. Eine aus solchen Eiern der Bettwanze stammende zweite Generation zeigte, auch weiterhin mit riboflavinfreiem Blut ernährt, ebenfalls keinerlei Schädigung.

DE MEILLON, THORP und HARDY haben nun den Riboflavingehalt von erwachsenen Wanzen, die mit Rattenblut ohne Riboflavin gezogen worden waren, mit dem von Tieren, denen normales Blut geboten worden war, verglichen und gefunden, daß er in beiden Fällen ganz der gleiche war (0,020—0,024 μg). Noch drastischer stellt sich die Unabhängigkeit der Riboflavinversorgung von dem Vitamingehalt des Blutes dar, wenn man dem Gesamtbedarf einer Wanze an Riboflavin die während ihres ganzen Lebens mit dem Blut aufgenommene Menge gegenüberstellt. Vom ersten Larvenstadium bis zur Geschlechtsreife benötigt eine Wanze im Durchschnitt 20—25 mg Blut. Nachdem man den Riboflavingehalt des normalen Rattenblutes auf 0,2 μg pro g Blut berechnet hat, würden einer solchen Blutmenge 0,005 μg Riboflavin entsprechen, das heißt eine Menge, die, selbst wenn man annehmen wollte, daß das aufgenommene Riboflavin restlos gespeichert wird, weit hinter dem im erwachsenen Tier gefundenen Gehalt von 0,020—0,024 μg zurückbleibt! Das gleiche gilt für das menschliche Blut, in dem man 0,21 μg Riboflavin pro ml gefunden hat, also abermals eine Menge, die zur Deckung des Bedarfes der Bettwanze nicht ausreicht.

Man kann den Autoren nur zustimmen, wenn sie aus ihren bedeutungsvollen Versuchen den Schluß ziehen, daß es mit aller Wahrscheinlichkeit die symbiontischen Bakterien sind, welche *Cimex* und *Ornithodorus* die unentbehrlichen Vitamine in der nötigen Menge liefern.

Außer DE MEILLON und seinen Mitarbeitern haben sich lediglich LWOFF und NICOLLE (1944, 1945, 1946, 1947) mit dem Vitaminbedarf eines reinen Blutsaugers befaßt. Ihr Objekt war *Triatoma infestans*. Sie fütterten die Larven durch eine dünne Membran und boten ihnen teils nur erwärmtes Pferdeserum mit Glukosezusatz, teils fügten sie dem Serum außer der Glukose Ascorbinsäure, Nikotinamid, Hämin, Thiamin, Riboflavin und Pantothensäure zu. In ersterem Fall erreichten von 100 Tieren nur 32 das dritte und nur 2 das vierte Stadium, und diese gingen ohne weitere Nahrungsaufnahme zugrunde. Im zweiten Fall erreichten 85 von 100 Tieren das dritte Stadium, in der Folge starben aber ebenfalls viele Tiere — vielleicht infolge einer Bakterieninfektion —, aber 4 wurden zu Imagines, die sich begatteten und fortpflanzten. Ließ man jedoch die Pantothensäure fortfallen, so entwickelten sich zwar auch einige Tiere zu Imagines, aber sie lieferten keine befruchteten Eier. Schied man das Hämin aus, so starben die Tiere bereits vor der letzten Häutung. Das Nutzproblem der Symbiose wird jedoch leider durch diese

Untersuchungen nicht gefördert. Aus ihnen zu schließen, daß in diesem Fall die Symbionten ihre Wirte nicht vom Vitamingehalt der Nahrung unabhängig zu machen vermögen, wäre jedenfalls verfrüht. Nicht nur, daß die Autoren es unterlassen haben, symbiontenhaltige und symbiontenfrei gemachte Tiere hinsichtlich ihrer Ansprüche zu vergleichen, sondern es ist auf Grund gewisser Erfahrungen, die BRECHER und WIGGLESWORTH (1944) gemacht haben, sogar mit der Möglichkeit zu rechnen, daß LWOFF und NICOLLE mit sterilen oder wenigstens mangelhaft infizierten Tieren gearbeitet haben. Fanden die genannten doch, daß Kulturen von *Triatoma rubrofasciata* und *Eutriatoma flavida* und *sordida* manchmal eingehen, weil die Nymphen sich nicht mehr zu häuten vermögen. Solche Tiere erwiesen sich dann aber als symbiontenfrei, was darauf zurückzuführen war, daß die Eier jeweils in frische, saubere Tuben übertragen wurden und den Tieren damit die Möglichkeit fehlte, die oft nicht ausreichende Eibeschmierung durch das Aufsaugen des Kotes infizierter Genossen wettzumachen.

Bei manchen Blutsaugern scheinen schließlich auch hämolysierende Fähigkeiten der Symbionten eine wenn auch nur sekundäre Rolle zu spielen. Dafür traten schon ROUBAUD (1919), REICHENOW (1922) und ich selbst (1922) ein, während WIGGLESWORTH (1929, 1936) eine solche Annahme zurückwies und diese ablehnende Haltung auch heute noch einnimmt (1952). ROUBAUD fand seinerzeit, daß bei den Glossinen die Symbionten oft in Menge auch frei im Darmlumen vorkommen und daß das Blut vor dem infizierten Abschnitt lediglich eingedickt wird, während die Hämolyse erst in diesem völlig unvermittelt einsetzt. Nach WIGGLESWORTH hingegen würde das Blut bei Glossinen in einem ersten Mitteldarmabschnitt durch Flüssigkeitsabgabe lediglich eingedickt, in einem zweiten, vor der Symbionten führenden Zone liegenden Abschnitt aber schwärze es sich bereits im Kontakt mit den Epithelzellen, und würde Hämatin in Menge abgelagert. Andererseits fand auch ZACHARIAS (1928) bei *Melophagus ovinus* und *Lipoptena cervi* das Blut vor dem infizierten Darmabschnitt ebenfalls stets unverdaut und sah die Auflösung und Verdauung wiederum erst im Kontakt mit der symbiontenhaltigen Strecke des Darmes einsetzen. ASCHNER (1931) machte bei *Lipoptena caprina* und *Lynchia maura* ganz entsprechende Beobachtungen, während bei *Hippobosca*, wo die Symbionten nicht scharf begrenzt auftreten, auch die Hämolyse nicht so streng lokalisiert ist. Bei dem Egel *Placobdella* konnte REICHENOW (1922) feststellen, daß die Symbionten aus den Zellen der Darmanhänge in das Lumen übertreten und daß dann die Auflösung der roten Blutkörperchen in ihrer unmittelbaren Umgebung zuerst einsetzt. Bei *Piscicola* und *Branchellion* geraten nur gelegentlich Blutkörperchen in die den Symbionten eingeräumten Divertikel, werden aber dann nach JASCHKE (1933) in ihnen ebenfalls aufgelöst. Auch die Kulturen des mutmaßlichen symbiontischen Bakteriums aus dem Darm von *Hirudo medicinalis* (HORNBOSTEL, 1941) ergaben auf Blutagarplatten deutliche hämolytische Fähigkeiten, und daß auch in der Darmflora nicht in Symbiose lebender Insekten, wie nicht anders zu erwarten, blutverdauende

Bakterien vorkommen, haben die aus dem Aphanipterendarm gewonnenen Kulturen von FAASCH (1935) ergeben.

Schließlich ist neuerdings auch WEURMAN (1946) dafür eingetreten, daß die symbiontischen Actinomyceten in *Triatoma infestans* bei der Blutverdauung eine Rolle spielen, nachdem in Kulturen auf Blutagar ein Verdohämochromogen auftritt, doch hält auch demgegenüber WIGGLESWORTH (1952) an seiner ablehnenden Haltung fest. Er weist darauf hin, daß die *Triatoma*symbionten in einem vordersten Darmabschnitt untergebracht sind, daß an diesen ein stark erweiterter «Magen» anschließt, in dem das Blut eingedickt zwei bis drei Wochen verbleibt, ohne wesentliche Symptome der Verdauung zu zeigen, obwohl es dann von *Actinomyces*kolonien reich durchsetzt ist, und daß die Verdauung erst im folgenden dritten Mitteldarmabschnitt rapide einsetzt.

Niemand wird in Abrede stellen, daß Arthropoden Wirbeltierblut auch ohne Mitwirkung von Mikroorganismen verdauen können. So hat zum Beispiel ASCHNER frischgeschlüpfte Weibchen von *Stegomyia* und *Phlebetomus* nach der Begattung bei steriler Haltung mit Blut ernährt und gefunden, daß es normal verdaut wird, und daß die Eiablage dadurch in keiner Weise beeinträchtigt wird, obwohl die nachträgliche Kontrolle einen keimfreien Darm ergab. WIGGLESWORTH weist mit Recht darauf hin, daß ja symbiontenfrei gemachte *Rhodnius* genau so gut Blut verdauen wie symbiontenhaltige. Das gleiche gilt für die Männchen der Nycteribiide *Eucampsipoda*, denen nach der Metamorphose die Symbionten abgehen, oder für die von *Pediculus*, in denen diese schließlich mehr oder weniger weitgehend degenerieren. Aber trotz alledem scheinen uns doch hinreichend viele und gesicherte Beobachtungen vorzuliegen, die dafür sprechen, daß in der Tat in gewissen Fällen im oder am Darm lokalisierte Symbionten blutsaugender Tiere auf die Auflösung des Blutes einen wenn auch für den Wirt nebensächlichen Einfluß haben.

Während die Aufdeckung der von den Symbionten der Blutsauger gelieferten lebensnotwendigen Wachstumsfaktoren noch in ihren Anfängen steht, wissen wir in dieser Hinsicht bezüglich gewisser sich von kohlenhydratreicher Kost ernährender Symbiontenträger bereits sehr genau Bescheid. Es handelt sich dabei um die beiden Vertreter der Anobiinen *Sitodrepa panicea* und *Lasioderma serricorne*. Da diese Käfer ihre symbiontischen Hefen, ähnlich wie *Rhodnius* und *Triatoma* ihre Actinomyceten, den Eiern im Augenblick der Ablage, nun freilich mit Hilfe komplizierter Beschmiereinrichtungen, mitgeben, bot sich auch hier die Möglichkeit einer oberflächlichen Sterilisierung. Der erste, welcher solche Versuche, lange bevor BRECHER und WIGGLESWORTH den gleichen Weg beschritten, mit Erfolg ausgeführt hat, war KOCH (1933, 1934). Er bediente sich dabei einer 5%igen Lösung von Chloramin in 70% Alkohol, welche nach zwei Minuten langer Einwirkung die Hefen abtötete, ohne die Entwicklung des Eies zu beeinträchtigen. Daneben wählte er auch noch eine andere Methode, indem er die schlüpfreifen Larven vorzeitig unter dem Binocular aus der Eischale herauspräparierte und damit ihre Infektion verhütete. Die so hefefrei bleibenden Larven legen dann, ganz ähnlich wie die sterilen Läuse die Magenscheibe, die normalerweise die Symbionten beherbergenden Blindsäcke am Anfang des Mitteldarms an, doch bleiben sie nun begreiflicherweise klein und glattwandig (Abbildung bei KOCH, 1938).

Solche symbiontenfreie Larven von Sitodrepa bekunden abermals eine schwere Behinderung des Wachstums. Inmitten der den Tieren sonst durchaus zusagenden Nahrung, in diesem Falle mit mancherlei Zusätzen versehenen, der Bereitung von Suppen dienenden Erbsenmehls, bleiben sie klein, kümmern und gehen schließlich zugrunde, während sich symbiontenhaltige, unter den gleichen Bedingungen gehaltene Kontrolltiere völlig normal

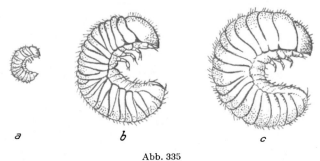

a b c

Abb. 335

Wirkung des Symbiontenentzuges bei *Sitodrepa panicea* L. *a* 10 Wochen alte Larve ohne Symbionten steril in Erbswurst gehalten. *b* Gleich alte Larve ohne Symbionten steril in Erbswurst und Trockenhefe. *c* Gleich altes symbiontenhaltiges Kontrolltier. (Nach KOCH.)

entwickeln. Fügt man jedoch der gewohnten Nahrung Bierhefe oder Hefeextrakte oder auch Weizenkeimlinge zu, so wird damit die Wachstumshemmung alsbald behoben, und es entstehen symbiontenfreie Imagines (Abb. 335).

Auch hier sprach somit von vorneherein alles dafür, daß die *Sitodrepa*-symbionten ihren Wirten die in der Hefe so zahlreich vertretenen wachstumauslösenden Vitamine liefern und ihnen damit Nahrungsquellen erschließen, denen diese Stoffe ganz oder wenigstens in der hinreichenden Menge fehlen. Die genauere Analyse des Wuchsstoffgehaltes der Mikroorganismen und des Bedarfes der Insekten an diesen Stoffen freilich stand, als KOCH seine entscheidenden Beobachtungen machte, noch in den Anfängen. Selbst die bald nach ihnen erschienenen wertvollen Untersuchungen VAN'T HOOGS (1935, 1936) über die von *Drosophila* benötigten Vitamine stellten nur einen ersten exakten Vorstoß in ein Gebiet voll ungenauer und sich zum Teil widersprechender Angaben dar.

In richtiger Erkenntnis, daß eine Analyse der in der Hefe in besonders reichem Maße enthaltenen Vitamine und sonstigen für das Wachstum unerläßlichen Faktoren eines der vordringlichsten Postulate der damals in ihren ersten Anfängen stehenden experimentellen Symbioseforschung sei, regte KOCH zunächst OFFHAUS (1939) und FRÖBRICH (1939) zu einer solchen an. Die beiden Autoren haben nicht nur das Verdienst, die in Frage stehenden Probleme wesentlich gefördert zu haben, sondern sie haben gleichzeitig in

Tribolium confusum Duval, einer symbiontenfreien, ähnlich wie *Sitodrepa* lebenden Tenebrionide, ein für weitere Arbeiten auf diesem Gebiet unentbehrlich gewordenes Testobjekt ausfindig gemacht. Alle für seine Entwicklung nötigen Wirkstoffe sind in der Hefe vorhanden. Fällt auch nur eine dieser zahlreichen Komponenten aus, so reagieren die Larven, welche sich bei konstanter Temperatur (31,5°C) und 50–70% Luftfeuchtigkeit sowie optimaler Nahrung in ca. 20 Tagen verpuppen, bereits mit einer Verzögerung der Entwicklung, ja unter Umständen sogar mit völligem Stillstand und mit dem Tod. Auf solche Weise läßt sich die Wirksamkeit eines Präparates bekannter oder unbekannter Zusammensetzung, wenn man es einer kalorisch durchaus ausreichenden Mangeldiät zusetzt, prüfen.

Auch REICHSTEIN und seine Mitarbeiter bedienten sich in der Folge des neuen Testes und konnten die Ergebnisse von OFFHAUS und FRÖBRICH in allen Punkten bestätigen und in so mancher Hinsicht ausbauen. In jüngster Zeit setzten dann OFFHAUS und andere Mitarbeiter KOCHs (I. SCHWARZ und REITINGER) die Bemühungen um eine restlose Aufklärung der Hefewirkstoffe fort und führten sie, wenigstens soweit sie durch den *Tribolium*test erfaßbar sind, zu einem gewissen Abschluß (OFFHAUS 1951; KOCH 1951; KOCH, OFFHAUS, SCHWARZ und BANDIER 1951; REITINGER, FRÖBRICH u. OFFHAUS, unveröffentlicht). Dabei ergab sich, daß die bei erschöpfender Extraktion der Bierhefe mit kochendem Wasser in Lösung gehenden, für *Tribolium* lebensnotwendigen Faktoren – Thiamin (= Aneurin), Riboflavin (= Laktoflavin), Pyridoxin, Nikotinsäureamid, Pantothensäure, β-Biotin und Folsäure (= Pteroylglutaminsäure) – allein, auch wenn sie in optimalem Verhältnis der Mangeldiät von *Tribolium* zugefügt werden, noch nicht die bestmögliche Entwicklung gewährleisten. Umstritten ist noch die Notwendigkeit von Cholinchlorid, Meso-Inosit und p-Aminobenzoesäure, die nach REICHSTEINS und KOCHS Erfahrungen für das Wachstum von *Tribolium* bedeutungslos sind.

Um ein Entwicklungsoptimum zu erzielen, bedurfte es anfangs immer noch der Zugabe einer gewissen Menge des Heferückstandes zur Mangeldiät. Die in ihm enthaltenen Komponenten bestehen nach früheren und neuesten, noch nicht veröffentlichten Untersuchungen von OFFHAUS und FRÖBRICH aus einem Sterin – dem Ergosterin –, der Folsäure und einem in Eiweißsubstraten enthaltenen Faktor, an dessen chemischer Charakterisierung zur Zeit noch gearbeitet wird. Erst wenn auch diese Stoffe deno bengenannten 8 Vitaminen zugesetzt werden, wird *Tribolium* ein vollwertiger Ersatz für die Hefe geboten.

Während KOCH und seine Mitarbeiter durch den Krieg an einer erst durch solche Erfahrungen möglich gewordenen Vertiefung der *Sitodrepa*studien verhindert wurden, führten sie BLEWETT und FRAENKEL inzwischen weiter. Auch sie verwendeten hiebei in erster Linie *Tribolium*, daneben auch *Ptinus* und *Ephestia* als symbiontenfreie Vergleichsobjekte und vermochten nun den Wuchsstoffbedarf der Anobiinen weitgehend aufzuklären. Dabei haben sie erfreulicherweise auch *Lasioderma serricorne* zum Vergleich herangezogen, eine Form, die vornehmlich in Tabakvorräten, aber auch in mancherlei anderen

Handelsartikeln lebt und einer Gattung angehört, die auch in frischen Pflanzengeweben minierende Arten umschließt.

Als sie zunächst (FRAENKEL u. BLEWETT, 1943) symbiontenhaltige *Sitodrepa* und *Lasioderma* mit den genannten Tieren verglichen, ergab sich, wie zu erwarten, ein tiefgreifender Unterschied hinsichtlich ihrer Ansprüche an die Vitamine der B-Gruppe. Für die von Natur symbiontenfreien Formen erwies sich das Vorhandensein von Thiamin, Riboflavin, Nikotinsäure, Pyridoxin und Pantothensäure in der Nahrung als unerläßlich, während *Lasioderma* ohne alle diese Substanzen gut gedieh und *Sitodrepa* sie ebenfalls mit alleiniger Ausnahme des Thiamins nicht nötig hat.

In der Folge verglichen die beiden Autoren auch normale *Sitodrepa* und *Lasioderma* mit solchen, die sie mittels der KOCHschen Methode symbiontenfrei gemacht hatten (BLEWETT u. FRAENKEL, 1944). Dabei ersetzten sie zweckmäßigerweise zunächst das in seiner Zusammensetzung schwankende Erbsmehlpräparat durch verschieden stark ausgezogenes Weizenmehl. 100%iges Mehl bot zwar keinen absoluten Ersatz für die sonst von den Symbionten gelieferten Stoffe, doch kam die Wachstumsintensität der symbiontenfreien Tiere der der symbiontenhaltigen bei solcher Kost nahezu gleich. In 75%igem Mehl hingegen wird die Entwicklung von *Lasioderma* ohne Hefen ganz wesentlich verlangsamt und in 40%igem nimmt die Hemmung noch beträchtlich zu; *Sitodrepa* aber bekundete eine noch größere Empfindlichkeit, wenn symbiontenfreie Tiere in 40%igem Mehl überhaupt niemals zur Entwicklung kamen und sich in 75%igem von 20 Larven nur 2 nach langer Zeit endlich verwandelten. Fügte man der Nahrung jedoch jeweils 10% Trockenhefe zu, so war entsprechend den Erfahrungen KOCHs die Wachstumsbeschleunigung bei sterilen wie bei infizierten Tieren um so sinnfälliger, je mehr das gebotene Mehl ausgezogen war, und der Verlust der Symbionten machte sich nur noch in sehr geringem Maße geltend.

Daß diese Mangelerscheinungen wirklich auf das Fehlen von B-Vitaminen zurückgehen, konnten BLEWETT und FRAENKEL zeigen, indem sie ihre beiden Versuchsobjekte mit und ohne Symbionten bei einer künstlichen, aus Kasein, Glukose, Cholesterin, Salzen und unlöslichen Heferückständen bestehenden Diät hielten und dieser entweder sämtliche zu prüfende B-Faktoren zufügten, oder jeweils einen derselben ausfallen ließen. Die nachstehende Tabelle 4 gibt ihre freilich einer gewissen Variabilität unterworfenen Befunde wieder und demonstriert mit aller Deutlichkeit, wie symbiontenhaltige Tiere weitgehend vom Vitamingehalt der Nahrung unabhängig sind, während sie, ihrer Symbionten beraubt, im großen und ganzen, wie nicht anders zu erwarten, die gleichen Anforderungen an sie stellen müssen, wie die von Natur symbiontenfreien *Tribolium* und *Ptinus*. Interessanterweise resultiert dabei abermals, daß zwischen den beiden Anobiinen mancherlei Unterschiede bestehen. *Lasioderma* kann Riboflavin, Nikotinsäure, Pyridoxin und Pantothensäure ohne weiteres entbehren und den Ausfall von Thiamin noch einigermaßen ertragen, während die *Sitodrepa*symbionten keinen Ersatz für das Thiamin zu liefern imstande sind und das Fehlen von Riboflavin, Pyridoxin oder Pantothensäure das Wachstum von *Sitodrepa* immerhin auch etwas mehr beeinträchtigt als das von *Lasioderma*. Ähnlich liegt die Situation hinsichtlich Biotin und Folsäure, deren Ausfall symbiontenfreien *Sitodrepa* die Entwicklung unmöglich macht, während *Lasioderma*larven sich immerhin auch dann zum Teil entwickeln (PANT u. FRAENKEL, 1950). Andererseits wird der Mangel von Cholin, der schon von Tieren mit Symbionten mehr oder weniger empfunden wird, von sterilen *Sitodrepa* etwas besser ertragen als von sterilen *Lasioderma*. Weiterhin fanden BLEWETT und FRAENKEL, daß das Sterin, das viele Insekten

Tabelle 4

| | Lasioderma | | Sitodrepa | | Tribolium | Ptinus |
	mit Sym-bionten	ohne Sym-bionten	mit Sym-bionten	ohne Sym-bionten	ohne Sym-bionten	ohne Sym-bionten
Vollnahrung	++++	+++	++++	++++	++++	++++
Kein Thiamin . . .	++	++	—	—	+	±
Kein Riboflavin . .	++++	—	+++	—	±	—
Keine Nikotinsäure .	++++	—	++++	—	—	—
Kein Pyridoxin . . .	++++	—	+++	—	++	+
Keine Pantothensäure	+++	—	++	—	+	±
Kein Cholinchlorid .	++	—	+++	±	+++	++
Kein Biotin	++	++	++	—		
Keine Folsäure . . .	+++	+	++	—		
Kein Meso-Inosit . .	++++	+++	++++	++++	+++	+++
Keine *p*-Amino-benzoesäure . . .	++++	+++	++++	++++	+++(+)	+++

Wachstum der Larven von *Lasioderma* und *Sitodrepa* mit und ohne Symbionten, verglichen mit dem von *Tribolium* und *Ptinus* in Vollnahrung (künstliche Diät mit 8 B-Vitaminen) und bei Abwesenheit je eines der geprüften Vitamine. Die Zahl der + entspricht dem Grade des Wachstums; ± = höchst ungünstige Wachstumsbedingungen und nur gelegentliche Metamorphose des einen oder anderen Individuums, + = hohe Sterblichkeit und langsames Wachstum; — = Fehlen jeglichen Wachstumsvermögens. Nach BLEWETT u. FRAENKEL (1944) und PANT u. FRAENKEL (1950) kombiniert.

in ihrer Nahrung finden müssen, ebenfalls von den Symbionten der beiden Anobiinen geliefert wird. Fehlt es in der Nahrung, so hat dies bei normalen *Lasioderma* kaum kenntliche Folgen, bei *Sitodrepa* wieder etwas beträchtlichere, während der Mangel nach Verlust der Symbionten die Entwicklung ungleich mehr beeinträchtigt. *p*-Aminobenzoesäure und Meso-Inosit hingegen sind unter allen Umständen entbehrlich.

Die Überlegenheit der *Lasioderma*symbionten gegenüber denen von *Sitodrepa* hat sich auch bestätigt, als es neuerdings PANT u. FRAENKEL (1950) gelang, sie wechselseitig auszutauschen. Sie erreichten dies, indem sie entweder die sterilisierte Eioberfläche mit den in Reinkultur gezogenen Symbionten der anderen Gattung beschmierten oder sterile Larven mit den fremden Kulturen fütterten. Dabei zeigte sich, daß die beiden sich morphologisch deutlich unterscheidenden Sorten von den ihnen nicht zukommenden Wirtstieren ohne weiteres angenommen und in der üblichen Weise behandelt werden. Der Vergleich der Entwicklungsmöglichkeiten ließ aber außerdem deutlich erkennen, daß das Fehlen von Thiamin von *Lasioderma* mit *Sitodrepa*hefen schlechter ertragen wird, während *Sitodrepa*larven, die das Thiamin sonst notwendigerweise in der Nahrung finden müssen, mit *Lasioderma*hefen ausgestattet, immerhin zu einem guten Teil, wenn auch verzögert, das verpuppungsreife Alter erreichen.

Die große Ähnlichkeit, welche zwischen den Symbiosen der Anobiiden und Cerambyciden besteht — weisen sie doch die gleiche Lokalisation recht ähnlicher Symbionten auf und übertragen sie auf die gleiche Weise —, legt natürlich die Vermutung nahe, daß es sich auch bei den Bockkäferhefen um Vitaminlieferanten handelt. Bemühungen SCHOMANNS (1937), nach dem Vorgang KOCHS auch hier Larven mit und ohne Symbionten zu vergleichen, scheiterten an den Schwierigkeiten der Aufzucht. Immerhin konnte er feststellen, daß die Larven ohne Symbionten, die auch hier sterilbleibende Darmausstülpungen bilden, wesentlich früher sterben als die Symbionten führenden. Desto erfreulicher sind die Ergebnisse, zu welchen unter KOCHS Leitung neuerdings GRAEBNER und REITINGER an *Rhagium bifasciatum* und *inquisitor* gelangten (siehe KOCH, 1952). Der erstere züchtete die symbiontischen Hefen dieser Bockkäfer in solchen Mengen, daß von letzterem der Wirkstoffgehalt ihrer Trockensubstanz an *Tribolium* geprüft werden konnte. Dabei stellte sich heraus, daß sie in der Tat einen durchaus vollwertigen Ersatz für die in der Bierhefe enthaltenen Vitamine darstellen.

Solche Erfahrungen ließen von vornherein damit rechnen, daß dort, wo tief in das Holz vordringende Insekten an ihrer Gangwand Ambrosiapilze züchten, ohne, soweit wir wissen, gleichzeitig Endosymbionten zu besitzen, diese ebenfalls die Rolle von Wuchsstofflieferanten spielen. Für die von FRANKE-GROSSMANN gezüchteten *Hylecoetus*pilze, die ja, wie wir hörten, wie die Symbionten von Anobiiden und Cerambyciden mittels Eibeschmierung übertragen werden, ist dies tatsächlich durch I. SCHWARZ an Hand des *Tribolium*testes erwiesen worden. Aus ihren noch nicht veröffentlichten Versuchen ergab sich, daß in diesem Pilz mehr Thiamin, Nikotinsäure und Pantothensäure enthalten ist als in der Bierhefe, daß Riboflavin zwar in geringerer Menge vorliegt, in der Kulturflüssigkeit aber nicht hinter der Hefe zurücksteht, während der Gehalt an Pyridoxin, Folsäure, Cholinchlorid und vor allem an β-Biotin deutlich hinter dem der Hefe rangiert.

Angesichts dessen, was wir über die Leistungen der symbiontischen Hefen der Anobiiden wissen, ist es nicht wenig überraschend, daß ein weiterer Käfer, der ganz ähnlich wie *Sitodrepa* lebt, die Silvanide Oryzaephilus surinamensis, wenigstens auf den ersten Blick gar keine Vergleichspunkte bietet, ja daß man bei diesem Objekt, als es KOCH gelang, symbiontenfreie Tiere zu erzielen, sogar zunächst den Eindruck gewinnen mußte, daß hier die Symbiose trotz der kompliziert gebauten Wohnstätten und all ihrer übrigen innigen Einpassung bedeutungslos sei. Hier gibt die Empfindlichkeit der Symbionten gegen höhere Temperaturen ein Mittel an die

Hand, um diese ohne Schädigung der Wirtstiere auszuschalten. Auf diese Möglichkeit stieß Koch bereits, bevor Aschner die Entfernung der *Pediculus*symbionten gelang, durch Zufall, als er seine Zuchten zwecks Beschleunigung ihrer Entwicklung im Thermostaten hielt (1931, 1933). Die tödliche Temperaturgrenze für die Wirte liegt bei 38°C, während die Symbionten bei 33° bereits weitgehend dezimiert und bei 35° völlig ausgeschaltet werden[1]). Diese Anfälligkeit der Symbionten besteht jedoch nur bei den Junglarven und findet mit der ersten Häutung ihr Ende. Das besagt, daß lediglich die kurzen, gedrungenen Formen, welche der Eiinfektion dienen und sich bis zu dieser Zeit erhalten, derart thermosensibel sind, während mit ihrer Umwandlung in die längere Schlauchform ihre Empfindlichkeit verlorengeht. Dementsprechend unterbleibt auch bei reifen, jetzt erst der erhöhten Temperatur ausgesetzten Weibchen die Eiinfektion. In ihren Mycetomen sind die Infektionsformen nur noch sehr spärlich vertreten, und es hat den Anschein, daß dies dadurch bedingt wird, daß die Hitze die Vermehrungsfähigkeit der kleinen Formen herabsetzt und ihr Auswachsen zur vegetativen Schlauchform begünstigt.

Das Bild, welches die Mycetome so behandelter Tiere bieten, ist je nach dem Grade der Schädigung der Symbionten ein sehr verschiedenes (Koch, 1936). Die Bakterien können zu unförmlichen vakuolisierten Klumpen anschwellen oder zu unregelmäßigen Schläuchen und zu bizarr verästelten Involutionsstadien auswachsen, bis sie schließlich der völligen Auflösung verfallen, und diese Prozesse können weite Strecken erfassen oder nur in mehr oder weniger begrenzten Nestern auftreten. Auch können die vier Mycetome eines Individuums recht verschieden reagieren. Mit dem fortschreitenden Abbau der Symbionten gehen natürlich Veränderungen im Bau der Mycetome Hand in Hand. Die riesigen Vakuolen, die an Stelle der Symbionten getreten sind, werden resorbiert und damit die Größe der Organe beträchtlich verringert. Die zunächst auch stark vakuolisierte Hüllschicht schwillt an, ihre Kerne runden sich dementsprechend, die an ihren kleineren Kernen noch lange kenntlichen Syncytien verlieren allmählich ihre Begrenzung; der für das normale Mycetom so typische, besonders große zentrale Kern hebt sich aber merkwürdigerweise auch im völlig sterilen Mycetom immer noch genau so ab, wie im infizierten (Abb. 336).

---

[1]) Interessanterweise gelingt es nach Lotmar (1943) auf ganz ähnliche Weise, Bienen von *Nosema* zu befreien. Erhöht man das Temperaturoptimum der Bienen, das 35° beträgt, um 2°, so werden die Parasiten in das Darmlumen ausgestoßen und die neuen Ersatzdarmzellen nicht mehr infiziert, so daß die Tiere nach wenigen Tagen parasitenfrei sind. Neuerdings erörterte Lotmar (1952) auch die Frage, ob etwa durch Ultraschall Insektensymbionten abgetötet werden können. Da auf diese Weise in Aufschwemmung befindliche Bakterien getötet werden, mußte ja mit einer solchen Möglichkeit gerechnet werden. Andererseits liegen allerdings Erfahrungen vor, welche gegen sie sprechen. So zeigen Tuberkelbazillen enthaltende Gewebsstücke beschallt keinerlei Effekt. Damit stimmt überein, daß Lotmar auf solche Weise wohl freilebende Ciliaten abtöten konnte, bei der Beschallung von Ciliaten enthaltenden Kaulquappen oder Kaulquappendärmen jedoch die Wirtstiere sterben, die Protozoen aber überleben. Offensichtlich wird durch das die Mikroorganismen umgebende Gewebe die Wirkung des Ultraschalles durch Auffangen und Abdämpfen der Druckschwankungen weitgehend aufgehoben, so daß kaum Aussicht besteht, auf diesem Wege symbiontenfreie Tiere zu gewinnen.

Diese symbiontenfreien und damit zwecklos gewordenen, aber nach wie vor mit Tracheen versorgten Gebilde werden nun, ohne weitere wesentliche Veränderungen zu erleiden, von Generation zu Generation stets aufs neue

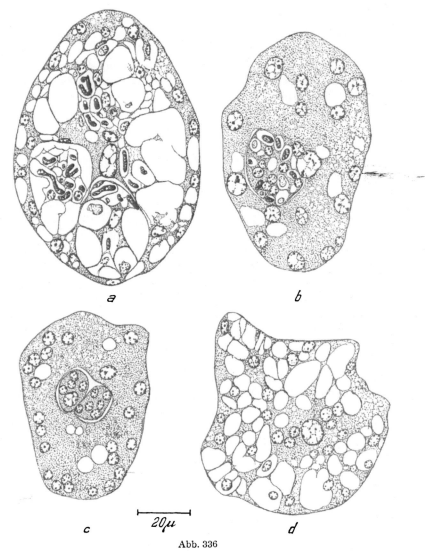

Abb. 336

Oryzaephilus surinamensis L. Allmählicher Abbau der Symbionten unter dem Einfluß erhöhter Temperatur. *a, b* Verschieden große Reste der Symbionten noch vorhanden. *c, d* Symbiontenfreie Mycetome. (Nach Koch.)

angelegt und bekunden damit, wie fest sie im Erbgut des *Oryzaephilus* verankert sind, nachdem ihre Bildung einmal durch den Symbiontenerwerb ausgelöst worden war. Hat sie doch Koch von 1931 bis 1936 in lückenloser Folge

20—25 Generationen hindurch verfolgt und gefunden, daß sich Normaltiere und symbiontenfreie bei ihrem üblichen Futter, bei extrem einseitiger Diät wie Kartoffelstärke, oder im Hungerversuch völlig gleich verhalten.

KOCH hat begreiflicherweise zunächst daraus gefolgert, daß die Symbionten von *Oryzaephilus* für ihre Wirte bedeutungslos seien, doch spricht manches dafür, daß dieser Schluß doch nicht gerechtfertigt ist. Es besteht die Möglichkeit, daß die verwandte Kartoffelstärke nicht, wie KOCH annahm, wirklich vitaminfrei war. Haben doch auch ROSENTHAL u. GROB (1946) die Erfahrung machen müssen, daß das gleiche bei der von ihnen benutzten Maisstärke der Fall war. Mit einer solchen Annahme würde weiterhin harmonieren, daß FRAENKEL und BLEWETT, als sie (1943) die Ansprüche, welche Oryzaephilus an den Vitamingehalt der Nahrung stellt, mit denen von *Tribolium*, *Ptinus*, *Sitodrepa* und *Lasioderma* verglichen, zu dem Ergebnis kamen, daß das Fehlen von Thiamin, Pyridoxin und Cholin das Wachstum der Larven nicht behindert, daß der Ausfall von Riboflavin hingegen hohe Sterblichkeit und beträchtliche Verzögerung der Entwicklung bedingt und ohne Nikotinsäure und Pantothensäure eine solche nur in den seltensten Fällen möglich ist. Von zwanzig Tieren vermochte sich dann nur eines zu entwickeln. Vergleiche mit sterilen Objekten wurden leider von den beiden Forschern nicht angestellt, aber man wird kaum umhin können, sich ihrer Überzeugung anzuschließen, daß *Oryzaephilus* diesen wesentlichen Vorsprung gegenüber *Tribolium* und *Ptinus*, den die Unabhängigkeit von der Zufuhr von Thiamin, Pyridoxin und Cholin bedeutet, seinen Symbionten verdankt[1]).

Entsprechende Versuche an *Calandra*, die sich ja ebenfalls von allerlei Körnerfrüchten, Teigwaren und dergleichen ernährt und damit wirtschaftliche Bedeutung besitzt, stehen noch aus. Allerdings kam KAUDEWITZ schon vor Jahren zur Überzeugung, daß sich die Symbionten von *Calandra granaria* durch Zusatz von Orthophenylphenol zur Mehlnahrung abtöten lassen (mitgeteilt bei KOCH 1950), doch steht bis heute der histologische Nachweis dafür noch aus. In jüngster Zeit haben dann MUSGRAVE u. MILLER (1951) Versuche mit Terramycin angestellt und *Calandra oryzae* und *granaria* verglichen. Sie gingen dabei von der irrigen Annahme aus, daß die letztere stets von Natur symbiontenfrei sei, während dies ja nur für die *var. aegyptica* gilt, und hofften so, wenn beiden Arten Körner geboten würden, welche vorher mit einer wässerigen Lösung des Antibiotikums getränkt worden waren, aus einem eventuellen Unterschied

---

[1]) Inzwischen haben PANT und FRAENKEL auch mit *Oryzaephilus* gearbeitet, welche sie nach Kochs Methode symbiontenfrei gemacht hatten (kurze Angaben über die noch nicht publizierten Ergebnisse bei FRAENKEL, 1952). 35° führte bei ihrem Tiermaterial nicht zu einer restlosen Entfernung der Symbionten, doch erzielten sie eine solche, nachdem sie die Tiere 5 bis 6 Monate 36—37° aussetzten. Das Verhalten der symbiontenhaltigen Tiere entsprach diesmal nicht ganz dem für die früheren Versuche angegebenen. Fehlte in der Nahrung das Pyridoxin, so wurde dies nun weniger gut ertragen, während der Ausfall des Riboflavins die Entwicklung noch mehr behinderte, was darauf zurückzuführen ist, daß das damals verwandte Casein nicht vitaminfrei war. Auch waren den Tieren offenbar mit dem unlöslichen Heferückstand noch erhebliche Mengen von Thiamin und Pyridoxin geboten worden. Die Unterschiede im Verhalten symbiontenhaltiger und symbiontenfreier Tiere bei Fortfall der einzelnen Vitamine waren recht gering, so daß PANT und FRAENKEL heute die Bedeutung der *Oryzaephilus*symbionten für die Vitaminbelieferung wesent‧lich niedriger einschätzen als 1943.

in der Sterblichkeit Rückschlüsse auf die Lebenswichtigkeit der Symbionten ziehen zu können. In der Tat fanden sie bei *oryzae* eine Sterblichkeit von 84%, bei *granaria* aber nur von 32%. Dementsprechend wurden auch die Körner von *granaria* viel weitgehender verbraucht als von *oryzae*. Wenn jedoch die Autoren daraus folgern, daß die Symbionten von *oryzae* lebenswichtig sind, so muß dies als verfrüht bezeichnet werden. Fehlt doch nicht nur der Nachweis, daß ihr Material von *granaria* frei von Symbionten war, was von vornherein höchst unwahrscheinlich ist, sondern auch der, daß die Symbionten von *oryzae* geschädigt oder getötet wurden. Nach wie vor gehört daher eine vergleichende Untersuchung des Wuchsstoffbedarfes symbiontenführender und ihrer Symbionten beraubter *Calandra granaria* und *oryzae* und ihr Vergleich mit der ägyptischen Varietät, die ihre Symbionten vermutlich infolge erhöhter Temperatur verloren hat, zu den Desideraten der experimentellen Symbioseforschung.

An dieser Stelle möge auch ein Hinweis Platz finden, der sich auf das Zusammenleben von Hylemyia mit Bakterien bezieht, ohne welche diese Fliege nicht in der Lage ist, sich von dem ja ebenfalls an Kohlenhydraten besonders reichen Speichergewebe der Kartoffelknolle zu ernähren. Leach (1926, 1931, 1933, 1940) und Huff (1928) konnten zeigen, daß die Larven, welche oberflächlich sterilisierten Eiern entschlüpfen, an keimfreien Kartoffeln in keiner Weise zu wachsen vermögen, daß sie sich aber ohne weiteres entwickeln, wenn die Kartoffeln mit den Bakterien infiziert werden, welche normalerweise vom Darmlumen aus auf die Eischale gelangen und von den Junglarven mit ihren Mundhaken alsbald in das Kartoffelgewebe eifrigst verimpft werden. Daß es sich dabei nicht lediglich um eine dessen Verdaulichkeit fördernde Zersetzung handelt, sondern daß vielmehr wahrscheinlich auch hier die Bakterien den Vitamingehalt der Kartoffel, die ja auch sonst kaum je Insekten in nichtzersetztem Zustand als Nahrung dient, in irgendeiner Weise ergänzen, möchte man angesichts des Umstandes vermuten, daß man ein freilich langsames Wachstum und normale Verpuppung erhielt, wenn den keimfreien Larven sterile Bohnenkeime geboten wurden. Auch die Tatsache, daß sich diejenigen Symbiosen der Trypetiden, bei denen die Bakterien ausschließlich im Körperinneren vorkommen und Fäulniserscheinungen in dem als Nahrung dienenden Pflanzengewebe durchaus fehlen, offensichtlich von Zuständen ableiten, bei denen es gleichzeitig zu einer bakteriellen Zersetzung der Nahrung kommt, spricht dafür, daß eine solche überflüssig werden kann, sobald die Symbionten als Vitaminquelle fester im Körper verankert werden.

Über eine eventuelle Belieferung der Pflanzensäfte saugenden Insekten mit Wuchsstoffen, welche von ihren Symbionten stammen, wußte man bis in die allerjüngste Zeit kaum etwas. Lagen doch zunächst lediglich fragmentarische Beobachtungen von H. J. Müller vor (mitgeteilt bei Buchner, 1940). Er studierte das Verhalten der Wanze Coptosoma, ein Objekt, dessen Übertragungsweise ja geradezu Versuche mit steriler Aufzucht herausfordert, und an dem schon Schneider, der Entdecker jener mit den Symbionten gefüllten Kapseln, welche hier zwischen den Eiern abgesetzt und von den schlüpfenden Larven ausgesogen werden, die ersten in die zu erwartende Richtung zeigenden Erfahrungen gesammelt hatte. Entfernt man, bevor die Larven schlüpfen, die Kapseln, so bleiben die Tiere steril, da sie nicht in der Lage sind, die vereinzelt außerdem die Eischale verunreinigenden Bakterien aufzunehmen.

Nachdem der Krieg zunächst die Versuche vorzeitig unterbrochen hatte, hat MÜLLER sie neuerdings wieder aufgenommen und kann nun laut brieflichen Mitteilungen seine damaligen Feststellungen nicht nur bestätigen, sondern noch wesentlich ergänzen. Das Ausgangsmaterial seiner neuen Experimente bestand in 125 normalen und 263 symbiontenfreien, dem Ei noch nicht entschlüpften Larven. Wie bei den anfänglichen Versuchen ergab sich bei den sterilen Tieren eine bedeutende Verzögerung der Entwicklung und eine ungleich größere Sterblichkeit, die sich insbesondere in den kritischen Phasen der Ein- und Auswinterung einstellte. Entwickelten sich doch von den Normaltieren 24, das heißt 19,2%, zu Imagines, von den symbiontenfreien aber nur 4, das heißt 2,3%, und benötigten die letzteren hiezu trotz völlig gleichen Bedingungen einen Monat mehr. Die letzte symbiontenhaltige Imago starb Ende Mai, die letzte sterile am 21. Juli, und zwei mittlere Larven ohne Symbionten leben noch im Oktober. Auch ergaben die Kontrolltiere von Ende April bis Mitte Mai normal schlüpfende Eigelege, während von den sterilen Tieren nur eines, das wahrscheinlich unbefruchtet geblieben war, wenige, nicht schlüpfende Gelege mit einigen leeren Symbiontenkapseln lieferte.

Das Verhalten der ihrer Symbionten beraubten *Coptosoma* erinnert somit in hohem Maße an das der sterilen *Rhodnius*, und man wird nicht fehlgehen, wenn man annimmt, daß sich in ihm ebenfalls in erster Linie ein Mangel an Wuchsstoffen widerspiegelt. Hiefür spricht auch der Umstand, daß MÜLLER, als er schon bei seinen ersten Versuchen den sterilen Larven an Stelle der vollentwickelten Futterpflanzen in Gestalt von Keimlingen von *Vicia*, die eben die Primitivblätter entwickelt hatten, wuchsstoffreiches Gewebe bot, die Wachstumsverzögerung stark herabsetzen und zum Teil völlig aufheben konnte.

Angesichts der Ergebnisse, zu denen H. J. MÜLLER gelangte, muß es wundernehmen, daß BONNEMAISON (1946) bei einer anderen heteropteren Wanze zu anderen Schlüssen kam. Er hat dadurch sterile Larven der Pentatomide *Eurydema ornatum* L. gewonnen, daß er sie vorzeitig aus den Eischalen präparierte. Wider Erwarten entwickelten sie sich, mit alten Kohlblättern, über deren Vitamingehalt wir freilich nichts wissen, ernährt, ebenso schnell wie infizierte Genossen, zeigten keine erhöhte Sterblichkeit und ergaben ebenfalls sterile Nachkommen. Während die erste Generation, wenn auch nur sehr wenig, an Größe hinter den Kontrolltieren zurückblieb, fiel auch dieser Unterschied bei den Nachkommen fort. Als man hingegen den eventuellen Vitamingehalt der von L. SCHNEIDER gezüchteten Symbionten von *Mesocerus* (*Syromastes*) *marginatus* L. in ähnlicher Weise wie den der Bockkäferhefen prüfte, indem man die getrockneten Bakterien einer Mangeldiät von *Tribolium* zusetzte, ergab sich, daß in diesem Fall die Bakterien wohl Thiamin, Riboflavin, Pantothensäure, Pyridoxin, β-Biotin und Folsäure, wenn auch in geringeren Mengen als die Bierhefe enthalten, daß jedoch der Gehalt an Cholinchlorid wesentlich hinter den der Hefe zurücktritt und die Produktion der Nikotinsäure jedenfalls unzureichend ist. Es geht dies aus dem Umstand hervor, daß die in unbeimpftem Agar reichlich vorhandene Nikotinsäure von den *Mesocerus*symbionten dezimiert wird.

Außerdem steht aber jenem negativen Befund BONNEMAISONS auch noch ein positiver an einer Homoptere gegenüber. Es handelt sich dabei um Pseudococcus citri, der von FINK (1952) einer gründlichen Analyse unterzogen wurde. Die Lebensnotwendigkeit der bei dieser Schildlaus bekanntlich ein voluminöses unpaares Mycetom bewohnenden Bakterien ließ sich

Tabelle 5

Nahrung	Zahl der frisch ge- schlüpften Larven	Puppen	nach Tagen	Ima- gines	nach Tagen
Mangeldiät + Vollhefe	12	11	23	11	29
Mangeldiät + Heferückstand + Symbiontentrockensubstanz .	12	9 + 3 große Larven	32	9	40
Mangeldiät + Symbiontentrocken- substanz ohne Heferückstand	12	kein Wachstum, alle tot nach 40 Tagen			
Mangeldiät + Heferückstand ohne Symbiontentrockensubstanz	12	kein Wachstum, alle tot nach 50 Tagen			

Wachstumfördernde Wirkung der Trockensubstanz von *Pseudococcus citri*-Symbionten. Nach FINK und REITINGER.

auch bei diesem Objekt durch Ausschaltung der Symbionten beweisen. Läßt man Hunger und erhöhte Temperatur (39°) auf die Tiere einwirken, so leiden die Symbionten alsbald. Die Vakuolen in ihnen schwinden, die Schläuche werden dicker, schollige Degeneration greift um sich, und schließlich sind nur noch letzte Zerfallsprodukte vorhanden, wie sie RIES bei den Männchen von *Pediculus* als «Bakterienschutt» bezeichnet hat. Nach 7–10 Tagen sind die Schädigungen irreversibel. Die Ovarien sind dann völlig geschwunden oder in seltenen Fällen wenigstens stark reduziert. Eventuell noch vorhandene legereife Eier vermögen sich nicht zu entwickeln; sie sind wohl infiziert, aber die Symbionten auch in ihnen degeneriert. Obwohl sonst keinerlei Schädigung der Tiere wahrzunehmen ist — auch die Mycetome bleiben als solche völlig intakt —, sterben sie nach spätestens 30 Tagen.

Nachdem, wie wir hörten, FINK einwandfreie, gut wachsende Kulturen der *Pseudococcus*symbionten erhalten hatte, bot sich auch ihm die Möglichkeit, Trockensubstanz derselben in ihrer Wirkung auf das Wachstum von *Tribolium* zu prüfen. Er verwandte dazu Kulturen, welche auf völlig vitaminfreien Nährböden gezogen waren. Setzte er einer Mangeldiät lediglich 5 % Symbiontentrockensubstanz zu, so vermochten die frisch geschlüpften *Tribolium*larven

nicht zu wachsen und waren nach 40 Tagen sämtliche tot. Fügte FINK hingegen
der Mangeldiät 5% Symbiontentrockensubstanz und 5% Heferückstand zu,
dann erzielte er eine allerdings verzögerte Entwicklung der überwiegenden
Mehrzahl der Larven zu Imagines. Die Symbiontentrockensubstanz verhielt
sich also ganz wie die Summe der wasserlöslichen Hefevitamine (Tabelle 5).

Nachdem man heute weiß, daß in dem Heferückstand an für das *Tribolium*-
wachstum unentbehrlichen Stoffen Ergosterin, ein wesentlicher Teil der schwer
zu extrahierenden Folsäure und der obenerwähnte Faktor, der auch in Eiweißsubstraten vorkommt, enthalten sind, wird man vermuten dürfen, daß diese
von den *Pseudococcus*symbionten nicht oder wenigstens nicht in hinreichender
Menge geliefert werden, daß die Insassen dieser schon so lange bekannten, auffälligen Mycetome jedoch im übrigen eine Vitaminzusammensetzung aufweisen,
die der der Hefe zum mindesten sehr ähnlich ist.

In diesem Zusammenhang wird man sich auch daran erinnern, daß schon
vor längerer Zeit GETZEL (1936) Erfahrungen mitteilte, die ihm für den Vitamingehalt eines anderen Schildlaussymbionten zu sprechen schienen. Er ver-
fütterte Kulturen, von denen er überzeugt war, daß sie den Symbionten von
Icerya purchasi entsprachen, an Tauben, die, nachdem sie mit Wasser und ge-
schältem Reis gefüttert worden waren, alle Kennzeichen einer schweren
Avitaminose zeigten. Die Einflößung von nur 2 cm³ Aufschwemmung des
von ihm *Geotrichoides pierantonii* genannten Organismus reichten hin, um sie
binnen einer halben Stunde wieder völlig herzustellen. Leider sind jedoch
seine Kulturversuche bis heute nicht wiederholt worden, und es besteht keineswegs die Gewißheit, daß der fragliche Organismus, an dessen Wirksamkeit
nicht gezweifelt werden soll, wirklich dem *Icerya*symbionten entspricht.

Es mag auf den ersten Blick überraschen, daß die im vorangehenden mitgeteilten Erfahrungen bezüglich der Leistungen der Symbionten Pflanzensäfte
saugender Tiere keineswegs einheitlich sind. Handelt es sich doch um eine Kategorie von Symbiosen, die sich besonders scharf mit einer ganz bestimmten
einseitigen Ernährungsweise deckt, und von der man daher hätte vermuten
sollen, daß dieser auch einheitliche Leistungen ihrer Symbionten entsprechen.
Bei genauerem Zusehen freilich stellt man fest, daß unsere K e n n t n i s v o n
d e r j e w e i l i g e n Z u s a m m e n s e t z u n g d e r N a h r u n g d e r H e t e r o p t e r e n
u n d H o m o p t e r e n noch recht lückenhaft ist. In den meisten Fällen sind es
die Siebröhren, welche mit erstaunlicher Zielstrebigkeit von den Stechborsten,
den Interstitien der Zellen folgend, aufgesucht werden. Es wäre daher für die
Hintergründe der so bedeutungsvollen Hemipterensymbiose von großer Be-
deutung, über den W u c h s s t o f f g e h a l t d e s S i e b r ö h r e n s a f t e s der jeweiligen Futterpflanzen genau Bescheid zu wissen. Tatsächlich liegt aber dieser
Zweig der Wuchsstofforschung noch sehr im argen. Besitzen wir doch unseres
Wissens hiezu lediglich summarische Angaben von HUBER, SCHMIDT u. JAH-
NEL (1937), welche Agarscheibchen mit dem Siebröhrensaft einer Reihe von
Bäumen getränkt und ihren wechselnden, zumeist geringen Gehalt an Wuchs-
stoff mit dem *Avena*test geprüft haben, doch handelt es sich hiebei lediglich

um Auxine, d.h. um Zellstreckungshormone, die im *Tribolium*test unwirksam sind (OFFHAUS). Im Gang befindliche Untersuchungen, welche auf Veranlassung KOCHS und HUBERS von I. SCHWARZ am Siebröhrensaft von *Quercus rubra* ausgeführt werden, haben eine auffallende Armut an gewissen, wachstumfördernden Wirkstoffen ergeben. So fehlt zum Beispiel Riboflavin und β-Biotin völlig, auch die Pantothensäure konnte bisher nicht mit Sicherheit nachgewiesen werden. Thiamin ist bestimmt vorhanden, aber nur in sehr geringer Menge, hingegen entspricht der Gehalt an Nikotinsäure dem der Hefe. Andererseits hat man die Erfahrung gemacht, daß Keimpflanzen, Wurzeln, Stecklinge und Pollenkörner nur wachsen, wenn mit den betreffenden Nährlösungen gewisse B-Vitamine, vor allem Thiamin und Nikotinsäure, geboten werden (WILLIAMS 1950). Man darf daher wohl schon jetzt mit aller Wahrscheinlichkeit annehmen, daß bei den von Pflanzensaft lebenden Insekten eine ähnliche Situation vorliegt, wie bei den sich von Wirbeltierblut ernährenden, d.h. daß die in den Blättern gebildeten und ihnen im Siebröhrensaft zur Verfügung stehenden Wuchsstoffe nicht in der jeweils benötigten Menge und Vollständigkeit vorhanden sind und deshalb durch Symbionten ergänzt werden müssen.

Unsere Ungewißheit über den Vitamingenuß der Hemipteren wird aber noch weiterhin durch den Umstand gesteigert, daß so manche Homopteren gar nicht den Siebröhrensaft zu sich nehmen, sondern die einzelnen Zellen anstechen und aus ihnen ihre Nahrung beziehen. Das war schon BÜSGEN (1891), der sich als einer der ersten ernstlich mit der Ernährung der Pflanzensäftesauger befaßte, von manchen Schildläusen bekannt. Für gewisse Blattläuse hat FRANKE-GROSMANN (1937) das gleiche nachgewiesen. Sie fand, daß die *Dreyfusia*arten (Adelgini) im Gegensatz zu *Lachnus* und *Mindarus* (Aphidini) das Speicherparenchym der Tanne aufsuchen, daß der Stichkanal sich dann baumförmig in viele Kanälchen verzweigt und die so stark gereizten Parenchymzellen besonders plasmareich, aber gleichzeitig arm an Speicherstoffen werden. Gegen Ende der Eiablage tritt eine deutliche Erschöpfung des Nährgewebes ein, der Plasmareichtum nimmt in dem Stichfeld ab, die Stärke schwindet völlig und Zucker ist nicht mehr nachzuweisen. Auch der Umstand, daß *Lachnus* und *Mindarus* große Honigtaumengen abscheiden, *Dreyfusia* aber, die eine offenbar viel günstiger zusammengesetzte Nahrung findet, in den Exkrementen nur Spuren zeigt, deutet auf die beträchtlichen, hier vorliegenden Unterschiede. Auch von *Phylloxera* (GRASSI, 1912) und der Zikadenfamilie der Typhlocybinen wird angegeben, daß sie zu den zellenaussaugenden Formen zählen. Nachdem man aber gerade bei diesen beiden überhaupt keine Endosymbiose nachweisen konnte, hat hier ein solches Zusammentreffen sogar zu der Vermutung geführt, daß bei beiden die veränderte Lebensweise zu dem nachträglichen Verlust einer solchen geführt habe (H. J. MÜLLER 1949; BUCHNER, 1951).

Eingehender hat man sich bisher nur mit dem Stickstoffgehalt des Siebröhrensaftes befaßt. Aber gerade diese Untersuchungen sind für das Symbioseproblem von besonderer Bedeutung geworden, denn sie haben dazu geführt, den Sinn des Zusammenlebens der Pflanzensäfte saugenden Tiere mit

Mikroorganismen vornehmlich in der Deckung des Eiweißbedarfes derselben zu suchen. KOSTYTSCHEW (1931) stellte im Siebröhrensaft nur 1—2% Eiweiß (bezogen auf die Trockensubstanz) fest, MOOSE (1938) konstatierte gar nur 0,1% Stickstoff, während LINDEMANN, die jüngst (1947) an *Ribes* entsprechende Bestimmungen ausführte, im Frühjahr 3,77%, Ende Juni aber nur noch 0,52% fand. Fälle, in denen hingegen wesentlich höhere Beträge festgestellt wurden, wie etwa beim Kürbis und der Baumwollstaude, stellen Ausnahmen dar, während die von J. D. SMITH (1948) angenommenen hohen Werte offenbar auf einem Mißverständnis beruhen (siehe hiezu TÓTH, 1950).

Trotz solch geringen Stickstoffgehaltes des Siebröhrensaftes finden sich aber in den Exkrementen der Blattläuse immer noch relativ beträchtliche Mengen von Proteinen! RAUMER (1894) stellte 3,5%, MICHEL (1942) bei *Lachnus roboris* sogar eine Verdoppelung der aufgenommenen Stickstoffmenge (0,3 beziehungsweise 0,6%) fest; LINDEMANN hingegen fand im Honigtau des auf *Ribes* lebenden *Cryptomyzus* im Frühjahr 1,5%, im Juni entsprechend dem eiweißärmer gewordenen Siebröhrensaft nur noch 0,17% Stickstoff.

Angesichts solcher Tatsachen läßt sich die alte, von BÜSGEN erstmalig vertretene und in der Folge (RAWITSCHER, 1933) allgemein geteilte Auffassung, derzufolge die Blattläuse die N-Armut ihrer Nahrung dadurch wettmachen, daß sie große Mengen Siebröhrensaft aufnehmen, den gewaltigen Überschuß an Kohlenhydraten in Form von Honigtau abgeben und die geringen Eiweißmengen mit Hilfe der sogenannten Filterkammer ihres Darmes in ihrem Körper zurückbehalten, nicht mehr ohne weiteres aufrechterhalten[1]).

Die Frage nach der Stickstoffquelle der Aphiden wird aber noch brennender, wenn man bedenkt, wie groß der Bedarf dieser Tiere an Proteinen ist. TÓTH (1940) verglich das Gewicht voll ausgewachsener flügelloser viviparer Weibchen von *Aphis sambuci* mit dem Gesamtgewicht der rund 20 von ihnen an einem Tage geborenen Jungtiere und kam dabei zu dem Schluß, daß jene Muttertiere in ihrer lebhaftesten Fortpflanzungsperiode den Eiweißgehalt ihres Körpers täglich verdoppeln müssen! Gemeinsam mit WOLSKY (1941) erbrachte TÓTH aber noch einen weiteren Hinweis für die Annahme, daß die von der Pflanze gebotenen N-Mengen nicht zur Deckung des Stickstoffbedarfes der Aphiden ausreichen können. Würde bei ihnen die Kohlenhydratverbrennung überwiegen, so müßte ihr respiratorischer Quotient etwa 1,0 betragen. Der von den beiden Autoren gefundene Durchschnittswert 0,86 liegt jedoch viel näher dem einer reinen Eiweißverdauung entsprechenden RQ von 0,8.

All das drängte zu der Annahme, daß die Ernährung der Blattläuse und wohl auch anderer Homopteren hinsichtlich der Eiweißquelle weitgehend unabhängig

---

[1]) Darüber darf nicht vergessen werden, daß andererseits doch auch wieder Beobachtungen vorliegen, welche deutlich für einen Zusammenhang zwischen dem N-Gehalt der Nahrung und der Fortpflanzungsbiologie sprechen. So wandern entsprechend dem Absinken der Stickstoffmenge im Siebröhrensaft die Läuse im Laufe des Juni von *Ribes* auf Labiaten ab. Sorgt man für das Vorhandensein eiweißreicherer junger Triebe, so vermehren sich die Tiere aber auch im Winter an ihnen. *Neomyzus* wird in Treibhäusern an Tulpen doppelt so groß als an Alpenveilchen und vermehrt sich auf ersteren viel stärker (LINDEMANN, 1947).

von der Wirtspflanze sein müsse, und daß offenbar in der Tat die ja bei Honigtau produzierenden Aphiden nie fehlenden Symbionten die Fähigkeit besitzen, atmosphärischen Stickstoff zu assimilieren. Wenn auch erst TÓTH und seinen Mitarbeitern das Verdienst gebührt, sich seit 1942 in einer Reihe von Untersuchungen um den experimentellen Nachweis einer solchen bemüht zu haben, so taucht der Gedanke an eine derartige Möglichkeit doch schon viel früher in der Symbioseliteratur auf. Der Botaniker PEKLO hatte bereits 1912 und 1916 die Symbionten der Aphiden für *Azotobacter* erklärt und entsprechende Schlüsse hinsichtlich ihrer Leistungen gezogen; CLEVELAND war auf Grund seiner Feststellung, daß Termiten bei reiner Zellulosekost gedeihen, zu der Annahme genötigt worden, daß sie in irgendeiner Weise den Stickstoff der Luft verwerten können, ohne allerdings mit der von ihm angewandten Methode den experimentellen Nachweis erbringen zu können. MERCIER (1907) und GROPENGIESER (1925) gaben an, daß ihre aus Küchenschaben gewonnenen Kulturen, die freilich nach allem, was wir heute wissen, nicht den Symbionten entsprachen, ebenfalls N_2 zu assimilieren imstande sind, und ich selbst habe auch schon 1921 einer solchen Möglichkeit, nicht zuletzt im Hinblick auf die reiche Tracheenversorgung der Mycetome, Raum gegeben, aber die experimentelle Symbioseforschung ging zunächst andere Wege und ließ sie vorübergehend in den Hintergrund treten.

TÓTH und seine Mitarbeiter bedienten sich zweierlei Methoden. In erster Linie beschritten sie den Weg, den bereits VIRTANEN (1939) bei der Erforschung der N_2-Bindung der Leguminosensymbionten gewählt hatte. Die Objekte wurden unter Zusatz von Oxalessigsäure, deren Anwesenheit nach den Befunden VIRTANENS unerläßliche Voraussetzung für eine N_2-Assimilation ist, sowie von Glukose und NaCl in Anzahl zerquetscht und diesem überlebenden, zähflüssigen Material in Abständen Proben zur Stickstoffbestimmung entnommen. Für diese erwies sich die Mikrokjeldahl-Methode als die geeignetste.

Das Ergebnis war, daß in der Tat in den ersten 24 Stunden eine wesentliche Zunahme von Stickstoff zu konstatieren war und daß diese nach 30 Stunden, das heißt vermutlich mit dem Absterben der Symbionten, allmählich erlosch. So stieg der Stickstoffgehalt bei *Pterocallis* in 24 Stunden um 110%, in 48 Stunden um 142%, während er ohne Zusatz von Oxalessigsäure, vermutlich dank noch vorhandener Spuren einer solchen, nur in ganz geringem Maße zunahm. Entsprechende Versuche mit *Aphrophora salicis* ergaben ebenfalls in 24 Stunden einen Zuwachs von 121%. In der Folge gingen TÓTH, WOLSKY u. BÁTYKA (1943) der Frage nach, inwieweit auch sonst bei Insekten eine Stickstoffbindung aus der Luft vorkommt. Andere Blattläuse und *Aphrophora alni* ergaben die gleiche beträchtliche Anreicherung, aber bei den übrigen untersuchten Zikaden (*Philaenus, Lepyronia, Idiocerus, Cicadella* und anderen) bewegte sich die N-Zunahme in den überlebenden Systemen innerhalb 24 Stunden zwischen 89 und 34% und sank bei *Doratura* sogar auf 15%, stieg aber binnen 48 Stunden doch noch auf 22—139%. Zum Teil waren diese geringen Werte freilich wahrscheinlich darauf zurückzuführen, daß man auf Herbsttiere mit weniger lebhaftem Stoffwechsel angewiesen war.

Als schließlich auch Heteropteren in den Kreis der Untersuchung einbezogen wurden, ergab eine symbiontenhaltige Pentatomine (*Raphigaster*) binnen 48 Stunden 18%, *Pyrrhocoris*, bei der man höchstens von einer lockeren Symbiose reden kann, 25%, *Spilostethus saxatilis* Scop., der zwar phytophag ist, von dessen eventueller Symbiose aber nichts bekannt ist — bei einer anderen Spezies fand SCHNEIDER keine Symbionten —, 85% Anreicherung. Seltsamerweise stellte sich aber auch bei ausgesprochen räuberischen Wanzen, die sicherlich keine echte Endosymbiose besitzen, wie *Gerris* oder *Nabis*, ein Zuwachs von über 40% ein! Nicht minder überraschend ist, daß andererseits *Trialeurodes vaporariorum*, also ein typischer Symbiontenträger, keinerlei N_2-Assimilationsvermögen ergab. Ob hier eine eiweißreichere Nahrung vorliegt oder die Vermutung WEBERS (1931) zu Recht besteht, der, nachdem im Kot dieser Tiere die zu erwartenden Kohlenhydrate gänzlich fehlen, die Möglichkeit in Betracht zieht, daß Wirte oder Symbionten die Kohlenhydrate beim Eiweißaufbau mitverwenden können, bleibt dabei zunächst unentschieden.

In zweiter Linie versuchten TÓTH und seine Mitarbeiter die Stickstoffanreicherung auch in Kulturen von Mikroorganismen nachzuweisen, die sie zunächst aus *Aphis sambuci* und *Aphrophora salicis* gewannen. In der Tat ergab die Mikrokjeldahlmethode, nachdem die fraglichen Bakterien in eine optimale physiologische Lösung verbracht und mit der nötigen Oxalessigsäure versetzt worden waren, ebenfalls ein langsames Ansteigen des Stickstoffgehaltes, der bei der Blattlaus in 96 Stunden 6,5%, bei der Zikade aber 67% ausmachte. Wenn diese Werte hinter den mit dem Zellbrei gewonnenen zurückbleiben, so möchten dies die Autoren damit erklären, daß in dem überlebenden System vermutlich noch zur Stickstoffassimilation nötige Stoffe vorhanden sind, die in der Kultur fehlen.

Seitdem hat TÓTH (1950, 1951) auch noch über eine Stickstoffanreicherung in weiteren Kulturen berichtet, die er aus anderen Blattläusen und Zikaden, aus Heteropteren (*Carpocoris* und *Pyrrhocoris*), ja sogar aus dem Käfer *Pyrrhidium sanguineum*, von dem ja nichts über eine Symbiose bekannt ist, erhielt, und die genauere Zusammensetzung des stickstofffreien Nährbodens angegeben, in dem nach etwa 20 Tagen das je nach Art der zugefügten Karboxylsäure verschieden große Maximum des N-Gehaltes zu konstatieren ist.

Eine scheinbare Bestätigung der Befunde TÓTHs brachten in den letzten Jahren PEKLO und SATAVA (1949, 1950). Der erstere hatte schon vorher (1946) mitgeteilt, daß er in einer ganzen Reihe von Insekten *Azotobacter*- und *Torulopsis*symbionten gefunden habe, die zweifellos ihre Wirte vor Stickstoffmangel bewahren sollten, und hat deren Reihe in seinen neuesten Veröffentlichungen (1951) noch erweitert. In dem Kapitel, das den Irrwegen der Symbioseforschung gewidmet ist, haben wir bereits die Überzeugung ausgesprochen, daß diesen Angaben offensichtliche Verwechslungen mit kugeligen tiereigenen Einschlüssen des Fettkörpers und Dotterschollen der Eizellen zugrunde liegen. Wenn die beiden Autoren nun mitteilen, daß sie diese angeblichen Symbionten von *Ephestia*, *Tribolium*, *Ips* und *Sitodrepa*, also von Tieren, die zum Teil als symbiontenfrei gelten müssen, gezüchtet und an den Kulturen wie auch am zerquetschten

Zellmaterial verschieden großen Zuwachs an Stickstoff festgestellt haben, so kann ihren Angaben natürlich keinerlei Beweiskraft zugesprochen werden.

Wenn man auch den Tóthschen Veröffentlichungen nicht mit ähnlicher Skepsis gegenüberstehen wird, muß man sich doch bewußt bleiben, daß es sich hiebei um erste Vorstöße in ein Neuland handelt und daß auch ihnen noch manche Unsicherheit anhaftet. Erklärt doch Tóth selbst in seinen letzten Veröffentlichungen (1950, 1951), daß die Methode des Zerquetschens der Tiere «bei weitem nicht fehlerfrei, sondern von mancherlei unbeständigen Faktoren abhängig» sei. Auch bleibe das geprüfte Material keineswegs steril, so daß man im ungewissen sei, ob die Stickstoffzunahme auf Symbionten oder andere Mikroorganismen zurückzuführen ist. Dazu kommt, daß die Identität der «Symbiontenkulturen» mit den wirklichen Symbionten keineswegs als erwiesen gelten kann. Die Angaben, welche sich auf ihre Gewinnung beziehen (Schmeisser, 1944), sind sehr kurz gefaßt und bedürfen der Nachprüfung. Tóth gibt selbst zu, daß es überaus schwer und Sache der Spezialisten sei, sich ein Urteil über die gezüchteten Stämme zu bilden. Der Umstand, daß auch bei ihm zum Teil Tiere, die man allgemein als symbiontenfrei ansieht, ja selbst räuberische Wanzen, positive Resultate ergaben, muß natürlich nicht minder zur Vorsicht mahnen. Da die letzteren ja zweifellos keinen Mangel an Eiweiß leiden, kommt jedenfalls, nachdem man weiß, daß die Stickstoff bindenden Bakterien nur bei N-Mangel in Tätigkeit treten, in solchen Fällen im Körper des Tieres keine Assimilation von Luftstickstoff in Frage. Tóth stellt sich vor, daß eine solche fakultative Stickstoffbindung durch Mikroorganismen überhaupt wohl die Regel sei und daß sich verhältnismäßig selten aus derartigen Vorstufen eine so innige, obligatorische Abhängigkeit entwickelt habe, wie sie vor allem die Aphiden vorführen. Wenn in anderen Fällen aus den Versuchsergebnissen auf bisher noch der Beobachtung entgangene Symbionten geschlossen wird, so kann eine solche Annahme hier natürlich ebensowenig befriedigen, wie angesichts der schon an anderer Stelle besprochenen Versuche mit Termiten, bei denen die thorakalen und abdominalen Abschnitte des Körpers ohne den mikroorganismenreichen Darm einen höheren Anstieg des Stickstoffes ergaben als die isolierten Därme.

Auch die Frage, in welcher Form die Symbionten das Eiweiß an den Wirtskörper abgeben, bedarf noch der Klärung. Man weiß zwar, daß Hefezellen dauernd in ihre flüssige Umgebung solches abscheiden, aber Tóth denkt in erster Linie an eine laufende Auflösung degenerierender Symbionten, wie sie bei Blattläusen nach Paillot und seinen eigenen Angaben stets zu beobachten sein sollen[1]).

---

[1]) Eine solche Auffassung findet eine gewisse Stütze in Beobachtungen, welche neuerdings Graebner an den Symbionten von *Ernobius* und *Rhagium* gemacht hat. Er bediente sich der von Strugger ausgearbeiteten Methode, dank der bei Verwendung einer stark verdünnten Lösung von Akridinorange im Fluoreszenzmikroskop lebendes Plasma zart grün, totes aber intensiv rot erscheint. In den mit den Hefen gefüllten Organen ließen sich auf solche Weise einzelne Zellen nachweisen, welche ausschließlich tote Symbionten enthielten. Seltener fanden sich einzelne tote Hefen zwischen gesunden. Die laufend bei *Rhagium* in den Darm abgegebenen Hefen bekundeten sich hingegen als lebend. In jungen Kulturen der Anobiensymbionten sterben ebenfalls viele Zellen ab und geben nach Graebner vermutlich auf solche Weise die zum Wachstum nötigen Wuchsstoffe an den Nährboden ab.

Während den Versuchen Tóths, an Hand von Symbiontenkulturen eine Assimilation von Luftstickstoff nachzuweisen, noch mancherlei Unsicherheit anhaftet, gilt das nicht für die Befunde, welche FINK (1951) an seinen einwandfreien Reinkulturen der Pseudococcussymbionten erhoben hat. Diese ergaben, unter allen erdenklichen Kautelen gehalten, durch welche insbesondere auch die Anwesenheit von NH_3 ausgeschlossen wurde, in einer N_2-Atmosphäre auf völlig stickstofffreiem Nährboden (destilliertes Wasser, NaCl, $MgSO_4$, $CaCl_2$, KH_2PO_4, Galaktose) ein einwandfreies, wenn auch langsames Wachstum. Mit Hilfe papierchromatographischer Methoden ließen sich dabei die verschiedenen Aminosäuren bestimmen, und es konnte gezeigt werden, daß Leucin, Valin, Tyrosin, Alanin, Glykokoll, Glutaminsäure, Asparagin und Histidin als Produkte der Eiweißsynthese in den Bakterien entstehen und aus diesen in das flüssige Nährmedium übertreten. Nahezu die gleichen Aminosäuren fanden sich auch im Extrakt aus reifen *Pseudococcus*weibchen, doch fehlen in ihm Leucin und Tyrosin, und tritt an Stelle des ersteren Iso-Leucin.

Daß das langsame Wachstum der Kolonien nicht auf den Mangel an leicht resorbierbaren N-Verbindungen zurückzuführen ist, ergibt die Kontrolle mit aminosäurehaltigen Nährböden, auf denen die Vermehrung der Symbionten kaum eine raschere ist.

Von besonderem Interesse ist schließlich noch die Feststellung FINKs, daß die *Pseudococcus*symbionten in N-freien Nährlösungen Gestaltveränderungen erleiden, die sie den Knöllchenbakterien der Leguminosen überaus ähnlich machen. An Stelle der fast völlig schwindenden Stäbchen treten nämlich Y-Formen, Kreuze und andere unregelmäßige Zustände, wie sie für jene Bakteroiden so typisch sind. Impft man diese jedoch auf Pepton oder Aminosäuren enthaltende Nährböden, so schwinden diese aberranten Gestalten wieder und machen der ursprünglichen Stäbchenform Platz.

Eine weitere Angabe über eine Assimilation von Luftstickstoff, welche an Symbiontenkulturen festgestellt werden konnte, bezieht sich auf Cerambyciden. Schon 1942 berichtete SCHANDERL, daß er die ja unschwer zu züchtenden Hefesymbionten von *Rhagium inquisitor*, welche er den als die leistungsfähigsten Stickstoffbildner unter den Hefen bekannten Kahmhefen zurechnet, auf Traubenmost kultiviert habe und daß er dabei innerhalb 2 Monaten einen Stickstoffzuwachs von 23,5% konstatiert habe. Vermutlich ist dieser niedrige Wert auf das Fehlen der Oxalessigsäure in seinen Kulturen zurückzuführen. Diese Feststellung, an der zu zweifeln kein Anlaß besteht, ist nicht zuletzt deshalb beachtlich, weil hier zum erstenmal an einem nicht Pflanzensaft saugenden Objekt mit komplizierten symbiontischen Einrichtungen derartige Leistungen seiner Gäste aufgezeigt werden, und bekommt eine besondere Bedeutung durch den Umstand, daß es sich dabei um ein holzfressendes Insekt handelt.

Daß die Existenz von Endosymbiosen mit Bakterien und Hefen bei so vielen von Holz lebenden Formen mit der Eiweißarmut derselben zusammenhängen könne, war von vornherein zu vermuten (BUCHNER, 1921). SCHANDERLS Befund und Beobachtungen, welche BECKER (1942, 1943) machte, erheben nun eine solche Annahme zur Gewißheit. Letzterer fand, daß die Larven von *Anobium pertinax, Leptura rubra* und *Ergates faber*, also von Symbionten besitzenden Arten, keineswegs in gleichem Maße auf den Eiweißgehalt des Holzes angewiesen sind, wie etwa der ohne Symbionten lebende Hausbock (*Hylotrupes bajulus*), dessen Entwicklung sich durch künstliche Steigerung des Eiweißgehaltes des Holzes durch Peptone, Aminosäuren und so fort beträchtlich beschleunigen läßt. Die Entwicklung der drei obengenannten Tiere ist hingegen ungleich weniger von zusätzlichem Eiweiß abhängig, und ihre Larven vermögen sogar in reinem Zellstoff zu wachsen. Es gehört zu den dringlichsten Aufgaben der experimentellen Symbioseforschung, an Hand von einwandfreien Kulturen von Symbionten holzfressender Insekten, die sich ja, soweit es sich um Hefen handelt, leicht gewinnen lassen, deren Vermögen der Luftstickstoffassimilation zu prüfen. Daß alle in frischem Laubholz und in Kräutern, das heißt in eiweißreicherer Umgebung, sich entwickelnden Bockkäfer keine Symbionten besitzen, würde durch eine Verallgemeinerung des SCHANDERLschen Befundes ohne weiteres seine Erklärung finden.

Die Bedeutung der Feststellungen FINKs und SCHANDERLs liegt aber auch noch in einer anderen Richtung. Wird doch durch sie für ganz verschieden geartete Objekte dargetan, daß die Bedeutung ihrer Symbionten gleichzeitig in mehrfacher Richtung zu suchen ist. Die Cerambycidensymbionten erscheinen nun als Vitaminlieferanten (GRAEBNER und REITINGER) und als Stickstoff bindende Formen, und für die holzfressenden Anobiinen wird die gleiche Koppelung der Leistungen überaus wahrscheinlich, wenn man bedenkt, daß *Sitodrepa* ja zweifellos von holzfressenden Vorfahren stammt und andere *Lasioderma*arten ebenfalls minieren, während *Anobium pertinax*, der gefährlichste und zugleich besonders voluminöse Hefeorgane besitzende Holzzerstörer unter den Anobiinen, in reinem Zellstoff zu wachsen vermag. Andererseits wissen wir nun aber auch von den Symbionten einer Coccide, daß sie in ganz der gleichen Weise ihre Wirte mit allen wichtigen B-Vitaminen beliefern und über das Vermögen der Assimilation des atmosphärischen Stickstoffs verfügen. Daß aber selbst mit dieser zwiefachen Leistung ihre Bedeutung keineswegs völlig erfaßt wurde, wird aus den folgenden Ausführungen hervorgehen.

Mancherlei Beobachtungen deuteten schon seit langem darauf hin, daß Symbionten unter Umständen auch noch in ganz anderer Weise in den Stickstoffhaushalt ihrer Wirte einzugreifen vermögen. Wie besonders innige Beziehungen vieler Wohnstätten zum Tracheensystem frühzeitig an die Möglichkeit der Verwertung des Luftstickstoffes denken ließen, so hat die Lokalisation so mancher Symbionten im Bereich des als Speicherniere dienenden Fettkörpers der Insekten oder gar in den Malpighischen Gefäßen so mancher von ihnen und bei den Ixodiden, sowie in anderen Exkretionsorganen, wie in der Konkrementendrüse der Cyclostomiden und Annulariden, der Speicherniere aller Molguliden oder der Nephridien terricoler Oligochäten die Vermutung nahegelegt, daß die betreffenden Mikroorganismen in solchen Fällen vielleicht Endprodukte des tierischen Stoffwechsels verwerten und damit auf Umwegen ihren Wirten zum Teil wieder zuführen könnten. Der Umstand, daß es bei den Blattläusen zu völligem Schwund, bei den Cocciden zu einer hochgradigen Reduktion der Malpighischen Gefäße kommt, ließ daran denken, daß ein solcher vielleicht durch entsprechende Leistungen der Symbionten möglich geworden ist (ŠULC, 1910, BUCHNER, 1930).

QUAST (1923, 1924) und MEYER (1923, 1925) konnten dann in der Tat zeigen, daß die in den Speicherzellen von Cyclostoma sich lebhaft vermehrenden Bakterien schließlich, offensichtlich dank einer der Schnecke abgehenden Uricase, die bis zu 50% aus Harnsäure, Xanthin und anderen Purinbasen bestehenden Konkremente verflüssigen und schließlich ihrerseits von Phagocyten des Wirtstieres resorbiert werden. In ähnlicher Weise werden auch gewisse Stadien der in den eigentümlichen geschlossenen Molgulidennieren nie fehlenden Pilze von amöboiden Zellen verdaut (BUCHNER, 1930).

Die ersten entsprechenden Angaben, die sich auf Insektensymbionten beziehen, stammen von W. SCHWARTZ (1924). Er fand, daß seine einwandfrei gewonnenen Reinkulturen verschiedener Lecaniumsymbionten Harnsäure, Guanin, Xanthin, Harnstoff und andere Purinkörper verwerten können, und war andererseits nicht imstande, mit Hilfe der Murexidreaktion im Fettgewebe oder in den Malpighischen Gefäßen irgendwelche Urate nachzuweisen. Auf Grund dieser Feststellungen erschien es ihm wahrscheinlich, daß der Sinn der Lecaniumsymbiose in einem Abbau der Stoffwechselendprodukte ihrer Wirte liege. Über das Ausmaß der zweifellos gelegentlich zu beobachtenden Phagocytose der Schildlaushefen besteht leider bis heute keine Klarheit.

Zu ähnlichen Vorstellungen kam 1934 SCHOEL. Er fand, daß die Bakterien, die er aus drei verschiedenen monosymbiontischen Blattläusen gezüchtet hat und von denen er überzeugt ist, daß sie mit den Symbionten identisch sind, ebenfalls eine Uricase produzieren und daß sich die Kulturen bei Zusatz von Harnstoff am besten vermehren, bei Anwesenheit von Harnsäure etwas geringeres Wachstum zeigen und Hippursäure am schlechtesten verarbeiten. Auch er neigt, nachdem KLEVENHUSEN Anzeichen einer teilweisen Auflösung von Blattlaussymbionten gefunden hatte — wofür ja in der Folge auch TÓTH mit Nachdruck eintrat —, zu der Annahme, daß so die Exkrete der Wirtstiere diesen wieder zugute kämen.

Ohne auf diese Vorgänger Bezug zu nehmen, teilt TÓTH (1951) mit, daß seine Kulturen der Symbionten von *Aphis brassicae* bei Anwesenheit von Harnstoff oder Harnsäure die Assimilation des Luftstickstoffes einstellen und statt dessen diese abbauen, wobei Harnstoff der Harnsäure abermals überlegen ist. Das gleiche stellt er an Hand der Bakterienstämme fest, die er aus dem Darm von *Reticulitermes* gewonnen hatte und von deren Vermögen, Luftstickstoff zu binden, er sich ebenfalls überzeugt hatte, ohne sie freilich näher zu identifizieren. Die Schlußfolgerungen, zu denen er kommt, gleichen denen SCHOELS. Der Abbau des Harnstoffes führt nicht nur über Ammoniak zur Bildung von Aminosäuren und Symbiontenproteinen, sondern bedeutet gleichzeitig einen wesentlichen Gewinn für den Stickstoff-Stoffwechsel der Wirte.

Die bedauerlichen Unsicherheiten, welche zunächst noch hinsichtlich der wahren Natur der von SCHOEL und TÓTH geprüften Stämme bestehen, kommen bei einigen anderen experimentellen Untersuchungen jüngster Zeit, welche zur Feststellung von weiteren auf Symbionten zurückgehenden Uricasen führten, in Wegfall. Nachdem sich bisher so viele Autoren vergeblich um die Kultur von Blattidensymbionten bemüht hatten und sich die Angaben anderer über gelungene Zuchten nicht bestätigt hatten, ist es, wie wir hörten, KELLER (1950) allem Anschein nach endlich geglückt, diese in so enger topographischer Beziehung zum Fettkörper lebenden Bakterien zu kultivieren. Dabei zeigte sich, daß sie auf einem aus Harnsäure, dem wichtigsten Exkret des Fettkörpers, Kochsalz und Agar bestehenden Kümmernährboden, wenn auch nur langsam, zu wachsen vermögen. Verwandte man mit zerriebenem Fettkörper versetzten Agar, so war das Wachstum etwas lebhafter. Zusätze von gewissen Kohlenhydraten — Saccharose, Glukose, Inulin und Dextrin — oder auch von Peptonbrühe förderten das Wachstum, andere Kohlenhydrate wurden nicht abgebaut. Auch Harnstoff konnte von den Bakterien nicht verwertet werden. Dies bedeutet eine auffallende Ähnlichkeit mit den Leguminosenbakterien, welche ihren Stickstoffbedarf ebenfalls aus Harnsäure, nicht aber aus Harnstoff zu decken vermögen.

Einen weiteren Fall, in dem Insektensymbionten Harnsäure zu verwerten vermögen, deckte L. SCHNEIDER auf (mitgeteilt bei KOCH, 1951). Sie impfte die Bakterien aus den Mitteldarmkrypten von Mesocerus marginatus von ihren auf Nutrientagar + Glukose gut wachsenden Anfangskulturen auf Harnsäureagar, beziehungsweise auf eine Harnsäuresuspension in Wasser mit Phosphatpuffer nach SÖRENSEN und konnte dann verfolgen, wie sich die Harnsäurekristalle lösen, während gleichzeitig als Spaltprodukte des Harnsäureabbaues NH_3 und CO_2 frei werden. Harnstoff dagegen wird von diesen Wanzensymbionten ebensowenig angegriffen wie von denen der Küchenschaben.

Damit treten diese beiden Objekte in Gegensatz zu den Pseudococcussymbionten, die von FINK (1952; siehe auch KOCH, 1952) als ausgezeichnete Harnstoffverwerter erkannt wurden, aber andererseits außerstande sind, Harnsäure und Urate auszunützen. Die Symbionten gediehen bei 0,1% Harnstoff als N-Quelle und 0,5% Galaktose als C-Quelle ebenso gut, wie bei 0,5% Harnstoff ohne Galaktose. Im zweiten Fall setzte das Wachstum lediglich etwas später ein, stieg aber dann auf die gleiche Höhe. Die Pseudococcussymbionten, von denen wir bereits hörten, daß sie atmosphärischen Stickstoff zu assimilieren vermögen und ihre Wirte mit allen wesentlichen B-Vitaminen beliefern, können also ihren gesamten Kohlenstoff- und Stickstoffbedarf aus Harnstoff decken. Das theoretisch bei dem Harnstoffabbau zu erwartende NH_3 tritt hiebei nicht in Erscheinung, da es vermutlich im intermediären Stoffwechsel sogleich für die Aminierungsprozesse wieder verbraucht wird.

So kann heute schon kaum noch ein Zweifel darüber bestehen, daß die Symbionten — Hefen wie Bakterien — in vielen Fällen als Entgifter ihrer Wirte eine wichtige Rolle spielen und insbesondere bei den eine so eiweißarme

Nahrung zu sich nehmenden Pflanzensäftesaugern für deren N-Haushalt von wesentlicher Bedeutung sind[1]).

Die Bakteriensymbiose, welche sich bei allen Lumbriciden in den Ampullen ihrer Nephridien lokalisiert findet und interessanterweise auch den Glossoscoleciden nicht abgeht, die auch sonst eine so ausgesprochen konvergente Gruppe der Neuen Welt darstellen, nimmt offensichtlich eine Sonderstellung unter den Exkretionssymbiosen ein, würde aber, wenn sich die Vorstellungen, welche PANDAZIS (1931) entwickelt hat, bestätigen sollten, immerhin auch einen Stickstoffgewinn der Wirtstiere im Gefolge haben. PANDAZIS fand, daß die von den Wimpertrichtern eingestrudelte Leibeshöhlenflüssigkeit zwar ihre Exkrete an die Wandung der Nephridialschleifen abgibt, daß ihr Eiweißgehalt aber noch in der Ampulle nachweisbar ist. In der Endblase hingegen, die sich nur langsam alle 3—4 Tage entleert, findet sich kein Eiweiß mehr und fehlen auch dessen Spaltungsprodukte. So kommt er zu der Auffassung, daß durch die Bakterien das Eiweiß, das in der stagnierenden Ampullenflüssigkeit enthalten ist, allmählich restlos zerlegt wird und die so entstehenden Albumosen und Peptone von der Ampullenwandung rückresorbiert werden. Der Umstand, daß die Kulturen der symbiontischen Bakterien ein solches Spaltungsvermögen bekunden, spräche für eine solche Annahme.

Mit der von KELLER festgestellten Fähigkeit, Harnsäure für die Eiweißsynthese zu verwerten, ist die Bedeutung der Blattidensymbiose, die ja ausnahmsweise nicht etwa mit einer Spezialisierung auf einseitige Nahrung Hand in Hand geht, keineswegs restlos erfaßt. Es liegen vielmehr außerdem Mitteilungen über die Wirkungen des Symbiontenverlustes und weiterhin solche über mutmaßliche Vitaminbelieferung vor, welche es heute schon zur Gewißheit machen, daß auch hier wiederum mit einer Vielheit der Leistungen zu rechnen ist. BRUES u. DUNN (1945) erprobten als eine der ersten die Wirkung verschiedener Antibiotika auf *Blaberus cranifer*. Dabei zeigte sich, daß die Injektion von Sulfonamiden keinerlei Wirkung auf die Symbionten hat, daß aber Einspritzungen von Penicillin in größerer Menge die Symbionten abtöten. 1000 auf sechs Dosen verteilte Einheiten führten lediglich zu einer erheblichen zahlenmäßigen Reduktion der Symbionten, die bei normaler Haltung allmählich wieder zurückging; 1600 und 3200 Einheiten bedingten eine Verflüssigung des Fettes und abermals nur eine Schädigung der Symbionten, die im Bereich des Erträglichen blieb, aber von zwei Tieren, welche 6000 auf drei Dosen verteilte Einheiten bekamen, zeigte eines nach 6 Tagen völligen oder nahezu völligen Schwund der Symbionten, und das zweite starb nach 12

---

[1]) Angesichts der Tatsache, daß sowohl der Fettkörper als auch die Vasa Malpighi bevorzugte Symbiontenwohnstätten sind, ist der Nachweis, daß es sich hiebei um die Orte handelt, an denen ganz allgemein bei den Insekten Wuchsstoffe gespeichert und konzentriert werden, von besonderem Interesse. Das ergaben die Untersuchungen von BUSNELL u. CHANOIN (1942) und BUSNELL u. DRILHORN (1943) an Wanderheuschrecken und Kleidermotten und die von KAUDEWITZ an *Tenebrio molitor*. Bei letzterem sind alle mit der Nahrung gereichten Wuchsstoffe im Fettkörper nachzuweisen. Soweit sie in den Nierengefäßen lokalisiert werden, werden sie während der larvalen Zeit nicht abgegeben, wohl aber zur Zeit der Fortpflanzung, so daß man vermuten darf, daß sie beim Aufbau der Gonaden Verwendung finden.

Tagen. Da die Schabe in diesem Fall keine unmittelbaren Symptome eines toxischen Effektes erkennen ließ, sondern erst nach einer Weile starb, glauben die Verfasser durch ihre wenigen Versuche doch immerhin die symbiontische Bedeutung der in den Blattiden lebenden Bakterien sehr wahrscheinlich gemacht zu haben.

Die Experimente, welche GLASER 1946 veröffentlichte, führten einen Schritt weiter. Auch er erprobte die Wirkung von Penicillin und Sulfonamiden, diesmal an *Periplaneta americana*, deren Symbionten normalerweise grampositiv sind, während eine gramnegative Reaktion nach seinen Beobachtungen ein sicheres Kennzeichen ihres Todes ist. Er gab den Tieren 150 Tage lang eine wässerige Lösung von Na-Sulfothiazol zu trinken, von dem pro Tag etwa ein Milligramm aufgenommen wurde. Nach dieser Zeit enthielten männliche Tiere zwar noch viele Bakterien, aber sie waren alle gramnegativ. In einem anderen männlichen Tier, das nach 210 Tagen getötet wurde, fanden sich nur noch wenige Symbionten mit der gleichen Reaktion, ein drittes war nach 406 Tagen völlig bakterienfrei geworden. Alle diese Tiere waren jedoch im übrigen völlig gesund und wohlgenährt und führten in ihren Hoden lebende Spermien. Die Weibchen jedoch verhielten sich anders! Auch sie verloren ihre Bakterien, ohne äußere Schäden zu zeigen, aber sie zeigten eine mit der Versuchsdauer zunehmende S c h ä d i - g u n g d e r O v a r i e n. Ein Weibchen, das nach 121 Tagen untersucht wurde, führte Ovarien, die in der Entwicklung zurückgeblieben waren und nur zwei anscheinend reife Ovocyten enthielten, welche im Inneren und am Follikelepithel die Bakterien ebenso vermissen ließen wie im Fettgewebe. Drei weitere Weibchen, bei denen die Behandlung bereits auf larvalem Stadium einsetzte, erreichten nach 60 Tagen das imaginale Stadium, ergaben aber, als sie 255 Tage nach Versuchsbeginn in bestem Zustand getötet wurden, k e i n e S p u r v o n O v a r i e n mehr.

Die Experimente mit Penicillin, das auch von GLASER in die Leibeshöhle injiziert wurde, gaben recht ähnliche Resultate. Nach 2–3 Einspritzungen von insgesamt 3–4000 Einheiten trat momentan eine hohe Sterblichkeit ein; soweit die Tiere jedoch am Leben blieben, befanden sie sich auch nach Monaten noch durchaus wohl. Die Spermatogenese verlief normal, aber die Ovarien wurden abermals rückgebildet, wenn es sich um bereits erwachsene Weibchen handelte, beziehungsweise überhaupt nicht entwickelt, wenn Larvenstadien benützt worden waren. Während Na-Penicillin eine größere Sterblichkeit auslöste und eine gewisse Variabilität des Rudimentierungsgrades der Ovarien ergab, zog die Verwendung von Ca-Penicillin eine geringere Mortalität und gleichmäßigen völligen Schwund der Ovarien nach sich.

Schließlich hat GLASER, ähnlich wie KOCH und FINK bei *Oryzaephilus* und *Pseudococcus*, die Bakterien von *Periplaneta americana* auch durch e r h ö h t e T e m p e r a t u r zum Schwinden gebracht. Bei 40° sterben die Schaben, bei 39° nur ihre Symbionten. Der Effekt ihres Verlustes war der gleiche, wie bei der Anwendung der Antibiotika.

Sieht man von der Unterdrückung der Ovarien ab, so ist als einzige weitere Schädigung der Tiere eine wesentliche Verzögerung — unter Umständen annähernd eine Verdoppelung — der normalerweise 250—300 Tage dauernden Entwicklungsdauer zu verzeichnen. GLASER schloß aus seinen Befunden, daß die Symbionten offenbar irgendwelche für die Entwicklung der weiblichen Gonaden nötigen Stoffe liefern, welche der seinen Tieren gereichten Nahrung abgehen, ohne freilich anzunehmen, daß damit die Bedeutung der Blattidensymbionten bereits völlig erfaßt sei.

Daß diese in der Tat auch als Vitaminlieferanten in Frage kommen, konnten NOLAND, LILLY u. BAUMANN (1949, 1949) bald darauf an Hand von *Blattella germanica* überaus wahrscheinlich machen. Nach dem Vorgang von BLEWETT und FRAENKEL verglichen sie symbiontenhaltige Tiere, welche mit einer vollwertigen, alle wesentlichen Vitamine enthaltenden Diät gefüttert wurden, mit ebensolchen, deren Nahrung bald dieses, bald jenes Vitamin abging. Dabei fanden sie, daß der Fortfall von Cholin, Pantothensäure und Nikotinsäure das Wachstum hochgradig beeinträchtigt und daß alle Tiere vor dem Erlangen der Geschlechtsreife sterben. Diese drei Vitamine werden also jedenfalls nicht von den Symbionten produziert. Doch stellten die gleichen Autoren fest, daß, wenn statt Cholin Betain gefüttert wurde, der Effekt der gleiche ist und daß die betreffenden Tiere dann nahezu ebensoviel Cholin enthalten wie die mit Cholin gefütterten, mit anderen Worten, *Blattella* vermag Betain in Cholin zu verwandeln und dankt diese Fähigkeit möglicherweise ihren Symbionten.

Fortfall von Pyridoxin, Thiamin oder Riboflavin hemmt wohl das Wachstum, doch erreichen die Tiere zumeist mit mehr oder weniger großer Verzögerung das Stadium der Geschlechtsreife, ein Ergebnis, das es sehr wahrscheinlich macht, daß diese drei Vitamine von den Symbionten geliefert werden. Für das Riboflavin haben es weitere Versuche nahezu zur Gewißheit gemacht. Mit riboflavinfreier Diät großgezogene erwachsene Tiere enthalten nämlich trotzdem je ca. 0,2 μg Riboflavin. Nun enthält wohl auch das einen Bestandteil der Diät ausmachende Kasein geringe Mengen dieses Vitamins, aber um aus diesen allein den genannten Riboflavingehalt zu gewinnen, müßten die Schaben eine Nahrungsmenge zu sich nehmen, welche dem 50fachen ihres Körpergewichtes entspräche[1]).

Völlig wirkungslos bekundet sich der Fortfall von Biotin, Folsäure, Inositol, Vitamin K und p-Aminobenzoesäure. Da die beiden ersteren stets bei normalerweise ohne Symbionten lebenden Insekten, wie bei solchen, die man ihrer Symbionten beraubt hat, unter den nicht zu entbehrenden Vitaminen erscheinen, darf man vermuten, daß sie auch hier in hinreichender Menge von den Symbionten geliefert werden. Inositol hat sich hingegen auch sonst bei Insekten mit und ohne Symbionten stets als überflüssig herausgestellt. Das gleiche dürfte für Vitamin K und die p-Aminobenzoesäure gelten.

Untersuchungen von HOUSE (1949) und HILCHEY — letztere harren noch der Veröffentlichung — haben sich auch mit den von *Blattella germanica* benötigten Aminosäuren befaßt. Als solche wurden an Hand von Diätversuchen

---

[1]) METCALF u. PATTON (1942) kamen hingegen zu der Ansicht, daß *Periplaneta americana* nur wenig oder gar kein Riboflavin synthetisiere.

an Tieren mit sterilem Darmkanal Alanin, Histidin, Isoleucin, Leucin, Lysin, Prolin, Serin, Tryptophan, Valin und wahrscheinlich auch Arginin und Cystin festgestellt, wobei sich mancherlei Unterschiede hinsichtlich des Bedarfes der Geschlechter ergaben. Daß die Tiere jedoch auch bei einer Kost, in der diese Stoffe fehlten, am Leben blieben, sprach von vornherein dafür, daß, wenn nicht alle, so doch jedenfalls die meisten von ihnen auch von dem Insekt synthetisiert werden können, und in der Tat ließen sie sich auf chromatographischem Wege in den Extrakten von Schaben, in deren Nahrung sie nicht enthalten waren, nachweisen. Wenn die Autoren auch nicht entscheiden konnten, ob es sich dabei um die Transaminierung anderer, tiereigener Aminosäuren handelt, oder ob die intrazellularen Symbionten als Lieferanten in Frage kommen, so rechnen sie jedenfalls mit der letztgenannten Möglichkeit.

Diese Befunde von NOLAND, HOUSE und ihren Mitarbeitern stehen nur scheinbar im Widerspruch zu der Tatsache, daß symbiontenfrei gemachte *Periplaneta americana* sich zu gesunden Imagines entwickeln, denn GLASER hat seine Tiere mit Hundekuchen und Zucker gefüttert, das heißt mit einer vollwertigen, vitaminreichen Nahrung, welche nach den Befunden von NOLAND und seinen Mitarbeitern ihrer synthetischen Volldiät bei *Blatta orientalis* gleichkommt und bei *Periplaneta americana* nur sehr wenig nachsteht. Andererseits harmoniert sie mit der Tatsache, daß *Blatta* und *Periplaneta* zwar nicht an eine einseitige vitaminarme Kost angepaßt sind, aber doch sehr geringe Ansprüche an ihre Nahrung und deren Wuchsstoffgehalt stellen.

Wenn unser Wissen von den Leistungen der Blattidensymbionten natürlich noch des weiteren Ausbaues bedarf — man könnte unter anderem auch den Effekt des getrockneten Schaben-Fettkörpers mit und ohne Symbionten an *Tribolium* austesten —, so lassen die Erfahrungen von NOLAND, LILLY, HOUSE und HILCHEY jedenfalls heute schon im Verein mit den Untersuchungen KELLERS und GLASERS deutlich erkennen, daß auch sie den Stoffwechsel ihrer Wirte in verschiedener Richtung ergänzen, und daß die ablehnenden Schlüsse, welche BODE (1936) auf Grund unzureichender Versuche hinsichtlich der Bedeutung der Blattidensymbionten zieht, keine Berechtigung haben.

So erfreulich und aufschlußreich die Resultate der experimentellen Symbioseforschung sind, über die wir im vorangehenden berichtet haben, so handelt es sich doch um einen Anfang, freilich einen vielversprechenden, der heute schon deutlich erkennen läßt, welche Wege die weitere Forschung zu gehen hat.

Wenn man bedenkt, welch mannigfache Fähigkeiten der Welt der pflanzlichen Mikroorganismen innewohnen, so wird die Erkenntnis, daß die Leistungen der symbiontischen Bakterien und Pilze in den verschiedensten Richtungen zu suchen sind, nicht überraschen. Eine Sonderstellung nehmen die Fälle ein, in denen das Lumineszenzvermögen gewisser Bakterien in den verschiedensten marinen Tieren ökologischen Zwecken dienstbar gemacht wird und daher die Symbionten im Gegensatz zu allen anderen Symbiosen für die Stoffwechselvorgänge im Wirtstier bedeutungslos sind. Von hervorragender Bedeutung für Wachstum und Metamorphose erscheint hingegen die

Belieferung mit Wuchsstoffen, insbesondere mit den zahlreichen Vitaminen der B-Gruppe. Durch die Indienststellung von Mikroorganismen, welche über die Fähigkeit der Assimilation atmosphärischen Stickstoffes verfügen, erschließen sich wahrscheinlich· viele Insekten eine willkommene Quelle für die Bildung von Aminosäuren. Symbionten, welche über eine Uricase verfügen, beteiligen sich nicht nur an der Entgiftung ihrer Wirte und entlasten so deren Exkretionsorgane, sondern ermöglichen gleichzeitig die teilweise Wiederverwertung ihrer Abbauprodukte zum Aufbau von Eiweißkörpern.

Vor diesen wichtigsten Leistungen tritt die Bereitstellung verdauender Enzyme, die man anfänglich vielfach vermutet hatte, stark in den Hintergrund. Insbesondere das so häufige Vorkommen von Symbionten bei Holzfressern hatte daran denken lassen, daß sie vielleicht eine Zellulase produzieren, die den Wirten erst das Holz als Nahrungsmittel erschließt (BUCHNER, 1928, 1930; UVAROV, 1929). Seitdem ist jedoch für eine Reihe von Formen eine tiereigene Zellulase nachgewiesen worden. FALK (1930) hat bei *Hylotrupes bajulus* und *Anobium pertinax* an Hand von Kotanalysen eine Verminderung des Zellulosegehaltes der Nahrung festgestellt, und SCHLOTTKE und BECKER haben die Zellulase im Darmkanal des ersteren nachgewiesen. RIPPER (1931), MANSOUR u. MANSOUR-BEK (1933) und W. MÜLLER (1934) haben bei anderen Bockkäferlarven (*Leptura, Rhagium, Cerambyx, Oxymirus, Macrotoma, Gracilia*) und anderen Anobiinen (*Anobium striatum, Xestobium*) ebenfalls ein mehr oder weniger weitgehendes Vermögen der Zelluloseverdauung konstatieren können. Auch DESCHAMPS (1951) hat in jüngster Zeit bei Cerambyciden abermals eine Zellulase- und Zellobiase-Produktion gefunden. Doch dürfen diese positiven Ergebnisse nicht ohne weiteres verallgemeinert werden. Bei einer anderen Bockkäferlarve (*Xystrocera*) fehlt ein solches Vermögen (MANSOUR u. MANSOUR-BEK), und die *Cossus*larven (RIPPER) sowie der Splintkäfer *Lyctus* (CAMPELL, 1929) produzieren ebenfalls keine Zellulase. Für solche Formen kommen daher lediglich die löslichen Zucker und die Stärke des Holzes als Kohlenhydratquelle in Frage. Dementsprechend pflegen derartige scheinbare Holzfresser auch das Splintholz dem Kernholz vorzuziehen und sind durch besonders große Kotmengen und lange, sich nicht selten über mehrere Jahre erstreckende Entwicklungszeiten charakterisiert.

Mit diesem Ergebnis harmoniert, daß bei Zellulase produzierenden Formen wie bei solchen, denen dieses Vermögen abgeht, Symbionten führende vorkommen und daß auch an Kulturen von *Rhagium-* und *Ernobius*hefen keine entsprechenden Enzyme nachzuweisen waren (W. MÜLLER).

Mithin dürfte sich eine Beteiligung von Endosymbionten an der Zelluloseverwertung ihrer Wirte bei Wirbellosen auf jene Fälle beschränken, in denen solche in Gärkammern und ähnlichen erweiterten Darmabschnitten leben, und darüber hinaus höchstens noch bei gewissen Protozoen (*Pelomyxa*, Polymastiginen) in Frage kommen. Aber auch in dieser Hinsicht bestehen, wie wir im speziellen Teil sahen, mancherlei Meinungsverschiedenheiten. Positiven Angaben, welche sich auf die Darmflora von *Potosia-*, *Oryctes*, *Osmoderma-* und

*Geotrupes*larven beziehen (VATERNAHM, 1924; WERNER, 1926; WIEDEMANN, 1930; POCHON, 1939), stehen ablehnende gegenüber (RIPPER, 1931). Hinsichtlich der Termiten liegen ebenfalls mehrere Veröffentlichungen vor, welche über zelluloselösende, aus ihrem so ungeheuer erweiterten Enddarm gezüchtete Mikroorganismen berichten (HOLDAWAY, 1933; BALDACCI und VERONA, 1939, 1949, 1941; HUNGATE, 1946), aber es hat den Anschein, daß solche nur in den Fällen eine entscheidenden Rolle spielen, in denen Flagellaten fehlen und trotzdem Holz die vornehmste Nahrung darstellt. Wenn man bedenkt, wie bedeutungsvoll der bakterielle Abbau der Zellulose im Säugetierdarm und bei Vögeln ist, so muß es jedenfalls von vorneherein überaus wahrscheinlich erscheinen, daß es auch im Bereich der Wirbellosen zu ähnlichen Anpassungen kam.

Auch die Frage nach der Bedeutung der Bakteriensymbiose bei *Pelomyxa* ist noch nicht geklärt. Nachdem KELLER (1949) über gelungene Kulturen der nie fehlenden Insassen jener Amöben und über ihr Vermögen, Zellulose abzubauen, berichtet hatte, wird dem neuerdings von LEINER, WOHLFEIL u. SCHMIDT (1951) widersprochen. Ebenso unentschieden ist die Rolle der mutmaßlichen Bakteriensymbionten in den Polymastiginen des Termitendarmes, in denen PIERANTONI die eigentlichen Zellulaseproduzenten sieht, während andere eine solche Vorstellung als unerwiesen ablehnen oder die Mikroorganismennatur der fraglichen Einschlüsse zum Teil überhaupt nicht anerkennen (GRASSÉ, 1952). Einstimmigkeit hingegen herrscht hinsichtlich der vitalen Bedeutung der Flagellatenfauna der Termitendärme für die Zelluloseverdauung, sei es nun, daß sie selbst die nötige Zellulase produzieren oder daß sie auf ihre endosymbiontischen Bakterien zurückgeht.

Von wesentlicher Bedeutung ist die den jüngsten experimentellen Untersuchungen zu dankende Erkenntnis, daß ein und derselbe Symbiont in der verschiedensten Weise in den Wirtsstoffwechsel eingreifen kann. So ließ sich für die Larven von Cerambyciden zeigen, daß ihre pflanzlichen Gäste einerseits einen vollkommenen Ersatz für alle in der Bierhefe enthaltenen Wuchsstoffe darstellen und gleichzeitig atmosphärischen Stickstoff zu assimilieren vermögen (GRAEBNER, REITINGER, SCHANDERL), und es muß als sehr wahrscheinlich gelten, daß sich die Anobiinensymbionten ebenso verhalten, nachdem bei ihnen einerseits die Vitaminbelieferung erwiesen ist, und andererseits Formen wie *Anobium pertinax* bei reiner Zellulosenahrung sollen gedeihen können. Die Studien FINKS haben ergeben, daß die *Pseudococcus*symbionten nicht nur Vitaminproduzenten sind und N_2 zu assimilieren vermögen, sondern auch Harnstoff zur Eiweißsynthese nutzen können. Eine wenigstens teilweise Vitaminbelieferung und Harnsäureabbau danken die Blattiden ihren symbiontischen Bakterien (KELLER; GLASER; NOLAND, LILLY u. BAUMANN). Wenn TÓTHS Angaben über Luftstickstoffassimilation bei Heteropteren richtig sind und verallgemeinert werden dürfen, gesellt sich hier zu dieser Leistung nach den Feststellungen von L. SCHNEIDER ebenfalls noch die der Entgiftung der Wirte durch Abbau ihrer Stoffwechselendprodukte. Bei den Aphiden ist mit gleichzeitiger Assimilation des atmosphärischen

Stickstoffs und Verwertung von Harnstoff sowie in geringerem Grade von Harnsäure durch die Symbionten zu rechnen (TÓTH), und vermutlich kommt auch Vitaminbelieferung in Frage. An den Symbionten blutsaugender Tiere kann als eine freilich nebensächlichere Begleiterscheinung der Vitaminbelieferung (BRECHER u. WIGGLESWORTH, DE MEILLON und Mitarbeiter) in manchen Fällen die Einleitung der Verflüssigung und Verdauung des Blutes durch deren Enzyme beobachtet werden. Es besteht kaum ein Zweifel, daß mit zunehmender Vertiefung der experimentellen Symbioseforschung diese Vielheit der Leistungen ein und desselben Symbionten noch wesentlich offenkundiger werden wird.

Wenn man sich auch stets wird bewußt bleiben müssen, daß diese Fähigkeiten der Symbionten zum Teil nur fern vom Körper des tierischen Wirtes an Hand von Reinkulturen festgestellt wurden, so sprechen doch gewichtige Gründe dafür, daß sie auch in diesem eine entsprechende Rolle spielen. Stehen sie doch jeweils in sinnvollem Zusammenhang mit der Ernährungsweise der Wirtstiere! In dieser Hinsicht haben die experimentellen Arbeiten die Berechtigung jener Überlegungen, welche einst zur Auffindung der einzelnen Vorkommnisse führten, durchaus bestätigt. In den allermeisten Fällen sind es in irgendeiner Hinsicht unzureichende Nahrungsquellen, welche zur Begründung der Symbiosen geführt haben, oder, besser gesagt, welche den betreffenden Tieren erst zugänglich wurden, nachdem sie über Symbionten verfügten, die jene Mängel wettzumachen vermochten. Wenn im Wirbeltierblut auch eine ganze Reihe der für Insekten unentbehrlichen Vitamine nachgewiesen wurden, so sind sie doch, wie wir sahen, keineswegs alle in der nötigen Menge vorhanden, und es kann trotz den zunächst noch widersprechenden Angaben von LWOFF und NICOLLE kaum ein Zweifel darüber bestehen, daß erst die Überwindung dieses Defizits die Spezialisierung auf ausschließliche Blutnahrung möglich gemacht hat. Handelt es sich um Holzverzehrer, so kommt zur Armut an Vitaminen der geringe Eiweißgehalt der Nahrung hinzu, und die Ansprüche an die Symbionten werden daher zwiefacher Art.

Der Umstand, daß Insekten, welche sich in recht ähnlicher Weise von kohlenhydratreicher Kost, von allerlei Samen, insbesondere Getreide, Mehl, Mehlprodukten und ähnlichem ernähren, zum Teil Symbionten besitzen, zum Teil aber auch ohne solche auskommen, könnte vielleicht dazu verführen, darin ein gegen die Notwendigkeit der Symbiose sprechendes Argument zu erblicken. Aber bei genauerer Betrachtung klärt sich diese Unstimmigkeit rasch auf. Die symbiontenhaltigen Formen — *Sitodrepa, Lasioderma, Oryzaephilus, Rhizopertha, Calandra* und andere Rüsselkäfer — leiten sich samt und sonders von Vorfahren ab, die Holz fraßen und, wie die heutigen entsprechend lebenden Verwandten zeigen, als solche bereits ihre Symbionten erworben hatten. Die symbiontenfreien aber — *Ephestia, Tribolium, Ptinus, Tenebrio* — gehören durchwegs Gruppen an, bei denen auch sonst keine Symbiontenträger bekannt geworden sind. Das gilt für Tenebrioniden, Ptiniden und Lepidopteren in ganz gleicher Weise, ja unter den letzteren haben sogar extreme Holzfresser wie *Cossus* nicht gelernt, ihre Lebenslage durch Symbiontenerwerb zu verbessern. Bei einem solchen Wandel in der Ernährungsweise kann die Symbiose begreiflicherweise an Bedeutung verlieren, aber die Experimente an Anobiinen und der Vergleich mit symbiontenfreien Formen haben deutlich gezeigt, daß der Symbiontenbesitz die Tiere auch in diesen Fällen noch bei einer Nahrung gedeihen läßt, die *Tribolium*, *Ptinus* und so fort unzugänglich ist. Verliert dann aus irgendwelchen Gründen ein in Symbiose lebender Cerealienfresser seine Insassen, wie die ägyptische Varietät von *Calandra granaria*, so wird er damit notwendig auf die Stufe des anspruchsvolleren *Tribolium* herabsinken.

Bei dem Symbiontenerwerb der Pflanzensäftesauger spielten sichtlich ähnliche Unzulänglichkeiten der Nahrung die entscheidende Rolle. Auch hier handelt es sich ja um eine Nahrung, die nicht nur sehr arm an Eiweiß ist, sondern wahrscheinlich die vom Insekt benötigten Vitamine nicht in ausreichender Weise enthält. Daß Symbiontenerwerb und Ernährungsregime abermals in engstem Zusammenhang stehen, demonstrieren in diesem Fall die Heteropteren, welche zum Teil die räuberische Lebensweise mit der auf Pflanzensaft angewiesenen vertauschten, auf das deutlichste.

Wenn die Motive der sporadisch auftretenden Mallophagensymbiose auch zunächst noch nicht so klar zutage liegen, so hat es immerhin den Anschein, daß auch hier einseitige Nahrungsbeschränkung, diesmal auf Hornsubstanz, ihre Einrichtung bedingt hat. Undurchsichtig bleibt hingegen vorläufig das Motiv der Symbiose, welche man bei zwei im Baumfluß lebenden Formen — *Dasyhelea* und *Nosodendron* — konstatierte.

Die Verwertung von Stoffwechselendprodukten durch Symbionten geht jedoch begreiflicherweise nicht unbedingt mit einseitiger Ernährungsweise Hand in Hand. Sie kann zwar bei eiweißarmer Kost besonders wertvoll werden (Heteropteren, Homopteren), so daß man vermuten möchte, daß sie sich eines Tages auch bei extremen Holzfressern wird nachweisen lassen, begegnete aber auch bei Allesfressern, wie den Blattiden. Künftigen experimentellen Studien bleibt es vorbehalten, aufzuklären, in welcher Richtung die Bedeutung der Symbiose bei Camponotinen und Formiciden zu suchen ist, die ja als die einzige bisher bei Hymenopteren bekannt gewordene und offenbar in Abbau begriffene ein besonderes Interesse beansprucht. Die Feststellung von F. Smith (1944), daß bei *Camponotus herculaneus pennsylvanicus* das Wachstum der Larven nur wenig beeinträchtigt wird, wenn man den sie ernährenden Arbeiterinnen eine synthetische Nahrung ohne Hefezusatz vorsetzt, macht es immerhin heute schon wahrscheinlich, daß es sich auch hier um B-Vitamine produzierende Symbionten handelt.

Aus alledem geht hervor, wie bedeutsam für die Weiterentwicklung unseres Gebietes nicht nur die Kenntnis der jeweiligen Leistungen der Symbionten, sondern auch das Wissen von der jeweiligen qualitativen und quantitativen Zusammensetzung der Nahrung der Symbiontenträger ist. Doch sind wir leider hierüber zumeist bis heute nur recht mangelhaft orientiert. Bezüglich des Vitamingehaltes des Siebröhrensaftes, also der hauptsächlichsten Nahrung einer so hochbedeutsamen Gruppe, wie es die Hemipteren sind, ist, wie wir hörten, bisher nur wenig bekannt. In welchem Umfang diese

aber auch Zellen anstechen, entzieht sich ebensosehr unserer Kenntnis, und
wir wissen nicht, wann hiebei lediglich Zellsaft gesogen oder auch das Plasma
und seine Reservestoffe aufgenommen werden und wie es in diesen Fällen
um den Vitamingehalt der Nahrung steht. Bei den Untersuchungen über die
im Wirbeltierblut enthaltenen Vitamine spielten begreiflicherweise bisher die
Probleme der Symbioseforschung keine Rolle. Diese aber interessiert sich vor
allem dafür, ob für das Insekt unentbehrliche Stoffe im Blut fehlen und wie
sich, soweit sie vorhanden, die Mengen der im Laufe der Entwicklung von dem
Parasiten aufgenommenen Stoffe zu ihrem Bedarf verhalten. Bei den im «Holz»
lebenden Symbiontenträgern bedingt nicht nur das Leben im Splint, beziehungsweise im Kernholz sehr beträchtliche Unterschiede im Nährwert, sondern dieser ist auch bei den einzelnen Bäumen sehr verschieden. Über
den jeweiligen Gehalt des als Nahrung dienenden Holzes an Eiweiß und an
Reservestoffen liegen nur spärliche Angaben vor, und Untersuchungen wie
die, welche S. E. WILSON (1933) und PARKIN (1938, 1939) an *Lyctus* vorgenommen haben, oder die sich auf Anobien und Bockkäferlarven beziehenden, welche
BECKER zu danken sind, stellen rühmliche Ausnahmen dar. Vergleichende
Untersuchungen über den Vitamingehalt verschiedener Holzsorten und Holz-
bereiche scheinen gänzlich zu fehlen, aber nur solche würden zum Beispiel
vermutlich die Beschränkung der Cerambycidensymbiose auf Larven, die in
lebendem und totem Nadelholz und totem Laubholz leben, und ihr völliges
Fehlen bei solchen, welche sich von frischem Laubholz — sei es Hart- oder
Weichholz — oder von Kräutern ernähren, erklären. Daß auch ein Weg bestün-
de, die Ansprüche der verschiedenen Insekten an den Stoffbestand im Holz zu
erfassen, ohne sie ihrer natürlichen Umwelt zu entziehen, hat BECKER (1942,
1943) gezeigt, der die Hölzer teils extrahierte, teils imprägnierte und dabei
unter anderem feststellte, daß die Anreicherung mit wässerigen Hefeextrakten
sowohl die Entwicklung des symbiontenfreien Hausbockes als auch von
Anobium punctatum begünstigt.

Die Komplikationen, auf welche die künftige experimentelle
Symbioseforschung stoßen wird, werden zweifellos beträchtliche sein.
Schon jetzt ist zu erkennen, daß man sich vor jeglicher Verallgemeinerung zu
hüten hat. Selbst die Symbionten einander so nahestehender Tiere wie *Sitodrepa* und *Lasioderma* ergaben deutlich verschiedene Leistungen, wobei *Sitodrepa* vor allem dadurch, daß ihre Hefen kein Thiamin produzieren, gegenüber
der anderen Anobiine in offenkundigem Nachteil ist. *Cimex lectularius* wird
von seinen Bakterien wesentlich besser mit B-Vitaminen beliefert als *Ornithodorus*, obwohl beide auf die gleiche Blutnahrung angewiesen sind. Die Entwicklung von *Coptosoma* erleidet nach Symbiontenverlust beträchtliche Verzögerung, *Eurydema*, eine andere Blattwanze, scheint ihn ohne jegliche Schädigung zu ertragen. Die Symbionten von *Oryzaephilus* liefern bestenfalls einen
Bruchteil der nötigen B-Vitamine, während die ganz ähnlich lebenden Anobiinen, soweit sie untersucht sind, alle oder nahezu alle Vitamine der B-Gruppe
von ihren Hefen beziehen.

Auch ist zu einer normalen Entwicklung keineswegs nur die Anwesenheit all dieser Wuchsstoffe nötig, sondern sie müssen auch in ganz bestimmter Weise dosiert sein, wenn sich ein geregeltes Zusammenspiel ergeben soll. Als KREITMAIER auf Veranlassung KOCHS nach einem Testobjekt fahndete, an dem sich schneller als bei *Tribolium* die Wirksamkeit der einzelnen Vitamine erproben ließe, fand er ein solches in den Paramäcien (siehe KOCH, 1950). Als er an ihnen die Vitamine des B-Komplexes sowie eine Reihe von Aminosäuren allein und in Kombination mit den Vitaminen prüfte, ergab sich, daß das Wirkungsoptimum der einzelnen Wirkstoffe ein recht verschiedenes sein kann. Dosierungen, die etwa für Thiamin noch optimal sind, können für β-Biotin oder B_{12} schon letal wirken. Ein Überangebot bestimmter Vitamine kann daher statt Förderung Wachstumshemmung auslösen. Andererseits hat sich gezeigt, daß die Vermehrungsrate der Paramäcien sprunghaft in die Höhe geht und über das Maximum der Teilkomponenten weit hinausgeht, wenn Vitamine und Aminosäuren kombiniert geboten werden. Es kann kein Zweifel darüber sein, daß solche komplizierte Wechselwirkungen auch im Stoffwechsel der Symbiontenwirte eine Rolle spielen und daß die auf den einzelnen Stadien ihrer Entwicklung verschiedene Hemmung und Förderung der Symbiontenvermehrung mit der jeweils erwünschten Dosierung der von ihnen zu liefernden Stoffe zusammenhängt.

Auch ist die Benötigung gewisser von den Symbionten produzierter Wirkstoffe offenbar eine zeitlich begrenzte oder erreicht wenigstens zu gewissen Zeiten ein Maximum. Das ergab zum Beispiel der Vergleich der symbiontenhaltigen und sterilen Männchen und Weibchen von *Pediculus* und ist aus der so oft periodisch angefachten und gehemmten Vermehrungsrate der Symbionten zu erschließen. Bei der Bettwanze hat das Fehlen des Thiamins auf die Wachstumsrate keinen Einfluß, wohl aber wird es unentbehrlich, wenn es sich darum handelt, gesunde, entwicklungsfähige Eier in normaler Menge zu bilden, während *Ornithodorus* ohne Thiamin bereits in seinem Wachstum stark beeinträchtigt wird. Auch wird man sich daran erinnern, daß symbiontische Organe bei einer Reihe von Formen (Zikaden, Rüsselkäfer) auf verschieden frühen Stadien abgebaut werden und ihre Insassen entweder ausgestoßen werden oder der Degeneration verfallen, und daß in dieser Hinsicht unter Umständen Unterschiede in den beiden Geschlechtern bestehen, die offenbar nicht nur darauf zurückzuführen sind, daß im weiblichen ein der Übertragung dienender Bestand erhalten bleiben muß, sondern auch auf Beziehungen zur Eibildung deuten, wie sie ja nicht nur bei der Bettwanze, sondern auch bei so manchen anderen Objekten wie *Pediculus*, *Rhodnius*, *Pseudococcus* und *Periplaneta* zutage getreten sind.

Insbesondere ist auch damit zu rechnen, daß die Auslösung der Verpuppung oder bei Formen, denen eine solche abgeht, die der letzten Häutung besonderer, die Ausschüttung der nötigen Hormone erst ermöglichender Stoffe bedarf. Das haben in anschaulicher Weise die Versuche von DE MEILLON, GOLBERG u. LAVOIPIERRE (1945) an steril gehaltenen *Aedes*larven gezeigt, welche bis zum dritten Larvenstadium keine Folsäure benötigen, dann aber ohne sie völlig unfähig sind, sich zu verpuppen. Noch drastischer demonstrieren gewisse rindenfressende Käferlarven die Notwendigkeit von die Verpuppung auslösenden Substanzen. *Synchroa punctata-* und *Dendroides canadensis*-Larven, zwei Pyrochroiden, vermögen sich, wenn sie in sterilisierter Eichenrinde leben, nicht zu verpuppen, tun dies aber ohne weiteres, wenn diese unbehandelt geblieben ist, oder in Gegenwart der Mycelien von *Armillaria nigra,* einem in alter Eichenrinde meist vorhandenen Pilz. Bietet man jedoch Larven, welche 6 Monate bis 6 Jahre in steriler Rinde gelebt hatten, endlich nichtsteriles Holz oder jenes Mycel und damit vermutlich bestimmte Vitamine, so tritt in geradezu stürmischer Weise binnen 5 Tagen die Verpuppung ein (PAYNE, 1931).

Alle bisherigen Bemühungen, den Sinn der Endosymbiosen auf experimentellem Wege aufzudecken, bedienten sich lediglich solcher Formen, die mit einer einzigen Mikroorganismensorte in Symbiose leben. Ungleich größere Komplikationen werden aber erst dort zu erwarten sein, wo es sich um Symbiosen mit zwei, drei und mehr verschiedenen Gästen handelt. Daß auch solche Symbiontenhäufung einen tieferen Sinn haben muß, dürfte aus allem, was wir über sie wissen, auch ohne daß sie bis jetzt experimentell studiert wurde, mit zwingender Notwendigkeit hervorgehen. Die zusätzlichen Formen sind ja zumeist mit ganz der gleichen Regelmäßigkeit in den Wirtsorganismus eingebaut und zeigen, soweit es sich um ältere Erwerbungen handelt, im Laufe der Embryonalentwicklung und hinsichtlich der Übertragungseinrichtungen die gleichen komplizierten Wechselbeziehungen. Wollte man die Neben-, Begleit- und akzessorischen Symbionten etwa im Hinblick auf jene Fälle, in denen vor allem letztere noch unvollkommenere Einpassung oder gar an Parasitismus mahnende Züge aufweisen, lediglich als bedeutungslose Mitläufer betrachten, welche gleichsam verstanden haben, die den primären Symbionten gegenüber bestehende Toleranz auszunützen, so würde durch eine solche Inkonsequenz die logisch zu fordernde Einheitlichkeit der Erscheinung zunichte gemacht. Schon die Überlegungen, welche allein die Konstruktion eines Stammbaumes der Zikadensymbiosen ermöglichten, schließen die Annahme, daß bei Plurisymbiosen ein Symbiont nützlich, die übrigen aber gleichgültig sind, aus. Denn es ergab sich ja hiebei mit zwingender Notwendigkeit, daß unter Umständen ursprünglich zusätzliche Formen, wie etwa die x- oder H-Symbionten, durch Ausscheiden älterer zu allein vorhandenen wurden.

Dazu kommt, daß die bisherigen Erfahrungen bezüglich der Leistungen der als einzige vorkommenden Symbionten eine solche Vielheit ohne weiteres verständlich machen. Durch die Hinzunahme weiterer Gäste kann ja die Lebenslage der Wirte wesentlich verbessert werden. Vitamine, welche der Stammsymbiont zu produzieren nicht imstande ist, können durch einen zweiten geliefert werden. Atmosphärischen Stickstoff assimilierende Bakterien oder Hefen können sich zu Symbionten gesellen, die etwa lediglich Vitamine bereitstellen. Ein dritter Gast vermag vielleicht die Stoffwechselendprodukte des Wirtes abzubauen. All das sind Möglichkeiten, die sich ohne weiteres aus dem, was wir heute wissen, ergeben, und es geht nicht an, daß man etwa unter dem

Eindruck der komplizierten Wechselwirkungen, die sich aus ihnen ergeben, vor solchen Vermutungen zurückschreckt.

Daß sich solche nicht nur zwischen Wirt und Symbionten abspielen, sondern notwendigerweise auch zwischen den einzelnen, oft Wand an Wand untergebrachten Mikroorganismen, haben bereits die Erörterungen über die Phylogenie der Plurisymbiosen gezeigt. Für das Nutzproblem ist vor allem von Bedeutung, daß es sich dabei keineswegs nur um antagonistische Wirkungen handelt, die zur Elimination von Symbionten führen, sondern daß nach allem, was man über Wechselbeziehungen in Mischkulturen weiß, auch mit einer harmonischen Zusammenarbeit und gegenseitiger Ergänzung zu rechnen ist. So ist es sehr wohl denkbar, daß zwei Symbiontensorten erst im Verein einen bestimmten Wirkstoff zu produzieren imstande sind, ähnlich wie dies geschieht, wenn man den *Mucor ramannianus* und *Torula rubra* zusammen in wirkstofffreier Nährlösung züchtet. Beide vermögen gesondert nur je eine Komponente des Thiamins zu synthetisieren, in Symbiose gezüchtet aber entsteht aus den beiden das Thiamin (SCHOPFER, 1938; F. W. MÜLLER, 1941). Oder man könnte sich vorstellen, daß ein anaerob lebender Symbiont sein Vermögen, atmosphärischen Stickstoff zu assimilieren, erst zur Geltung bringen kann, wenn aerobe Symbionten sein Gedeihen ermöglichen. Wachstumfördernde und wachstumhemmende Beeinflussungen der Symbionten untereinander, wie man sie so vielfältig von Mischkulturen kennt, werden notwendig auch bei den im Insektenkörper vereinten Mikroorganismen eine Rolle spielen und sich möglicherweise schon bei der Einbürgerung von Neuerwerbungen günstig auswirken.

In dieses Getriebe Einblick zu gewinnen stellt wohl die schwerste, aber keineswegs unlösbare Aufgabe der experimentellen Symbioseforschung dar. Zu diesem Zweck wird sie in erster Linie zu versuchen haben, die verschiedenen Symbionten gesondert und in Mischkulturen zu züchten und ihre Leistungen zu analysieren. Verschiedene Temperaturempfindlichkeit könnte es vielleicht ermöglichen, den einen oder anderen Symbionten zu eliminieren und die sich ergebenden Ausfallserscheinungen festzustellen. Die Chrysomelide *Bromius*, bisher das einzige Objekt, welches mehr als eine Symbiontensorte besitzt und gleichzeitig beiderlei Insassen durch Beschmieren der Eischale überträgt, böte die Möglichkeit, oberflächlich sterilisierte Eier mit nur je einem zu versehen und dann das Gedeihen der Normaltiere mit dem der symbiontenfreien und dem der je einen Symbionten entbehrenden zu vergleichen.

Aus dem, was wir heute über den Sinn der Endosymbiose der Tiere mit Pilzen und Bakterien wissen, ergibt sich bereits mit aller Deutlichkeit die Reichweite des Prinzips. Die Gebiete, in welchen solche Symbiosen vorkommen, erscheinen im wesentlichen abgesteckt, und größere Überraschungen sind in dieser Hinsicht kaum noch zu erwarten. Bei den Leuchtsymbiosen mag sich im Laufe der Zeit noch der eine oder andere Fall einstellen — vor allem bei den Fischen ist mit dieser Möglichkeit zu rechnen —, aber darüber, daß die überwiegende Mehrzahl der leuchtenden Tiere ein Eigenlicht aussendet, kann kein Zweifel sein. Was die so ganz anders gearteten, für den Stoffwechsel der Tiere bedeutungsvollen Symbiosen anbelangt, so fehlen solche zunächst bei allen denjenigen Wirbellosen, welche räuberisch leben, welche Plankton einstrudeln oder Algenrasen abweiden, Aasfresser sind oder dauernd oder zeitweise entoparasitisch leben. Damit scheidet auch von vorneherein ein großer Teil der Insekten, die ja die hauptsächliche Domäne solcher Symbiosen sind, aus. Hat man doch niemals bei Ephemeropteren, Plecopteren, Odontaten, Neuropteren oder räuberisch lebenden Hymenopteren und Coleopteren Entsprechendes gefunden[1]). Auch die Aculeaten, die von gemischter Kost leben oder ganz auf tierisches Eiweiß verzichten, zählen zu den nicht zur Begründung von Endosymbiosen neigenden Insekten. Sind es doch nur ganz vereinzelte Ameisen — Camponotinen und *Formica fusca* —, von denen eine solche bekannt geworden ist.

Nicht minder verhalten sich bedeutende Ordnungen, welche sich von frischen Pflanzenteilen nähren, wie die Orthopteren, Lepidopteren und Tenthredinoideen, ausgesprochen ablehnend[2]). Selbst bei Schmetterlingen, welche als Raupen im Holz leben, wie *Cossus*, und für die daher der Erwerb von Symbionten zweifellos Vorteile mit sich brächte, ist es nicht zu einem solchen gekommen![3]) Das muß um so mehr wundernehmen, weil in anderen Insektengruppen, bei denen die gleiche Ernährungsweise eine beträchtliche Rolle spielt, neben symbiontenfreien Vertretern in Symbiose lebende vorkommen. Dies gilt vor allem für die Coleopteren, wo ja so manche Curculioniden und einige Chrysomeliden, die sich von frischen Pflanzenteilen nähren, Symbionten führen, und in zweiter Linie für die Dipteren, von denen so viele minieren oder Gallen erzeugen, ohne Symbionten zu besitzen, während die ähnlich lebenden Trypetiden abermals Symbiontenträger sind. Zweifellos stellt frisches Pflanzengewebe eine an Proteinen, Kohlenhydraten, Mineralsalzen und Vitaminen reiche Nahrung dar, die in der überwältigenden Zahl der Fälle den Erwerb von Symbionten überflüssig macht. Warum es trotzdem in den genannten Fällen zu einem solchen kam, läßt sich heute noch nicht sagen.

Coleopteren und Dipteren stellen zweifellos Ordnungen dar, die noch so manche unbekannt gebliebene Symbiose umfassen. Man denke nur an die vielen, großenteils nur in tropischen Gegenden vorkommenden Coleopterenfamilien, welche in frischem oder moderndem Holz, in Samen, Fruchtkapseln und so fort leben, wie die Anthribiden, Aglycyderiden, Proterrhiniden, Brenthiden, welche alle als Rhynchophoren, das heißt den Curculioniden und Ipiden

---

[1]) Wenn neuerdings STEINHAUS (1951) Mitteilung über eine Symbiose macht, die an Darmausstülpungen des räuberisch lebenden Schwimmkäfers *Rhantus* geknüpft ist, so handelt es sich wohl sicher um eine Fehldeutung.

[2]) Eine sorgfältige Untersuchung hätte zu entscheiden, ob gewisse auf Thysanuren bezügliche Angaben zu Recht bestehen. RICCARDO (1945) veröffentlichte eine freilich recht unvollständige Mitteilung über kokkoide Symbionten, welche im Darmepithel von *Ctenolepisma ciliata* Duf. kleine Nester bilden, und teilte mit, daß SILVESTRI als erster entsprechende Beobachtungen gemacht und ihre Publikation beabsichtigt habe. Nach seinen mündlichen Angaben habe er ähnliche Organismen auch in anderen Thysanuren und in italienischen und exotischen Dipluren gesehen.

[3]) Die Kleidermotte und ihre in Hörnern und Geweihen minierenden Verwandten bedürften immerhin schon im Hinblick auf die Mallophagensymbiose einer Prüfung. Zudem gaben BUSNEL u. DRILHON (1943) an, daß erstere bei riboflavinfreier Kost in ihren Malphighischen Gefäßen dieses Vitamin enthalte!

nahestehende Gruppen besonders symbioseverdächtig sein müssen, an Cupediden, Trichocteniden, Eucnemiden, Monommiden, Cebrioniden, Cerophytiden und manche andere. In dieser Richtung könnte zweifellos das Gebiet, insbesondere, wenn sich Entomologen in tropischen und subtropischen Regionen dafür interessieren würden, noch durch so manche interessante Feststellung erweitert werden. Ähnlich liegen die Dinge auch hinsichtlich der Dipteren, wenn auch hier nach den bisherigen Erfahrungen der Zuwachs nicht so beträchtlich sein dürfte. Wo bei ihnen Pollen die vornehmste Nahrung darstellt, ist zum Beispiel, nachdem I. SCHWARZ bei noch nicht veröffentlichten Versuchen einen überraschend hohen, die Bierhefe übertreffenden Gehalt des Pollens an Wuchsstoffen fand, von vorneherein kaum mit der Existenz symbiontischer Einrichtungen zu rechnen.

Aber selbst in der Ordnung, in der, wie in keiner anderen, die Einbürgerung von Symbionten Platz gegriffen hat, bleibt der systematisch-morphologischen Untersuchung noch viel zu tun. Bei den Heteropteren gilt es die Grenze zwischen den in Symbiose und ohne Symbionten lebenden Arten noch schärfer zu ziehen, und bei den Homopteren harren noch zahlreiche Tribus der Erforschung. Nichts ist bisher von einer Symbiose bei den Thysanopteren bekannt, aber wenn man bedenkt, daß hier die Situation sehr ähnlich der der Heteropteren ist, indem räuberische und phytophage Formen nebeneinander vorkommen, daß ferner die Mundteile stark an die der Hemipteren erinnern und man sogar die Meinung vertreten hat, daß sie und die Hemipteren auf gleiche Vorfahren zurückgehen, so wäre doch mit der Möglichkeit zu rechnen, daß sich der Bereich der Endosymbiosen in dieser Richtung noch erweitern ließe. Die Verbreitung der Symbiosen bei nur von Wirbeltierblut lebenden Tieren ist wohl nahezu vollständig erfaßt. Wünschenswert wäre eine Untersuchung der Landblutegel, bei denen ja wohl mit einem positiven Ergebnis zu rechnen ist. Auch sollten der eigenartige *Hemimerus* (Diploglossaten) von Hamsterratten und die an Fledermäusen lebende *Arixenia* (Dermapteren) auf eine eventuelle Symbiose untersucht werden.

Wenn wir unsere Darstellung der Endosymbiosen auf die wirbellosen Tiere beschränkt haben, so darf, wenn von der Reichweite des Prinzips die Rede ist, natürlich nicht vergessen werden, daß es darüber hinaus auch bei Wirbeltieren seine Geltung hat. Wenn wir in ihrem Bereich auch nirgends auf Organe stoßen, welche ausschließlich als Symbiontenwohnstätten dienen und komplizierte Übertragungseinrichtungen oder gar eine Infektion der Eizellen durch Symbionten durchaus fehlen, so spielen doch im Darm lokalisierte Symbiosen mit Bakterien bei Vögeln, Säugetieren und dem Menschen eine sehr wesentliche, ja lebensnotwendige Rolle. Hier kann es sich nur darum handeln, mit einigen Worten auf dieses in erster Linie von Bakteriologen, Medizinern und Physiologen gepflegte Gebiet hinzuweisen (vergleiche auch hinsichtlich Literatur BAUMGÄRTEL, 1940; HUNGATE, 1946).

Begreiflicherweise hat man sich vor allem für die Rolle der Bakterien im Darm der Haustiere und des Menschen interessiert. Darüber, daß die Bakterien, welche in völlig regelmäßiger Weise die den Magen des Pferdes auskleidende Schleimhaut besiedeln, für den sich in ihm abspielenden Kohlenhydratabbau von wesentlicher Bedeutung sind, besteht heute kein Zweifel. Es handelt sich dabei um mehrere Arten von Milchsäurebakterien, auf deren amylolytische Tätigkeit die für den intermediären Stoffwechsel des Pferdes wichtige, alsbald nach der Fütterung auftretende Milchsäure zurückgeht. Daß außerdem noch andere durch Bakterien verursachte Gärungen eine Rolle spielen, bezeugt die daneben entstehende Essig- und Buttersäure. Die Existenz nie fehlender proteolytisch wirkender Bakterien erklärt, daß ein Teil des in der Nahrung enthaltenen Eiweißes bereits abgebaut wird, bevor es mit dem Magensaft in Berührung kommt. Während bakterielle Milchsäuregärung und Proteolyse auch noch im Dünndarm eine Rolle spielen, setzt dank dem Zusammenwirken einer ganzen Reihe von Zellulose zersetzenden Bakterien die Verwertung der Zellulose und damit gleichzeitig restlicher, nun erst zugänglich werdender Zellinhalte erst im stark entwickelten Blinddarm und im Kolon ein, ohne daß tiereigene Zellulasen dabei in Tätigkeit träten.

Wiederkäuer verhalten sich vor allem hinsichtlich der Zelluloseverdauung anders als Herbivoren mit einhöhligem Magen. Auch bei ihnen stellt der Pansen eine reiche Brutstätte von Milchsäurebakterien dar, und es fehlt nicht an peptonisierenden Mikroorganismen. Daneben machen sich nun aber hier auch bereits Bakterien geltend, welche die die Zellen verkittenden Pektinsubstanzen lösen und sie so für den Angriff der ebenfalls im Pansen nachgewiesenen Zellulose und Hemizellulosen vergärenden Keime frei machen (HUNGATE, 1946). Der Blinddarm des Rindes ist hingegen wesentlich kleiner als der des Pferdes und spielt für die Zelluloseverdauung eine geringere Rolle.

Untersuchungen an Hühnern haben ergeben, daß bei ihnen ebenfalls die ja sehr stark entwickelten paarigen Blinddärme als Stätten einer bakteriellen Zellulosevergärung in Frage kommen. Ihre operative Entfernung hebt dementsprechend die Verdaulichkeit der verschiedenen Sorten von Rohfasern entweder völlig auf oder setzt sie wenigstens ganz wesentlich herab. Daß die Blinddärme bei Raubvögeln im Gegensatz zu Hühnern, Gänsen, Schwänen usw. kaum entwickelt sind, aber andererseits bei Waldhühnern, die sich im Winter fast ausschließlich von besonders zellulosereicher Nahrung, Koniferennadeln und dergleichen, ernähren, ganz enorm sind und unter Umständen der Länge des übrigen Darmes gleichkommen, wird damit verständlich.

All diese Keime, welche in einem so offensichtlichen symbiontischen Verhältnis zu ihren Wirten stehen, gelangen mit unfehlbarer Sicherheit mit der Nahrung und zum Teil auch schon während der Geburt durch Mund und After in den von Haus aus sterilen Darmkanal. Seine Infektion im Verlaufe des Geburtsaktes hat man insbesondere beim Menschen genau erforscht. Im Darm des Säuglings spielt vor allem das *Bacterium bifidum*, das im Dickdarmchylus seine optimalen Bedingungen findet, eine wichtige Rolle; es findet sich bereits in der mütterlichen Vagina und gelangt während der Geburt in den kindlichen Mund. Diese Form der Übertragung läuft mit solcher Sicherheit ab, daß RIMPAU (1934) die mütterliche Vulva geradezu als Beschmierorgan bezeichnet und ähnlichen bei Insekten vorkommenden Übertragungseinrichtungen gleichsetzt. Mit dem Bifidusbazillus treten natürlich auch viele andere, hauptsächlich dem mütterlichen Darm entstammende Keime der Scheide in den kindlichen Organismus über, aber dieser regelt bereits in den ersten Lebenstagen die qualitative und quantitative Besiedlung der einzelnen Darmabschnitte in durchaus gesetzmäßiger Weise.

Wie sehr die normalen Funktionen des menschlichen Darmes von einer ganz bestimmten Zusammensetzung seiner Flora abhängig sind, geht ja schon aus der Tatsache hervor, daß Veränderungen derselben, wie sie zum Beispiel auch durch die orale Verabreichung von Penicillin, Sulfonamiden und anderen antibiotisch wirksamen Medikamenten ausgelöst werden, auch Störungen der Verdauung parallel gehen. Vor allem spielt auch hier wieder die Kohlenhydrate zerlegende Tätigkeit der Milchsäurebakterien, zu denen ja auch das *Bacterium bifidum* und *coli* gehören, eine wichtige Rolle, zumal die dabei entstehende Milchsäure gleichzeitig die Entfaltung der Fäulniserreger unterbindet.

Der Wert der symbiontischen Bakterien des Säugetierdarmes beruht jedoch nicht nur darin, daß sie auf mannigfache Weise in den Verdauungsprozeß eingreifen, sondern auch in ihrer Fähigkeit, lebenswichtige Vitamine zu produzieren. Da der Bedarf ihrer Wirte an Wuchsstoffen in überraschender Weise dem der Insekten gleicht (PETERSON u. PETERSON, 1945), ergeben sich in dieser Hinsicht mancherlei auffallende Parallelen. Von den Organismen des Wiederkäuermagens wissen wir, daß sie Thiamin, Pantothensäure, Riboflavin, Pyridoxin, Biotin und Vitamin K bilden und so dem Rind auch bei vitaminarmer Nahrung zu leben gestatten (MORGAN, 1941). Im Darm der Ratten entsteht ebenfalls Thiamin, Folsäure, Biotin und Vitamin K und macht es verständlich, daß die Tiere bei Vitaminmangel ihren Kot fressen, und ähnliches gilt auch für andere Säugetiere (ALMQUIST, 1941; JACQUOT, ARMAND u. REY, 1941; WILLIAMS, 1943). *Bacterium bifidum* und *coli* sind ebenfalls zugleich Thiaminproduzenten, und der Gehalt des ersteren an diesem so wichtigen Vitamin soll dem der Hefezellen gleichkommen. *Bacterium coli* aber kommt auch als Lieferant von Vitamin C in Frage. Daß alle diese Vitamine auch wirklich von der Darmwand absorbiert werden und damit bei vitaminarmer Nahrung Ersatz bieten können, steht außer Zweifel.

Schließlich muß noch darauf hingewiesen werden, daß die Säugetiere uns in den Ciliaten des Wiederkäuermagens auch ein Gegenstück zu den symbiontischen Flagellaten des Termiten- und Blattidendarmes liefern, das freilich in mancher Hinsicht von den bei diesen herrschenden Verhältnissen abweicht. Daß die in großen Mengen im Wiederkäuermagen vorhandenen und sich hier laufend lebhaft vermehrenden *Diplodinium*arten im Gegensatz zu anderen mit ihnen lebenden Infusorien eine Zellulase produzieren, dank der sie in ihrem Inneren Zellulose verdauen, und daß sie als Produkt dieser Hydrolyse Glukose speichern, kann heute als erwiesen gelten (HUNGATE, 1943, 1946, 1950). Andererseits haben Untersuchungen an Wiederkäuern, die ciliatenfrei gemacht wurden, ergeben, daß auch die dann allein für die Zelluloseverdauung in Frage kommenden Bakterien ausreichen, um die gleiche

Futterverwertung zu erzielen. Immerhin ist anzunehmen, daß unter normalen Bedingungen diese beiden Kategorien von Symbionten an der Verwertung der Pflanzenfasern beteiligt sind und daß die laufende Verdauung wesentlicher Symbiontenmengen für den tierischen Wirt bedeutungsvoll ist.

Unsere Kenntnis von den im Darm der Vögel, der Säugetiere und des Menschen als unentbehrliche Gäste lebenden Bakterien hat sich unabhängig von der Erschließung der Endosymbiosen bei Wirbellosen entwickelt und wird der Natur des Gebietes entsprechend wohl auch in Zukunft in erster Linie im Rahmen der Ernährungsphysiologie der Haustiere und der medizinischen Bakteriologie gefördert werden. Dessenungeachtet wird man sich bewußt sein müssen, daß es sich im Grunde natürlich nur um ein Teilgebiet der weitgespannten tierischen Symbiontologie handelt, wie sie sich in den letzten 40 Jahren im Anschluß an die Einsicht in die wahre Natur des Pseudovitellus der Homopteren entwickelt hat.

Anfangs wenig beachtet und von manchen in ihrer Bedeutung verkannt, hat sie sich in dieser Zeit zu einer Disziplin entwickelt, deren Bedeutung weit über die Grenzen der eigentlichen Zoologie hinausgreift und engste Beziehungen zu den Nachbarfächern der vergleichenden Physiologie, der Bakteriologie, Mykologie und Infektionslehre, und damit zur Medizin besitzt. Die zoologische Wissenschaft hat die Symbioseforschung um die Kenntnis einer Fülle bis dahin unbekannter oder mißverstanden gebliebener Einrichtungen bereichert, indem sie die vielfältigen Wohnstätten der Symbionten und die ihrer Übertragung dienenden Organe und Vorrichtungen aufgedeckt und weiterhin gezeigt hat, wie innig die Wechselbeziehungen der beiden Partner schon während der embryonalen und larvalen Entwicklung sind. Auch bei der Beurteilung verwandtschaftlicher Fragen vermag die Symbioseforschung mancherlei wertvolle Anhaltspunkte zu liefern, und an Hand einer Reihe von Kriterien läßt sich auch die Stammesgeschichte der einzelnen Symbiosen weitgehend klären, die unter Umständen auf die Gestaltung und die Lebensweise ihrer Wirte tiefgreifenden Einfluß hatten. Sind doch so extreme Anpassungen an die ausschließliche Ernährung mit Pflanzensäften, wie sie die mehr oder weniger sessilen und rückgebildeten Cocciden oder die unbeweglichen Stadien der Aleurodiden zeigen, zweifellos erst durch den diese Spezialisierung ermöglichenden Symbiontenerwerb ausgelöst worden, und ähnliches gilt für die nicht minder tiefgreifend umgestalteten Hippobosciden und manche andere Blutsauger. Auch die so ungewöhnliche Vermehrungsintensität, welche die Aphiden zeigen, deren Viviparität, wie wir sahen, jünger ist als der Symbiontenerwerb, wurzelt letztlich in diesem. So trägt die Symbioseforschung vielfältig auch zum tieferen Verständnis der Wirtstiere bei.

Die Ernährungsphysiologie der Wirbellosen, insonderheit der Insekten, hat durch die Symbioseforschung wesentliche Impulse erhalten, und die Lehre vom Vitaminbedarf der Tiere wird durch ihre neue, experimentelle Richtung in steigendem Maße bereichert. Hat sie doch unter anderem auch eine eindringlichere Analyse der in der Hefe vereinten B-Vitamine und sonstigen wachstumfördernden Stoffe ausgelöst und so indirekt zu einer praktischen

Verwertung derselben bei den Haustieren und beim Menschen geführt. Dies geschah zunächst durch GOETSCH (zahlreiche Veröffentlichungen von 1946 bis 1951, deren Liste sich bei GOETSCH, 1951, findet) und eine Reihe von Mitarbeitern (KAISER, 1949; GOETSCH u. LANG, 1949; GOETSCH u. NUSSBAUMER, 1950, und andere), die sich bei ihren Versuchen eines Hefeextraktes («Vitamin T GOETSCH») bedienten, in dem alle wesentlichen lebensnotwendigen und wachstumbeschleunigenden Wirkstoffe enthalten waren. Im einzelnen auf ihre Ergebnisse an Hydren, Kaulquappen, Enten, Hühnern, Schweinen, Kälbern und menschlichen Säuglingen einzugehen, ist hier nicht der Platz, da all diese Studien ja nur in sehr lockerem Zusammenhang mit der Symbioseforschung stehen. Auch die KOCH-Schule ist mit ihren reineren Hefeextrakten zu ganz ähnlichen positiven Ergebnissen gelangt, als sie Fütterungsversuche an Ferkeln, Ratten und Mäusen vornahm (HEDLER, BANDIER, JOBST, siehe KOCH, 1951), und ist dabei, das für die Praxis wichtige Gebiet weiter auszubauen. Als LENGSFELD (1951) dystrophischen und atrophischen Säuglingen ein auch auf das Wachstum von *Tribolium* optimal einwirkendes Präparat verabreichte, erzielte er bei mehr als der Hälfte der Versuchsobjekte eine oft spontan einsetzende Gewichtszunahme. All diese Versuche bestätigen erneut, daß der Bedarf an B-Vitaminen der Hefe bei Insekten und Wirbeltieren im wesentlichen der gleiche ist.

Sehr viel unmittelbarer sind die Beziehungen der Symbioseforschung zu Bakteriologie, Mykologie und Immunitätsforschung. Hier ist die neue Welt harmonischer Einfügung zahlloser Mikroorganismen in tierische Körper dazu bestimmt, eine gründliche Revision der herrschenden Auffassungen von den Wechselbeziehungen zwischen Makro- und Mikroorganismen und dem Wesen infektiöser Erkrankungen herbeizuführen. Nachdem sich Bakteriologen und Hygieniker lange genug dieser Einsicht verschlossen hatten, bricht sie sich erfreulicherweise immer mehr Bahn. Findet sich doch zum Beispiel in dem jüngst erschienenen Aufsatz über «Die Bedeutung der biologischen Symbioseforschung für die Medizin» aus der Feder eines Hygienikers der Satz: «Das Phänomen der intrazellularen Symbiose schafft für die Bakteriologie und Infektionslehre eine ganz neue Stufe der Erkenntnis, in ihrer Bedeutung etwa vergleichbar der Entdeckung der krankmachenden Fähigkeiten der Bakterien in den 70er Jahren oder der ergänzenden Beobachtungen METSCHNIKOFFS über den Vorgang der Phagozytose als Abwehrfunktion» (HARMSEN und MEINECKE, 1951). Nicht zuletzt werden auch die zahlreichen, eindeutig festzulegenden Entwicklungszyklen symbiontischer Bakterien für das Verständnis der Veränderlichkeit der Bakteriengestalt eine immer größere Bedeutung gewinnen.

Möge die vorliegende Darstellung des ganzen, an Wunderbarem überreichen Gebietes, das mich vor nunmehr vierzig Jahren in seinen Bann gezogen hat, nicht nur seinem unmittelbaren weiteren Ausbau dienen, sondern vor allem auch auf den Grenzgebieten Interesse wecken und Mitarbeit auslösen, auf daß sich aus den Grundmauern, die nun gelegt sind, jener stattliche Bau erhebe, den sie uns heute schon erkennen lassen.

TAFELERKLÄRUNGEN

Tafel 1

Die Symbionten von *Donacia semicuprea* Panz. Nach STAMMER.

a aus dem Übertragungsorgan eines Weibchens mittleren Alters,
b aus dem Übertragungsorgan eines legereifen Weibchens,
c aus den Blindsäcken einer 12 Stunden alten Larve,
d aus den Blindsäcken einer erwachsenen Larve,
e aus den Blindsäcken einer Puppenlarve,
f banale Bakterien aus dem Darm einer Puppenlarve.

Tafel 2

a–d Die Symbionten von *Tephritis heiseri* Trfld., 1000fach vergrössert. Nach STAMMER.
a aus den Blindsäcken einer Larve,
b aus dem Darm einer eben geschlüpften Imago,
c aus dem Darm einer einen Tag alten Imago,
d aus dem Darm einer legereifen Imago.
e, f Die Symbionten von *Pseudococcus adonidum* L. 800fach vergrößert. Nach WALCZUCH.
e von einer Imago,
f von einer Larve.

Tafel 3

a Die Symbionten der Larve einer *Pseudococcus* spec. 800fach vergrößert. Nach WALCZUCH.
b Die Symbionten einer Imago von *Pseudococcus diminutus* Leonardi. 800fach vergrößert.
Nach WALCZUCH.
c–l Die Symbionten verschiedener Hippobosciden. Zirka 600fach vergrößert. Nach ASCHNER.
c *Melophagus ovinus* L., Symbionten und Rickettsien,
d *Hippobosca camelina* Leach,
e *Hippobosca camelia* Leach, Symbionten und stäbchenförmige Begleitbakterien,
f *Hippobosca equina* L.
g *Hippobosca capensis* Olfers.
h, i *Lipoptena caprina* Austen.
k *Ornithomyia avicularis* L.
l *Lynchia maura* Bigot.

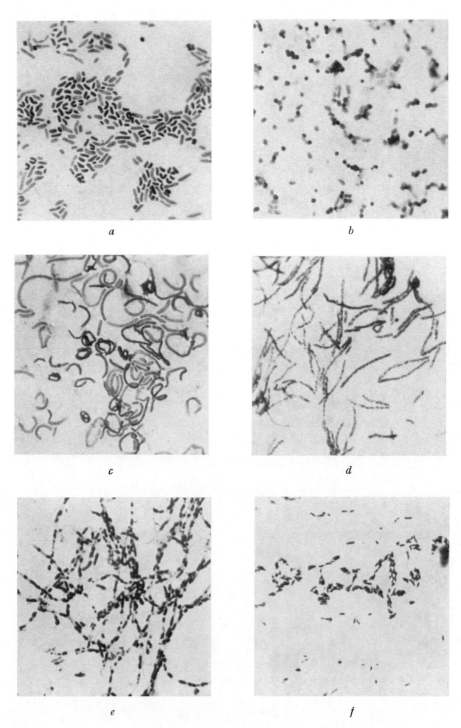

a *b*

c *d*

e *f*

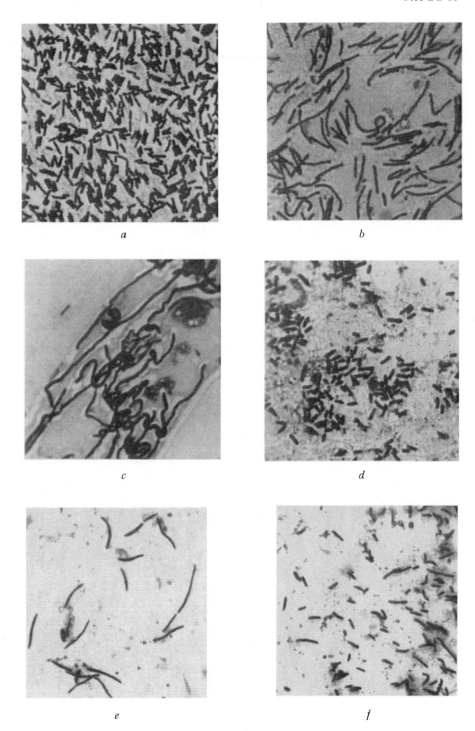

a

b

c

d

e

f

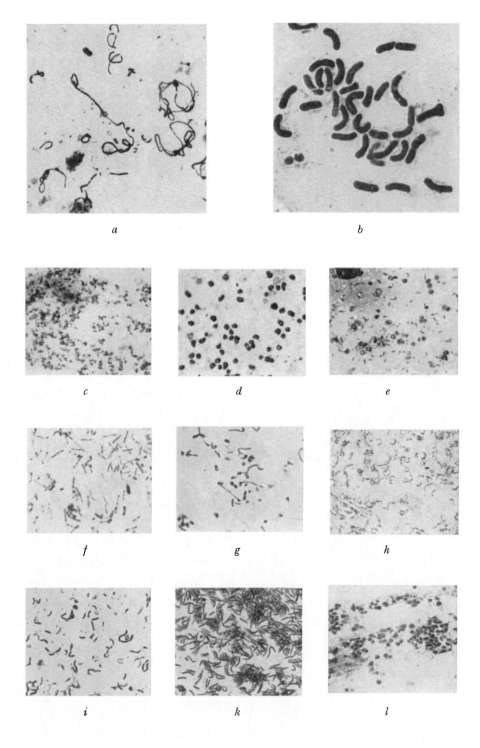

a

b

c

d

e

f

g

h

i

k

l

LITERATURVERZEICHNIS

ADLERZ, G., *Om digestionssekretionen jemte några dermed sammanhängande fenomen hos insekter och myriopoder*, Bihang Kgl. Svensk. Vet. Akad. Handl. [4] *16* (1890).

ALLEN, T.C., und RIKER, A.J., *A rot of apple fruit caused by Phytomonas melophthora n. sp., following invasion by the apple maggot*, Phytopathol. *22* (1932).

ALLEN, T.C., PINCKARD, J.A., und RIKER, A.J., *Frequent association of Phytomonas melophthora with various stages in the life cycle of the apple maggot, Rhagoletis pomonella*, Phytopathol. *24* (1934).

ALMQUIST, H. J., *Vitamin K*, Physiol. Rev. *21* (1941).

ALTENBURG, E., *The symbiont theory in explanation of the apparent cytoplasmatic inheritance in Paramaecium*, Amer. Naturalist *80* (1946).

ALTMANN, R., *Die Elementarorganismen und ihre Beziehung zu den Zellen* (Engelmann, Leipzig 1893).

ANADÓN, E., *Sobre simbiosis endocelulares de ephipigerinos*, Bol. R. Soc. Esp. Hist. nat. Madrid *41* (1943/44).

ANIGSTEIN, L., *Untersuchungen über die Morphologie und Biologie der Rickettsia malophagi Nöller*, Arch. Protistenkde. *57* (1927).

ARCHER, W., *On some freshwater Rhizopoda*, Quart. J. microsc. Sci. *9–11* (1869–1871).

– *A resume of recent observations on parasitic algae*. Quart. J. microsc. Sci. *13* (1873).

ARKWRIGHT, J.A., ATKIN, E.E., und BACOT, A., *An hereditary rickettsia-like parasite of the bedbug (Cimex lectularius)*, Parasitology *13* (1921).

ARKWRIGHT, J.A., und BACOT, A., *Stages of Rickettsia in the sheep-ked, Melophagus ovinus*, Trans. Roy. Soc. trop. Med. *15* (1921).

ARNAL, A., *Algo sobre los simbiontes de los mosquitos*, Bol. Soc. exp. Hist. nat. Madrid *41* (1943).

ASCHNER, M., *Die Bakterienflora der Pupiparen (Diptera). Eine Symbiosestudie an blutsaugenden Insekten*, Z. Morphol. Ökol. *20* (1931).

– *Experimentelle Untersuchungen über die Symbiose der Kleiderlaus*, Naturwissenschaften *1932*.

– *Studies on the symbiosis of the body-louse*, 1: *Elimination of the symbionts by centrifugalisation of the eggs*, Parasitology *26* (1934).

– *The symbiosis of Eucampsipoda aegyptica Mcq. (Diptera, Pupipara: Nycteribiidae)*, Bull. Soc. Fouad Ier Entom. *30* (1946).

ASCHNER, M., und RIES, E., *Das Verhalten der Kleiderlaus beim Ausschalten der Symbionten*, Z. Morphol. Ökol. *26* (1933).

ATKIN, E.E., und BACOT, A., *The relation between the hatching of the eggs and the development of the larvae of Stegomyia fasciata (Aedes calopus), and the presence of bacteria and yeasts*, Parasitology *9* (1917).

BACOT, A., *On the survival of bacteria in the alimentary canal of fleas during metamorphosis from larva to adult*, J. Hyg. *13*, Plague Suppl. III (1914).

– *Reports on questions connected with the investigation of nonmalarial fevers in West Africa*, Yellow Fever Commission to West Africa *3* (1916).

BALACHOWSKY, A., *Les Cochenilles de France, d'Europe, du Nord de l'Afrique et du bassin Méditerranéen*, IV (Hermann & Cie, Paris 1948).

BALBIANI, M., *Mémoire sur la génération des Aphides*, Ann. Sci. nat., Zool. [5] *11* (1869); *14* (1870); *15* (1872).

– *Recherches expérimentales sur la merotomie des Infusoires ciliés*, Rev. zool. suisse 5 (1888).

BALDACCI, E., *Studi sulle termiti. Schizomiceti e protozoi cellulolitici nell'intestino delle termiti*, Riv. Biol. Colon. *4* (1941).

BALDACCI, E., und VERONA, O., *Isolamento di schizomiceti del g. Cystophaga dall'intestino delle termiti*, Boll. Soc. ital. Biol. sper. *14* (1939).

BALDACCI, E., und VERONA, O., *Sulla presenza di schizomiceti cellulolitici nell'intestino di Reticulitermes lucifugus e Calotermes flavicollis*, Boll. Soc. ital. Biol. sper. *15* (1940).

BALFOUR, A., *Spirochaetosis of sudanese fowls*, Fourth report of the Wellcome tropical research laboratories at the Gordon memorial college Khartoum, vol. A (1911).

BARBER, M.A., *The food of anopheline larvae. Food organisms in pure culture*, Publ. Health Repts. *42* (1927).

– *The food of culicine larvae. Food organisms in pure culture*, Publ. Health Repts. *43*(1928).

BARBIERI, C., *Forme larvali del Cyclostoma elegans Drap.*, Zool. Anz. *32* (1907).

BAUMGÄRTEL, T., *Mikrobielle Symbiosen im Pflanzen- und Tierreich*, Slg. «Die Wissenschaft», Bd. 94 (Vieweg, Braunschweig 1940).

BÉCHAMPS, I., *Microzymas* (Montpellier 1875).

BECKER, G., *Untersuchungen über die Ernährungsphysiologie der Hausbockkäferlarve*, Z. vergl. Phys. *29* (1942).

– *Ökologische und physiologische Untersuchungen über die holzzerstörenden Larven von Anobium punctatum De Geer*, Z. Morphol. Ökol. *39* (1942).

– *Zur Ökologie und Physiologie holzzerstörender Käfer*, Z. angew. Entomol. *30* (1943).

– *Beobachtungen und experimentelle Untersuchungen zur Kenntnis des Mulmbockkäfers (Ergates faber L.)*, 2. Mitt., Z. angew. Entomol. *30* (1943).

BECKWITH, T.D., und ROSE, E.J., *Cellulose digestion by organisms from the termite gut*, Proc. Soc. exper. biol. Med. *27* (1929).

BEGEN, L., *Histologische und physiologische Untersuchungen über den Darm der Grylliden*, Dissertation Erlangen 1948 (unveröffentlicht).

BEIJERINCK, M.W., *Kulturversuche mit Zoochlorellen, Lichenogonidien und anderen niederen Algen*, Bot. Ztg. *48* (1890).

BENEDEK, T., und SPECHT, G., *Mykologisch-bakteriologische Untersuchungen über Pilze und Bakterien als Symbionten in Kerbtieren*, Zbl. Bakteriol. [1], *130* (1933).

BERKELEY, C., *Green bodies of Chaetopteridae*, Quart. J. microsc. Sci. *73* (1930).

– *Symbiosis of a Beroë and a flagellate*, Contr. Can. Biol. Fish. *6* (1930).

BERLESE, A., *Le cocciniglie italiane, viventi sugli agrumi*, I: *Dactylopius*, Riv. Patol. veg. *2* (1893).

– *Sopra una nuova Mucedinea parassita del Ceroplastes rusci*, Redia *3* (1905).

BEUTLER, R., *Experimentelle Untersuchungen über die Verdauung bei Hydra*, Z. vergl. Phys. *1* (1924).

BIEDERMANN, W., *Die Ernährung der Insekten*, in: WINTERSTEIN, *Handbuch der vergleichenden Physiologie*, Bd. 2, 1. Hälfte (G.Fischer, Jena 1911).

BIERRY, H., MARCHOUX, E., MARTIN, L., und PORTIER, P., *Rapport de la commission nommée par la Société de Biologie*, C. r. Soc. Biol. *83* (1920).

BIGELOW, R.P., *The anatomy and development of Cassiopea xamachana*, Mem. Boston Soc. nat. Hist. *5* (1900).

BLANC, G.-R., *Les spirochètes; leur évolution chez les Ixodidae*, Thèse de Paris, Jouve et Cie, Paris (1911).

BLEWETT, M., und FRAENKEL, G., *Intracellular symbiosis and vitamin requirements of two insects, Lasioderma serricorne and Sitodrepa panicea*, Proc. Roy. Soc. London [B] *132* (1944).

– siehe auch FRAENKEL, G., und BLEWETT, M.

BLOCHMANN, FR., *Über die Metamorphose der Kerne in den Ovarialeiern und über den Beginn der Blastodermbildung bei den Ameisen*, Verh. naturhist. med. Verein Heidelberg [N. F.] *3* (1884).

– *Über die Reifung der Eier bei Ameisen und Wespen*, Festschr. naturhist. med. Verein Heidelberg 1886; vorl. Mitt. in: Verh. naturhist. med. Verein Heidelberg [N.F.] *3* (1884).

– *Über das regelmäßige Vorkommen von bakterienähnlichen Gebilden in den Geweben und Eiern verschiedener Insekten*, Z. Biol. *24* [N.F. 6] (1887).

– *Über das Vorkommen von bakterienähnlichen Gebilden in den Geweben und Eiern verschiedener Insekten*, Zbl. Bakt. *11* (1892).

BODE, H., *Die Bakteriensymbiose bei Blattiden und das Verhalten der Blattiden bei aseptischer Aufzucht*, Arch. Mikrobiol. 7 (1936).

BOHN, G., und DRZEWINA, A., *Les «Convoluta». Introduction à l'étude des processus physicochimiques chez l'être vivant*, Ann. Sci. nat. Zool. [10] *11* (1928).

BONDE, R., *Some conditions determining potato-seed-piece decay and blackleg induced by maggots*, Phytopathol. *20* (1930).

BONNEMAISON, L., *Remarques sur la symbiose chez les Pentatomidae*, Bull. Soc. entom. France *51* (1946).

BORATYNSKI, K., *Sur l'anatomie de la femelle de Margarodes polonicus Chll.*, C. r. Soc. Biol. Paris *99* (1928).

BORGHESE, E., *Ricerche sul batterio simbionte della Blatella germanica L.*, Boll. Soc. ital. Biol. sper. *22* (1946).

BOSCHMA, H., *On the food of Madreporaria*, Proc. Acad. Sci. Amsterdam *27* (1924).

– *The nature of the association between Anthozoa and Zooxanthellae*, Proc. nat. Acad. Sci. Washington *11* (1925).

– *On the symbiosis of certain Bermuda Coelenterates and Zooxanthellae*, Proc. Amer. Acad. Arts Sci. Cambridge *60* (1925).

– *On the feeding reactions and digestion in the coral polyp Astrangia danae, with notes on its symbiosis with Zooxanthellae*, Biol. Bull. *49* (1925).

– *On the food of Reef-corals*, Proc. Acad. Sci. Amsterdam *29* (1926).

– *On the postlarval development of the coral Maeandra areolata L.*, Carnegie Institution Publ. Nr. 391 (Washington 1929).

BOYCOTT, A. E., *A green alga parasitic in a water snail*, North Western Nat. *1* (1926).

BRAIN, C. K., *The intracellular symbionts of South African Coccidae*, Ann. Univ. Stellenbosch, *1*, Sect. A, (Cape Town 1923).

BRANDES, C. K., *Die Ursache der Grünfärbung des Darmes von Chaetopterus*, Z. Naturwiss. *70* (1898).

BRANDT, K., *Über das Zusammenleben von Tieren und Algen*, Sitz.-Ber. Ges. naturf. Freunde, Berlin *1881*.

– *Über die morphologische und physiologische Bedeutung des Chlorophylls bei Tieren*, Arch. Anat. Phys., Abt. Phys., *1882*.

– 2. Artikel: Mitt. Zool. Station Neapel *4* (1883).

– *Über die Symbiose von Algen und Tieren*, Arch. Anat. Phys. *1883*.

BRAUER, A., *Die Tiefseefische*, 1. und 2. Teil, in: *Wissenschaftliche Ergebnisse der deutschen Tiefsee-Expedition* (G. Fischer, Jena 1906 und 1908).

BRECHER, G., und WIGGLESWORTH, V. B., *The transmission of Actinomyces rhodnii Erikson in Rhodnius prolixus Stål (Hemiptera) and its influence on the growth of the host*, Parasitology *35* (1944).

BREEST, F., *Zur Kenntnis der Symbiontenübertragung bei viviparen Cocciden und Psylliden*, Arch. Protistenkde. *34* (1914).

BREITSPRECHER, E., *Beiträge zur Kenntnis der Anobiidensymbiose*, Z. Morphol. Ökol. *11* (1928).

BRIEN, P., *Contribution à l'étude de l'embryogenèse et de la blastogenèse des Salpes*, Rec. Inst. Zool. Torley-Rousseau *2* (1928).

BROCK, J., *Über die sogenannten Augen von Tridacna und das Vorkommen von Pseudochlorophyllkörpern im Gefäßsystem der Muscheln*, Z. wiss. Zool. *46* (1888).

BROOKS, W. K., *The genus Salpa. A monograph*, Mem. biol. Lab. John Hopkins Univ. *11* (1893).

BRUES, CH. T., und DUNN, R. C., *The effect of penicillin and certain sulfa drugs on the intracellular bacteroids of the cockroach*, Science *101* (1945).

BRUES, CH. T., und GLASER, R. W., *A symbiotic fungus occuring in the fatbody of Pulvinaria innumerabilis*, Biol. Bull. *40* (1921).

BUCHNER, P., *Über intrazellulare Symbionten bei zuckersaugenden Insekten und ihre Vererbung*, Sitz.-Ber. Ges. Morph. Phys. München *1911*.

– *Zur Kenntnis der Aleurodes-Symbionten*, Sitz. Ber. Ges. Morph. Phys. München *1912*.

– *Studien an intrazellularen Symbionten*, 1: *Die Symbionten der Hemipteren*, Arch. Protistenkde. *26* (1912).

– *Sind die Leuchtorgane Pilzorgane?* Zool. Anz. *45* (1914).

– *Studien an intrazellularen Symbionten*, 2: *Die Symbionten von Aleurodes, ihre Übertragung in das Ei und ihr Verhalten bei der Embryonalentwicklung*, Arch. Protistenkde. *39* (1918).

– *Vergleichende Eistudien*, 1: *Die akzessorischen Kerne des Hymenoptereneies*, Arch. Mikr. Anat., Abt. 2. *91* (1918) (behandelt auch die Übertragung der *Camponotus*-Symbionten).

– *Neue Beobachtungen an intrazellularen Symbionten*, Sitz.-Ber. Ges. Morph. Phys. München *1919*.

– *Zur Kenntnis der Symbiose niederer pflanzlicher Organismen mit Pedikuliden*, Biol. Zbl. *39* (1920).

BUCHNER, P., *Über ein neues symbiontisches Organ der Bettwanze*, Biol. Zbl. *41* (1921).
– *Studien an intrazellularen Symbionten, 3: Die Symbiose der Anobiinen mit Hefepilzen*, Arch. Protistenkde. *42* (1921).
– *Tier und Pflanze in intrazellularer Symbiose* (Borntraeger, Berlin 1921), 464 S., 103 Abb., 2 Tafeln.
– *Rassen- und Bakteroidenbildung bei Hemipterensymbionten*, Biol. Zbl. 42 (1922).
– *Hämophagie und Symbiose*, Naturwissenschaften *1922*.
– *Über das «tierische Leuchten»*, Naturwissenschaften *1922*.
– *Moderne Symbioseforskning* (nach in Kopenhagen gehaltenen Vorlesungen), Naturens Verden 7 (Kopenhagen 1923).
– *Studien an intrazellularen Symbionten, 4: Die Bakteriensymbiose der Bettwanze*, Arch. Protistenkde. *46* (1923).
– *System und Symbiose*, Verh. dtsch. zool. Ges. *29* (1924).
– *Studien an intrazellularen Symbionten, 5: Die symbiotischen Einrichtungen der Zikaden*, Z. Morphol. Ökol. *4* (1925).
– *Studien an intrazellularen Symbionten, 6: Zur Akarinen-Symbiose*, Z. Morphol. Ökol. *6* (1926).
– *Tierisches Leuchten und Symbiose* (J. Springer, Berlin 1926).
– *Symbiontische Einrichtungen bei blutsaugenden Tieren*, Naturwissenschaften *1927*.
– *Holznahrung und Symbiose*, Forsch. u. Fortschr. *3* (1927).
– *Holznahrung und Symbiose* (J. Springer, Berlin 1928).
– *Die Grenzen des Symbioseprinzipes*, Naturwissenschaften *1928*.
– *Ergebnisse der Symbioseforschung, 1: Die Übertragungseinrichtungen*, Ergebnisse Biol. *4* (1928).
– *Tier und Pflanze in Symbiose, 2.* völlig umgearbeitete und erweiterte Auflage von *Tier und Pflanze in intrazellularer Symbiose* (Borntraeger, Berlin 1930), 900 S., 336 Abb.
– *Symbiontengestalt und Wirtsorganismus*, Atti XI Congr. Intern. Zool., Padova 1930, in: Arch. Zool. ital. *16* (1931).
– *Neuere Symbiosestudien*, Schles. Ges. vaterl. Cultur. *105* (1933).
– *Studien an intrazellularen Symbionten, 7: Die symbiontischen Einrichtungen der Rüsselkäfer*, Z. Morphol. Ökol. *26* (1933).
– *Symbiose der Tiere mit pflanzlichen Mikroorganismen*, Slg. Göschen Nr. 1128 (W. de Gruyter, Berlin 1939, 2. Aufl. 1949).
– *Symbiose und Anpassung*, Nova Acta Leopoldina [N. F.] *8* (1940).
– *Symbiosis in Oliarius*, Nature 160 (1947).
– *Nuove ricerche e problemi nel campo della simbiosi*, La Ricerca scientif. *18*, Roma (1948).
  Symbioseforschung und Stammesgeschichte, Umschau *1951*.
– *Historische Probleme der Endosymbiose bei Insekten*, Symposium sur la «Symbiose chez
– les Insectes», Amsterdam 1951, Tijdschr. Entomol. *95* (1952), und Union Intern. Sc. Biol. Sér. B, Nr. 10.
BURGHAUSE, F., *Kreislauf und Herzschlag bei Pyrosoma giganteum nebst Bemerkungen zum Leuchtvermögen*, Z. wiss. Zool. *108* (1914).
BURRI, R., *Weitere Beobachtungen über Formwandlungen beim Erreger der Sauerbrut der Bienen*, Beih. Schweiz. Bienenztg. *1*, H. 5 (1943).
– *Über eine in außerordentlichem Maße zur Dissoziation neigende Bakterienart*, Mitt. naturf. Ges. Bern [N. F.] *2* (1944).
– *Die Beziehungen der Bakterien zum Lebenszyklus der Honigbiene*, Schweiz. Bienenztg. *1947*.
BURRILL, T. J., *New species of Micrococcus*, Amer. Naturalist *17* (1883).
BUSCALIONI, L., und COMES, S., *La digestione delle membrane vegetali per opera dei flagellati contenuti nell'intestino dei termiti e il problema della simbiosi*, Atti Accad. Gioenia Sci. nat. Catania [5] *3* (1910).
BÜSGEN, M., *Der Honigtau. Biologische Studien an Pflanzen und Pflanzenläusen*, Z. Naturwiss. *25* (1891).
BUSNEL, R. G., und CHANOIN, R., *Dosage et repartition de la riboflavine chez le criquet pèlerin; son importance au point de vue alimentaire*, Bull. Soc. Zool. France *67* (1940).
– und DRILHON, A., *Presence of riboflavin in an insect, Tineola bisselliella Hum., fed a diet free of this substance*, C. r. Acad. Sci. Paris *216* (1943).
– – *Sur l'utilisation de la vitamine B_2 par Tenebrio molitor en présence de sulfonamide*, ebenda *226* (1948).

CAMPBELL, W. G., *The chemical aspect of the destruction of oakwood by powder-post and death-watch beetles: Lyctus spec. and Xestobium spec.*, Biochem. J. *23* (1929).

CARAYON, J., *Les punaises des bois et leur bactéries symbiotiques*, La Nature Nr. 3084 (Paris 1945).

– *L'oothèque d'Hémiptères Plataspidés de l'Afrique tropicale*, Bull. Soc. Entom. France *1949*.

– *Les élements bacilliformes secrétés par les glandes génitales annexes des certains Hémiptères*, Bull. Soc. Zool. France *70* (1949).

– *Les organes génitaux males des Hémiptères Nabidae. Absence de symbiontes dans ces organes*, Proc. Roy. entom. Soc. London [A] *26* (1951).

– *Les mechanismes de transmission héréditaire des endosymbiontes chez les insectes*, Symposium sur la «Symbiose chez les insectes» Amsterdam 1951, Tijdschr. Entomol. *95* (1952), und Union Intern. Sc. Biol. Sér. B, Nr. 10.

CARTER, W., *The pineapple mealy bug, Pseudococcus brevipes, and wilt of pineapples*, Phytopathology *23* (1933).

CARTER, W., *The spotting of pineapples leaves caused by Pseudococcus brevipes, the pineapple mealy bug*, Phytopathology *23* (1933).

– *The symbionts of Pseudococcus brevipes (Ckl.) in relation to a phytotoxic secretion of the insect*, Phytopathology *25* (1935).

– *The symbionts of Pseudococcus brevipes (Ckl.)*, Ann. entom. Soc. Amer. *28* (1935).

– *The symbionts of Pseudococcus brevipes in relation to a phytotoxic secretion of the insect*, Phytopathology *26* (1936).

– *The toxic dose of mealy bug wilt of pineapple*, Phytopathology *27* (1937).

CARTWRIGHT, K. ST. G., *Notes on a fungus associated with Sirex cyaneus*, Ann. appl. Biol. *16* (1929).

– *A further note on fungus association in the Siricidae*, Ann. appl. Biol. *25* (1938).

CASTEEL, D. B., *Germ cells of Argas*, J. Morphol. *28* (1916/17).

CERFONTAINE, P., *Recherches sur le système cutané et sur le système musculaire du lombric terrestre*, Arch. Biol. *10* (1890).

CHAMBERLIN, J. C., *A systematic monograph of the Tachardiinae or lac insects (Coccidae)*, Bull. entom. Res. *14* (1923/24).

CHOLODKOVSKY, N., *Die Entwicklung von Phyllodromia germanica*, Mém. Acad. Pétersbourg [7] *38* (1891).

– *Zur Morphologie der Pediculiden*, Zool. Anz. *27* (1914).

CHRYSTAL, R. N., *The Sirex wood wasps and their importance in forestry*, Bull. entom. Res. London *19* (1928).

CHUN, C., *Die Ctenophoren des Golfes von Neapel*, in: *Fauna und Flora des Golfes von Neapel*, Bd. 1 (R. Friedländer u. Sohn, Berlin 1880).

– *Die Oegopsiden der deutschen Tiefsee-Expedition*, in: *Wissenschaftliche Ergebnisse der deutschen Tiefsee-Expedition* (G. Fischer, Jena 1910).

CIENKOVSKY, L., *Über Schwärmerbildung bei Radiolarien*, Arch. mikr. Anat. *7* (1871).

CLAPARÈDE, E. R., und LACHMANN, K. F. I., *Etudes sur les Infusoires et les Rhizopodes*, Mém. Inst. nat. Genève *5* (1857).

CLARK, A. F., *The horntail borer and its fungal association*, New Zealand J. Sci. Techn. *15* (1933).

CLAUS, C., *Die Ephyren von Cotylorhiza und Rhizostoma*, Arb. Zool. Inst. Wien *5* (1884).

CLEVELAND, L. R., *The physiological and symbiotic relationships between the intestinal Protozoa of Termites and their host*, Biol. Bull. *46* (1924).

– *The effects of oxygenation and starvation on the symbiosis between the Termite Termopsis, and its intestinal Flagellates*, Biol. Bull. *48* (1925).

– *The ability of Termites to live perhaps indefinitely on a diet of pure cellulose*, Biol. Bull. *48* (1925).

– *Further observations and experiments on the symbiosis between Termites and their intestinal Protozoa*, Biol. Bull. *54* (1928).

CLEVELAND, L. R., HALL, S. R., SANDERS, E. P., und COLLIER, J., *The wood-feeding roach Cryptocercus, its Protozoa, and the symbiosis between Protozoa and roach.* Mem. Amer. Acad. Arts Sci. *17* (1934).

COHN, F., *Beiträge zur Entwicklungsgeschichte der Infusorien*, Z. wiss. Zool. *3* (1851).

COHN, F., und SCHRÖDER, *Über parasitische Algen*, Beitr. Biol. Pflanzen *1* (1872).

CONTE, A., und FAUCHERON, L., *Présence de levures dans le corps adipeux de divers Coccides*, C. r. Acad. Sci. Paris *145* (1907).

CONVENEVOLE, C., *La simbiosi ereditaria negli Emitteri Eterotteri* (*Aelia rostrata Geoffr.*), Arch. Zool. ital. *19* (1933).

COWDRY, E.V., *The distribution of Rickettsia in the tissues of insects and arachnids*, J. exper. Med. *37* (1923).

– *The independence of Mitochondria and the Bacillus radicicola in root nodules*, Amer. J. Anatomy *31* (1923).

– *The value of the study of mitochondria in cellular pathology*, Amer. Naturalist *58* (1924).

– *A group of microorganisms transmitted hereditarily in ticks and apparently unassociated with disease*, J. exper. Med. *41* (1925).

COWDRY, E.V., und OLITSKY, P.K., *Differences between Mitochondria and Bakteria*, J. exper. Med. *36* (1922).

CSÁKY, T., und TÓTH, L., *Encymatic breakdown of nitrogen compounds by the nitrogen fixing bacteria of insects*, Experientia *4* (1948).

CUÉNOT, L., *Etudes physiologiques sur les Orthoptères*, Arch. Biol. *14* (1895).

– *Etudes physiologiques sur les Oligochètes*, Arch. Biol. *15* (1898).

DAHLGREN, U., *The bacterial light organ of Ceratias*, Science *68* (1928).

DAVIDOFF, C., *Traité de l'embryologie comparée des Invertebrés* (Masson, Paris 1928).

DEAN, R.W., *Morphology of the digestive tract of the apple maggot fly, Rhagoletis pomonella Walsh*, New York (Geneva) agr. exper. Stat. Techn. Bull. *215* (1933).

– *Anatomy and postpupal development of the female reproductive system in the apple maggot fly, Rhagoletis pomonella Walsh*, New York (Geneva) agr. exper. Stat. Techn. Bull. *229* (1935).

DEANGARD, P.A., *Les zoochlorelles du Paramaecium bursaria*, Botaniste *7* (1900).

DE HAAN, W., *Mémoires sur les métamorphoses des Coléoptères*, 1: *Les Lamellicornes*, Nouv. Ann. Mus. nat. hist. Paris *4* (1835).

DELAGE, Y., *Etudes histologiques sur les Planaires rhabdocoeles acoeles* (*Convoluta Schultzii O. Schmidt*), Arch. Zool. expér. [2] *4* (1886).

DELAGE, Y., und HÉROUARD, E., *Traité de Zoologie concrète*, Bd. 2 (Schleicher Frères, Paris 1899).

DE LERMA, B., *Le recenti ricerche chimico-fisiche sulla bioluminescenza*, Riv. Fis. Mat. Sci. nat. *11* (1937).

DELSMAN, H.C., *Beiträge zur Entwicklungsgeschichte von Porpita*, Treubia (Batavia) *3* (1923).

DE MEILLON, B., und GOLBERG, L., *Nutritional studies on blood-sucking Arthropods*, Nature *158* (1946).

– *Preliminary studies on the nutritional requirements of the bedbug* (*Cimex lectularius L.*) *and the tick Ornithodorus moubata Murray*, J. exper. Biol. *24* (1947).

DE MEILLON, B., GOLBERG, L., und LAVOIPIERRE, M., *The nutrition of the larva of Aedes aegypti L.* 1, J. exper. Biol. *21* (1945).

DE MEILLON, B., THORP, J.M., und HARDY, F., *The relationship between ectoparasite and host*, 1: *The development of Cimex lectularius and Ornithodorus moubata on riboflavin deficient rats*, South Afr. J. med. Sci. *12* (1947).

DENDY, A., *On the origin, growth and arrangements of sponge spiculas: a study on symbiosis*, Quart. J. microb. Sci. *70* (1926).

DIAS, E., *Estudos sobre o Schizotrypanum cruzi*, Dissertation (Rio de Janeiro 1933) und Mem. Inst. Oswaldo Cruz *28* (1934).

– *Sobre a presença de symbiontes em hemipteros hematophagos*, Mem. Inst. Oswaldo Cruz *32* (1937).

DICKMAN, A., *Studies on the intestinal flora of Termites with reference to their ability to digest cellulose*, Biol. Bull. *61* (1931).

DI MARIA, G., *Nuove ricerche sulla attività vitaminica del simbionte d'Icerya purchasi Mask.*, Boll. Zool. *9* (1938).

– *Studii sul fabbisogno vitaminico per lo sviluppo della Sarcophaga*, Arch. Zool. ital. *25* (1938).

DOFLEIN, FR., *Studien zur Naturgeschichte der Protozoen*, 5: *Amoebenstudien*, Arch. Protistenkde. Suppl. *1* (1907).

DONCASTER, L., und CANNON, H.G., *On the spermatogenesis of the louse* (*Pediculus corporis and Pediculus capitis*) *with some observations on the maturation of the egg*, Quart. J. microsc. Sci. 64 (1920).

DÖRING, W., *Über Bau und Entwicklung der weiblichen Geschlechtsorgane bei myopsiden Cephalopoden*, Z. wiss. Zool. *91* (1908).

Dorner, G., *Darstellung der Turbellarienfauna Ostpreußens*, Schrift. phys.-ökon. Ges. Königsberg *43* (1902).

Doyle, W. L., *Studies on comparative cytoplasmic cytology*, Rep. Tortugas Lab., Carnegie Inst. Year Book *33* (1934).

– *Observations on zooxanthellae*, Rep. Tortugas Lab., Carnegie Inst. Year Book *34* (1935).

Doyle, W. L., und Doyle, M. M., *The structure of zooxanthellae*, Papers Tortugas Lab. *32* (1940).

Dreyfus, L., *Zu Krassilstschicks Mitteilungen über die vergleichende Anatomie und Systematik der Phytophthiren*, Zool. Anz. *7* (1894).

Dubois, R., *La vie et la lumière* (Alcan, Paris 1914).

Duerden, J. E., *West Indian Madreporian polypes*, Mem. Nat. Acad. Sci. Washington *8* (1902).

– *The coral Siderastraea radians and its postlarval development*, Carnegie Inst. Washington, Publ. *20* (1904).

– *The rôle of mucus in corals*, Quart. J. microsc. Sci. *49* (1906).

Duesberg, J., *Chondriosomes et bactéries dans les nodosités radicales des légumineuses*, C. r. Assoc. Anat. *18* (1923).

Dufour, L., *Recherches anatomiques et physiologiques sur les Hémiptères*, Mém. Sav. étrang. Acad. Sci. *4* (1833).

Duncan, J. T., *On a bactericidal principle present in the alimentary canal of insects and arachnids*, Parasitology *18* (1926).

Dutton, J. E., und Todd, J. L., *A note on the morphology of Spirochaeta duttoni*, Lancet 1907.

Ekblom, T., *Cytological and biochemical researches into the intracellular symbiosis in the intestinal cells of Rhagium inquisitor L.*, I: Skand. Arch. Physiol. *61* (1931); II: Skand. Arch. Physiol. *64* (1932).

Eliot, C., und Evans, T. J., *Doridoeides gardineri: a doriform cladohepatic nudibranch*, Quart. J. microsc. Sci. *52* (1908).

Emeis, W., *Über Eientwicklung bei den Cocciden*, Zool. Jb., Abt. Anat., *39* (1915).

Enders, H. E., *A study on the life history and habits of Chaetopterus variopedatus*, J. Morph. *20* (1909).

Engelmann, Th. W., *Neue Methode der Untersuchung der Sauerstoffausscheidung pflanzlicher und tierischer Organismen*, Botan. Ztg. *39* (1881).

– *Über tierisches Chlorophyll*, Arch. ges. Phys. *32* (1883).

Enriques, P., *Ricerche sui Radiolari coloniali*, I., II: R. Comit. Talassogr. ital. *71* (1919/21).

Entz, G., *Értesítö a kolozsvári orvos-természettudományi társulat második természettudományi szaküléséröl*, Kolozsvart *1876*.

– *Über die Natur der «Chlorophyllkörperchen» niederer Tiere*, Biol. Zbl. *1* (1881/82).

Ergene, S., *Spielen die Darmbakterien von Calotermes flavicollis bei der Assimilation des atmosphaerischen Stickstoffs eine Rolle?* Rev. Fac. Sci. Univ. Istanbul [B] *14* (1949).

Erikson, D., Med. Res. Coun. London, Spec. Rep. Ser. Nr. 203 (1935).

Escherich, K., *Über das regelmäßige Vorkommen von Sproßpilzen in dem Darmepithel eines Käfers*, Biol. Zbl. *20* (1900).

– *Die Forstinsekten Mitteleuropas*, Bd. 5 (Parey, Berlin 1940–1942) (Siriciden-Symbiose).

Evans, J. W., *Concerning the Peloridiidae*, Austral. J. Sci. *4* (1941).

Faasch, W. J., *Darmkanal und Blutverdauung bei Aphanipteren*, Z. Morph. Ökol. *29* (1935).

Fabre, J. H., *Souvenirs entomologiques*, 1. bis 5. Serie (Paris 1891–1897).

Falk, R., *Die Scheindestruktion des Koniferenholzes durch die Larven des Hausbockes, Hylotrupes bajulus*, Cellulosechem. *11* (1930).

– *Scheindestruktion des Holzes durch die Larve von Anobium*, Cellulosechem. *11* (1930).

Famintzin, A., *Die Symbiose als Mittel der Synthese von Organismen*, Biol. Zbl. *27* (1907).

Fantham, H. B., *Some researches of the life cycle of Spirochaetes*, Ann. trop. med. and parasit. *5* (1911).

Farran, G. P., *Pyrosoma spinosum*, Mem. Challenger Soc. Nr. 1 (London 1909).

Fedele, M., *Sulle strutture e funzione dei ciechi epatopancreatici nei molluschi opistobranchi*, Boll. Soc. ital. Biol. sperim. 1 (1926).

Fink, R., *Morphologische und physiologische Untersuchungen an den intrazellularen Symbionten von Pseudococcus citri Risso*, Z. Morph. Ökol. *41* (1952).

FLÖGEL, J. H. L., *Monographie der Johannisbeerblattlaus (Aphis ribis L.)*, Z. wiss. Inssekten-biol. [N.F.] *1* (1905).
FLORENCE, L., *An intracellular symbiont of the hog louse*, Amer. J. trop. Med. *4* (1924).
FORBES, S. A., *Bacteria normal to digestive organs of Hemiptera*, Bull. Ill. State Lab. nat. Hist. *4* (1892).
FRANKE-GROSMANN, H., *Beiträge zur Kenntnis der Beziehungen unserer Holzwespen zu Pilzen*, Verh. VII. intern. Entom.-Kongr. Berlin 1939.
– *Über das Zusammenleben von Holzwespen (Siricinae) mit Pilzen*, Z. angew. Entomol. *25* (1939).
– *Larvenentwicklung und Generationswechsel bei Hylecoetus dermestoides*, Trans. IXth int. Congr. Entomol. Amsterdam 1951.
FRAENKEL, G., *The role of symbionts as sources of vitamins and growth factors for their insect hosts.* Symposium sur la «Symbiose chez les insectes» (Amsterdam 1951), Tijdschr. Entomol. *95* (1952), und Union Intern. Sc. Biol. Sér. B, Nr. 10.
– *The nutritional value of green plants for insects*, Trans. IXth Intern. Congr. Entomol. Amsterdam 1951.
– *The nutritional requirements of insects for known and unknown vitamins*, Trans. IXth Intern. Congr. Entomol. Amsterdam 1951.
– Siehe auch BLEWETT, M., und FRAENKEL, G., sowie PANT, N. C., und FRAENKEL, G.
FRAENKEL, G., und BLEWETT, M., *Biotin, B_1, riboflavin, nicotinic acid, B_6 and pantothenic acid as growth factors for insects*, Nature *150* (1942).
– *Vitamins of the B-group required by insects*, Nature *151* (1943).
– *Intracellular symbionts of insects as sources of vitamins*, Nature *152* (1943).
– *The basic food requirements of several insects*, J. exper. Biol. *20* (1943).
FRAENKEL, G., und BLEWETT, M., *The vitamin B-complex requirements of several insects*, Bioch. J. *37* (1943).
– *The natural foods and the food requirement of several species of stored products insects*, Trans. Roy. entom. Soc. London *93* (1943).
– *The dietetics of the clothes moth, Tineola bisselliella Hum.*, J. exper. Biol. *22* (1946).
– *The dietetics of the caterpillars of three Ephestia species, E. kuehniella, E. elutella and E. cautella, and of a closely related species, Plodia interpunctella*, J. exper. Biol. *22* (1946).
– *Linoleic acid, vitamin E and other fat-soluble substances in the nutrition of certain insects (Ephestia kuehniella, E. elutella, E. cautella and Plodia interpunctella)*, J. exper. Biol. *22* (1946).
FRÄNKEL, H., *Die Symbionten der Blattiden im Fettgewebe und im Ei, insbesondere von Periplaneta orientalis*, Z. wiss. Zool. *119* (1921).
FRANZ, V., *Die japanischen Knochenfische der Sammlungen Haberer und Doflein. Beiträge zur Naturgesch. Ostasiens*, Abh. bayr. Akad. Wiss., math.-phys. Kl., Suppl. *4* (1910 bis 1913).
FRASER, E. A., *Observations on the life-history and development of the hydroid Myrionema amboinense*, Sci. Rep. Great Barriere Reef Exped. *3*, Nr. 4 (1931).
FRÖBRICH, G., *Untersuchungen über Vitaminbedarf und Wachstumsfaktoren bei Insekten*, Z. vergl. Phys. *27* (1939).

GALIPPE, V., *Parasitisme normal et microbiose* (Masson, Paris 1917).
GAMBETTA, L., *Ricerche sulla simbiosi ereditaria di alcuni coleotteri silofagi*, Ric. Morf. Biol. anim. *1*, Napoli (1927).
GARNAULT, P., *Recherches anatomiques et histologiques sur le Cyclostoma elegans*, Act. Soc. Linn. Bordeaux [5] *1* (1887).
GEBHARDT, A. VON, *Adatok a Buprestidák bélcsövének ismeretéhez*, Folia Soc. Entomol. Hung. *2* (1929).
GEDDES, P., *Sur la fonction de la chlorophylle chez les Planaires vertes*, C. r. Acad. Sci. Paris *87* (1878).
– *Observations on the physiology and histology of Convoluta schultzii*, Proc. Roy. Soc. London *28* (1879).
– *On nature and functions of the "yellow cells" of Radiolarians and Coelenterates*, Proc. Roy. Soc. Edinburgh *1882*.
– *The yellow-cells of Radiolarians and Coelenterates*, Proc. Roy. Soc. Edinburgh *1882*.
GELEI, J. VON, *Angaben zur Symbiosefrage von Chlorella*, Biol. Zbl. *47* (1927).
GETZEL, D., *I microbi della glandola nidamentale accessoria in Sepia officinalis*, Arch. Zool. ital. *20* (1934).

GETZEL, D, *Il simbionte dell' Icerya purchasi Mask., Geotrichoides pierantonii*, Arch. Zool. ital. *23* (1936).
– *Attività vitaminiche del simbionte dell'Icerya purchasi Mask.*, Boll. Zool. *7* (1936).
– *Forme microbiche del sangue*, Boll. Zool. *12* (1941).
GHIDINI, G.M., *A proposito di alcune recenti ricerche sulla cellulosolisi nell'intestino delle termiti*, Boll. Zool. *12* (1941).
GIARD, A., *Sur les Nephromyces, genre nouveau de champignons parasites du rein des Molgulidées*, C. r. Acad. Sci. Paris *106* (1888).
GIER, H. T., *The morphology and behavior of the intracellular bacteroids of roaches*, Biol. Bull. *71* (1936).
– *Growth of the intracellular symbionts of the cockroach, Periplaneta americana*, Anat. Record *70* (1937).
– *Intracellular bacteroids in the cockroach (Periplaneta americana L.)*, J. Bacteriol. *53* (1947).
GLASER, R.W., *Biological studies on intracellular bacteria*, Biol. Bull. *39* (1920).
– *On the isolation, cultivation and classification of the so-called intracellular "symbionts" or "Rickettsia" of Periplaneta americana*, J. exper. Med. *51* (1930).
– *The intracellular "symbionts" and the "Rickettsiae"*, Arch. Pathology 9 (1930).
– *Cultivation and classification of "bacteroids", "symbionts" or "Rickettsiae" of Blattella germanica*, J. exper. Med. *51* (1930).
– *The "Rickettsiae" and the intracellular "symbionts"*, Science 1931.
– *The intracellular bacteria of the cockroach in relation to symbiosis*, J. Parasitol. *32* (1946).
GLASGOW, H., *The gastric caeca and the caecal bacteria of the Heteroptera*, Biol. Bull. *26* (1914).
GLUMB, *Untersuchungen über die Übertragungsorgane der Cleoniden*, mitgeteilt in: BUCHNER, P., *Studien an intrazellularen Symbionten VII*, Z. Morphol. Ökol. *26* (1933).
GODOY, A., und PINTO, C., *Da presença dos symbiontes nos Ixodides*, Brasil-Medico *36* (1922).
GOETSCH, W., *Die Symbiose der Süßwasserhydroiden und ihre künstliche Beeinflussung*, Z. Morph. Ökol. *1* (1924).
– *Darmsymbionten als Eiweißquelle und Vitaminspender*, Öster. Zool. Z. *1* (1946).
– *Vitamin T – ein neuer Wirkstoff*, Öster. Zool. Z. *1* (1946).
– *Beiträge zur biologischen Analyse des Vitamin-T-Komplexes*, Z. Vitamin-, Hormon- u. Fermentforsch. *1* (1947).
– *Probleme der Formbildung*, in: *Neue Ergebnisse und Probleme der Zoologie*, Ergänzungsbd. Zool. Anz. *1950*.
– *Ergebnisse und Probleme aus dem Gebiet neuer Wirkstoffe*, Öster. Zool. Z. *3* (1951).
GOETSCH, W., und LANG, W., *Der Einfluss von Vitamin T auf die Entwicklung von Tribolium confusum und von anderen Insekten* (im Druck).
GOETSCH, W., und NUHSBAUMER, G., *Die Bedeutung des Wirkstoffes T für die Medizin* (T-Vitamin Goetsch), Ärztl. Praxis *2* (1950).
GOETSCH, W., OFFHAUS, K., und TÓTH, L., *Untersuchungen über Bakterien- und Flagellatensymbiosen bei Termiten*, Naturwissenschaften *1944*.
GOETSCH, W., und SCHEURING, L., *Parasitismus und Symbiose der Algengattung Chlorella*, Z. Morph. Ökol. *7* (1926).
GOHAR, H.A.F., *Studies on the Xeniidae of the Red Sea. Their ecology, physiology, taxonomy and phylogeny*, Publ. Mar. Biol. Stat. Ghardaqa *2* (1940).
GOLBERG, L., und DE MEILLON, B., *The nutrition of the larva of Aedes aegypti L.*, 3: *Lipid requirements*, 4: *Protein and amino acid requirements*, Biochem. J. *43* (1948).
– Siehe auch DE MEILLON, B., und GOLBERG, L., sowie DE MEILLON, B., GOLBERG, L., und LAVOIPIERRE, M.
GOLBERG, L., DE MEILLON, B., und LAVOIPIERRE, M., *Relation of "folic acid" to the nutritional requirements of the Mosquito larva*, Nature *154* (1944).
– *The nutrition of the larva of Aedes aegypti L.* 2: *Essential water-soluble factors from yeast*, J. exper. Biol. *21* (1945).
GOLDSCHMIDT, R., *Glow worms and evolution*, Rev. sci., 86ᵉ année, Nr. 3298 (1948).
GOLGI, C., *Intorno alla struttura ed alla biologia dei cosidetti globuli (o piastrine) del tuorlo*, Mem. R. Ist. Lomb. Sci. Lett. *22/23* (1923).
GOULD, L. J., *Notes on the minute structure of Pelomyxa palustris Greeff*, Quart. J. microsc. Sci. *36* (1893).
– *A further contribution to the study of Pelomyxa palustris*, J. Linn. Soc. London *29* (1905).
GOUX, L., *Notes sur une levure symbiotique de Chlamydolecanium conchioides Goux*, C. r. Soc. Biol. Paris *138* (1944).

GRABER, V., *Anatomisch-physiologische Studien über Phthirus inguinalis*, Z. wiss. Zool. *22* (1872).

GRAEBNER, K. E., *Vergleichend morphologische und physiologische Studien an Anobiiden- und Cerambycidensymbionten* (noch unveröffentlichte Untersuchungen).

GRAFF, L. VON, *Die Organisation der Turbellaria acoela*. Mit einem Anhang von G. HABER-LANDT: *Über den Bau und die Bedeutung der Chlorophyllzellen von Convoluta roscof-fensis* (W. Engelmann, Leipzig 1891).

GRAHAM, A., *The structure and function of the alimentary canal of aeolid molluscs, with a discussion on their nematocysts*, Trans. Roy. Soc. Edinburgh *59* (1938).

GRANDORI, R., *La simbiosi ereditaria del filugello*, Atti R. Ist. Veneto Sci. Lett. Arti *79* (1919).

GRANOVSKY, A. A., *Preliminary studies of the intracellular symbionts of Saissetia oleae* (*Bernard*), Trans. Wisconsin Acad. Sci. *24* (1929).

GRASSÉ, P.-P., *Isoptères* in: *Traité de Zoologie*, Bd. 9 (Masson, Paris 1949).

– *Rôle des flagellés symbiotiques chez les blattes et les termites*, Symposium sur la «Symbiose chez les insectes» Amsterdam 1951. Tijdschr. Entomol. *95* (1952), und Union intern. Sc. Biol. Sér. B, Nr. 10.

GRASSÉ, P.-P., und NOIROT, CH., *La transmission des flagellés symbiotiques et les aliments des Termites*, Bull. Biol. France Belgique *79* (1945).

GRASSI, B., *Contributo alla conoscenza delle Filosserine* (Tip. naz. G. Bertero, Roma 1912).

GREEFF, R., *Pelomyxa palustris, ein amoebenartiger Organismus*, Arch. micr. Anat. *10* (1874).

GROPENGIESSER, C., *Untersuchungen über die Symbiose der Blattiden mit niederen pflanz-lichen Organismen*, Zbl. Bakteriol. *64* (1925).

GRUBER, A., *Über Amoeba viridis Leidy*, Zool. Jb. Suppl. *7* (1904).

GUBLER, H. U., *Versuche über die Züchtung intrazellularer Insektensymbionten*, Dissertation, Zürich (Buchdruckerei Effingerhof, Brugg 1947), auch in Schw. Zeitschr. Path. u. Bak-teriol. *11* (1948).

GUILBEAU, B. H., *The origin and formation of the froth in spittle-insects*, Amer. Naturalist *42* (1908).

GUILLIERMOND, A., *Mitochondries et symbiotes*, C. r. Soc. Biol. *82* (1919).

HABERLANDT, G., siehe GRAFF, L. VON.

HAEMMERLING, J., *Über die Symbionten von Stentor polymorphus*, Biol. Zbl. *65* (1946).

HAFFNER, K. VON, *Untersuchungen über die Symbiose von Dalyellia viridis und Chlorohydra viridissima mit Chlorellen*, Z. wiss. Zool. *126* (1925).

HAMANN, O., *Zur Entstehung und Entwicklung der grünen Zellen bei Hydra*, Z. wiss. Zool. *37* (1882).

HANDLIRSCH, A., *Die fossilen Insekten und die Phylogenie der recenten Formen* (W. Engel-mann, Leipzig 1908).

– *Insecta*, in: KÜKENTHAL, *Handbuch der Zoologie*, Bd. 4 (W. de Gruyter & Co., Berlin und Leipzig 1930).

HANEDA, Y., *Über den Leuchtfisch Malacocephalus laevis* (*Lowe*) (japanisch), Jap. J. Med. Sci. III, Biophysics *5* (1938); auch in Jap. J. Physiol. *5.*

– *Leuchtende Fische aus südlichen Meeren*, Kagaku Nanyo *1* (1938) und Zool. Mag. Tokyo *51.*

– *On the luminescence of the fishes belonging to the family Leiognathidae of the tropical Pacific*, Palao Trop. Biol. Stat. Studies *2* (1940).

– *Über das Leuchtorgan von Anomalops Katoptron, einem leuchtenden Fisch* (japanisch), Kagaku Nanyo *5* (1943).

– *Luminous organs of fish which emit light indirectly*, Pacific Science *4* (1950).

– *The luminescence of some deep-sea fishes of the families Gadidae and Macruridae*, Pacific Science *5* (1951).

HARACSI, L., *Beiträge zur Biologie der Blattläuse* (Dissertation, Sopron 1937).

HARANT, H., *Les Ascidies et leur parasites*, Ann. Inst. Océanogr. *8* (1930).

HARMS, J. W., *Bau und Entwicklung eines eigenartigen Leuchtorganes bei Equula spec.*, Z. wiss. Zool. *131* (1928).

HARMSEN, H., und MEINECKE, G., *Die Bedeutung der biologischen Symbioseforschung für die Medizin*, Klin. Wschr. *29* (1951).

HARRING, H. K., und MYERS, J. F., *The Rotifers of Wisconsin*, Trans. Wisconsin Acad. Sci. *17* (1922); *19* (1924); *23* (1928).

HARVEY, E. N., *A fish with a luminous organ, designed for the growth of luminous bacteria*, Science *53* (1921).
— *The production of light by the fishes Photoblepharon and Anomalops*, Publ. Carnegie Inst. Washington, Nr. 312 (1922).
— *Living light* (University Press, Princeton 1940).
— *Bioluminescence* (Academic Press Inc., New York 1952).
HARVEY, E. N., und HALL, R. T., *Will the adult fire-fly luminesce if its larval organs are entirely removed?* Science *69* (1929).
HASTINGS, A. B., *Tunicata*, Sci. Rep. Great Barriere Reef Exped. *4*, Nr. 3 (1931).
HAUPT, H., *Neueinteilung der Homoptera-Cicadina nach phylogenetisch zu wertenden Merkmalen*, Zool. Jb., Abt. Syst., *58* (1929).
HAYASHI, S., *Studies on the luminous organs of Watasenia scintillans*, Fol. anatom. japon. *5* (1927).
HECHT, E., *Contribution à l'étude des Nudibranches*, Mém. Soc. zool. France *8* (1896).
HECHT, O., *Embryonalentwicklung und Symbiose bei Camponotus ligniperda*, Z. wiss. Zool. *122* (1924).
— *Über die Sproßpilze der Ösophagusausstülpungen und über die Giftwirkung der Speicheldrüsen von Stechmücken*, Arch. Schiffs- u. Tropenhygiene *32* (1928).
HEIDER, K., *Beiträge zur Embryologie von Salpa fusiformis*, Abh. Senkenb. naturf. Ges. *18* (1895).
HEITZ, E., *Über intrazellulare Symbiose bei holzfressenden Käferlarven*, Z. Morph. Ökol. *7* (1927).
HENNEGUY, L. F., *Les insectes* (Masson, Paris 1904).
— *Contribution à l'histologie des Nudibranches*, Arch. Anat. micr. *21* (1925).
HERFURTH, A. H., *Beiträge zur Kenntnis der Bakteriensymbiose der Cephalopoden*, Z. Morph. Ökol. *31* (1936).
HERTIG, M., *Attempts to cultivate the bacteroids of the Blattidae*, Biol. Bull. *41* (1921).
HERTIG, M., und WOLBACH, S. B., *Studies on rickettsia-like microorganisms in insects*, J. med. Res. *44* (1924).
HERTWIG, R., *Der Organismus der Radiolarien*, Jenaische Denkschr. *2* (1879).
HERTWIG, R., und LESSER, E., *Über Rhizopoden und denselben nahestehende Organismen*, Arch. mikr. Anat. *10*, Suppl. (1874).
HEYMONS, R., *Die Embryonalentwicklung von Dermapteren und Orthopteren* (G. Fischer, Jena 1895).
— *Beiträge zur Morphologie und Entwicklungsgeschichte der Rynchoten*, Nova Acta Leop. Carol. Akad. *74* (1899).
HEYMONS, R., und HEYMONS, H., *Passalus und seine intestinale Flora*, Biol. Zbl. *54* (1934).
HEYMONS, R., und LENGERKEN, H. VON, *Biologische Untersuchungen an coprophagen Lamellicorniern*, 1: *Nahrungserwerb und Fortpflanzungsbiologie der Gattung Scarabaeus*, Z. Morph. Ökol. *14* (1929).
HICKLING, C. F., *A new type of luminescence in fishes*, I: J. mar. Biol. Assoc. Plymouth *13* (1925); II: J. mar. Biol. Assoc. Plymouth *14* (1926); III: *The gland in Coelorhynchus coelorhynchus Risso*, J. mar. Biol. Assoc. Plymouth *17* (1931).
HICKSON, S. J., *The medusae of Millepora*, Proc. Roy. Soc. London *66* (1900).
— *The Pennatulacea of the Siboga-Expedition*, Siboga-Exped. *14* (1916).
— *An introduction to the study of recent corals* (Publ. Univ. Manchester, Biol. Ser. Nr. 4, Manchester 1924).
HINDLE, E., *On the life-cycle of Spirochaeta gallinarum*, Parasitology *4* (1911).
— *The inheritance of spirochaetal infection in Argas persicus*, Proc. Cambridge Phil. Soc. *16* (1912).
HINMAN, E., *A study on the food of mosquito larvae*, Amer. J. Hyg. *12* (1930).
— *The rôle of bacteria in the nutrition of mosquito larvae. The growth-stimulating factor*, Amer. J. Hyg. *18* (1933).
HIRSCHLER, F., *Über leberartige Mitteldarmdrüsen und ihre embryonale Entwicklung bei Donacia*, Zool. Anz. *31* (1907).
— *Die Embryonalentwicklung von Donacia crassipes*, Z. wiss. Zool. *92* (1909).
— *Embryologische Untersuchungen an Aphiden*, Z. wiss. Zool. *100* (1912).
HOBSON, R. P., *Studies on the nutrition of blow-fly larvae*, II: *Rôle of the intestinal flora in digestion*, III: *The liquefaction of muscle*, IV: *The normal rôle of microorganisms in larval growth*, J. exper. Biol. *9* (1932).

738   Literaturverzeichnis

HOBSON, R. P., *Growth of blow-fly larvae on blood and serum*, I: *Response of aseptic larvae to vitamin B*, Biochem. J. *27* (1933); II: *Growth in association with bacteria*, Biochem. J. *29* (1935).

HOGG, J., *On the action of light upon the colour of the river sponges*, Mag. nat. Hist. *4* (1840).

HOLDAWAY, F. G., *Composition of different regions of mounds of Eutermes exitiosus Hill.*, J. Counc. Sci. and Ind. Res. Australia *6* (1933).

HOLLANDE, A. CHR., *Biologie et reproduction des Rhizopodes des genres Pelomyxa et Amoeba*, Bull. Biol. France Belgique *79* (1945).

– *L'évolution des Endosymbiontes des Termites et des Blattes*, Symposium sur la «Symbiose chez les insectes», Amsterdam 1951, Tijdschr. Entomol. *95* (1952), und Union Intern. Sc. Biol. Sér. B, Nr. 10.

HOLLANDE, A. CHR., und FAVRE, R., *La structure cytologique de Blattabacterium cuénoti (Mercier) n. g., symbiote du tissu adipeux chez les Blattides*, C. r. Soc. Biol. *107* (1931).

HOLMGREN, N., *Über die Exkretionsorgane des Apion flavipes und Dasytes niger*, Anat. Anz. *22* (1902).

– *Termitenstudien*, 1: *Anatomische Untersuchungen*, Kgl. Svensk. Vet. akad. Hdl. [N. J.] *44* (1909); 2: *Systematik der Termiten. Die Familien Mastotermitidae, Protermitidae und Mesotermitidae*, Kgl. Svensk. Vet. akad. Hdl. [N. J.] *46* (1910/11).

HOOD, C. J., *The zoochlorellae of Frontonia leucas*, Biol. Bull. *52* (1927).

HOOKE, R., *Micrographia* (London 1665).

HOOVER, SH., *Studies on the bacteroids of Cryptocercus punctulatus*, J. Morphol. *76* (1945).

HÖRING, F. O., *Parasitismus oder Symbiose ? Das Infektionsproblem im Wandel der Grundlagenforschung* (J. Ebner, Ulm 1947).

HORNBOSTEL, H., *Über die bakteriellen Eigenschaften der Darmsymbionten beim medizinischen Blutegel (Hirudo officinalis) nebst Bemerkungen zur Symbiosefrage*, Zbl. Bakteriol. *147* (1941).

HORNELL, J., *A note on the presence of symbiotic algae in the integuments of Nudibranchs of the genus Melibe*, Rep. Mar. Zool. Okhamandal, London, pt. 1 (1909).

HOUSE, H. L., *Nutritional studies with Blattella germanica L. reared under aseptic conditions*, 2: *A chemically defined diet*, 3: *Five essential amino acids*, Canad. Entomol. *81* (1949).

HOUSE, H. L., und PATTON, R. L., *Nutritional studies with Blatella germanica (L.) reared under aseptic conditions*, 1: *Equipment and technique*, Canad. Entomol. *81* (1949).

HOVASSE, R., *Bacillus cuenoti Mercier, bactéroïds de Periplaneta orientalis, à la morphologie d'une bactérie*, Arch. zool. exper. *70* (1913).

– *Marchalina hellenica (Gennadius). Essai de Monographie d'une cochenille*, Bull. Biol. France Belgique *64* (1930).

HUBER, B., *Die Siebröhren der Pflanzen als Nahrungsquelle fremder Organismen und als Transportbahnen von Krankheitskeimen*, Biol. Generalis. *16* (1942).

HUBER, B., SCHMIDT, E., und JAHNEL, H., *Untersuchungen über den Assimilatstrom*, 1, Tharandter forstl. Jb. *88* (1937).

HUFF, C. G., *Nutritional studies on the seed corn maggot Hylemyia cilicrura Rondani*, J. agric. Res. *36* (1928).

HUNGATE, R. F., *Studies on the nutrition of Zootermopsis*, 1: *The rôle of bacteria and molds in cellulose decomposition*, Z. Bakteriol. *94* (1936); 2: *The relative importance of the Termite and the Protozoa in wood digestion*, Ecology *19* (1938); 3: *The anaerobic carbohydrate dissimilation by the intestinal Protozoa*, Ecology *20* (1939).

– *Quantitative analyses on the cellulose fermentation by Termite Protozoa*, Ann. entomol. Soc. Amer. *36* (1943).

– *Further experiments on cellulose digestion by the Protozoa in the rumen of cattle*, Biol. Bull. *84* (1943).

– *Studies on cellulose fermentation*, 1: *The culture and physiology of an anaerobic cellulose-digesting Bacterium*, J. Bacteriol. *48* (1944).

– *An aerobic decomposing Actinomycete, Micromonospora propionici*, J. Bacteriol. *51* (1946).

– *The symbiotic utilization of cellulose*, J. Elisha Mitchell Sci. Soc. *62* (1946).

– *Mutualisms in Protozoa*, Ann. Rev. Microbiol. *1950*.

– *The anaerobic mesophilic cellulolytic Bacteria*, Bacteriol. Rev. *14* (1950).

HURST, C. T., und STRONG, J. C., *Über die Kultivierung der Mitochondrien in vitro*, Arch. Protistenkde. *77* (1932).

HUXLEY, TH., *On the agamic reproduction and morphology of Aphids*, Trans. Linn. Soc. London *22* (1858).

IHLE, J.E., *Desmomyarier*, in: KÜKENTHAL, *Handbuch der Zoologie*, Bd. 5, 2. Hälfte (W. de Gruyter & Co., Berlin und Leipzig 1935).

IMAI, H., *Studien über symbiontische Leuchtbakterien* (japanisch), Seiikai Zasshi *61* [4] (1942).

JACQUOT, R., ARMAND, Y., und REY, P., Bull. Soc. Hyg. alim. *29* (1941).

JASCHKE, W., *Beiträge zur Kenntnis der symbiontischen Einrichtungen bei Hirudineen und Ixodiden*, Z. Parasitenkde. *5* (1933).

JAVELLY, E., *Les corps bactéroïdes de la blatte (Periplaneta orientalis) n'ont pas encore été cultivées*, C. r. Soc. Biol. *77* (1914).

JÍROVEC, O., *Notizen über parasitische Protozoen, 2: Symbiose von Bakterien und Trichonympha serbica (Georgevitsch)*, Zbl. Bakteriol. *123* (1932).

– *Zur Kenntnis von in Oligochaeten parasitierenden Microsporidien aus der Familie Mrazekidae*, Arch. Protistenkde. *87* (1936).

JOHNSON, D.E., *The relation of the cabbage maggot and other insects to the spread and development of soft rot of Cruciferae*, Phytopathology *20* (1930).

JUCCI, C., *Sulla presenza di batteriociti nel tessuto adiposo dei Termitidi*, Boll. Zool. *1* (1930); Atti XI Congr. Intern. Zool., Padova 1930, in: Arch. Zool. ital. *16* (1931).

– *Symbiosis and phylogenesis in insects*, Trans. IXth int. Congr. Entomol. Amsterdam 1951.

JULIN, CH., *Les embryons de Pyrosoma sont phosphorescents: Les cellules du testa constituent les organes lumineux du cyathozoïde*, C. r. Soc. Biol. *66* (1909).

– *Recherches sur le développement embryonnaire de Pyrosoma giganteum* Les., Zool. Jb. Suppl. *15* (1912).

– *Les charactères histologiques spécifiques des «cellules lumineuses» de Pyrosoma giganteum et de Cyclosalpa pinnata*, C. r. Acad. Sci. Paris *155* (1912).

JUNGMANN, P., *Untersuchungen über Schaflausrickettsien*, Dtsche med. Wschr. *44* (1918).

KAISER, R., *T-Vitamin*, Wien. Tierärztl. Monatsschr. *6* (1949).

KALICKA-FIJALKOWSKA, J., *Le développement embryonnaire de Margarodes polonicus Ckll.*, C. r. Soc. Biol. Paris *99* (1928).

KARAWAIEW, W., *Über Anatomie und Metamorphose des Darmkanals der Larve von Anobium paniceum*, Biol. Zbl. *19* (1899).

KATO, K., *Ein neuer Typus von Leuchtorganen bei einem Fisch* (japanisch), Zool. Mag. Tokyo *57* (1947).

KAUDEWITZ, H., *Die Wuchsstoffverteilung im larvalen Fettkörper von Tenebrio*, noch unveröffentlicht.

KAWAGUTI, S., *On the physiology of reef corals I, II, III*, Palao Trop. Biol. Stat. Stud. Tokyo *2* (1937).

KEEBLE, F., und GAMBLE, F.W., *On the isolation of the infecting organism (Zoochlorella) of Convoluta roscoffensis*, Proc. Roy. Soc. London *77* (1905).

– *The origin and nature of the green cells of Convoluta roscoffensis*, Quart. J. microsc. Sci. *51* (1907).

– *The yellow-brown cells of Convoluta paradoxa*, Quart. J. microsc. Sci. *52* (1908).

– *Plant-animals. A study in symbiosis* (University press, Cambridge 1910).

KEILIN, D., *On the life-history of Dasyhelea obscura Winnertz, with some remarks on the parasites and hereditary bakterian symbiontes of this midge*, Ann. Mag. nat. History [9], *8* (1921).

KELLER, H., *Bakteriologische Untersuchungen an der Grillendarmflora und den intrazellulären Bakterien von Pelomyxa palustris Greeff*, Dissertation Erlangen 1949 (unveröffentlicht).

– *Untersuchungen über die intrazellulären Bakterien von Pelomyxa palustris Greeff*, Z. Naturf. *4b* (1949).

– *Die Kultur der intrazellularen Symbionten von Periplaneta orientalis*, Z. Naturf. *5b* (1950).

KIEFER, H., *Der Einfluß von Kälte und Hunger auf die Symbionten der Anobiiden- und Cerambycidenlarven*, Zbl. Bakteriol. *86* (1932).

KIRBY, H., *Morphology and mitosis of Dinenympha fimbriata sp. nov.*, Univ. Calif. Publ. Zool., *26* (1924).

– *Flagellates of the genus Trichonympha in termites*, Univ. Calif. Publ. Zool., *37* (1932).

– *The devescovinid flagellates*, Univ. Calif. Publ. Zool., *43* (1938).

KISHITANI, T., *Über das Leuchtorgan von Euprymna morsei Verrill*, Proc. Imp. Acad. Tokyo *4* (1928).

KISHITANI, T., *Preliminary report on the luminous symbiosis in Sepiola birostrata Sasaki*, Proc. Imp. Acad. Tokyo *4* (1928).
− *L'étude de l'organe photogène du Loligo edulis Hoyle*, Proc. Imp. Acad. Tokyo *4* (1928).
− *On the luminous organs of Watasenia scintillans*, Ann. Zool. Jap. *11* (1928).
− *Studien über die Leuchtsymbiose in Physiculus japonicus Hilgendorf mit der Beilage der zwei neuen Arten der Leuchtbakterien*, Sci. Rep. Tôhoku Imp. Univ. [4. Ser. Biol.] *5* (1930).
− *Studien über Leuchtsymbiose bei japanischen Sepien*, Folia Anat. Japon. *10* (1932).
KITAO, Z., *Notes on the anatomy of Warajicoccus corpulentus Kuwana, a scale insect noxious to various oaks*, J. Coll. Agricult. Imp. Univ. Tokyo *10* (1928).
KLEVENHUSEN, F., *Beiträge zur Kenntnis der Aphidensymbiose*, Z. Morph. Ökol. *9* (1927).
KNOP, J., *Bakterien und Bakteroiden bei Oligochaeten*, Z. Morph. Ökol. *6* (1926).
KOCH, A., *Über das Vorkommen von Mitochondrien in Mycetocyten*, Z. Morph. Ökol. *19* (1930).
− *Über die Symbiose von Oryzaephilus surinamensis*, Atti XI Congr. Intern. Zool., Padova 1930, in: Arch. Zool. ital. *16* (1931).
− *Die Symbiose von Oryzaephilus surinamensis L.*, Z. Morph. Ökol. *23* (1931).
− *Über das Verhalten symbiontenfreier Sitodrepalarven*, Biol. Zbl. *53* (1933).
− *Über künstlich symbiontenfrei gemachte Insekten*, Verh. dtsch. Zool. Ges. *1933*.
− *Neue Ergebnisse der Symbioseforschung, 1: Die Symbiose des Brotkäfers Sitodrepa panicea*, Praktische Mikroskopie *13* (1934).
− *Symbiosestudien, 1: Die Symbiose des Splintkäfers Lyctus linearis Goeze*, Z. Morph. Ökol. *32* (1936); *2: Experimentelle Untersuchungen an Oryzaephilus surinamensis L.*, Z. Morph. Ökol. *32* (1936); *3: Die intrazellulare Symbiose von Mastotermes darwiniensis Froggatt*, Z. Morph. Ökol. *34* (1938).
− *Über den gegenwärtigen Stand der experimentellen Symbioseforschung*, Verh. int. Kongr. Entomol. Berlin 1938, *2* (1939).
− *Wachstumsfördernde Wirkstoffe der Hefe*, Naturwissenschaften *28* (1940).
− *Über die vermeintliche Bakteriensymbiose von Tribolium. Ein Beitrag zur Önocytenfrage*, Z. Morph. Ökol. *37* (1940).
− *Wege und Ziele der experimentellen Symbioseforschung*, Naturw. Rdsch. *1948*.
− *Die Bakteriensymbiose der Küchenschaben*, Mikrokosmos *38* (1949).
− *Fünfzig Jahre Erforschung der Insektensymbiosen*, Naturwissenschaften *37* (1950).
− *Untersuchungen über Wachstumsaktivatoren*, Verh. dtsch. Zool. Ges. *1951*.
− *Biologische und medizinische Probleme der Stoffwechselphysiologie symbiontischer Mikroorganismen*, Münch. med. Wschr. *93* (1951).
− *Paul Buchner, Leben und Werk*. Mit einer Bibliographie und einem Geleitwort von HANS CAROSSA (Privatdruck, München 1951).
− *Neuere Ergebnisse auf dem Gebiete der experimentellen Symbioseforschung*, Symposium sur la «Symbiose chez les insectes» Amsterdam 1951, Tijdschr. Entomol. *95* (1952), und Union Intern. Sc. Biol. Sér. B, Nr. 10.
− *Über die Physiologie intrazellularer Symbionten*, Zbl. Bakteriol. *158* (1952).
KOCH, A., OFFHAUS, K., SCHWARZ, I., und BANDIER, J., *Symbioseforschung und Medizin. Ein Beitrag zur Klärung des Wirkungsmechanismus des Vitamin-B-Komplexes, nebst einer kritischen Betrachtung zum «Vitamin-T-Problem»*, Naturwissenschaften *38* (1951).
KONINGSBERGER, J.C., und ZIMMERMANN, A., *De dierlijke vijanden der Koffiecultuur op Java*, Deel 2, Mededeel. 'sLands Plantentuin *49* (Batavia 1901).
KOROTNEFF, A., *Myxosporidium bryozoides*, Z. wiss. Zool. *53* (1892).
− *Zur Embryologie von Salpa cordiformis-zonaria und maculosa-punctata*, Mitt. Zool. Stat. Neapel *12* (1896).
− *Zur Embryologie von Salpa runcinata-fusiformis*, Z. wiss. Zool. *62* (1896).
− *Zur Embryologie von Salpa maxima-africana*, Z. wiss. Zool. *66* (1904).
KOSTYTSCHEW, S., *Lehrbuch der Pflanzenphysiologie*, Bd. 2 (Springer, Berlin 1931).
KOVALESWKY, A., *Etude biologique de l'Haementaria costata Müller*, Mém. Acad. impér. Sci. St-Pétersbourg [8ᵉ] *11* (1900).
KRASSILSTSCHIK, J., *Sur les bactéries biophytes*, Ann. Inst. Pasteur *1889*.
− *Zur Anatomie der Phytophthiren*, Zool. Anz. *15* (1892).
− *Zur vergleichenden Anatomie und Systematik der Phytophthiren*, Zool. Anz. *16* (1893).
KREITMAIER, G., *B-Vitamine und Aminosäuren als Wachstumsstimulanten bei Paramaecium caudatum* (Ehrbg.), Arch. f. Mikrobiol. *17* (1952).
KUCZINSKI, M.H., *Die Erreger des Fleck- und Felsenfiebers* (Berlin 1927).

Kuskop, M., *Über die Symbiose von Siphonophoren und Zooxanthellen*, Zool. Anz. *52* (1920)
– *Bakteriensymbiosen bei Wanzen*, Arch. Protistenkde. *47* (1924).

Laackmann, H., *Zur Kenntnis der Alcyonariengattung Telesto Lam.*, Zool. Jb. Suppl. *11* (1908).

Labbé, A., *Sporozoa*, in: *Das Tierreich*, Lfg. *5* (1899).

Lacaze-Duthiers, H. de, *Les Ascidies simples de côte de France*, Arch. Zool. expér. *3* (1874).

Laguesse, E., *Mitochondries et symbiotes*, C. r. Soc. Biol. *82* (1919).

Landois, L., *Untersuchungen über die auf dem Menschen schmarotzenden Pediculinen*, 1: Z. wiss. Zool. *14* (1864); 2: Z. wiss. Zool. *15* (1864).

Lankester, E.R., *Preliminary notice on some observations with the spectroskop on animal substances*, J. Anat. Phys. [2] *1* (1868).

Leach, J.G., *The relation of the seed-corn maggot (Phorbia fusciceps Zett.) to the spread and development of potato blackleg in Minnesota*, Phytopathology *16* (1926).
– *Potato blackleg: The survival of the pathogen in the soil and some factors influencing infection*, Phytopathology *20* (1930).
– *Further studies on the seed-corn maggot and bacteria with special reference to potato blackleg*, Phytopathology *21* (1931).
– *The method of survival of bacteria in the puparia of the seed-corn maggot (Hylemyia cilicrura Rond.)*, Z. angew. Entomol. *20* (1933).
– *Insect transmission of plant diseases* (McGraw-Hill Book Co., New York und London 1940).

Lehmensick, R., *Über einen neuen bakteriellen Symbionten im Darm von Hirudo officinalis L.*, Zbl. Bakteriol. *147* (1941).
– *Weitere Untersuchungen über den bakteriellen Darmbewohner des medizinischen Blutegels*, Zbl. Bakteriol. *149* (1942).

Leidy, J., *Flora and fauna within living animals*. Smithsonian Contributions, Washington (1853).
– *Fresh-water Rhizopods of North-America*, U. St. Geol. Survey of the Territories XII, Washington (1879).

Leiner, M., *Das Glykogen in Pelomyxa palustris Greeff mit Beiträgen zur Kenntnis des Tieres*, Arch. Protistenkde. *47* (1924).

Leiner, M., Wohlfeil, M., und Schmidt, D., *Das symbiontische Bakterium in Pelomyxa palustris Greeff*, I, Z. Naturforschung *6b* (1951).

Leishman, W.B., *An adress on the mechanism of infection in tick-fever and on the hereditary transmission of Spirochaeta duttoni in the tick*, Lancet 1910.

Lendenfeld, R. von, *Über Coelenteraten der Südsee*, 7: *Über die australischen rhizostomen Medusen*, Z. wiss. Zool. *47* (1888).

Lengerken, H. von, *Ekto- und Endosymbiosen zwischen phytophagen Käfern, Pilzen und Bakterien*, Biologia generalis *16* (1942).

Lengsfeld, W., *Der Wirkstoff Bx («Vitamin T») und seine Wirkung auf Dystrophiker und Frühgeburten*, Münch. med. Wschr. *93* (1951).

Leonardi, G., *Monografia delle Cocciniglie italiane* (Stab. Tip. Ernesto Della Torre, Portici 1920).

Levi, G., *Chondriosomi e simbioti*, Monit. Zool. ital. *33* (1922).
– *Replica alla «Breve rettifica ecc.» del Prof. Pierantoni*, Monit. Zool. ital. *33* (1922).

Lewis, H.C., *The alimentary canal of Passalus*, Ohio. J. Sci. *26* (1926).

Leydig, F., *Einige Bemerkungen über die Entwicklung der Blattläuse*, Z. wiss. Zool. *2* (1850).
– *Zur Anatomie des Coccus hesperidum*, Z. wiss. Zool. *5* (1854).
– *Lehrbuch der Histologie des Menschen und der Tiere* (von Meidinger Sohn & Co., Frankfurt am Main 1857).

Lichtenstein, E.P., *Growth of Culex molestus under sterile conditions*, Nature *162* (1948).

Liem Soei Diong, *Onderzoekingen over Triatoma infestans als overbrenger van enkele pathogene organismen en over de complementbindingsreactie bij de ziekte van Chagas* (Dissertation, Leiden 1938).

Lilienstern, M., *Beiträge zur Bakteriensymbiose der Ameisen*, Z. Morph. Ökol. *26* (1932).

Light, S.F., *The morphology of Eudendrium griffini*, Philipp. J. Sci. Manila [Sec. D., Gen. Biol.] *8* (1913).

Limberger, A., *Über die Reinkultur der Zoochlorella aus Euspongia lacustris und Castrada viridis Volz*, Sitz.-Ber. Akad. Wiss. Wien, math.-naturw. Kl., *1918*.

Lindemann, Chr., *Eiweißstoffwechsel bei den Blattläusen*, Naturwissenschaften *34* (1947).

LINDNER, P., *Saccharomyces apiculatus parasiticus*, Zbl. Bakt., Abt. 2 (1895).

LOEFER, J. B., *Isolation and growth characteristics of the "Zoochlorellae" of Paramaecium bursaria*, Amer. Naturalist *70* (1936).

LOHMANN, H., *Untersuchungen zur Feststellung des vollständigen Gehaltes des Meeres an Plankton*, Wiss. Meeresunters. [N. F.] Abt. Kiel *10* (1908).
– *Die Probleme der modernen Planktonforschung*, Verh. dtsch. zool. Ges. *1912.*

LOTMAR, R., *Über den Einfluß der Temperatur auf den Parasiten Nosema apis*, Beih. Schweiz. Bienenztg. *1*, H. 6 (1943).
– *Zur Wirkungsweise des Ultraschalls*, Der Ultraschall in der Medizin *5* (1952).

LUMIÈRE, A., *Le mythe des symbiotes* (Paris 1919).

LUTHER, A., *Die Eumesostominen*, 1. Teil, Z. wiss. Zool. *77* (1904).

LWOFF, A., *Nature et position systématique du bacteroïde des blattes*, C. r. Soc. Biol. *89* (1923).

LWOFF, M., und NICOLLE, P., *Thermotropisme et alimentation artificielle des Réduvidés hémophages*, C. r. Soc. Biol. *138* (1944).
– *Recherches sur la nutrition des Réduvidés hémophages*, 5: *Alimentation de Triatoma infestans Klug à l'aide de sérum vitaminé*, Bull. Soc. Path. exot. *39* (1946); 6: *Nécessité de l'hématine pour Triatoma infestans Klug*, Bull. Soc. Path. exot. *40* (1947).
– Siehe auch NICOLLE, P., und LWOFF, M.

MAHDIHASSAN, S., *Lac secretion and symbiotic fungi*, in: *Some studies in biochemistry by some students of Dr. G. J. Fowler* (The Phoenix Printing House, Bangalore 1924).
– *Symbionts specific of wax- and pseudo lac-insects*, Arch. Protistenkde. *63* (1928).
– *Specific symbionts of a few Indian scale-insects*, Zbl. Bakteriol., Abt. 2, *78* (1929).
– *The microorganisms of red and yellow lac-insects*, Arch. Protistenkde. *68* (1929).
– *Symbionts specific of wax- and pseudolac insects*, Zbl. Bakteriol. *78* (1929).
– *The symbiotes of some important lac-insects*, Arch. Protistenkde. *73* (1931).
– *Sur les différents symbiotes des cochenilles productrices ou non productrices de cire*, C. r. Acad. Sci. Paris *196* (1933).
– *Pigmentbildende Bakterien aus einer entsprechend gefärbten Cicade*, Verh. dtsch. Zool. Ges. *1939.*
– *Polyrhachis ants and bacterial symbiosis*, Curr. Sci. *8* (Bangalore 1939).
– *Insect tumours of bacterial origin*, Deccan med. J. *1941.*
– *The microorganisms in Melophagus ovinus*, Curr. Sci. *15* (Bangalore 1946).
– *Bacterial origin of some insect pigments*, Nature *158* (1946).
– *Colour dimorphism in Coriococcus hibisci Green*, Curr. Sci. *15* (Bangalore 1946).
– *Two varieties of Tachardina lobata*, Curr. Sci. *15* (Bangalore 1946).
– *Two symbiotes of Psylla mali*, Nature *157* (1947).
– *A mistaken symbiont of Oliarius cuspidatus*, Nature *159* (1947).
– *Cicadella viridis, its symbiotes and their function*, Curr. Sci. *16* (Bangalore 1947).
– *Specificity of bacterial symbiosis in Aphrophorinae*, Proc. Indian Acad. Sci. *25* (1947).
– *Bacterial symbiosis in Aphis rumicis*, Acta Entomol. Mus. Nat. Pragae *25* (1947).
– *Bacterial symbiosis in a Margarodes spec.*, Curr. Sci. *16* (Bangalore 1947).
– *The role of symbiosis in the genus Coriococcus, Coccidae.* Z. f. angew. Entomol. *33* (1951).

MALOUF, N. S. R., *Studies on the internal anatomy of the "stink bug" Nezara viridula L.*, Bull. Soc. roy. entomol. Egypte *17* (1933).

MANGAN, J., *The entry of Zooxanthellae into the ovum of Millepora and some particulars concerning the medusae*, Quart. J. microsc. Sci. *53* (1909).

MANSOUR, K., *The development of the larval and adult mit-gut of Calandra oryzae (L.): The rice-weevil*, Quart. J. microsc. Sci. *71* (1927).
– *Preliminary studies on the bacterial cell-mass (accessory cell-mass) of Calandra oryzae (L.): The rice weevil*, Quart. J. microsc. Sci. *73* (1930).
– *On the so-called symbiotic relationship between Coleopterous insects and intracellular microorganisms*, Quart. J. microsc. Sci. *77* (1934).
– *On the intracellular microorganisms of some Bostrychid beetles*, Quart. J. microsc. Sci. *77* (1934).
– *On the microorganism-free and the infected Calandra granaria L.*, Bull. Soc. roy. entomol. Egypte *1935.*

MANSOUR, K., und MANSOUR-BEK, J. J., *Zur Frage der Holzverdauung durch Insektenlarven*, Proc. Roy. Acad. Sci. Amsterdam *36* (1939).

MARCHOUX, E., und COUVY, L., *Argas et spirochètes. Les granules de Leishman*, Ann. Inst. Pasteur *27* (1913).

MARSHALL, S. M., *Notes on oxygen production in coral planulae*, Sci. Rep. Great Barriere Reef Exped. *1*, Nr. 9 (1932).

MARTINI, E., *Parasitismus in der Zoologie*, Atti XI° Congr. int. Zool. Padova, Arch. Zool. ital. *16* (1932).

MATTHAI, G., *A revision of the recent colonial Astraeidae possessing distinct corallites*, Trans. Linn. Soc. London [2], Zool. *17* (1914).

MAYER, A. G., *Ecology of the Murray Island Coral Reef*, Carnegie Inst. Washington, Dep. Mar. Biol., *9* (1918).

MAZIARSKI, J., *Recherches cytologiques sur les organes segmentaires des vers de terre*, Poln. Arch. biol. med. Wissensch. *2* (1905).

MEINECKE, G., *Über das Vorkommen einer Mycelhefe auf hypochromen Froscherythrocyten*, Z. Hygiene *132* (1951).

– *Veränderungen an Blutzellen in vitro*. Mikroskopie, Zentralbl. f. mikr. Forsch. u. Methodik, Wien *7* (1952).

MEISSNER, G., *Bakteriologische Untersuchungen über die symbiontischen Leuchtbakterien von Sepien aus dem Golfe von Neapel*, Biol. Zbl. *46* (1926).

– ausführlicher unter dem gleichen Titel in: Zbl. Bakteriol. *67* (1926).

MERCIER, L., *Les corps bactéroïdes de la blatte (Periplaneta orientalis): Bacillus cuenoti n. spec.*, C. r. Soc. Biol. *61* (1906).

– *Recherches sur les bactéroïdes des Blattides*, Arch. Protistenkde. *9* (1907).

– *Cellules à Bacillus cuenoti dans la paroi des gaines ovariques de la Blatte*, C. R. Soc. Biol. *62* (1907).

– *Néoplasie du tissue adipeux chez les Blattes (Periplaneta orientalis L.) parasitées par une Microsporidie*, Arch. Protistenkde. *11* (1908).

– *Bactéries des invertebrées. Les cellules uriques du Cyclostoma et leur Bactérie symbiote*, Arch. Anat. Micr. *15* (1913).

MERESCHKOVSKY, C., *Über Natur und Ursprung der Chromatophoren in Pflanzenteilen*, Biol. Zbl. *25* (1905).

– *Theorie der zwei Plasmaarten als Grundlage der Symbiogenesis, einer neuen Lehre von der Entstehung der Organismen*, Biol. Zbl. *30* (1910).

– *La plante considérée comme un complexe symbiotique*, Bull. Soc. Sci. nat. Ouest France [3] *6* (1920).

METCALF, R. L., und PATTON, R. L., *A study of riboflavin metabolism in the American roach by fluorescence microscopy*, J. Cell. and Comp. Physiol. *19* (1942).

METSCHNIKOFF, E., *Untersuchungen über die Embryologie der Hemipteren*, Z. wiss. Zool. *16* (1866).

– *Embryologische Studien an Insekten*, Z. wiss. Zool. *16* (1866).

MEVES, F., *Die Plastosomentheorie der Vererbung*, Arch. mikr. Anat., Abt. 2, *92* (1918).

MEYER, K. F., *Über Bakteriensymbiose bei Schnecken (Cyclostomatiden)*, Verh. schweiz. naturf. Ges. *104* (1923).

– *On the physiological significance of the bacterial symbiosis in the concretion deposits of certain operculate land-mollusks of the family Cyclostomatidae (Annulariidae)*, Abstr. Comm. XIth int. Physiol. Congress Edinburgh 1923.

– *The "bacterial symbiosis" in the concretion deposits of certain operculate land mollusks of the families Cyclostomatidae and Annulariidae*, J. infect. Diseases *36* (1925).

MICHEL, E., *Beiträge zur Kenntnis von Lachnus (Pterochlorus) roboris L., einer wichtigen Honigtauerzeugerin an der Eiche*, Z. angew. Entomol. *29* (1942).

MIEHE, H., *Die Wärmebildung von Reinkulturen im Hinblick auf die Biologie der Selbsterhitzung pflanzlicher Stoffe*, Arch. Mikrobiol. *1* (1930).

MIGLIAVACCA, A., *Sulla fine struttura dei globuli deutoplasmatici*, Boll. Soc. Med. Chir. Pavia *1927*.

MILOVIDOW, P. E., *A propos des bactéroïdes des blattes (Blattella germanica)*, C. r. Soc. Biol. *99* (1928).

– *Coloration différentielle des bactéries et des chrondriosomes*, Arch. Anat. Micr. *24* (1928).

MINCHIN, E. A., *Sponges*, in: LANKESTER, RAY, *A treatise on Zoology* (Adam und Charles Black, London 1900).

MINGAZZINI, P., *Ricerche sul canale digerente delle larve dei Lamellicorni fitofagi*, Mitt. zool. Stat. Neapel *9* (1889).

MONIEZ, R., *Sur un champignon parasite du Lecanium hesperidum*, Bull. Soc. Zool. France *12* (1887).

MONTALENTI, G., *Sull'elevamento dei termiti senza i protozoi dell'ampolla cecale*, Rend. R. Accad. Lincei, Cl. Sci. Fis. Mat. Natur. [6], *6* (1927).
– *Gli encimi digerenti e l'assorbimento delle sostanze solubili nell'intestino delle termiti*, Arch. Zool. ital. *16* (1932).
MORGAN, A. F., *The water-soluble vitamins*, Ann. Rev. Biochem. *10* (1941).
MORGENTHALER, O., *Das jahreszeitliche Auftreten der Bienenseuchen*, Beih. Schweiz.Bienen-ztg. *1*, H. 7 (1944).
MOROFF, TH., und STIASNY, G., *Über Bau und Entwicklung von Acanthometron pellucidum J. M.*, Arch. Protistenkde. *16* (1909).
– *Über vegetative und reproduktive Erscheinungen bei Thalassicola*, Festschr. R. HERTWIG *1* (1910).
MORRISON, H., *A classification of the higher groups and genera of the Coccid family Margarodidae*, Techn. Bull. Washington, *52* (1928).
MORTARA, S., *Gli organi fotogeni di Abralia veranyi*, R. Com. talassogr. ital., Mem. *95* (Venezia 1922).
– *Sulla biofotogenesi*, Rend. R. Accad. Lincei, Cl. Sci. Fis. Mat. Natur. [5a], *31* (1922).
– *Ancora sulla biofotogenesi*, Rend. R. Accad. Lincei, Cl. Sci. Fis. Mat. Natur. [5a], *31* (1922).
– *Sulla biofotogenesi e su alcuni batteri fotogeni*, Riv. Biologia *6* (1924).
MOSELEY, H. N., *On the structure of the Milleporidae*, Chall. Rep. Zool. *2* (1881).
– *Pelagic life*, Nature *26* (1882).
MOUCHET, S., Stat. océan. Salammbô, Notes Nr. 15 (1930).
MRÁZEK, A., *Sporozoenstudien. Zur Auffassung der Myxocystiden*, Arch. Protistenkde. *18* (1910).
MUDROW, E., *Über die intrazellulären Symbionten der Zecken*, Z. Parasitenkde. *5* (1932).
– *Die keimfreie Aufzucht der Gelbfiebermücke Aedes aegypti*, Zool. Anz. *146* (1951).
MÜLLER, F. W., *Zur Wirkstoffphysiologie des Bodenpilzes Mucor ramannianus*, Ber. schweiz. bot. Ges. *51* (1941).
MÜLLER, H. C., *Symbiose zwischen Algen und Tieren*, Schr. phys.-ökon. Ges. Königsberg *54* (1913).
– *Notiz über Symbionten bei Hydroiden*, Zool. Jb., Abt. Syst., *37* (1914).
MÜLLER, H. J., *Die intrazellulare Symbiose bei Cixius nervosus und Fulgora europaea als Beispiele polysymbiontischer Zyklen*, Verh. VII. Intern. Kongr. Entomol. Berlin 1938 (1939).
– *Die Symbiose der Fulgoroiden (Homoptera-Cicadina)*. Zoologica *98* (Stuttgart 1940).
– *Formende Einflüsse des tierischen Wirtsorganismus auf symbiontische Bakterien*, Forsch. u. Fortschr. *18* (1942).
– *Zur Systematik und Phylogenie der Zikaden-Endosymbiosen*, Biol. Zbl. *68* (1949).
– *Über die intrazellulare Symbiose der Peloridiide Hemiodoecus fidelis Evans (Homoptera Coleorrhyncha) und ihre Stellung unter den Homopterensymbiosen*, Zool. Anz. *146* (1951).
– *Über das Schlüpfen der Zikaden (Homoptera auchenorrhyncha) aus dem Ei*, Zoologica *103* (Stuttgart 1951).
MÜLLER, J., *Zur Naturgeschichte der Kleiderlaus*, Österr. Sanit.-Wesen *27* (1915).
MÜLLER, R., *Symbiose von Chromatophoren im Eiplasma*, Med. Welt *2* (1928).
– *Virus, Bakterium, Chlorophyllkorn und Zelle*, Forsch. u. Fortschr. *21/23* (1947).
MÜLLER, W., *Über die Pilzsymbiose holzfressender Insektenlarven*, Arch. Mikrobiol. *5* (1934).
MÜLLER-CALÉ, K., und KRÜGER, E., *Symbiontische Algen bei Aglaophenia helleri und Sertularella polyzonias*, Mitt. zool. Stat. Neapel *21* (1913).
MURRAY, F. V., und TIEGS, O. W., *The metamorphosis of Calandra oryzae*, Quart. J. microsc. Sci. [N. S.] *77* (1935).
– siehe auch TIEGS und MURRAY.
MUSGRAVE, A. J., und MILLER, J. J., *A note on some preliminary observations on the effect of the antibiotic Terramycin on insect symbiotic microorganisms*, The Canadian Entomologist *83* (1951).

NAEF, A., *Die Cephalopoden*, in: *Fauna und Flora des Golfes von Neapel* (R. Friedländer & Sohn, Berlin 1923).
NAIDU, M., *Symbiosis in spittle insect Ptyelus nebulosus Fabr.* Curr. Sci. *14* (Bangalore 1945).
– *A special technique for the identification of the Membracidae species by the intracellular microorganisms of their tumours*, Curr. Sci. *14* (Bangalore 1945).
NATH, V., und PIARE, M., *Ovogenesis of Periplaneta americana*, J. Morph. *48* (1929).

NAVILLE, A., *Notes sur les Eolidiens. Un Eolidien d'eau saumâtre. Origine des nématocytes. Zooxanthelles et homochromie*, Rev. suisse Zool. *33* (1926).

NEGER, F.W., *Ambrosiapilze*, 2: *Die Ambrosia der Holzbohrkäfer*, Ber. dtsch. bot. Ges. *27* (1909).

NEUKOMM, A., *Action des rayons ultra-violets sur les bactéroïdes des blattes (Blattella germanica)*, C. r. Soc. Biol. *96* (1927).

– *Sur la structure des bactéroïdes des blattes (Blattella germanica)*, C. r. Soc. Biol. *96* (1927).

– *La réaction de la fixation du complément appliquée à l'étude des bactéroïdes des blattes (Blattella germanica)* C. r. Soc. Biol. *111* (1932).

NEUMANN, G., *Pyrosomen*, Bronns Kl. u. Ord., 3. Suppl., Abt. *2* (1909–1911).

– *Die Pyrosomen der Deutschen Südpolarexpedition*, Deutsche Südpolarexped. *14* (1913).

NICOLLE, P., und LWOFF, M., *L'acide pantothénique dans la nutrition de l'Hémiptère hémophage Triatoma infestans Klug*, C. r. Soc. Biol. *138* (1944).

– Siehe auch LWOFF, M., und NICOLLE, P.

NOBILE, M., *Contributo alla conoscenza della formazione e della struttura dei globuli del tuorlo in uova di Rana esculenta L. e Gallus gallus L.*, R. Accad. Gioenia Sci. nat. Catania *1927*.

NOLAND, J.L., und BAUMANN, C.A., *Requirement of the german cockroach for choline and related compounds*, Proc. Soc. exper. Biol. Med. *70* (1949).

– *Protein requirements of the cockroach Blattella germanica (L.)*, Ann. Entomol. Soc. Amer. *44* (1951).

NOLAND, J.L., LILLY, J.H., und BAUMANN, C.A., *Vitamin requirements of the cockroach Blattella germanica (L.)*, Ann. entomol. Soc. Amer. *42* (1949).

NOLL, C. F., *Flußaquarien*, Zool. Garten *11* (1870).

NÖLLER, W., *Blut- und Insektenflagellatenzüchtung auf Platten*, Arch. Schiffs- u. Tropenhyg. *21* (1917).

– *Die neuen Ergebnisse der Haemoproteus-Forschung*, Arch. Protistenkde. *41* (1920).

NOLTE, H.W., *Beiträge zur Kenntnis der symbiontischen Einrichtungen der Gattung Apion Herbst*, Z. Morph. Ökol. *33* (1937).

– *Die Legeapparate der Dorcatominen (Anobiidae) unter besonderer Berücksichtigung der symbiontischen Einrichtungen*, Verh. dtsch. zool. Ges. *1938*.

NORDENSKIÖLD, E., *Zur Anatomie und Histologie von Ixodes reduvius*, Zool. Jb., Abt. Anat., *25* (1908).

NUSSBAUM, J., *Zur Entwicklungsgeschichte der Ausführgänge der Sexualdrüsen bei den Insekten*, Zool. Anz. *5* (1882).

NÜSSLIN, O., *Über einige Urtiere aus dem Herrenwieser See im badischen Schwarzwald*, Z. wiss. Zool. *40* (1884).

OFFHAUS, K., *Der Einfluß von wachstumsfördernden Faktoren auf die Insektenentwicklung unter besonderer Berücksichtigung der Phyto-Hormone*, Z. vergl. Phys. *27* (1939).

– *Der Vitaminbedarf des Reismehlkäfers Tribolium confusum Duval*, Z. Vitam.-, Hormon- u. Fermentforsch. *4* (1952).

OGILVIE, L., MULLIGAN, B.O., und BRIAN, P.W., *Progress report on vegetable diseases*, VI, Ann. Rep. Agr. Hort. Research Station Univ. of Bristol *1934* (1935).

ÖHME, B.G., *Beiträge zur Biologie und Anatomie des Baumflußkäfers Nosodendron fasciculare Olivier*, Dissertation Erlangen 1948 (ungedruckt).

OKADA, Y.K., *On the photogenic organ of the Knight-fish (Monocentris japonicus)*, Biol. Bull. *50* (1926).

– *Contribution à l'étude des Céphalopodes lumineux*, I: Bull. Inst. océan. Monaco Nr. 494 (1927).

– *Contribution à l'étude des Céphalopodes lumineux II*, Bull. Inst. océanogr. Monaco Nr. 499 (1927).

OKADA, Y.K., TAKAGI, S., und SUGINO, H., *Microchemical studies on the so-called photogenic granules of Watasenia scintillans (Berry)*, Proc. Imp. Acad. Tokyo *10* (1933).

OLTMANNS, F., *Morphologie und Biologie der Algen*, Bde. 1 und 2, 2. Aufl. (G. Fischer, Jena 1904/05, 1922/23).

OSORIO, B., *Une propriété singulière d'une bactérie phosphorescente*, C. r. Soc. Biol. *77* (1912).

PAILLOT, A., *Les maladies bactériennes des insectes*, Ann. Serv. Epiphyties *8* (1921).

– *La symbiose bactérienne et l'immunité humorale chez les Aphides*, C. r. Acad. Sci. Paris *188* (1929).

PAILLOT, A., *Sur l'origine infectieuse des microorganismes des Aphides*, C. r. Acad. Sci. Paris *189* (1929).
- *Sur la spécificité parasitaire des Bactéries infectant normalement les Pucerons*, C. r. Soc. Biol. *103* (1930).
- *Parasitisme bactérien et symbiose chez l'Aphis mali*, C. r. Acad. Sci. Paris *190* (1930).
- *Mécanisme de la symbiose chez les Drepanosiphum platanoides*, C. r. Soc. Biol. *103* (1930).
- *Les réactions cellulaires et humorales d'immunité antimicrobienne dans le phénomène de la symbiose chez Macrosiphum jaceae*, C. r. Acad. Sci. Paris *190* (1930).
- *Parasitisme et symbiose chez les Aphides*, C. r. Acad. Sci. Paris *193* (1931).
- *Parasitisme et symbiose chez Aphis atriplicis*, C. r. Acad. Sci. Paris *193* (1931).
- *Les variations morphologiques du bacille symbiotique de Macrosiphum tanaceti*, C. r. Acad. Sci. Paris *193* (1931).
- *Les variations du parasitisme bactérien normale chez le Chaitophorus lyropticus Ressl.*, C. r. Acad. Sci. Paris *194* (1932).
- *L'infection chez les insectes. Immunité et symbiose* (G. Patissier, Trévoux 1933).
PANCERI, P., *Gli organi luminosi e la luce dei Pirosomi e delle Foladi*, Atti Accad. Sci. fis. mat. Napoli *5* (1873).
PANDAZIS, G., *Zur Frage der Bakteriensymbiose bei Oligochaeten*, Zbl. Bakteriol. *120* (1931).
PANT, N.C., und FRAENKEL, G., *The function of the symbiotic yeasts of two insect species, Lasioderma serricorne F. and Stegobium (Sitodrepa) paniceum L.*, Science *112* (1950).
PAPACOSTAS, G., und GATÉ, J., *Les associations microbiennes*, Slg. Encyclopédie scientifique (Gaston Doin & Cie., Paris 1928).
PARKER, C.R., *Symbiosis in Paramaecium bursaria*, J. exper. Zool. *46* (1926).
PARKIN, E.A., *A study on the food relation of the Lyctus powder-post beetles*, Ann. appl. Biol. *23* (1936).
- *The depletion of stark from timber in relation to attack by Lyctus-beetles*, 2–4, Forestry *12* (1938); *13* (1939).
- *Symbiosis in larval Siricidae*, Nature *147* (1941).
- *Symbiosis and Siricid woodwasps*, Ann. appl. Biol. *29* (1942).
- *Symbiosis in Ptilinus pectinicornis L.*, Nature (im Druck).
PARR, A. E., *The Macrouridae of the Western North Atlantic and Central America seas*, Bingham Oceanogr. Coll. Bull. *10* (1946).
PASCHER, A., *Studien über Symbionten*, 1: *Über einige Endosymbiosen von Blaualgen mit Einzellern*, Jb. wiss. Bot. *71* (1929).
PASPALEFF, G. W., *Cytologische Untersuchungen an Aphiden*, Ann. Univ. Sofia Fac. phys.-math., Sci. nat. *3* (1929).
PATTON, W.S., und CRAGG, F.W., *A text book of medical entomology* (Christian Literature Society for India, London, Madras and Calcutta 1913).
PAX, F., *Die Aktinien*, Ergebnisse und Fortschr. Zool. *4* (1914).
PAYNE, N.M., *Food requirements for the pupation of two coleopterous larvae, Synchroa punctata Newm. and Dendroides canadensis Lec. (Melandryadae, Pyrochroidae)*, Entomol. News *42* (1931).
PEKLO, J., *Über symbiontische Bakterien bei Aphiden*, Ber. dtsch. bot. Ges. *30* (1912).
- *O mšici Krvavé [Über die Blutlaus]*. Zemědělský archiv 7 (1916).
- *Symbiosis of Azotobacter with insects*, Int. Congr. Microbiol., Kopenhagen 1947, Rep. Proc. 1949.
- *Kůrovec Ips typographus L. ve světle starších i nových prací o nitrobuněcných symbiontech u hmyzu*, Lesnická práce *25* (1946).
- *Symbiosis of Azotobacter with insects*, Nature *158* (1946).
- *Z histologie Drosophily* (mit engl. Zusammenfassung). Zvláštni otisk z Biologkých listů. Suppl. *2* (1951).
PEKLO, J., und SATAVA, J., *Fixation of free nitrogen by bark beetles*, Nature *163* (1949).
- *Fixation of free Nitrogen by insects*, Experientia 6 (1950).
PENARD, E., *Sur la présence de la chlorophylle dans les animaux*, Arch. Sci. phys. nat. [3] *24* (1890).
- *Faune rhizopodique du bassin du Léman* (Henry Kündig, Genève 1902).
- *Notes complémentaires sur les Rhizopodes du Léman*, Rev. suisse Zool. *2* (1911).
PETERSON, W.H., und PETERSON, M.S., *Relation of bacteria to vitamins and other growth factors*, Bact. Rev. *9* (1945).

PETRI, L., *Sopra la particolare localizzazione di una colonia batterica nel tubo digerente della larva della mosca olearia*, Atti R. Accad. Lincei [5], Cl. Sci. fis., mat. e nat. *13* (1904). Weitere vorl. Mitt. ebenda Rend. *14* (1905); *15* (1906); *16* (1907).
– *Ricerche sopra i batteri intestinali della mosca olearia*, Mem. R. Staz. Patol. veg. Roma *1909*.
– *Untersuchung über die Darmbakterien der Olivenfliege*, Zbl. Bakteriol. Abt. II, *26* (1910).
PFEIFFER, H., *Beiträge zu der Bakteriensymbiose der Bettwanze (Cimex lectularius) und der Schwalbenwanze (Oeciacus hirundinis)*, Zbl. Bakteriol. *123* (1931).
PFEIFFER, H., und STAMMER, H. J., *Pathogenes Leuchten bei Insekten*, Z. Morph. Ökol. *20* (1930).
PFLUGFELDER, O., *Zooparasiten und die Reaktionen ihrer Wirtstiere* (G. Fischer, Jena 1950).
PHILIPTSCHENKO, J., *Über den Fettkörper der schwarzen Küchenschabe (Stylopyga orientalis)*, Rev. Russe Entomol. *1908*.
PIEKARSKI, G., *Beiträge zur intrazellulären Symbiose. Entwicklungsgeschichte und Anatomie blutsaugender Gamasiden*, Z. Parasitenkde. *7* (1935).
PIERANTONI, U., *L'origine di alcuni organi d'Icerya purchasi e la simbiosi ereditaria*, Boll. Soc. Nat. Napoli *23* [1909] (1910).
– *Ulteriori osservazioni sulla simbiosi ereditaria degli Omotteri*, Zool. Anz. *35* (1910).
– *Origine e struttura del corpo ovale del Dactylopius citri e del corpo verde dell'Aphis brassicae*, Boll. Soc. Nat. Napoli *24* [1910] (1911).
– *Sul corpo ovale del Dactylopius citri*, Boll. Soc. Nat. Napoli, *24* [1910] (1911).
– *Osservazioni su Aphrophora spumaria*, Boll. Soc. Nat. Napoli *24* [1910] (1911).
– *Studi sullo sviluppo d'Icerya purchasi Mask.*, 1: *Origine ed evoluzione degli elementi sessuali feminili*, Arch. Zool. ital. *5* (1912); 2: *Origine ed evoluzione degli organi sessuali maschili*, Arch. Zool. ital. *7* (1914); 3: *Osservazioni di embryologia*, Arch. Zool. ital. *7* (1914).
– *Struttura ed evoluzione dell'organo simbiotico di Pseudococcus citri e ciclo biologico di Coccidomyces dactylopii Buchner*, Arch. Protistenkde. *31* (1913).
– *La luce negli insetti luminosi e la simbiosi ereditaria*, Rend. R. Accad. Sci. fis. mat. Napoli *1914*.
– *Sulla luminosità e gli organi luminosi di Lampyris noctiluca*, Boll. Soc. Nat. Napoli *27* (1915).
– *Nuove osservazioni sulla luminosità degli animali*, Rend. R. Accad. Sci. fis. mat. Napoli *1917*.
– *Gli organi simbiotici e la luminescenza batterica dei Cephalopodi*, Pubbl. Staz. Zool. Napoli *2* (1918).
– *Le simbiosi fisiologiche e le attività dei plasmi cellulari*, Riv. Biol. *1* (1919).
– *A proposito delle teorie sulla luminescenza batterica e sulle simbiosi fisiologiche*, Boll. Soc. Nat. Napoli *33* (1920).
– *Per una più esatta conoscenza degli organi fotogeni dei Cephalopodi abissali*, Arch. Zool. ital. *9* (1920).
– *Gli organi luminosi simbiotici ed il loro ciclo ereditario in Pyrosoma giganteum*, Pubbl. Staz. Zool. Napoli *3* (1921).
– *Simbiosi, biofotogenesi e biocromogenesi. Stato delle conoscenze e nuove ricerche sui Pirosomi*, Arch. Zool. ital. *10* (1922).
– *Breve rettifica alla nota critica del Prof. Levi su «Chondriosomi e simbionti»*, Monit. Zool. ital. *33* (1922).
– *Sulla biofotogenesi simbiotica (un'ultima parola in risposta a S. Mortara)*, Boll. Soc. Nat. Napoli *34* (1923).
– *Nuove osservazioni su luminescenza e simbiosi*, 1: *La fosforescenza degli Oligocheti*, Rend. R. Accad. Lincei [5], *32* (1923); 2: *La fosforescenza dei Ctenofori*, Rend. R. Accad. Lincei [5], *33* (1924); 3: *L'organo luminoso di Heteroteuthis dispar*, Rend. R. Accad. Lincei [5], *33* (1924).
– *L'organo dorsale dei Pirosomi*, Pubbl. Staz. Zool. Napoli *4* (1923).
– *Le recenti ricerche sulla simbiosi fisiologica ereditaria*, Arch. Sci. Biol. *4* (Napoli 1923).
– *La fosforescenza e la simbiosi in Microscolex phosphoreus*, Boll. Soc. Nat. Napoli *36* (1924).
– *I recenti studii sulla simbiosi fisiologica ereditaria*, Atti Soc. ital. Progr. Sci., Riun. Napoli *1924*.
– *Parasitismo, simbiosi e coltivabilità*, Riv. Sci. nat. Natura *16* (Pavia 1924).
– *I corpuscoli fotogeni di Heteroteuthis dispar*, Boll. Soc. Nat. Napoli *37* (1925).

748 Literaturverzeichnis

PIERANTONI, U., *Microorganismi nell'economia animale*, Scientia *1925*.
– *La vita ultramicroscopica*, Riv. Fis. Mat. Sci. nat. [2] *1* (1926).
– *Ancora sulla bioluminescenza da simbiosi (risposta al Prof. V. Puntoni)*, Riv. Biol. *8* (1926).
– *Nuove ricerche sugli organi luminosi simbiotici*, Ric. Morf. Biol. Anim. *1* (Napoli 1926).
– *L'organo simbiotico nello sviluppo di Calandra oryzae*, Rend. R. Accad. Sci. fis. mat. Napoli [3], *35* (1927).
– *Osservazioni sui cosidetti globuli del tuorlo e piastrine di Bufo viridis*, Boll. Soc. Nat. Napoli *39* (1927).
– *I corpuscoli del tuorlo e la loro coltura in agar*, Mem. R. Accad. Lincei Roma [6], *2* (1928).
– *Inclusi e costituenti della sostanza vivente*, Riv. Fis. Mat. Sci. nat. [N. S.] *3* (1929).
– *L'organo simbiotico di Silvanus surinamensis (L.)*, Rend. R. Accad. Lincei [6], *9* (1929).
– *La trasmissione ereditaria dei simbionti fisiologici nei coleotteri*, Arch. Zool. ital. *13* (1929).
– *Origine e sviluppo degli organi simbiotici d'Oryzaephilus (Silvanus) surinamensis L.*, Atti R. Accad. Sci. fis. mat. Napoli [2], *18* (1930).
– *La simbiosi ereditaria negli Eterotteri*, Atti XI Congr. Intern. Zool., Padova 1930, in: Arch. Zool. ital. *16* (1931).
– *Nuove osservazioni sulla glandola nidamentale accessoria dei Cephalopodi*, Arch. Zool. ital. *20* (1934).
– *La digestione della cellulosa e del legno negli animali e la simbiosi delle Termiti*, Riv. Fis. Mat. Sci. nat [N. S.] *9* (1934).
– *Ancora sulla funzione della glandola accessoria dei Cefalopodi*, Boll. Zool. *6* (1935).
– *Simbiosi e digestione della cellulosa nei Termitidi e nei mammiferi*, Boll. Soc. ital. Biol. sper. *10* (1935).
– *La simbiosi fisiologica nei Termitidi xilofagi e nei loro flagellati intestinali*, Arch. Zool. ital. *22* (1935).
– *Gli studii sulla endosimbiosi ereditaria nelle origini e nei più recenti sviluppi*, Attualità zool. *2* (1936).
– *Osservazioni sulla simbiosi nei Termitidi xilofagi e nei loro flagellati intestinali, 2: Defaunazione per digiuno*, Arch. Zool. ital. *24* (1937).
– *Il complesso simbiotico dell'alimentazione delle Termiti*, Riv. Fis. Mat. Sci. nat [N. S.] *15* (1940).
– *Le simbiosi fisiologiche nei Vertebrati*, Riv. Fis. Mat. Sci. nat. [N. S.] *16* (1942).
– *Trattato di Biologia e Zoologia generale* (Casa ed. «Humus», Napoli 1948).
– *Le nuove osservazioni sulla funzione e sul ciclo vitale dei globuli vitellini*, Boll. Zool. *16* (1949).
– *Die physiologische Symbiose der Termiten mit Flagellaten und Bakterien*, Naturwissenschaften *38* (1951).
– *La simbiosi in Tropidothorax leucopterus (Heteroptera, Lygaeidae)*, Boll. Zool. *18* (1951).
POCHON, J., *Flore bactérienne cellulolytique du tube digestive de larves xylophages*, C. r. Acad. Sci. France *208* (1939).
POISSON, R., *Ordre des Heteroptères*, in: *Traité de Zoologie*, Bd. 10 (Masson & Cie., Paris 1951).
POISSON, R., und PESSON, P., *Contribution à l'étude du sang des Coccides. Le sang de Pulvinaria mesembryanthemi Vallot*, Arch. Zool. exper. gén. *81* (1937).
POLIMANTI, O., *Über das Leuchten von Pyrosoma elegans Les.*, Z. Biol. *55* (1911).
PONCE DE LEON, S. R., *Formas microbianas de la sangre normal*, Riv. Ass. Méd. Argentine *49* (1935).
PORTA, A., *Ricerche sull'Aphrophora spumaria*, Rend. Ist. Lomb. Sci. Lett. [2] *33* (1900).
PORTIER, P., *Digestion phagocytaire des chenilles xylophages des Lepidoptères. Exemple d'union symbiotique entre un insecte et un champignon*, C. r. Soc. Biol. *70* (1911).
– *Les symbiotes* (Masson & Cie., Paris 1918).
POWELL, W. N., *On the morphology of Pyrsonympha*, Univ. Calif. Publ. Zool. *31* (1928).
PRATT, E. M., *The assimilation and distribution of nutriment in Alcyonium digitatum*, Rep. Brit. Assoc. Sect. D. *1903*.
– *Some Alcyonidae from Ceylon*, Herdman Rep. Ceylon. Pearl Oyster Fishery, Roy. Soc. *3* (1905).
– *The digestive organs of the Alcyonaria and their relation to the mesogloeal cell-plexus*, Quart. J. microsc. Sci. *49* (1906).
PRATT, H. S., *Beiträge zur Kenntnis der Pupiparen*, Arch. Naturg. *1893*.
– *The anatomy of the femal genital tract of the Pupipara as observed in Melophagus ovinus*, Z. wiss. Zool. *66* (1899).

PREER, J. R., *Some properties of a genetic cytoplasmatic factor in Paramaecium*, Proc. nat. Acad. Sci. *32* (1946).

PRENANT, A., BOUIN, P., et MAILLARD, L., *Traité d'histologie*, Bd. 1 (Schleicher & Co., Paris 1904).

PRINGSHEIM, E. G., *Über das Zusammenleben von Tieren und Algen*, Z. Naturwiss. *1915*.

– *Über Paramaecium bursaria, Ein Beitrag zur Symbiosefrage*, Lotos *1925*.

– *Physiologische Untersuchungen an Paramaecium bursaria*, Arch. Protistenkde. *64* (1928).

PROFFT, J., *Beiträge zur Symbiose der Aphiden und Psylliden*, Z. Morph. Ökol. *32* (1937).

PUCHER, S., in: *Der Krebsarzt 4* (1949).

PUNTONI, O., *Lo stato attuale della teoria microbica della biofotogenesi*, Riv. Biol. *7* (1925).

– *Sulla biofotogenesi. Risposta ai Proff. Pierantoni e Zirpolo*, Riv. Biol. *9* (1927).

PUTNAM, J. D., *Biological and other notes on Coccidae*, Proc. Davenport Acad. *2* (1880).

PÜTTER, A., *Der Stoffwechsel der Aktinien*, Z. allg. Phys. *12* (1911).

QUAST, P., *Farbstoffinjektionsversuche bei Cyclostoma elegans Drap.*, Pflügers Arch. ges. Phys. *200* (1923).

– *Chemische Untersuchung des Organextraktes der Konkrementendrüse und des Nephridium von Cyclostoma elegans Drap.*, Z. Biol. *80* (1924).

– *Der Konkrementenspeicher («Konkrementendrüse» Claparèdes) von Cyclostoma elegans Drap.*, Z. Anat. Entwicklungsgesch. *72* (1924).

RAMDOHR, K. A., *Abhandlung über die Verdauungswerkzeuge der Insekten* (F. R. Schleicher, Halle und Leipzig 1811).

RAU, A., *Symbiose und Symbiontenerwerb bei den Membraciden (Homoptera Cicadina)*, Z. Morph. Ökol. *39* (1943).

RAWITSCHER, F., *Wohin stechen die Pflanzenläuse?* Z. Bot. *26* (1933).

RAWLINGS, G. B., *The establishment of Ibalia leucosporoides in New Zealand*, For. Res. Notes *1* (1951).

REGAUD, C., *Mitochondries et symbiotes*, C. r. Soc. Biol. *82* (1919).

REICHENOW, E., *Haemogregarina stepanowi, die Entwicklungsgeschichte einer Gregarine*, Arch. Protistenkde. *20* (1910).

– *Die Haemococciden der Eidechsen*, 1. Teil, Arch. Protistenkde. *42* (1921).

– *Über intrazelluläre Symbionten bei Blutsaugern*, Arch. Schiffs- u. Tropenhyg. *25* (1921).

– *Intrazelluläre Symbionten bei blutsaugenden Milben und Egeln*, Arch. Protistenkde. *45* (1922).

REITINGER, I., *Untersuchungen über Wirkstoffquellen für die Entwicklung des amerikanischen Reismehlkäfers Tribolium confusum Duval.* (im Gang befindliche Untersuchungen).

REMANE, E., *Intrazellulare Verdauung bei Rädertieren*, Z. vergl. Physiol. *11* (1929).

RESÜHR, B., *Zur Morphologie und Protoplasmatik der bakteroiden Symbionten einiger Homopteren (Philaenus spumarius L., Cicadella viridis und Pseudococcus citri Risso)*, Arch. Mikrobiol. *9* (1938).

RICCARDO, S., *Un microorganismo simbionte della Ctenolepisma ciliata (Duf.)*, Boll. Soc. ital. Biol. sper. *20* (1945).

RICHTER, G., *Untersuchungen an Homopterensymbionten*, Z. Morph. Ökol. *10* (1928).

RIES, E., *Über die Symbionten der Läuse und Federlinge*, Zbl. Bakteriol. *117* (1930).

– *Über ein regelmäßiges Rickettsienvorkommen bei der Hühnerlaus*, Zbl. Bakteriol. *121* (1931).

– *Die Symbiose der Pediculiden und Mallophagen*, Arch. Zool. ital. *16* (1931).

– *Die Symbiose der Läuse und Federlinge*, Z. Morph. Ökol. *20* (1931).

– *Experimentelle Symbiosestudien*, 1: *Mycetomtransplantationen*, Z. Morph. Ökol. *25* (1932).

– *Endosymbiose und Parasitismus*, Z. Parasitenkde. *6* (1933).

– *Über den Sinn der erblichen Insektensymbiose*, Naturwissenschaften *23* (1935).

RIMPAU, W., *Grundsätzliches zur pflanzlichen Endosymbiose beim Menschen*, Münch. med. Wschr. *81* (1934).

RIPPEL-BALDES, A., *Grundriss der Mikrobiologie*, 2. Aufl. (Springer-Verlag, Berlin–Göttingen–Heidelberg 1952).

RIPPER, W., *Zur Frage des Celluloseabbaues bei der Holzverdauung xylophager Insektenlarven*, Z. vergl. Phys. *13* (1930).

ROBINSON, F. A., *The Vitamin B complex* (Chapman & Hall Ltd., London 1951).

ROESLER, R., *Histologische, physiologische und serologische Untersuchungen über die Verdauung der Zeckengattung Ixodes Latr.*, Z. Morph. Ökol. *28* (1934).

RONDELLI, M., *Osservazioni sulla simbiosi negli ematophagi (zecche)*, Atti R. Accad. Sci. Torino *60* (1925).
– *Osservazioni sulla simbiosi ereditaria negli Afidi gallicoli (Eriosoma)*, Atti R. Accad. Sci. Torino *60* (1925).
– *La simbiosi ereditaria negli Eriosomatini*, Ric. Morfol. Biol. anim. *1* (Napoli 1928).
ROSENKRANZ, W., *Die Symbiose der Pentatomiden (Hemiptera heteroptera)*, Z. Morph. Ökol. *36* (1939).
ROSENTHAL, H., und GROB, C.A., *Über den Vitaminbedarf des amerikanischen Reismehlkäfers Tribolium confusum Duval*, 4. Mitt., Z. Vitaminforsch. *17* (1946).
ROSENTHAL, H., und REICHSTEIN, T., *Vitamin requirement of the American flower beetle Tribolium confusum Duval.*, Nature *150* (1942).
– *Der Vitaminbedarf des amerikanischen Reismehlkäfers Tribolium confusum Duval*, 2. Mitt., Z. Vitaminforsch. *15* (1945).
ROUBAUD, E., *Les particularités de la nutrition et la vie symbiotique chez les mouches tsetsés*, Ann. Inst. Pasteur *33* (1919).
ROZEBOOM, L.E., *The relation of bacteria and bacterial filtrates to the development of mosquito larvae*, Amer. J. Hyg. *21* (1935).

SALENSKY, W., *Neue Untersuchungen über die embryonale Entwicklung der Salpen*, Mitt. Zool. Stat. Neapel *4* (1883).
– eine Reihe russischer Mitteilungen in: Bull. Acad. Sci. Russe [6], *10* (1916).
– *Salpa bicaudata*, Bull. Acad. Sci. Russe [6], *11* (1917).
SALFI, M., *L'organo simbiotico di Troiza alacris Flor.*, Rend. Unione Zool. ital. Bologna *1926*.
SCHANDERL, H., *Die Bakteriensymbiose der Leguminosen und Nichtleguminosen*, Gartenbauwissenschaft *13* (1939).
– *Über die Assimilation des elementaren Stickstoffs der Luft durch die Hefesymbionten von Rhagium inquisitor L.*, Z. Morph. Ökol. *38* (1942).
– *Ein Beitrag zur Frage der Isolierbarkeit von Mikroorganismen aus normalem pflanzlichem Gewebe und eine Kritik der sogenannten «Knöllchentheorie»*, Biologia gen. *17* (1944).
– *Botanische Bakteriologie und Stickstoffhaushalt der Pflanzen auf neuer Grundlage* (Eugen Ulmer, Stuttgart 1947).
– *Über die Hefesymbiose der Cerambyciden und Aphiden*, Verh. dtsch. zool. Ges. *1949*.
– *Über das Studium der Chondriosomen pflanzlicher Zellen intra vitam*, Züchter *20* (1950).
SCHANDERL, H., LAUFF, G., und BECKER, H., *Studien über die Mycetom- und Darmsymbionten der Aphiden*, Z. Naturf. *4b* (1949).
SCHAUDINN, F., *Untersuchungen über den Generationswechsel von Trichosphaerium sieboldi*, Abh. Kgl. Preuss. Akad. Wiss. Berlin *1899*.
– *Generations- und Wirtswechsel bei Trypanosoma und Spirochaeta*, Arb. Kais. Gesundheitsamt *20* (1904).
SCHEINERT, W., *Symbiose und Embryonalentwicklung bei Rüsselkäfern*, Z. Morph. Ökol. *27* (1933).
SCHEWIAKOFF, W., *Die Acantharia des Golfes von Neapel*, in: *Fauna und Flora des Golfes von Neapel*, Bd. 37 (1926).
SCHIMITSCHECK, E., *Tetropium gabrieli Weise und Tetropium fuscum F.: Ein Beitrag zu ihrer Lebensgeschichte und Lebensgemeinschaft*, Z. angew. Entomol. *15* (1929).
SCHIMPER, W., *Untersuchungen über die Chlorophyllkörner und die homologen Gebilde*, Jb. wiss. Bot. *16* (1885).
SCHLOTTKE, E., und BECKER, G., *Verdauungsfermente im Darm der Hausbockkäferlarven*, Biologia gen. *16* (1942).
SCHMEISSER, K., *Levéltetvekkel és kabócákkal együttélő mikroorganizmusok tenyésztése*, Egészségtudományi Közlemények *1944*.
SCHMIDT, W.J., *Untersuchungen über Bau und Lebenserscheinungen von Bursella spumosa, einem neuen Ciliaten*, Arch. mikr. Anat. Abt. 1, *95* (1921).
SCHNEIDER, G., *Beiträge zur Kenntnis der symbiontischen Einrichtungen der Heteropteren*, Z. Morph. Ökol. *36* (1940).
SCHNEIDER, L., *Morphologische und physiologische Untersuchungen an symbiontischen Bakterien* (im Gang befindliche Untersuchungen).
SCHNEIDER, K.C., *Lehrbuch der vergleichenden Histologie* (G. Fischer, Jena 1902).
SCHNEIDER-ORELLI, O., *Die Übertragung und Keimung des Ambrosiapilzes von Xyleborus (Anisandrus) dispar F.*, Naturw. Z. Land- u. Forstwissensch. *9* (1911).

SCHNEIDER-ORELLI, O., *Untersuchungen über den pilzzüchtenden Obstbaumborkenkäfer Xyleborus (Anisandrus) dispar F. und seinen Nährpilz*, Zbl. Bakteriol. *38* (1913).

SCHOEL, W., *Beiträge zur Kenntnis der Aphidensymbiose*, Bot. Archiv *35* (1934).

SCHOELZEL, G., *Die Embryologie der Anopluren und Mallophagen*, Z. Parasitenkde. *9* (1937).

SCHOMANN, H., *Die Symbiose der Bockkäfer*, Z. Morph. Ökol. *32* (1937).

SCHOPFER, W. H., *Symbiose et facteurs de croissance*, Congr. Microbiol. Paris *1938*.

SCHRADER, F., *Sexdetermination on the White-fly (Trialeurodes vaporariorum)*, J. Morph. *34* (1920).

– *The chromosomes of Pseudococcus nipae*, Biol. Bull. *40* (1921).

– *The sex ratio and oogenesis of Pseudococcus citri*, Z. indukt. Abstammungslehre *30* (1923).

– *The origin of the mycetocytes in Pseudococcus*, Biol. Bull. *45* (1923).

SCHULTZ, J., ST. LAWRENCE, P., und NEWMEYER, D., *A chemical defined medium for the growth of Drosophila melanogaster*, Anat. Rec. *96* (1946).

SCHULTZE, FR. E., *Rhizopodenstudien*, Arch. mikr. Anat. *11* (1875).

SCHULTZE, M., *Beiträge zur Naturgeschichte der Turbellarien* (C. A. Koch, Greifswald 1851).

SCHULZE, K. L., *Experimentelle Untersuchungen über die Chlorellensymbiose bei Ciliaten*, Biologia generalis *19* (1951).

SCHWARTZ, W., *Untersuchungen über die Pilzsymbiose der Schildläuse*, Biol. Zbl. *44* (1924).

– *Neue Untersuchungen über die Pilzsymbiose der Schildläuse (Lecaniinen)*, Arch. Mikrobiol. *3* (1932).

– *Untersuchungen über die Symbiose von Tieren mit Pilzen und Bakterien, VI: Der Stand unserer Kenntnisse von den physiologischen Grundlagen der Symbiose von Tieren mit Pilzen und Bakterien*, Arch. Mikrobiol. *6* (1935).

– *Die physiologischen Grundlagen der Symbiosen von Tieren mit Pilzen und Bakterien*, VII Int. Kongr. Entomol. Berlin 1938 (1939).

SCHWARZ, I., *Untersuchungen an Mikrosporidien minierender Schmetterlingsraupen, den «Symbionten» Portiers*, Z. Morph. Ökol. *13* (1929).

SCHWEIZER, G., *Bacillus hirudinis, ein spezifischer Symbiont des Blutegels*, Arch. Mikrobiol. *7* (1936).

SEELIGER, O., *Die Pyrosomen der Planktonexpedition*, Ergeb. Plankton-Exped. *1895*.

SELL, W., *Ungedruckte Dissertation über die Embryonalentwicklung der Aphiden* (München 1919).

SEN, P., *On the occurrence of symbiotic microorganisms in the Cecidomyiidae or Gall midges (Diptera), with special reference to the larvae of Rhabdophaga saliciperda Duf.*, Arch. Protistenkde. *85* (1935).

SERRES, M. DE, *Observations sur les usages des diverses parties du tube intestinal des insectes*, Ann. Mus. nat. Hist. Paris *20* (1813).

SHARIF, M., *On the life history and the biology of the rat flea, Nosopsyllus fasciatus*, Parasitology *29* (1937); *38* (1948).

SHIMA, G., *Über das Wesen des Leuchtens von Watasenia scintillans* (japanisch), Tokio Izi Shinshi *1926*.

– *Preliminary note on the nature of the luminous bodies of Watasenia scintillans (Berry)*, Proc. imp. Acad. Tokio *3* (1927).

SHINJI, G. O., *Embryology of Coccids, with especial reference to the formation of the ovary, origin and differentiation of the germ cells, germ layers, rudiments of the midgut and the intracellular symbiontic organisms*, J. Morph. *33* (1919/20).

SIEBOLD, TH. VON, *Über einzellige Pflanzen und Tiere*, Z. wiss. Zool. *1* (1849).

SIEGEL, *Die geschlechtliche Entwicklung von Haemoproteus stepanowi im Rüsselegel Placobdella catenigera*, Arch. Protistenkde. *2* (1903).

SIGNORET, V., *Essai monographique sur les Aleurodes*, Ann. Soc. entomol. France [4], *8* (1867).

SIKORA, H., *Beiträge zur Anatomie, Physiologie und Biologie der Kleiderlaus (Pediculus vestimenti Nitzsch.), 1: Anatomie des Verdauungstraktes*, Arch. Schiffs- u. Tropenhyg., Beih. 1, *20* (1916).

– *Beiträge zur Kenntnis der Rickettsien*, Arch. Schiffs- u. Tropenhyg., *22* (1918).

– *Vorläufige Mitteilungen über Mycetome bei Pediculiden*, Biol. Zbl. *39* (1919).

– *Über die Mycetome der Läuse*, Arch. Schiffs- u. Tropenhyg. *26* (1922).

– *Der gegenwärtige Stand der Rickettsia-Forschung*, Klin. Wschr. *1924*.

SILLIMAN, W. A., *Untersuchungen über Turbellarien Nordamerikas*, Z. wiss. Zool. *41* (1885).

SKOWRON, S., *On the luminescence of some Cephalopods (Sepiola, Heteroteuthis)*, Riv. Biol. *8* (1926).

– *The luminous material of Microscolex phosphoreus Dug.*, Biol. Bull. *54* (1928).

SLABÝ, O., *O cyklické intracelulárni symbiose u hmyzu*, Acta Soc. entomol. Čsl. Prague *43* (1946).

SMITH, F., *Nutritional requirements of Camponotus ants*, Ann. Entomol. Soc. Amer. *37* (1944).

SMITH, H.G., *On the presence of algae in certain Ascidiacea*, Ann. Mag. nat. Hist. [10], *15* (1935).

– *Contribution to the anatomy and physiology of Cassiopeia frondosa*, Pap. Tortugas Lab. *31* (1936).

– *The significance of the relationship between Actinians and Zooxanthellae*, J. exper. Biol. *16* (1939).

SMITH, J.D., *Symbiotic microorganisms of Aphids and fixation of atmospheric nitrogen*, Nature *162* (1948).

SOLLAS, J., *Porifera*, Cambridge Natural History *1906*.

SORBY, H.C., *On comparative vegetable chromatology*, Proc. Roy. Soc. London *21* (1873).

– *On the colouring matter of Bonellia viridis*, Quart. J. Microsc. Sci. [3], *15* (1875).

SREENIVASAYA, M., und MAHDIHASSAN, S., *A study of the symbiotic fungus from the Mysore lac insects*, J. indian Inst. Sci. *12a* (1929).

STAMMER, H.J., *Die Bakteriensymbiose der Trypetiden (Diptera)*, Z. Morph. Ökol. *15* (1929).

– *Die Symbiose der Lagriiden (Col.)*, Z. Morph. Ökol. *15* (1929).

– *Neue Symbiosen bei Coleopteren*, Verh. dtsch. zool. Ges. *1933*.

– *Studien an Symbiosen zwischen Käfern und Mikroorganismen*, 1: *Die Symbiose der Donacien (Coleopt. Chrysomel.)*, Z. Morph. Ökol. *29* (1935); 2: *Die Symbiose des Bromius obscurus L. und der Cassida-Arten*, Z. Morph. Ökol. *31* (1936).

– *Bau und Bedeutung der Malpighischen Gefäße der Coleopteren*, Z. Morph. Ökol. *29* (1935).

– *Die Verbreitung der Endosymbiose bei den Insekten*, Symposium sur la « Symbiose chez les insectes» Amsterdam 1951, Tijdschr. Entomol. *95* (1952), und Union Intern. Sc. Biol. Sér. B, Nr. 10.

STECHE, O., *Die Leuchtorgane von Anomalops katoptron und Photoblepharon palpebratus*, Z. wiss. Zool. *93* (1909).

STECHOW, E., *Hydroidpolypen der Japanischen Ostküste*, 1, 2 in: DOFLEIN, *Naturgeschichte Ostasiens*, 1. Suppl. Abh. K. Bayr. Akad. Wiss. München *1909* und *1913*.

STEIN, F., *Die weiblichen Geschlechtsorgane der Käfer* (Dunker & Humblot, Berlin 1847).

– *Die Infusionstiere auf ihre Entwicklungsgeschichte untersucht* (W. Engelmann, Leipzig 1854).

– *Der Organismus der Infusionstiere* (W. Engelmann, Leipzig 1859–1867).

STEINHAUS, E.A., *A study of the bacteria associated with thirty species of insects*, J. Bakteriol. *42* (1941).

– *Insect Microbiology* (Comstok Publishing Co., Ithaka 1946).

– *Principles of Insect Pathology* (McGraw-Hill Book Co., New York und London 1949).

– *Report on diagnoses of diseased insects 1944–1950*, Hilgardia 20 (1951).

STEVENS, N.M., *A study on the germ cells of Aphis rosae and Aphis oenotherae*, J. exper. Zool. *2* (1905).

STIASNY, G., *Über die Beziehungen der sog. «gelben Zellen» zu den koloniebildenden Radiolarien*, Arch. Protistenkde. *19* (1910).

– *Zur Kenntnis der gelben Zellen der Sphaerozoen*, Biol. Zbl. *30* (1910).

STIER, A., *Beiträge zur Embryonalentwicklung der Salpa pinnata*, Z. Morph. Ökol. *33* (1938).

STOLC, A., *Beobachtungen und Versuche über die Verdauung und Bildung der Kohlehydrate bei einem amoebenartigen Organismus, Pelomyxa palustris Greeff*, Z. wiss. Zool. *68* (1900).

STRINDBERG, M., *Embryologische Studien an Insekten*, Z. wiss. Zool. *106* (1913).

– *Zur Entwicklungsgeschichte der oviparen Cocciden*, Zool. Anz. *50* (1919).

STROHMEYER, H., *Die Morphologie des Chitinskelettes der Platypodiden*, Arch. Naturgesch. [A], *84* (1918).

STSCHELKANOWZEW, J., *Die Entwicklung der Cunina proboscidea Metschn.*, Mitt. Zool. Stat. Neapel *17* (1906).

STÜBEN, M., mitgeteilt bei BUCHNER 1948.

STUHLMANN, F., *Beiträge zur Kenntnis der Tsetsefliege (Glossina fusca und tachinoides)*, Arb. Reichs-Gesundh.-Amt. Berlin *26* (1907).

SUBAROW, Y., und TRAGER, W., *The chemical nature of growth factors required by mosquito larvae*, 2: *Pantothenic acid and vitamin B_6*, J. gen. Physiol. *23* (1940).

SUKATSCHOW, B.W., *Beiträge zur Anatomie von Hirudineen*, 1: *Über den Bau von Branchellion torpedinis Sav.*, Mitt. Zool. Stat. Neapel *20* (1910–1913).

Šulc, K., *Kermincola kermesina n. gen. n. sp. und physokermina n. sp., neue Mikroendosymbiontiker der Cocciden*, Sitz.-Ber. böhm. Ges. Wissensch. Prag *1906*.
- *Symbiontische Saccharomyceten der echten Cicaden*, Sitz.-Ber. böhm. Ges. Wissensch. Prag *1910*.
- *«Pseudovitellus» und ähnliche Gewebe der Homopteren sind Wohnstätten symbiontischer Saccharomyceten*, Sitz.-Ber. böhm. Ges. Wissensch. Prag *1910*.
- *Intracellulárni hereditárni symbiosa u Margaroda (Coccidae)* (mit deutscher Zusammenfassung), Publ. biol. Ecole haut. Etud. vétérin. *2* (Brno 1923).
- *O biologii kvasnic a jejich symbiose s hmyzem [Über die Biologie der Hefepilze und ihre Symbiose mit Insekten*, Vortrag, Vers. Naturw. Ges. Mährisch-Ostrau *5*. November 1909], Sbornik Přírodovědecké společnosti Mor. Ostravě *2* (1923).
- *O intracellulárni hereditárni symbiosa u Fulgorid (Homoptera)* (mit deutscher Zusammenfassung), Publ. biol. Ecole haut. Etud. vétérin. *3* (Brno 1924).
- *De la symbiose intracellulaire chez les Fulgorides*, C. r. Soc. Biol. *92* (1925).
- *O vnitrobuěcné symbiose*, Příroda, Brno 1924/25.
- *Symbiose*, Listy *16* (1931).
Svedelius, Nils, *Über einen Fall von Symbiose zwischen Zoochlorellen und einer marinen Hydroide*, Svensk. botan. Tidskr. *1* (1907).
Swammerdam, Jan, *Algemeene Verhandeling van bloedloose Diertjens* (Utrecht 1669).
- *Bijbel der Natuure (Biblia naturae sive historia insectorum)* (van der Aa, Leiden 1737/38).

Tacchini, J., *Ricerche sui batteri simbionti intracellulari delle Blatte*, Boll. Soc. ital. Biol. sper. *22* (1946).
Takagi, S., *Mitochondria in the luminous organs of Watasenia scintillans (Berry)*, Proc. imp. Acad. Tokyo *9* (1933).
Tanner, V. M., *A preliminary study of the genitalia of female Coleoptera*, Trans. Amer. entomol. Soc. Philadelphia *53* (1927).
Tannreuther, G. W., *History of the germ-cells and early embryology of certain Aphids*, Zool. Jb., Abt. Anat., *24* (1907).
Tarsia in Curia, I., *Nuove osservazioni sull'organo simbiotico di Calandra oryzae Linn.*, Arch. Zool. ital. *18* (1933).
- *La simbiosi ereditaria in Troiza alacris Fbr.*, Arch. Zool. ital. *20* (1934).
- *La simbiosi nei Coccidi*, Attualità zool. *4* (1938).
Teodoro, G., *Ricerche sull'emolinfa dei Lecanini*, Atti Accad. Veneto-trent.-istr. *5* (1912).
- *Osservazioni sulla ecologia delle Cocciniglie, con speciale riguardo alla morfologia ed alla fisiologia di questi insetti*, Redia *11* (1916).
- *Alcune osservazioni sui saccharomiceti del Lecanium persicae Fabr.*, Redia *13* (1918).
Thiel, M. E., *Die Scyphomedusen des zool. Staatsinstitutes und zool. Museums in Hamburg*, 1, Mitt. Zool. Mus. Hamburg *43* (1927).
- *Zur Frage der Ernährung der Steinkorallen und der Bedeutung ihrer Zoochlorellen*, Zool. Anz. *81* (1929).
Thienemann, A., *Das Salzwasser von Oldesloe*, Mitt. geogr. Ges. naturh. Mus. Lübeck, 2. Reihe, H. 31 (1926).
Tiegs, O. W., und Murray, F. V., *The embryonic development of Calandra oryzae*, Quart. J. Microsc. Sci. [N. S.] *80* (1938).
Todaro, Fr., *Studi ulteriori sullo sviluppo delle Salpe*, Mem. R. Accad. Lincei [4] *1* (1886).
Tóth, L., *Über die frühembryonale Entwicklung der viviparen Aphiden*, Z. Morph. Ökol. *27* (1933).
- *Entwicklungszyklus und Symbiose von Pemphigus spirothecae Pass. (Aphidina)*, Z. Morph. Ökol. *33* (1937).·
- *The protein metabolism of the Aphids*, Ann. Mus. Hungar. *33* (1940).
- *On a new category of endosymbiosis. Physiological interpretation of the endosymbiosis of plant-juice sucking insects*, Allat. Közlem. *40* (1943).
- *Stickstoffassimilation und das symbiontische System bei Kalotermes flavicollis*, Magyar. Biol. Kut. Munk. *16* (1944/45).
- *The biological fixation of atmospheric nitrogen*, Monographs Nat. Sci. *5* (Hung. Mus. nat. Sci., Budapest 1946).
- *Nitrogen fixing microorganisms in the alimentary canal of herbivorous farm animals*, Experientia *4* (1948).
- *Enzymatic breakdown of nitrogen compounds by the nitrogen fixing Bacteria of insects*, Experientia *4* (1948).

Tóth, L.. The biological fixation of atmospheric nitrogen by means of microorganisms living in symbiosis with animals (insects), Proc. 6th int. Congr. exper. Cytology 1 (Stockholm 1949).
– Protein metabolism and nitrogen fixation by means of microorganisms living in symbiosis with insects, Proc. 8th. int. Congr. Entomol. Stockholm 1950.
– Beiträge zur Frage des Stickstoff-Stoffwechsels der Insekten, Ann. Agr. Coll. Sweden 17 (1950).
– Die Rolle der Mikroorganismen in dem Stickstoff-Stoffwechsel der Insekten, Zool. Anz. 146 (1951).
– The role of nitrogen-active microorganisms in the nitrogen metabolism of insects, Symposium sur la «Symbiose chez les insectes», Amsterdam 1951, Tijdschr. Entomol. 95 (1952), und Union Intern. Sc. Biol. Sér. B, Nr. 10.
Tóth, L., und Wolsky, A., Gaswechsel und respiratorischer Quotient bei den Aphiden, Zool. Anz. 136 (1941).
Tóth, L., Wolsky, A., und Bátori, M., Stickstoffbindung aus der Luft bei den Aphiden und bei den Homopteren, Z. vergl. Physiol. 30 (1942).
Tóth, L., Wolsky, A., und Bátyka, E., Stickstoffassimilation aus der Luft bei den Rhynchoten, Z. vergl. Physiol. 30 (1944).
Trager, W., A cellulase from the symbiontic flagellates of termites and of the roach, Cryptocercus punctulatus, Bioch. J. 26 (1932).
– The cultivation of a cellulose digesting flagellate, Trichomonas termopsidis, and of certain other termite protozoa, Biol. Bull. 66 (1934).
– The culture of mosquito larvae free from living microorganisms, Amer. J. Hyg. 22 (1935).
– The chemical nature of growth factors required by mosquito larvae, Proc. 29th. Ann. Meet. New Jersey Mosquito Extermination Ass. 1942.
– Insect nutrition, Biol. Rev. 22 (1947).
– Biotin and fat-soluble materials with biotin activity in the nutrition of mosquito larvae, J. Biol. Chem. 176 (1948).
Trager, W., und Subbarow, Y., The chemical nature of growth factors required by mosquito larvae, Biol. Bull. 75 (1938).
Trendelenburg, W., Versuche über den Gaswechsel bei Symbiose zwischen Algen und Tier, Arch. Anat. Phys., Abt. Physiol. 1909.
Tretzel, E., Untersuchungen über die Endosymbiose der Ipiden mit Bakterien (unveröffentlicht).
Treviranus, G. P., Resultate einiger Untersuchungen über den inneren Bau der Insekten (Verdauungsorgane bei Cimex rufipes), Annal. Wetterau. Ges. 1 (1809).
Trojan, E., Bakteroiden, Mitochondrien und Chromidien. Ein Beitrag zur Entwicklung des Bindegewebes, Arch. mikr. Anat., Abt. 1, 93 (1919).
– Die geschlossenen Leuchtorgane der Tiefseefische, 10e Congr. int. Zool. Budapest 1929.
Tschirch, A., Die Wachs-, Harz- und Farbstoffbildung bei den Cocciden. Aufbau und Abbau des Stocklackes, Chem. Umschau Geb. Fette, Öle, Wachse, Harze, H. 45/46 (1922).
– Handbuch der Pharmakognosie, Bd. 3 (C. H. Tauchnitz, Leipzig, 1924).
– Tier und Pflanze in ihren gegenseitigen Beziehungen zueinander, Mitt. naturf. Ges. Bern 1924.
Tubeuf, C. von, Zweigtuberkulose am Ölbaum, Oleander und der Zirbelkiefer, Naturw. Z. Forst- u. Landwirtsch. 9 (1911).

Uchida, T., On the white markings of some Rhizostome medusae due to a cartilaginous tissue, Jap. J. Zool. 1 (1926).
Uichanko, L. B., Studies on the embryogeny and postnatal development of the Aphididae, with special reference to the history of the «symbiotic organ» or «mycetom», Philipp. J. Sci. 24 (1924).
Uvarov, B. P., Insect nutrition and metabolism, Trans. entomol. Soc. London 76 (1929).

van t'Hoog, E. G., Aseptic culture of insects in vitamin research, Z. Vitaminforsch. 4 (1935); 5 (1936).
van Trigt, H., A contribution to the physiology of the fresh water sponges (Spongillidae), Proc. Acad. Sci. Amsterdam 20 (1917).
– A contribution to the physiology of the fresh water sponges (Spongillidae) (Dissertation, Leiden 1918); auch: Biol. Zbl. 40 (1920).

VATERNAHM, TH., *Zur Ernährung und Verdauung unserer einheimischen Geotrupes-Arten*, Z. wiss. Insektenbiol. *19* (1924).

VAUGHAN, T.W., *Corals and formation of coral-reefs*, Ann. Rep. Smithsonian Inst. Washington *1919*.

VERONA, E., und BALDACCI, O., *Isolamento di schizomiceti cellulosolitici (Cytophaga), attinomiceti (Actinomyces), eumiceti dall'intestino delle termiti, e ricerche sulla attività cellulolitica degli attinomiceti*, Atti Ist. bot. Univ. Pavia [4] *11* (1939).

VERWEY, J., *Coral reef studies, 2: The depth of coral reefs in relation to their oxygen consumption and the penetration of light in the water*, Treubia *13* (1931).

VINCIGUERRA, D., *Del genere Hymenocephalus (H. italicus Gigl.)*, Ann. Mus. Civ. Storia Nat. Genova Estratto *56* (1932).

VIRTANEN, A. J., und LAINE, T., *Investigations on the root nodule bacteria of Leguminous plants, 22: The excretion products of root nodules. The mechanism of N-fixation*, Biochem. J. *33* (1939).

VOGEL, R., *Über die Topographie der Leuchtorgane von Phausis spendidula Leconte*, Biol. Zbl. *42* (1922).

– *Lampyrinae*, in: *Biologie der Tiere Deutschlands* (Borntraeger, Berlin 1927).

VONWILLER, P., *Anatomische Bemerkungen über den Bau der Leuchtorgane von Lampyris splendidula*, Festschr. für Zschokke, Basel *1920*.

VOUK, V., *Grundriss zu einer physiologischen Auffassung der Symbiose*, Planta *2* (1926).

WALCZUCH, A., *Studien an Coccidensymbionten*, Z. Morph. Ökol. *25* (1932).

WALLIN, J.E., *Symbioticism and the origin of species* (Baillière, Tindall and Cox, London 1927). (Hierin die seit 1922 erschienenen Veröffentlichungen des Autors.)

WEBER, H., *Lebensweise und Umweltbeziehung von Trialeurodes vaporariorum Westw.*, Z. Morph. Ökol. *23* (1931).

– *Die postembryonale Entwicklung der Aleurodinen*, Z. Morph. Ökol. *29* (1935).

– *Der Bau der Imago der Aleurodinen*, Zoologica *33*, H. 89 (1935).

– *Beiträge zur Kenntnis der Überordnung Psocoidea*, Biolog. Zentralbl. *59* (1939).

WEBER, M. und A., *Quelques nouveaux cas de symbiose*, Zool. Ergebn. Reise Niederl. Ostindien (Leiden 1890/91).

WEBER-VAN BOSSE, A., *Sur deux nouveaux cas de symbiose entre algues et éponges*, Ann. jard. bot. Buitenzorg, 3. Suppl. *1910*.

WEBSTER, F.M., und PHILLIPS, W. J., *The spring grain Aphis or «greenbug»*, U. S. Dep. Agric. Bureau Entomol. Bull. 110 (Washington 1912).

WEISSENBERG, R., *Zur Wirtsgewebsableitung des Plasmakörpers der Glugea anomala-Cysten*, Arch. Protistenkde. *42* (1921).

– *Fremddienliche Reaktionen beim intrazellulären Parasitismus, ein Beitrag zur Kenntnis gallenähnlicher Bildungen im Tierkörper*, Verh. dtsch. zool. Ges. *1922*.

WELSH, A., *Oxygen production by Zooxanthellae in a Bermudian Turbellarian*, Biol. Bull. *70* (1936).

WELTNER, W., *Spongillidenstudien*, 1: Arch. Naturg. *59* (1893).

– *Zur Biologie von Ephydatia fluviatilis und die Bedeutung der Amöbocyten für die Spongilliden*, Arch. Naturg. *73* (1907).

WERNER, E., *Die Ernährung der Larve von Potosia cuprea Fbr. Ein Beitrag zum Problem der Zelluloseverdauung bei Insektenlarven*, Z. Morph. Ökol. *6* (1926).

– *Der Erreger der Zelluloseverdauung bei der Rosenkäferlarve (Potosia cuprea Fbr.), Bacillus cellulosam fermentans n. sp.*, Zbl. Bakteriol. *67* (1926).

WESENBERG-LUND, C., *Beiträge zur Kenntnis des Lebenscyklus der Zoochlorellen*, Int. Rev. Hydrobiol. Planktonkde. *2* (1909).

WEURMAN, C., *Investigations concerning the symbiosis of bacteria in Triatoma infestans (Klug)*, Antonie van Leeuwenhoek *11* (1946).

WHEELER, W.M., *The embryology of Blatta germanica and Doryphora decemlineata*, J. Morphol. *3* (1889).

WHEELER, W. X., und WILLIAMS, F. H., *The luminous organ of the New-Zealand glow-worm*, Psyche *22* (1915).

WIEDEMANN, J.F., *Die Zelluloseverdauung bei Lamellicornierlarven*, Z. Morph. Ökol. *19* (1930).

WIGGLESWORTH, V.B., *Digestion in the tsetse-fly: a study of structure and function*, Parasitology *21* (1929).

– *Symbiot bacteria in a blood sucking insect, Rhodnius prolixus Stål.*, Parasitology *28* (1936).

WIGGLESWORTH, V. B., *The fate of haemoglobin in Rhodnius prolixus and other blood-sucking arthropods*, Proc. Roy. Soc. London [B] *131* (1943).
- *The principles of Insect physiology*, Revised edition (Methuen and Co., London 1950).
- *Symbiosis in blood-sucking insects*, Symposium sur la «Symbiose chez les insectes» Amsterdam *1951*, Tijdschr. Entomol. *95* (1952), und Union Intern. Sc. Biol. Sér. B, Nr. 10.
WILL, L., *Entwicklungsgeschichte der viviparen Aphiden*, Zool. Jb., Abt. Anat., *3* (1889).
WILLEM, V., und MINNE, A., *Recherches sur l'excrétion chez quelques annélides*, Mém. cour. Mém. Sav. étrang. Acad. Roy. Belgique, C. Sc. *58* (1899).
WILLIAMS, R. J., *Water-soluble vitamins*, Ann. Rev. Biochem. *12* (1943).
- *The biochemistry of the B-vitamins* (Reinhold Publishing Corporation, New York 1950).
WILSON, E. B., *The heliotropism of Hydra*, Amer. Naturalist *25* (1891).
WILSON, E. E., *The olive knot disease: its inception, development and control*, Hilgardia *9* (1935).
WILSON, H. V., *On the development of Maeandrina areolata*, J. Morph. *2* (1888).
WILSON, S. E., *Changes in the cell contents of wood (xylem-parenchyma) and their relationship to the respiration of wood and its resistance to Lyctus attack and to fungal invasion*, Ann. appl. Biol. *20* (1933).
WINTER, F., *Zur Kenntnis der Thalamophoren*, 1: *Untersuchung über Peneroplis pertusus Forsk.*, Arch. Protistenkde. *10* (1907).
WITHMAN, C. O., *Description of Clepsina plana*, J. Morph. *4* (1891).
WITLACZIL, E., *Zur Anatomie der Aphiden*, Arb. Zool. Inst. Wien *4* (1882).
- *Entwicklungsgeschichte der Aphiden*, Z. wiss. Zool. *40* (1884).
- *Die Anatomie der Psylliden*, Z. wiss. Zool. *42* (1885).
WÖHLER, *Über die O-Entwicklung aus dem organischen Absatz eines Solwassers*, Ann. Chem. Pharm. *15* (1843).
WOLF, J., *Contribution à la localisation des bactéroïdes dans les corps adipeux des blattes (Periplaneta orientalis)*, C. r. Soc. Biol. *91* (1924).
- *Contribution à la morphologie des bactéroïdes dans les Blattes (Periplaneta orientalis)*, C. r. Soc. Biol. *91* (1924).
WOLLMAN, E., *Observations sur une lignée aseptique de blattes (Blattella germanica) datant de cinq ans*, C. r. Soc. Biol. *95* (1926).
WOLTERECK, R., *Über die Entwicklung von Velella aus einer in der Tiefe vorkommenden Larve*, Zool. Jb. Suppl. *7* (1904).
WOODWARD, T. E., *The internal male reproductive organs in the genus Nabis Latreille*, Proc. Roy. entomol. Soc. London [A] *24* (1949).
WÜLKER, G., *Über das Auftreten rudimentärer akzessorischer Nidamentaldrüsen bei männlichen Cephalopoden*, Zoologica *67* (1913).
WUNDER, W., *Untersuchungen über Pigmentierung und Encystierung von Cercarien*, Z. Morph. Ökol. *25* (1932).

YASAKI, Y., *On the nature of the luminescence of the Knight-fish (Monocentris japonicus Houttuyn)*, J. exper. Zool. *50* (1928).
YASAKI, Y., und HANEDA, Y., *Über die Leuchtphänomene bei Tiefseefischen aus der Familie der Macruridae* (japanisch). Ōyō-Dōbutsugaku-Zasshi [J. appl. Zool.] *7* (1935).
- *Über einen neuen Typus von Leuchtorgan in Fischen*, Proc. imp. Acad. Tokyo *12* (1936).
YONG, C. M., *The significance of the relationship between Corals and Zooxanthellae*, Nature *128* (1931).
- *Origin and nature of the association between invertebrates and unicellular algae*, Nature *134* (1934).
- *Mode of life, feeding, digestion and symbiosis with Zooxanthellae in the Tridacnidae*, Sci. Rep. Great Barriere Reef Exped. *1*, Nr. 11 (1936).
- *The biology of reef-building corals*, Sci. Rep. Great Barriere Reef Exped. *1*, Nr. 13 (1940).
- *Experimental analysis of the association between invertebrates and unicellular algae*, Biol. Rev. Cambridge *19* (1944).
YONG, C. M., YONG, M. J., und NICHOLLS, A. G., *The relation between respiration in corals and the production of oxygen by their zooxanthellae*, Sci. Rep. Great Barriere Reef Exped. *1*, Nr. 8 (1932).
YONG, C. M., und NICHOLLS, A. G., *The effect of starvation in light and in darkness on the relationship between corals and Zooxanthellae*, Sci. Rep. Great Barriere Reef Exped. *1*, Nr. 7 (1931).
- *The structure, distribution and physiology of the Zooxanthellae*, Sci. Rep. Great Barriere Reef Exped. *1*, Nr. 6 (1931).

YONG, C. M., und NICHOLAS, H. M., *Structure and function of the gut and symbiosis with Zooxanthellae in Tridachia crispata (Oerst.)* Bgh., Papers Tortugas Labor. *32* (1940).

ZACHARIAS, A., *Untersuchungen über die intrazellulare Symbiose bei den Pupiparen*, Z. Morph. Ökol. *10* (1928).

ZELINKA, K., *Monographie der Echinoderen* (W. Engelmann, Leipzig 1928).

ZIRPOLO, G., *I batteri fotogeni degli organi luminosi di Sepiola intermedia*, Boll. Soc. Nat. Napoli *30* (1918).

- *Micrococcus pierantonii - nuova specie di batterio fotogeno dell'organo luminoso di Rondeletia minor Naef*, Boll. Soc. Nat. Napoli *31* (1918).

- *Studi sulla bioluminescenza batterica*, 1: Riv. Biol. *2* (1920); 2: Boll. Soc. Nat. Napoli *32* (1920); 3: Boll. Soc. Nat. Napoli *33* (1920); 4: Riv. Sci. nat. Pavia *12* (1921); 5: Boll. Soc. Nat. Napoli *34* (1922); 6: Riv. Sci. nat. Pavia *13* (1922); 7: Boll. Soc. Nat. Napoli *35* (1923); 8: Boll. Soc. Nat. Napoli *38* (1927); 9: Boll. Soc. Nat. Napoli *41* (1929); 10: Boll. Soc. Nat. Napoli *43* (1931); 11: Boll. Soc. Nat. Napoli *44* (1932); 12: Boll. Soc. Nat. Napoli *44* (1932); 13: Boll. Zool. *9* (1938).

- *Sulla presenza di organi simbiotici nell'Hirudo medicinalis L.*, Boll. Soc. Nat. Napoli *34* (1922).

- *Ricerche sulla simbiosi fra Zooxantelle e Phyllirrhoe bucephala Per. et Less.*, Boll. Soc. Nat. Napoli *35* (1923).

- *Ancora sui batteri fotogeni (Risposta a S. Mortara)*, Riv. Biol. *6* (1924).

- *Ancora sui batteri luminosi (Risposta a V. Puntoni e S. Skowron)*, Riv. Biol. *8* (1926).

- *La polemica sui batteri luminosi (Risposta al Prof. Puntoni)*, Monit. Zool. ital. *38* (1927).

- *Ricerche criobiologiche sui batteri luminosi dei Cephalopodi*, Arch. Zool. ital. *18* (1933).

AUTORENNAMEN

TIER- UND PFLANZENNAMEN